国家出版基金项目
NATIONAL PUBLICATION FOUNDATION

"十二五"国家重点图书出版规划项目

2013—2025年国家辞书编纂出版规划项目

齐　康　主审

世界建筑细部风格设计百科

（修订版）

（英）斯蒂芬·科罗维（Stephen Calloway）　主编

唐　建　孙心乙　孙毅超　吴承霖　译

辽宁科学技术出版社

沈　阳

First published in 1991
under the title "The Elements Of Style"
by Mitchell Beazley, an imprint of Octopus Publishing Group Ltd
Carmelite House, 50 Victoria Embankment, EC4Y 0DZ London

图书在版编目（CIP）数据

世界建筑细部风格设计百科（修订版）/（英）科罗维（Calloway,S.）主编；唐建等译. —沈阳：辽宁科学技术出版社，2017.7
ISBN 978-7-5381-9536-1

Ⅰ.①世… Ⅱ.①科… ②唐… Ⅲ.①建筑结构－细部设计－世界 Ⅳ.①TU22

中国版本图书馆CIP数据核字（2016）第001462号

出版发行：辽宁科学技术出版社
（地址：沈阳市和平区十一纬路25号　邮编：110003）
印 刷 者：深圳市福圣印刷有限公司
经 销 者：各地新华书店
幅面尺寸：215mm × 280mm
印　　张：37
插　　页：4
字　　数：1000 千字
出版时间：2017 年 7 月第 1 版
印刷时间：2017 年 7 月第 1 次印刷
策划编辑：符　宁
责任编辑：闻　通　卢山秀　董　波
封面设计：周　周
责任校对：李　霞

书　　号：ISBN 978-7-5381-9536-1
定　　价：480.00元

联系编辑：024-23284740
邮购热线：024-23284502
投稿信箱：605807453@qq.com
http://www.lnkj.com.cn

上面的版画表述了科林斯柱头的起源。
据说，
雅典雕刻家卡利马科斯无意中发现了一个
盛有物品的草编篮筐，
属于一个已经悲惨死去的贫穷的科林斯少女。
篮筐上覆盖了一块石板或屋面瓦，
莨菪叶蔓围绕着石板生长，
并且卷曲在篮筐的下方。
卡利马科斯被凄美而单纯的构图感动，
熟练地将其勾勒成画，
又用石材雕刻成形，
成就了古典建筑语汇的部分元素，
进而成为从文艺复兴至今
构成建筑美学的五种柱式之一。
（出自约翰·伊芙琳翻译，
罗兰·福瑞特所著《古代建筑与现代建筑的对比》，
1664年出版于英国，1707年第2版）

目 录

前言 / 8

如何使用本书 / 10

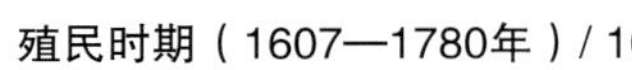

都铎和詹姆斯一世时期（1485—1625年）/ 12

门 / 16

窗 / 20

墙面 / 24

天棚 / 27

地面 / 30

壁炉 / 31

楼梯 / 35

固定式家具 / 38

设施 / 39

巴洛克时期（1625—1714年）/ 40

门 / 44

窗 / 50

墙面 / 54

天棚 / 57

地面 / 59

壁炉 / 60

楼梯 / 65

固定式家具 / 68

设施 / 69

灯具 / 70

金属制品 / 71

早期乔治亚时期（1714—1765年）/ 72

门 / 74

窗 / 81

墙面 / 85

天棚 / 88

地面 / 91

壁炉 / 93

楼梯 / 98

固定式家具 / 100

设施 / 102

灯具 / 103

金属制品 / 104

殖民时期（1607—1780年）/ 106

门 / 108

窗 / 112

墙面 / 115

天棚 / 118

地面 / 120

壁炉 / 121

楼梯 / 126

固定式家具 / 129

设施 / 131

灯具 / 132

金属制品 / 133

木制品 / 134

晚期乔治亚时期（1765—1811年）/ 136

门 / 138

窗 / 143

墙面 / 146

天棚 / 149

地面 / 152

壁炉 / 154

楼梯 / 159

固定式家具 / 162

设施 / 165

灯具 / 166

金属制品 / 167

摄政时期与19世纪早期（1811—1837年）/ 170

门 / 174

窗 / 178

墙面 / 181

天棚 / 183

地面 / 185

壁炉 / 187

楼梯 / 192

固定式家具 / 195

设施 / 196

灯具 / 197

金属制品 / 198

木制品 / 202

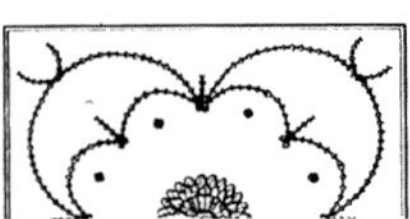

联邦与帝国时期（1780—1850年）/ 204

门 / 207

窗 / 211

墙面 / 214

天棚 / 216

地面 / 218

壁炉 / 219

楼梯 / 223

固定式家具 / 225

设施 / 227

灯具 / 228

金属制品 / 229

木制品 / 231

英国维多利亚时期（1837—1901年）/ 232

门 / 236

窗 / 242

墙面 / 246

天棚 / 249

地面 / 251

壁炉 / 253

厨房炉灶 / 258

楼梯 / 259

固定式家具 / 262

设施 / 264

灯具 / 267

金属制品 / 268

木制品 / 271

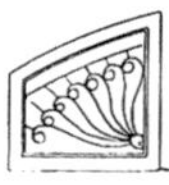

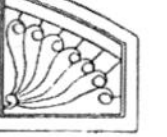

美国维多利亚时期（1840—1910年）/ 272

门 / 276

窗 / 280

墙面 / 283

天棚 / 285

地面 / 287

壁炉 / 289

厨房炉灶 / 293

楼梯 / 294

固定式家具 / 297

设施 / 299

灯具 / 301

金属制品 / 302

木制品 / 304

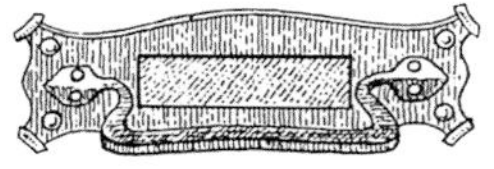

工艺美术运动时期（1860—1925年）306
门 308
窗 312
墙面 315
天棚 318
地面 320
壁炉 321
楼梯 326
固定式家具 329
设施 331
灯具 332
金属制品 333
木制品 334

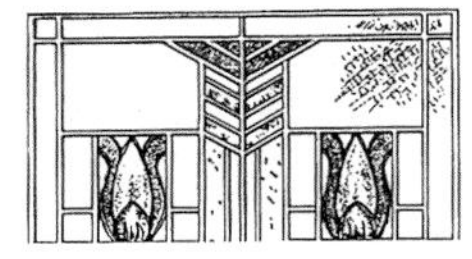

新艺术运动时期（1888—1905年）336
门 338
窗 340
墙面 342
天棚 344
地面 345
壁炉 346
楼梯 349
固定式家具 350
设施 351
灯具 352
金属制品 353

爱德华时期（1901—1914年）354
门 356
窗 360
墙面 363
天棚 366
地面 368
壁炉 370
厨房炉灶 374
楼梯 375
固定式家具 377
设施 378
灯具 380
金属制品 381
木制品 383

美国学院派时期（1870—1920年）384
门 387
窗 391
墙面 394
天棚 397
地面 399
壁炉 401
厨房炉灶 405
楼梯 406
固定式家具 409
设施 411
灯具 413
金属制品 414
木制品 415

20世纪20—30年代 416
门 418
窗 422
墙面 426
天棚 428
地面 430
壁炉 432
厨房炉灶 436
楼梯 437
固定式家具 439
设施 442
灯具 445
金属制品 446
木制品 447

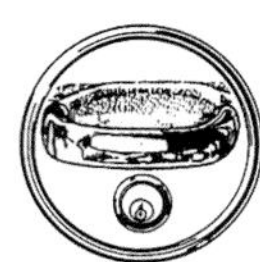

现代运动时期（1920—1950年）448
门 452
窗 454
墙面 456
天棚 457
地面 458
壁炉 459
厨房炉灶 461
楼梯 462
固定式家具 464
设施 466
灯具 467
金属制品 468
木制品 469

后期现代主义时期（1950—1975年）470
门 478
窗 480
墙面 484
天棚 486
地面 487
壁炉 488
厨房 490
楼梯 492
固定式家具 494
设施 497
灯具 498
木制品与金属制品 500

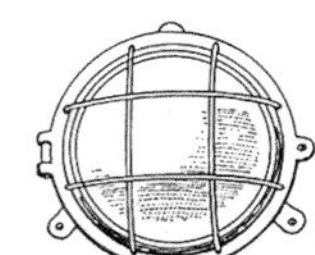

当代建筑（1975年至今）502
门 508
窗 510
地面、天棚和墙面 512
壁炉 514
厨房 516
楼梯 518
储藏系统 520
设施 522
灯具 524
木制品与金属制品 525

英国乡土建筑 526

美国乡土建筑 536

修缮与维护 546

建筑师、设计师简介 551

专业术语 564

供应商名录：英国 569
供应商名录：北美 575

文献目录 581
致谢 584
索引 587
后记 592

前 言

斯蒂芬·科罗维

"一个人的家就是他的城堡"，这句谚语出自17世纪初大律师爱德华·科克爵士（Edward Coke）的笔下，这种说法已经成为今天住宅建筑设计思想和居住方式的基石。然而，具有历史意义的是，大律师科克爵士写下这一著名观点的时间，也正是伊尼戈·琼斯（Inigo Jones）在格林威治为女王建造第一座现代住宅的关键时期。从那时开始，人们不仅仅将他们的住房当作安居之所和私有财产，还展现了他们喜爱的建筑风格。今天的我们是这些伟大建筑遗产的继承者，并且依然迷恋那些曾赋予住宅建筑个性的装饰细部和风格样式。在英美国家，对老房子的兴趣已经成为一种全国性的社会现象，对于了解我们家园历史来由的渴望，也从未像今天这样强烈。如今的人们已经前所未有地意识到伟大建筑传承的重要性，以及它们重要的历史地位。

从根本上讲，这些建筑遗产所表达的居住观念来自特定历史时期人们对理想生活的追求，建筑无论大小，或浮华或朴实，都已经成为人类文明观念的集中体现。对英美国家乡村住居建筑演化的研究，包括城市住宅和乡间别墅，已经使人们看到了住宅发展漫长而又辉煌的历史。近年来，学术界越来越多地将传统建筑的空间形式、风格演变和细部样式与更富有激情和更加实用的古典建筑保护运动联系起来。因此，我们的住居已经成为一个重要的被关注点，围绕这一主题的大量学术研究和调查，常常会引发激烈的公开讨论。

在设计和工艺的历史价值方面，威尔士亲王曾反复强调应将其作为最重要的住宅内涵，并认为优秀的建筑在我们的日常生活中始终发挥着影响作用。人性化建筑的主要基础是亲人尺度、声学技术和建筑材料，他一直倡导的做法是：好的建筑不仅仅是文明的索引，还是人们享受生活的一个重要因素。

如今，人们确信那些最经典的建筑遗产与今天的建筑存在着关联并极富价值，同时，毫无疑问，我们首先需要重新学习先辈留下的这些大量遗产。在最近的几十年里，现代建筑越来越盛行，却使我们置身于非常危险的境地，因为早先的那些丰富的建筑语汇和语法，以及古典建筑精妙、流畅的魅力几近遗失。现在需要做的是恢复传统的审美素养，重新了解那些演变了5个世纪之久的所有建筑元素和装饰细节。这也成为促进学习和了解传统建筑，并为保护、复原这些建筑以及进行新的细部设计提供依据，这是构成本书出版的主要目的之一。

我们试图为那些关注英美国家居住建筑的人编写一部实用的单本指南类资料集。书中收集了大量的说明性图片资料，其中也包括一些特别的仍在使用中的住房照片，这些图片有些是从各个时期重要的建筑出版物中复制而来，有些是从一些内容广泛、形式多样的档案资料中绘制而来，包括老照片和测绘图纸（很多房子现已拆除），以及罕见的印制画作和建造者编撰的样式图集。每一章用作说明的插图均由各章作者亲自筛选，每位作者都对所负责的历史时期进行过专门的研究。各章的首要目标是展示最具代表性的建筑发展形式，并且说明一些极具影响力的巅峰性建筑成就，以及那些变化多样的住宅形式特征。

本书将成为那些关注住宅细节的人们宝贵的图像资料和文献资源，无论是业主、古建筑维护人员、室内陈设设计师或室内建筑师。对于学生或那些对传统建筑感兴趣的一般读者，本书可以帮助他们追溯英美国家住宅的历史。实际上，在实践领域和学术理论之间并不存在截然的分野，因此，对细节的关注成为每个案例所要表达的主要内容，并注重严谨与准确的文字说明。

本书总体上按照编年排序，各个时代相接，各种风格相续。主要章节内容涉及本书所界定的各个时期公认的风格建筑作品，包括建造的目标所在，在哪些方面取得了成功，对建筑法规和时代特征的考察，或在各历史阶段后期所形成的具有全国性和普遍性的风格等。也有很多超出界定的住宅类型，如朴素的乡村住宅、悠久的传统结构形式住宅，以及标准住宅类型在不同地域的变化等，这些会在专门的乡土建筑章节来介绍。英国的乡土建筑风格从都铎时期末期开始单独成章，在此之前，风格型和乡土建筑风格的住宅形式界限十分模糊，两者几乎融合在一起，截然地分辨显得毫无意义。美国乡土建筑，涵盖范围从殖民时期至19世纪中期的乡村和具有地方特色的住宅建筑，当然这些章节内容经过了精挑细选，展现了当地住宅风格的多样性，本书举例与说明的美国乡土建筑主要是一些代表性建筑。

同样，尽管本书前半部分单独介绍了英美传统住宅，但在其他章节中介绍的工艺美术运动时期、新艺术运动时期、20世纪20—30年代建筑风格、现代建筑和后现代建筑风格，素材的选取则涵盖了大西洋两岸地区，为的是强调风格在国际化影响下形成的一种紧密关联。这种写作方式展示出一些有趣的并置关系，例如查尔斯·伦尼·麦金托什（Charles Rennie Mackintosh, 1868—1928年）在格拉斯哥的作品，以及弗兰克·劳埃德·赖特（Frank Lloyd Wright, 1869—1959年）在美国的早期住宅。

本书不是一本关于伟大建筑师的书，尽管某些著名建筑师的名字和作品不可避免地出现在书中，他们的故事随处可查，感兴趣的读者不难追踪到更多的信息。本书也不仅仅针对一些宏大建筑进行叙述而排除了其他普通住宅建筑类型。我们非常重视作品的选择，比如，在涉及18世纪建筑师及其作品的分类中，选取了称作“优秀的中产阶级住宅”，因为在这类建筑中，我们能够认识到各个时期最丰富的建筑精神，最大限度了解建筑的品质，正如英国第一位建筑评论家亨利·沃顿爵士（Henry Wotton）认为的所有优秀建筑共同具有的品质：坚固、经济、愉悦。

Stephen Calloway

斯蒂芬·科罗维

左页上图：小会客厅，德雷顿公馆，查尔斯顿附近，南卡罗来纳州，1738年。
保存最完整的美国殖民时期住宅之一。*DH*

如何使用本书

本书有两种使用方法：查阅不同的风格，或者查阅几个世纪一种形式的发展变化。对于使用第二种方法的读者，本书在右手页边缘设置了分类型的彩色标签，每一类标签都有不同的颜色和位置，涉及书内涵盖的13种类型。这样便于比较这一特征在更早或者更晚时期的变化。例如，每个介绍窗户的页面，都在页顶往下的第二个位置设一个黄色标签，通过查找黄色标签，读者可以快速翻阅并比较窗户在不同时期的变化。如果一个对页排布出两种类型（一页一个），就会给出两种颜色的标签，一个在另一个上面。为了方便读者，所有的彩色标签都是相对的，并且处于整本书的同一位置。

图片标题后的代码字母用于584～586参考页查阅。

英美专用术语的注解

在这本书中，对英国和美国有差异的建筑术语都会列出。英国的术语在前面，斜线后面是美国的同义术语（本书会在该建筑用语等一次出现时标注相应的英文单词——译者注），见右表。

	英国	美国
踢脚板	Skirting board	Baseboard
天花板灯线盒	Ceiling rose	Ceiling medallion
联排住宅	Terraced house	Row house
信箱	Letterbox	Mailslot
雨水斗	Hopper head	Leader head
落水管	Down pipes	Downspouts
木制品	Joinery work	Millwork
推门板	Finger plate	Push plate
灶面板	Hob	Cook-top
水龙头	Tap	Faucet

在英国，“第一层（first floor）”是指在地面层之上的那一层，而美国人则称为“第二层（second floor）”。为了避免混乱，本书称作“入口层的上部楼层（the floor above the entrance level）”。

建筑术语：带有注解的图纸以图解的方式说明了一些主要的专用术语。

装饰性的线脚：断面形式来自古典柱式。

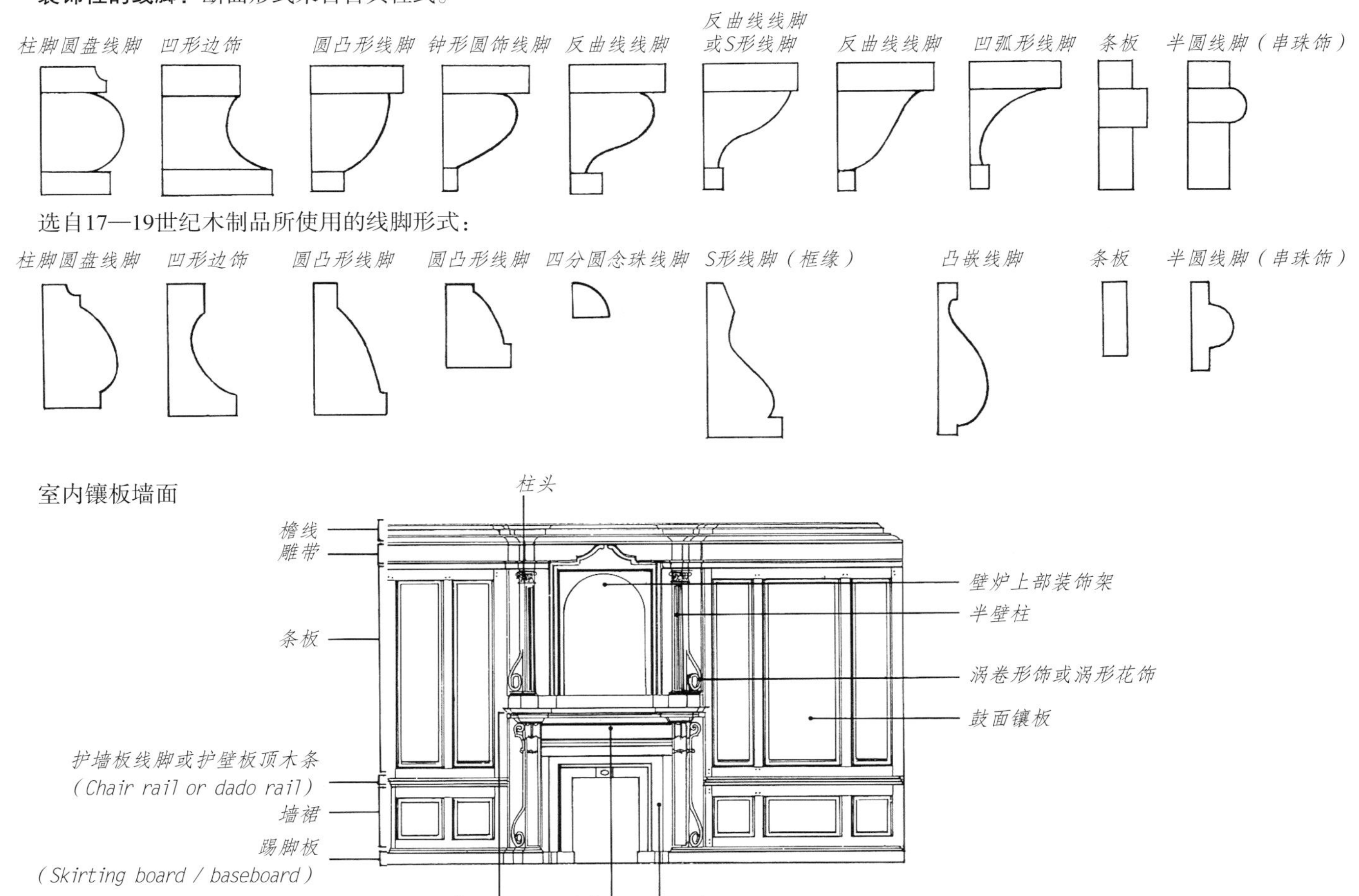

室内门框 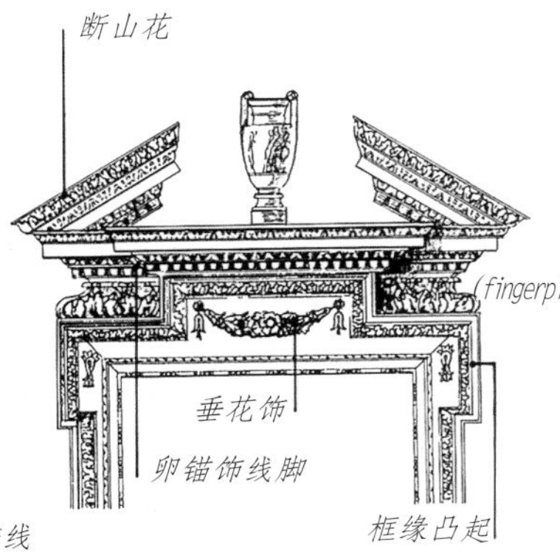 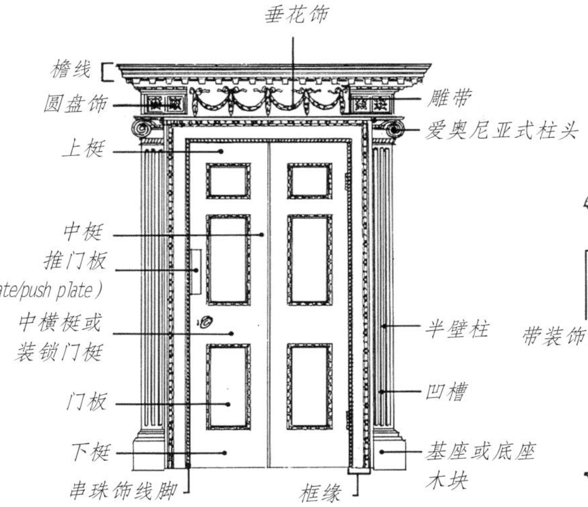
断山花
垂花饰
卵锚饰线脚
框缘凸起
垂花饰
檐线
圆盘饰
上梃
中梃
推门板
(fingerplate/push plate)
中横梃或
装锁门梃
门板
下梃
串珠饰线脚
框缘
雕带
爱奥尼亚式柱头
半壁柱
凹槽
基座或底座
木块
室外门框 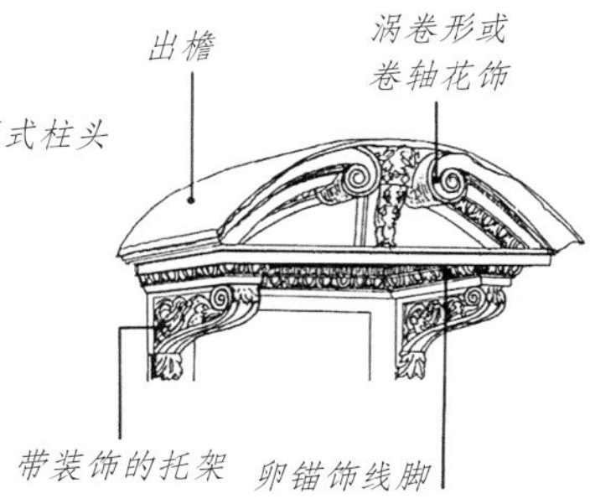 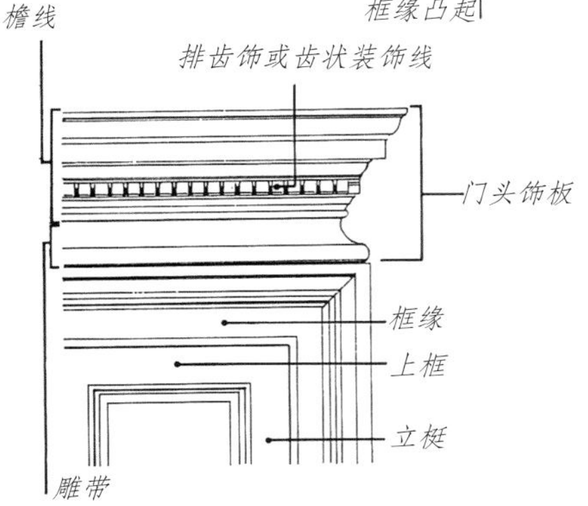
出檐
涡卷形或
卷轴花饰
带装饰的托架
卵锚饰线脚
鹅颈形三角楣饰 
檐线
排齿饰或齿状装饰线
门头饰板
框缘
上框
立梃
雕带
外门拱 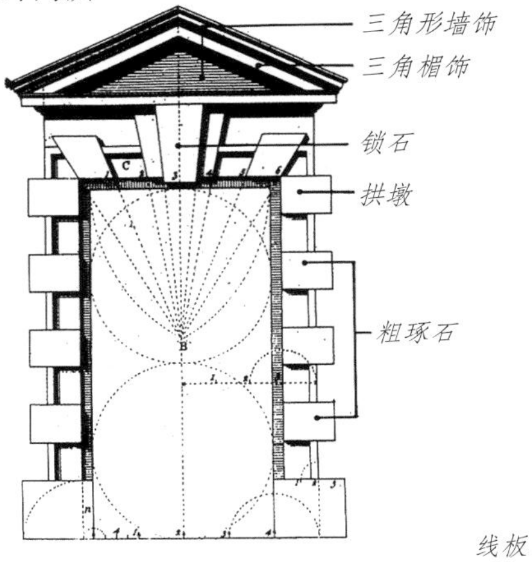
三角形墙饰
三角楣饰
锁石
拱墩
粗琢石
浅弧形三角楣饰 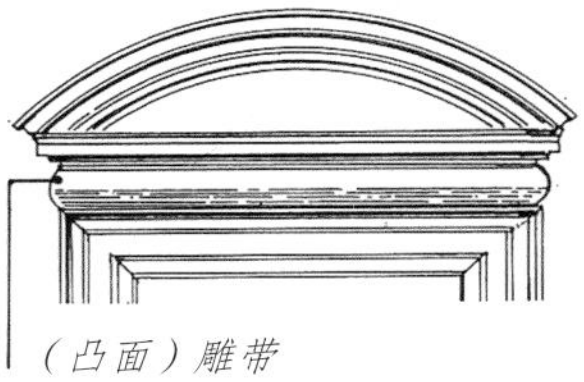
(凸面)雕带
壁炉和炉箅 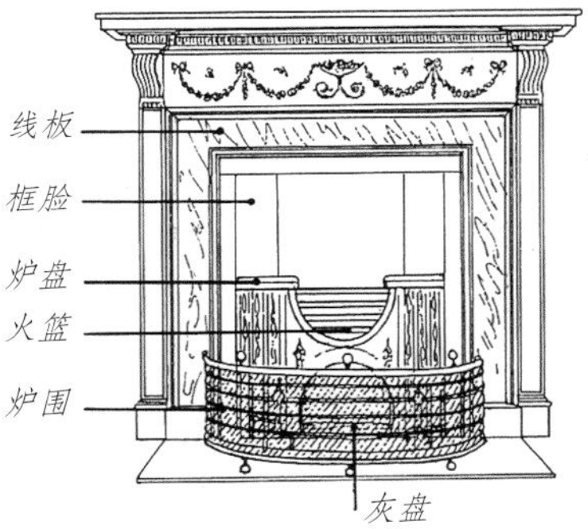
线板
框脸
炉盘
火篮
炉围
灰盘
铅条窗 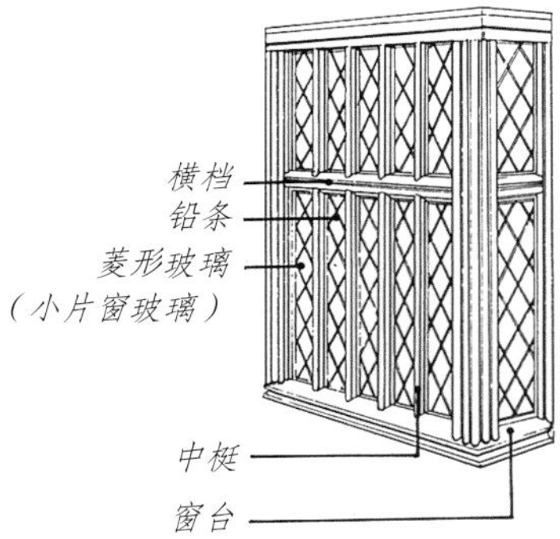
横档
铅条
菱形玻璃
(小片窗玻璃)
中梃
窗台
楼梯——开放式梯梁型 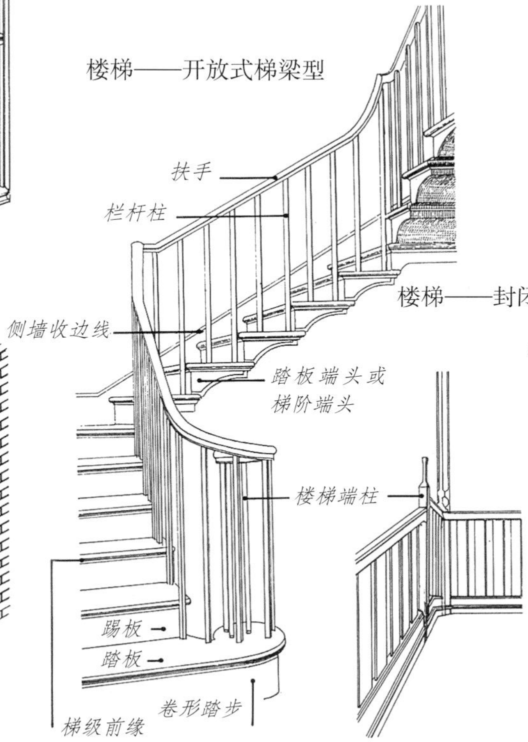
扶手
栏杆柱
侧墙收边线
踏板端头或
梯阶端头
楼梯端柱
踢板
踏板
卷形踏步
梯级前缘
楼梯——封闭式梯梁型
上下推拉窗 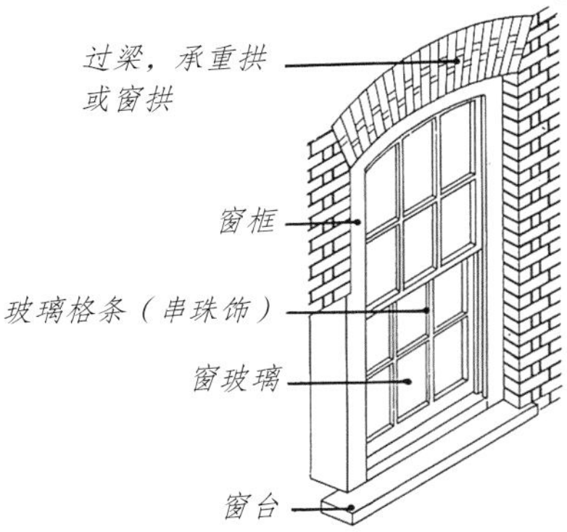
过梁,承重拱
或窗拱
窗框
玻璃格条(串珠饰)
窗玻璃
窗台
壁炉细部
花状平纹装饰
壁炉架
雕带
棕叶饰
柱头
缎带饰和果
壳形装饰
壁柱

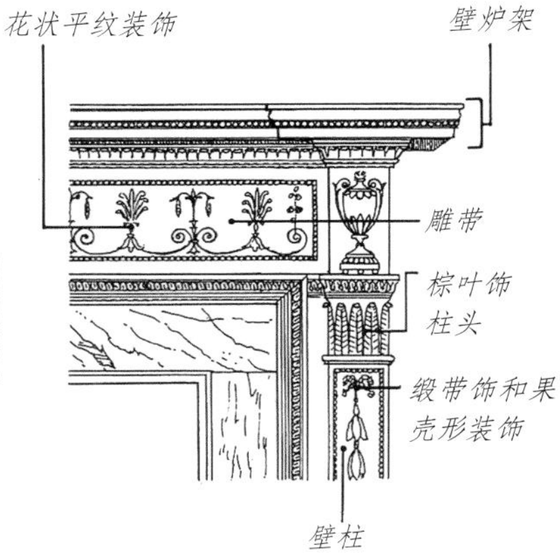

都铎和詹姆斯一世时期（1485—1625年）

西蒙·瑟利

1. 查斯尔顿住宅，牛津郡（约建于1602—1610年），属于这一时期末贵族大型石砌住宅的典型。厚重与对称的建筑形式和大尺度的横档与中梃，是16世纪后期高品质住宅的标准。建筑至今保存良好。C

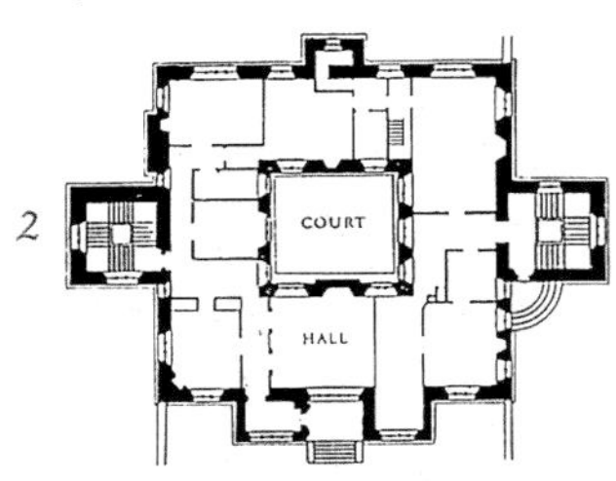

2. 查斯尔顿住宅地面层平面图。正面入口有两个对称塔体形成的门廊，从平面形式上看很可能受一位重要的伊丽莎白时代的建筑师罗伯特·斯迈森（Robert Smythson）的作品影响。

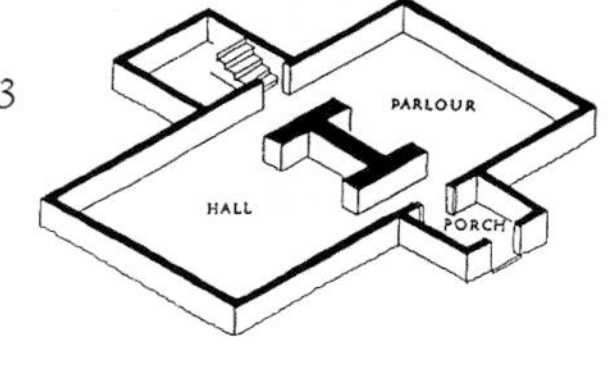

3. 普通住宅的地面层平面图，属于城市和乡村都十分常见的类型。平面由背靠背设置的壁炉分为两个部分，烟囱在中间升起贯穿住宅的屋顶。建筑后部很少设有凸出在外的楼梯。

英国都铎和詹姆斯一世时期可以看作是英国住宅建筑的转折点。当时的建筑逐渐脱离了中世纪的风格和格调，转向精致复杂并带有古典装饰的建筑形式。

玫瑰战争（1455—1485年）之后，英国进入了都铎王朝时期，国家的统一和政权的强化开启了一个兴盛时期，建筑也迎来了建造与重建的新时代。不仅都铎王朝的前两位君主亨利七世（Henry Ⅶ）和亨利八世（Henry Ⅷ）热衷于建设，修建了大量的建筑，当时的居民也表现出极大的热情，无论贫穷还是富有的家庭都在重建、装修改造或扩建他们的住宅。原有建筑的木结构在改造和重建中被石材和砖所取代，新建住宅的质量和数量都有很大的提高。

质量的提高使建筑更加耐久，许多得以保留至今。大规模的建造活动也产生了许多著名的经典建筑，准确记载英国住宅室内史的图书也在16世纪第一次出现。历史验证了这次巨大的进步，因为在接下来的四五百年间，英国的住宅建筑真正发生了改变。室内装饰中一些重要的基本元素，如地板和墙面装饰物，也随着时代的发展发生着变化。在一幢18世纪或19世纪住宅的墙面、天棚和地板形式中，常常会见到在16世纪和17世纪的住宅建筑中难以见到的元素。但特别需要说明的是，英国19世纪和17世纪的住宅相比，某些室内装饰元素几乎没有太大的变化，比如，一些铁艺制品的形式变化就非常缓慢，往往几百年间形式差异不大，因此，几乎不可能准确地说出某个铁艺制品的制作年代。

这种情况的出现可能是因为这些元素在制作之初就具有优良的品质和做工。在一些重建或改建的住宅中，偶尔会在改造后地板上的破损处看到改造前的地板，或在重新装饰后的墙面、室内装饰物或油漆面层的角落显露出部分原有的装饰，透过这些少量的遗存，能看到英国早期住宅室内的装饰形式和效果。

全面完整地考察这一时期的住宅发展过程，有助于研究都铎和詹姆斯一世时期的室内装饰风格。与中世纪相比，这时期住宅的舒适程度有了明显的改善，比如，中世纪住宅中位于房间中间位置的炉灶是整个住宅唯一的供暖设施，而到都铎王朝末期，几乎在所有类型的住宅里，中央炉膛都由墙面壁炉取代。就建筑和室内装饰而言，壁炉的出现给住宅建筑带来了巨大的变化。弃用中央炉膛，彻底改变了以前单层的、屋顶带排气孔的住宅样式，出现了两层以上的住宅。同时，住宅天棚也不再因为使用炉灶时产生的烟熏成灰黑色，甚至遭到损坏，进而能够对天棚进行各种装饰。更重要的是，壁炉本身也成为整个房间的装饰核心，直到20世纪中期，壁炉始终在室内装饰风格中占主导地位。

玻璃的大量使用是影响室内形式变化的另一个重要因素。在都铎王朝末期，玻璃不仅用于大型府邸，在一些小型住宅中也得到普遍使用。此时，玻璃窗的大小、数量和

查斯尔顿住宅中的大客厅，属于当时非常流行的詹姆斯一世时期室内风格形式：房间的各个面都进行了装饰。巨大的壁炉控制着整个空间造型，壁炉上部装饰架装饰着房主的纹章，石膏造型的天棚布满交织凸起的带状饰，结合了垂饰和垂球雕饰。C

形式都发生了变化，特别是使用了尺寸较大、透光效果较好的玻璃，使室内空间变得非常明亮，有利于室内雕饰和绘画等装饰形式的表现。

另一个更为根本性的变化是住宅各类房间功能的专门化。中世纪的住宅通常以一个大房间为主，即便国王也是在一间大房间中进餐、休息和处理国事。到16世纪初，先后在国王宫殿、大臣府邸和贵族府第中出现了各类不同使用功能的房间，如独立的门厅、餐厅、客厅、卧室、卫生间等，甚至还有图书室和书房。因为房间使用功能的不同，产生了不同的装饰形式和原则。例如，在餐厅中不使用织物类的软装饰，而代之以抹灰或石膏类的硬质装饰，因为织物会吸收和存留各种气味。

地域性因素也导致了建筑室内风格的差异。由于当时没有高效的公路和铁路运输体系，笨重庞大的建筑材料的运输费用非常昂贵，影响了建筑材料的流通，因此，地方性材料的使用使不同地区的建筑风格产生了差异。木材、砖和石材是3种最基本的建材，全木构住宅仅建造于砖石缺乏的地区，如英国西米德兰兹郡。在从巴斯市到林肯市之间贯穿英格兰广大的石灰石地带地区，石材则成为最普通的建筑材料，在整个苏格兰和威尔士地区同样如此，而泰晤士山谷和东盎格鲁地区则盛产黏土砖。不同的建筑材料带来了不同的建筑形式，虽然门窗之类的建筑风格元素，用砖、石和木材都能够建造出相似的形式，但更多其他装饰元素则明显地受到了不同建材影响。例如，石构建筑要比木构建筑的装饰更为简单，因为石材建筑的装饰费用高且制作难度大，所以，盛产优质石材的科茨沃尔德和北安普顿郡等地区的建筑风格简单朴实，而盛产木材的兰开夏郡和柴郡等地区的建筑风格则富于装饰。在那些缺少优质石材的地区，砖成为主要的建筑材料。类似于石材等天然材料，由于黏土的特质和生产工艺的不同，不同地区黏土砖的颜色和质感也存在着差异。砖具有易于雕刻和打磨的特性，砖墙的砌筑形式通常也具有地区性特点和相对固定的砌筑方式。

致使住宅建筑风格不同的其他因素还包括建筑所处的位置，即城镇还是乡村。人口的迅速增长使城市进入迅速扩张时期，为限制城市的无序发展，英国皇家于1580年发表了一份公告：规定伦敦市区周围约5km内禁止新建任何建筑，而在斯图亚特王朝、詹姆斯一世和查尔斯一世时期，都对伦敦城建筑的建造进行了更加严格的规定。因此，伦敦中心区（其他城市类似）的住宅往往面宽不大而向垂直发展，建筑外立面的各种装饰排列密集，如雕刻的木材和外墙装饰抹灰。乡村住宅则不同，由于地广人稀，建筑横向展开大，立面装饰也舒展自由。

都铎王朝建筑风格受到的外来影响主要来自德国和尼德兰等低地国家和地区。到16世纪，开始出现经过北欧过滤后的意大利风格，古典装饰母题和柱式成为都铎王朝的

1. 木构城镇住宅，建造优良并有相当大的窗户：表明了当时的住宅追求舒适感而非外观形象（外观带有20世纪的金属构架窗）。LV

2. 15世纪后期的商人住宅，上部出挑，属于当时城镇住宅的流行样式。LV

3. 派考克住宅，科吉歇尔，埃塞克斯郡。15世纪晚期非常精巧的格窗装饰住宅，上部楼层带有凸窗，中梃明显。P

4. 两个15世纪的木构住宅，门和窗框成为结构的一部分。LV

新风尚。然而，尽管受到当时的设计师和工匠的极力推崇，但这些源自古希腊和古罗马，以多立克、爱奥尼亚、科林斯、塔司干和混合柱式为基础的古典装饰体系，并没有激起当时社会的审美欲望和建筑热情。

大约从1560年起，一些有关装饰和雕饰新潮流的书籍从安特卫普传到了英格兰，极大地丰富了工匠们的装饰语汇。这是因为阿尔瓦（Alva）公爵在16世纪60年代晚期开始在荷兰迫害新教传教士，一些代表着装饰时尚潮流的印刷品，便随着为躲避危险逃离荷兰的工匠和艺术家带到了英格兰。

从安特卫普传入的最重要的装饰元素是带状饰，并很快成为室内天棚、壁炉和木作装饰的主导形式。新的装饰形式，包括带状饰，首先被宫廷或皇室建筑采用，其传播的速度也非常惊人，而未经消化吸收的装饰形式难免使一

1

2

3

1. 16世纪早期的一组砖砌烟囱。烟囱通常成组砌筑，共用一个基部，上部形式分离并相连在一起，这个八边形柱身的顶部造型简单。也有许多带有复杂装饰的烟囱，并采取磨砖对缝的砌筑工艺。*DM*

2. 牛津郡查斯尔顿住宅的主入口，有17世纪早期典型的门框形式。石板踏步栏与球形尖顶饰也是代表性做法。*C*

3. 外部装饰效果可以通过多种方式形成。这幢15世纪晚期多塞特郡帕都镇的住宅，建筑外观有碎石和石板交替砌筑的装饰带，形成了黑白相间的条形图案。*SP*

4. 挑檐前端带有雕刻的过梁（厚重的、结构性的横梁），15世纪晚期。贯穿整个建筑的横向挑檐布满雕刻，形象生动，显示出使用单一装饰形式所产生的效果。*P*

5. 住宅坡屋面山墙，无论是木结构还是其他形式，均装饰有雕刻的横梁饰带，称为封檐板。这里看到的封檐板大约可以追溯至1621年，带有菱形（花纹）装饰图案。*DM*

4

5

些匠人对古典装饰母题产生误解。

工匠们对古典建筑装饰的理解和想象力，对英国住宅建筑风格的形成和发展起到了重要作用。虽然某些建筑特征的基本形式一致，如门窗形式与壁炉布局，以及来自意大利文艺复兴时期的装饰风格，但最终形成的作品却千变万化。加之地域、材料等复杂因素的影响，致使1485—1625年间似乎成为一个自由风格时期。如果与同样地引入了古典建筑法式、形成了大规模建造的巴洛克时期相比，能够更加明显地看出这种自由的程度。

门

16世纪早期的大门，带有四圆心拱和雕饰拱肩。后期，门的上部嵌入了窗户，代替了早先的抹灰木架砖壁（填充墙）。注意拱肩上的簇叶形装饰。*LV*

外门的大小和位置取决于通行宽度的需要和建筑功能的满足。无论使用木材、石材或砖，都铎王朝时期住宅门洞口的上部多为平梁或四圆心拱（一个中心点向上升起的扁拱）。四圆心拱的拱肩通常带有雕刻拱肩，侧壁有倒角线脚，起到保护木门和外观装饰作用。正门的上部通常带有起到挡水作用的滴水罩或者凸出的檐口，在16世纪，入口门廊成为普遍使用的建筑形式。

由于不会受到自然的侵蚀，住宅内的房间门做工精细，其装饰形式的变化与壁炉的变化极为相似。虽然古典风格的细部（如门梁和檐口）在1550年便开始出现，但中世纪后期风格仍是当时的主导风格。

建筑外门通常采用宽度达66cm的橡木板做面板，背面以水平向的板条或垂直于面板的厚木板固定（形成双层或相互交叉覆盖的门板）。有时会将固定门板钉子的钉头露出来，打磨后作为一种装饰。通常情况下，普通住宅内门使用木板条制作，为减轻门的整体重量，多数门会采取木框与面板镶嵌。无论哪种类型的门，五金配件一应俱全。

※本页所有的门和细部，除8之外，均为外门。

1. 埃文河畔斯特拉特福德市的一座商人住宅的前门，门上标识为1596年。木门套上部四圆心拱，拱肩雕有典型的叶形图案。

2. 这个形式隆重的石门建于1530年，侧壁线脚丰富，带有柱基石，顶盖带有线脚，拱肩有华丽的簇叶形图案雕饰。这种门套形式可以用作大门，也可以作为通向门廊的入口门洞。

3. 17世纪早期的一个矩形门头外门，过梁和侧壁带有倒角。

4. 16世纪中期，砖是一种全能的建筑材料，经常出现装饰性的砌筑方式。

5. 16世纪早期，木制四圆心拱门头，带有哥特式四叶饰和花格。

6. 16世纪早期带滴水罩造型的石制门头。

7. 仅在大型住宅上使用的装饰陶瓦。这组门头、滴水罩和门上带滴水罩的门头饰板雕带，由深色和浅色的陶瓦组成，出自约1525年建造的莎顿庄园，位于萨里郡的吉尔福德。

8. 三角楣饰和尖塔饰是16世纪晚期到17世纪早期门头的常见形式。这个案例出自约克郡，其外观样式，包括相对拘谨的比例，反映出古典形式影响的增强。

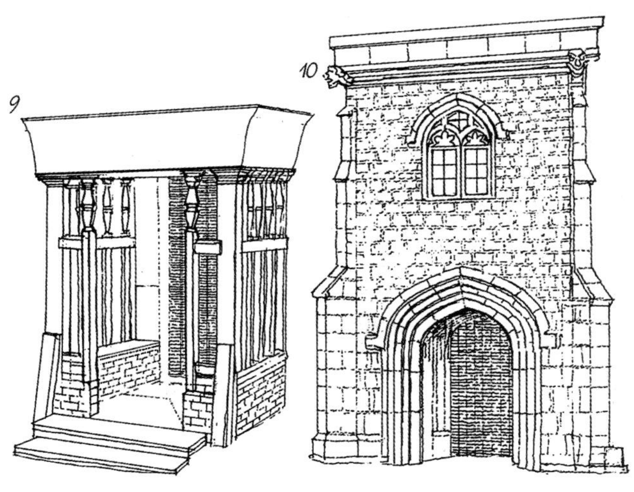

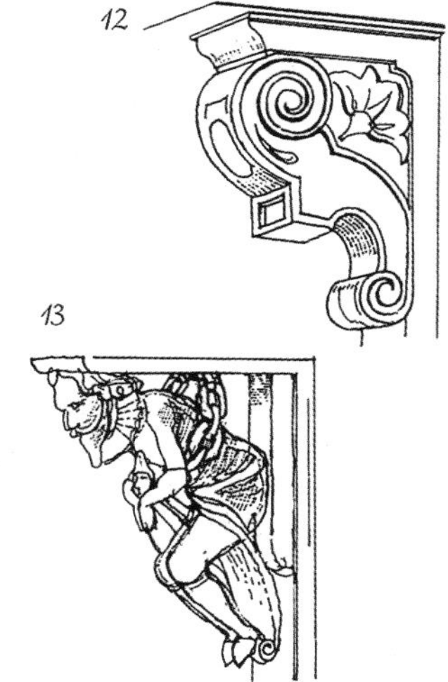

9. 典型的16世纪晚期单层木制门廊，内部上端的支撑体车削成类似栏杆柱的样式。

10和11. 16世纪早期的双层门廊。第一个是门窗上带有石制滴水罩装饰，扶壁形式采用了中世纪样式。第二个是砖砌瘦高带锯齿装饰的门廊，流行于这一阶段的大部分时期。

12和13. 凸出的门顶滴水罩常由梁托支撑，这两个案例来自16世纪晚期和17世纪早期。上面的是古典样式图形，下面的则属于地区性雕饰风格。

1. 15世纪非常精致的大门和门框，出自萨福克郡的拉文纳姆。大门包含了一个葱形拱的边门（小尺寸的次门），主门门头是带有装饰拱肩的四圆心拱。LV

2. 大门表面用盲券形肋架装饰遮蔽门板的接缝，肋架中间设门。LV

3. 有四圆心拱顶和带抹角侧壁的石制门套。门套的制作时间可以追溯至17世纪早期，门扇则较晚。C

4. 从门上的几排钉子可以看出门板条固定在门后的五道水平骨架上，每条骨架上有互成直角的两排钉子，按整个门宽将板条钉紧。LV

5. 16世纪中期的一组室内木门套的细部。拱肩形式普通，图案不对称，这种富于想象力的自由雕刻方式多由业主提出。SU

6. 大型住宅大门内侧典型的弹簧门闩形式，可以追溯至17世纪元年。C

1.板材制成的室内门扇，属于这一时期的典型代表。从钉子可以看出板条固定在后面的五道骨架上。

2.带有石制门套的16世纪早期的室内门。

1

2

3

4

5

6

7

8

9

10

11

12

13

14

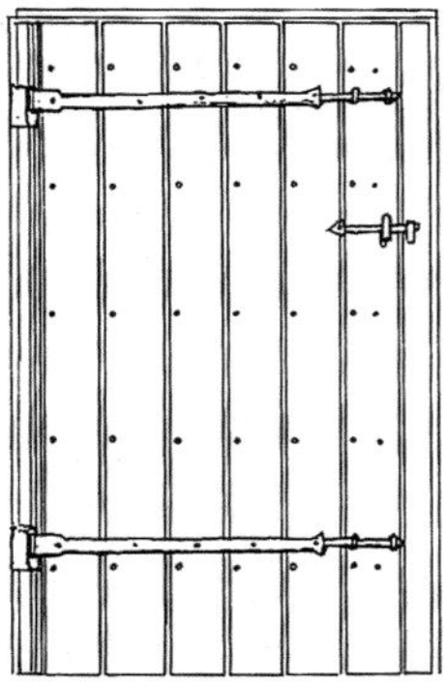

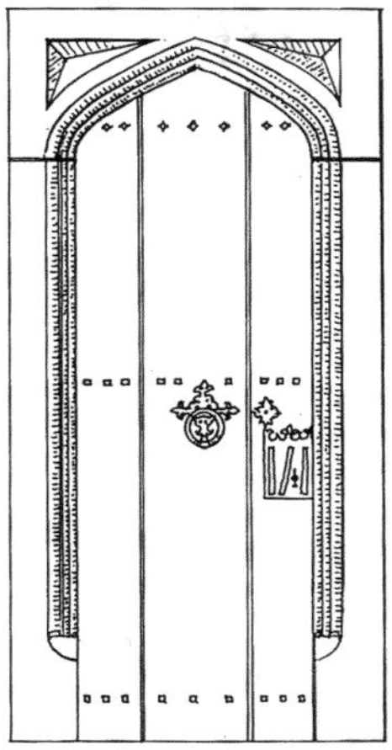

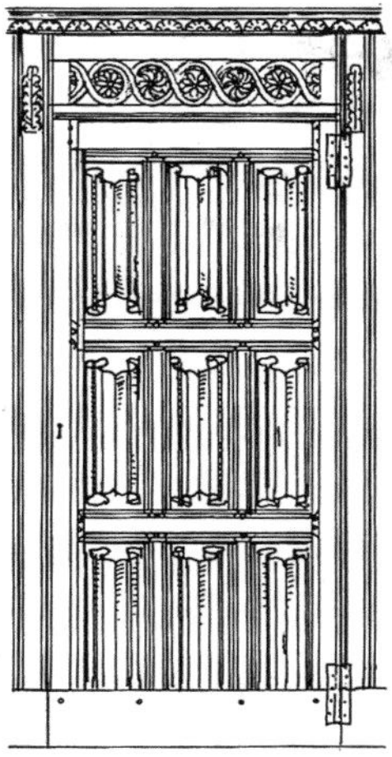

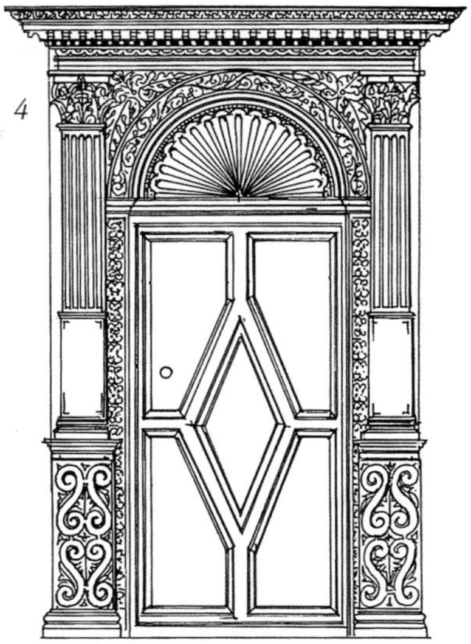

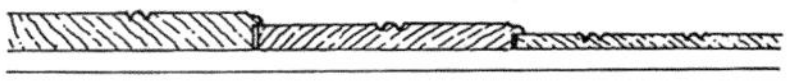

3.一些16世纪早期的室内门，带有布褶纹式镶板。

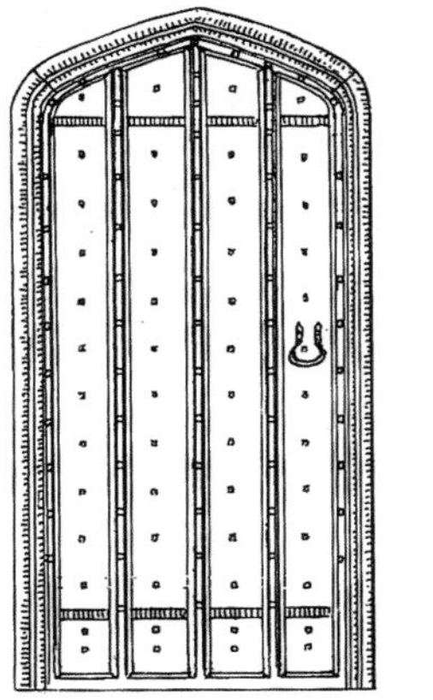

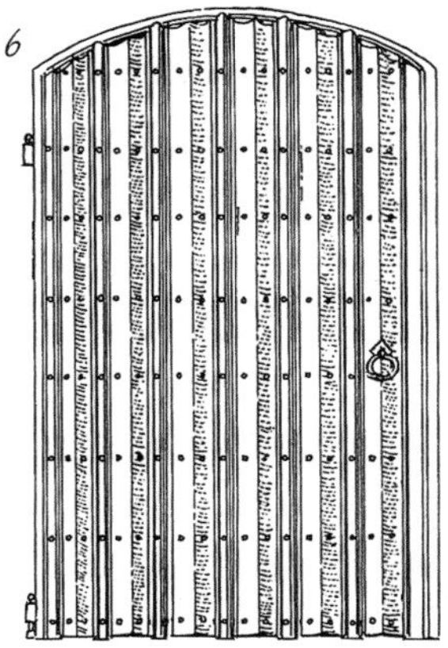

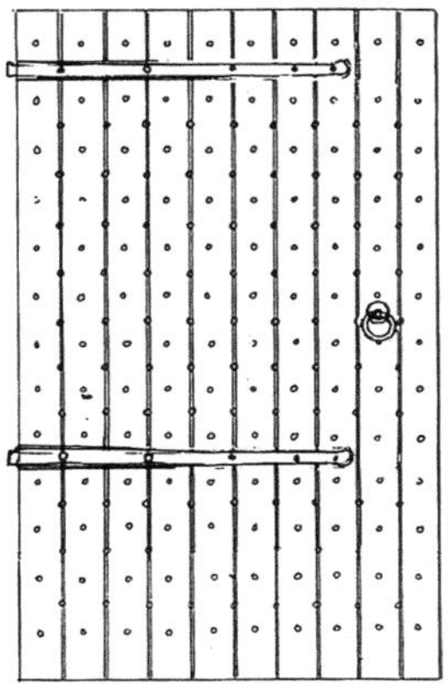

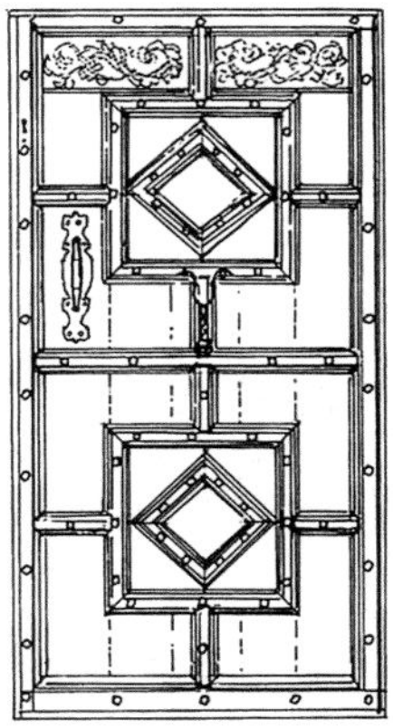

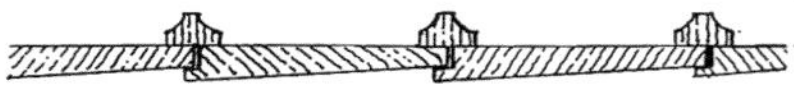

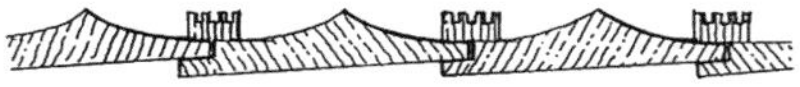

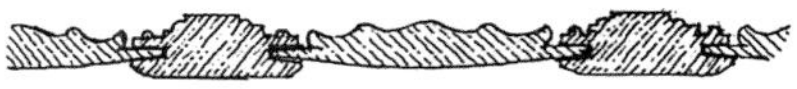

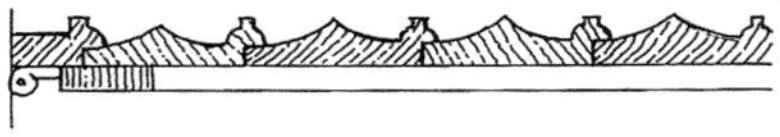

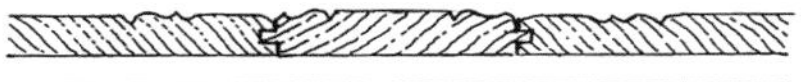

4.这个16世纪晚期的大门融合了古典元素和传统细部。

5和6.带有肋架和线脚的大型外门，是16世纪高品质住宅的基本样式。

7.一个简单的前门，参差的门钉形式生动。

8.詹姆斯一世时期约克郡住宅建筑的一扇外门，门板的装饰使用了压条形式。

9～14.门板的几种剖面。9是前面第五种门的剖面，10是第六种门的剖面，11是第三种门的剖面。这些剖面和12都呈现出设计精美的装饰手法；13和14则是典型的乡土建筑和城镇住宅中用于服务用房的门。

15.条带式金属铰链会通过销子（挂钩）固定在门边框里，而一些较轻的门，则会使用枢轴和一个固定在侧壁上的金属板。

16.木制门闩、门锁和插销，17世纪。门闩在门外侧用一根绳子操作。

17.金属门闩，整个都铎时期直至19世纪都非常普遍。

18.在16世纪早期，锻铁或黄铜盒子锁是奢侈的物件。

19～21.典型的门把手。第一种是最普通的式样，最后一种用于室内门。

15

16

17

20

18

19

21

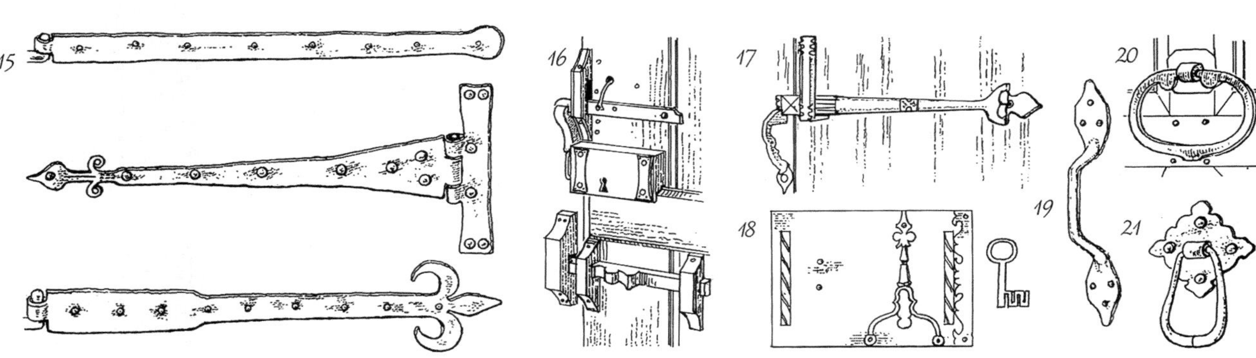

窗

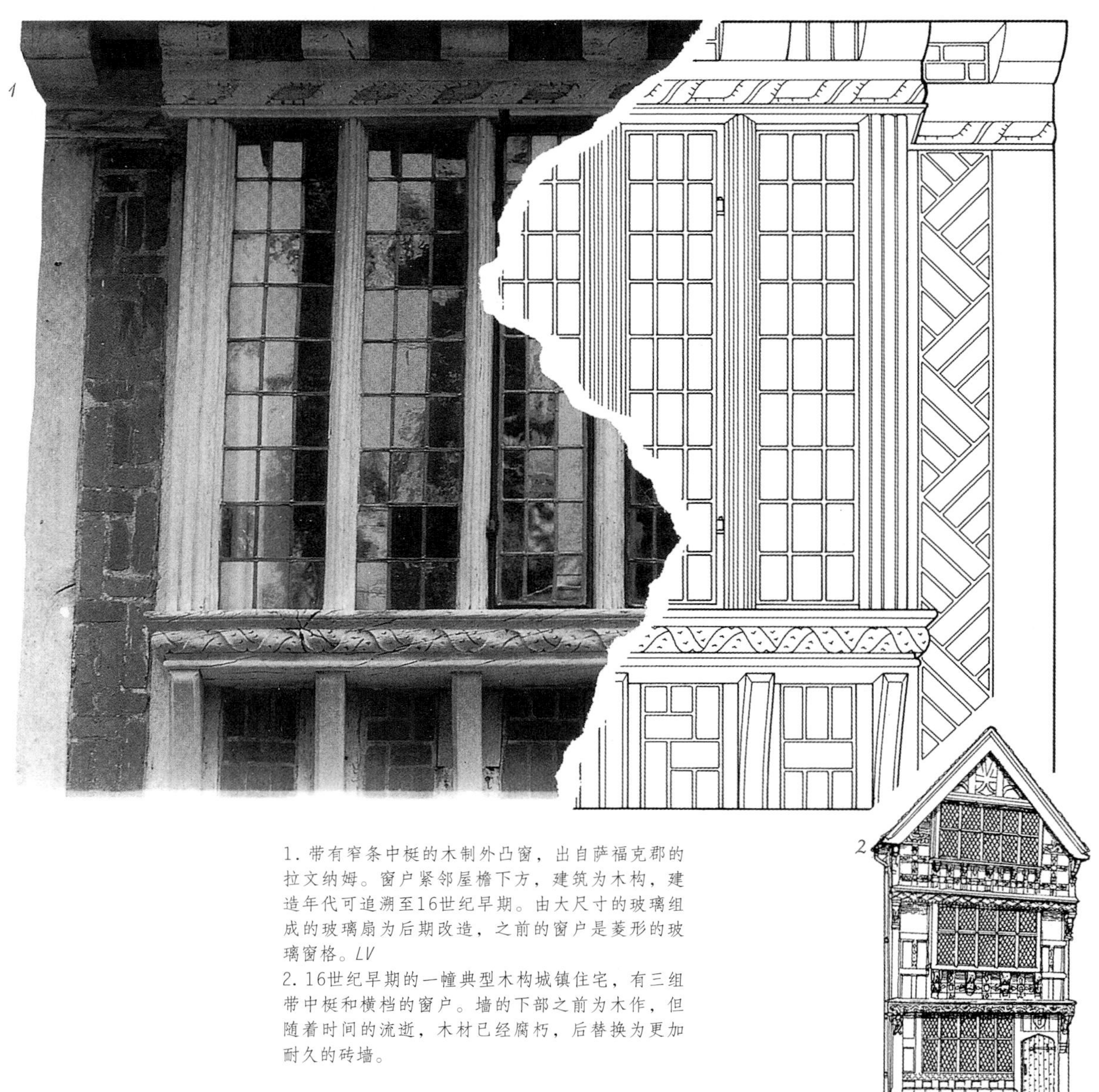

1. 带有窄条中梃的木制外凸窗，出自萨福克郡的拉文纳姆。窗户紧邻屋檐下方，建筑为木构，建造年代可追溯至16世纪早期。由大尺寸的玻璃组成的玻璃扇为后期改造，之前的窗户是菱形的玻璃窗格。LV
2. 16世纪早期的一幢典型木构城镇住宅，有三组带中梃和横档的窗户。墙的下部之前为木作，但随着时间的流逝，木材已经腐朽，后替换为更加耐久的砖墙。

都铎王朝时期多数普通住宅的窗户没有窗玻璃，窗户只是开在墙上的洞口，洞的中间用木材或石材进行竖向分割形成垂直中梃，室内一侧则设有木窗扇，这种方式是都铎时期早期的通用做法。到了16世纪后期，带中梃和横档的窗比较流行，形成了中梃和横档横竖结合的分划方式，并得到推广。这时期的窗楣也发生了变化，16世纪初只有那些重要住宅采用叶形窗楣，之后，除了那些最普通住宅之外，大都采用标准的四圆心拱形窗楣，到了16世纪末期，平直窗楣得以普遍使用。在整个都铎王朝时期，石砌或砖砌滴水罩很流行。

最初，只有一些重要建筑的窗户才镶嵌玻璃，而到了16世纪末期，那些规模较大的乡村别墅和品质较好的城市住宅，已经把玻璃窗作为标准配置，直到17世纪后期，城市小住宅才开始使用玻璃窗。当时的玻璃比较薄，透明度也不高，都是由吹制成的圆盘形玻璃（冕牌玻璃）切割而成。16世纪的窗格按对角线斜向划分，17世纪的大窗户则按长方形划分。当窗户需要开启时（不是所有窗扇都能开启），则将铁制或木制的窗扇用铰链直接固定到砖石中梃的挂钩上。

1. 一组简单的木框窗户，带有一根中梃和两根铁制的支柱，属于小型住宅和比较大的乡村别墅普遍使用的形式。

2. 16世纪早期的木构架，带有凸起的中梃和侧壁。

3. 木制飘窗，横档和中梃带有深槽线脚，约1530年。

4. 16世纪早期的一组八窗扇的石制窗户细部，带有四圆心拱。

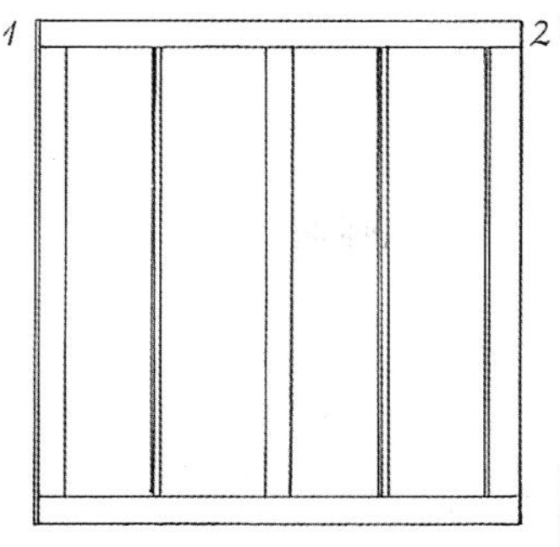

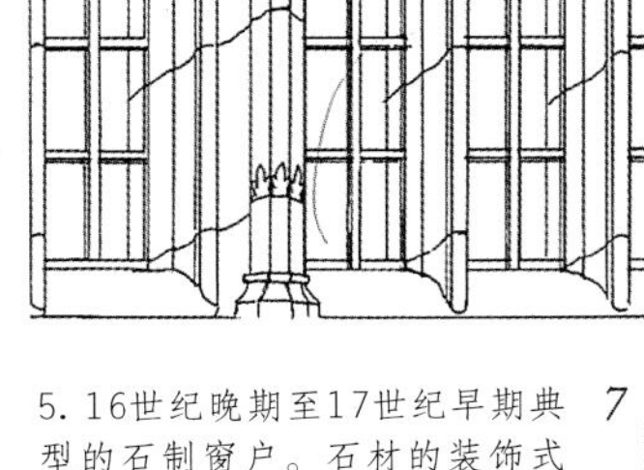

5. 16世纪晚期至17世纪早期典型的石制窗户。石材的装饰式样呼应了窗户所在门廊边缘的装饰形式。

6. 采用陶瓦制成的六窗扇窗户，出自萨里郡的吉尔福德市莎顿庄园，约1525年。两组窗扇都有三叶草饰，其风格在当时略显陈旧。值得注意的是滴水罩的形式。

7. 16世纪中期两窗扇的窗户，之前石材切边的效果能够用砖砌方式再现。

8. 16世纪晚期的砖砌凸窗，使用切砖和成型砖砌成。

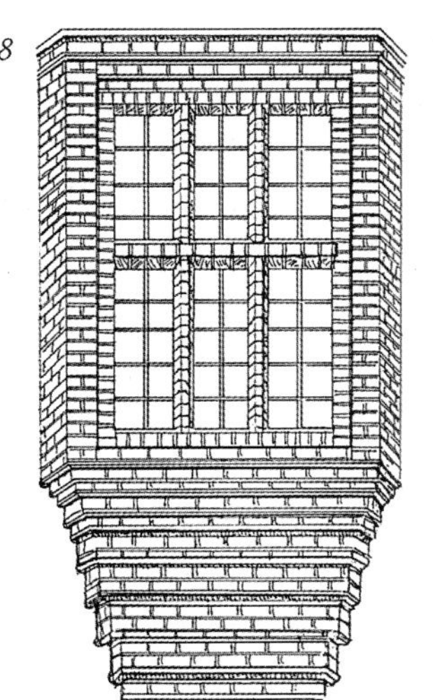

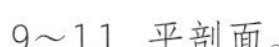

9～11. 平剖面。

9. 简单的木制窗户。能够看到支柱和玻璃。

10. 石材飘窗，显示了中梃的不同厚度和线脚形式。

11. 木制飘窗，类似于3，带有转角柱和比较薄的中梃。

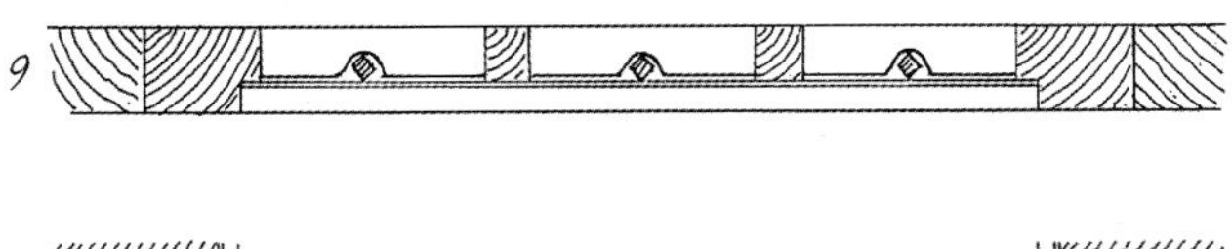

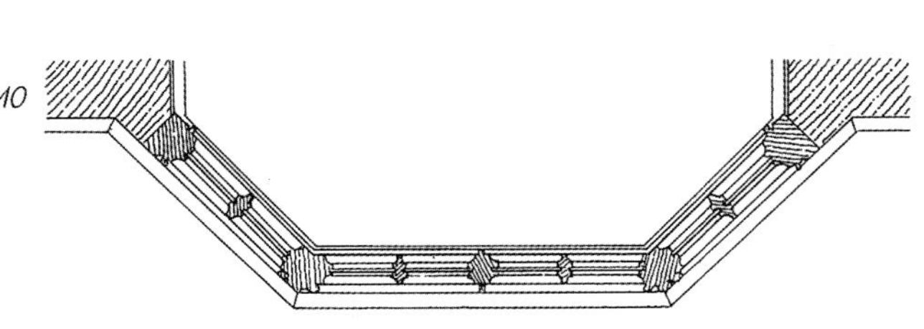

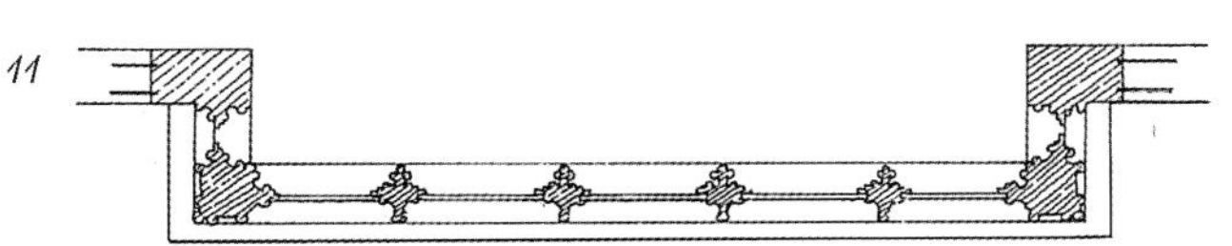

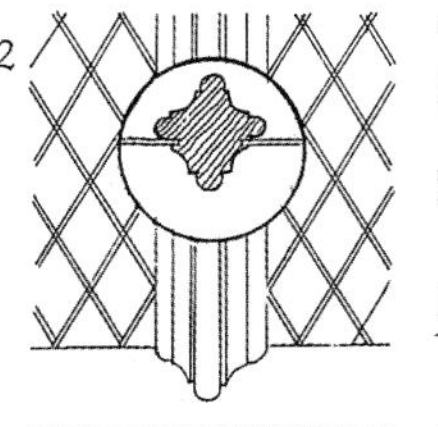

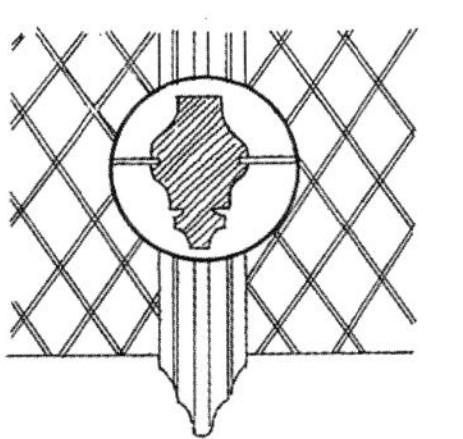

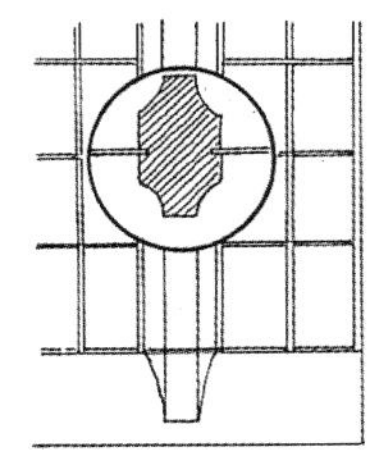

12. 这些窗户的细部显示了中梃的剖面式样、镶嵌玻璃的凹槽以及玻璃。玻璃嵌入铅制的玻璃槽，中梃多为对称形式（如第一个案例所示），但其他的一些案例中，窗户外侧看上去比较平整，而在内侧会形成很多的切角。与石材相比，木材可以制成比较复杂的线脚，在一些不甚时尚的地区，石制中梃也倾向于做许多切角。前两个细部为木制，后一个为石制。

1. 一组经过深度修复的16世纪早期的窗户横档和中梃。窗户由木制的托架支撑，形成了凸窗。P

2. 木构建筑中造型十分简单的乡土建筑风格窗户，由房屋的结构构件支撑，并通过中梃对窗扇加以分划。之前的贫穷家庭住宅中窗户不使用玻璃。LV

3. 在带有人字形木架砖壁（填充墙）的木构住宅中，窗户由木结构作为骨架，通过细薄的中梃进行分划，窗扇使用斜角窗格。LV

4. 凸出外墙的凸窗，其外部中梃和横档属于结构构件。从窗扇的特征看起来应晚于15世纪后期。LV

5. 铁制窗扇的细部，铰链与枢轴相连，嵌入石制框架中。金属转轮带有限位作用，以避免窗户开启过大。C

6. 由大型窗中梃和横档组成的石制窗户，其玻璃形式为矩形，可以追溯至17世纪前半期。C

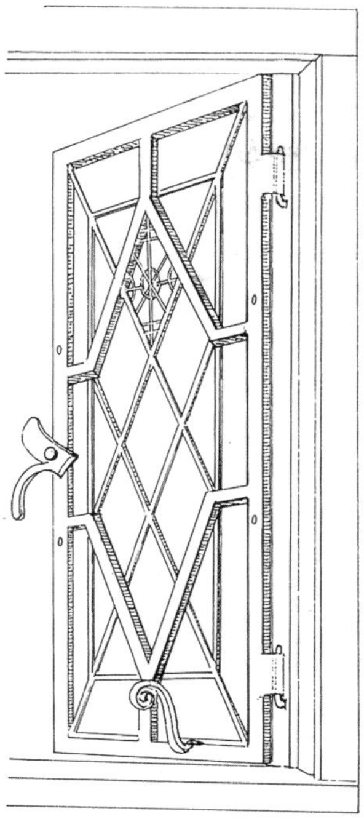

1. 17世纪的一组嵌入石制窗套的铁制窗扇。窗扇为外开式，通过一个限位器固定。注意铰链的弯曲形装饰。

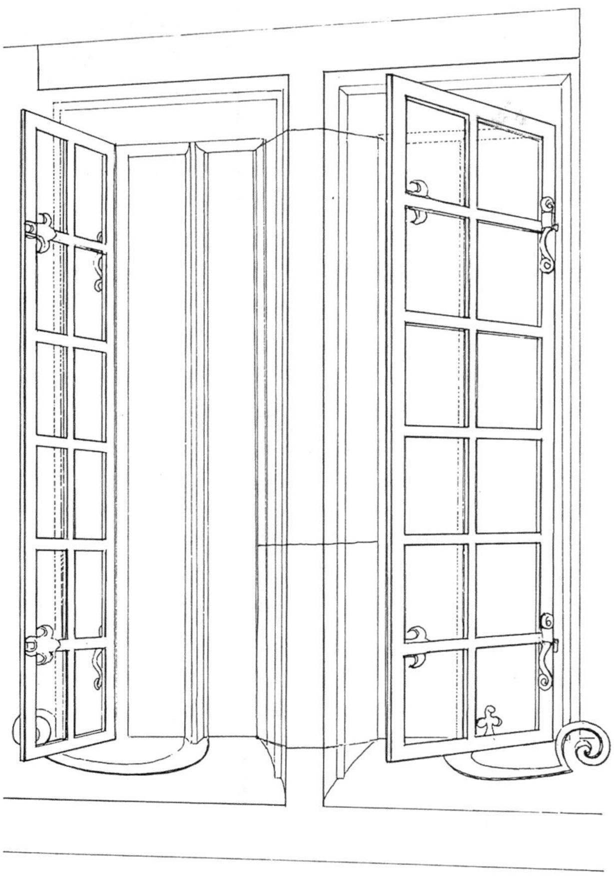

2. 一组锻铁制成的窗扇，带有窗钩、把手、枢轴铰链、精美的玻璃分划形式和菱形玻璃换气扇。

3. 镂空的铅制菱形玻璃窗换气扇，基本上保持了最初的特征。

4～6. 各式都铎风格的锻铁窗扇固定件。

4. 铁制固定杆通常用作固定窗户的开启位置。使用时一端固定在窗户上，另一端钩在墙上，反之亦然。

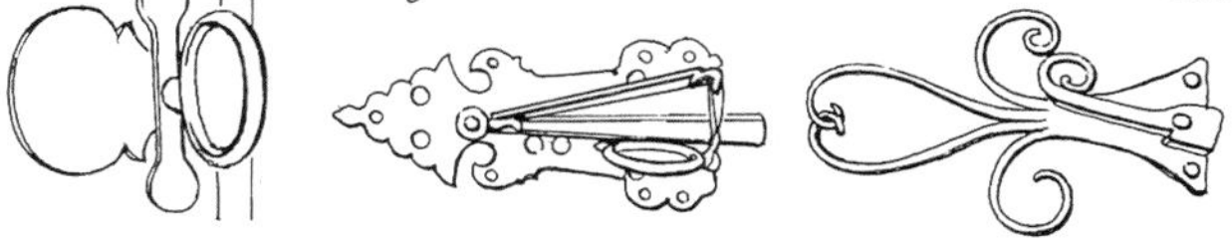

5. 一个简单的把手式样。

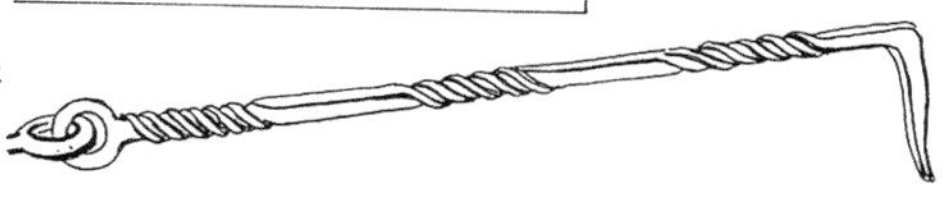

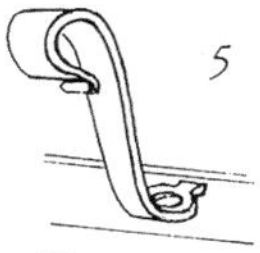

6. 窗扇固定杆的挂钩通常做成弯曲的形式，会使用弹簧件，或仅起到插销的作用。

7. 有着非常多窗格的窗扇，多使用在大型住宅中。16世纪的窗玻璃通常为钻石形，其尺寸小于14cm×8cm。进入17世纪，大块的窗玻璃可以制成约20cm×14cm，并且矩形窗玻璃变得普遍。上图为16世纪晚期的形式，下图为17世纪的形式。窗扇由小块的玻璃填充，这些玻璃通过带槽铅条（铅条开槽）固定在一起。窗扇上会有铁制的支撑条（垂直立杆）和支撑杆（水平

杆），两者相间设置于窗内。

8. 窗户顶端的细部显示了窗扇上的锁件（一个带有圆环的用于竖向支撑的横杆）。玻璃会固定到铁艺构件上。

9. 部分窗扇，表现了横杆和立杆。注意立杆上的三叶草饰，属于中世纪普遍使用的一种图形，如今多用于大型建筑之中。

10. 带槽铅条的断面图示，表示了玻璃的固定方式。

墙面

牛津郡查斯尔顿住宅室内装饰丰富的墙面效果，墙面饰板极为精彩。墙板有壁柱，是詹姆斯一世时期住宅时尚的细部处理方式。C

这一时期常见的室内墙面处理方式是在砖墙或石材墙面覆以平整的抹灰，或者使用橡木色的木骨架或栗色的板条作为局部装饰，其他部位配以稀石灰粉刷（白色涂料）。

在一些品质较高的住宅建筑中，会在砖石墙面上使用木制墙板作为装饰覆盖层，或采用木龙骨结构形式（住宅的木构工艺）进行墙面分隔装饰。当墙板用于已经砌筑完成的墙面时，高度可以高至雕带形成满墙装饰，或仅作为墙裙。墙裙板通常采用干挂的方式而凸出墙面（壁毯或刷漆壁布），偶尔还会用油漆模仿植物或墙板样式。墙纸此时不多见。雕带高度的护壁板有时会被油漆或墙与天花板之间的石膏装饰雕带打断。

由薄木板组成的墙板，一般卡在十字交叉的木制木龙骨上，木龙骨固定于基层垂直放置的木条上。木板通常为橡木，尺寸控制在60cm见方，接缝尽可能细小，雕刻装饰的使用十分普遍。16世纪早期采用布褶纹饰雕饰图案（由墙面挂饰发展而来），并且一度十分流行。后来，阿拉伯风格交织凸起的带状饰和簇叶形装饰开始流行，包括细小的圆形饰物。在一些大型住宅中，壁炉和门套会与墙板的造型结合在一起。

1. 17世纪早期，墙面装修的立面和断面，可以看到品质优良的带有石膏雕带的护墙板系统。

2. 16世纪或17世纪早期典型的墙面饰板，板框间有接缝并使用了钉子。

3. 布褶纹饰镶板，属于早期非常流行的雕饰装饰形式。

4. 17世纪早期，几何形的大型护墙板十分普遍。

5. 仿自然形态雕刻形式的护墙板，在16世纪晚期使用广泛。

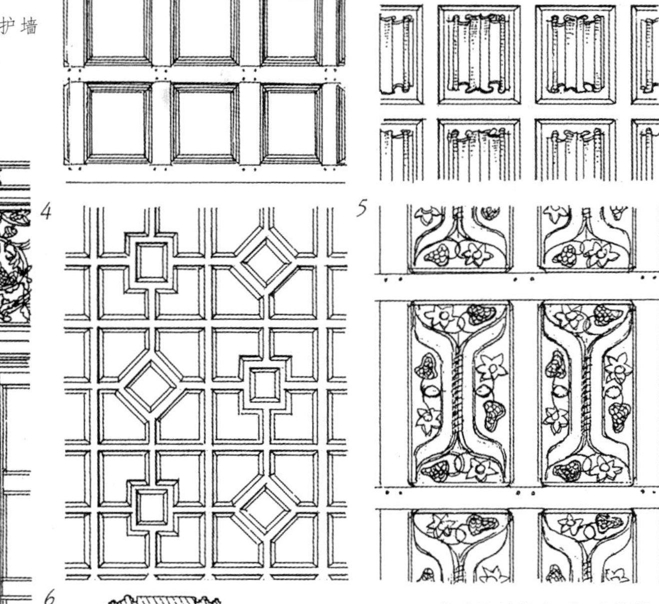

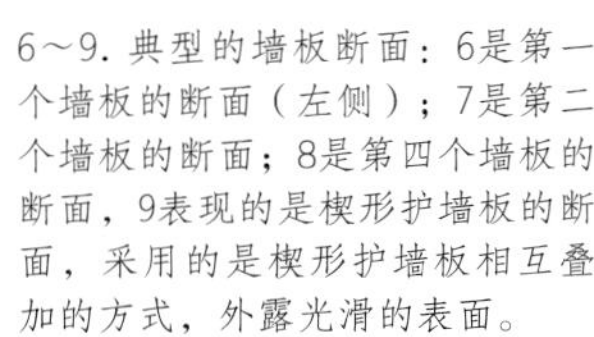

6～9. 典型的墙板断面：6是第一个墙板的断面（左侧）；7是第二个墙板的断面；8是第四个墙板的断面，9表现的是楔形护墙板的断面，采用的是楔形护墙板相互叠加的方式，外露光滑的表面。

10. 护墙板与木框搭接的两种方式。第一种为石材式斜接，交叉处倒角。

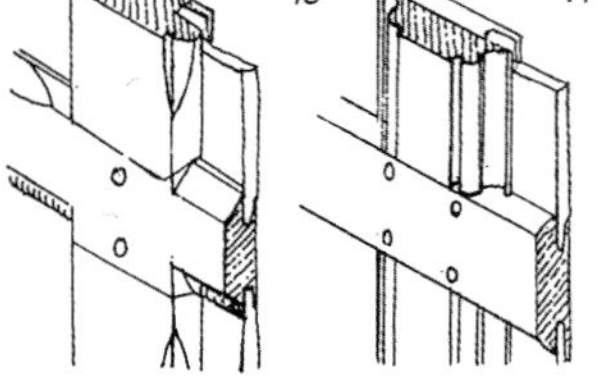

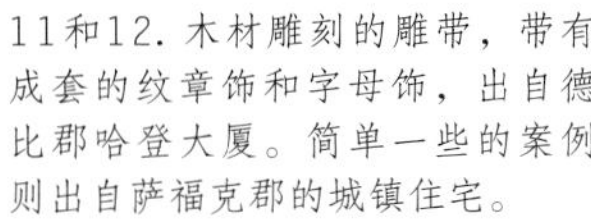

11和12. 木材雕刻的雕带，带有成套的纹章饰和字母饰，出自德比郡哈登大厦。简单一些的案例则出自萨福克郡的城镇住宅。

13. 17世纪早期，约克郡的大型石膏雕带的一部分。

14. 附加的石膏装饰是典型的简单装饰物。

15. 带有带状装饰和阿拉伯装饰的高品质石膏雕带，属于十分常见的詹姆斯式图案。

16. 由壁柱进行分段的时尚的詹姆斯式墙板，其中雕刻的簇叶形装饰也非常典型。

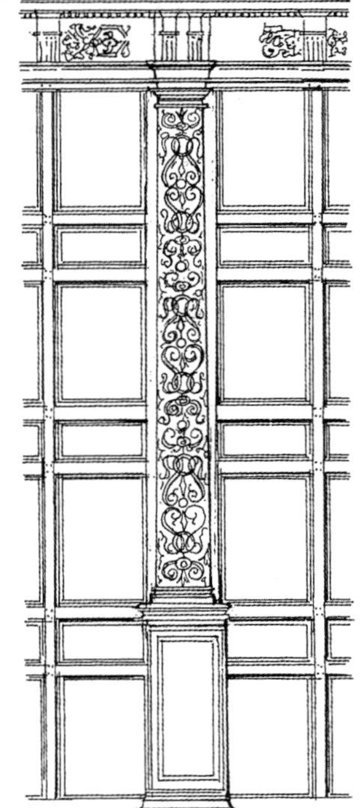

1 

2 

3 

1. 此墙面或许曾经覆盖着纺织品挂饰。墙面挂画是后期商业住宅中经常采用的方式。P
2. 墙板通常可以重新使用或重新排列，从图中右侧护墙板的形式变化即可看出。这个使用布褶纹式镶板拼接而成的墙面即属于这种情况。P
3. 布褶纹饰镶板，雕饰模仿墙面织物的悬挂效果，是整个16世纪非常普遍的墙面处理方式。P
4. 16世纪早期梁上雕刻的细部，木材是室内装饰的万能材料，价格便宜，比砖和石材都易于雕刻。P
5. 出自16世纪晚期的抹灰墙面，油漆模仿纺织品的纹理效果，清晰精美的图案体现了油漆的表现力。TY

4 

5 

6 

7 

6. 带状饰是一种表现力非常强的灵活多变的图案形式，可以用于多种材料，此处使用的是油漆，约1630年，为楼梯间增光添彩。可以看到右上角的一个错视画，画出了一个垂饰。SU
7. 16世纪中期，诺丁汉郡特伦特河畔纽瓦克市州长住宅墙面的漆画，模仿了悬挂的织物，形成了生动的板条墙面装饰效果。TY

天棚

1. 科吉歇尔的派考克住宅天棚，约1500年，可以看到由楼面下部楼板搁栅所形成的装饰效果。P
2. 主梁线脚细部和精致的簇叶形收口。P

15世纪的天棚仅将上部楼板的底面进行简单的处理，并一直是这一时期大部分时间普通住宅的做法，这种情况下，楼板的结构构件往往成为装饰的对象。到了16世纪，在一些品质较高的住宅中，楼板搁栅的下面开始增设木板或板条天棚并采用抹灰进行装饰，这种从梁板吊挂而下的天棚可以取得平整的装饰效果，有时也会用雕饰或石膏线进行装饰。即便一些非常普通的住宅天棚也会有各种装饰物，比如在搁栅上采用梁侧倒角或线脚收口的方式。

在装饰天棚时，会依据主要建筑结构构件的主梁将天棚分割成若干部分，或者重新生成平整的天棚，表面可以用油漆涂刷，或用木雕及石膏线脚进行装饰。早期的天棚隔间（方格）通常为格子式的，但16世纪晚期则出现了不规则的样式，包括各种有机图形或带状饰。在肋架或条带的交叉点上会有成形的垂球雕饰。而在一些大型住宅中，有时会使用垂饰。这些装饰物起初用石膏制作，但后来更多精致的装饰物均由木材或石蜡制成，固定在需要的位置。

天棚并非总做成平直的形式，大型住宅上部楼层通常采用内凹形或斜脊形天棚。

1～4. 为木构屋顶典型断面。从这些形式中可以看到许多的变化。

1. 简单的拱形支撑屋顶。

2. 桁架中柱式屋顶，屋顶结构由立在连梁上独立柱支撑，没有系梁。

3. 冠顶中柱屋顶，由连梁上立起的独立柱支撑系梁。

4. 双柱式屋顶，系梁由立在连梁上的两根立柱支撑。

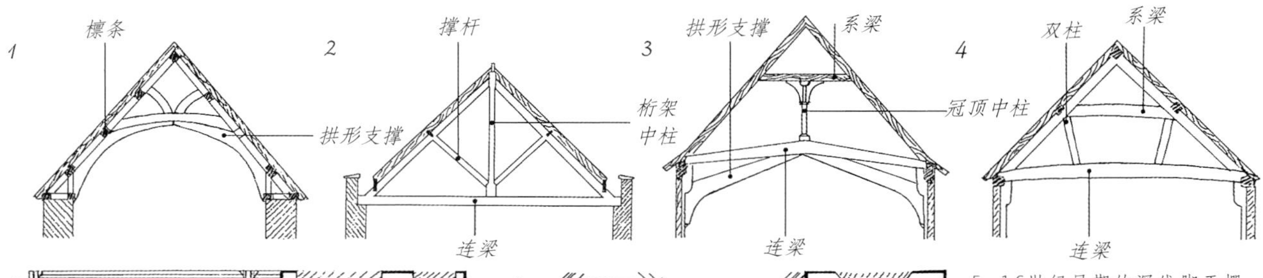

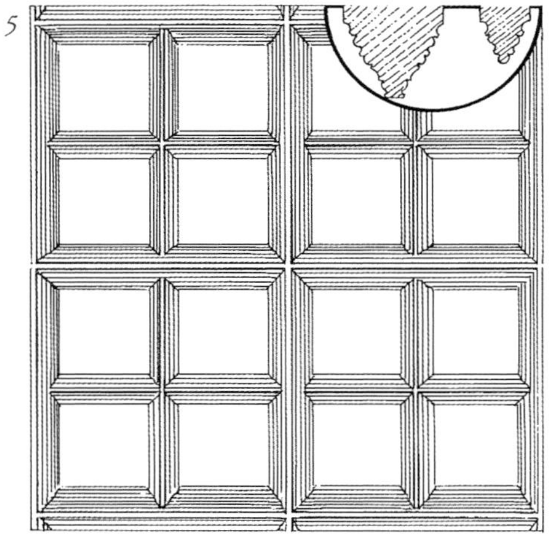

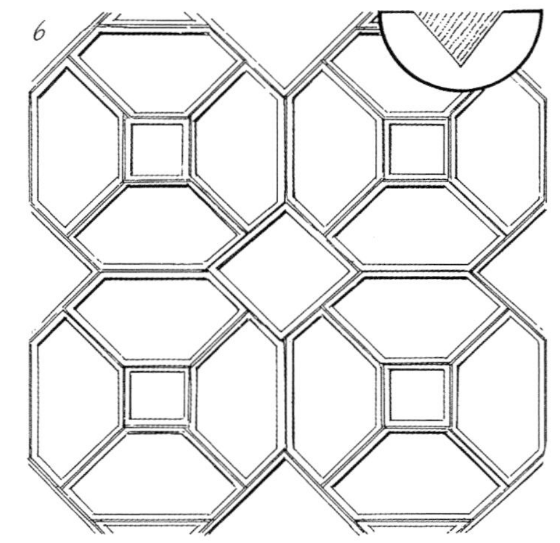

5. 16世纪早期的深线脚天棚，属于结合主要和次要结构构件的装饰方式，如断面所示（半圆图）。

6. 简单的几何形石膏线脚天棚，出自埃文河畔斯特拉特福德市，是普通的詹姆斯一世时期住宅中典型的装饰形式。工匠会使用成形的尖形线条。

7. 精致的浅浮雕石膏造型天棚，约1560年，图形包括皇家和家族的冠饰和徽章。半圆中表现的是主要断面。

8. 非常精致的石膏天棚细部，威尔士波厄斯郡城堡，约1592年。这种复杂的自然花卉形态在当时十分普遍。

9. 带有带状饰的浅浮雕石膏天棚，出自伯明翰附近的阿斯顿庄园，约1630年。带状饰是17世纪早期非常普遍的装饰图案形式。

10. 无论石膏工艺的天棚还是木作天棚，葡萄藤图案都属于常见的装饰形式。

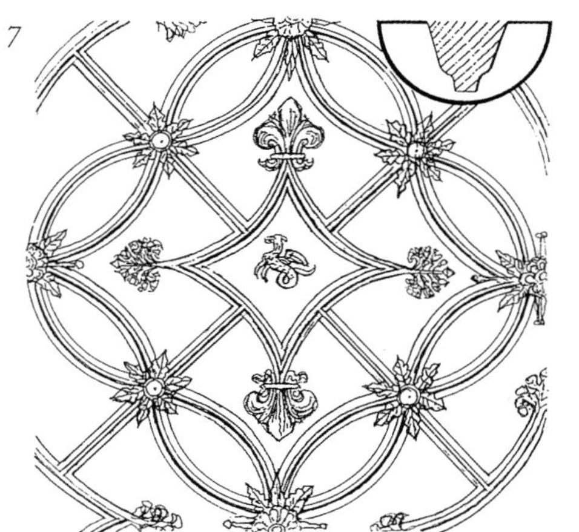

1
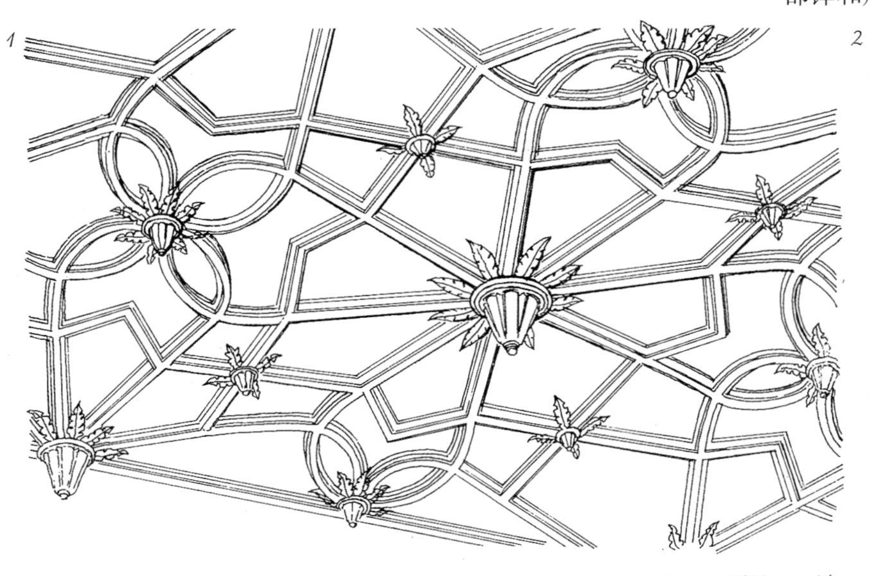

2

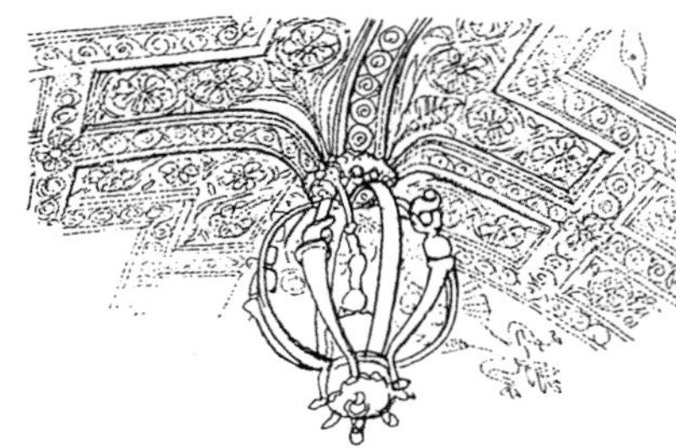

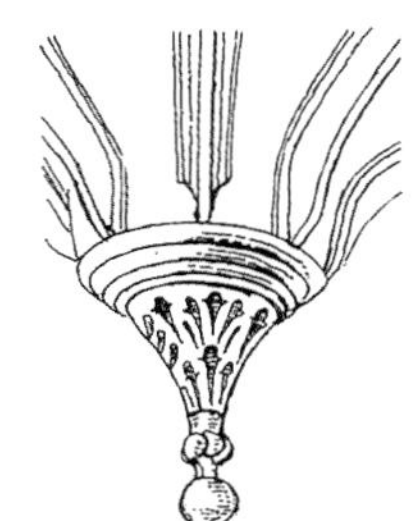

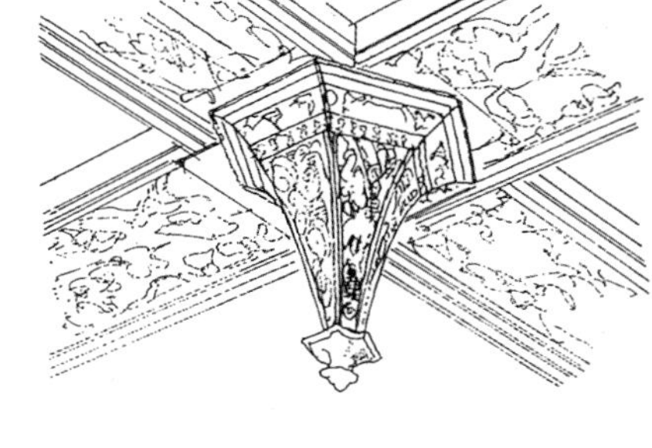

1. 16世纪晚期的石膏天棚，在装饰性肋架的相交处带有垂球雕饰和垂饰。

2. 天棚的垂饰，16世纪30年代开始流行于大型住宅中，之后普遍用于庄园住宅和大型城镇住宅中。

3. 精心设计的吊顶标准断面。第一个最早可以追溯至大约1537年；其余两个约成于16世纪70年代，装饰形式与上部屋面的结构形式紧密结合；最后一个属于筒形天棚，如果住宅的屋顶空间允许，这个时期大多数天棚采取这种造型形式。

4. 17世纪早期的天棚，可以看到1560—1610年间一些非常重要的装饰元素：带状饰、葡萄藤蔓饰、垂饰和植物图案。*C*

5. 这个橡树雕刻的檐口属于穹隆天棚的基座部分，成于16世纪早期（从上图中的整体轮廓可以直观看到该檐口的位置）。交织卷曲的图案是中世纪后期的典型形式。

6. 住宅天棚横梁装饰形式，16世纪中期，萨福克郡的拉文纳姆。这种生动有力的图案属于商人住宅里典型的装饰形式。

7. 最简单的天棚形式，仅对楼板搁栅的下部进行装饰。*P*

3
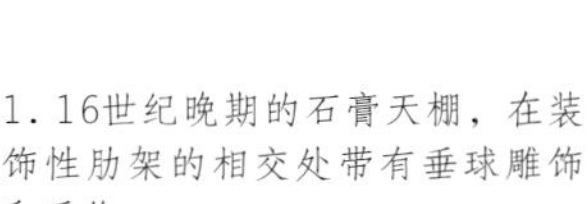

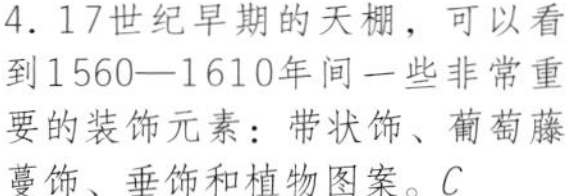

4

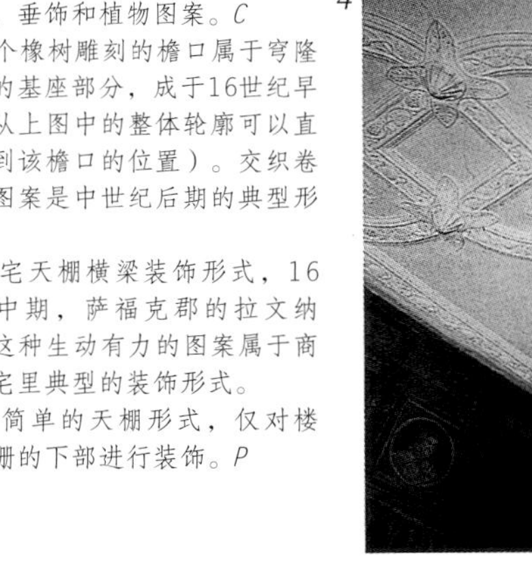

5

6
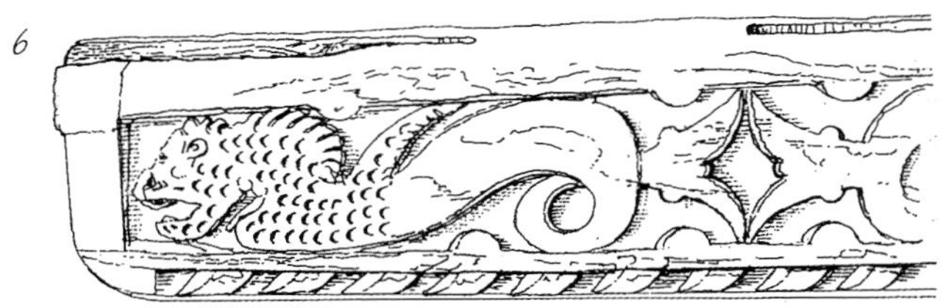

7

地面

1. 在整个都铎和詹姆斯一世以及之后相当长的时期中，石材在英伦诸岛各个等级的住宅中都是十分常见的铺地材料。这里看到的是德文郡一个住宅的走廊。*PS*

2. 萨里郡汉普敦宫中的原始草席地面，已经使用了300余年时间。草席用于各个等级的住宅，无论简单的小型住宅还是豪华的大型住宅。*TY*

最简单的地面为夯土地面，好些的为竖砖铺砌，或瓷砖铺贴，最好的则为石板铺地。铺砖地面十分常见，但由于砖的质地不够坚硬，所以今天看到的大多数铺砖地面均为后期更换以后的效果。大型住宅中的铺砖地面严格限制在服务辅助用房区域。瓷砖铺地能够形成轮廓鲜明的图案效果，光滑平整，每个地区的瓷砖色彩和规格都不相同。石板是最受欢迎的地面材料，石板在磨损后可以翻过来再用，直至彻底更换。最常使用的是当地出产的石材，今天经常见到的石材类型有约克石、花岗石、板岩、各类砂岩等，甚至还有大理石。乡村住宅中会出现鹅卵石，多使用在圈养牲畜的区域。楼层则使用木地板，尽管也会见到榆木地板，但多数使用橡木地板。板材的宽度比今天的地板要宽得多，60cm宽的地板十分普遍。

地面的抹灰都很厚，尤其在英格兰北部地区，为了增加强度，通常在灰泥中加入一定数量的秸秆。大型住宅中的地面会刷上油漆，但很多住宅的地面上覆盖草席，这是一种普遍使用的地面覆盖方式。草席有时会在地面抹灰尚未干燥时铺设，这样可以形成更好的结合度，也可以将条状草席直接铺在干燥的地面上。草席的长向常会缝合在一起，边缘用钉子固定。地毯则属于非常奢侈的用品。

壁炉

16世纪早期带有四圆心拱和上漆拱肩的石制壁炉。注意上部墙面镶板拆除后暴露出来的砖砌承重拱，承担着部分烟囱的重量，使壁炉过梁可以更宽。*SU*

都铎和詹姆斯一世初期，唯一房间中的炉膛还十分常见，而到了16世纪，墙上壁炉则占据了支配性地位，成为房间的核心。

最简单的壁炉依附外墙用砖或石材砌筑，或置于建筑中部或其屋内的某道墙上。对于后者，几个壁炉可以共用一个烟道（背靠背，或在不同楼层设置），这样的壁炉开口上部会使用木材或石材的过梁，形式可以是平整的、倒角的、带线脚的或有雕饰的。

在规模较大的住宅中，壁炉的开口可以采用木构、砖砌或石材等结构形式。那些16世纪早期的壁炉通常带有四圆心拱的楣梁，用倒角方式或线脚进行装饰。壁炉雕带通常凸出过梁。从16世纪40年代开始，时尚的壁炉有着文艺复兴式的细部，比如在壁炉两侧侧壁上附上的古典柱式。壁炉上部装饰架包括壁龛、立体纹章、装饰镶板或带状饰。

炉膛为石材或砖砌，而今天看到的砖砌的炉底多为翻新之后的。炉底后部墙体用薄砖或瓷砖作为面层材料，再用锻铁壁炉背墙铸件加以保护。最简单的炉膛会砌筑小砖垛用来支撑燃烧的原木，但多数还是使用铁制柴架（壁炉柴架）。16世纪木材价格飞涨，放在金属篮筐中燃烧的煤炭逐渐替代了原木。

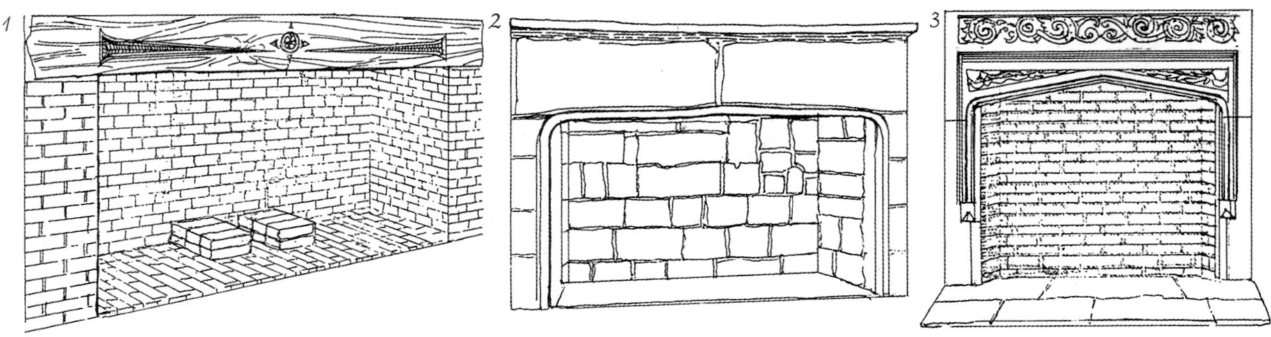

1. 砖砌的简单壁炉，带有橡木雕刻过梁，整个时期最为常见的典型形式。

2. 城镇住宅中简单的石制壁炉，约1600年。典型的高过梁形式。

3. 16世纪上半叶非常复杂的石制壁炉，带有四圆心拱、侧壁倒角饰和有簇叶形装饰的壁炉上部装饰架。壁膛底伸至房间之中。

4. 16世纪早期的一个四圆心拱石制壁炉套边，拱肩和过梁上有四叶饰。拱肩上通常刻有徽章或座右铭。

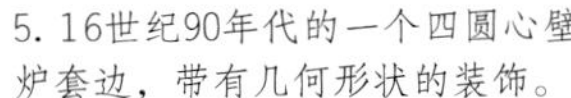

5. 16世纪90年代的一个四圆心壁炉套边，带有几何形状的装饰。

6. 这个大理石壁炉可以追溯至17世纪早期，组合了科林斯柱子、带有雕刻的枝叶和带状饰。

7. 壁炉后部通常用砖或瓷砖砌筑，这个例子中的瓷砖采用的是人字形砌筑方式。

8. 炉膛的后墙通常用金属壁炉背墙加以保护，这个例子出自16世纪早期萨塞克斯郡的考德雷住宅。

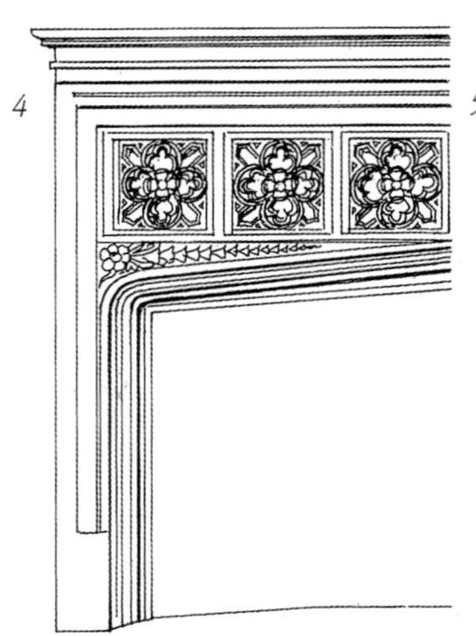

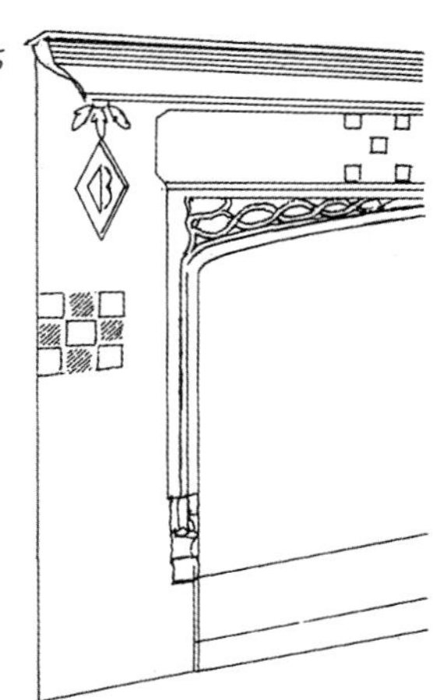

9. 地方性建材习惯于沿壁炉水平向排列。在易于获取石材的地区，壁炉多会使用石材砌筑，尽管壁炉燃烧的热量会导致石材砌体不稳固。

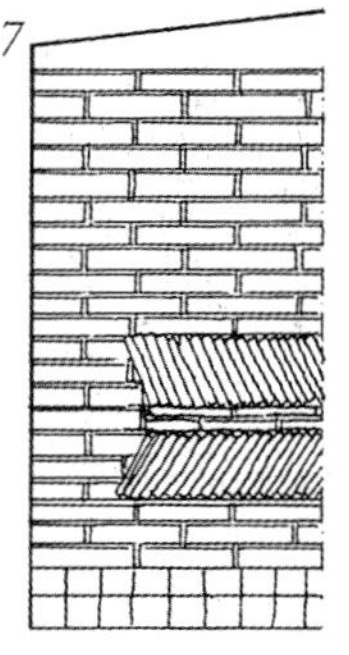

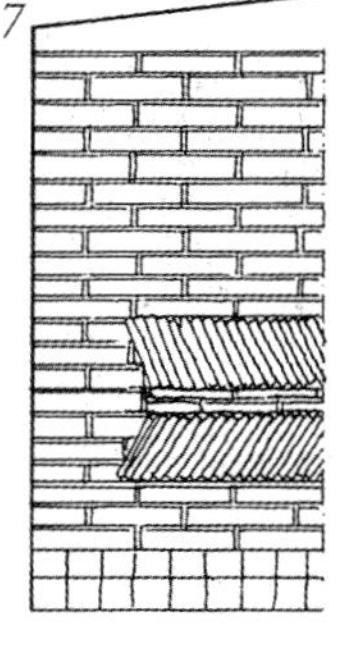

金属壁炉背墙反映了地方工匠的工艺水平，并且要尽量彰显出房主的地位与家庭的信念。

10. 一个简单的萨塞克斯郡的壁炉背墙，带有绞绳饰。

11. 16世纪的一个矩形壁炉背墙细部，鸟的形象在这里可能是福尔斯姓名的双关语，属于一个铁匠家庭。

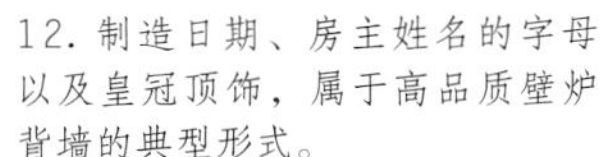

12. 制造日期、房主姓名的字母以及皇冠顶饰，属于高品质壁炉背墙的典型形式。

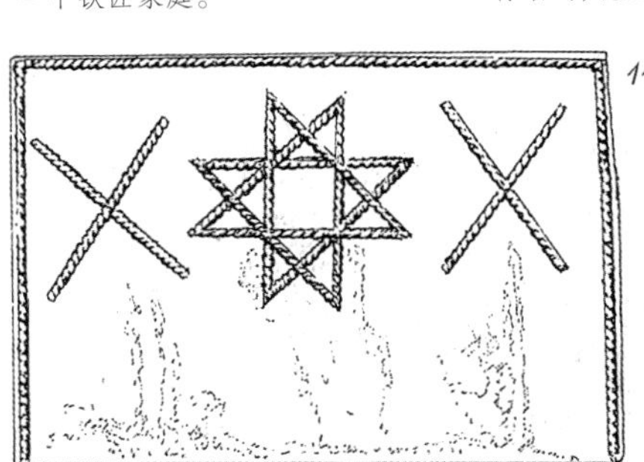

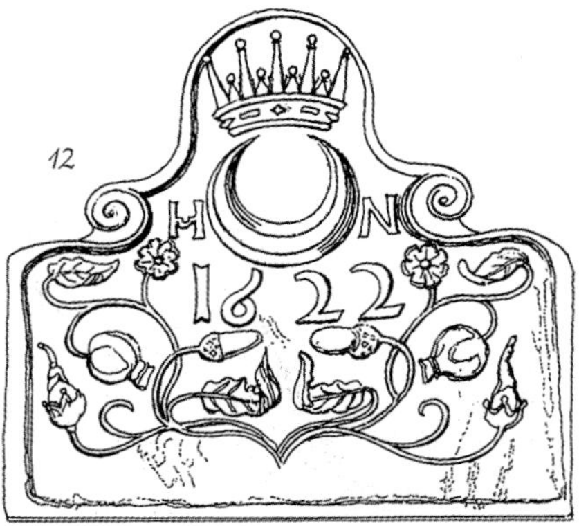

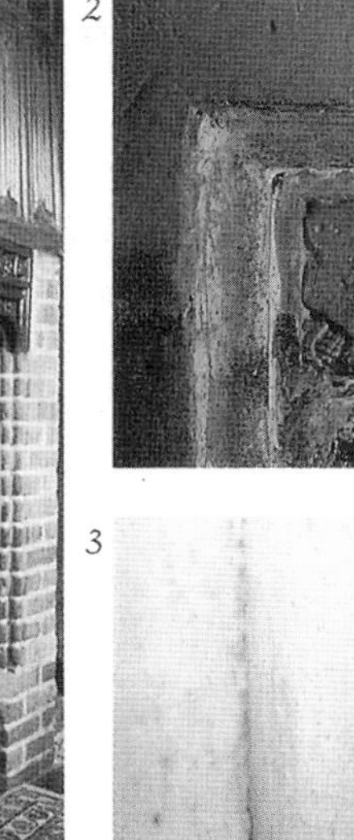

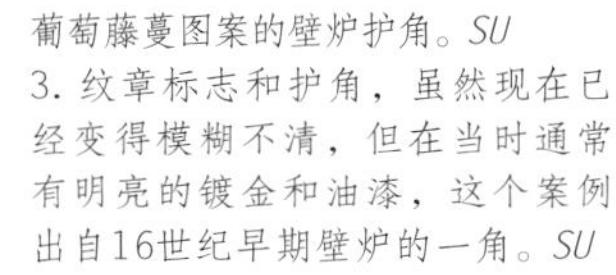

1. 一个不多见的抹角砖砌壁炉侧壁和带有雕刻的木制过梁，构成这个16世纪早期壁炉的主要装饰。*P*

2. 壁炉拱肩雕刻细部，带有连续的葡萄藤蔓图案的壁炉护角。*SU*

3. 纹章标志和护角，虽然现在已经变得模糊不清，但在当时通常有明亮的镀金和油漆，这个案例出自16世纪早期壁炉的一角。*SU*

4. 壁炉两侧使用了半圆柱，壁炉上部装饰架同样包括置于两侧的简单的镶板，属于16世纪晚期至17世纪早期典型的布置方式。*C*

5. 这个壁炉架的下半部分属于18世纪风格，但木制壁炉上部装饰架带有徽章和人物形象则属于16世纪晚期的典型风格。*C*

1. 一个宗教改革之前的大尺寸壁炉，带有典型的中世纪晚期图案。断折造型的壁炉上部装饰架显示出当时壁炉形式的变化。

2. 壁炉上的四圆心拱形套边属于保守做法，而壁炉上部装饰架的带状饰和壁柱则非常时尚，约1600年。

3. 圆柱、半圆柱和壁柱是英格兰伊丽莎白和詹姆斯一世时期壁炉的典型特征。壁炉上部装饰架与墙上檐口连为一体。木制，17世纪早期。

4. 伦敦布罗姆利附近宫殿中时尚的木制壁炉架，约1603年，在侧壁有雕饰的壁柱，壁炉上部装饰架有半圆柱和壁龛。

5. 带有浮雕形式的女像柱、带状饰和寓言场景的大型石制壁炉架，伦敦格林威治法院，1607—1612年。

6. 伦敦城镇住宅中用石材和橡木砌成的壁炉架，约1620年。

7. 所有的烘篮均用熟铁锻造而成，这个16世纪晚期的例子附带有装红酒罐的托架。

8. 带矛头造型的火篮，德比郡哈登大厦，16世纪早期。

9. 铸铁壁炉柴架，75cm高，约1610年，台座上有女性半身像。

10. 壁炉柴架上的钩子，可以放置固定原木的横杆。

11. 带有撑托红酒罐支架的壁炉柴架，16世纪晚期。

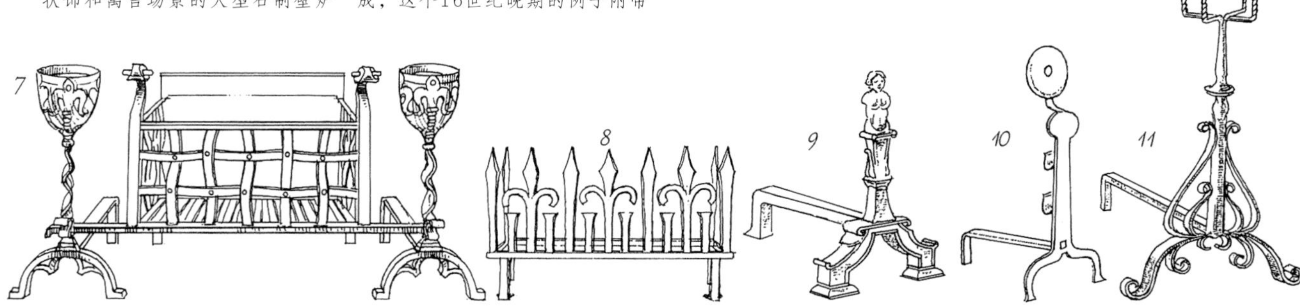

楼梯

查斯尔顿住宅里的主楼梯，牛津郡，1602年。属于框构型（没有中柱）。楼梯端柱和栏杆柱的垂饰是常见的“方尖碑”形。C

单（直）跑楼梯是最普遍的楼梯形式。在小型住宅中，楼梯会安放在一个狭窄的空间中，而且常常隐藏在隔墙后面。折跑式楼梯是单跑楼梯的变体，由两个相邻的梯段组成，楼梯栏杆相会在同一个垂直高度的楼梯平台上。在品质较高的住宅中，楼梯是身份和地位的象征，一般设置在中央大厅的一侧，带有大量繁琐而精致的装饰。许多住宅里，尤其是一些非常大型的豪宅，还会设有室外楼梯和柱廊。

旋转楼梯出现在早期一些建造质量较高的住宅中，楼梯的中心位置往往有一个宽大的起承重作用的方柱体，用砖或石材建造。16世纪中期后，楼梯结构变成框架式，实心的方柱体由木框架取代。

伊丽莎白时代多数楼梯栏杆柱的形式与柱子相类似，或做收腰处理。16世纪中期，出现了带有雕饰栏杆柱的典型詹姆斯一世风格楼梯。栏杆柱多为曲线形或者尖端缩小的形状，多以带状线条装饰为基础造型。栏杆柱固定在封闭式梯梁上而不是在踏步上。扶手上有丰富多样的装饰线脚，立柱精工细做布满雕饰。楼梯端柱是旋转楼梯最重要的部件，即使是在非常简陋的房子中也会精雕细刻。

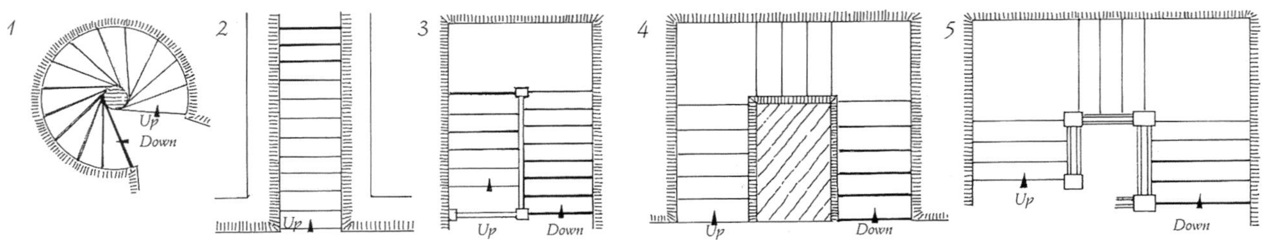

1. 旋转楼梯是贯穿整个时期的楼梯形式，采用木材、石材或者砖建成。

2. 在这一时期，单（直）跑楼梯是最简单和最常用的形式。

3. 折跑式楼梯在这一时期的普通住宅中十分常见。

4. 16世纪中后期，在面积较大的住宅中，实心方形中柱楼梯成为一种常见样式，中心柱从建筑底部一直通到顶部。

5. 框构型楼梯是非常好的空间形象因素。16世纪中期，这种楼梯首次出现在面积较大的住宅中。

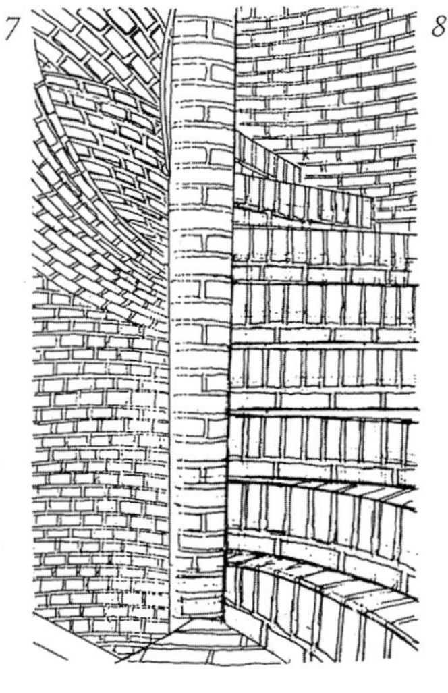

6~8. 旋转楼梯有时会包含在大型住宅厚实的墙体中。最好的为砖砌，但大多数是石砌或者木制。踏步是石制楼梯的重要细节元素，左侧（约1620年）多与实心中柱结合为一体。*PS*

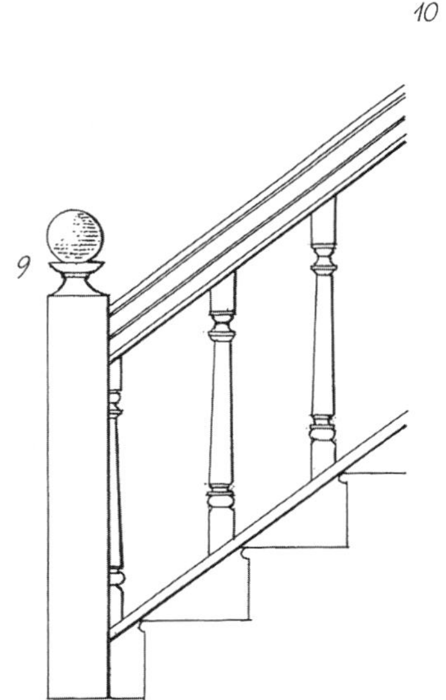

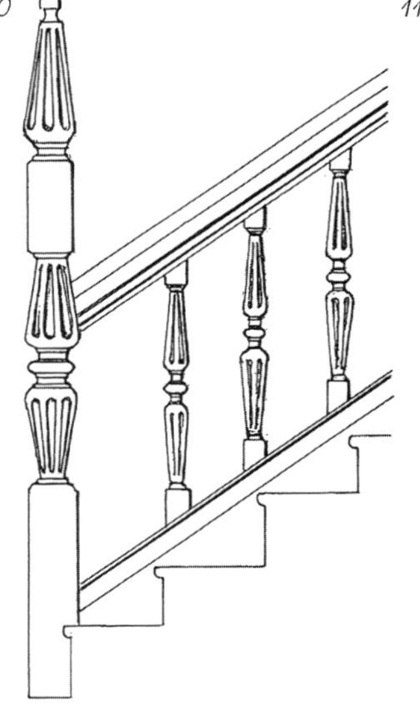

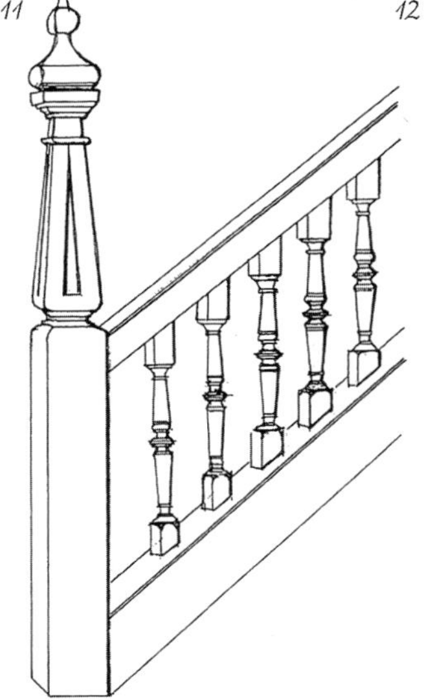

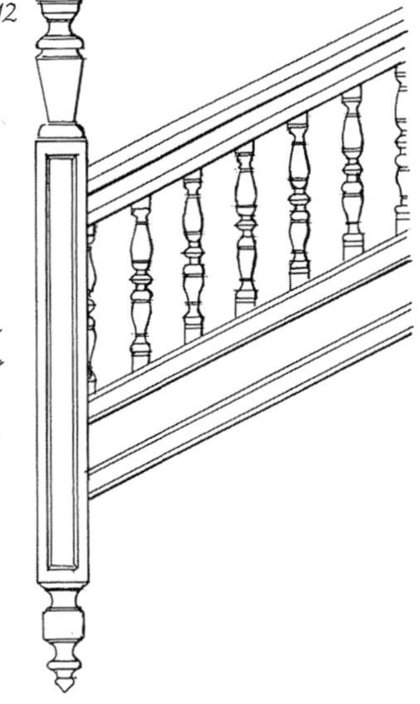

9. 沃里克住宅中的楼梯，楼梯端柱非常简单，车削栏杆柱样式朴素。属于16世纪中期普通住宅楼梯的典型做法。

10. 一个位于萨默塞特的楼梯，约1560年，带有复杂的栏杆柱和雕刻元素。栏杆柱固定在扶手和斜向梯梁之间，封闭式梯梁式。

11. 17世纪早期，“方尖碑”形的楼梯端柱十分盛行，类似这个精心设计的楼梯，约1620年。

12. 这个使用在上层的梯段来自北安普敦郡，约1580年。楼梯端柱的下方延伸出一段垂饰。

1. 带有楼梯端柱和雕刻栏杆柱的楼梯，16世纪晚期。

2. 框构型楼梯的复杂中柱，栏杆柱上宽下窄，带有带状饰，17世纪早期。

3. 来自17世纪什罗普郡的一个案例，镂空的带状饰栏板置于扶手下面，取代了栏杆柱。在巴洛克时期这种设计十分流行。

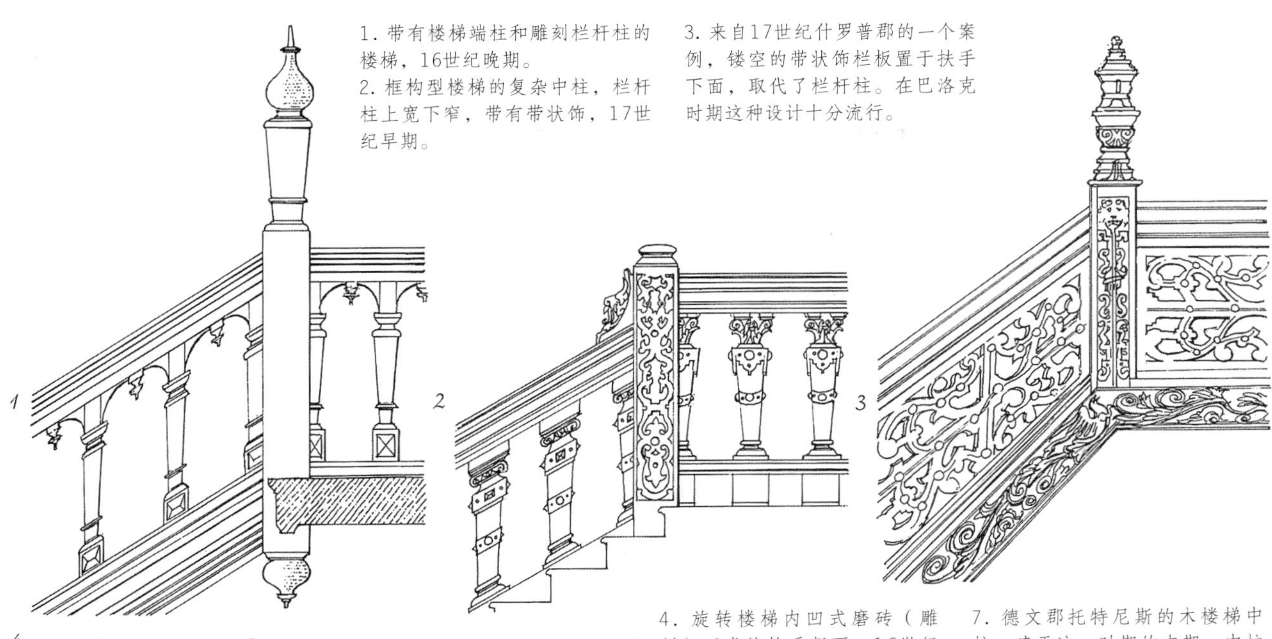

4. 旋转楼梯内凹式磨砖（雕刻）而成的扶手断面，16世纪早期。

5. 从16世纪晚期开始，木制扶手出现了倒角，如图所示，属于定型产品。

6. 上层的楼梯端柱通常带有垂饰。垂饰和尖顶饰可以互换，大多数样式简单，车削。尖锐的“方尖碑”形式属于詹姆斯一世时期的风格。

7. 德文郡托特尼斯的木楼梯中柱，建于这一时期的末期。中柱和内墙上的木构架支撑着踏板。PS

8. 狗圈上的门是为了圈住狗并防止其上楼。在这个图上还能看到铰链和卡扣，约1620年。

9. 车削而成的橡木楼梯端柱，16世纪晚期的典型样式。

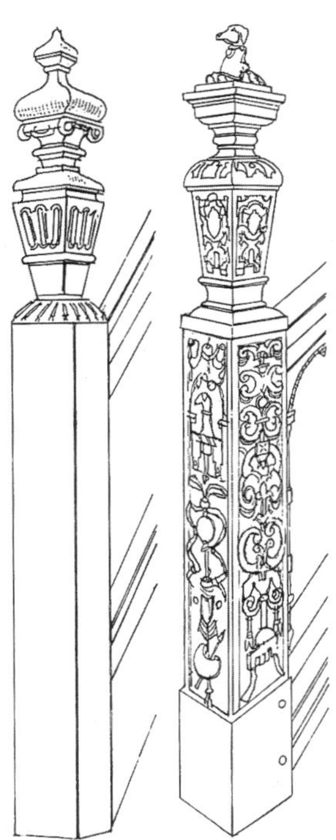

10. 方形截面的楼梯端柱。第一个是17世纪早期的样例，带有装饰花瓶和植物叶子组成的锥状尖顶饰。第二个尖顶饰带有爱奥尼亚式的细节。最后一个的顶端是守护神的雕刻，约1564—1568年。注意带状饰。

固定式家具

1. 橡木壁橱，约1530年。
2. 16世纪早期的壁橱，保留了原有的五金配件。
3. 牛津郡布劳顿城堡内餐厅里的精美室内门廊，约1599年。有簇叶形装饰、带状饰和方尖碑形尖顶饰。

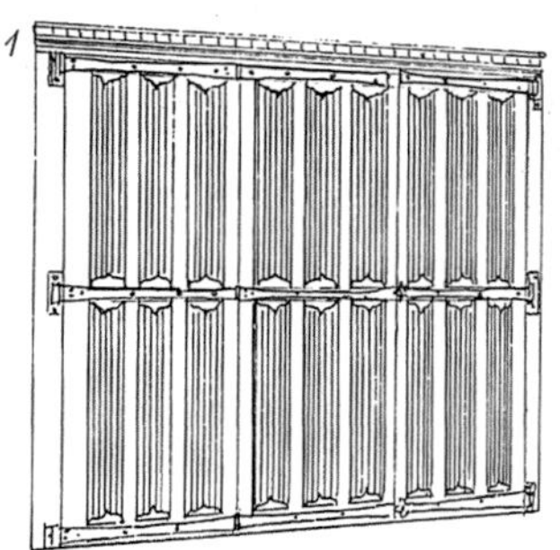

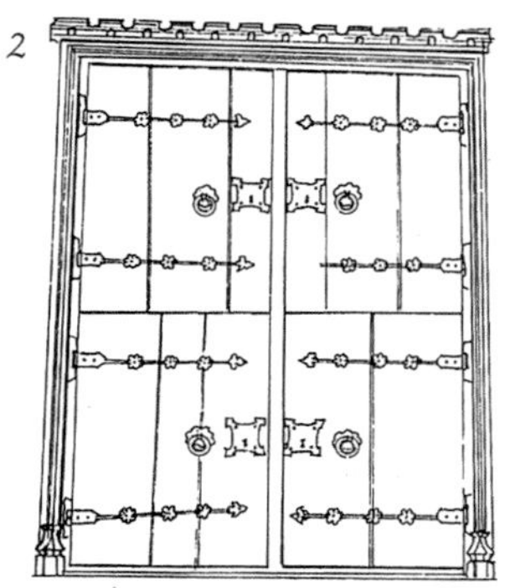

4. 1611年，一座石砌门廊的内部，有贝壳拱形壁龛。注意这种四圆心拱，曾经是风靡一时的流行样式。
5. 长椅靠背上梃和尖顶饰的装饰细节，约1510年。
6. 具有代表性的桌子式样。
7. 橡木高背长椅，带有布褶饰靠背和雕刻尖顶饰，约1500年。

固定式家具是16世纪早期住宅的重要特征，并在整个历史时期中，始终为一些普通住宅所使用。大多固定式家具会在现场制作，用于收纳各类物品，特别是用作保存衣物、银器和文件档案等。最普通的形式是利用墙上的壁龛，加上框架和柜门后制成壁橱，壁龛等凹进部位通常在砖石墙体或木构墙体砌筑时预留。一些在小型村舍中精心制作的壁橱仅作为收藏烛台或杂物的小橱柜使用，而更小一些的住宅，壁柜经常设置在靠近壁炉的地方，借助壁炉的热量来保持家具内部的干燥。有时厨房会设置类似的橱柜或吊柜，避免老鼠啃食食物。

固定座椅会设置在窗凹处、门廊里，甚至在大型壁炉中。这些座椅多为木制，也经常会使用砖石材料作为支撑结构。在各类住宅中普遍使用嵌入墙体的带背长椅（通常为带有扶手的木制高靠背椅子），面板有时会做成活板，并装上铰链，下面当作储物箱使用。厨房和大厅中带腿的桌子和长椅通常固定在地面上，形式简单。

16世纪后期和17世纪的一些住宅开始出现内门廊（不包括简陋的住宅），用作空间隔离，并通常连接着大门，一些大房间也设有室内门廊。

设施

1
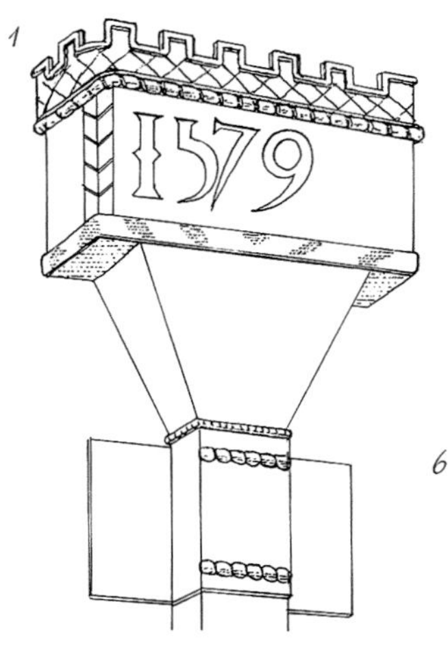

2

3

6

5
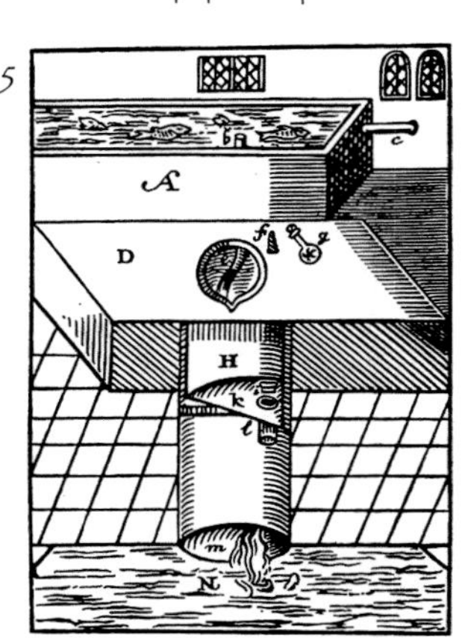

4

1~4. 装饰华丽的雨水斗（hopper heads / leader heads）分别出自多塞特郡的舍伯恩、汉普郡的布蓝希尔、柴郡的布拉姆霍尔和德比郡的哈登大厦，均为木制铅衬或纯铅制成。落水管截面为方形或圆形，使用相对贵重的材料，安装日期往往刻录其上，如前两个案例。一些用简单方式制成的雨水斗能够保存下来的很少，很多都已经被更换了。

5. 这个冲水马桶出自约翰·哈林顿爵士的《埃贾克斯变形记》（*The Metamorphosis of Ajax*），克鲁克尼尔式讽刺文学作品，出版于1596年。A是水箱，D是带洞的石头座，H是冲洗管，N是收集坑。即便今天看来，这也是一个非常复杂的系统。

6. 诺丁汉郡特伦特河畔纽瓦克市一所大型城镇住宅中的马桶，约1610年。马桶放在一个橱柜里，石头基座带有木盖，木盖通过一个轴来固定，污物排到地坑里。其实用性显而易见。*TY*

卫生设施的标准和差异取决于住宅的等级和位置。临近河流的住宅会设有成品污水处理设施，而靠近水源的住宅则有便利的供水设施。安德鲁·布尔德（Andrew Boorde）在《健康的饮食》（*The Dietary of Health*, 1540年出版）一书中，把供水的便利性作为住宅选址的基本因素。

一些大型住宅和诸如伦敦等一些城市中铺设有供水管道，管道为木制或铅制，将水从水源地引至千家万户。而更多普通住宅则依旧使用公共的或自用的水井。大型住宅室内会使用铅制水管，以及将雨水导引到贮水器中的室外排水系统，包括铅制排水沟、雨水口和落水管（down pipes / downspouts）等。詹姆斯一世时期的许多住宅使用装饰精美的雨水斗和落水管，如诺尔和哈特菲尔德住宅等。

在16世纪晚期和整个17世纪，即便大多数家庭使用了室外公共设施（由住宅管理机构提供），但卧室中固定的卫生小间（抽水马桶间）仍不普遍。抽水马桶是位于隐秘处带有一个孔洞和排水管道的木制座椅，管道通常会连接到烟囱使之可以向上排气，同时通到排水管可以向下排水，更普遍的做法是排到定期清理的粪坑中。

巴洛克时期（1625—1714年）

理查德·休林斯

1. 莫尔顿庄园府邸花园一侧的正面效果，约克郡。大约在1650年，建筑立面上加入了一些粗犷而经典的细部，改变了之前伊丽莎白时代的庄园建筑形象。窗户上的三角楣饰，屋顶上的栏杆，都明显地反映在外观上。这座建筑也表现出当地建筑师对上层社会审美的误解，例如窗户上三角楣饰的过小比例。这座住宅最具代表性的大厅和十字翼平面布置格局，在17世纪期间逐渐被淘汰，取而代之的是更加紧凑简洁的造型形式，并受到追捧。MO

2. 莫尔顿大厅，约克郡，约1654—1660年。在莫尔顿庄园可将这个建筑尽收眼底，山墙属于荷兰风格，带状的饰面和粗石砌筑是这个地区的特征。MU

在17世纪英国的知识分子中曾经出现过一种自卑感，认为英国的文化已经远远落后于古典文化，建筑便属于其中之一。虽然之前的数百年间英国的建筑逐步引进了古典装饰，但却未形成系统而处于零散的状态，尽管有一批学识渊博的人引领，但却付出了巨大的代价。斯图亚特王朝的前两任国王（詹姆斯一世，1603—1625年；查尔斯一世，1625—1649年）在艺术领域的主要贡献，就是在宫廷中引入了普适的古典装饰手法，希望它们作为意识形态中用来显示皇权威严的重要组成内容。宫廷建筑师伊尼戈·琼斯在这方面产生了很大的影响力。

宫廷风格的基本原则遵从意大利理论家从古典艺术著作中重新发掘的“适宜”理论，“适宜”意旨适当得体，来自拉丁文。对建筑师而言，意味着某种风格的建筑应该采用相应的装饰，或建筑的某个部位应该采用适宜的装饰，而不能随意乱用。可以通过古典柱式的运用来实现所谓的“适宜”，例如，伊尼戈·琼斯设计的格林威治女王宫（1616—1630年）使用了代表女性的科林斯柱式，而多立克柱式则不适合。此外，建筑的外观遵从建筑的用途也是一种“适宜”。因此，查尔斯国王的新王宫设计，凸显了以凯旋门为中心的控制元素，而旁边一排供其他人使用的住宅，只做了简单的处理，丝毫不予以强调。

宫廷风格同样也采用了经久不衰的原则，把楼层分为地下室（第一层）、主楼层（第二层）和阁楼（顶层），这是将建筑和实用结合起来的一种象征。地下室起到辅助作用（结构上的）和从属作用（功能上的），采用没有装饰的粗面石材砌筑。主楼层的庄重风格体现在空间尺度和窗户高度上，而阁楼则体量狭小，这种系统地处理立面的方法可以从威尔士亲王在萨福克的纽马克特宫（约1619年）的设计中看出，其风格还影响到附近的贵族宅邸，如诺福克的雷纳姆大厅（约1635年）。

宫廷引入的其他新理念还包括“统一性”，正如“适宜性”一样，“统一性”也是意大利理论家通过研究古典艺术著作提炼出来的。“统一性”需要一个非常完整的设计系统，任何局部元素的改变，都会导致整个设计的改变。实现“统一性”最简单的方法是选择一个主导元素，例如威尔特郡的威尔顿住宅（约1632年）的主楼层，就是整个设计的主导元素。又如汉普郡的维恩住宅（1654年）的柱廊，北安普顿郡的斯托克·布鲁恩住宅（1634年之前）的整体平面规划，以及伯克郡的科尔斯希尔府邸（约1650年，现已损毁）的高塔都成为建筑的主导元素。主导元素还可以是平面布置里的一个重点空间、墙面上的一组装饰构件，如约克郡的宇布鲁庄园里的墙面（1715年），甚至可以是简单装修墙面上的其中一个重点装饰。

这些设计原则只有在上流社会住宅的建造中才被充分地考虑，而在其他地区，设计师并没有太多地受到这些抽象观念的影响。适宜理念的影响虽然越来越大，但对住宅

1. 一栋伦敦联排住宅的立面和平面，由尼古拉斯·巴本（Nicholas Barbon）建造，约1670年。主楼层的深窗是为了形成庄重的外观。*SUM*

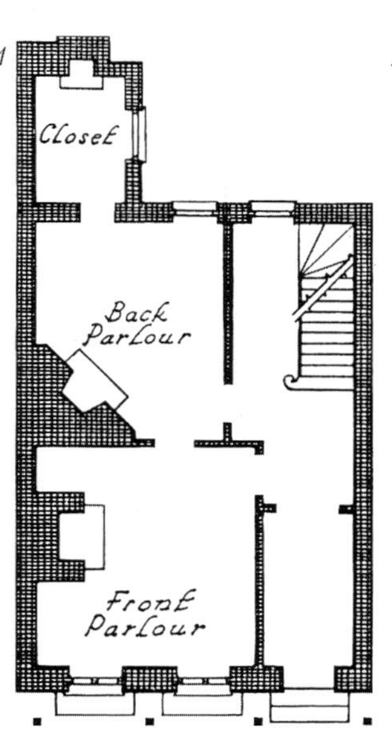

2. 联排住宅（terraced house / row house）的底层设计，约1700年。烟道（O）和楼梯（H）的位置非常具有特点：因为一般情况下，当时的住宅会在建筑的角落设置一部双跑的楼梯。*MX*

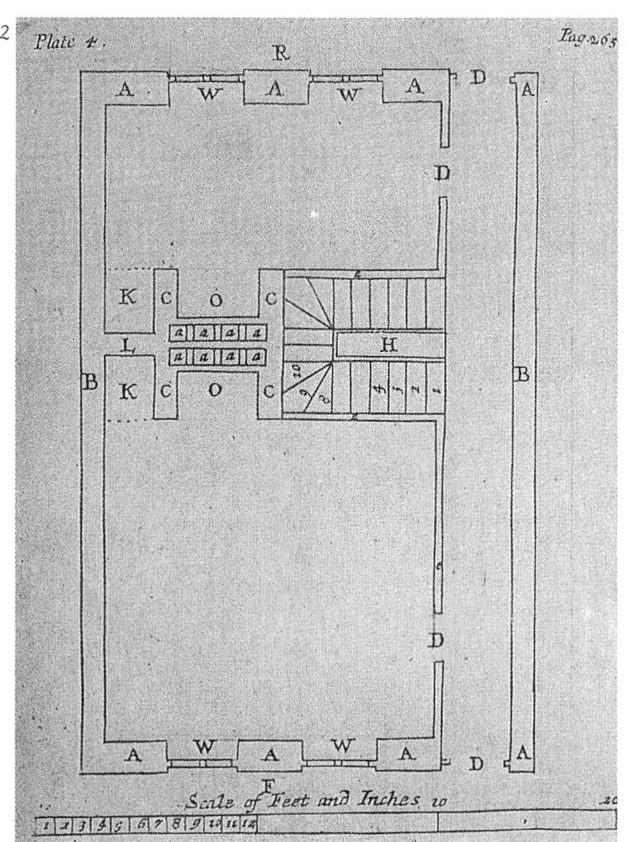

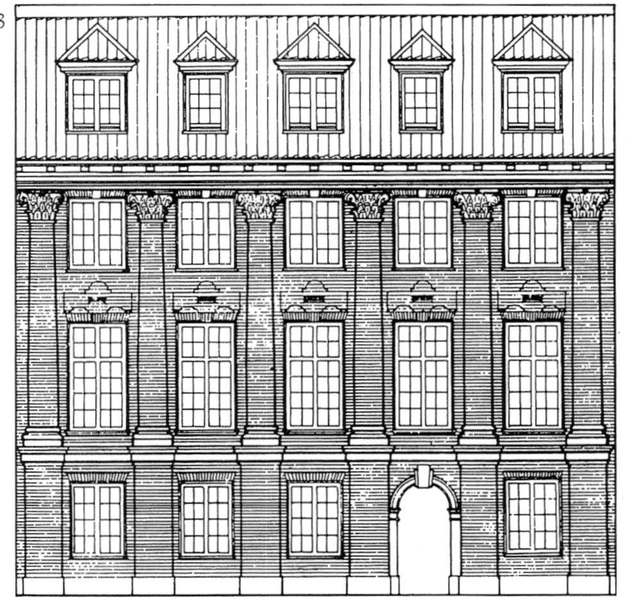

3. 据称这些第一次在伦敦皇后大街出现的整齐的联排住宅，展示了源于古典柱式的大型壁柱主题的立面。*SUM*

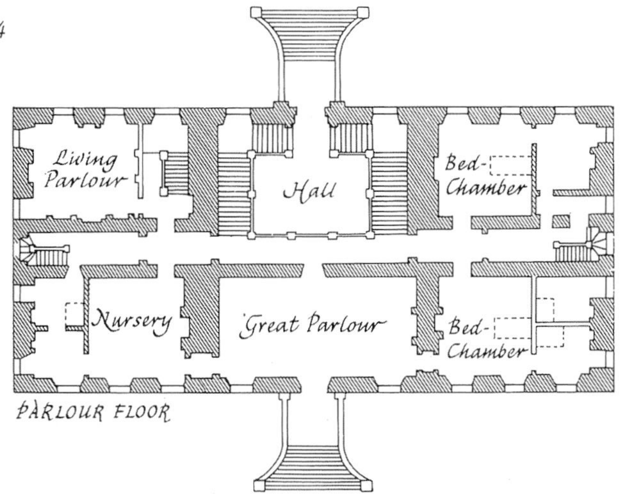

4. 两个立面形式相似的住宅，中央走廊将房间划分成两部分，这种形式1649年在伯克郡的科尔斯希尔府邸出现之后，就开始对乡村别墅产生了影响。*OUP*

的影响却很小。设计师常常打破适宜理论，例如那些窗户周围的过度装饰，或华而不实的门框装饰等。本章中会看到许多打破适宜规则的案例，表现出设计师对宫廷建筑风格的一知半解，对其原则也所知甚少。同时，皇室也在压抑潜在的强烈审美意愿，尽管审美是艺术向前发展的动力。此时，框架外凸、装饰过度、框缘不直、细节臃肿、雕饰粗陋、色彩庸俗，仍然在大量的住宅建筑中出现。

1. 温斯洛庄园，属于克里斯托弗·雷恩（Christopher Wren, 1632—1723年）爵士的作品，白金汉郡，1699—1702年。四坡屋顶，砖砌三角楣饰立面，带有白色窗框的上下推拉窗排列有序，巨大的烟囱，这些都是为人熟知的“安妮女王”建筑风格的主要元素。这种类型的建筑曾被一位作家概括为“随和的古典风格”。这种类型的一些住宅，如肯特郡的埃尔特姆宅邸（1664年），通过增加壁柱使三角楣饰符合这种风格的基本构图逻辑。*WH*

2. 索普庄园的南立面细部，北安普敦郡，约1653年，在当时是英联邦最好的住宅之一。从图上可以看出，中央的窗户下面有一个门廊，门廊连接着走廊，走廊连接两侧房间。这个建筑是利用主题特征来实现统一性的例子。建筑的前后立面几乎完全相同，唯独栏杆用石材代替了铁艺。窗户上的分段拱形三角楣饰是这一时期的典型形式（窗户本身不是原作）。*TB*

3和4. 两座宏伟的拱门由米开朗琪罗设计，收录到1620年出版的意大利语专著《建筑五种柱式规则》（*Five Orders of Architecture*）一书。这类根据古迹而来的设计，揭示了英国巴洛克式建筑的主要灵感来源。*GBV*

1642—1660年间，皇室成员的流亡消解了对适宜理论的坚持，同时，具有活力的民间建筑风格蓬勃兴起。1660年，由查尔斯王复兴了早期斯图亚特王朝建筑的理论基础，尽管其实际的表演是在流亡所在地，并通过对当地宫廷建筑的研究得以丰富，尤其在法国和荷兰。法国风格对公共建筑的影响随处可见，在一些贵族的住宅中也能够看到，如北安普敦郡鲍顿的蒙塔古公爵住宅（1683年）及萨塞克斯郡佩特沃斯的萨默塞特公爵住宅（1688年）。荷兰风格对宫廷建筑师的影响能够在肯特郡的埃尔特姆宅邸发现，在海牙皮特·波斯特的莫瑞泰斯皇家美术馆中也能看出，甚至在英格兰的东部地区，下层阶级山墙形式的砖砌建筑中，也出现了这种风格。

1690年以后，来自古典法则的统一性影响开始变弱，建筑师们开始对古罗马建筑样式的重塑产生兴趣，或者说至少是对意大利文艺复兴建筑产生了兴趣（看上去似乎是真正的古典形式），然而其代价是建筑理论的丧失。因此，北安普特郡的伊斯顿·内斯顿宅邸（约1685年），在不同的立面上，有着不同（不规则）数量的层数，尽管与

来自莫尔顿庄园的华丽雕花楼梯，约克郡。翻卷的莨菪叶形装饰、饱满的水果造型和其他自然元素符号，都极具表现力，这是巴洛克风格的特征。在格林宁·吉本斯（Grinling Gibbons，1648—1751年）的作品中可以看到更精妙的木雕形式。*MU*

文艺复兴式的宫殿有着某些相似之处，但是其构图没有统一性可言。抄袭古典建筑成为一种时尚，而对统一性的构图却置之不理。约克郡的霍华德城堡［1699—1726年，尼古拉斯·霍克斯莫尔（Nicholas Hawksmoor）和约翰·范布勒（John Vanbrugh）爵士设计］，还保持了统一的构图，但其他一些宅邸，如牛津郡的布伦海姆宫（1705年，与前者为同一建筑师），其构图的形式元素明显存在着冲突。其中一个最极端的例子就是位于诺森布里亚的范布勒的锡顿·德勒沃尔宅邸，其构图元素看上去彼此之间的联系甚微。1690年以后的建筑师明显对纯视觉效果更感兴趣，所以与巴洛克风格相比，这一时期与18世纪的如画风格运动有更多的共同点。

门

建筑入口部分是建筑外部最重要的形象要素，通常使用大量装饰加以强化。这类装饰会通过不断叠加使其效果倍增，通过使用同一系列的凹槽线脚，达到戏剧化的效果。这是当时的一个极为精彩的案例。MO

巴洛克时期的常规装饰，在任何部位的造型形式都没有像大门那样具有戏剧性，同时，大门会制作成看上去像是舞台布景，或像城堡大门一样威风凛凛。大门两侧通常有圆柱或壁柱（造价较低廉）。有简洁的多立克柱子，看上去冷峻威严，或有布满装饰的柱子，看上去十分奢华。如果布满装饰，可能用凹槽、卷曲或者华丽的镶板加以丰富。通常踏步的尽头有门，上面带有扇形的滴水罩或在前面设有雨棚。门的上方通常会有虔诚的铭文，或者雕刻着纹章饰 ，或做上三角楣饰，这些造型都取决于房主的意愿，以及希望强调自己哪些方面倾向，修养、血统或者学识。三角楣饰可以是很简单的形式，以卷曲的形式收边，或者是双曲线并卷在一起（鹅颈式）。上部的三角楣布满雕饰，有时会遮盖了它的基本形状。随着古典法则的普及，丰富的装饰被限定在特定的区域里，如柱头或雕带。

大门的铰链通常装饰为L形、蝶形或“公鸡头”形，大多数人采用笨重的木制盒式锁，富有的人则使用复杂又昂贵的铁锁或铜锁，以彰显他们对精制配件的偏好。

1. 阿斯顿庄园的前门，看上去既富有纪念性又宏伟壮观，沃里克郡，1618—1635年。

2. 用圆柱装饰大门是非常理想的做法，但造价昂贵，因此，壁柱成为低廉的替代品。哈姆住宅，萨里郡，1610年。

3. 一组舒缓的台阶，来自16世纪80年代早期。

4. 这一时期的建筑设计，越来越重视运用古典比例和古典图案，这一点可以从英文版的安德烈·帕拉迪奥（Andrea Palladio, 1508—1580年）的著作《建筑第一书》（*First Book of Architecture*, 1729年版）中的雕刻插图中看出。本图比较了门和窗的装饰和比例关系。*AP*

5. 带有三角楣饰的大门比较符合古典形象。索尔兹伯里的法官宅邸，威尔特郡，三角形墙饰装饰十分丰富。

6和7. 科林斯柱式看上去非常奢华，而多立克柱式则更加威严。6来自王座法庭，伦敦，约1677年。凸出的附墙柱和壁柱延伸至三角楣饰。7的石门可以追溯至大约1695年。

8. 门头的三角楣饰可以由檐口替代，这个案例中檐口两侧还带有厚实涡卷饰，1717年。

9. 爱奥尼亚柱式的使用能够产生优雅的效果。这个体型高大、比例匀称的庭院大门，来自沃尔维斯宫，温彻斯特，1684年。

10. 古典知识和建筑财富共同创造了具有非凡表现力的形式。这个瘦高的大门来自马克街，是典型的巴洛克风格，伦敦，18世纪早期。

1. 高大的门廊（1623年）是这一时期早期豪宅流行的形式。

2. 直到英国内战时期（1642—1654年），柱子经常通过镶嵌装饰物来丰富视觉效果，像是图中门廊柱身上交织凸起的带状饰。国王庄园，约克郡，1635年。

3. 这个门廊看起来像是一个小型建筑造型装饰物（两根柱子搭起一个壁龛），通过梯段加强了高大的效果。拉皮埃特庄园，格洛斯特郡，1702—1705年。

4. 螺旋的柱子非常具有特点，灵感来自耶路撒冷的所罗门王神庙，比神庙的柱子更加华丽。

5和6. 三角楣饰和神庙式的门廊造型，是这一时期门廊的演化形式。*GBV*

7. 一些乡村住宅也会有宽大的柱廊。格龙布里奇庄园，肯特郡，约1660年。

8和9. 半圆形拱门和鹅颈形三角楣饰在17世纪晚期和18世纪早期非常流行。

10. 门头罩的装饰经常采用贝壳式。

11. 三角楣饰或门头出檐可以独立设置，并通过涡卷加以丰富，如图中的样式，约1655年。

12. 一个巨大的门头出檐，由簇叶形装饰支梁支撑，1699年。

13. 典型的“安妮女王”风格的矩形门头出檐。

1

2

3

1. 来自金博尔顿城堡的前门，剑桥郡，17世纪80年代。具有宏伟的古典效果，门前设置一段梯段。大门位于庭院中，再现了中世纪的样式。*AQ*

2. 到17世纪后期，欧洲大陆各地的装饰图案集开始在英国出版。这个大门来自宁布鲁庄园，约克郡，约1715年，由威廉·索恩顿（William Thornton）设计，他从罗西工作室1702年出版的《民用建筑》（*Architettura Civile*）中复制了一些细部出来，而这些细部的来源则是古罗马建筑遗迹。*AQ*

3. 典型的“安妮女王”风格的城镇住宅大门，来自奥尔伯里大街，德特福德，伦敦北部。窄长的门型很有特点，能看出建筑内部连接大门和楼梯的走廊很窄。*AQ*

4

4. 这扇门出自索普庄园，丰富的装饰表明了房间的重要性。门框上的檐部、壁柱和门上的花环图案，均采用了高浮雕工艺。*TH*

5. 17世纪出现了各式各样门扇样式。普通的门通常为两块正方形的镶板。*MO*

6. 到17世纪中期，风靡伦敦的木门采用方形和矩形的镶板，但在一些偏远地区，工匠们依然创造着更加具有想象力的样式，如这扇木门，约克郡，约1654—1660年。*MO*

7. 钉头装饰（来源于中世纪的样式）和几何形镶板（16世纪的流行样式），一直使用到英国内战（1642—1651年）之前。*MU*

5

6

7

室内门

1. 巴洛克风格木门的尺寸比较大，通常仅有两块镶板。

1

2

3

4

5

6

7

8

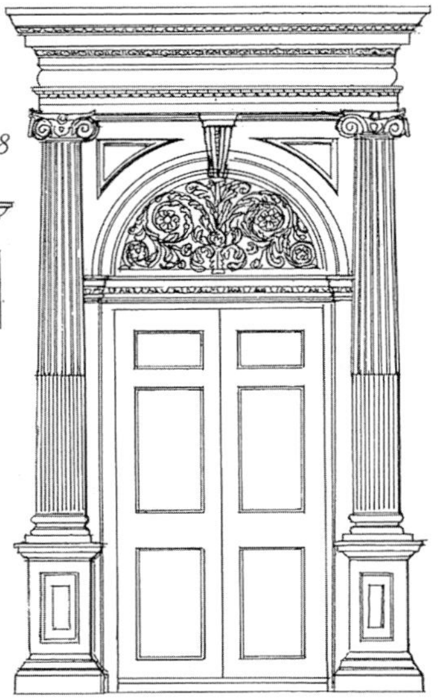

2和3. 古典门套的设计准则：通过框缘、壁柱和雕带雕饰取得精美的效果，但门扇通常十分简单。四块镶板是两块镶板的演化版本。

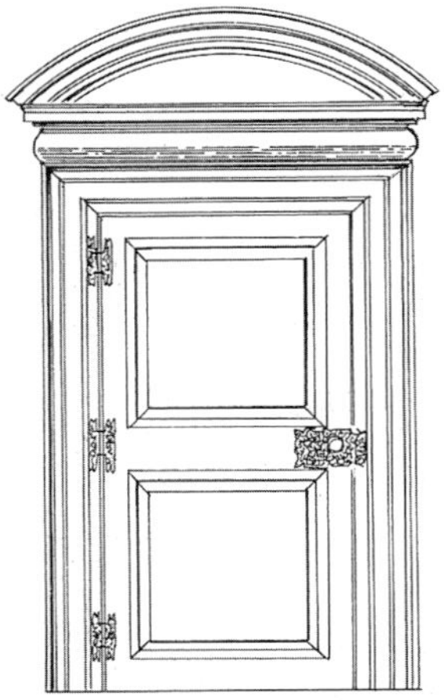

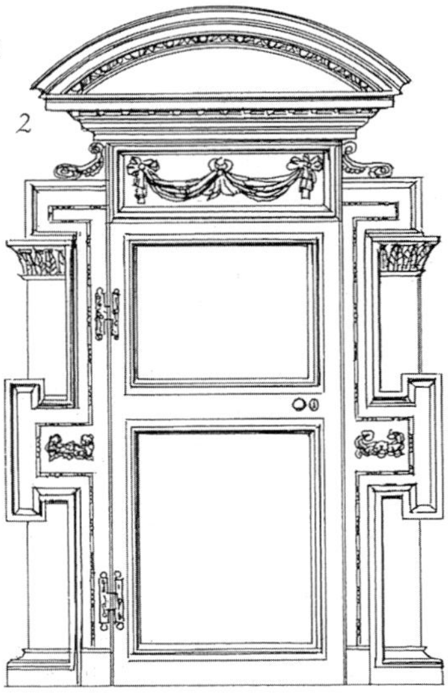

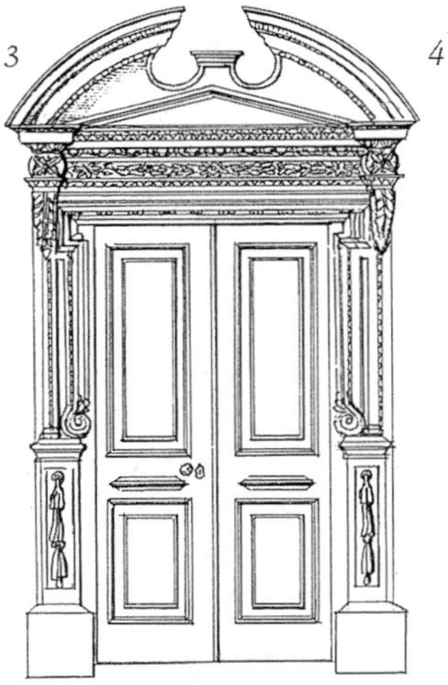

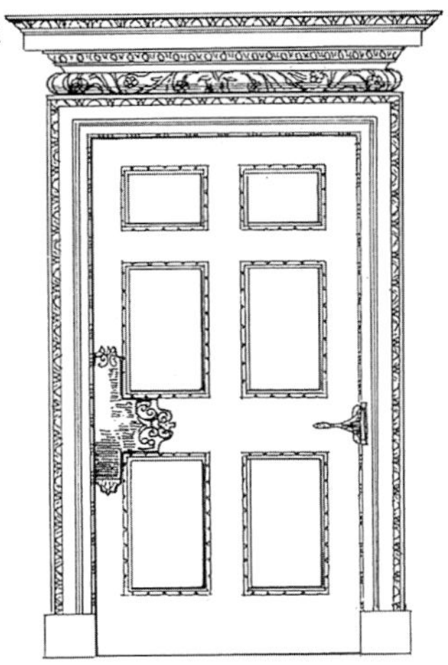

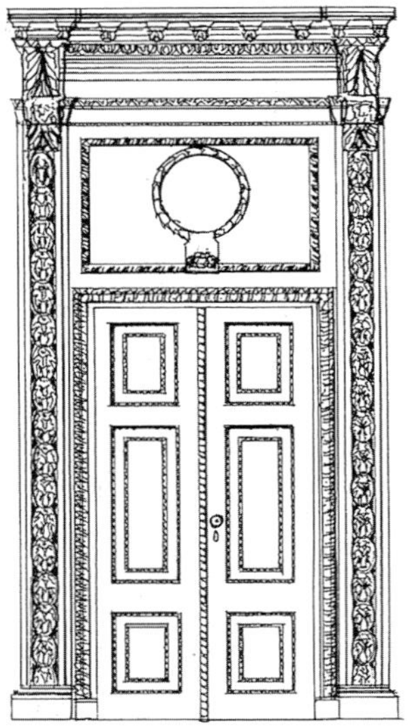

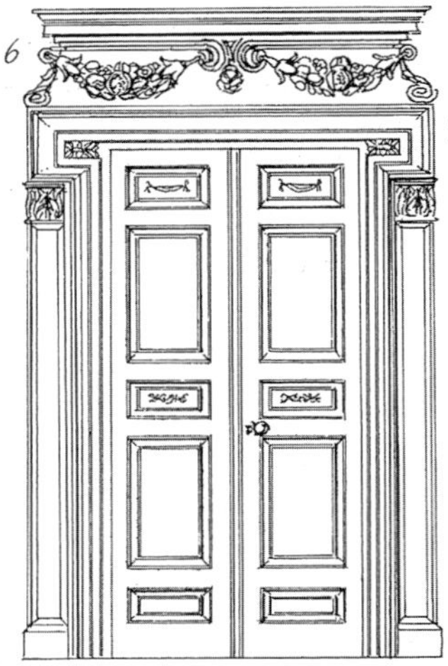

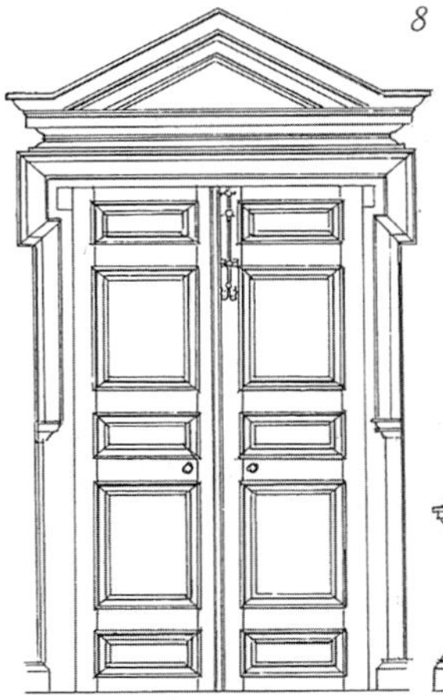

4. 六块镶板的门型逐渐成为乔治亚时期的标准样式，正如本例所示，来自埃尔特姆宅邸，肯特郡，1664年。

5. 大门的设计与建筑风格相搭配。这道建造于17世纪50年代中期的大门，两侧壁柱高至檐口。

6和7. 五块镶板的门扇和十块镶板的双扇门，属于这个时期的创新样式。

8. 在特别重要的位置，会增高门头饰板来加高门廊，正如本例所示，来自阿什伯纳姆的住宅，伦敦，约1660年。

9. 这些镶板的形式非常富有创造力且造型精美。

10. 镶板线脚的横截面，约1640—1695年。17世纪晚期的大门的线脚比17世纪中期愈发凸出。

9

10

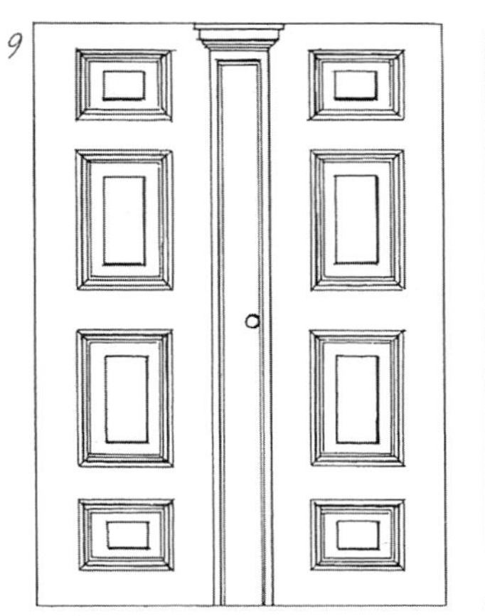

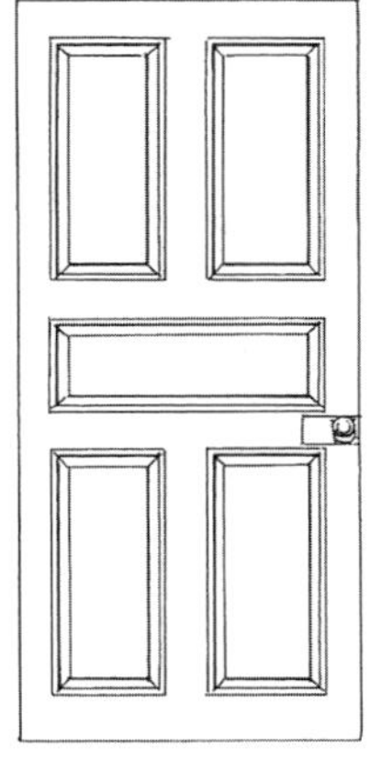

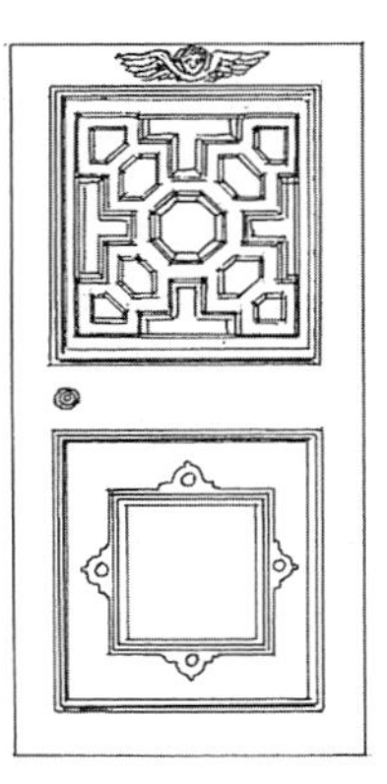

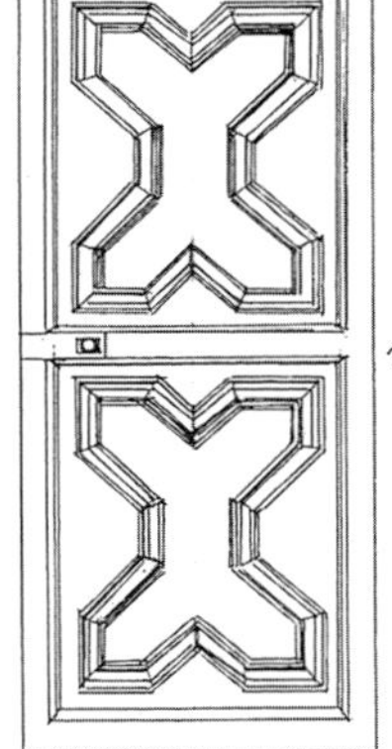

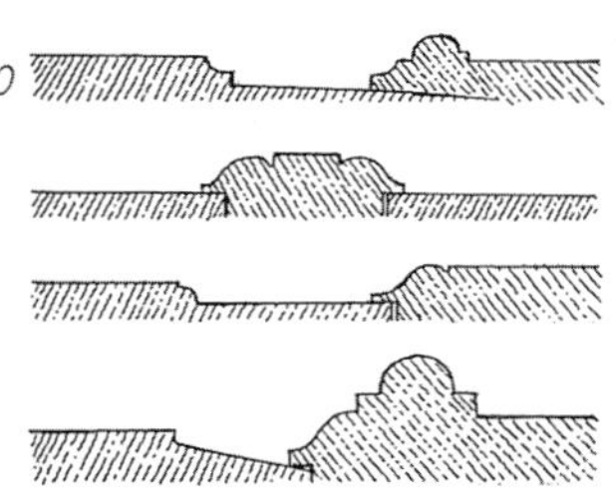

1. 工匠习惯于使用各种形式来制作门框，以配合砖匠和石匠的要求。WH

2. 时髦的高大木门需要许多框架组件，通常会出现比乔治亚风格的典型六块镶板更多的镶板。WH

3. 拱形门来源于古罗马的原型，拱肩两侧镶有三角形的雕刻装饰。

4. 室内木门上的小配件是为了防止门锁损毁门板，因此，锁盒会安装在门板室内的一侧（上）。门的背面会安装门闩、把手和锁眼（下）。WH

5. 门环，约1650年（上）。到1700年，出现了更有装饰感的卷曲门环（下）。

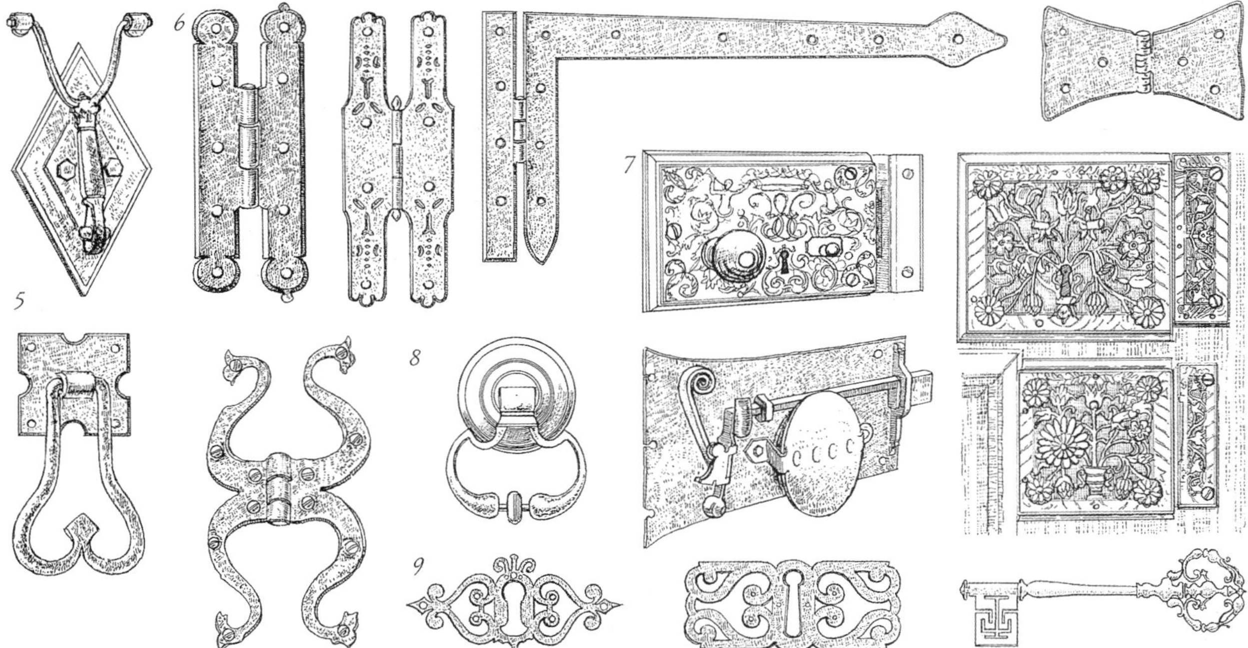

6. 铰链直接固定在门板上，而不是像乔治亚时期嵌入门的边框里。这是三种标准的铰链形式：H形、L形和蝶形。

7. 门锁是能够体现房主地位的配件，甚至非常简单的住宅也很重视。锁的机械零件通常十分精巧，锁盒会有很多雕花（雕饰）。

8. “公鸡头”形铰链和落柄的处理也和巴洛克风格的家具和门一样。

9. 门后与锁盒相配套的锁眼盖，配上钥匙就构成了一套精心设计的锁具。

窗

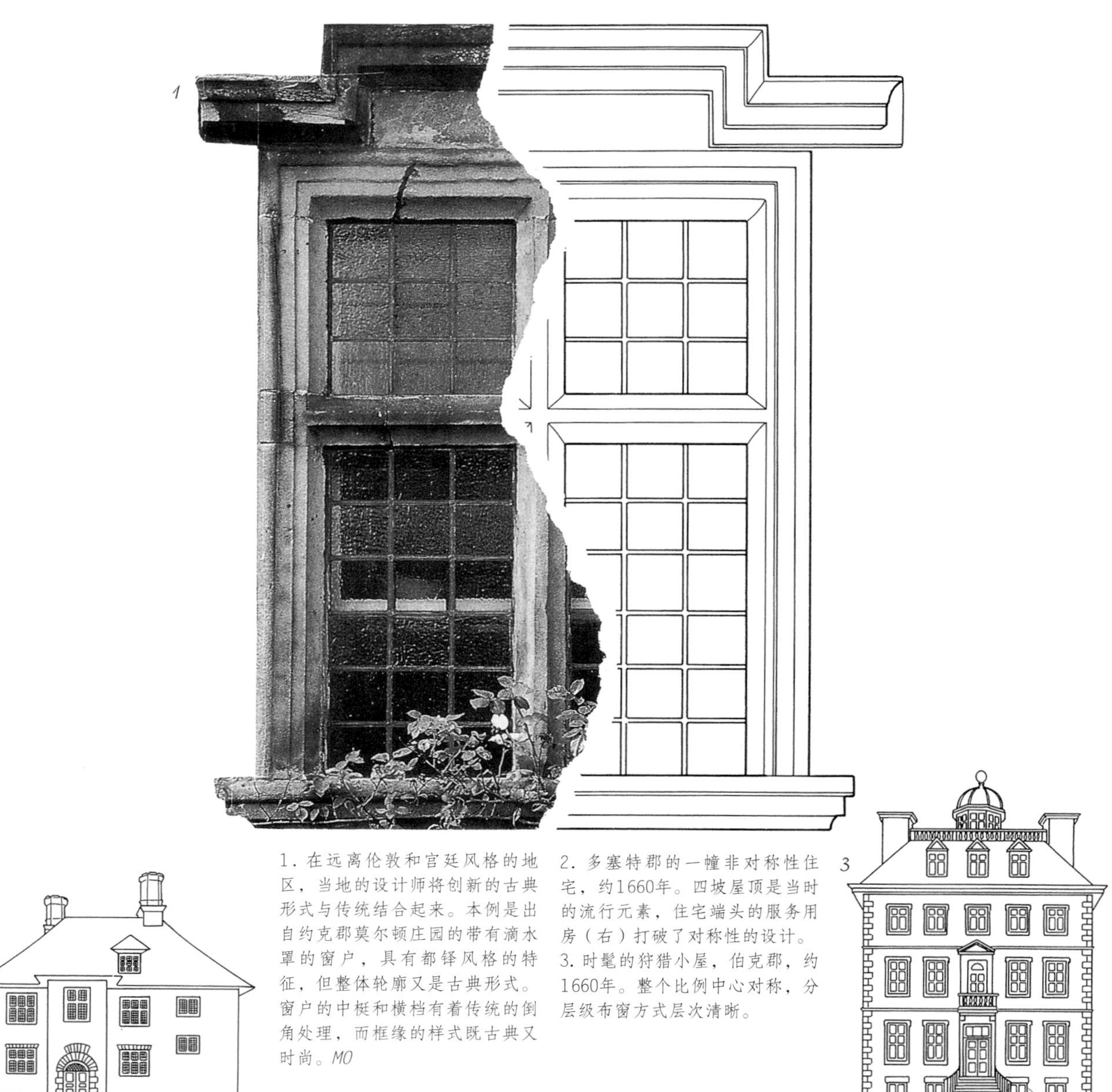

1. 在远离伦敦和宫廷风格的地区，当地的设计师将创新的古典形式与传统结合起来。本例是出自约克郡莫尔顿庄园的带有滴水罩的窗户，具有都铎风格的特征，但整体轮廓又是古典形式。窗户的中梃和横档有着传统的倒角处理，而框缘的样式既古典又时尚。MO

2. 多塞特郡的一幢非对称性住宅，约1660年。四坡屋顶是当时的流行元素，住宅端头的服务用房（右）打破了对称性的设计。

3. 时髦的狩猎小屋，伯克郡，约1660年。整个比例中心对称，分层级布窗方式层次清晰。

窗套，特别是正立面上窗套，采用的样式与大门一样华丽。那些位于建筑中轴线上的中间楼层的窗户设计格外用心，并且通过整个构图的中心对称强化了统一性。即便是那些相对朴素的城镇住宅，也都愿意花钱建造一个塞里亚纳窗。

大尺寸窗户的开启需要中梃和横档的支撑。随着时代的进步，中梃和横档的数量和尺寸均在减少。但是，中心部位的中梃一直保持着原样，而周围的木梃都逐渐缩小了尺寸。随着窗户的数量增加和宽度变窄，中心的中梃就变得可有可无了。开启扇的横档相对较高，并由两个变为一个。之前有线脚轮廓的中梃，也由正方形截面的中梃所代替。

在中梃和横档之间，是带有铰链的窗扇。17世纪70年代，随着带配重的垂直推拉窗的发展，中梃和横档逐渐被淘汰了，因为这样使得尺寸更大的玻璃窗可以移动。到1700年，推拉窗普及起来，窄高的窗户形式成为主流，平开窗只保留在一些小型住宅中，在大型住宅中，仅在服务用房中使用。

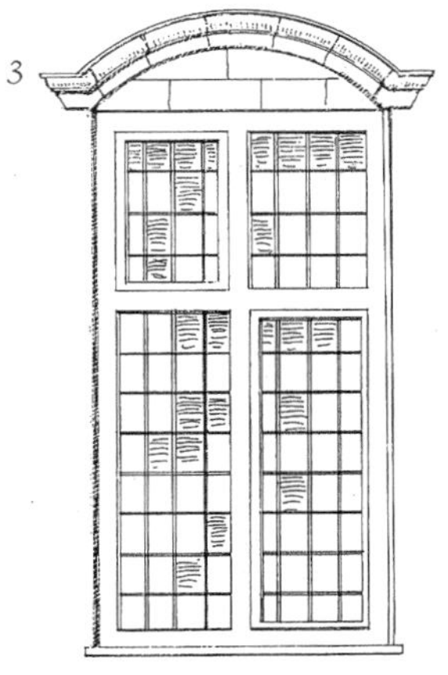

1和2. 至英国内战（1642—1651年）之前，大多数窗户与16世纪的窗户区别并不大。图中的窗户来自17世纪20年代。第二个图例的中间有尺寸很大的中梃，这是为了增加中梃的强度以支撑宽窗的方法。

3. 从17世纪中期开始，中梃的线脚被简化了。

4和5. 古典造型的样式图书受到时尚圈追捧。书中展示出准确的造型元素、图案和比例。*AP, GBV*

6. 去除了中梃的窄窗，17世纪30年代出现。

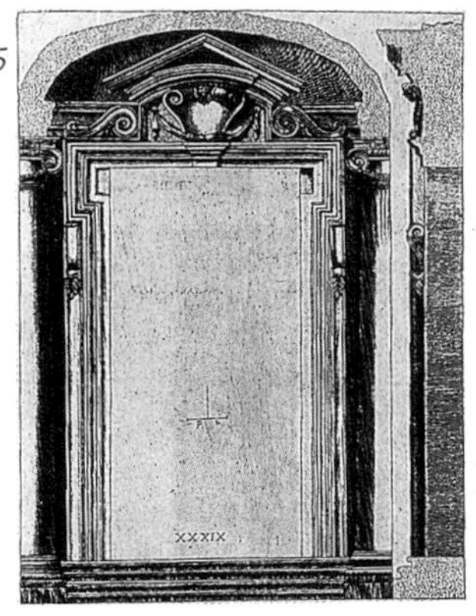

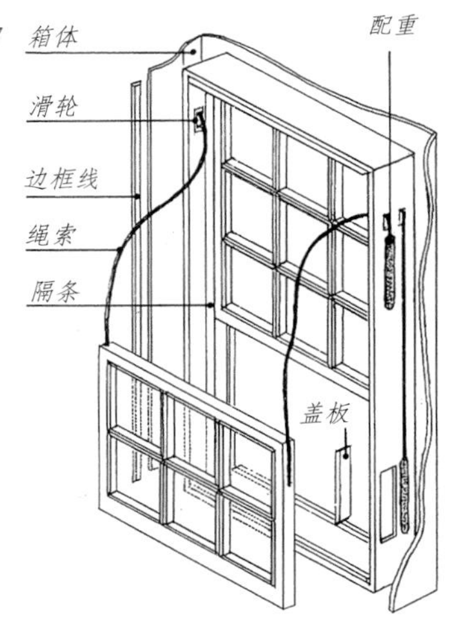

7. 上下推拉窗是17世纪70年代的重要革新。其开闭依靠重力和平衡系统，从而能够使更大尺寸的玻璃得以移动。

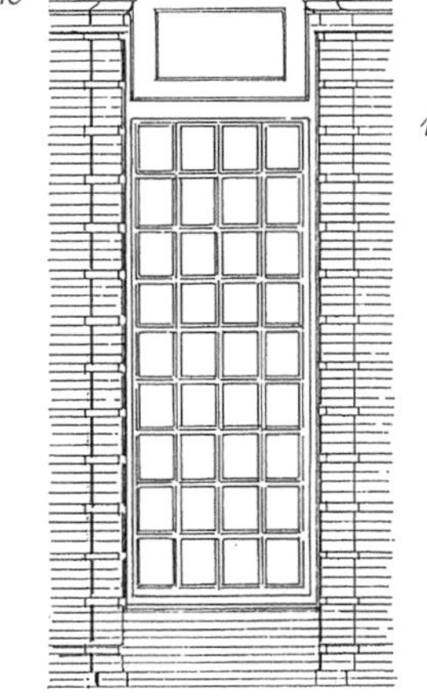

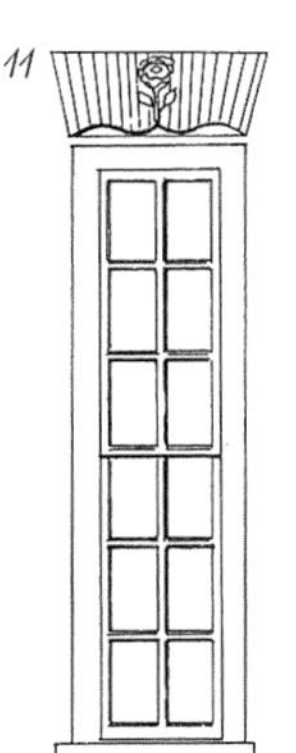

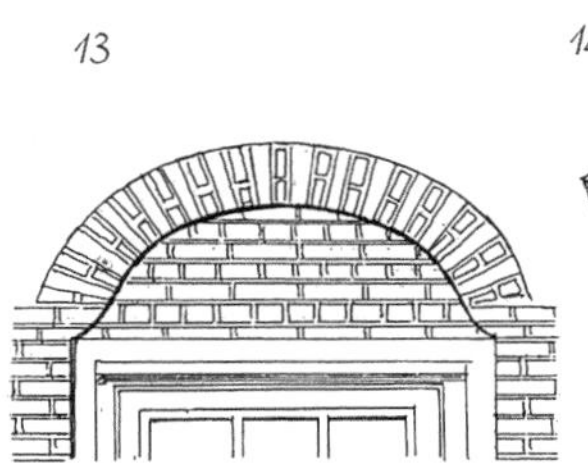

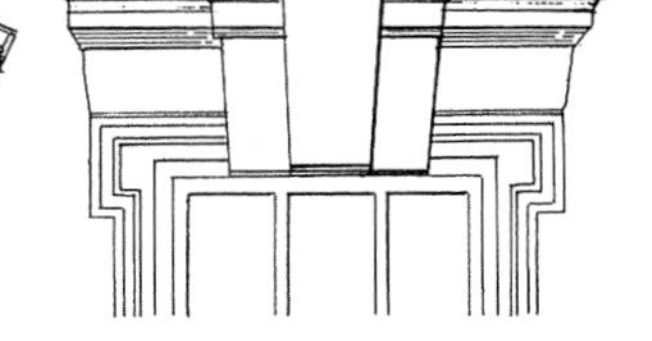

8和9. 17世纪晚期，带有涡卷形装饰或粗面砌筑的窗户成为建筑立面的主流样式，主要用于位于前门之上或在主楼层的窗户。

10. 去除了中梃和横档的高而窄的窗户非常受欢迎，图示为柑橘温室的窗户，4.2m高，约1704年。

11. 大门两侧的一对窗户之一，萨塞克斯郡，约1712年。典型的厚重玻璃格条框。

12. 类似这种上部为弧形的窗户，休·麦（Hagh May, 1621—1684年）在温莎城堡中首先使用，伯克郡，约1672年。

13. 简单的拱券，荷兰风格，在17世纪50年代和60年代十分盛行。

14. 17世纪晚期的窗楣，装饰着古典的细节。

15. 17世纪40年代锁石开始流行。

1和2. 本地设计师将传统与古典形式相结合，尽管古典特征经常被扭曲。三角楣饰（左）没有跨越整个洞口上方，窗户横档和中梃上的雕带（右）有着反曲线（双曲）式的轮廓，而且是反向的。圆窗则属于典型的巴洛克样式。*MO, MU*

1

2

3

3. 古典风格中的分层级布窗方式在这里表现得很古怪，位于约克郡的莫尔顿庄园，这栋远离伦敦的住宅中，展现了略显夸张的形式，1654—1660年。*MU*

4. 温斯洛庄园中的上下推拉窗，其细长的形式和平衡扇的使用，属于典型的巴洛克风格和安妮女王风格的住宅形式。*WH*

5. 在横档和中梃之间用铰链安装着窗扇。四扇窗的下面两扇可以开启，约1703年。大多数窗户都带有内置的插销，并很少使用窗帘。

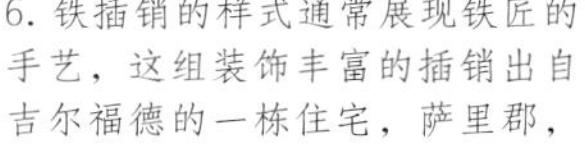

6. 铁插销的样式通常展现铁匠的手艺，这组装饰丰富的插销出自吉尔福德的一栋住宅，萨里郡，约1680年。

7. 一些插销盘的形式，在相当长的一段时间中都十分流行。所谓的“公鸡头”形（左）是从16—18世纪开始使用的，其他一些动物形象也都曾在之前出现。

8. 铁制弹簧和小枢轴也是常用的闩锁配件。

4

5

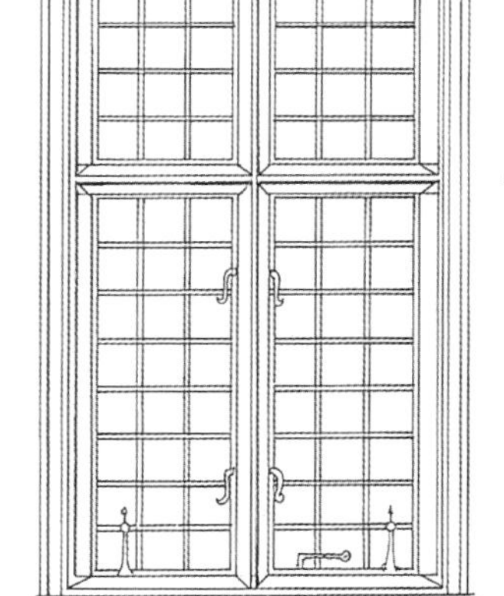

6

7

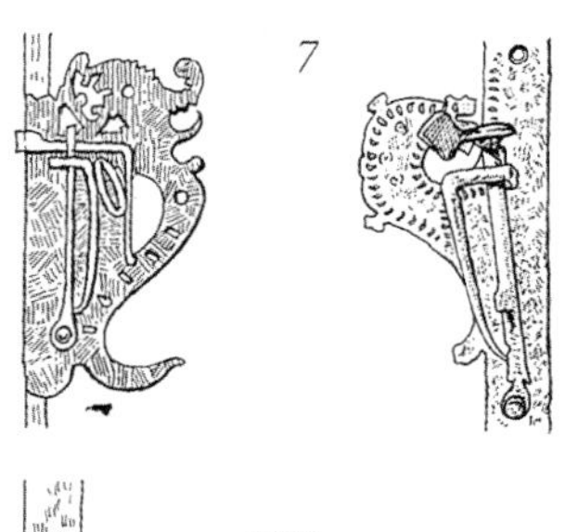

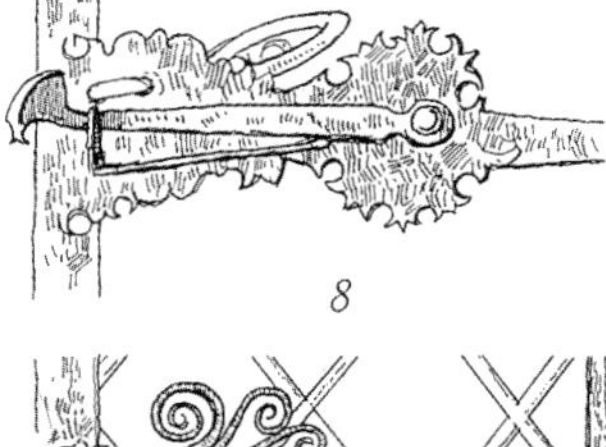

8

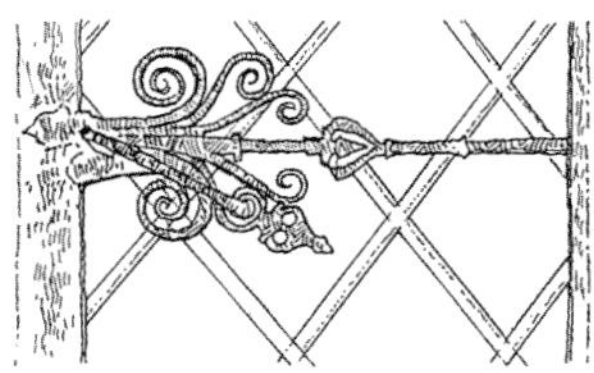

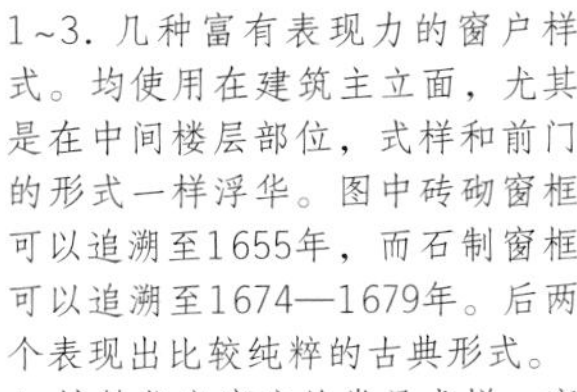

1~3. 几种富有表现力的窗户样式。均使用在建筑主立面，尤其是在中间楼层部位，式样和前门的形式一样浮华。图中砖砌窗框可以追溯至1655年，而石制窗框可以追溯至1674—1679年。后两个表现出比较纯粹的古典形式。

4. 城镇住宅窗户的常见式样，塞里亚纳窗（威尼斯窗）结合外置凸窗，形成非常明显的特征。这个示例来自伊普斯威奇的斯帕罗威住宅，萨福克郡，是17世纪晚期的一栋商人住宅，墙面用外墙装饰抹灰增强了效果。窗户和石膏做成的装饰壁柱都属于对古典原型的自由诠释：这是当时地方性建筑最常见的处理形式。

5. 阳台能够反映出住宅及其房主的地位。时常会架设在正门的上面，用于巡视猎物、观赏花园，而城镇里的住宅阳台则用来欣赏街道上的景色。

6. 用于主要楼层中心位置的精心装饰的窗户，在建筑立面上通过视觉的向心性实现了统一效果。巴奈尔山的一个优秀样例，萨里郡。

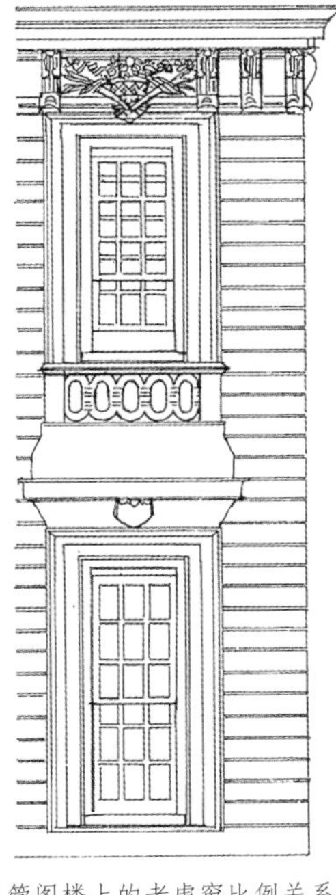

7. 统一性也可以通过装饰形式的重复排列获得，包括垂直方向、水平方向或两个方向相结合的方式。在这组来自萨塞克斯郡佩特沃斯住宅中，上面窗户的檐口成为下面窗户的窗台。这是前门上方的一组窗户，时髦又富有变化，17世纪90年代。

8. 尽管阁楼上的老虎窗比例关系非常古典，还有三角楣饰，但形式更为简单。本案例出自17世纪50—60年代早期。

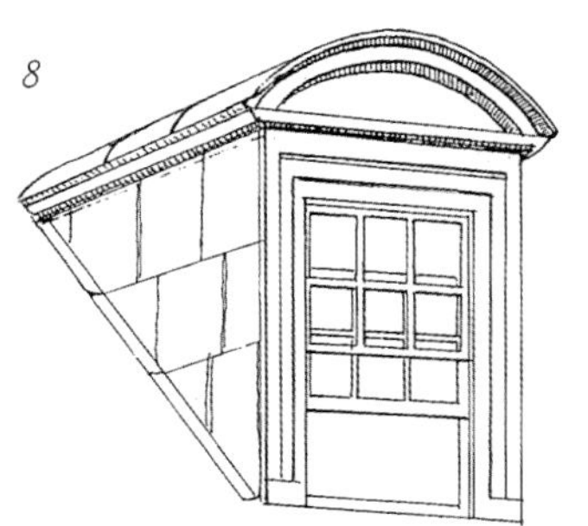

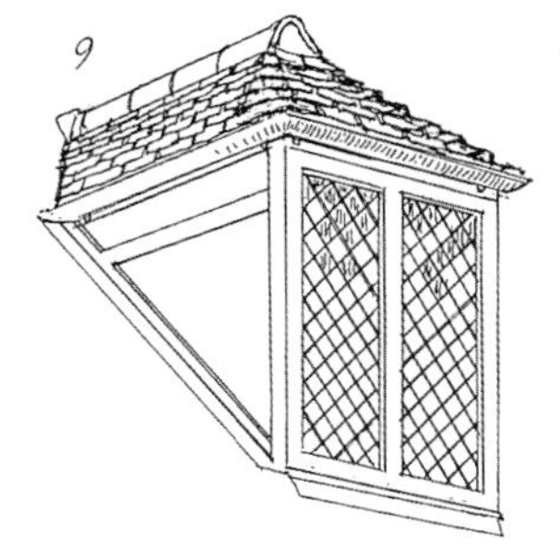

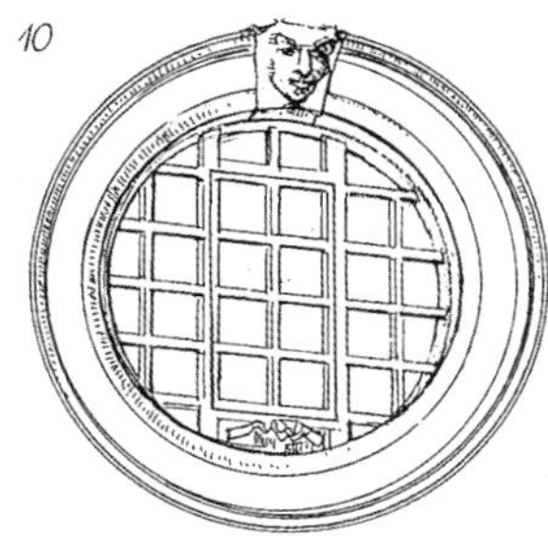

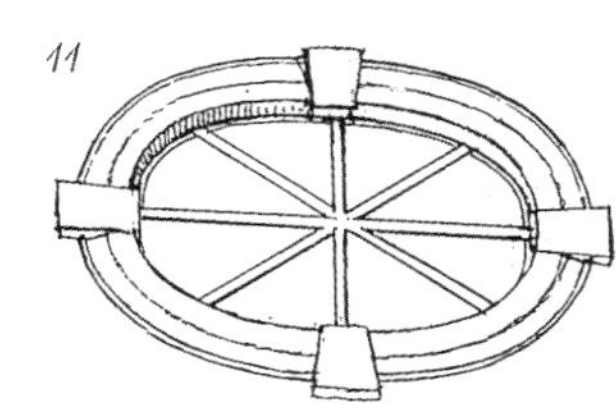

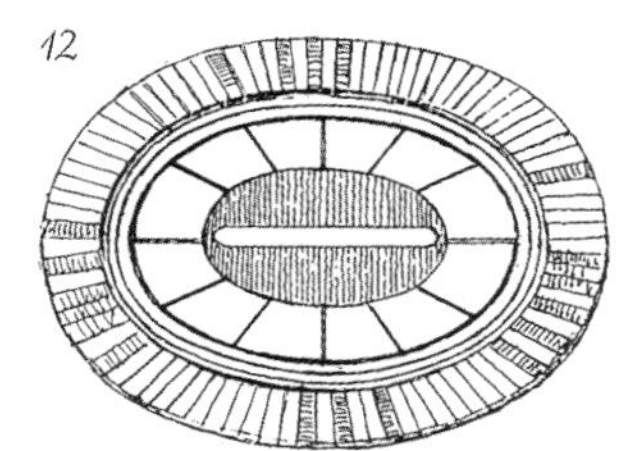

9. 这个古典特征并不明显的1684年的老虎窗带有一个坡屋顶，注意其老式方形玻璃。

10~12. 圆窗是这一时期深具特色的形式之一。椭圆形窗更为普遍，在社会的各个阶层都会使用。这个圆形窗出自汉普敦宫，约1695年，伦敦。

墙面

索普庄园餐厅东墙的细节，约1654—1656年。护墙板和门框上大胆的线条非常具有表现力，用垂花饰和其他雕刻细节进行修饰，一定程度上改变了其简朴的整体印象。整个设计严格遵守古典比例和形式，有着清晰的护墙板线脚（护壁板顶木条）和简洁的檐口。同时，十块镶板装饰的双开门也成为护墙板的一部分。*TH*

除了那些特别贫穷家庭的住宅，墙面通常都使用模板印上图案作为装饰。17世纪晚期，这种方式开始由整张的印刷纸张所取代，产生了最早的壁纸。但是，这两种方法均易于老化和损毁，保留下来的实物很少。富有的人家开始用织物覆盖墙面，或悬挂彩色纺织品。如在英国本土生产的或从欧洲大陆进口的挂毯。最奢侈的墙面装饰是带有印花的皮革，有时采用压印图案，偶尔也用鎏金的方式。皮革通常固定于支架上。

用木制镶板做成的护壁板，是一种时髦的墙面装饰方式；当时的墙板被认为是家具，并作为财产可以在搬家时拆除移走。随着工匠技艺的提升，制成的镶板尺寸也随之增大。镶板的形状决定了护壁板上的图案绘制：通常是几何图案和抽象图案，偶尔也增加一些象征性的细节。在富有家庭住宅的墙面上绘有纹章、品德主题和古典建筑的图案（当镶板的尺寸增加时效果更为明显）。当时的普遍做法是用便宜的材料模仿较为昂贵的材料，如将便宜的冷杉木板（松木或冷杉）漆成类似橡木效果，将橡木漆成胡桃木效果，还有将木材处理成仿大理石或玳瑁的纹样。

1. 17世纪上半叶，护壁板被分成了许多小块。图中所示为1631年一位商人住宅中的护壁板，用古典柱式进行装饰。镶板上描绘的图案以几何形为主。

2. 随着工匠技艺的不断提升，制成的镶板尺寸也随之增大。如1700年的这个案例，就是一个很有说服力的经典立面。该护壁板的造型显示了古典柱式是如何满足实际需要的：柱基变成了踢脚，且古典的檐口将护壁板和天花板衔接了起来。

3. 17世纪早期的繁琐橡木雕刻案例，在非常精良的建筑中可以找到这种类型的装饰。

4. 这所17世纪早期住宅中的石膏模件墙面和壁炉周围的几何图案。

5. 17世纪晚期是自然风格雕刻的全盛时期。来自德比郡萨德伯庄园的细部图案，约1677年，展示了格林宁·吉本斯的精湛技艺。他在当时极负盛名，使得同一时代的爱德华·皮尔斯（Edward Pierce）和约翰·塞尔登（John Selden）这样天资卓越的人都黯然失色。

6. 这一时期早期，带状饰非常流行。这个案例用于橡木壁柱。

7. 木制檐口的两个案例。上面的（约1690年）在凹圆线脚处装饰有莨菪叶饰。下面的来自17世纪早期的案例，有齿状装饰和几何图形雕刻。

8. 这块《荣誉与尊严》（*Honour and Dignity*）一书中的雕刻门头饰板细部，采用了棕榈叶与垂幔的形式。

1. 伊尼戈·琼斯和他的学生约翰·韦伯（John Webb）依照古罗马的先例设计出了准确的室内装饰模件，如这段雕带，约17世纪30年代早期。最初的古罗马设计使用的是石材，用于室外环境。*AM*

2. 伊尼戈·琼斯的装饰经历了一段时间才为世人所知。与此同时，16世纪更富创造性的罗马装饰仍被使用，很多是二手或三手的装饰样例，来自研究过罗马室内装饰遗迹的意大利考古学家，这些装饰在伊尼戈·琼斯之前就已经不存在了。

1

3
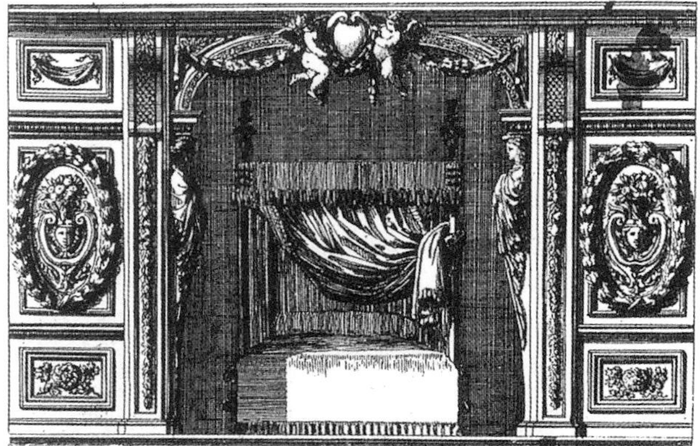

2

4

5
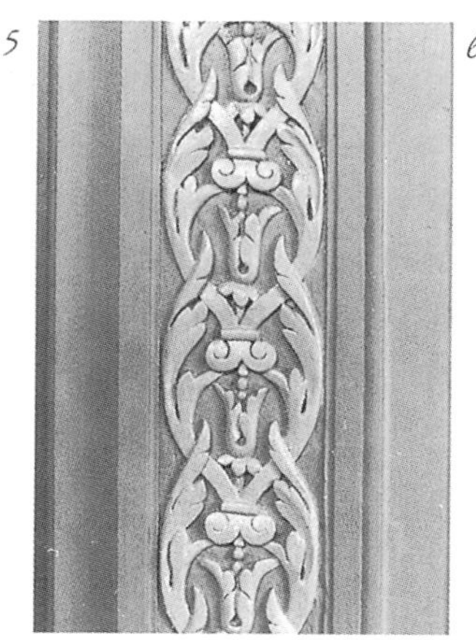

6

7

3. 有时床可以嵌入壁龛，这在建筑学上可以算作墙面处理，吉恩·勒·保特利（Jean Le Pautre），约1660年。

4和5. 植物装饰的主要类型是精心雕琢的莨苕叶饰。此处的叶形装饰用于构成整根壁柱的连续图案，壁柱用作镜框。*TH*

6. 老式风格的古典墙面镶板：框架中嵌入了小尺寸镶板。*MO*

7. 17世纪下半叶的大型装饰镶板或与框架简单拼接，或镶板之间相互拼接。板间的接头用定型的带状装饰进行填补。这种流行的模件为凸嵌线造型，如图所示。*TH*

天棚

1

2

3

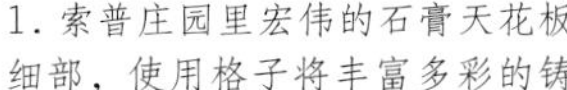

1. 索普庄园里宏伟的石膏天花板细部，使用格子将丰富多彩的铸模装饰和平面天棚分隔开来。TH

2. 格子加半圆的变体：中心的长方形格子的边缘置入半圆形装饰，约1685年。

3. 一处更为复杂的设计，约1695年。

这一时期的大多数天棚不使用石膏线脚，仅用倒角梁的方式作为装饰，有时也对支撑上层楼板的搁栅进行装饰。这种天花板和16世纪或更早以前与其构造相似的形式的唯一区别在于：木料的尺寸变小了，反映出当时木材获取难度的增加。作为弥补，倒角的末端变得更加复杂了。

装修精美的住宅和从前一样采用石膏天花板。然而，在约1640年之前，石膏的装饰形式发生了很大的变化，产生了模仿古典建筑的倾向。随着墙面形式逐渐向古典建筑样式转变，在墙面和天花板的结合处，会处理成檐口的形式，即便天棚和墙面都是平的。而在16世纪，如果需要强调这个部位，只是采用雕带而已。装饰的系统性也在增强。16世纪和17世纪早期，天棚的装饰往往比较凌乱，而巴洛克风格的天棚，尽管有满密的装饰区域，有时各个区域彼此独立，甚至有些区域会出现完全平面形天棚，但是，整体会通过方格来强调清晰的中心，有时则采取分层级的系统性处理方式。

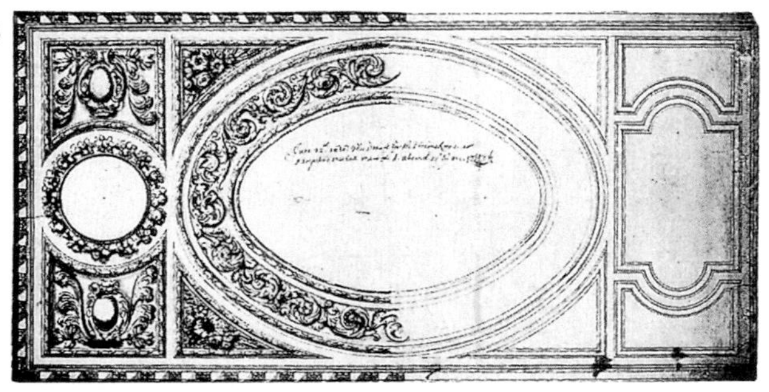

1. 伦敦亨兹第奇一处住宅的天花板，约1630年。直至1640年，天花板都用密集的带状饰来进行装饰，如此处图示。如果其中有任何突破或者显著特征，一般都会重复排列。因此，它们的区别被大大淡化了。通常，装饰中心是框内的盾形徽章或象征性装饰；最常见的主题是四个季节、五种感觉、七宗罪和九种美德。

2. 伊尼戈·琼斯的天棚图案（一半）。其推出了简化的天棚形式，镶在网格式的模制梁上。天棚可以绘制图案，填满装饰，也可以通过留白以强调其他部分的设计。*RIBA*

3. 后期，天棚上的格子被省略了，只剩下原来在框中的椭圆形或者圆形。无论设计师如何丰富这些图案，都保持着简约有力和大幅的尺寸。来自汉普斯特德马歇尔，伯克郡，约1686年。

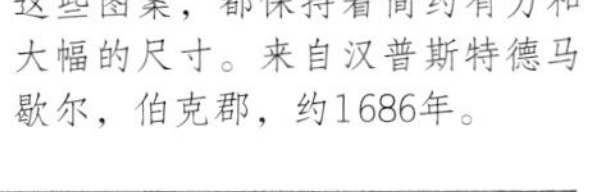

4. 17世纪下半叶，椭圆形是最受青睐的天棚中央部分的样式。该细节图源自约1655年的一款天花板。

5和6. 转角处的石膏模件，约1680年。直至17世纪晚期，一些古典的故事开始在天棚上出现，如神话长诗（1—8年）奥维德（Ovid）的《变形记》（*Metamorphoses*）中的场景。

7. 小天使：天花板中央，约1695年。

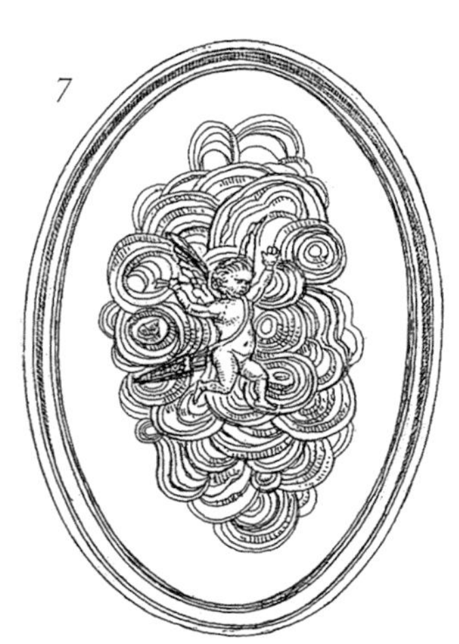

地面

1. 通过使用不同颜色的大理石铺贴，可以得到各种各样的图案。这些几何图案源自法国C.A.阿维勒（C.A.d'Aviler）的《建筑学图集》（*Cours completd'architecture*, 1691年），对英格兰那些用大理石铺地的宏伟建筑产生了很大的影响。
2. 汉伯里庄园里残存的漆木地板细部（约1700年），伍斯特郡。
3. 伦敦萨默塞特宫亨丽埃塔·玛丽亚女王房间内的两种镶木地板图案，女王在1661年从法国流亡归来后铺设，体现了最新的法国品位。这种工艺要求制造出一种视错觉的效果，使得这种技艺分外昂贵。*AP*

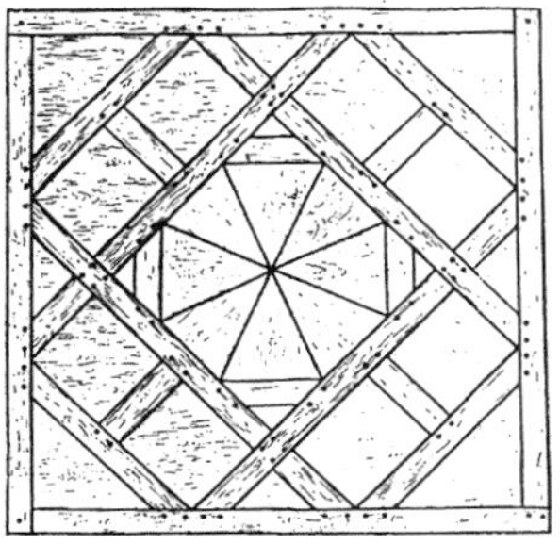

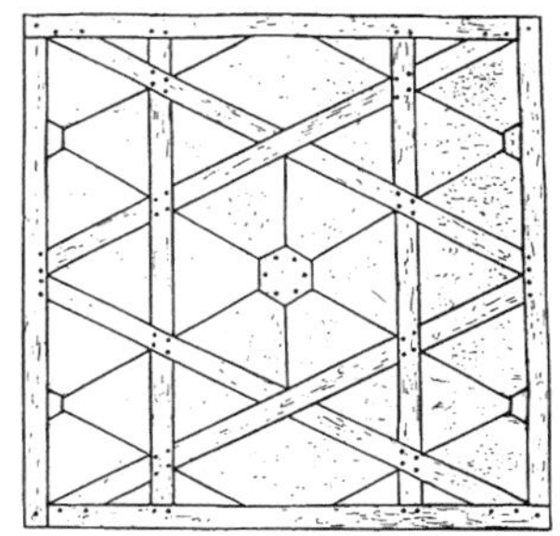

巴洛克风格的住宅会在入口层的主要及辅助房间里使用石材铺地，砖和瓷砖则作为替代品。经过后期改造，因为在原地面上增加了防水层，很少能再看到之前的地面铺装了。在特别精美的住宅里，地面会铺贴两种甚至更多种类的石材或大理石，并拼接成具有视错觉的图案，形成表面看上去高低不平的感觉。

除英格兰的东米德兰兹郡外，住宅的上部楼层地面一般使用木地板，因为那里的地面多采用在钢丝网基层上抹灰的做法。较为昂贵的木材地板，通常会使用几种颜色的木料拼接成图案。同样，精心制作的视错觉图案地板最具价值，做成类似石材才能形成的效果，通过镶木地板的方式实现，也有些尝试采用框线的做法达到效果。较为廉价的装饰方式则是在地板上彩绘图案，这种做法虽然非常普遍，但很少能够留存至今。

从地中海东部进口的编织地毯，通常因价格过于昂贵而不轻易踩踏。它们往往被铺在最精美的家具下面，或是当房主在绘制肖像时才踩在脚下。在一些普通房间中，地面有时会覆盖灯芯草编织的地席。

壁炉

壁炉上部装饰架是为大型住宅里的大房间配置的，其造型有时会采取一种环抱的形式。比如这个案例中使用了华丽的大理石雕塑。出自索普庄园，北安普敦郡，1654—1656年。*TH*

多数壁炉只是墙上开的一个洞，壁炉架是木制或者石制的定型构件，像一个简单的古典大门。然而，在住宅的所有装饰中，壁炉往往受到特别的重视，通常用雕带或者檐口装饰以彰显其高贵，而且，在一些豪宅当中，檐口还会用壁柱支撑。

为了强调壁炉的视觉效果，周围墙面的装饰设计可能与其他部位不同。最为重要的部分是壁炉上部装饰架，采用建筑构图的方法，用壁柱作为外框，有时还会采用三角楣饰的式样。早期壁炉梁托上部精雕细琢的檐口向外凸出，超出壁柱之外，使壁炉饰架形成立体感；到1700年之后，这种做法仅用于转角壁炉上部。自然主题雕刻的出现更增加了装饰的表现力。王朝复辟以后，带有雕刻的框架变大而镶板变小。镶嵌镜子开始成为时尚（非常昂贵），到了约1710年，这种趋势达到顶峰，壁炉上部装饰架全部镶嵌镜子。

铸铁壁炉背墙带有装饰图案，壁炉中支撑原木燃烧的柴架则装饰有尖顶饰或做成古典柱式的样子。

1. 简单的石刻古典装饰：壁柱、雕带和檐口，约1640年。

2. 即使没有壁柱，对古典的模仿仍能通过雕带和檐口加以表现。这个案例来自格洛斯特郡的一处住宅，可追溯至17世纪早期。

3. 壁炉架上往往会有一些精美的装饰，因为这个位置十分重要。装饰有时会表明房间用途，或者房主的职业、兴趣，有时只有姓名首字母和日期。本图是一个石砌壁炉，来自布里斯托尔的修道院，约1664年。

4. 一个小型的角落壁炉，来自霍宁顿庄园，沃里克郡，约1670年。

5. 雕带可以是简单的大理石镶板，采用涡卷收边，并置于檐口之上。贝尔顿住宅，林肯郡，约1685年。

6. 伊尼戈·琼斯为格林威治女王宫卧房里设计的壁炉架手稿，约1637年。向下垂落的头饰（半身像柱）源自法国，但其他细节的设计灵感都来源于意大利。壁炉上部通常设置壁炉装饰架。RIBA

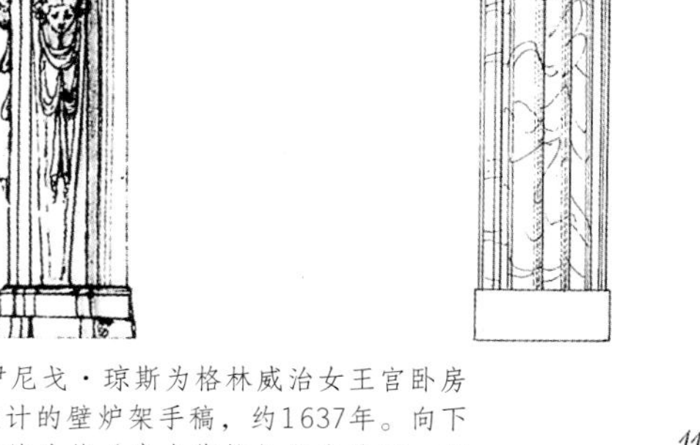

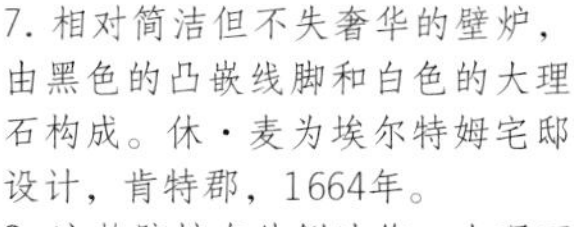

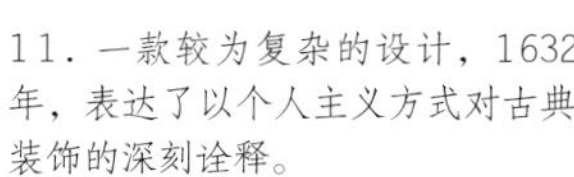

7. 相对简洁但不失奢华的壁炉，由黑色的凸嵌线脚和白色的大理石构成。休·麦为埃尔特姆宅邸设计，肯特郡，1664年。

8. 这款壁炉有外侧边饰，大理石线板和巴洛克风格的涡卷装饰，约1700年。

9. 这款壁炉由意大利建筑师、画家和理论家塞巴斯蒂亚诺·塞里奥（Sebastiano Serlio, 1475—1554年）设计，本图来自英国1611年出版的译本。他的设计在时尚界很有影响力。SE

10. 约1640年的橡木壁炉架，带有这一时期典型的双壁柱和宫廷怀旧风格的橱柜饰架，属于带有古典主义折中风格的老式壁炉类型。

11. 一款较为复杂的设计，1632年，表达了以个人主义方式对古典装饰的深刻诠释。

1

2

3

4

5

6

1. 虽然造型简单，但所使用的不同大理石之间产生的对比彰显了这款壁炉的尊贵，17世纪中叶。*TH*

2. 怪异的装饰说明了这位本土设计师对他在伦敦见到的设计细节存在记忆上的偏差，约克郡，17世纪中叶。*MO*

3. 另一款本土类型的壁炉。虽然样式优雅，但造型仍然缺乏和谐统一。壁柱仅支撑着檐口，而没有支持雕带，框缘仿佛悬在两者之后。*TH*

4. 拱形三角楣饰造型凸出了檐口，通过大理石的对比产生装饰效果。*TH*

5. 通过在框缘中增加线脚，既丰富了造型，又保持了构图的统一性。*MU*

6. 一款铸铁壁炉背墙，17世纪，仍保留在原位。*C*

1. 风帽，加高烟囱利于排烟，直至17世纪仍在使用。它们可以与壁柱、雕带和檐口结合，从而形成一种庄重的构图，造型如同一个坟墓。这是一个17世纪早期的案例。

2. 在17世纪末，当空间比较狭小时，在角落里设置壁炉的方式十分常见，通常会嵌在墙壁的对角内。这个例子可以追溯至1701年。

3. 另一个角落壁炉，运用了厚实的大理石构件，17世纪30年代。壁炉上部巧妙地嵌入了镶板。注意，下部留出的台面可用于展示瓷器。

4. 周围的镶板装饰使大理石壁炉的效果更加突出，约1700年。

5. 17世纪晚期，壁炉架开始镶上镜框，这是财富的象征。

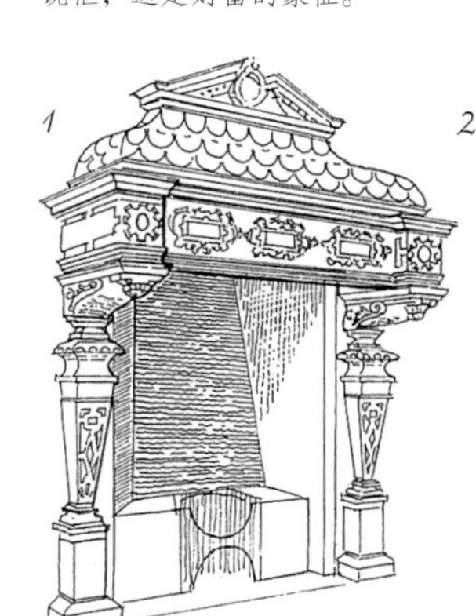

6. 可以通过雕琢神话人物、水果、植物和鸟类，使壁炉上部装饰架的造型更加丰富，约1690年。

7. 简洁的壁炉架上也可以有较为严整的装饰镶板，雕刻可能采用了格林宁·吉本斯的手法。

8. 壁炉上部装饰架上嵌入了更为精致的画框，可追溯至1650年。

9. 此处的雕塑如同教堂纪念碑一般奢华且栩栩如生。汉普顿宫，萨里郡，约1700年。

1. 这是克里斯托弗·雷恩爵士的设计手稿，将伟大的雕刻家格林宁·吉本斯所雕刻的每个细节都描绘得一清二楚。壁炉框架相对简单，并通过自然主义雕刻图案进行了丰富。檐口由男像柱支持（阿特拉斯像），并通过半躺着的小天使和鸟儿进行美化。壁炉上部装饰架的镶板边缘带有水果、树叶和水仙花的造型。*SO*

2. 克里斯托弗·雷恩的另一款设计，细节根据格林宁·吉本斯的作品制作而成。壁炉架尽可能简洁，两层壁炉上部装饰架带有斯图亚特王室的象征符号，从下面可以看到查理一世的半身像和上面的花纹徽章。*SO*

3. 由约翰·韦伯设计的华丽的壁炉架，用垂花饰、冠冕和皇家鹰饰展现出完整的古典模式，1666年。*LHT*

4. 一款带有精美门板的壁炉，开口处的门板是为了在不使用壁炉时防止形成气流。壁炉门板的装饰极尽华丽，油漆饰面。出自法国人吉恩·勒·保特利的设计样式书籍，出版于1661年。

5. 两块经典的拱形铸铁壁炉背墙。第一个例子中用凤凰装饰，象征着英联邦。第二个是春天的一个寓言人物。使用了圣经或其他神话故事中深受人们喜爱的主题，有基督诞生、撒玛利亚的圣母、海神尼普顿的施舍和赫拉克勒斯杀死九头蛇。丰富的花饰边界形成了装饰特征。

6. 四个铁质壁炉柴架，均成对使用。炉火前面的两根支腿用来防止木头掉在地上。有些壁炉柴架使用黄铜甚至银制支座。

7. 一个架高炉箅的早期案例，吉恩·勒·保特利，1665年。

8. 在18世纪初，壁炉柴架逐渐变得不再重要，取而代之的是篮式炉箅，此时海运而来的煤炭开始取代木材作为燃料。这是17世纪末篮式炉箅的早期样例。

楼梯

索普庄园二层的楼梯，北安普敦郡，1654—1656年，几乎和一楼的主楼梯的装饰同样华丽，表明了它们具有几乎同等的功能性。这部楼梯明显不是佣人使用的后楼梯，在巴洛克时期贵族和仆人共用公共空间。TH

楼梯是巴洛克建筑中的重头戏。楼梯踏步通常为木材，一般使用橡木，在这一时代的末期，出现了“封闭式梯梁”的结构形式，即沿着踏板和踢板的边缘设置一个连续的斜梁，同时也用于支撑栏杆。大型的楼梯通常由石材制作，并配有精致的锻铁栏杆。由于石材楼梯无法依托于斜梁，因此采用悬臂式，这要求工匠具备较高工艺技术。这种楼梯一般是富有的人家建造，但那些独具匠心、造价较低的木楼梯，也能够做成模仿石梯的形式：无论采用悬臂结构，还是隐藏梯梁的方式。

最昂贵的木制栏杆由连续的镂空镶板组成，起初是带状饰形式，之后是卷曲的莨菪叶饰，有时也加入人物雕像。独特的车削栏杆柱也十分常见。开始有腰节，但到了17世纪中叶，其重心下移，形成了花瓶形状，较为昂贵的做法是只使用丰富的莨菪叶饰。1660年以后，扭曲形栏杆柱开始流行。中柱通常是正方形横截面的，并且在顶端有尖顶饰。1660年前后，开始在地板上安装带有雕刻的托架作为栏杆的支撑，而方形截面的中柱最终被古典柱式所取代。

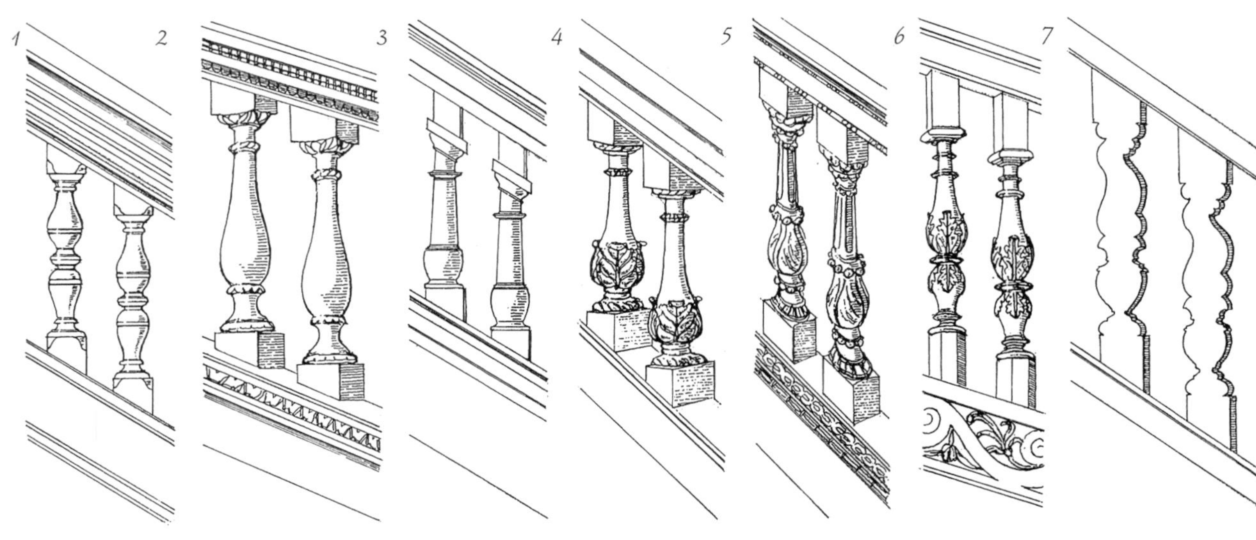

1. 17世纪20—30年代的栏杆柱，有腰节并且上下对称。
2. 栏杆柱的经典原型。中世纪的栏杆柱通常具有花瓶状的轮廓。
3. 萨里郡法纳姆城堡里的栏杆柱，显示了当时工匠不能确定应该以栏杆作为排布细部的标准还是以踏板作为标准。
4. 运用大量巴洛克花饰的栏杆柱，使之从诸多乔治亚时代艺术风格中脱颖而出。
5. 来自什罗普郡精美的雕刻栏杆柱，1670年。
6. 17世纪中期造价昂贵的栏杆柱上的莨苕叶饰。
7. 比较廉价的栏杆柱则是用扁平的木板雕刻。
8. 比较豪华的栏杆由连续的镂空雕版组成，取代了单独的栏杆柱。例如这个1641年的样例，展示了带状饰。

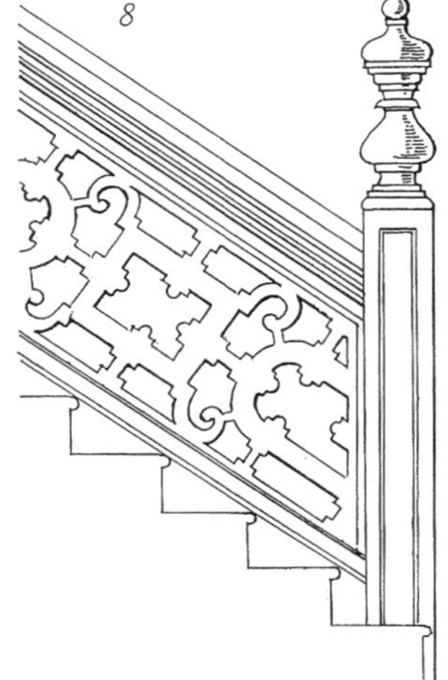

9. 17世纪中期，带状饰被连续卷曲的莨苕叶饰所代替。
10. 栏杆是一种展示媒介，可以按照大胆的想法进行创作。MO

9

10

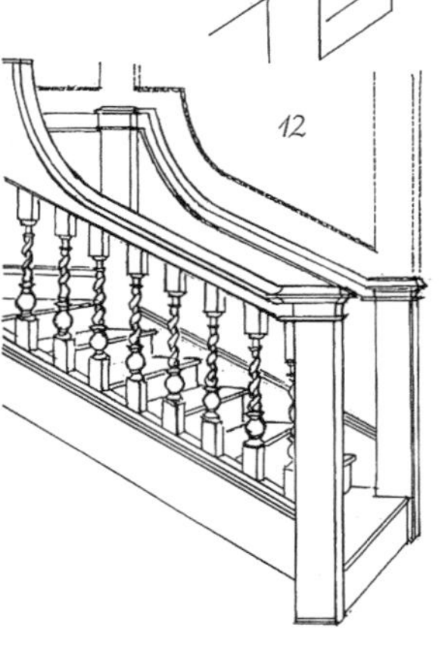

11. 巴洛克形式的楼梯，根据其大胆的形式判断，应来自乔治亚时期艺术风格的住宅（约1650年）。
12. 住宅中的栏杆柱通常置于连续的斜向梯梁之上，或称“封闭式梯梁”。

13. 1700年左右，工匠开始制作“开放式梯梁”，此图中的莨苕叶饰位于踏步板下部。

1. 来自格林威治女王宫的悬臂式石梯展示了17世纪初期工匠的杰出技艺。其被誉为“郁金香”楼梯，锻铁的栏杆采用了粉状填料制成的装饰物。

2. 来自德比郡的查茨沃思庄园（1688—1691年）的大石梯，尽管呈现出悬臂式，实际上踏板的外侧支撑在隐蔽的斜梁上。使用了木制楼梯上经常使用的优美的涡卷雕饰。

3. 17世纪晚期苏格兰锻铁栏杆镶板，已经出现了包含蔓叶花样和涡形装饰的图案。

4. 悬臂式木梯的一处细部，约1714年。楼梯端头的涡卷饰延伸了整个扶手底面，并带有莨苕叶饰。

5. 索普庄园通往二层的优美楼梯与连接塔楼的柱廊相通，说明了二层用房的重要性。*TH*

6. 四个扶手的断面，制造年代从左至右分别是1701年、1618—1635年、1684年和1632年。较晚时期的扶手为铁制或者木制。

7. 直到17世纪中叶，华丽的中柱均车削制成并采用雕刻尖顶饰。

8. 正方形截面的中柱造价低廉。球形尖顶饰带有典型的莨苕叶饰，约1630年。

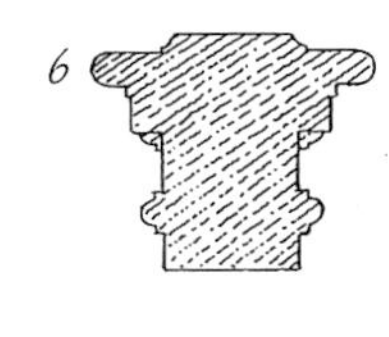

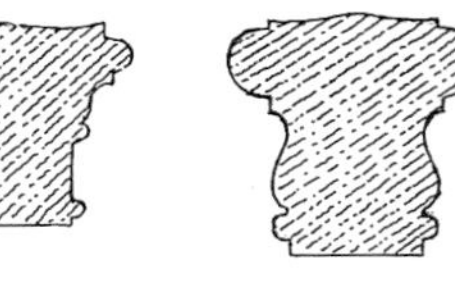

9. 一个简单的中柱和球形尖顶饰。

10. 从17世纪中期开始，华丽的中柱也开始演变成正方形。这个案例的顶部是一个雕刻的花篮，约1655年。带有支撑在地板上的雕刻托架中柱变得流行起来。

11. 18世纪，中柱和栏杆柱变得细小。例如这个楼梯平台上的楼梯端柱有古典柱式的样式。

12. 17世纪末，铸铁工艺大大改进，这个楼梯平台上的栏杆镶板（约1706年）来自北安普敦郡的一个华丽的楼梯间。

固定式家具

1

2

1. 到了17世纪末，书柜开始成为一种固定不动的家具，奢华住宅的主人都渴望有一个家庭图书室，就像这个令人印象深刻的案例，由丹尼尔·马洛特（Daniel Marot，1661—1752年）设计，约1690年。
2. 这个漂亮的嵌入式橱柜位于镶板墙面上，多赛特郡一处庄园府邸，1712年。扇形架子的曲线与壁龛的曲面呼应：上面的鼓面镶板门可以拉下来将橱柜隐藏，下面的柜子提供了专门的存储空间。
3. 来自西北部湖泊地区的一个陈旧的橡木香料柜，带有镶板门，配有锁。香料柜通常包含一套小抽屉用以保存不同的香料。

3

巴洛克时期对家具的定义要比今天广泛，包括墙面镶板等其他部分，比如，不同于住宅的其他装饰，木制护壁板可以作为礼物进行馈赠。

在墙体比较厚的地方，通常有可能做成嵌入式的固定橱柜。具有通风作用的食橱，有时也会嵌入墙体。柜门多采用橡木，每个地区的形式各不相同。有些地区采用带有镂空孔眼的平板；其他一些地区相对富裕的房主，会采用带有装饰的镶板。用来存放香调或医药的柜子，也会做成入墙式的。

17世纪末期，用来展示银器和玻璃器皿的固定式餐柜开始流行起来，在豪宅当中，餐柜通常被嵌入餐厅中的拱形壁龛中。不太富裕的家庭会使用一种固定式角柜，通常配以搁架和贝壳形装饰。这种固定式的橱柜经常被并入墙面装饰系统。

随着书籍的普及和藏书量的增多，书柜也采用了固定式布置方式。最初书柜有门，但后来逐渐被开放式书架所替代，因为展示藏书逐渐成为一种风尚。

设施

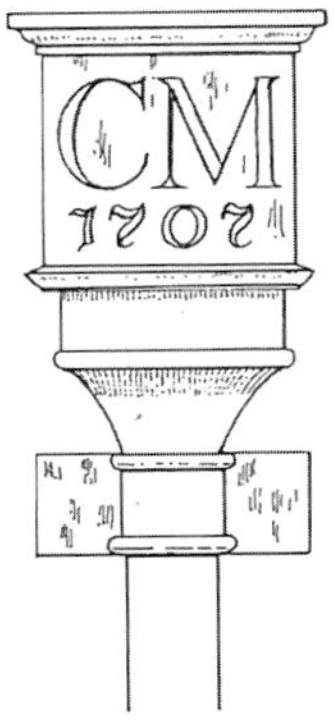

1. 嵌入壁龛中的带有自来水的餐具柜，下面是大理石的水盆，会放置在大厅或者主餐厅中，玻璃器皿都在此处清洗。上面的架子用来展示银器和玻璃器皿。约1710年。

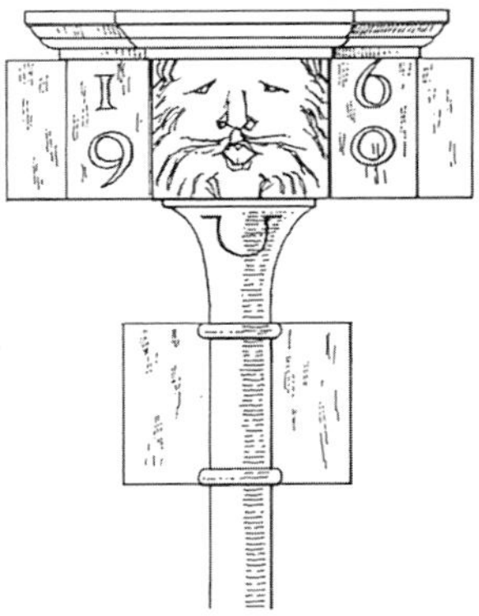

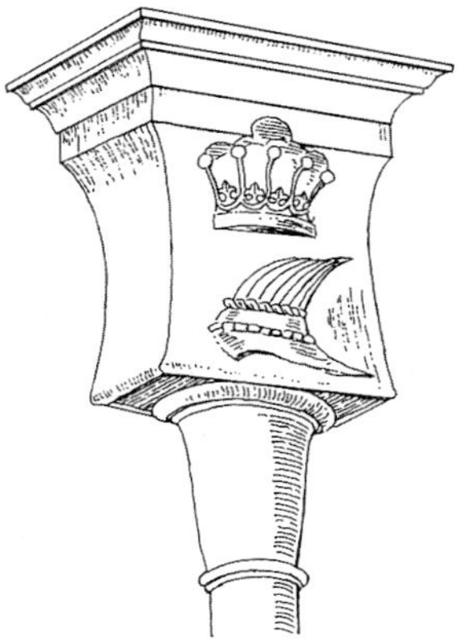

2~5. 铅制雨水斗。用于收集房檐上的雨水，再通过雨水斗汇入落水管。雨水斗是落水管上部的一个铅制的盒子，能够保证雨水经由落水管排到地面。柔软的铅质材料可以制出家族纹章图案，包括古典装饰或大写字母。

6. 雨水也被导入地下或者流进一个铅制的蓄水池，维恩，汉普郡。

所有建筑学理论家都强调，住宅建筑的选址应靠近泉水或河流，无论新观念还是传统观念皆无例外。

在城镇中，公共水源的提供成为统治者善举最明显的标志。然而，英国国王和城市的统治者，却很少能比得上罗马帝国或教区教皇在这方面的作为。因为伦敦的供水是由资本家控制的供水公司提供，供水系统的运行由私人公司承担，如新河公司和切尔西供水公司。

为给不稳定的供水系统提供补充，经常会在住宅的平屋顶上设计一个特殊区域，用以收集并储存雨水。大型住宅的储水设备多为铅制成，结果导致一些贵族家庭几代人都受到铅的毒害。

人们在自己的房间里使用便盆，在吃饭和喝酒的地方也会提供便盆，有时这些便盆会嵌入可以移动的家具中，形成了“大便凳”，放置在一个特殊的小间里，就是“厕所”或“暗柜”。如果地点合适，也会建在庭院或者花园的一端（“必备的房屋”或“用于放松的房屋”）。

灯具

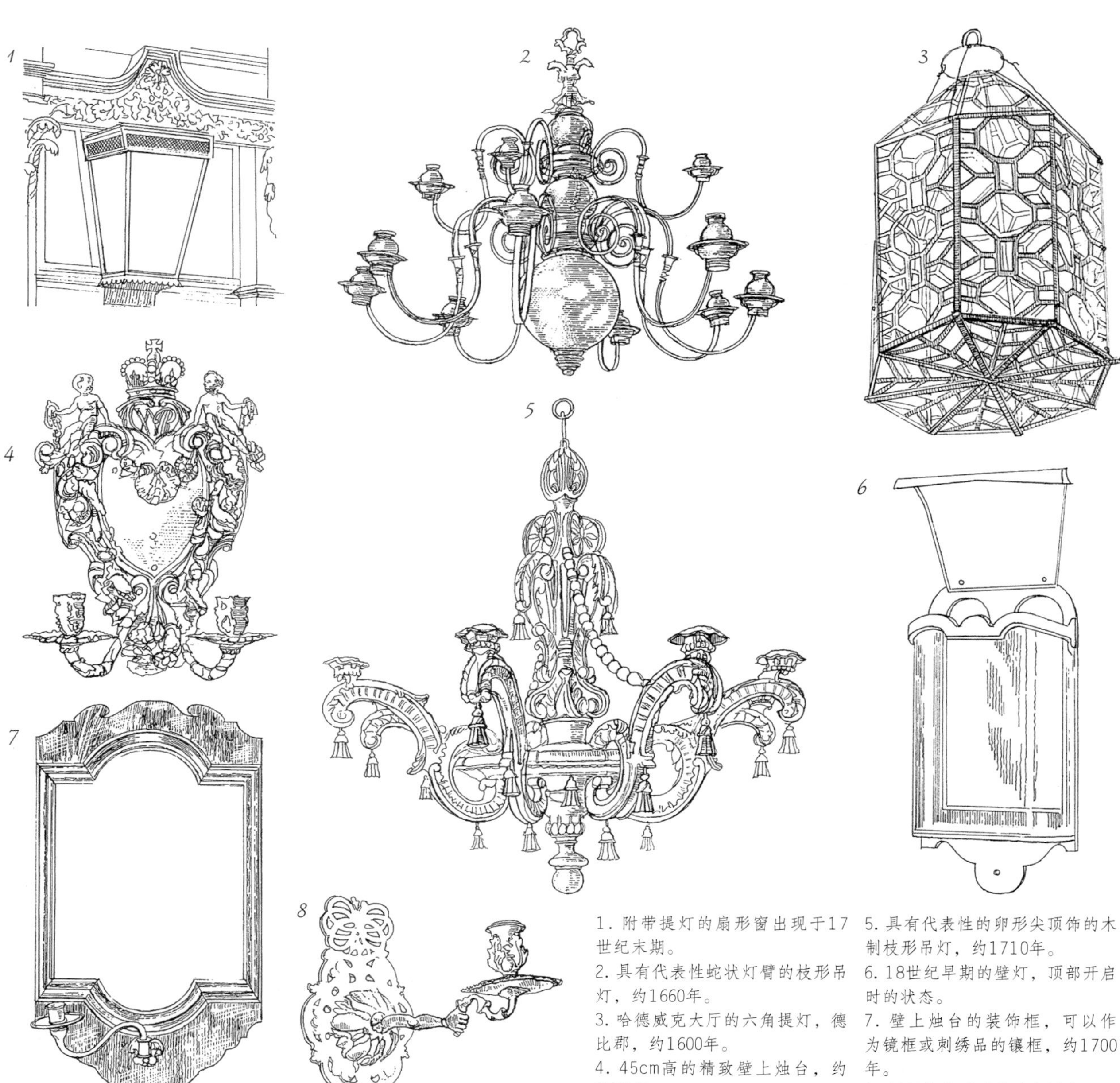

1. 附带提灯的扇形窗出现于17世纪末期。
2. 具有代表性蛇状灯臂的枝形吊灯，约1660年。
3. 哈德威克大厅的六角提灯，德比郡，约1600年。
4. 45cm高的精致壁上烛台，约1700年。
5. 具有代表性的卵形尖顶饰的木制枝形吊灯，约1710年。
6. 18世纪早期的壁灯，顶部开启时的状态。
7. 壁上烛台的装饰框，可以作为镜框或刺绣品的镶框，约1700年。
8. 1684年的浮雕式壁上烛台。

巴洛克时期的蜡烛也是十分珍贵的物品。太阳落山后，烛光提供了室内照明，并且蜡烛可以方便地带到床边。贫穷的人则使用灯芯草，浸入动物油脂，并用夹子固定。中产阶级则使用动物油脂制成的蜡烛，富有阶层则使用石蜡制成的蜡烛。烛台通常由木材加工而成，黄铜和锡制烛台最为理想。非常富有的人则使用银制烛台，但仅用在最重要的位置，这种状况持续到17世纪结束。

当人们走在通道或楼梯上时，吊灯能够提供稳定但昏暗的照明。楼梯间的吊灯时常悬挂在铁架上，铁架安装在上层楼板的下面，将吊灯挂起来以照亮楼梯间。

重要的房间一般会设置一个枝形灯具，用绳子悬挂在带钩的天花板上，为了点灯方便往往挂得很低（18世纪才发明链条和滑轮）。灯具通常由黄铜制作，中心部位有一个反射用的球体以增加亮度。枝形吊灯仍然是非常显赫的奢侈品，大多数是由雕花的镀金木头制成，最好的则由天然透明的水晶制成。壁上烛台（半枝形烛台）是另外一类奢侈品。在这个时期的大部分时间里，烛台会安装在黄铜制成的装饰有凸纹饰的盘子上。随着1700年前后镜子的使用，装饰便转移到丰富的雕饰和镀金的镜框上。

金属制品

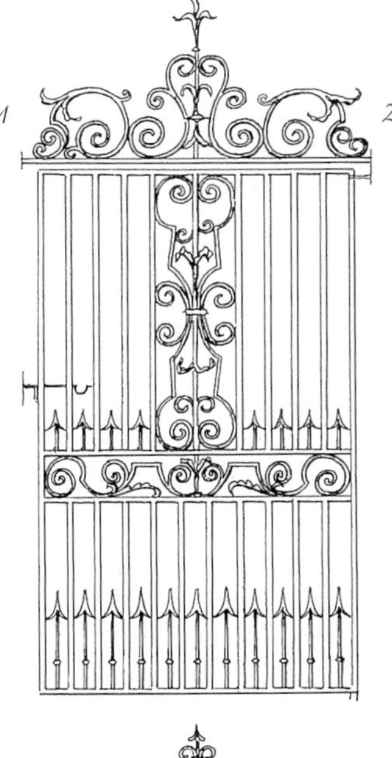

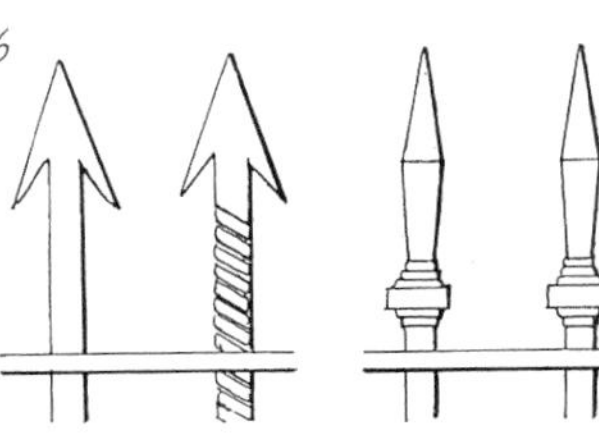

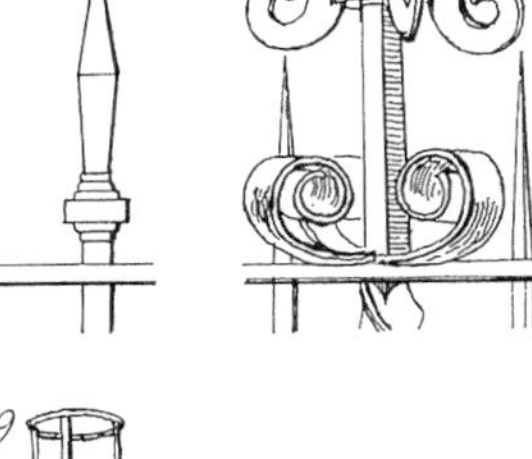

1和2. 典型的铁艺大门及其细节，约1700年。
3. 一个装饰性的吊灯悬杆，带有花与叶的图案，约1700年。
4. 17世纪末，栏杆中经常嵌入涡卷装饰。
5. 吉思·提尤（Jean Tijou）设计的凸纹饰屏风，1693年。提尤是一位影响力巨大的设计师。
6. 尖顶饰：飞镖和长矛，约1680年；铁锥及长戟（斧头状长矛），约1625年。
7. 风向标，在大型建筑中较为普遍。
8和9. 阳台栏杆，17世纪末期。第二个例子中有火炬支架。

17世纪，随着技术的进步，铁艺制品越来越复杂，能够制造厚度仅为1cm的杆件，并且还能制作成各种装饰形式，如尖饰、卷曲、枝叶、波纹形、回纹饰、贝壳形甚至是面具造型，还可以制成鸟和动物的头，以及财产标志物（徽章纹饰）。有时采用凸纹饰或锻造工艺制成的浮雕装饰物。锻铁门和栏杆的制作涉及所有的装饰成型环节。尖顶饰也不再是简单的钉状装饰，而变成球形、叶形和矛形；一些球形装饰往往预先铸造好，然后再焊接到上面。杆件通过铆钉或扣件连接在一起。大门上通高的铁杆，通常装饰有短矛杆件以防止狗的进入。下部和顶部的双曲藤蔓纹饰镶板十分流行。

1650年，铁制栏杆的阳台开始流行起来。阳台往往位于主入口上部的显著位置，通常用直杆和曲杆相互交替的栏杆柱，叶形饰和涡卷饰的围板。常用蓝色或者绿色油漆涂饰，有时还会镀金。位于步道尽头围墙上的门洞口，可以让人将住宅外面的田园美景尽收眼底，而这些开口通常都带有装饰性的锻铁格栅装饰。

早期乔治亚时期（1714—1765年）

斯蒂芬·科罗维

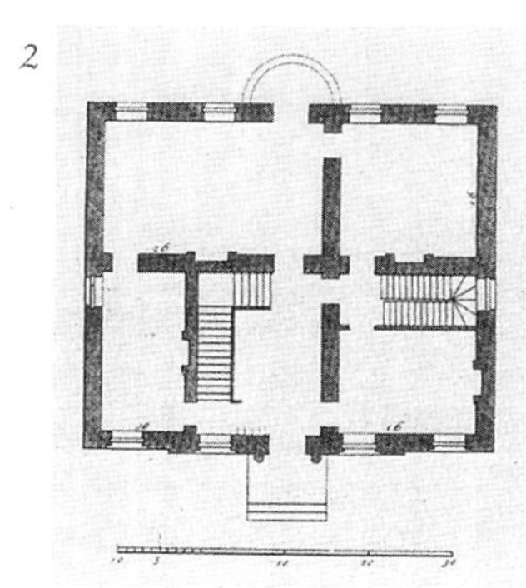

1. 伦敦西部特威克纳姆市的马布尔山住宅形式克制、比例严整的平面，表现出典型的帕拉迪奥建筑品位。这栋住宅基于科伦·坎贝尔（Colen Campbell，1673—1729年）的设计，由罗杰·莫里斯（Roger Morris）建造于1724—1729年间，由建筑爱好者、彭布罗克的第九任伯爵亨利·赫伯特（Henry Herbert）督建。*MR*

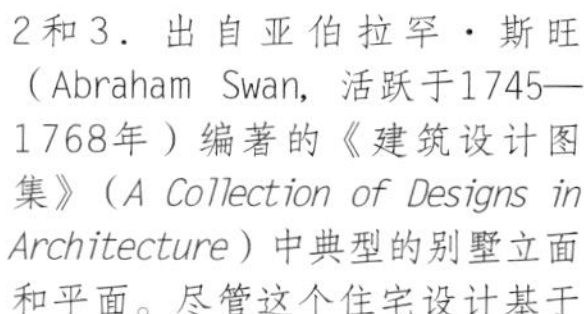

2和3. 出自亚伯拉罕·斯旺（Abraham Swan，活跃于1745—1768年）编著的《建筑设计图集》（*A Collection of Designs in Architecture*）中典型的别墅立面和平面。尽管这个住宅设计基于意大利宫殿建筑的理想形式，但窗户与墙面的比例明显增大了，平面也反映出意大利的建筑特征，类似帕拉迪奥维琴察别墅的样式。*ASA*

绅士中的建筑爱好者、新培育出来的专业建筑师、未受过良好教育但充满自信的建筑商，所有这些人在18世纪上半叶，都为英国住宅的发展做出了自己的贡献。到安妮女王过世时（1714年），英国住宅建筑已经达到很高的水平，新建筑精致的形式和细部，几乎替代了17世纪晚期的巴洛克风格。由柏灵顿勋爵（Lord Burlington，1694—1753年）、建筑师科伦·坎贝尔和威廉·肯特（William Kent，1685—1748年）领导的时尚圈，信奉意大利建筑师安德烈·帕拉迪奥的设计理念，他们的城市和乡村住宅在平面布局和比例关系上都表现出受到安德烈·帕拉迪奥的影响（由古罗马建筑转变而来），表现在窗户及其细部的对称性与布窗方式的规律性上，基本建筑造型都源于16世纪意大利的模式。意大利北部维琴察附近的帕拉迪奥住宅，对乔治亚建筑产生了深远的影响，屋顶的式样强化了主要楼层的高度和形式的丰富性，住宅的主楼层指高于地面楼层或入口层上部楼层。在规模较大的乡村别墅中，置于建筑主体之外的功能用房和马厩，也都非常用心地进行设计，比如以功能性为主的厨房（通常位于独立的建筑体量）和佣人使用的房间，都为住宅外部整体形象牺牲了功能的便利性。

伦敦的豪宅和大多数时尚的住宅依然弘扬着帕拉迪奥的价值观，但随后由于建设规模的变化，住宅建筑也出现了新的发展方向。城市中商品住宅建设数量的激增，加速了密集型城市街道住宅出现，使住宅建设进入了一个新时期，其结果导致17世纪第一次出现了砖构式联排住宅，并迅速地成为最有特点的重要住宅形式。一些非正式的审美规则影响了建筑的尺度、比例、细部和建造方式，这些规则出自由非专业的建筑师和建造者编写的建筑模式书籍，以及一系列的建筑法规，后者源于伦敦大火（1666年）后的建筑立法。新的建筑法规在内容上规定：伦敦中心区的住宅需要平直的立面和砖石建筑。1707年的一项法规明确禁止了之前通常使用的木制屋檐檐口，相邻建筑间的界墙也需要设置通高的女儿墙（即两个住宅的共用墙体需要延伸至屋面以上），以避免火焰通过屋顶蔓延。为提高火灾的防范能力，1709年的一项类似的法规要求窗框必须退后外墙一砖距离（约10cm）。之前的窗户一直和外墙面平齐，最新的法规从根本上改变了布窗方式的视觉效果，因此也改变了建筑的样式。这两个法规仅对伦敦城的建筑进行了技术上的控制，然而1724年的一项法规扩展了它的范围，希望小城市和乡村地区的建筑也能赶上时代的发展，引导他们采取这些新的规则。

城镇中地价成本的迅速提高（经常基于土地的持有者），是导致乔治亚时期城镇住宅密度提高的原因。在联排住宅的设计中，为保证多数房间可以获得自然光，采

1

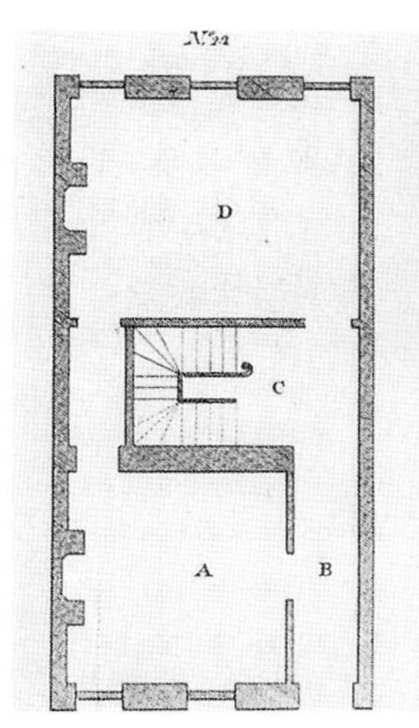

2

1. 城镇联排住宅的立面和平面，出自《现代建造者助手》（*The Modern Builder's Assistart*）一书，威廉·哈夫彭尼（William Halfpenny，逝于1755年）编写，1742年。18世纪中期建筑师设计的住宅面积充裕，但碍于经济压力，商业住宅的面积逐渐变得狭小。同时，受到用地条件的限制，并要求平面布置中力求住宅前后所有的房间都能有自然采光，而楼梯间的光线则变得非常昏暗。*WHP*

2. 18世纪20年代入口层上部楼层的一间客厅，位于伦敦东部的斯皮塔佛德。墙面的镶板形式典型，带有简单的线脚。这样的冷杉木板（冷杉或松木）镶板通常涂上油漆，尽管有的会使用图片中类似红色阴影的那种比较昏暗的颜色，但柔和舒缓的色彩主调依然非常受欢迎。*DC*

取了一些独创式的做法以解决主要房间和一些小房间的采光问题，而最终的结果是房间或者“明亮”（有窗户采光），或者“黑暗”。18世纪，普通的城镇住宅中的各种服务性房间，以及那些佣人住宿使用的房间，以今天的标准来看容纳的人数也非常之多。

这一时期服务设施的文明程度也大幅度提高，尽管只限于少数人群使用。在建设品质优良的城市住宅中，设置供水系统的住宅达到了理想的比例，排水系统也满足了需求。远离城市中心的住宅也能够满足基本需求。整个17世纪，人工照明的使用依然延续如故，成为最简单的照明方式，大多数住宅照明都是由可以移动的烛台提供。在入口大厅等主要空间里，封闭型灯具成为主要的灯具类型，主要的房间里则采用枝形吊灯，这些照明灯具通常固定于墙上。然而，整个时期大多数照明方式依然非常昂贵和奢侈。

住宅装饰成为财富和地位的象征。精心制作的石膏装饰件、拉毛粉刷、木雕和特殊的油漆效果，以及各类镀金处理，无论是手工还是材料都非常昂贵，多用在贵族和模仿贵族生活的富有商人阶层住宅中。大多数普通住宅只有简单的油漆工艺，属于实用型的装饰，多为了避免装饰面层的磨损和开裂。建筑外部木构件的装修采用混合了铅粉的富有弹性的调和漆。室内油漆工艺也通过添加土基亚光色素的做法形成了不同的类型。油漆工的技艺也发挥到越来越重要的作用，成为18世纪建造工艺进步的标志，同时使用了廉价的波罗的海的冷杉和松木（统称为“冷杉木板”）来替代本地的木材（如橡木）。这些柔软的木材比本地的木材耐久性差，所以油漆工艺就变得非常重要。在这一时期最初的十年里，由于浅色亮光的油漆面层不易涂刷均匀，因而通常价格昂贵，到了18世纪中期，技术的提高使油漆工艺得以迅速发展。同时进步的还有使墙纸看上去非常精致的纸张制造技术和印刷工艺，以及悬挂类的纺织品的印刷工艺，所以，到了18世纪中期，与50年前相比，即便是英国中产阶级的住宅色彩也变得丰富繁杂了。

建筑的主要入口大门是乔治亚建筑立面的主要装饰对象。除了那些造价昂贵的住宅使用石材制作装饰细部，大多数都采用木材制作。由于有不断更新的样式图集出版，大门样式总能保持着前卫。

在18世纪前期数十年里，巴洛克风格的门框有着精巧的雕饰元素，有时是厚重支架支撑的挑檐，有时是一个雨棚。这些支架通常有程式化的雕刻，如动物、植物、天使等，或者设计成带有涡卷的古典式托架。在1720—1730年

门

1730年的一组城镇住宅的优美的门框。旧有形式的出檐放置在带有雕刻的托架之上，与向上的断檐口装饰和时尚的圆形门头融为一体。出自埃塞克斯郡的科尔切斯特市。

间，庙宇形式的帕拉迪奥图案流行，柱子和壁柱严格地遵从比例规则。

大门多为镶板形式，门扇通常为两排竖向的鼓面镶板。早期的大门非常高，充满整个门洞；后期开始降低门扇高度，以在上部安装扇形窗。所有的大门均油漆成深色或木色的仿木纹效果。

室内房门通常采用与大门相类似的样式，在大型住宅主要楼层的房门中，经常采用深门框的双开门，并且有粗大的圆形把手固定在锁的边缘。门扇安装在固定于砂石门洞框缘的木框上，其他木作细节均与房间相协调。上部楼层、楼梯下部区域和一些小型住宅则使用简单而流行的平板门类型。厚木板门则多用于乡村住宅中。

1．两个标准爱奥尼亚式门框的变体，选自巴蒂·兰利（Batty Langley，1696—1751年）1746年编写的《建筑商的珠宝》（*The Builder's Jewel*）一书。拱形顶部开口适合安装扇形窗。*BJ*

2．厚重的琢石门框，出自詹姆斯·吉布斯（James Gibbs，1682—1754年）1728年编写的《建筑之书》（*Book of Architecture*）一书。重点强调的锁石是吉布斯风格的典型式样，但并未被广泛使用。*BA*

3和4．出自威廉·萨蒙（William Salmon）1734年编写的《英国的帕拉迪奥艺术》（*Palladio Londiniensis*）一书，冷峻的多立克式门框和装饰丰富的柯林斯式门框。*PL*

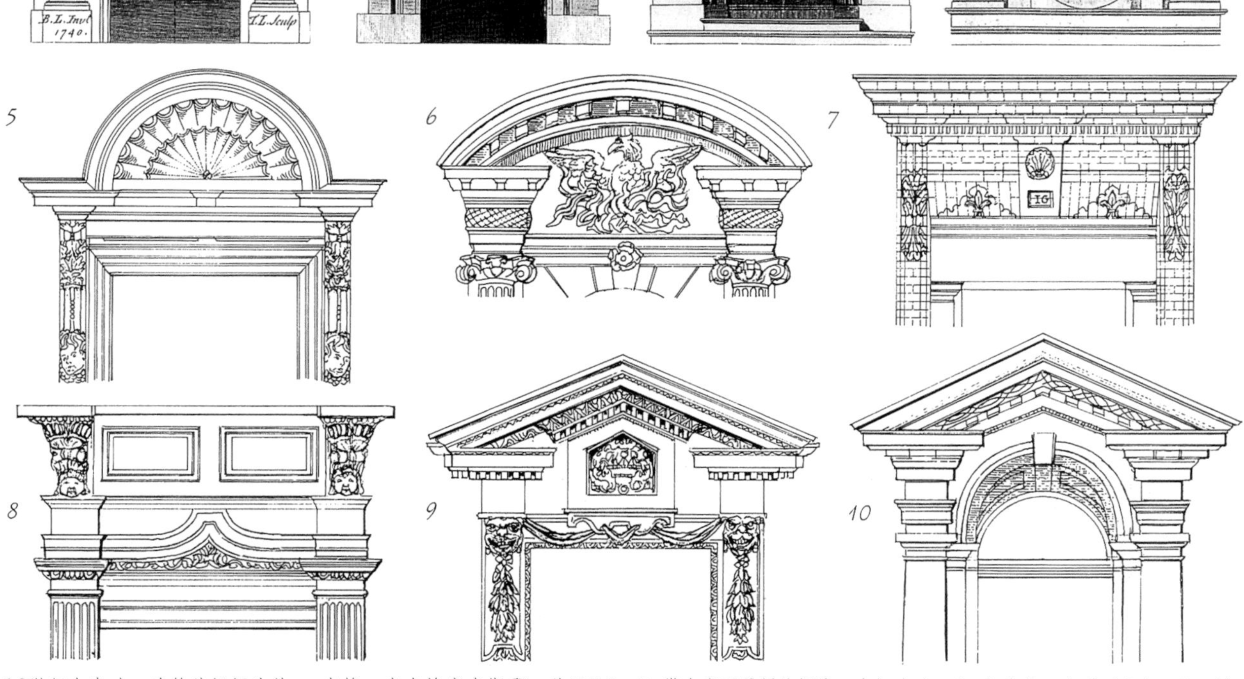

18世纪上半叶，建筑外门门头从凸出墙外的出檐发展出复杂的三角楣形装饰。

5．一个带有小托架的贝壳形雕饰出檐，出自埃塞克斯郡，约1710年。

6．一个爱奥尼亚式的断山花，中间嵌入了雕饰，1717年。

7．带有扁平雕刻的框缘，由切边砖造型的托架支撑，1717年。

8．18世纪20年代出现的典型的混合柱式门头，伦敦拉格比大街。

9．由约翰·伍德（John Wood）设计的浅平的断山花门头，巴斯市，1729年。

10．带有整圆柱的深型三角楣饰门头，伦敦，约1755年。

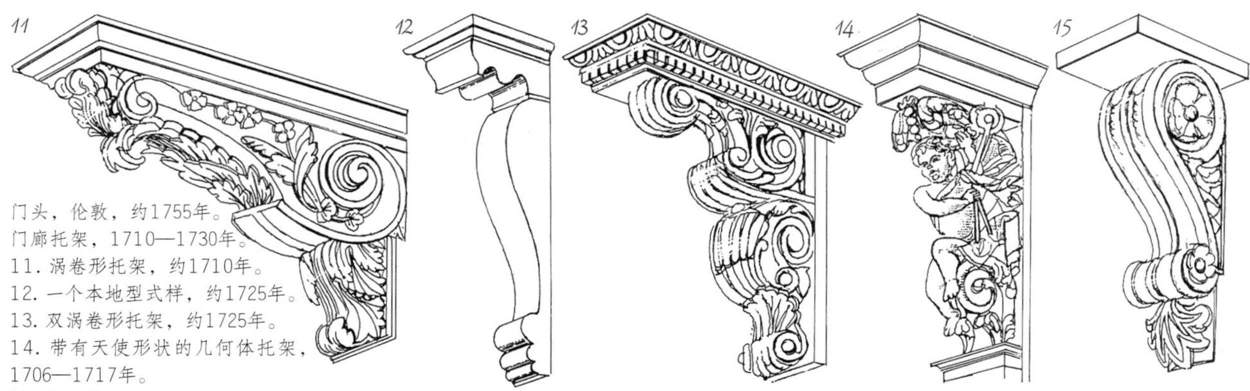

门廊托架，1710—1730年。

11．涡卷形托架，约1710年。

12．一个本地型式样，约1725年。

13．双涡卷形托架，约1725年。

14．带有天使形状的几何体托架，1706—1717年。

15．纯涡卷形托架，1730年。

1. 一个比例优美的门框，约1720年。

2. 带有三角楣饰的优美的多立克式门框。门扇带有后期出现的窗玻璃。*OC*

3. 约1740—1750年间出现的门框，门上部的拱插入到三角楣饰之中。*MN*

4. 三角楣饰经常带有旋涡卷装饰构件（镶板式）。

5和6. 非常严整的古典主义的平直檐部式样替代了自由形式的造型。

7. 具有连续雕刻装饰的三角楣饰线脚。

8. 样式图集中展现的最为常用的古典线形，这些奇异的图案和卵锚形线脚用于门的过梁和侧壁之上。*TA*

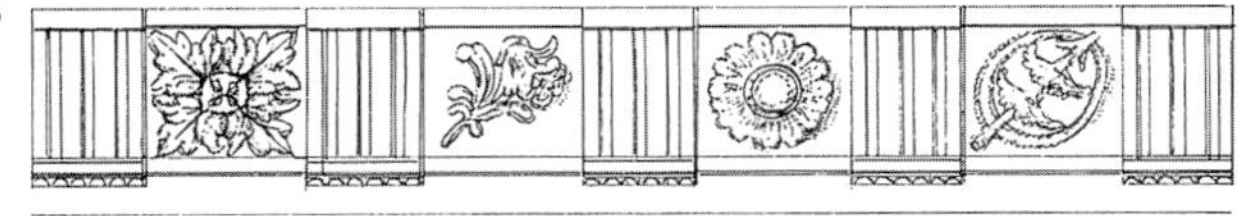

五种柱式及其基座

9. 五种柱式，出自艾萨克·韦尔（Isaac Ware）1756年编写的《整体的建筑》（*A Complete Body of Architecture*）一书。所有的样式图集均以这些柱式为基础，规范了装饰的细部和比例。大多数门框和门廊均源于柱式的形式。*IW*

10. 古典圆盘饰（由枝叶和花瓣装饰的小尺寸圆形图案）是门框和门廊最常见的装饰构件。*DE*

1

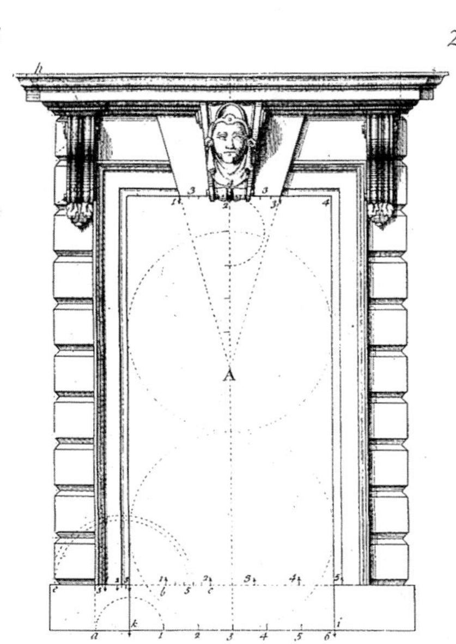

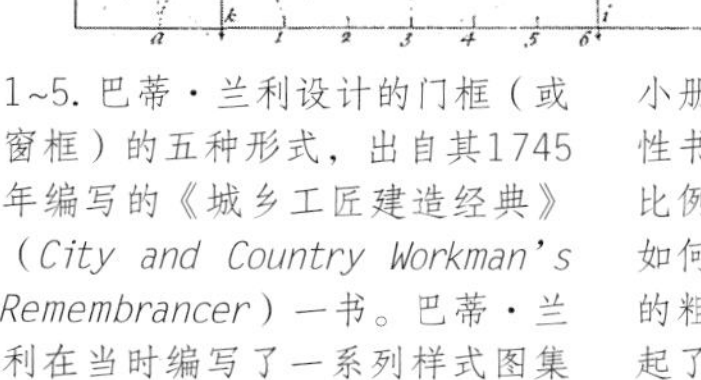

2

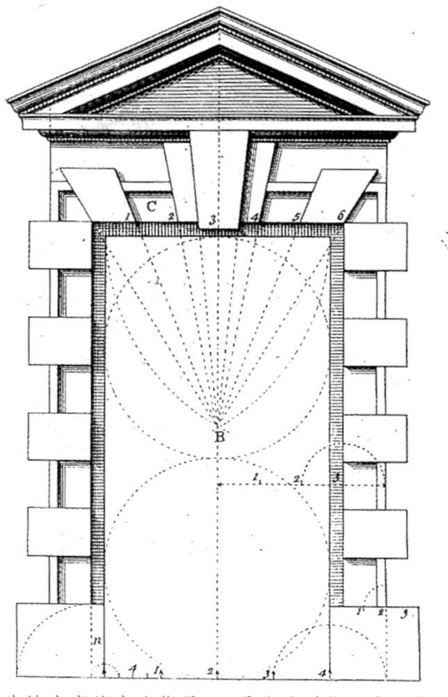

3 4 5

1~5. 巴蒂·兰利设计的门框（或窗框）的五种形式，出自其1745年编写的《城乡工匠建造经典》（*City and Country Workman's Remembrancer*）一书。巴蒂·兰利在当时编写了一系列样式图集小册子，成为地产商的实践指导性书籍，用来指导建筑建造中的比例和细部方面的做法，比如，如何设置锁石等。这些采用厚重的粗琢加工体感强烈的门框，唤起了对詹姆斯·吉布斯（见P75）手法的联想，实际上所有这些想法均来自16世纪意大利的源头，如塞巴斯蒂亚诺·赛里奥1584年的专著《建筑学全集》（*Tutte l'Opere d'Architettura*）中认为：最好的建筑有石材的粗琢雕饰门框，低一级的则是木制门框，做成带有雕刻或直接油漆成白色或仿石效果。*BL*

6

7

8

9

10

11

12

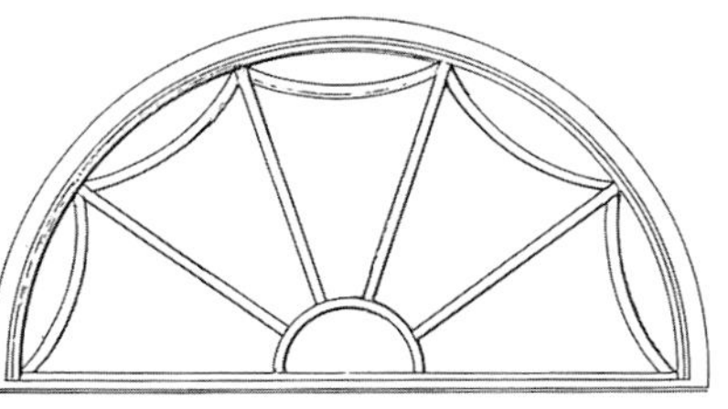

6. 约1725年，伦敦斯皮塔佛德区的一组精美的多立克式门框，带有三陇板浅槽饰和三陇板间饰，以及在雕带上形成四至五组的常见样式，均基于样式书籍。为插入扇形窗/气窗，18世纪后期门的高度明显变矮。图片中暴露在外的上部镶板（门框的室内面层）表明了当时确定的各部分的比例关系。伴随18世纪的进程，扇形窗逐渐成为大门整体设计中的重要元素。在18世纪前二十年间，整个门洞通常由高大的木门填满，之后，门的高度逐渐降低，上部成套的镶板也替换成带有固定玻璃的镶板，以使光线进入门厅。新的布置方式十分有效，到了18世纪中叶，几乎所有的老式门型都变成这种形式。但准确地说明扇形窗的变化年代则非常困难，因为这种简单的样式出现得很早，后期的扇形窗则出现了分成几部分的内拱形式。

7. 早期的扇形窗/气窗十分简单，带有厚重玻璃格条的几何形。

8. 后来的木制格条替代为另一种方式，即带有铅制装饰细部的细小的铁质窗格。

9. 稍微厚重些的铁艺构架能够提供安全的保障，尤其在门的上部。

10. 约1730年之后，门框的形式越发严整，而扇形窗/气窗的采光形式逐渐变得多样。

11. 老住宅的大门会赋予时代细节的新格调，如这个哥特式门型，约1750年。

12. 古典形式，带有放射状板面组成扇形的枝叶形。

1

2

3

4

5

6

1. 伦敦斯皮塔佛德区富尔尼耶大街上的一个门框，是这条街1725—1728年间建造的优质住宅中一个非常大的门，带有柱础和部分三角楣饰，丰富雕饰的凸出门廊，形象精美。

2. 多立克式门框，18世纪20年代初期，特威克纳姆市，米德尔塞克斯郡。值得注意的是浅雨棚的前部断折方式如何形成了恰当的檐口形式。

3. 18世纪20年代初期的一个门框，其中包括十分笨重的带细小刻槽的多立克壁柱，以及带雕饰托架的雨棚。

4. 一个富丽的巴洛克构图，出自蒙彼利埃街，特威克纳姆市，18世纪20年代初期。复杂的大门镶板形式很少见。

5. 大门的传统形式，结合了早期带有拱顶的厚重的托架雨棚、粗琢工艺的门洞口，18世纪20年代中期。

6. 这个爱奥尼亚式门框包括有柱身带槽的圆柱支撑的雕带和带有齿状装饰的三角楣饰，优美的18世纪中期哥特式细部的扇形窗/气窗跨过门顶。

大型住宅中用在一楼或入口层的室内门，有着富丽和饱满的造型。

1. 纯正的古典檐部形式构成了这类门的典型形式。

2. 非常大型的檐部组件形成完整的门和门头饰板形式。巴蒂·兰利设计，约1729年。

3. 浅三角楣饰是门头饰板上非常普遍的形式。

4. 流行于18世纪30年代的断山花造型，有时会结合花瓶饰或人物胸像。

5. 大型的、帕拉迪奥式装饰元素丰富的门头造型，见于18世纪20年代中期。这是一个沙龙的门，出自肯特郡的梅瑞沃斯城堡。在中世纪那些有地位人家的住宅中，门头的形式往往非常精致。基本形式来自古典建筑的檐部造型。

6. 简单的门头造型，来自约克郡，约1730年。通常带有细小的齿状形装饰（“牙齿”）。

7. 这个雕饰丰富的门头来自埃塞克斯郡的雷纳姆公馆，带有18世纪30年代出现的“耳形”过梁的典型门和壁炉架使用的装饰元素。门框周围框缘的线脚在这个年代时常会富有雕刻，除了连续的花饰或叶饰之外，变化多样的卵锚饰和绞绳饰的使用也十分普遍。

8. 优秀的门头中部设计片段（装饰于门上方的披水石），经常会添加丰富的装饰，如这个来自约克郡的大门，约1735年。

1. 简单的双镶板门，整个18世纪用于高品质住宅的上部楼层和普通住宅的大多数房门的基本形式。*DC*

2. 六块镶板的门型是18世纪上半叶室内门的标准样式。这个案例的镶板为平板，带有简单的线脚。*DC*

3. 18世纪20年代伦敦斯皮塔佛德区的一个简单的对开门，门高至房间天棚，细节与墙板形式相匹配。*DC*

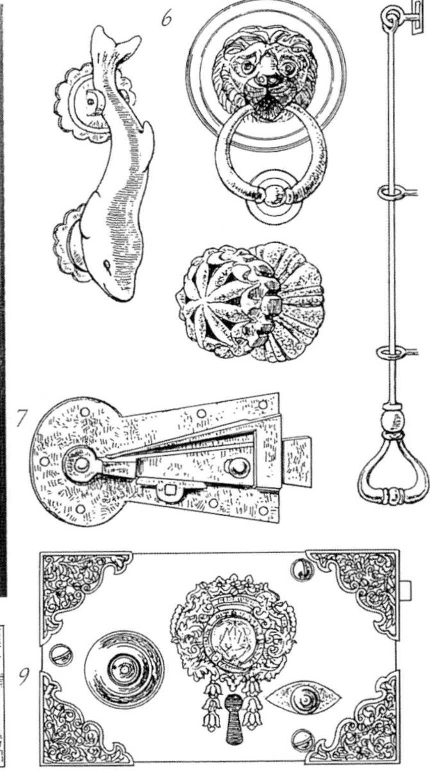

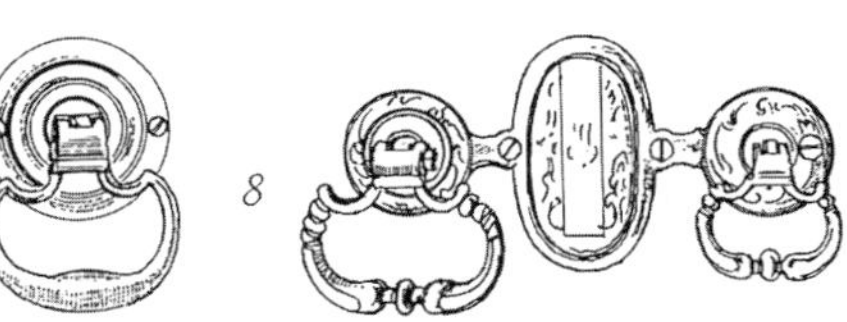

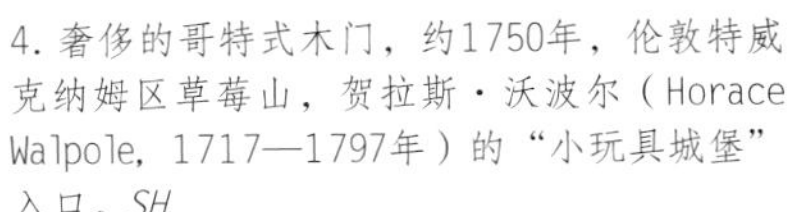

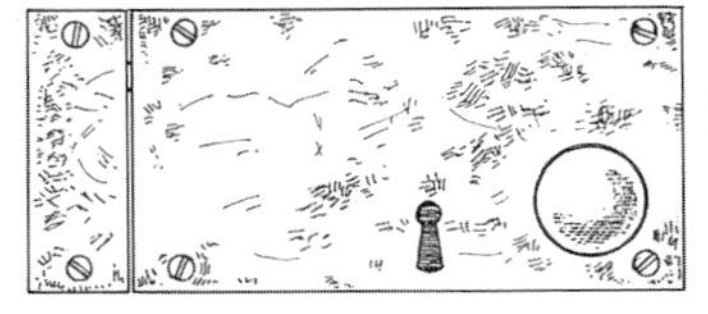

4. 奢侈的哥特式木门，约1750年，伦敦特威克纳姆区草莓山，贺拉斯·沃波尔（Horace Walpole, 1717—1797年）的“小玩具城堡”入口。*SH*

5. 1730年的一个室内门的细部，带有浅线脚和鼓面镶板。*M*

6. 前门需要有一个固定的圆形大把手和锁具，门铃的拉绳也会安置在门框边上。这个时代的门上还没有出现信箱（letterboxes/mailslots）。

7. 锻铁制成的门闩。

8. 下垂式门把手是这一时期典型的内门五金件，尽管圆形把手逐渐普及。

9. 铜质或铁质（左）简单的门边锁具属于大多数住宅的标准部件。大尺寸锁具（右）会按照样式图集中的图案使用黄铜或镀金雕刻或刻槽。

窗

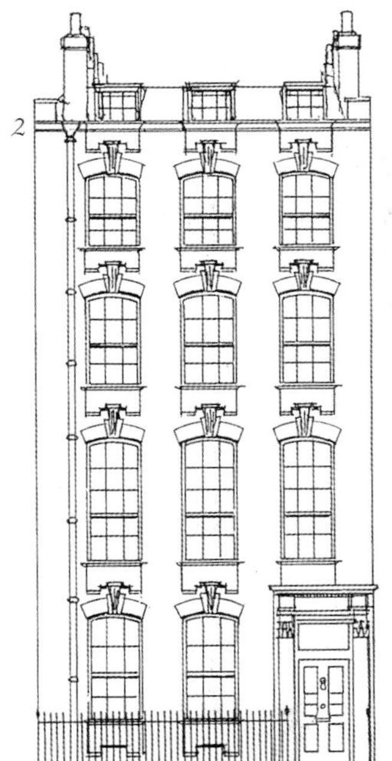

1. 这栋1736年建于伦敦南奥德利街上的住宅，建筑立面形式突出，表现出帕拉迪奥理想的古典柱式秩序体系，用于那些城镇中的多层住宅。威尼斯窗在地面层以粗放的多立克柱式装饰，地面层之上则为爱奥尼亚柱式，顶层带有扁平的三部分组成的三角楣饰。

2. 在1717年建于伦敦汉诺威广场的这幢优秀住宅的立面上，被强调的锁石和窗户下部带曲线的窗台共同创造了整体的窗户造型，形式微妙且具有巴洛克式的活力。窗户比例的不同反映了楼层高度与性质的差异，从两层主要楼层到一般性的阁楼的佣人房间，都有相应的变化。

当时的时尚住宅都使用上下推拉窗，但在本土建筑中，带有玻璃格条或铅制格条的平开窗也十分常见。双悬上下推拉窗的构造原理没有发生变化，仍然采用在窗套中使用滑轮和配重的方式，内置折叠式遮阳扇的安装方式也没有变化。

早先窗框与建筑的外墙平齐，1709年颁布的建筑法规（起初针对伦敦城，之后1724年的法规则扩展至其他地区）规定窗框需后退外墙一砖距离（10cm），彻底改变了建筑窗框的外观效果。

上下推拉窗受欢迎的窗格分隔通常是六横六竖，除非由于住宅的自身比例原因会出现其他的方式。第一个十年里玻璃格条往往非常厚重粗大，之后则变得越发纤细。冕牌玻璃（早期的玻璃通过吹制和旋转制成）用金属小钉固定在窗框上，并敷上油泥。18世纪早期开始，由于越来越多使用波罗的海软质的木材，需要在窗框的外面涂刷铅粉油漆进行保护，这种极具特色的油漆工艺，至今依然被看作典型的乔治亚式布窗方式。

遮阳窗的内侧通常采用平板结构，外侧和窗套则使用镶板，易与其他木作协调一致。

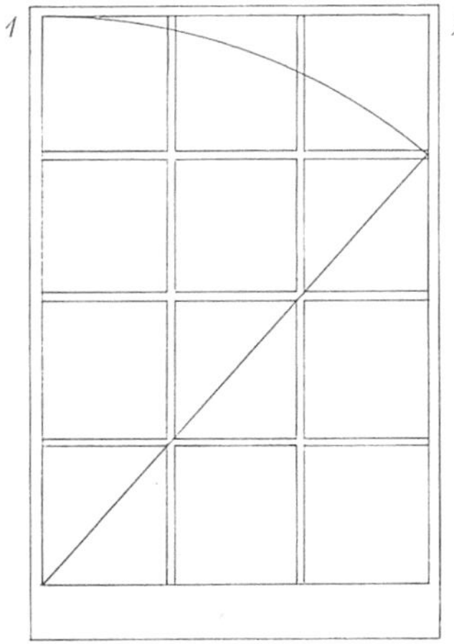

1. 双悬上下推拉窗最常见的窗格布置方式是6：6，即每个窗扇都有一个水平玻璃格条（串珠饰）和两根垂直玻璃格条（串珠饰），将每个窗框分成六个竖向矩形窗格。

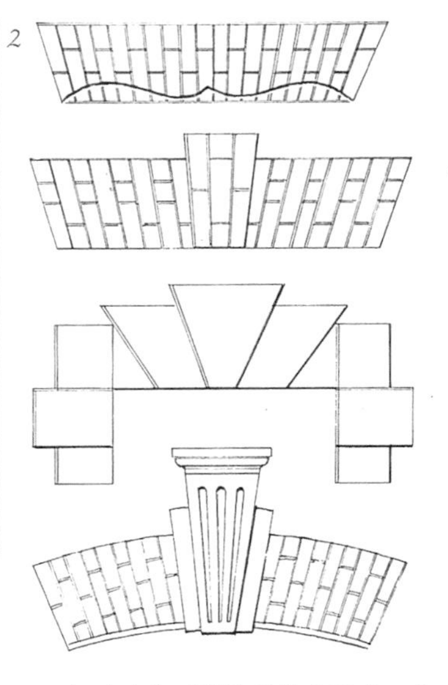

2. 切边砖和石制过梁的典型式样，下面的三个式样表示用锁石对装饰进行的强化。

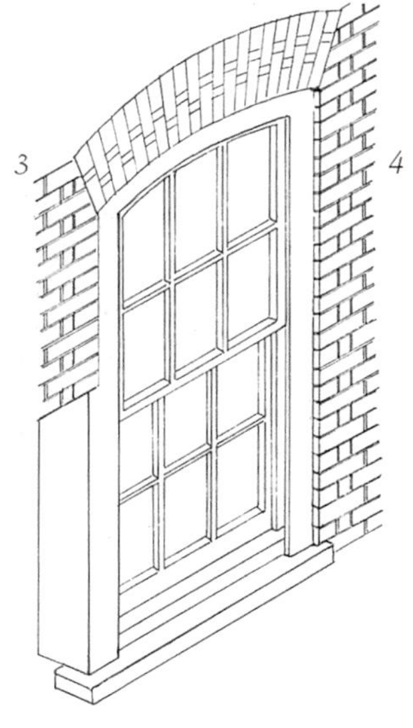

3. 1709年建筑法规之前的下推拉窗图解，窗框与墙面平齐，轨道盒明露。

4. 符合1709年建筑法规的上下推拉窗，窗框后退外墙面10cm。

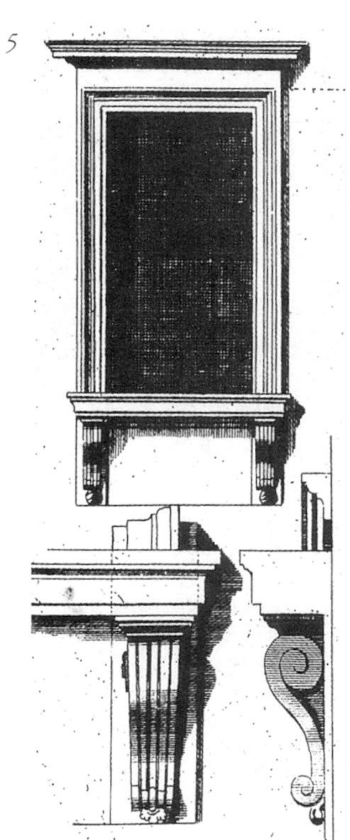

A Lanthorn with a Scheme Arch.

5和6. 出自塞巴斯蒂安·勒·克莱尔（Sebastien le Clerc）的《建筑专著》（*A Treatise of Architecture*）英译本的两个窗户，1724年，这是一本十分具有影响力的著作，将法国的建筑形式介绍给英国的建筑师和建造师。这些住宅主楼层使用的窗户式样，有坚实的涡卷形托架，细部带有简单、强壮的线脚。所使用的窗扇，尽管属于欧陆式常用的形式，但对于当时的英格兰来说已经过时了。*TA*

7~10. 1724年克莱尔专著中的四个老虎窗或山墙窗形式。老虎窗位于檐口或女儿墙之上用来为屋顶空间采光。在17世纪晚期使用尤为普遍，与相对坡度浅缓的帕拉迪奥式屋顶相比，老虎窗更适合于陡度较大的曼莎式屋顶（Mansard roof，也翻译成折线形屋顶，由曼莎设计——译者注）。

11和12. 两个“中国风格的窗户”，出自爱德华·霍普斯（Edward Hoppus）1738年编著的《绅士和建造者的资源库》（*The Gentleman's and Bailder's Repository*）一书。装饰性的格子窗在这一时期的使用迅速增加，用于住宅中，也用于中国或哥特式风格的茶阁、观景台和其他花园小筑中。*EH*

1

2

3

1. 经典的早期乔治亚式双悬上下推拉窗。完全外露的窗框与前面平齐，典型的6：6分划的窗扇，玻璃格条细小。

2. 18世纪20年代上下推拉窗的优秀案例，英式巴洛克风格。精致的锁石强调了弯曲的窗户顶部。托架支撑着窗台。注意左侧的火灾保险标志。

3. 詹姆斯·吉布斯式漂亮的八边形布窗方式，特威克纳姆市奥尔良住宅中仅存的部分，约1720年，巴洛克形式的杰出演绎。拱顶的粗琢石窗户和圆洞（圆形开孔），为高大的单层房间提供采光。*OC*

4. 1740年的异形窗户，受到了中世纪形式的启发。左侧的四叶饰形窗户中间包括了一个矩形的窗扇。

4

5

6

5. 威尼斯窗属于18世纪早期深受欢迎的式样，可以用来强调立面的中轴线。出自埃塞克斯郡的科尔切斯特市，18世纪30年代。

6. 拱形比例的图示，出自巴蒂·兰利的《建造师大全》（*The Builder's Compleat Assistant*），1738年。正确地建造门窗顶部对墙体结构的完整性意义重大。*B*

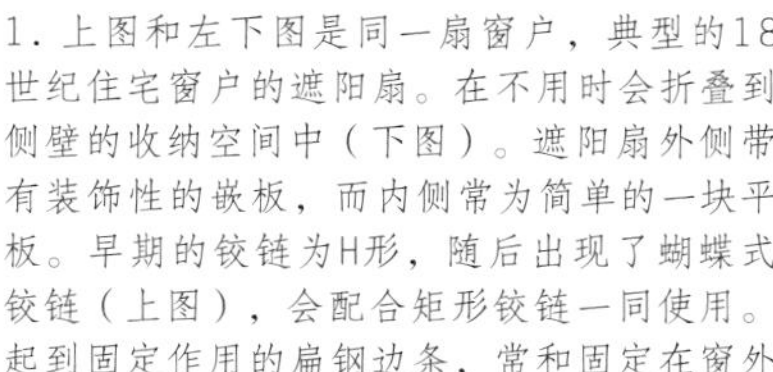

1. 上图和左下图是同一扇窗户，典型的18世纪住宅窗户的遮阳扇。在不用时会折叠到侧壁的收纳空间中（下图）。遮阳扇外侧带有装饰性的嵌板，而内侧常为简单的一块平板。早期的铰链为H形，随后出现了蝴蝶式铰链（上图），会配合矩形铰链一同使用。起到固定作用的扁钢边条，常和固定在窗外明装的金属杆件相结合。把手木制或金属制作，窗扇收纳盒单色油漆。*DC*

2. 外设的遮阳扇是欧陆的流行做法，而在英国却始终没有得到推广。一些18世纪早期的住宅，如伦斯皮塔佛德区建造的那一批住宅，成为保留下来的外设的遮阳扇案例。而在地方性乡土建筑中，外开遮阳扇的使用则十分普遍。*DS*

3. 18世纪中期的遮阳扇样式精美，嵌板的细部和线脚通常与房间的整体装饰相配合。*OC*

4. 18世纪40年代后期的哥特复兴式窗户，在上部带有16—17世纪的彩色玻璃片段。*SH*

墙面

伦敦斯皮塔佛德重建的一幢住宅里，运用了早期乔治亚典型的木镶板和彩绘墙处理方法，1720年。本例属于壁炉腔两侧的一对浅穹隆壁龛之一。

在18世纪之初，时尚住宅依照古典柱式的框缘、柱身和基础的比例关系，倾向于将墙体分为三个部分：雕带、墙板和墙裙。

房间中通高的木质墙板在18世纪40年代之前一直非常流行。由于使用价格低廉的木材，这个时期的墙板通常会涂刷油漆，平涂或漆成各种特殊的纹理效果，如仿大理石。装饰性雕刻元素主要通过色彩的对比或镀金方式凸显出来。

护壁板顶木条通常镶嵌木饰板或铺设条状木板，墙板装饰有挂毯或拉平的丝质织锦，用木方或便宜的木板条做基层支撑。墙纸的使用也迅速普及，这时期的墙纸有着独特的尺幅（约90cm×60cm），施工时先将作为基层的织物用钉子固定于墙面的木方，再将墙纸粘贴在上面。丝绸或纸质的墙面装饰一般使用雕刻的或成形的条板，通常带有精巧的镂空处理。

石膏或拉毛粉刷墙体被认为最适合于餐厅（织物材料吸收气味）和大厅。拉毛粉刷是墙面最普通的做法，有时会在抹灰墙面上刻痕以模仿石材。檐口和其他重要的部分有非常精细的装饰。在楼梯的下部区域或一些简单的住宅中，抹灰是常见的处理方式，但经常会褪色或脱落。

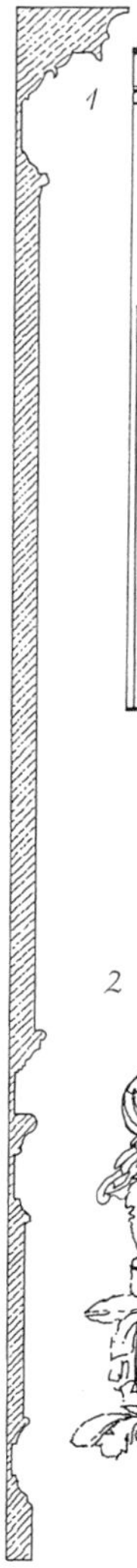

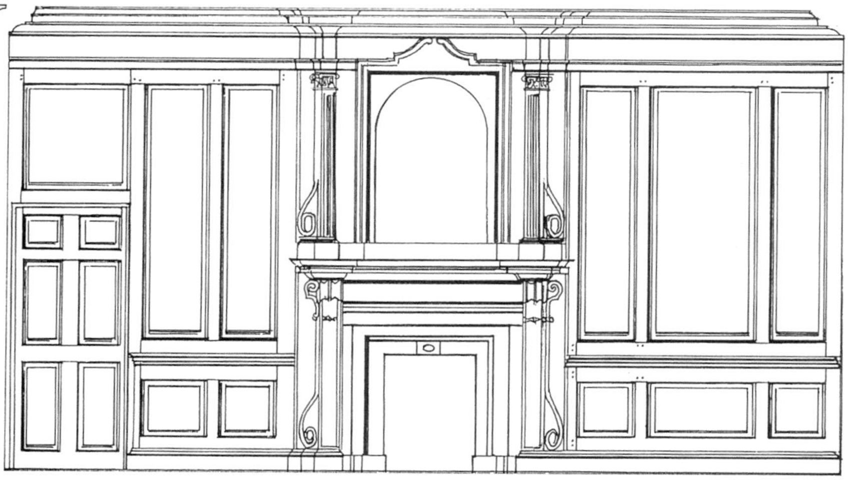

1. 一个早期乔治亚时期墙面满铺镶板的住宅房间，约1730年。注意门上上梃（水平元素）和立梃（垂直元素）的分划方式，与墙面的雕带、墙板和墙裙三个部分相一致。与以往相同，精致的木作和所有雕刻的细节都局限在壁炉架上。这个时期，橡木、杉木或胡桃木镶板的使用非常少见，大多数房间使用冷杉木板（松木和杉木），均做油漆处理。

2. 石膏装饰物的细节，约1755年。自然元素变化自由，关系明确，具有明显的洛可可风格特征。

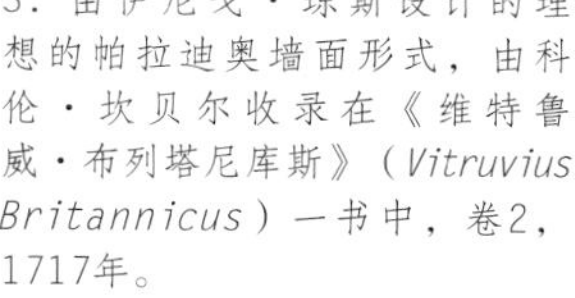

3. 由伊尼戈·琼斯设计的理想的帕拉迪奥墙面形式，由科伦·坎贝尔收录在《维特鲁威·布列塔尼库斯》（*Vitruvius Britannicus*）一书中，卷2，1717年。

4. 一种用在雕刻和镀金雕带上的枝叶饰（具有涡形莨苕叶饰的树叶和茎），有罗马风的味道，约1725年。

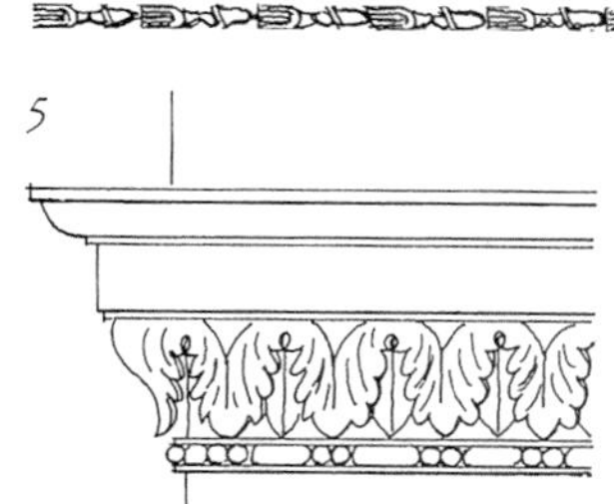

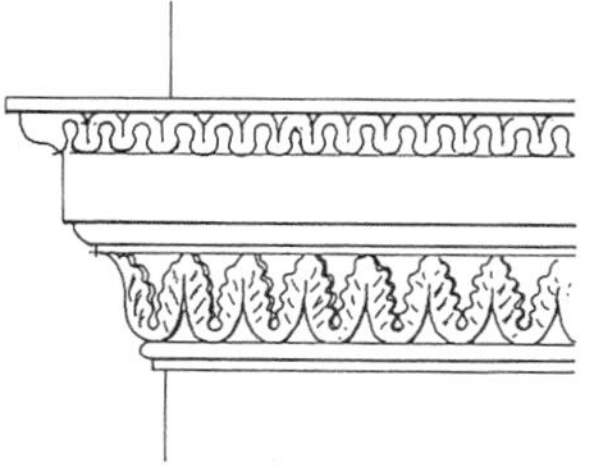

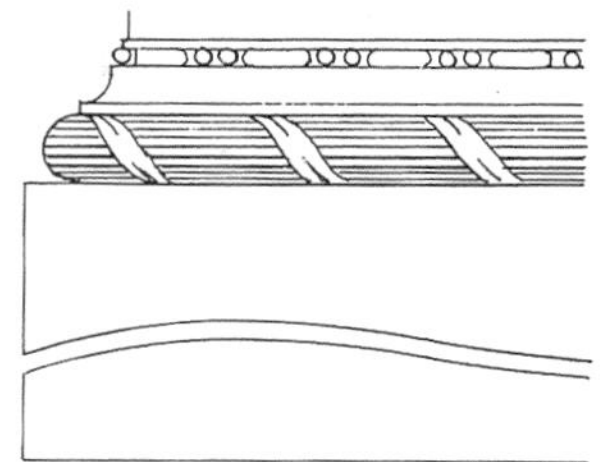

5. 两种护壁板顶木条形式的细节样式，常见于18世纪上半叶后期的住宅中，特点是上缘平直。早期的做法通常为木材雕刻，后来则成为一种带状定型装饰构件。

6. 来源于经典的柱础细部的两种踢脚板，丰富的细节主要通过色彩的对比或镀金方式凸显出来。

1 

1. 18世纪20年代典型的城镇住宅房间分隔墙，高大的房门形式与墙面其他的镶板形式相匹配。*DC*

2. 一个简单的镶板墙裙，能够看到18世纪早期的墙板特征，包括简单的装饰线、凸出的墙体底部和护壁板顶木条。*M*

2 

3 

4 

5 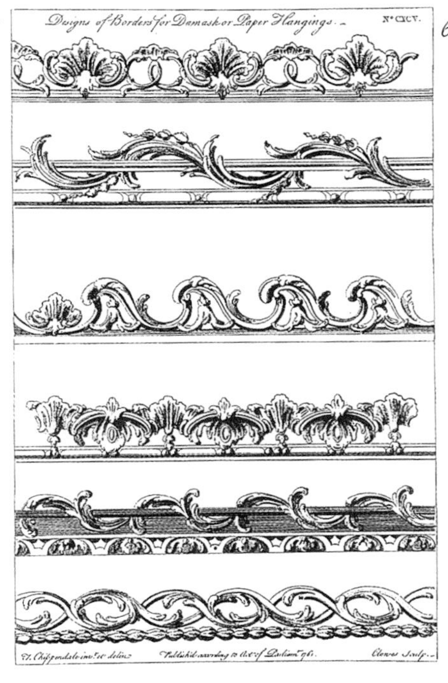

6 

3和4. 詹姆斯·吉布斯设计的特威克纳姆市奥尔良住宅八边形房间墙面上部和下部的细节，展现了柱式和其他装饰物所形成的丰富多彩的装饰效果。杰出的色彩处理出自后人之手。*OC*

5. 固定壁纸和壁布的条板图案，出自《绅士与橱柜制造者指南》（*The Gentleman and Cabinet Maker's Director*）第三版，1762年，托马斯·齐本德尔（Thomas Chippendale, 1718—1779年）著。条板可以是木材、金属或混合材料制成，通常镀金。*TCH*

6. 1758—1759年间建造的特威克纳姆草莓山霍尔拜因会所的隔墙，镂空的哥特式花格窗复制了鲁昂大教堂旧有的唱诗班屏风。*SH*

天棚

林肯郡格里姆斯索普城堡正餐厅的天棚画，约1724年。据称出自弗朗西斯科·斯莱特（Francesco Sleter）之手，当时在英国从事创作的众多意大利艺术家之一，作品内容为艺术与科学的寓言式再现。画面辽阔、构图均衡的绘画形式在18世纪早期的几十年间极受欢迎。这种在抹灰天棚上绘制的错视画，多采用令人印象深刻的叶形饰效果烘托生动的主题。

住宅房间最为普通的天棚形式实质上就是利用木楼板的底面，或者对其进行简单的抹灰处理。复杂的天棚形式则在基本抹灰基础上，再通过增加丰富的线脚形成方格造型，分割整齐带有花格天花板的装饰性天棚即属于这种模式。标准的早期乔治亚风格的天棚，装饰丰富构造复杂，并带有固定于搁栅的照明灯具吊杆，抹灰平整。这些天棚的表面通常在边缘使用模式化的装饰线脚，中部则使用圆形装饰构图。17世纪后期流行的繁复装饰，让位于帕拉迪奥风格的大量浅浮雕细部。飞檐托檐口配合其他“形式得当的”雕带，共同组成了古典形式的天棚造型。1730—1740年间，非对称的洛可可装饰图案，带有自然的枝叶、贝壳和鸟的装饰图案成为时尚，但在1750—1760年间又被严整的新古典主义风格所取代。

18世纪之初的流行做法还包括精美的彩绘天棚，仅限于富丽堂皇的住宅建筑，用小型装饰物或徽章配合场景绘画的做法也十分普遍。没有足够的证据来说明天棚的配色方式，估计常见的方式是以白色涂料形成主导，个别部位在白色基调上使用“天空色调”、灰色、黄色和粉红色来进行细节的点缀。

1

1. 带有丰富石膏装饰品的天花，出自巴蒂·兰利编写的《城乡建造师和工匠的宝库》（*The City and Country Builder's and Workman's Treasury*）一书，1745年。17世纪的大型天棚倾向于使用非常精致的装饰线脚，并追求罗马式的壮丽。最为极端的做法是将装饰件镀金和使用各色油漆涂刷。然而，依然要求装饰物件之间的白色基底所形成的图形，要符合帕拉迪奥朴素一致的装饰规则。*BL*

2. 飞檐托檐口造型，出自巴蒂·兰利编写的《建造师的可靠指南》（*A Sure Guide to Builders*）一书，1729年。飞檐托（托架由丰富的蜗壳形构成）之间为交替出现的装饰镶板，镶板类型包括圆盘饰或圆花饰。这是众多流行大型天棚檐口装饰形式之一。*A*

3. 一个墙顶檐口的样式，带有齿状装饰（“牙齿”），在视觉效果上比飞檐托檐口的要轻。卷曲的枝叶唤起洛可可的感觉。*A*

4. 涡卷装饰石膏制品样式，出自詹姆斯·吉布斯的《建筑之书》，1728年。吉布斯的涡卷装饰，带有稳定的对称形式，保持着稳固的宏伟巴洛克风格传统。有多种使用方式，包括从墙板和雕带，到穹隆天花板转角面的适应件。*BA*

2

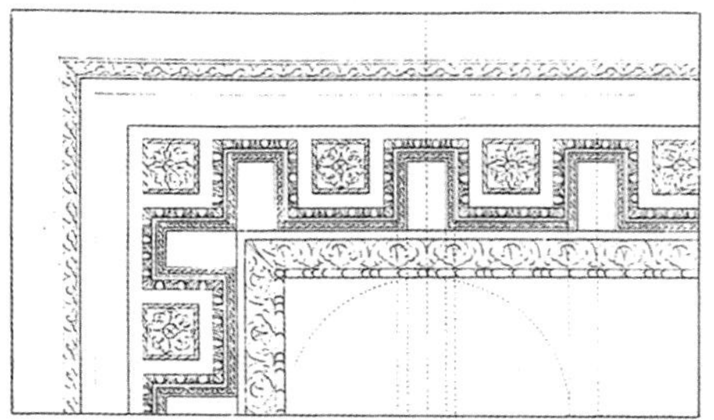

3

4

5

6

5. 装饰性的转角处的涡卷装饰，属于定型的和模式化的石膏制品，约1725年。图案代表着春天，来自一组称为四季的装饰套件。来自巴斯市皮尔庞特住宅的天棚。

6. 另一个涡卷装饰图案，出自詹姆斯·吉布斯的《建筑之书》，1728年。*BA*

1 

2 

1. 简单的抹灰几何形造型天棚。线脚由手持定型工具制作成型。飞檐托部分的装饰由模具翻制而成。

2. 18世纪20年代的“盒状檐口”，伦敦埃尔德街，此处带有细小的齿状装饰，紧接镶板的上部，并结合使用了木制线脚。*DC*

4 

3 

3. 形式简单没有装饰的飞檐托檐口，约1735年。这个檐口可以为木制或石膏构件。

4. 带有纹章的哥特式天棚，草莓山住宅图书室，特威克纳姆市，1753—1754年。由专业的装饰画师安迪·德·克莱蒙特（Andien de Clermont）制作完成。*SH*

5. 草莓山住宅哥特复兴式天棚，装饰材料为模压混凝纸浆空心体，用钢针固定。*SH*

5 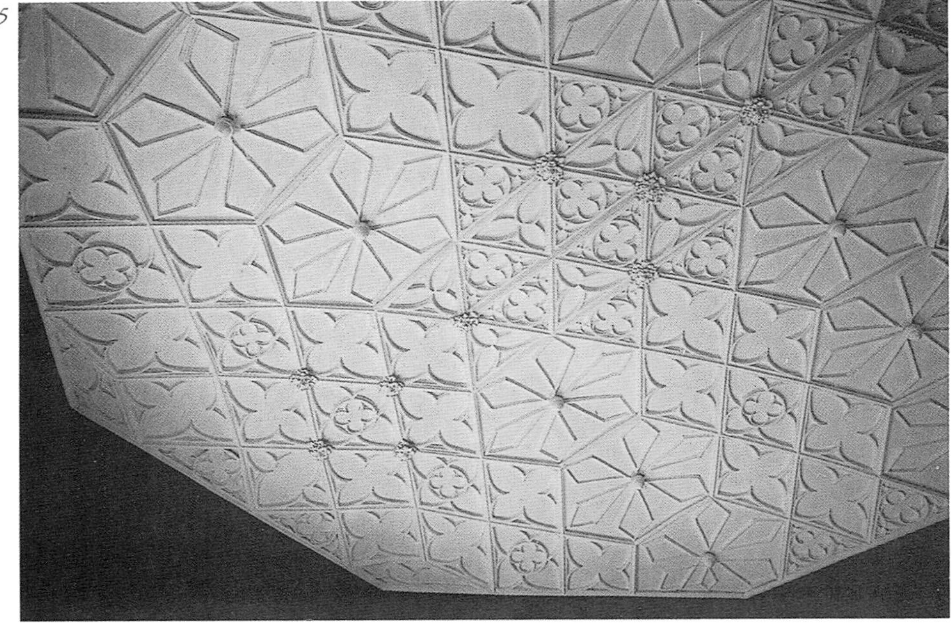

地面

1. 18世纪中期保存至今的非常罕见的油漆地面案例，贝尔顿住宅的孔内尔室，林肯郡。荷兰的绘画和模印地面比英国更加普遍，这种图案或许源自当时的帆布地板布绘制方式。BHL

2. 以瓷砖方格图案铺设的优美的石材地面，整个18世纪非常受欢迎的住宅大厅铺地形式。

现在所能看到的早期乔治亚住宅地面中，最简单的做法是采用夯土地面，多用于村舍和一些城市住宅的地下室。进一步的做法则采用立砖或厚板岩做地面，但在诸如楼梯下部等需要精装的区域，则使用平整的石材铺设。

在搁栅地面上铺设石材是入口大厅的典型做法。精心制作的大理石镶嵌地面，则使用在大型住宅中的牢固的砖拱结构地面上。这一时期一些介绍地面图案的书籍中给出的图案多为几何形铺贴形式，并被广泛采用。

位于搁栅上的厚木地板是房间其他部位的标准做法。早期的住宅中普遍使用橡木地板，之后开始使用榆木地板，到18世纪中期，使用波罗的海冷杉或松木板（统称为“冷杉木板”）。从头十年使用的厚木板宽度通常大于30cm，并且不做油漆处理，仅定期打磨或擦洗。后来木板宽度变为20~25cm，同时在一些主要房间里，地板开始着色并抛光边缘使之适合地毯的铺设。

东方地毯、英式的“土耳其”地毯，以及花式地毯，都是当时时髦的地面装饰物。粗线地毯用来保护楼梯和主要通道的地板，视觉效果较好的油漆和具有弹性的帆布地板布被认为最适合餐厅使用。

1

2

1. 常见的冷杉木板（冷杉或松木）。木地板直接用钉子固定在搁栅上。18世纪之后，地板的宽度逐渐变窄。*DC*

2. 精美的石材拼花地板细节，铺设于约1756年，萨里郡哈姆住宅的大理石餐厅。

3. 尺寸相等的黑白方格形铺地。通常斜向铺设。OC

3

4

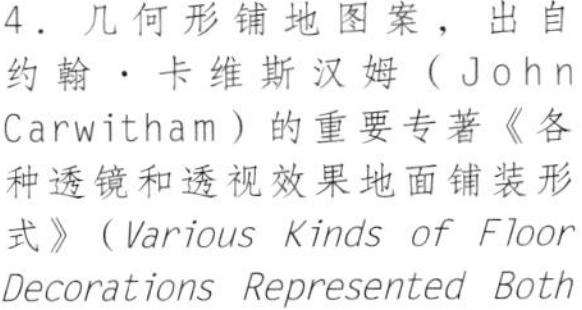

4. 几何形铺地图案，出自约翰·卡维斯汉姆（John Carwitham）的重要专著《各种透镜和透视效果地面铺装形式》（*Various Kinds of Floor Decorations Represented Both in Plano and Perspective*），1739年。

约翰·卡维斯汉姆展示了许多可用的石材铺地几何图案，可以铺设在室内或室外露台。他认为这些图案也适合于模印的油漆地板布。如这张图片上看到的错视画效果图案，在当时就很受欢迎。*JC*

5和6. 巴蒂·兰利1739年编写的《建造师和工匠的图案宝库》（*The Builder's and Workman's Treasury of Designs*）书中的两页，为砖和木地板图案。第一页中间的图案非常复杂，被描述为一个“平行交错的人行步道”。*BL*

5

6

壁炉

这个壁炉在侧壁和过梁上有雕刻简单的图形，属于18世纪20年代常见的形式，有时也会使用厚重的锁石。DC

壁炉构成了早期乔治亚住宅的视觉中心。各式各样的样式图集丰富了壁炉的装饰形式，并对应了不同等级的住宅和不同重要程度的房间。最好的形式是使用带有雕刻的白色大理石，并嵌入彩色大理石或者如斑岩之类的稀有石材。人造大理石则属于廉价品。壁炉中最为常见的装饰形式为木制齿纹图案，并使用雕刻的或贴附的细部装饰相结合。华丽的大理石贴面或线板（镶嵌在壁炉边框和炉箅之间的条带），是时尚壁炉的标准装饰。简单的乡村壁炉则有着结实的木制过梁、砖砌炉膛、独立的铸铁壁炉背墙和置放原木的铁制壁炉柴架。

城市住宅中开始广泛使用煤炭作为燃料。早期的壁炉里放置的炉箅（炉垫箅）适用于燃烧木材，在壁炉砖拱砌筑的开口里，炉箅放置在石材或花岗石的炉膛上。后来，为了更有效地燃烧煤炭，需要孔眼更小的炉箅，并且炉箅需要架高以利于拨火和清理煤灰。因此从18世纪20年代开始，出现了新型的燃煤炉箅，包括了多种形式：火炉炉箅、铁架炉箅和早期的封闭或可调式炉箅等。

厨房使用的炉子也开始出现一些原始铸铁构件，包括带有扇叶的送风设施（风机）。

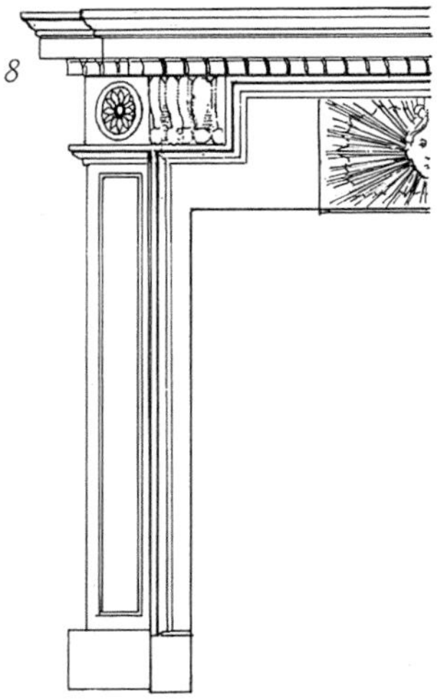

1. 大理石组合壁炉架，约1726年。尖角边缘的过梁形式非常典型。
2. 1739年威廉·琼斯的一个设计。通长雕带使用了维特鲁威式的蜗壳形装饰顶边线。
3. 深受喜爱的帕拉迪奥式风格壁炉架，侧面有赫耳墨斯头像的方形半身像柱（立在柱子上的半身像），在威廉·肯特的壁炉设计中经常使用。
4. 托架侧壁和雕刻丰富的过梁，按照威廉·肯特1744年的设计绘制。
5. 阶梯形耳式过梁，带有嵌入镶嵌的雕刻板和简单的涡卷装饰。威廉·琼斯，1739年。
6. 出自巴蒂·兰利1751年编写的《建造师的核心或辅助知识》（*Builder's Director or Bench-Mate*），带有柔弱的爱奥尼亚式柱子。
7. 富有想象力的哥特式壁炉架，出处与6相同。
8. 壁炉架的部分形式，上部带有雕饰，过梁有放射光芒图案镶板，巴斯市，约1730年。

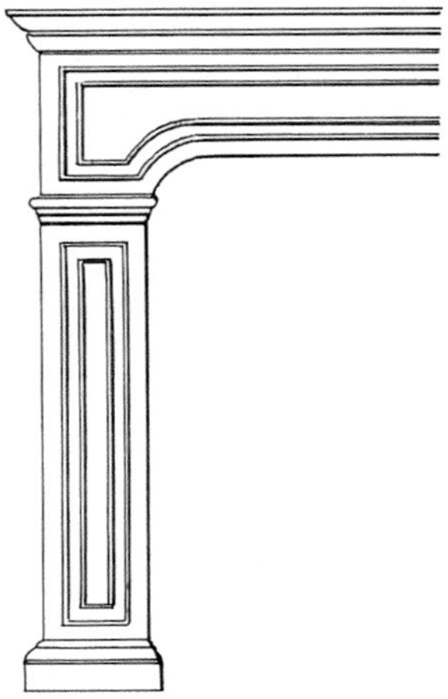

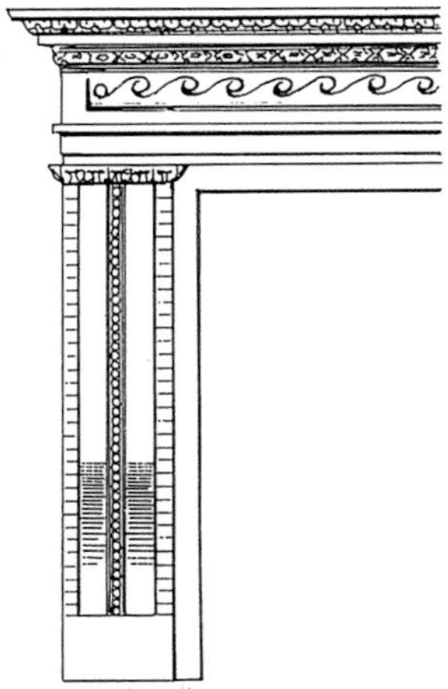

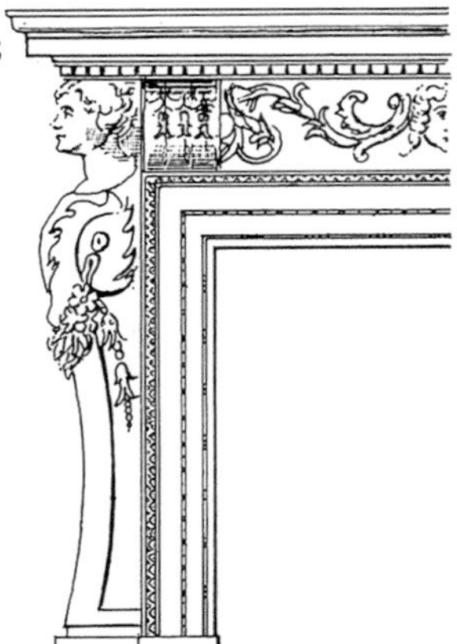

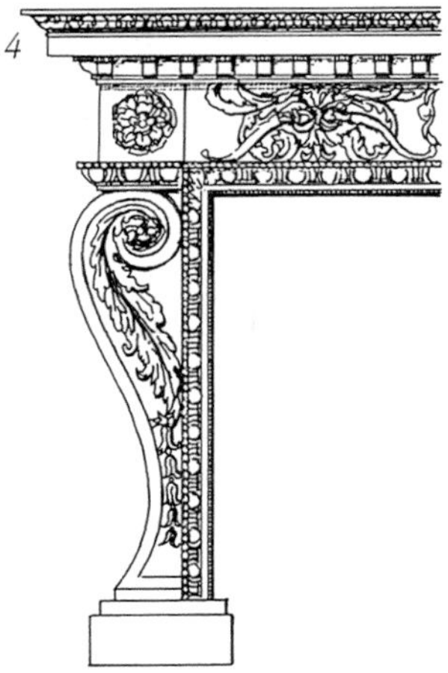

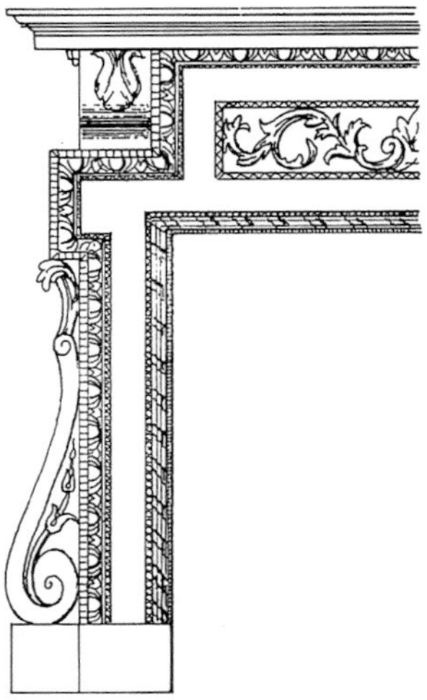

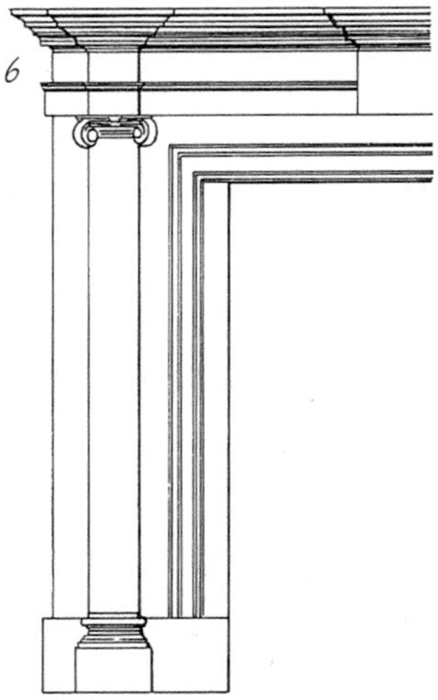

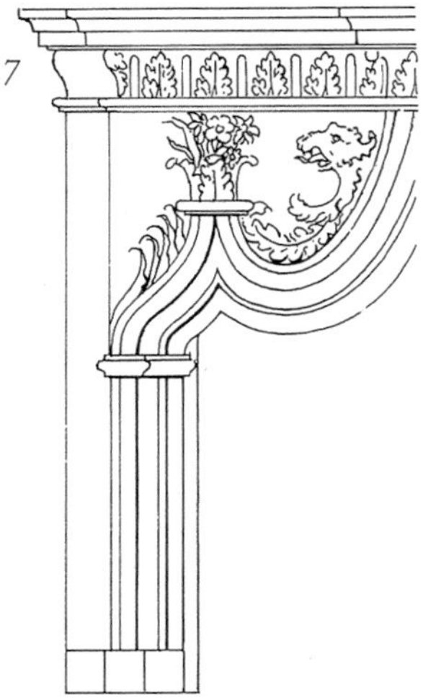

9. 卡斯特吉塔住宅壁炉架上雕刻丰富的过梁细节，约克郡，约1730年。由中心花篮延伸而出的对称的枝茎和卷曲的莨苕叶饰，仍属于巴洛克风格。
10. 布里斯托尔雷德尔法院中雕刻精美的帕拉迪奥式壁炉架门楣过梁。人脸和垂花饰属于典型的图案。
11. 用于壁炉架中心的典型图案，狮子面具，18世纪30年代晚期。

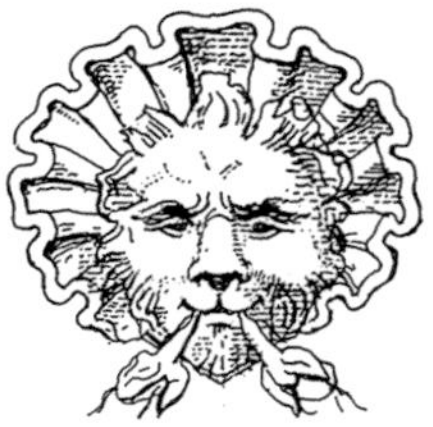

12. 1751年，从巴蒂·兰利建造指南或基准测试看到，适合用作壁炉架的两个“哥特式檐口”，出自巴蒂·兰利1751年编写的《建造师的核心或辅助知识》。哥特式壁炉架是其最成功的设计。

1

2

3

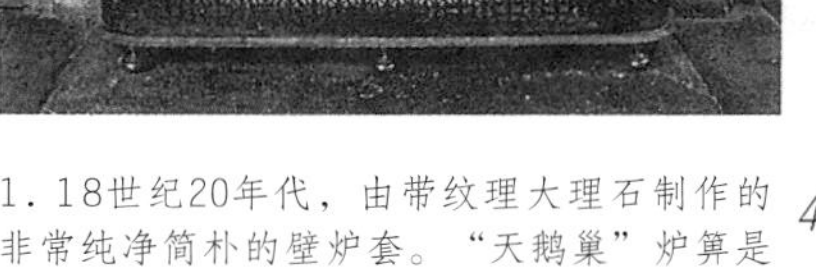

1. 18世纪20年代，由带纹理大理石制作的非常纯净简朴的壁炉套。“天鹅巢”炉箅是1770年或更晚的产品。*DC*

2. 壁炉套的优雅案例，过梁和侧壁简洁，是典型的18世纪20年代中期作品。过梁有曲线装饰。*DS*

3. 这种类型的壁炉套在18世纪20年代十分流行，通常有着非常刚健的细部。这种弱化造型的案例多是因为房间的尺寸和壁炉处于角落等原因。炉箅是18世纪下半叶的产品。*DC*

4

5

6

7

4. 壁炉套刚健有力的装饰细节属于典型的18世纪20—30年代的形式，位于伦敦斯皮塔佛德住宅的客厅。*DS*

5. 砖砌的壁炉侧壁和拱形炉膛暴露在外，18世纪20年代。带有加热玻璃瓶的柴架，属于该时期乡村住宅壁炉的特色。*DS*

6. 高品质的壁炉架，出自特威克纳姆市的奥尔良住宅中的八边房，詹姆斯·吉布斯设计。*OC*

7. 基于中世纪墓穴的哥特式壁炉架，出自特威克纳姆的草莓山住宅大客厅，1753—1754年由理查德·本特利（Richard Bentley）设计。*SH*

1. 约翰·瓦迪（John Vardy）著作中展现的壁炉架细节，由伊尼戈·琼斯设计，1744年，典型的琼斯式比例。

2. 由爱德华·霍普斯设计的精美壁炉上部装饰架，1737年。

3. 雕刻装饰的壁炉架，可追溯至1740—1750年。

4. 完整壁炉架和壁炉上部装饰架的精巧设计，带有用作镜子或画作制成的镶边框，1737年。

5. 略显粗俗的壁炉架和壁炉上部装饰架造型，1745年，非常典型的巴蒂·兰利格调。

6. 精美的壁炉雕刻案例，可追溯至约1735年。

7. 非常少见的壁炉架和壁炉上部装饰架，充分体现了洛可可风格的非对称壳形和叶形，1738年。

8和9. 两个洛可可式奇幻造型的壁炉设计，由威廉·因斯（William Ince）依照托马斯·奇本德尔的方式完成，分别是哥特式风格和中式风格。第一个例子中并置了两个可选择的样式，这种造型方式被认为是典型的非对称洛可可风格的起源。注意，炉箅的形式与整体样式十分相称。*IN*

1. 设计精良的壁炉细节，1750—1753年，在木制壁炉套上有C形和S形的涡形纹饰，属于法国洛可可风格的典型英国版本，在18世纪中期十分典型。壁炉上部装饰架镶板上的造型呼应了炉套的线条。*RS*

2. 这款托架是对古典样式非常纯正的演绎。属于奥尔良住宅八角厅的雕刻壁炉架，詹姆斯·吉布斯设计，特威克纳姆市，米德尔塞克斯郡，1720年。由时尚、轻质的灰色大理石制成。*OC*

3. 特威克纳姆草莓山住宅中带有陶器陈列柜的哥特式壁炉细节，由贺拉斯·沃波尔于1755年完成。壁炉套的造型基于“赫斯特蒙克斯（萨塞克斯郡）的烟囱”，大概属于中世纪后期作品。油漆颜色可能是贺拉斯·沃波尔最初的式样。*SH*

4. 这个约1750年的炉箅，展现了铁架炉箅的早期样式，即炉条由两条铸铁边件或炉盘支撑。在18世纪晚期和19世纪早期，炉盘的形式变得尤为重要。

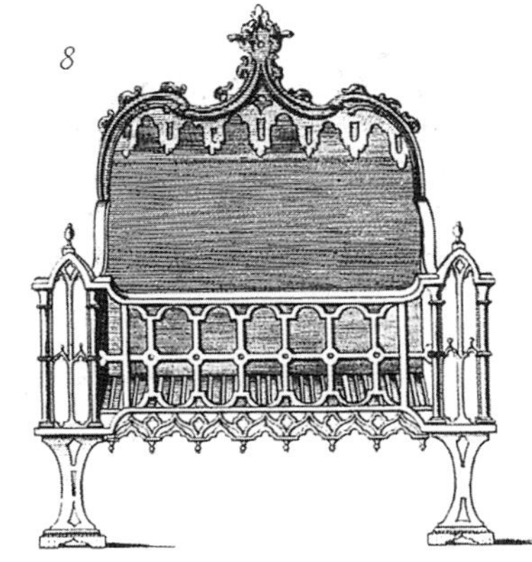

5和6. 18世纪早、中期最为常见炉箅和炉垫箅的两个样式，属于独立炉条形式的代表。前腿反映了当时的流行趋势，离地悬空是这一阶段常见的做法。

7和8. 这些托马斯·齐本德尔设计的炉垫箅分别属于洛可可风格和哥特式风格，来源于《绅士与橱柜制造者指南》第三版，1762年。*TCH*

楼梯

1. 雕花柱体栏杆柱有三种基本样式：麦秸式、所罗门螺纹式和凹槽式。由科伦·坎贝尔设计，1718—1723年。

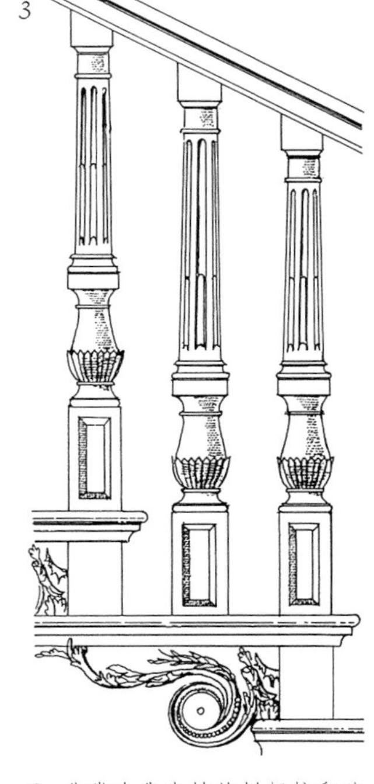

2. 非常有代表性的栏杆柱和踏板端头，来自当时一所时髦的住宅，约1735年。

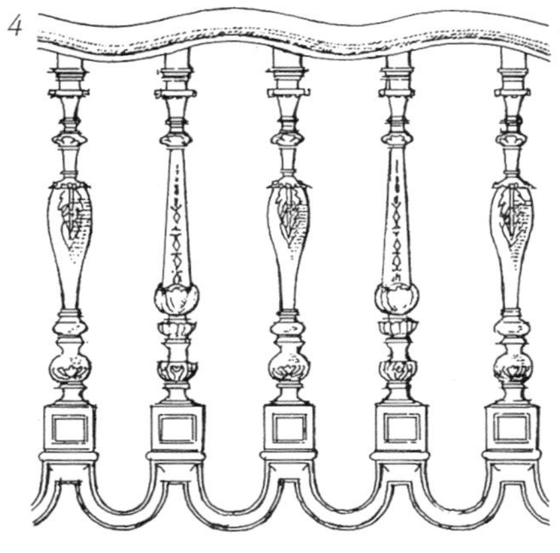

3. 粗壮的栏杆柱，约1735—1748年。
4. 精美的螺纹扶手和雕刻栏杆，约1730年，马利住宅，什罗普郡。
5. 洛可可雕刻花纹的踏板端头，出自亚伯拉罕·斯旺的《英国建筑师》（*British Architect*），1738年。
6. 典型的植物装饰踏板端头装饰，1726年，斯皮塔佛德，伦敦。
7. 18世纪中期新古典主义的踏板端头造型形式。

此时的时尚住宅通常设置两部楼梯：一部主楼梯和一部供佣人使用的“后楼梯”。普通住宅只有一部带有楼梯平台的木制单（直）跑楼梯，或旋转楼梯。从大厅通往一层的主要梯段大多装饰精美，越往上楼梯则越简单，通向阁楼和地下室的楼梯形式十分简陋。

在这一时期，主楼梯由之前的“封闭式梯梁”楼梯（即梯梁上部设有连续的斜板使外侧看不到楼梯板，楼梯栏杆柱固定在斜梁上的做法）被“开放式梯梁”取代。这种方式的楼梯栏杆柱直接固定在踏板上，由于梯阶端部暴露出来，可以在踏板端头进行雕刻或使用回纹饰。18世纪上半叶通常在一个踏步上设置2～3个车削栏杆柱。悬臂式结构直至后期才出现。

除了栏杆扶手抛光处理外，包括楼梯踏板的其他木制品均为木纹透底油漆或单色油漆，如巧克力色。踏板会铺上条形地毯或粗线地毯加以保护，地毯用钉子固定在梯板上。

从这一阶段末期开始，品质特别高的住宅会使用石材楼梯，配以锻制或铸造的铁艺栏杆，最优秀的案例可以看到带有镀金装饰细部的铁制栏杆。

1. 形式简单的楼梯端柱，厚重的栏杆柱雕刻成多个切面。
2. 形式复杂的端柱，带有精美的双螺旋雕刻，出自东萨塞克斯郡刘易斯市的一座城堡，18世纪20年代末。
3. 独特的带有双端柱和栏杆柱的形式，出自18世纪中期巴斯市的一所住宅，位于楼梯的转弯或者楼梯平台。
4. 类似的双端柱形式，但包含了建筑形式的细节以及雕刻成型、技艺精美的柱式。来自伦敦切尔西的切恩大街6号，一处非常精美的台阶，1717—1718年。端柱是科林斯柱式。

5. 布里斯托尔皇后广场15号住宅主楼梯的收口端。
6~8. 铁艺栏杆图案，来自韦尔登编写的样式图集《史密斯的得力助手》（*The Smith's Right Hand*），1756年。这些非常优美的样式均为锻钢制品。
9. 带有雕花格子的楼梯，来自特威克纳姆的草莓山住宅，约1754年。尽管装饰具有哥特式风格，但是这个楼梯的基本样式仍属于17世纪的风格。*SH*
10. 带有铁艺卷曲线条的栏杆，中柱和扶手是桃花心木的，来自伦敦一处非常精美的住宅，1736年，詹姆斯·吉布斯设计。
11. 连续中国回纹饰的楼梯细节，属于中世纪的异形风格，能够留存下来的案例很少。

楼梯

固定式家具

极具影响力带有雕刻和木制油漆的哥特式书柜，来自特威克纳姆的草莓山住宅，由理查德·本特利为作家贺拉斯·沃波尔设计，1754年。*SH*

大型住宅中楼梯下部的储物空间（以及普通住宅中与之非常相似的固定式家具），与城镇或乡村住宅中装修优良房间里的时尚设施在制作方式上有着明显差别。厨房中有结实的橡木和榆木橱柜，上面是分层的搁板，由粗壮的车削栏杆柱稳固地支撑着。管家的房间常配备成排的衣橱和架子，楼上走廊中也安置类似的柜子，用来存放亚麻制品。家具制作质朴而优雅，常被漆成浅褐色，柜橱和碗橱与墙纸保持一致。在用普通的墙板装饰的房间里，烟道常挨着固定式橱柜的侧壁，这样做可以使橱柜内部保持干燥。

在装修考究房间的各类固定设施中，图书室的家具应该属于最精心制作的一种类型，矮柜上面有整排的书架，顶部的檐口会与墙体上部的装饰线脚相吻合。最优质的材料为桃花心木或橡木，松木的使用比较少。搁板下的空档有时会嵌入书桌，或直接安放倾斜向下的写字台面。这一时期的初期还流行带有造型搁板的壁龛和角柜。带木门的柜子用作储藏物品，而玻璃门柜子则用于展示物件，后者常带有精美的贝壳形装饰。

1. 壁炉架两侧壁龛橱柜中的一个，位于伦敦一幢住宅的早餐厅中，带有玻璃门。

2. 由威廉·因斯设计的一系列"隐藏式书柜"，约1750年。

3. 巴斯市的皮尔庞特住宅内开敞式搁板壁龛，用以放置玻璃器皿和陶器，在18世纪前半叶，这种贝壳形雕饰是一种非常受欢迎的造型。

4. 用于隐蔽转角壁炉烟道的双门浅柜，约18世纪20年代中期。*DC*

5. 伦敦东部斯皮塔佛德一处住宅厨房中的固定器皿柜，约18世纪20年代。注意分层的搁板和下部由栏杆柱支撑的开敞式的存储空间。*DC*

设施

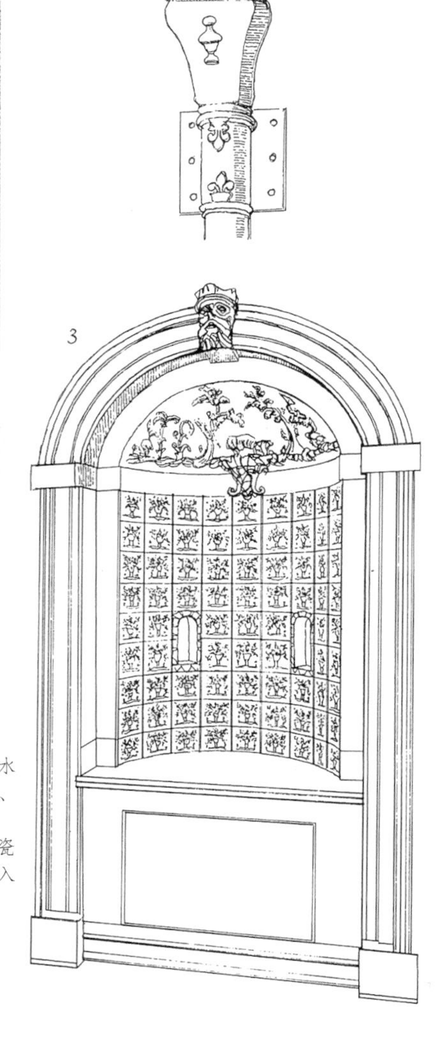

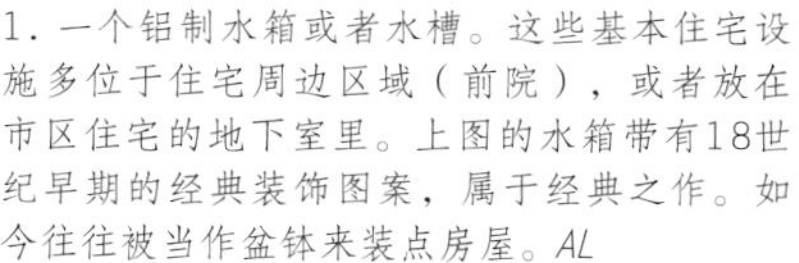
1. 一个铅制水箱或者水槽。这些基本住宅设施多位于住宅周边区域（前院），或者放在市区住宅的地下室里。上图的水箱带有18世纪早期的经典装饰图案，属于经典之作。如今往往被当作盆钵来装点房屋。*AL*

2. 一个铅制雨水斗，作用是配合排水沟和排水管进行屋面排水。这些雨水斗大多带有时间、字母和一些装饰纹案。

3. 用来放置铅制盥洗盆的壁龛，龛体内铺设瓷砖，是这个时期受欢迎的奢侈品，一般放在入口走廊或者餐厅里，巴斯市。

18世纪早期英格兰城镇住宅中的设施并不像想象中那么原始。雨水顺着屋顶凹处的排水沟流过雨水斗再流经落水管排到地面上，或流入水缸里待用。有些住宅通过供水公司的供水系统将水由管道引入房间。供水系统使用木制管道，由于水压不足，水无法送达上层的房间，并且，每天只在特定时间供水，这使得大型铅制蓄水箱变得至关重要。

整个早期乔治亚时期，大多数城市家庭依赖淘粪工和清洁工来处理生活废水。18世纪30年代，一些非常时尚的家庭会使用水泵，将水送到上部楼层房间，使得抽水马桶的使用成为可能，尽管这种马桶在接下来的很长一段时间仍然是稀有的奢侈品。另一个奢侈品是安装了水管的洗脸盆，这种洗脸盆有时会设计成墙面壁龛中的一处墙上喷泉。家庭排水系统会将污水排到后院地下的化粪池中，化粪池需要定期清理。在普通住宅中，更常见的是用土填埋的厕所（私人的或是公共的），会安排在尽量远离住宅的地方。

厨房会有宽大的水槽，用石头或铅板包裹木框架制成，有时还会使用黄铜水槽（用于盛放热水）。

灯具

1. 一种瘦长的子弹形提灯，悬挂于室外，1722年。
2和3. 使用在走廊或其他室内空间的提灯（悬挂的烛台）。前一个为法式风格，后一个为哥特式风格（18世纪50年代）。
4. 18世纪中期带有穹顶式雨帽的提灯。
5. 标准的铁制油灯，通常置于联排住宅外侧的栏杆处。作为此种油灯的一部分，侧墙上面会独立安装一个熄火装置。
6. 来自伦敦汉普斯特德教堂街的装饰支架，配有用来放置提灯的圆环，约1740年。
7. 一盏典型的中世纪直杆式油灯，来自卡斯特吉塔，约克郡，1761年。
8. 安装于平门框上球形油灯，灯两侧的曲杆伸出了门框。

早期乔治亚时期，灯具是显示身份的重要标志。在社会等级层次的一端，会有雅致的灯具和优质蜜蜡制成的蜡烛；而在另一端，则使用浸泡在肮脏的动物脂中光线昏暗的灯芯草。简单的燃油灯仅使用在室外灯架或灯座上（常配有熄火装置和一个放置在一起的长杆火把），大厅中偶尔会悬挂提灯。这一时期尚未出现室内照明使用的精炼油和改良后燃料。

豪华房间的中部通常设有枝形吊灯，悬挂高度略高于人的头部。吊灯形式多样，用木材或金属材料制成，配有玻璃或水晶吊坠，经常带有六个或者更多支撑烛台的弯臂。壁灯或枝形烛台十分普遍，一般两个或四个同时使用，用黄铜、银，以及镀金或镀银的木材制成。在更为普通的住宅中，会使用锡或锡铅合金制成。一些灯具会配有起反射作用的玻璃或金属抛光反射板，以及其他一些与枝形吊灯相配套部件。封闭型提灯在当时普遍使用，这些提灯呈现出多种不同的形状，但是，简单的圆柱形提灯被更多地使用在门厅和楼梯间中。

平时用来阅读、写字、玩纸牌、吃饭或者晚上上床前所使用的照明灯具，则多是可移动的小型烛台或枝形大烛台。

金属制品

伦敦伯克利广场18世纪30年代建造的一处住宅，带有典型尖顶饰的简洁铁栏杆。栏杆由复杂的锻铁花饰组成，在优雅的铁艺大门顶饰上的一盏提灯点缀下很是活泼。注意一旁支柱上的熄灯装置，用于熄灭火苗。

18世纪初期所有建筑的铁制品，比如大门、栏杆和灯台都是使用锻铁手工制造的。由于铸铁栏杆在伦敦克里斯托弗·雷恩爵士设计的圣保罗大教堂（1714年）和詹姆斯·吉布斯设计的圣马丁教堂（1726年）上的使用，使之成为一种社会时尚，粗壮的栏杆柱和精心制作的尖顶饰开始流行，并一直流行到下一个世纪。锻铁逐渐成为一种奢侈品，通常仅限于使用在建筑特殊部位的嵌板上，比如扇形窗格栅，而后逐渐被浇铸构件取代。

大门的铁栅栏门，会在门上拱顶或侧面装有提灯，成为城镇住宅的标准形式。次门也会用简单的扶手将台阶区域隔离出来，或布置一处用于通过滑车将物品送入地下室的空地。所有户外铁制品都刷油漆加以保护，通常使用黑色油漆，在早些时候深绿色也很多见，其次是灰绿色，强烈的亮蓝色也很受欢迎。在一些做工优良的铁栅栏中，尖顶饰和细节常会用金色叶子加以装饰。

在一些住宅建筑立面上仍然能够看到圆形、十字交叉图形和X形金属板，火灾保险标记的小块铅板也都保存了下来，而那些室内锚固在建筑中的铁制金属杆件，则是后来安装的用以加强结构的部件。

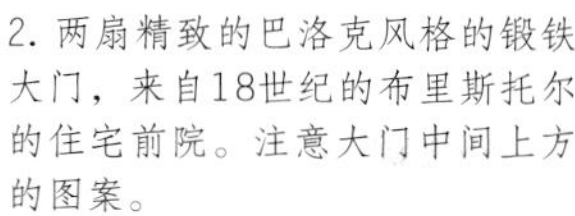

1. 带有对称花饰的锻铁格栅或镶板，置于主楼梯门的上部，出自伦敦切尔西切恩大街6号，1717—1718年。中间凸起的椭圆形装饰成盾形纹章的形式。

2. 两扇精致的巴洛克风格的锻铁大门，来自18世纪的布里斯托尔的住宅前院。注意大门中间上方的图案。

3. 普通门廊上成对安装的锻铁支架，用于代替传统的木制涡卷形支架，出自巴斯市。

4. 斯坦福一处住宅里的两个栅栏细节，林肯郡。带有巴洛克的卷饰、尖顶饰、叶饰，均为锻铁工艺。

5. 普通的锻造栏杆，栏杆柱尖被锤平，下端分叉，来自巴斯市。

6. 来自汉普斯特德的尖顶饰，伦敦。

7. 富尔尼耶大街18世纪20年代之前的栏杆，斯皮塔佛德，伦敦。锤成钉状的尖顶饰很有特点。

8. 住宅栏杆上部的铸造装饰样式集锦，包括风靡一时的蓟花形、菠萝形的栏杆柱顶部造型，约1726年。

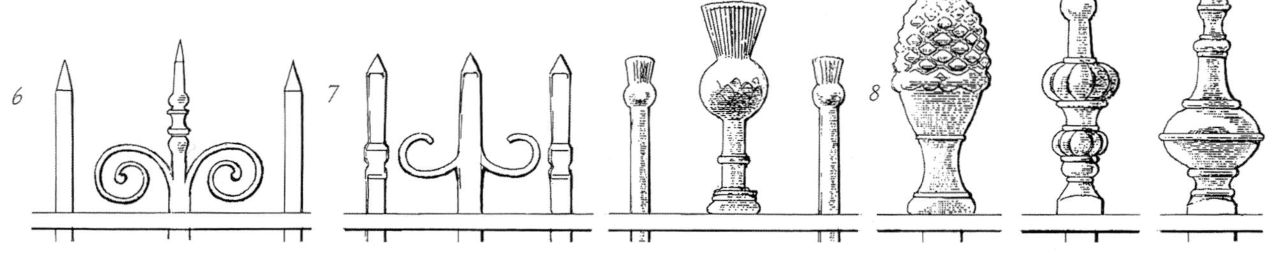

殖民时期（1607—1780年）

威廉·麦金泰尔

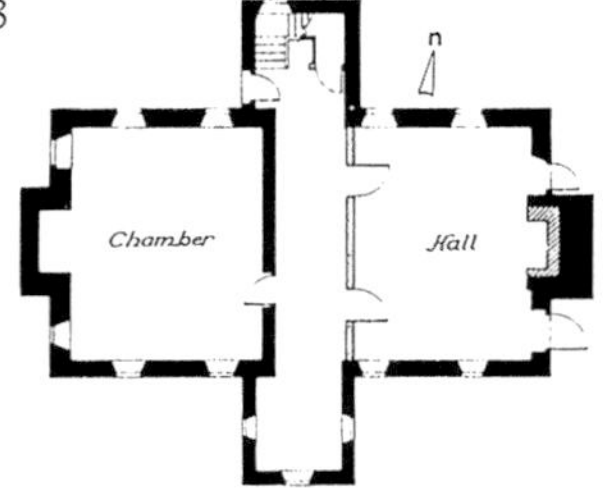

1. 费城费尔蒙特公园的芒特普莱森特府邸，乔治亚风格建筑的优秀作品。华丽的大门、对称的布窗方式及外墙材料成为其显著的特征，1761—1762年。MP
2. 荷兰殖民地亚伯拉罕·哈斯布鲁克住宅，是一栋单层建筑，有着典型的矮墙和深屋顶。最初，可能只开了两个窗户和一扇门。新帕尔兹，纽约，1692年。AHH
3. 培根城堡底层平面图。这是一座都铎-巴洛克风格的庄园，“走廊-大厅”为最初建造的部分。在乔治亚平面设计的影响下，18世纪时又新增建了一部分，萨里县，弗吉尼亚州，约1655年。

“美国殖民时期”一词的含义甚广，从1607年第一批殖民的到来，至17世纪70年代和80年代独立战争后的新国家建立，包括了近两个世纪的建筑。将这个时期分为两个阶段更为清晰：新垦或殖民阶段和乔治亚阶段（或称为古典的或帕拉迪奥阶段）。两个阶段的过渡期在1720—1730年间，此时一个兴旺发达的消费社会开始出现。

美国建筑的基本形式虽然来源于欧洲大陆、英国和非洲，但事实表明，独特的美国风格从殖民之初便很快显现出来，并且到18世纪中叶就已经表现出十分鲜明的特色。不同殖民地区之间的人文、社会、经济结构以及文化的融合，成为建筑风格的“熔炉”，新建筑并非地域风格简单的拼贴。

新大陆的第一批移民虽然享有充足的木材和土地，但是，因为当时的最大需求是要尽快解决基本的栖身之所，所以他们的房子非常简陋。最早的殖民者住所包括土坯屋、茅草屋、棚屋，或驻军周围的茅草村舍。随着殖民者逐渐定居下来，他们开始建造更加坚实的住宅。一些早期的“庄园宅邸”几乎全无风格可言，它们也许仅仅是板墙围成的一个房间，山墙的边缘立着烟囱、单扇木板门，主立面上仅有一扇折叠窗。这些住宅呈现出厚重的技艺之美，成为美国乡土建筑最初的特征。

由于木材资源充足、价格便宜，又比砖石的建造速度快，所以，当时除了最好的住宅之外，基本都使用木材建造。砖则用来砌筑地基和烟囱。从广义上讲，砖石建筑在南部殖民地比在新英格兰地区更为普遍。殖民者多采用他们本国的木构建筑结构体系和家乡流行的装饰样式。然而，在殖民时期最初的几十年中，为适应更加严酷的气候条件，建筑出现了一些新特征，比如分段的檐板及覆盖在木框之上的木墙板，木瓦替代了茅草屋顶。瑞典移民在18世纪早期引进了圆木结构。当时，无论穷人还是富人，无论茅草小屋还是建造精良的小别墅，这些殖民者的住所都只有一个房间。象征尊贵的大型住宅虽然数量不多，但却对后来的住宅产生了很大的影响力，也是这些建造特别精良的住宅能够留存至今的原因，尽管曾经被一再地改造和扩建。

起初，这些住宅有着明显的地域性差异。南部殖民者的典型住宅包括首层和一个单独的阁楼。山墙屋面坡度很大，有时带有老虎窗，设有一处或两处烟囱。大多数住宅都是粗拙的木构建筑，但是较好的大体量住宅会使用砖来建造，在室内还会使用护墙镶板。“走廊-大厅”的平面布局方式是最常见的设计类型，这种住宅有一个进深很大的房间，带有一个直接开向大厅的前门。大厅就是房子的客厅。大厅左边会隔出一处较为私密的空间。楼梯则位于房子的后部。

这个时期新英格兰地区的住宅与南方地区的住宅形成了鲜明的对比，这些住宅倾向于模仿英国中世纪的梁柱建

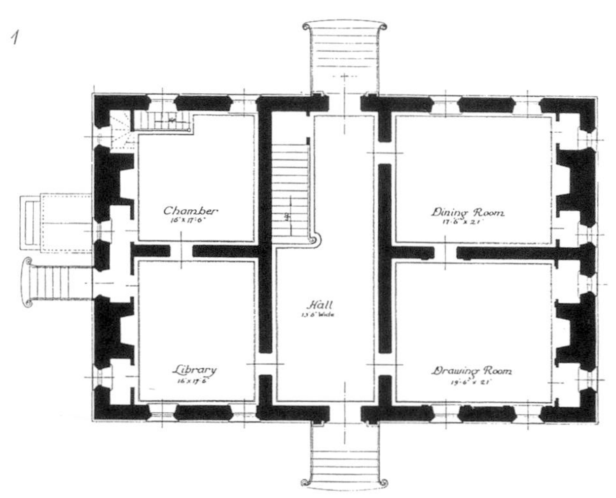

1. 威尔顿住宅的一层平面图，弗吉尼亚州，约1760年。这是一张经典的乔治亚住宅设计平面图，房间数比17世纪时要多，沿中央走廊的两边排布。

2. 哈蒙德·哈伍德宅邸的餐厅，安纳波利斯市，马里兰州，约1774年。这所房子由威廉·巴克兰设计，是凝练的乔治亚风格。装饰性的抹灰层墙划分成墙裙、墙板和雕带三部分。装饰的主要重点在于框缘和精致的遮阳窗。房间里有一扇悬窗（在P114有注解），从里面看起来像是窗户，但实际上是一个通道。*HHH*

3. 哈蒙德·哈伍德宅邸西南角的厨房，与精美的餐厅形成了对比。乔治亚住宅中的厨房与17世纪几乎没有差别。最显著的特征是简单的大壁炉，里面有很多铁质壁炉柴架，有时还会配有一把铁叉，如图示。所有的烹饪都是在火上完成的。厨具挂在壁炉洞口上方。厨房里仅有的家具包括一张桌子和一个餐具柜，柜体有时嵌入墙内。早些时候，在一般的厅室中，家具则包括椅子、高背长靠椅和床。豪华住宅中的服务性用房和普通住宅中的地面通常采用铺砖地板。*HHH*

筑。在17世纪晚期，住宅普遍建造得非常坚固，并带有都铎王朝和伊丽莎白时期的特征，如出挑的垂饰和巨大的中央壁炉。此时发展出“坡顶小楼房”，由陡坡屋顶覆盖的住宅后部扩展部分演变而来。窗户小且少，天花板也低。室内的华丽装饰包括倒角的天棚横梁和搁栅，采用车削的或锯切的楼梯栏杆柱，门和墙都用镶板装饰。整个18世纪，新英格兰地区一直在建造这种类型的建筑。这种双房间的设计完全不同于南方的建筑布局。小型入口过厅设有一部楼梯直通上部楼层的一个独立空间。中央壁炉和客厅置于大厅一侧。

德国与荷兰移民通常建造石材或者砖木结构的建筑，首层包括厨房、大厅和客厅三个房间。立面有四个凸窗，开向厨房的门通常不居中。

采用乔治亚风格对称式的建筑立面，以及围绕中央楼梯厅设置四个房间的典型平面形式，都极富革新性。这种风格在1825—1850年间由富商和农场主带到美国，他们将英国的詹姆斯·吉布斯、威廉·萨蒙和其他一些人的建筑图集带入美国，并且拥有英国的第一手建造经验。这些早期的乔治亚住宅，特别是在南方地区的大型府邸，均严格地按照建筑图集建造。18世纪殖民时期的建筑师非常少，许多住宅根据房主的建议由建造者自行设计。这些大型住宅很快就对小住宅产生了影响。中产阶级商人、手工艺者和自耕农对建造一座精良而有风格特色的住宅有了一定的需求。当时还经常建造一些较为朴素的别墅，在设计表现方面相对自由，并将一些流行样式与传统的建造方式和材料相适应，创造出一种鲜明的美国建筑风格。已建成的住宅则经过改造，也具有了乔治亚风格的立面和室内装饰。最终，这种风格影响了几乎所有地区、民族和社会阶层的住宅建筑。

门

克莱夫登住宅的前门，日耳曼敦，费城，宾夕法尼亚州，1763年。克莱夫登住宅是费城地区乔治亚风格最典型的住宅，在这里可以看到一些十分少见的石材的造型。作为乔治亚风格建筑立面的典型特征，入口大门是整个建筑立面的重点，门洞口通常设计精美。这处大门的设计是十分准确的古典样式，除了展现地域特征的门板。*CV*

从17世纪开始美国的住宅普遍用木板条门，其结构方式是在门背后用2～3根横板条将竖板条钉在一起。德国和荷兰的移民多使用燕尾形的板条。门的竖板带有刮纹形状的图案装饰，边缘倒角或用海绵搓色。门套形式简单，用建造住宅的原木制成，通常也有倒角。门的配件简单厚实，用锻铁或木材制成。板条门在整个殖民时期一直在使用，除了一些小型住宅和次要的房间。

17世纪末期，镶板门开始出现在建造精良的住宅中。最典型的形式是带有浅浮雕的两块镶板门。厚实的门线在18世纪早期开始使用，直到18世纪30年代和乔治亚风格出现之后，木门工艺才达到精工细作的水平。这时候，凸板门变得越来越普遍，受到移民中的手工艺人和建筑图式书籍的影响，古典门套也开始流行。大部分情况下门的造型十分自由，以致不同地区之间差异越来越明显，而南部庄园主的房屋具有最严谨的造型形式。古典式门廊在整个美国都很流行，经常会在原有建筑上加建。门的配件也愈发精美。

1. 新英格兰地区的板条门，约1670年，门钉的样式非常特殊。

2. 来自罗得岛州的一扇古典风格大门，约1730年。

3. 一组时髦的门套，18世纪早期至中期。

4. 一组经典的早期乔治亚砖砌门套，约1750年。

5. 来自康涅狄格河流域的独特门套与图集中的式样大相径庭，约1758年。

6. 带有锁石的扇形窗和塔司干柱式的特殊门套形式，弗吉尼亚州，约1770年。

7. 18世纪晚期出现的多线脚的门套，马萨诸塞州，约1770年。

在城镇和乡村都很常见到门上带有雨棚。当没有足够的费用建造门廊时，可以作为强调主门的一种手法。

8. 奇特而又精美的雨棚，来自马里兰州，约1730年。木制结合石膏抹灰的凹圆线脚。

9. 这个雨棚来自罗得岛州的新港，1740年，其造型很接近于晚期巴洛克风格/早期英国乔治亚风格的原型。

10. 来自切斯特县的一个具有代表性的无托架雨棚形式，宾夕法尼亚州，约1740年。

18世纪中叶，在庄园主的大住宅中开始流行门廊，尤其是那些大农场主的住宅。这些门廊形式均来源于古典神庙，带有圆柱和三角楣饰。

11. 一个简单的古典门廊，来自古奇兰县，弗吉尼亚州，约1730年。门板的镶板样式与1734年出现在威廉·萨蒙的帕拉迪奥英国古典主义相类似。

12和13. 两个多立克风格的门廊。第一个由威廉·巴克兰设计，弗吉尼亚州，约1758年；第二个来自马萨诸塞州，约1770年。

1．亨特住宅的前门，罗得岛州，约1758年。分段的弧形券和菠萝形的拱心造型使人想起齐本德尔式高脚柜的尖顶饰。*NHH*

2. 这个1759年的前门受到了苏格兰建筑师詹姆斯·吉布斯的设计启发。由木材制作而成，厚重的线脚相对精致的带有念珠饰的雨棚显得十分突出。*LH*

3．哈蒙德·哈伍德宅邸的大门，安纳波利斯市，马里兰州，1773—1774年。这种门是当时十分流行的乔治亚式大门的典型代表。*HHH*

4. 帕拉迪奥式的精美室内门，出自德雷顿公馆，南卡罗来纳州，1738—1742年。*DH*

5. 芒特普莱森特宅邸大门的室内效果，费城，1761—1762年。与室外相比，内侧的装饰比较克制，类似于克莱夫登住宅的式样（P108）。*MP*

6. 这个室内门来自费城的克莱夫登住宅，约1763—1764年，其中包括耳状物或称为“有耳朵的”上部框缘和断山花。这种细节表示这扇门通向主要房间。*CV*

7. 一扇装饰非常简单的木门，但框缘和门板非常优雅。盒形锁样式别致。*CV*

8. 有着厚重的线脚和凸起镶板的室内门。胡桃木纹油漆。*NHH*

1~6. 室内门。

1. 断山花门头形式在英国不再流行后，却仍然流行于美国的建筑装饰中。这是一个早期的室内门样例，来自弗吉尼亚州查尔斯城县，约1730年。

2和3. 墙面的镶板经常用来加强门框的效果。第一个案例，优雅的大门带有厚重的线脚门套，来自新罕布什尔州，约1720年。第二个案例，来自安纳波利斯市，马里兰州，约1740年。

4. 冈斯顿庄园的餐厅门，费尔法克斯县，弗吉尼亚州，约1758年，由威廉·巴克兰设计。门的造型表明了房间的重要性。

5和6. 两扇新英格兰地区的镶板门。第一个案例，有线脚装饰的横梃、立梃和薄镶板，约1650年。第二个案例，早期带有线脚边框的凸镶板门，1710年。铰链形式也值得注意。

7. 来自敖德萨市的一扇大门，带有装饰性的百叶门。通常用于美国乔治亚风格住宅的主要大厅中，百叶门在夏季作为屏风门使用，特拉华州，18世纪晚期。

8. 门环，1661年和约1730年。

9. 典型的带锁眼的门把手。

10. 典型的铁制插销，1768年。

11. 盒式门锁，木制、铁制或像这把用黄铜制作。

12. 锻铁门锁，约1750年。

13. 黄铜盒式门锁及球形凸起的把手的细部，约1772年。

14. 锁眼盖和把手，约1768年。

15. 摩拉维亚式盒式门锁，1773年。

16. 大门的弹簧锁，18世纪中叶。

17. 黄铜门把手，北卡罗来纳州，18世纪晚期。

18. 典型的带有装饰的黄铜锁眼盖，18世纪晚期。

19~24. 铰链：前端为郁金香形的铰链；H形铰链，17世纪早期；带有皮垫和铁钉的早期蝶形铰链；典型的H－L形铰链；新墨西哥—美国印第安人的H形铰链，18世纪晚期；早期的“公鸡头”H形铰链。

窗

1. 克莱夫登住宅中位于入口层上层的上下推拉窗，费城，宾夕法尼亚州，1763年。这是殖民地区出现的典型乔治亚风格窗户。镶框式的百叶窗，古典而简约的细节设计，扁平的锁石顶和12：12的窗格分划都为外观增添了不少优雅感觉。CV

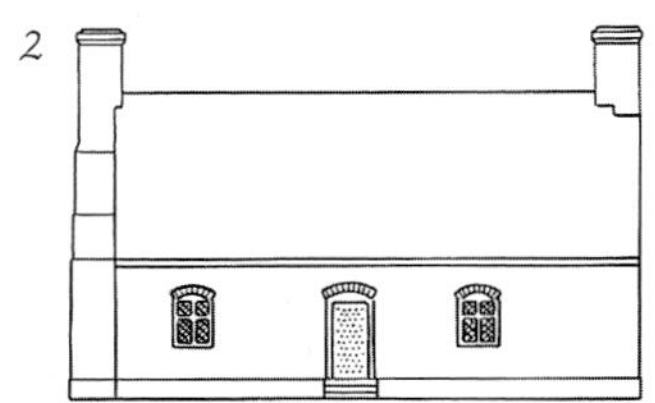

2. 一幅典型的17世纪住宅的正立面图，能够看出早期住宅建筑中的平开窗数量少且尺寸小。

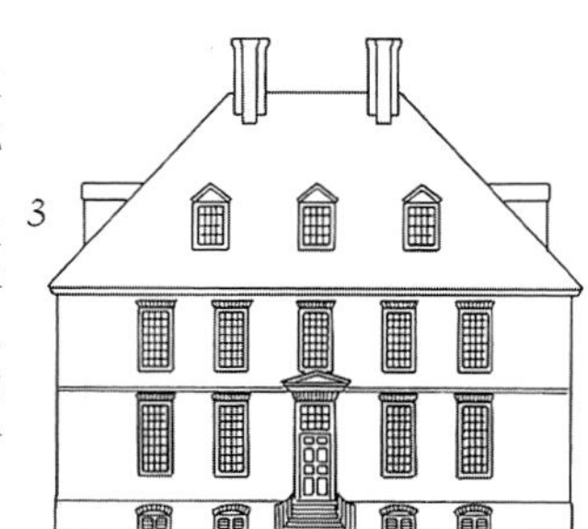

3. 从这幅18世纪早期住宅的正立面图中可以看出，布窗方式得到了很大发展。建筑属于英国巴洛克式宅邸风格，上下推拉窗均匀地布置在建筑正面，层级分明。

早期美国建筑窗小量少，排布也不对称。很多住宅甚至没有窗户，仅仅在墙上的小洞口上覆以油纸或者木制折叠窗扇。早期的那些耐久性比较好的住宅则使用铅制窗格的小尺寸平开窗，有的还在窗扇上嵌入精心制作的图案，或带有固定的横档。用木材制成框架结构，带有倒角和装饰节点。

上下推拉窗出现在18世纪早期，但直到18世纪30年代，真正的带配重的上下推拉窗才得以广泛使用，在这之前仅用于高档住宅。随着时间的推移，窗户的式样愈发精美。这一时期，平的、三角形的或人字形老虎窗开始在美国应用。窗户布置对称，数量也有所增加，形成了乔治亚建筑最主要的独特元素。乔治亚时期还引入了帕拉迪奥式窗（威尼斯窗），通常置于前门正上方。

建筑室内的窗框一般是带有双圆心曲线线脚结合带有念珠饰的背板。临近18世纪下半叶，玻璃格条变得细小，窗框变大。窗框分配通常为6：6，9：9，或12：12。折叠式遮阳窗扇的使用也越发普遍。

1

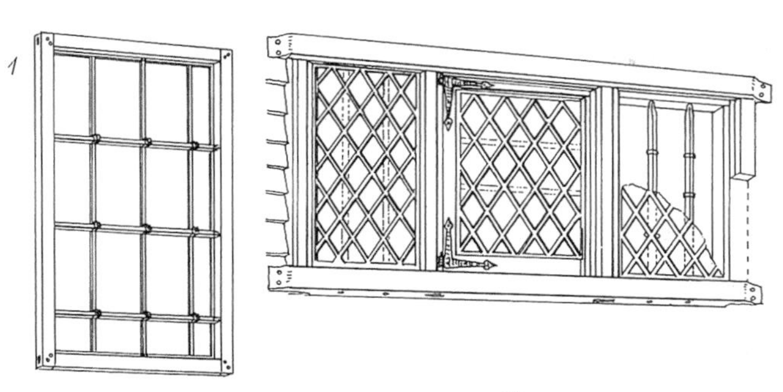

1. 17世纪典型的木制平开窗展示了两种固定玻璃的方法。第一种源于罗得岛州，约1640年。采用竖直的带槽铅条（开槽铅条）和木制的交叉格架，玻璃固定在带槽铅条里面；第二种源于马萨诸塞州，约1675年。带槽铅条嵌入了菱形格架中，并用铁杆固定（垂直杆）。

2. 上下推拉窗是乔治亚式房屋的典型特征。本例的镶框式折叠遮阳窗可以折入收纳箱中，约1720年。室内的遮阳扇在砖砌住宅中相当常见；室外的镶框式遮阳窗扇在木构建筑中较为普遍。

3. 精美又罕见的阳台窗，来自罗得岛州，约1740年。

4. 来自马里兰州的精致的上下推拉窗，带有线脚和雕刻的窗框装饰，约1740年。

5. 18世纪末，优雅的木制帕拉迪奥窗。

2

3

4

5

6

7

8

9

10

11

12

13

14

15

16

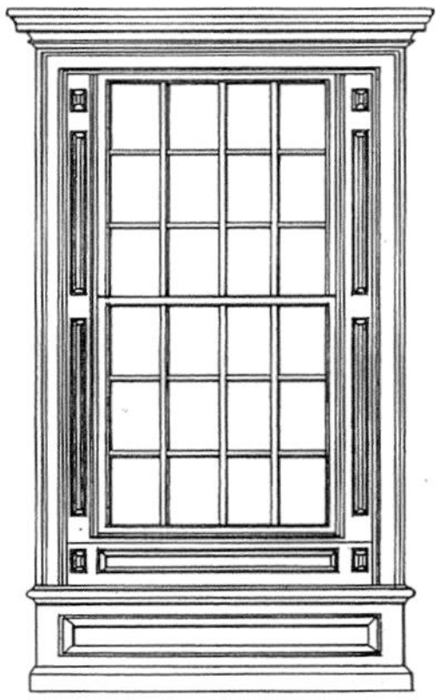

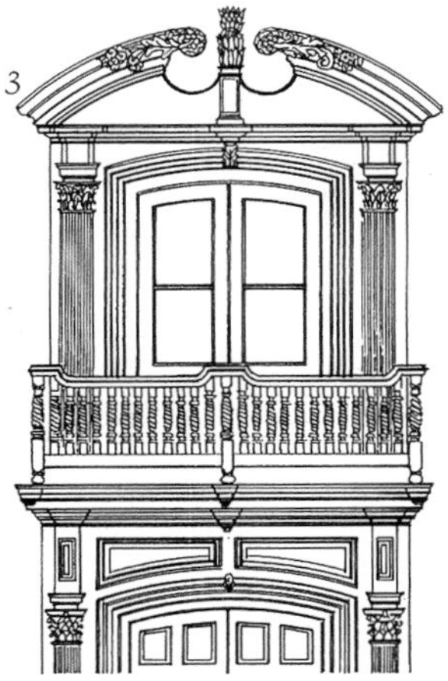

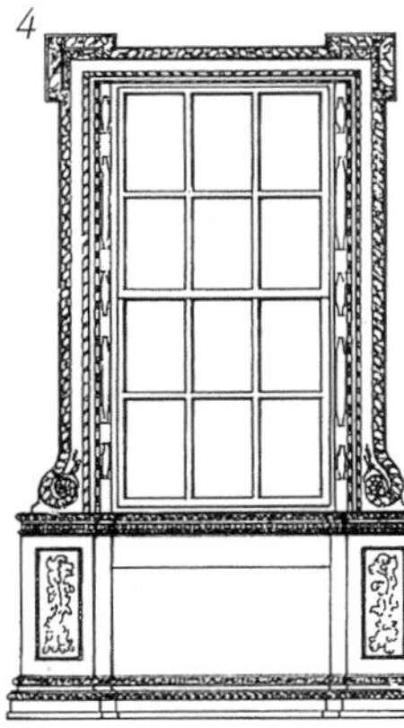

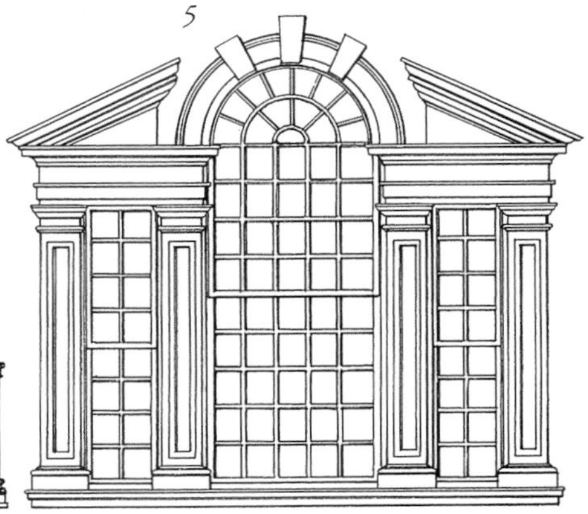

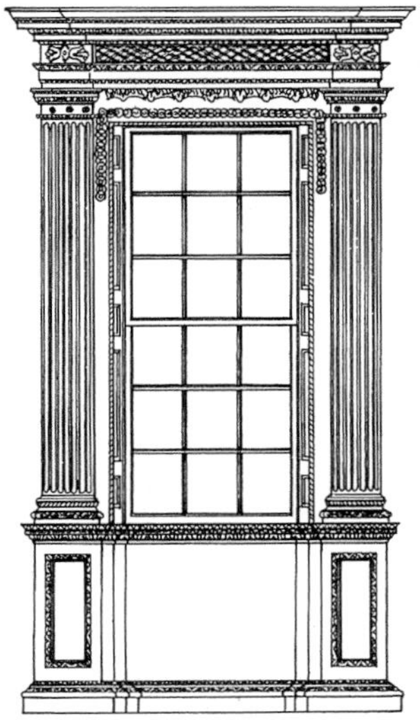

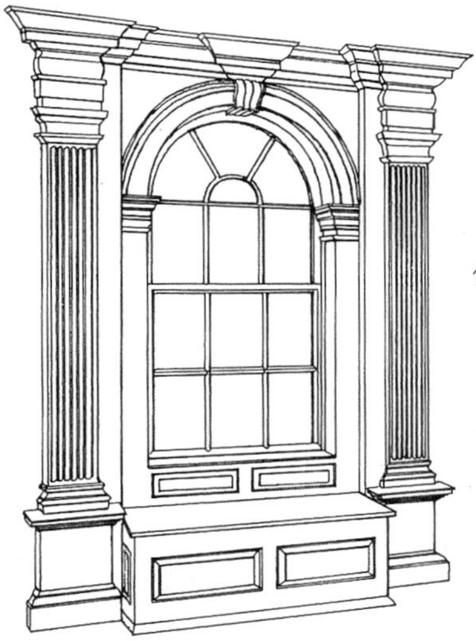

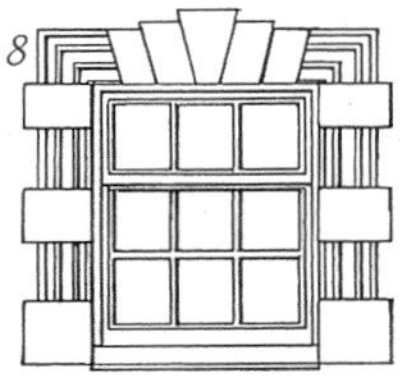

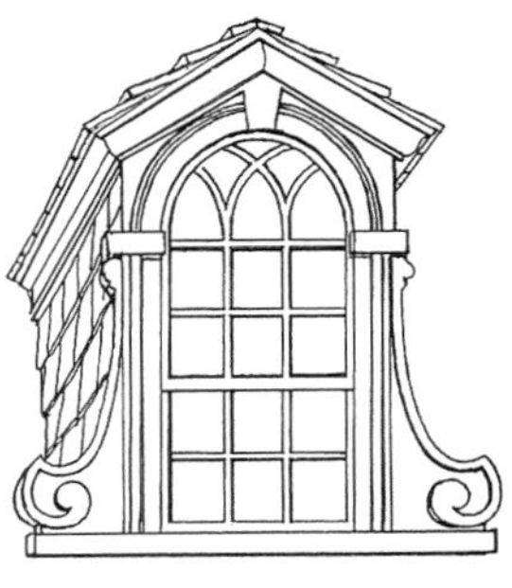

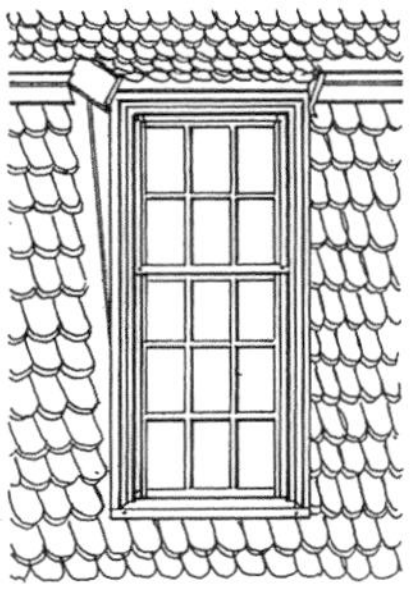

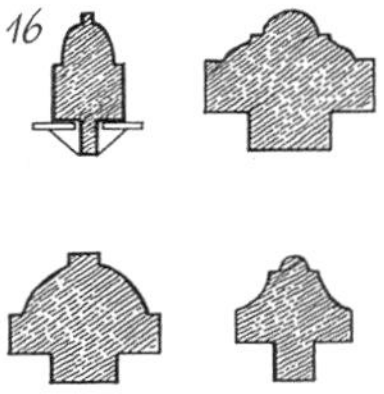

6和7. 两扇精致的上下推拉窗。6来自弗吉尼亚州的费尔法克斯县，约1755年。7来自马萨诸塞州的北安多弗，18世纪晚期。其装饰明显受到了英国建筑图集的影响。第二个案例中有一个靠窗的座台。

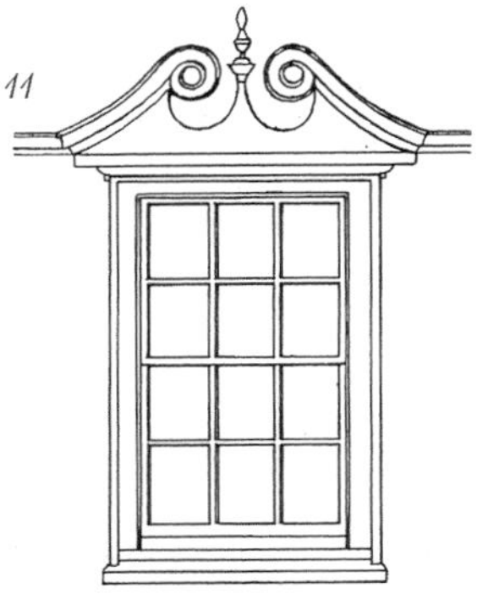

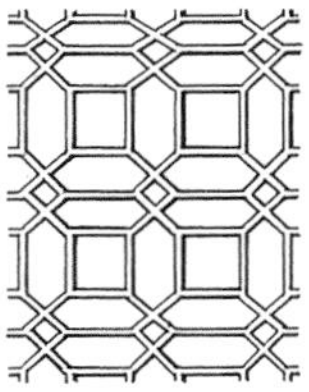

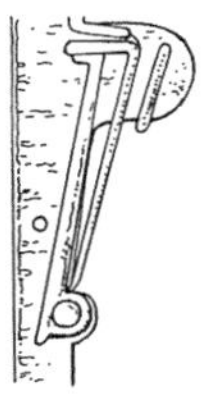

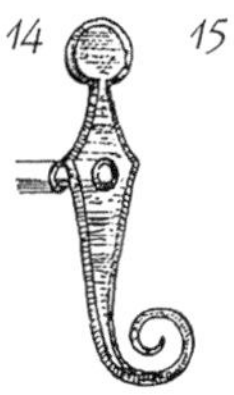

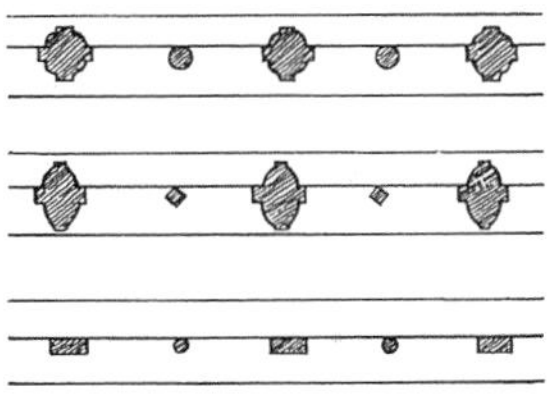

8. 来自弗吉尼亚州的乡村住宅的窗户，约1770年。

9~11. 老虎窗是把布窗方式沿用到了屋顶。第一个例子设在山墙上，其他两个设在屋顶上。

12. 17世纪末期，高档住宅中使用的精致的铅棱玻璃窗。

13. 一个典型的窗销。

14. 铁质的遮阳窗固件，用来使窗扇保持在开启状态。

15. 窗户部件的三张剖面图，木中梃、铁杆，约1637年。

16. 18世纪70年代、1750年、1740—1760年和1735年具有代表性的玻璃格条剖面图（自上而下）。

1

2

3

4

5

1. 令人印象深刻的帕拉迪奥窗，来自芒特普莱森特宅邸主要上部楼层的中央大厅，费城，1761—1762年。带有爱奥尼亚式的壁柱、齿状装饰的檐口下的（凸面）雕带、窗台下部的托架和楔形拱石（锁石的两侧均有楔形石）。*MP*
2. 同一组窗口的室内效果，窗宽横贯整个门厅。形式与外部相呼应。*MP*
3. 哈蒙德·哈伍德宅邸的悬窗，安纳波利斯市，马里兰州，1773—1774年。当推拉窗被推起，下面的窗台能够像门一样开启。从室外看像一扇门，但从室内看就是一扇窗，既保持了外观的对称性，又不需要牺牲餐厅内部的整齐效果。*HHH*
4. 同一间房的另一个套窗，雕花遮阳窗折叠扇和上部的底面板。如此精细的细节处理实属罕见。*HHH*
5. 山墙正立面上精致的洛可可式舷窗造型。在这个时期的殖民地中，细节处理得如此丰富实属少见。*HHH*
6. 克莱夫登住宅中一扇上下推拉窗的室内效果，费城，1764—1767年。尽管克莱夫登住宅和哈蒙德·哈伍德宅邸属于同一社会阶层，但这种简单的框缘与其他住宅的窗户形成了鲜明对比。*CV*

6

7

8

7. 一扇平开窗的室内效果，带有两个折叠式遮阳扇（一个打开，一个收起），以及一个靠窗的座台。*MP*
8. 在贫穷人的住宅中或是大房子的服务性房间中常见的窗户，用铁铰链固定的木板条窗。*CV*

墙面

来自南卡罗来纳州查尔斯顿的德雷顿公馆主厅里的这面墙，是美国建筑中帕拉迪奥主义最早样例的代表，约1740年。南方庄园主住宅的建造者要比北方同时代的人更接近英国本土的建筑理念。在当时的美国，这种檐口下方的三棱线花纹装饰和墙面雕带是独一无二的。尽管，油漆后的原木纹理并不能完全显现，还是可以看出殖民者喜欢大量使用多年生木材。大幅的镶板、低矮的墙壁腰线和嵌入式壁柱共同营造了大气的效果。DH

早期殖民时期，住宅墙体的上部通常进行抹灰处理，而壁炉四周的墙体常常用木板覆面。许多小住宅和一些质量较高的住宅，结构框架都是暴露的，尤其在上部楼层，墙面普遍没有踢脚板或檐口线脚。连续的墙面抹灰会被支撑横梁的柱子断开。

从18世纪开始，装饰愈发精致。在板条抹灰天棚出现的同时，檐口线脚和踢脚线也出现了。18世纪早期，护墙板线脚也开始使用。在一些实例中墙裙会做成墙板的形式，在豪宅里最讲究的房间中，墙板会从地面一直铺设到天花板。一般来说，房间越正式，护墙板的造型越复杂。

最初，除了用上等木材制作的护墙板外，其他墙面都会施以油漆。油漆颜色包括土黄色、杏色、红色和棕色，以及中湖蓝色系、绿色系和黄色系。墙面通常为单色平涂，颗粒纹理和大理石纹理的油漆工艺也很盛行，而抽象图案和壁画直到19世纪之前都十分少见。18世纪的一些美国住宅中会使用墙纸，特别是雕版印刷和植绒类的墙纸。

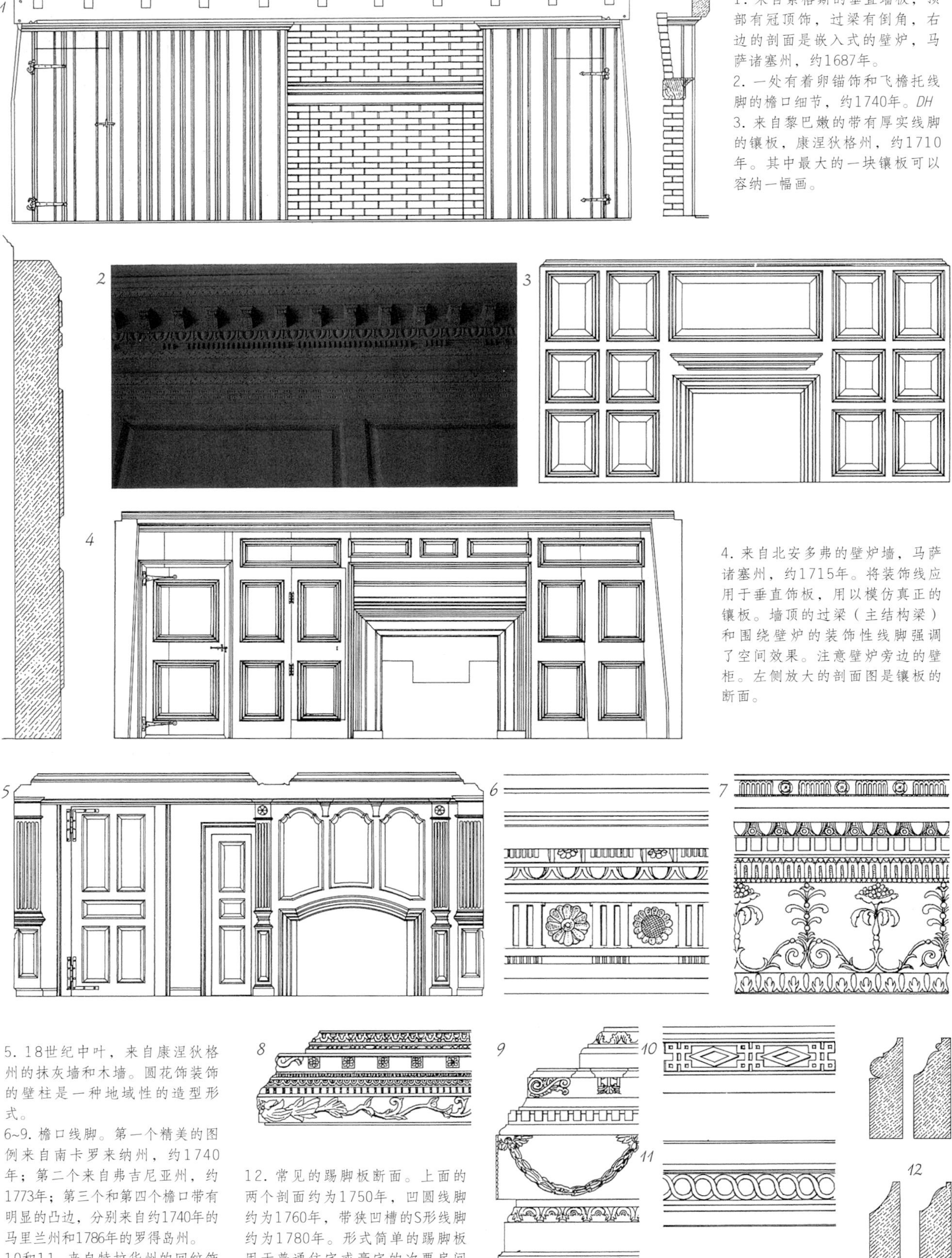

1. 来自索格斯的垂直墙板，顶部有冠顶饰，过梁有倒角，右边的剖面是嵌入式的壁炉，马萨诸塞州，约1687年。
2. 一处有着卵锚饰和飞檐托线脚的檐口细节，约1740年。*DH*
3. 来自黎巴嫩的带有厚实线脚的镶板，康涅狄格州，约1710年。其中最大的一块镶板可以容纳一幅画。

4. 来自北安多弗的壁炉墙，马萨诸塞州，约1715年。将装饰线应用于垂直饰板，用以模仿真正的镶板。墙顶的过梁（主结构梁）和围绕壁炉的装饰性线脚强调了空间效果。注意壁炉旁边的壁柜。左侧放大的剖面图是镶板的断面。

5. 18世纪中叶，来自康涅狄格州的抹灰墙和木墙。圆花饰装饰的壁柱是一种地域性的造型形式。
6~9. 檐口线脚。第一个精美的图例来自南卡罗来纳州，约1740年；第二个来自弗吉尼亚州，约1773年；第三个和第四个檐口带有明显的凸边，分别来自约1740年的马里兰州和1786年的罗得岛州。
10和11. 来自特拉华州的回纹饰护墙板线脚和雕刻踢脚板。

12. 常见的踢脚板断面。上面的两个剖面约为1750年，凹圆线脚约为1760年，带狭凹槽的S形线脚约为1780年。形式简单的踢脚板用于普通住宅或豪宅的次要房间里。

1．克莱夫登住宅的廊柱将入口门厅和楼梯间区分开，费城，1764—1767年。多立克柱式与建筑前门的柱式相呼应。这种T形的大厅在殖民时期不多见。*CV*

2．德雷顿公馆大客厅中的镶板墙，南卡罗来纳州，约1740年。科林斯壁柱加强了空间效果，壁柱之上是有卵锚饰和飞檐托的深檐口。*DH*

3．芒特普莱森特宅邸的一个L形楼梯间，拐角处的嵌入式多立克壁柱十分显眼。注意沿着楼梯延续向上的简洁墙裙，费尔蒙特公园，费城，1761—1762年。*MP*

1 

2 

3 

4 

4．亨特住宅东南角的客厅墙板，带有胡桃木纹理，新港，罗得岛州，约1758年。*NHH*

5．亨特住宅中的楼梯平台，在石膏墙板下有护壁板。护墙板带有厚重的线脚，与楼梯栏杆柱上的扶手相呼应，新港，罗得岛州，约1758年。*NHH*

6．这个带有厚重线脚镶板的墙裙来自亨特住宅中央走廊的护墙板。已经复原为当初的灰蓝色。*NHH*

7．这块蓝色花饰植绒墙纸来自佩顿·伦道夫住宅楼上的一个房间，威廉斯堡，弗吉尼亚州。蓝色的边条为原有，并未褪色。*CWF*

5 

6 

7 

天棚

来自肯莫尔的“阿波罗”图形的客厅天花板，弗雷德里克斯堡，弗吉尼亚州，约1775年。垂花饰和圆盘饰美轮美奂，装饰了从中间发散的光芒和太阳神的面部，如在半视图中所见（下部）。太阳光芒的细节（上部）

展现出生动的效果和对石膏制品的精妙运用。肯莫尔建筑外部坚实而朴素的外观掩饰了建筑内部的富丽堂皇，这处华美的天棚被认为是出自从德国海森移民而来的工匠之手。*KF*

按照英国和欧洲大陆延续下来的传统，早期殖民时期的住宅天棚很低，搁栅和过梁（主结构梁）暴露在外，因此，楼板底面外露部分的处理方式成为衡量建筑质量的标志。在最简单的住宅中，搁栅和过梁有粗粝的劈痕或锯痕，甚至会有带着完整木皮的原木。这种天棚经常能够在品质较高住宅的上部楼层看到。再稍好一点的住宅中，梁会刨平并呈正方形，更精工细作的工艺包括将搁栅和过梁的边缘倒角，再将倒角的端头加上装饰构件，再用简单的平檐口线脚作为收口。天棚一般不做任何处理，或直接刷上白色涂料，或涂刷装饰性油漆。如今没有留存下相应的实物。

17世纪晚期到18世纪早期，新建住宅中越来越盛行抹灰天棚做法。许多早期的开敞式天棚也增加了吊顶，通常使用简单的板条吊棚加以面层抹灰，形成微微起伏的表面。天棚和墙面的交接处有平直或带雕饰的檐口线脚。这时候，偶尔能看到带有复杂线脚的天花板，即18世纪晚期的常见样式。还有一种完全不同的天棚形式，是带有厚重线脚的日耳曼式巴洛克风格天棚。

1

2
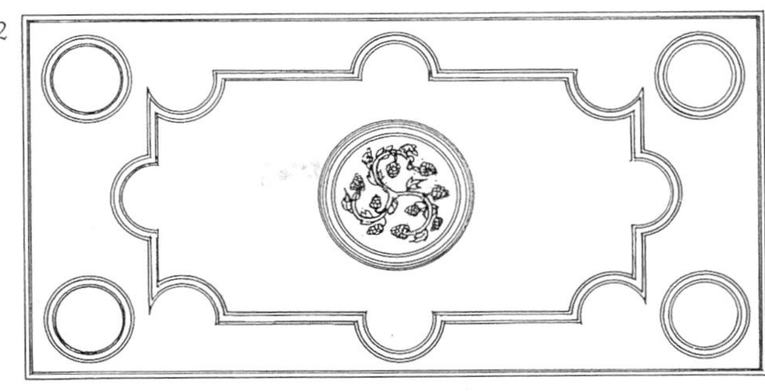

3

1. 德雷顿公馆小客厅天花板的细部，南卡罗来纳州，约1738年。其在当时很有可能属于装修最为精良的住宅。*DH*

2. 18世纪早期的石膏造型天棚，现场制作而非预制，反映了巴洛克时期的欧洲传统样式，出自德国东南部的工匠之手，宾夕法尼亚州。

3和4. 来自肯莫尔的图书馆和餐厅天花板的局部，弗吉尼亚州，约1775年。这些巧夺天工的石膏天棚展示出了各种装饰主题。

5. 德雷顿公馆小客厅天花板上手工雕刻的中央圆形浮雕，南卡罗来纳州，约1738年。*DHH*

4

5

6

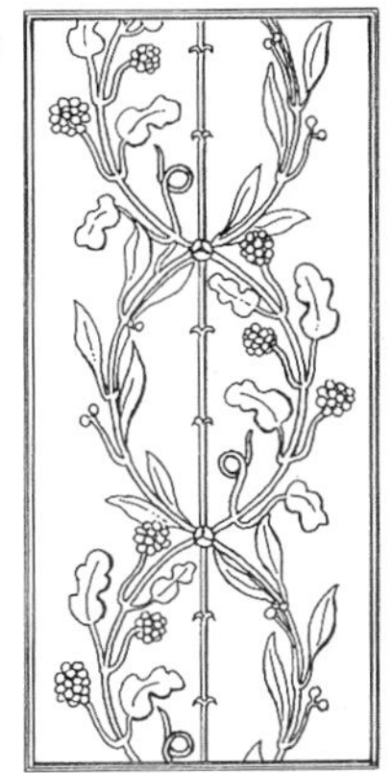

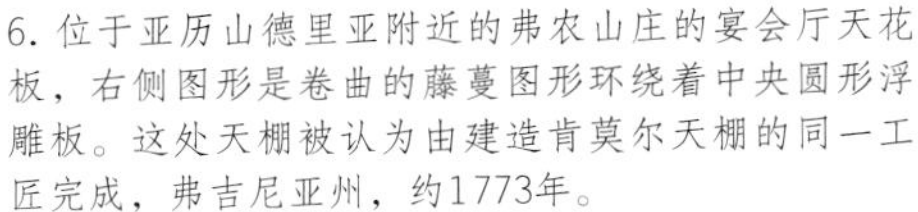

6. 位于亚历山德里亚附近的弗农山庄的宴会厅天花板，右侧图形是卷曲的藤蔓图形环绕着中央圆形浮雕板。这处天棚被认为由建造肯莫尔天棚的同一工匠完成，弗吉尼亚州，约1773年。

地面

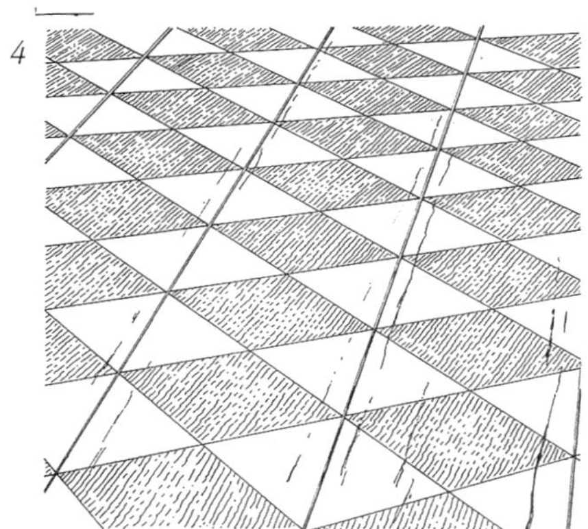

1. 整个殖民时期，除了夯土地面以外，普通木质地板最为常见。美国人拥有充足的慢生松树资源，这种树木生长缓慢，木质紧密，经久耐用。一般来说，这些地板表面不染色也不上漆，不做特殊处理，表面抛光即可。NHH

2. 铺砖地板经常被铺成人字形图案。通常用在地窖和炉膛，偶尔也会用在门廊或通道，这种样式一直保持到19世纪。DH

3. 来自德雷顿公馆的铺面石材采用了波特兰的石灰岩和威尔士的赤砂岩，南卡罗来纳州，18世纪。DHH

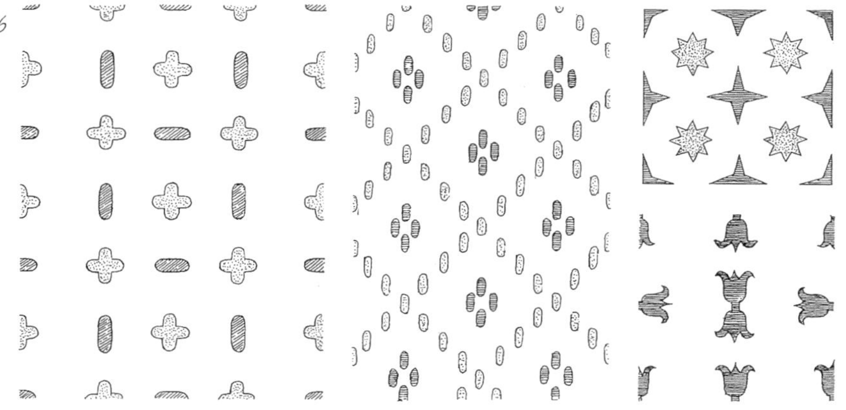

4. 松木地板有时会涂刷油漆，以模仿更为昂贵的材料。最常见的油漆描画是简单的格子图案，类似瓷砖或石材的铺装效果。

5. 最常见的地板装饰是油漆的地板布。地板布用帆布制成，是油地毡的前身。最常见的图案是方格形的，斜向布置。最早的地板布可能从英国进口。地板布一般铺设在磨损严重的位置，如入口大厅、过道、楼梯和餐边柜的下面等。

6. 到了18世纪晚期，一些地板出现了更加精致的图案。有的是用喷涂的方式在单色背景上着色，还有一些类似图中的富有创意的图案，会采用模板翻印。黑色、绿色和红色最受欢迎。

殖民时期的地板大多使用质地细密、宽大光滑的松木板，不染色不上漆。在提升品质方面，值得注意的微小变化包括：任意或规整的板材宽度，暴露或隐藏的地板钉，板面的光滑度、拼接方式等。地板之间以直边对接，并留有缝隙，是最廉价的做法，稍好一点的方法是半搭接、舌榫拼接以及键槽连接（将开槽的木板用木条连接在一起）。很多早期的住宅使用的是夯土地面，刮痕图案使之增添了活力，也有在表面覆盖上稻草的做法。铺砖地板则是在地窖中最常见的形式。18世纪晚期，一些地板涂刷成仿石材图案，真正的石材地面则很少见，只在门廊和前厅中可以看到，通常铺设成斜向棋盘格图案。

油漆的地板布是最普遍的地面装饰方式。仿大理石菱形拼花纹是非常典型的图案，也有一些更加复杂的设计图案形式，在乔治亚风格住宅的中央大厅、餐厅或会客厅中常能看到。由便宜的碎布带编织地毯也很有代表性，有时甚至使用在一些品质较高的住宅中。偶尔还能见到草席，但地毯很少见。18世纪早期，起源于欧洲或东方的漂亮编织地毯或打结地毯，基本都用于豪宅之中，直到美国独立战争之后才逐渐变得普遍。

壁炉

在殖民时代的住宅中，作为家庭的起居中心，壁炉总是成为装饰的重点，直到18世纪初，住宅内重点部位炉膛的装饰都没有实质性的改变。18世纪以后，厨房和客厅得以分离，这使得客厅壁炉不需要烹制食物，这是壁炉装饰开始变化的一个重要原因。这个例子来源于南卡罗来纳州查尔斯顿的德雷顿公馆二层大厅，建造年代约为1740年，反映出当时南方殖民地盛行的英式风格，因为这个地区的贵族阶层大部分是英国人，而且似乎拥有一个宏大的乡村别墅才能满足种植园的生活方式的要求。壁炉上部装饰架上的图案是这一时期典型的壁炉装饰（家族徽章被认为是20世纪增加的）。*DH*

早期最简单的壁炉采用木构框架，并用灰泥或者石膏填充补齐。在奴隶的住屋里，这种壁炉一直沿用至独立战争时期。最早的住宅当中，在主要的起居室里都会有一个砖砌炉膛，有时还会在背后设置一个烤炉。这种壁炉非常肮脏而且使用效果差，装饰只出现在定型的过梁和粗糙的外框上，偶尔会见到一些砌砖图案。到了17世纪晚期，厚重的凸嵌线脚变得十分普遍。在较好的住宅中，大厅、会客厅、餐厅和卧室中，壁炉墙面成为装饰的中心。炉膛的四周往往还会有镶板式的橱柜、衣柜或楼梯门。

18世纪，壁炉的开口变得越来越小，壁炉架的设计则越来越雅致。受到英国建筑图集中古典风格形式的启发，壁炉架周边的框缘装饰愈发精致。矫饰的壁炉架会采用壁柱或线条装饰，上面雕刻着水果、鲜花、《伊索寓言故事》或古典图案，并使用砖和线板作为壁炉开口的收边。壁炉上部装饰架通常可用上方悬挂的油画或版画代替，或直接在中央镶板上绘制一幅风景画。炉膛包括铁制壁炉柴架。尽管早期在本地已经能够生产柴架，但直到后期基本都是使用进口的。这一时期炉箅还很少见，火炉更少见。

1

2

3

4

5

6

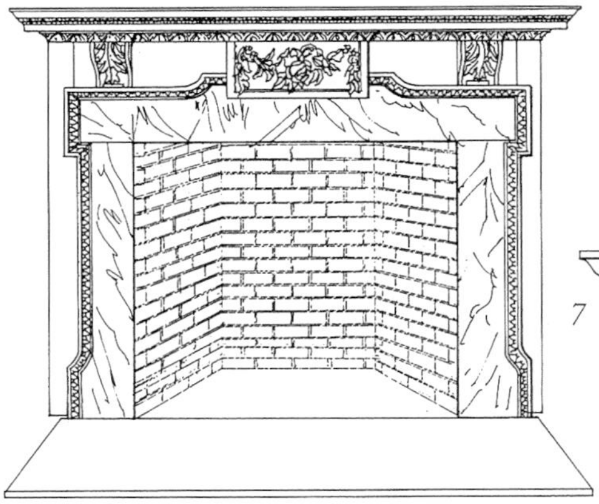

1. 用简单线脚装饰的木制壁炉，塞勒姆，马萨诸塞州，1681年之前。
2. 城市住宅里的大理石壁炉，新港，罗得岛州，估计建于约1727年。很可能是舶来品。
3. 精美的边饰，带有卵锚饰线脚和（凸面）雕带，洛可可式的壁架和早期的檐下齿状装饰，马里兰州，约1740年。
4. 18世纪初巨大的壁炉仍然很常见。像此图一样，通常具有精致的线脚框缘。
5和6. 两个带托架的边饰，约1750年。第一个过梁上雕刻着海豚，第二个过梁上有格林宁·吉本斯风格的雕饰。

7

8

10

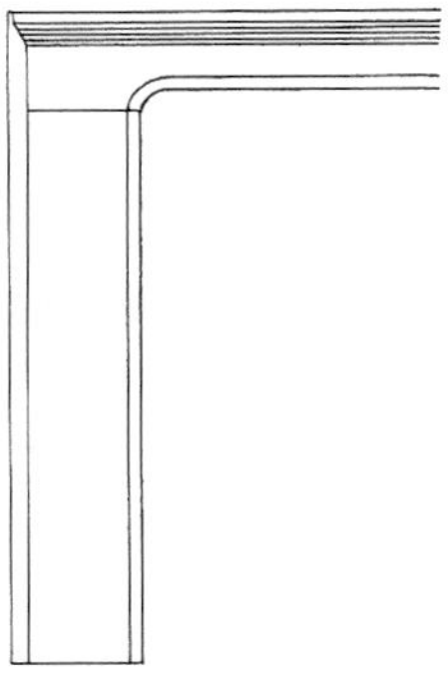

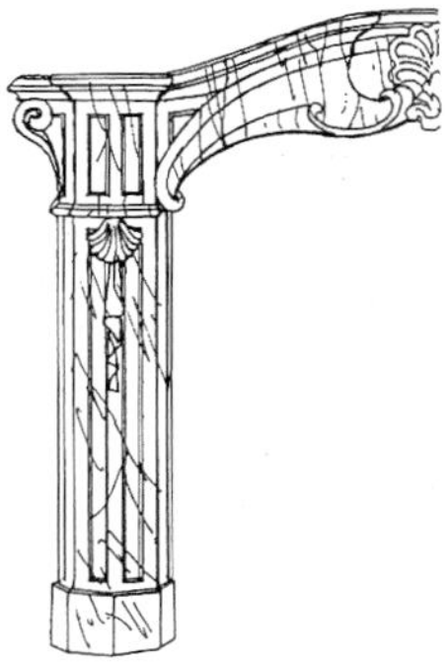

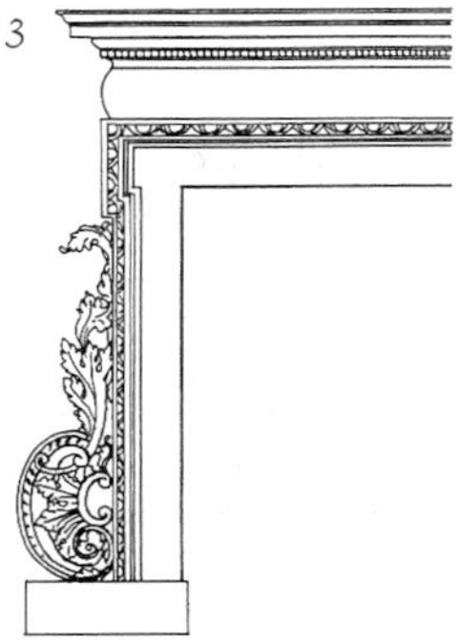

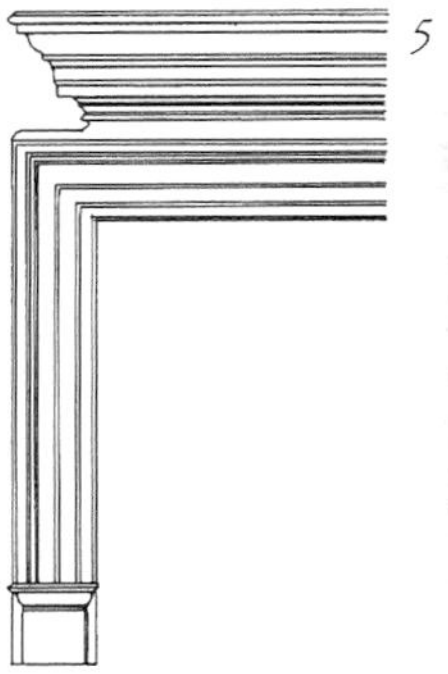

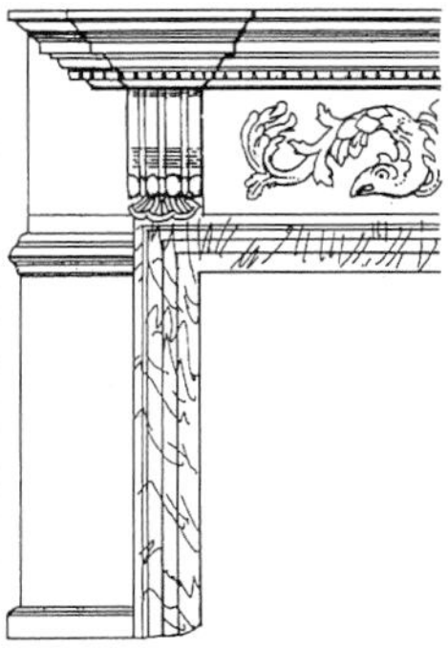

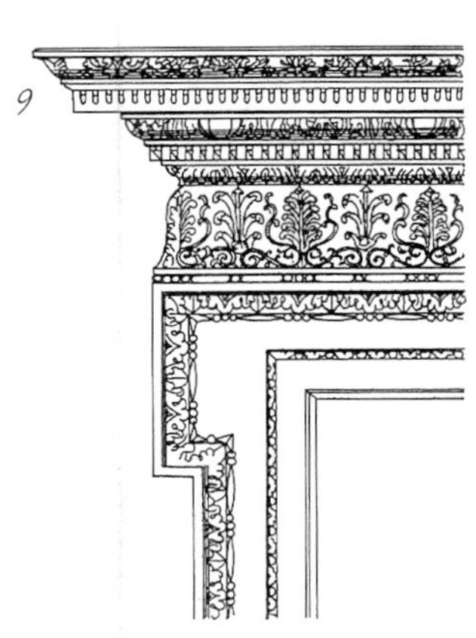

7~9. 经典边饰的细部：来自南卡罗来纳州的回纹饰，约1730年；来自马里兰州精致的莨苕叶饰和盆花装饰，约1740年；来自马里兰州的花饰雕带细部，约1750年。
10. 精工细作的大理石饰板，来自威廉斯堡的总督府，弗吉尼亚州，18世纪初。
11. 来自肯莫尔的木制过梁和华丽的石膏壁炉上部装饰架，弗雷德里克斯堡，弗吉尼亚州，18世纪末。
12. 典型的早期厨房壁炉，来自马萨诸塞州的西格洛斯特，约1656年，背面带有烤炉，上面是简洁的倒角橡木过梁。

9

11

12

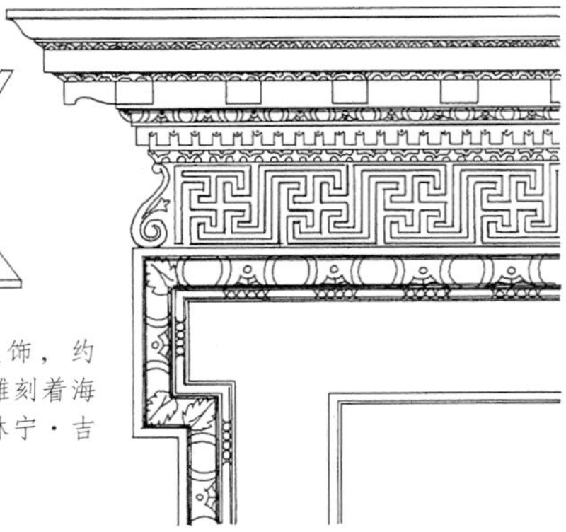

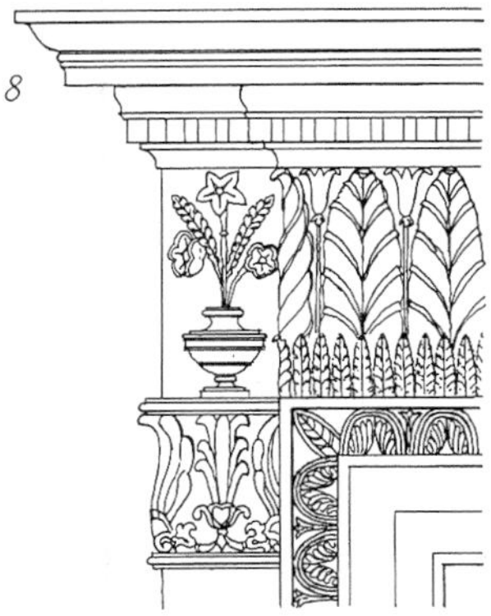

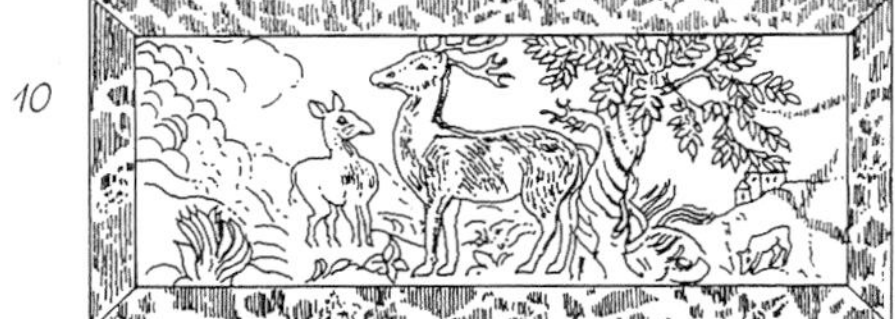

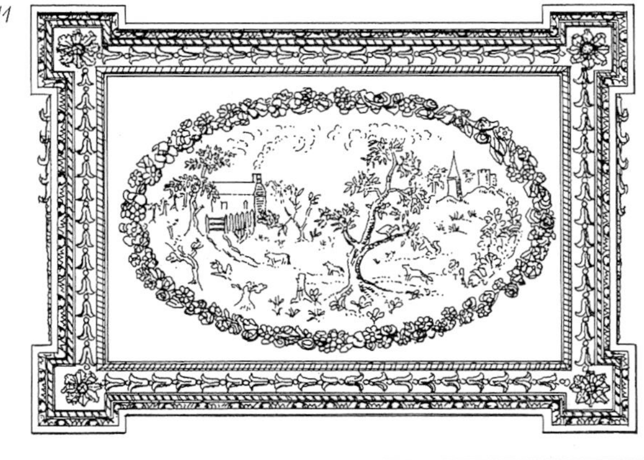

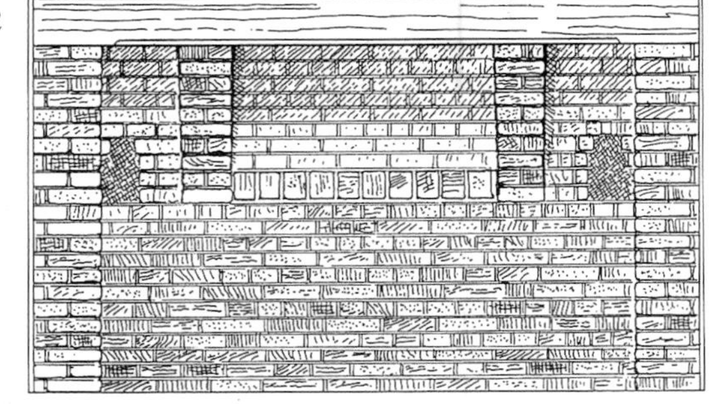

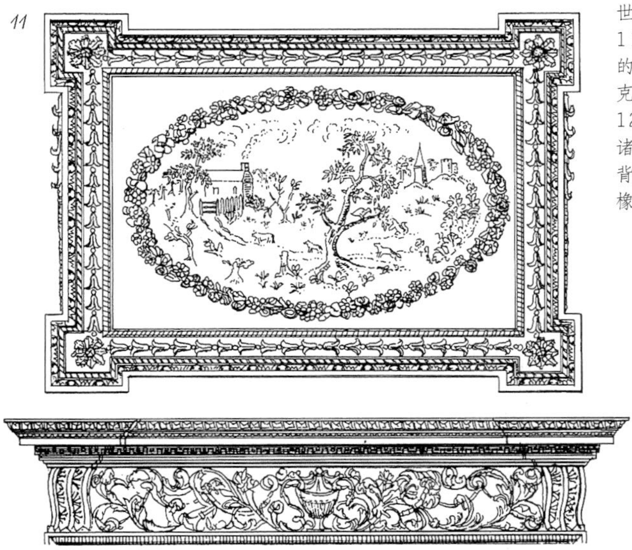

1

2

3

1. 亨特住宅中的客厅壁炉架，新港，罗得岛州，1758年。仿大理石花纹的科林斯壁柱，以及线条丰富复杂的镶板线脚都会提高造价。*NHH*

2. 住宅中私密空间的装饰就没有那么重要了。图中，装修限于壁炉腔上部的镶板与同一面墙上的带有八块镶板装饰的门（图上未显示）相呼应。壁炉开口处高凸的框缘属于意大利风格。*NHH*

4

5

6

3. 来自罗得岛州亨特住宅中的这处壁炉装饰克制，描画着纹理的镶板，挂着风景画的壁炉上部装饰架和代尔夫特陶砖线板，都令人印象深刻。注意炉膛里有一个带有黄铜尖顶饰的锻铁柴架。*NHH*

4. 克莱夫登住宅里的客厅壁炉架，造型非常优雅，日耳曼敦，费城，1764—1767年。镌刻仅限于卵锚饰线脚，雕在庄重的大理石收口周围以及支撑壁炉架的簇叶形托架上。壁炉上部装饰架及周边都是“有耳朵的”框线，是这一时期很时髦的细节形式。*CV*

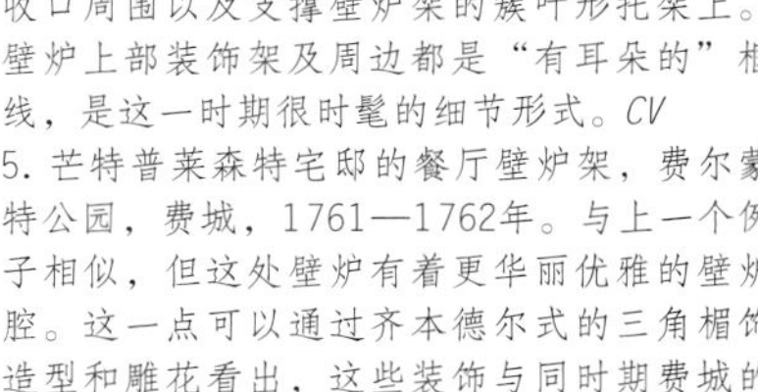

5. 芒特普莱森特宅邸的餐厅壁炉架，费尔蒙特公园，费城，1761—1762年。与上一个例子相似，但这处壁炉有着更华丽优雅的壁炉腔。这一点可以通过齐本德尔式的三角楣饰造型和雕花看出，这些装饰与同时期费城的上等家具装饰如出一辙，很可能都是出自同一名工匠之手。*MP*

6. 这款壁炉周边是简单的镶板墙，但是大理石收边和简洁的线脚造型平添了几分韵味。壁炉样式属于中产阶级偏好的形式。*MP*

1. 这个大厅壁炉有着经典厚重的凸嵌线脚。木镶板及其边饰都涂刷成大理石的纹理，来自约瑟夫·雷诺住宅，布里斯托尔，罗得岛州，约1698年。2.1m宽，1.2m高。

2. 壁炉周边的意大利风格装饰线脚曾风靡一时。这个优雅的样例大约建造于1720年，带有窄边（凸面）雕带，壁炉上部装饰架两侧还有镶板壁柱。

3. 这个古典风格的木制壁炉架上的壁炉上部装饰架非常浅，内壁采用大理石，约1725年。

4. 来自德雷顿公馆的特色明显的壁炉架，查尔斯顿，南卡罗来纳州，约1738年。展示了断山花的早期运用形式。

5. 这种壁炉周边优雅的镶板是18世纪中产阶级或农村上层阶级住宅中较为典型的样式。

6. 出自亚伯拉罕·斯旺的《英国建筑师》（*The British Architect*，1745年）。这一时期，他的图集是很多精良住宅装饰的灵感来源。*AS*

7. 带有（凸面）雕带的简约壁炉。壁炉腔凸出到房间里。特拉华州，18世纪中期。

8. 另一个壁炉腔凸出的壁炉，来自朴次茅斯，新罕布什尔州，约1755—1765年，带有齐本德尔式雕刻。

1~3. 三种经典的乔治亚式壁炉架的变体。第一个是早期的例子，来源于弗吉尼亚州查尔斯市雪莉农场（约1725—1735年），是样式成熟的案例。第二个和第三个均来源于马萨诸塞州，约1760年，都带有开槽线脚的多立克柱式，但表现的方式和强调的重点完全不同，这也说明即使占据较小空间的壁炉也可能会出现很大差异。

4. 三款铸铁壁炉背墙。可能属于简单的或更复杂一些的铸造类型，带有制造的时间和地点。

壁炉

5. 除了一些德国和荷兰的殖民区域外，直到18世纪末才开始使用燃烧木材的炉子。这些例子基本上都是开放式的铸铁壁炉。第一个由本杰明·富兰克林设计，推动了这种火炉的普及。

6. 壁炉柴架的几个样例。黄铜或者铁镶黄铜的壁炉柴架通常用在豪宅中最好的房间里。第一个案例来自18世纪早期，支脚很小；第二个案例年代稍晚，来自马萨诸塞州波士顿的保罗·里维尔铸造厂。在中上层阶级住宅里的正式或半正式的房间当中，非常流行铸铁物件。这些物件还可能施以油漆；第三个案例来自18世纪初，铸成了女人的形象；第四个是黑森士兵，很可能出自18世纪末期的德国移民工匠之手；最后一个是锻铁壁炉柴架，在大多数家庭和豪宅中的次等房间里相当常见。

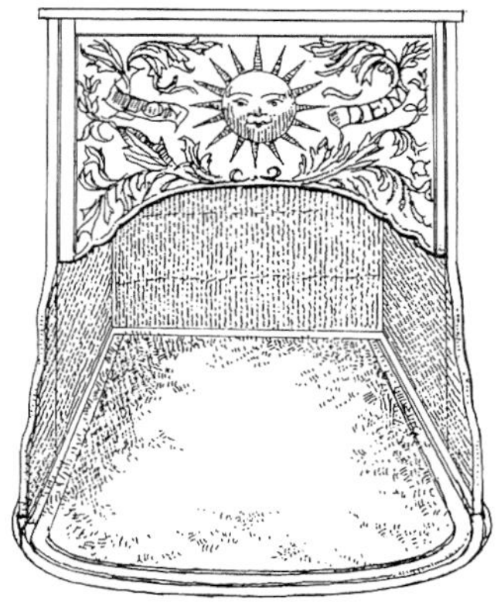

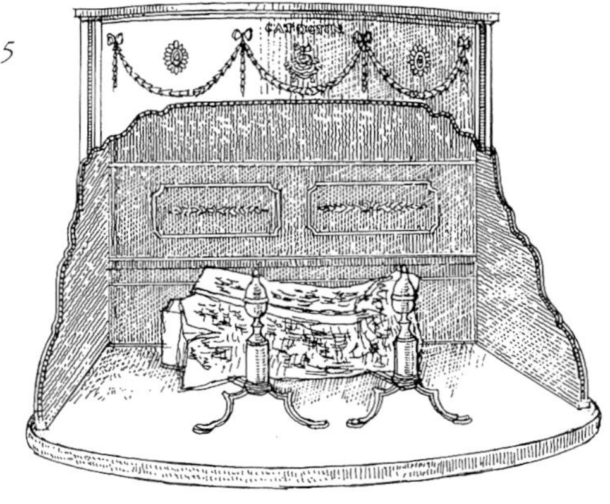

7. 代尔夫特陶砖通常为荷兰制造，用作非常时髦的壁炉线板。有趣的人物、宗教和信念主题很受欢迎。

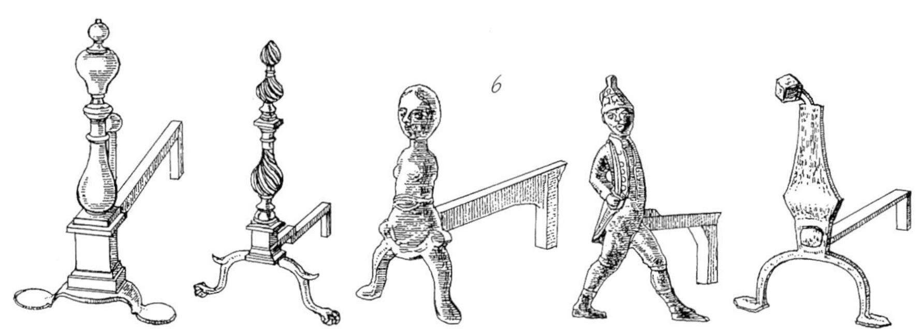

楼梯

德雷顿公馆的桃花心木双向楼梯，查尔斯顿，南卡罗来纳州，1738—1742年。让人联想到英国的帕拉迪奥建筑形式，表达出殖民者渴望在新的国土上努力再现出家乡的样式。本案例也许是殖民者在这一时期建造出的最复杂的楼梯，具有极强的影响力。*DH*

早期的大多数楼梯都十分简陋，包括单层住宅中通向阁楼的简单梯子或踏板。一些17世纪的新英格兰住宅会有一段与入口门厅相接的楼梯，通常会带有转角和装饰线脚，因此车削栏杆在弗吉尼亚州也十分常见。常见的殖民地风格的楼梯多为螺旋式，通常位于紧挨着烟道旁边的空间里，隐蔽在壁炉墙一侧的门口后，它和炉膛另一侧的橱柜门或食品储藏室的门相对称，这是18世纪小型精致住宅的典型布置方式，并一直沿用到19世纪。在乔治亚风格的住宅当中，两侧辅助用房的后楼梯通常也采用螺旋式，楼梯扶手直接固定在外墙上。

在古典风格的住宅设计中，楼梯还具有展示用途。中央大厅的楼梯倾向于开放式梯梁（梯阶端头可见）并带雕刻装饰的车削成型部件。楼梯端柱和栏杆柱都展现出车削工艺的巅峰。由三种不同的车削样式重复排列构成的栏杆，是早期乔治亚风格的典型样式。梯阶端头侧面用雕饰和镶板进行装饰。悬臂式楼梯和双向楼梯比较少见，开敞式旋转楼梯直到独立战争后期才出现。

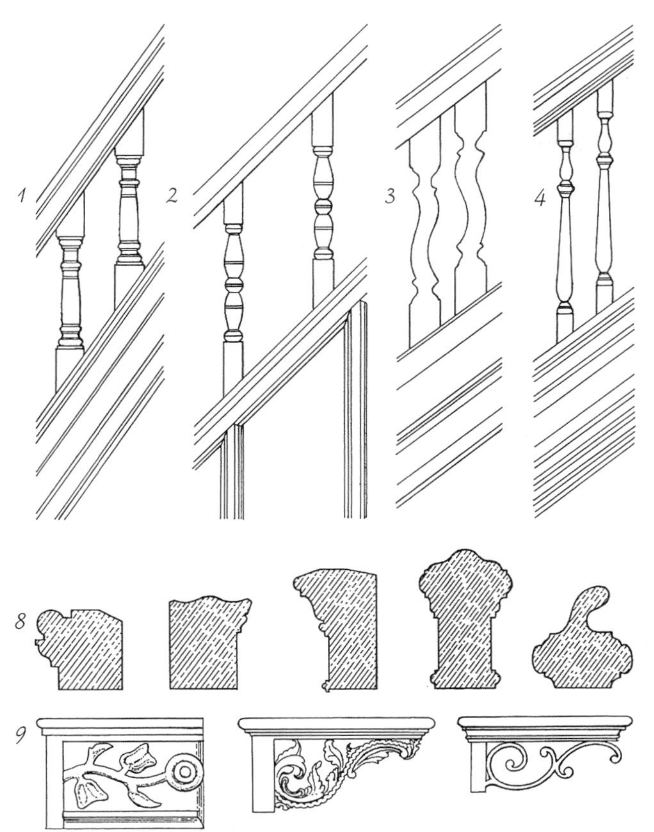

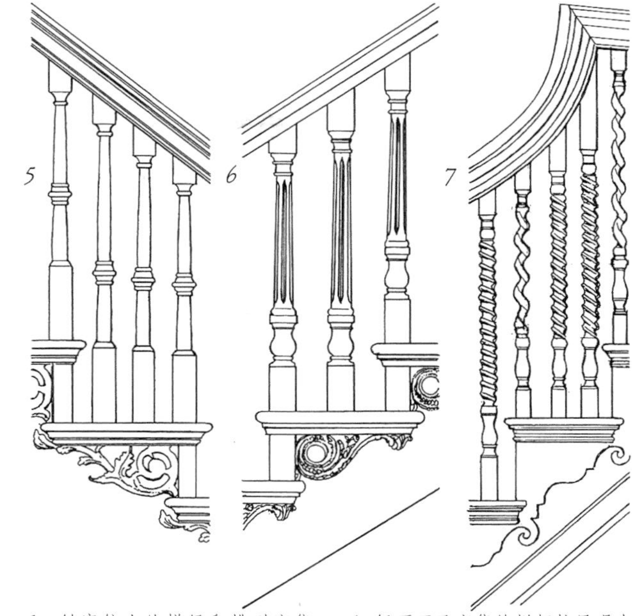

1. 斜度较大的梯级和排列密集的栏杆柱在早期楼梯中很常见，约1675年。
2. 18世纪早期楼梯的车削栏杆柱，马萨诸塞州。
3. 造价低廉的楼梯，带有简单雕刻轮廓的平板栏杆柱，约1720年。
4. 纤巧而又密集的栏杆柱显现出古典主义的影响，康涅狄格州，约1740年。
5~7. 乔治亚风格的楼梯，栏杆柱固定在踏板上，梯阶端头带有装饰：北卡罗来纳州，约1780年；弗吉尼亚州，1753—1759年；康涅狄格州，约1750—1760年。

8. 住宅和楼梯的等级决定了扶手装饰的复杂程度。这些示例出现于17世纪初期至18世纪中期之间。
9. 梯阶端头是殖民时期后期最喜欢用雕刻装饰的一个位置。这些典型的示例来自马里兰州（建于1729年、约1740年）和特拉华州（18世纪晚期）。
10. 由威廉·巴克兰设计的哈蒙德·哈伍德宅邸，安纳波利斯市，马里兰州，1773—1774年。简洁而富有变化的流线看起来像是联邦式的典雅。*HHH*
11. 中央楼梯厅是美国乔治亚风格住宅的典型样式。细部各有不同，但是，在长形大厅中增加起到空间限定作用的拱门和通向后部的楼梯，当时十分流行。*NHH*

楼梯

1. 来自耶利米·李住宅的一处复杂楼梯的细部，马布尔黑德，马萨诸塞州，1768年。像这种豪宅里的楼梯平台通常会强调栏杆柱的展示作用。

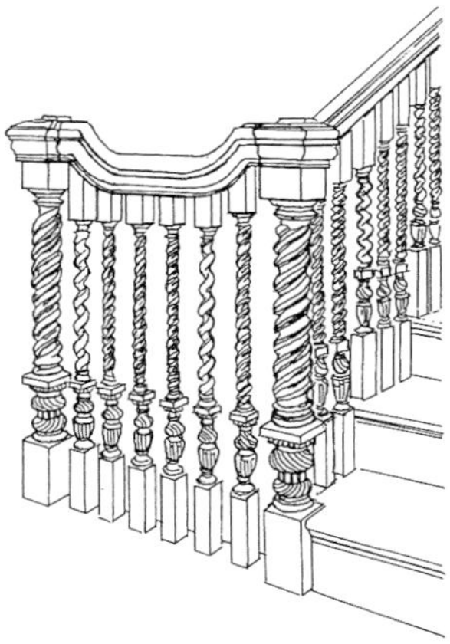

2. 较为简单、普通的楼梯平台栏杆。查尔斯顿，南卡罗来纳州，18世纪中晚期。

3. 本例是18世纪晚期的中产阶级住宅楼梯的典型代表，常见于商人、技师和农场主的住宅。

4. 楼梯上的隔断是栏杆形式的一种补充。这种“隐形”栏杆带有护墙板和壁柱装饰，约1720年，非常有代表性。

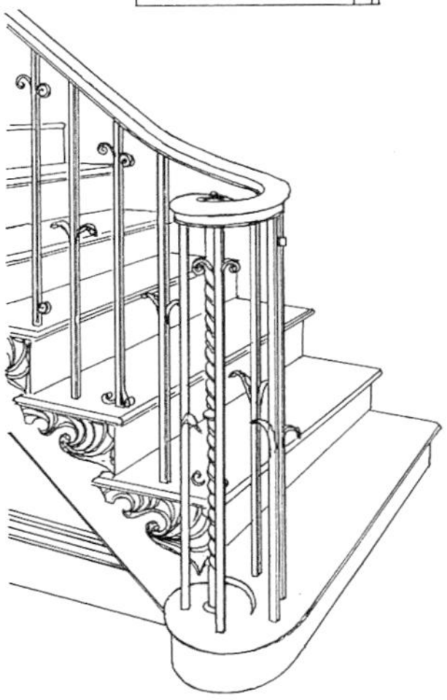

5. 楼梯端柱为楼梯扶手末端提供支撑结构，也带来了视觉的稳定性，并且当楼梯不再隐匿在墙后时，它们成为装饰的重点。这些案例来自康涅狄格州，17世纪晚期；南卡罗来纳州，约1730年；弗吉尼亚州，18世纪早期；马里兰州，约1740年（一个德国风格的板式楼梯端柱）；新罕布什尔州，1760年；马萨诸塞州，1770年。

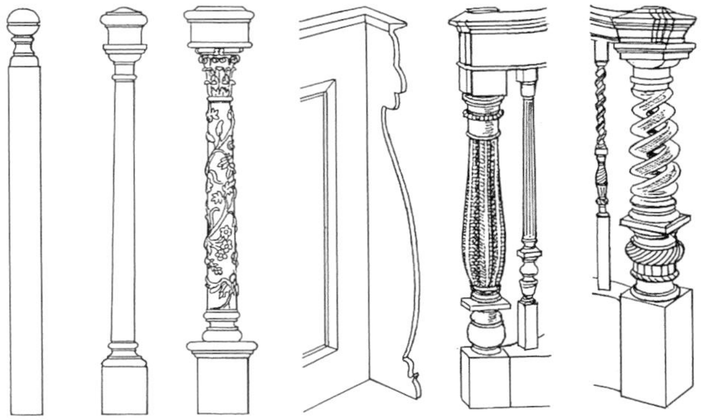

6. 联邦风格的早期案例，方形的栏杆柱、扶手样式和梯阶端头装饰都较为克制。马萨诸塞州，18世纪晚期。

7. 在室内环境中不常用的铁艺栏杆柱，也创造出一种轻盈的效果，来自查尔斯顿的威廉·吉布斯住宅，南卡罗来纳州，约1780年。

8. 亨特住宅里面的楼梯，带有优雅而豪华的旋转型车削栏杆柱，一阶三个，典型的乔治亚风格的处理手法。注意梯阶端头的装饰镶板，以及楼梯后面墙上的护墙板形成的隐形围栏，新港，罗得岛州。*NHH*

9. 克莱夫登住宅一处楼梯的细部，构图雅致、经典，栏杆柱的车削轮廓十分优雅，造型纤细，梯阶端头的装饰线条简洁，体现了楼梯的结构形式，日耳曼敦，费城，1764—1767年。*CV*

固定式家具

餐厅中壁炉两侧的一对精美的嵌入式橱柜之一，来自芒特普莱森特宅邸，费城，1761—1762年。橱柜门通常是打开的，用以展示里面的陶器和银器。随着玻璃价格的下降，特别在18世纪晚期，很多橱柜的柜门都开始使用玻璃。*MP*

殖民时期住宅中的固定式家具是品质和持久的象征。早期移民者和后期拓荒者的家庭中，都拥有制作优良的活动家具，固定式家具仅有简单的搁板或用粗糙的框架做成的固定式床架。随着居住生活逐渐稳定，固定式家具也得到了发展，其中碗柜是最为常见的类型。从一些仅存的17世纪早期的住宅实例中可以看出，这种碗柜一般是嵌入壁炉墙面中带镶板门的小搁板，有些住宅则会有更加复杂的橱柜，或是固定在墙上的碗柜。从1725年开始，固定式橱柜成为美国住宅建筑一个重要的特征。这时的橱柜大部分变成分体式，上部柜体主要作为展示，下部不引人注意的柜体用于日常储藏。带镶板门或玻璃门的置物壁柜，常位于在壁炉顶部或侧边，成为当时最典型的固定式家具类型。角柜或墙上的挂柜形式较为精致，用作展示锡器、陶器和银器，常常是豪宅当中的点缀物。固定式家具的隔板有扇形的，壁柜顶部偶尔还会做成壳形。

嵌入墙体的床是德国与荷兰殖民者住宅建筑的特征，正如设置在门廊的固定式长椅。大多数殖民时代的厨房会有活动家具，配置了橱柜、搁板、碗橱，有时还有操作台。

1和2. 两个新英格兰地区的橱柜。第一个来自塞勒姆，马萨诸塞州，约1720年，这种单扇门的形式并不常见；第二个来自莱姆罗克，康涅狄格州，约1720—1730年，两个都有贝形雕饰。

3. 一个简单的角柜，非常窄，仅有60cm宽，有檐口线脚装饰和分层的搁板，马萨诸塞州。

4. 一个玻璃门的角柜，康涅狄格州，18世纪晚期。

5. 来自特拉华州的上、下双门橱柜，18世纪晚期。

6. 来自康涅狄格州的橱柜，带有极具地域性的圆花饰，18世纪初期。

7. 来自弗吉尼亚州的角柜，约1725年。其形式与前面1和2类似，但是涂刷的仿大理石花纹和早期罕见的垂花饰运用显得非常特别。

8. 来自劳雷尔住宅的角柜，马里兰州，约1750年。带有引人注目的窗格形式和科林斯柱头。

9. 这种出自弗吉尼亚州的碗柜通常安置在墙的中间，与壁炉相对，18世纪晚期。

10. 17世纪末或18世纪初的一个固定式梳妆柜，马萨诸塞州。

11. 18世纪中期，一种典型的带有储藏柜的壁炉，柜子都带有镶板门。

12. 壁炉上方的固定式碗柜，罗得岛州，约1760年，属于典型的南部地区风格。

设施

1. 18世纪晚期，在大型住宅中排水系统的设置越发普遍。图示的雨水斗上、中两个来自美国康涅狄格州，下面的来自新泽西州，是当今还能见到的类型。
2. 由六块金属板组成的火炉，外面铸造着关于信念的装饰主题。炉底的支架也很独特，18世纪60年代。
3. 来自宾夕法尼亚州的靠墙式火炉，造于1760年，印着德语圣经的铭文。
4. 由六块金属板组成的荷兰火炉，可能是舶来品。
5. 从伦敦进口的洛德·博特托尔特式火炉细部，约1770年，来自总督府，威廉斯堡，弗吉尼亚州。

殖民时期的住宅中，除壁炉和烤箱之外，很少能看到其他的服务性设施。如果某处住宅中出现较好的设施，定会彰显房主的身份。比如，大多数住宅没有排水系统，雨水只是从屋顶木瓦径直流下，只有少数豪华住宅才会设有排水系统和英式风格的落水管。独立战争之后，排水系统才日渐普及。在城市中，住宅会在首层设有砖砌或石砌的下水道，可以将水引离房屋。

最为先进的设施出现在德国-荷兰的殖民地区，他们最早使用火炉，配有非常精致的陶瓷结构。北卡罗来纳州的温斯顿-塞勒姆是德国的摩拉维亚人聚居区，他们利用重力的作用，用一种木制管道系统将冷水送到每栋住宅和公共建筑当中。与前面提到的地区不同，一些温斯顿-塞勒姆的厨房会使用表面加热设施或火炉，这种设施也出现在路易斯安那州和魁北克的法国殖民地区。

分离式厕所是当时最先进的污物清理系统，通常可以自由移动，尽管如此，一些种植园中仍然使用更为耐久的大型砖砌厕所。一些厨房中会有石制水槽，手动注水，有时还会设有下水道。

灯具

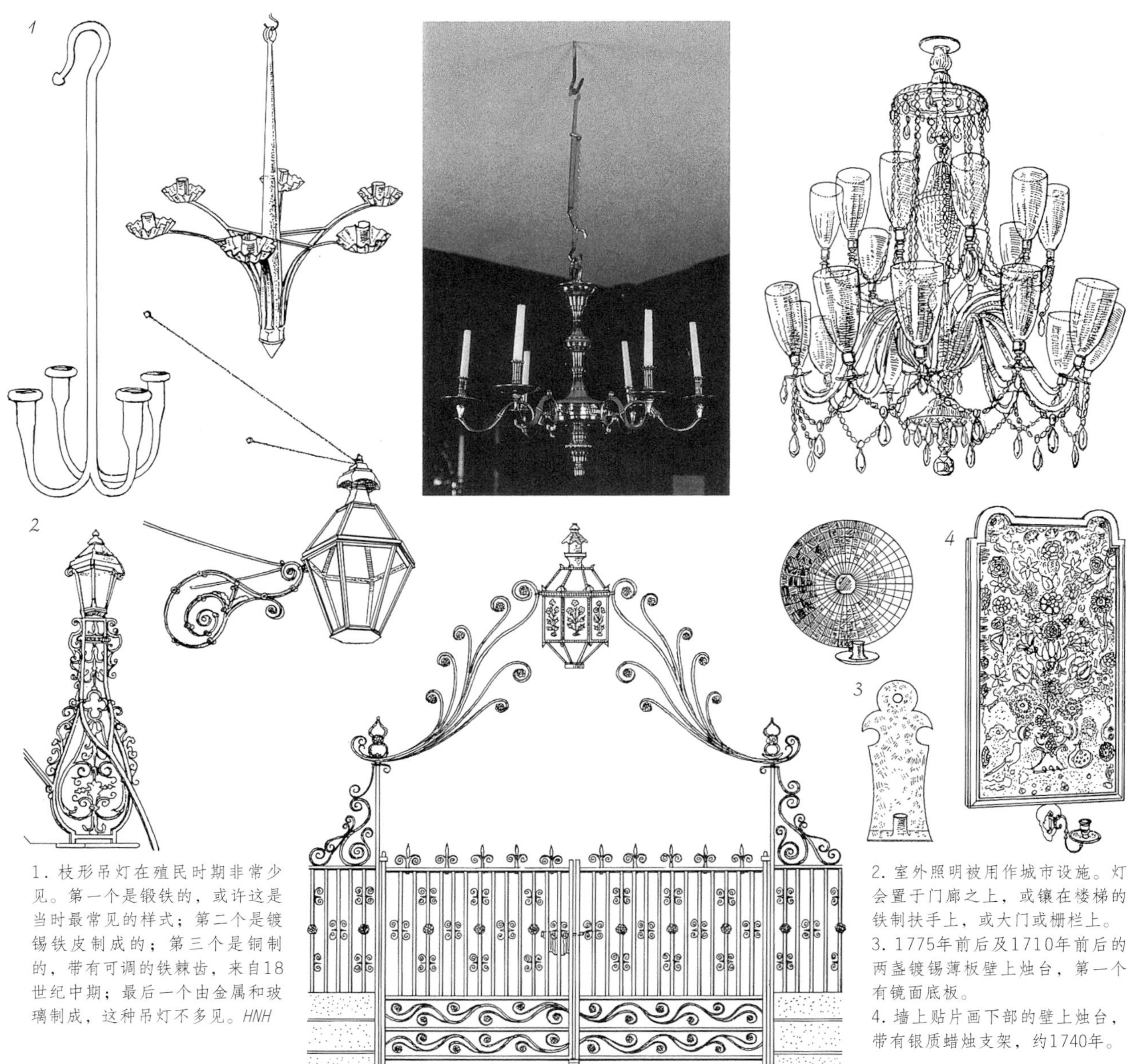

1. 枝形吊灯在殖民时期非常少见。第一个是锻铁的，或许这是当时最常见的样式；第二个是镀锡铁皮制成的；第三个是铜制的，带有可调的铁棘齿，来自18世纪中期；最后一个由金属和玻璃制成，这种吊灯不多见。HNH

2. 室外照明被用作城市设施。灯会置于门廊之上，或镶在楼梯的铁制扶手上，或大门或栅栏上。

3. 1775年前后及1710年前后的两盏镀锡薄板壁上烛台，第一个有镜面底板。

4. 墙上贴片画下部的壁上烛台，带有银质蜡烛支架，约1740年。

殖民时期住宅很少使用固定式灯具。夜晚的照明依赖灯芯草、油灯、贝蒂灯（注满油脂的船形或碟形灯具）、蜡烛和壁炉燃烧时产生的光亮。1775年以前，枝形吊灯和挂灯在住宅中非常少见。在复原的一些殖民住宅中可以看到，精心制作的玻璃灯具被当作一种展示品，十分稀少。当时的普通烛台样式简单，用木材、铁或镀锡铁皮制成。

壁上烛台非常普遍，最简单的是用镀锡铁皮制成。复杂一些的做法是将小片的镜面玻璃嵌在凹形的反射面上，这样可以在墙面上投射出有趣的图案。最稀有和最精美的做法是反光贴片画装饰照明，贴片画类似女孩在学校做的手工，是一种采用小纸卷和蜡里添入云母（一种有光泽的矿物）为颜料做成的风景画，镶在一个框缘很深的画框中，前面放置一个铁或玻璃制成的烛台。

18世纪中后期，一些建造精良的住宅开始使用户外提灯，或贴近前门，或挂在栅栏或大门上。提灯由镶嵌着玻璃的铁制框架组成，内部有一个容器装着蜡烛或灯油。

金属制品

1. 高品质的锻铁大门与灯具：身份和地位的象征。查尔斯顿，南卡罗来纳州，18世纪晚期。

2. 来自德雷顿公馆的优雅铁制楼梯栏杆，南卡罗来纳州，约1740年。*DH*

3. 来自韦斯托弗的一款铁制大门，查尔斯城县，弗吉尼亚州，1730—1734年，从英国进口；其他一些类似的式样则是美国制造的。

4. 住宅入口处低矮的铸铁栏杆，利伯蒂敦，马里兰州，18世纪末期。

5. 在18世纪初期，带有锻铁涡卷装饰的栏杆很流行。

6. 分叉状和芽苞状的铁制尖顶饰装饰了栅栏和大门。18世纪中晚期。

7. 风向标是殖民时期民间艺术中的重要实例，完全依靠铁匠和焊工的自由发挥。带上制造时间的做法很常见，比如来自宾夕法尼亚州的第一个例子；第二个是流行的公鸡形式，是黄铜制的。来自奥尔巴尼，纽约州，17世纪中叶；最后一个是德国的设计，来自宾夕法尼亚州，1670年。

8. 刮靴器常用在一些城镇和农场中。最多的是普通的铁条，但是这里的18世纪的实例更具有想象力。

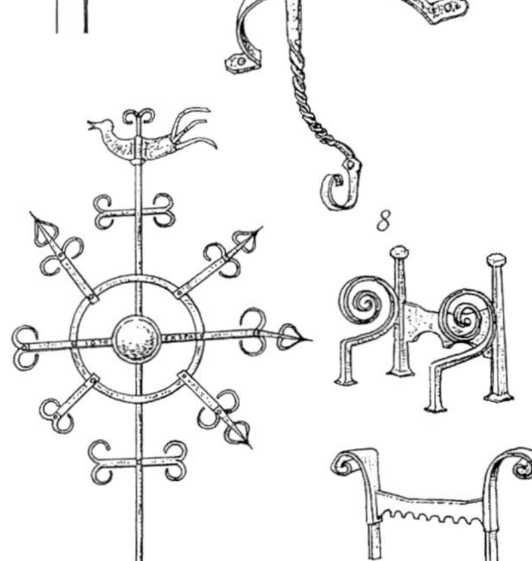

在美国，除灯具、壁炉柴架及五金件之外，铁制品还常常用于刮靴器、风向标、栅栏和大门。

在殖民地住宅中，刮靴器常放在靠近入口的地方，尤其是在道路格外泥泞的城镇和城市中。刮靴器或者锻造，或是由薄铁板切割而成，嵌在石头上或地板上。通常，刮靴器非常简单，有些两侧会带有涡卷饰、凸圆饰或尖顶饰。

公共建筑上常安装有风向标，住宅建筑上偶尔也会出现。很多风向标被看作民间艺术的代表，因为没有任何固定的形式，当地铁匠会把它做成各种奇特的形状。这些风向标有铸造的，也有铁板切割制成的，如同刮靴器一样，使用箭头饰、涡卷饰、字母和日期来装饰，有时还会使用动物或人物形象装饰。一些最为奇特的风向标还会装饰着被箭穿透的铜球。

和风向标一样，铁艺大门和栅栏也是公共建筑最常见的一个特征，但由于形式华丽，常用在一些矫饰的住宅建筑上。最昂贵的铁艺装饰通常只用于大门上，包含了非常复杂的锻造或者铸铁的涡卷装饰和簇叶形装饰，有时还包括一个可以照亮入口的灯。门廊通常会使用锻铁栏杆。

木制品

1

1. 马里兰州圣玛丽城17世纪早期一处殖民住宅的复原图。英国殖民者依照他们本国的传统，利用夯入地中的柱子、劈制（手劈）的墙板条和屋顶板、木构烟囱，建造临时居所。大尺寸的玻璃平开窗，时尚的折线形屋顶，让这座房屋从早期的大量建筑案例中脱颖而出。虽然是临时性的住宅，但是通常被维护得很好，很少被改造，有时甚至几十年不变。HSMC

2. 瓦萨尔·朗费罗住宅，坎布里奇，马萨诸塞州，1759年。新英格兰殖民地帕拉迪奥式建筑的完美示例。木制的壁柱、三角楣饰、大门和两侧的走廊，这些都赋予这栋住宅一个经典的外观，令人联想起苏格兰的建筑设计师詹姆斯·吉布斯。这是一种结合传统楔形护墙板风格的乔治亚风格建筑，具有典型的乔治亚住宅的平面特点，房间都排布在中央大厅四周。LH

2

殖民时期应用最为广泛的建筑材料是木材，其易于加工的特点对于早期殖民地建筑风格的形成起到重要作用。木架砖壁和板条抹灰墙的英式木构建筑，其木结构裸露在外，而美国住宅则在墙外覆盖了一层挡雨板，同时屋顶铺设的是木瓦而不是茅草。即使是砖砌住宅或是石砌住宅也会使用木制的屋顶、门廊、窗户、门框和栅栏。在乔治亚时期，木材的纹理常被隐藏起来。木墙板会仿制出琢石的纹理。

欧洲的建筑图集中描绘的砖石住宅的构造及细节，被美国工匠改变后应用在木构建筑中。在多数情况下看上去都会感到有些夸张。工匠们同样将家具制作的经验引入建筑之中，他们不再受到本土严格的行会制度限制，并能够不断地通过住宅的建造得到更多的实践经验。因此，早期美国建筑木作的成就是车工、细木工、雕刻师和普通木工的共同贡献。18世纪早期，这一行业变得更加专业化。

得以留存至今最珍贵的木作也许只是栅栏。扶手栏杆、围墙栅栏和装饰性的花园栅栏是殖民时期一个重要的造景元素。栅栏越不具备实用性，其图案形式便越复杂。类似的情况还有建筑的外门，这些大门往往最具装饰性。

1. 来自罗得岛州的阳台和围栏，约1760年，可以很明显地看出美国古典主义和传统木作风格的混合。

2. 18世纪晚期的三个阳台栏杆。第一个包含车削的栏杆；其他的是“中国齐本德尔式”栏杆，这种样式在18世纪晚期十分流行。

3. 三个具有代表性的栅栏，18世纪晚期：前两个栅栏可称作“尖木桩”式栅栏，后一个是“中国的齐本德尔式”栅栏。

4. 18世纪的典型木门及栅栏样式。

5和6. 是精心设计的大门，柱顶看起来像一个瓮。

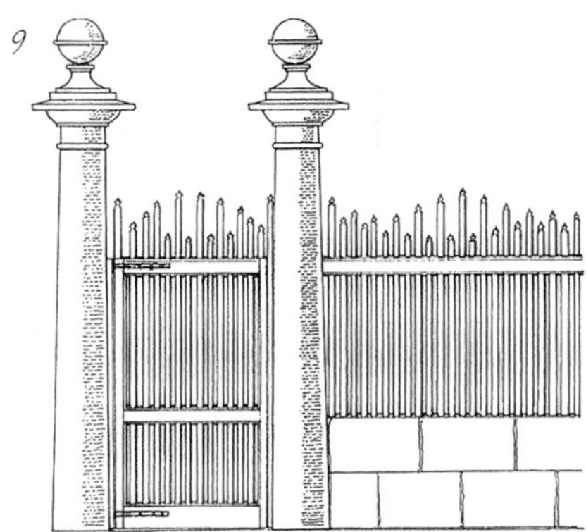

7. 来自查尔斯顿的门，分为三部分，方便马车通过和行人通过，南卡罗来纳州。石柱上有当时流行的球形尖顶饰。

8. 来自法明顿的齐本德尔式大门，康涅狄格州，来自18世纪下半叶。边饰类似于门框。

9. 来自查尔斯顿的大门和栏杆，南卡罗来纳州，带有菱形的尖顶饰。

10. 威廉·伦道夫住宅中的一个细节，塔卡霍，弗吉尼亚州，约1712—1730年，可以看出室内装饰雕刻的品质。

11. 亨特住宅里橱柜的拱肩处雕刻的小天使，四角之一，罗得岛州，约1758年。这也许是这座住宅最出名的造型特色。*NHH*

晚期乔治亚时期（1765—1811年）

斯蒂芬·琼斯（Stephen Jones）

1. 1768—1772年，伦敦泰晤士河流域的阿德尔菲住宅区，罗伯特·亚当（Robert Adam，1728—1792年）和詹姆斯·亚当（James Adam）作为主要建筑师（即亚当兄弟），开创了他们18世纪晚期的建筑时代。此图为原作，展现了居住区如何将码头、联排住宅整合为一个整体的设计构思。RA

2. 20世纪70年代晚期，典型城市绅士的乡村寓所地面层平面图。房子虽然简单窄小但很舒适，室内设有卫生间。JM

3. 1794年约翰·普劳设计的绅士乡间别墅，体现出了对乡村别墅的比例和对称的重视。JNP

4. 爱丁堡马里住宅的细节，是19世纪早期建在一个十二边形花园里的联排住宅。精雕细琢、清新脱俗的粗面石材砌筑是这一时期爱丁堡地区的建筑特征。注意门口的立灯。SP

5. 由罗伯特·亚当和詹姆斯·亚当设计的霍姆别墅的入口，伦敦，约1775年。精致的玄关使用了神庙的柱廊形状，是一栋宽大的别具风格的独立洋房。

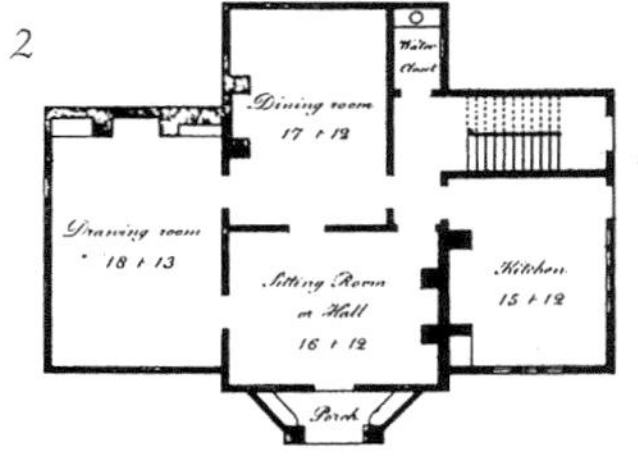

1763年《巴黎和约》的签署，结束了英国与法国及其同盟国长达七年的战争，英国的建筑发展也凝心聚力，进入了1870—1880年间的高速发展时期。18世纪上半叶统帅着居住建筑的帕拉迪奥比例原则，依旧继续使用在几乎所有建筑之上。联排式住宅和别墅的细部变得愈发雅致，形式更加统一。

在18世纪上半叶，帕拉迪奥风格所倡导的统一性与均匀性原则，在联排住宅与广场周边住宅中难以实现，原因在于开发商出于对暴利的牟取放弃的这些原则。然而，"宫殿"式的外观形式，即联排式住宅中部以壁柱和三角楣饰为特征的样式，在1760年之后逐渐受到青睐，不仅建筑师和理论家，建筑开发商也发现这种新的富丽堂皇的建筑有助于住宅的销售。以这种形式开发的第一个项目是马戏广场与巴斯皇家新月广场周边的住宅，并列入了英国统一城市规划的大概念之中。建筑师罗伯特·亚当和威廉·钱伯斯爵士（William Chambers，1723—1796年）让这些具有纪念意义的立面设计得非常时尚，并且把一种壮丽宏伟的源自古罗马的先例介绍到英国，这种先例曾经在欧洲大陆激发出新古典主义风格。

罗伯特·亚当是18世纪后半叶英国最成功的建筑师，他设计建造了许多这个时期重要的城市和乡村住宅。他在伦敦阿德尔菲设计的一组建筑可以俯瞰整个泰晤士河（1768—1772年），成为其最具影响力的作品。砖砌联排住宅立面处理方式一致，建筑外墙带有垂花饰、缎带饰、阿拉伯花饰，室内外相呼应。对于那些习惯了帕拉迪奥传统造型语汇的人而言，这种形式无疑发生了重大的变化。1870—1880年间出版的有关建筑模式书籍，迅速地将这些新的艺术形式转化为更加符合住宅建筑的使用形式。

1774年颁布的《建筑法案》制定了住宅建筑的标准，其中还包括了可以采用的新装饰形式。雄心勃勃的新法案

1. 在这个倡导艺术鉴赏的时代，雕塑陈列廊是高级住宅中必不可少的部分。18世纪70年代早期建成的约克郡纽比大厦中，所陈列的古典雕塑和半身像与空间装饰形成互补，包括装饰丰富的壁龛。*NH*

2. 伦敦霍姆别墅的楼梯间，罗伯特·亚当和詹姆斯·亚当对光与空间的关系进行了尝试，实现了完美的空间效果，约1775年。*HH*

奠定了住宅建筑的种类或“等级”基础，分成一级到四级，等级根据财产的价值和数量综合计算得来。在建造要求方面，法案修订了上下推拉窗设计的防火条例。根据1709年的立法，窗户必须后退建筑外墙面10cm，此时则进一步要求嵌入墙面里。这意味着从街道上仅能够看到一条精致的木框线，进而产生了新的设计需求，即如何通过舒适地配置各种弯曲而优雅的线条形成新的时尚品位。

伴随着城市联排式住宅的发展，18世纪后期出现了大量的小型郊区住宅。开发商利用廉价的土地为每户住宅提供了较大的地块。这些住宅类型没有柱式门廊和地下室，不符合18世纪50年代的帕拉迪奥别墅建筑形式，属于朴素的乡村型住宅。许多后期建设的别墅也变成简单的古典风格的盒子，并模仿对称式小型乡村住宅的建筑立面。还有一些双拼住宅，建筑形式会采用单栋别墅的简化版。但是，带有葱形拱窗和大门的哥特复兴式住宅，或者在传统圆顶窗中插入“哥特式”花格窗的做法，也适合于乡村住宅。18世纪末如画风格的审美时尚产生了非对称式别墅平面，在小住宅中也加入了“托斯卡纳”式的塔楼和屋檐，如同克劳德·洛兰（Claude Lorrain）绘画中的荒唐和奇异的怀旧情感。在世纪之交，其他流行时尚还包括诸如使用埃及图案，甚至使用到商品建筑上。

砖依旧是主要的建筑材料。伦敦城建筑中所使用的灰色砖和被煤烟熏过的砖，给整个城市带来了抑郁的城市形态。大型住宅则多为石材建造。在巴斯市，尽管当地出产的软质琢石在粗琢加工时很容易破碎，但依然是建筑外墙最普遍材料。而在爱丁堡则使用了坚硬石材，能够进行精美加工。

从伊尼戈·琼斯时代开始石灰砂浆一直作为建筑外墙装饰的主要材料，通常称为拉毛粉刷，源自意大利语“灰浆”一词。1796年又引进了一种专利产品“罗马式抹灰”。在18世纪最后三十年，这两种材料都被用来模仿石材和改进建筑外观效果。这两种材料一般用在砖墙表面，并带有模仿琢石效果的横竖向分划线。拉毛粉刷则模仿巴斯石材的暖黄色调，既可用在住宅立面的基础和首层部分，也可以用于整个立面，后者常见于18世纪后期大规模的住宅开发项目中。约翰·纳什（John Nash, 1752—1835年）设计的伦敦摄政公园的联排住宅（1811—1828年），将这种风格推到了顶点。科德石的发明意义重大，它是用类似陶瓦的材料合成的人造石材，但颜色为白色。由于能够浇铸生产，拉低了雕刻装饰品的价格，能够为普通建造者所接受。市场上有大量的各式科德石材线脚销售，但大多数用于关键部位比较重要的高浮雕型墙面构件。在约1775—1810年间，这种构件装饰了大量的房屋墙面。

在这个时期的其他革新也起到了相应的作用。18世纪50年代引进的铁架炉箅取代了低效肮脏的篮式炉箅，高性能的油灯也进入了富有家庭的住宅中。到了1800年，普通的住宅更加温暖干净，富有的住宅则更加明亮。所有各类设计受到了罗伯特·亚当及其合作者影响，即使是炉箅和照明也能够反映出这个时代普遍的古典品位。

门

伦敦贝德福德广场一栋住宅的黑色油漆大门，1775—1780年，属于晚期乔治亚时期城市住宅建筑设计中特有的注重统一性的手法。图中的窄侧窗可以增加大厅的采光。科德石制成的锁石和石板模仿火山岩效果，相对于其他平整简单的造型，为大门增添了严整的视觉效果。

在18世纪晚期，乔治亚风格的木门工艺基本没有变化，仅细部造型受到了当时流行的新古典主义风格的影响。

通向街道的大门式样因扇形窗的变化而改变。早期的扇形窗通常为简单的矩形，但在后期，半圆形和分段式扇形窗，尤其带有精美的金银丝工艺装饰的扇形窗逐渐成为时尚。扇形窗的窗棂多为木制，在一些大型住宅中会使用金属锻造。18世纪末铸铁花格窗变得普遍起来，在后期的一些建筑中，科德石窗框与上部优美的形式相呼应。与之相比，其他门框、门廊和带圆柱的门廊则有着分明的棱角和希腊式的简朴。

典型的沿街大门和室内木门保留着六块板的样式。普通住宅门采用冷杉木板（冷杉或松木）处理成平整鼓面镶板，沿街的大尺度木门则使用橡木。门涂刷黑色或深绿色油漆。18世纪末期，偶尔出现的浅蓝色的大门为街景增添了色彩。

室内门一般为冷杉木板并使用油漆罩面。高档木门会采用桃花心木，嵌板带有抛光的框线或嵌珠型线脚。也会用黑檀木、冬青木和樱桃木等名贵木材进行镶嵌。1770年，刷有庞贝风格和伊特鲁里亚风格的油漆彩绘开始使用在门板的装饰中。

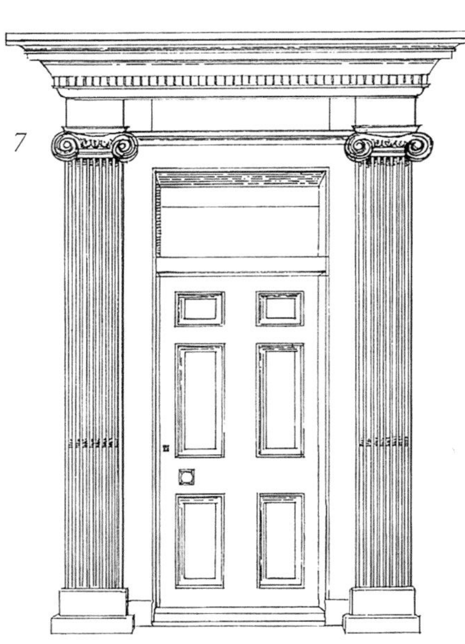

当时的住宅前门门扇形式倾向于简洁朴素，只有门套才能体现出房屋主人的地位和身份。

1. 一个经典的由附墙柱支撑的古典三角楣饰、山花门楣（部分圆柱陷入墙体）为住宅增加了高贵的品质，巴斯市。

2. 科德石制成的锁石为风格严整的门框增加了一点乐趣。楔石的图案大多为人的面部图案。

3和4. 门上的扇形窗是形成丰富装饰的重要部位。左边的是镶嵌在砖拱中简单的半圆形窗，右边的基本形式相同，均出自萨里郡吉尔福德市的非常优雅的门框，门上的涡卷纹样特别优美。

5和6. 豪华精美的门套造型融合了熟铁工艺，不仅用于扇形窗部分，还使用在侧窗上。这种样式在都柏林特别流行。第二个风格华丽的案例，显现了当时在前门上表现房主姓名的做法。

7. 这个门框属于伦敦早期的做法，1777—1778年由约翰·纳什设计。爱奥尼亚式立柱带有希腊复兴的元素。

8. 各式简单的放射状的扇形窗，包括了亚当式的罗马细部造型，几何形式和哥特式的葱形拱造型。

1

2

3

4

1. 巴斯地区亚当式风格建筑大门，约1780年。带有精细锻造的扇形窗，通过两侧的壁柱增添了尺度和高贵之感。
2. 与此相反，这扇来自18世纪末期的双扇对开门，依靠其优雅的直线形式，展示了哥特复兴的品位。值得注意的是门板的形状，非常适合大尺度的门把手。和其他地区的大门一样，信箱均是后期增设的。
3. 这扇比例窄长的木门来自巴斯市，有丰富的细部装饰，有形式凸出的上部框缘和形状有序的镶板。
4. 这组1780年间建造的乡村住宅大门几乎没有细部。简化的壁柱高至门楣的托架，托架支撑着功能性造型轻巧的门廊。*AH*

室内木门会刷上单色油漆或漆成木纹，当使用桃花心木等优质木材时，不做油漆而仅做抛光处理。

5. 一个典型的六块板式的木门和成型的门框，贝德福德郡的大道住宅，约1780年。*AH*

5

6

7

8

6. 这扇大门所采用的油漆工艺产生了生动的效果，伦敦的霍姆别墅，约1775年。门上的镶板用线脚进行装饰，锁眼盖和门把手也是当时的产品。*HH*
7. 罗伯特·亚当为霍姆别墅设计的优美的成型框缘以及带有镀金的雕带，丰富了对开门的门框。双开门往往仅使用在大型住宅的主要接待房间。*HH*
8. 约克郡纽比大厦的一扇门，镶板线脚带有雕刻的细部，强调了优美的木材木纹，18世纪70年代早期。优质硬木的维护费用也非常昂贵。门套上复杂的雕刻也成组配套。*NH*

门的内饰和细部。

1和2. 有凹槽和雕刻图案的装饰线丰富了门上的镶板。门套会将壁柱和较大的檐部融合在一起。第一个例子，约1770年，是受到亚当兄弟设计启发的作品。

3. 椭圆形房间多会使用弧形的大门，这个案例来自巴斯市悉尼广场。

4. 哥特式的大门不像古典风格那样有严格的比例关系，在世纪转折期可以看到比例狭长的大门。

5. 在18世纪中期大型住宅偏爱洛可可风格，这个会客厅的木门来自1770年的北安普顿郡阿宾顿大厦，有重复的玻璃板造型的窗格形。这种充满想象力的造型流行于1760年间，与简单的古典优雅造型形成了对比。

6. 刷有庞贝风格和伊特鲁利亚风格的油漆彩绘在1770—1780年间十分流行。这组伊特鲁利亚式的木门出自伦敦奥斯特利公园住宅。图案形式表达了完整的房间主题。

7. 门框使用了古典图形，但不是古典柱式语汇，鼓面镶板和门套同样制作精良，约1800年。

8. 受到拿破仑埃及战役胜利的鼓舞，在18世纪末流行起埃及图案来。这些在1804—1810年间制作的用在台球室的门饰，体现出埃及的品位。

9. 1760年间的三个古典的檐部例子。

10. 带有优雅的拉毛粉刷的装饰门头饰板，约1775—1777年。

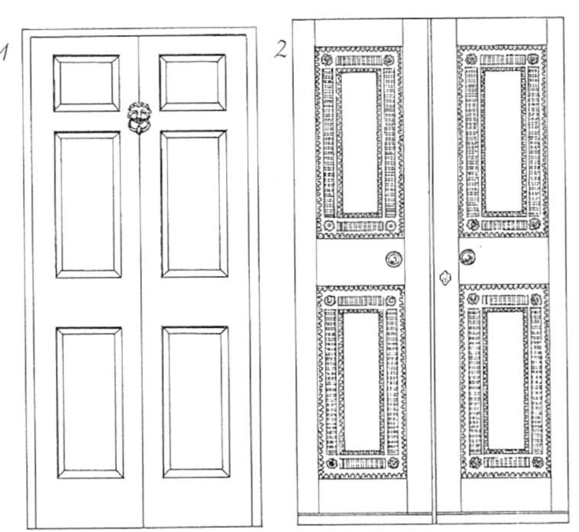

1. 典型的六块板式的镶板门，做工精细。这组1802年的大门采取中分造型形式，是当时受欢迎的时髦样式。

2. 这组大型的对开门带有小型凸嵌线条装饰和镀金镶板，约1773—1775年。

3. 当一些房间采用了异国风情的装饰风格时，房门的格调也会与之相匹配。这组中国式木门约制作于1777年。

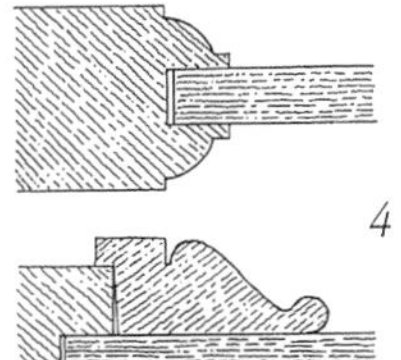

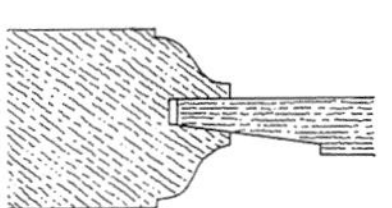

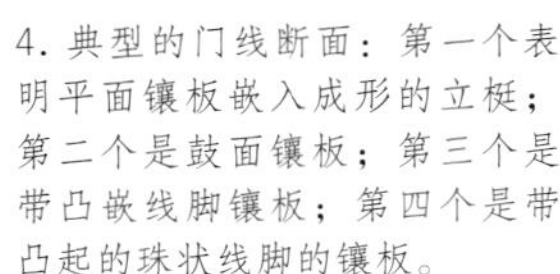

4. 典型的门线断面：第一个表明平面镶板嵌入成形的立梃；第二个是鼓面镶板；第三个是带凸嵌线脚镶板；第四个是带凸起的珠状线脚的镶板。

5. 前厅大门有时会带有百叶，用于门厅的通风。这个优秀的案例出自1780年间。*AH*

6. 时尚的门用五金，包括一对推门板（finger plates/push plates）。

7. 前门的铸铁门环出现了各种各样的形状，左侧希腊女性造型表现出新古典主义的品位。

8. 简单的锻铁门闩依旧在使用。

9. 罗伯特·亚当发明的适用于室内木门的优雅的配件。球形锁和花式的锁眼盖成为其优秀工艺的缩影。

10. 普通的住宅使用简单的金属或木制球形把手，曲线优美。

11. 一副黄铜抛光配件，18世纪晚期。

12. 带有车削硬木把手的黄铜盒式锁，约1790年。

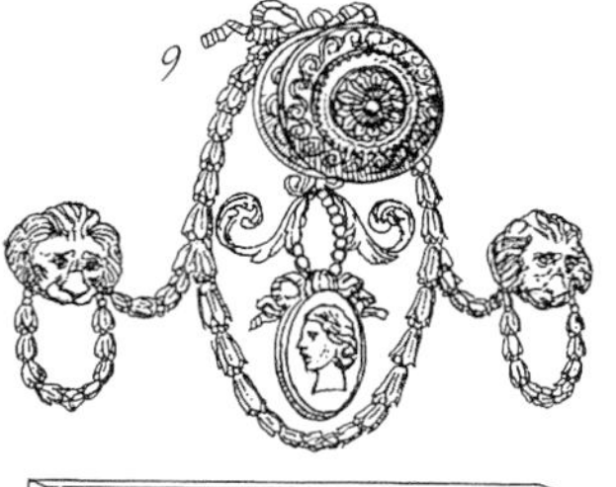

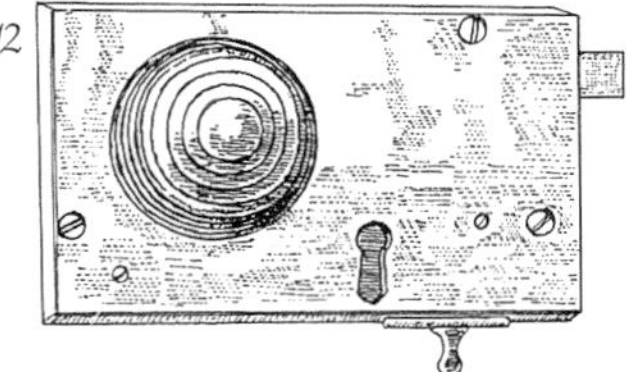

窗

1

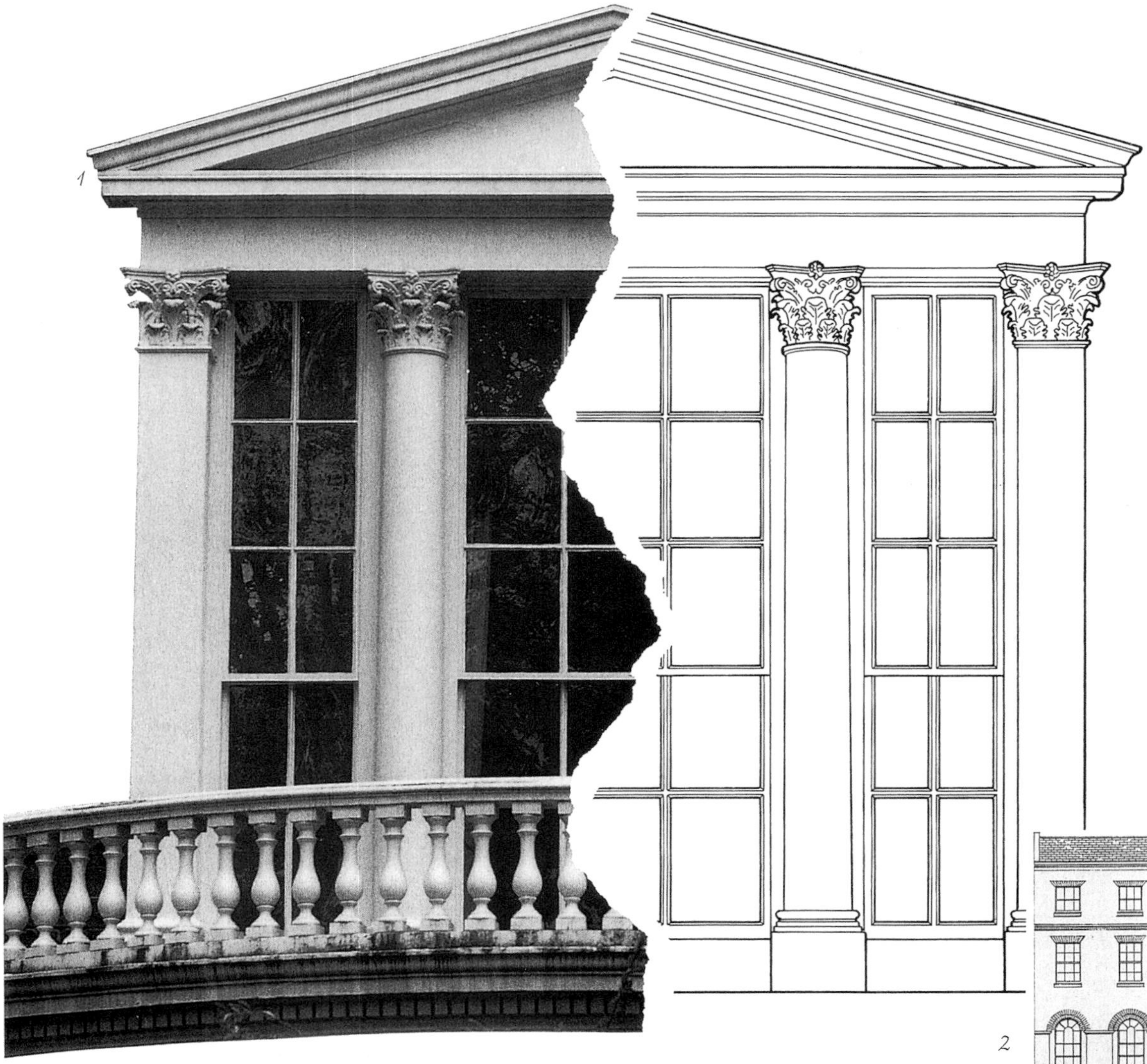

2

1. 伦敦市的霍姆别墅面向花园立面端庄的三开间窗口，约1775年，带有准确的科林斯壁柱、附墙柱和三角楣饰造型。阳台栏杆属于典型的罗伯特·亚当风格，形式生动，与古典窗框造型形成对比。*HH*

2. 1789年一流的伦敦住宅。布窗方式反映了不同楼层的层级。主楼层和最重要的楼层最受瞩目。

1774年新颁布的防火安全法规要求窗框必须退后至墙内，其结果是把人们的视觉注意力从窗框引向玻璃格的比例上。随着时代的发展玻璃格条越来越细致优雅，直到18世纪80年代出现粗琢和朴素的科德石窗套，才为窗框增加了一些分量。

18世纪70年代，建筑立面变得瘦高优雅，窗户也随之变高，上部楼层的窗户几乎和底层的一样高大。当时的建筑手册中建议：一个房间的整个窗户面积应等于房间长、宽、高乘积的平方根。

入口层上部楼层的客厅窗台通常非常低，有时直接落在地板上，可以通往窗外挑台或贯通所有窗户的阳台。出于应急需要，在1780—1790年间上下推拉窗被法式落地门所取代。

传统的窗扇形式在18世纪末期发生了变化。窗户上部的圆形窗洞开始普遍，其窗框形式或为拱形或为矩形。如果窗框为矩形，上部则会隐藏在内外石材之间，中间的玻璃会按照拱顶曲线制作。哥特式窗户依然流行，其形式可以形成双曲拱和双曲窗。

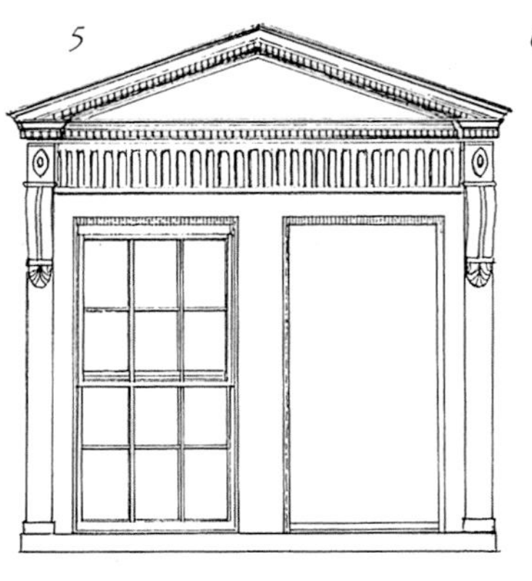

2~4. 保留至今的砖饰和块石砌筑形式，但是，非常时尚的窗户会使用带有纹理质感的科德石板材和锁石。

5. 这个三角楣饰造型组合了两个联排式住宅的外墙，只有一个房子有窗户。

6. 约1780年，这个砖砌的浅椭圆拱围合了一个地方造型的窗户，而伦敦城的住宅窗更加细长。

1. 按照1774年建筑条例修建的典型窗户。窗边框隐藏在建筑外墙表面后部，只能看到很窄的窗户边框。

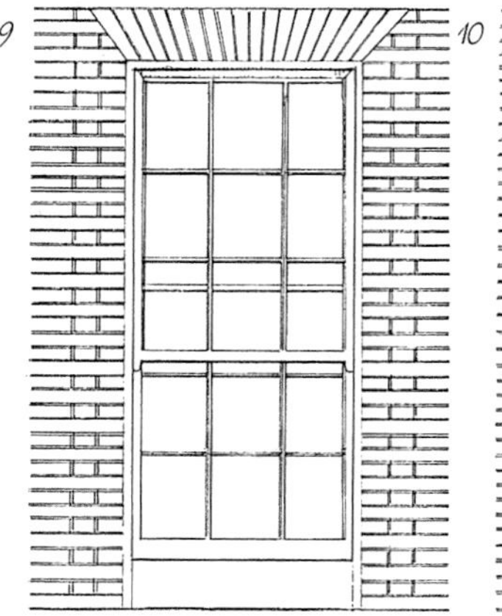

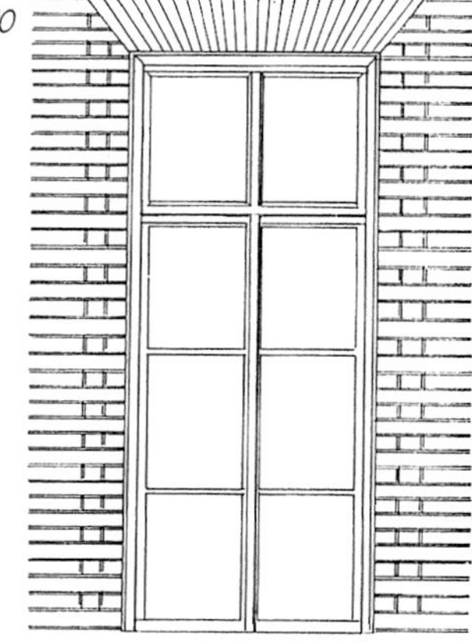

7和8. 哥特式上下推拉窗的上部可以是圆形（左，约1790年）甚至是双曲形的。古典风格的住宅设计中经常会出现哥特式窗户。

9和10. 18世纪60和70年代，城镇住宅主楼层的会客厅里会有非常高的上下推拉窗。18世纪末，法式落地门更为时尚。

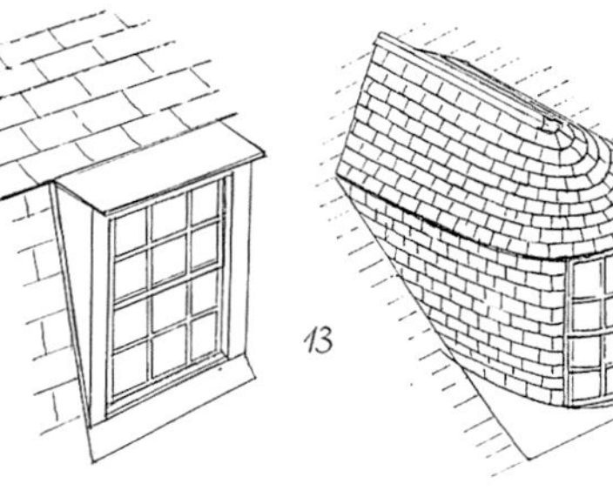

11. 此图基于1772年罗伯特·亚当的设计，适合于大型住宅立面的中间部位。

12. 在世纪之交，充满活力的哥特式住宅再次出现。这个高大的窗户来自德文郡的卢斯卡博城堡，由约翰·纳什设计，1800—1804年。

13. 老虎窗通常为正方形，但是偶尔出现的圆肚形老虎窗使住宅外观产生了活泼的效果。

1

2

3

4

5

6

7

1. 中间窗户上的三角楣饰将三个窗户连成一组。束带层形成连续的窗台。

2. 这组窗户通过丰富的建筑元素将其组织在一起，包括共同的窗顶檐部、依墙壁柱和贴墙雕出的石制栏杆。

3. 威尼斯窗，由三个整层高的上下推拉窗组成。注意窗顶圆形部位的“蜘蛛网状”花格窗。

4. 为3的简化版。属于巴斯地区最普通的城乡住宅窗的典型形式。

5. 深槽粗琢块石砌筑多见于入口层墙面，下垂形的锁石属于帕拉迪奥模式，说明了建造时间在1750—1760年间。

6. 带有石制的古典窗套壁炉瘦高的窗户，18世纪70年代早期。木制折叠式遮阳窗是此时增加的。*NH*

7. 约克郡纽比大厦折叠式遮阳扇的细部，可以看到扭索状的装饰线脚。*NH*

墙面

新古典主义风格为墙面装饰提供了完整的建筑语汇。这里的例子来自伦敦的霍姆别墅，属于其中的优秀作品，由罗伯特·亚当在1775年设计，装饰有丰富的掐丝金线。此处的金色装饰物与罗伯特·亚当装饰风格的冷绿色背板形成了补色。壁柱框架镜面板模糊了空间的界限。镜子的反射增强了枝形烛台的烛光效果。注意墙壁和天花板的一致性装饰手法。

1760年间，许多时尚的住宅有木制嵌板制成的墙裙和用压条绷紧在护墙板线脚和檐口之间的织物墙饰，天鹅绒和丝绸是最高档的面层材料，但价格昂贵，棉毛织物则使用普遍。普通住宅多为抹灰墙面，或在墙裙之上使用棉布织物，这种材料即便在大型的住宅中也十分常见。1760年以后木镶板逐渐从墙裙中淘汰，代之以抹灰处理，抹灰饰面通常涂刷白色涂料，或仿石材效果及大理石纹理的深色的涂料，形成庄重的效果（也可以掩饰涂料色彩的蜕变）。护墙板线脚依然为木制。18世纪70年代墙纸的使用更加普遍，定型的花饰和印刷图案代替了纺织面料而成为时尚的墙板装饰。壁纸直接粘贴在墙上或挂在衬板条上，后者的做法可以将那些价格昂贵的壁纸拆走再用。通常，所有房间的墙面在涂刷之前会成排地贴上壁纸，除了门厅会在抹灰上直接刷涂料。常用的色彩是豆绿色、蓝绿色、深粉色和中国黄色。如果对墙体表面装饰要求比较高，壁纸表面会刷上清漆。

石膏基底上的拉毛粉刷装饰会使豪华的装饰设计富有生气，如莨苕叶饰、忍冬草的嫩枝、垂花饰和缎带饰等装饰图案。

1

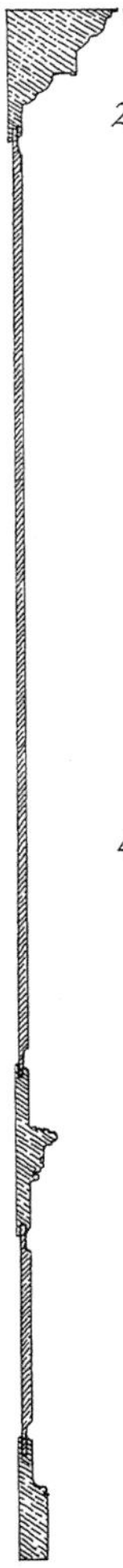

2

3

4

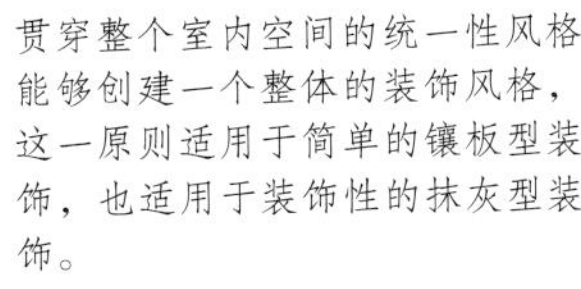

5

6

7

贯穿整个室内空间的统一性风格能够创建一个整体的装饰风格，这一原则适用于简单的镶板型装饰，也适用于装饰性的抹灰型装饰。

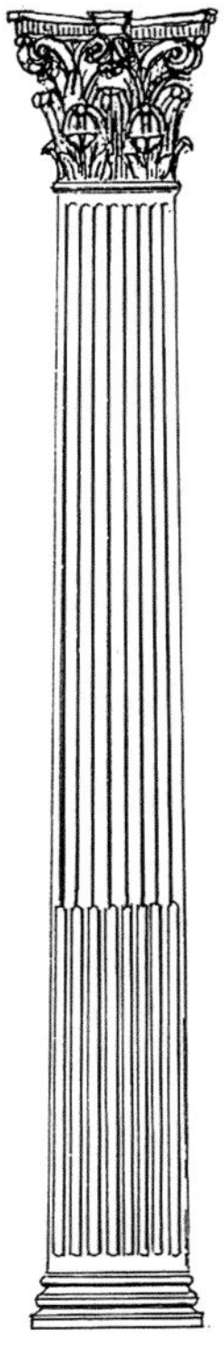

1和2. 是一个普通房间里的镶板的外观和剖面，覆盖了整个墙壁。

3. 带有窗户的抹灰墙面，约1790年，展现了在没有墙面镶板的情况下，护墙板线脚如何起到限定房间比例的作用。窗户之间的镜子增强了房间的照度和空间感。

4. 由威廉·佩恩（William Pain）和詹姆斯·佩恩（James Pain）在1790年设计的抹灰墙面，带有支撑柱廊的圆柱。檐口连续的花环也出现在门框上部。

5. 这个有凹槽的壁柱在较低的部位有额外的凸起，通常用作大尺度的抹灰造型装饰。

6. 着色的金银丝线"奇艺风格"工艺使罗伯特·亚当声名鹊起。它部分来源于原始罗马的先例，部分来自意大利文艺复兴的原型。*BM*

7. 抹灰工艺通常包括具象图案。借圣火的女性雕像拥有那个时期典型的罗马格调，另一个流行的图形是交叉箭头。

1. 雕带的丰富细节与上部檐口的结合是后期乔治亚墙面设计的一个至关重要的元素。经典的图案如瓮形、交叉的兵器盾牌或简单的花圈和圆花纹等，都是典型的亚当式风格。BM

2. 由壁柱支撑的一个装饰性拱门，如小图所示。细节展示了拱形底面的装饰是如何完成的。这样的装饰方式多使用在通道中。

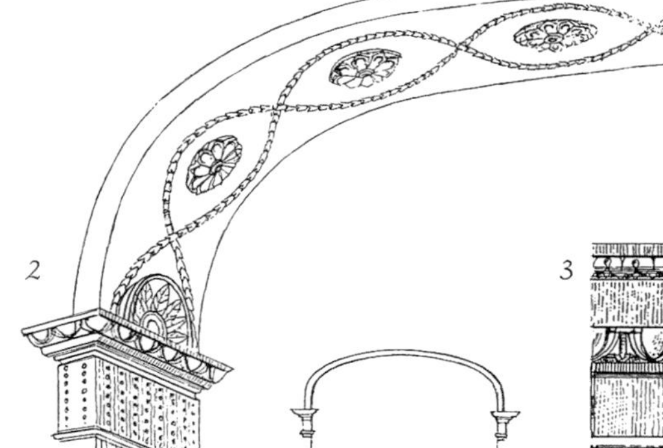

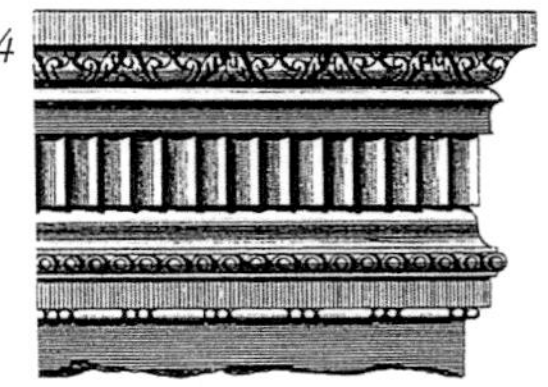
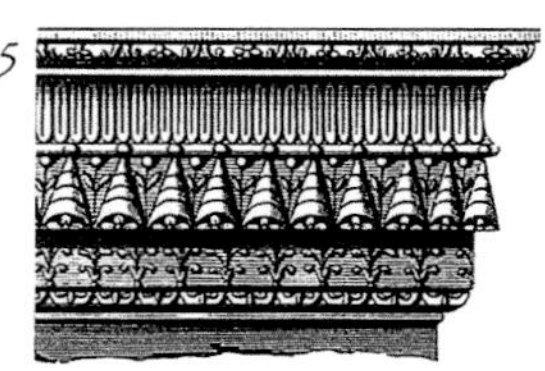

3. 卵锚饰线脚常见于檐口和护壁板顶木条，是一种凸圆形装饰线脚形式，即断面为四分圆的圆凸形。

4和5. 檐口部分会出现非常复杂的装饰，因为其尺寸比护壁板顶木条大得多。

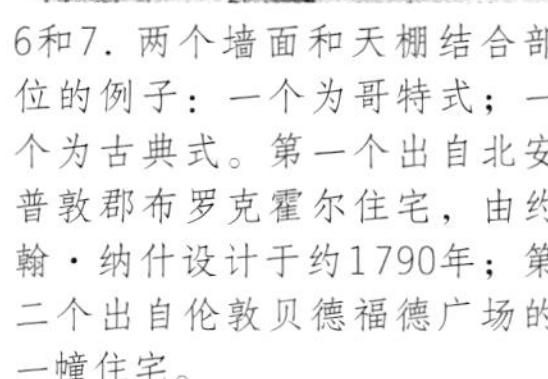

6和7. 两个墙面和天棚结合部位的例子：一个为哥特式；一个为古典式。第一个出自北安普敦郡布罗克霍尔住宅，由约翰·纳什设计于约1790年；第二个出自伦敦贝德福德广场的一幢住宅。

8. 贝德福德郡大道住宅的墙面细节，显示了成型的护壁板顶木条和门框的连接方式。垂直构件用简单的顶部和月桂图案装饰。AH

9. 壁纸是一种奢侈品，仅限于中上阶层和贵族阶层使用。壁纸倾向于模仿更昂贵的材料，比如锦缎的植绒花纹效果，或是这个典型的手工雕版印刷纸，模仿了平顶镶板装饰石膏饰品。SU

10. 棱形纹线造型是用于檐口和护壁板顶木条的典型装饰形式。这个例子还可以看到带有简单木线方格造型的墙裙，出自苏格兰阿盖尔郡巴布瑞克住宅，可追溯至1790年。

天棚

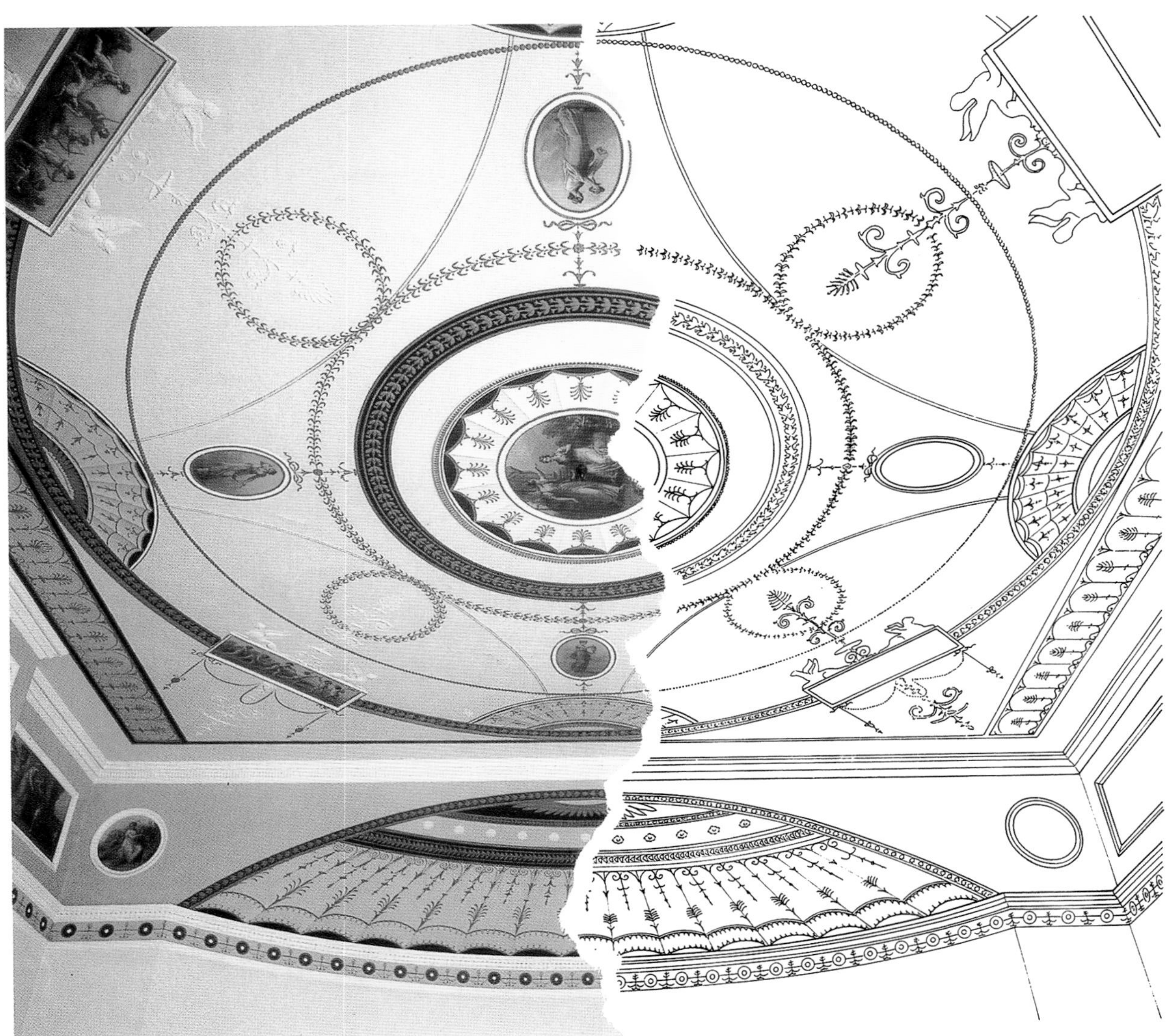

石膏抹灰天棚圆形饰物中的具象图案，先画在画纸或纸卡上，然后再粘贴在预定的位置，微妙的蓝灰色调协调了优美的图案（18世纪70年代早期），幽暗的神话场景呼之欲出。NH

整个18世纪中的普通住宅基本都采用抹灰平棚，并带有简单的檐口。当某个家庭的社会地位提高以后，其住宅中檐口或许有简单的齿状装饰（一系列块体）或卵锚饰线脚，总体装饰范围增加不多。

18世纪60年代，大量的藻井天棚和厚重的帕拉迪奥风格装饰不再受欢迎，取而代之的是由罗伯特·亚当所倡导的各方面都比较均衡的新古典主义风格的抹灰天棚。亚当将天棚分为若干部分，均围绕中心布置。档次不高的天棚装饰会采用矩形或圆形线脚。

大型住宅的大厅和楼梯间会使用筒形或楔形拱顶，并装饰有古典线脚。帆拱上的碟形穹顶（帆拱是三角形凹面角拱，置于方形空间上以支撑上部的穹顶）属于建筑师约翰·索恩爵士（Sir John Soane, 1753—1837年）的标志性特征，索恩是当时希腊复兴风格的主要代表人物，希腊复兴风格在18世纪后期成为建筑时尚。

具象的装饰图案通常先绘制在帆布或纸张上，再固定于天棚。罗伯特·亚当雇用的许多艺术家，如比亚吉奥·雷贝卡（Biagio Rebecca）和安杰莉卡·考夫曼（Angelica Kaufmann）等，绘制了大量的神话场景作为天棚镶嵌装饰的背景。抹灰天花板的框架会刷上柔和的色彩：偏粉红的豆绿色、偏灰的丁香色，构成了1770—1780年间独有的特征。

1. 大型住宅里的天棚装饰通常非常丰富。罗伯特·亚当在1772年设计的上凹形八角形的餐厅天棚，透露出高贵的罗马的感觉，服务空间天棚上面的雕饰则使用花环装饰和圆花饰。RA

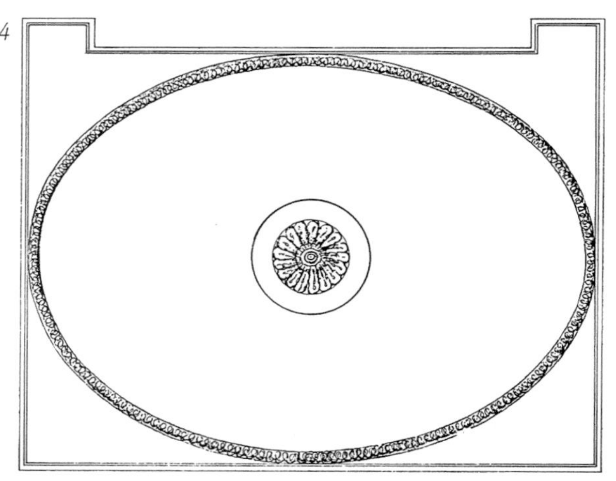

2. 丰富细腻的天棚镶板与墙上雕带的图案和颜色相协调，整体效果唤起了亚当兄弟倡导古罗马精神。NH

4. 伦敦贝德福德广场2号住宅非常简单的天棚装饰。房间的平面反映在外侧棚线上，椭圆棚线和圆花饰成为天棚的视觉中心。

3. 与第一个例子相比，这个出自1790年苏格兰阿盖尔郡巴布瑞克住宅的抹灰天棚更加朴实，但依旧非常优雅。中央循环模式图案补充了矩形板弯曲的装饰，在一个矩形空间里创造统一的图案效果。

5. 18世纪80年代出现的连续莨菪叶饰图案使檐口形式更加有力，花状平纹与卵锚饰线脚和上部檐口共同形成了高贵的感觉，适用于会客室。AH

1. 罗伯特·亚当设计的这个天棚由严格几何线体形式构成，其间自然形态的垂花饰缓解了简单的建筑形体对装饰的压力。所使用的白色、蓝色和奶油色是现代修复后的结果，也是基于对18世纪70年代早期原始设计的考证。*NH*

2. 亚当风格传递出的优雅和罗马式的高贵在当时一度受到追捧，而哥特式、希腊复兴式等其他风格则出现在18世纪末期，得到了约翰·索恩爵士倡导。这个天棚来源于他的乡村别墅，位于伦敦城伊灵区的匹尚格庄园（1800—1804年），属于一种创新的形式和风格。天棚是一个渐浅的圆顶，由帆拱（曲面三角部分）支持，帆拱和圆顶由雕刻的细长形希腊主题图案装饰。

1

3. 檐口中的一种简单常见的扭索状希腊风格图案，伦敦城坎伯威尔区格鲁夫街住宅。

4和5. 用在简单天棚上的哥特式细部，出自赫里福郡的青特彻奇住宅和北安普敦郡的布罗克霍尔住宅（18世纪90年代，由约翰·纳什设计）。

6. 罗伯特·亚当设计的天棚中心圆形石膏装饰，约1772年，古典荣耀与象征的再现。*RA*

7. 相比之下，这类哥特式天棚（平面和两个立面图）缺乏装饰的细节。来源于爱丁堡的一幢住宅的大厅天棚，并且拥有哥特式的最高风格形式：肋架拱。

2

3

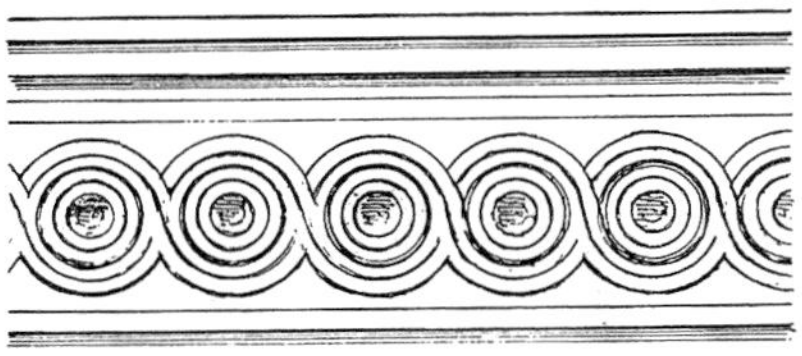

4

5

6

7

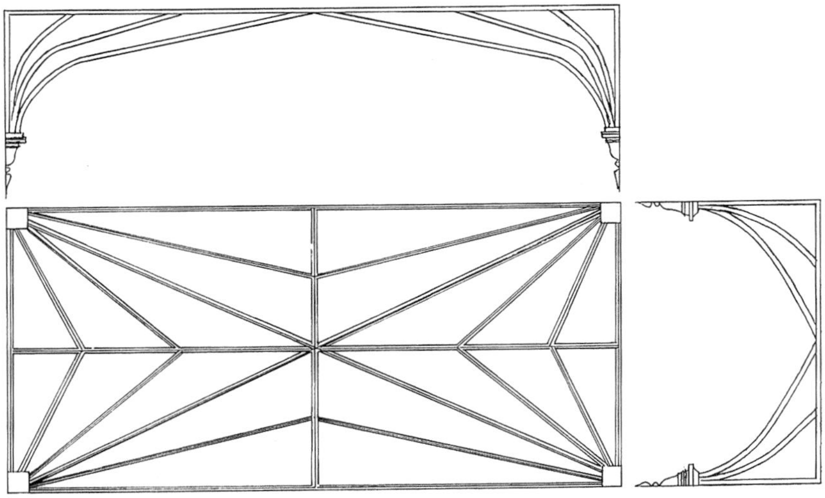

地面

这个华丽的拼花展示的是伦敦赛昂宫前厅的地面形式，由罗伯特·亚当设计于1760年底。形式为当时流行的集中式图案，围绕一个圆形图案形成了对称的构图形式，由昂贵的大理石拼贴而成。类似的较为简单的图案，也可以使用价格便宜的石材。

晚期乔治亚时期的地面装饰变化不大，石材、砖和木材仍然是普遍使用的材料。镶木地板和石材地面出现了优秀的连续性图案，而更加简单的图案则使用普遍。

大多数住宅的地板使用不加装饰的冷杉或松木地板，大型住宅中的主楼梯有时会使用抛光橡木板，配合楼梯踏步铺设的窄条土耳其地毯。入口大厅仍然铺设石板。

18世纪中期地毯变得越来越普遍，大多为英格兰式几何图案或东方的花卉图案。地毯通常不固定在地板上，尽管在18世纪60年代一些主要房间中已经出现了满铺地毯的做法。最值得注意的变化是出现了与抹灰天棚图案相配套的地毯图案，传递出强烈的整体效果，罗伯特·亚当的设计作品便是最好的例证。但这种做法仅限于豪华住宅的会客室里，至今几乎没有完整保留下来的实物。

厨房地面常铺设石板。冬天，寒冷的石材地板会通过铺设油漆地板布加以改善，还会使用一种用来保护地板布的亚麻厚花地垫。

1

1. 约克郡纽比大厦黑色和彩色大理石镶嵌的地面，一个最伟大的作品，最为昂贵的地面。

2. 伦敦霍姆别墅的大厅地面，石材的交叉点镶嵌着黑色菱形石块。这个图形被称作瓷砖方格图案，在整个18世纪都很流行。*HH*

3. 在18世纪的最后二十五年间，住宅大厅铺地多采用几何图案。这个地面铺装图案是大面积大理石地面典型而又非常简单的形式。

2

3
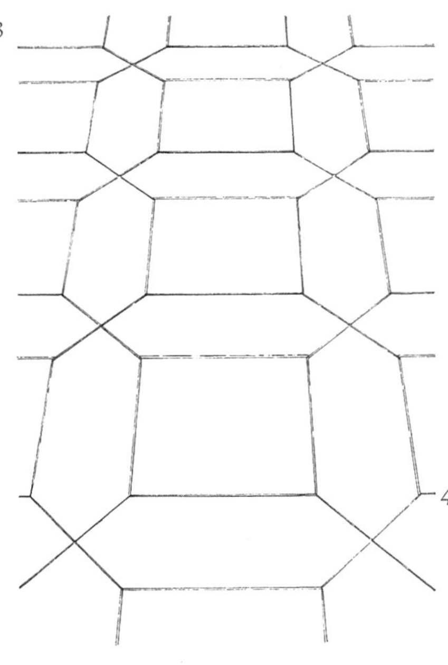

4

4. 切割成型的价格低廉的石板，以简单的排列方式铺成的地面，典型而实用，多用于厨房和其他服务的房间和通道。*AH*

壁炉

大理石壁炉的围边装饰和上檐中部精美的古典主题绘画，都属于最为高雅的亚当式壁炉的标志，约1775年。活动式的精美炉箅排与壁炉具有相同的品质和相同的时代特征。*HH*

最简单的壁炉架是不加装饰的木质框架，以两个支柱和一个横梁搭建而成。这种形式几乎成为这一时期所有壁炉最基本的样式，并塑造了完全直线式的造型形式。壁炉架以大理石、普通石材或木材制成，有丰富的圆形浮雕和古典主题图案装饰，是晚期乔治亚时期建筑装饰最突出的特征之一。这种古典装饰风格的主要倡导者是罗伯特·亚当和詹姆斯·亚当，他们的作品具有广泛的影响。壁炉架上的片石镶嵌装饰常使用不同的大理石，形象丰富。在大型住宅中，通常会有壁炉装饰镜架。18世纪后期，壁炉周边的装饰变得更加简朴而古典，如约翰·索恩爵士的希腊复兴图案中严谨的几何线形。

18世纪50年代，壁炉中的铸铁铁架炉箅有所改进，普遍出现在小型住宅和大型住宅中的普通房间里。但是，由于烟囱的尺寸问题，烧煤的铁架炉箅效率仍然很低。18世纪90年代，本杰明·汤普森爵士（Benjamin Thompson）和康特·冯·拉姆福德（Count von Rumford）改进了铁架炉箅的设计，加入了一个倾斜的侧面和一个狭窄的烟道，使得壁炉能散发更多热量并减少排烟。在空间尺度较大的房间里，出现了由建筑师设计的炉盘或炉垫箅。

1. 在18世纪60年代，壁炉有粗壮的外形和高浮雕装饰。*BM*

2. 到18世纪60年代末，浮雕高度降低，但装饰更加精致。

3. 在18世纪70年代之前，典型特点是有棱纹的简洁装饰，棱纹一般以水平或垂直方向排布。

4. 1790年出现了更丰富的装饰，壁柱不再是简单的支柱，棱纹的中心装饰品使用普遍。

5. 亚当式的希腊风格壁炉套，约1785年，檐板中部雕刻图案十分典型。壁柱有混合柱式的细节。

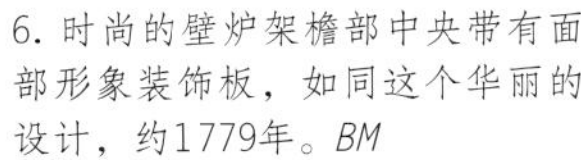

6. 时尚的壁炉架檐部中央带有面部形象装饰板，如同这个华丽的设计，约1779年。*BM*

7. 卷曲的莨苕叶饰经常连接着支柱和横梁。*RA*

8. 18世纪70年代末，新古典主义装饰占支配地位。镶嵌式或由涂料绘制的模仿镶嵌式图案（便宜的替代品）是很流行的面层装饰；两者都会使用希腊主题图案。

9. 绘有庞贝风格图案的平面型支柱和伊特鲁里亚风格图案成为时尚。霍姆别墅，伦敦，约1775年。

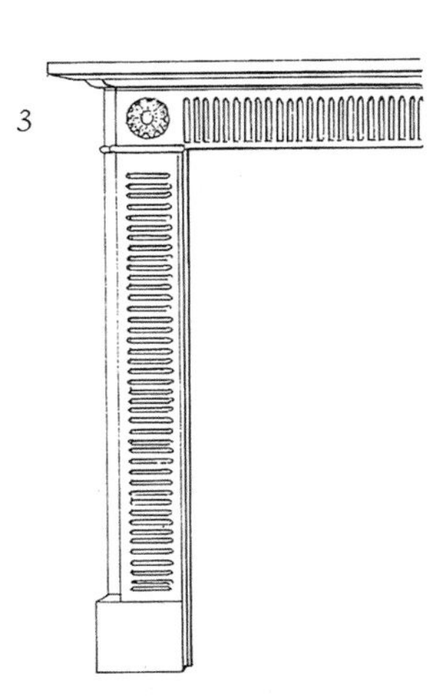

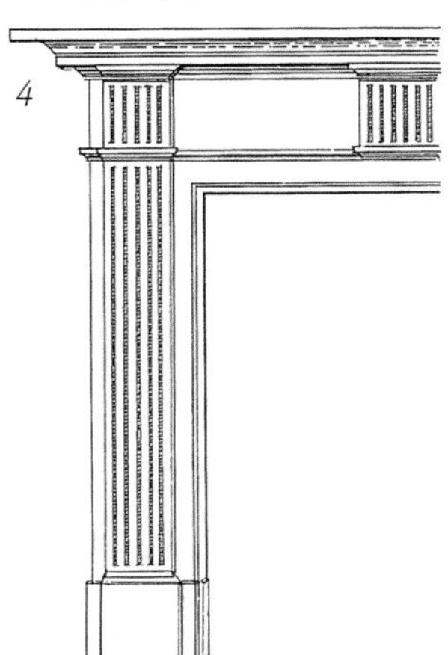

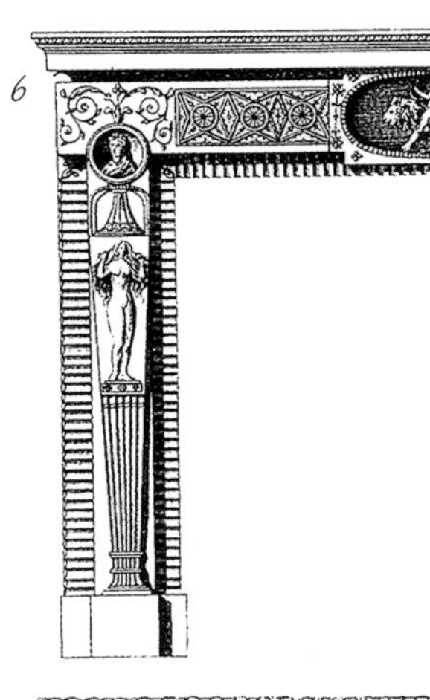

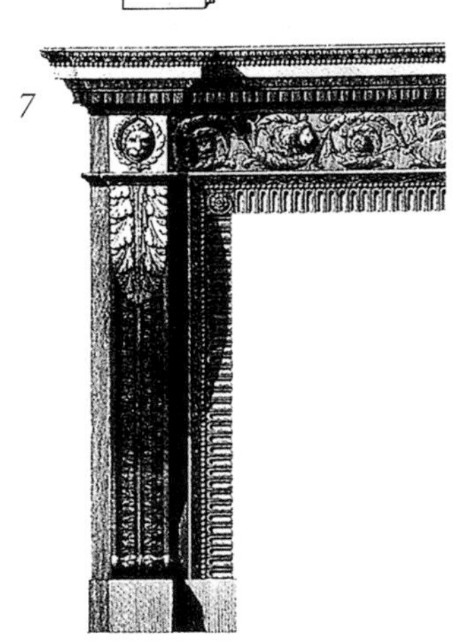

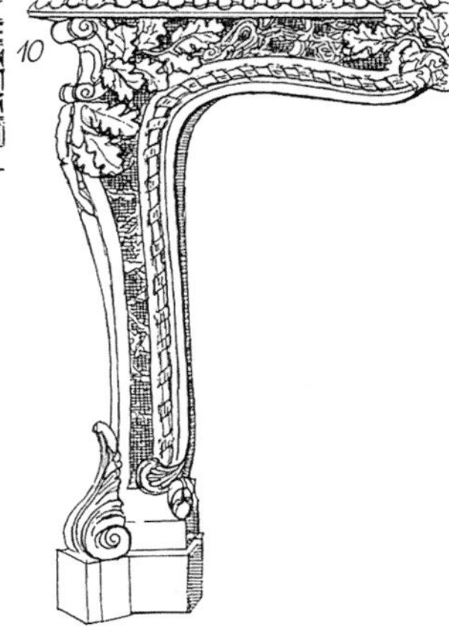

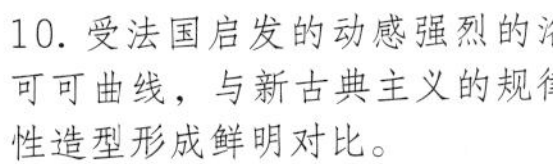

10. 受法国启发的动感强烈的洛可可曲线，与新古典主义的规律性造型形成鲜明对比。

11. 18世纪90年代，康特·冯·拉姆福德改革后的铁架炉箅正面图和平面图。他设计的火篮比以前的向外凸出，以将烟囱的热量损失降到最低，而且炉子的两边是倾斜的，能够更好地将热量反射到屋里。狭窄的烟道可以加大火焰，降低烟熏程度。*ECR*

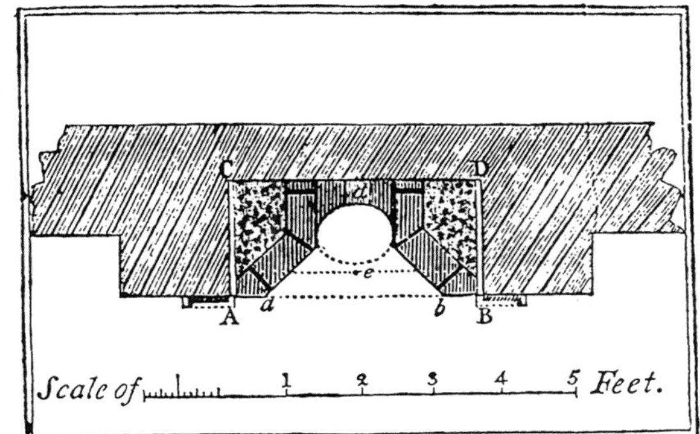

1. 一个油漆木制壁炉套和与之相配合的古典形式的铁架炉箅，形式简单但风格时尚的壁炉炉栏也十分得体。当炉火熄灭时，炉膛中会放置扇形的纸张造型，如图片所示。在夏天，会用壁炉盖板遮住炉膛。NH

2. 这个美观的白色大理石壁炉在炉套边角带有1/4圆柱。简洁的线脚显示出19世纪初的品位。可调式炉箅为摄政时期出品。AH

1

2

3

4

3. 在18世纪70年代，非常时髦的住宅会采用庞贝风格。这个样式高雅的壁炉，用白色、蓝色和金色有效地调和，形成优美的色彩装饰。这个炉垫箅是这一时期优秀作品的典型。HH

4. 在充满幻想或异域风格的装饰中，古典原则失去了约束力，会采用中国艺术风格或印度风格。18世纪70年代，这个引人注目的中国艺术风格的壁炉运用了涡卷和枝叶造型，追溯了洛可可的先例。HH

5

6

7

8

5. 这个优雅的带有简单线脚的白色大理石壁炉，成为1800—1815年间的标志性产品。墙面的大理石与炉箅周围的大理石线板相吻合。HH

6. 这个形式简单、垂花饰精致的木制壁炉套属于18世纪80年代的典型样式。AH

7. 18世纪80年代的壁炉细部。亚当式风格的影响在瓮和缎带饰的应用上十分明显。AH

8. 蓝白色的缸砖，模仿代夫特陶器的样式，常以条形或成片方式铺钻在壁炉架上。AH

1和2. 大型壁炉架的古典特色图案，如古埃及狮身人面像或驾驭战车的太阳神赫利俄斯。

3. 壁炉角部雕刻的或彩绘的圆形浮雕，包括垂花饰和缎带饰、金银花饰或小麦捆饰等。竖琴、面具和神的形象也可以用作古典壁炉套的装饰物。

1

2

4. 这一时期使用玻璃镜属于非常奢侈的做法，但也是重要房间的必备之物，因为镜面会产生反光的效果。这是罗伯特·亚当在大约1773年的设计，运用了金银丝细工框架。*RA*

5. 来自威尔特郡威尔布利公园住宅的壁炉架，有着世纪之初帕拉迪奥式的庄重，约1755年。

3

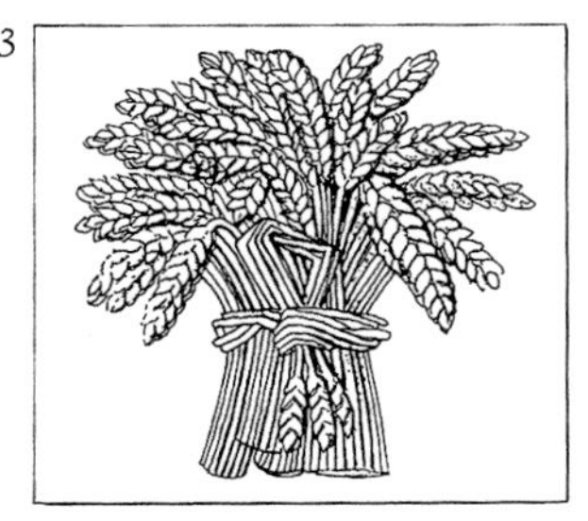

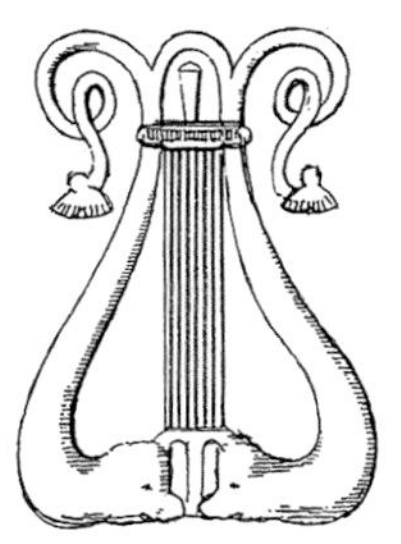

6. 1791年，剑桥郡温波大厦，约翰·索恩爵士设计的带镜子的壁炉架，线脚平直、形式庄重，由枝形烛台将其照亮，镜面使蜡烛的亮度倍增。

7. 洛可可造型在18世纪50年代很流行。这个来自爱丁堡夏洛特广场的壁炉装饰镜架属于晚期的作品，壁炉套是18世纪70年代的古典样式。

8. 德比郡肯德莱斯顿大厦，罗伯特·亚当设计的壁炉架将洁白的壁炉架与精致的仿古典风格的石膏制品相结合，约1765年。展现了与当时出现不久的洛可可风格壁炉上部装饰架所产生的对比。

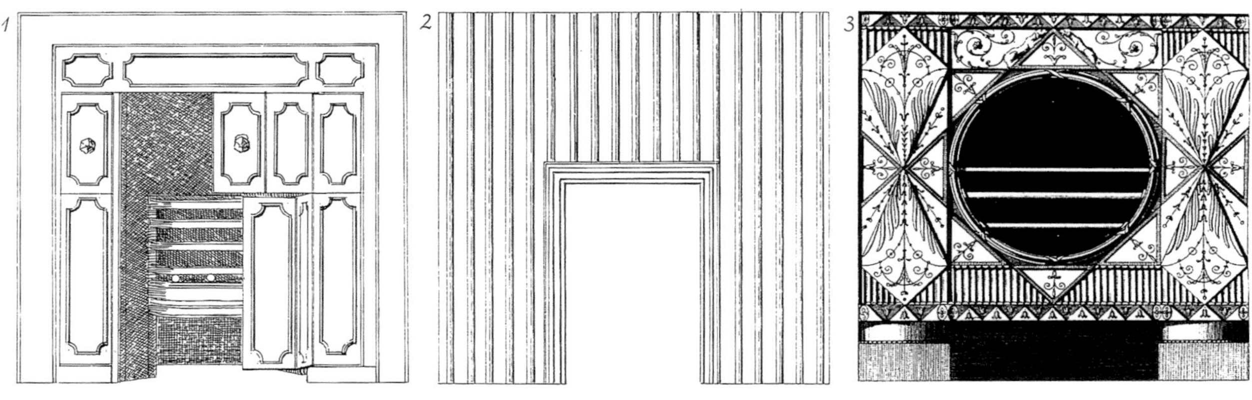

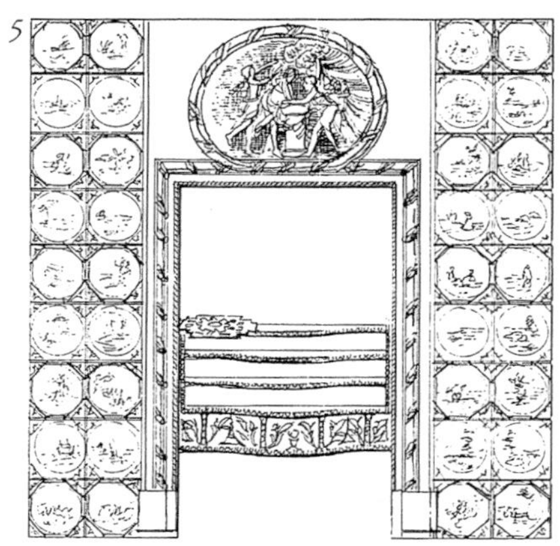

1. 许多炉箅有折叠门，当壁炉不再使用时，可以用此封闭炉膛，降低由壁炉烟囱产生的气流。

2. 炉膛周围装饰物采用了凹槽框架，是从18世纪70年代开始流行的装饰方式。

3. 这个雕刻来自1778年的《建筑杂志》，展现了可调式炉箅的华丽装饰。这些装饰占据了整个壁炉炉膛，并且在烟道里设置了可调式金属板以调节风量。*BM*

4. 来自巴斯市皇家新月王宫的形式雅致的可调式炉箅。

5. 这个铸铁可调式炉箅有装饰板块和小凸嵌线装饰，并在外框铺贴佛兰德瓷砖。18世纪晚期，伦敦哈顿公园住宅。

6. 铁架炉箅变得越来越普遍。这个厚实的造型使其本身成为装饰物，这个样式时尚、造型丰富的案例出自1778年的《建筑杂志》，它们被制成精简的铸铁工艺品流向市场。*BM*

7. 大尺度房间里继续装有独立式的篮式炉箅。品质最高的是刻有古典图案的钢制抛光炉箅，正如这个亚当式风格的案例，约1770年。

8. 凹槽装饰和人字形造型通常被用作简单铁架炉箅的装饰物，约1790年。

9. 这个大型厨房壁炉设有开放式炉箅，在做饭时上面可以放置水壶。这种粗糙的壁炉形式在19世纪的许多贫穷家庭中仍在使用。将烤箱和烤肉铁叉合并在一起的厨房炉灶，只出现在最高档和宽敞的厨房里。这种炉灶仍继续使用开放式炉箅，直到世纪之交，烹饪用的火炉依旧在使用明火。

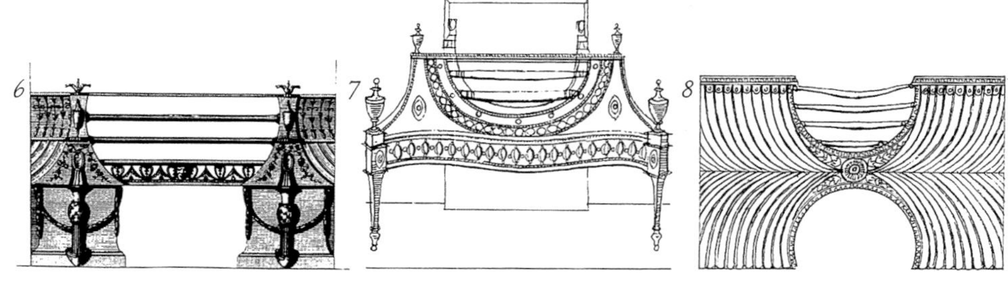

楼梯

豪华住宅中的入口大厅往往沿着房间的两面或三面墙布置大型楼梯。在霍姆别墅中可以看到非常引人注目的建筑手法，异常宽大的入口大厅容纳下宏伟的中央梯段，楼梯平台的转弯处又分开成为两段楼梯，各置一侧，由建筑师罗伯特·亚当设计，伦敦，约1775年。*HH*

这一时期标准城镇住宅的设计在楼梯的位置或结构上几乎没有变化，最大的不同是楼梯栏杆柱和楼梯端柱的形式。木材依旧是主要的材料，几乎所有的楼梯都采用开放式梯梁形式，而且阶梯侧面轮廓已经不是直线形了。早期乔治亚时期的扭曲麦穗造型栏杆柱在1760年之后不再流行，取而代之的是一种简单的尖细垂直栏杆柱，旋切部分为圆形断面，刨平部分为方形断面。扶手扁平，由圆形木材车削而成，表面处理光滑，扶手顶部用楼梯端柱作为结束。踏板端头同样形式朴实，通常有一条简单的曲线作为装饰。多数楼梯使用冷杉木或松木，漆成浅褐色，豪宅则使用优美的橡木。

18世纪中期，由于铸铁技术的提高使得铸铁栏杆大量使用，莨菪叶饰、花环饰和希腊主题图案比比皆是。石材楼梯只在较大的城镇住宅中使用。威廉·钱伯斯和罗伯特·亚当两位建筑师设计出非常具有戏剧性的楼梯，从入口大厅到楼梯平台使用单（直）跑悬臂式楼梯，再分成向上的两跑。

室外台阶部分，许多新的城镇住宅中采用从路街直接通向地下室的室外踏步，为做生意的人和仆人提供了便捷的通行方式。

1. 城镇里普通住宅的楼梯，安放在狭窄的楼梯井里。这种形式作为服务性楼梯更为常见，正如本图所示，楼梯的上升曲线具有夸张的美感。*HH*

2. 在豪华住宅中，主楼梯的扶手都是精美的定型产品，在末端收成一个螺旋状，有紧密卷绕的，也有如图中一样舒展的弯曲形式。*NH*

3. 在梯阶端头，优美的线条是主要的装饰，正如图中展示的精美的大理石细部，侧板的轮廓决定装饰形式，约1775年。*HH*

4. 样式简单的楼梯往往取决于踏板端头的形式，正如图中楼梯踏步下面的曲线，弯曲的扶手增强了这种效果，约克郡，18世纪60年代早期。

5. 大多数住宅中，装饰焦点往往集中在楼梯端柱上。第一个案例是来自柴郡的莫特拉姆住所的旋转楼梯。单柱的变化结果是四面环绕着栏杆柱的中心柱，如第二个和第三个案例。

6. 尽管大部分的木制栏杆柱都是正方形的，但仍然可以在某些住宅中看到一些精美的栏杆柱。卡斯特吉塔，约克郡。

铸铁栏杆柱与木制栏杆柱相比造型更加复杂。这种材料具备奢华的质感，本身又适合用作装饰材料。

1. 石阶配有简洁的铁制栏杆柱，是一栋大型住宅上部楼层的楼梯。随着住宅内楼层的增高，梯段变得越来越简单。尽管出于实用目的，这些梯段仍然具有雅致的造型形式。

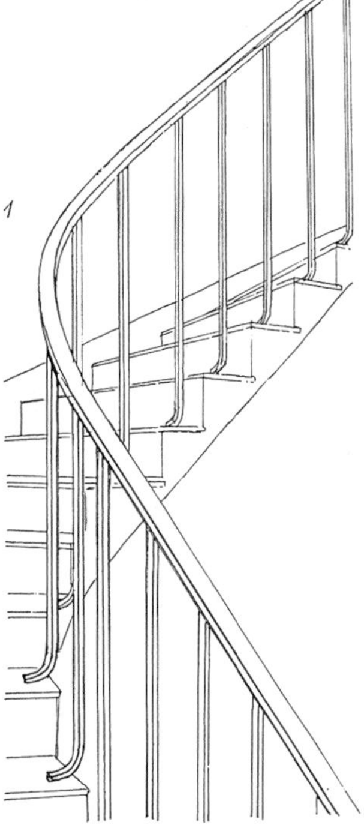

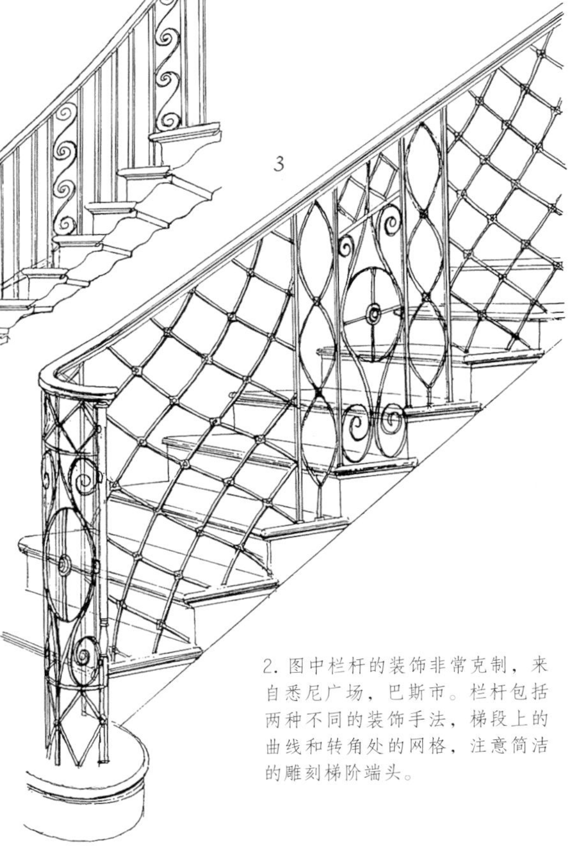

2. 图中栏杆的装饰非常克制，来自悉尼广场，巴斯市。栏杆包括两种不同的装饰手法，梯段上的曲线和转角处的网格，注意简洁的雕刻梯阶端头。

3. 这个栏杆来自夏洛特广场的一处住宅，爱丁堡，18世纪90年代晚期。曲线造型与当时盛行的新古典主义风格并不相符。

4和5. 来自I.泰勒（I. Taylor）和J.泰勒（J. Taylor）的装饰铁艺图案，约1795年。第一个案例展示出了18世纪末精致华丽的栏杆。第二个案例相对简单，属于当时流行的S形造型，纹饰和花饰可能是镀金的。这种设计均使用在大城镇的住宅中。

6. 斯坦因住宅中的栏杆细部，具有明显的希腊回纹饰，布赖顿，约1800年。在奢华的楼梯两边都设有扶手，楼梯的第一跑从房间中间升起，至楼梯平台后转变成向上的两跑。楼梯端柱类似一个木制的车削体。

7和8. 普通住宅里的装饰栏杆和楼梯端柱。两例非常相似，第一个案例是直立的栏杆柱之间镶有卷曲的图案。第二个案例是直柱和曲线相互交替出现。

固定式家具

优雅的餐厅食橱，设置在壁龛之内，也用作边桌及储藏柜，约1775年。柜体顶部镶有红木，沿着壁龛围绕的黄铜栏杆保护墙壁。注意左侧的暗门，（与墙平齐），门是后来安装的，以方便仆人进出。*HH*

在晚期乔治亚时期，固定式家具备受推崇。家具形式也变得越来越复杂，并与新古典主义要求的统一性和协调性原则相符合，如固定式橱柜的形式会与半圆形房间和椭圆形前厅的线脚相一致。这类橱柜的上部用玻璃柜门，下部用木板柜门，可以用来展示瓷器、银器和玻璃器皿等。餐厅的角落会放置餐具柜或是送餐桌，其大小刚好可以放在墙上的壁龛中。这种柜子常被限定在房间的一个角落里，在服务用房门的附近。醒酒器放在备餐柜下层或侧板上，并成套设计，使之看起来像是建筑的一部分。

图书室的设计豪华而有节制。书柜深陷墙壁中，檐口平齐或凸出墙面，采用从室内檐口中提取的纹饰。餐厅和图书室部分一般使用类似桃花心木高级木材，表面抛光。在其他要求较高的房间中，固定家具会漆成浅灰色或仿石材的颜色。一些时尚的大尺度门厅会有木制或石制的托架桌案。

固定式家具也用在楼梯下方和最普通的住宅中。简单的瓷器柜橱和嵌入式搁板与厨房碗橱和衣橱一样，都属于标准的配备。一般情况下，柜体会漆成当时流行的墨绿色、灰绿色或浅褐色。

1. 利用壁龛做成平搁板的橱柜，是整个时期普遍的一种固定式家具，爱丁堡住宅的这个案例非常具有代表性。

2. 送餐桌和餐边柜在任何一座豪宅内都是必需品。这个案例是一对桌子中的一个，在相对的两个角落的壁龛里各放一张，约1770年。壁龛内石膏饰品图案和桌子的镶边图案相同。

3. 这种橱柜门板形式和单扇的六格门类似，很有可能和房间的样式相同。

4. 嵌入曲面墙内的大型书柜。伦敦新卡文迪什街20号住宅的一个非常漂亮的作品，是壁炉架两侧的一对书架之一，约1778年。注意它的壁柱，边框嵌入镶板的上方，并把书柜与檐口连接起来。

5. 一个受建筑尺度影响的巨大的嵌入式书柜。集中展现了18世纪晚期的建筑元素，包括镶在书架上方的半圆形的拉毛粉刷装饰板。

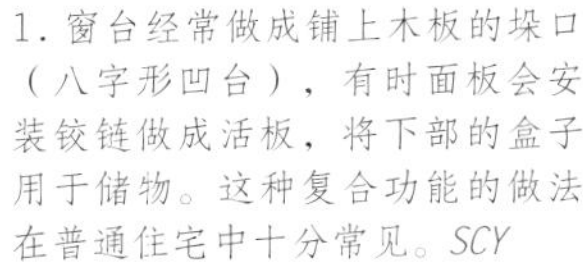

1. 窗台经常做成铺上木板的垛口（八字形凹台），有时面板会安装铰链做成活板，将下部的盒子用于储物。这种复合功能的做法在普通住宅中十分常见。SCY

2. 设在壁炉腔旁边凹处的橱柜，用于存放衣物、亚麻制品或一般物品。与壁炉相邻可以使柜内干燥。AH

3. 大型图书室形式高雅的设计。狮身人面像和半身像是典型的装饰品。BM

4. 大型书架的墙面护壁板顶木条下方部位设置了用于大本对开书籍的搁架，如这个案例所示，18世纪70年代早期。NH

5. 这个壁柜的柜门使用了金属格栅，并以褶裥针织物做内衬。如果将网格替换成玻璃则造价更贵。当用作图书室的书架柜门时，为能看清书脊上的文字，则在网格后不配设织物。HH

6. 具有中产阶级住宅特征的大型碗柜，出自贝德福德郡的大道住宅里，能够看到抽屉和架子的简单构造，支柱不做雕饰。AH

设施

1. 这个锥形雨水斗有优美的铸造细部。AH

2. 在面积较大且石材铺地的入口大厅中，火炉是基本的设施。图中的炉子约制作于1800年，为邻近康沃尔郡的博德明的彭卡罗住宅而设计。设有两个支撑油灯的底座。

3. 雨水会收集和储存到一个大尺寸铅制蓄水池中，放置在市区住宅区域或者乡村房屋的后墙上。在此，制作日期是要被记载下来的。

4. 铅制雨水斗经常标有房屋主人姓名的大写字母，以及组装的日期。注意（右边）亚当式的装饰。

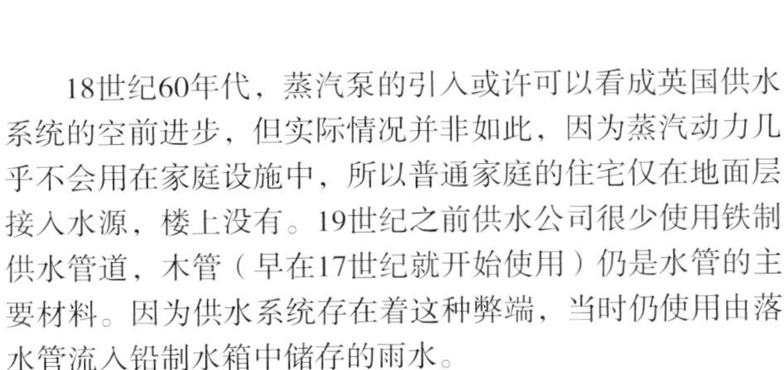

18世纪60年代，蒸汽泵的引入或许可以看成英国供水系统的空前进步，但实际情况并非如此，因为蒸汽动力几乎不会用在家庭设施中，所以普通家庭的住宅仅在地面层接入水源，楼上没有。19世纪之前供水公司很少使用铁制供水管道，木管（早在17世纪就开始使用）仍是水管的主要材料。因为供水系统存在着这种弊端，当时仍使用由落水管流入铅制水箱中储存的雨水。

管道排水设施中的供水管需要很大的投入，在城市人口稠密区更加无人愿意投资建设，政府也没有将此作为其公共职责。部分地产商为伦敦的新住宅提供了排水设施，但排水系统却非常落后，只能处理液体废物，不考虑厕所排污问题，也未能提高传统土厕的卫生程度。18世纪上半叶出现了一些室内卫生间，18世纪60年代之后更为多见，但是由于供水水压过低，这种卫生间需要配合特殊的水泵才能工作，因此成为富人的专有设施。

这时期的另一个创新设施是门厅中央烧木柴或烧油的炉灶。

灯具

1. 位于霍姆别墅楼梯间的新古典风格壁上烛台，伦敦，约1775年。
2. 带有“罗马瓮形”储油罐的菜籽油灯，约1790年。这种独立式的灯具可以装于墙壁的托架上，如图所示。
3. 一盏典型的大厅灯具。
4. 枝形吊灯往往是最华丽的灯具。图中带有玻璃装饰的吊灯很具代表性，约1790年。
5. 这盏大厅吊灯，展现出罗马风格的影响，约1776—1779年。*BM*
6. 从黄昏至黎明，房主需要照亮自己住宅的前门。这盏灯结合了大门的扇形窗而设，约1810年。

7. 镶有镜子的壁炉上部装饰架上的枝形烛台，由罗伯特·亚当设计，约1773年。
8. 围栏通常成为灯架的支撑。这个复杂的图例是一盏油灯的支架，1779年。*BM*
9. 围栏入口上部灯具可供选择的设计形式，巴斯市，18世纪晚期。
10. 另一个富有创意的灯杆造型，约1795年。*IJT*
11. 手持火把的随从引导人们穿过黑暗的街道，到达目的地之后，他们会将火把熄灭。为此，栏杆上会设有熄灭火把的设施。这个龙头形的熄火器来自爱丁堡。

灯具技术的突破性进展是使用了菜籽油灯（或称阿尔冈灯），以菜籽油为燃料，由一位叫艾米·阿尔冈（Aimé Argand）的瑞士物理学家发明，并于1784年在英国取得了专利。其中的圆柱形灯芯封装在两个铁质同心轴之间，这种安排可以使气流从中通过并产生明亮的火焰。菜籽油灯可以发出十倍于同等大小普通油灯的亮度，并且十分干净，非常适合用在室内。这种灯在当时是一种奢侈品，使用考究的金属框架作为衬托，具有稳重的罗马风格。当新世纪来临之际，固定在中心杆件上的五个、六个、八个灯头的华丽灯具被制作了出来。

烛光仍然是所有光源种类中最主要的一种，壁上烛台和独立烛台是最常用的灯具。典雅的新古典风格银制枝状大烛台适用于餐厅和宴会场所，但如果仅作为普通进餐时使用，对于中产阶级家庭来说，即便使用三枝的枝状烛台仍会感到奢侈。即使在最富裕的家庭，枝形吊灯也仅用于展示性的场所。枝形烛台成为很多豪华壁炉架设计的标配，固定于壁炉上部装饰架上方，光线可以通过壁炉架上部的镜面形成反射，增加室内的亮度。室内提灯和室外灯座上使用了当时最为精美的线形和装饰。

金属制品

1．巴斯市马戏广场住宅的栅栏，造型十分简朴，密集地排列在一起，仅在安放灯架的位置留出空位。
2和3．入口层上部楼层落地窗前的栏杆。第一个案例融合了带有卵形装饰的栏杆，以及悬垂向下的花状平纹装饰。第二个案例采用了相似的图案，但同时带有令人联想到18世纪晚期哥特式风格的奇特元素。
4．来自约克郡的纽比大厦，由罗伯特·亚当设计的一组令人印象深刻的花状平纹装饰，用来装饰主要入口两侧的栅栏，使其增添华丽之感。*NH*

2

3

4

1

在晚期乔治亚时期的金属制品中，有一个设计元素脱颖而出，即眺台式窗栏，或称作防护栏。这些小栏杆使用在沿街住宅的一层或者二层，作用是防止人们从推拉窗跌落到室外地面，同时也为室内提供了一个轻型且时髦的小型阳台。铸铁眺台式窗栏的造型多种多样，包括圆花饰对角线图案、十字交叉叶片图案和哥特式花格窗等。很多早期住宅中都在后来添加了眺台式窗栏，而从1770年开始，这种窗栏在住宅建造时便一并安装完成。

这时的阳台形式同样十分时尚。阳台设置在入口层上部楼层，通常是很浅的矩形，有着三扇相连的会客厅窗户。到18世纪末期，阳台顶部设置了精美的铸铁遮篷，一部分装有玻璃，一部分覆盖铜制或镀锌屋顶。到19世纪初，这种阳台发展成精致的两层或三层廊台，常见于萨塞克斯郡的布赖顿。

从18世纪70年代开始，铸铁栏杆和上面的拱形灯座造型变得越来越轻巧。小巧的线形饰及其他古典图形补充了原有的长矛尖顶饰。大门显示出类似的发展状况，逐渐增加了复杂的线形和装饰。

普通的乡村住宅很少使用铁制品，简单的铸铁门廊就足以装饰前门空间了。

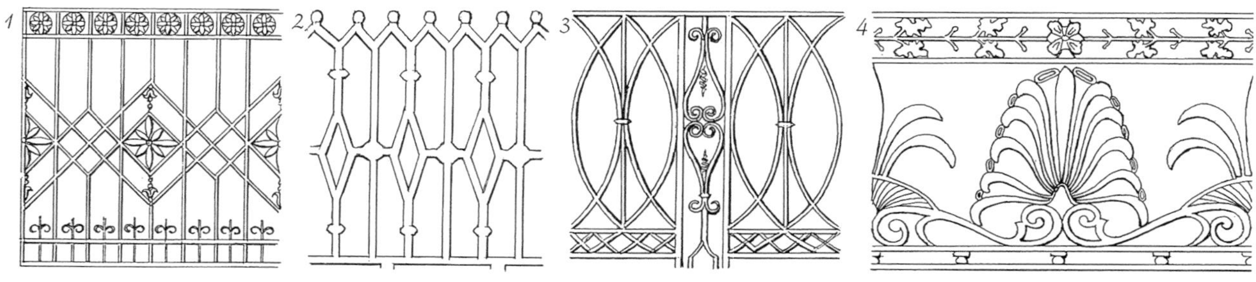

1～4. 展现了高品质铸造水准的窗栏。最后一个案例使用的连续花状平纹图案，展示了一种摄政时期窗栏的标准装饰形式。

5和6. 类似的精美造型从18世纪80年代开始出现在围栏中；这两个案例来自《建筑者杂志》，1778年，都是典型的富有优雅及复杂精细感的造型形式。BM

7. 18世纪早期，保留有矛头装饰图案的简朴街道栏杆。

8. 用作支撑灯具的栏杆更精致。位于台阶和步道连接处的简洁直立的栏杆可以作为油灯支架。

9～12. 样式繁多的尖顶饰及长锥形装饰，出现在1770—1780年伦敦住宅的栏杆和大门中。这些涡卷装饰元素源自罗伯特·亚当和詹姆斯·亚当设计的塞昂宫。更加典型的则是用小尺度瓮形饰物间隔矛头尖顶装饰的设计，如那些来自泰维斯托广场的案例，约1810年。

13和14. 这些尖顶饰是爱丁堡的那些富有创造力铁艺产品的典型。

15. 这种来自巴斯市的尖顶饰更多体现了有节制的造型。

16. 来自巴斯市的阳台栏杆中的几何构图采用了中国艺术风格，被托马斯·齐本德尔于18世纪60年代在家居设计中推广使用，随后在建筑中采用。中部造型与两侧的希腊主题图案相接，在18世纪后期十分流行。

1和2. 通往前门或花园旁的法式落地门的台阶，设置了精美的栏杆；第一个样例展现出主入口栏杆会更加华丽而且曲线优美。

3. 18世纪晚期，普通带花园的联排住宅常常建有铁艺的门廊，并且可以作为藤蔓植物的格架。

4. 伦敦贝德福德广场一处简洁的阳台，采用花状平纹轮廓，并变换成一种蜿蜒、类似哥特式的连续图案。

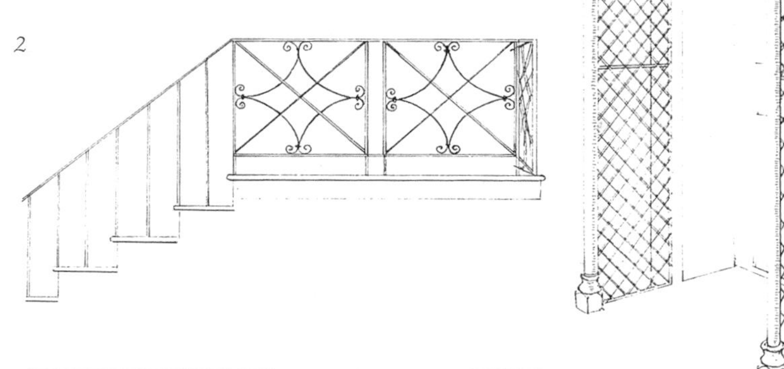

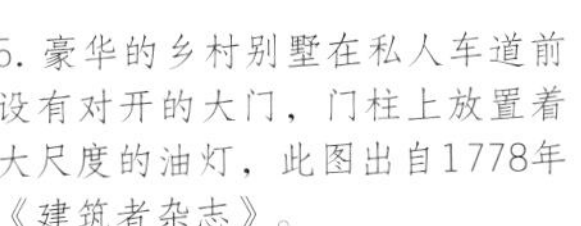

5. 豪华的乡村别墅在私人车道前设有对开的大门，门柱上放置着大尺度的油灯，此图出自1778年《建筑者杂志》。

6. 来自诺维奇的这些带有金银花图案装饰的双开门，位于从街道进入住宅的入口处。

7. 台阶前的大门与两侧的栅栏形式相符。

8. 住宅中那些易受侵扰的区域或窗户，有时设有环状交叉箭头设施。而安装在联排住宅之间壁龛中的这类设施，仅仅作为一种装饰。

9. 墙上托架，可以用作灯具、阳台及雨棚的支撑。呈现出精致厚重的铸造形式，常常有涡卷装饰和簇叶形装饰。

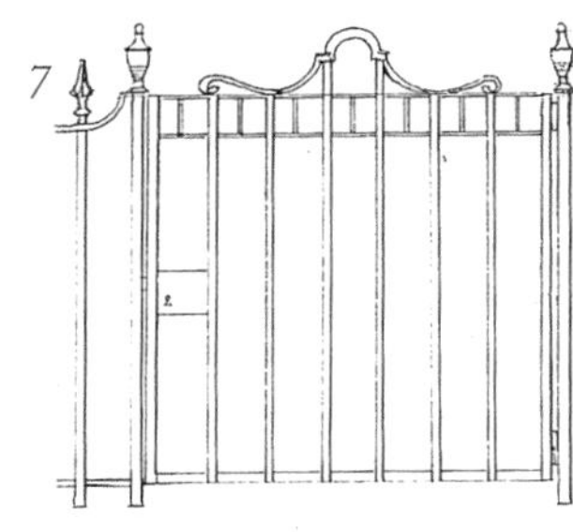

摄政时期与19世纪早期（1811—1837年）

斯蒂芬·科罗维

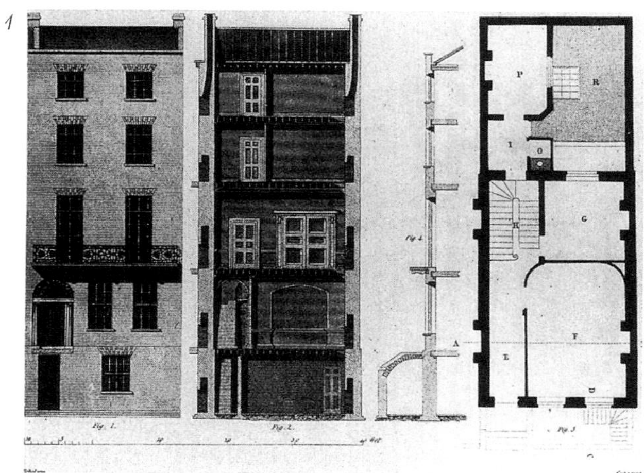

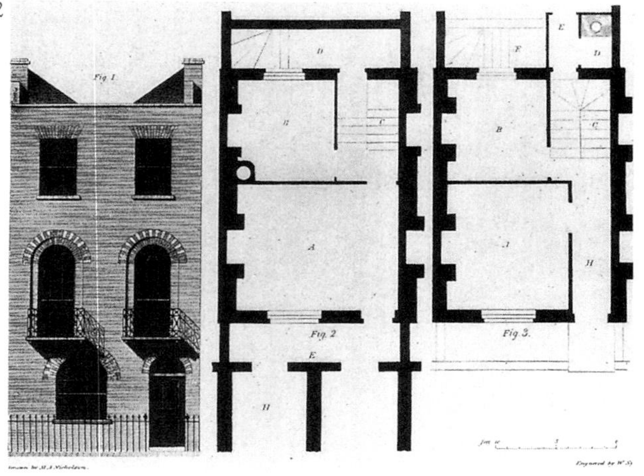

1. “第二等级住宅”的正立面、剖面图和平面图，选自1823年彼得·尼科尔森（Peter Nicholson，1765—1844年）出版的《新实践建造者和工人指南》（*The New Practical Builder and Workman's Guide*）。层层升高的楼层形式优雅；前后两个会客厅，由双开门分隔，前面的会客厅有落地窗，直接通向阳台。MM

2. 由彼得·尼科尔森设计的“第四等级住宅”。在19世纪初期，这样的房子随处可见。虽然尺度不大，但基本比例良好，样式美观，并有精致的细节。NN

摄政时期，普遍认同的时间段是1811—1820年，当时，威尔士亲王乔治作为摄政王，代替其饱受精神疾病困扰的父王乔治三世行使国王权力。从1820年开始，威尔士亲王正式继任国王，至1830年驾崩，称为乔治四世时期。通常，也将乔治四世的弟弟威廉四世（1837年驾崩）的短期统治时间纳入其中，也属于合理的做法。就英国本土的建筑体系来说，摄政时期是一段非常有趣的过渡时期，迅速走向巅峰并迅速结束，是在近一个世纪中将古典形式表现得最复杂的时期，也是一个具有高度自我意识的时代。

威尔士亲王的艺术品位对于思想敏锐的艺术赞助人士来说非常重要，早期对法国建筑及装饰风格的青睐，以及后来对异域风情的热爱，都对英国的艺术形式产生了很大的影响。这一时期的时尚建筑师，如约翰·索恩爵士，或摄政王最为欣赏的约翰·纳什，都在1770—1780年间将风格定位于新古典主义，但是他们的作品通常具有矫揉造作和繁杂臃散的特征。

同样，普通建筑师甚至是那些投机的建筑商也会按照乔治亚风格的固定建筑形式和比例来建造城镇的联排住宅。窗子的比例被拉长，装饰线条变细，以及带有丰富装饰的部分，比如希腊-罗马晚期风格的铁艺阳台，与用砖块砌筑或时髦拉毛粉刷的墙面形成鲜明的对比。墙面抹灰以及类似的“罗马式抹灰”作为较廉价的材料被大量运用，用来模仿经典的伦敦建筑材料和波特兰石。

从1774年《建筑法案》颁布之日起，所有新建的城镇住宅都划分为四个等级。第四等级的住宅最为简陋，第一等级最为豪华。从19世纪初开始，这种住宅等级制度已经在建筑商人和设计师的脑海中根深蒂固。沿街的住宅建筑除了规模上的差别之外，建筑外观还起到彰显房主身份与地位的作用。第一等级与第二等级的住宅建筑所拥有的规格和比例是第三、第四等级的住宅所不具备的。这些区别都在联排住宅的设计中显示出来，在彼得·尼克尔森非常有影响力的著作《新实践建造者和工人指南》中，就用图例说明了不同住宅的等级差异。

摄政王时期的室内设计非常强调建筑元素的运用，利用鲜明的线条、大量的卷曲装饰、线形的细节（包括凹槽或者雕刻图案），以及对轮廓纤细的拱门的偏爱等。对不同的精细板材的巧妙运用也很有特色。比如，宽阔的门框丰富了墙体的表面，复杂的镶板包围在门的周围，这些形式都风靡一时。通常，同样的设计也用在壁龛或者盲券上，这些开洞往往与墙体表面退后仅仅几厘米，装饰方式及设计风格新颖大胆。在豪华的住宅内，奢靡之风显著，明亮的镀金、高色度的丝绸、奢华的窗帘，都是这一时期室内陈设的必需品。正如乔治·史密斯（George Smith）的艺术作品，或者鲁道夫·阿克曼（Rudolf

1
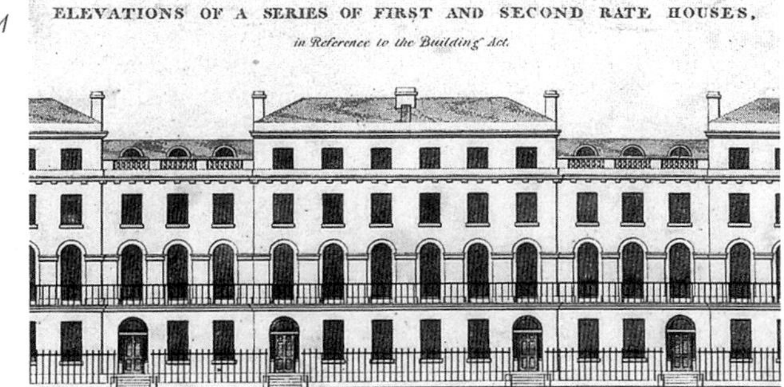

2

3

1. 第一等级和第二等级住宅的立面图。在1825年理查德·埃尔姆（Richard Elsam）的《施工人员造价书》（*Practical Builder's Perpetual Price Book*）一书和后来的彼得·尼科尔森的《新实践建造者和工人指南》一书中，都出现了相同的章节内容。伦敦南部的许多精美的露台，都是按这个模式建造的。*RE*

2. 浪漫主义诗人约翰·济慈（John Keats）的住宅，汉普斯特德，伦敦。廊台属于这类娴雅的“乡村”住宅的代表。*KH*

3. 一处相当大的伊丽莎白风格的农舍型住宅，约1843年，透视图展示了花园前貌，立面图为建筑的主立面。许多书中都提供了这种浪漫风格的绅士乡村住所。*FG*

Ackermann, 1764—1834年）的著作《艺术、文学、时尚等》（*Repository of Arts, Literature, Fashions Etc.*）（贯穿这一时期的各类收藏分系列出版）。甚至在普通的住宅中，刻意强调的图形效果和不寻常的亮色搭配，比如柠檬黄色配淡紫色，也能表现出这一时期的风尚。

随着财富的增长（尽管1801—1815年爆发了拿破仑战争），艺术创作得到大量中产阶级的支持，许多兴旺发达的大城市和繁荣的城镇，包括伦敦、利物浦、布里斯托尔、切尔滕纳姆以及爱丁堡，逐渐成为上流人士的居住地。同时，别墅的盛行也使城乡住宅衍生出许多新的建筑形式。海边城镇的迅速发展也是摄政时期的一大特点，其中英格兰南岸的布赖顿是当时最为时髦的小镇。住宅设计得十分舒适，有宽敞的接待室和高大的弧形凸窗，形式优雅的窗户开向阳台和廊台，让当时的人们享受到流行时尚所带来的新感觉。同样，内陆地区的住宅也非常注意窗景的美观，但看上去还是或多或少围绕着传统的布窗方式而发展。

人们的品位开始转向浪漫而感性的艺术与文学作品，这种品位的变化也彻底地影响了建筑、装饰和园林的设计。出于对淳朴和如画风格的偏爱，出现了一种新奇的住宅形式：农舍型住宅，优雅优美的住宅形式展现出对乡村居所理想化的追求。这种住宅绝大多数采取不对称造型，并带有茅草屋顶和外墙护墙板。格洛斯特郡布里斯托尔的整个布莱斯·哈姆雷特村庄都是由约翰·纳什于1811年设计的，包括其中的农舍风住宅。这种浪漫而感性的风潮同样反映在蓬勃发展的新型市郊别墅上，通常建成双拼住宅式样，或者建在小型庄园中，作为中心住宅使用。农舍风住宅能够营造出一个迷人的小世界，花园、乡村式椅子、格架式拱门、夏凉亭共同营造出令人愉悦的氛围，住宅周围用不规则的树枝篱笆和刷漆木栅保护起来。

建筑和装饰历史风格的复兴对摄政时期的设计实践产生了重要影响。在这些复兴因素当中，影响力最大、最持久的是希腊风格和装饰图案，罗马式风格和细节也作为不可分割的一部分存在于这种新古典主义当中。到了乔治亚古典主义的最后阶段，虽然建筑被纯粹的希腊格式赋予了无比严苛的形式，但对拜伦式异域风情的垂爱和夸张设计元素的喜好，贯穿了整个摄政时期，而富有想象力的建筑和装饰形式也都或长或短地流行在各个阶段。在布赖顿

位于伦敦林肯因河广场的约翰·索恩爵士住宅，图中是入口层上部楼层的南会客厅。1812年的原设计中窗户直接开向敞廊，1832年改建后在外廊安装了玻璃，从而扩大了室内空间，并可以放入书柜。家具都是房间原有的，在早期水彩画中都可以见到这种装饰陈设方式。

修建的中国建筑风格的楼阁（1815—1823年）受到了皇家的认可后，埃及风格和土耳其风格也曾风行一时。从18世纪40年代开始，哥特式风格仅在一些无足轻重的建筑上偶尔时兴，直至最后这种状态也没有改变。哥特式风格最初作为建筑形式的新发现受到尊重，而后来哥特形式在宗教建筑和公共建筑上的应用，转变为严肃的考古学领域的探讨。这种发展预示着从18世纪30年代开始，英国建筑的严肃性与日俱增，摄政时代的建筑师和设计师也开始从一种新视角重新审视建筑。

1

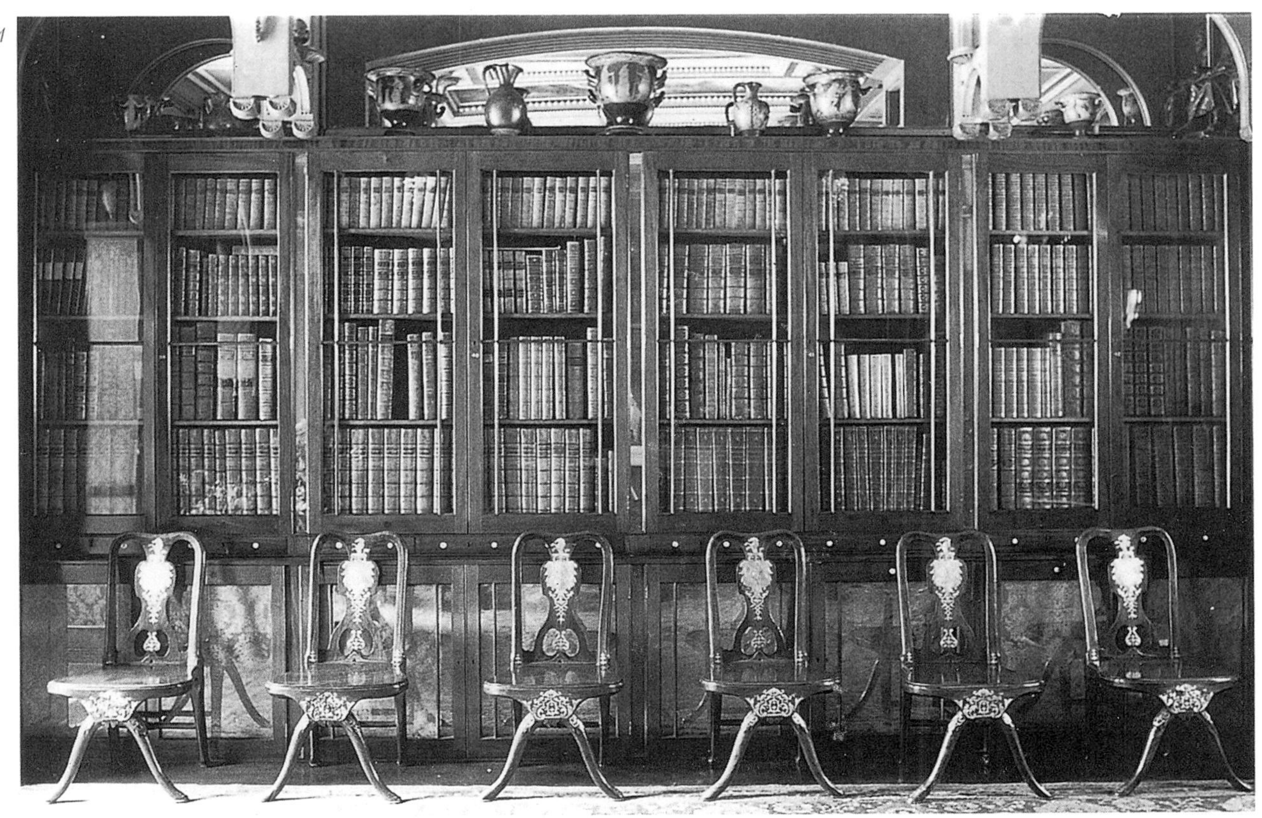

2

3

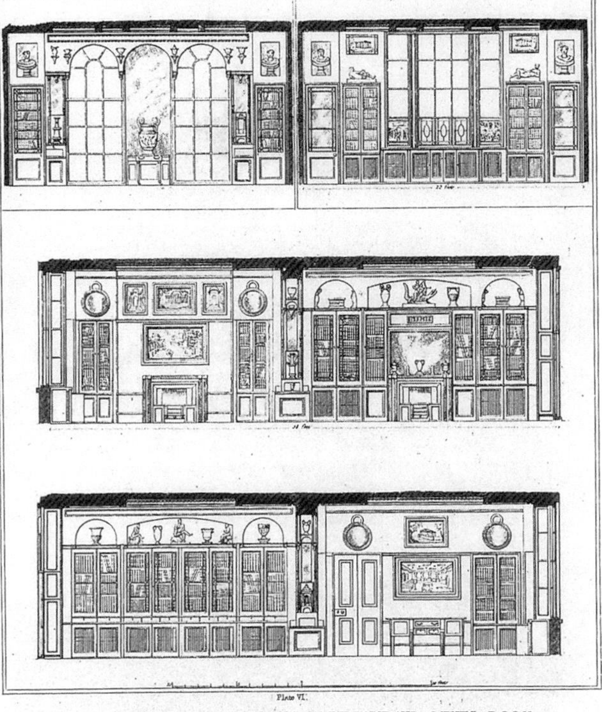

4

1. 约翰·索恩爵士拥有许多建筑图书、模型和古董，因此他在伦敦林肯因河广场的住宅中设计了很多嵌入式书柜和陈列柜。这个1812年的藏书室的细节堪称典范，索恩爵士在固定家具方面一掷千金，并对工匠要求极高。*LIF*

2. 同一所住宅的南会客厅窗户（之前直接开向敞廊）线形的雕刻图案具有希腊风格。*LIF*

3. 约翰·索恩爵士住宅里藏书室和餐厅的立面图，属于这一时期居住建筑最具创意的尝试之一。*HJS*

4. 来自一处住宅首层的优美窗户，可以追溯至1824年。注意典型的窄玻璃格条，里面的百叶窗，以及固定在窗户上方的优雅弧形遮阳窗楣中的雕刻横梁饰带。*LIF*

门

来自国王十字火车站周边成熟地段的大门，是晚期摄政时期的经典样式，伦敦，1815—1830年。抬高的入口地面设有石阶，厚重的镶板门和扇形窗/气窗通过圆拱统一起来。

住宅大门保留了英国城镇住宅建筑立面的主要特征，但通常受到门洞（洞口）装饰方式的限制，洞口多使用砖砌或拉毛粉刷的拱门。因此，复杂的门框消失了，取而代之的是一个简洁的入口，两侧立有壁柱或程式化的涡形托架。18世纪中期开始已不再流行浅门廊，又回到从前的做法，即由涡卷托架支撑着门头上的框缘，通常还会有古典细部。同样流行的还有深门廊，带有宝塔形状的铅或铜屋顶。扇形窗/气窗则比18世纪90年代的做法有所收敛，与之相反，门的形式则越发丰富和别出心裁，几何形镶板使用带有凹槽的线脚收边，或采用装饰性的墙骨柱模仿古希腊或古罗马形式。多数门漆成黑色或铜绿色。

室内木门遵循四块或六块镶板的分隔形式，带有卷曲、细长的镶板线脚。门套扁而宽。豪宅的门框有时会采用新希腊格调的建筑门头式样，或者在细部带有当时的某一种“奇特”风格：哥特式、中国艺术风格或埃及式。一个值得注意的特征是普通住宅中开始使用高大的双开门，这种做法将一层或二层的会客室分成前后两个部分。

1. 沿街大门，两侧八字形的斜面造型为带凹槽的1/4圆柱，上部有简单的扇形窗，约1825年。一对门扇看上去非常窄，下部有平镶板。

2. 有槽线的拱形大门，带有典型的圆形饰物，还有精美的扇形窗和门，约1810年。门上的花状平纹叶形细部采用了希腊复兴式风格。

3. 浅平的拱形门洞中富有装饰性的镶板门，约1820年。

4. 摄政时期的哥特复兴式样，趋向晚期垂直式风格。这组门来自布赖顿的克利夫顿宫，高品质的石质工艺和复杂木作均十分优秀。

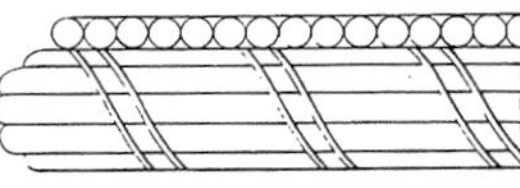

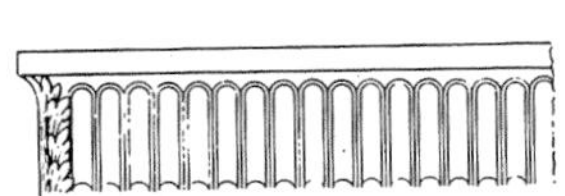

5. 带有花状平纹镶板的门廊，约1820年。

6. 独立的拱形门头出自布赖顿，约1820年。

7. 宝塔造型的门廊，铅板覆盖在木构架之上，1830年。

8. “希腊和罗马装饰物”，出自1825年彼得·尼克尔森的装饰手册《建造者的新实践》（*The New Practical Builder*）。书中包括了用于门框和门廊的标准重复性图案和框缘装饰。*NN*

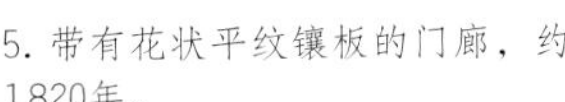

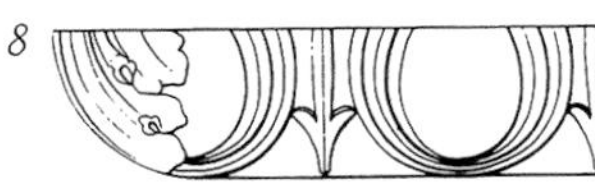

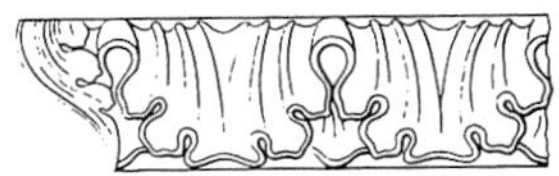

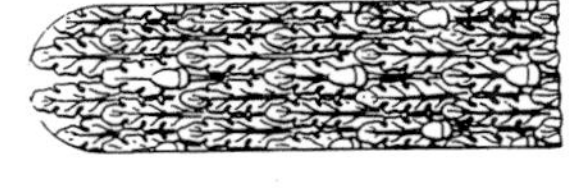

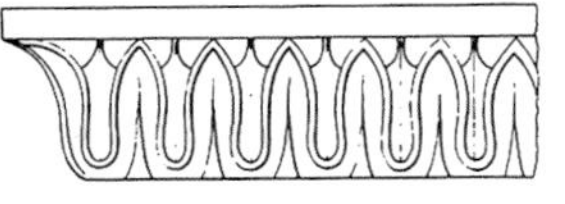

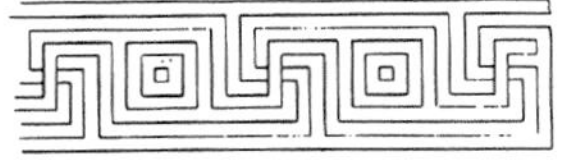

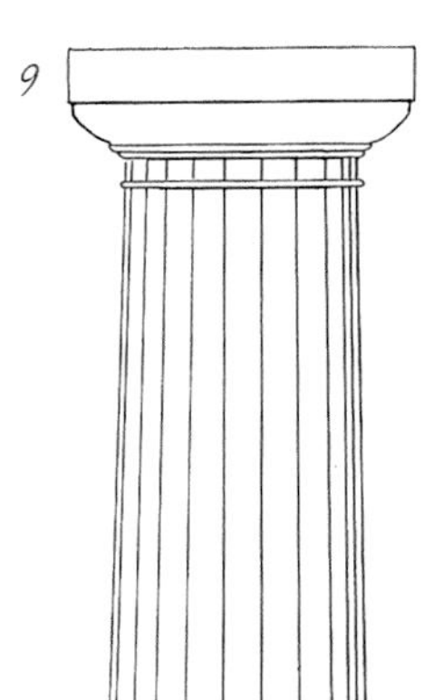

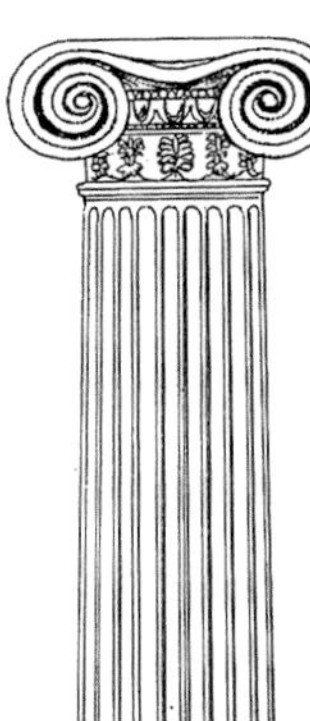

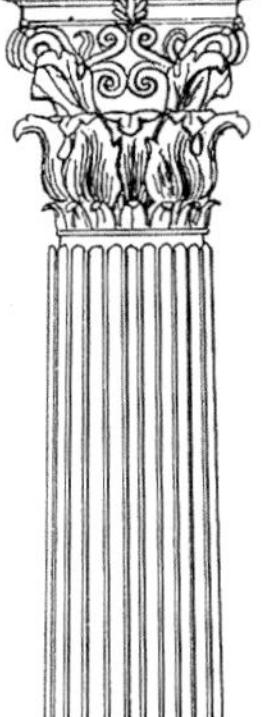

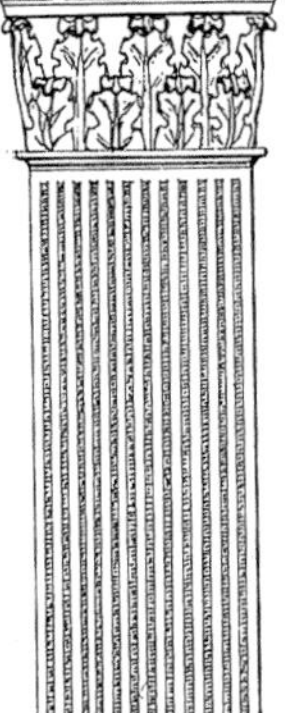

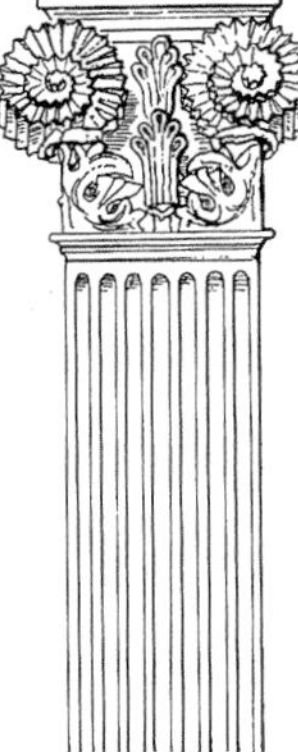

9. 19世纪早期受欢迎的古典柱式。前三个分别是多立克式、爱奥尼亚式和科林斯式，与18世纪使用的那些柱式相比，这些都是非常经典的古希腊柱式形式：乔治亚式柱式是基于罗马对较早的希腊柱式的发展为基础而形成的。如图所示的另外两个古怪而新颖的形式在摄政时期的英国也十分普遍：科林斯式壁柱和“斑彩螺柱式”［由阿蒙·怀尔德斯（Amon Wilds）引入］。这些柱式均用于19世纪20年代的建筑外立面装饰。

1

2

3

1. 早期伦敦摄政风格门框通常采用的一种精妙做法，约翰·索恩爵士设计。

2. 来自18世纪爱丁堡住宅华丽的摄政风格木门，细部造型暗示了它是双扇对开门。丰富的镶板线脚其转角处的圆形饰物属于新希腊风格语汇。*SP*

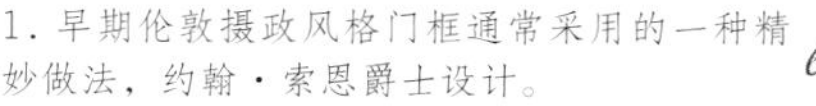

4

5

6

3. 比例优美的室内木门。有六块镶板，门套上开有线槽，并且转角处有角块。这组门使用质地柔软的木材，又涂刷木纹漆饰面。*KH*

4. 伦敦约翰·索恩爵士住宅中会客厅使用的品质上乘的高大双扇门。门框窄而平。门扇平齐，没有凸凹的镶板，由桃花心木制成，带有黑色的框线装饰。*LIF*

5. 具有代表性的室内木门细部，带有嵌锁、黄铜球形把手和锁眼盖。在这个时期非常时髦的做法是用木漆模仿花梨木或桃花心木的纹理，这个案例达到了非常理想的效果。*GV*

6. 伦敦查尔斯·狄更斯住宅中的曲面室内木门。宽又平的框缘线条与扁又平的鼓面镶板相呼应，镶板带有狭凹槽的边带（V形截面）。*DK*

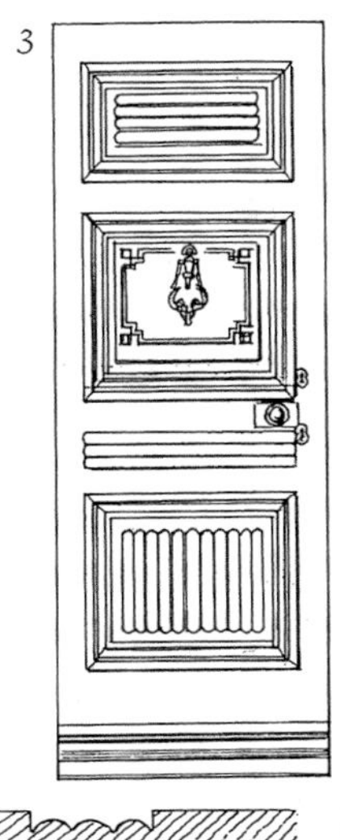
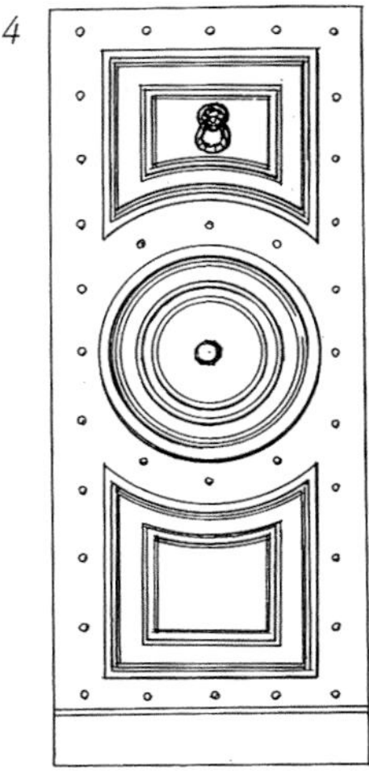

1～4. 沿街的四处大门，受到新古典主义设计中古典大门样式的影响。分别为来自布赖顿的门，约1810年；来自巴斯市的带有花格镶板和圆花饰的一组门；来自布赖顿的装饰丰富的门，约1815年；来自伦敦摄政公园的一扇中间带有圆形饰物的门，约1812年。

5. 立梃、门线和门板的典型剖面形式。

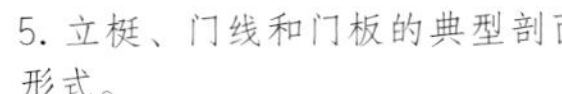
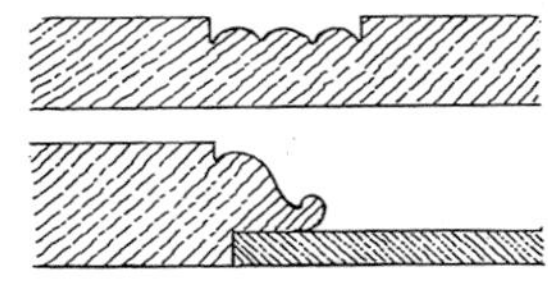
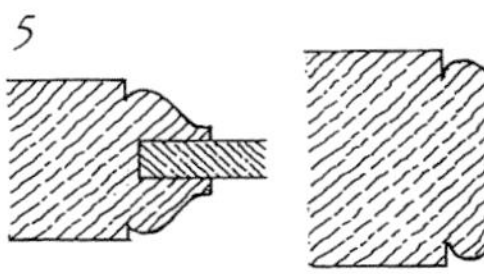

6. 锻铁制成的扇形窗窗格，与外拱是同心圆弧，约1810年。

7. 矩形上亮的窗格是铅质的。卷曲的条带中经常嵌入彩色玻璃。

8. 来自克利夫顿的星形扇形窗，布里斯托尔，约1815年。

9. 1815年的一扇室内门，框缘上带有连续的图案，转角带有圆形饰物。

10. 非常具有设计感的室内门框，带有浅平的三角楣饰、山墙顶饰（装饰性端头构件）和狮头垂球雕饰。

11. 暗门的图解，平齐的门板隐藏在墙中，1825年。NN

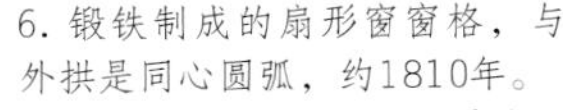

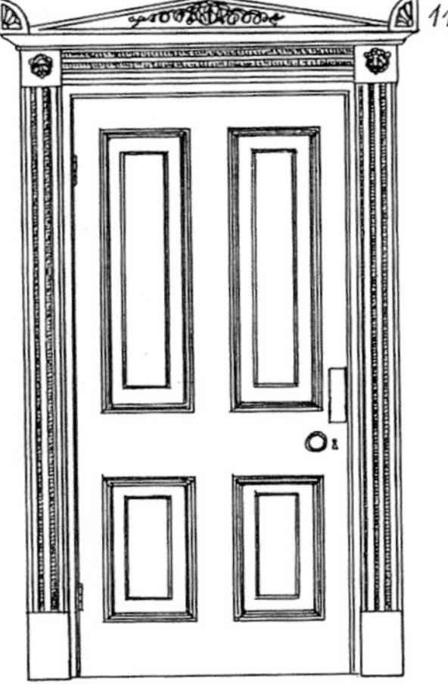
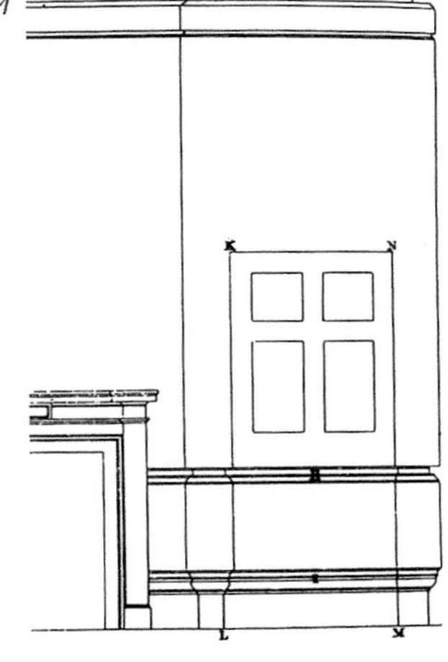

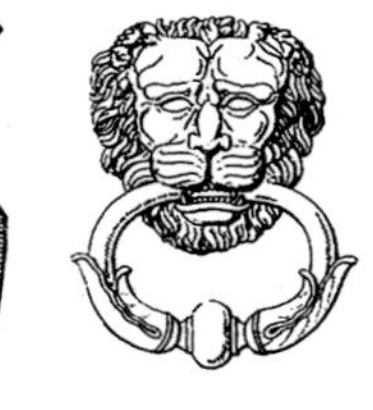
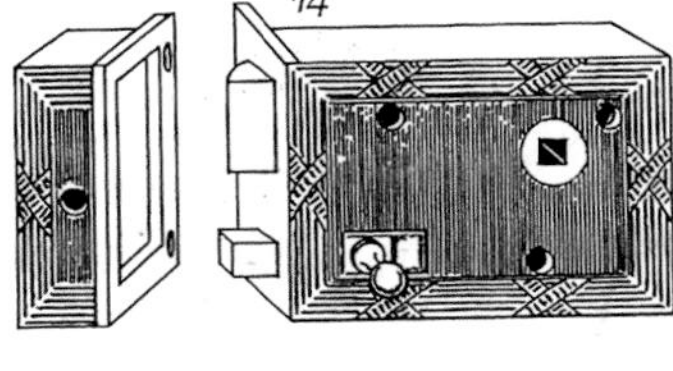

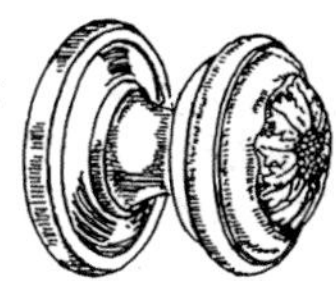

门的五金样式，1800—1830年。

12. 这个时期出现了丰富多样的门环形式。

13. 前门配有关门用的结实把手。

14. 室内门有铁制和铜制的明装弹簧锁，如图所示，或新型的暗装弹簧锁。

15. 球形门把手，开始替代下垂式门把手，通常由黄铜制作，大约1830年出现了瓷制的把手。

16. 回纹式黄铜推门板是一种典型形式。

窗

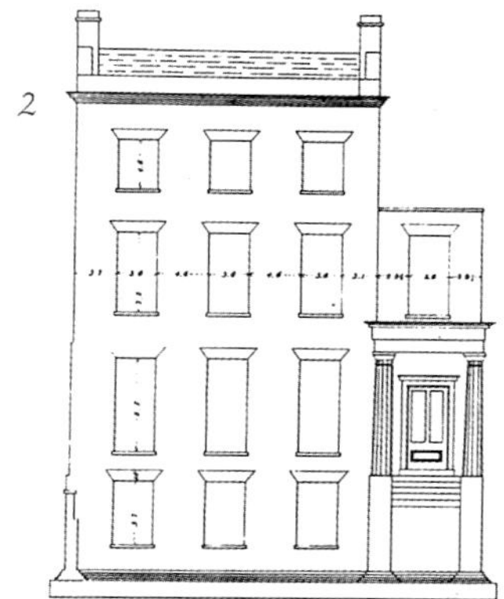

1. 典型的简单拱形落地窗，1815—1830年，哥特式的纤细的玻璃格条富有生机。

2. 19世纪早期城镇住宅的布窗方式，来自约翰·里德的《初级测量员指导书》（*The Young Surveyor's Preceptor*）一书，提供了测量建筑宽度和窗户尺寸的方法。*YS*

3. 乡村和临海住宅的设计比城市联排住宅更为自由。重点在弓形窗上而非大门。案例来自埃克塞特，德文郡。精巧的铸铁阳台可用于赏景的乐趣。

18世纪统一性和规则性的设计理念依旧影响着摄政时期英国建筑的布窗方式。在1800年左右非常强调比例关系，到了1830年左右逐渐得到改变，尽管入口层上部楼层那些细长的客厅窗户，仍然是这一时期人们的主要喜好。这种对优雅形式的兴趣也反映在日渐变薄的玻璃格条上，这时候的窗梃比之前的任何时候都薄，而且剖面尖锐复杂，很有特点。大约从1815年开始，传统玻璃窗的窗框和简单的方形窗扇，通过增加窄框或“边条”发生了变化。通常使用红色或其他颜色的玻璃。富有魅力、形式新颖的法式落地门广受欢迎，无论在城市还是乡村的住宅建筑中，都会设有通向后花园的法式门。精致的弓形窗、木制或铁艺廊台，也为建筑带来了良好的观感。

这个时期折叠式遮阳窗仍很普遍，当时的装饰图集出版物争相出版，扩展了具有独创性的窗户装饰系统。上下或水平推拉窗为数不多；标准的是多扇折叠式窗户，并能够固定在平整或倾斜的窗套中，这种做法一直保持至19世纪40年代晚期不再使用百叶窗为止。

1

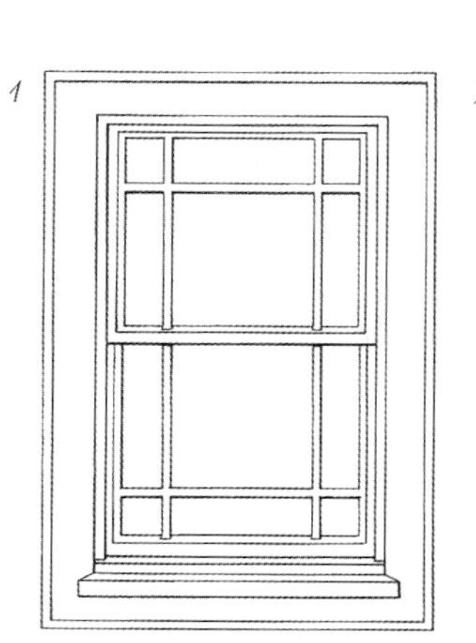

2

3

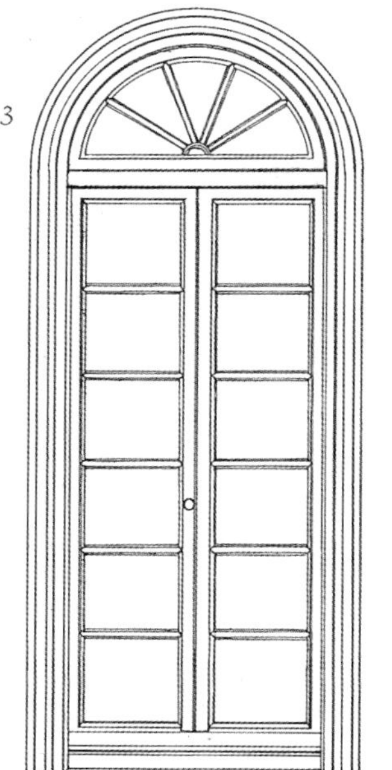

4

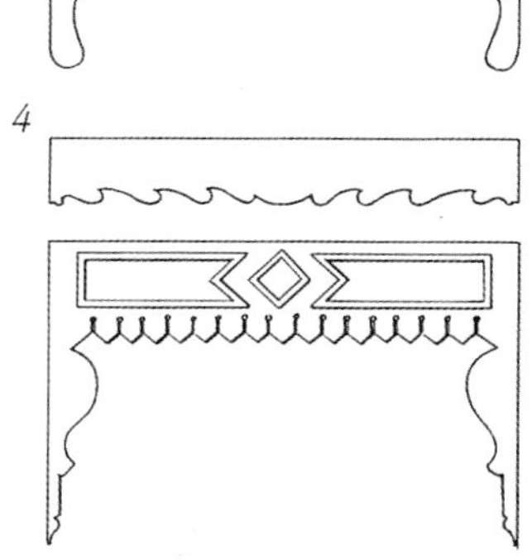

1和2. 19世纪早期独特的新颖玻璃窗样式。窄框中镶嵌着红色或蓝色的玻璃。

3. 一扇通长的玻璃平开窗，通常称为落地窗。

4. 折叠帆布式遮阳棚的木制横梁饰带，1820—1835年。

5. 1823年一处哥特式窗户的造型。摄政时期的复兴派青睐的垂直哥特式。AT

5

6

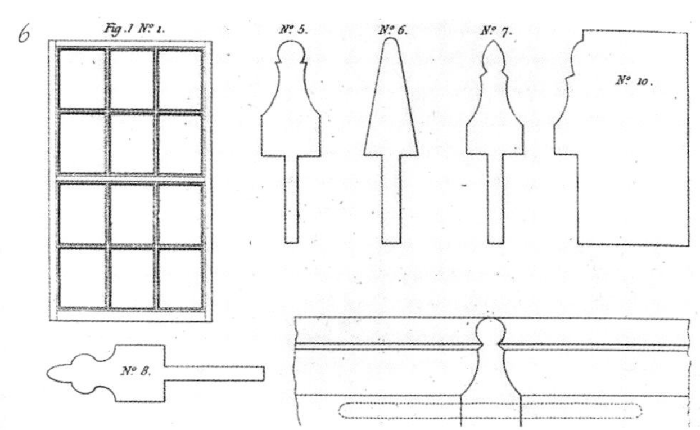

6. 19世纪早期典型串珠饰（玻璃格条）。NN

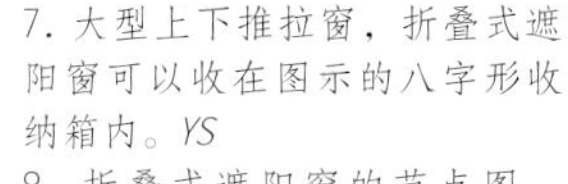

7. 大型上下推拉窗，折叠式遮阳窗可以收在图示的八字形收纳箱内。YS

8. 折叠式遮阳窗的节点图，在19世纪上半叶很常见，来自1825年彼得·尼科尔森的《建造者的新实践》。左图是当百叶窗不使用时，把两三片折叶折叠在窗户的直角处，这是最常见的一种方式。另一种替代方法是一种八字形收纳箱，与方形的箱体相比可以得到更大的采光面。其他节点图（下图），折叠窗平行折叠于窗侧，这种情况在城镇住宅中并不常见，更多地出现在乡村地区。NN

7

8

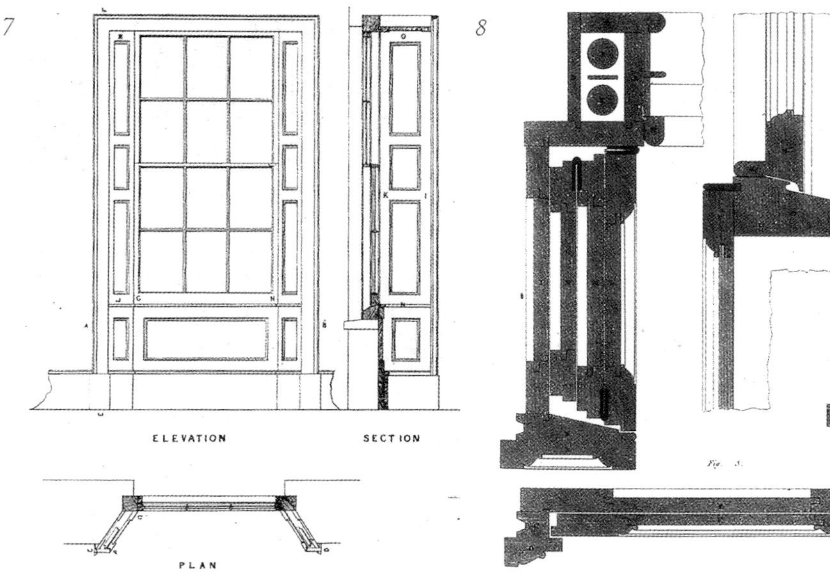

1. 1815—1835年间，传统城市住宅的前会客厅有两到三个落地式上下推拉窗，通常在入口层上部楼层中都可以看到。图中的铸铁阳台栏杆是大批量生产的标准款式。

2. 面向花园抬高的低层或面向优美景观的住宅立面上，通常设有通过开向阳台或平台的落地窗。窗户的顶部安装了带有装饰性横梁饰带的固定遮阳带。

3. 约翰·索恩爵士住宅的会客厅，伦敦。原建筑有直接开向敞廊的落地窗。1832年，索恩爵士在敞廊上安装了玻璃，并移除了原有的窗户以增大房间的面积。*LIF*

4. 通向花园的法式落地门，约1820年。边缘的窄框内如果装上彩色玻璃，就会为景色增加奇妙的魅力。*M*

5. 19世纪20年代，来自约翰·济慈住宅的花园门，汉普斯特德，伦敦。有浅浅的遮阳扇和八字形收纳盒，边缘的窄框内依旧保留着十分少见的彩色蚀刻玻璃。*KH*

6. 18世纪晚期和19世纪早期，在乡村和临海地区流行的曲面形窗户。这个案例来自多克赖斯特彻奇，多塞特郡。

墙面

出自乔治·史密斯《木作工匠和家具商指南》（*Cabinet Maker's and Upholsterer's Guide*）书中的墙面设计，1826年。这种带有伊特鲁里亚风格的装饰，大致是基于罗马晚期的镶板风格，以及庞贝古城的柱式，同时也受到了当时法国审美情调的影响。CU

英国摄政时期的建筑师和工匠，是最后一批在设计中遵从墙面分为檐口、墙板和墙裙建筑规则的人，这种划分来源于五种经典柱式的比例法则。纵观这一时期，在任何一栋富丽堂皇的住宅中都可以看到准确的檐口线脚、护墙板、护壁板顶木条或踢脚板。装饰的重点通常是墙板的主体部分，使用简单或富有想象力的石膏装饰线脚，涂刷涂料或者特殊工艺的油漆，或者贴墙纸。在这一时期，墙纸变得越来越流行，到处可见，但是丝绸和其他纤维织物依然属于奢侈品。

对建筑细部形式的处理，通过提炼传统做法以及当时推行的新古典主义风格来实现，包括浮雕造型及错视画效果。当时的建筑图集对整个墙面的色彩搭配特点起到了重要作用。许多出现于18世纪中期的设计，多是基于庞贝古城的壁画遗迹发展而来，并成为一种独有的设计时尚，许多其他异域风情艺术或历史形式也是创作灵感的来源。在当时多样化的设计风格中，具有中国、土耳其、埃及或哥特式风格的住宅随处可见，遗憾的是保存下来的很少。

1 

2 

1和2.一种经常用于大厅墙面和楼梯间墙面做工精良的墙裙，通常涂饰成模仿石材或大理石的效果。这两个精彩的案例均来自约翰·索恩爵士在伦敦的住宅。*LIF*

3.1815—1840年间，一种典型的简洁墙裙。踢脚板通常是一条独立的水平板，宽度大约20cm，顶端有线脚。这个时期的墙裙以木制为主，而护壁板顶木条以上的墙板则涂以灰泥。白色的石材颜色与墙板形成对比，是一种最受欢迎的墙裙形式，而实用的深绿色和巧克力色通常成为走廊的首选。*DK*

3 

4 

5 

4.一处墙体正视图，出自1825年约翰·荀尔迪柯特（John Goldicutt）的著作《庞贝古城装饰范例集》（*Treatise Specimens of Ancient Decorations from Pompeii*）。约翰·荀尔迪柯特的图例遵循考古学上的精确性而整理，被设计师和室内设计师广为运用。在普通住宅里，墙裙和墙板的比例和范围也依照规则完成，但是雕带的数量减少了，以适应英国房间的标准高度。*JG*

5.一处罗马风格的豪华餐厅墙面的设计图。墙裙上面是真正大理石材质的壁柱或绘制的错视画，雕塑丰富的壁龛配合了整个大空间。*CU*

天棚

约翰·索恩爵士住宅的早餐厅，位于伦敦林肯因河广场，建于1812年。球形天棚由下方的四段拱撑起，属于约翰·索恩"构成诗意建筑的新奇效果"愿景里最为别出心裁的一处设计。凸面镜镶嵌在四角的圆形饰物之中。*LIF*

摄政时期天棚装饰与18世纪晚期建筑师追求的复杂风格相比具有明显的变化。纵观这一时期的天棚，可以发现装饰趋向于简化，局限于檐口的线条、天棚平面的秩序和中心玫瑰圆盘饰/圆形浮雕等都反映出这一点。与此同时，装饰形式和样式出现了更加简约的倾向。天棚边线或连续的装饰檐口替代了细长的叶形装饰，造型形式基于晚期罗马建筑的丰富形式和厚重而古典的装饰图案，以及基于希腊程式化的花状平纹或其他图案。中心玫瑰圆盘饰/圆形浮雕装饰构件类似，也是基于枝形吊灯或其他更加简单的灯具发展而来，并展现出丰富的式样，最常见的是圆花饰和圆盘饰的组合图案，四周带有放射形的棕叶饰或其他叶饰。摄政时期晚期和维多利亚女王时代伊始，在风格品位上出现了又一个显著的变化，即自然主义风格装饰开始受到欢迎。

当时的供应商提供了大量纯正的建筑装饰构件，许多出色的实物得以留存至今，但精妙的铸件细部经过后来的层层粉刷和油漆，已经变得非常粗糙。

1. 石膏玫瑰圆盘饰/圆形浮雕逐渐成为天棚上唯一的装饰物。第一个案例是来自比弗城堡具有摄政时期风格的华美的棕叶饰，诺丁汉郡。其他的来自巴斯市，约1830年，展现了常规的希腊图案和蜿蜒的枝叶形图案。

2. 装饰有希腊花纹的石膏檐口，与最后一个玫瑰圆盘饰/圆形浮雕出自同一房间。

3. 方格形装饰的拱，每一个方格内都浇铸有卵锚饰构件，约1820年。

4. 由约翰·纳什设计的法式菱形花格的檐口（全部由重复的小图案组成），来自卡尔顿住宅的门廊，圣詹姆斯，伦敦，1827—1832年。

5. 带有希腊元素的石膏檐口线脚，来自比弗城堡。

6. 图中“玫瑰”和其他花卉图案，来自1824年刘易斯·诺克尔斯·科廷厄姆（Lewis Nockalls Cottingham，1787—1847年）编撰的《铁匠和翻砂工指南》（*Smith and Founder's Director*）一书。这本书非常具有影响力，起初主要用于铸铁装饰，但后来迅速被石膏制品采用。*SF*

7. 1800—1830年间典型的檐口装饰细节。如果不是因为多次翻修涂覆，这些花纹的古典细节会更加鲜活逼真：菱形的传统花饰和“雨珠饰”（小型放射物，常见于多立克柱式的框缘）饰板交替出现，来自道提街查尔斯·狄更斯住宅，伦敦。*DK*

地面

来自1825年约翰·荀尔迪柯特的著作《庞贝古城装饰范例集》中的马赛克步道示例，这种精致的组合和大胆的图案设计，表现出摄政时期的艺术品位。79年，当维苏威火山爆发时，意大利南部城镇被熔岩覆盖，直至1748年才发掘出这些宝贵的财富。JG

在大多数多层住宅的标准楼层中，仍然铺设横跨搁栅的木板。采用着色、磨光，甚至描画或者涂漆的方式处理冷杉木板（冷杉或松树），是当时的常见做法；法式木地板讲究运用更好的木材或拼花地板和镶嵌品，但仅限于那些极其奢华的房间。

大型城市住宅和一些类似规模的住宅门厅依旧使用石材铺地。在联排住宅和乡村或城郊别墅中，石材则被认为是最适合用于厨房和地下室的材料。当时一些介绍样式图案的书籍中，都能看到大厅地面马赛克的图案，这种做法一直流行至19世纪中叶。人们偏爱的装饰样式或图案源自于考古学发现，且往往包含诸如“Salve（欢迎）”等的文字图案。

地毯需求量逐步增加，甚至一些收入不高的家庭也开始使用。英国制造的“土耳其风格”地毯和其他传统式样的地毯，如绒面地毯、毛圈地毯、平织的布鲁塞尔风格地毯在市场上相互竞争。相对更便宜的无绒毛地毯、苏格兰风格地毯和粗线地毯也同样受到欢迎。最流行的室内设计会选择全花图案的满铺地毯（缝合在一起的窄幅地毯），或者整体带边饰地毯，这些地毯按照传统的条带编织方式制成，能够轻松地满足不同的空间尺寸。

1. 常见的用于普通房间典型的冷杉木板（冷杉或松树）。宽度比18世纪的地板窄，平均宽度为18～23cm。

2. 1820—1830年间由詹姆斯·怀特设计的复杂拼花地板边带，中间铺设定制尺寸的地毯。

3. 人造大理石（抛光后的参有硬化剂和着色剂的大理石粉硬化地面）用于模仿大理石镶嵌，来自贝瑞荷利住宅，斯坦福，林肯郡，1801—1803年。

4. 来自1825年约翰·荀尔迪柯特著作《庞贝古城装饰范例集》中的马赛克地面。这些图案均用于特定的空间，如“欢迎”字样的拼图会置于入口大厅。JG

5. 地板边带装饰图案，马赛克镶嵌工艺，出自1822年彼得·尼科尔森的《建造者的实践》（*Practical Builder*）一书。PB

6. 在摄政时期，随着满铺地毯的地面形式出现，地毯充当了新型装饰的重要角色。地毯的图案样式有全花式的，也可以通过剪裁来配合房间的设计需要。这两款由伍沃德·格罗夫纳为布鲁塞尔风格地毯设计的图案，可以追溯至1827年和1834年。布鲁塞尔风格地毯采用毛圈编制工艺，可以剪成更柔软的“威尔顿”地毯。这两种类型的地毯最大的好处是非常耐用。WO

壁炉

这个壁炉是约翰·索恩爵士为自己在伦敦林肯因河广场的住宅设计，位于餐厅里，壁炉套采用白色大理石。索恩采取了这种矫揉造作却又非常有效的设计，使用条纹状的简单装饰线条。在1812年建造完成。*LIF*

与18世纪的式样相比，摄政时壁炉架的轮廓与造型变得更简约了。简单方形基座的平直侧壁支撑着水平过梁，上檐的表面平整。在这一时期最具特色的壁炉架的式样中，减去了构件上的小凸嵌线装饰和转角处的圆形饰物。壁炉架的上檐变成整体的薄架，两侧伸出，深度增加，边缘通常带有凹槽。尺寸变大的原因是因为人们开始在上面摆设壁炉钟，以及诸如蜡烛架和蜡烛罩之类的物件。最受欢迎的壁炉上檐材料是乳白色带有雕刻大理石，或带有浅纹的灰色或白色大理石。更为奢华的设计，偶尔还会使用斑岩或其他稀有的彩色大理石等奢华的材料。在比较简单的房屋里，壁炉上檐则是木制的，通常用油漆漆成仿大理石效果，或者饰以合成材料（含有纸或木浆、白垩粉和胶水的混合物，可以塑制成型，安装到硬饰面上）。

钢制炉箅十分少见，一般用在非常精美的房间里，卡伦公司等铸铁制造商几乎能够提供满足各种不同需求的产品。雅致的铁架炉箅依旧流行，但到19世纪20年代末，性能更佳且带节气门的新型可调式炉箅出现并广泛使用，尤其在城市中。

1. 壁炉架中部的雕刻牌匾一直流行到1825年。
2. 有凹槽的侧壁和角部圆形饰物：摄政时期最普遍的壁炉样式。
3. 约1820年，索恩模式的“希腊式”造型。
4. 宽侧壁和饱满的叶子造型是19世纪30年代的典型形式。
5. 直到19世纪20年代，埃及图案还在流行。
6. 来自哥特复兴式住宅的中世纪晚期的模式。

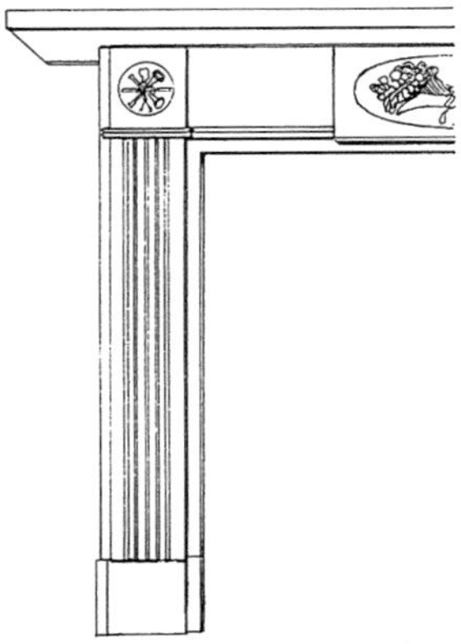

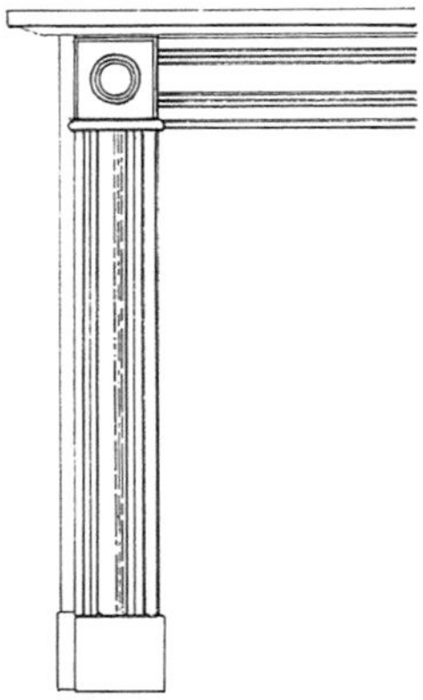

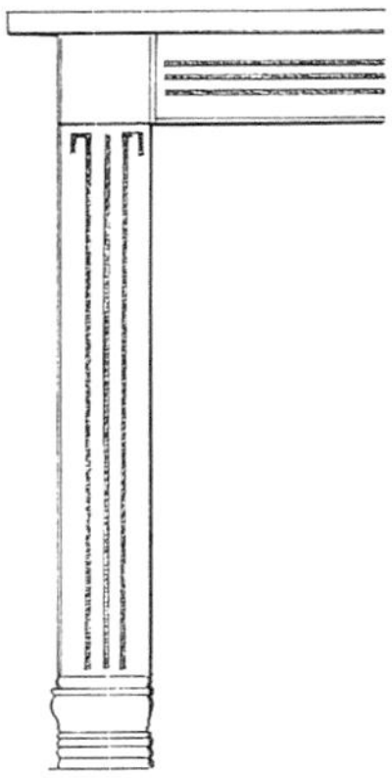

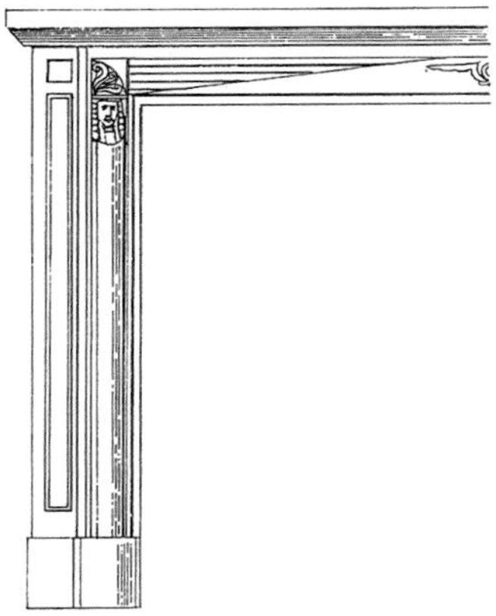

7. 梅森（Mason）的《新奇的铁矿石（玻璃马赛克）》[*Patent Ironstone*（*glazed Ceramic*）]一书中的“东方风格”图案，约1813—1820年。
8. 1822年，彼得·尼科尔森的《建造者的实践》是所有建筑承包商和建筑商（为获取利润而建造房屋的人）的权威图书。但是对于壁炉，这部书只给出了很少的案例，估计是因为壁炉一般都是直接从生产商购买。只有那些有特殊要求的住宅才会进行专门的设计。这个希腊式的壁炉架造型是由英国皇家雕塑家彼得·特纳利完成的。*PB*
9. 一个美观的哥特复兴式风格的带有全套设施的壁炉，15世纪的装饰细节结合了摄政时期的结构形式。*AK*
10. 1820—1830年间，一个样式出众的壁炉及其设施（炉箅和炉围）。这个案例显示了重塑路易十四风格的法国品位带来的影响。这个巨大的壁炉套由大理石建造，通常为紫红色，且有青铜镀金嵌花的装饰。优雅的炉箅为钢制。*AK*

1

2

3
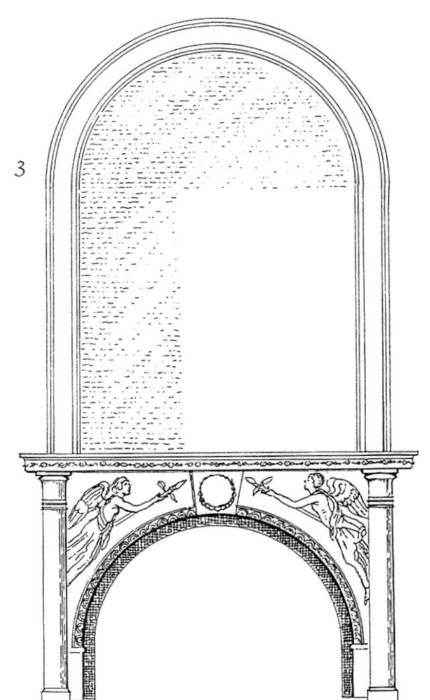

4

摄政时期风格时尚的会客厅壁炉，由壁炉装饰镜架装饰。

1. 标准的带有凹槽形边框的装饰镜，配有标准的角部圆形饰物。

2. 带有希腊和埃及元素的壁炉套，上部为带有镀金的精致镜框，约1810年。

3. 一个细致的壁炉造型，法国式的壁炉架拱洞和镜框外形相呼应。来自托马斯·霍普（Thomas Hope，1769—1831年）的迪普戴纳住宅，萨里郡，约1806—1820年。

4. 壁炉架和与之相匹配的炉箅，来自鲁道夫·阿克曼的《艺术、文学、时尚等》，19世纪早期。统一的主题和充足的比例是典型的大客厅壁炉样式。壁炉架是黑色大理石和钢制炉箅，所有柄、座都是镀金的。AK

5. 这个案例表现了改进型壁炉特征，炉膛侧壁倾斜，提高了燃烧的效率。AK

6. 来自鲁道夫·阿克曼的宏伟的埃及式全套家具。AK

6

5

1

2

1. 苍白的、纹理明显的大理石纹壁炉架，来自伦敦国王十字车站圣·乍得街的住宅。宽侧壁和厚重的卷曲托架属于19世纪30年代的普遍形式。GV

2. 铸铁铁架炉箅，是19世纪20—30年代拘谨形式壁炉的代表。缓和曲线形式的炉条下部的三个球形物，出自当时的椅背造型。GV

3. 19世纪30年代，哥特式复兴风格的简单而又美观的炉套形式（嵌入砖砌拱形门是后来添加的，煤气取暖炉可追溯至20世纪20年代）。GV

4. 1812年，约翰·索恩爵士为自家住宅的早餐厅设计了这个采用带化石的黑色大理石壁炉架，并镶嵌有古典的浮雕。LIF

3

4

5

5. 从19世纪20年代晚期到40年代末，流行洛可可复兴风格。KH

6. 一套精美的铸铁壁炉设施，约1835年。炉箅后背有一个洛可可细节的壁炉背墙。雄狮和独角兽是铁制壁炉柴架。

6

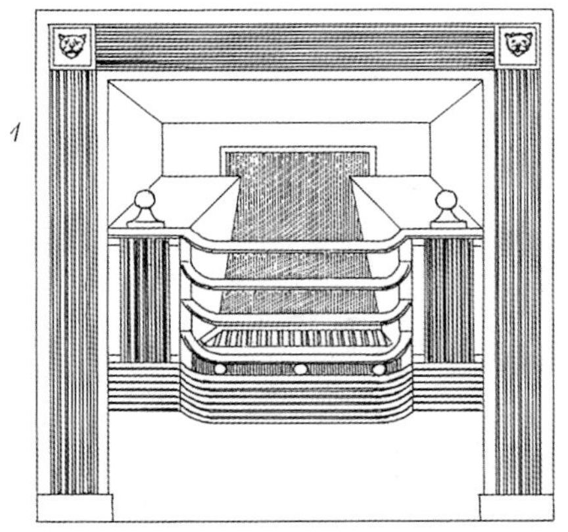

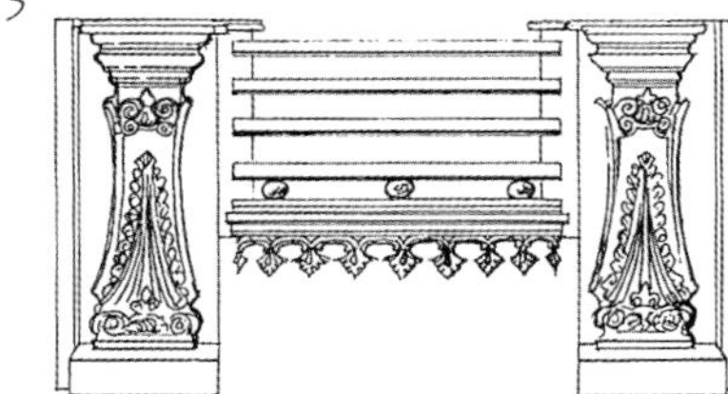

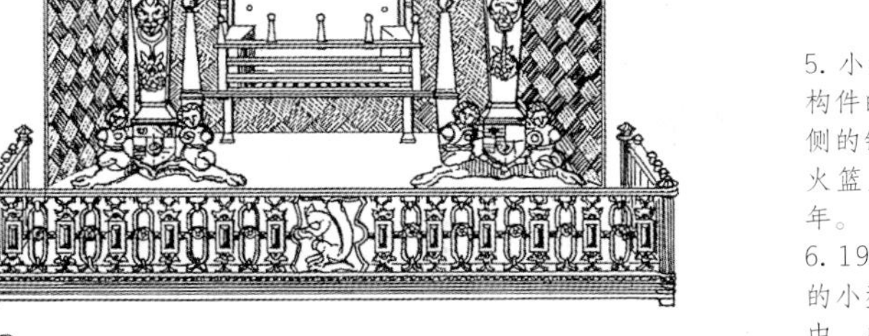

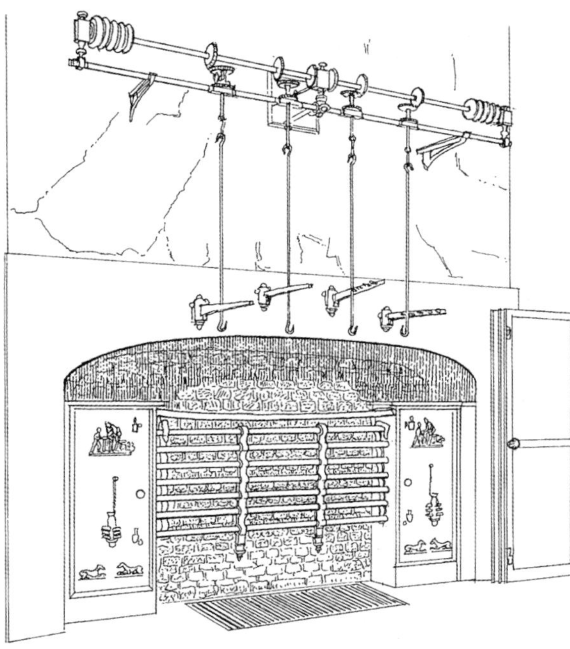

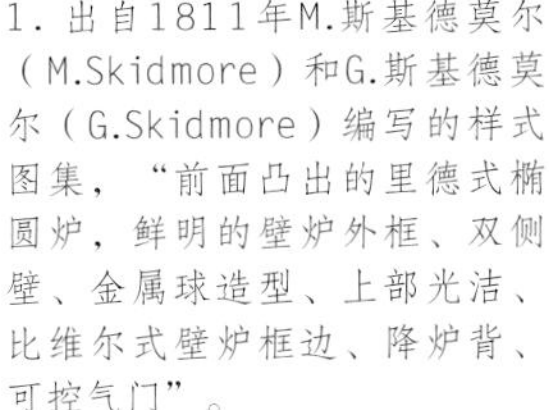

1. 出自1811年M.斯基德莫尔（M.Skidmore）和G.斯基德莫尔（G.Skidmore）编写的样式图集，“前面凸出的里德式椭圆炉，鲜明的壁炉外框、双侧壁、金属球造型、上部光洁、比维尔式壁炉框边、降炉背、可控气门”。

2. 造型雅致的“天鹅巢”铁架炉箅，椭圆形的面板，装饰有威尔士王子羽形饰，制造年代不晚于1820年。

3. 形式大胆、造型优美的新古典风格独立式炉箅，可以在早期住宅的装修改造中将其增设到房间里。19世纪20年代，埃克塞特的马洛克住宅。

4. 一个形式混乱的设计案例，其中哥特复兴式面板和侧壁与无力的洛可可细部结合在一起，很不成功，约1830年。

5. 小型的铁架炉箅，估计由铸铁构件的创始者卡伦公司生产。两侧的铸件有饱满的树叶装饰，而火篮则是哥特式风格，约1820年。

6. 19世纪早期，哥特复兴式风格的小型炉箅。可以镶嵌在大壁炉中，也可以独立设置。

7. 一整套铸铁炉箅部品，包括固定壁炉背墙、壁炉柴架、菱形花纹侧壁和男爵式炉围，约1825年为伯明翰阿斯顿庄园设计。

8. 大型乡间别墅的厨房炉灶，有铸铁炉盘和石材炉边。上面设置了由“升降机”驱动的带卷轴的炊具挂钩，以及调节烟囱气流的叶片。

楼梯

约翰·索恩爵士住宅中的主楼梯，林肯因河广场，伦敦，1812年。这部在不规则空间内构筑的悬臂式楼梯非常大胆，注意深色大理石侧墙收边线。*LIF*

这一时期的楼梯，仍然是英国住宅中体现身份的重要标志之一。楼梯的结构、工艺和材料都符合严格的价值尺度。最豪华住宅楼梯的主要梯段会用石材建造，从墙体悬挑出，踏步有厚重的线脚或形式分明的凸起轮廓，梯阶端头或简单无装饰，或带有细节雕饰。石材楼梯配以优美的红木扶手，支撑在金属栏板或栏杆柱上。这一时期的锻铁和钢材装饰构件已经被各式铸铁饰品取代，在各类图集中可以清楚地看到那些曾经备受重视的古典铸铁装饰图案。

普通住宅的楼梯（包括较高品质住宅的上层梯段和第二部楼梯）则多为木制，类似18世纪后期的那种简朴优雅的样式。通常使用“开放式梯梁”式结构，桃花心木制作的扶手自上蜿蜒而下。每级踏步设置两个形式简单方形断面的栏杆柱。装饰通常仅限于梯级前缘下的简单线脚和楼梯端柱上部车削的细部造型，使其形成了纤细的效果。除扶手外所有部分均施以暗色或透纹面漆，踏步通常会钉上朴素厚实的粗线地毯。

1

1. 19世纪20年代和30年代，时尚住宅中最具代表性的三种楼梯样式。都有着简单的木制细节、桃花心木扶手和正方形横截面的栏杆柱。第一个案例最朴素，封闭式梯梁构造（栏杆柱固定在斜板上）。最后一个案例的梯级前缘镶有定型线脚收口，踏步下面的装饰属于18世纪的样式，但较为简单。*DK, GV, GV*

2. 约翰·索恩爵士伦敦住宅的主楼梯，石阶带有深梯级前缘，在1中也有此例。桃花心木的扶手下面是金属栏杆，栏杆之间有菱形的装饰。*LIF*

2

3. 楼梯造型出自彼得·尼克尔森的《建造者的新实践》，1825年。尼克尔森提供了大量楼梯和栏杆的几何形方案。

4. 亨利·肖（Henry Shaw）的《铁艺装饰图鉴》（*Ornamental Metal Work*）书中的一页，为各种铸铁“楼梯栏杆”示意图，1836年。亨利·肖设计的较为简单的栏杆是在一个台阶上设置两根栏杆柱，而较为复杂的类型，则是一个台阶一根栏杆柱。*EO*

3

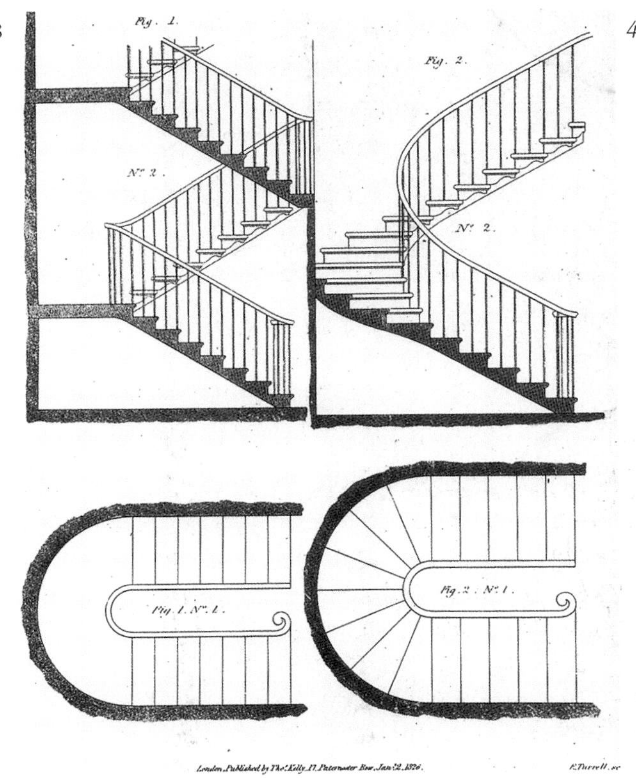

4

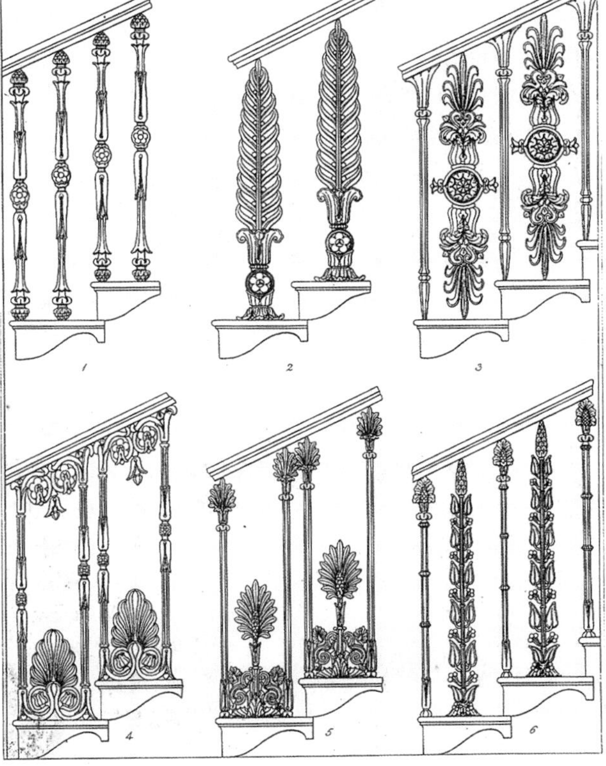

1. 具有乔治亚时代末期艺术风格特点的简单精致的普通住宅楼梯。这里的装饰仅存在于向上收窄的楼梯端柱，以及梯阶端头的优雅轮廓。

2. 从18世纪末期到19世纪初期，楼梯都被看作一个重点的住宅部件。在此案例中沿着蜿蜒而上的楼梯，扶手急剧增高。

3. 来自坎伯威尔的一处普通楼梯，伦敦，约1800年。其扶手和正方形断面的栏杆柱随着梯段的升高，“消失”在上面的台阶里。

4. 简洁的栏杆柱，两根一组。

5. 来自巴斯市的普通栏杆，约1815年。栏杆柱之间的铸件装饰是希腊回纹饰和哥特纹饰的结合。

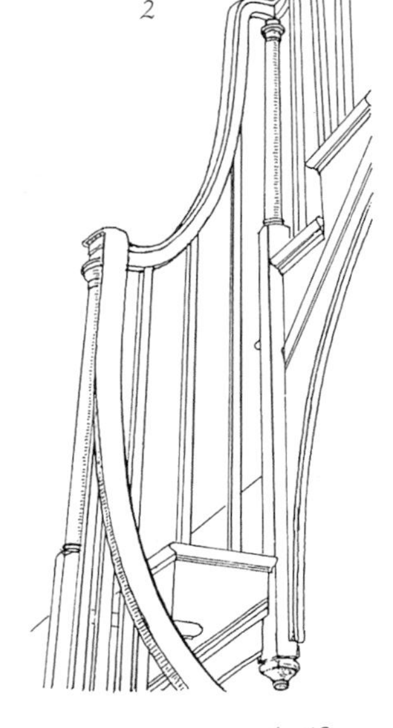

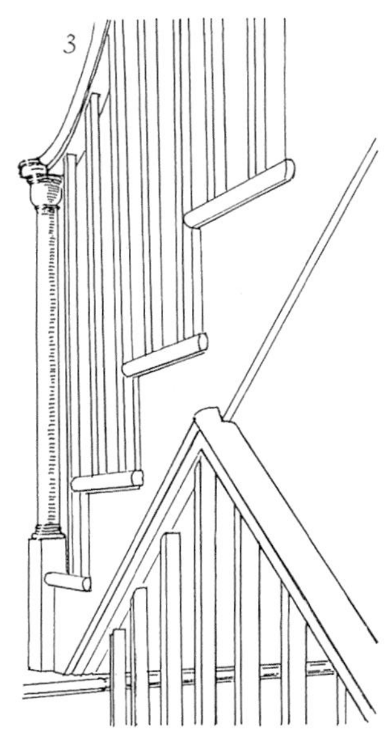

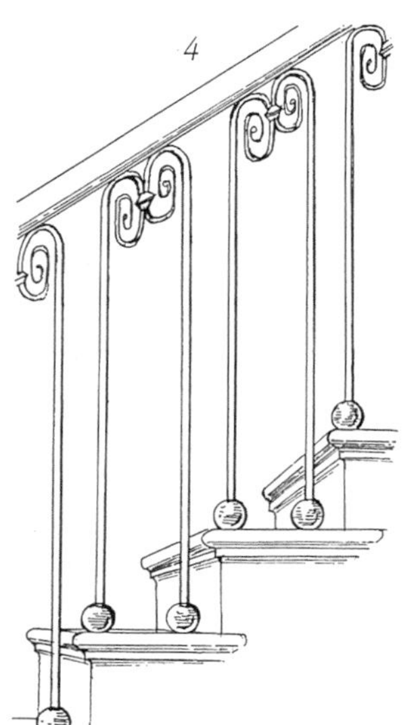

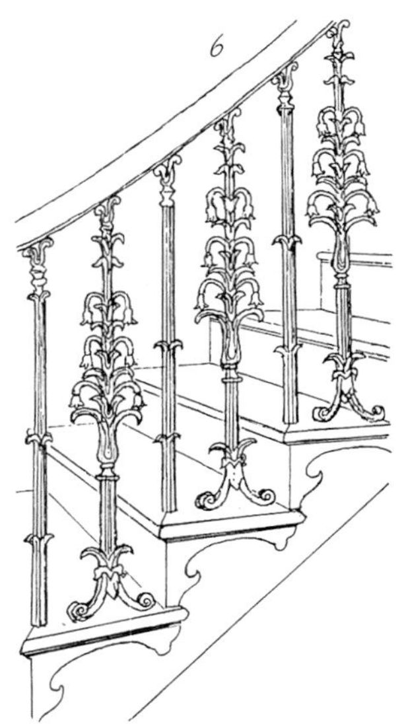

6. 精细制造的铸铁栏杆和风格化的百合花饰，约1830年。与亨利·肖的设计图鉴中的样例非常相似（参考P193）。

7. 大型圆形转楼梯的连续的铸铁栏杆细部，来自德文郡的住宅，伦敦，1840年由德文郡第六公爵所建。

8. 来自皇家官邸的楼梯，由约翰·纳什设计，布赖顿，1815—1822年。上漆的铸铁构件产生了如同竹子一样的错觉。

9. 雕刻繁复的桃花心木楼梯，带有古典风格晚期的味道，约1845年，来自奥斯本旅馆，切尔滕纳姆。

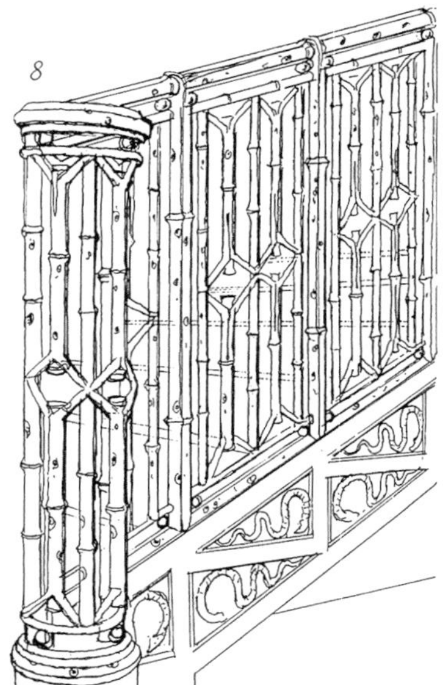

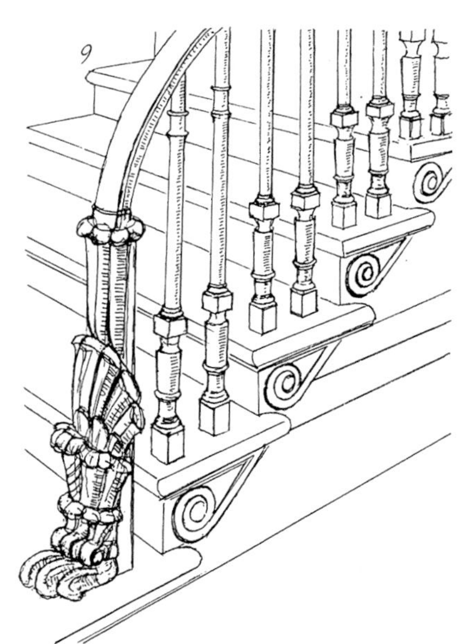

固定式家具

1 2

1. 一张版画，展示了新希腊风格的各式固定式搁板。这是1807年托马斯·霍普为他收藏的古董花瓶而装修的三个房间之一。这座位于公爵街住宅的其他两个房间都做了固定式的座椅和搁板。*HF*

2. 一个嵌入式的橱柜，约1820—1830年。中间门上的开孔是为了给储藏的亚麻制品通风。

3. 位于卡西奥伯里公园的图书馆，由约翰·布里顿（John Britton，1771—1857年）绘制，1837年。这种将图书室设计成家庭起居室的样式，是典型的英国摄政时期风格。*CP*

4. 酒窖搁板：这种隔开的存储空间形式从18—19世纪晚期几乎没有发生改变。*KH*

3

4

摄政时期朴素的风格受到推崇，与之后的历史时期在品位上形成了鲜明对比，再加上此时个人财产以现代标准而言普遍缺乏，使这一时期对储藏空间的需求相对较少。柜橱很少，尤其是在城镇住宅中。在卧室壁炉旁的角落里，常安置30～38cm深，带柜门的浅柜橱，通常装有挂衣钩，这样衣物可以直接挂在上面，而不像现在常见的那样侧着挂。同样，在主楼层有凹入墙面用来放置瓷器的固定柜橱和书架，有些配有小型翻板式写字台或固定式写字台。

在规模较大的住宅中，图书室里会有固定式书架，通常作为一种建筑特征。这一时期的图书室成为住宅中全家使用最频繁的房间之一。更多在艺术上有见地的绅士，像托马斯·霍普或是约翰·索恩爵士，会在接待室安置精心设计的固定家具，用来展示古董藏品。他们两位喜好古典风格，还有一些人则更欣赏哥特式风格的图书室和私人博物馆。

和18世纪一样，厨房和管家房间等佣人用房中的固定家具仍然不加装饰，讲求实用。

设施

1. 1811年，一个标有名字首字母和完工日期的雨水斗。

2. 19世纪20年代留存至今的一个很少见的物件——“铜锅”，一个固定在砖砌炉膛中的大尺寸容器，是这个时期常见的加热水的器皿。注意为了储存热量而做的木盖。*DK*

3. 用铅皮做成的水槽，带有木制的盒子形的外框，制作时在角部进行了加固。

4. 一个石制厨房水槽，仅由一个厚石板制成，砖柱支撑。用水龙头供应冷水，排水至室外排水沟。铅制管道有连接部分，即球根状的焊接连接。

5. 马桶的图示和施工方式。没有充足的供水和公共排水系统的厕所仍很常见。“供人方便的器具”在住宅选址时则尽可能远离住宅。*SB*

2

1

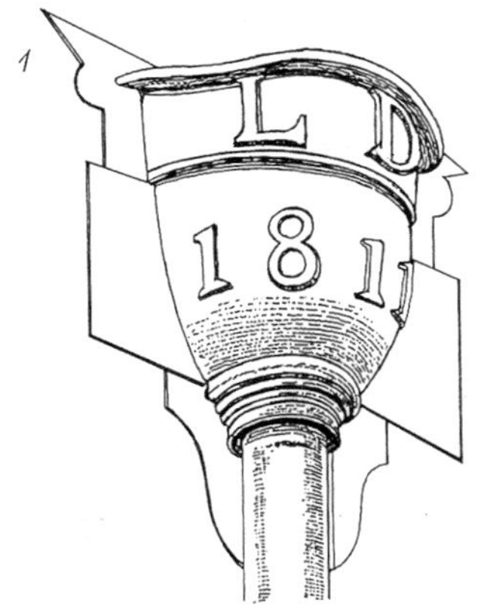

3

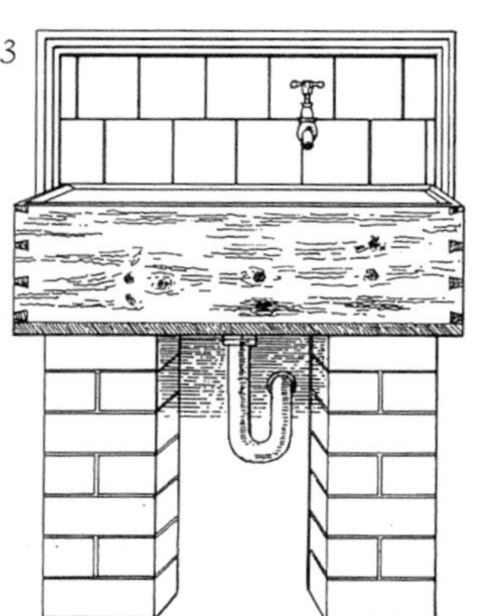

5

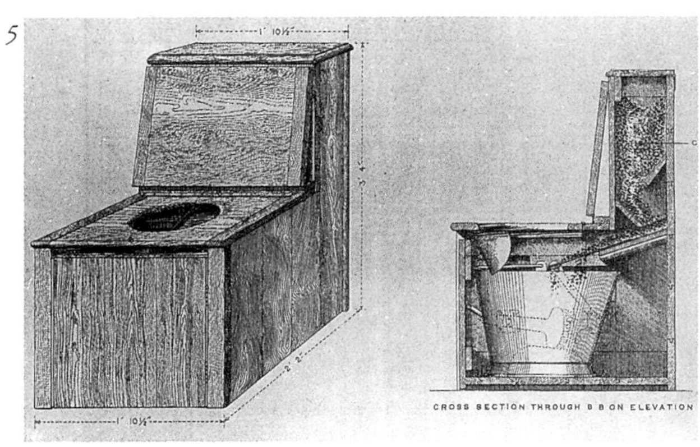

4

大多数英国住宅设施与18世纪晚期基本上没什么区别。供水方面仅取得了缓慢的进步，主要归功于铁管逐渐替代了木管。给水管漏水点的减少使水压得以提高，水能够被送到地面以上的楼层。在城市上流社会以及很多大型城镇中，供水的频率大幅度提高，伦敦最好的街区实现了稳定供给。在其他地区，尤其是贫困地区，一个供水口通常要服务很多家庭。

与之类似，富人区拥有良好的服务设施，而贫民区的设施还不完善或根本没有，形成了这一时期排水系统的总体特征。之前的做法是将雨水经由排水沟和排水管引入储水罐或者渗水坑里，但随着城市排水沟中废物的大量增加而产生了一个更大的问题，即现存的排水沟有被堵塞的危险，直到维多利亚时期的城市工程师才开始关注此类问题。

一般住宅的厨房中仍然只有一个水龙头（tap/faucet），接至公共供水或储水槽的水口上，水龙头安置在石制或铅制浅水槽的旁边。需要做饭或洗澡时，则用“铜锅”来烧热水。

灯具

1. 置入扇形窗内的蜡烛壁灯，来自布里斯托尔，1800—1810年。
2. 精美的枝形水晶灯，悬挂着钻石形状的垂饰，约1815年。
3～8. 用于室内外照明设计的灯具，来自刘易斯·诺克尔斯·科廷厄姆的《铁匠和翻砂工指南》，1824年。第一个是华丽的外墙悬架式壁灯；第二个是适用于门廊的悬挂式油灯，由古典样式演变而来；另一个大厅吊灯的两边是豪华的室外灯杆，上部有油灯，或后来的煤气灯；最后一个是楼梯灯杆，请注意这两种铸铁栏杆柱的造型。*SF*

英国第一个使用煤气灯的住宅在苏格兰罗克斯堡的阿博茨福德，是浪漫主义作家沃尔特·斯格特爵士（Walter Scott）的宅邸。住宅的照明设备安装于1823年，直到19世纪晚期这种奢侈的灯具仍然非常稀少。一般而言，摄政时期是灯具的过渡期，从蜡烛灯、普通油灯到各种改进型油灯，当时灯具的发展变化主要出现在欧洲大陆。这些新型灯具更加明亮清洁，使用了比动物脂肪气味更小的鲸油或是菜籽油。基于古代形式制作的灯具常用在豪华住宅中的大厅或入口处，用链子吊挂或安放在楼梯的支架或台座上。从流传至今的灯具图集中可以看到，当时灯具的种类大大增加了。在简朴的住宅中，则使用蜡烛提灯。

烧菜油的阿尔冈灯（参看P166）则独立安放，它所产生的明亮的光芒甚至改变了当时的社交方式。然而，壁上烛台仍然是必备的灯具，并在摄政时期的室内起到重要的装饰性作用。

在普通民居和简单住宅的卧室楼层中，手提式室内灯具和带有简单支架的灯具仍然在普遍使用。

金属制品

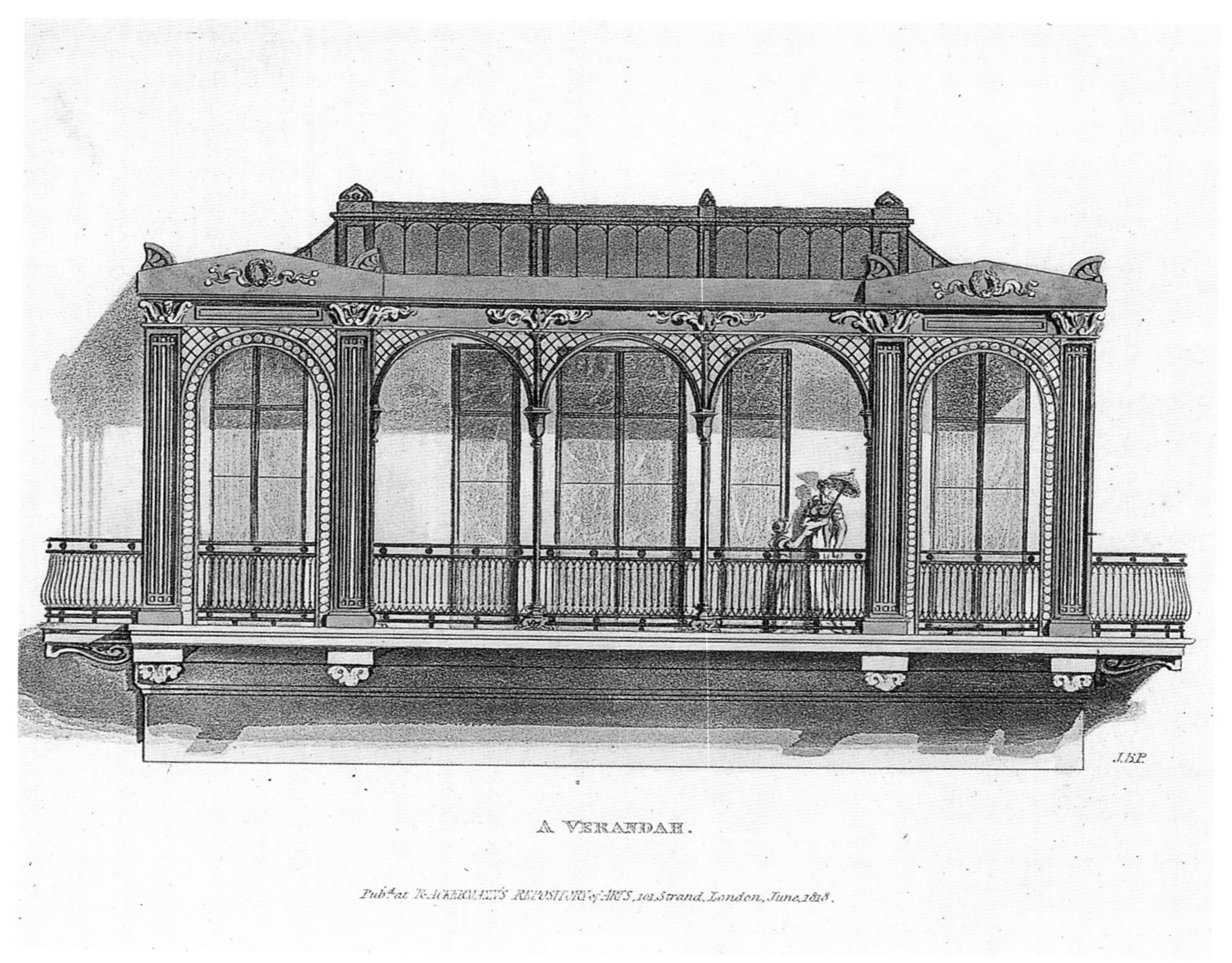

1818年，来自J.B.帕普沃思（J.B.Papworth，1775—1847年）的乡村住宅的廊台设计，主要由来自铸造厂的铸铁元素建造。最流行的表面处理是铜绿色，如图所示，既与花园相适应，又暗示着古典特色。RR

英国摄政时期最享有盛誉的就是铁制品，也使得这一时期的大阳台和别墅的外立面显得与众不同。此时，铸铁已经完全取代了锻铁，锻铁工艺只使用在特定的区域，比如为某处台阶专门制作的扶手，为配合楼梯的形状进行特殊锻造。其他各个阶层住宅中的铁制品，包括大部分用于入口台阶和地界上的栏杆、轻盈的支架，以及带有栏杆和托架的露台，甚至是大型的连拱廊台，均由铸造厂代工。铸造厂于18世纪晚期至19世纪早期在英格兰北部和英格兰东南部的肯特郡迅速出现，其产品在某种程度上使用标准化设计。建筑工匠很容易购买到现成的铸铁构件，并有地域性的差别，甚至可以察觉到不同地区对于不同图案的喜好。例如阳台铸件的图案，特别的“蛋糕篮子”形式流行于南部海岸，古典图案则流行于格洛勒斯特郡切尔滕纳姆市，小型的重复性的哥特设计则流行于伊斯灵顿和伦敦其他区域。这一时期几乎所有常见的铸件图案都记录在一本图集里，即建筑师刘易斯·诺克尔斯·科廷厄姆所著的首次出版于1824年的《铁匠和翻砂工指南》一书。

1. 精美的手工门廊，约1820年，格洛勒斯特郡切尔滕纳姆市格拉夫敦大街住宅。

2. 带有华丽经典图案装饰的铸铁质地的廊台，沃里克郡，利明顿温泉镇约1825年。

3和4. 铸铁露台装饰栏板，约1815—1825年，融合了简洁的几何图形以及源自经典图案的植物元素。这些涡卷簇叶状装饰图案属于一种"枝叶状装饰"设计。

5. 栅栏式熟铁小阳台栏杆，约1820年。

6. 带有隆起造型的铁艺阳台，从19世纪30年代后期开始流行。

7. 形式感强烈的铸铁花状平纹，用于围墙顶部，切尔滕纳姆市，约1820年。

8. 糕点篮子形状的阳台在19世纪20年代的南海岸地区十分常见。

9. 铸铁的阳台支架，一个为几何装饰图案，另一个是蛇形曲线，来自布里斯托尔，埃文河畔。

10. 来自布里斯托尔市克利夫顿，很典型的通向台阶区域的大门栏杆。

11. 来自伦敦坎伯威尔新街，带有几何装饰图案的铸铁栅栏，约1815—1825年。

12. 来自约克郡的精美铁艺入口大门，约1830年。

13. 1810—1830年间的典型尖顶饰。左右两组造型带有希腊元素，中央的"蓓蕾"形、瓮形以及橡树果形造型间隔出现。

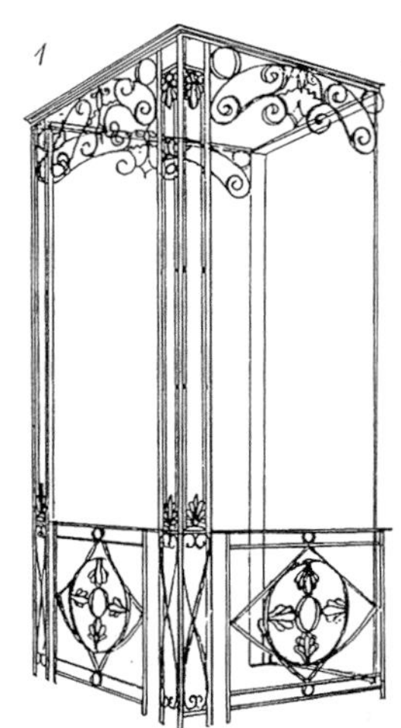

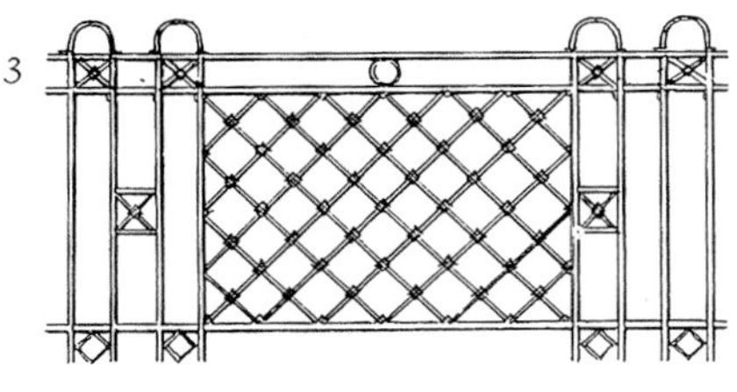

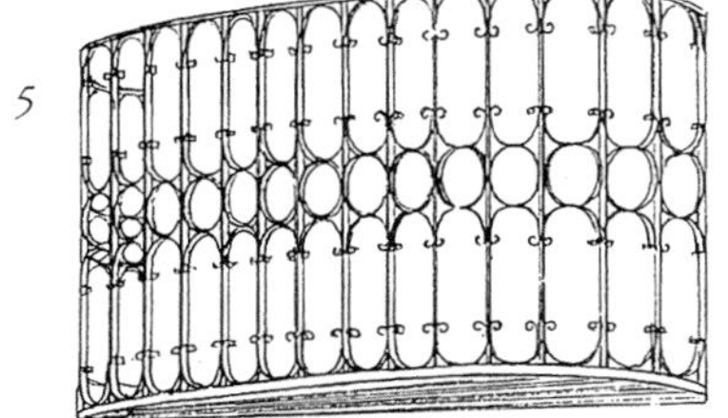

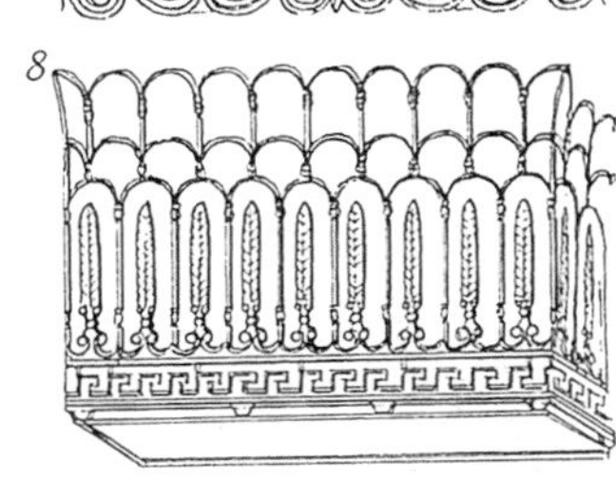

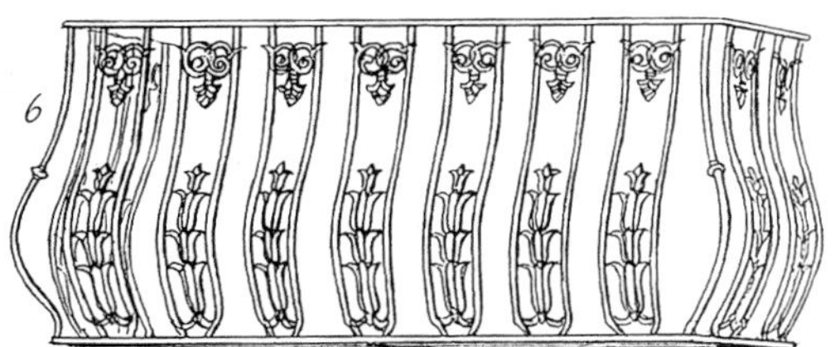

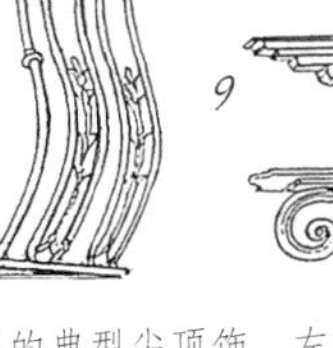

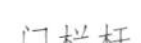

1

2

1. 一个精心制作的廊台，类似于1818年J.B.帕普沃思的设计。宝塔形式的顶部在当时十分流行。*AA*

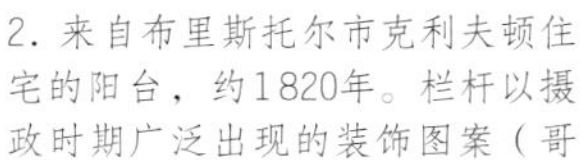

2. 来自布里斯托尔市克利夫顿住宅的阳台，约1820年。栏杆以摄政时期广泛出现的装饰图案（哥特式拱和四叶饰）为突出特点。*SP*

3. 来自J.B.帕普沃思的田园别墅的设计，1818年铁艺装饰栅栏。在带有园林的豪华宫邸中会有这样的装饰。请注意那些镀金的细节。*RR*

4. 位于伦敦肯辛顿，一款带有金属支架和铜顶的简单拱顶门廊，约1820年。*AA*

5. 门前踏步扶手栏杆的细部，约1825年，装饰有弯曲的叶饰图形。来自肯辛顿地区。*AA*

3

4

5

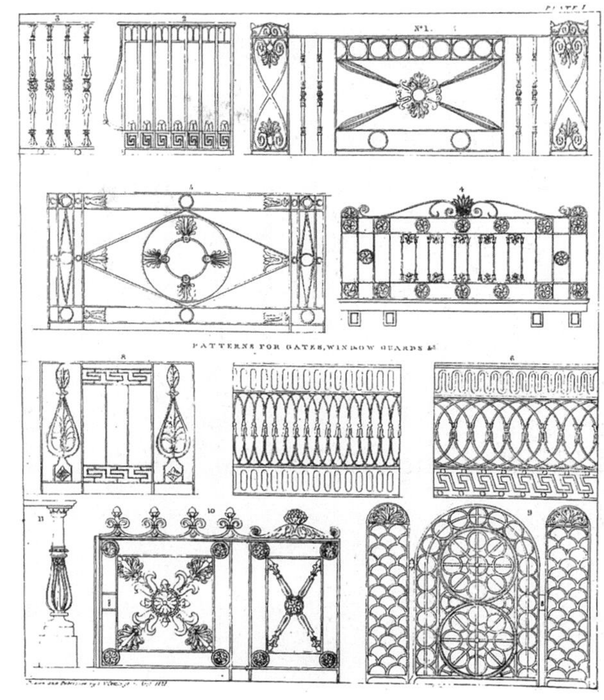

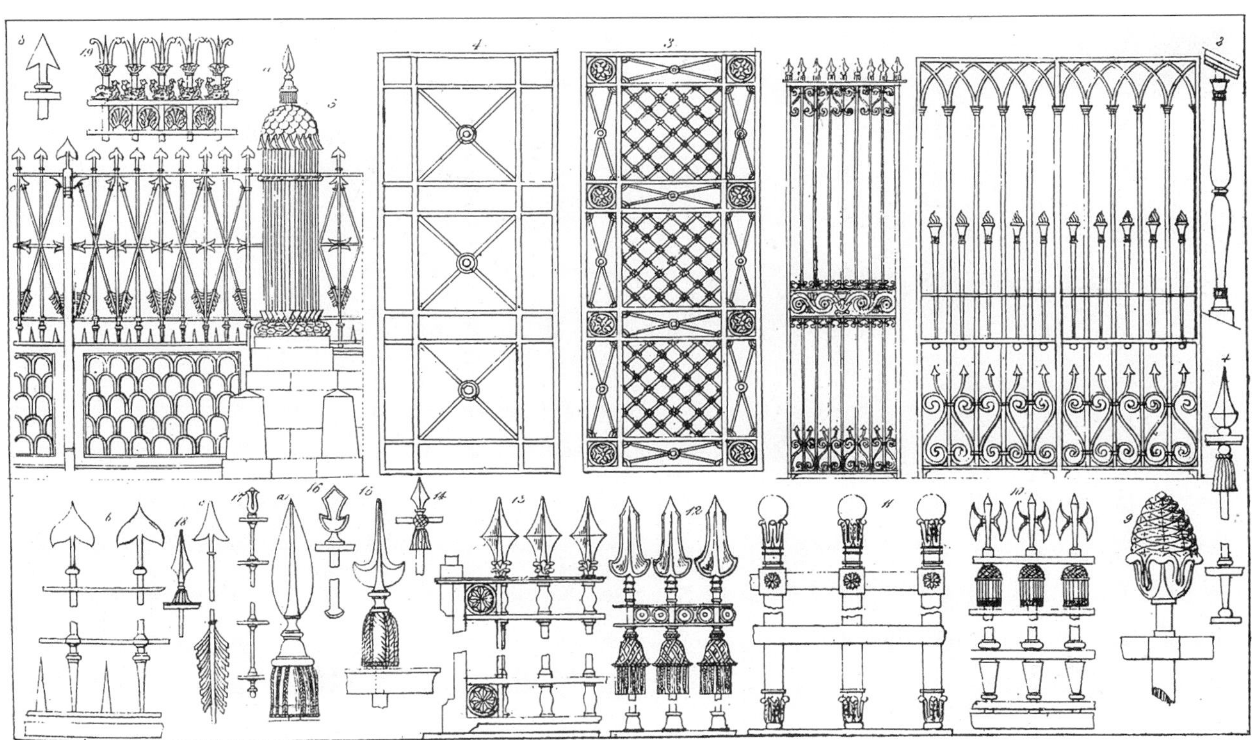

1824年，在刘易斯·诺克尔斯·科廷厄姆的《铁匠和翻砂工指南》一书中，其中有三页图案是铸铁阳台、栏杆、尖顶饰和支柱（起辅助作用）。这本非常有影响力的出版物表明：摄政时期几乎所有的铸造铁制品都采取古典主题装饰。栏杆尖顶饰尤其反映了新希腊式造型的魅力。在对页右侧底部，花状平纹阳台设计是最常用的形状之一，并且在整个摄政时期都能看到。*SF*

木制品

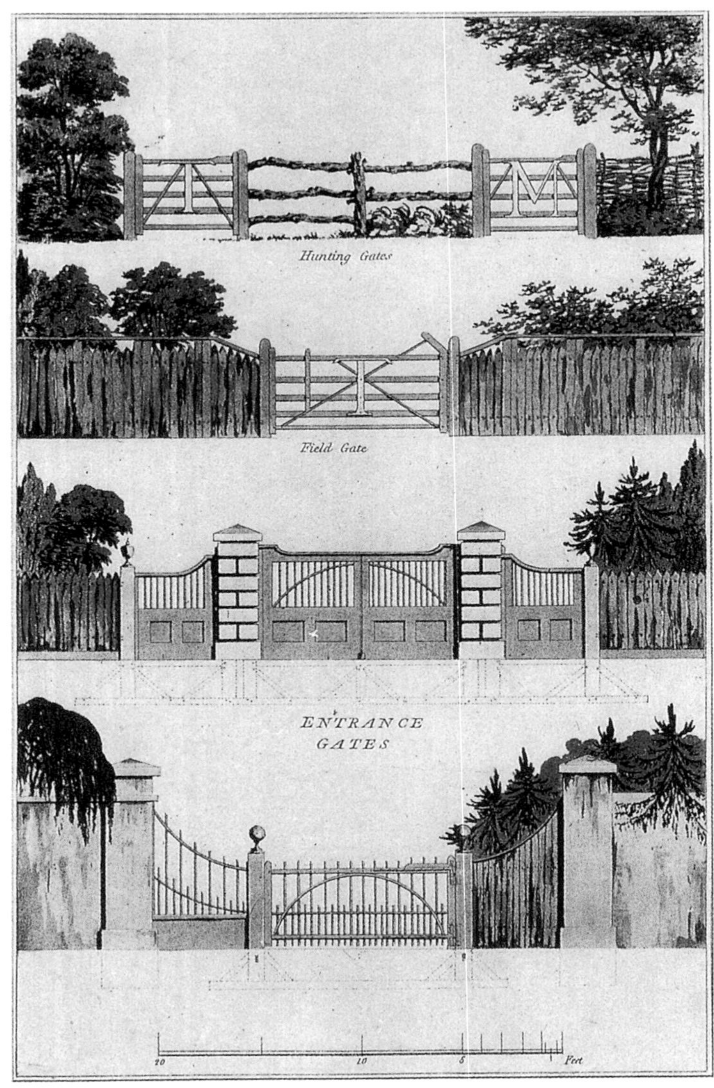

入口大门的样式，农场的大门和规整朴素的栅栏，来自J.普劳农场，1795年。这座住宅和土地最早的主人在围墙上开设了很多大门，例如上面两幅图。*JP*

在18世纪以前，木制装饰构件广泛地用于英国房屋的外立面上。由于乔治亚时期的建筑规范越来越严格，并禁止使用会引发火灾的木制门框、檐口和其他木制品，砖石材料取而代之。同时，随着铸铁制品在18世纪晚期变得日益普遍，木制品也不再是人们财富的象征。

在新兴的时尚建筑中木制品细部装饰已不再流行，直到19世纪初这种情况才得以改变，当时包括J.B.帕普沃思和亨弗利·雷普顿（Humphry Repton, 1752—1818年）在内的建筑师和园艺设计师，引入了一种追求如画风格和乡村气息的品位。尽管最初只是为了对乡村住宅的主要部位进行风格强化，但是漂亮的木制篱笆、门和包括最新式样或回纹细木作装饰在内的农舍细部设计，很快用在了小城镇和郊区的别墅中。这些设计师们的老本行虽然是花园设计，但他们的部分作品似乎也用在了更宏伟的市镇房屋中，并首次催生了一种时尚，即使用格架工艺、摆放盆栽植物的分层架子以及其他迷人的装饰部件来美化后院或花园。正是在这些表现城市里的乡村（“都市里的村庄”）的理想设计中，以及与乡村特色的木工手艺相关联的设计中，我们得以看到摄政时期是什么样的思想和美学起源，促成了这样一种更为现代化的乡村生活理念。

1

2

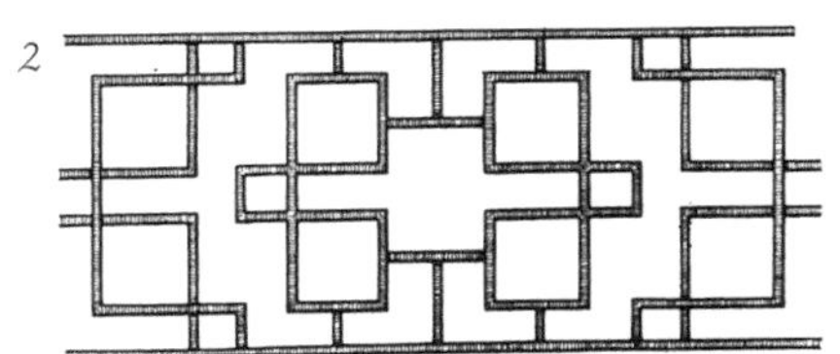

3

4

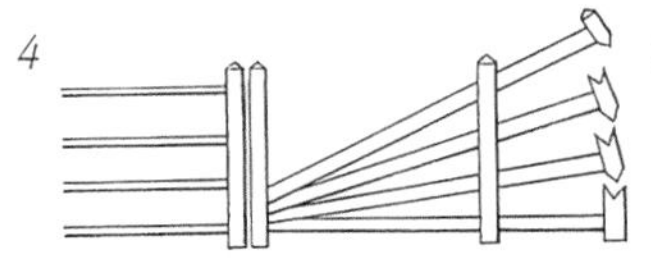

5

6

7

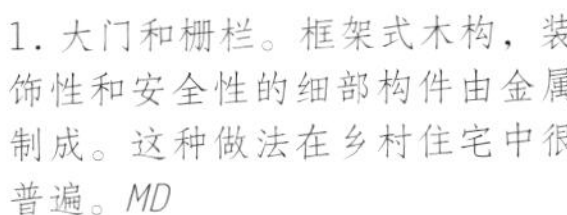

1. 大门和栅栏。框架式木构，装饰性和安全性的细部构件由金属制成。这种做法在乡村住宅中很普遍。*MD*

2. 中国回纹饰的栅栏图案，来自C.米德尔顿住宅的大门和围栏造型，1806年。*MD*

3. J.B.帕普沃思田园住宅的大门和围栏形式，1818年。这些围栏的设置是为了人身安全和财产保护，但这种形式被迅速应用到乡村别墅中。*RR*

4. 独特的立梃形式，左边的端头不固定，右边的端柱分成若干段，每段顶部和下部刻成相互咬合的V形，能够相互连接在一起。每根栏木以中柱为轴，并且可以向下推动。独立设置的木桩起到平衡的作用，每当开启时就向上拉动横梃。

5. J.B.帕普沃思住所的设计，采用了风靡一时的浪漫田园风格装饰栅栏，结合了树枝形状的工艺方式。*RR*

6和7. 展示的是格架工艺，通常漆成绿色。*CM*

8. J.B.帕普沃思住宅的造型，由大尺度的木构和玻璃组成，适合橘园、山茶花园或者冬景园。*RR*

9. 一个简单的木制门廊，约19世纪20年代，来自索斯维尔的住宅，诺丁汉郡。*RS*

8

9

联邦与帝国时期（1780—1850年）

乔纳森·波士顿

1. 山姆·布朗住宅，简约的希腊复兴式风格，墙上装有护墙板，门前有正方形的柱廊，窗户6：6窗格分划，俄勒冈州，1858年。*PD*

2. 盖拉德·班尼特住宅，查尔斯顿，南卡罗来纳州，1800年。具有早期联邦式细节，在1819年时进行了改建，在1850年前后，又增加了一个门廊以及其他一些细部。第一层门廊采用了多立克柱式，第二层门廊采用科林斯柱式，铸铁柱头。椭圆扇形窗也极具特色。*GB*

3. 帕特里克·邓肯住宅，查尔斯顿，南卡罗来纳州，约1816年。可以明显地看出英国摄政时期风格和南方古典复兴风格的融合，许多权威人士都认为这座郊区别墅属于威廉姆·杰伊（William Jay，1793—1837年）。它有一个带三角楣饰的门廊，由混合柱式支撑，门洞是拱形，各式各样的细部表明它受到了这一时期的摩尔式、哥特式和其他折中主义风格的影响。*AL*

尽管英国建筑师在1760年之后开始以新古典主义的手法设计建筑，但美国在1775年独立战争之前，建筑商却没有采取这种风格。“新古典”运动重新诠释了古典建筑。严谨的帕拉迪奥设计元素来自古罗马公共建筑遗迹；灵感来自当时的考古发现，尤其是古罗马的住宅建筑。18世纪70年代设计的一些新住宅，在某些细节上表现出英国新古典式的变化，而那些经济落后的或比较保守的殖民地区，在1782年之前都拒绝接受新古典主义运动，依然崇尚“整洁和朴素”的建筑理念，直到19世纪初期，美国一位重要的移民建筑师本杰明·亨利·拉特罗布（Benjamin Henry Latrobe，1764—1820年），对仍旧束缚于早期乔治亚风格传统的工匠明显表现出不满。

1783年以后，独立战争导致了罗得岛州首府普罗维登斯市，以及其他一些城市中的富商住宅依然坚持早期乔治亚式的风格品位。然而，一些新的共和国领袖们，一直期望在意识形态层面能找到适合国家的建筑。英国的罗伯特·亚当和詹姆斯·亚当及其追随者的作品广受好评，被认为是比较适合的理想形式，与此同时，其他崇尚简单实用的人，则在寻找一种与欧洲大陆相关的新古典主义和古典复兴主义风格。

到了18世纪80年代末，联邦式或“亚当式”风格变得非常普遍。建筑通过纤细的形式、弯曲的线条、椭圆的形状和精到的细部展现出优雅的特征：多边或曲线的壁龛、隐藏于栏杆后面的四坡屋顶、大窗格和纤细玻璃格条的细长窗户、装饰性的檐口，以及入口门廊排列的带有“古老韵味”向上收窄的细柱。空间变得开敞通透，偶尔在墙面会使用卵形装饰，拱形或有造型的天花板，抹灰平墙配以成套的壁炉边套、门套、墙裙和檐口。大空间则会通过装饰性的石膏天棚和垂花雕饰墙纸来进一步美化。亚当兄弟的设计被其他设计师以图集的方式大量传播到美国，尤其是威廉·佩恩的《实用住宅木作》（*Practical House Carpenter*, 1766年）和《建造者实践》（*Practical Builder*,

1

1. 19世纪40年代的一组波士顿联排住宅，旁边有一座私家花园。这些住宅及其凹凸的曲线，标志着亚瑟·本杰明的设计进入了一个新的阶段。注意优雅的门口、分级的窗户和简单的细节，这种细部在东部沿海地区的住宅中经常看到。RS

2. 亚瑟·本杰明设计的联排住宅的正视图和底层平面图，来自1827年第六版《美国建造师手册》（*The American Builder's Companion*）。ABA

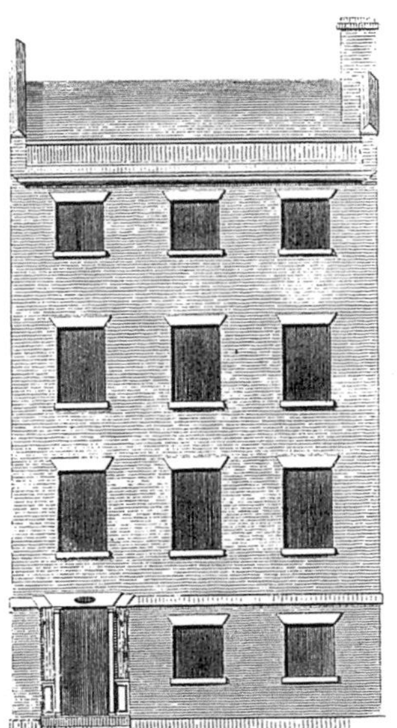

4

2

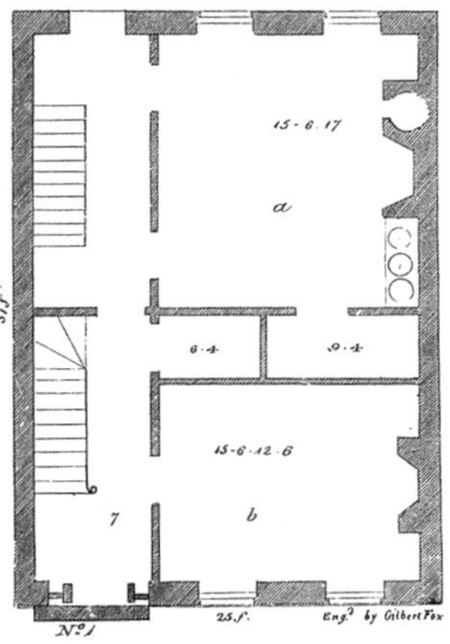

3

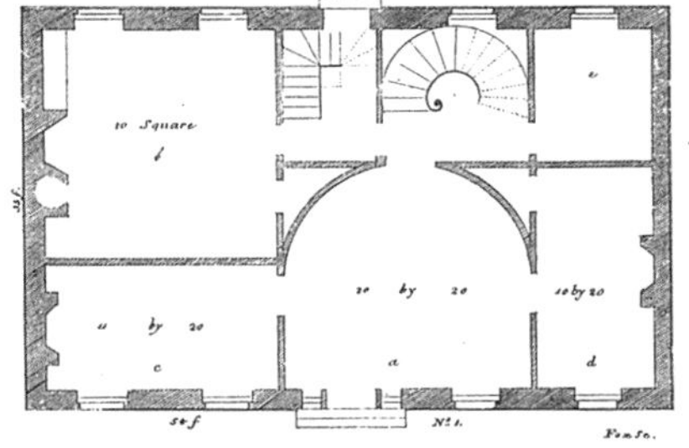

3. 亚瑟·本杰明设计的城市豪宅的正立面图和底层平面图。从平面图上可以看到一些不同寻常的空间形状和一处环形的后楼梯。ABA

5

4和5. 两栋来自马萨诸塞州塞勒姆的住宅，具有相似的布窗方式，1800—1810年。第一个案例有双层门廊：第一层的爱奥尼亚柱子支撑着第二层，并且镶有玻璃。在下面的住宅案例中，上下推拉窗的上下窗格为6：6，门廊上带有三角楣饰。RS

1774年），在18世纪80年代之后传到了美洲殖民地区。装饰时尚的传播与从英国新来的工匠有很大的关系，再就是建筑师数量的增加，一定程度上改变了以前木匠主导住宅建造的方式。各地区都出现了很多优秀设计师，也包括那些受到古典艺术训练的贵族，比如波士顿的查尔斯·布尔芬奇（Charles Bulfinch, 1763—1844年）和查尔斯顿的加布里埃尔·麦尼考尔特（Gabriel Manigault ，1758—1809年），以及雕刻工匠，如塞勒姆的塞缪尔·麦金太尔（Samuel McIntire, 1757—1811年）和纽约的约翰·麦库姆（John McComb, 1758—1853年）。一些见多识广的房主也要求将早期的建筑改造成新古典主义的风格，乔治·华盛顿（George Washington）在18世纪80年代的弗吉尼亚州弗农山庄的改造就是一个重要的案例。新建住宅建筑则体现出了新联邦式的风格，诸如马萨诸塞州沃尔瑟姆的戈尔住所，以及波士顿的联排住宅，这种新风格尤其体现在查尔斯·布尔芬奇设计的那些住宅建筑当中。

在美国，几乎同时发生的建筑运动还有古典复兴。这种风格经常会与托马斯·杰斐逊（Thomas Jefferson，1743—1826年）联系起来，在设计中不强调吸纳亚当兄弟的新古典主义风格，而是寻求法国样式，并从来自古罗马公共建筑的帕拉迪奥式元素中重新获得灵感。那些熟悉英国晚期新古典主义的移民建筑师，也都受到了托马斯·杰斐逊的鼓励；还有一些青年学者，比如南卡罗来纳州的罗伯特·米尔斯（Robert Mills，1781—1855年）、费城的威

1

2

1. 来自帕特里克·邓肯住宅华丽的晚期新古典主义风格内饰，查尔斯顿，南卡罗来纳州，约1816年。格式化的开槽柱子和带有凸圆形装饰线脚的棕叶饰镶板，为后侧的接待室提供了一个优雅的装饰性屏风。AL

2. 来自纽约莫里斯-朱梅尔宅邸卧室的一处细节，1765年初建，1810年重建并改变了风格。墙纸带有水平垂花雕饰雕带，墙裙上饰有富于想象力的图案。垂花雕饰装饰的窗帘非常适合于卧室。MJ

廉·斯特里克兰（William Strickland，1788—1854年）也在托马斯·杰斐逊的支持下开始了他们的建筑事业。然而，还有一位在美国的英国建筑师，继续从事纯正的英国摄政风格设计，他就是佐治亚州萨凡纳的威廉姆·杰伊。

这场运动预示美国的古典主义是一种更加宏大的建筑运动，更多依赖于形式而非细节。建筑的特征表现为圆窗、弧形窗、扇形窗/气窗，以及凸出的一层或两层门廊。它们反映出古典主义的一种独特样式，有时被称为罗马复兴式，但实际上却带有一些个人主义色彩；而在那些才华横溢的追随者手中，这次变革最终走向了希腊复兴运动。

出于对希腊遗迹所传递的典雅风格和纪念形式的热情，引发了希腊复兴运动，尽管批评者不赞同对于神庙样式的过分强调。早期建筑从业者认同简单而赋有功能的风格，其中包括英国建筑师乔治·哈德菲尔德（George Hadfield，约1764—1826年），以及美国本土建筑师如威廉·斯特里克兰、伊锡尔·汤（Ithiel Town，1784—1844年）和托马斯·尤斯蒂克·沃尔特（Thomas Ustick Walter，1804—1887年）。这一时期的出现标志着美国风格真正开始形成，而非仅受英国建筑图集的影响。早期的这些书籍，都是基于联邦建筑风格的，如欧文·比德尔（Owen Biddle）的《初级木匠助手》（*The Young Carpenter's Assistant*，1805年）和亚瑟·本杰明（Asher Benjamin，1773—1845年）的《现代施工指南》（*Modern Builder's Guide*，1797年），其著作还随着时间推移出版了一系列的修订版。《建筑师助手》（*The Builder's Assistant*，1819年）是约翰·哈维兰（John Haviland，1792—1852年）编撰的样式图集，这部书是将希腊形式适用于当时构造需求的早期尝试。

希腊复兴运动的建筑反映出一种观点：已建成的或者仅停留在构想阶段的希腊神庙是最为完美的创作。它们带有浅四坡屋顶或神庙形式的山墙屋顶，以及由各种柱式组成的单柱或双柱门廊特征，包含多立克式柱头，还有大型的爱奥尼亚式柱头。尤其一些石砌建筑实例的细部，样式十分严谨：宽大的檐口装饰，一些门和窗周围采用希腊的花状平纹（一簇四射状的忍冬草）、回纹饰或卵锚饰线脚等。窗户和扇形窗/气窗不再是圆形而是正方形或者长方形。联排住宅在形式上特别注重带有柱子的门廊和檐部装饰。整齐的砖砌工艺、精密的拼接、石制过梁和踏步增添了简洁的美感。在室内，也运用了相同的装饰陈设形式。墙上不再使用护墙板而改用墙纸，地毯和家具与简单的门套装饰、天棚装饰、壁炉装饰形成对比。直到19世纪50年代，希腊复兴风格仍然受到一些大主顾的青睐，之后也一直存在于很多乡土建筑中。

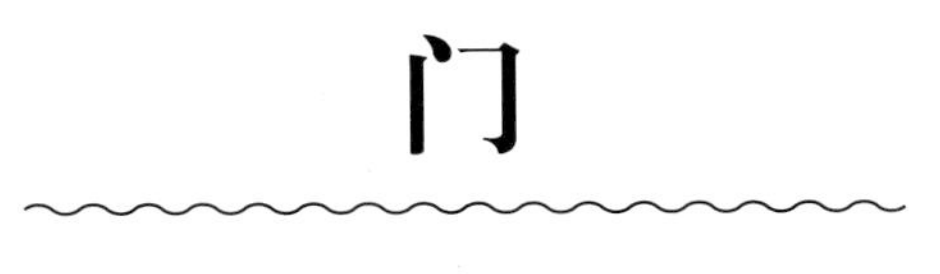

门

来自莫里斯-朱梅尔宅邸的新古典主义风格大门，有六块镶板，纽约，1810年。装饰包括门头精美的椭圆形扇形窗，两边的花格窗，以及下部镶板上雕刻的圆盘饰。*MJ*

在联邦式或亚当式住宅建筑中，入口大门是建筑立面的强调重点。在时尚的住宅中，会增设来自样式图集的半圆形或椭圆形扇形窗，用于识别古典复兴或是亚当式风格。联邦风格的门前通常立有壁柱，以及带有圆盘饰和古典图案的精致木雕门框。在联排住宅中，门上框缘可能是唯一的室外装饰物。大型住宅中带圆柱的门廊尺寸逐渐增大，在南方甚至以几层楼高的形式出现。

室外和室内木门常由松木制成，有些地区则使用枫木、白杨木和柏木。室内门经常涂刷成类似桃花心木的纹理。新古典风格的门框雕有木制花格窗并运用拉毛粉刷。

在联邦时期结束之前，大多数木门都带有六块镶板，有时带有凸圆形装饰线脚。然而，希腊复兴风格的木门通常为两块或四块镶板形式，并经由亚瑟·本杰明和米纳德·拉费佛（Minard Lafever, 1798—1854年）的样式图集成为标准式样。建筑外门的线脚变得愈发厚重，并带有古典图案；壁柱支撑着简单的檐部或带角块和中间镶板的简单过梁。室内门框为扁平的多立克壁柱，在豪宅中还会使用古典线脚。

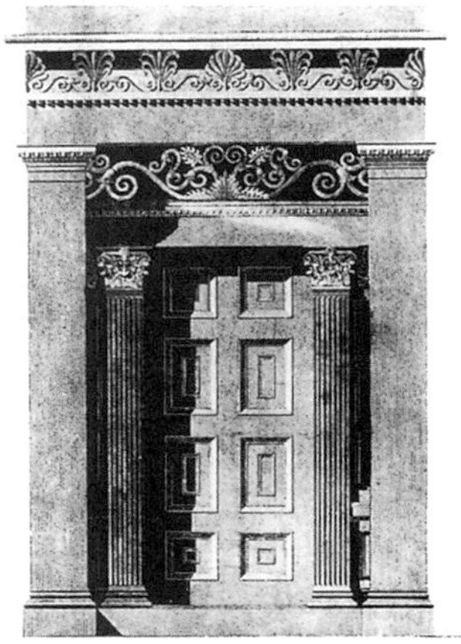

1. 两个18世纪晚期的大门。第一个建于1790年前后，能够看出从殖民时期乔治亚风格到新古典主义风格的转变；第二个看上去很相似，所不同的是精致的开槽壁柱支撑着断山花，圆盘饰是新古典主义的明显特征。

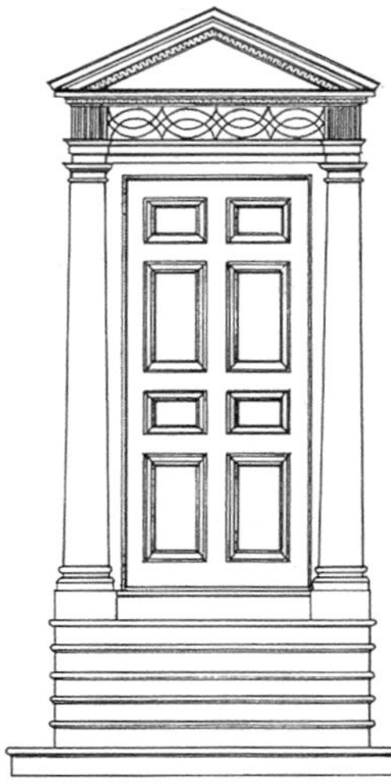

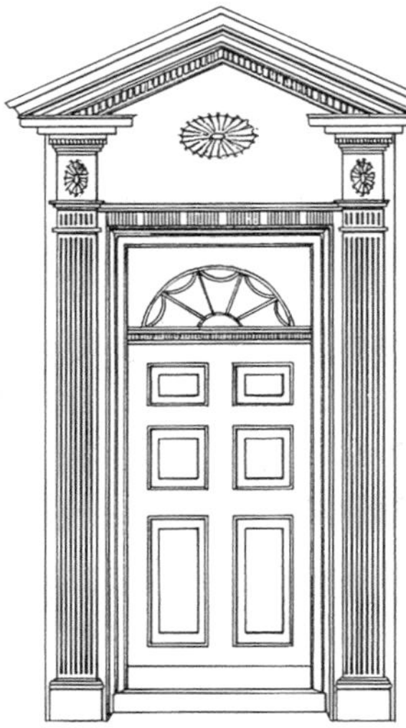

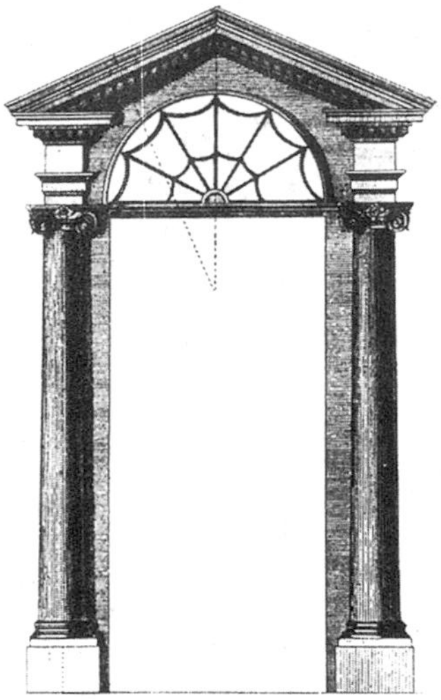

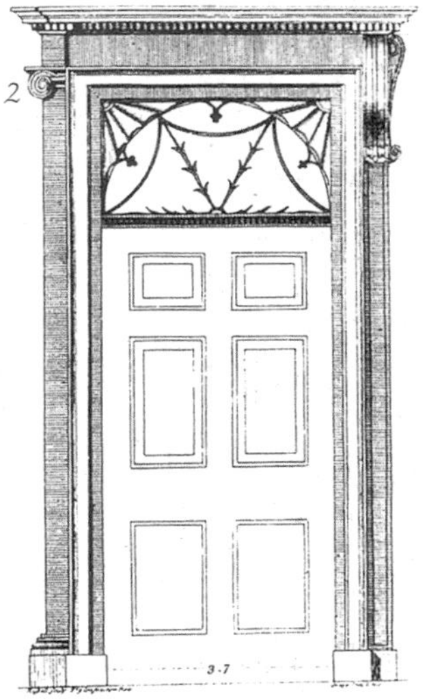

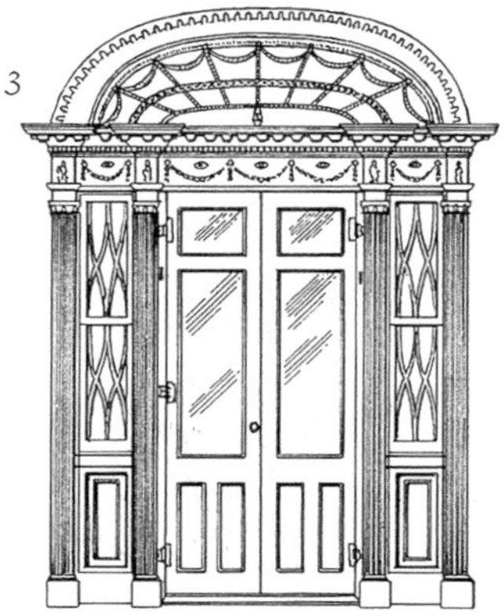

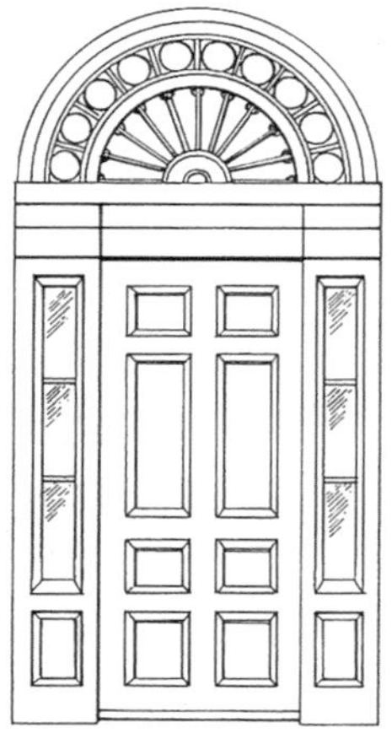

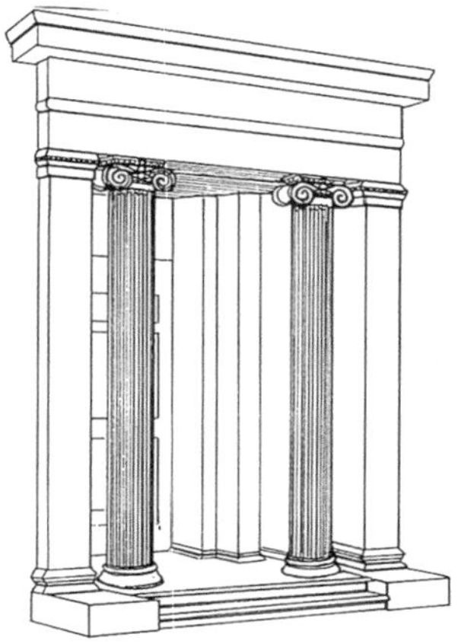

2. 来自威廉·佩恩《建造者实践》中的两个案例，1774年。第一个由爱奥尼亚柱式支撑着断山花，第二个有涡形饰和托架用作框缘装饰。

3. 富有装饰的大门，带有椭圆形扇形窗和花格窗，约1809年。

4. 早期古典复兴风格的大门，扇形窗呈半圆形；框条形状优雅，但比亚当式风格细长，约1817年。

5. 立有爱奥尼亚柱式的希腊复兴风格门框，约1830年。

6. 带有八块镶板的大门，来自米纳德·拉费佛的《现代建造者指南》（*The Modern Builder's Guide*），1833年。*ML/B*

7. 19世纪早期古典复兴风格的神庙式大门，塔司干圆柱支撑着带三角楣饰的檐部，其上装饰着希腊回纹饰。

8. 椭圆形科林斯柱式门廊，塞缪尔·麦金太尔设计，1805年。

9. 双层的门廊带有不符合时代潮流的齐本德尔式中国风的栏杆和简单的柱子，1803年。

10. 经典的希腊神庙前门：四个爱奥尼亚式圆柱支撑着一组完整的檐部。

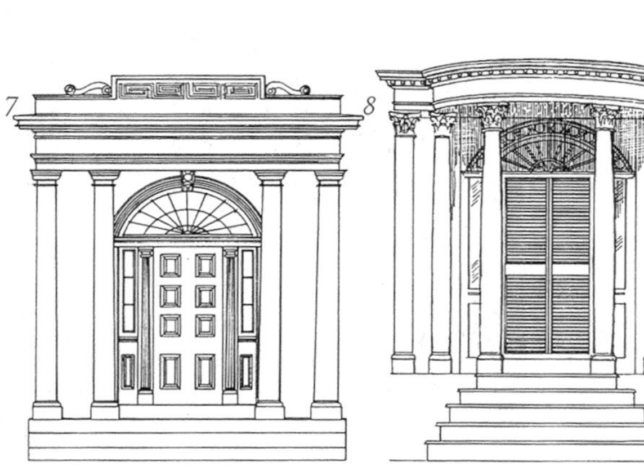

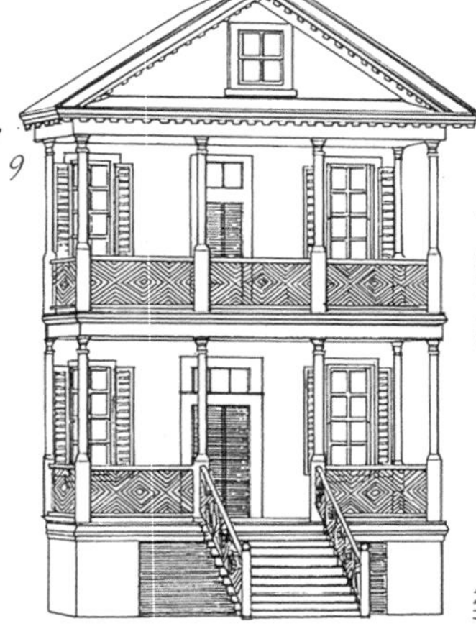

1

2

1. 老麦钱特住宅的大门，纽约，1832年。古典复兴的外观特征包括爱奥尼亚圆柱、隅石和券顶锁石、粗框条扇形窗和框缘的细节处理等。OM

2. 莫里斯-朱梅尔宅邸的新古典主义大门的室内效果，纽约，约1810年。扇形窗和侧窗中的彩色玻璃花格颇具特色。MJ

3. 爱奥尼亚圆柱配以双扇桃花心木拉门，来自老麦钱特住宅。许多希腊复兴建筑师常常为房间配置拉门，特别是亚瑟·本杰明、伊锡尔·汤及其合伙人亚历山大·戴维斯（Alexander Davis），以及后期的一些知名度不高的建筑师。OM

3

4

5

6

7

4～6. 三个希腊复兴风格的室内木门，来自巴托-佩尔宅邸，1842年。门头上的小天使和鹰饰超乎寻常的精细。BW

7. 六块镶板的室内木门（约1808年），用于上部楼层，带有典型的H-L形铰链和盒式门锁。NR

8. 来自老麦钱特住宅的门，1832年。从室内看上去，扇形窗占据了入口的整个宽度，制作精美，表现出早期的古典样式。OM

8

1. 装饰华丽的壁柱和门头，用来配合房间里的其他装饰元素，约1800年。
2. 优美的亚当式风格大门，使用圆凿工艺，绳状线脚，装饰角块和门头中心开槽的圆盘饰，约1816年。
3和4. 样式图集中的大门案例，18世纪晚期威廉·佩恩设计的大门（左边），带有古典特征的垂花饰、中心瓮形饰件和装饰性的托架。右边是一个希腊复兴式大门，来自1883年米纳德·拉费佛的《现代建造者指南》一书。精心制作的雕带装饰着门头，门套周围有圆花饰。WP、ML/B

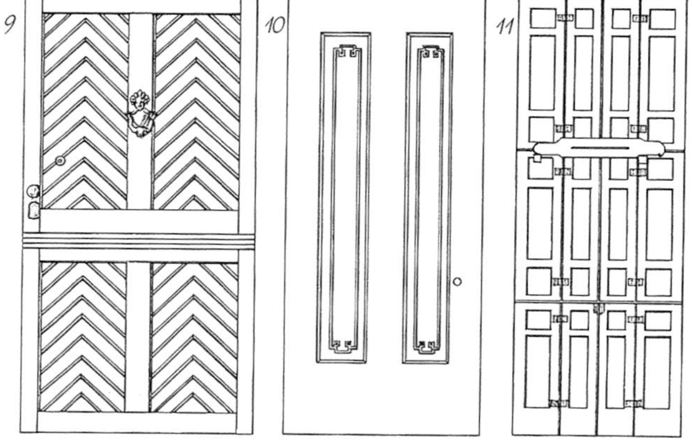

5. 19世纪早期大门的上部，有一个鹅颈形三角楣饰。
6～8. 三个19世纪门头的细部。第一个带有开槽的壁柱和圆盘饰；第二个带有类似的壁柱，并装饰有垂花饰、中心瓮形饰件；第三个是希腊复兴样式，来自1835年米纳德·拉费佛的《现代建筑之美》（*Beauties of Modern Architecture*）一书。
9. 简单的两段型木制建筑外门，属于晚期殖民时期风格的样例，约1790年。
10. 典型的两块镶板的希腊复兴式客厅门。
11. 室内折板门，不用时可以折叠在门套边上，19世纪20年代。
12. 18世纪晚期至19世纪早期的门环。第一个是铸铁的，其他两个是黄铜的，做成当时流行的鹰状或者贝状样式。
13. 镀银的球形把手和锁眼盖，来自一幢希腊复兴式的住宅。
14. 指按铸铁门闩，属于19世纪五金件的常见典型类型。
15. 经典的H形铰链。
16～18. 两个弹簧锁和一个盒式门锁，两种形式均使用于18世纪晚期至19世纪早期。

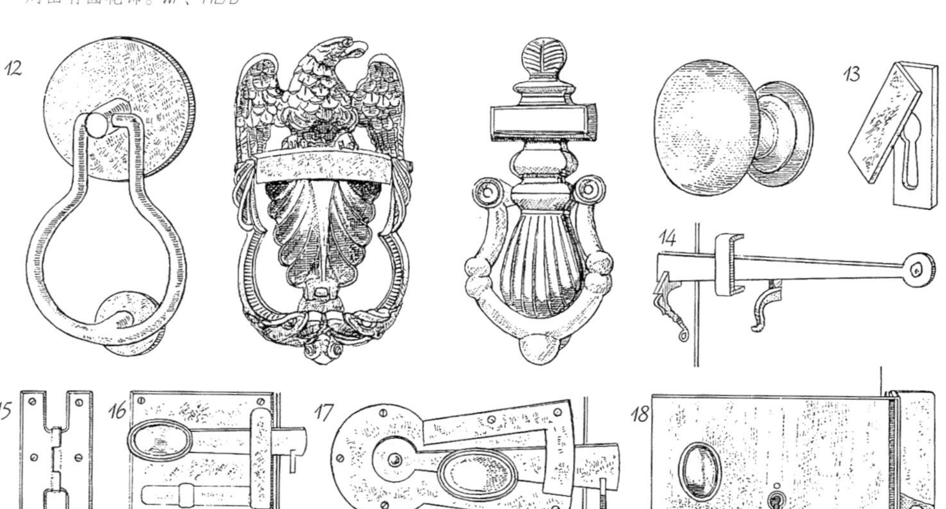

窗

1. 来自盖拉德·班尼特住宅，新古典风格的三角楣饰下面是两扇6：6窗格的推拉窗，以及室外遮阳百叶窗，查尔斯顿，约1800年。大格玻璃窗表明这是当时的一栋奢华住宅。GB

2. 由查尔斯·布尔芬奇设计的波士顿城市住宅，能够看出新古典主义风格的落地玻璃窗常设置在拱形窗内，上面带有花饰和扇形窗，约1812年。

3. 朴素的希腊复兴风格的上下推拉窗。本图例中，一扇半椭圆形的窗户嵌在三角形墙饰内，约1836年。

有几个明显的特征可以区分联邦时期的窗户与之前殖民时期的差异：窗棂变得更细，截面是圆凸形，玻璃格条更大，以及窗框上檐（通常中间带有楔石）由大理石、普通石材或木材制成，造型扁平。檐部带有精致的亚当式风格装饰。19世纪之前很多地区主要使用9：9的窗格布置方式，到了19世纪早期才开始逐渐由6：6的推拉窗格所替代，有时则是三段推拉窗。

亚当式风格的框缘细小，但一些窗子为了增加趣味而嵌入拱形结构的窗洞之中。大型住宅的主要楼层常设有通高的窗户（门），并且开向阳台；精工细作的室内窗套细部与门、壁炉的装饰相搭配。18世纪晚期的帕拉迪奥窗有着优美的铸型壁柱和扇形窗窗饰，半圆形和椭圆形窗户用于较高的楼层。老虎窗通常为三角形或人字形。早期杰斐逊式古典主义建筑的特征之一是使用圆形和半圆形的弧形窗。由于这种风格完全向着希腊复兴式发展，因此窗户的形式简单。例如，帕拉迪奥式窗发展成为矩形的三段式窗户形式，过梁朴实，一块简单的中央镶板和转角装饰块成为唯一的装饰。法式落地门依然广泛使用。

1. 具有代表性的6：6经典窗格的上下推拉窗，有石制或拉毛粉刷窗楣。可能安装过遮阳百叶窗。

2. 来自1830年亚瑟·本杰明的《建筑师及实用住宅木作》（*The Architect or Practical House Carpenter*）的窗户样式。注意周围的窄边线形和希腊风格的中心装饰平镶板。

3. 三个联邦式的窗楣。上面和中间的案例来自18世纪晚期，展示了分段的载重拱，石制或拉毛粉刷过梁的中心有一块锁石。第三个是19世纪的平窗楣例子。

4. 威尼斯窗或帕拉迪奥式窗，约1800年。注意它的线条比殖民地时期的窗户更薄。

5. 新古典主义风格三段式遮阳百叶窗。

6～8. 三个落地窗。第一个镶有内部遮阳百叶窗，属于希腊复兴式风格（1830年），注意框缘处的顶饰；第二个是托马斯·杰斐逊的罗马复兴风格的良好示例（约1817年），注意三段的推拉窗，没有框缘线条、半圆形扇形窗和锁石；第三个是法式落地门（1838年），具有这一时期典型的希腊复兴式窗套。

9. 18世纪晚期有三角楣饰的老虎窗，还带有遮阳百叶窗。

10. 来自同一时期的案例，拱洞更为精致，顶端有锁石，上部为下端开口的基底断山花。

11. 来自1820—1840年间的三个窗户框缘。最上面的案例是新古典主义风格，另外两个是希腊复兴式风格。

12. 来自亚瑟·本杰明的《建筑师及实用住宅木作》书中的推拉窗框和百叶窗的结构图（1830年）。AB

13. 具有代表性的玻璃格条断面。

1
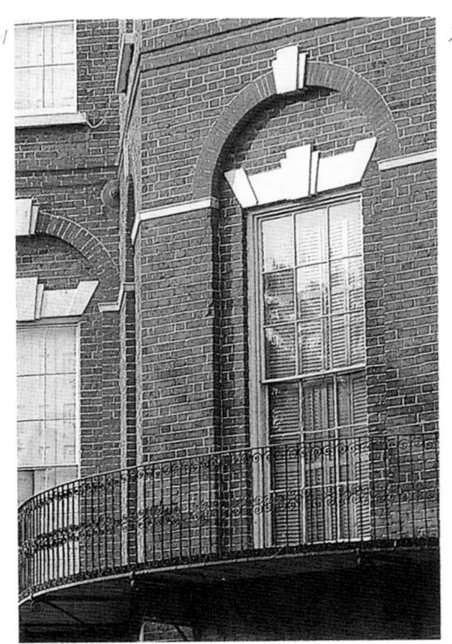

2

3

4

5

6

7

1. 大理石被用作过梁和砖拱中心的锁石，1808年。*NR*

2. 新古典主义风格的壁柱和丰富的线条组成的窗套，1808年。*NR*

3. 带有希腊复兴式楣梁的落地窗。壁柱有花状平纹线条，并支撑着带有鹰饰的三角楣饰，纽约，约1842年。*BW*

4. 由查尔斯·布尔芬奇设计的帕拉迪奥式（威尼斯）窗。推拉窗的两侧排列着爱奥尼亚柱式，两边的花格窗很优美，波士顿，马萨诸塞州，约1806年。*RS*

5. 普通的希腊复兴式窗户，纽约，1842年。*BW*

6. 带有檐口窗楣的上下推拉窗，塞勒姆，马萨诸塞州，1782年。*RS*

7. 带有花格窗的哥特复兴式拱窗，1816年。*AI*

墙面

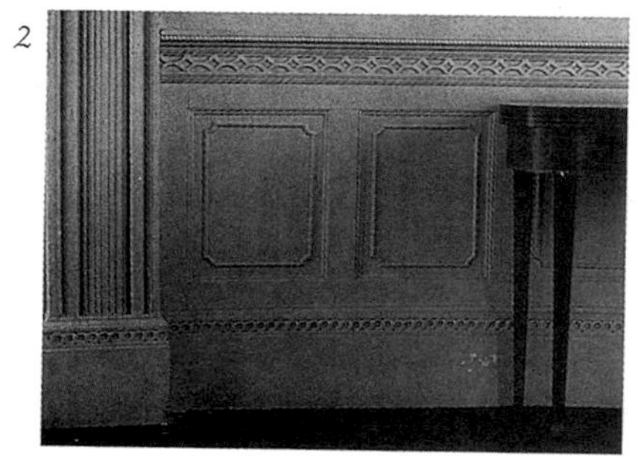

1. 约瑟夫·杜福尔的“巴黎纪念碑”墙纸（1815年），是风靡一时的法国进口的风景画主题墙纸的优秀代表。CT

2. 1816年，带有串珠线脚的护壁板。凸圆形装饰线脚和扭索状装饰的墙裙及踢脚板，是当时的典型特色。AL

3. 圆凿工艺图案（1808年），是一种流行的护壁板装饰形式。NR

4. 作为联邦时期的典型示例。走廊墙裙的壁纸（约1810年），具有各式各样的新古典主义风格图案，主要使用两种明度的灰色。MJ

联邦时期墙面处理方式的最大改变，是淘汰了整墙面满铺墙板的做法，但不包括壁炉所在的墙面。护壁板仅做到墙裙高度。墙裙和檐口之间的墙板通常用抹灰加白色涂料面层进行装饰。

墙纸只在大型住宅中最好的房间里使用。直至18世纪末，墙纸基本都是单色的，没有任何花饰图案，只有在紧挨着檐口、护墙板、门套的部位会出现带有精美垂花雕饰的饰带。1800年以后，墙纸的图案丰富起来，有花饰、条纹饰和几何饰，新古典风格的图案也开始普及。富有的家庭会使用法国进口的整幅的风景画墙纸。墙裙和檐部装饰有圆凿工艺、叶雕饰和回纹饰，还会结合亚当式风格的图案，古典图案也成为早期古典复兴风格建筑墙面的特征。镶板和复合墙板通常涂刷油漆，或做成桃花心木的木纹效果。

19世纪30年代，护墙板普遍被淘汰，取而代之的是涂饰成木纹的线脚或涂刷成大理石纹的踢脚板。墙体则被涂刷成赤土色、灰褐色、深粉色或灰色，或者铺贴墙纸以表现希腊复兴建筑所应有的品格。墙面带有檐口雕带，造型有的平展简单、有的带有花状平纹或回纹饰。

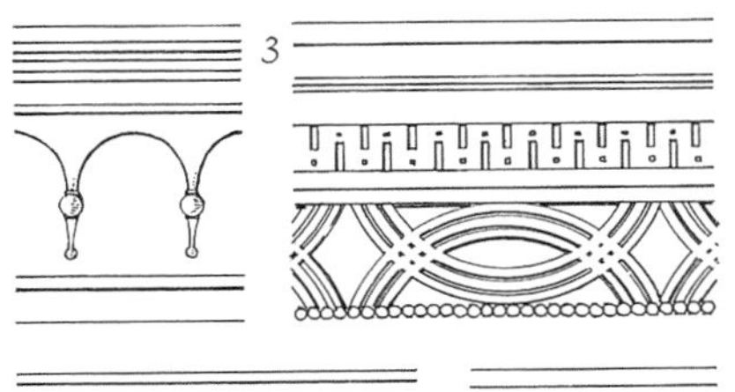

1和2. 两种墙的图案处理。第一种来自1766年威廉·佩恩的《实用住宅木作》（*Practical House Carpenter*），表现了亚当式新古典主义细部。下面的例子来自1833年米纳德·拉费佛的《现代建造者指南》，表现出希腊复兴式墙面处理的简洁风格。*WP,ML/B*

3. 四段檐部形式，表现出檐口和雕带装饰。第一个(左上)是一段木制连续拱形装饰的檐口，约1818年。交错的齿状装饰图案(右上)类似于威廉·佩恩的设计。左下角，位于拉毛粉刷的花环之上的齿状装饰，约1800年。第四个例子是一种希腊复兴式石膏处理手法，使用了卵箭饰和花状平纹构件。

4. 各类圆凿工艺护墙板线脚。

5. 在护墙板线脚上有圆凿工艺的新古典木制墙裙。左图的壁柱上装饰着复合线脚，使用了嵌入式的镶板，1820年。右图的墙裙，在踢脚板处增添了细节，1796年。

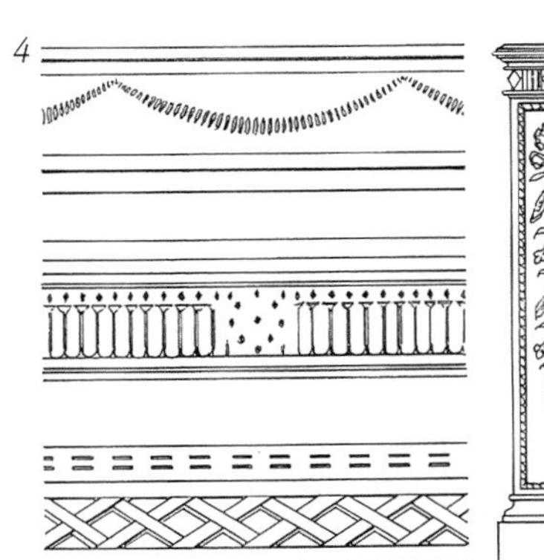

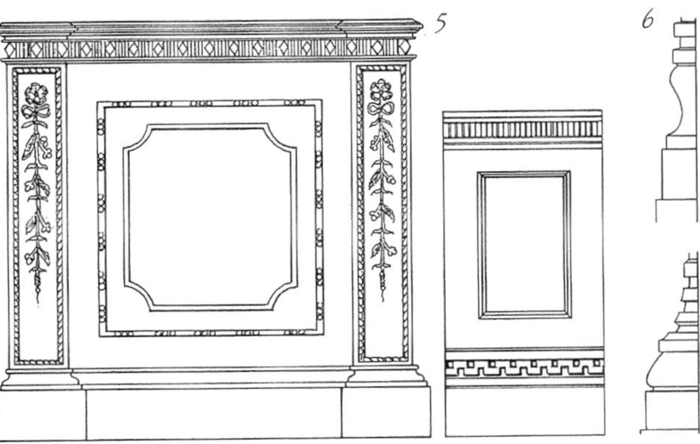

6. 两种踢脚板的断面，来自亚瑟·本杰明1830年的图集《建筑师及实用住宅木作》。

7. 天棚雕带和檐口细节（左），下面有一条墙纸花边。窄边框用于门廊和墙裙（右）。

8. 19世纪早期模板印制的墙饰，来自佛蒙特州谢尔本的斯登歇住宅，约1790年。*ST*

9. 壁画也曾受到欢迎。

天棚

1. 新古典主义风格石膏工艺装饰构件的巅峰之作。来自盖拉德·班尼特住宅入口大厅的天棚，石膏装饰式样丰富，包括瓮形饰、花状平纹、花环饰、圆花饰和叶饰等，查尔斯顿，南卡罗来纳州，约1800年。GB

2. 查尔斯顿的罗素住宅中简单的希腊复兴式檐口和花带，环绕着一个椭圆形天棚。这栋住宅约建于1808年，但这个装饰可能在19世纪50年代的建筑内部改造时做了微小改动。NR

3. 来自同一栋住宅，一处更为精致的檐口，天棚有串珠状缘饰以及带有设置为几何形状的花纹图案的扭索状装饰。NR

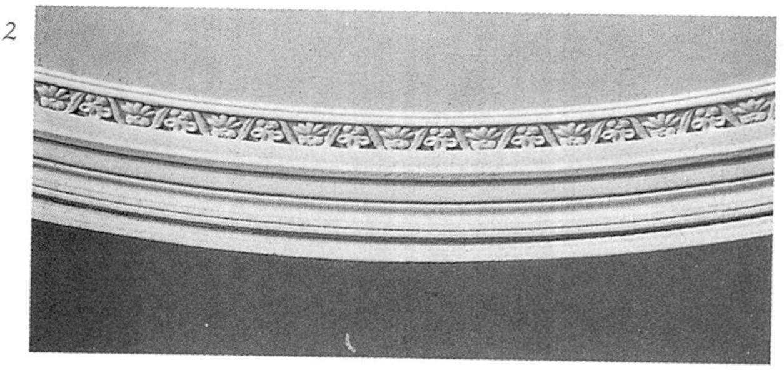

在联邦时期，简易住宅的天棚通常为板条天棚面层白色粉刷，中等住宅的天棚在抹灰的基础上又增加了扁平石膏装饰线，而豪宅则从之前的没有装饰分划的平棚，变成英国石膏造型的装饰形天棚。作为一种新工艺，这些天棚装饰有叶饰、垂花饰、花环饰、旭日形和其他新古典风格的图案。装饰物件由巴黎生产的强化石膏或“拉毛粉刷”石灰膏制成，有时则是由混凝纸浆制成，这些材料或在现场制作成型（湿石膏通过模板铸造成型或用模具压型），或在工厂预制成型。

18世纪晚期，天棚通常会涂饰强烈的色彩，壁柱也会涂刷白漆和金色点缀来凸显效果。英国的分段式天棚开始成为时尚。在希腊复兴时期，豪宅有时会使用隔梁形成方格天花板将室内空间区分开来。一般住宅的天棚会使用简单的薄石膏圆形饰物，以及平线脚收口装饰。

样式图集提供了各式各样的天花板灯线盒（ceiling roses/ceiling medallions）式样，以及扭索状装饰的边饰、希腊回纹饰和其他风格的图案。希腊复兴图案包含莨苕叶饰、花状平纹、圆花饰、希腊回纹饰的组合图案造型 。

1. 乔治·华盛顿位于弗吉尼亚州的弗农山庄新餐厅的穹隆天棚细部，展现出早期新古典主义的风格特征，据称由伦敦移民而来的石膏匠约翰·罗林斯（John Rawlins）设计于1787年。

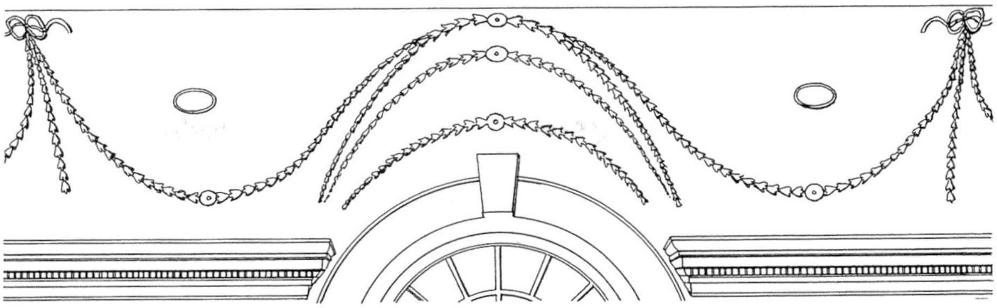

2. 回纹式和扭索式图案，来自1774年威廉·佩恩的《建造者实践》，这些图案被广泛运用于木材和石膏装饰构件。*WPB*

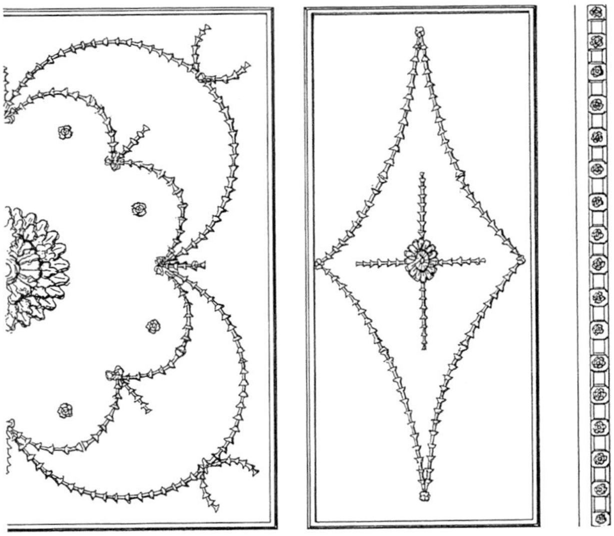

3. 来自南卡罗来纳州的石膏天花板装饰图案，约1800年。这种时尚的分段天棚样式受到了英国的影响。

4. 摄政风格的天棚，由英国建筑师威廉姆·杰伊设计，萨凡纳，佐乔治亚州，1819年。其新古典主义的装饰令人联想起约翰·索恩爵士的作品。

5～7. 三个石膏天花板灯线盒。第一个早于其他两个，来自威廉·吉布斯住宅，查尔斯顿，南卡罗来纳州，1780年；中间一个的年代可以追溯至约1824年；第三个来自南卡罗来纳州，是从米纳德·拉费佛的《现代建筑之美》中复制出来的样式，1835年。

8. 转角处圆花饰的石膏装饰构件，用于天棚收边，约1815年。

地面

1. 来自纽约莫里斯－朱梅尔宅邸的花纹地毯，1820年。希腊花状平纹图案结合了晚期新古典主义的形式。这种墙到墙的满铺式地毯，通常先编织成长片再钉到地板上，是尊贵的象征。MJ

2. 舌榫式松木地板，约1800年。这类地板通常会经过擦洗和漂白处理。GB

3. 地板边框采用了模印的希腊复兴式图案，纽约，1842年。BW

4. 拼花地板很少见。这个设计表现为托马斯·杰斐逊的经典样例，蒙蒂塞洛，弗吉尼亚州，1804年。中间的正方形由樱桃木制成，山毛榉用作边线。

5～7. 三个彩绘地板布图案。地板布既可用来保护地毯，又可作为夏季的地板铺设，十分流行。第一个为仿大理石花纹，1802年；第二个包含星状图形，可以追溯至19世纪初；第三个是铺在走廊里的地板布，可以追溯至19世纪的前半叶。

2

3

4

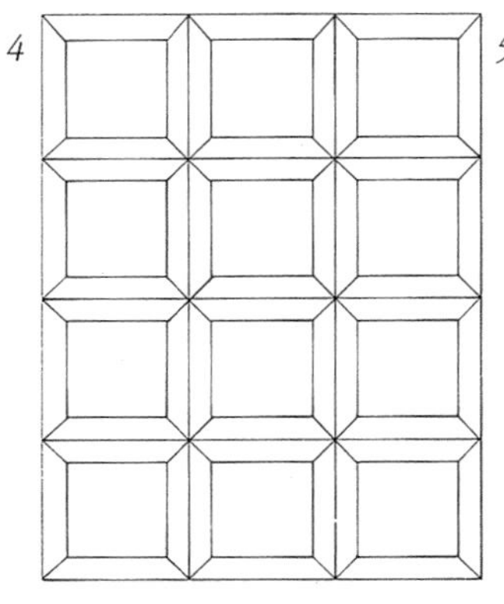

5

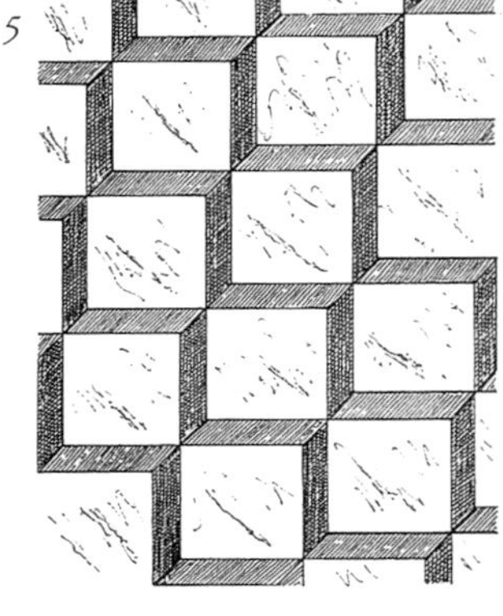

6

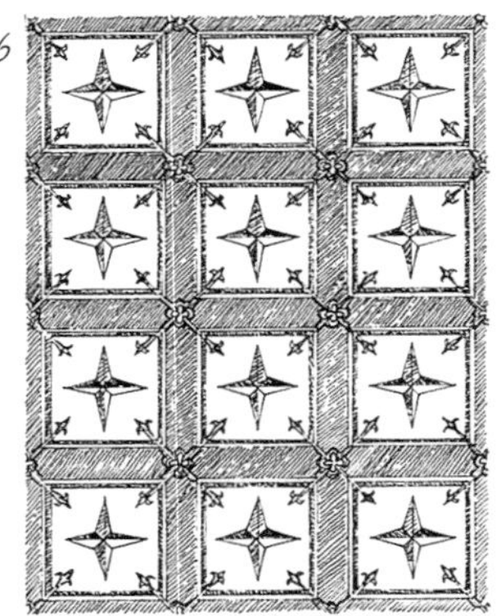

7

1780—1840年间，住宅地面所使用的材料几乎没有任何改变。在新英格兰地区，18世纪末之前多为白松木地板，之后逐渐转为黄松木，这种木材的使用在大西洋中部地区和美国南方诸州已经有很长历史。在一些更好的住宅中，地板采用榫槽交接方式；较为简朴的住宅会使用宽度不一的地板条，并钉在搁栅上。木制地板有的会涂刷菱形图案或用模板印制图案，有些地板也会漆成单色。拼花地板十分少见。

豪宅的入口大厅常铺设白色大理石，有时铺设成白色和蓝色相间的大理石造型图案，也会使用片石铺地。厨房和佣人房一般使用铺砖地面。

地板覆盖物变得更加丰富多样：比如出现了素色或染色的草席。帆布地板布会采用模板印制图案，或者绘制仿大理石花纹；地板布常用来保护珍贵的地毯。1790年之后，比较富有的家庭已经非常普遍地使用地毯了。地毯一般从国外进口，地毯图案多为涡形、多边形、花卉形，以及新古典主题图案，地毯通常在房间里墙到墙满铺，并钉到地面上。1800年后，地毯逐渐出现多样化的古典复兴风格，如使用金星和桂冠图案。1830—1840年间，图案丰富的地毯与朴素的建筑外观形成鲜明的对比。

壁炉

纽约巴托-佩尔宅邸楼层房间中的线脚简单的深色大理石壁炉，1842年。内侧的大理石边套层层递进，壁炉架的样式简单朴素。*BW*

亚当兄弟编写的样式书籍中壁炉的装饰形式，对美国住宅的壁炉造型从殖民风格向新古典风格的转变起到了显著的作用。铸造而成的瓮形、垂花饰、花环、圆盘饰以及人物形象，经常出现在木制边框和壁炉上部装饰架，而中间的嵌板图案通常选用神话题材的风景。普通的壁炉则采用圆凿工艺，并带有简单多变的图案。

进口大理石壁炉仅出现在富有的家庭中，通常装饰以附墙柱，并带有装饰性檐部。造价便宜些的处理方式是在木制边框中穿插大理石线板。到了19世纪30年代，壁炉风格形式更加鲜明，古典复兴的特征明显，如使用爱奥尼亚柱式、塔司干柱式、希腊云卷纹图案，以及使用白色、灰色或黑色大理石进行装饰。木制壁炉架上也会出现同样的形式和装饰细节。一些壁炉的铸铁衬里也颇具特色，并设计成利于辐射热量的形式。1785年，包含炉箅的富兰克林壁炉式取暖炉十分普遍，同样使用广泛的是各种各样从英国进口的铁架炉箅（巴斯炉）。

铸铁壁炉柴架使用在不太富裕家庭和大型住宅中的服务性房间；在规模宏大的住宅中，会使用以古典瓮形或球形尖顶饰装饰的黄铜壁炉柴架。铸铁壁炉背墙采用新古典主义图案装饰，有时使用流行的鹰饰装饰主题。

1
2
3
4
5
6
7
8
9
10
11
12

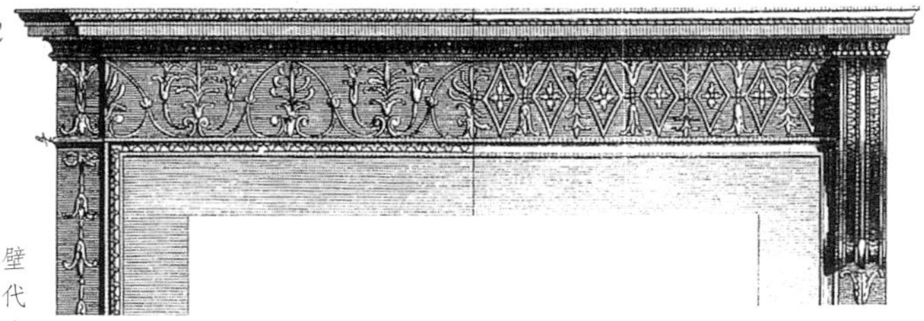

1～3. 三个典型的新古典主义壁炉架。第一个来自18世纪90年代的南卡罗来纳庄园，形式简单，有凹槽的壁柱和方形板；第二个形式相同，但增加了雕刻的圆盘饰、扇形图案和齿状装饰线脚；第三个是18世纪晚期的简朴版本。

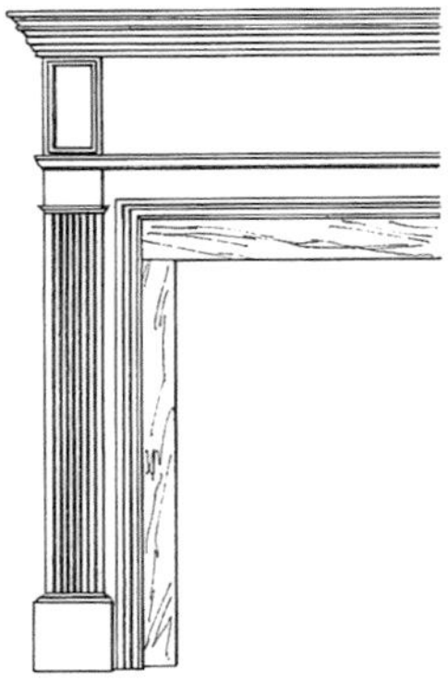

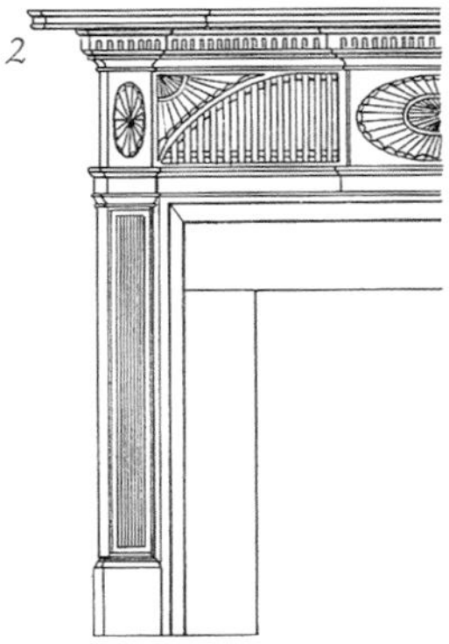

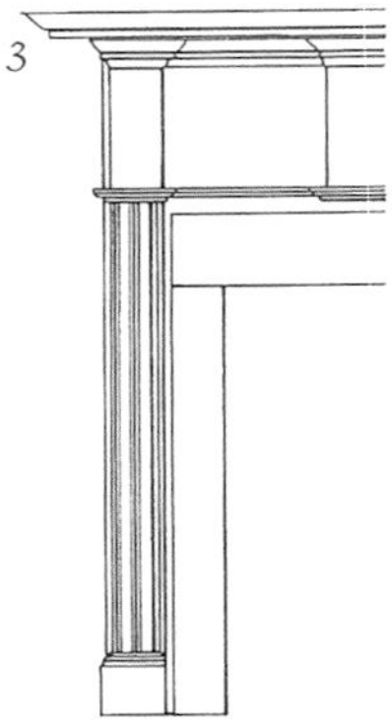

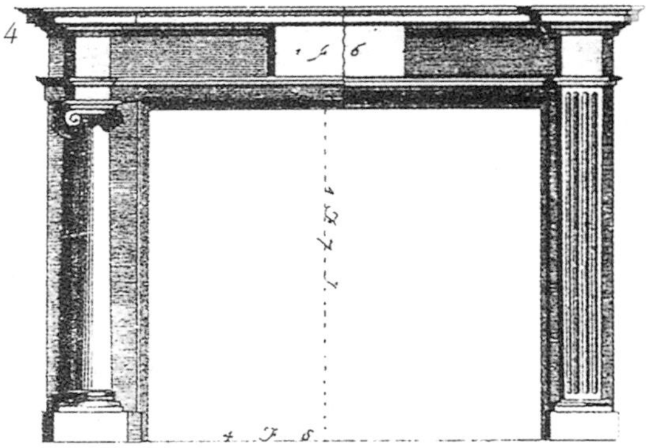

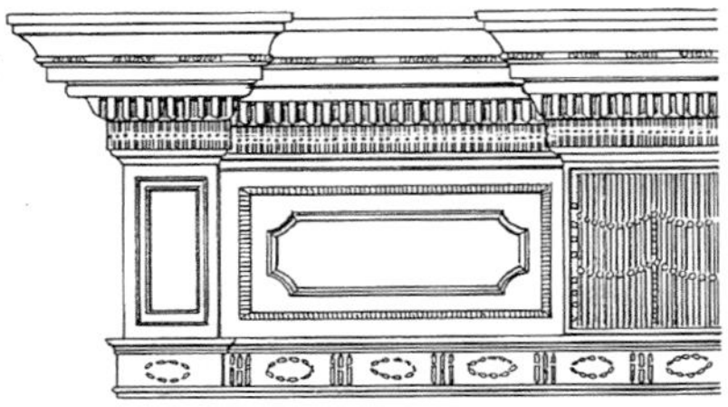

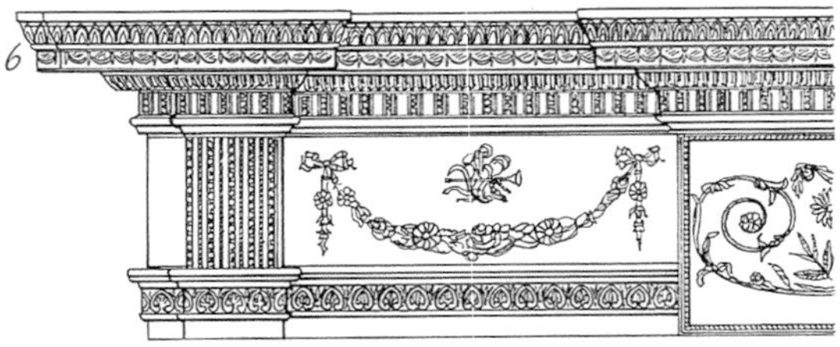

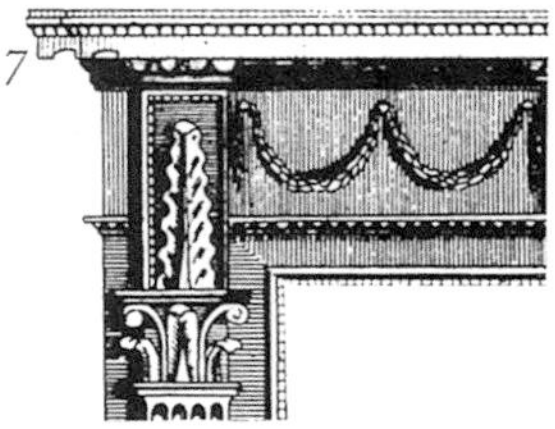

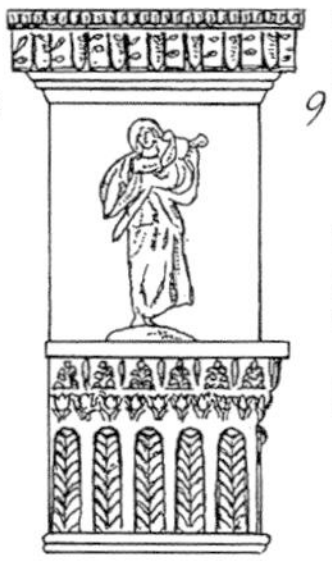

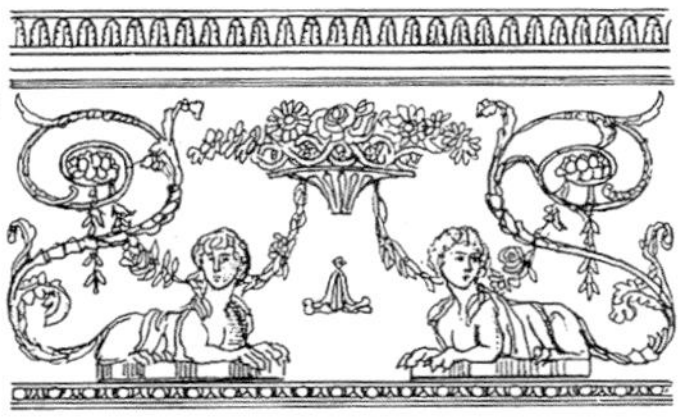

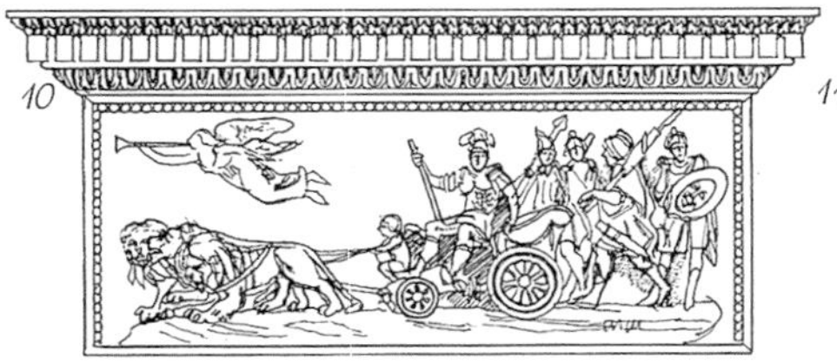

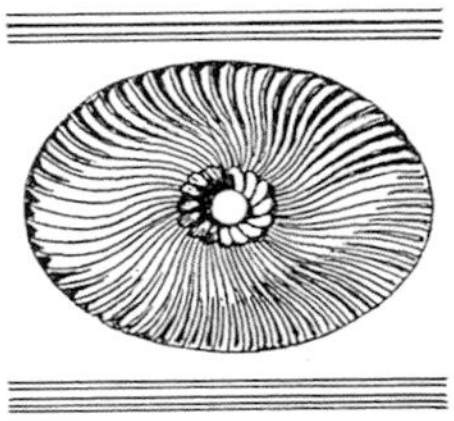

4. 选自1766年威廉·佩恩的《实用住宅木作》，新古典主义圆柱和壁柱。*WP*

5～7. 壁炉架的细节，包括圆凿工艺的做法（木作中用圆头凿子凿出花纹）。第一个带有贴附式图案、齿状装饰和成型饰板的形式；第二个展示了拉毛粉刷的垂花饰；第三个为非常有影响力的英国建筑师威廉·佩恩设计，使用了实用的复合装饰线脚。*WP*

8. 壁柱上方的嵌镶板上贴附了一个经典的人物形象。

9～11. 联邦式壁炉的三个形式鲜明的中央嵌镶板。第一个有两个凸出的狮身人面像和一个花卉花纹；第二个是一个精心设计的画面，来自波士顿哈里森·格雷·奥蒂斯故居，描绘了驾驭着狮子战车的海神。

12. 摘自1774年威廉·佩恩《建造者实践》中的两个设计，带有花状平纹和菱形花纹装饰图案。*WPB*

13. 这两个希腊主题壁炉造型证明了当时样式图集的普及，出自亚瑟·本杰明的《建筑师及实用住宅木作》，是1830—1859年最流行的设计。*AB*

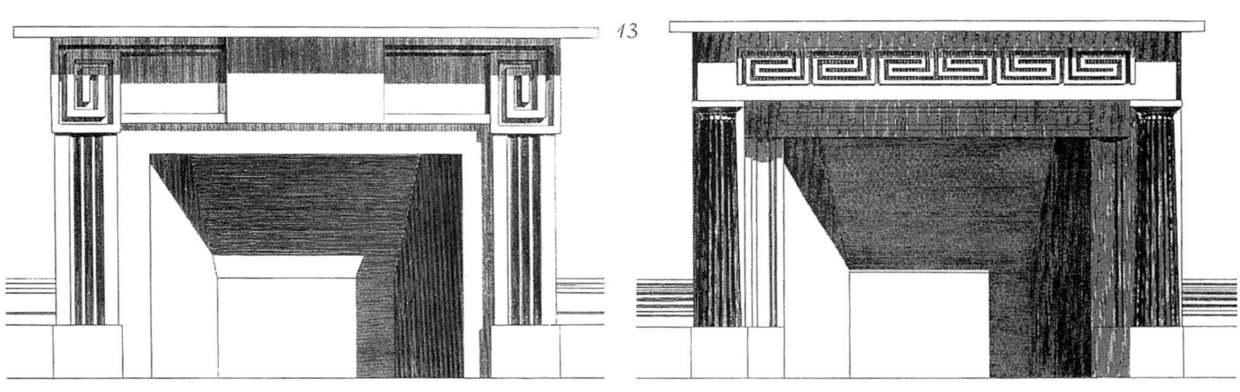

13

1 

2 

3 

4 

1和2. 约1808年的两个壁炉。左边的爱奥尼亚式圆柱支撑着一个齿状檐部，梁上有垂花饰和复合型图案。右边是有凹槽的木制托架，以及大理石线板和描绘有酒神画面的中央镶嵌板。*NR*
3. 典型的19世纪中期希腊复兴式黑色大理石壁炉，带有爱奥尼亚式圆柱，1832年，纽约。*OM*
4. 这个大理石壁炉体现出帝国晚期风格的影响，1842年。*BW*
5～7. 王政复辟时期，南卡罗来纳州查尔斯顿，盖拉德·班尼特住宅的壁炉，揭示了拉毛粉刷和圆凿工艺的典型细节，约1800年。壁炉上部装饰架尚未完工（左）；右上端显示了壁炉架的细节。另一个炉套（右下）展示了一个神话场景。*GB*

5 

6 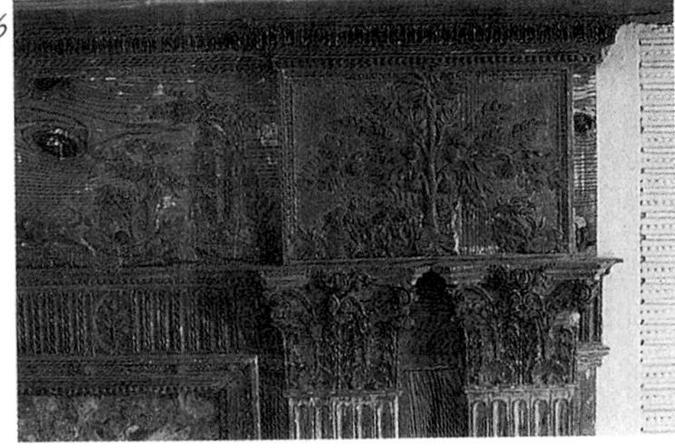

7 

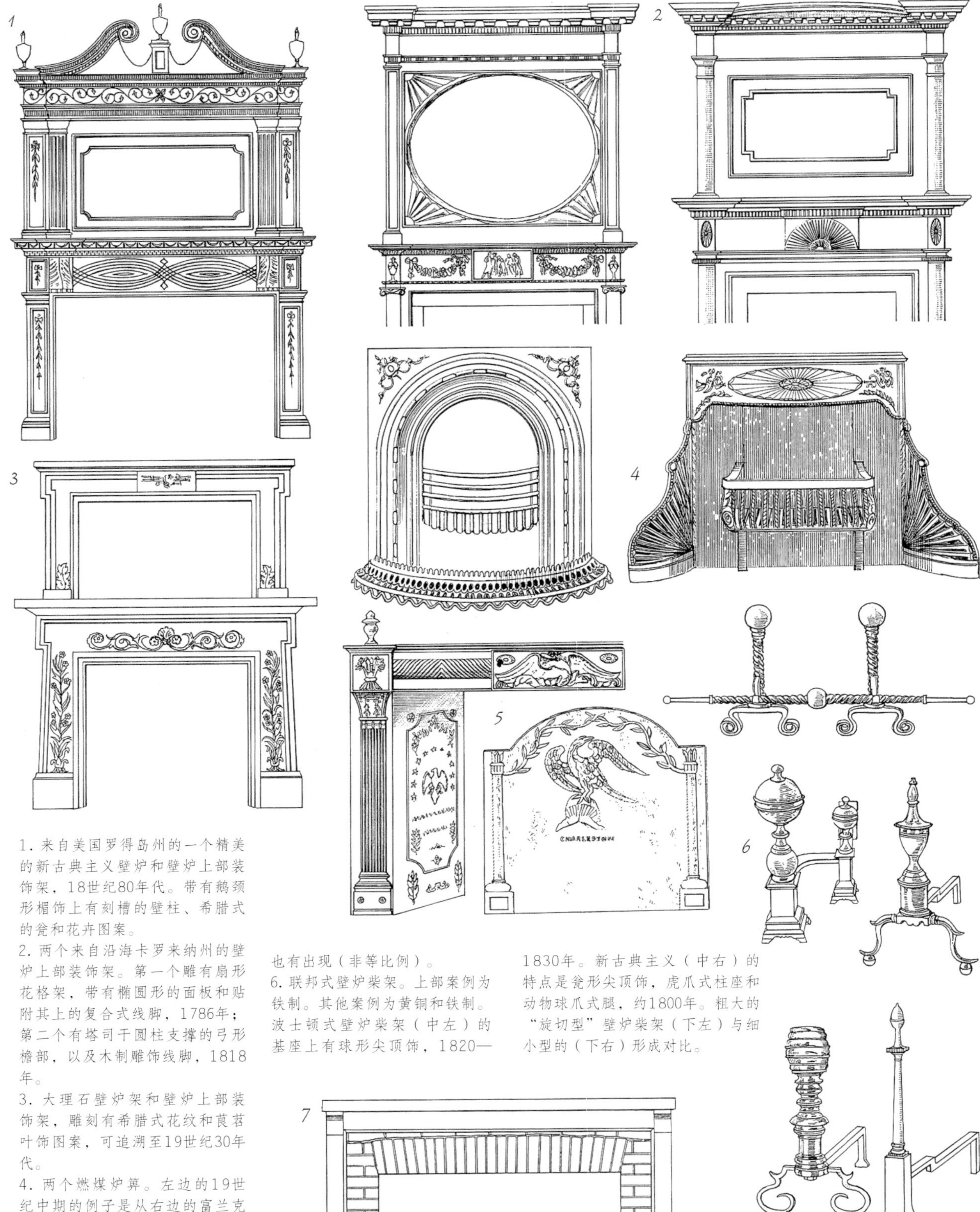

1. 来自美国罗得岛州的一个精美的新古典主义壁炉和壁炉上部装饰架，18世纪80年代。带有鹅颈形楣饰上有刻槽的壁柱、希腊式的瓮和花卉图案。

2. 两个来自沿海卡罗来纳州的壁炉上部装饰架。第一个雕有扇形花格架，带有椭圆形的面板和贴附其上的复合式线脚，1786年；第二个有塔司干圆柱支撑的弓形檐部，以及木制雕饰线脚，1818年。

3. 大理石壁炉架和壁炉上部装饰架，雕刻有希腊式花纹和莨苕叶饰图案，可追溯至19世纪30年代。

4. 两个燃煤炉箅。左边的19世纪中期的例子是从右边的富兰克林式壁炉发展而来的（约1785年）。

5. 具有爱国主题的美式图案。19世纪铸铁和黄铜制成的壁炉炉套，其特点是过梁和壁炉框边上有一只鹰；同样的标志在壁炉背景墙上也有出现（非等比例）。

6. 联邦式壁炉柴架。上部案例为铁制。其他案例为黄铜和铁制。波士顿式壁炉柴架（中左）的基座上有球形尖顶饰，1820—1830年。新古典主义（中右）的特点是瓮形尖顶饰，虎爪式柱座和动物球爪式腿，约1800年。粗大的“旋切型”壁炉柴架（下左）与细小型的（下右）形成对比。

7. 19世纪的砖砌壁炉外侧包有简单的木制壁炉架。南部地区的厨房通常建在房子的地下室里。

楼梯

1

2

3

4

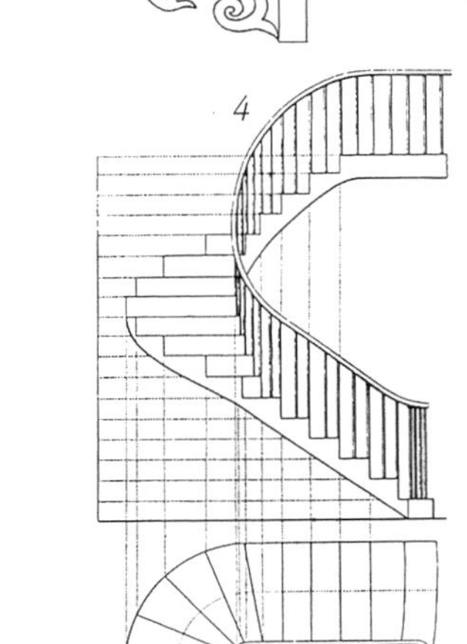

1和2. 两段蜿蜒而上的旋转楼梯。左边是自支撑的案例，从底层一直升向阁楼，车削而成细头栏杆柱带有层叠的圆形体，来自巴托-佩尔宅邸，纽约，约1842年。右边的简洁楼梯，有简单的直栏杆柱和抛光扶手，来自帕特里克·邓肯住宅，查尔斯顿，南卡罗来纳州，1816年。*BW, AL*

3. 三个带有涡卷装饰的梯阶端头示例，展现了新古典主义的图案。

4. 亚瑟·本杰明的《建筑师及实用住宅木作》，英美国家出版的几部曲线楼梯样式图集之一，提供了许多没有楼梯平台的旋转楼梯的实例，1830年。*AB*

5. 三个扶手的断面，是这一时期的代表形式。亚瑟·本杰明和其他人的样式图集提供了各式各样的扶手形式。

6. 位于带凹槽的壁柱和装饰拱门后面的楼梯，一侧带有楼梯平台、直立的栏杆柱和简单的扶手。

5

6

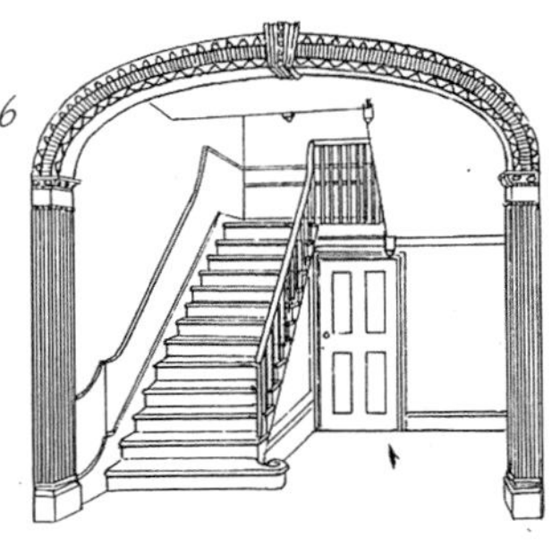

直跑、直角转弯和折跑式楼梯在18世纪晚期和19世纪早期十分普遍。威廉·佩恩和其他设计师编撰的样式图集介绍了大型住宅中使用的椭圆形和圆形主楼梯，通常出现在有曲线或多边形体量的建筑中。在新古典主义风格的建筑中，楼梯是入口层的重要特征，然而在古典复兴风格的住宅中，则被认为会造成空间的浪费而很少突出表现。

大多数住宅楼梯，经过简单车削或方形的楼梯栏杆柱支撑着细薄的扶手，楼梯端柱可能是扭曲的、细长的柱子或锥状的细杆，梯阶端头的装饰图案比殖民地时期简单得多。在大型住宅中，楼梯栏杆则为桃花心木或至少为锻造成型的栏板，带有细长的新古典风格样式。很少有悬臂式楼梯出现。

大型的希腊复兴风格住宅偶尔会采用双楼梯或尺度宽大的单楼梯，从入口大厅起步，采用穹顶或圆形天窗形成皇冠形天棚。独立设置的仆人使用的楼梯仅用于上部楼层。楼梯细节通常设计有轻巧优美的雕饰，而带旋的或向上变细的栏杆柱和扶手则尺度较大，楼梯端柱的车削造型厚重，有时带有莨苕叶形的卷轴装饰。

1

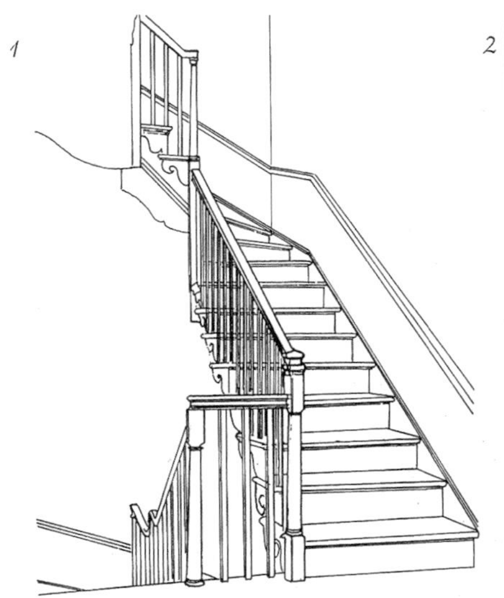

2

3

4

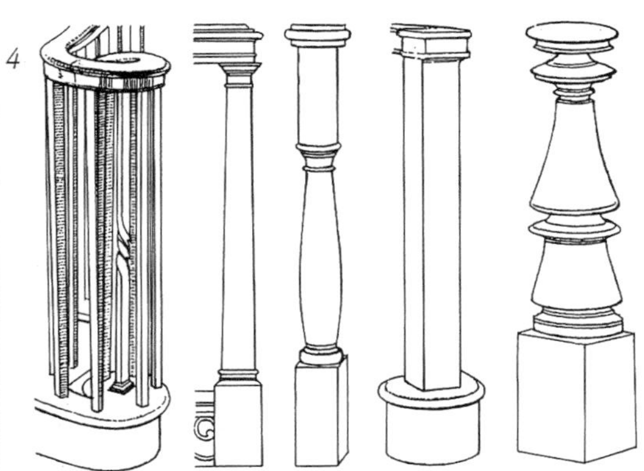

1和2. 一段紧凑的蜿蜒曲折的楼梯（左），以及来自莫里斯·朱梅尔宅邸的大楼梯（右），纽约，1765年。两者具有共同的新古典主义特征，包括直栏杆柱、向上收窄的中柱和梯阶端头下面的简单装饰。*MJ*

3. 来自盖拉德·班尼特住宅的楼梯，扶手末端盘卷成一个装饰环，查尔斯顿，南卡罗来纳州，约1800年。*GB*

5

6

7

4. 各种各样的联邦风格楼梯端柱。第一个是由木栏杆柱包围铁柱形成了一根中柱，1800年；第二个是一根向上收窄的中柱，18世纪晚期；第三个是一个腰部收窄的中柱，19世纪早期；第四个是四面平直的中柱，约1804年，最右边厚重的旋转体中柱，是19世纪的希腊复兴风格。

5. 巴托-佩尔宅邸的地窖楼梯端柱，是一个厚重又复杂的S形造型，向上收窄的栏杆柱造型精妙，纽约，1842年。*BW*

6. 这个粗壮的楼梯端柱来自老麦钱特住宅，纽约，1832年，是一个车削造型，并雕刻有繁多的莨苕叶饰，曲线扶手采用同样的装饰手法。收腰的栏杆柱，非常纤长并向上变细。梯阶端头的蔓叶花样装饰是希腊复兴风格的特征。*OM*

7. 这段入口大厅的楼梯由大理石砌成，配有铸铁栏杆，带有莨苕叶饰。带槽的柱子支撑着楼台，栏杆上面有圆形饰物，约1836年。

固定式家具

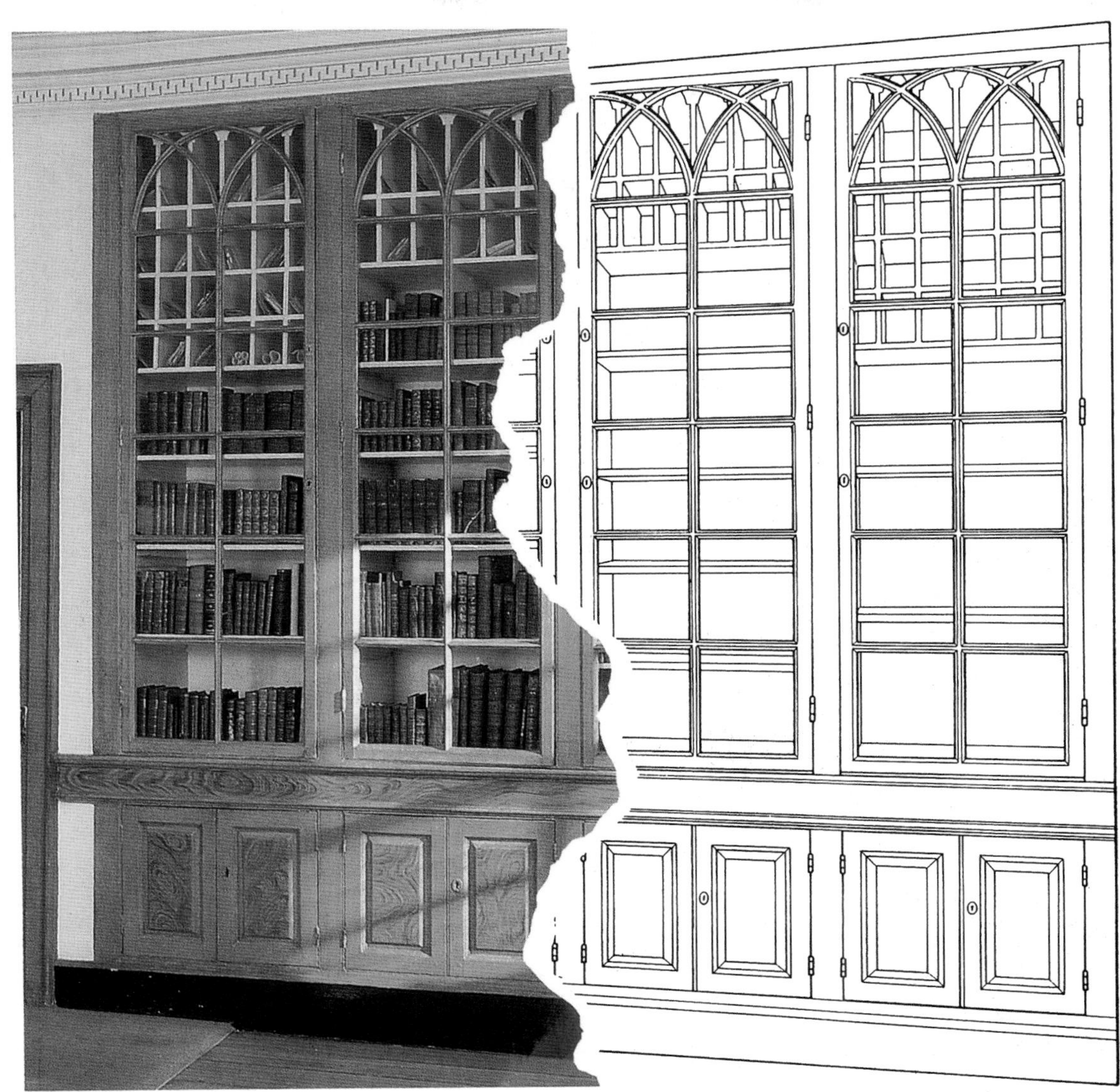

在18世纪80年代末，乔治·华盛顿在弗吉尼亚州的弗农山庄园府邸内设置了这种书架。新古典主义风格，但是那些令人眼花缭乱的线条也体现了其受到哥特式风格的影响。书架的镶板柜门在后来漆成了木纹的式样。*MV*

这一时期的固定式家具主要出现在起居室和正式的会客厅中，因为那里的壁炉墙刚好提供了可以容纳搁板式橱柜的空间。这里可以安全地存放瓷器、银器和书籍等珍贵物品。

在建筑的发展过程中，不规则形房间的出现使固定式家具更加多样化，比如可能会在一个椭圆形房间中设置壁龛。凸肚形陈列柜和柜橱偶尔会用胡桃木或桃花心木作支撑，但通常为了与房间的建筑特征相匹配，它们会被漆上简单的木色油漆或是漆成木纹样式。正面是玻璃的书架受到普遍欢迎。威廉·佩恩和詹姆斯·佩恩在其模式手册中提供了一种从地板到顶棚通高的书柜样式，书柜上带有半露的方柱和装饰有花环的檐口以及其他装饰。

19世纪最初十年，各种各样的创新设备引入住宅。托马斯·杰斐逊设计了一种连接餐厅和餐具存放室的带搁板的旋转门，威廉姆·杰伊受英格兰风格影响设计了门厅托架桌案。

固定的镜子开始流行。在希腊复兴式住宅中，镜框被装饰成古典风格，以匹配房间中的木作，1820年以后，壁柜和书柜框缘的装饰细节很相似。贯穿于这一时期的简洁固定式松木橱柜常被漆成深红色或绿色。

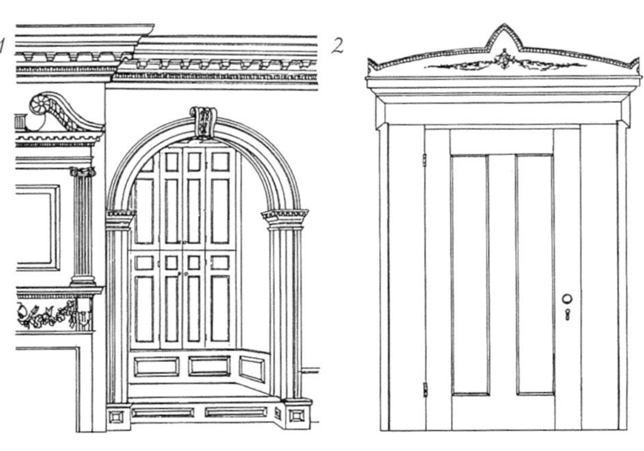

1. 壁炉旁的座椅，源自18世纪晚期拱形遮阳窗的窗凹形式。

2. 这个希腊复古式的双镶板嵌入式餐厅橱柜的细节和同一时期门的样式完全一样。

3. 19世纪早期的“博费特式”旋转门充当了旋转餐盘。托马斯·杰斐逊在弗吉尼亚州的老家蒙蒂塞洛的住宅中，也设计了一个类似的家具。

4. 一个漂亮的19世纪早期的红木餐具柜，中间装有玻璃的部分用来展示瓷器，有四个抽屉，上下有镶板门。

5. 上部收窄的新古典主义风格书柜，其优点体现在给壁炉腔创造出更多的空间；出自1766年威廉·佩恩的《实用住宅木作》。

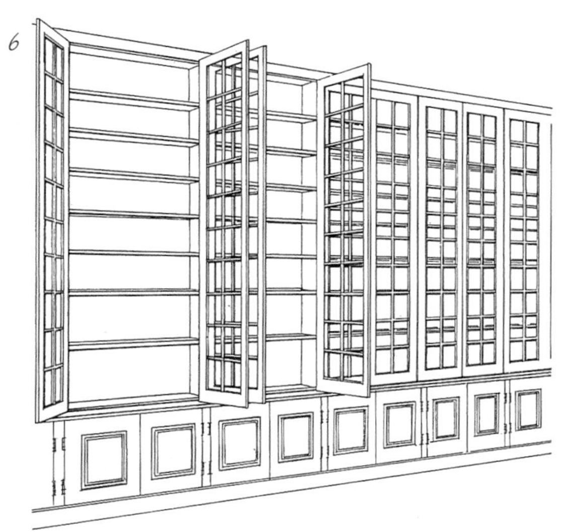

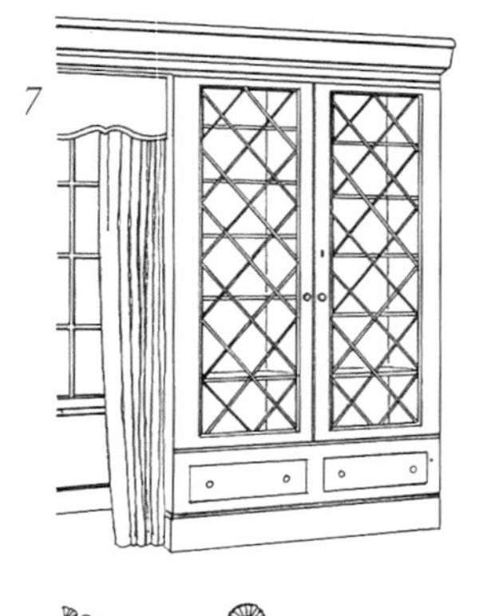

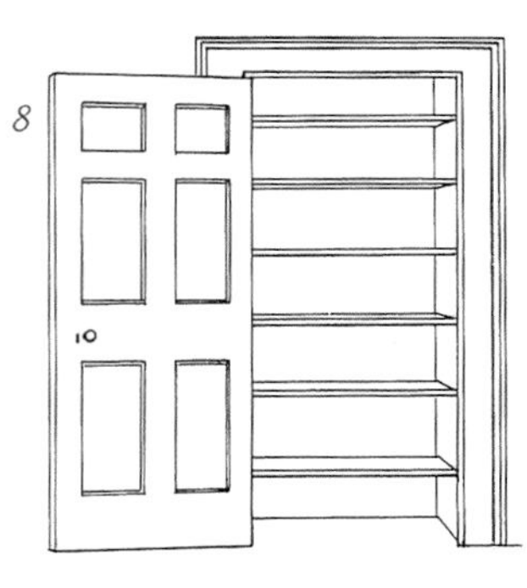

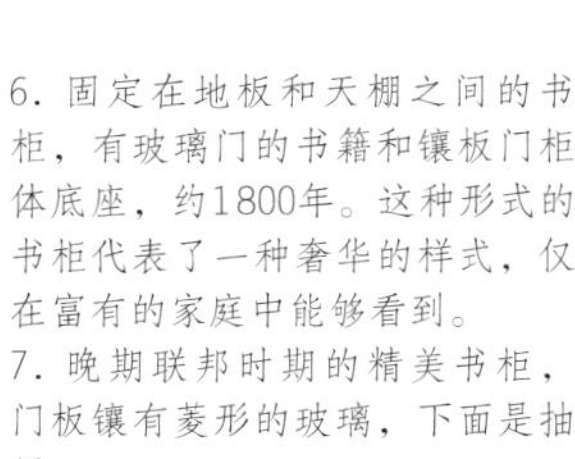

6. 固定在地板和天棚之间的书柜，有玻璃门的书籍和镶板门柜体底座，约1800年。这种形式的书柜代表了一种奢华的样式，仅在富有的家庭中能够看到。

7. 晚期联邦时期的精美书柜，门板镶有菱形的玻璃，下面是抽屉。

8. 带有镶板门的搁板式橱柜，用以保存瓷器和玻璃制品，典型的18世纪晚期至19世纪早期的风格。这种橱柜通常都位于壁炉旁。

9. 一面希腊复古式的固定式长镜，1832年。

10. 两个新古典主义晚期的大理石托架桌案。木雕的支架镀金。

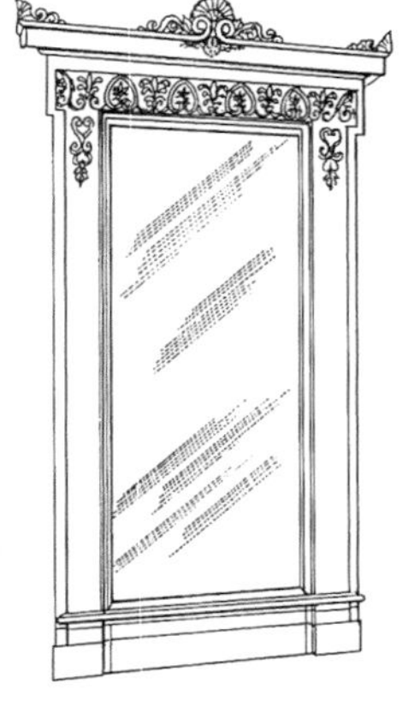

设施

1. 来自纽约巴托-佩尔宅邸精致的火炉，1842年，带有古典复兴图案，圆柱和壁柱。
2. 一个小型客厅火炉，瓮形顶部（在一些规格中，瓮中装有用来加湿的水），约1850年。
3. 18世纪晚期摩拉威亚式瓷砖贴面的火炉。

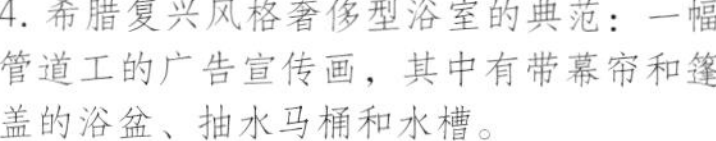

4. 希腊复兴风格奢侈型浴室的典范：一幅管道工的广告宣传画，其中有带幕帘和篷盖的浴盆、抽水马桶和水槽。
5. 19世纪30年代带有压水泵的石制厨房水槽，黄铜水龙头设在后部。

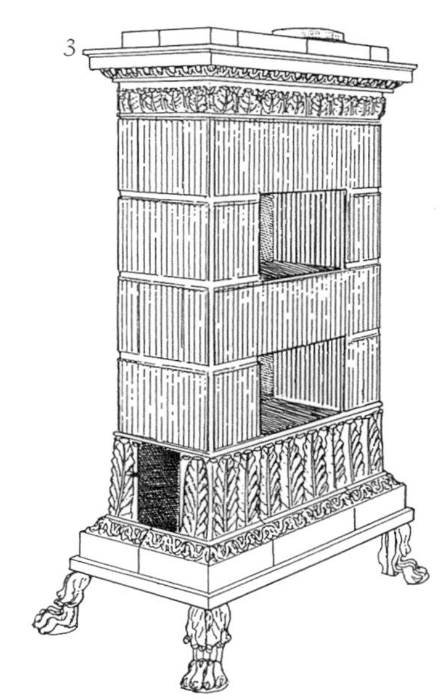

18世纪即将结束之际，独立式六块板加热炉流行起来。六块板加热炉由六块很重的铸铁单元组合而成的整体火炉，下面用炉腿支撑，炉体有燃料门和烟孔，常以古典主题作为炉身装饰，有些规格顶部会设置一个瓮，有些表面会粘贴瓷砖。很多家庭则使用组合式火炉取暖，门厅之类的房间中部安放一台火炉，其他几个位于客厅和上层房间。在冬季较寒冷的地区，当冬季到来之前为火炉储存充足的木材成为一项重要的工作。直到19世纪30年代，城市住宅才有了更大炉膛的煤炉。

初期的一些住宅出现了化妆室，配有可移动大便坐凳（在可移动的家具上安装便盆）、脸盆架和可移动铁制或锡制的浴缸，这种浴缸在十年后才得以普及。户外设置厕所是常见的做法，在富裕的家庭中可以看到带有古典和哥特式建筑细节的、精致的、多用途固定式坐便。

自来水系统非常匮乏，且仅限于大型住宅。一般住宅使用户外储水箱收集雨水，只有很少的住宅使用室内储水罐。到19世纪20年代，一些品质较高的住宅厨房中设置有使用自来水的石制或金属水槽，而普通住宅则仍然使用井水。

灯具

1. 可以转动的镀锡铁吊灯，1800年之前。
2. 法国帝国风格的枝形吊灯，1810年。
3. 带有玻璃装饰的铜制吊灯，1790—1820年。
4. 带有蚀刻玻璃装饰的镀金铜制煤气吊灯，约1840年。
5. 1820年以前，玻璃枝形吊灯很少见。
6. 双头圆筒芯灯，带有蚀刻玻璃灯罩。
7. 镀锡铁制壁上烛台，这一时期的中期。
8. 美洲白头鹰造型的木制壁上烛台，约1800年。
9. 拥有室外照明油灯成为城镇住宅的特征。
10. 两种室外锻铁灯杆。
11. 带有大理石底座和玻璃吊坠的枝形烛台，约1840年。
12. 可以转动的镀锡铁吊灯，18世纪晚期。
13. 位于柱子顶端的铁框，用以置放标示灯，18世纪前后（笼状铁制灯具）。

18世纪大多住宅仍然使用光线朦胧的蜡烛、灯芯草，或烧石油、猪油和牛油的油脂灯（贝蒂灯）。室内和户外都会使用提灯，提灯有时带有反光片。

到了18世纪90年代，获得专利的阿尔冈灯（1782年）逐渐得到有效利用。阿尔冈灯有一个空灯芯，使氧气能够接触到火焰（火焰由玻璃灯罩保护），从而产生更加明亮干净的照明方式，通常使用鲸油和猪油作为燃料。阿尔冈灯昂贵些的用银制成，稍便宜些的则用谢菲尔德覆银铜板制作，并在富有的住宅中开始取代蜡烛。由雕刻黄铜制作的门厅挂灯在中产阶级和上流社会中仍然很流行。

19世纪初期，黄铜灯具和玻璃灯具普遍使用鲸油作为燃料，灯具制作成带灯罩的独立式灯具、多分支吊灯和壁灯。这一时期的枝形烛台，包括有带水晶吊坠的蜡烛台和枝状大烛台，以及镜子前面的蜡烛壁上烛台。19世纪初期，富有家庭从法国或英格兰进口玻璃枝形吊灯和镀金青铜枝形吊灯，只有极少情况下由美国的手工艺人制成，这些灯具都用于住宅中装修最为精美的客厅中。

19世纪30年代，煤气照明作为一种公共设施逐步安装在城市中。

金属制品

1

2

1. 位于老麦钱特住宅入口处的铁艺楼梯瓮形端柱。纽约，1832年。*OM*
2. 19世纪中叶来自盖拉德·班尼特住宅的铸铁拴马桩，查尔斯顿，南卡罗来纳州。这是一个同时具有功能性和装饰性价值的铸铁件。*GB*
3和4. 两款铸铁阳台。左边的来自1842年的纽约巴托-佩尔宅邸，采用花状平纹和希腊复兴风格图案装饰。右边的来自波士顿市政厅，更加精美，表现出新古典主义晚期的特征，融合了中式风格的嵌板和希腊元素图案。*BW,RS*

3

4

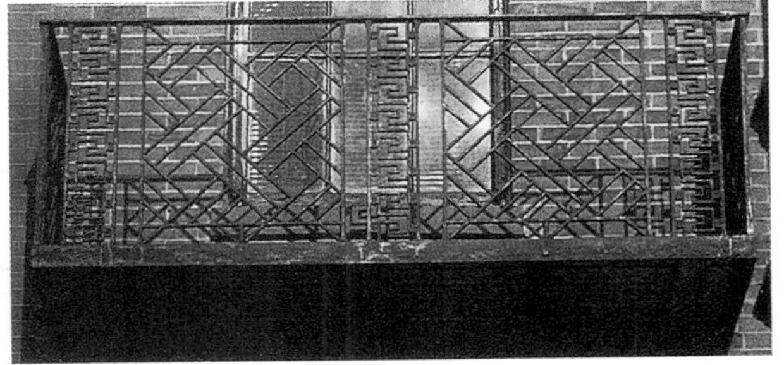

到了联邦时期，金属制品在美国得到极大地推广，尤其是新奥尔良、萨瓦纳、查尔斯顿这样的南部城市。起初一般使用锻铁制作装饰物，但随着技术的提高，铸铁制品逐渐得到了施展的空间，从19世纪40年代开始，铸铁也用于结构性和装饰性构件。

在18世纪即将结束之际，由于铁矿资源的开发，铁的生产逐渐增加。欧洲大陆的手工艺人被新兴工业和基于古老欧洲风格，但又有新古典主义影响的成熟的设计形式所吸引。在新奥尔良，很早即由法国人和西班牙人建立起了悠久的铁器加工传统，1803年路易斯安那州加入联邦之后生铁的产量得到了提升。那些来自德国的手工艺人，开始将其创作的旋涡状精美装饰用于栅栏、格栅、弧形窗、栏杆和阳台，唱衰了新古典主义风格。

早期的装饰铸件主题包括七弦琴和花状平纹。用C形或S形旋涡装饰的户外楼梯栏杆，强化了大门入口，铁制中心柱也流行起来。到联邦和帝国时期末期，铸造厂开始生产双层阳台、柱头和窗户边框，但是不可避免的是铸件图案变得更加标准化。

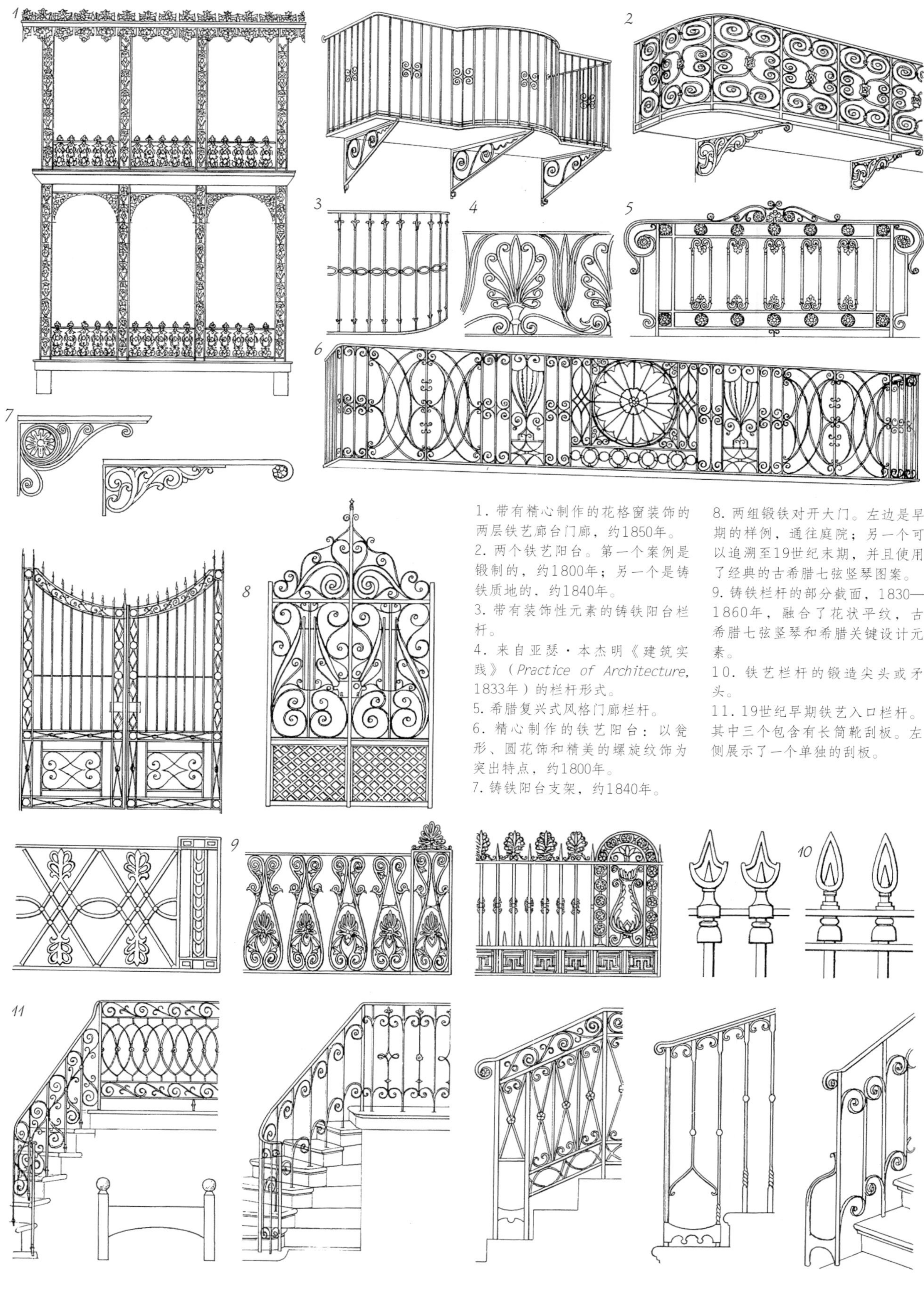

1. 带有精心制作的花格窗装饰的两层铁艺廊台门廊，约1850年。

2. 两个铁艺阳台。第一个案例是锻制的，约1800年；另一个是铸铁质地的，约1840年。

3. 带有装饰性元素的铸铁阳台栏杆。

4. 来自亚瑟·本杰明《建筑实践》（*Practice of Architecture*，1833年）的栏杆形式。

5. 希腊复兴式风格门廊栏杆。

6. 精心制作的铁艺阳台：以瓮形、圆花饰和精美的螺旋纹饰为突出特点，约1800年。

7. 铸铁阳台支架，约1840年。

8. 两组锻铁对开大门。左边是早期的样例，通往庭院；另一个可以追溯至19世纪末期，并且使用了经典的古希腊七弦竖琴图案。

9. 铸铁栏杆的部分截面，1830—1860年，融合了花状平纹，古希腊七弦竖琴和希腊关键设计元素。

10. 铁艺栏杆的锻造尖头或矛头。

11. 19世纪早期铁艺入口栏杆。其中三个包含有长筒靴刮板。左侧展示了一个单独的刮板。

木制品

1. 早期新古典主义风格的门廊，约1765年。向上收窄的塔司干柱子，中间有帕拉迪奥式窗，上面有带齿状装饰和椭圆形扇形窗的三角楣饰。这种两层的木制门廊在18世纪80年代之前很少见。MJ

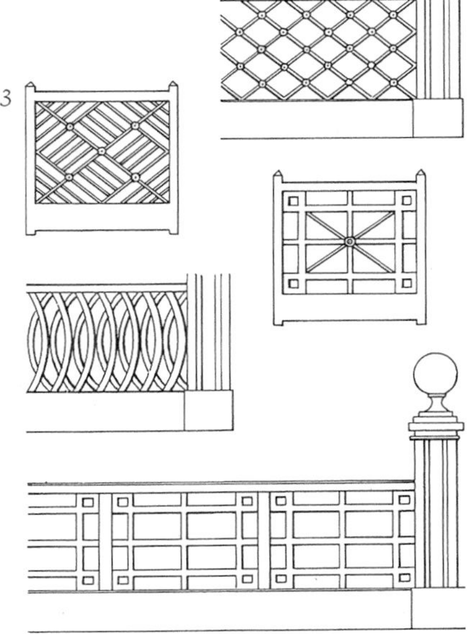

2. 门口的装饰柱上有圆盘饰和花环饰，顶端有瓮形装饰。这个案例是新英格兰在联邦时期鼎盛阶段的典型代表。RS

3. 栅栏和大门的局部，展现了交错式、条带式等形式，出自于亚瑟·本杰明的《建筑师及实用住宅木作》，1830年。

4. 19世纪40年代，希腊复兴式的单层门廊，立有带凹槽的多立克柱子和板条三角楣饰。

5. 19世纪20年代新古典主义的神庙形式住宅。整体建筑木制，包括门廊和室外走廊。

联邦时期建造的大量的木构建筑，为住宅外部的木制装饰细部提供了施展空间，有些装饰非常精美。一种典型的住宅形式使用叠放的外墙护墙，通常为松木，将其切割成长条状并在末端加以垂珠饰。19世纪早期，锯子的改进以及机制铁钉的使用，使得精美住宅比比皆是。

住宅出现了各种装饰性元素，包括带垂花饰的雕带、齿状装饰、飞檐托以及其他装饰。最流行的趋势是木制单廊（新英格兰地区）或柱廊的引入（大西洋中部和南部殖民地）。18世纪80年代，乔治·华盛顿在弗吉尼亚州的弗农山庄的两层楼高的方形圆柱柱廊是一个著名的建筑案例。此时，卡罗来纳州时尚的乡村住宅的特点之一是设有双层走廊或廊台，可以当作室外活动区域的雨棚使用。

新古典主义和希腊复兴式住宅以走廊、墙体和屋顶上的木制栏杆为主要特点，并用尖形木桩和立杆作为栅栏构件，栏杆柱为花瓶形或四面锯切的直线形。无论在北方还是南方，木制栅栏比铁栅栏的使用更加普遍，有时栅栏支柱的顶部会用瓮形、球形或其他形状进行装饰，偶尔也会使用格子形、齐本德尔的中国式以及扭索状装饰的栅栏。

英国维多利亚时期（1837—1901年）

罗宾·怀亚特

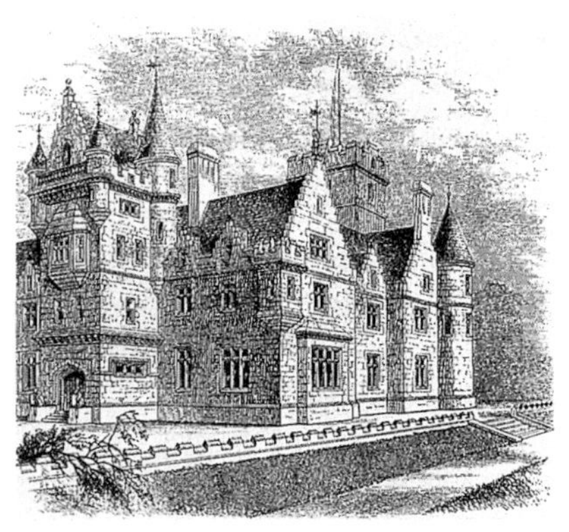

罗伯特·科尔（Robert kerr）编写的《绅士住宅》（*Gentleman's House*）是一部非常有影响的图书，内容包含了对那些有抱负的人、富人和住宅建造师的一些实用性建议，在19世纪60年代和70年代曾多次再版。在一些章节中，科尔用同一个平面进行了多种不同风格的外观设计，均带有明显的维多利亚风格特征。这里看到的属于“乡村风格”，有些意大利的风范，属于体量非常大的乡村式别墅；其中“中世纪或哥特式风格”，带有尖拱和丰富多样的砌砖工艺以及屋脊上精美的铸铁顶饰；“苏格兰男爵”版本，则带有阶梯形山墙（“阶梯式山墙”）。KE

今天保留下来的英国传统住宅，1/3可以追溯至1914年之前，其中相当数量可以追溯至更加久远的维多利亚时期。维多利亚建筑曾经在19世纪50—70年代英国的各个地区兴旺发达，直到20世纪20—30年代城市中的带形建筑出现之后才逐渐衰落。

英国维多利亚风格产生于对旧有风格的复兴。维多利亚时代时尚的城镇居民已经厌倦了单调乏味、平直朴实的乔治亚时期的传统联排式住宅，这些住宅布满了煤灰和尘土。他们更加向往色彩和生气，同时，这种感觉并非仅为那些拥有土地的大贵族所特有。在工业化的发展中出现了新兴的富人阶层，白手起家的实业家们热衷于炫耀他们事业的成功，表现在他们的住宅建筑上，希望以有形的形式彰显他们的成就。其中许多人偏爱哥特式风格，既作为一种充满浪漫的幻想，也暗示了他们的古代血统。

哥特复兴从18世纪开始萌生。到了19世纪，沃尔特·斯格特爵士（Sir Walter Scott）、阿尔弗雷德·洛德·特尼森（Alfred Lord Tennyson）和托马斯·洛夫·皮科克（Thomas Love Peacock）的那些骑士般的作品更起到了推动作用。勤奋的考古学家经过对一百年前古代建筑废墟的发掘，出版了中世纪建筑遗产的测绘图集。具有影响的理论家和设计师A.W.N. 普金（A.W.N. Pugin，1812—1852年）和他同时代的一些人，试图鼓励建筑师使用准确的哥特式细部。丰富多样的砖砌工艺，由G.E.斯特里特（G.E. Street, 1824—1881年）的《意大利北部的砖和大理石》（*Brick and Marble from Northern Italy*）和约翰·拉斯金（John Ruskin, 1819—1900年）的《威尼斯石材》（*The Stones of Venice*）两本书所普及，为哥特式建筑外表增添了光彩。

哥特式时尚所留下的印记，不仅在许多乡村住宅和别墅建筑中，而且还包括伦敦的整个郊区，例如牛津北部郊区。在主要的公共建筑的建造中，也导致了一场所谓的“风格论战”大辩论，例如，对于新的英国国会大厦（哥特式）和外交部大厦（古典式）的建筑风格形式的确立问题。

1879年，威廉·扬（William Young）在他的《城镇与乡村府邸》（*Town and Country Mansions*）一书中，记录了哥特式风格信奉者的信条，即在古典建筑中，“平面的便利程度和功能的安排，可以为某种建筑效果做出牺牲……通常来说，便利来自平面的设计，而平面应适合立面形式的需要。”A.W.N.普金把哥特式视为“睿智的”，而把古典式视为“呆板的”。建筑商对这种学院式的准确性没有兴趣，他们经常任意地采用几种风格元素，包括希腊复兴、罗马风格、都铎式风格、伊丽莎白式风格和意大利风格等，建筑可以有砖木材结构的山墙、传统的上下推拉窗、红砖和陶瓦装饰，以及金银装饰的铸铁门廊等。

真实的维多利亚建筑图景包括两个极端类型：一是那些著名建筑师如理查德·诺曼·肖（Richard Norman Shaw，1831—1912年）等人设计的令人惊叹而别出心裁的乡村住宅；二是那些简陋的平直立面的联排式平民住宅。在两极之间存在着各种不同的类型：早期以摄政风格为原型的维多利亚风格的双拼别墅；独栋的意大利风格郊区别墅，首层外墙面带有拉毛粉刷（流行于19世纪30—40年代）；独栋砖砌别墅，带有不对称平面和都铎风格的细部。

出于对服务用房和私密性的需求，维多利亚时期上层中产阶级的联排式住宅规模增大，建筑的高度和进深也

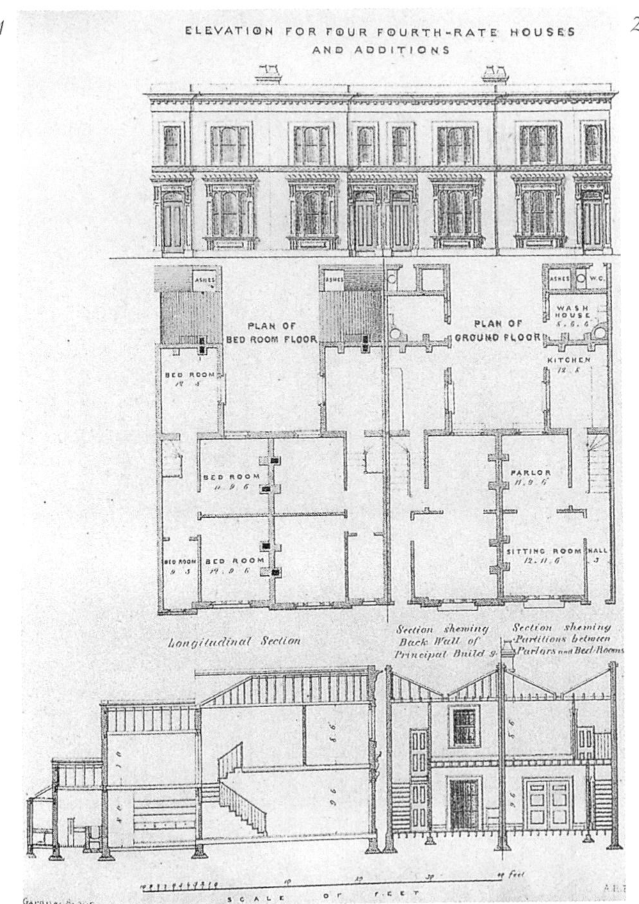

1. 19世纪中期朴素而典型的联排住宅的立面图、平面图和剖面图。建筑形式在某种程度表现出摄政时期简约的古典风格，常见的砖砌建造方式，外墙采用"罗马式抹灰"，板岩浅坡屋面隐藏在女儿墙之后。平面布置了四个卧室，地面层有客厅和起居室，厨房和洗涤间位于后翼一侧。*BU*

2. 维多利亚中期的别墅，位于爱丁堡附近，R.桑顿·希尔斯（R. Thornton Shiells）设计。平面组织良好，包括两个起居室、五个卧室（其中一个在入口层）、一间浴室和厕所。*VC*

达到前所未有的程度。这种有着巨人症似的建筑采取了简单的拉毛粉刷外墙，所形成的建筑外观效果十分引人注目，如在伦敦的贝尔格拉维亚区、贝斯沃特区和皮姆利科区看到的那些联排住宅。格拉斯哥的亚历山大·汤姆森（Alexander Thomson）的建筑作品，特别是1869年设计的大维斯顿联排住宅，则是宏伟壮丽的古典风格联排住宅的最后绽放。在19世纪80年代，上层中产阶级住宅出现了郊区化乡村风格的趋势，使得联排式住宅丧失了社会地位：它已经与社会底层联系在一起，而较富裕阶层则倾向于住在别墅中。

在19世纪60年代末期，温和的英国哥特式再度受到人们的追捧。与此同时，体型轻盈而深具影响力的安妮女王复兴风格也开始出现：与众不同的特点包括白色油漆的上下推拉窗、漂亮的阳台、弯曲的山墙和定型的砖制品或陶瓦制品。在伦敦的斯隆街和卡多根广场周围的几条美丽的街道上的建筑都具有这种风格。

建筑行业的迅速发展使各类期刊也在追赶时代的潮流，如《建造者》（*The Builder*）和《建筑报道》（*The Building News*）两本杂志都在19世纪中期创立。插图丰富的住宅建造类书籍随处可得，不富裕的工匠可以通过分期付款的方式购买。特别普遍的书是《建造师实用指导》（*The Builder's Practical Director*）、《实用木工百科》（*The Encyclopaedia of Practical Carpentry*）和《实用砖石建筑》（*Practical Masonry*），书中配有彩页，均出版于1855—1870年间。工业化意味着大量生产，而运河和铁路使得重型建材可以大幅度降低运输成本：来自苏格兰的生铁、英格兰中部地区和半岛西南的陶瓦制品、威尔士和坎布里亚郡的石板等随处可见，建筑已不再像过去那样非得使用本地出产材料。玻璃和砖也比以前更加便宜。从苏格兰到英格兰西南地区的陶瓦制品，都有着一样的优雅外观。

在19世纪70年代，一种新型经销商进入了迅速增长的建筑产业舞台的中心——建筑经销商。经销商扮演着制造商代理人的角色，为住宅建造者提供从厨房炉灶到门把手的所有建筑部品与构件，并有清晰的带插图的商品目录，这些目录图册使今天能够对后期维多利亚建筑得以深入全

1. 格拉斯哥地区舒适的经济型出租房（公寓）中的厨房，深色的烹饪区域是从这一时期后期开始的典型做法。每户公寓有四间房间：客厅、卧室、厨房和卫生间。出租公寓的居住情况，包含了中等居住水准、非常拥挤，或十分舒适甚至非常奢侈的不同程度。TE

2. 同一出租公寓的客厅。箱形床提供了额外的休息空间，但也会对健康带来危害。这种床铺的布置方式在1900年之后被禁止。TE

3. 木制墙板成就了这一时期的复兴风格，如图所示为意大利文艺复兴风格。CR

面地了解。

住宅建筑的健康和效率是维多利亚时代中产阶级十分关注的两个问题，也反映在目录图册中卫浴设备的增项里。卫生间的通风设备受到重视，不仅用于消除由于排水系统的缺陷而产生的异味，还用于排出煤气吊灯和炉子散发的有毒气体。大科学家罗伯特·波义耳（Robert Boyle）建立了一个生产和安装通风设备的公司，生意兴隆，他的努力使住宅屋顶出现了无数的通风帽，并装扮成塔楼或钟楼的样子。

清洁的空气是人们希望享有的福利。人们开始离开城市，越来越远地走入乡村去找寻有益健康和经济适用的住房，并且可以通过铁路解决交通问题。由此出现的对乡村的怀旧之情造就了新的理想住居形式：城郊花园别墅，也预示了1870年在伦敦西部的贝德福德公园住宅区的出现，其个性鲜明的住宅形式带给枝叶茂盛的街道各异的住宅风格，受到社会各界的普遍欢迎。

建筑室内的房间类型设置与空间组织方式，清晰地反映出住宅内部各类用房等级秩序的不同。接待客人的公共用房、门厅、私密的卧室和化妆室、楼梯下部的佣人房等，第一次超越了使用功能而更加关注形式的差异。这种对房间的分级也表现在建筑的装饰上，如线脚的复杂程度和壁炉材料的选择等，体现在从大理石到板岩到木材的差异。相当于女人书房的晨间起居室放在了住宅的后部，而书房则是男人的领地。大型住宅不但有餐厅还会有独立的早餐空间。即便最平常的住宅也会尝试着设置一间客厅，通常是一间没有人住的空房间，好像在等待着足够重要的客人去证明它的用途。

1

2

3

1. 来自诺森布里亚地区的克莱德塞德的一间起居室，表现出工艺美术运动的影响。CR
2. 伦敦切尔西府邸入口前门的室内效果，古典复兴风格的重要案例，19世纪70年代。TCM
3. 极富维多利亚风格特征的会客厅，布鲁斯·塔尔伯特（Bruce Talbert）设计，1876年。表现出其受到哥特式风格的影响，甚至包括了房间里钢琴的式样。塔尔伯特确立了后来哥特复兴风格的风尚。TAL

门

典型的伦敦北部的住宅大门，是一幢维多利亚风格的中产阶级高级城市住宅的主入口，属于折中主义风格，品质一般，有着哥特式倾向。踏步增添了雄伟的效果，艳丽的彩色玻璃镶嵌为大厅增添了明亮的色彩。门牌号结合了扇形窗/气窗，是典型的维多利亚住宅的做法。松木门，油漆模仿硬木木纹，整个处理手法与该时代的风格相一致。

维多利亚时期的住宅，门廊的设计不仅为了保护来访者免受恶劣气候的影响，也体现着房主的社会地位，因为向外凸出的门廊意味着比嵌入式门廊的家庭更加富有。

住宅前门使用嵌板门扇，有时门头带有哥特式弓形拱。门通常油漆成绿色或者仿木纹效果。门的上部镶嵌玻璃或做成扇形窗，可以使更多光线照进门厅。当时的铸铁件商品目录提供了各种门环和把手，从19世纪40年代开始还出现了信件的金属投递口。

维多利亚时期人们开始认识到住宅御寒的重要性。在小型联排住宅设计中，狭窄的门厅中通常设置一个拱形门，并挂上布帘进行保温。同样，会在门后安装挂在窗帘杆上的门帘，以使房间更加温暖。

室内木门构造依然采用传统的框架和嵌板方式。主要房间中尺寸较大的木门厚度达7.5cm，并带有大量的嵌板造型和丰富的线脚。这种做法不仅用来表示房间的重要性，还在于木材的硬度越高厚度越大，越能有效地防止仆人的偷听。普通的房门，一般采用不足2.5cm厚的木框和非常薄且没有装饰的嵌板。

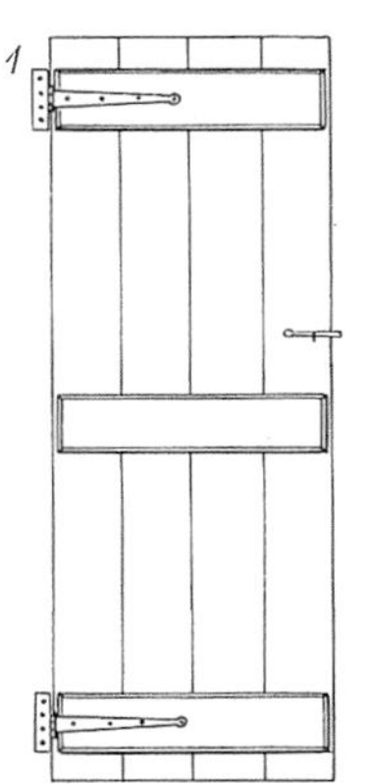

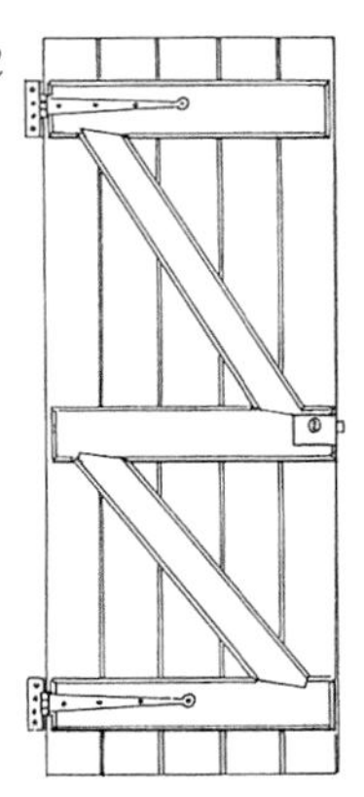

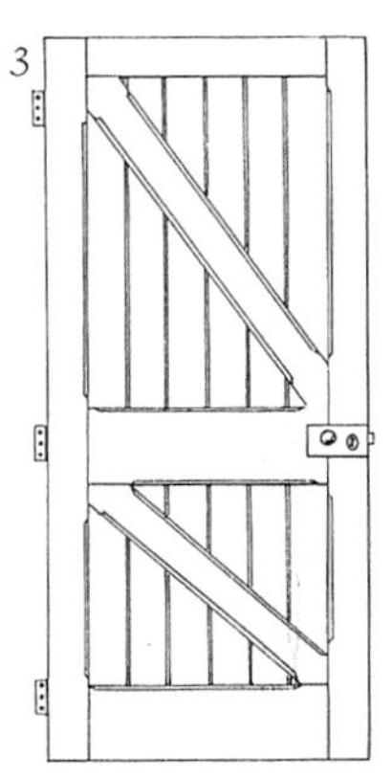

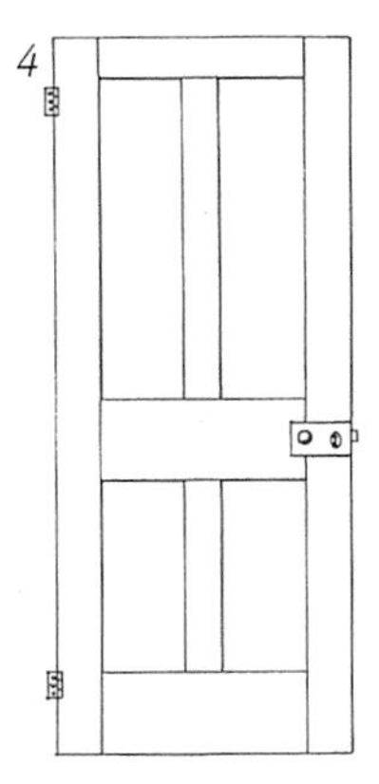

室外松木板条门的三种典型形式，制作价格低廉，经常用于城市住宅的附属建筑和农村住宅。

1. 有横档的板条门，“横档”属于水平构件。

2. 有横档、斜撑的板条门，斜放的“斜撑”起到加强作用。

3. 框架型板条门。

4. 简单的不带线脚的四块镶板式木门，在整个维多利亚时期使用普遍。

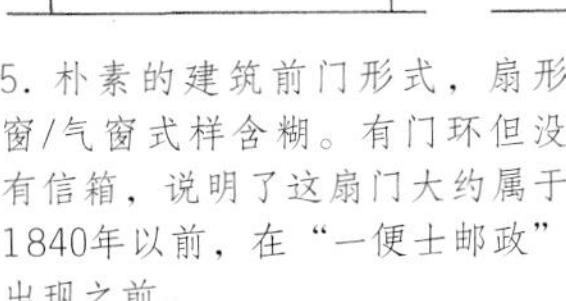

5. 朴素的建筑前门形式，扇形窗/气窗式样含糊。有门环但没有信箱，说明了这扇门大约属于1840年以前，在“一便士邮政”出现之前。

6和7. 这些内凹式的门廊，属于19世纪70年代联排式或城镇式住宅的典型式样。

8. 乡村型的木制门廊。

9. 这个大型的古典式的门廊有可能由石材建造，或出于降低造价原因而使用砖砌石贴工艺。*MB*

10和11. 丰富多彩的砌砖工艺，受到约翰·拉斯金关于威尼斯和意大利哥特式建筑文章的影响，约1850年。*CL*

1. 小型联排住宅的入户门。红砖边框与建筑立面的奶油色砖墙形成了对比。MJB

2. 精美的住宅大门。门廊涂刷水泥涂料，丰富了外观形式，柱身上带有柱环和柱头花卉造型。

3. 用于大门的彩色玻璃镶板的典型样式，1891年。GF

4. 信箱通常很小并垂直安装。

5. 流行的哥特式大门。门的配件和彩色玻璃似乎属于原作，遗憾的是门已被涂刷过多次。

6. 伦敦西区成对设置的大门，约1880年。簇叶形装饰的拱形门、柱头使用水泥抹灰粉刷。格子状的瓷砖地面属于之前的遗存，但信箱则是后期增设的。RS

7. 内凹式门廊的侧墙经常使用彩色瓷砖镶嵌。RS

1

大型室内门的门头上会有檐口和三角楣饰。这类“门头饰板”在整个维多利亚时期都十分普遍。

1. 三个“古典式”的大门，带有鼓面镶板和线脚，出自1892年汉普顿父子工厂的产品目录。这些门型适用于硬木抛光工艺，或松木板配以造型纸（一种碗状的制型纸），适合进行各种油漆处理。*HS*

2. 大尺度的门板采用舌榫接板的形式，通常用于一些功能性房间门的制作。

3. 尖角锯齿状装饰的哥特式大门。这扇门有凸起的门板和精心制作的镂空五金配件，1890年。

4. 这扇“具有审美趣味”的门头上设置了一个可以摆放瓷器的搁板。*TC*

2

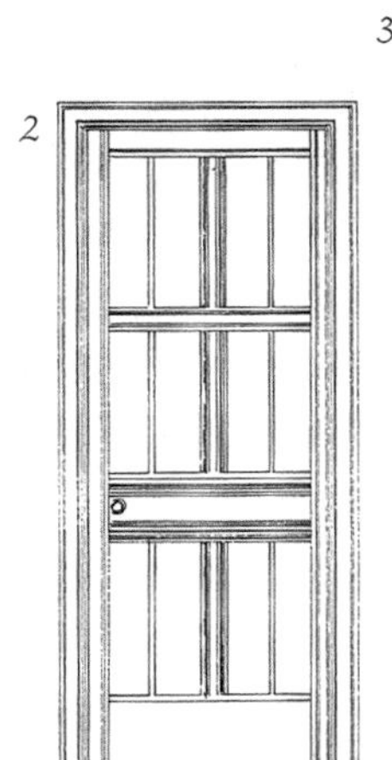

3

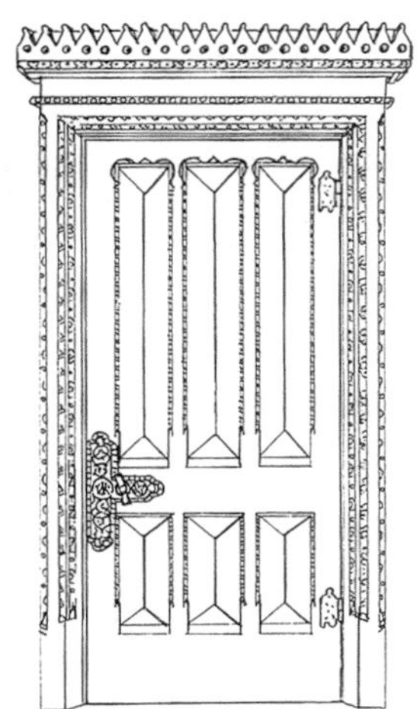

4

5

5. 这扇门的镶板带有非常丰富的装饰，既采用了造型纸线脚又使用了错视画的油漆工艺。*TC*

6. 九个门头饰板的形式，出自1892年汉普顿父子工厂的产品目录。这些产品使用松木，可以进行各种油漆处理，一些更加昂贵的产品会使用橡木或桃花心木之类的硬木，抛光处理。这些案例表现出各种低俗的古典风格形式，例如，第二排第三个是法国影响下的门头饰板形式，融合了洛可可框架的彩色油漆镶板。其他的样式则包括了搁板和壁龛，属于维多利亚后期为展示瓷器装饰物而普遍出现的形式。*HS*

6

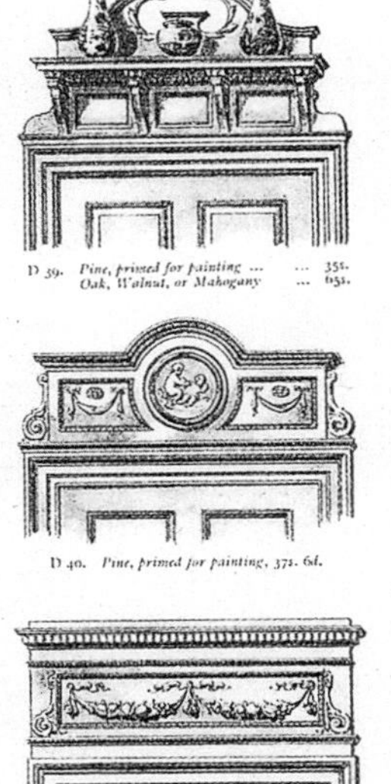

1. 带有瓷质球形锁和四块镶板的木纹室内门，属于普通住宅中最常见的形式。格拉斯哥，约1890年。*TE*

2. 大花纹木镶板的大型木门。伯恩茅斯，多塞特郡，1894年。*RC*

3. 同一扇木门的黄铜配件，S形的门把手与锁眼盖相映成趣，固定在凹凸明显的推门板下方。*RC*

4. 装饰性黄铜推门板配以球形把手和锁眼。*RC*

5. 不规则纹理的木镶板的橡木门，带有镂空的金属配件，克莱德赛德，诺森布里亚，约1869年。*CR*

6. 采用黑檀配件的都铎式风格复合型镶板的橡木门，螺丝隐藏在凸起的黑檀堵头后部，约1869年。*CR*

三种形式朴素的室内门。

1. 带有“绷绳造型”（双曲形）的串珠式线脚的四块镶板式木门。TL

2. 由玻璃提供的“借来的”光线，边带经常采用彩色玻璃。BC

3. 典型的六块镶板式木门，顶部镶板为方形。BC

4. 锁眼盖、把手和门环组成了这组黄铜的大门配件，约1885年。HD

5. 在1840年一便士邮政引入后，信箱成为标配。图中的第一个为铁制，兼作门环使用。其他两个均为黄铜制成。HD,PP

6. 带有黑檀把手的直角转向杆式的拉把手和一个黄铜制作的带有黑檀拉手的门铃拉把。SE

7. 三个电动门铃按钮，约1890年。SC

8. 装饰性的锻铁室外铰链，配以精心制作的叶形装饰，A.W.N.普金设计，1841年。PC

9. 三个门环的样式，由黄铜、青铜或其他金属制成。PP

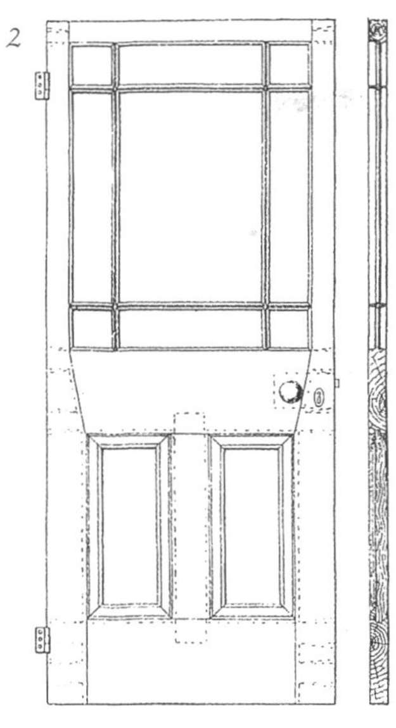

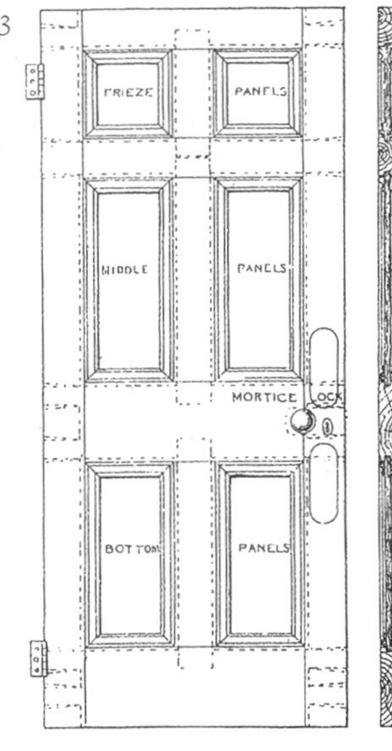

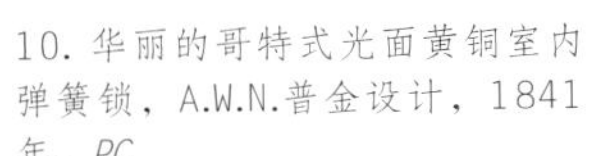

10. 华丽的哥特式光面黄铜室内弹簧锁，A.W.N.普金设计，1841年。PC

11. 黄铜制作的室内门配件：把手、锁眼盖和推门板。HD

12. 瓷制球形把手，通常使用白色或黑色，并经常用金线装饰。PP

13. 这两个黄铜推门板由曼彻斯特的格瑞特瑞克斯公司提供。SG

14. 防盗门链，左边的一个有电镀青铜的效果，另一个为黄铜铸造。SE

15. 冲压钢制成的弹簧锁，带有黄铜螺栓和锁舌，1892年。PP

16. 黄铜制作的门帘挂杆，适用于在门后悬挂帘幕起到保温作用。SG

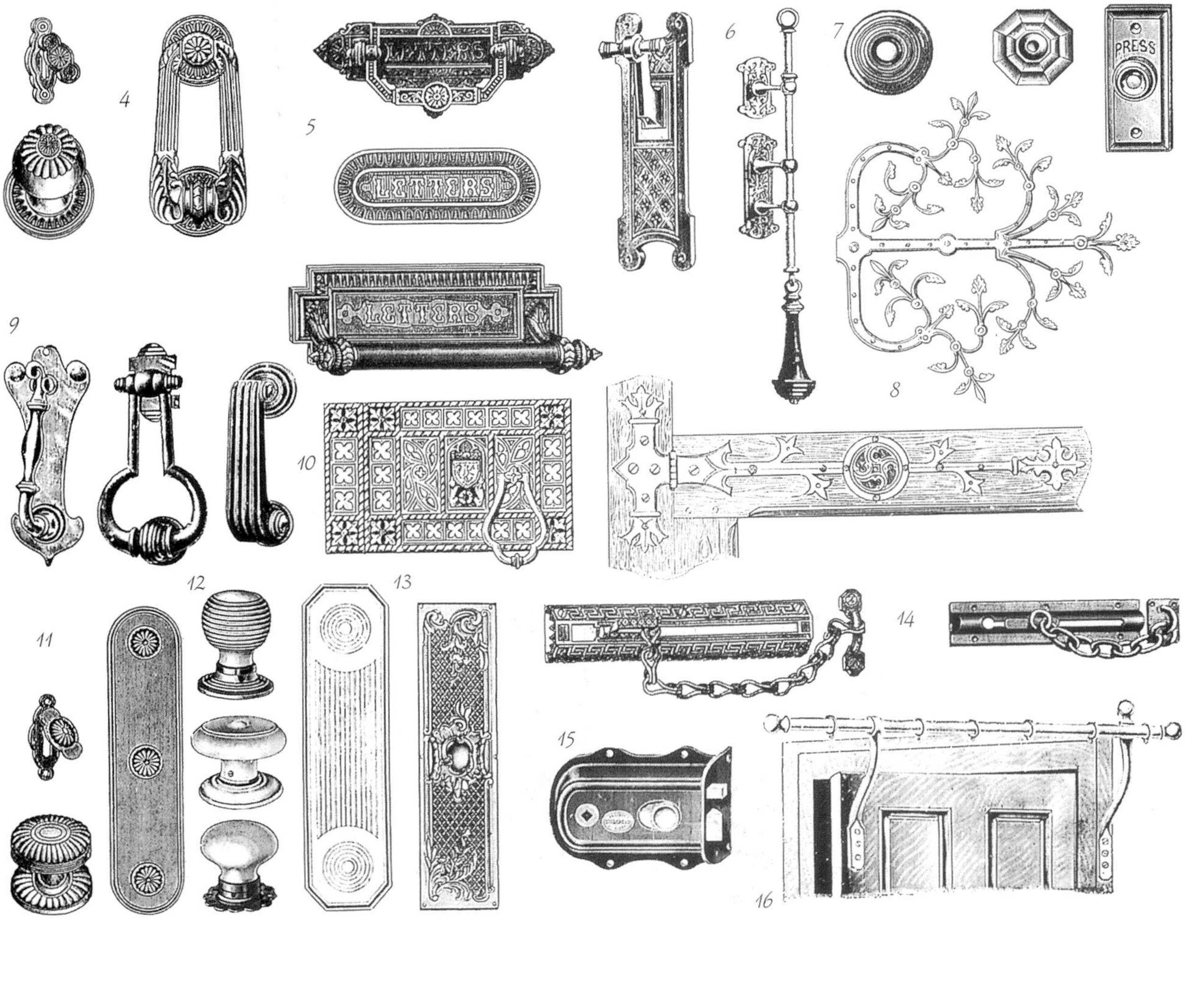

窗

1. 除了那些非常简单的住宅之外，飘窗几乎成为英国维多利亚时期住宅的基本特征。飘窗能够给房间带来更多的阳光（也可以使用厚窗帘挡光），更易于观察到访客和邻居的来到和离去。这个案例来自伦敦郊区的住宅，约1880年，托架支撑的深窗台可以摆放花盆。在维多利亚时期，大尺寸的窗户玻璃十分常见，尽管价格昂贵。

2. 典型的维多利亚时期高级别城市住宅的立面。精细的陶瓦门窗套是这一时期非常流行的做法。SW

玻璃工艺的进步使得生产出更大、更结实、更便宜的平板玻璃成为现实，同时，玻璃格条的数量也减少了。维多利亚时期的上下推拉窗变得普遍起来，因此，窗洞口越来越多地采用装饰性砖砌工艺、拉毛粉刷和预制陶瓦。在19世纪中期，上下推拉窗有两个小托架，或者在每个前肩带的下横档底端有一个“门窗框突角”，目的是加强框架的受力程度以支撑更重的玻璃窗。1851年，窗户税的废除鼓励了玻璃的大量使用，中间宽、两侧窄的飘窗形式成为当时独有的建筑特征。后来的一些上下推拉窗的上部使用小块玻璃窗格和厚实的玻璃格条形成顶框，旨在减少来自天空的炫光，下部则用单片玻璃。

这时期普通住宅的平开窗，又回归到传统意义上的采光功能，尤其是带有哥特式风格或“都铎式风格”（端部方形）的窗户。而在大型住宅中，弓形窗顶部的装饰性花格窗可以减少阳光的射入量，因而能够防止阳光造成的室内装饰和家具褪色，室外的折叠式遮阳扇也起到同样的作用。建造商热衷于体现由约翰·拉斯金在《威尼斯石材》（1851年）一书中所推荐的哥特式风格，在矩形窗洞中嵌入推拉窗或平开窗，并带有一个用花色砖砌工艺制成的弓形券。

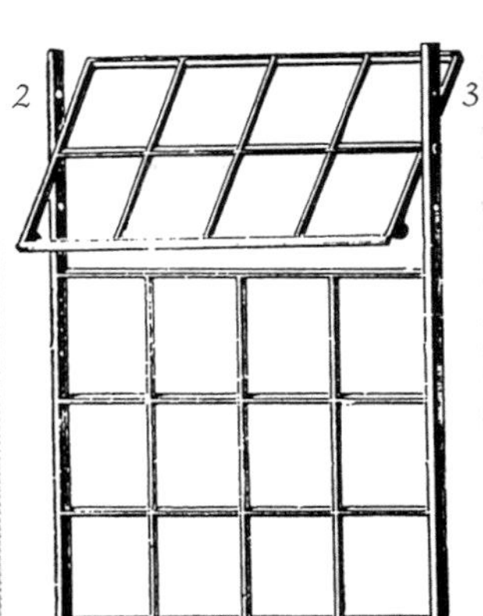

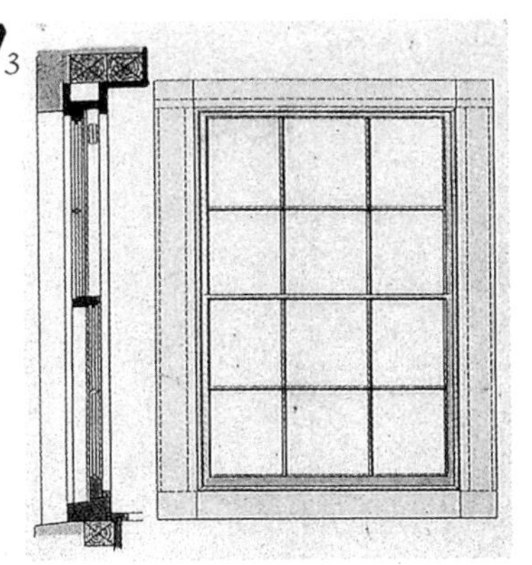

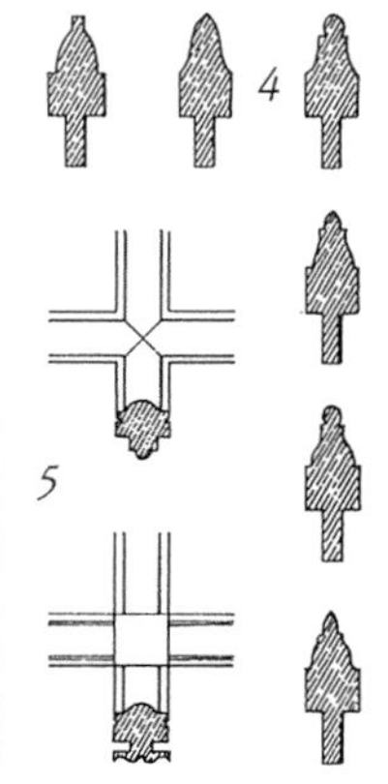

1. 一组浅弧形顶部的上下推拉窗，低标准哥特式风格，石材面饰。CL

2. 铁制框架的固定扇窗户，上部带有可转动窗扇，通常用于服务用房。SS

3. 典型的维多利亚中期的上下推拉窗，左侧为断面形式。EP

4. 玻璃格条断面形式，出自《实用木工和木工制品百科全书》（The Encyclopaedia of Practical Carpentry and Joinery），约1860年。EP

5. 两个窗棂交叉处的案例。下面的例子显示了一种不常见的装置，应用“卡扣”固定玻璃而不是常见的油泥封堵的固定方式。EP

6. 砖砌弓形拱，出自约翰·拉斯金的《威尼斯石材》（1851年）。端部显示了多色的砖砌工艺的早期样式。SV

7和8. 推拉窗嵌入矩形窗洞之中，上部用对比色的砖砌出尖拱形。CL

9. 晚期维多利亚时期的预制陶瓦窗头饰。当时道尔顿陶器厂能够提供各式各样的产品，约1885年。D

10. 意大利古典式样的窗洞口，带有石制或绘制的装饰。BU

11. 精美的意大利风格窗户，中间窗户宽大，两边窄小。带栏杆柱的阳台由托架支撑。MB

12. 飘窗，左侧为窗框的细部和折叠式遮阳窗断面。木制折叠扇形成了早期维多利亚住宅的特征：保温性和安全性提高了。折叠扇之间用铰链相连，窗扇数量依据窗户宽度而定。基本形式为平板，当不用时可折叠在一起收到窗边的凹槽里。CL

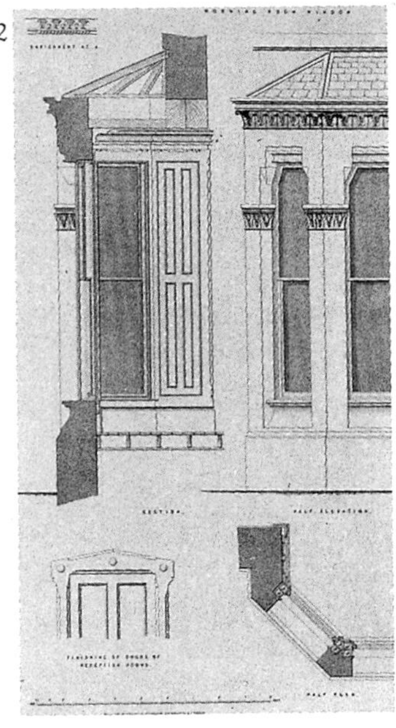

1. 典型的顶层飘窗，有水泥抹灰形成的粗糙墙面和支柱部分的带形砖砌。飘窗的屋顶处理方式总存在着困难，此处的石板瓦边缘切割，并在屋脊使用小卷，尖顶饰用陶瓦构件制成。飘窗的屋顶已经成为建筑缺陷的源头，因为飘窗的屋顶需要使用小尺寸的檐沟和落水管，并将雨水排到街道上。RS

2. 这个晚期维多利亚时期的威尼斯窗顶部的浅拱由砖砌筑成形。窗户上部窗格镶嵌彩色玻璃。注意上面窗户下部镶嵌的石膏装饰板。RS

1

2

3

4

5

3. 形式简单的砖砌飘窗，四坡屋顶，位于上层卧室窗户的正下方。红砖窗楣（约翰·拉斯金的手法）增添了些许的活泼。由于当时大尺寸的玻璃十分昂贵，所以中间的窗户被分成了四份。MJB

4. 带有石板瓦坡屋顶的凸窗。雨水管固定在砖砌侧壁上，与之前相比有所变化。推拉窗的窗扇分隔方式可能是最初的样式。MJB

5. 双联窗的使用不多，然而，对建造者而言无疑具有一定的经济性，因为成组设置的上下推拉窗可以共享起到平衡作用的配重系统，配重体和滑轮藏在窗框的盒子里。

6

6. 拱形窗的建造费用较高。这扇窗户的上端平直，而上部砌筑独立的砖拱，属于当时流行的折中做法。

7

7. 楼梯间及楼梯平台窗通常使用彩色玻璃，确保私密性或掩饰不美观的楼梯间和两层之间的间隔。

8

8. 风景如画的哥特式风格依旧在乡村住宅中流行，形式与摄政时期相比更加粗放，冬青村，伦敦。

1

2
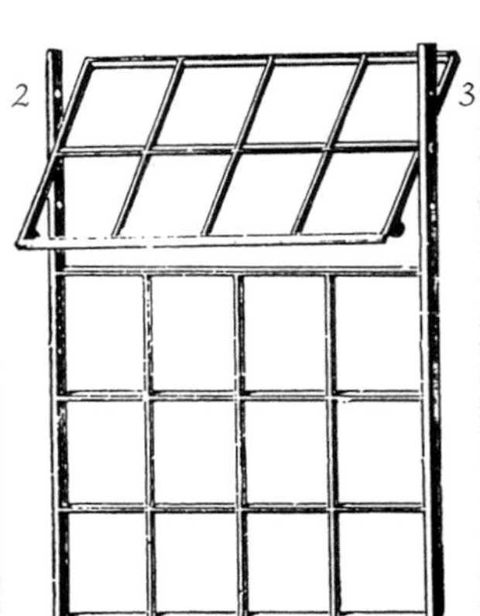
3
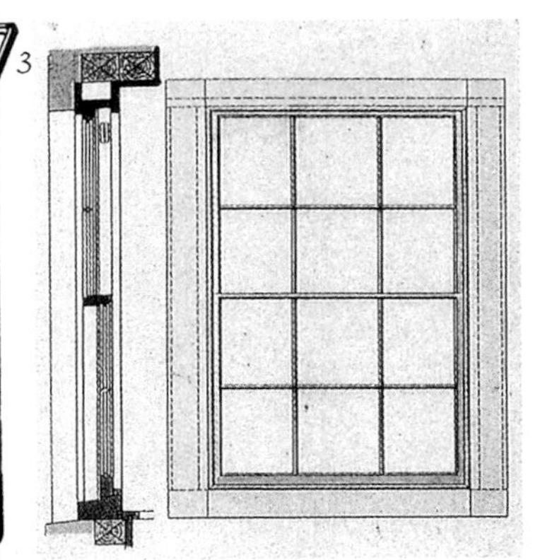
4
5
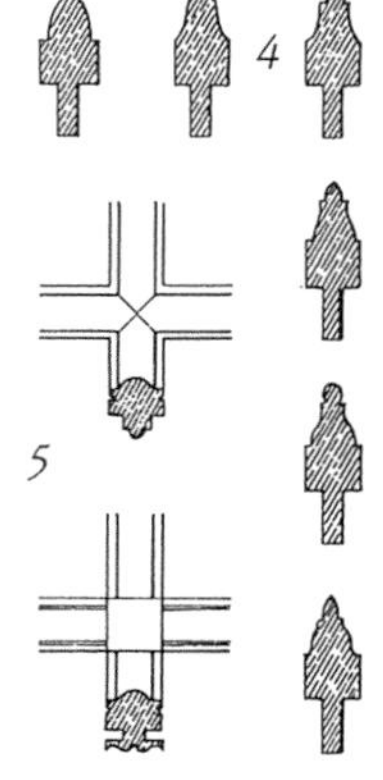

1. 一组浅弧形顶部的上下推拉窗，低标准哥特式风格，石材面饰。CL

2. 铁制框架的固定扇窗户，上部带有可转动窗扇，通常用于服务用房。SS

3. 典型的维多利亚中期的上下推拉窗，左侧为断面形式。EP

4. 玻璃格条断面形式，出自《实用木工和木工制品百科全书》（*The Encyclopaedia of Practical Carpentry and Joinery*），约1860年。EP

5. 两个窗棂交叉处的案例。下面的例子显示了一种不常见的装置，应用“卡扣”固定玻璃而不是常见的油泥封堵的固定方式。EP

6

7

8

9

10

6. 砖砌弓形拱，出自约翰·拉斯金的《威尼斯石材》（1851年）。端部显示了多色的砖砌工艺的早期样式。SV

7和8. 推拉窗嵌入矩形窗洞之中，上部用对比色的砖砌出尖拱形。CL

9. 晚期维多利亚时期的预制陶瓦窗头饰。当时道尔顿陶器厂能够提供各式各样的产品，约1885年。D

10. 意大利古典式样的窗洞口，带有石制或绘制的装饰。BU

11. 精美的意大利风格窗户，中间窗户宽大，两边窄小。带栏杆柱的阳台由托架支撑。MB

12. 飘窗，左侧为窗框的细部和折叠式遮阳窗断面。木制折叠扇形成了早期维多利亚住宅的特征：保温性和安全性提高了。折叠扇之间用铰链相连，窗扇数量依据窗户宽度而定。基本形式为平板，当不用时可折叠在一起收到窗边的凹槽里。CL

11
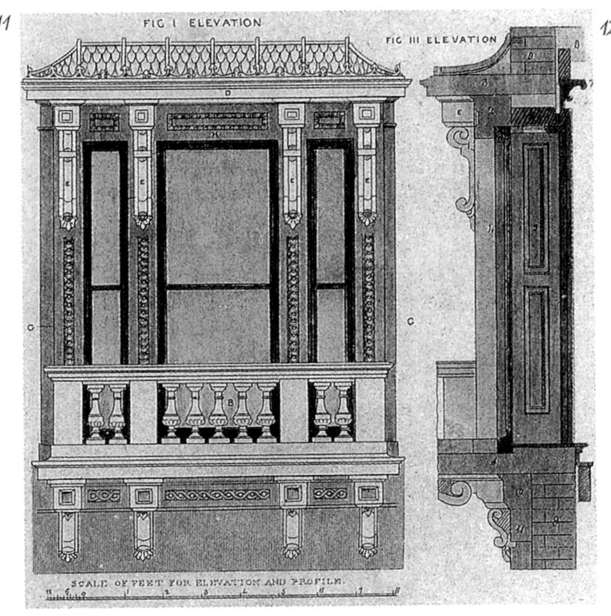

12

1. 典型的顶层飘窗，有水泥抹灰形成的粗糙墙面和支柱部分的带形砖砌。飘窗的屋顶处理方式总存在着困难，此处的石板瓦边缘切割，并在屋脊使用小卷，尖顶饰用陶瓦构件制成。飘窗的屋顶已经成为建筑缺陷的源头，因为飘窗的屋顶需要使用小尺寸的檐沟和落水管，并将雨水排到街道上。RS

2. 这个晚期维多利亚时期的威尼斯窗顶部的浅拱由砖砌筑成形。窗户上部窗格镶嵌彩色玻璃。注意上面窗户下部镶嵌的石膏装饰板。RS

1

2

3

4

5

3. 形式简单的砖砌飘窗，四坡屋顶，位于上层卧室窗户的正下方。红砖窗楣（约翰·拉斯金的手法）增添了些许的活泼。由于当时大尺寸的玻璃十分昂贵，所以中间的窗户被分成了四份。MJB

4. 带有石板瓦坡屋顶的凸窗。雨水管固定在砖砌侧壁上，与之前相比有所变化。推拉窗的窗扇分隔方式可能是最初的样式。MJB

5. 双联窗的使用不多，然而，对建造者而言无疑具有一定的经济性，因为成组设置的上下推拉窗可以共享起到平衡作用的配重系统，配重体和滑轮藏在窗框的盒子里。

6

6. 拱形窗的建造费用较高。这扇窗户的上端平直，而上部砌筑独立的砖拱，属于当时流行的折中做法。

7

7. 楼梯间及楼梯平台窗通常使用彩色玻璃，确保私密性或掩饰不美观的楼梯间和两层之间的间隔。

8

8. 风景如画的哥特式风格依旧在乡村住宅中流行，形式与摄政时期相比更加粗放，冬青村，伦敦。

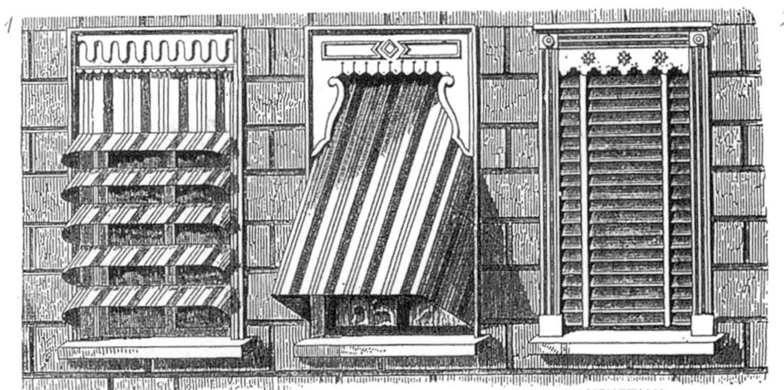

1. R.劳瑟公司生产的一些室外遮阳棚，19世纪70年代。装饰材料如同女性白皙的皮肤一样需要避免来自阳光的伤害。一些遮阳棚的窗匣至今仍在使用。*LP*

2. 培育蕨类植物的玻璃容器名为沃德箱，出自约翰·莫里森斯（John Mollisons）的《新窗户种植实践》（*The New Practical Window Gardener*, 1877年）。这些包含在窗户中的种植设施，经常安装在城市住宅中以营造花园的氛围。这种方式是由纳撒尼尔·沃德（Nathaniel Ward）博士首先提出的。*NP*

3. 城市生活中产生的灰尘和污垢使清理窗户成为一项持久性的工作。一种专利设施可以使上下推拉窗依轴旋转，如图所示，窗玻璃的两面都能够从室内进行清理。*CM*

4. 大量的窗户五金配件客观选择使用。这组典型的配件出自塞尔登父子公司的产品目录。上面的是黄铜制作的推拉窗把手，通常成对使用；两个黄铜推拉窗吊饰用作固定窗户的开启位置；黄铜推拉窗钩把用于提拉处于下部的窗户。*SS*

5. 用于固定遮阳棚的卡槽轮把。*HD*

6. 晚期维多利亚时期的专利型黄铜窗户锁扣，出现在1894年普赖克和帕尔默公司的产品目录中。*PP*

7. 黄铜窗销：上面的两个用于左侧或右侧开启的窗扇。*SS*

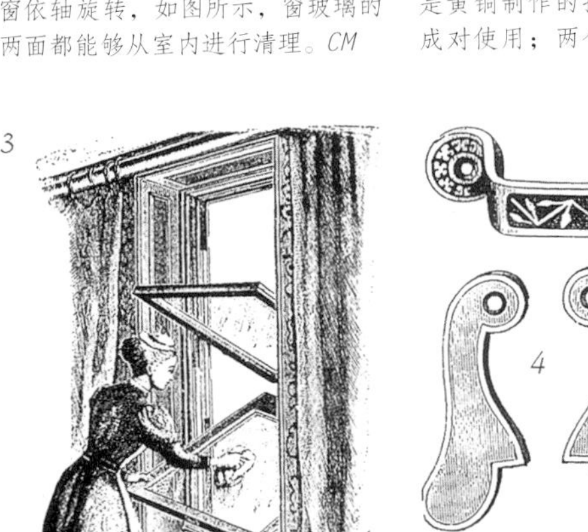

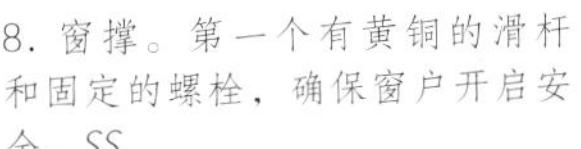

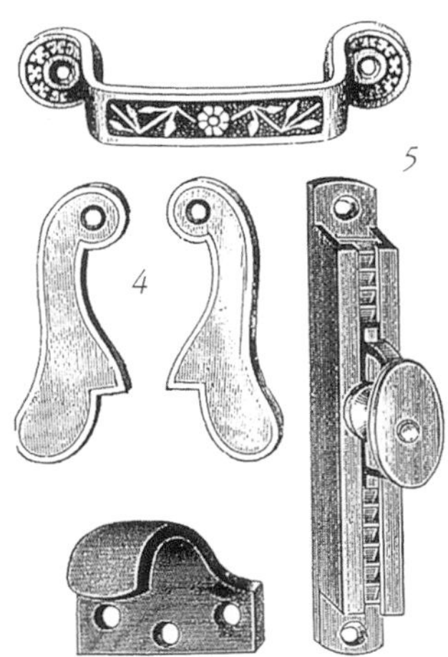

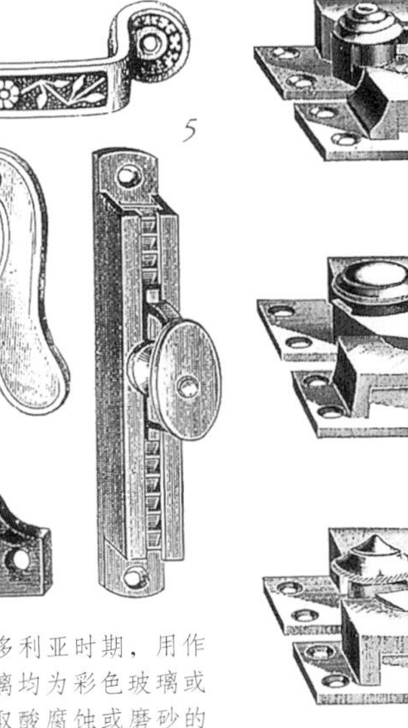

8. 窗撑。第一个有黄铜的滑杆和固定的螺栓，确保窗户开启安全。*SS*

9. 直至晚期维多利亚时期，用作卫生间的窗玻璃均为彩色玻璃或蚀刻玻璃，采取酸腐蚀或磨砂的处理方式。*SS*

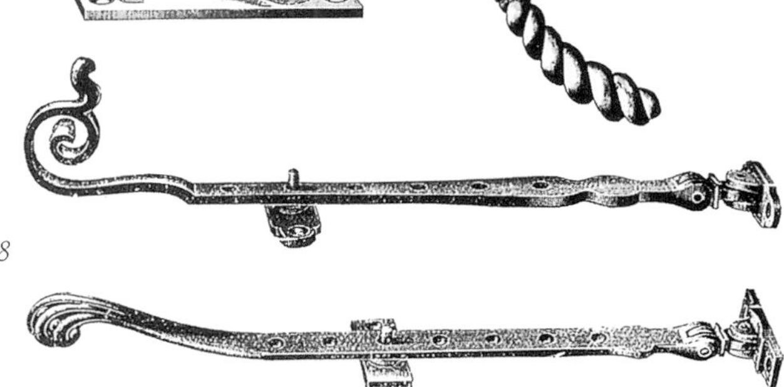

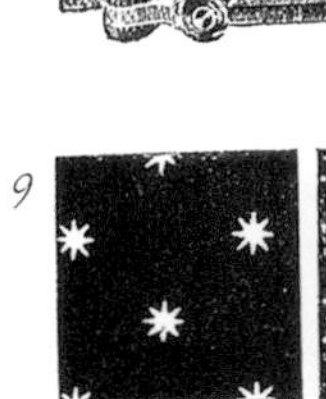

10. 在19世纪90年代，这种工艺被铸造玻璃和压印玻璃所取代。玻璃表面有压印的浮雕图案，这些图案是在玻璃板处于熔融态时用滚轴压上的。*SS*

墙面

克里斯托弗·德莱赛（Christopher Dresser，1834—1904年）是一位在19世纪晚期颇有影响力的设计师。这些典型的三重配色方案取自他1879年编写的《装饰设计的原则》（*Principles of Decorative Design*）一书，包括了雕带、天花板在内的模板图案。*TB*

在整个维多利亚时期，墙体的三个基本部分仍然遵守着约定俗成的规则：地板到护墙板线脚或护壁板顶木条、墙裙到挂镜线或框缘之下，以及从框缘之下到天花板，其中包括檐口。

大厅和书房，以及大型住宅的餐厅通常使用深色木制墙板，也为那些带有镀金画框的油画藏品提供了有质感的深色背景。客厅则被认为是女士使用的房间，用于喝茶聊天，所有墙面装饰明亮。

这一时期的墙纸开始成卷生产。门厅里普遍使用大理石纹墙纸。“彩色拷花墙纸”是一种质感强烈的墙纸，在1877年引入英国并用于护壁板顶木条以下，十年之后，价格较为便宜的带有木材纹理的浅浮雕“安那利普特（凸纹）墙纸（*Anaglypta*）”流行起来；而在限定区域铺贴的“皮革壁纸”（最初模仿17世纪的皮质墙面挂贴式墙纸）今天还在使用。雕带墙纸用作带状装饰，有时上面会带有模板印制的图案。

到了19世纪末，在油漆中混入了轻油和铅混合颜料。轻油的混入能够降低颜色的明度，但涂刷工艺比较复杂，作为替代品的水性涂料则比较便宜，但涂刷工艺同样也很复杂，而且色彩不够稳定。

1. 两个墙面木镶板的案例，出自约1865年E.L.塔贝克（E.L.Tarbuck）的《木工和细木工百科全书》（*Encyclopedia of Carpentry and Joinery*）。这种类型的墙板多用于大厅、书房和餐厅，通常由橡木和松木制作。左边的显示了有垂直沟槽的墙板，右边的是饰以串珠边带的简单墙板。*EP*

2. 带有瓷制配件的黄铜拉铃把手，安放在靠近壁炉的地方用来召唤仆人。*HD*

3. 汉普顿父子工厂1892年的产品目录中五种典型的墙面细部形式。第一个是上等压花皮纸覆盖的高浮雕帆布墙裙。上排中图展示了一个木制格子墙裙，上面的压花革嵌入到踢脚板下面，还可以看到上部的手绘雕带。右上图，腰线下面挂有印花毯的造型，上部的雕带镶贴了皮革。路易十六式的绸缎壁纸墙板（左下），表面有着丝绸的光泽。帝国风格的墙板（右下），面层由壁纸、丝绸或结合了制型纸的绸缎雕带组成。*HS*

4. 由A.W.N.普金设计的四种墙纸图案。*PC*

5. 出自1892年由乔治·阿什当·奥兹利（George Ashdown Audsley，1838—1925年）和莫里斯·阿什当·奥兹利（Marice Ashdown Audsley）编写的《实用装饰和装饰物》（*The Practical Decorator and Ornamentist*）一书的图案，反映了对"日式"的偏好。*DO*

1

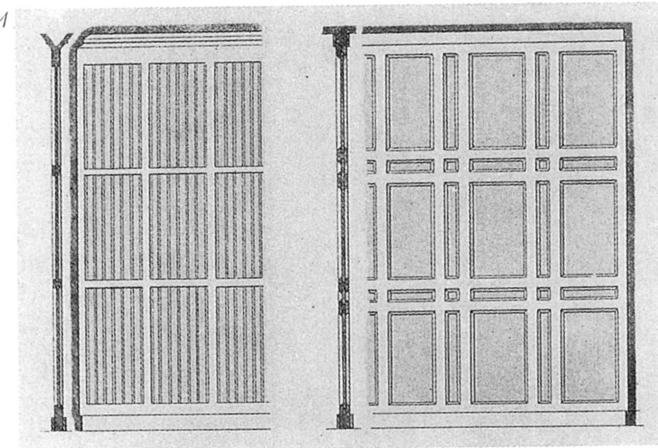

2

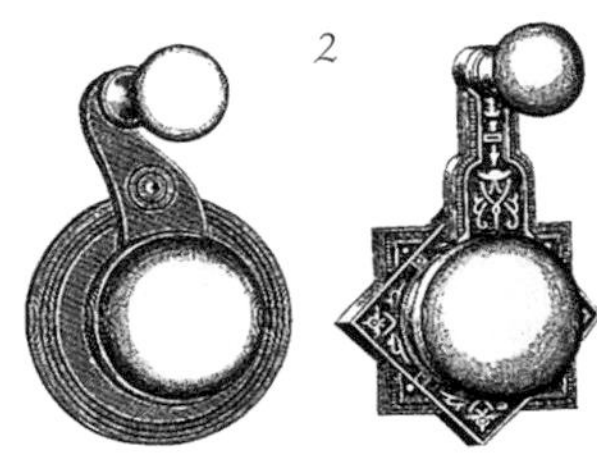

3

4

5

1. 木制托架支撑着搁板，在挂镜线上面形成檐口。这是用于展示瓷器的流行做法。下面的模板印花具有典型的维多利亚式类似古典的垂花饰图案。伯恩茅斯，多塞特郡，1894年。RC

2. 基于希腊主题的檐口下部图案。因与上面的装饰板线对比鲜明而效果凸现。伯恩茅斯，多塞特郡，1894年。RC

3. 19世纪90年代，带有图案的瓷砖提供了耐用且易于清洁的墙面，并在走廊、通道以及浴室中广泛应用。棕色、绿色和蓝色花卉图案的瓷砖墙裙配以木制护壁板顶木条。CR

4. 即使在贫穷家庭的住宅中，大理石纹和印花图案都是常见的墙面处理方式。TE

5. 橡木镶板，在墙裙上部有“雉堞状”顶饰，嵌板上还有向日葵和动物的雕刻，克莱德塞德，诺森布里亚。CR

6. 彩色拷花墙纸和安那利普特（凸纹）墙纸之类的压纹墙纸，均用作墙裙表面材料，伦敦，约1880年。RG

7. 这款19世纪末期的墙纸带有都铎式的玫瑰花图案，这种图案同样适用于天棚。RC

天棚

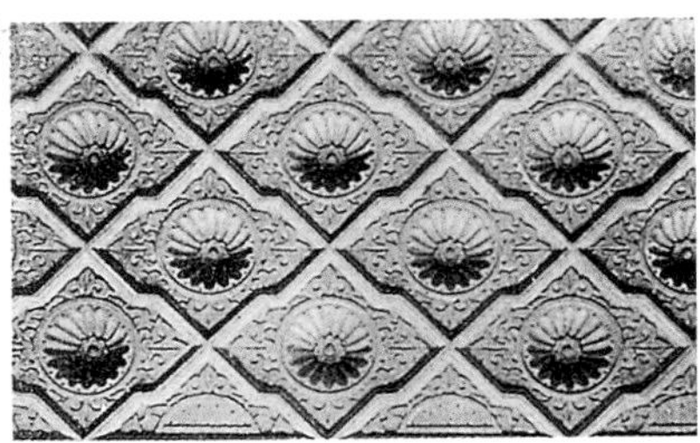

1. 罗伯特·罗布森（Robert Robson）设计的石膏天棚，出自《石工、瓦工、抹灰工和装修工的实用指南》（*The Mason's, Bricklayer's, Plasterer's and Decorator's Practical Guide*），1868年。天棚装饰的主题属于18世纪，但植物装饰却是完全的维多利亚风格。*MB*

2. 乔治·杰克逊父子公司的产品目录，展示了天花板纤维石膏装饰品的三种图案，约1880年。*GJA*

维多利亚风格大型住宅的天棚为抹灰工匠提供了展示才能的机会。精美的垂花饰、凸出的骨架型装饰、各式垂花雕饰，通过复杂的造型式样尽显他们的才能。在最重要的房间里，煤气吊灯悬挂在凸起的天花板灯线盒上，有时为了空气的流动会做成双层形式。天棚变得更高，因为这样可以促进和增加空气的循环。普通住宅则更多地使用普通的铸造线脚和简单的中心玫瑰圆盘饰/圆形浮雕。

1892年出版的《实用装饰和装饰物》，汇集了大量的令人印象深刻的线角造型图案，但实际上并未大量使用，因为当时使用油汽灯照明，天棚上会聚集大量的灰尘，需要频繁地进行修饰。

纤维石膏板于1856年获得了专利，由于其中添加了具有增强作用的帆布，能够生产出更大尺寸的预制石膏构件，并且可以在施工现场用钉子直接固定在预定的位置。精致的檐口、玫瑰圆盘饰/圆形浮雕和其他形式的石膏构件可以用相同的方式制成。混凝纸浆和其他合成物制品可以替代纤维石膏板，如“安那利普特（凸纹）墙纸”，即一种扁平的轻质的制型纸极为流行，既为平天棚增加质感又价格低廉，广受欢迎。

1

2

3

1. 1982年《实用装饰和装饰物》书中的图案，显示了天花板的两个角部和半个玫瑰圆盘饰/圆形浮雕。*DO*
2.《实用装饰和装饰物》中其他的天棚图案。*DO*
3. J.艾当·希顿公司在1880年为建筑师理查德·诺曼·肖生产的英国都铎式天棚壁纸。*DO*

4

4. 理查德·诺曼·肖为诺森布里亚的克莱德塞德图书馆设计的方格天花板，1872年完成。外观精美，有雕刻的垂球雕饰和方格中的胡桃木镶板。*CR*

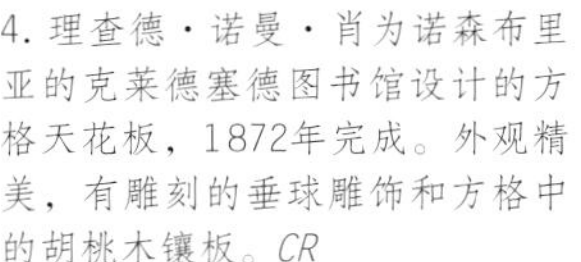

5. 1889年由乔治·杰克逊父子公司大量提供的三种混凝纸浆天花板灯线盒，也可以用纤维石膏板制成。*GJA*

5
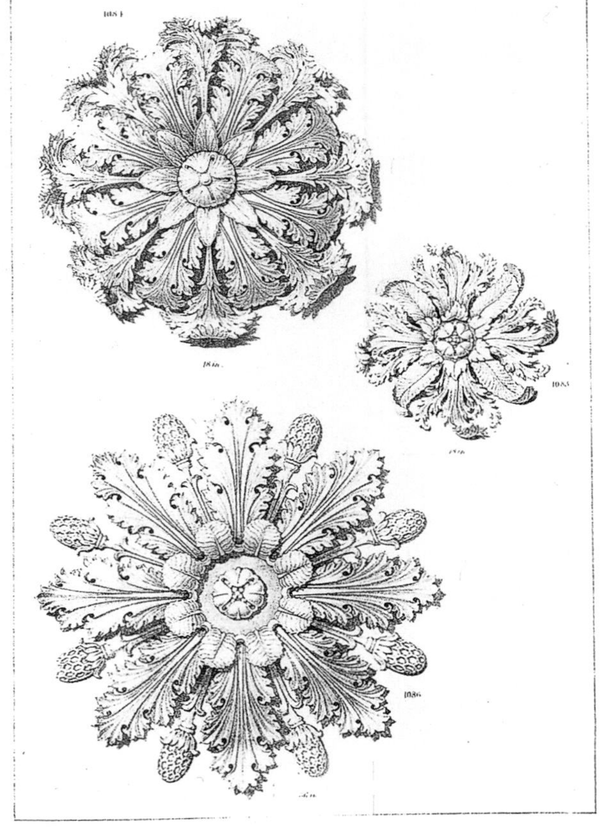

6

6. 乔治·杰克逊父子公司同一产品目录中的雕带图案。唯美主义运动首先影响了向日葵图案形式，其次促成了工艺美术运动风格的贬值。*GJA*

地面

汉普顿父子工厂生产各式地板覆盖材料，这六个图案出自1892年的产品目录，展示了如何有效地模仿昂贵的地板形式。左边是两个地板布的例子：上面像瓷砖，下面有花卉图案，中部显示装饰性油地毡的两个例子，右上角的“镶嵌”油地毡（颜色完全渗透进去），边界模拟烧彩瓷砖。右下角为类似于油地毡的软木地毯，但软木和亚麻籽不能被压得非常密实。*HS*

维多利亚时期的一般性住宅常使用普通的松木地板，上面覆盖地毯，并使用蜂蜡和松脂油为外露的部分着色和抛光。将不同颜色的小块硬木拼成几何图案的镶木拼花地板，用作围合地毯中心区域边界的波打线的做法，也非常多见。

有时，单块地毯的周边会带有印制的模仿拼花地板图案的边带。地板布属于廉价的地毯替代品，是一种帆布制式的薄片，并印上模仿地毯、镶木地板或瓷砖的图案。这种地板布容易清洗，常用在佣人房间中。

19世纪后半叶英国成功引进了油地毡，与地板布相比油地毡更加耐用。油地毡由橡树皮制成的软木和亚麻籽油压缩制成，底衬为结实的帆布。此外，油毯常被设计成模仿镶木地板等其他优质地板的样式，但简单的棕色或绿色油地毡则被认为更有品位。

大厅地面通常铺设装饰性的彩色釉面砖，并拼贴出几何图案，两个最重要的瓷砖供应商是明顿公司和莫公司，都提供各种各样的拼贴图案。石板或简单的红色缸砖应用于厨房的铺地中。

1

2

1. 精致的石材和大理石地面，适用于大型门厅 （1868年）。较为简单廉价的版本是将颜料添加在水泥中制成。*MB*

2. 来自普赖克和帕尔默公司1896年的产品目录，展示了他们出产的部分釉面砖式样。釉面砖十分耐磨且易于维护，多用于门厅、温室以及室外步道。*PP*

3

4

3. 拼花地板和木制波打线很受欢迎，从帝国时期开始便引进了各种新式的和不同颜色的硬木地板。这些例子属于1872年。*HI*

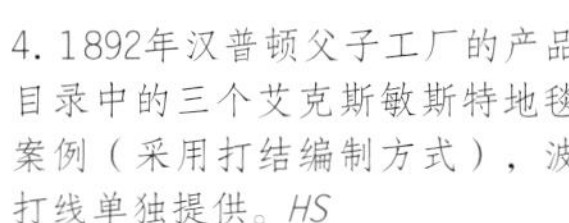

4. 1892年汉普顿父子工厂的产品目录中的三个艾克斯敏斯特地毯案例（采用打结编制方式），波打线单独提供。*HS*

壁炉

带有嵌入式可调式炉箅的铸铁壁炉，从19世纪50年代晚期开始大量生产。可以附加壁炉套或独立使用。除了那些用于佣人房中的小型壁炉，大多都用瓷砖进行装饰。*TE*

壁炉是维多利亚时期住宅的基本部品，几乎出现在每个房间中。壁炉由两个主要部分组成：预制的铸铁炉箅和壁炉边框或壁炉架，壁炉架一般由大理石、板岩或木材制成。

大型开敞式壁炉会配置标准的炉垫箅，以及浇筑成一体的炉箅、壁炉背墙和内部框架，形成了大多数城镇住宅主要房间的典型特征。这种炉箅嵌入到壁炉内部，并采用气流调节器增加燃烧效能，能够有规律地提供空气。炉箅边框的两侧流行使用彩色图案的瓷砖，这种装饰最早出现在大型住宅中。到了19世纪末，大规模生产使得铺设瓷砖的可调式炉箅变得非常普遍。

在时尚的住宅中，当房间进行重新装饰时，壁炉套也会随着室内装饰风格的改变而改变。通常情况下，主要房间的壁炉会使用大理石、板岩，以及后期的铸铁件来装饰。木制边框在小型住宅和大型住宅的次要房间中更为常见。根据木材质地的不同表面会进行磨光或刷漆处理。壁炉上部装饰架和中间的镜子，以及复杂的柱子造型和装饰品展示架等连带装饰，在维多利亚后期也流行了起来。煤气取暖炉于19世纪晚期才逐渐在住宅中使用。

1. 简单的乡村风格木制油漆壁炉架。
2. 精致的大理石壁炉架，适用于餐厅或图书室。
3. 理查德·诺曼·肖设计的安妮女王复兴风格壁炉架，19世纪80年代。在简单的古典线性上能够看到对比的风格。白色大理石建造，带较暗一些的石材（凸面）雕带。边饰（炉膛围边）有凸嵌线脚。
4. 哥特式外形石制壁炉架和完整的石制炉膛边饰，拱肩上带有纹章饰。

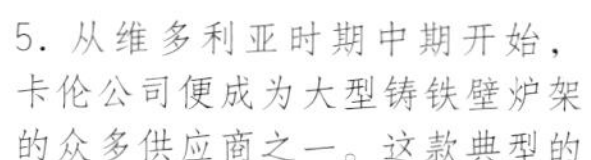

5. 从维多利亚时期中期开始，卡伦公司便成为大型铸铁壁炉架的众多供应商之一。这款典型的卧室壁炉架有橡木纹理的油漆外观，带有可调式炉箅，釉面砖则属于选择项目。CO

6. 四个木制壁炉架的案例，19世纪80年代，伦敦牛津街C. 欣德利父子住宅。这些壁炉可以提供胡桃木或桃花心木或油漆的松木材料。造型反映出当时的普遍风格和流行运动，第一个唤起了伊丽莎白的原型，第二个白色的是安妮女王风格复兴，当时很受欢迎。其余两个受到了唯美主义运动的影响。注意丰富的装饰物，包括日式的扇子。CH

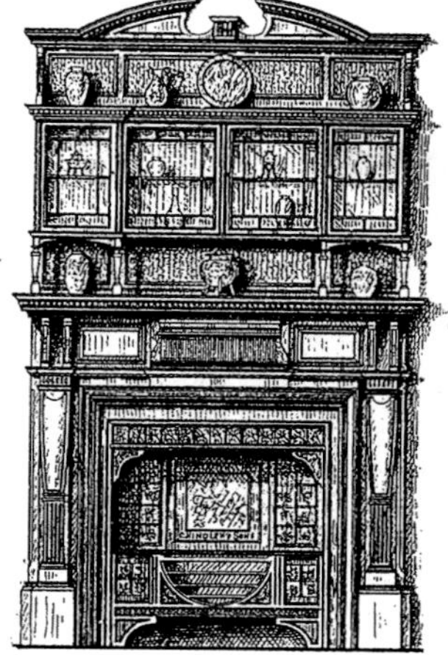

1. 新乔治亚风格的壁炉，使用了爱奥尼亚柱式的涡卷形柱头。亚当式的风格细部值得称赞，尽管略显夸张，柱身的刻槽和柱础短粗的比例，使得这个壁炉的维多利亚风格明显。带有精致卷曲造型的炉围可以追溯至约1860年。*MM*

2. 形式简单的大理石壁炉配以朴素的瓷砖，是在最普通住宅中看到的类型，格拉斯哥，1892年。*TE*

3. 石板铺贴壁炉的高版本形式，适合于餐厅使用。模仿大理石花纹的板岩贴在铸铁可调式炉箅和花式砖制壁炉框边的外侧。伦敦，约1880年。*RG*

2

3

4

5

6

4. 带有镜子的壁炉上部装饰架十分流行。这个案例是19世纪90年代乔治亚复兴风格的典型。*RC*

5. 抛光木材制作的带有壁炉上部装饰架的壁炉。厚实的男爵风格和不常见的细部形式使之看上去富有趣味。*RC*

6. 转角壁炉是维多利亚的典型特征。这个19世纪90年代的三层壁炉形式辉煌，带有许多“古典”特征，如车边镜和中间的绘画。*RC*

1

2

3

4

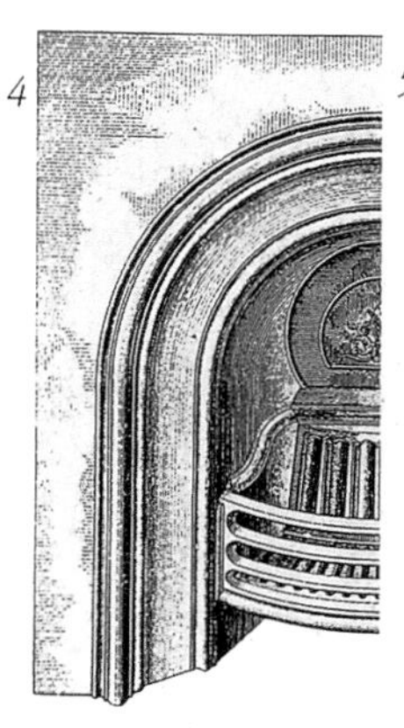

5

6

7

8

9

10

1和2. 普赖克和帕尔默公司提供的瓷砖镶贴的可调式炉箅，有多种不同的标准规格可供选择。这两个出自1896年产品目录的式样，适合于建筑规模较小的城镇住宅。木材、石材或大理石的壁炉围边独立提供。*PP*

3. 普赖克和帕尔默公司生产的各种花色瓷砖和饰板，图案优美。瓷砖的使用日渐普遍，美观、耐用、易于清理。*PP*

4. 简单的标准型铸铁可调节式炉箅。炉箅后部设有椭圆形可翻转活门，在壁炉不使用时可以关闭，以防止烟囱里落下的煤灰进入房间。*SB*

5和6. 随着铸造厂生产工艺日臻成熟，大量生产的壁炉的风格形式也变得雅致，这两个19世纪晚期的可调式炉箅出自威廉·欧文铸造工厂。*HE*

7～—10. 使用在大型住宅门厅里的大型敞开式壁炉，保留了传统的炉垫箅。这种炉箅属于早期燃烧原木的类型，在维多利亚时期通过炉箅缩小尺寸和使用耐火砖围合的方式，使其符合燃烧煤炭的需求。黄铜装饰物构成了这类炉箅的基本特征。这四个例子产自卡伦公司。*CO*

1 

2 

3 

4 

5 

1. 这个外观大气的敞开式壁炉用意大利生产的锡釉瓷砖做内衬，配有坚固的炉垫箅。壁炉架上车削和雕刻的木作属于高标准的装饰方式，伯恩茅斯，多塞特郡，1894年。RC

2. 小型装饰型壁炉，非常适用于卧室。铜制的遮篷带有程式化的旭日形装饰图案。八字形瓷砖上带有垂花饰和天使图案。RG

3. 铸铁可调式炉箅，其厚重的线脚通过中间水果图案的镶板得以舒缓。RC

4. 手法相当熟练的雕饰工艺，显现出强烈的哥特复兴式手法，鲜花主题的雕带雕刻凸出。草莓山住宅，米德尔塞克斯郡，约1860年。SH

5. 带有枝叶形装饰（凸面）雕带的铸铁壁炉架，包括垂花饰和圆形饰物。壁柱上有猫头鹰的造型。RG

6. 煤气取暖器出现在19世纪晚期。制造商们很快发现了其节省人力的优势，不需要运送煤炭，不产生煤灰，不需要清扫烟囱等。然而，煤气取暖器没有得到立即推广，因为存在着使用费用高、容易熄火、对煤气供应商的供气时间和可靠性依赖性大等缺点。这里是四种煤气炉的样式，带有复杂的铸铁和石棉加热件。SS,SS,DG,DI

6 

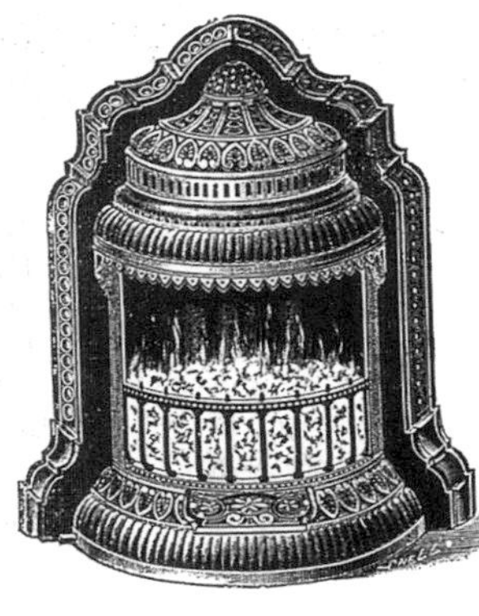

厨房炉灶

1

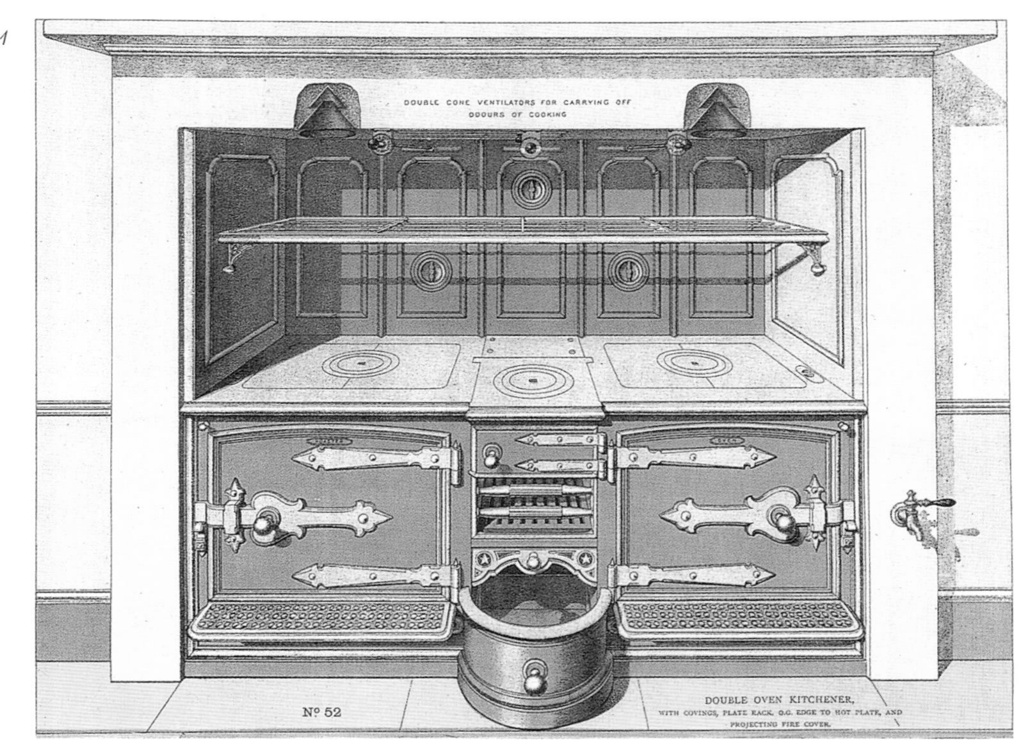

2 3

1. 图中表现的是维多利亚时期厨房炉台的组成内容。这个极具代表性的例子带有两个炉灶，半封闭的炉箅配有凸出的防火罩，在餐具架上设置了两个双圆锥排烟机，用以排出烹饪产生的气味（约1890年）。*PP*

2和3. 两个19世纪后期的煤气炉，由卡伦公司生产。两个炉子均带有烧烤架和足够的烹饪空间。左边的一个添加了烧水的铜壶。*CO*

固定式灶台是维多利亚时期厨房中普遍使用的烹饪设施，这些灶台多使用燃煤，由铸铁制成。灶台有“开敞式”和“封闭式”两种类型可供选择；所谓封闭式，顾名思义，比开敞式的要封闭些。封闭式逐渐被广泛接受，因为在炉盘上加热平底锅时，可以长时间使用并能够保持清洁，其他优点还包括封闭式的在晚间不需要封火。制造商提供了大量的产品供选择，大多数型号的灶台除中间炉灶外，还会在一侧设有烧开水的灶头，另一侧则带有烤箱。清洁性和经济的燃料消耗是产品的另一个重要卖点。

可移动的独立式“厨师炉灶”有时会成为首选，因为这种炉灶能够安置在远离烟道的地方，通过排烟管和烟道相连。排烟管会使用支柱支撑，因此所谓的“可移动”实际是一种概念，因为炉体通常非常笨重很难自由移动。然而，因为不是固定的，所以可用作房屋租户的自备设施。

在将近19世纪末期，煤气炉开始显现出一定的影响，但使用的运行费用高，并需要稳定的气源。由于不能持续性地供热，煤气炉市场定位于夏季使用，因为夏季需要能够迅速冷却下来的炉灶。然而，在经历了相当的时间之后，煤气炉才与传统的灶台产生了较大的市场竞争。

楼梯

这部厚重的抛光橡木楼梯由极富影响力的建筑师理查德·诺曼·肖设计，可以追溯至约1876年，位于诺森布里亚克莱德塞德地区。封闭式梯梁，有厚重的车削栏杆柱和坚固的正方形楼梯端柱，雕刻的狮子站立在柱头并且怀抱电灯，一些英格兰早期的电气装置得以留存至今。楼梯地毯由黄铜杆和夹子固定，地毯两边与踏板两端相分离。CR

出于降低造价和节省空间的目的，维多利亚时期的联排住宅通常使用"狗腿式"折跑楼梯，楼梯多用松木一类质地较软的木材制成。早期维多利亚时期的住宅中一般使用无装饰的正方形断面的细杆栏杆，随着时间的推移，也出现了精心制作的车削栏杆柱和楼梯端柱，属于建筑商批量生产的定型产品，还配有宽大的桃花心木或橡木扶手。

楼梯踏板和踢板边缘通常为染色油漆，或使用开放漆仿橡木纹处理。条状地毯铺设在楼梯中间的行走部位，用黄铜条或木板条固定。在每次大扫除后会将地毯向上或向下移动2～3英寸（1英寸=2.54厘米），以使各部位的磨损程度相同。大型住宅的后部楼梯或普通家庭的楼梯通常会铺设地板布或油地毡，端部使用亚光黄铜压条来保护踏板的前缘少受磨损。

大型住宅的楼梯通常为"开敞式梯井"的形式。这种楼梯由石材或大理石制成，配以做工精良的铸铁栏杆和优美的桃花心木扶手。19世纪末出现了大量的可供选择的铸铁栏杆。楼梯踏板通常为悬臂式，如果使用地毯，地毯压条的卡扣会固定在石板的凹槽里。

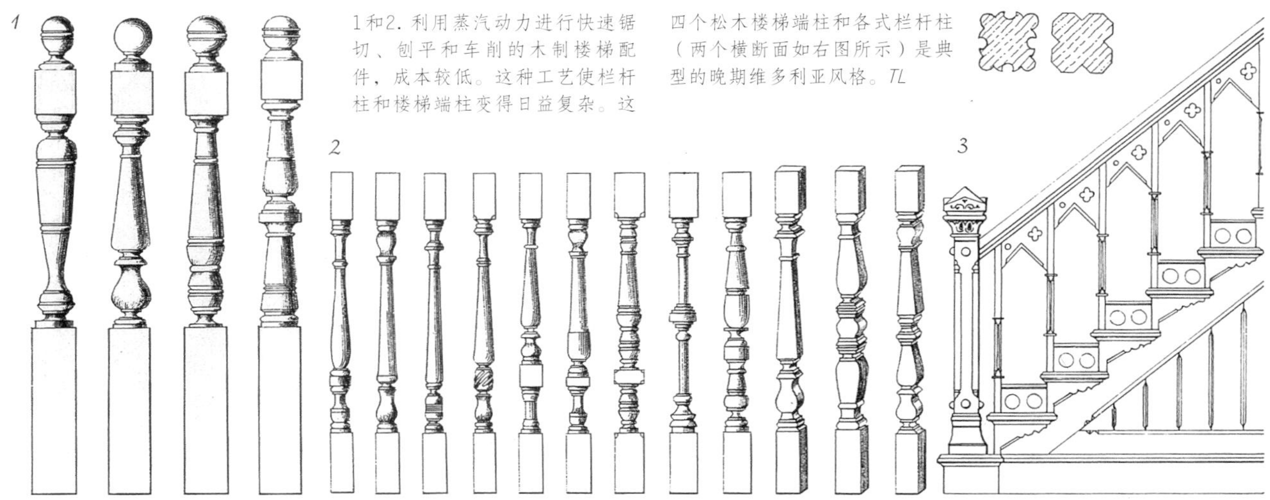

1和2. 利用蒸汽动力进行快速锯切、刨平和车削的木制楼梯配件，成本较低。这种工艺使栏杆柱和楼梯端柱变得日益复杂。这四个松木楼梯端柱和各式栏杆柱（两个横断面如右图所示）是典型的晚期维多利亚风格。TL

3. 建筑商希望能从大量的楼梯产品图册中选择样式，而建筑师的设计则喜欢展现自己的个性，包括楼梯的设计。图中这个哥特式的样例，选自乔治·阿什当·奥兹利和莫里斯·阿什当·奥兹利的《村舍、旅馆及别墅建筑》（*Cottage, Lodge and Villa Architecture*），约1860年出版。CL

4～6. 铸铁或铜制的栏杆，虽然价格昂贵，但却是木材的良好替代品。这三个案例来自格拉斯哥的麦克法兰铸件厂的产品目录。中间的盾形字母组合是房主的标志，由订购者提供图案。MC

7. 这段铸铁的螺旋楼梯的设计非常独特，不同于中世纪那种嵌入边墙的螺旋楼梯，维多利亚时代的螺旋楼梯都是独立式的，并常常用于户外。这个示例，来自麦克法兰铸件厂，踏板下面和梯阶端头带有典型的复杂卷形装饰。MC

8. 扶手的截面，很可能是由抛光的橡木或者桃花心木制成，台阶自身由松木制成。

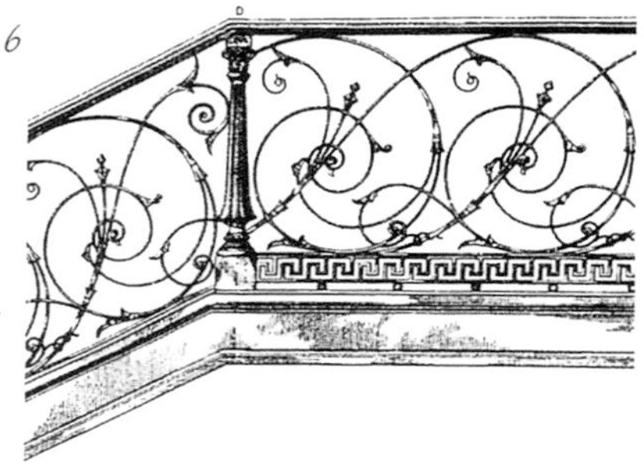

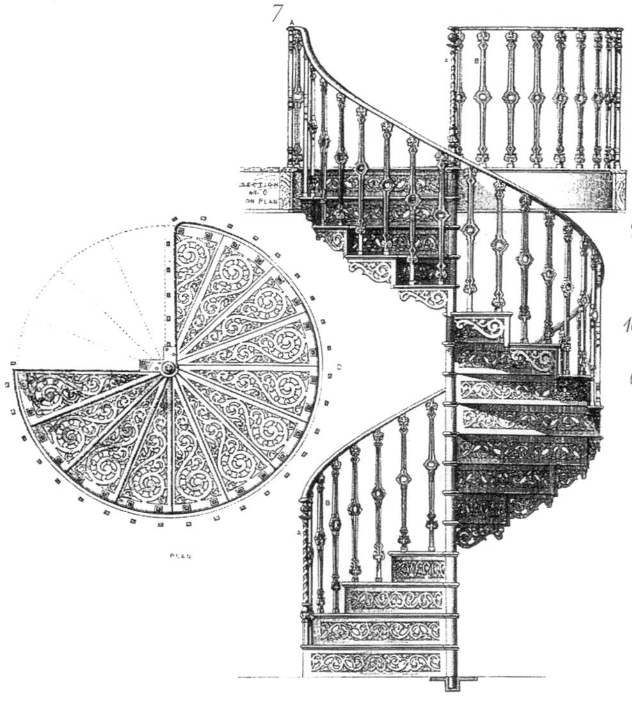

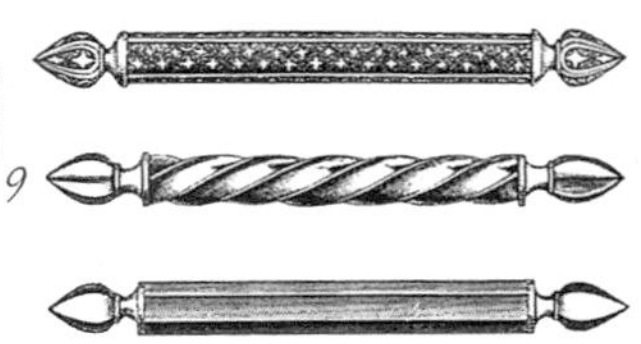

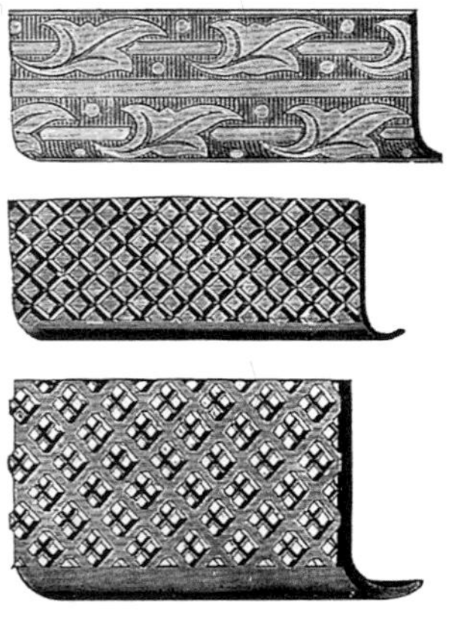

9和10. 地毯固定杆是把棒条穿进孔眼：一般都采用铜制，这几个示例由H.戴维斯和C.戴维斯及其公司提供，来自1888年的产品目录。HD

11. 如果楼梯覆盖油地毡，或者有严重磨损的情况，如一些服务区域的楼梯，通常会在踏板前缘加铜制护沿。SC

1. 楼梯栏杆通常都是通过车削切出造型，即使在普通住宅中也一样。上漆的松木是最便宜的款式，但扶手通常是抛光的硬木，伦敦，约1880年。*RG*

2. 石阶通常配有铸铁的栏杆。尽管比木制栏杆昂贵，但因优美的造型，仍然很受欢迎。图中是植物的叶子缠绕栏杆柱的样式，格拉斯哥，约1850年。*SP*

3. 这个维多利亚时代的版画展示了设计师刘易斯·F.戴（Lewis-F.Day）的一幅意向图，1882年，为了一栋典型的联排住宅的大厅楼梯而设计，运用了大量的模板印刷图案，铺设窄条地毯是这一时期的特征。*EA*

4. 19世纪晚期的模印图案遍布整个楼梯的护墙板。使用硬质清漆制成的油漆面层，附着力强且易于表面的维护。*RC*

5. 一个不同寻常的圆盘饰，位于楼梯转弯的中柱上。这种锥形的栏杆柱是晚期维多利亚时期的典型样式。*RC*

6. 安装在石阶上的装饰华丽的楼梯端柱和错综复杂的铸铁栏杆，可以追溯至19世纪70年代。细部造型和夸张的装饰是晚期维多利亚时期联排住宅装饰的典型特征。*LSH*

固定式家具

1

2

1. 这张当时的照片（1897年），展示了肯特郡威克姆府邸闺房里的白漆松木固定家具。可以看出受传统的“乔治亚”风格的影响，但是拥挤的搁板和沉重的托座檐口都具有明显的维多利亚时代特征。玻璃柜门具有飘窗的外观形象，中间部分充当了壁炉上部装饰架，壁炉由火炉护栏隐藏了起来。WL

2. “惬意的角落”和“炉边”是当时的流行做法，图例即是这两者的结合。尽管这个木头座椅的装饰性大于功能性，但还是和壁炉形成了一定距离，伯恩茅斯，多塞特郡，1894年。RC

对固定式家具的热爱很大程度上源自人们对改变早期杂乱的室内风格的愿望，也源自机械加工的细木工制品数量的增加。19世纪80年代，某家大型家居公司在产品目录上声称：“请给予定制家具以特别的关注”，他们“乐于为装配式书房、闺房和卧室起草和提交预算，硬质抛光木材或油漆木材均可”。

此时的出版业进入蓬勃发展的时期，对于大型住宅来说，维多利亚式固定书柜的特征令人印象深刻。书柜两侧是壁柱或哥特式束柱，高度距离顶棚几英尺（1英尺=0.3048米），顶端装饰有檐口，其上可以用来放置作家和哲学家的半身像。对开本的大部头书会存放在书柜中低一些的部位，上部则适合尺寸略小的图书。

还有一个很迷人的特征是“惬意的角落”，是一种模仿嵌入式座椅的设施，常设置在壁炉旁或房间一角。

厨房的柜子是维多利亚时期标准的固定设施。最初，人们用开架展示瓷器，后来加上了玻璃门。食物升降机或被称为“小型送货机”，连通住宅餐厅和地下厨房。

1

2
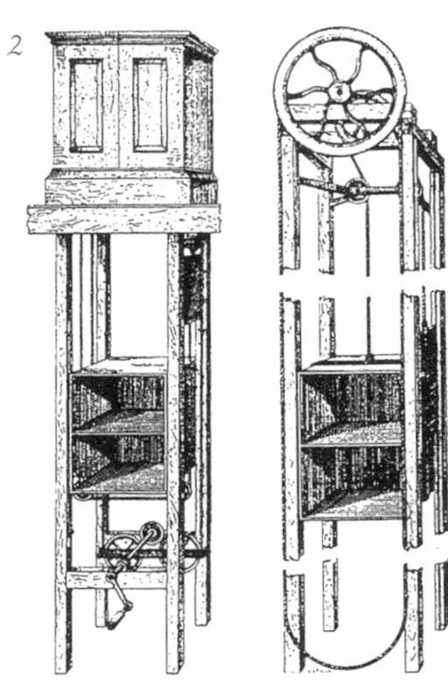

1. 欣德利父子住宅的卧室家具，嵌入式的盥洗盆，带镜子的梳妆台和高架橱柜。“惬意的”炉边座椅构图形式完整。CH

2. 餐用升降机或者“小件物品升降机”，通常用在有地下室厨房的城市住宅中。通过手摇的粗绳和滑轮系统进行升降；木制的柜子（左图）隐藏起升降机。CM

3

4

5

3. 1872年，克莱德塞德住宅中的图书室，诺森布里亚。橡木书柜遮挡了墙裙，书柜制作精良，配有玻璃门。CR

4. 典型的格拉斯哥厨房食具柜，上面是开敞的搁板，下面是嵌入式的储煤仓。TE

5. 一个流行的“惬意的角落”的复杂设计。玻璃的橱柜用来展示瓷器，垂落的丝绸遮棚与丝绸织锦座椅相呼应，上漆的木器是为了与整个房间相搭配。HS

固定式家具

设施

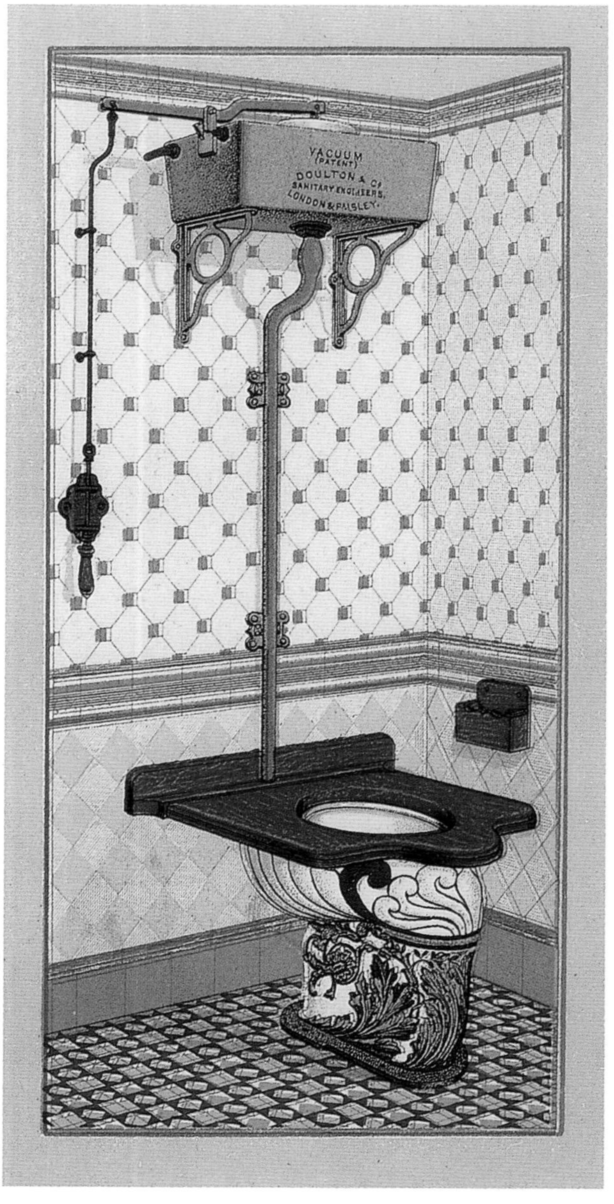

一种专利型室内抽水马桶，带有有效的冲水模式，由道尔顿陶器厂于1885年制造，伦敦。*D*

维多利亚时代的人们决心改变曾一再造成疾病传播的不卫生的居住环境。地下排水系统使用釉面陶管，同时，1884年的公共健康法规要求所有住宅都需要设置卫生间，无论以何种形式。对于许多贫困家庭也要求在后院设置。排水系统的进步也推动了室内卫生间的出现。在19世纪70年代高水箱取代了之前低效的冲水技术，水流可以喷射而出。水箱由铸铁制造，通过拉动一条链子进行操作。同时，早期的马桶存水弯，由于对阻止污秽气味不起到什么作用，此时也由S形存水弯替代。马桶的盆体开始用釉面陶瓷制作，并使用了有效的冲水模式。这张报刊插图中的抽水马桶，表示了一种可供选择的冲水系统：一是抬起木座椅；二是拉动链子冲水。手纸盒包括在套件之中。从1880年卷纸开始使用。

随着管道供水时代的到来，移动式坐浴盆被固定式的瓷釉浴盆取代。以前的脸盆采用手盆注水，而现在则用黄铜水龙头注水，盆内的出水孔能够将水排入下水道，带有转印图案的陶瓷柱式洗脸盆最终取代了木架洗脸盆。

水的加热方法经历了多个发展阶段（包括用浴盆下的燃气火焰直接加热），直到1868年发明了燃气热水器。尽管仍有噪声、气味以及爆炸的可能等问题，但作为一种快捷、经济的加热方法，这种热水器得到了迅速普及。

淋浴开始流行。淋浴设施仅仅是一个可以翻转的冲水罐，当通过手动压力泵将上部水箱的水通过加压方式注满冲水罐后，再拉动拉索翻转冲水罐进行冲洗。厕所逐渐成为室内主要设施，同时，原先是用来形容洗脸盆的单词“Lavatory（盥洗室）”，现在被用来委婉地描述室内厕所。带有中央供暖设备的住宅有大型的铸铁暖气管，有时还会加以装饰。具有装饰性的通风机械用于室内空气的流通。维多利亚时期的落水管和排水槽同样也是用铸铁制造的，连接两者的雨水斗有时会雕刻上这栋房子建造的时间。

1

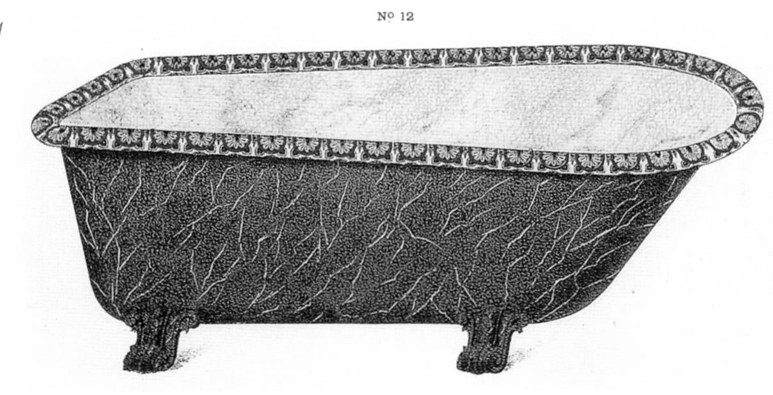

2

1. 1884年，铸铁的“罗马”牌浴缸，带有搪瓷的“大理石”和模印的边带。*HS*

2. 淋浴将浴缸、花洒和屏风合并在一起，从19世纪80年代开始就颇受欢迎。*AE*

3. 一个“凯诺牌”铜制气体加热器（1890年），表面刷漆。*WC*

4. 晚期维多利亚时期的浴缸、马桶水龙头，表面有镍镀层，或使用亮铜和乌木手柄。*AE*

5. “环球牌”煤气浴缸，底部铜制，底下有内置的加热系统。*GF*

3 4

6

5

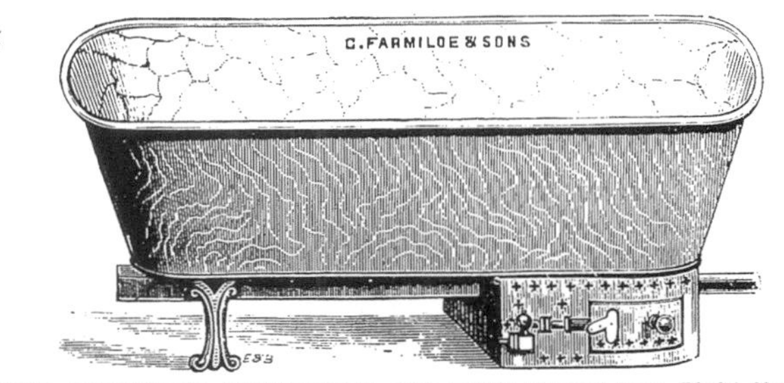

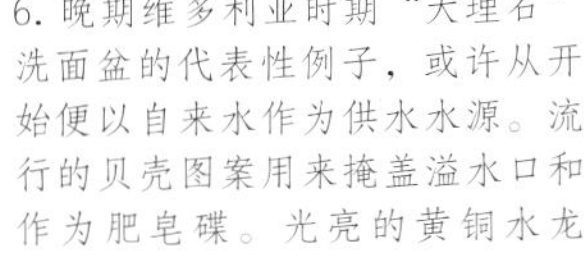

6. 晚期维多利亚时期“大理石”洗面盆的代表性例子，或许从开始便以自来水作为供水水源。流行的贝壳图案用来掩盖溢水口和作为肥皂碟。光亮的黄铜水龙头安装在盥洗盆后面独立的木板上。*TE*

7. 一个19世纪晚期装饰性的标准陶瓷盥洗盆，带有横杆式水龙头，由伊曼纽尔父子公司生产。*AE*

8. 伊曼纽尔父子公司生产的两个盥洗盆，放在铸铁定型的雕带支架中。下图为转角式。*AE*

9. 汉普顿公司1892年的“改善型女佣盥洗盆”，包括污水槽、盥洗盆和马桶。*HS*

设施

7

8

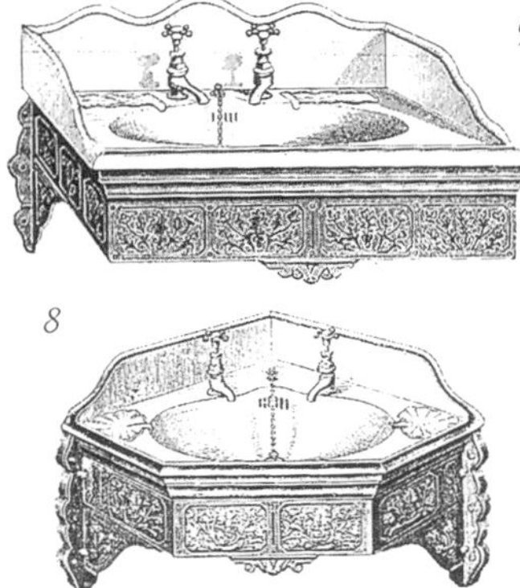

9

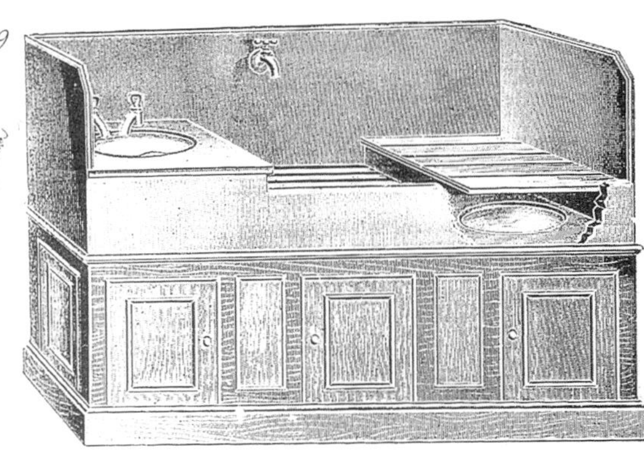

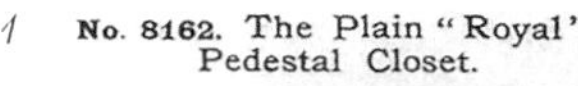
No. 8162. The Plain "Royal" Pedestal Closet.

Cane & White. White. Printed.
Prices—Centre outlet, 14/6 16/- 20/- each.
P. or L.C.C. S. trap 16/- 17/6 21/6 „

No. 8163. The "Royal" Pedestal Closet.
White.
Prices—Embossed as drawn, Centre outlet, 20/6 each.
P. or L.C.C. S. Trap, 22/- „

No. 8165. The "Kodak" Pedestal Closet with Seat Lugs.
With Polished Mahogany, Oak or Walnut Seat, as drawn, Lead P. Trap, and Patent Metal Flush Inlet Coupling with Lead Bend for connecting direct to flush pipe.
White. Printed. Enamelled in Colours.
Prices—Complete 52/- 57/6 63/- each.

No. 8166. The "Trent" Wash-down Pedestal Closet.
This Closet has been specially designed to replace the "Trent" Wash-out, and can be fixed without disturbing existing fittings.
Cane & White. White or Ivory. Printed as shown. Enamelled in Colours.
Prices—21/- 26/- 32/- 34/- each.

1. 四个典型的马桶座。"有浮雕图案的"类型（右）开始不受喜欢，因为很难清理干净。但花式的转换形式持续受到欢迎。座位通常为桃花心木或者橡木，室外使用的则是松木。PP

2. 一个专利型小便器，在办公室、家里的书房或者桌球室中使用，用桃花心木或胡桃木做成。盖上的为有漂亮的室内家具的外观。揭开盖子能看到白色的陶瓷盆，并有自动冲水系统。GF

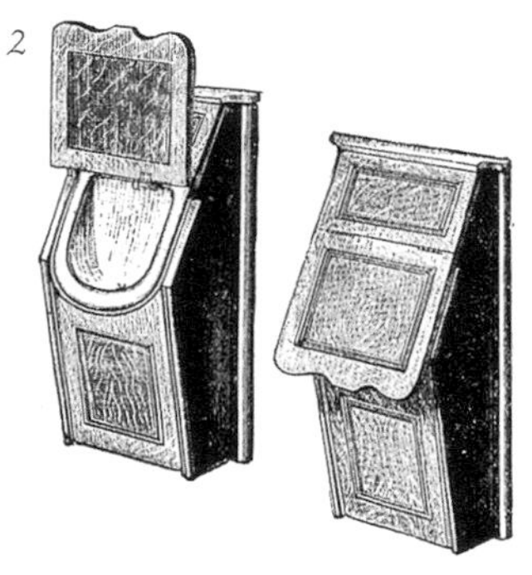

3. 19世纪90年代，一个手动活塞冲水系统的抽水马桶，由乔治·詹宁斯公司制造，安放在翻起式木制座椅下方。RC

4. 厕所卷纸在1880年出现：这是一个典型的亮铜手纸盒。之前的手纸均挂在挂钩上。AE

5. 一旦厕所安置在室内，隐私就成为一个重要的因素。即使是节俭的家庭也会在门上安一个黄铜"指示"旋钮。AE

6. 19世纪90年代的"无气味"煤气炉。这种炉子没有烟囱，烟气直接排放在房间中。SC

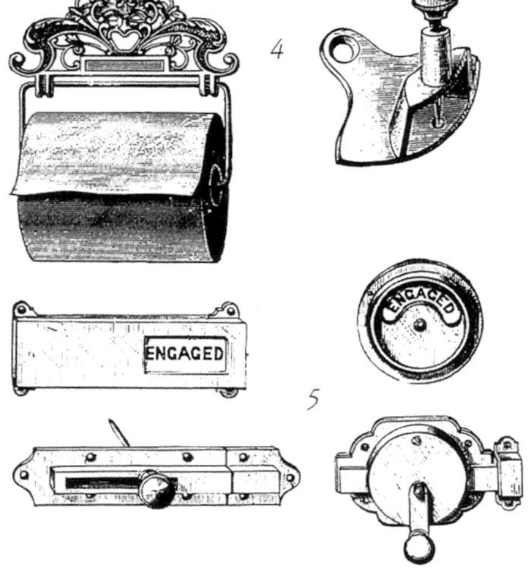

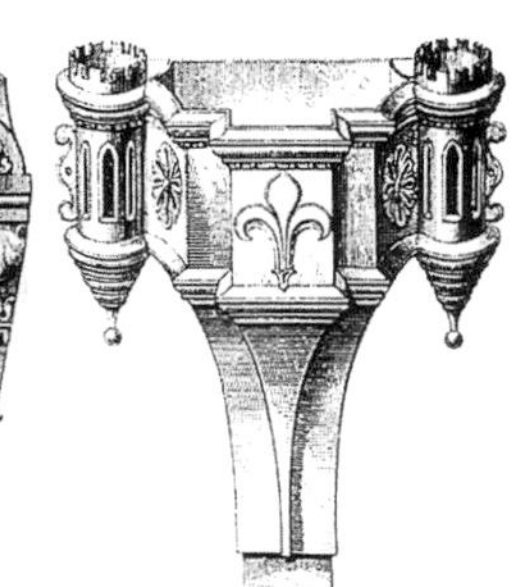

7. 晚期维多利亚时期，铸铁圆盘炉用来隐藏里面的加热管。SB

8. 具有装饰性的哥特式风格的"博伊尔斯"专利型进气管，能够使新鲜空气进入房间，约1890年。安装在房间的外墙上，防止煤气装置产生的废气倒灌回房间里。BV

9. 雨水斗是维多利亚时代铸铁工艺的代表性产品，有各种类型的工艺品制作生产。这些是来自斯蒂文兄弟公司的四个铸铁产品，用在建筑外墙或者角落里，约1885年。其中一个标有房屋的建造日期。SB

灯具

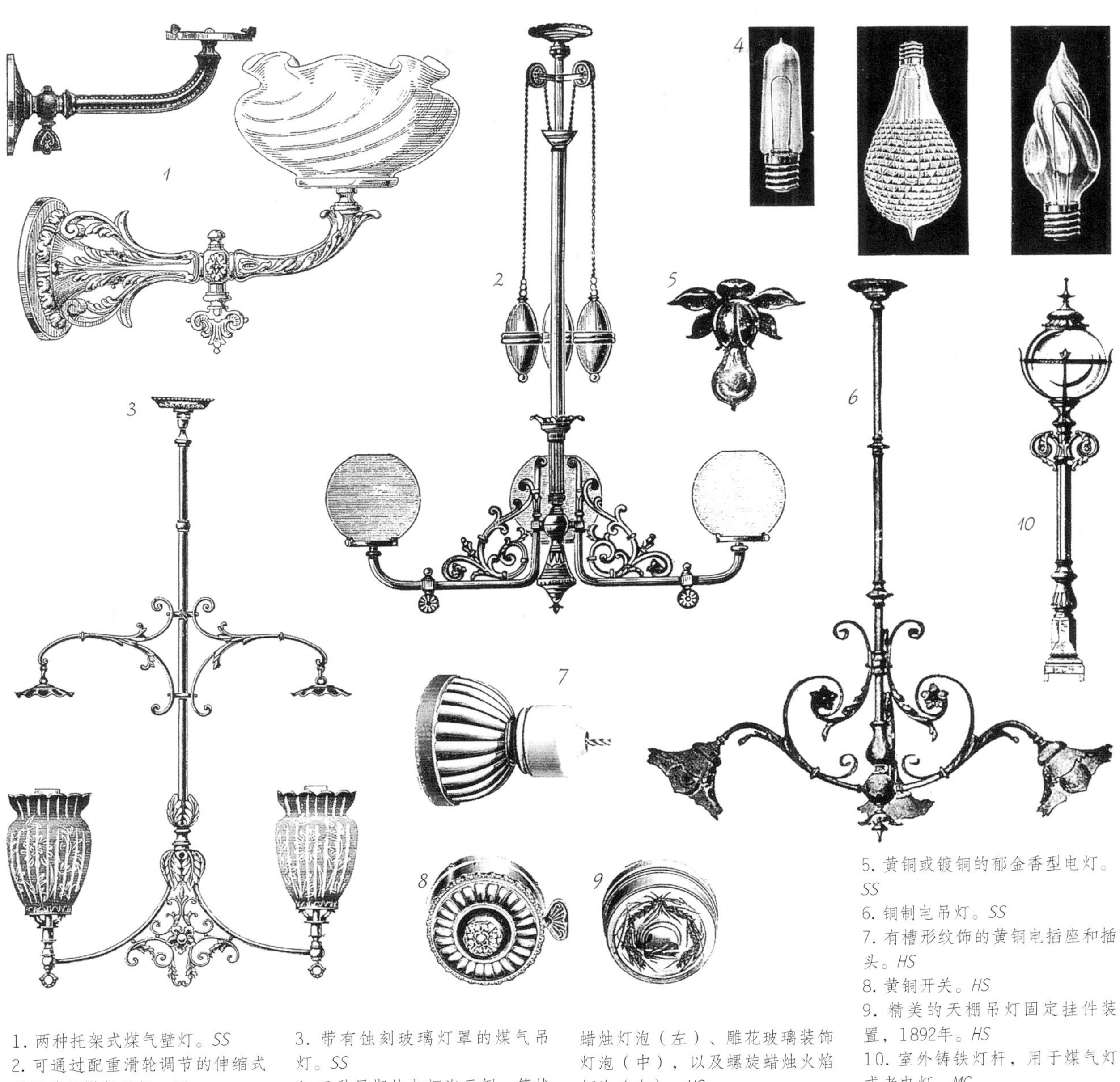

1. 两种托架式煤气壁灯。SS
2. 可通过配重滑轮调节的伸缩式吊杆黄铜煤气吊灯。SS
3. 带有蚀刻玻璃灯罩的煤气吊灯。SS
4. 三种早期的电灯泡示例：管状蜡烛灯泡（左）、雕花玻璃装饰灯泡（中），以及螺旋蜡烛火焰灯泡（右）。HS
5. 黄铜或镀铜的郁金香型电灯。SS
6. 铜制电吊灯。SS
7. 有槽形纹饰的黄铜电插座和插头。HS
8. 黄铜开关。HS
9. 精美的天棚吊灯固定挂件装置，1892年。HS
10. 室外铸铁灯杆，用于煤气灯或者电灯。MC

潘顿夫人（Mrs. Panton）在她的《厨房到阁楼》（*From Kitchen to Garret*, 1893年）这本书中写道：“我应当使我的读者牢记，决不在任何不需要使用煤气灯的地方使用煤气灯，并祈祷，当美好的一天结束时，电灯能照亮我们的夜晚。”

潘顿夫人的祈祷虽然最终得到了回应，但在整个维多利亚时期的大部分住宅灯具使用的还是蜡烛、汽油或是煤气燃料。在餐厅中能看到由天棚吊挂到餐桌上方低矮的灯具，使用着油气燃料，并带有复杂的防泄漏装置。壁上烛台和普通的锻铁或青铜灯具都带有铜装饰和蔓叶形装饰，用来照亮起居室。灯罩采用有火灾隐患的丝绸材质，或采用平板或蚀刻玻璃。用切割玻璃制成的枝形灯具则是奢侈品。

可以产生白光的煤气灯罩发明于1887年，能够提供更明亮的灯光。随后，由于电灯的发明，煤气灯很快受到了挑战。早期的灯泡使用碳钨丝，能制造出一种光效很低的灯光。电灯的使用非常昂贵，仅用在大型住宅和为数不多能够独立供电的城市住宅中。在晚期维多利亚时期，即便已经发明了优质的钨丝灯，但由于经常停电，所以备用的蜡烛成为必需品。直到爱德华时代，电力才得以普遍使用并变得更加稳定。

金属制品

包覆在哥特式拱洞之中的一对铁门，通向海格特区的冬青村，伦敦，1865年。铁门很可能是在这时期铸造的，尽管其形式看上去像是中世纪的熟铁制品。造型比当时的大门要克制。下部放置了防止狗进入的“拦狗杆”。

传统建筑铁艺制品的制作是铁匠的工作范畴，但是在维多利亚时期，铸造厂由于掌握了高级制铁技术而占据优势。大型铸造厂多是为生产有大量需求的铁制品而建立，如栏杆、大门、门廊、温室、壁炉、浴缸等，铸造厂会印刷带有大量插画的产品目录，并提供各类货物的限时专送。

铸铁成为落水管和水槽的主要材料，并制作出造型复杂的雨水斗。英国晚期维多利亚时期，铸铁广泛地用于生产卫生设施，尤其是浴缸。

英国的小镇和城市中的广场、公园以及联排住宅周围的地下室都围有栏杆。朴素的前花园围墙也有铸铁栏杆，游廊、温室和廊台前面也开始普遍使用铸铁部件。遗憾的是，很多精美的铸铁构件在第二次世界大战期间被拆除，用于“为战争做贡献”。

这一时期铸铁工艺的流行成压倒性趋势，以至于锻铁工艺几乎失传。然而，随着后期工艺美术运动的出现，手工铁艺又得到了复兴。

1
2
3
4
5

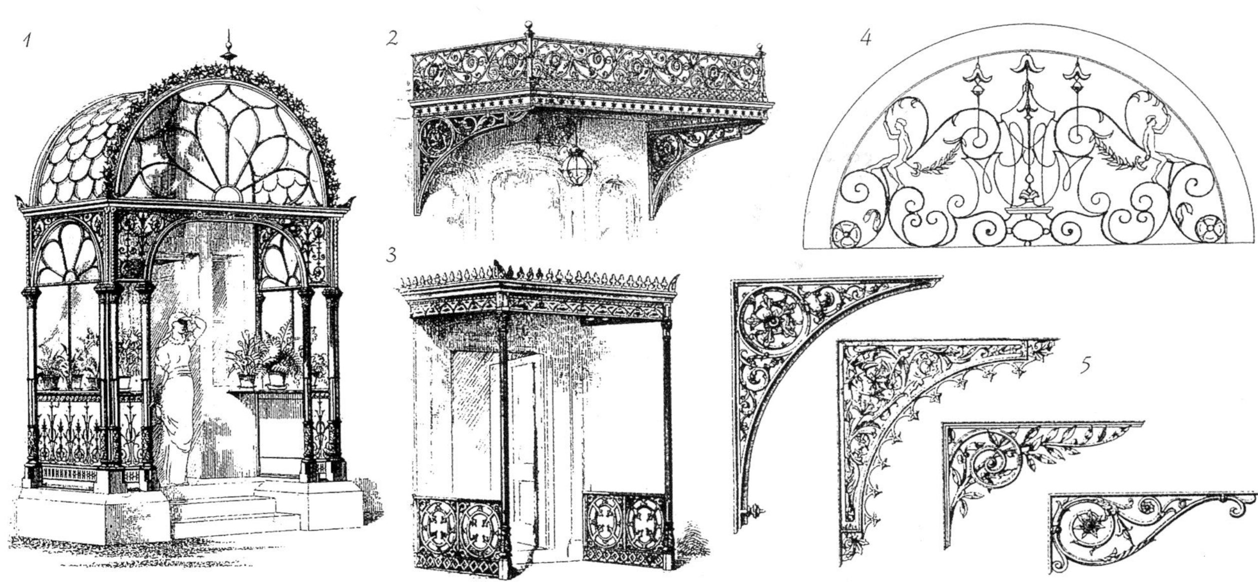

1. 自1870年起，格拉斯哥的麦克法兰铸件厂提供精致的铸铁入口门廊。曲顶上装饰有小尺寸的玻璃。这种标准化的部件会装配到不同的设计上。MC

2. 带有装饰性阳台并有支撑托架的门顶雨棚。这种造型很适合于联排住宅，而且可以额外选装灯具。MC

3. 带有雕带的下横档和金银丝顶饰的门廊。MC

4. 扇形窗/气窗常常配有装饰性的铁艺制品。

5. 大量铸铁托架中的四个案例，约1885年。MC

6
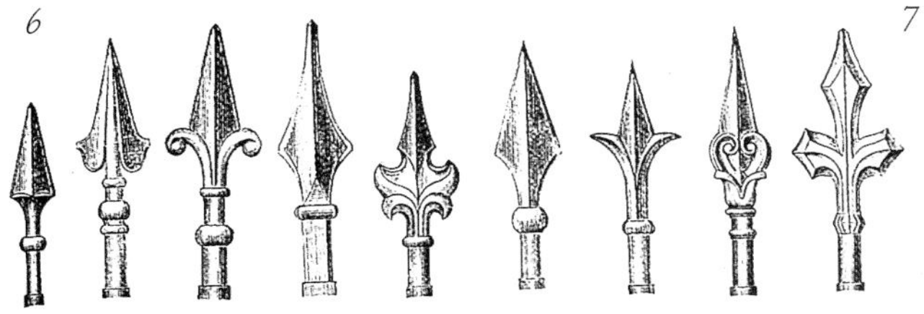
7
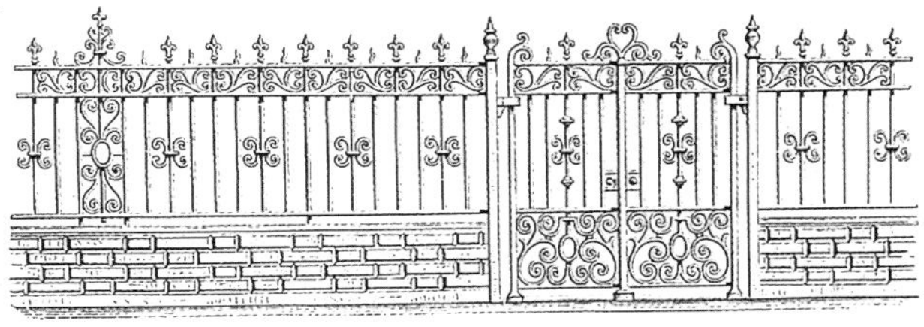
8
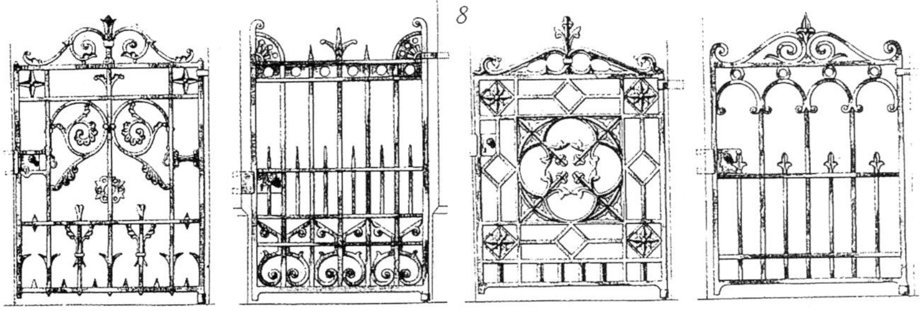
9
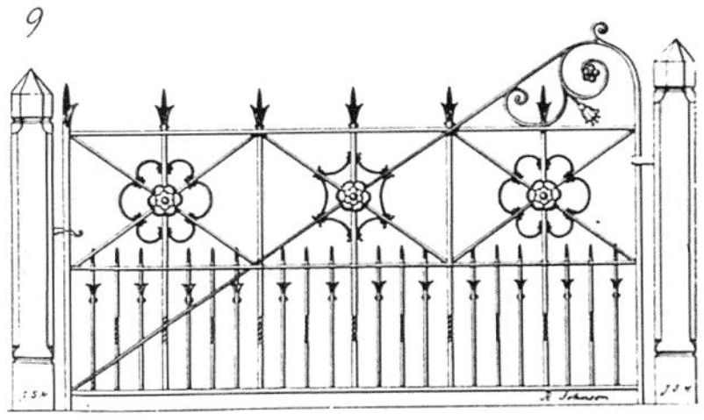
10
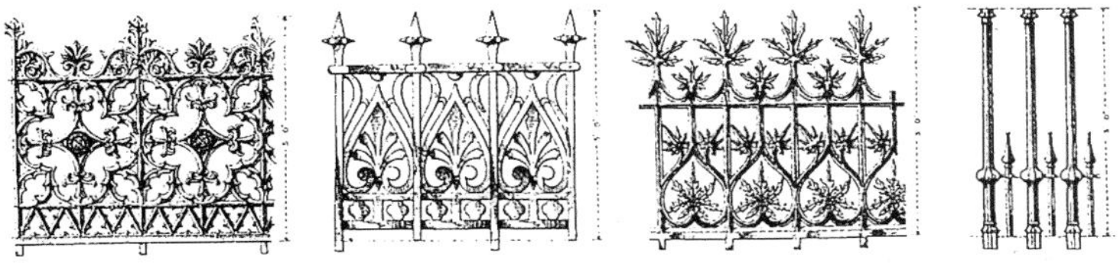
11
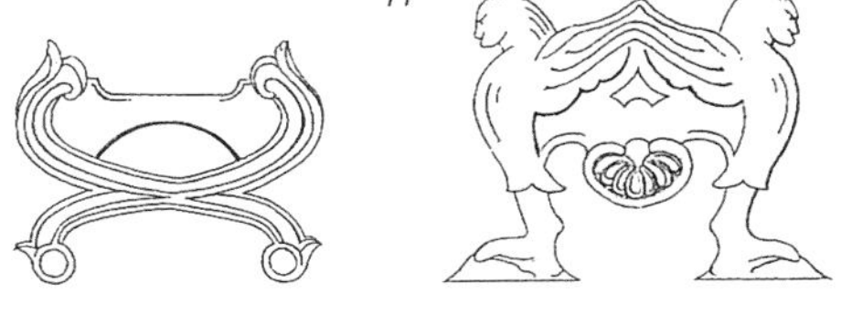
12
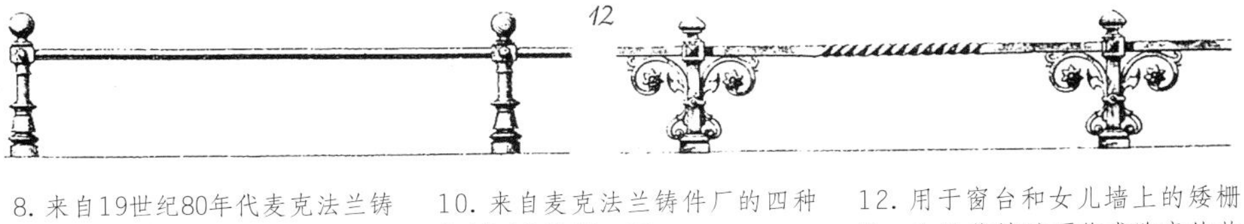

6. 铁栅栏的制造在维多利亚时期得到了发展：工厂一直处在繁忙的生产中，以满足公园和联排住宅花园的需求。这些精心挑选出的标准式尖顶饰来自1891年贝丽丝公司、伍尔弗汉普顿的琼斯&贝丽丝公司的产品目录。BJB

7. 锻造或铸铁栅栏用于别墅的前花园围栏。BJB

8. 来自19世纪80年代麦克法兰铸件厂的四种门的装饰图案。MC

9. 一个马车入口的熟铁大门，尖顶饰及部分装饰铸造而成。JB

10. 来自麦克法兰铸件厂的四种栅栏图案样例。MC

11. 安置在入口的长筒靴刮板，美观实用。

12. 用于窗台和女儿墙上的矮栅栏，也用作墙壁顶饰或路旁的花坛。MC

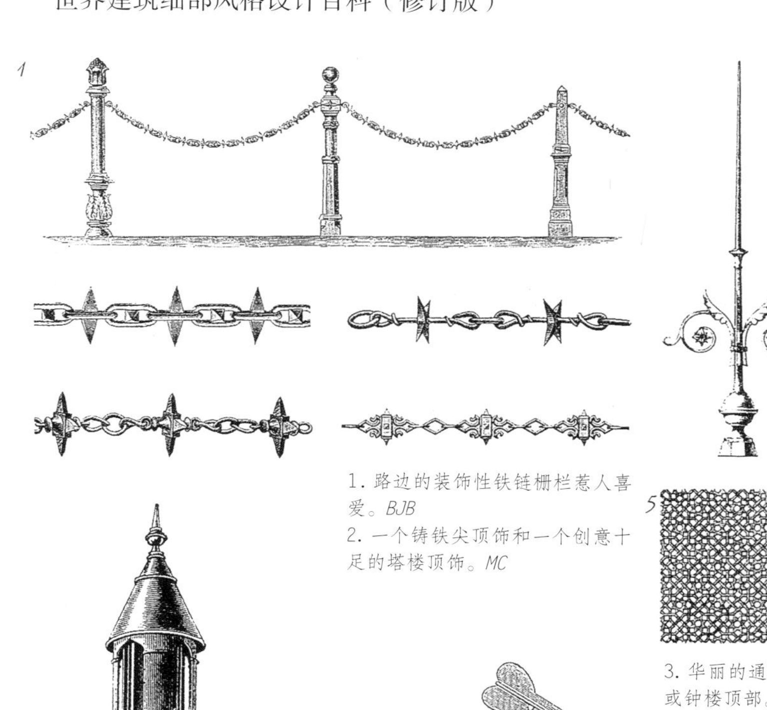

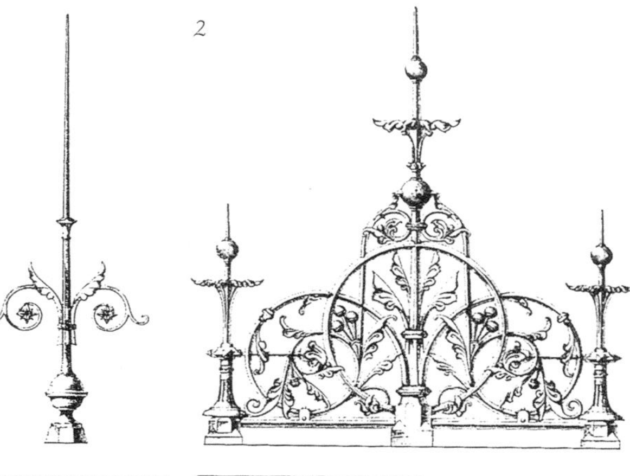

1. 路边的装饰性铁链栅栏惹人喜爱。BJB
2. 一个铸铁尖顶饰和一个创意十足的塔楼顶饰。MC

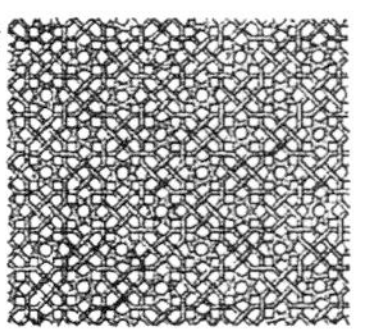

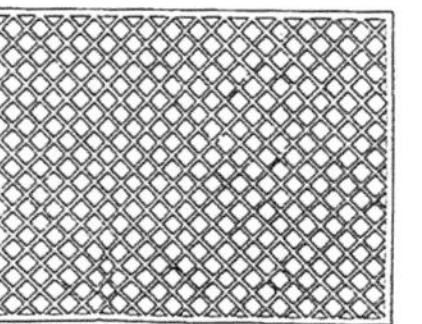

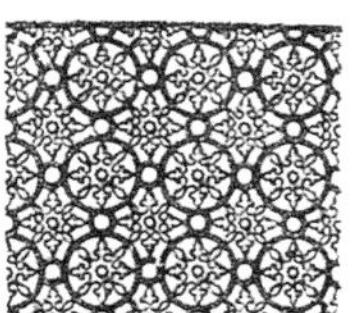

3. 华丽的通风设施常安置在塔楼或钟楼顶部。GF
4. 很多小饰物用来防止壁炉烟囱煤烟倒灌。两个通风帽，其中装有风向标的出自19世纪90年代的乔治·法米利奥公司。GF
5. 大型住宅中，地板格栅或栅栏被用作取暖和通风系统的一部分。MC

6. 来自格拉斯哥的装饰性铸铁栅栏和大门。左侧的案例带有詹姆斯一世时期的带状饰，另两个则展现了棕叶饰造型（上）和蔓叶花样造型（下）。SP

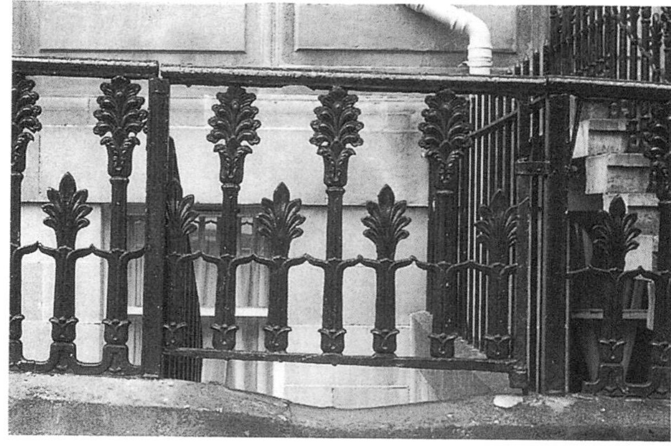

木制品

1. 一座单坡屋顶的温室，由19世纪90年代威廉·库伯公司提供的预制构件建成。木构件都是由风干红色冷杉木板（冷杉或松木）制成，并且涂有两层白漆。WC
2. 种植蕨类植物在维多利亚时期非常流行，蕨类植物培育室也相当普遍。RU

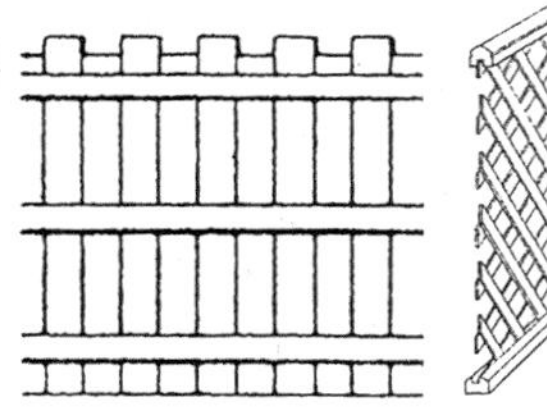

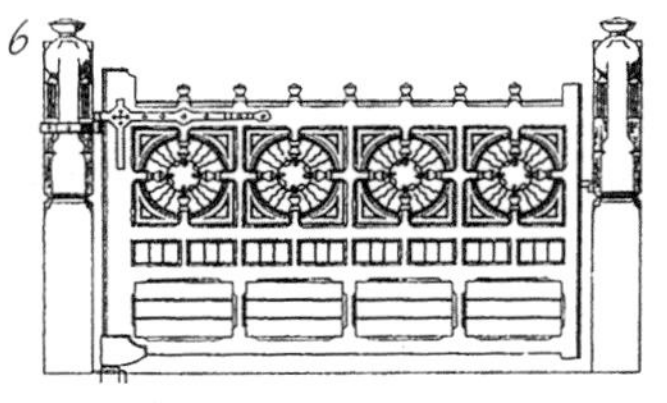

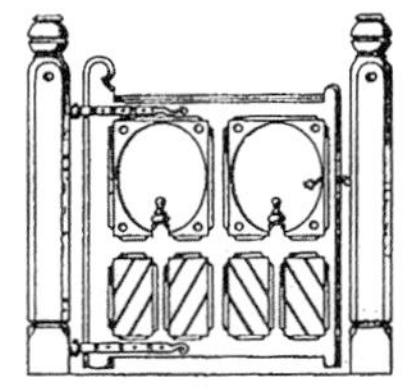

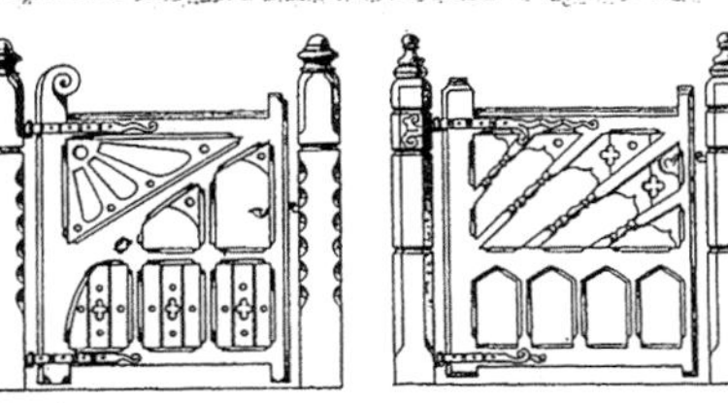

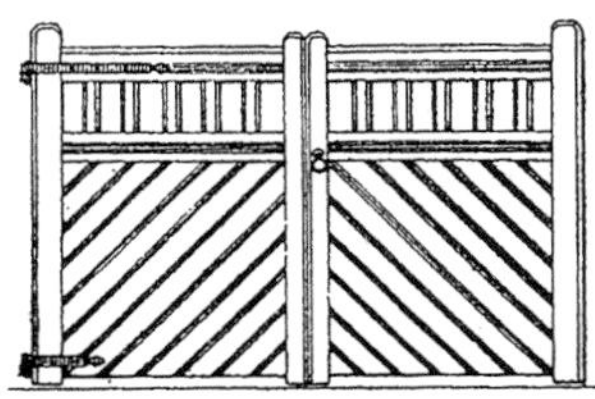

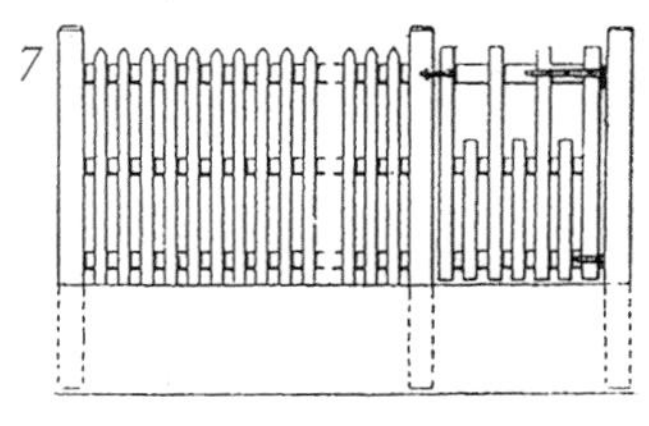

3. 晚期维多利亚时期哥特式风格的大门和栅栏。VC
4. 密闭栅栏，顶端犹如“城墙”。BP
5. 这种格架通常被用在矮栅栏或者围墙上部，以更好地形成隐秘空间。TL
6. 19世纪70年代流行的一些花园大门样式。一般由软质木材制成，通常漆成绿色或者白色，或者采用橡木染色制成。BP
7. 这种尖桩式栅栏和大门非常适合乡村环境。BP
8. 机器雕刻的木制封檐板具有非常明显的维多利亚时期特征，门廊也同样具有华丽的装饰。VC

维多利亚时期，木制户外装饰品的使用范围迅速扩大。之前，由于耐久性的要求，户外通常使用昂贵的橡木，而现在像松木一类更加便宜的软质木材也开始广泛使用，这是由于使用了煤焦油或油基防腐剂，并用木馏油加压处理，使得松木也能够有很好的防腐性，并且松木也很容易雕刻和塑型。

大部分的大型木作会使用蒸汽机进行锯切和刨平，加工起来比之前更简便、更便宜。制造商也在大范围研发功能性预制构件和装饰性的园林建筑，包括温室建筑等。这些预制品可以通过铁路运达施工地点，有时为了节省建造时间，也会分组运送。

在当时最具特色的格架工艺，运输时会折叠成类似风琴的形式，当将其展开后便恢复成屏风和隔板的形式。用木馏油处理的深色木板制成的沟槽连接构造的栅栏，成为砖墙可供选择的替代品，通透型栅栏同样也很流行。花园入口大门会漆成深绿色或白色，底层嵌板是实心木板，上层嵌板则是网状木条板，拼成各式各样的纺锤形立柱形式。

A.W.N.普金1831年编著的《16世纪装饰性木制山墙》（*Ornamental Timber Gables of the Sixteenth Century*）一书，是当时流行的软质木材封檐板精美的机雕样本。木制门廊同样反映出人们对装饰性木工手艺的兴趣。

美国维多利亚时期（1840—1910年）

托马斯·杰恩（Thomas Jayne）

1. 宽阔的山墙造型和整体效果良好的门廊是许多美国晚期维多利亚时期住宅的关键元素。本例采用了半木构样式，新港，罗得岛州，1875年。*SAL*

2. 黑尔住宅，洛杉矶，1888年，用木材结合油漆的复杂尝试。本图是安妮女王风格的精彩样例，经过对原始油漆颜色的仔细研究，还原了住宅的原有色彩。*HA*

3. 意大利式联排住宅，带有屋顶三角楣饰，优雅的门廊以及装饰华丽的屋檐臂托。19世纪50—80年代，意大利风格住宅可能是最引人注目的一种城市住宅，费城。*WT*

19世纪下半叶，美国建筑师开始对希腊罗马式的古典主义失去了兴趣，开始采用新颖的本土风格，这种风格大致来源于中世纪和其他非古典的建筑形式。同时继续受到国外或新或旧的建筑形式启发，并形成了强大的自我创造力。这是由新的建筑技术、丰富的原材料、大量的建筑和家居出版物，以及美国人的住居消费增长等因素结合而促成的。

一个非常重要的技术进步就是轻捷型构架的出现，房屋的框架使用统一规格的木材制成，因此，对工厂生产的定型产品的需求量越来越大。这种结构由廉价的5cm×10cm的板材组成，用工厂生产的价格便宜的铁钉将这些直墙骨柱、横梁固定在一起。

在世纪之交，轻型建筑结构最终代替了传统的木结构建筑，并简化了复杂建筑的形式，诸如悬挑结构、飘窗和塔楼。

先进的制造技术也大量地生产成品的窗户、门、臂托和装饰性的木制车削制品，这些制品通常比手工制作更为精细，而且价格便宜。随着建材品种的丰富，相应地产生了越来越多的建筑类出版物，如商品目录、样式手册和建筑期刊等。

工业化意味着美国的豪宅可以开始采用更大的尺度来建造。随着人口从乡村向城市迁移，以及新来的外国移民对住所的需求，公寓住宅的数量也迅速增长。

这期间至少发展出了八种独特的建筑风格，还伴随许多次要风格和各类运动，现在所有这些都整合在“维多利亚风格”的称谓之下。这些风格在时间上相互重合，没有明确的开始和结束时间。通过对19世纪美国建筑的深入分析会发现，很多住宅都是由混合风格建成的。

最初在19世纪30年代流行后古典主义风格，即哥特复兴式和意大利式。之后从19世纪60—70年代，到19世纪末期相继产生了美国安妮女王风格、理查德森罗马式网格、木瓦风格和殖民复兴风格。其间，埃及和东方元素也成为美国建筑风格的一部分，瑞士木屋式建筑、八角形平面建筑也重新受到青睐。

哥特复兴和意大利风格基本是以英国摄政风格为原型，并且使得人们对历史建筑的兴趣日益增长。早期哥特式复兴建筑的特征是不规则且别出心裁的构成和平面，大斜度的屋顶和山墙、带垛的女儿墙，镶嵌玻璃的多格窗有时覆以哥特式尖拱。为加强外观的垂直效果，中等造价的墙体通常镶有垂直木板和板条制成。与木建筑相比，砖石建筑造价昂贵，因此这类住宅建筑并不多见。

意大利风格住宅，多少受到了意大利北部农场建筑的

1 

1. 来自芝加哥的J.J.格莱斯住宅，1885年，由亨利·霍伯桑·理查德森（Henry Hobson Richardson, 1838—1886年）设计。罗马式风格取决于体量而不是实用性的细节。*CAF*

2 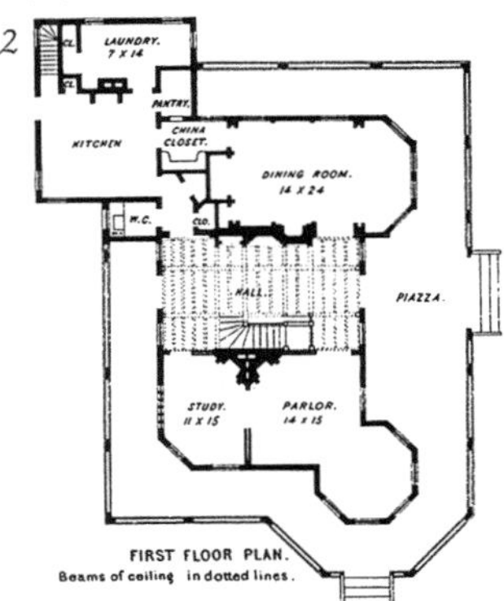

2. 这个平面图与40多年前的希腊复兴式平面图相比较，可以看出房间的排布并不规整。该时期的其他共同元素是起居室，以及环绕式廊台。*CK*

3 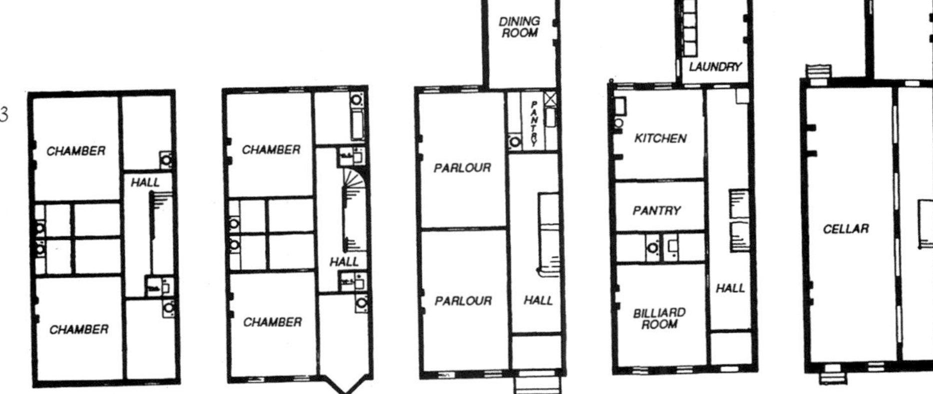

3. 联排住宅的平面，带有平行的隔墙，形成了相对独立的空间。主要的革新是洗涤槽、抽水马桶和浴缸的使用。两间客厅，或者是一间客厅和一间餐厅，成为一种常用设计。这所住宅可以追溯至19世纪80年代；平面图展示的楼层从高到低排列，最后是地下室和地窖。

4 

5 

4. 哥特复兴式的特征在于大斜度的屋顶、老虎窗、屋檐和山墙檐板上曲线形的"姜饼"式装饰。由安德鲁·杰克森·唐宁（Andrew Jackson Downing, 1815—1852年）所著的建筑书籍使得哥特式建筑大受欢迎。在《乡村住宅建筑》（*The Architecture of Country Houses*, 1850年）中，他提出了一种有趣的地理定义，来定位哥特式风格和意大利风格："前者，大致上适合我们北方山峦起伏的地区；后者，适合中部和南部的平原和山谷地区，尽管也会在某些集合风格的住宅中同时看到这两种风格特征。" *GE*

5. 木瓦风格，得名于住宅建筑表面用朴素的木瓦进行覆盖，是一种在新英格兰地区形成，并逐渐传播到其他地区的建筑风格。木瓦风格兴盛于18世纪80年代至1900年。此图来自罗得岛州新港的一处木瓦风格住宅，由设计公司McKim, Mead & White建筑师事务所设计，1881—1882年。注意车削立柱支撑的廊台，以及两层开敞式的阁楼，阁楼在视觉上平衡了包含一间书房的圆形塔楼（图左）。这种类型的不对称平面是其主要的风格特征。*SAL*

1. 来自洛杉矶的安妮女王风格住宅细部，展现出批量生产的木制品的运用，1894年。JBE
2. 来自旧金山的一处住宅，展现出精良的木作细部，1885年。注意门廊上的伊斯特莱克（Eastlake）风格花纺锤形立柱。JBE
3. 意大利风格的住宅通常有着庄重的形式，即使平面布置不对称。WT

启发，其特征包括低缓的屋顶和带有托架支撑的宽檐板，窗户的比例高大而细长，通常带有古典意味的框缘。在19世纪50年代，意大利式成为城市建筑最主要的建筑风格。其成功的部分原因是正方形的规则体量，而哥特式为了达到效果则需要不规则的体量。

意大利风格一直持续到19世纪末期，与此同时，第二帝国风格又被时尚界所青睐，通过曼莎式屋顶可以清楚地辨别出这种风格，这种屋顶衍生自17世纪路易十四的宫廷建筑师弗朗索瓦·曼莎（François Mansart）设计的曼莎式屋顶。曼莎式屋顶受到欢迎是由于它和同时代时髦的法国风格相关联，并在第二帝国建筑师的笔下复兴，同时，也是因为宏伟的屋顶使得大尺度的阁楼成为可以利用的空间。曼莎式屋顶经常用于意大利风格住宅之中。

此时，对中世纪风格的兴趣也一直在持续，不仅促进了哥特复兴风格，也创造出了木构式和安妮女王风格。木构式住宅基本上是以英国半木构建筑为基础，如同哥特式风格中大斜度的山墙屋顶以及挑檐，反映出一种别样的哲学思想。而木构式风格的装饰依赖于暴露的屋顶桁架、椽条和墙面上凸出的浮雕式拼接工艺图案，用垂直或斜向的木板排列而成。

木构式，以及哥特式和意大利风格的元素，为美国安妮女王风格的形成提供了原型。从19世纪80年代一直到20世纪初，英国建筑师理查德·诺曼·肖和其追随者创造出了美国安妮女王风格。然而，英国安妮女王风格运动的代表建筑元素——半木结构和石工拼花，仅是美国安妮女王风格的特点之一。美国建筑师增加了丰富的木作装饰语汇，用复杂的设计丰富了既已形成的风格。例如屋顶变得比哥特式和木构式更加倾斜，形状也更为复杂。相对比中世纪的简单平面和体量，安妮女王风格通过增加凸出部分、悬挑楼层、山墙和塔楼等元素丰富立面，并将它们组合在一起。建筑外墙装饰有木板、奇特的工艺砖砌和陶瓦构件。

1

1. 晚期维多利亚式的中产阶级住宅室内，蒙特苏马别墅，圣地亚哥，加利福尼亚州，1887年。注意奢华的满铺墙板和华丽天棚。*JBE*

2

2. 帝国风格的早期维多利亚式住宅室内设计。地毯是一种编织挂毯的复制品（由斯卡拉门德生产），可以追溯至约1850年。*SCA*

相当多的木构式和安妮女王式住宅运用了“伊斯特莱克”（Eastlake）的手法元素，伊斯特莱克风格来自英国设计师兼评论家查尔斯·洛克·伊斯特莱克（Charles Locke Eastlake，1836—1906年），他的装饰风格被美国人用于建筑外部。伊斯特莱克风格的主要元素包括粗壮的门廊柱、栏杆柱和垂饰，以及在雕带和栏杆上广泛地使用纺锤形立柱。

理查德森罗马式风格，是以亨利·霍伯桑·理查德森而命名，始于19世纪80年代并持续至世纪末。这个用语基于粗面砌石的使用，不对称的体量构成，门廊、门和窗的拱形开洞特征，以及来源于罗马式、叙利亚式和拜占庭式的简洁细部。

木瓦风格，可以追溯至19世纪80年代至大约20世纪，与安妮女王风格丰富的细部形成了强烈对比，这与木瓦风格始终沿用罗马式风格有关，其建筑外观比较朴素。木制瓦片通常排列成行，铺设出整齐划一的屋顶和外墙表皮。装饰细节简单，遵从美国殖民式和联邦式建筑演化而来的克制的新古典主义原则，例如多立克柱式和威尼斯窗（帕拉迪奥式窗）。平面通常不对称。

通过对希腊复兴之前的早期美国建筑的研究，导致了当时那些住宅被其建造者打上“殖民式”标签。最初他们将新古典主义的细部直接运用在安妮女王式的住宅上。后来，则更加准确地复制18世纪的原型进行建造。

由于全国各地都使用相同的设计出版物和批量生产的相似建筑构件，使得地域性特征变得模糊。到了19世纪90年代，安妮女王风格住宅的预制件已经通过铁路运输穿越美国运达各地了。然而，并没有产生应有的建筑趣味，也未能出现相互区别的地域建筑语汇。美国维多利亚风格建筑实质上属于折中风格，并通过建筑师的个人阐释而丰富。

门

黑尔住宅的主入口，洛杉矶，1888年。引人注目的门廊内是形式相对简单的门扇，三角楣饰彰显了美国特色。精致和简单元素之间的平衡是晚期维多利亚风格的主要特征。*HA*

木门仍然沿用由边框固定的薄镶板形式。这种方式使门轻质坚固并能够进行各种风格的装饰。例如，哥特复兴式的木门有哥特式花格窗，意大利式的木门使用文艺复兴风格的镶板，殖民复兴风格的木门具有新古典主义样式。然而，许多建筑的门形简单，建筑风格既由门洞的形状表达，也通过带圆柱的门廊或普通门廊形式来体现，意大利式木门会利用拱形门洞来彰显意大利风格。即使是工人的小屋，木门也是哥特式的，带有简单的凸嵌线脚或雨棚。

无论在什么位置，如果可能均优先选择双开门。双开的前门最早出现于哥特式住宅，在后期仍然广泛使用，并与第二道门相配合形成前厅。随着玻璃变得廉价，更多的木门装上了玻璃，外门和内门上的扇形窗/气窗也普遍起来。19世纪50年代使用的是透明玻璃，之后是彩色玻璃，再后来是用铅条镶嵌的彩色玻璃板。

室内木门使用的镶板，通常与其他室内木装修相匹配。相当一部分样式简单的木门会用雕饰和油漆进行装饰。在两个客厅之间或客厅与餐厅之间通常设置一对推拉门，这几乎成为豪宅共有的特征。

1. 工人居住的小木屋中简单的入口雨棚，由安德鲁·杰克森·唐宁在1850年的《乡村住宅建筑》一书中推荐。

2. 意大利风格的遮篷，立面和侧面。出自《伍德沃德的国家建筑师》（*Woodward's National Architect*），纽约，1869年。WD

3. 来自新奥尔良的南方洛可可复兴式精美大门，带有雕刻的门头和其他木制装饰构件。两侧暗藏的折叠门在雨天可以关闭，以防止雨水的侵袭。

4. 19世纪下半叶装饰的重点倾向于大门和门廊；这个理查德森罗马式风格门廊，带有精美的叙利亚风格的拱门，包含两扇非常狭窄的对开门。

5. 1842年，安德鲁·杰克森·唐宁出版的《维多利亚式乡村住宅》（*Victorian Cottage Residences*）一书中的哥特式入户门。

6. 带有扇形窗/气窗的大型哥特式大门，来自加利福尼亚州的奥克兰。

7. 意大利风格的对开门，非常典型的圆形拱顶形式，1878年。

8. 非常精美的意大利风格样式，1873年。

9. 与古典样式完美结合的气窗，1873年。

10. 这组门看起来适用于意大利风格或并不考究的哥特式住宅，但事实上它属于1878年第二帝国风格的门形。

11. 三个玻璃门的样式。第二个案例有着精心制作的蚀刻形图案，最后一个是用在安妮女王和木瓦风格住宅上的典型式样。UD

12. 受文艺复兴风格启发的大门形式。可以看出意大利风格和安妮女王风格，由基奥公司销售。这里展示的包括大门的形式（左）和镶有玻璃的前厅门（右）。

1

2

3

1. 带有自然主义风格的葡萄藤装饰纹样的铁艺门廊，为简单的大门样式增添了装饰效果。随着玻璃价格下降，越来越多的门开始使用玻璃扇。纱门第一次在维多利亚时期出现。*GE*

2. 汉利住宅大门和门廊，俄勒冈州，1875年。一些建造者将早期的风格元素与当时流行的品位相结合。在这里，第一次使用联邦时期的上亮形式结合意大利的门和门廊形式，上部的栏杆为大门增添了重要的构图要素。*PD*

3. 古典柱廊成为城市住宅立面的基本装饰原则。此处的外门设立完全相同的一对内门，两者之间形成了一个门厅。玻璃上的具有装饰性的门牌号在维多利亚的建筑中非常普遍。*GE*

4. 样式优美的透木纹室内门，配以维多利亚版本的古典门框。上部瘦长的镶板制造出典雅的效果。类似隅石装饰通常采用圆盘饰或其他装饰形式。*HA*

5. 室内木门、框缘托架和门头饰板上的复合线脚成为其特色。在表面装饰处理中，亚光漆是最便宜的选择，木纹漆（如图上的门所使用的）次之，硬木门最为昂贵。*BO*

6. 中世纪的大门通常带有线脚或凸起的镶板，使人联想起意大利文艺复兴模式。品质较高的住宅会在门的周边雕刻文艺复兴式的枝叶或绞绳形图案。这个例子带有非常抽象的装饰图案。*GE*

4

5

6

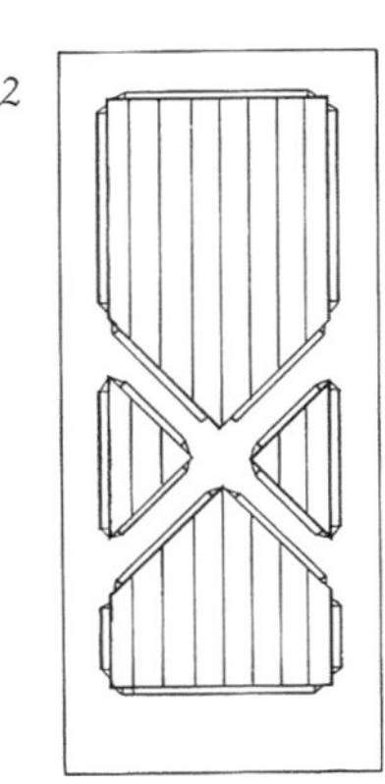
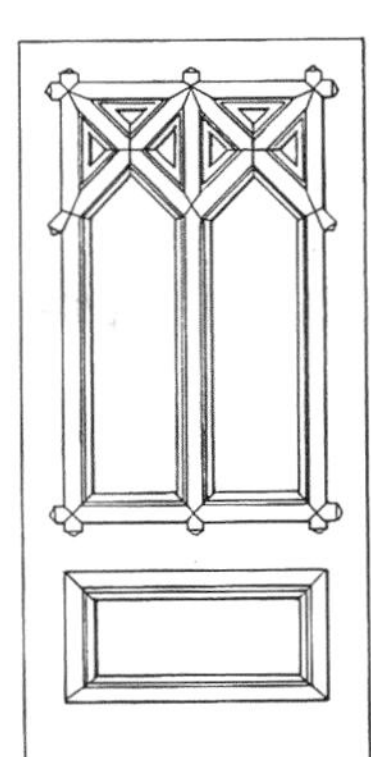
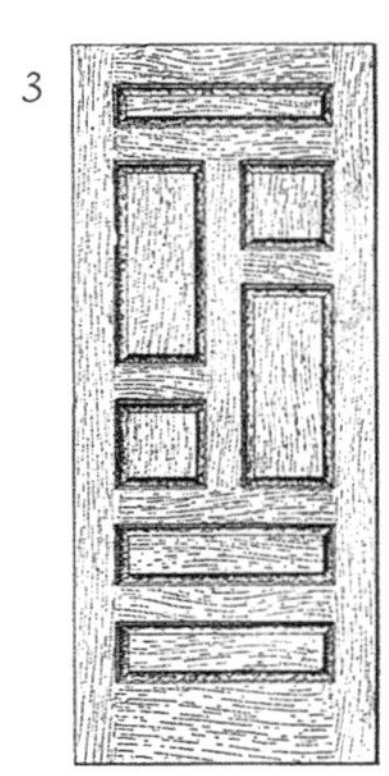
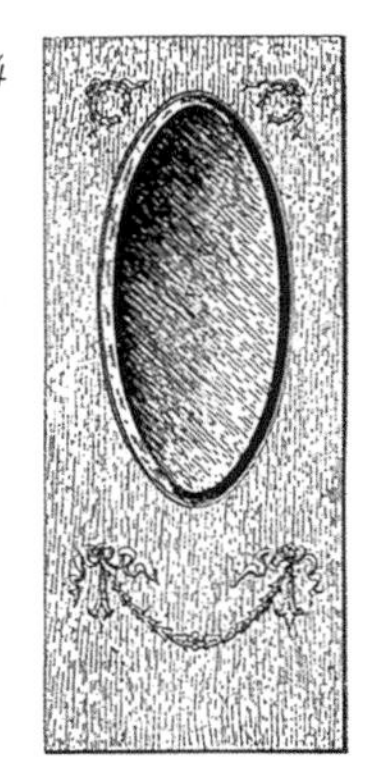
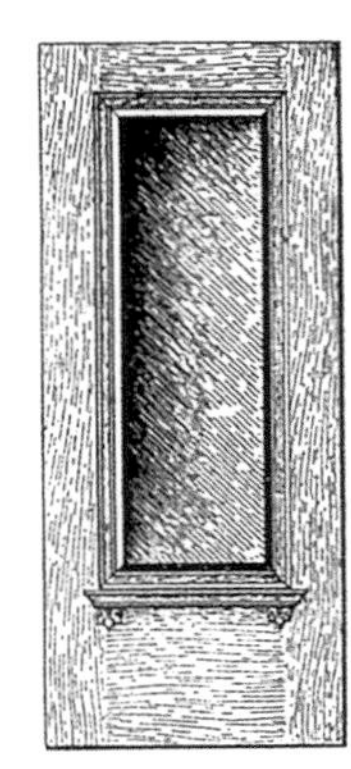
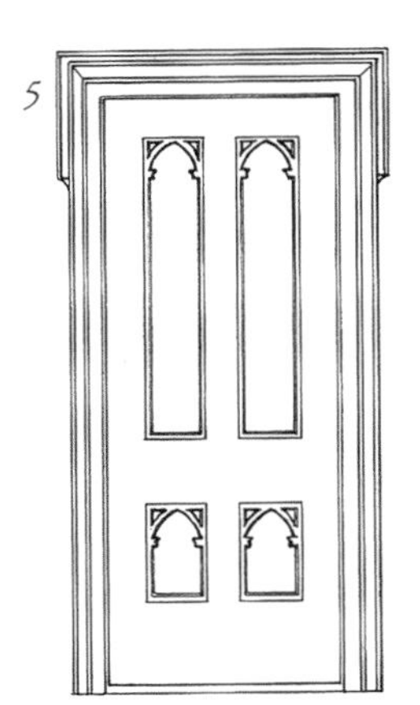

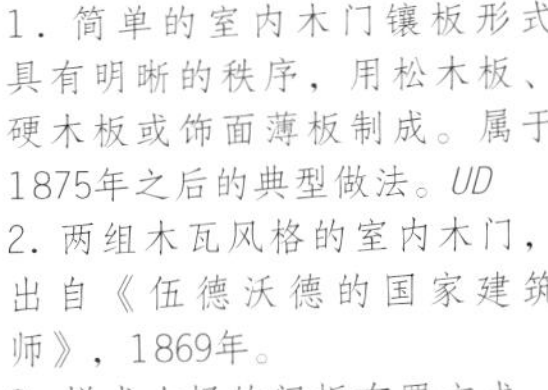
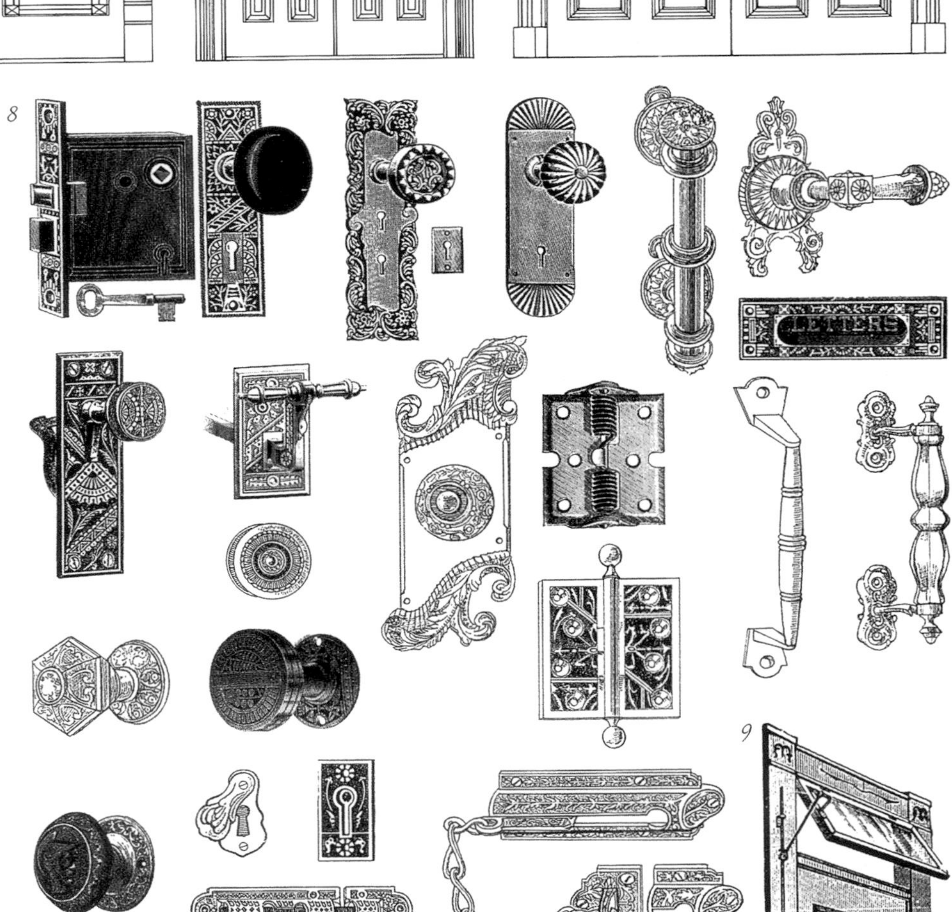

1. 简单的室内木门镶板形式具有明晰的秩序，用松木板、硬木板或饰面薄板制成。属于1875年之后的典型做法。*UD*

2. 两组木瓦风格的室内木门，出自《伍德沃德的国家建筑师》，1869年。

3. 样式古怪的门板布置方式，时常出现在木瓦风格和晚期安妮女王风格的住宅中。*UD*

4. 大门的玻璃，用于殖民复兴和晚期安妮女王风格的住宅中。*UD*

5. 哥特式风格的餐厅门，带有节制的花格窗。

6. 这组门表现出审美运动的影响，也十分适合安妮女王风格住宅。

7. 对开的室内使用的镶板门通常看上去非常富丽，虽然形式简单。

8. 门的配件：圆形把手、门锁、锁眼盖、门把手、拉铃把手（包括第二行靠左侧的威尼斯风格和哥特风格）、铰链（包括纱门铰链）、防盗链（1895年）、圆形插销（1895年），以及信箱。

9. 可调节开启的气窗。

窗

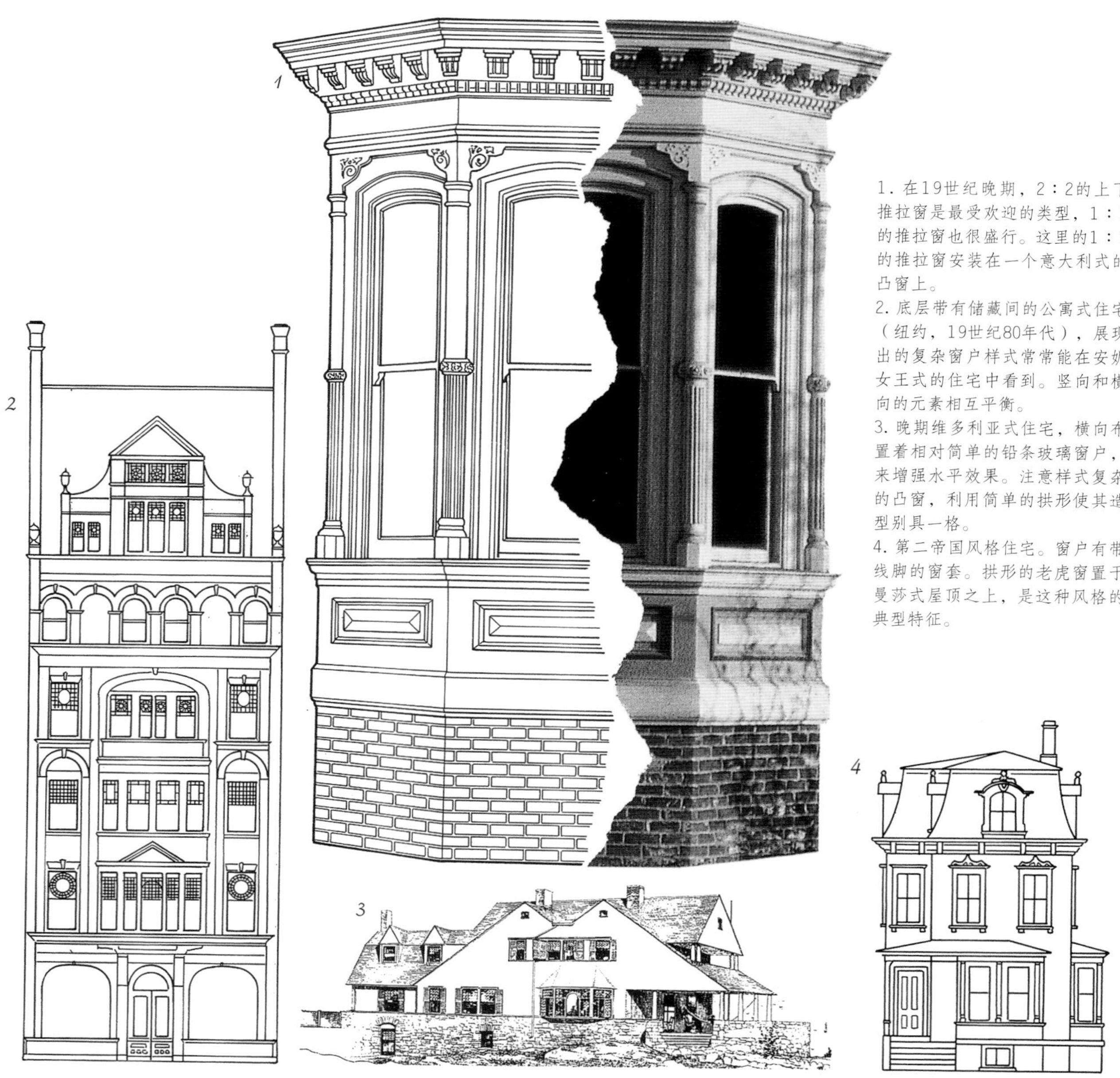

1. 在19世纪晚期，2：2的上下推拉窗是最受欢迎的类型，1：1的推拉窗也很盛行。这里的1：1的推拉窗安装在一个意大利式的凸窗上。

2. 底层带有储藏间的公寓式住宅（纽约，19世纪80年代），展现出的复杂窗户样式常常能在安妮女王式的住宅中看到。竖向和横向的元素相互平衡。

3. 晚期维多利亚式住宅，横向布置着相对简单的铅条玻璃窗户，来增强水平效果。注意样式复杂的凸窗，利用简单的拱形使其造型别具一格。

4. 第二帝国风格住宅。窗户有带线脚的窗套。拱形的老虎窗置于曼莎式屋顶之上，是这种风格的典型特征。

随着平板玻璃制作技术的提高，大幅单块玻璃的窗户价格能够被大众接受。玻璃格条的式样和图案可以完全由装饰的需要确定，不再受到技术的限制。于是，哥特复兴式住宅建筑的设计师再度引入了菱形玻璃窗，而不再受到玻璃尺寸的任何限制和影响。木制品目录中提供了大量不同形式的成套的窗户。最简单的是平板、单窗格、双悬上下推拉窗；那些价格昂贵的、带有精美多边形的窗格样式，则使用在安妮女王风格建筑中。

对彩色玻璃的复兴，表现在1840年间的一些建筑窗户的固定彩色玻璃窗的特征上，特别是前门的上亮。19世纪50年代铅条镶嵌的玻璃窗进入美国，一直持续到20世纪的前十年。精美的铅条图案普遍使用在壁炉墙上、餐厅里和楼梯平台上。蚀刻镶嵌玻璃和仿铅条玻璃的涂漆装饰玻璃也成为时尚。

在19世纪下半叶，百叶窗或威尼斯式室外百叶窗成为标准构件，尽管有时用帆布遮阳棚或软布遮阳帘替代。许多建筑依然有固定的室内百叶窗。防止昆虫侵袭的金属窗纱在19世纪80年代出现。

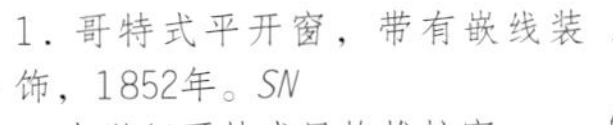

1. 哥特式平开窗，带有嵌线装饰，1852年。SN
2. 中世纪哥特式风格推拉窗。
3. 安妮女王式上下推拉窗，19世纪80年代。正方形结合圆形是典型图案。
4. 1878年的上下推拉窗。
5. 安妮女王式上下推拉窗的一部分。CK
6. 1869年的两个窗户，第一个带有三角楣饰，第二个带有平檐口和锁石。WD

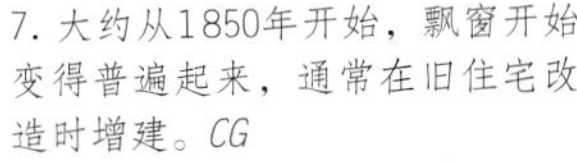

7. 大约从1850年开始，飘窗开始变得普遍起来，通常在旧住宅改造时增建。CG
8. 部分立面图，上面有窗口，百叶窗内有窗口（半关状态）。UD
9. 一对外部百叶窗，滚动板条上带有固定板条。UD
10. 三种老虎窗示例，1869年。前两个是第二帝国风格，第三个是安妮女王风格。老虎窗常常可以丰富单调的屋顶线条。WD
11. 半圆的山墙窗（左图为室内，右图为室外），在砖砌的房屋上用石材饰面。
12. 新古典主义的窗户形状赋予殖民复兴式住宅很多形式。UD
13. 三联式窗，上面是铅条镶嵌彩色玻璃。可以追溯至世纪之交。UD
14. 来自一处安妮女王风格住宅的铅条镶嵌彩色玻璃设计，旧金山。
15. 彩色玻璃窗的设计体现了闲适的唯美主义风格。
16. 蚀刻玻璃窗的部分效果。当时各种几何图案都很受欢迎。UD
17. 这块喷砂玻璃图案的主题，展现了17世纪的旅行者正在向殖民复辟者进行倾诉的场景。设计于世纪之交。UD

1

2

1. 瘦长高挑的上下推拉窗。在这个示例中，廊台的使用替代了遮阳百叶窗。*WT*

2. 意大利风格的飘窗非常受欢迎，在木瓦风格和殖民风格的住宅中也同样普遍使用。此处是来自洛杉矶的一处意大利式凸窗。

3. 晚期维多利亚式窗户，位于上部楼层。它的整体立面属于木瓦风格。推拉窗的上扇有简单边带和彩色玻璃窗格。示例中的窗格颜色已经完全复原了。*HA*

3

4

4. 来自蒙特苏马别墅的彩色玻璃，圣地亚哥，1887年。中间的玻璃扇描绘了古希腊女诗人莎孚正在向女孩教授音乐和诗歌，窗户属于一间琴房。*JBE*

5. 19世纪晚期各种各样的窗户配件，包括法式落地门的长插销（左），上下推拉窗的拉手和百叶窗铰链（下右）。带有装饰浮雕的铸造配件大约从19世纪60年代开始使用。大多造型都结合了几何图案和程式化的图案，即现在称作的伊斯特莱克式。

5

墙面

1. 满铺式墙板，通用美国硬木制成，在19世纪晚期富裕家庭住宅中很受欢迎。这个例子中有布褶纹式的墙裙，上部为星形图案，可以追溯至19世纪80年代。*SAL*

2. 壁纸的天棚下方的雕带。设计采用了独特的条形壁纸，注意花卉枝条图案下部的叠放方式。*HA*

3. 花卉图案壁纸很受欢迎，一些植物的表现形式非常自然。*GE*

4. 在19世纪的最后几十年中，有密集印花图案的壁纸很受欢迎。这个例子是墙面的典型壁纸做法，铺贴于做工精美的墙裙的上部墙板。*GW*

5. 威廉·莫里斯（William Morris, 1834—1896年）设计的壁纸，带有“菊花”图案，并在墙裙上有相呼应的图案。这种墙纸从1877年开始生产。莫里斯想要传达的是植物生长的活力，所采用的图案没有直接模仿自然形态。*HA*

1

2

5

3

4

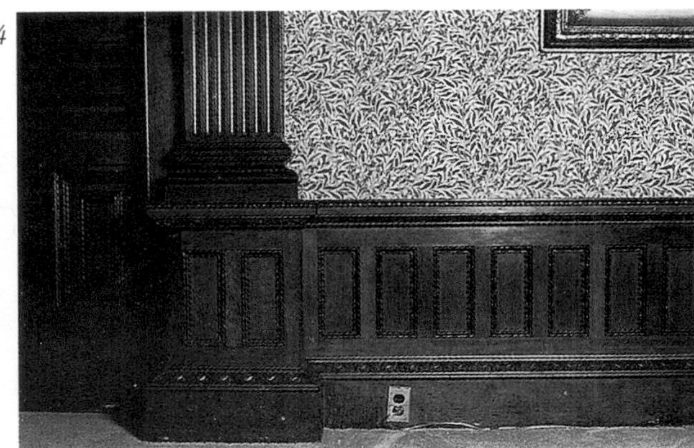

几乎所有的美国维多利亚式住宅房间都有一个底部线脚（踢脚板），许多还有样式繁多的檐口（冠顶饰），19世纪60年代之后护壁板和护墙板线脚又一次成为住宅的典型形象。19世纪70年代，墙裙雕带又成为时尚特征。

普遍认同的配色方式是墙面色彩比天棚的暗，墙上的边带比墙面暗或亮。油性漆和水性涂料（墙粉）均被采用。白色或浅色墙面十分普遍，尽管一些评论家赞成更加大胆的色彩使用。安德鲁·杰克森·唐宁认为门厅应该刷成冷色，或仿石材效果；而客厅则应该轻快明亮。

19世纪50年代之后，墙纸的价格能够为普通人家所接受，进而替代了涂料。19世纪中期的洛可可复兴风格的墙纸，通常以大尺寸枝叶图案和带有卷曲图形的建筑镶板为主要特点，应用在墙裙或踢脚板至天棚的墙面。大众品位转移到在涂料或护壁板之上使用壁纸镶边或雕带，栩栩如生的植物图案受到广泛喜爱。

美国维多利亚时代后期硬木装饰线条和护墙板受到欢迎，同时，评论家认为美国本土的木材品种非常适合油漆罩面的处理。然而，对大多数19世纪后期的住宅建造者而言，松木纹理或单色油漆一直是非常普遍的木材装饰方式。

1
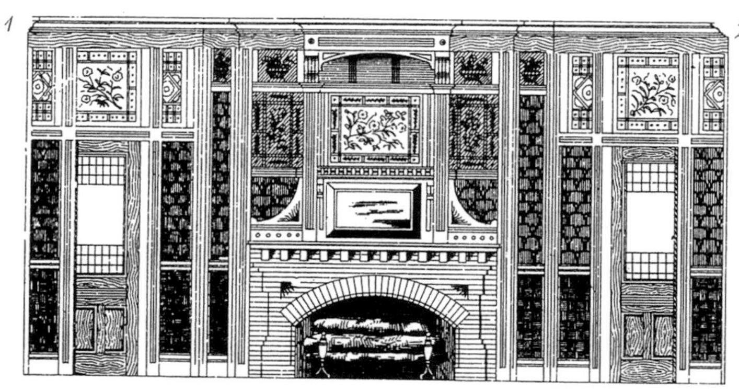
2

3

4

5

1. 唯美主义运动影响下的客厅墙面，带有三种形式的墙纸。CK
2. 安德鲁·杰克森·唐宁推荐的客厅墙面形式，使用了黑胡桃木、橡木和黄松木等三种木材。嵌板中使用了刺绣材料。
3. 两种客厅的拉铃杆，用来召唤仆人。
4. 护壁板上方带有雕带的墙面。
5. 晚期安妮女王和木瓦风格住宅的墙面形式，带有简单的踢脚板、护壁板镶板和檐口。
6. 1873年意大利风格的护壁板。CG
7. 19世纪80年代一个有瓷砖雕带的护壁板。CK
8. 1869年的两个踢脚板。WD
9. 1869年的两个走廊拱门。

6 7 8 9
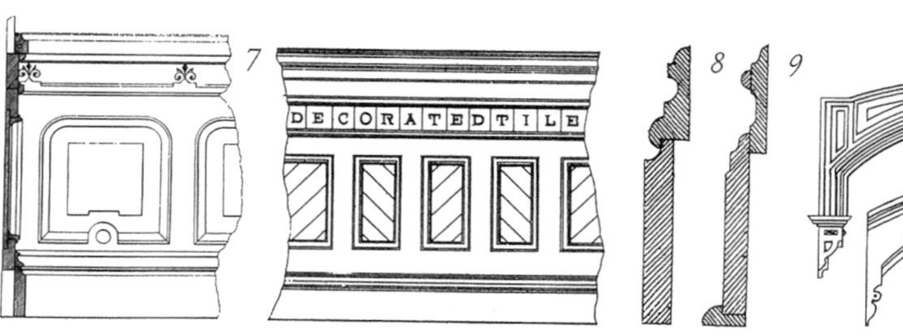

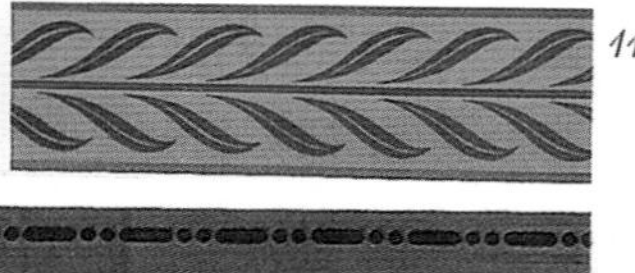

10
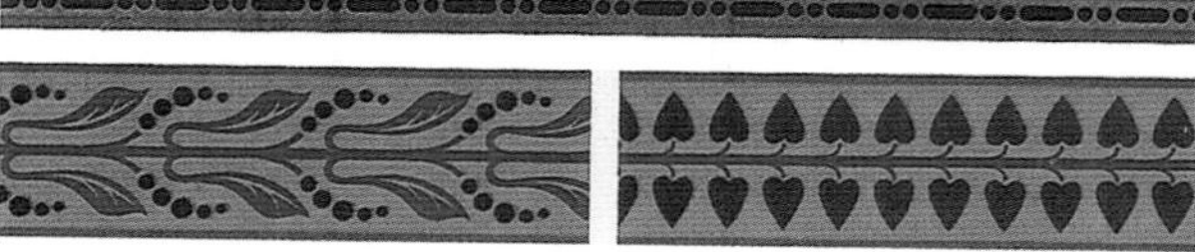
11

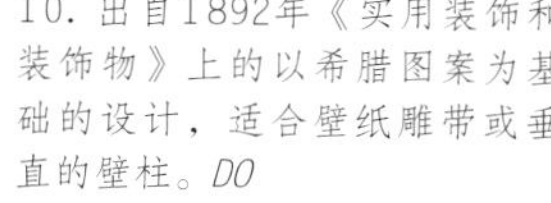

10. 出自1892年《实用装饰和装饰物》上的以希腊图案为基础的设计，适合壁纸雕带或垂直的壁柱。DO
11. 一种芦苇和百合花交替的装饰图案，有相称的波浪形底部。出自1892年的《实用装饰和装饰物》。DO
12. 约1847年，洛可可复兴风格的壁纸（由斯卡拉门德复制）。
13. 出自1892年《实用装饰和装饰物》中的两种壁纸的设计。DO

12

13

天棚

1

2

3

4

1. 有着华丽的古典石膏线脚的宏大的意大利式楼梯井的天棚，约1847年。BO
2. 从联邦时期开始一直在使用天花板灯线盒。这个版本很符合哥特式或意大利风格的住宅。GE
3. 约1870年，带有木制垂球雕饰的镶板天棚。用虚幻的繁星代表夜晚的星空的做法在当时需要很大的勇气。NA
4. 约1870年，图案设计师始终认为天花板是没有被充分利用的装饰媒介，所以这个例子中，油漆和镀金的石膏构件与天棚喷涂相结合，产生了十分丰富的装饰效果。GW

美国维多利亚风格住宅中的天棚装饰非常普遍。一些风格评论家宣称：即便最简单的房间也需要檐口（天棚线脚），并认为36cm左右是理想的宽度。一些评论家则主张有颜色和图案的天棚，但白色依旧是传统的选择。

石膏制成的玫瑰圆盘饰/圆形浮雕从新古典时期开始使用，并能够适应各类复兴风格的装饰需求。因此，在19世纪晚期洛可可复兴风格的玫瑰圆盘饰/圆形浮雕让位给文艺复兴风格。其他推荐使用的各种形式的抹灰工艺包括镶板装饰线脚，以及富有家庭使用的各式中古时期的天棚藻井和镶板。

南北战争后产生了丰富的刷漆和贴纸天棚装饰，形式范围包括带有云纹的天使到设计精美的环环相扣的几何图形，以及自然形态的框线。大约在1850年出现了价格低廉的壁纸，不仅用在整个天棚装饰中，还用于框线和中心镶板里。模板印刷也开始用于天棚装饰。

19世纪的最后十年间，一些批评家提倡简单的天棚造型，使用低调的满花图案棚纸以及简单的框线，并与下部的墙体式样相配套。

住宅中次要房间的天棚会使用舌榫板或马口铁进行装饰。

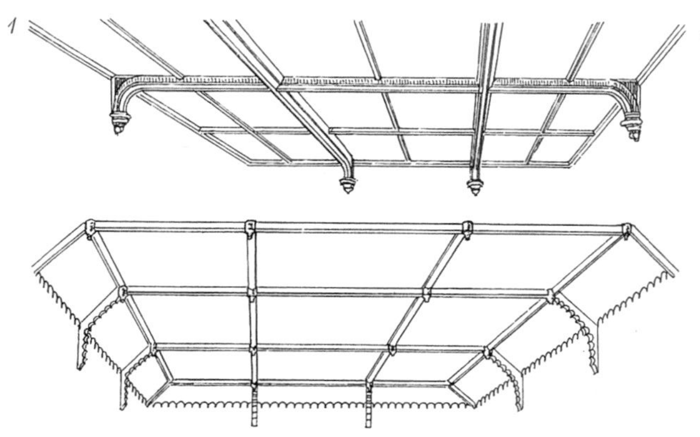

1. 两个木肋骨天棚：一种是哥特式，另一种是安德鲁·杰克森·唐宁在1850年的《乡村住宅建筑》中描述的所谓的托架式，托架的造型是为了给人一种垂直支持的错觉。

2. 19世纪50年代设计的极为复杂的石膏天棚（这里只展示了一半）。许多部位的样式受到了早期希腊复兴的影响，但密集的装饰则延续了意大利的品位。*SN*

3. 1883年安妮女王客厅金属天花板的细节。

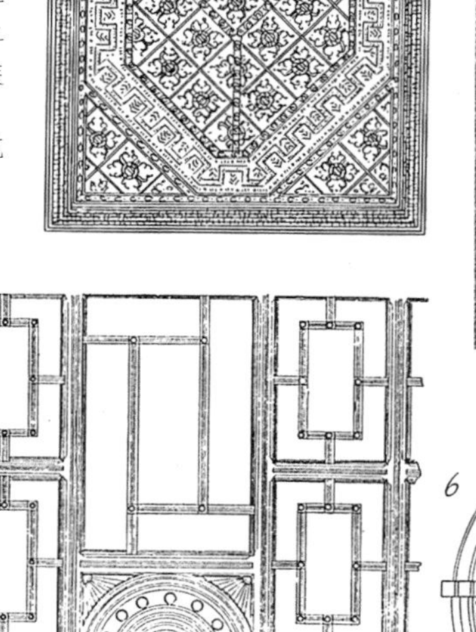

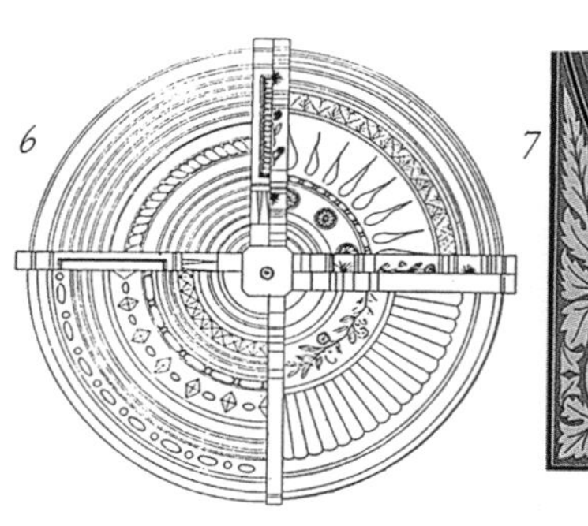

4. 石膏线脚断面，适用于哥特式或意大利风格的住宅。

5. 安妮女王风格住宅的天棚经常被划分为正方形和长方形，带有一系列复杂的木制线脚、壁纸和手绘的边框。这是19世纪80年代一个时尚的例子。*PA*

6. 19世纪80年代的四种可供选择的中央玫瑰圆盘饰/圆形浮雕式样。*PA*

7. 一种符合美学原则的边角处理，不禁让人想起都铎大门入口的拱肩样式。*DO*

8. 一种可用模板印刷的希腊式图案，边角样式趋向于尽可能与中部图形分离开来。插图取自1892年一本被美国人广泛使用的英国样式图集《实用装饰和装饰物》，由乔治·阿什当·奥兹利和莫里斯·阿什当·奥兹利（Maurice Ashdown Audsley）共同完成。整个19世纪的后二十五年，装饰设计师一直坚持发展模印装饰工艺，相当数量的作品无论品质还是创造性均达到了较高的水准。*DO*

9. 中世纪效果的天棚装饰：一个复杂油漆工艺的肋架图案。*DO*

地面

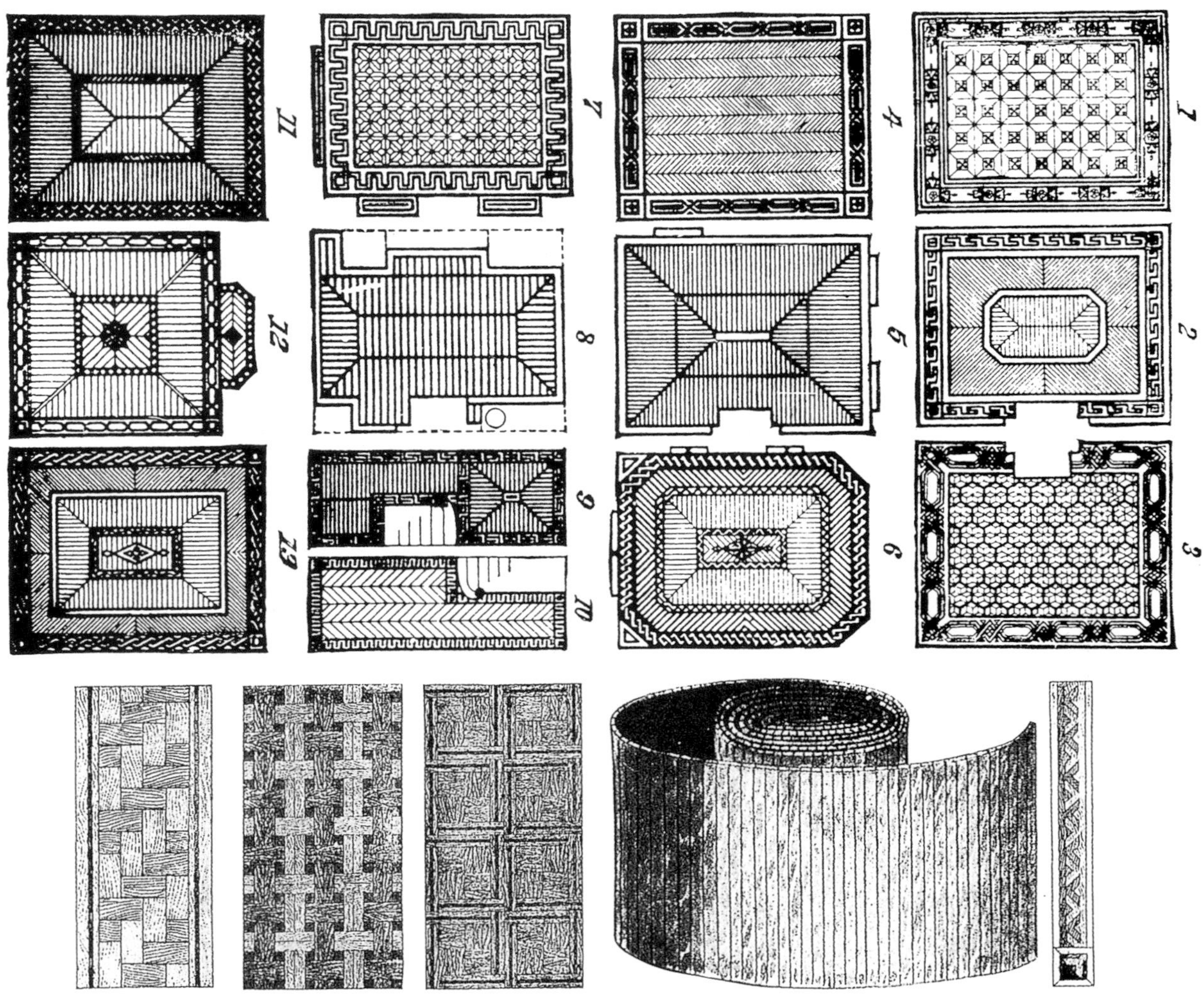

一系列预制拼花地板图案，由一家费城公司生产（上），约翰·W.鲍顿。准备出售的木板块会铺设在可以卷起的印有图案的布基上。镶木地板和“木地毯”地板（右下角）也可以按尺寸成条买。

整个19世纪最常见的地板做法是使用不经修饰、漂白的松木地板。从19世纪中期开始，染成深色的和抛光的地板很受欢迎。随着时间的推移，这种软质地木地板常用作实木拼花地板等装饰较硬面层的基层板。

大多房主会选择与特定房间最相适宜的地面材料，瓷砖具有耐久性和装饰性而被用在入口大厅，剪绒地毯则用于住宅中最好的房间。

这一时期早些时候，洛可可风格和程式化的自然主义风格的地毯图案受到欢迎，随后转向东方题材。然而，评论家更赞成能将墙壁和家具区分开来的那种精细造型设计。到19世纪末，开始生产素色剪绒地毯。大多数住宅使用稻草、椰子或棉布席织成的地席。夏天当炉边的小垫子收起后，房间中会铺上地毯，而在更加普通的住宅中整年都会使用地毯，各个阶层的人也都会在卧室使用地毯。

地板布仍被使用，尤其是在大厅和厨房里。油地毡是一种新型的铺地材料（约1860年引入），由软质橡树皮木屑、普通木屑和亚麻籽油混合织成，用粗麻布或帆布作为底衬。富裕的家庭在服务房间中使用这种油地毡，而贫穷的家庭则使用油地毡模仿地毯或硬木地板。

1

2

1. 炉膛镶嵌釉面砖是维多利亚时代住宅的标准做法。美国工厂从19世纪70年代起开始生产带浮雕装饰的釉面砖。HA

2. 在所有流行风格的住宅里，会使用镶嵌在陶土砖中耐用的釉面砖，几何图案来自罗马原型。在俄亥俄州的赞斯维尔，有两个主要以生产釉面砖为主的公司。GW

3

4

3和4. 用浅色和深色木材拼接的两个拼花地板。NA

5. 方形的带有图案的油布，用于放置火炉。

6和7. 1839年，马萨诸塞州的伊拉斯塔斯·B.比奇洛（Erastus B. Bigelow）基于克林顿（Clinton）的发明，获得了电动织布机专利，制造双面提花地毯，并在19世纪50年代为“布鲁塞尔风格”地毯开发了类似的编织技术。美国地毯生产的中心从费城转向新英格兰地区。19世纪40—60年代，有机图案最为流行，之后，东方风格地毯成为时尚，19世纪80年代所有主要的美国地毯制造商都在生产“波斯”地毯。

5

6

6. 美国威尔顿地毯，成为19世纪最后二十五年的审美主导（斯卡拉门德生产）。SCA

7

7. 自然主义风格的地毯细节，很大程度上要归功于法国的影响。

壁炉

许多维多利亚时期的壁炉会带有嵌入式的橱柜，但这一个装饰形式例外，带有富贵的鎏金和复杂的木工工艺。造型效果主要出自大理石线板产生的对比。玛丽·盖伊·汉弗莱斯（Mary Gay Humphreys），一位以描写家庭生活见长的多产作家曾经写道：“壁炉实际上成为家庭的圣坛，是家庭生活真正的核心。” SAL

取暖对于19世纪的美国人来说十分重要，如何在一间木屋中度过比欧洲更寒冷的冬天，成为当时生活面临的主要问题。而在火炉和中央供暖系统广泛使用之后，壁炉的功能意义已不复存在，但是，壁炉仍具有重要的象征和装饰意义。由于火炉的使用淘汰了传统的烟道，使得房间变得闷热不通气，因此，很多批评者认为火炉有害健康。此外，开敞式的壁炉是富有的象征，因为它的燃料比火炉更加昂贵，并且暗含需要仆人专门照顾的意思。所以，壁炉并没有被轻易地放弃。

19世纪中期，最为时尚的壁炉是大理石材质的洛可可复兴样式和有大理石雕刻和木材雕刻装饰的文艺复兴式，后期的壁炉则追随工艺美术运动的形式，而新古典风格被重新引入到木瓦风格住宅中。

壁炉在维多利亚后期住宅的起居室中占据着主导地位，这使得建筑师试图唤回中世纪的设计精神。舒适的炉膛和开放的火焰，迷人的传统观念在一些房间中被进一步强调：增加壁炉上部装饰架的装饰，以及由展示架、座椅、装饰性嵌板和绘画作品等共同组合而成的大型陈设，产生了复杂的整体效果，构成了房间的视觉中心。

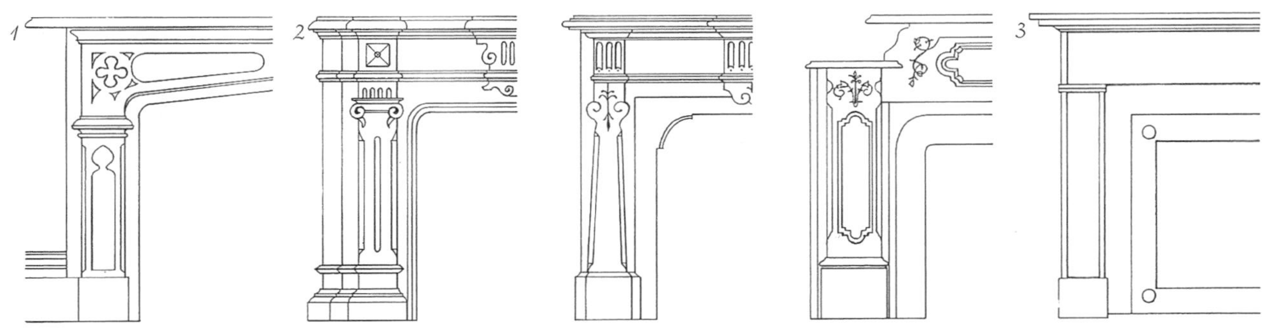

1. 哥特风格的壁炉，角部带有典型的四叶饰。拱的倾斜角度也很有特点。

2. 文艺复兴风格案例，带有经典的装饰细部。第一个是《卡明斯的建筑细部》（*Cummings' Architectural Details*）中的插图，1873年在纽约出版；第二个可以追溯至1869年；三个中的最后一个，出自相同的年代，来自巴达维亚住宅的客厅，纽约。

3. 大理石或板岩制成的石材壁炉，曾经是优质壁炉的首选。普通住宅会有风格强烈的新古典式简单的石制炉套，如此图所示，出自19世纪60年代的一个客厅。

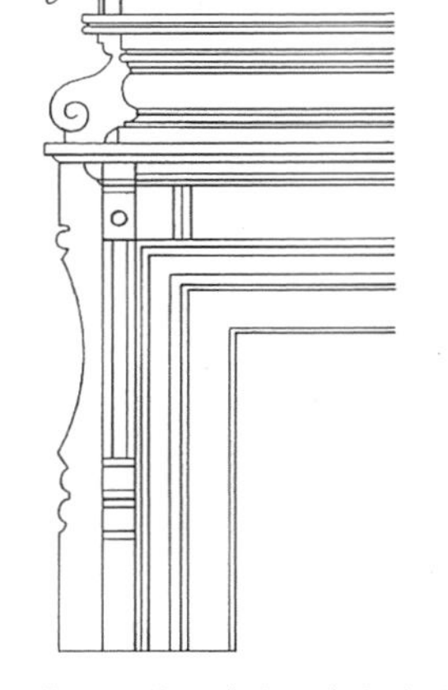

4. 精美的板岩壁炉，来自纽约T.B.斯图尔特公司的广告册。

5. 这个壁炉的特征表现在从英国明顿公司进口的线板瓷砖装饰上。

6. 安妮女王风格的壁炉，带有松木制成的（凸面）雕带。

7. 晚期维多利亚风格住宅的木制壁炉架。带有浮雕形式的瓷砖刻画了狩猎的场景。炉箅上有夏季使用的盖板。*HA*

8. 带有典型的壁炉装饰镜架的壁炉，产生于18世纪的创意，19世纪50年代之后普通家庭才能够承担得起其建设费用。壁炉和镜子的组合成为每个维多利亚风格住宅的特征，除了木瓦风格住宅。这是一个19世纪50年代哥特复兴式的案例，镜框由鎏金的木材制成。

9. 带有壁炉装饰镜架的意大利风格壁炉。出自《伍德沃德的国家建筑师》，1869年。*WD*

10. 形式炫耀的壁炉，带有壁炉装饰镜架，为富裕家庭的门厅设计，采用斯蒂克或安妮女王风格，19世纪80年代。左侧有壁橱柜门，右侧实木板镶板，各个细节都与橱柜门配套，除了把手和钥匙孔锁眼盖板。*CK*

1

2

3

4

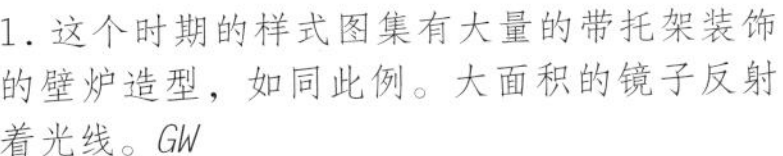

1. 这个时期的样式图集有大量的带托架装饰的壁炉造型，如同此例。大面积的镜子反射着光线。GW

2. 样式简单的壁炉，具有希腊式的朴素，使用木材、板岩和大理石制作，贯穿整个历史时期。这个大理石的案例可追溯至约1850年。GE

3. 大型的带有壁炉上部装饰架的壁炉，与整个房间的墙板形成一个整体。沿着两侧的雕带有四块矩形镶板，构成了舞台似的场景和其他古代图案。主要镶有瓷砖的炉膛，采用了格子式图案。

4. 文艺复兴式壁炉，带有典型的壁炉装饰镜架。位于下部侧面的双柱和檐部形成了宏大的装饰效果。拱肩的下凹处出现了非常少见的狗头形象。NA

5. 19世纪70年代的壁炉中，装饰性的瓷砖和木制壁炉架形成了对比。在许多这类壁炉中，瓷砖通常会有形象化的图案，每块都表现不同的场景，如同本图看到的。图片中的炉围座椅在19世纪的美国住宅中并不多见。GW

6. 非常精美的洛可可复兴风格的壁炉，适合于意大利风格的住宅。这种壁炉的简化版则非常普遍：虽然美国也有生产，但大多数都从欧洲进口。BO

5

6

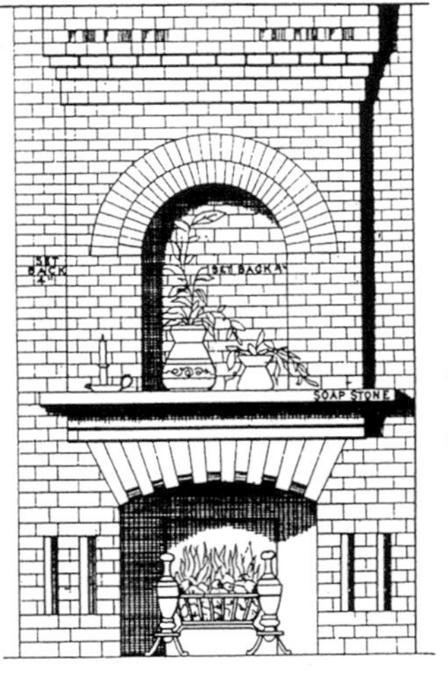

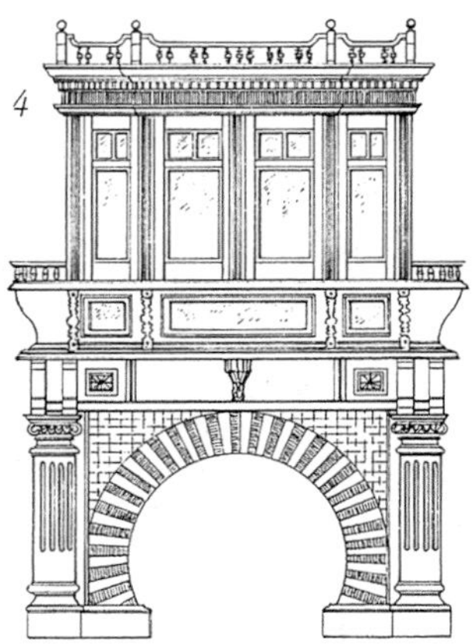

1. 19世纪70或80年代典型的安妮女王风格的壁炉。木制壁炉上部装饰架，带有镜子和挂画的空间，下部为通长釉面砖露台上檐。

2. 典型的安妮女王风格的壁炉，1881年。壁龛深约20cm。壁炉架由滑石制作。CK

3. 这个精致的壁炉下部带有拱形砖砌和分层壁炉上部装饰架，上端以纺锤形立柱收口。陈列装饰品的架子，具有晚期维多利亚风格的典型形式。

4. 美国安妮女王风格品位的体现，这个大型壁炉组合了带玻璃的陈列柜、镜面和搁架，上部带有精致的纺锤形立柱装饰的柱廊。

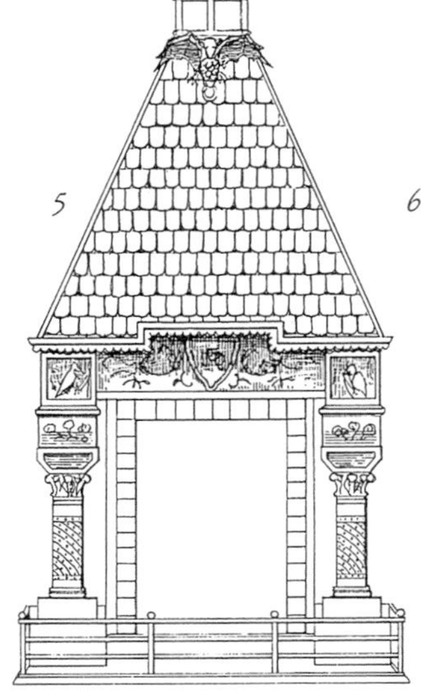

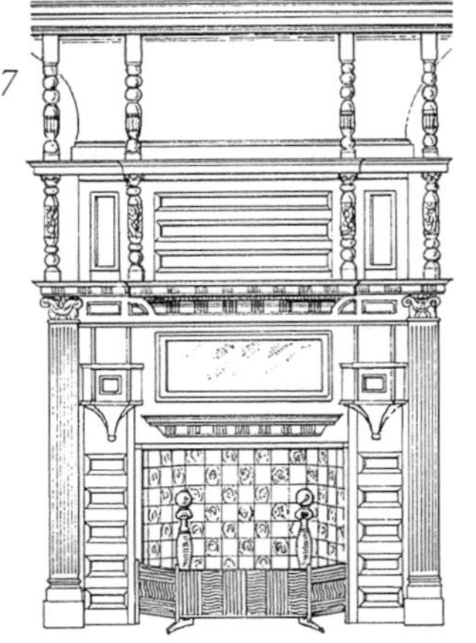

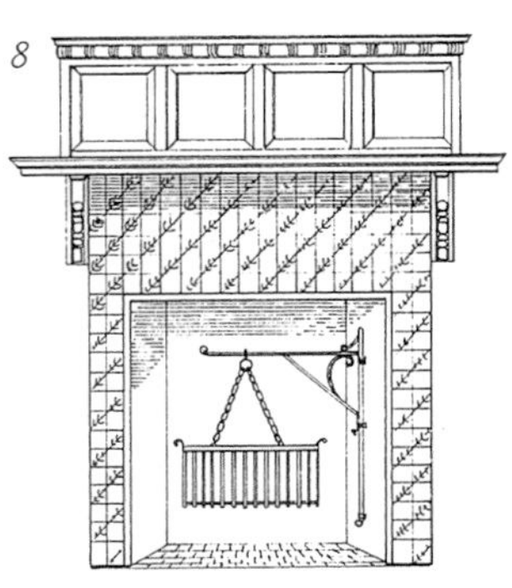

5. 罗马风式圆柱支撑着精致的木瓦屋顶造型。似乎为观众设计的小的舞台，这个尺寸庞大的壁炉可追溯至19世纪70年代。

6. 19世纪70年代或80年代非常精美的壁炉，带有新古典主义风格的垂花饰、莨苕叶饰和其他图案，壁炉装饰镜架的上部有水壶图案。

7. 这个案例中样式大方的陈列架，很大程度上属于工艺美术运动风格。

8. 具有工艺美术运动风格的壁炉，1881年，样式简单，属于早期的形式探索。

9. 19世纪80年代的壁炉加热器。开敞的穹形顶部可以移除并更换为马口铁，在上部可以使用水壶烧开水。

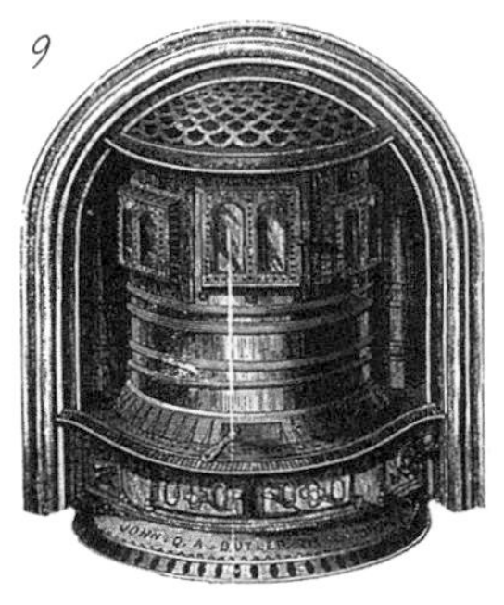

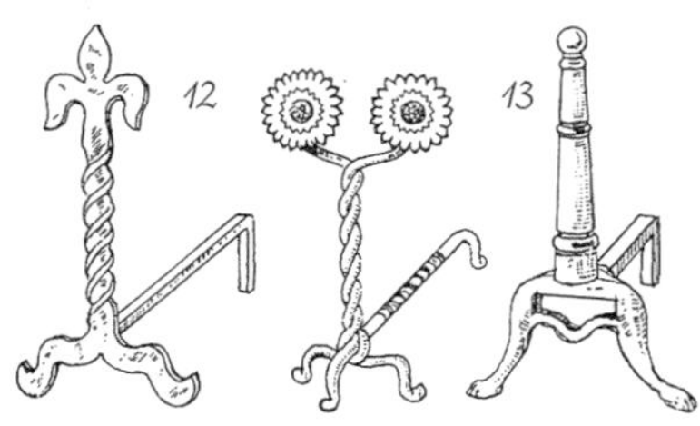

10. 壁炉加热器，由宾夕法尼亚州罗耶斯福德市的弗洛伊德韦尔斯公司制作，选自该公司1900年的产品图册。以“大社会”为商标，包括有三种不同规格。作为纯铁版本的替代品，会在侧面设有镍镀层和顶部的电镀金属板。带有可以滑动的火门，当推到后面时，火炉会变成开敞的炉箅。FL

11. 样式考究的壁炉加热器，带有中央涡卷装饰的古典顶部造型。

12. 两个铁制壁炉柴架造型，均可追溯至19世纪80年代，受工艺美术运动和唯美主义运动的影响。

13. 殖民复兴风格的壁炉柴架。

厨房炉灶

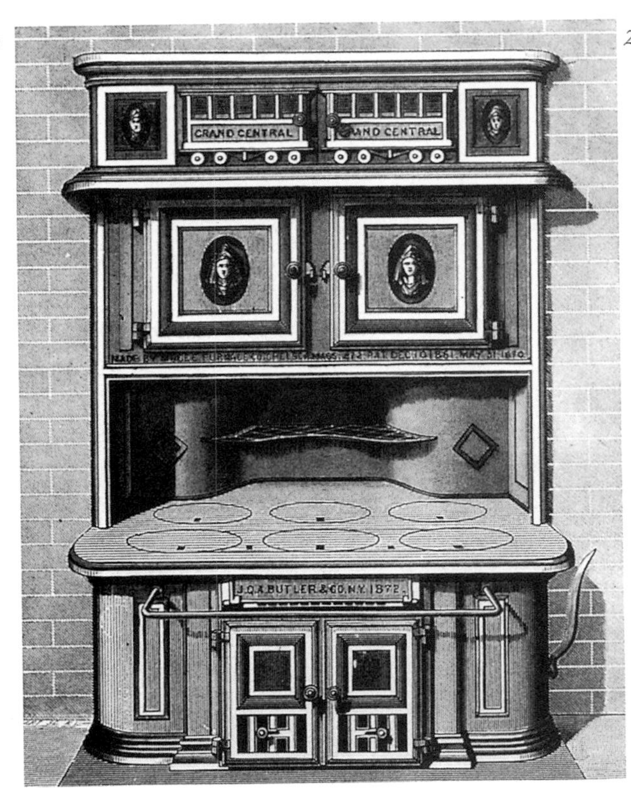

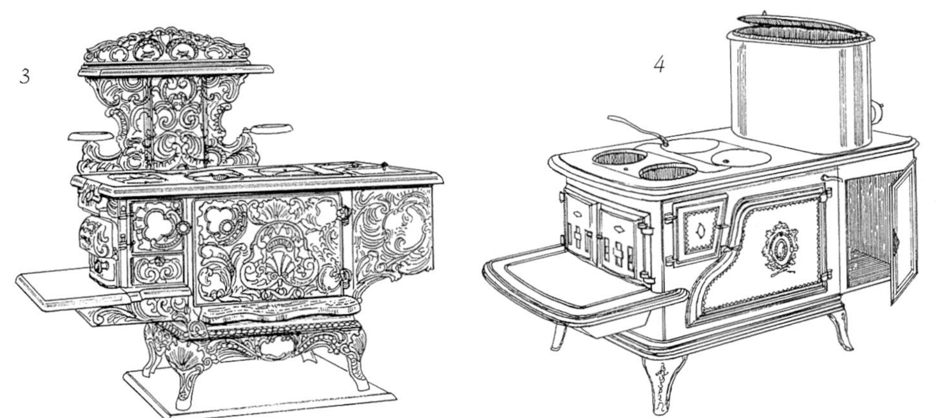

1. 固定式炉灶，19世纪70年代。美国为数不多留存下来的样例，或许是因为购置费偏高，并且在住宅的现代化改造时安装也比较困难。产品目录中的固定式火炉往往和可移动式火炉的产品数量相同。

2. 19世纪70年代的样式复杂但做工精致的火炉，不仅用于烹饪还用于烧水。炉上的排烟罩特征明显。

3. 1902年西尔斯·罗巴克公司提供了这款极致精美的美食炉灶，带有后期洛可可风格的造型。铸铁制成，电镀的铰链和球形把手，锡箔衬里的烤箱门和陶瓷面的蓄水池，或带有保温柜。无烟煤和有烟煤均适于燃烧，也可以使用木材。到这一时期，煤气炉也十分普遍，倾向于制作成盒子状的，带有两个或四个灶眼。一些大理石灶台会带有加烧水的水槽。

4. 这个1867年的早期维多利亚式的火炉，表面的装饰很少，在炉盒上面仅有平整的烹饪台板。

到了19世纪中叶，美国厨房中引入了炉灶，炉膛内的烹饪方式成为过去。然而，由于炉灶的温度难以设定，以致市场对于炉灶接纳有些犹豫不决。维多利亚早期的设计沿袭了19世纪最初的原型：简单支撑的火炉上，有一个可供烹调的平面，旁边紧连一个炉台。在1869年出版的比彻（Beecher）和史杜威（Stowe）所著的《美国妇女之家》（*American Woman's Home*）中记录了炉灶制作的改善形式，其中描述了一个能为17加仑（64L）水保温的炉灶，并在一个小烤箱中烤制馅饼和布丁，在后罩下加热铁熨斗，前罩下能烧开一个茶壶和水罐，能在炉子里烤面包，封闭烤架上可以烤火鸡，同时还有供平底锅使用的台面。

到了19世纪80年代，煤气炉得以广泛使用。同时，煤气炉和油炉被推荐作为炎热季节使用的炉灶，因为它们只需在烹调的时候开启。燃料的价格使得燃气炉的使用很昂贵。

随着时间的推移，更多的装饰细节用在了炉灶上。一些炉灶开始反映出家具的设计特点，比如，采用安妮女王风格的炉腿和洛可可复兴风格中的涡卷装饰等。这种情况可以视为制造商试图通过运用熟悉的装饰形式，让主妇们接纳新炉灶的做法。

楼梯

一处木瓦风格住宅中与墙板风格相协调的豪华的镶板楼梯，新港，罗得岛州。整体效果非常沉静，手作木工非常精细，木材纹理组织考究。SAL

人们为探索楼梯的建造和装饰进行了大量的努力，尤其在19世纪后期。直到20世纪中期中心楼梯间才得以定型，这种来自哥特式风格和意大利新古典主义的做法，展现了住宅建筑自由的平面布局方式。楼梯不对称地布置在靠近主入口的位置，并且通常靠近主客厅。哥特式和意大利式住宅倾向于设置单（直）跑楼梯。楼梯栏杆柱形式为复杂的圆形旋切造型，楼梯端柱则带有旋切、车削和倒角造型。简单住宅的楼梯端柱往往是住宅木作中最为精致的部分。

随着美国维多利亚后期起居室与楼梯间的结合，楼梯进一步成为设计创作的焦点，出现了更加精美的楼梯梯段和楼梯平台。在入口层与上层间的主楼梯平台的建筑外墙上，通常会增设彩色玻璃窗，并成为这一时期的建筑特色。在最富丽的窗户上饰以形象化图案，较为适度的窗户则为几何形。高窗是楼梯间采光的常规做法，使用普通玻璃或彩色玻璃，有时带有精美图案。

地毯是楼梯踏步最适合的覆盖物，也常使用地垫和地席。黄铜则是地毯压条最常见的材料，偶尔还会有铁制甚至银制压条。

1. 19世纪中期的哥特式橡木楼梯。倒角端柱和栏杆上的花格是其典型特征。

2. 同一时期的意大利风格的楼梯，注意车削栏杆柱和形状相对复杂的楼梯端柱。

3. 19世纪70年代的这个示例，在栏杆柱上带有重复的雕刻簇叶形装饰。梯阶端头有程式化的造型。

4. 这个楼梯属于意大利风格，可以追溯至19世纪70年代。*BI*

5. 一个意大利风格的栏杆中柱，带有多边形基座。栏杆柱可能是中柱形式的缩小形式。来自《伍德沃德的国家建筑师》，1869年。*WD*

6. 一栋木瓦风格住宅的楼梯，1881年。*CK*

7. 两个中柱的设计，1881年，非常适合安妮女王风格的住宅。

8. 19世纪70年代的安妮女王风格，这种开孔方式是另一种装饰手法。

9. 水滴状造型或称作垂饰，有时会添加在楼梯柱的下端来增加美感。*CK*

10. 具有异国情调的图案，例如伊斯兰式的拱门，在豪宅中仍有保留。

11. 位于两层之间的一段单（直）跑楼梯，位于两层之间，具有典型的意大利风格，约1870年。沿着楼梯踢脚线向上的护墙板做成了竖条状。

12. 19世纪50—70年代，带有棱边柱子并带有车削圆节的楼梯端柱非常流行。*WT*

13. 在楼梯平台上开有带彩色玻璃的窗户，是典型的安妮女王风格楼梯。楼梯端柱上常常带有圆花饰图案。

1. 安妮女王风格的楼梯造型，尝试了一种独特的理查德森罗马式风格及木瓦风格。这个示例展示了楼梯间和起居厅的结合。楼梯平台向左继续延伸（没有展示），形成了一个柱廊，可以看到下面的房间或者可以眺望高窗外的风景。

2. 另一个起居厅的楼梯，旁边放置着长椅，19世纪80年代。CK

3. 这段楼梯通向带有壁炉的空间，19世纪80年代。CK

4. 这段楼梯带有新古典主义的雕刻装饰，包括垂花饰、垂花雕饰和卷饰。

5. 交织纹的栏杆，木瓦风格，约1880年。

6. 这段哥特式的雕花楼梯带有很大的垂饰，栏杆上加有簇叶形装饰。

7. 维多利亚时代的工厂出产的栏杆柱，从18世纪的风格发展而来。图中示例约1900年出产。UD

8. 长方体的端柱，19世纪80年代。

9. 1903年的三个样例。UD

10. 梯梁装饰，1903年，展示了工厂工匠精心制造的木制艺术作品。通常由黄色的松木或者橡木制作。

11. 典型的扶手轮廓，19世纪晚期。

12. 晚期维多利亚式的楼梯，开始运用更多的正方形元素，尺寸也逐渐加大。这个案例来自19世纪80年代。HA

固定式家具

1

2

3

1. 安妮女王风格的华丽镶板书柜。玻璃柜门别出心裁地集成到简单的书架当中，镀金的玻璃格条线脚、装饰铸件和三角楣饰，以及具有对比性的绿漆木作，都保留了原样。SAL
2. 这个19世纪70年代的书柜，具有哥特式的雕刻细节，如由四叶饰托起的拱肩。哥特式风格被认为非常适合用于藏书柜。GW
3. 这个有三角楣饰的嵌入式瓷器柜，位于壁炉和墙之间的凹角处，有精妙的镀金抽屉，两侧还有垂直的镀金装饰线条。HA

尽管独立式家具仍然是维多利亚时期最广泛的家具类型，但在19世纪的最后十年，美国人更倾向于固定家具。各种复兴风格住宅为固定家具提供了大量的施展机会。

19世纪70年代壁橱大量出现，因为床头柜或大橱柜已无法满足人们日渐增多的衣物。此时美国各类书籍出版量倍增，带有永久性书柜的图书室便成为中产阶级住宅中的共同特征，富有人家更将其扩建成图书馆。

住宅中引入了起居室和楼梯间相结合的空间方式，也造就了物品收纳的理想之所，即楼梯平台的下部空间。楼梯下或公共房间的角落也被称为“土耳其式”或“安逸的角落”，常做成带有豪华坐垫的异域风情空间，为维多利亚时代想要逃离工业世界的人们营造了一个温馨的家庭避难所。长椅和炉边会固定在壁炉两侧。在木瓦风格和殖民复兴风格的住宅中，窗凳非常流行。

大部分美国家庭的厨房除了一些固定的水槽，其他只是独立排放的厨房家具。到19世纪后期，厨房中出现了固定式壁橱以及厨房设施，在大型住宅的餐具室和缝纫室里也有出现。

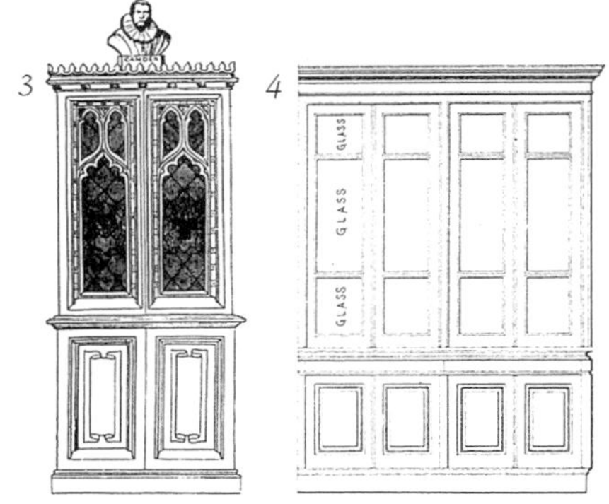

1. 图书室中一面墙的造型，包括书柜，来自安德鲁·杰克森·唐宁的手绘图册。考虑到对称性和协调统一，唐宁建议进入图书室的房门可以装饰成一个书柜，并用模仿书籍的样式进行装饰，以体现对称性。

2. 壁凹处的凸窗，铺设了钉有纽扣坐垫的坐台，位于卧室内一对壁橱之间。

3. 哥特式公寓内的一个玻璃柜门书架，下面的柜门有布褶纹式镶板图案。安德鲁·杰克森·唐宁写道：书柜为小册子和手抄本提供了绝佳的存放空间，上面是男性半身像，不同类别的信件，也许束之高阁的图书正是为了区分出与下层存放的不同种类的图书。其仍然推荐悬挂式书架。

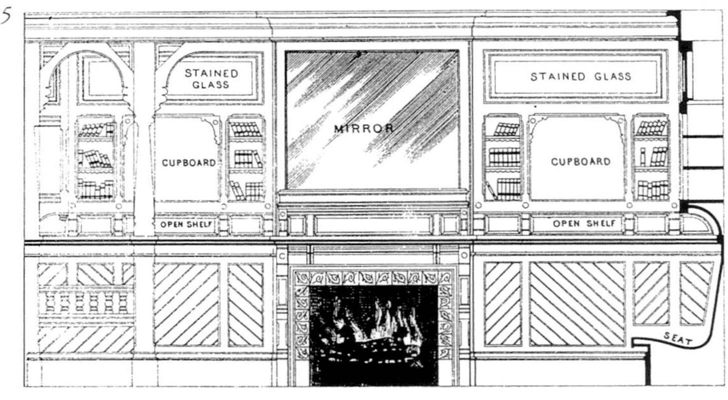

4. 一个简单的书柜。这是从1840—1900年之间都会出现的样式，但是只有富裕家庭才会使用。维多利亚时代大多是采用独立式的书柜藏书。CK

5. 一组具有安妮女王风格特征的搁板和橱柜，所有的框架集成了一个壁炉上部装饰架，复杂的设计被推崇为第一要点。CK

6. 带拱形遮篷的嵌入式家具，两边各有一个橱柜和搁板。为了搭配木瓦风格或者安妮女王风格的住宅。

7. 楼梯和放置坐垫的长凳，揭示出殖民复兴风格和木瓦风格。注意楼梯转角处的窗户装饰，很有代表性。

8. 嵌入式的瓷器陈列柜，与邻近的水槽组成了一个L形。示例（1903年）中简单的镶板和适度的装饰是维多利亚时代晚期的典型特征。RO

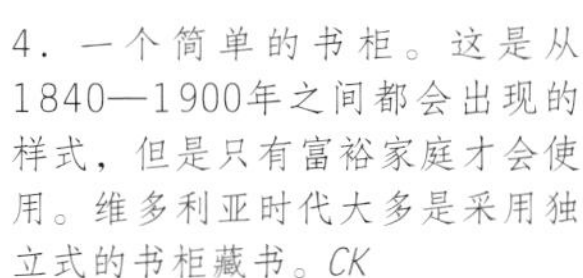

9. 进入“安逸的角落”的一个异域摩尔风格的拱门形式，在地台上有舒适的沙发。吊灯和东方地毯是营造整体氛围必不可少的元素。这种搭配是维多利亚时期非常流行的室内装饰特点。

设施

1. 1888年，早期维多利亚时代安装了封闭管道的卫浴设施，外部均带有与护壁板造型相匹配的木制柜体，而色调更加时尚。MOT

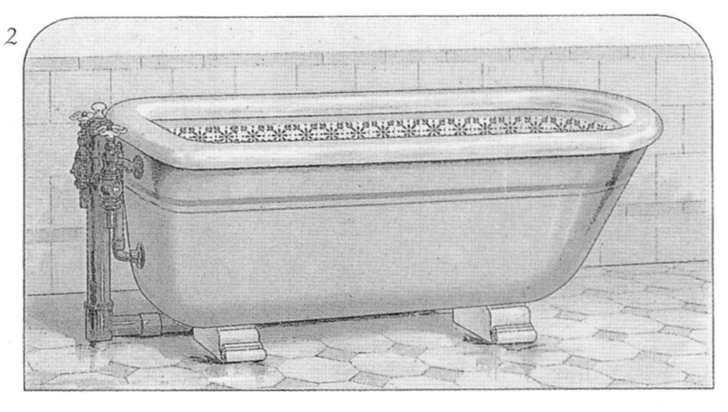

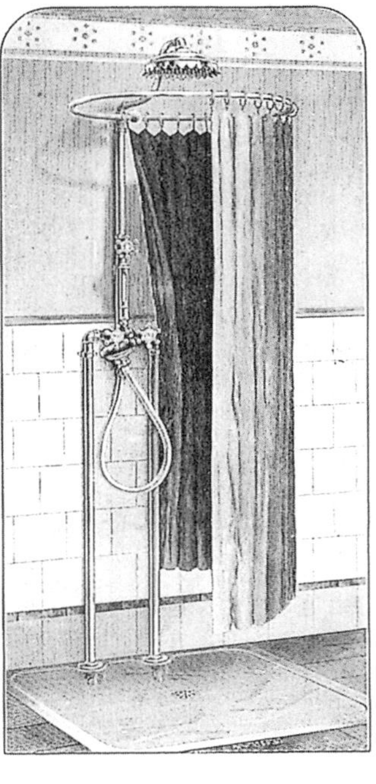

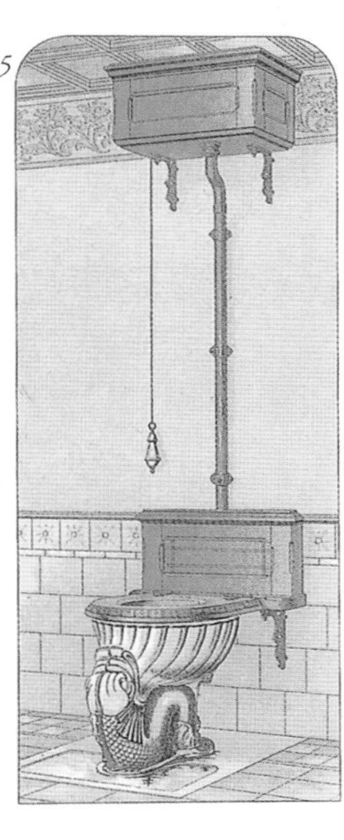

2. 带有大理石边缘和底柱的皇家牌陶瓷浴盆，内侧边缘部分镶嵌花式瓷砖条带。多数陶瓷盆产于19世纪70年代，当时运输和安装费用都很昂贵。MOT

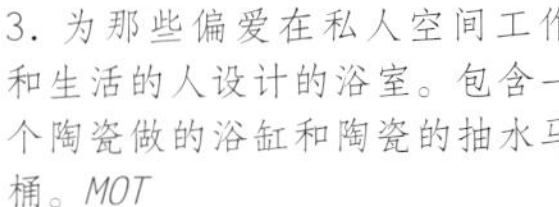

3. 为那些偏爱在私人空间工作和生活的人设计的浴室。包含一个陶瓷做的浴缸和陶瓷的抽水马桶。MOT

4. 淋浴于19世纪70年代引入美国。MOT

5. 抽水马桶能像图中这只海豚一样吸引人的眼球。马桶座上的水箱属于标准设计。MOT

最初，美国的浴室设施都安置在储藏室或小型卧室中。浴缸、洗脸盆和抽水马桶并不设在同一个房间里，甚至不设置邻近的房间中。到了世纪之交，建筑师才开始为浴室设置单独的房间。

美国南北战争时期，第一个固定在地板上的浴缸出现了，用独立包裹在木骨架上的金属板（铅、铜或锌）制成。上漆的铁制浴缸距离地面几英寸，其支撑脚铸造成球状或是兽爪状，或是卷曲的叶形图案。莫特铁制品工厂于1873年生产出了第一个搪瓷浴缸，科勒等其他生产商也紧随其后。搪瓷很早就用在便盆的制作上，也很适合用在抽水马桶上。起初，为了隐蔽而将抽水马桶置入木箱中，19世纪30年代发明了重力冲水系统，出现了冲水马桶，至今仍在使用的马桶冲水箱和虹吸装置，在19世纪90年代便得以完善。

19世纪上半叶，木制屋顶排水沟逐渐废弃，起初换作铸铁产品，随后又换作金属薄板，在维多利亚后期，建筑师继承了历史原型，有时会用造型古怪的水管或石像滴水嘴来导流雨水。

1. 1888年，一个价格昂贵的脸盆架，“伊斯特莱克”风格。大理石顶部放在一个柜橱上，柜橱使用深色的胡桃木、水曲柳、樱桃木或者染成深色的樱桃木制作。MOT

2. 搪瓷洗手盆，适合放置在房间的角落。MOT

3. 1888年，一个折叠式脸盆架，陶瓷边缘，盆体面层由铜、仿大理石花纹或喷漆制作。MOT

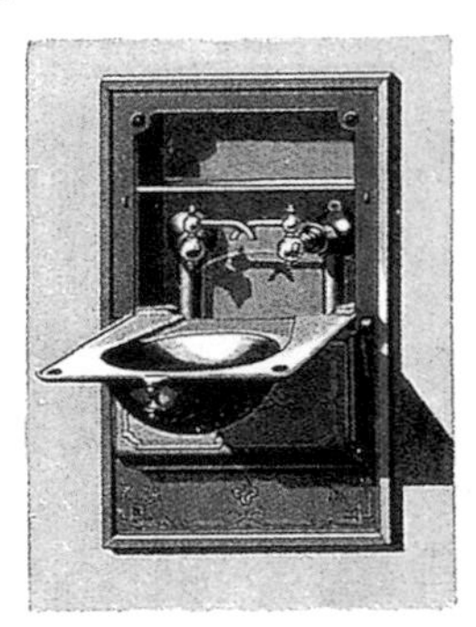

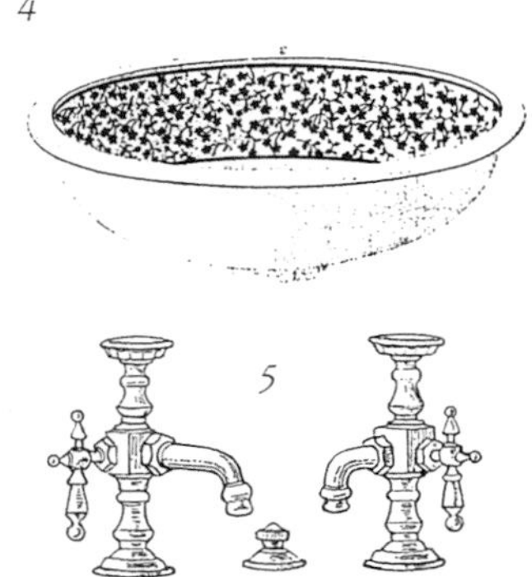

4. 英国的陶瓷脸盆，镶嵌有各式图案。不富裕的家庭会使用美国制造的搪瓷面盆。MOT

5. 维多利亚时代偏爱金属水龙头，可能和今天的排水方式相同。

6. 带有自动坐垫升起功能的瓷制抽水马桶。MOT

7. 全瓷坐浴盆，1888年，纯白色或象牙色。MOT

8. 由木制洗衣盆进化而来的深脸盆。MOT

9. 皇家牌陶瓷盥洗盆，有一个水箱。水龙头的位置是在早期设计中改进而来，早期把水龙头放在盆里面。MOT

10. 污水盆，用以清洗夜壶，1888年。MOT

11. “罗斯蒙特”散热器（约1898年）（右边）附在一个漂亮的加热炉子上。FL

12. “大肚子”造型成为19世纪的经典，用于非正式的房间内。FL

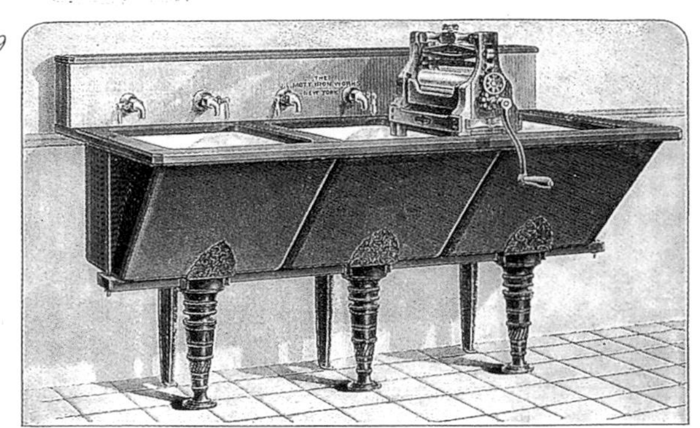

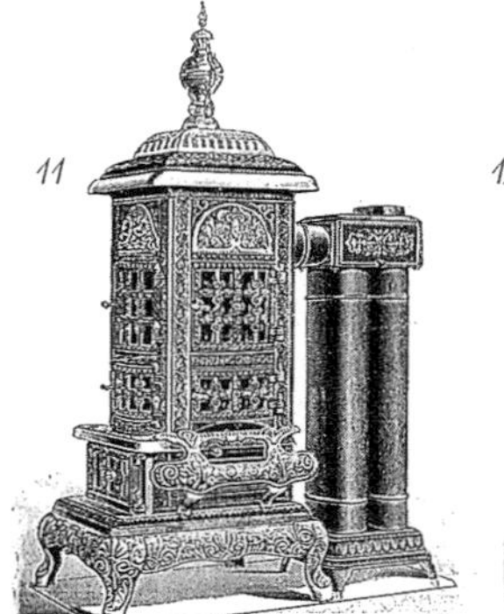

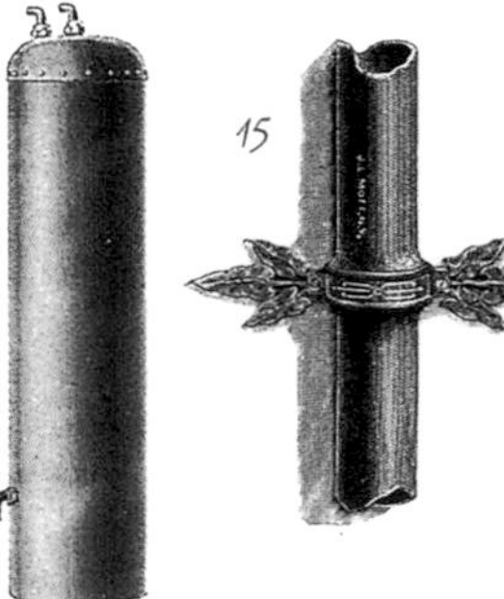

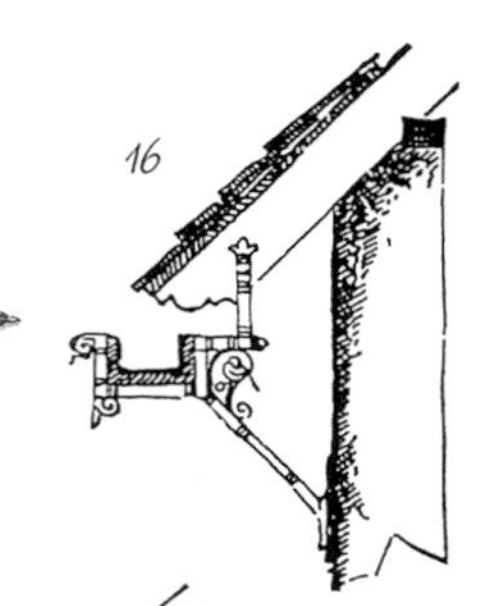

13. 有颈圈的用木炭做燃料的火炉，约1898年。FL

14. 铜制的或镀锌铁板制造的锅炉。MOT

15. 铸铁雨水管的细节，用装饰性支架固定于墙上。MOT

16. 檐沟的横断面图。

17. 石像滴水嘴常出现在罗马式住宅上。

灯具

1. 一个燃油灯具，1840年。
2. 唯美主义运动风格的廊灯，约1890年。顶部的烟罩表明这是一个燃油（石蜡）灯。
3. 周围悬挂有水晶垂饰的奢华煤油灯，1900年前后。
4. 带有多个球形灯罩的燃气灯具，19世纪50年代。可从天花板吊挂至离地较低的位置，以便于清洁和维护。
5. 煤油或煤焦油灯。
6. 固定式煤气灯，约19世纪90年代。
7. 洛可可式煤气灯，斯塔尔合作公司，纽约，1856年。
8. 铁质枝形煤油吊灯，约1890年。从天花板吊至较低的高度，以便于填充燃料和维护。
9. 枝形煤气灯，19世纪80年代。
10. 带托架的煤油壁灯，1865年。
11. 带托架的洛可可复兴风格的镀金煤气灯，1850年。
12. 装有铰链式臂架的煤油壁灯，蚀刻玻璃灯罩。
13. 19世纪50年代，煤油和煤气灯开始镶在楼梯端柱上。这是两个文艺复兴风格的示例，可以追溯至19世纪90年代。
14. 意大利风格的楼梯端柱灯，来自《伍德沃德的国家建筑师》，1869年。

约1850年到19世纪末之间的一段时期，人们的生活发生了戏剧性的变化，从为了节约而集中使用一间有简单照明的房间，变为在各个房间普遍而长时间使用照明。这一改变得益于蜡烛、油灯、煤油（石蜡）和最终出现的电力的各类燃料与能源。

1850年最为先进的灯具仍然使用重力给料和燃烧液体技术。这种灯具流行于哥特式和意大利风格的住宅室内，并借助于新的燃烧器和排烟设计，有了进一步的发展。这种灯具后来被煤气灯取代，遮光罩和过滤器使煤气灯灯光变得柔和并减轻了气味。

煤油灯在1850年得以完善，不再需要复杂的安装过程以及用以输送煤油的昂贵油管。同时，煤油灯也可以移动使用了。然而，煤气灯仍然很流行，因为它不需要手动填充燃料，燃烧起来也比煤油灯更清洁。通过油管输送的煤油和最终出现的电力，为照明灯具提供了一套自动防故障装置的方便照明系统，虽然有时也不是十分可靠。

爱迪生发明的电灯照明系统，包括一个廉价的碳钨丝白炽灯，能够提供一个令人更加舒适的照明环境，并可以像煤气灯的火焰一样开启和关闭。但是，当维多利亚后期电灯照明日益普及之后，昏黄迷人的烛光却又受到晚间娱乐活动场所的青睐。

金属制品

1. 铁艺廊台顶饰细节，来自洛杉矶赫里蒂奇广场的黑尔住宅。HA

2. 纽约的联排式住宅有特别精致的铸铁装饰品，这种粗壮的风格属于此时期的典型风格。栅栏勾勒出了主立面前区的私人区域。铸铁常常覆有绿锈以防止腐蚀，并由于模具中的粗砂而令其拥有令人喜爱的颗粒质感，即使这些通常会被反复的油漆面层所覆盖。KT

3. 一个简洁而功能性十足的铸铁大门，装饰有矛头和尖球，是一种很普遍的造型。WT

4. 百叶窗式的檐口，在维多利亚时期的纽约及其他美国城市是很多建筑的共同特点。KT

大批量生产的金属器具，成为美国维多利亚时期日常生活的重要组成。从钉子到尖顶饰无一例外都可以在工厂中铸造、辊轧、冲压而成，而不需要再使用手工锻造。这种工厂制作的铁制品质量很高，富于细节，且在大部分情况下比美国早期的产品更加便宜。

到了19世纪中叶，制造商运用“脱蜡铸造”工艺使得五金件的铸造趋于完美。建筑施工人员也由此获益，这意味着很多之前只能以手工制作的门五金和家具装饰物，现在都可以通过铸造完成，而且做工精美。一系列金属制品，从便宜的白色合金到黄铜和青铜，都可以使用这种工艺浇铸。

装饰性金属片材的使用也愈加广泛，可以从19世纪下半叶城镇住宅的金属檐口上得到证实。金属薄板也用于当时流行的风向标，这是美国建筑装饰中最别出心裁的创新之一，其装饰图案从简单的定向箭头到鳕鱼和奔跑的鹿应有尽有。

19世纪末，对于殖民地风格造型的怀旧情愫促使了铁匠工艺的复兴。这一时期，最为精彩的做法是使用法兰西第二帝国和安妮女王风格住宅的装饰性顶饰。

1

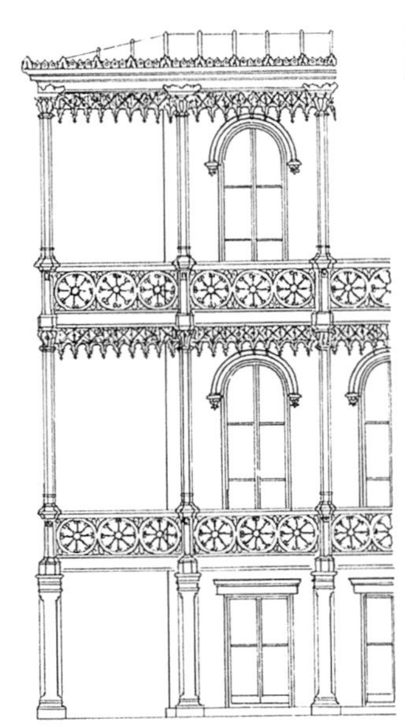

1. 用于阳台的装饰性栅栏的造型多种多样，而且在全国范围内都有使用，但在南部地区更加常见。来自纽约的这个样例可以追溯至19世纪50年代。上层的那些铁艺垂饰使得这些造型得到了统一。

2. 由铸铁柱作为支撑的金属索形栏杆廊台。这些金属索的直径大约为0.6cm。这些柱子在廊台伸出外墙不大的情况下也可以由托臂代替。这种设计也可适用于无须支撑柱的一层廊台。

3. 来自1857年商品目录的一个铁艺露台，稳定庄重。在这一时期也同样流行更加华丽的洛可可复兴风格的设计。

4. 此种铸铁格栅，多出现在维多利亚时期高档的哥特式住宅中，尤其使用在铸铁大门中。

5. 19世纪30年代，当中央供热系统开始出现之后，类似的金属供暖阀便成为十分必要的金属构件。这些设计可以追溯至19世纪70年代。

2

3

4

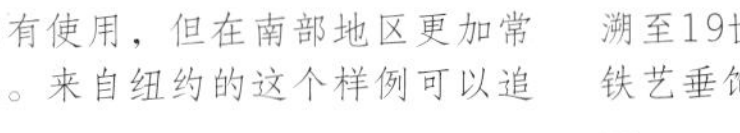

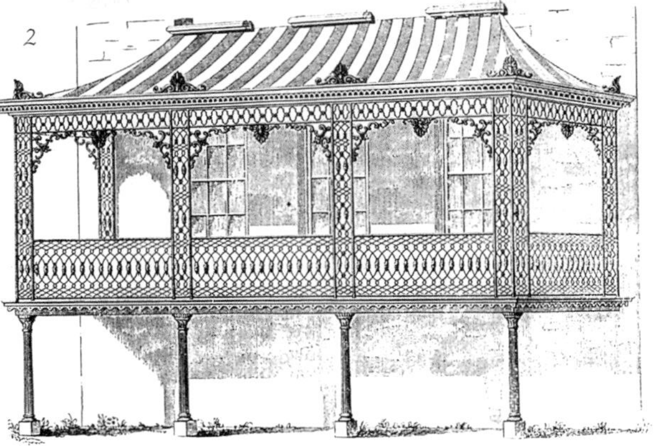

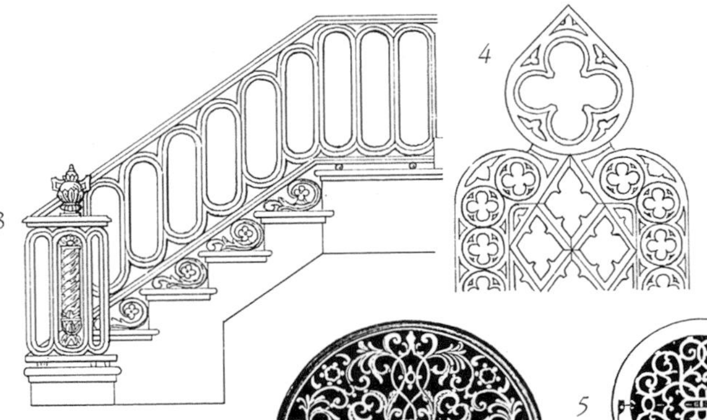

6. 金属瓮或金属瓶常被用作花园的装饰品，同时也会作为大门墩柱的尖顶饰。

7～10. 在19世纪70—80年代，锻制和铸造的花园栅栏变得更加流行。

11. 适用于装饰屋顶的一种哥特式尖顶饰。

12. 用于车房和马厩屋顶的跃马形象风向标十分流行。

13. 造型复杂的法兰西第二帝国及安妮女王住宅使用的金属顶饰及尖顶饰，用以凸显屋顶轮廓线。图中在顶端设计有信号旗的尖顶饰，可以作为风向标使用。

14. 花形尖顶饰的侧视图及正视图。

15. 铁艺信号旗式样的尖顶饰，1880年代。

16. 来自19世纪70年代的铁艺屋顶装饰。法兰西第二帝国时期的建筑，常常会在具有陡峭曼莎式屋顶平台处设计这样的顶饰。其中第一个来自纽约的J.W.菲斯克（J.W.Fiske），第二个则来自旧金山的菲尼克斯铁艺工厂。

5

6

7

8

9

10

11

12

13

14

15

16

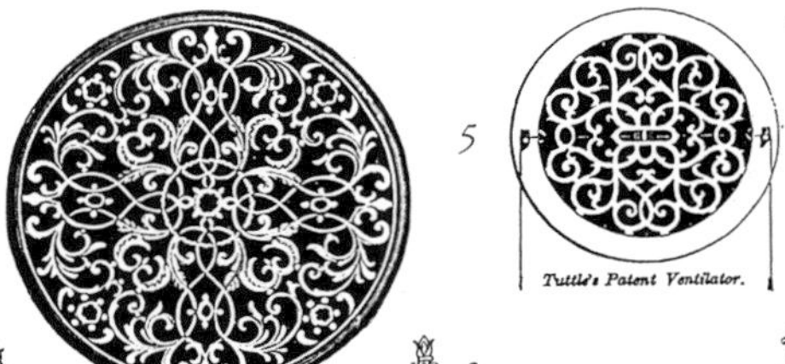

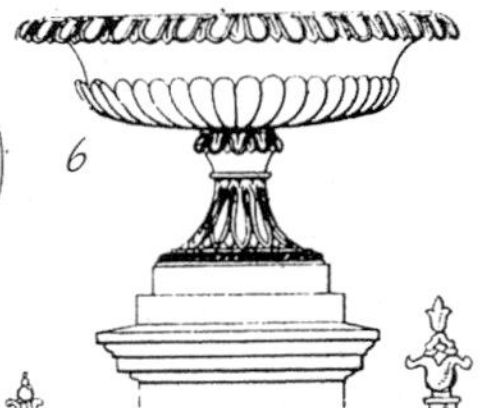

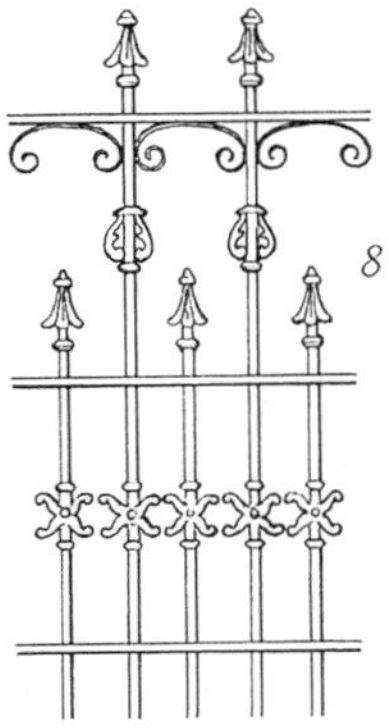

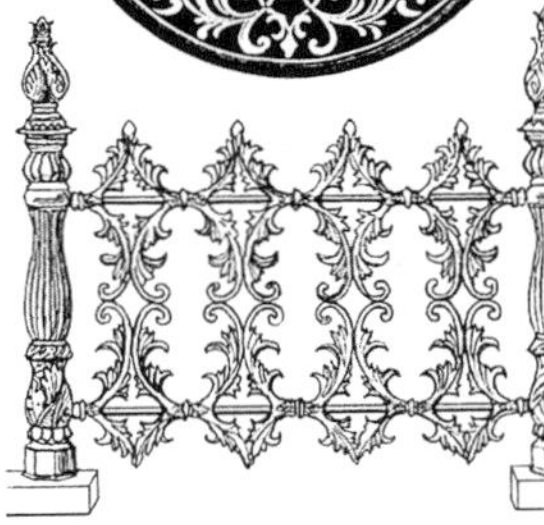

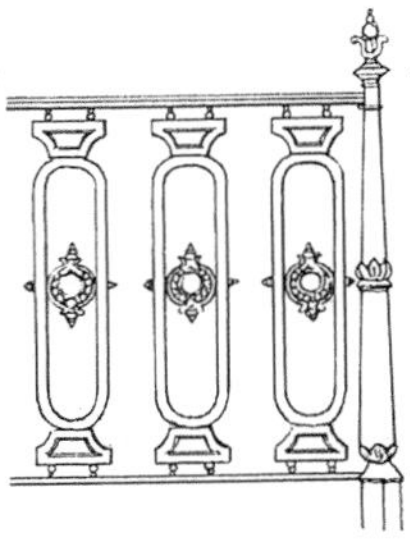

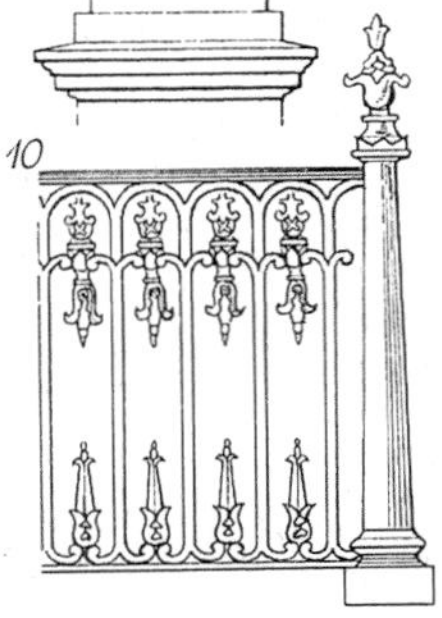

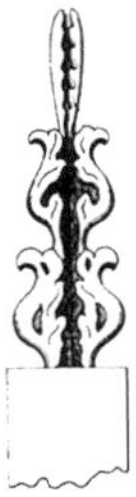

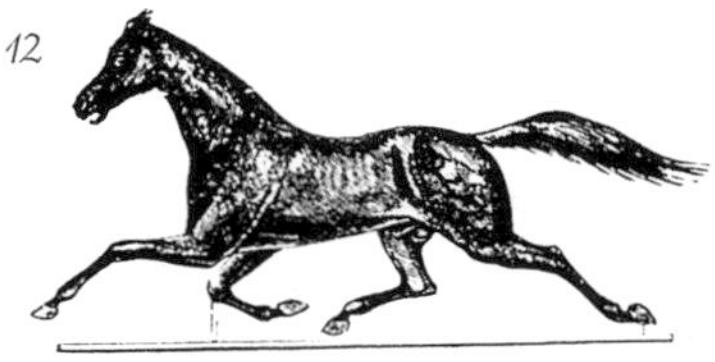

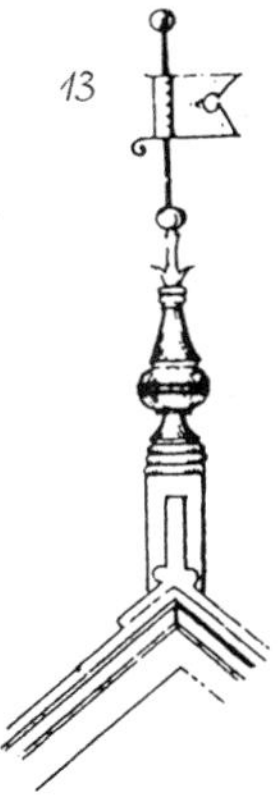

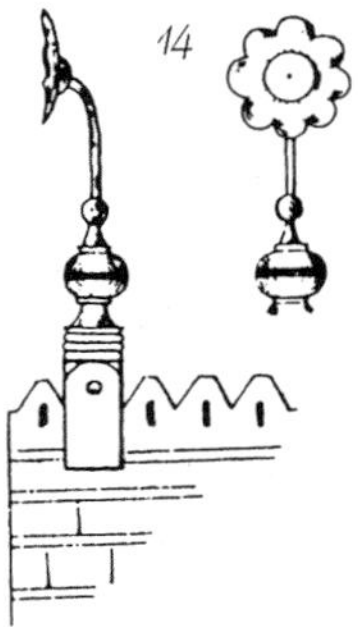

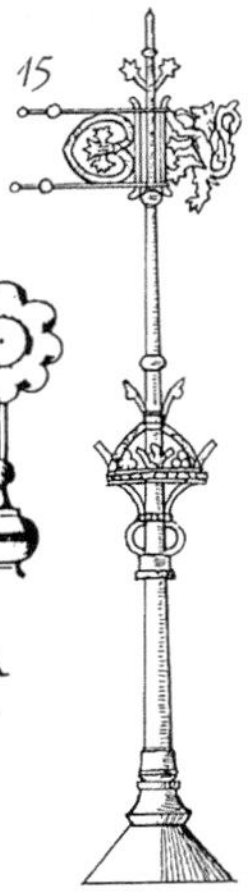

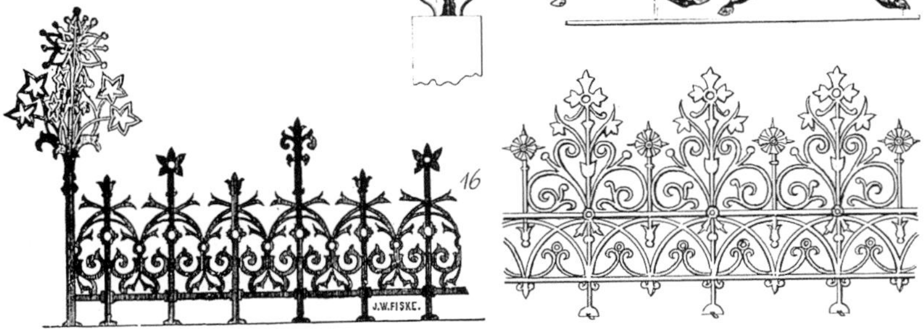

木制品

木作通常是传达某种特定风格的最普通的媒介，正如本页所展示的五个案例。

1.这座八角形的住宅采用了中世纪的风格。很多部分都仅有极少的装饰细节，但是围绕廊台的装饰却很华丽。这个由东方风格演变而来的住宅由费城的建筑师塞缪尔·斯隆（Samuel Sloan）设计。

2.英国在木架上涂抹灰泥的建筑传统，对于美国维多利亚风格住宅起到了关键性的影响，特别是美洲木结构（维多利亚时代中期）的住宅建筑式样。美洲木结构住宅的特点是：采用垂直、水平和斜向的板条营造出非常强烈的装饰效果。在美洲木结构建筑中，诸如转角柱、支架和栏杆往往较大，并且没有复杂的装饰，例如安妮女王风格的住宅。NA

3.殖民复兴时期的住宅，这个例子来自美国加利福尼亚州的圣莫尼卡，从19世纪末到20世纪初修建了大量的这种样式的住宅。

4.山墙上有波浪形的封檐板（挡风板），老虎窗体现出了哥特复兴式风格，注意尖顶饰在整个构图中的作用。

5.美洲木结构（维多利亚时代中期）住宅建筑式样的一种演变，木制的支架形成一种装饰性的格架，位于山墙的深挑檐之下。

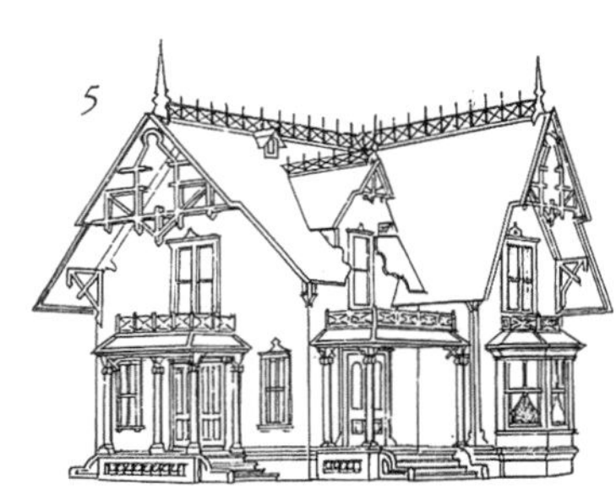

这一时期的很多美国住宅仅仅依靠木作展现建筑上丰富的装饰，壮观的外立面也证明了木作装饰有无限的组合形式，大多数哥特式装饰元素均由木匠制作完成。在安妮女王时期和美国木构建筑盛行时期，木制品预制工厂大量地制作各种各样的预制木构件，有时会以欧洲砖石建筑为样式原型。

精细的木作之所以能够在美国出现，主要依赖美洲大陆丰富的木材资源，以及全国范围内专业锯木厂的发展。木制品制作公司提供了许多可供选择的产品，并且可以在流行风格样式中进行无限的演变。

装饰性木作所扮演的角色，可以从门廊和廊台（走廊）的发展中看出来。因为这些部分的变化往往易于发现，同时特色突出、装饰丰富。柱子造型构件会被精细地车上旋或铣上槽，并有安放重叠托架的地方，栏杆会进一步车削加工，甚至用穿孔型装饰，形成诸如月亮和星星的主题。

经过精心构思的油漆图案也突出和丰富了木作装饰形式。户外至少使用三种或更多的颜色（安妮女王时期会使用七种颜色）。木瓦风格住宅一般会将木材着色，再用油漆加以修饰。

1. 哥特复兴式和安妮女王式，带有封檐板（挡风板）、尖顶饰的山墙和老虎窗很具代表性。尖顶饰的末端延伸成一种垂饰。
2. 山墙装饰，1873年。CG
3. 乡村住宅门廊山墙上的哥特式封檐板，1873年，早年非常流行。AJD
4. 一组不同形状的木瓦（15cm宽）。木瓦通常铺在住宅的屋面上，下面是楔形护墙板。
5. 像羽翼一样的太阳辐射状支架曾是一种很流行的实用样式。

12. 纺锤形立柱沿着屋檐排成一列，屋檐下面是重复排列的栏杆，这座1880年的住宅来自纽约。建筑评论家安德鲁·杰克森·唐宁写道：开敞而华丽的廊台，过滤了夏日骄阳的燥热，带给我们舒适和惬意的感受。JBE

13. 安妮女王建筑风格的住宅，山墙上有一个精心设计的曲线形开洞，洛杉矶，1894年。这种奇特的木构特征通常可以在维多利亚时期很多西海岸的住宅中看到。JBE

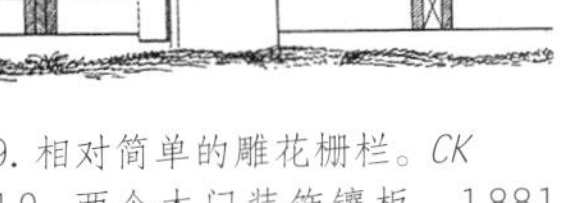

6. 走廊或者廊台，带有雕刻、锯切和车削的木作装饰。CK
7. 另一个走廊的设计，属于同一时期。
8. 引人注意的对开门。安妮女王风格，直面锯切木板和早期的简单风格都转变为更复杂的造型。CK

9. 相对简单的雕花栅栏。CK
10. 两个木门装饰镶板，1881年。CK
11. 室内木作的一个样例：过厅里的屏风充当了拱门，或者用来划分一个“舒适的角落”，1880—1910年。可以看出纺锤形立柱和摩尔风格的造型。

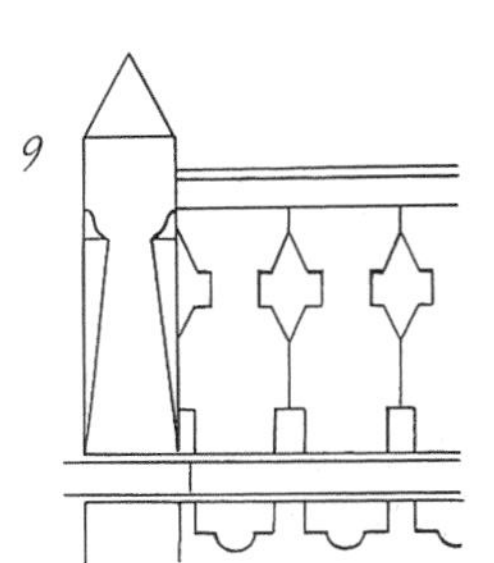

工艺美术运动时期（1860—1925年）

斯蒂芬·琼斯

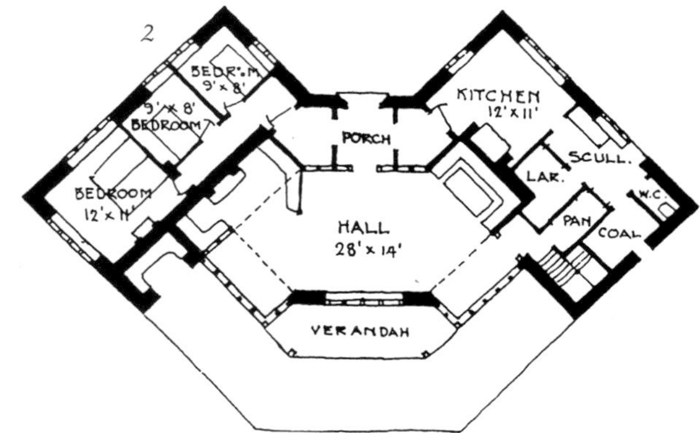

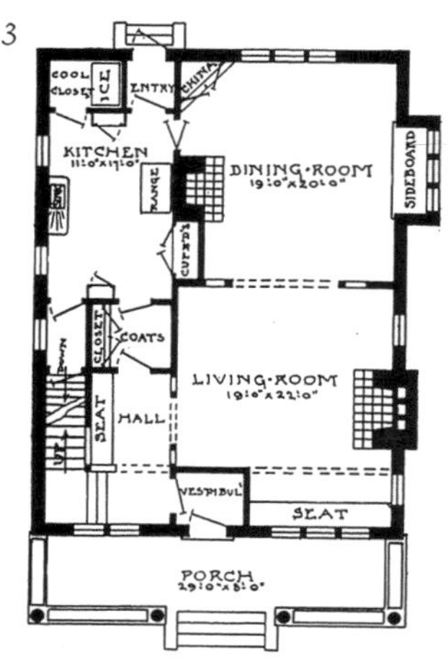

1. 来自埃克斯茅斯的农舍，结合传统材料——砂岩、卵石、橡木和茅草屋顶，带有大烟囱，形式浪漫，外观布局像是一只张开的“蝴蝶”翅膀，德文郡，英格兰，约1900年。*S*

2. 类似于埃克斯茅斯的农舍的底层平面图。*HG*

3. 典型的美国手工艺人的住宅，图中是入口层平面图，1907年。注意尺度较大的主要房间、固定家具和围合的门廊空间（鼓励户外活动）。

4. 根堡住宅，帕萨迪纳，加利福尼亚州，1908—1909年，是查尔斯·格林（Charles Greene, 1868—1957年）和亨利·格林（Henry Greene, 1870—1954年）的杰作。*GG*

面对19世纪冰冷的工业化产品，艺术与工艺运动试图创造一种崭新的、美好的居住环境，并使人们在愉快居住的同时，能够体会到优秀的手工艺建筑材料的内在魅力。

英国评论家约翰·拉斯金（John Ruskin, 1819—1900年）引导人们关注中世纪建筑的品质，并将手工业行会成员以及大教堂建造者树立为榜样。约翰·拉斯金的思想影响了整整一代艺术家和设计师。在他们当中，威廉·莫里斯（William Morris, 1834—1896年）作为与工艺美术运动关系最密切相关的人，一直奉行约翰·拉斯金的忠实于传统材料和手工艺的观点。1859年，位于英国伦敦郊区贝克斯利西斯，由菲利普·韦伯（Philip Webb, 1831—1915年）为威廉·莫里斯设计的红屋，标志着这种新风格的诞生。韦伯的设计风格，由浓重的维多利亚哥特式风格转向简洁的乡土建筑风格，这种风格从英国村舍和农舍样式而来。韦伯虽然只设计了为数不多的住宅，但是他的作品影响了19世纪90年代晚期的一大批年轻建筑师。

与菲利普·韦伯的现代风格形成对比，理查德·诺曼·肖的设计属于颇具影响力的英国安妮女王风格，他以此风格建造了很多住宅，并且几乎都是由其独立发展而出。这种风格的主要特点是外立面采用瓷砖贴面，以及挑檐和水平带形的铅格窗户。后来，他将克里斯托弗·雷恩爵士的风格与17世纪佛兰德地区风格的乡村建筑细部结合运用，使他的住宅设计更具古典韵味。19世纪70年代晚期，理查德·诺曼·肖设计了几处小型别墅，位于伦敦西部称为“贝德福德公园”的“新艺术”郊区，其中使用的基本设计元素，比如红砖、白色木作、门廊、凸窗等特征被商业市场迅速采用，并沿用至20世纪20年代。

事实证明，安妮女王风格在美国也具有很大的影响力，美国在19世纪70年代关于建筑的讨论和实践都围绕着这一风格展开。理查德·诺曼·肖的建筑风格有两个区别于其他美国住宅建筑风格的特点：第一是在墙面、廊台和建筑立面的细节上大量使用木瓦，第二是使用新奇的造型。后一点曾在亨利·霍伯桑·理查德森的作品中体现过。安妮女王风格特征出现在建于1885年的纽约塔克西多公园住区，这个住区要比贝德福德公园住区更加宏大。

概括地讲，在美国工艺美术运动时期，除了对早期

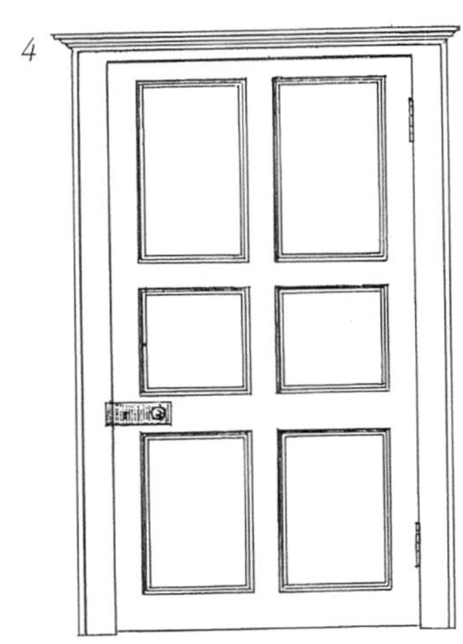

1和2. 是带玻璃格的镶板门。第一个案例让人想起C.F.A.沃塞的设计；第二个设计更为精巧，来自朗克罗夫特（Longcroft），海伦斯堡，苏格兰。

3和4. 为两格及六格门，是安妮女王复兴形式。第二个案例通过在比例上宽度尺寸的强调，可以鉴别出是19世纪的作品。

5. 大门的周边可做丰富的雕刻，正如此处肯辛顿法院的门口一样，1897年，伦敦。

6. 由路易斯·F.戴设计的摹画门，刊登于1880年12月的《艺术爱好者》（*Art Amateur*），这本美国期刊为当时的住宅设计提供了许多有益的建议。

7. 使用镶有玻璃的内门能够为房间提供光线形成空间感。这组时髦的玻璃镶板门四个一组（中间是对开门，两边是固定扇）来自里弗赛德一所住宅的起居室，伊利诺伊州。

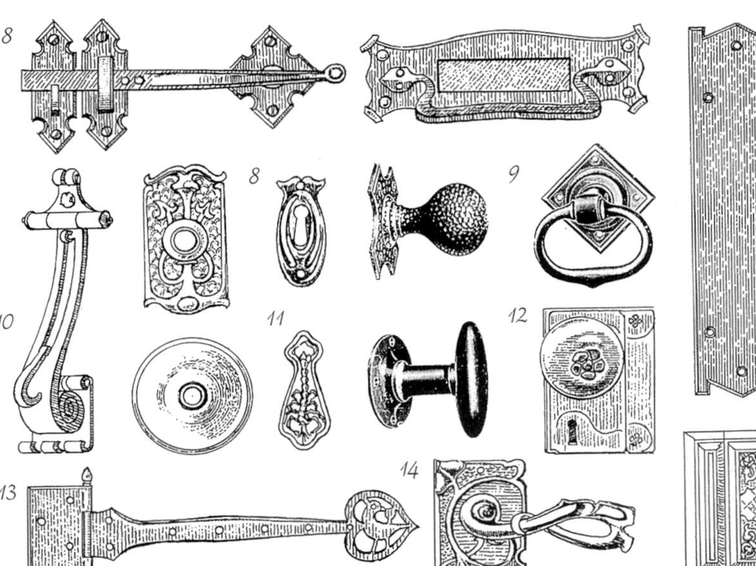

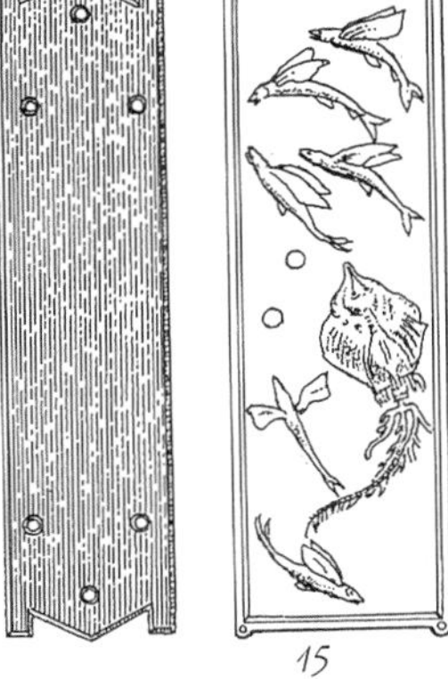

8. 建筑供应商的商品目录提供了各种各样批量生产的物品。类似于锻造和铸造的铁门用配件非常受欢迎。

9. 这些大规模生产的物品以“黑色花园城市艺术家具”的标题出售，再现了锻铁工艺配件形式。
YM

10. 这个门环曾于19世纪90年代《工作室》杂志举办的设计竞赛中获奖。

11. 查尔斯·伊曼纽尔（*Charles Emanuel*）设计的铜质锁眼盖，带有压花蝎子装饰。

12. 由格林兄弟设计的雅致的门把手和门锁。

13. 典型的C.F.A沃塞设计的心形金属制品，并被广泛效仿。

14. 英格兰伯明翰制造厂出品的黄铜把手。

15. 托马斯·埃尔斯利（Thomas Elsley）设计的镂刻锁和查尔斯·伊曼纽尔设计的推门板，属于商业门五金件中最好的范例。

窗

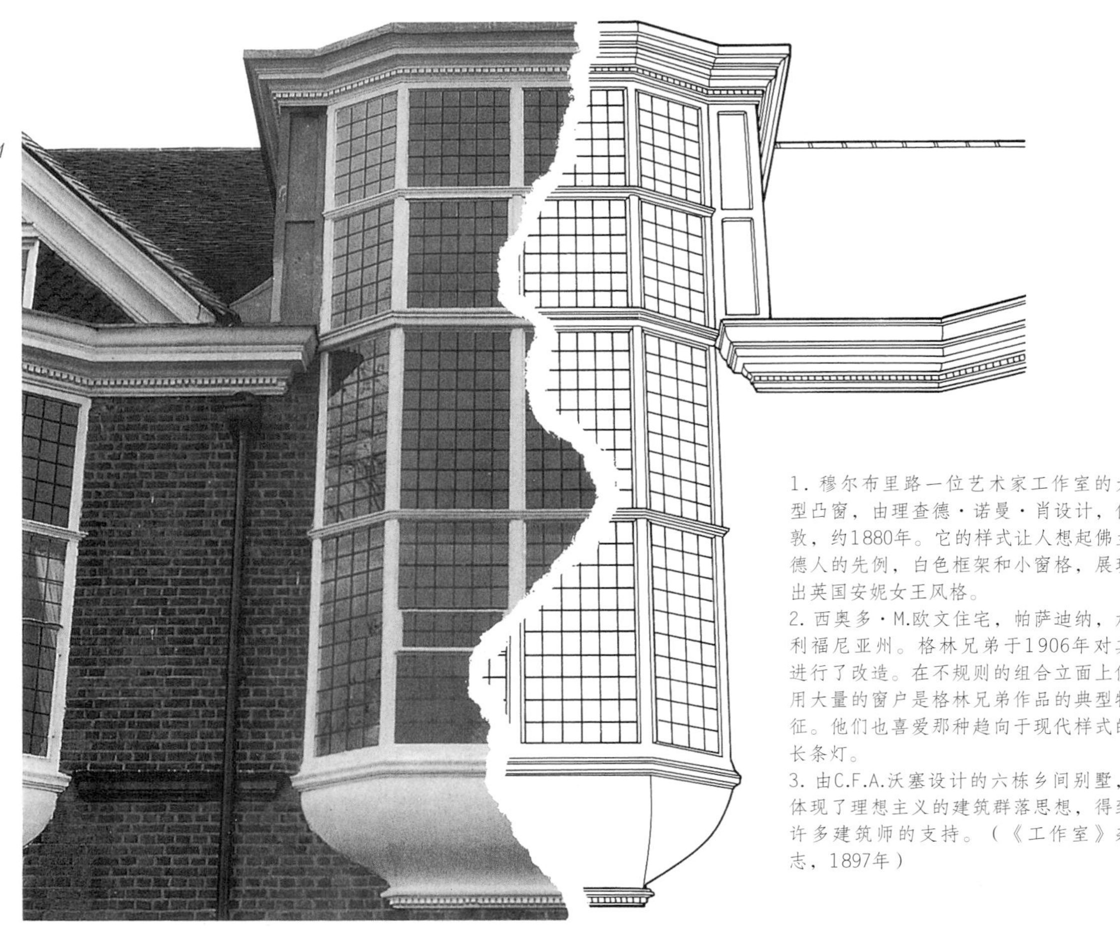

1. 穆尔布里路一位艺术家工作室的大型凸窗，由理查德·诺曼·肖设计，伦敦，约1880年。它的样式让人想起佛兰德人的先例，白色框架和小窗格，展现出英国安妮女王风格。

2. 西奥多·M.欧文住宅，帕萨迪纳，加利福尼亚州。格林兄弟于1906年对其进行了改造。在不规则的组合立面上使用大量的窗户是格林兄弟作品的典型特征。他们也喜爱那种趋向于现代样式的长条灯。

3. 由C.F.A.沃塞设计的六栋乡间别墅，体现了理想主义的建筑群落思想，得到许多建筑师的支持。（《工作室》杂志，1897年）

工艺美术运动早期，上下推拉窗常与现代平板玻璃和本土木制平开窗联系在一起，装饰以铅条固定的彩色玻璃，被认为是当时最好的范本。然而，从19世纪70年代开始，随着安妮女王风格的出现，上下推拉窗的造型进入了一个新的阶段。理查德·诺曼·肖在其设计中大量使用上下推拉窗，同时，他青睐细长的比例，并对当时的住宅设计极具影响力。在英国和美国，一种非常普遍的上下推拉窗布置方式是：窗户的上部使用小尺寸分格的矩形玻璃窗，而下部则使用单片玻璃窗。

在工艺美术运动后期的住宅中，窗户的大面积使用反映出对于光线和空气的重视。凸窗在英国非常流行，同时在大西洋两岸都很盛行整齐划一的窗户。在英国，其设计灵感来源于本国那种中梃窗户；在最豪华的住宅中会使用石制窗棂，但是大部分会采用混合或者陶瓦窗棂，后者则是佛兰德风格的红砖住宅的显著特征。在美国，成排布置的窗户往往有更加现代的组合形式，小窗格在大窗格的顶部，并成为格林兄弟的标识。他们也常常使用大小不同的窗户，用以打破沉闷的建筑立面。唯美主义则欣赏伊斯兰风格的葱形拱窗和彩色玻璃。

1. 20世纪早期典型的美国手工艺窗，带有放置花盆的搁板。

2. 1923年由查尔斯·格林设计的窄条窗，其样式受到了西班牙殖民风格的影响。

3. 窗边座椅曾风靡一时。本例由欧内斯特·吉姆森（Ernest Gimson）设计，英国，约1910年。

4. “两栋村舍共享一个餐厅”的细部，以及传统的平开窗。来自《工作室》杂志，1901年。

5. 在伦敦经常可以看到凸窗，往往是为了规避住宅产权边界的规定。

6. 白漆木制窗框是安妮女王时期房屋的典型特征。这组威尼斯窗来自纽约州的一处避暑别墅，19世纪90年代后期。

1
2
3

4
5
6
7
8

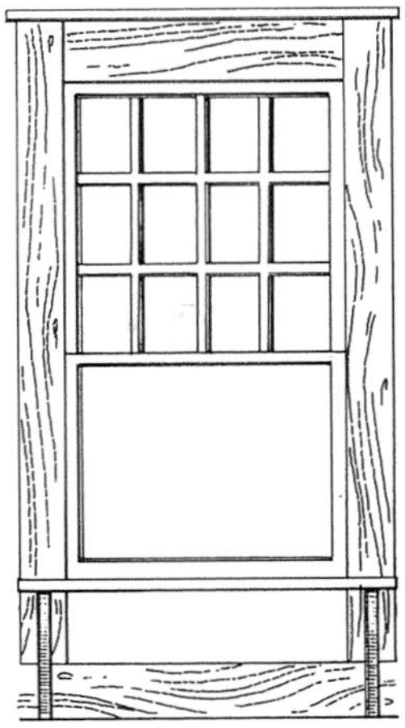

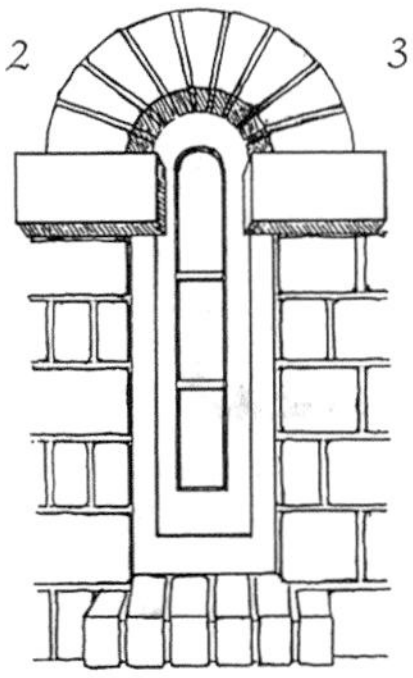

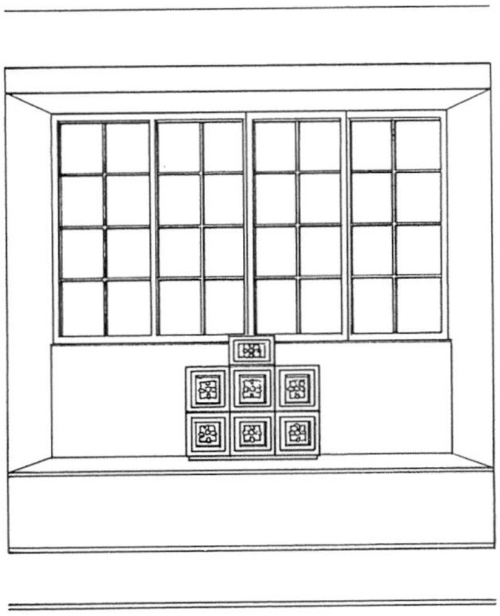

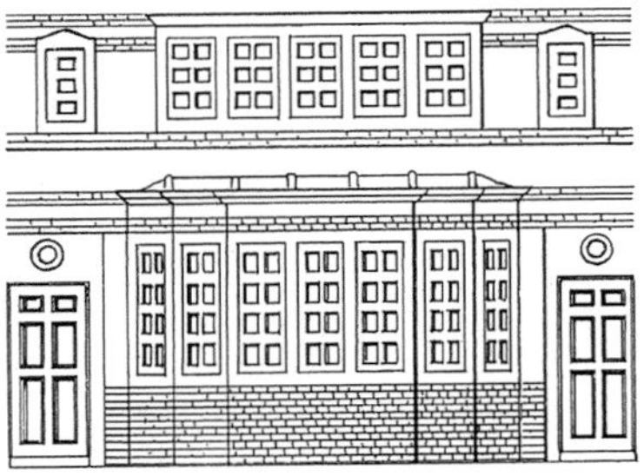

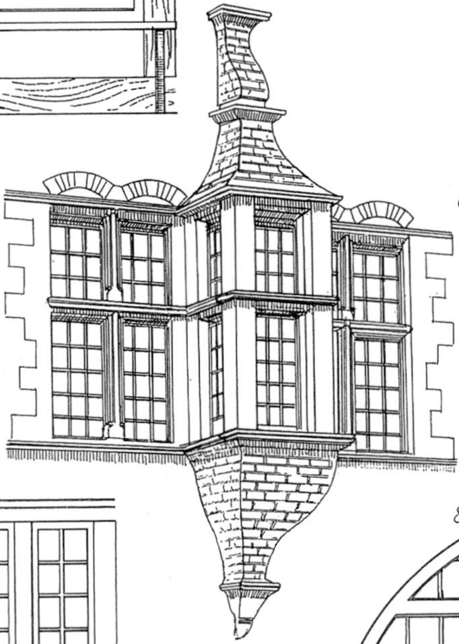

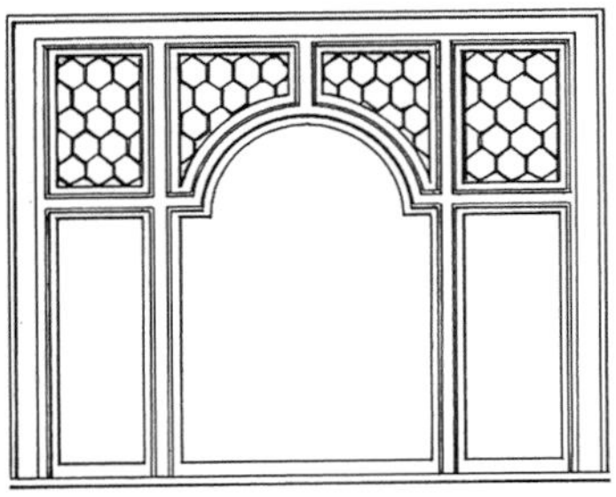

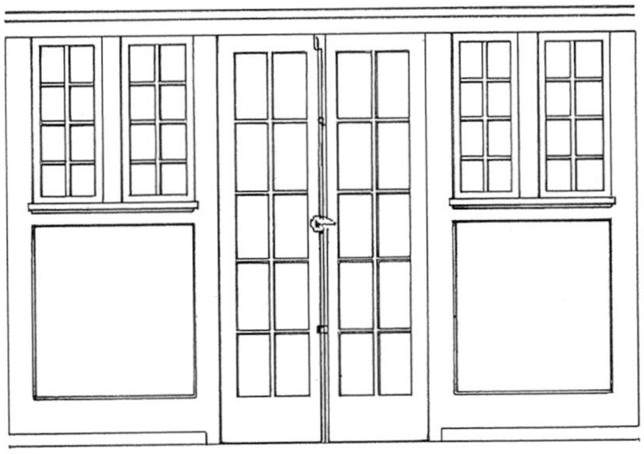

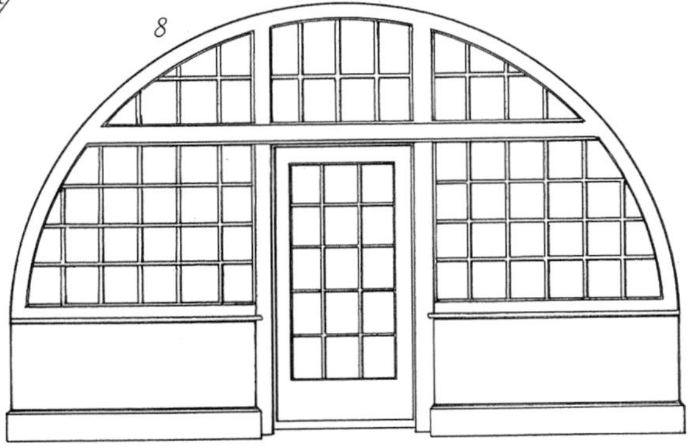

7和8. 将窗户和玻璃门结合在一起的设计很受欢迎。第一组来自工匠的住宅，约1910年。第二组是由C.F.A.沃塞设计的英式风格住宅，约1904年。

9. 贝德福德公园内一处住宅的高窗，伦敦西区，19世纪80年代。让人联想起由理查德·诺曼·肖为伦敦肯辛顿的一位艺术家住宅设计的画室窗。

10. 两个雕刻过梁，典型的路易斯·亨利·沙利文作品，芝加哥，19世纪80年代。

11. 铅条玻璃窗被用于商业开发，并显示出受到唯美主义风格的影响，新泽西州，约1900年。

12. 小型窗是工艺美术运动风格的特色之一。第一个是位于一排嵌入式橱柜上的小窗，约1905年；第二个是可以使炉边墙角也有光照的小窗，约1899年。

13. 老虎窗常常成组使用，英格兰，1904年。

9
10
11
12
13

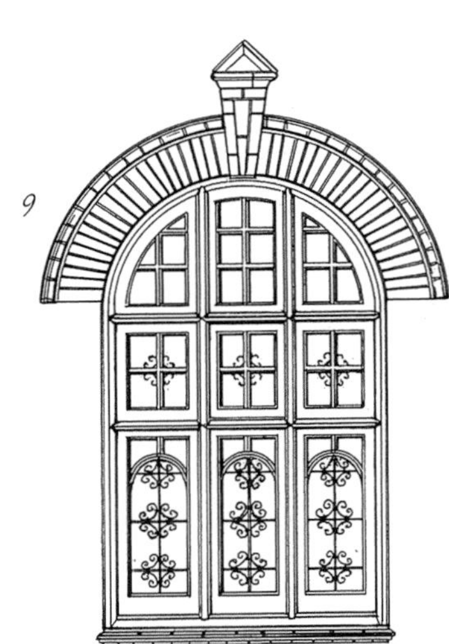

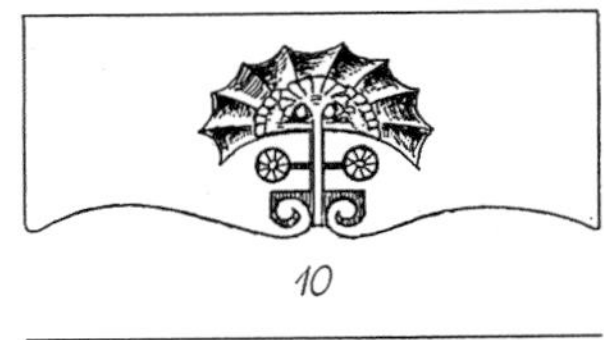

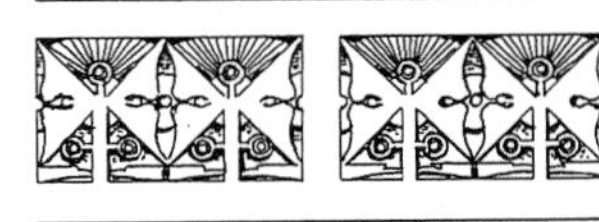

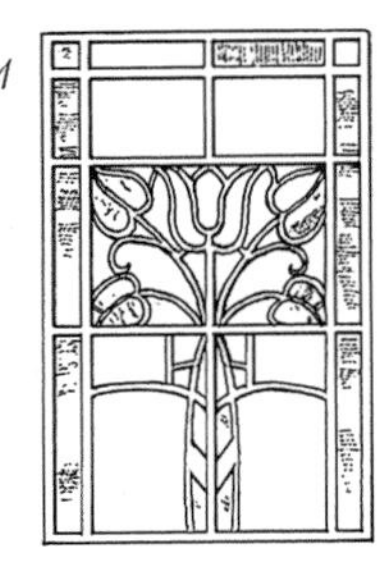

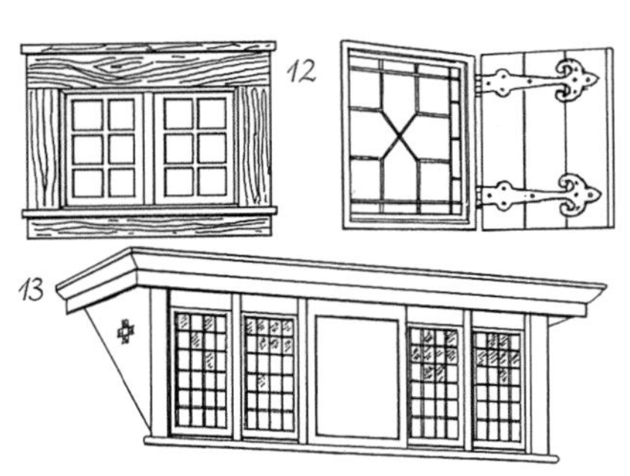

1和2. 小型老虎窗和其他传统本地形式的窗户多用于小住宅中，这些例子都来自于1910年左右伦敦汉普斯特德花园郊区。第一幅中有一扇小尺寸平开窗，置于墙砖贴面的山墙上，下部有深门洞。第二幅是对称的半独立式住宅设计，利用雨水管所产生的图形增强了对称效果。*RS*

3. 根堡住宅优雅的窗户，分为四部分，帕萨迪纳，加利福尼亚州，1908—1909年。*GG*

4. 英国工艺美术运动期间的建筑师常常试图利用对称窗组将半独立式住宅统一起来。在这里，其中的两扇属于一户住宅而第三扇属于相邻的另一户住宅。*RS*

5. 彩色玻璃是许多工艺美术运动风格设计的一个重要特征。图中的描画窗户来自威廉·莫里斯的住宅，反映出他所青睐的图案来源于自然。*RH*

6. 弗雷德里克·E.丘奇的工作室，位于奥拉那，哈德孙河谷，纽约，19世纪80年代。窗上有一个东方情调的通风格栅，可以借助滑轮开合。*O*

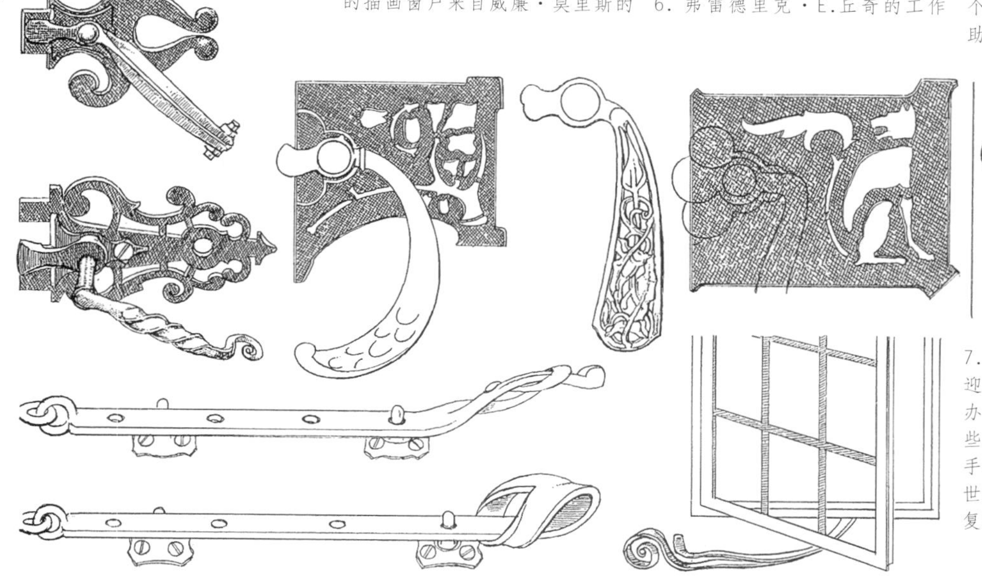

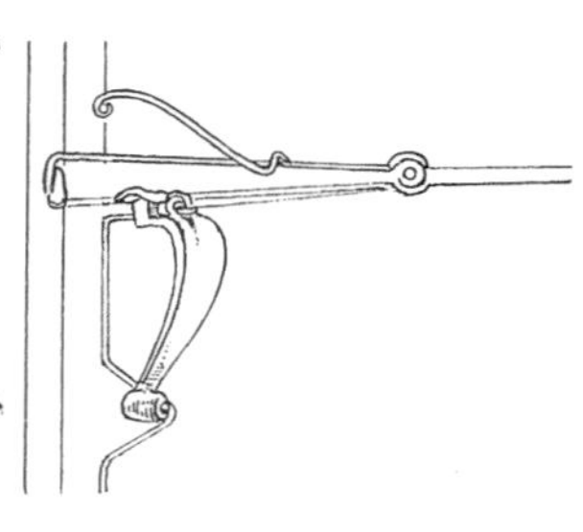

7. 新颖的五金件和窗板很受欢迎。威廉·莫里斯及其在伦敦开办的公司基于商业目的生产了这些卓越的锻铁配件(约1920年)。手柄固定板上的狮鹫让人想起中世纪骑士精神。固定窗扇的设施复制了本地的工艺做法。

墙面

位于奥拉那的一栋住宅内的暖色调墙面，哈德孙河谷附近，纽约，19世纪70—80年代。房主利用主色调的布设来达到"艺术"的装饰效果，模板印花图案通常用于勾勒出墙裙、墙板、雕带的界线。挂在墙上的照片配以镀金的相框，形成了一种完整的建筑构成，这些都是由设计师精心布置出的统一效果。尖拱的形式显然受到了伊斯兰风格的影响，并且在房间里也能看到摩尔风格的元素。O

工艺美术运动时期，很多室内会将墙面划分成三部分：墙裙、墙板和雕带，而英国和美国的建筑师通常使用较高的墙裙，并遵从古典的比例标准。在大厅和起居室中，偶尔也会满铺墙板，但是，精良的当地木材仅限于在豪宅中使用。镶板常被漆成白色或是象牙白，灰绿色和橄榄绿（来源于18世纪的做法）则是唯美主义的流行色彩。模板印花雕带也很盛行。工匠住的乡村住宅常采用原木、石材或是砖墙结构。

从19世纪70年代开始，威廉·莫里斯及其公司在伦敦出品的精美壁纸使得纸成为能够被人们接受的墙体覆面材料。威廉·莫里斯的设计出现于英国各阶层的住宅中，也被用于美国较好的住宅中。美国的壁纸厂商，比如沃伦公司、富勒公司及其他一些位于纽约的公司，从19世纪80年代开始活跃起来。早期的壁纸图案多为花饰和中世纪风格图形；19世纪80年代的唯美主义壁纸则明显受到日本风格的影响。当时，墙裙、墙板和雕带的墙面构图非常时尚，而采用壁纸饰带作为相应部分的做法则属于廉价的方式。印花壁纸能重现古老西班牙皮革的效果，这种壁纸曾使用在富商F.R.莱兰（F.R. Leyland）的孔雀府邸之中，这所房子在伦敦极富影响力，由托马斯·杰基二世（Thomas Jecky Ⅱ）和詹姆斯·阿伯特·麦克尼尔惠斯勒（James Abbott McNeill Whistler）设计，在后期的室内装饰设计中多使用挂毯。

1
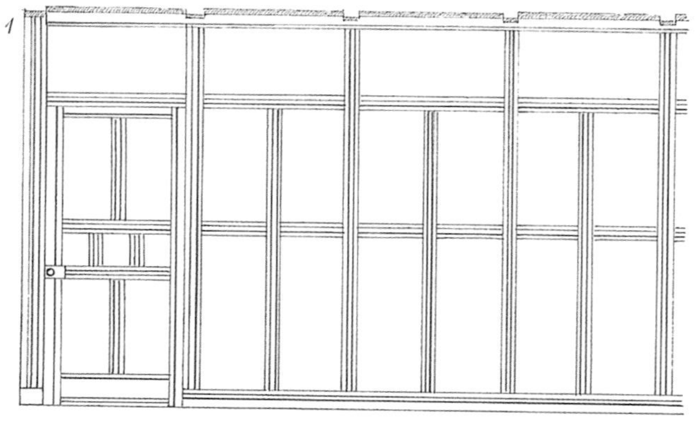

2
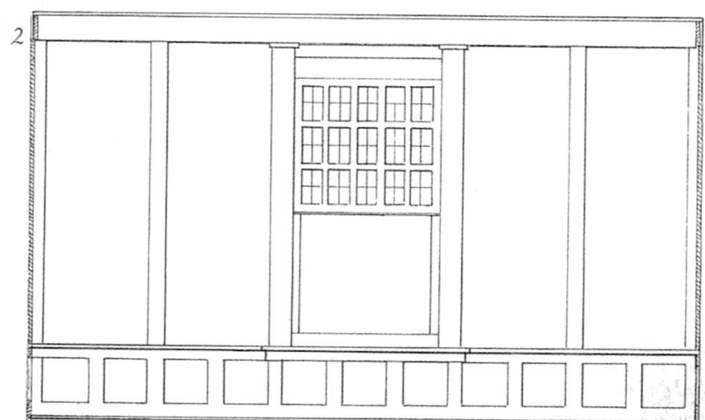

1. 中产阶级的独栋住宅大都受到了工艺美术运动的影响。本例为1905年美国出版的《手工艺人》杂志刊登的初期的护墙板样式。

4

3

2. 另一个来自1907年《手工艺人》杂志的图例，使用了护墙板。值得注意的是墙裙部分比较低矮，而墙板部分随之变长。窗户的样式也使用了一种装饰性镶板。

3. 在19世纪90年代出版的《工作室》杂志中刊登了这种墙面处理方法。由C.H.B.昆内尔设计，在由框架限定的墙板中，用模板印出了蜿蜒的图案。

4. 商业化量产的各种各样的护墙板。这三个案例中高墙裙的上端均带有雕带。第一个和最后一个案例都有石膏雕带；第二个则是采用威廉·莫里斯的壁纸雕带。注意布褶纹式镶板，借用了都铎王朝的风格样式。L

5

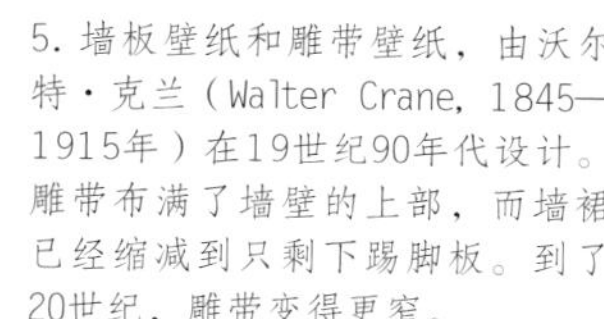

5. 墙板壁纸和雕带壁纸，由沃尔特·克兰（Walter Crane，1845—1915年）在19世纪90年代设计。雕带布满了墙壁的上部，而墙裙已经缩减到只剩下踢脚板。到了20世纪，雕带变得更窄。

6. 浮雕和雕刻丰富了工艺美术运动风格的室内效果。这块石膏饰板刻画的是吹笛子的牧羊人，细节精妙，来自布里斯托尔的柯尔斯顿街上的一所住宅。

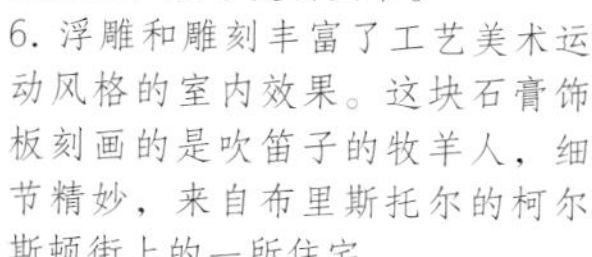

7. 墙面上呼叫仆人用的拉把，工艺美术运动风格。这个黄铜装置由托马斯·埃尔斯利设计。

8. 芝加哥巴布住宅的木制浮雕墙板，美丽而又抽象的图案由路易斯·亨利·沙利文设计，1884年。

9. 弗兰克·劳埃德·赖特位于洛杉矶的约翰·斯托勒住宅中石制砌块，雕刻的抽象图案带有现代主义意味，1923年。

10. 一处住宅的石制梁托，上面雕有喜鹊和树枝，这所住宅由C.R.阿什比（C.R.Ashbee，1863—1942年）设计，建在切尔西的路堤上，伦敦。

6

7
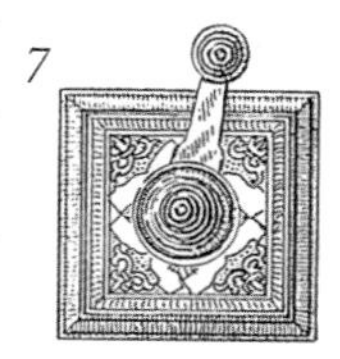

8

9
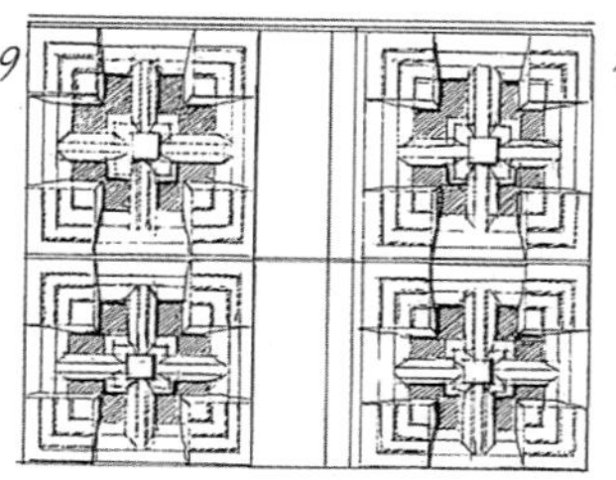

10

1

2

1. 来自英国的一所住宅客厅，约1901年。典型的高墙裙形式，上部墙板为丝绸挂毯；雕带采用模板印花图案。*S*

2. 墙面上的玫瑰花饰墙板、雕带和边饰壁纸由杰夫瑞公司生产，这家公司在工艺美术运动期间制造最优质的壁纸，包括威廉·莫里斯设计的壁纸，伦敦，约1909年。*HHF*

3. 威廉·德·摩根设计的墙砖，包括蓝釉砖面，均模仿了伊兹尼克（伊斯兰风格）陶瓷风格。柏树和橙树（上图）是典型的伊斯兰图案。伦敦，19世纪90年代。*DB*

4

3

5

4. 从1862年开始，威廉·莫里斯设计了四十多种壁纸。秋花（左）于1888年第一次印刷，飞燕草（右）于1874年生产。许多壁纸至今仍在生产。

5. 这种墙板造型简洁明快，是典型的格林兄弟风格，加利福尼亚州，1908—1909年。从小窗的细节可以看出，房间的装修质量较高。*GG*

天棚

红屋的天棚采用模板印制的图案，黑斯市，伦敦附近，1859年。令人回想起中世纪教堂的成组的菱形组饰，正是威廉·莫里斯所主张的天花板和墙壁装饰形式，外观效果在一定程度上有着强烈的中世纪手工感觉。*RH*

工艺美术运动时期，天棚设计得益于乡土建筑形式和材料。在早期阶段，建筑师尽最大的可能保留真正的中世纪后期装饰形式。他们运用大量带倒角的梁，使用石膏件装饰的天花板，配以肋拱、铸模垂饰和垂球雕饰。一些唯美主义的天花板显现出东方的影响，有着错综复杂的藻井，饰以油漆和鎏金。但是，这些饰面工艺难免都非常昂贵，能够承担这种奢侈装饰的人寥寥无几。到了工艺美术运动的成熟阶段，简洁和实用变得越来越重要，20世纪早期，在美国手工艺人建造的住宅中出现的均匀板条天棚以及石膏天花板即是这种风格理念的缩影。即使在加利福尼亚州格林兄弟更加新奇的设计中，也更倾向于简单的线性造型。他们有时还会对木材进行着色来强调天棚的几何形式。只有在20世纪20年代的晚期作品中，才表现出更多的装饰性意味，并结合西班牙风格的雕梁以及石膏浮雕。大西洋两岸的豪宅都喜好采用筒形拱顶，这种天棚形式有时也被用在艺术家的厅堂之中。

模板彩印图案在当时也很受欢迎，不过用壁纸装饰天棚更为常见。这都是随着威廉·莫里斯的壁纸盛行之后才逐渐被人们接受，而且这些壁纸常常印有浮雕图案。到了20世纪初期，一些复杂的预制石膏制品逐步流行起来。

1

1. 用石膏浮雕线脚装饰檐口和天棚的做法来源于16世纪和早期英国天棚原型。这处曲面的客厅天花板来自一座农场住宅，临近圣安东尼奥，得克萨斯州，由建筑师亚当兄弟设计。1917年美国《建筑师》（*The Architect*）杂志刊登过这个设计。这种带状饰和四叶饰都属于都铎王朝时期的原始工艺。

2

2. 筒形拱顶很受欢迎，通常用板条和抹灰工艺完成。第一个例子来自达纳住宅，伊利诺伊州，由弗兰克·劳埃德·赖特设计，约1903年，表示出早期现代主义风格。第二个例子的传统天花板由菲利普·韦伯设计，1859年。*RH*

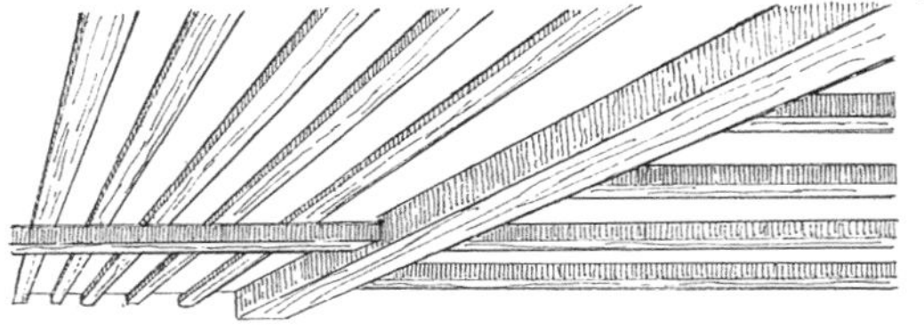

3

4

5

3. 英国住宅天棚上暴露横梁的做法几乎都是乡土建筑风格做法。M.H.贝里·斯科特为客厅和走廊设计的天棚，20世纪初。

4. 天花板上丰富的传统绘画由唯美主义艺术家借鉴18世纪60年代的诸多素材改良而成。第一个细节是英格兰-日式风格，文森特·斯蒂佩维奇（Vincent Stiepevich），纽约，约1875—1885年；第二个是伊斯兰风格，P.B.怀特（P.B.White），纽约，1869年；第三是追溯意大利文艺复兴风格，E.H.布拉什菲尔德（E.H Blashfield），美国，约1900年。

5. 几何形石膏天棚装饰构件与前面的案例形成了明显的对比，由路易斯·亨利·沙利文设计，19世纪末。

地面

1. 伦敦雷顿宅邸的大理石镶嵌地板，采用了意大利大理石铺贴工艺，自然的形式表达了唯美主义风格。黑白相间的边界中是柔和的粉红色，营造出非常华丽的效果，与楼梯所铺设的地毯上的密集图案形成了鲜明的对比。*LG*

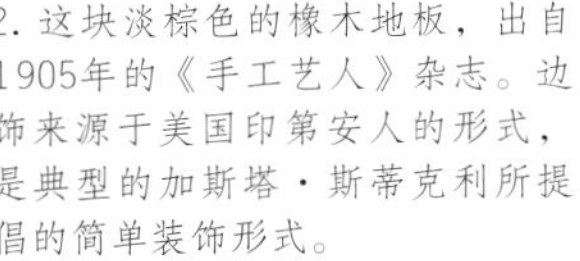

2. 这块淡棕色的橡木地板，出自1905年的《手工艺人》杂志。边饰来源于美国印第安人的形式，是典型的加斯塔·斯蒂克利所提倡的简单装饰形式。

3. 这条狭长的地毯以其节制的图案与地板上复杂的回纹图案形成了对比。*GG*

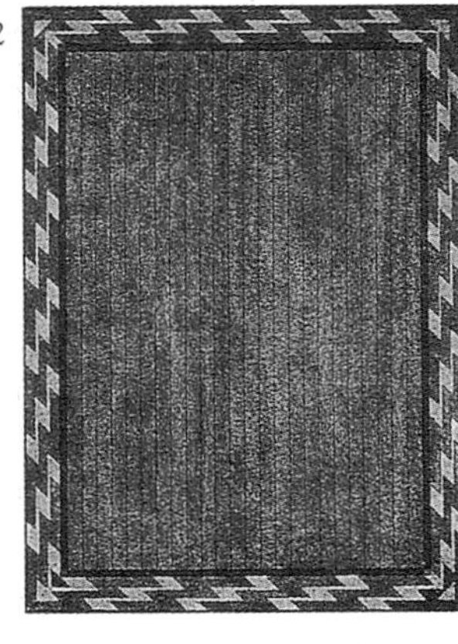

4. 1886年发表在《装饰和家具商》（*Decorator and Furnisher*）书中的一篇题为"为城市住宅设计的镶嵌地板"的文章里，展示了几何框架结构和拼花图案细节。这个地板显示了近东装饰的影响。

5. 19世纪80年代早期，由莫里斯公司出品的双面提花地毯，由威廉·莫里斯和克里斯托弗·德莱赛设计。它们在英国价值连城，但在美国，对这种图案的地毯需求则相对较少，自然图案或者更加简洁的图案占据主导地位。*FR*

工艺美术运动时期，无论是在英国还是美国，最被认可的住宅地面材料是木材和石材。最优质的木地板用整段树干切割而成的，这种地板的坚固品质无与伦比。两个国家对材质品质的要求相同，都精挑细选使用严格。相比之下，英国人更喜欢橡木，通过简单的抛光就可以彰显木材本身的自然之美。而美国的工匠则更喜欢本土的木材，比如橡木和枫木，同样也会使用一些进口的硬木。加斯塔·斯蒂克利指出：木地板应与其周边墙板的颜色在深浅程度上保持一致。大多数情况下，只有廉价的松木地板才会染色，以取得高档木材的质感。在19世纪60年代早期，在木地板上上油漆也曾短暂流行，比如将地板漆成深蓝色或是印第安红，但油漆的部位往往仅出现在地板的边缘，为的是配合地毯的铺设。石砌地板在乡村住宅中特别流行，通常用于入口大厅或起居室里。

地毯的使用也非常广泛。在英国，威廉·莫里斯和克里斯托弗·德莱塞设计了一些非常漂亮的地毯，其图案复杂又具有规律性。在美国，地道的土耳其、印度和波斯地毯非常受欢迎，即使简单的席子也很盛行。尽管如此，很多房主也会选择一些机织地毯。比如，英国那些效仿东方风格的地毯，以及美国那些法式花饰地毯或是简单的几何图案地毯。

壁炉

这个壁炉架出自英国诺森布里亚克莱德塞德1870年建造的城郊别墅，由理查德·诺曼·肖设计，是一件工艺美术运动时期的极品。带有豪华雕刻的梁托支撑着壁炉架，华丽的陶砖装点了四壁。高度抛光的壁炉柴架成为整体的一部分。*CR*

在工艺美术运动时期，基于对传统家庭观念的追求，使得住宅中的壁炉具有特殊地位。在大西洋两岸，炉边的装饰是这种观念最为重要的体现。在豪华的住宅中，壁炉的尺寸可能会很大。19世纪80年代，简单的壁炉架会设置用来陈列青花瓷的架子。最奢华的壁炉会做一面类似于文艺复兴时期的壁炉腔。最具异国风情的壁炉会贴满伊斯兰风格或是中国风格的瓷片。20世纪早期，普通的石制或是砖制壁炉腔都采用典型的手工艺风格。在更为精美的设计中，壁炉上部装饰架会加入雕刻饰板和深色金属罩。

壁炉内衬板流行铺贴线板的做法。一些优秀的设计师与生产瓷砖的工厂合作，设计了各种系列图案的瓷砖，如由沃尔特·克兰设计的瓷砖，在英国斯塔福德郡斯托克市的明顿公司和美国俄亥俄州赞斯维尔的安考斯特瓷砖公司生产。凯特·格林威（Kate Greenaway）设计的瓷砖图案同样也很流行。更多的图案样式节制带有浮雕纹理的瓷砖，通常由位于马萨诸塞州类似于切尔西应用艺术陶瓷公司之类的工厂制作。英格兰陶瓷制造商威廉·德·摩根生产的精致而独特的高级瓷砖，其图案则来源于东方艺术。

从19世纪70年代开始，铁架炉箅、炉垫箅、壁炉柴架都受到了唯美主义风格的影响。

1
2
3
4
5
6
7
8
9
10
11
12
13
14

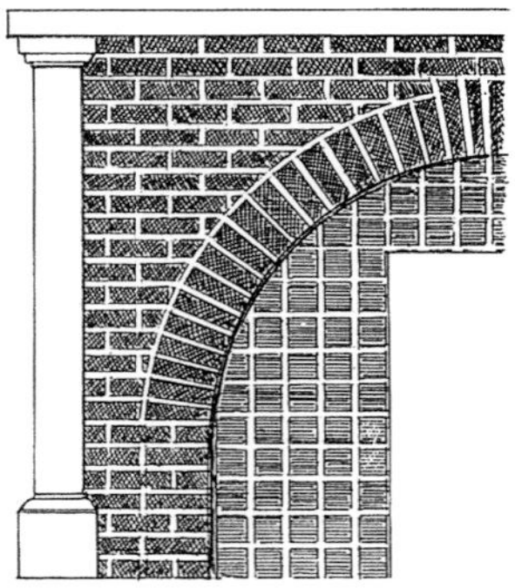

1和2. 木制壁炉架，典型的唯美主义风格。

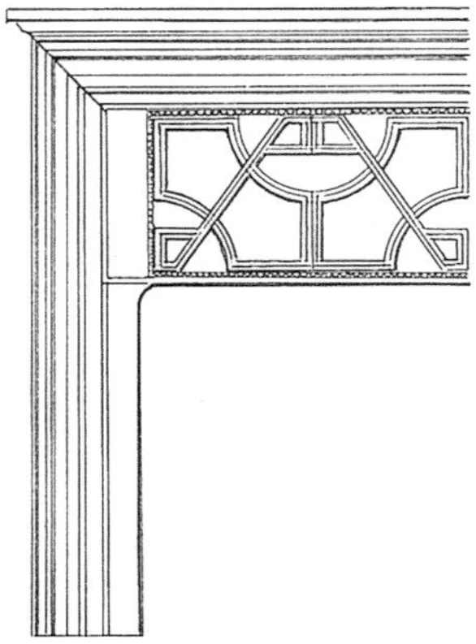

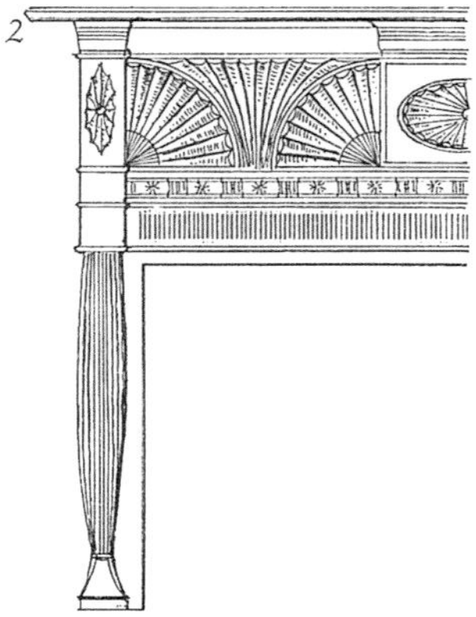

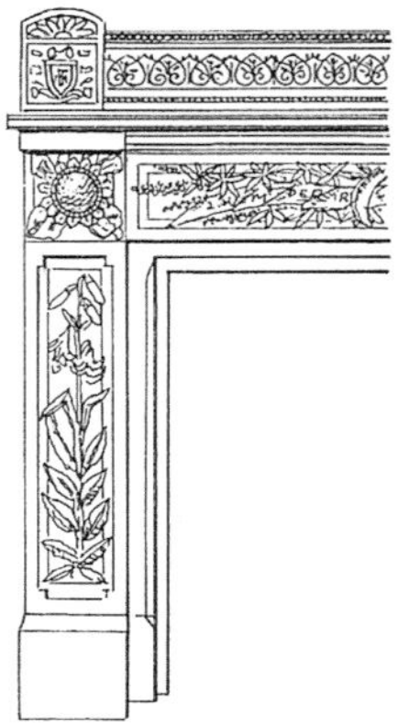

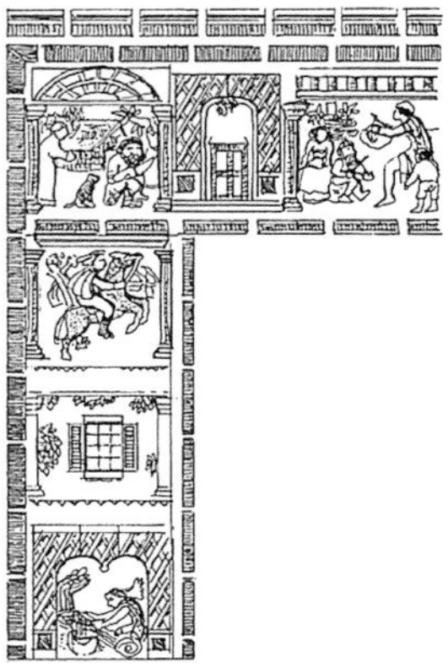

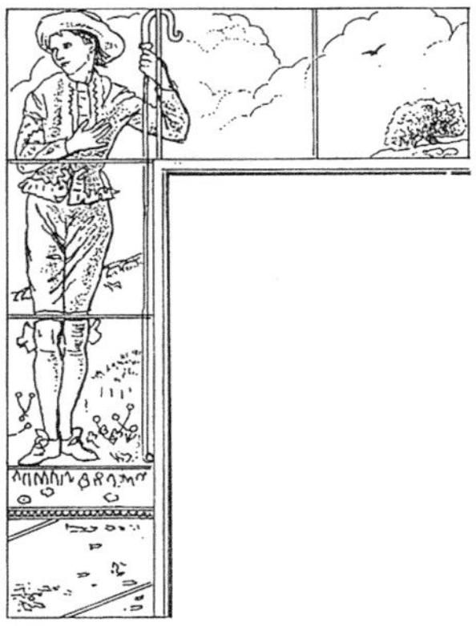

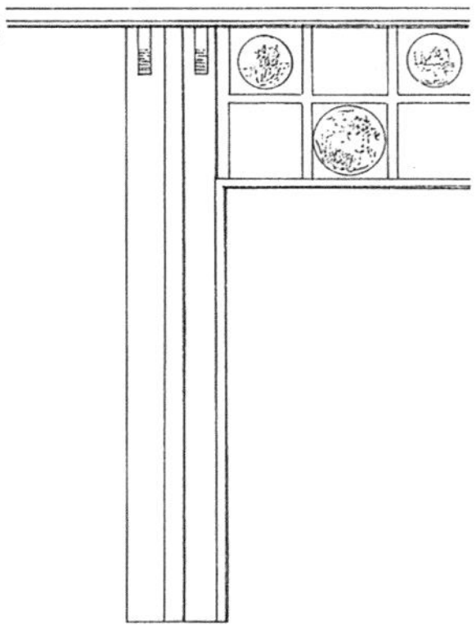

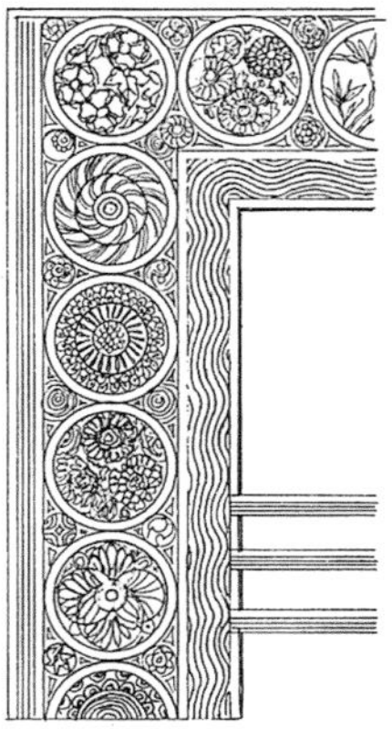

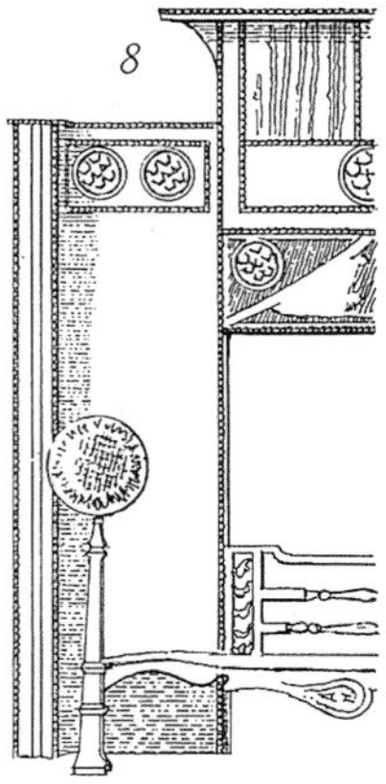

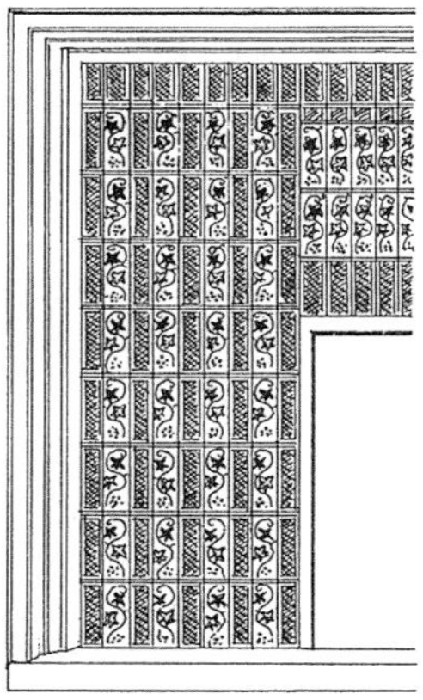

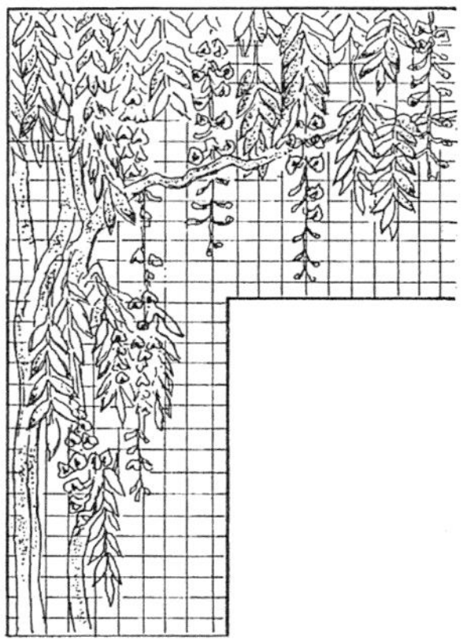

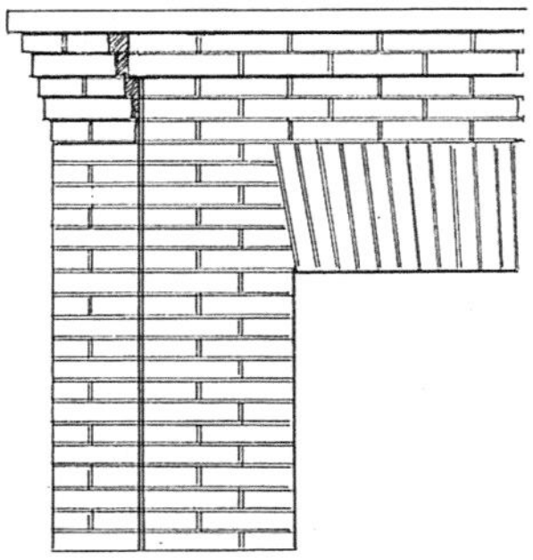

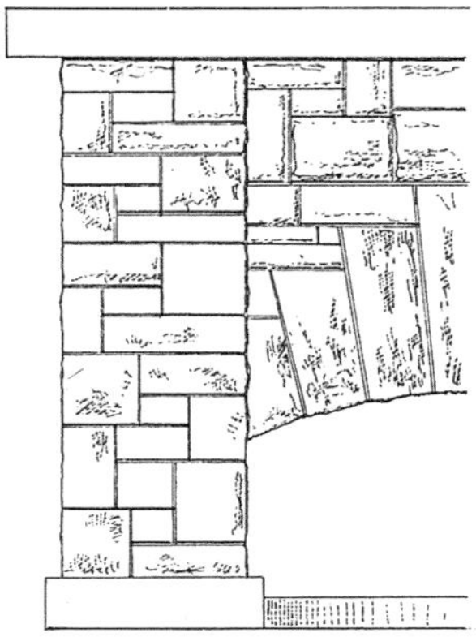

3. 由H.L.弗赖伊和W.H.弗赖伊（H.L.Frg and W.H.Fry）设计的壁炉架边饰，1875年。用胡桃木制成，来自辛辛那提的一所住宅，俄亥俄州。

4. 瓷砖很受欢迎。这是由美国的H.C.默瑟（H.C.Mercer）于1896年设计的浮雕壁炉架边饰。

5. 温斯洛·荷马的“田园”风瓷砖，令人联想起凯特·格林威的设计，1878年。

6. 这个1924年的木制贴砖壁炉，受到日本影响。

7. 精致的黄铜边饰由英格兰诺维奇的Barnard, Bishop and Barnards公司设计制作，约1873。

8. 由C.R.阿什比根据18世纪的样式设计的炉垫箅，边饰为唯美主义风格。

9. 由C.F.A沃塞设计的优雅壁炉边饰，约1903年。

10. 1904年由弗兰克·劳埃德·赖特设计的镶嵌瓷砖图案。

11. 后期用砖砌和石砌的壁炉架显现出更加冷峻和本土的特征，这个1906年的壁炉很有代表性。

12和13. 由瓦尔特·伯利·格里芬（Walter Burley Griffin, 1876—1937年）设计的石灰岩壁炉架边饰，来自艾奥瓦州，1912年。第二个案例带有花岗岩镶板。

14. T.E.科尔克特（T.E.Collcutt）为他伦敦的住宅设计的瓷砖壁炉边饰，1898年。

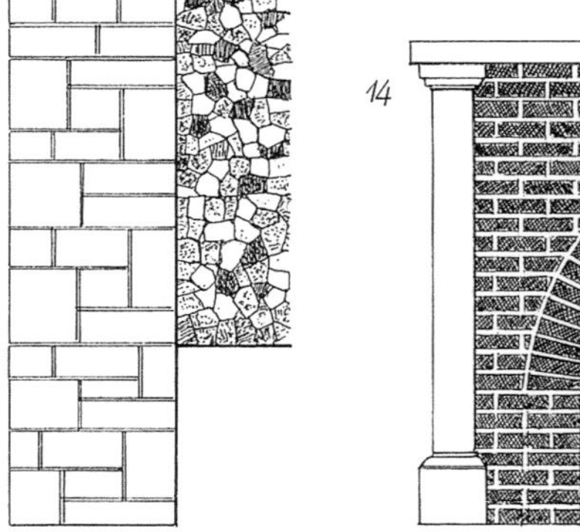

1

2

1. 简单的砖砌壁炉腔和炉膛，由菲利普·韦伯为黑斯市的红屋设计，伦敦附近，1859年。*RH*

2. 来自伦敦德贝汉住宅的壁炉，采用精致大理石和瓷砖砌筑，是由建筑师哈尔西·里卡多（Halsey Ricardo）在19世纪90年代设计的。*DB*

3

4

5

3. 根堡住宅客厅的炉边区域形式，帕萨迪纳，加利福尼亚州，1908—1909年，设计受到了16世纪炉边的启发。但水平方向上的装饰，包括瓷砖、平直的表面带有明显的现代主义色彩。桃花心木的灯罩安装有蒂芙尼玻璃。*GG*

4. 19世纪末唯美主义风格的壁炉细节。镶嵌的风格来源于意大利文艺复兴时期的宝石镶贴艺术（嵌入彩色大理石和半宝石的切片）。木制的边饰已经褪色。*LG*

5. 非常夸张的壁炉构图，出现在1901年《工作室》杂志的夏季号外刊上。这是“金色的金属”手工制品，其壁炉上部装饰架环绕着壁炉腔，由锻铁立柱支撑。压花饰板上刻着“智慧创造美，美提升智慧”。炉箅由抛光的锻铸铁制成。*S*

1和2. 典型的用本地石材制作的壁炉架，这种整体的壁炉腔很有特点。两个案例都由加斯塔·斯蒂克利设计。

3. 这个壁炉架带有一个铜罩和亚光瓷砖贴面的壁炉腔。

4. 图案复杂的贴砖边饰，英国。

5. 壁炉上部装饰架是工艺美术运动时期壁炉的一个重要特征。罗伯特·W.爱迪斯（Robert W.Edis）设计的壁炉饰架带有橱柜和镜子，顶部还有一个经典装饰造型。

6. M.H.贝里·斯科特19世纪后期设计的小型炉箅和边饰，采用分层布置的手法将壁炉上部装饰架各部分完整地结合为一个整体。

7. 1878年的壁炉架，在镶砖的壁炉架之上设置了分层的壁炉上部装饰架。可以用来陈列各种瓷器。

8. 唯美主义风格的奢华壁炉架使用了威廉·德·摩根出品的瓷砖。

9. 由乔治·杰克（George Jack）设计的壁炉架，可以追溯至19世纪90年代，上部的石雕饰板根据圣乔治屠龙的传说创作。这种神话传说的主题，揭示出工艺美术运动和前拉斐尔学派之间的不可割裂的密切关联，两者都将其称作“老英格兰”式。

10. 来自伊利诺伊州一所住宅里造型夸张的壁炉架，由乔治·H.马赫（George H.Maher）设计，1904年。宽大的壁炉架令人印象深刻，两侧有简化的壁柱，中央大理石的壁炉上部装饰架上镶有镜子。

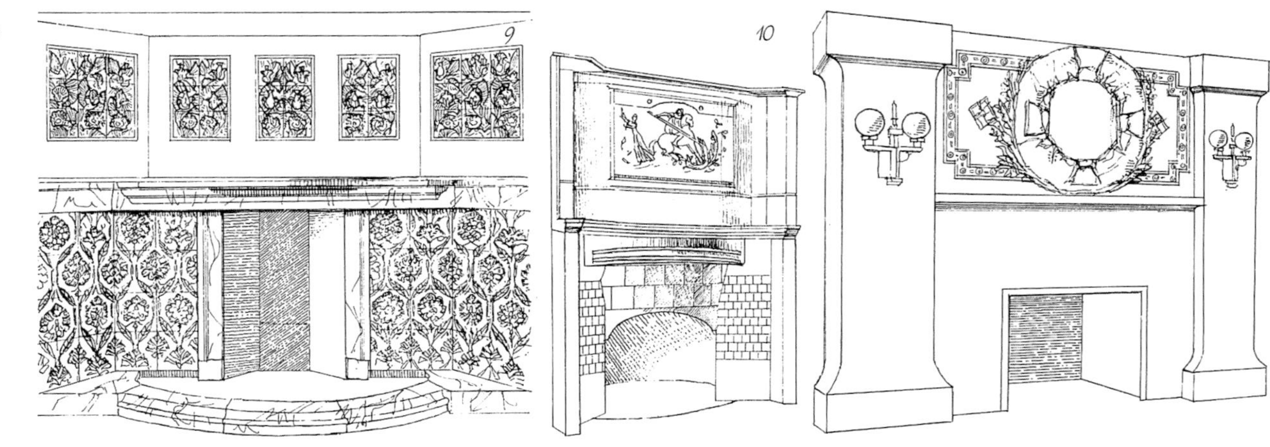

瓷砖和浮雕装饰是上乘壁炉架的标志。

1. 带有浮雕镶板的壁炉上部装饰架。英国，19世纪90年代。

2. 炉箅边的一块线板式瓷砖。明顿公司。

3. 由路易斯·亨利·沙利文设计的粗陶瓦壁炉板，1884年。炉箅和柴架的设计师和铁匠有了一次展示他们"传统"技艺的机会。

4. 由密歇根州的罗斯本制造公司生产的炉箅（1912年），用精致的叶饰和旭日图案进行装饰。

5. 由纽约的J.L.莫特铁器制造厂生产的精致的壁炉组合（1882年），柴架和炉箅边饰都采用了统一的菊形图案。

6. 英国的朴素炉箅，带有工艺美术运动风格的烟罩，由O.拉姆斯登（O.Ramsden）和A.C.E.凯尔（A.C.E.Carr）设计。他们遵循中世纪的样式，甚至使用了中世纪风格的水壶加热器。《工作室》杂志，1904年。

7. 由加德纳父子公司设计生产的炉垫箅，布里斯托尔，英国，1929年。

8. 由纳尔逊·道森（Nelson Dawson）设计的炉垫箅，用锻铁和黄铜制作，代表了商业化生产最优质的产品。曾刊登在1903年的《工作室》杂志上。

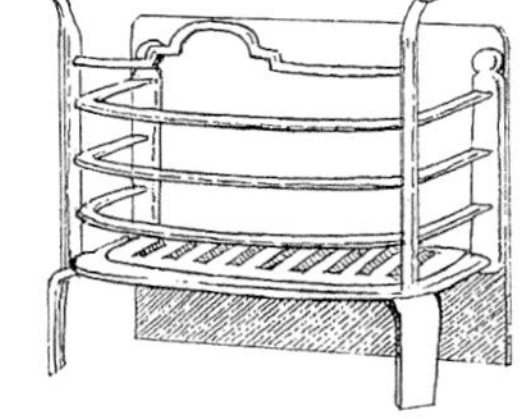

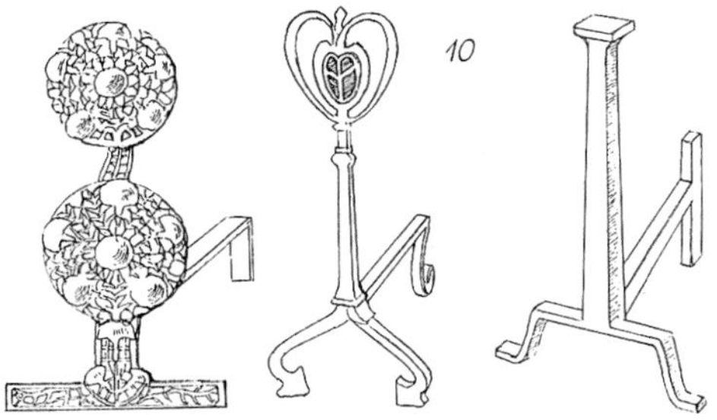

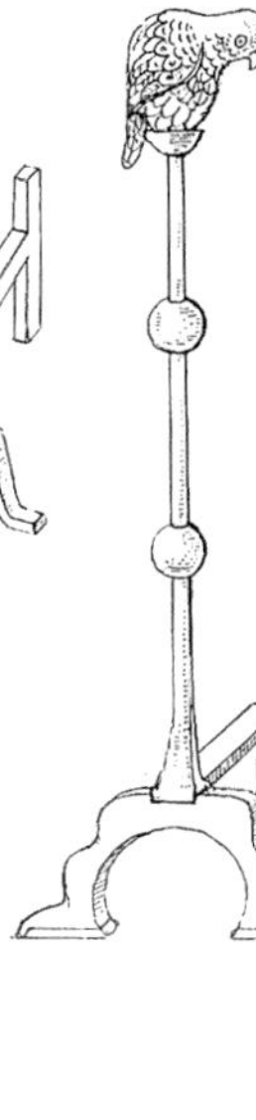

9. 由M.H.贝里·斯科特设计，有一个简化的王冠造型和凸出的柴架。

10. 精选的一些柴架样式。第一个例子受到17世纪回纹饰柴架样式的启发；第二个由哈罗德·史密斯（Harold Smith）设计，有一个心形的端头，显示出设计师受到了C.F.A.沃塞的影响。简单的锻铁柴架是加斯塔·斯蒂克利的作品，用于普通的砖砌或者石砌壁炉。相比之下，最后一个示例精美又别致，可以看出受到了工艺美术运动前期风格的影响。

楼梯

红屋里的楼梯，黑斯市，伦敦附近（1859年），由菲利普·韦伯设计，他与房主威廉·莫里斯是合作伙伴。楼梯的围板模仿中世纪的样式。雕刻而成带有尖端造型的楼梯端柱让人联想起哥特式风格。威廉·莫里斯早期的很多设计灵感来源于哥特式风格。天然的材料和朴素的墙面赋予这处楼梯间一种强烈的修道院风格，令人回想起菲利普·韦伯的雇主G.E.斯特里特的建筑作品。*RH*

这时期的楼梯已经成为住宅门厅或起居室的核心元素。当时的批评家意识到：楼梯在住宅中扮演着欢迎造访者的重要角色，并且认为好的楼梯既应该使造访的客人能够看到楼梯上的女主人，又能在走下楼梯时对客人进行亲切的问候，并对设计出这种楼梯的建筑师大加赞赏。大部分19世纪楼梯采用实木，如果木材质量较差通常会涂刷油漆，对于理想的优质木材仅做抛光处理。栏杆柱常被制成17—18世纪的经典造型，中柱布满丰富雕刻。19世纪80年代，由威廉·莫里斯及其公司设计的米德尔塞克斯郡的斯坦默尔大厅所使用的楼梯端柱，还将早期的电灯结合在一起。

工艺美术运动后期，栏杆柱形式更为简洁，断面多为方形。有时，楼梯栏杆柱还会被延伸，将楼梯围合在一个垂直的笼状结构中，这种楼梯系统经常被C.F.A.沃塞使用在英国的住宅中。在美国，开放式大厅中对楼梯的强调往往通过完美的手工艺展现出来，这一点从格林兄弟的作品中可见一斑。

在英国，锻铁工艺主要用在楼梯栏杆上，可以做出非常优雅的弧形，这显然是受到了新艺术运动的影响。在美国，西班牙殖民风格和传教风格风靡一时，整个楼梯都采用优雅的铁艺制品。

1. 强烈的线条感让这段楼梯造型显得非常有力，由美国建筑师斯潘塞和鲍尔斯（Spencer and Powers）设计。栏杆柱等距排列，转弯处的柱子由三根变成两根。楼梯端柱的顶部安装有灯具，《西方建筑师》（*Western Architect*）杂志，1914年4月。

2. 刊登在1903年的《工作室》杂志上的楼梯图例。采用了封闭式梯梁的形式，即栏杆柱固定在扶手和斜撑之间，斜撑又隐藏在梯阶的端头里。

工艺美术运动时期的大多数建筑师都青睐木制楼梯，用木材做出简单的造型，其天然的纹理增强了装饰性。

3. 朗克罗夫特住宅的车削栏杆柱，海伦斯堡，苏格兰，楼梯平台上立有精致的楼梯端柱，端头扣有一个球饰。设计师借用了巴洛克式的楼梯形式。

4. 这段优美的楼梯，带有一对醒目的雕刻楼梯端柱，其由纤薄的立柱组成。注意每一个踏步上都有四根立柱。楼梯下部的空间做成了嵌入式橱柜。

5. 斯坦莫尔大厅的楼梯，斜向栏板与水平栏板的装饰形成了强烈的对比，米德尔塞克斯郡，威廉·莫里斯及其公司出品，代表了威廉·莫里斯公司制造的最佳产品。

6. 这段楼梯曾刊登在美国1906年1月的《手工艺人》杂志上，梯下结合了座椅和橱柜的设计。

7和8. 格林兄弟设计的楼梯，带有独特的日式韵味。第一个楼梯来自罗伯特·R.布莱克住宅，帕萨迪纳，加利福尼亚州，1907年，有一个稳固的立柱支撑起坚实的屋顶；第二个楼梯来自亨利·M.罗宾逊住宅，帕萨迪纳，1905年。

1. 伦敦的威廉·莫里斯公司（与那位伟大的英国设计师没有联系，仅是同名）生产锻铁和青铜的栏杆柱。这个示例显示出受到了新艺术运动的影响，约1920年。

2. 金属栏杆（约1894年），框架是拱与柱的结合。

3. 两个精致的锻铁艺术造型。由查尔斯·格林设计的西班牙式楼梯（约1930年），以及扭转的栏杆柱设计，19世纪70年代。

4. 来自纽约奥拉那的一段摩尔式楼梯，19世纪70年代。细部如下面的小图所示。*O*

5. 建筑师非常注重楼梯端柱设计。典型的简单式样与造型奇特的锻铁端柱（120cm高）组成一组，由路易斯·亨利·沙利文设计，约1883年。粗壮的楼梯端柱来自爱德华·C.沃勒的住宅，伊利诺伊州，由弗兰克·劳埃德·赖特于1899年设计。在其设计的住宅中，这个瓮形装饰至少出现过七次。

6. 封闭楼梯间是典型的工艺美术运动后期的作品。第一个带拱门的楼梯颇具复古性，约1900年；第二、第三个楼梯来自《手工艺人》杂志的案例，两个采用直线设计的楼梯和前图的样式形成对比，1906年。

固定式家具

位于伦敦肯辛顿的雷顿宅邸中的图书室，至今还保留着1879—1881年建造时制作的固定式书架。房间中华丽的仿乌木色雕刻门框，配以绿印皮革的防尘流苏。低矮书架的檐口轮廓采用了文艺复兴时期的元素。这个房间更多是作为学习的空间而不是被用作图书馆，因此布置的书架数量有限。LG

固定式家具对于追求工艺精神的工艺美术运动深具吸引力。无论是炉边的长椅还是宽大的窗边椅，或是起居室中的长凳和贴墙而设的餐具柜，都为朴素而传统的建筑风格做出了贡献。固定式家具十分实用，最大限度地减少了杂乱元素，而“杂乱”作为维多利亚中期的装饰风格特征，被19世纪后期的设计师广为诟病。

威廉·莫里斯在其伦敦附近黑斯市的红屋（1859年）中使用了高背长椅，这在当时开创了一个先例。早期的这类作品一般施以油漆，大多都符合前拉斐尔学派艺术家的艺术准则，使用各式木板加工工艺形成了丰富多样的造型形式，当时的作品多由艺术家自己制作完成。直到19世纪末，这些重要的家具创作在英国和美国都非常流行。然而，19世纪70—80年代审美品位转向更加复杂的唯美主义艺术风格，趋向于大尺寸、工艺精美的搁板和橱柜，常设计在壁炉周围，并在壁炉上部装饰架上设有多层隔板和壁龛。

后期各类设施的工艺更加简单。20世纪早期工艺美术运动住宅的综合类固定家具，其橱柜和用来放置书籍或是瓷器的玻璃橱柜，都有坚固的门板和精美的铰链、门闩，起居室或餐厅周边的座椅成为现代家具体系的先驱。

1. 位于英格兰伯克郡泰晤士河畔亨利镇的一座令人印象深刻的橡木图书室。由威廉·莫里斯及其公司设计，是一个优秀的中世纪风格工艺美术设计样例。这座图书室承担了其所有者希望成为望族的抱负。*HHF*

2. 一款典型的装有玻璃窗的手工艺风格的书架，约1909年。

3. 木制高背长椅是工艺美术运动时期的流行元素，约1908年的这个设计还包含了写字桌的位置。

4. 出自格林兄弟的炉边转角空间设计细节。带有螺钉头的方形乌木桩衬托着红木高背长椅。毗邻的橱柜装有装饰性的质感玻璃。*GG*

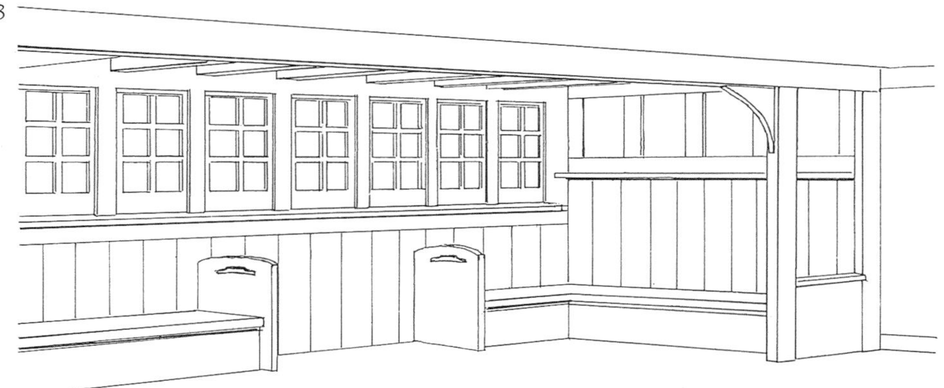

5. 厨房不受工艺美术运动的影响，正如这些比例匀称的样例所展示那样。*GG*

6. 乡村型中古风格的橱柜，属于一所别墅的厨房，约1905年。

7. 一款刊登于1905年《手工艺人》杂志中的固定式餐柜。带有固定式碗柜及简洁的亚光瓷砖。铅条玻璃增强了设计感。

8. 一款小型嵌入式卧室架，融合了顶部四周简单的回纹饰。出自一个儿童卧室，约1890年。

设施

1

2

3

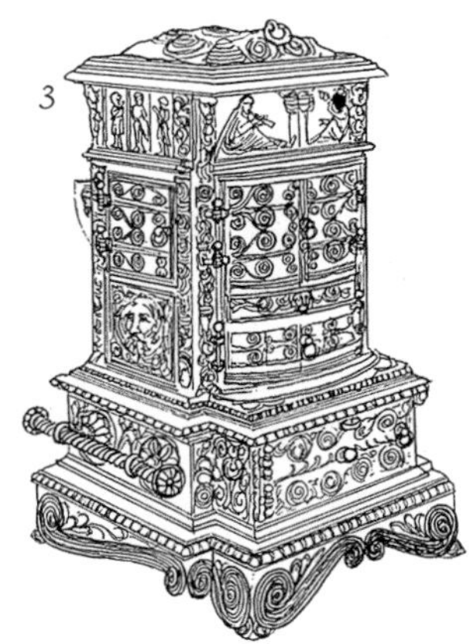

1. 德文郡德罗戈城堡的一个盥洗盆，是由埃德温·勒琴斯爵士设计的一款高品质的产品。

2. 威廉·德·摩根瓷砖铺满浴盆的边墙，英国明顿公司和美国安考斯特瓷砖公司大量地生产这种经济型瓷砖。*DB*

5

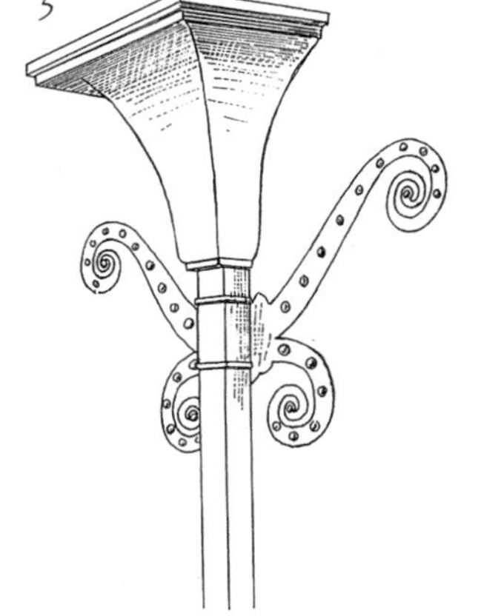

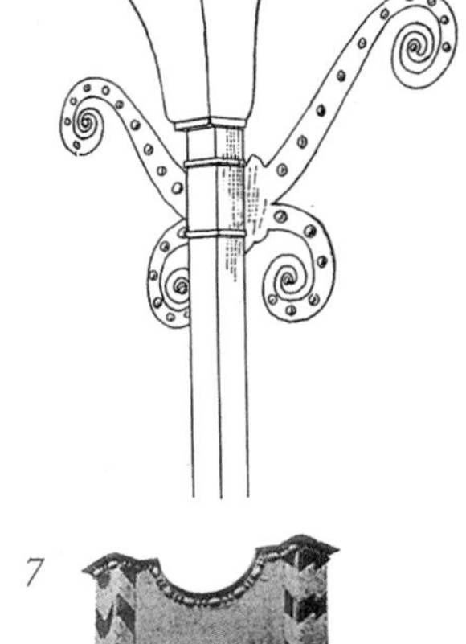

4

6

7

3. 1885年，纽约州奥尔尼的罗斯本&萨德公司制作的带有釉面砖的铸铁炉。日本人所推崇的审美品位强烈地影响着19世纪70年代至今的商业产品，一直持续至今。

4. 加利福尼亚州帕萨迪纳的根堡住宅的简易厨房水槽，1908—1909年，与房间其他部分的精雕细琢形成对比。朴实的形式反映出工艺美术运动对于实用性的关注。*GG*

5. 加利福尼亚州帕萨迪纳霍华德·朗利住宅的落水管（1897年格林兄弟设计）。矩形侧断面和卷曲的支架有哥特式的品质。

6和7. 商业产品目录上的排水沟和雨水斗。*GPD*

工艺美术运动风格的住宅设施在本质上与同时代其他风格住宅没有什么不同。然而，英国的“古英格兰”风格和“安妮女王”风格则在工艺上提出了特别的要求。室外设施要求配备高标准的铅制品，同时，建筑师很关注落水管与雨水斗。这些部分往往用精美的图案做装饰，或者刻有房主首字母和住宅的落成时间，体现出英国乡土建筑风格传统。美国工艺美术运动住宅更倾向于设置简洁、不显眼的排水系统，尽管如此，格林兄弟为他们在加利福尼亚州的住宅设计了容量更大的雨水斗，并配备了经过装饰的支架。

唯美主义运动及其艺术主题往往融入商业公司的产品之中。美国制造商在取暖炉的管套上加入了浮雕以及陶瓷片，这种装饰风格类似于马萨诸塞州切尔西应用艺术陶瓷公司的产品。这种火炉遭到纯粹主义者的批评，因为他们更愿接受不那么引人注意的新型中央取暖系统。这种系统在19世纪80年代之后才逐渐广泛使用。

建筑师设计的设施仍忠实于美学原理，埃德温·勒琴斯爵士设计的英国德文郡德罗戈城堡洗面盆，安装在气派的橡木箱子中，用车削栏杆柱来隐藏管道。

灯具

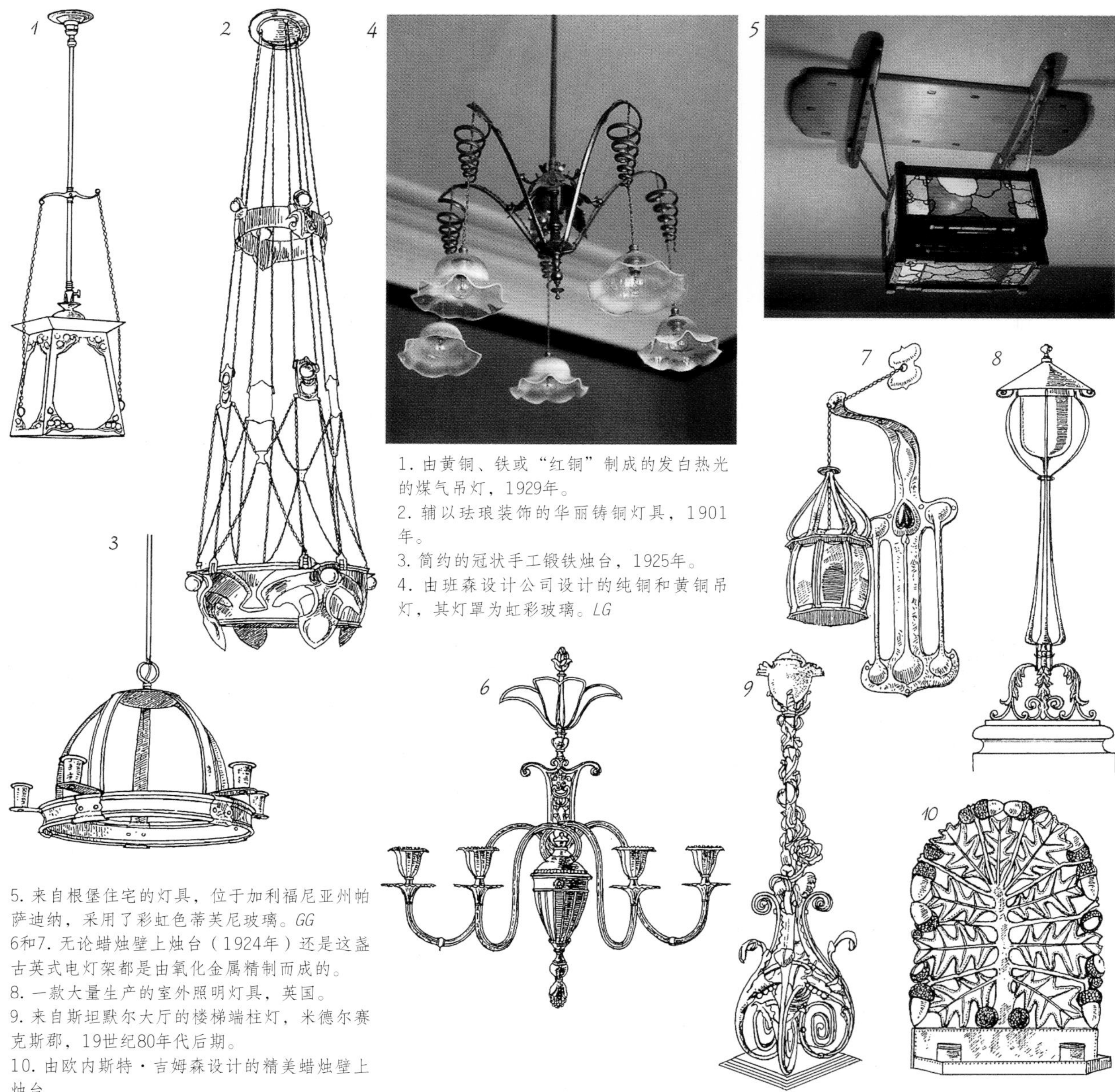

1. 由黄铜、铁或“红铜”制成的发白热光的煤气吊灯，1929年。
2. 辅以珐琅装饰的华丽铸铜灯具，1901年。
3. 简约的冠状手工锻铁烛台，1925年。
4. 由班森设计公司设计的纯铜和黄铜吊灯，其灯罩为虹彩玻璃。LG

5. 来自根堡住宅的灯具，位于加利福尼亚州帕萨迪纳，采用了彩虹色蒂芙尼玻璃。GG
6和7. 无论蜡烛壁上烛台（1924年）还是这盏古英式电灯架都是由氧化金属精制而成的。
8. 一款大量生产的室外照明灯具，英国。
9. 来自斯坦默尔大厅的楼梯端柱灯，米德尔赛克斯郡，19世纪80年代后期。
10. 由欧内斯特·吉姆森设计的精美蜡烛壁上烛台。

工艺美术运动的鼎盛时期是在19世纪80年代，这与第一个令人满意的民用供电系统的出现处于同一时期。在英国，电力照明最初被认为缺乏美感，因为对女士来说其耀眼的光芒过于直白而没有诗意。然而，一些喜好富丽感觉的人却欣赏新奇的事物，理查德·诺曼·肖就是其中之一，他从一开始就利用电灯来做灯具设计。

英国主要的电灯灯具供应商是班森设计公司，该公司在19世纪90年代中期生产了各式各样的灯具。在美国，纽约的I.P.弗林克公司是规模最大的制造商之一，19世纪80年代，该公司即为全国提供电灯灯具（也提供油灯和煤气灯）。不仅使用集中式枝形吊灯架（枝形吊灯），而且还有固定在雕带高度的系列壁灯。紫铜和黄铜是很受欢迎的材料，很多灯具造型与新艺术运动风格十分相近，并使用纤细精美的铁艺制品以及复杂的螺旋金属装饰。在美国的19世纪60—70年代，文艺复兴风格的煤气枝形吊灯成为时尚，到了80年代，简化的日本风格灯具也开始流行。早期的电灯泡很小，用透明的球状玻璃制成，直到1900年出现了花形和火焰形的灯泡，这种灯泡一般不使用灯罩。

本土风格的枝形吊灯和壁上烛台用锻铁铸造，而且对于蜡烛壁上烛台的需求一直延续到20世纪20—30年代。

金属制品

1 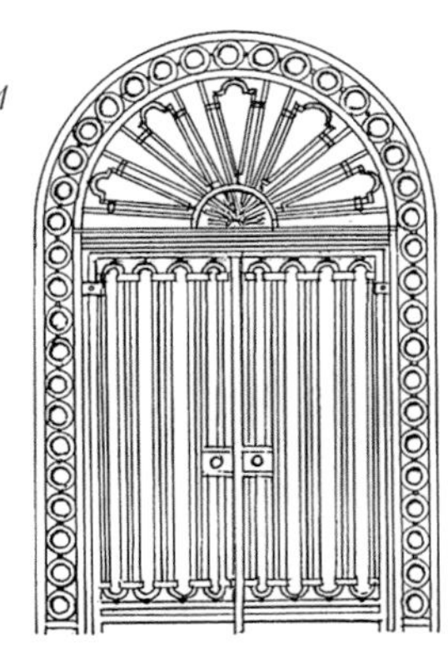

2 3 4 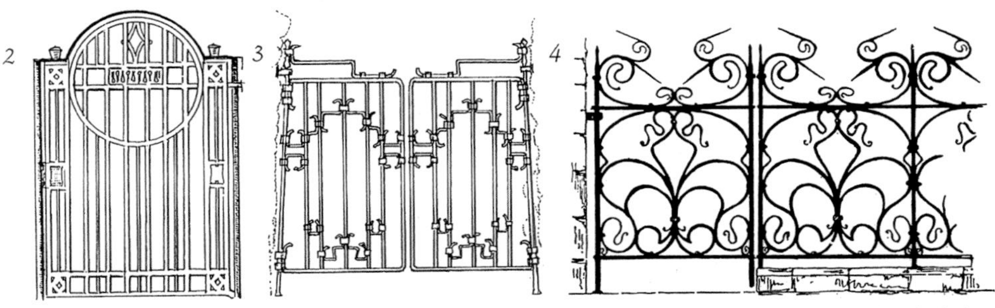

1～4. 美观大方的锻铁对开大门，分别为：英格兰伯明翰手工艺行会的作品；时髦的入口大门，约1920年；格林兄弟的设计作品，约1905年；来自伦敦阿尔弗雷德·A.纽曼（Alfred A.Newman）的动感十足的栅栏及其配套大门，1884年。

5. 仿制13世纪风格的精制锻铁大门。S

5 

6 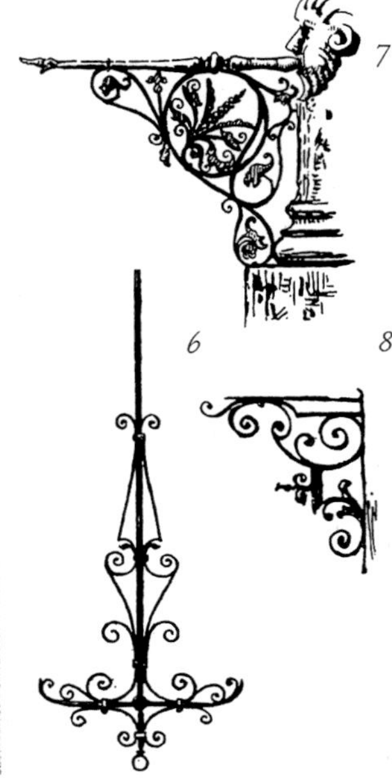

7 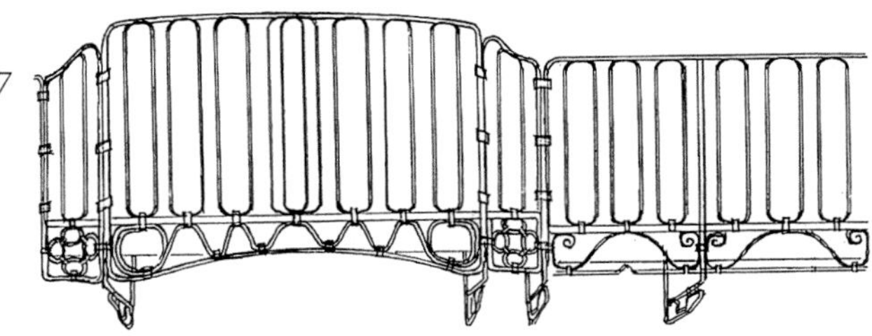

8 

9

10 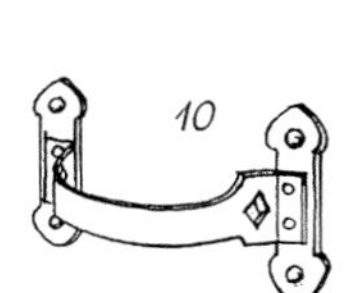

6. 锻铁托臂以及采用传统英式纹饰的枝形吊灯（纽曼，伦敦，19世纪80年代中期）。

7. 查尔斯·格林设计的西班牙复兴风格的楼梯平台，约1930年。

8. 伊莱休·维德（Elihu Vedder）设计的“向日葵之魂”壁炉背墙（美国，1882年）。

9. 一款有柔美图案的壁炉炉箅饰板。

10. 一款风格粗犷的长筒靴刮板。

工艺美术运动风格住宅的每一个细节都有极高的品质。在很多建筑师设计的住宅中，每一个门闩都经过了设计师审慎的构思。然而，随着工艺美术运动风格以及唯美主义风格越来越受欢迎，各式各样商业化生产的铁艺制品也层出不穷，包括嵌板、格栅，甚至还有栏杆和铁门。美国则紧随英国之后，锻铁、黄铜，甚至是最好的青铜也被用来制作金属制品。

铁艺大门和铁栏杆通常制作成简单的样式，与一个平整的方形结合在一起，顶部饰以尖顶饰，哥特式风格的交错造型和簇叶形装饰形式也极为流行。特殊定制的金属制品常是雅致的几何图形或者是华丽的装饰构件，这种装饰受到了17世纪许多大师作品的启发，比如吉恩·提尤。

向日葵主题在唯美主义风格中十分流行。1876年在费城的美国百年博览会上的显著位置展出了由托马斯·杰基二世设计，英格兰诺维奇的Barnard, Bishop and Barnards公司制作的葵花主题铁艺亭子。纽约的J.B.康奈尔铸造厂等一批类似的工厂还使用商业化的徽章装饰。

在20世纪早期，金属制品逐渐呈现出高雅的抽象图案风格。同时，在美国，像格林兄弟这样的建筑师将工艺美术运动的艺术品位推向一种更加现代的审美形式。

木制品

1. 位于飘窗上方的阳台，约1880年。车削栏杆柱使人们联想到巴洛克风格。

2. 带有回纹饰或雕刻装饰的封檐板，反映出早期的工艺美术运动时期深受英国乡土建筑风格的影响。
3. 来自加利福尼亚州的走廊栏板，1906年，是一个优美的后工艺美术运动时期设计的样例。柱帽带有日式风格。
4. 铺设于根堡住宅的木瓦围挡，加利福尼亚州帕萨迪纳，1908—1909年，使人们回忆起美国早期开发时的建筑风格，用木瓦代替了英国村舍使用的瓷瓦墙幔。更直接的影响是使木瓦在美国维多利亚式及学院派风格的建筑上得到广泛使用。挑檐是格林兄弟设计作品中的重要特征。*GG*
5～8. 来自西伦敦贝德福德公园住宅的门廊及出檐，建于19世纪80年代。一些建筑设有内置式座椅，其他一些形状各异的出檐则带有雕刻装饰的托架。右侧的贝壳形及双曲线三角楣饰则是完全忠实于18世纪早期英国安妮女王风格的样例。

对木工制品精细而娴熟的运用是工艺美术运动的核心宗旨。对手工技艺和美的价值的尊重与回归贯穿在整个工艺美术运动和唯美主义运动住宅设计中，并且也在传统木结构元素中展现出来：包括栅栏、木门、门廊、阳台以及廊台。

家园的重要性，以及同样重要的好客感的形成，都要求对住宅围栏进行认真的设计。大部分栅栏是纯粹的线形，有着连续的正方形断面的栏杆柱。有时也能看到车削栏杆柱，这是受到了17世纪设计形式的启发，同时也会运用唯美主义风格中具有东方形式的异域风格。比例很受重视，栅栏和大门趋向更加细长的比例。大门往往与凉棚和格架连接在一起。

英国安妮女王风格被工艺美术运动建筑师广泛接受。伦敦贝德福德公园的第一个郊区公园住区（大部分住宅在19世纪70年代后期由理查德·诺曼·肖设计）中大量采用安妮女王风格门廊和门头，也有封檐板，其木制被漆成白色，展现出该风格的典型特征。

门廊的设计更加简朴温馨而不是富丽堂皇，这对于美国工艺美术运动的建筑师来说是构成住宅风格极其重要的特征。同样，廊台设置的目的是为了鼓励人们参加户外活动，这就使得乡下或是山地住宅的游廊可能会用整棵树干作为支撑，追求真正质朴的处理手法。

1. 具有典型工艺美术运动风格特征的围墙，由三短两高为一组的围板及横梁不断延续构成。ACG

2～5. 四款各有特色的大门。第一个由格林兄弟设计的装饰有回纹饰板的花园窄门，并以特写形式出现在1915年的美国《建筑师》杂志上；接下来的大门来自英格兰布里斯托尔，其回纹饰复制了都铎王朝时期的带状饰风格。请注意此门是住宅的次门；第三个案例以其令人喜爱的构架荣获《工作室》杂志举办的设计竞赛的佳作奖，约1900年；最后一个大厅则是来自于加利福尼亚州伯克利（格林兄弟设计，1909年）的一处具有时尚风格的住宅大门。

6. 很有特色的一款栅栏围墙，约1902年，拥有简洁的立柱、微妙的斜角以及简朴的回纹饰。

7. 带有典型桩帽的宽大入口大门。

8. 格林兄弟设计生产的对开大字门。两侧的门板设计有连续的人形花纹。

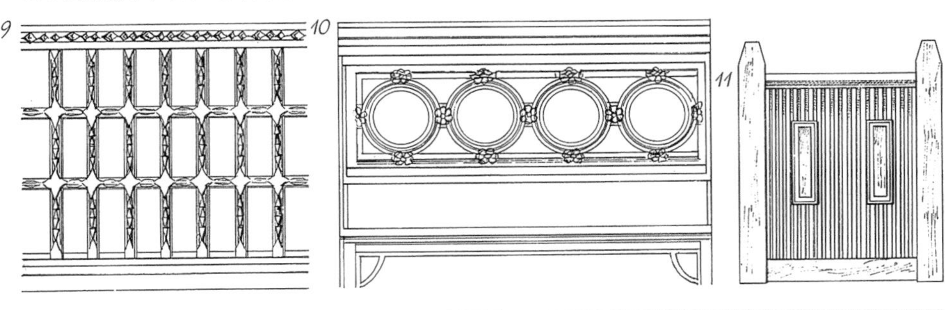

9～11. 室内楼梯平台围栏。第一个样例带有哥特晚期风格的花卉装饰（英国，约1920年）；第二个来自位于伊利诺伊州河畔森林由弗兰克·劳埃德·赖特设计的建筑，1899年。环状装饰与楼梯端柱相互衔接（详见P328）；最后一款围栏则是一个用来体会工艺设计的很好样例，约1906年。

12. 一组雕刻饰板：交错的图案是哥特式风格的现代演绎。沃尔特·克兰于1905年在他的《艺术理念》（*Ideals in Art*）一书中对其进行了称赞。

13. 来自芝加哥由路易斯·亨利·沙利文设计的一款住宅的挡烟垂壁，约1885年；对车削的纺锤形立柱的创新使用在美式装饰围屏的设计中得到广泛推崇。

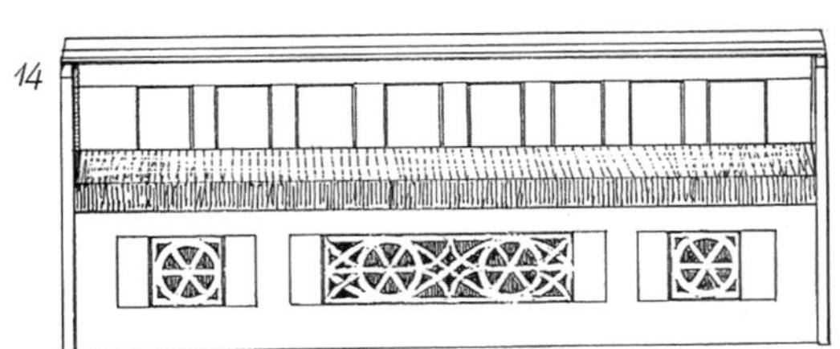

14. 对功能设施的美化装饰：这组凯尔特风格的通风孔实际用于隐藏供暖散热器，纽约，1914年。

15. 位于纽约哈德孙河谷奥拉那的木制廊台，可以追溯至19世纪80年代，依附于粗糙不平的石墙上。这种充满异国情调的东方风格的游廊与充满实用主义的殖民风格的墙壁形成对比，构成了美国工艺美术运动的风格特色。O

新艺术运动时期（1888—1905年）

玛格丽特·奈特

1 

2 

1和2. 查尔斯·伦尼·麦金托什是英国新艺术运动建筑师和设计师的领军人物，他的作品通常带有纯粹的几何形式，与欧洲大陆的曲线形流行式样大异其趣。这里看到的是其为出版商W.W.布莱基（W.W.Blackie）设计的希尔住宅，建造于1902—1903年，位于苏格兰的海伦斯堡，是查尔斯·伦尼·麦金托什住宅设计的重要案例。朴素简洁的外观更多地倾向于苏格兰的传统语汇，类似于17世纪苏格兰贵族简洁朴实的乡土建筑风格形式，带有锥形屋顶的尖塔、细小的窗户、厚实的双坡屋顶和巨大的烟囱。其赋予这栋建筑迷人的外观和精心设计的相互契合的体量关系。同时，室内布局在空间处理上也表现出极大的独创性。*HL*

3 

3. 弗兰克·劳埃德·赖特1909年设计的位于芝加哥的罗比住宅，是草原式住宅的经典之作。水平向伸展的低矮的建筑体形与美国中西部平原相呼应。赖特以其独有的天赋挑战了既有的住宅形式，并声称其草原式住宅与查尔斯·伦尼·麦金托什的设计相比，对新艺术运动产生了更大启发和影响。

1890—1910年间，生机盎然且弯曲舒展的新艺术运动风格图案风靡了法国、比利时和德国，但在英国和美国却未出现类似的情况。这两个国家只不过“抽取”了新艺术运动风格的部分形式元素，并将其作为细节添加到传统民居上而已。虽然建筑与家具制造商将新风格纳入他们的产品目录中，并冠以“新艺术”的名头。但是，愿意致力于欧洲大陆这种激进的新艺术形式运用，并将包括纤维织物、餐具在内的整个室内设计，转化为紧张弯曲的有机线条的组合样式的设计师为数并不多。如果只是希望产生令人愉悦的时尚效果，那么选择一些大胆的新艺术风格的装饰细部足矣。

伦敦摄政大街上的利伯第商店主要销售工艺美术运动作品，也推出了一系列具有新艺术运动所有特征的壁纸、纺织品和饰品。在其商品目录中，这些产品被描述成混合了更加艳丽的新元素的工艺美术运动风格。尽管大多数利伯第的设计师反对其作品被贴上新艺术运动的标签，但从作品的实际情况还是能够清楚地看出：其风格形式的确与意大利的一家以新艺术运动风格著称的“斯第莱·利伯第”商店的产品非常一致。

在美国，一些设计师从事着与法国新艺术运动风格密切相关的设计，其中之一是路易斯·康福特·蒂芙尼（Louis Comfort Tiffany, 1848—1933年）。他的玻璃制品，比如染色玻璃嵌板工艺和灯具都曾在巴黎展出（沙龙，1895年），并在巴黎塞缪尔·宾（Samuel Bing, 1838—1905年）的商店中售卖。路易斯·康福特·蒂芙尼也做室内设计，常采用不对称的形式来设计植物花卉图案，使用的材料也十分丰富。

欧洲大陆的新艺术运动设计师，开创了一种接近自然形态的具有高度装饰性和统一性的设计主题，而英国和美国的设计师则更致力于发展工艺美术运动的核心思想。格拉斯哥的查尔斯·伦尼·麦金托什以及芝加哥的弗兰克·劳埃德·赖特是两位最重要的“统一设计”创新实践家，他们的设计均基于几何图形而不是有机曲线形式。

到了20世纪初，麦金托什与他的合伙人也是夫人——玛格丽特·麦克唐纳（Margaret MacDonald）开创了一个广受英国同时代设计师质疑的风格，由于这种风格有着细长的形态以及苍白的色彩，因此也被称作“幽灵风格”。格拉斯哥学派的室内设计有以下典型特征：以雕刻品质形成的简单形式；用没有框架并嵌入墙体的窗户和门来强调建筑的坚固和体量感；清淡柔和的色彩；无论是家具（包括固定式和独立式）、表面装饰、纺织品还是金属配件都使用成系列的重复性图案；以稍稍弯曲的纵向线条来暗示植

由查尔斯·伦尼·麦金托什设计的希尔住宅的前厅，例证了其特有的格子图案形式（如地毯），浅色调对比柔和的色彩，以及用通透的隔断进行空间分隔等。木材处理成和谐的暗色调或黑色，有时漆成象牙白色，海伦斯堡，苏格兰。*HL*

物，而非直接模仿植物形态；用自由的具有张力的线条抵消网格状、程式化的玫瑰图形。房间传递出的简洁之美与日本风格有很多共同点。查尔斯·伦尼·麦金托什在美国也有一定的影响力，当时的人们多是通过诸如《工作室》杂志这样的渠道了解他的设计。

在19世纪90年代至1910年之间弗兰克·劳埃德·赖特设计了一系列的住宅，虽然他否认自己的作品受到任何大师或是设计运动的影响，但这些住宅在建筑与室内空间的创新手法上也非常令人吃惊。与查尔斯·伦尼·麦金托什相反的是，他的设计观念可以被美国所接受。1901—1909年间，他为伊利诺伊州郊区设计橡树公园的时期是他设计生涯中最繁忙的时期。在弗兰克·劳埃德·赖特手中，横向延展的屋顶形式；塑型、延展的室内空间；被强化的砖砌或石砌烟囱；彩色玻璃窗和室内柱式的纵向线条等，都构成了这些住宅统一的视觉特征。同时，在保持居住特点和舒适感的前提下，图案也变得更加抽象。

弗兰克·劳埃德·赖特在中西部建造的低矮住宅与同时代其他才华横溢的设计师建造的相类似的住宅，共同构成了独特的“草原式”风格，这种风格的显著特点包括宽大的挑檐、拉毛粉刷外墙、成组的竖向平开窗，以及采用一个庞大而低矮的壁炉作为住宅的中心等。为了扩展新艺术运动的影响而采取的这种方式，看上去可能夸大了这种风格的定义，但却深具启发性，因为在设计中通过重点突出一些相似的和矛盾的造型，使空间充满了趣味，尤其那些带有查尔斯·伦尼·麦金托什设计风格的作品。

门

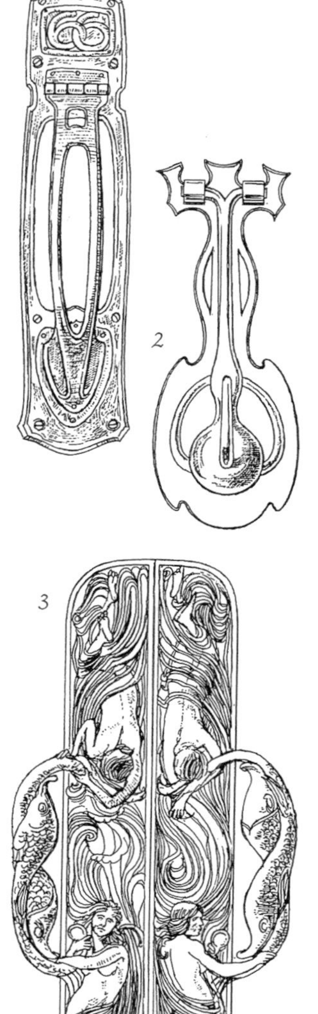

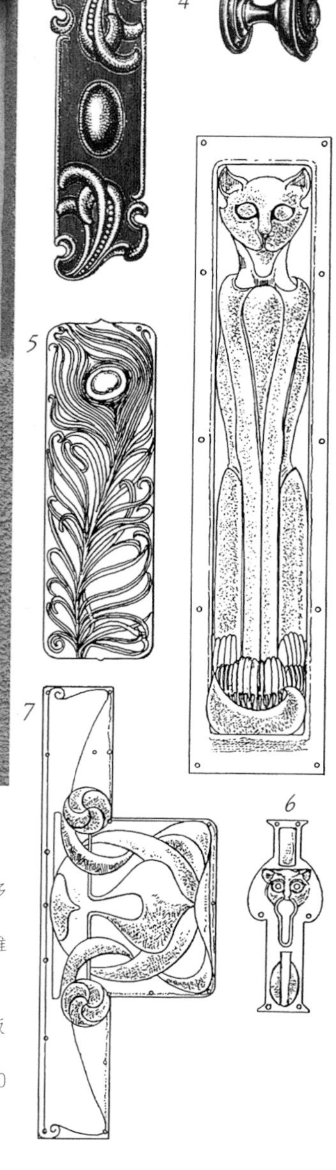

1. 由查尔斯·伦尼·麦金托什设计，1902—1903年建于苏格兰希尔住宅的外门。玻璃的式样和窗户的位置都是其典型风格。*HL*
2～7. 将铜、黄铜或银敲入门的五金配件进行装饰。大西洋两岸的公司都在大量生产这种人们负担得起的五金配件，其样式受到手工艺制品的影响。
2. 两个门环，其中一个镶嵌了门牌号（66）。
3. 一对青铜把手，用于室内门，1902年。
4. 室内推门板和门把手，提供多种金属材质可选。*NC*
5. 孔雀尾造型的铜制凸纹饰推门板，其中镶嵌有搪瓷装饰物，1901年。
6. 厅门上面的猫形铜压花推门板与相匹配的锁孔，1897年。
7. 精美的铜压花推门板，1900年。

在英国和美国，想找到一处有着新艺术运动风格大门的传统住宅并不难，而更加普遍的是在传统方式制作的标准型木门中采用新风格的门把手、锁眼盖、信箱和铰链，并且使用孔雀羽毛或者心形树叶作为装饰主题。

门套的情况也是如此，会用保守的方式加上有机的、流线型的图案；一些传统而经典的装饰素材，如那些应用于柱式、壁柱、框缘、三角楣饰之上的形式并没有消失或被取代，但是引入了曲线用来对传统的几何形态进行调整。一个典型的案例是：用向外凸出的流线型取代柱头，并将建筑上部的结构元素与框缘连接起来。类似的做法还包括外门入口部位，将半圆形的三角楣饰造型以有机曲线形式从立柱向外延展，并形成整个雨棚。

彩色玻璃是大门上的重要元素。在查尔斯·伦尼·麦金托什和弗兰克·劳埃德·赖特的建筑处理手法中，常会采用两到三个垂直窗框，镶嵌着植物纹样或者纵向拉伸的抽象图案的彩色玻璃。彩色玻璃通常要与门廊墙面的彩色瓷砖相呼应，可以与拼贴的瓷砖创造出一种重复性图案、一个大型主题，或者是风景绘画。玻璃和瓷砖都属于大批量生产的新艺术运动风格的装饰材料。

1. 一扇1899年住宅内门的样式，具有程式化的花卉图案彩色玻璃。植物图案使上部的彩色玻璃装饰图案与门框"柱头"之间产生一种视觉联系。这种有机的设计是典型的新艺术运动风格形式。

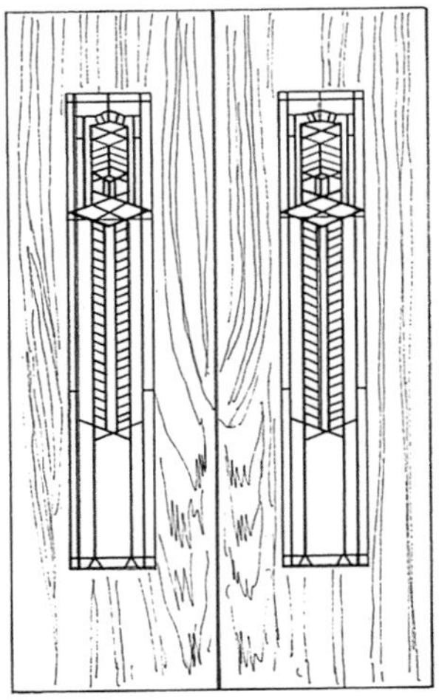

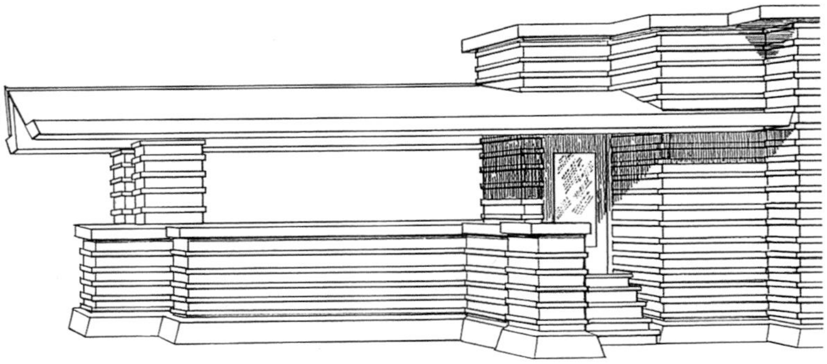

2. 这个1904年的大门的式样，在20世纪初英国和美国规模较大的住宅和公寓大楼中经常看到。装饰性金属托架起到拱形雨棚的支撑作用。

3. 1909年由弗兰克·劳埃德·赖特设计的芝加哥罗比住宅带有玻璃窗格的对开门。垂直向上的造型与建筑所强调的水平构图形成了对比。

4. 伊利诺伊州斯普林菲尔德的达纳住宅的入口雨棚，弗兰克·劳埃德·赖特设计，1903年。有一个彩色玻璃屋顶和带有拱形玻璃门的狭长拱廊。

5. 弗兰克·劳埃德·赖特的建筑特色是利用砖砌的体量通过长水平延伸将门廊扩展。门本身被弱化，仅作为构图上的垂直"固件"。

6. 苏格兰海伦斯堡的希尔住宅的大门，查尔斯·伦尼·麦金托什设计，1902—1903年。料石框缘和过梁表明了大门的重要性：因为入口位于建筑侧面而不是正面，所以这种设计十分必要。*HL*

7. 同一栋住宅的侧门，门上简单的网格与旁边的窗户造就了愉悦的感觉。*HL*

8. 希尔住宅的主卧室门，垂直的壁龛与门板形状相呼应。*HL*

窗

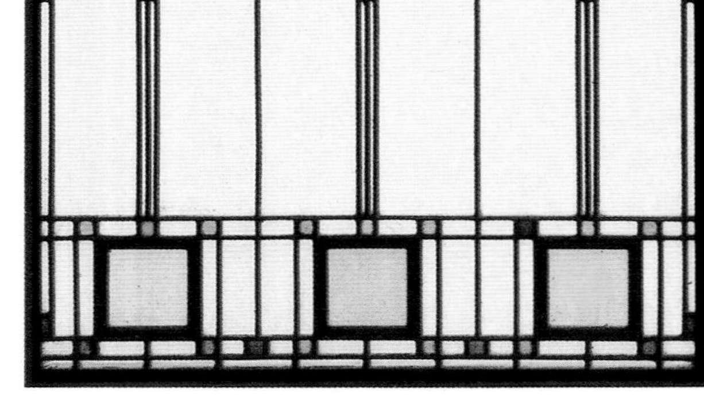

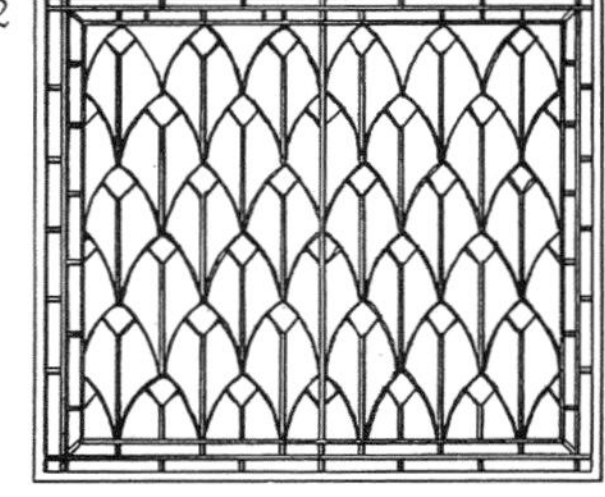

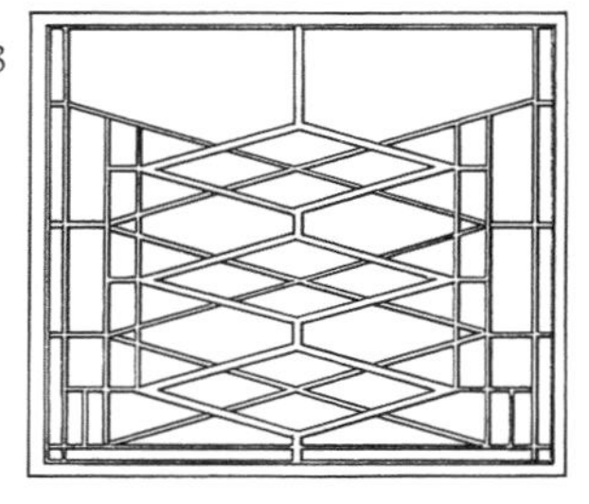

前三个窗户由弗兰克·劳埃德·赖特设计。通过使用锌、铜电镀制成的“铅条”，使格架的支撑力变得更强，尺寸上却更加细小。

1. 生命之树的一个版本，105cm（高）×67cm（宽），布法罗州，纽约，约1903—1905年。*CNY*

2. 一扇早期的窗户形式，1895年由弗兰克·劳埃德·赖特为自己在伊利诺伊州橡树公园的住宅而设计。

3. 弗兰克·劳埃德·赖特设计的芝加哥罗比住宅桌球房内的窗。用非常薄的“铅条”组合成常规的厚度。

4. 一位匿名设计师设计的草原式窗户图案，一扇盛开着郁金香的轻体磨砂窗，约1910年。

欧洲大陆新艺术运动建筑风格中采用的不对称曲形窗户造型，很少在英国和美国的住宅建筑上出现。查尔斯·伦尼·麦金托什和弗兰克·劳埃德·赖特的处理手法非常具有典型性，窗户往往去除传统的窗扇，或者与墙面平齐，或者凹进墙内，以强调建筑的体积感。

装饰玻璃十分流行，并被用以“更新”传统形式的窗户。不同的处理手法体现在不同的嵌板图案上，有的沿着上下推拉窗的边沿进行镶嵌，有的则在窗扇中镶嵌整块彩色玻璃，甚至通往温室的法式落地门也采取相同的做法。最为精美的玻璃扇会有独特的场景、风景，或花鸟组合图案，还有一些玻璃描绘着抽象植物和几何图形。在美国，由约翰·拉·法奇（John La Farge, 1835—1910年）开发出来的乳白色玻璃同路易斯·康福特·蒂芙尼的窗户一样，成为大量模仿的对象。

窗户配件和门上的五金类似，形状细长。末端处理成心形树叶的细线条是当时铁扣和铰链最流行的样式。铁是最常用的窗户配件材料，其外观能够与玻璃上的铅框形式相协调。铁与黄铜相结合的案例也很常见。

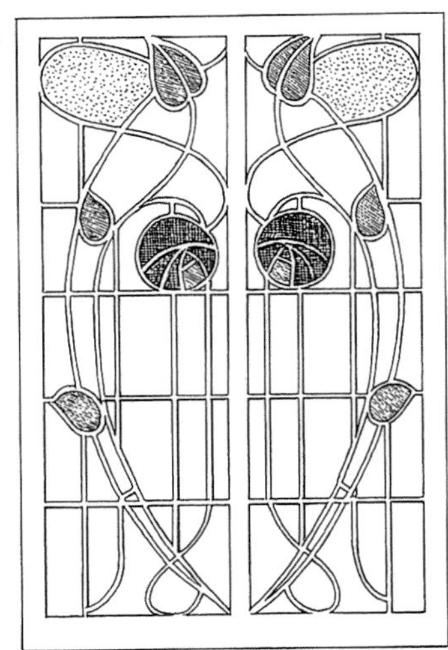

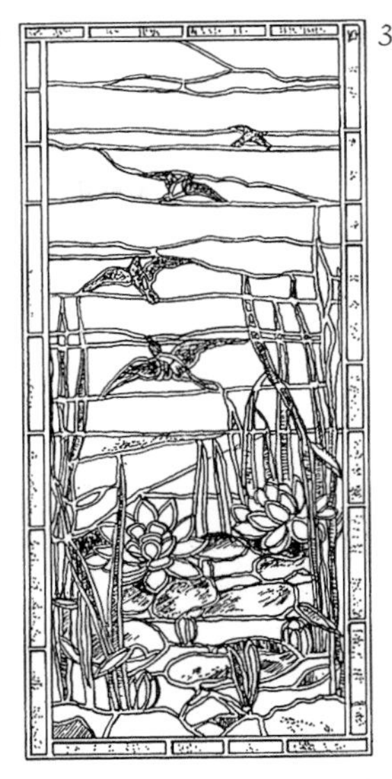

1. 由乔治·沃尔顿（George Walton）制作的铅条固定的彩色玻璃，带有玫瑰和树叶图案，设计师为查尔斯·伦尼·麦金托什，高度为130cm。

2. 20世纪初的铅条固定的彩色玻璃景观窗，可以看到鸟从长着莲花和草的沼泽池塘飞起，高度为118cm。

3. 纽约蒂芙尼工作室出品的三块彩色玻璃面板之一，构图为精致的葡萄格架样式。清晰的菱形部分与上部的自然形式框架相互补充。

4. 1903年芝加哥E.L.罗伯茨有限公司目录图册上的窗户，有着强烈的新艺术风格。

5. 约1885年纽约蒂芙尼工作室的彩色玻璃扇形窗。色调设计为深紫色、绿松石、橄榄绿色、红色、赭石、蓝色和芥末色并以模压细节作装饰，长度为123cm。

6. 查尔斯·伦尼·麦金托什设计的希尔住宅的卧室窗，来自苏格兰海伦斯堡。窗户，甚至遮阳窗都处理成弯曲的形式，与海湾曲线相对应。*HL*

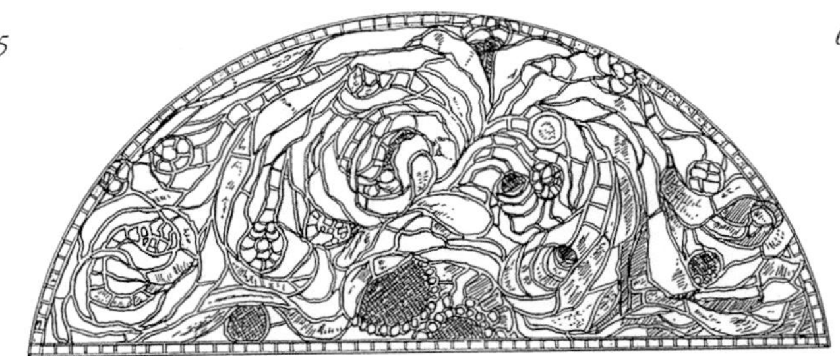

7. 查尔斯·伦尼·麦金托什设计的希尔住宅会客厅的主窗。窗户两边设置了嵌入式的书报架。两根“柱子”没有结构上的作用，不过是为了使窗户的形式均衡稳定。*HL*

8. 希尔住宅的楼梯间窗户，垂直的式样与楼梯的比例相呼应。*HL*

墙面

苏格兰海伦斯堡希尔住宅的墙面形式，查尔斯·伦尼·麦金托什设计。竖直木制条带用染成深色的松木制作，其间带有自然形态的模印图案，墙面木板的节奏是典型的查尔斯·伦尼·麦金托什风格。HL

各种形式的墙纸是新艺术运动风格住宅墙面最重要的装饰材料之一，很大原因在于其随处可得。当时，很多公司都在生产墙纸，比如美国的约克墙纸公司和M.H.伯奇父子公司，英国的利伯第公司和锡尔弗工作室等。这一时期的壁纸都有着柔和的色彩，充满韵律的平面图案和曲线形式，与19世纪中期自然主义色彩明亮的墙纸形式完全不同。著名的英国墙纸设计师阿瑟·海盖特·麦克默多（Arthur Heygate Mackmurdo），他非常喜欢使用起伏的水草作为图案主题。墙纸公司也生产雕带与墙纸配合使用，或单独用于朴素的墙面装饰。墙纸偶尔也与预制的石膏雕带相结合。

彩色墙面往往使用在更富有艺术性的住宅中。查尔斯·伦尼·麦金托什钟爱清淡的色彩或者是纯白色的墙壁，在墙面顶端装饰以模板印制的图案，或者用图案突出一些特别的设施，比如壁炉或窗户。

弗兰克·劳埃德·赖特、查尔斯·伦尼·麦金托什以及其他一些重要的设计师引入了木制墙板，在英国的《工作室》杂志以及美国的《手工艺人》杂志都有很多这样的插图范例。就一般情况而论，传统的构图形式让路给强调纵向和最低限度的横向分割方式。具有装饰性的瓷砖也被引入墙面设计中，但是，除了大型的和非常时尚的室内装饰，这种设计手法通常只使用在浴室之中。

1

2

3

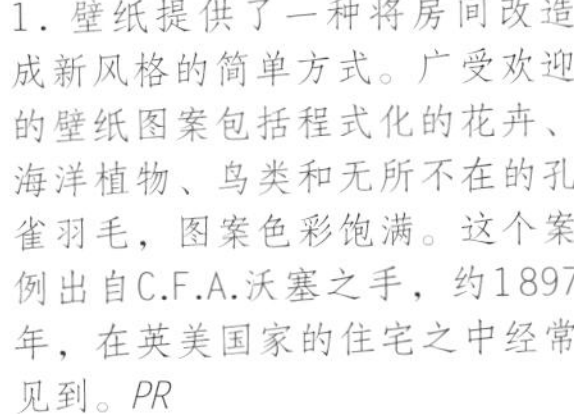

1. 壁纸提供了一种将房间改造成新风格的简单方式。广受欢迎的壁纸图案包括程式化的花卉、海洋植物、鸟类和无所不在的孔雀羽毛，图案色彩饱满。这个案例出自C.F.A.沃塞之手，约1897年，在英美国家的住宅之中经常见到。*PR*

2. 像这种图案形式大胆的墙纸，多用于墙裙之上的墙板。

3. 模板印刷通常用作雕带，有时也用来装饰整个墙面。这个墙面来自希尔住宅客厅，查尔斯·伦尼·麦金托什设计。带有一组几何形交叉格子形式的格架、程式化玫瑰图案、与整体相呼应的浅色装置，形成了柔和的整体效果。*HL*

4. 瓷砖铺贴多用于大厅、门廊的墙面，偶尔也会用于楼梯间墙面。这个瓷砖雕带显示了一组复杂图案，在两条白色的边带之间刻画了鸟和相互缠绕的蛇。*DB*

4

5

5. 另一种新艺术风格的壁纸，约1890年，带有典型的植物图案形成的蜿蜒的造型。*PR*

6

6. 简单的木制墙裙，带有放置椅子的壁龛，希尔住宅，海伦斯堡，查尔斯·伦尼·麦金托什设计。*HL*

天棚

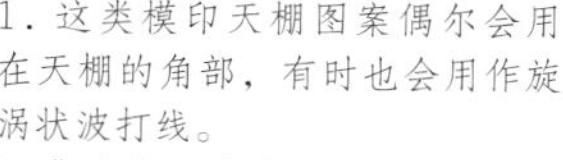

1. 这类模印天棚图案偶尔会用在天棚的角部，有时也会用作旋涡状波打线。

2. 弗兰克·劳埃德·赖特的草原式住宅中的天棚通常利用深色木格架与浅色抹灰墙面形成对比。1895年弗兰克·劳埃德·赖特在伊利诺伊州橡树公园建造的自宅中，娱乐室的天棚采用了特殊的做法，其中部的窗户第一次使用了封闭型间接人工光照明方式。*HABS*

3. 天棚壁纸图案，约1895年。暗淡的色彩是典型而普遍的天棚处理方式，强烈一些的色彩则用于墙面。*PR*

与新艺术运动所强调的统一性设计原则相一致，先锋设计师常用设计墙面的方式设计房间天棚。比如查尔斯·伦尼·麦金托什为强调墙面和天棚连续整体的效果，会使用有节制的清淡柔和的色彩；而弗兰克·劳埃德·赖特设计的天棚有时会使用与墙面相同的材料，有时则将一个造型主题从垂直的墙面延伸至水平的天棚。

无论在英国还是美国，工艺美术运动的影响仅限于简朴的梁体外露的顶棚，而房间中的其他每一个细节都展现出新艺术运动的风格特征。

然而，在这一时期的大多数住宅中，天棚形式依旧相当传统，即使是那些大量采用新艺术运动风格细部的住宅，也仍然延续中央玫瑰圆盘饰/圆形浮雕加线脚的形式。使用这种手法是因为希望凭借顶棚壁纸结合曲线形的新艺术运动图案，使室内显得更加现代一些，也可以通过绘画使天棚与墙面相协调。另一种可供选择的方案是简单地将天棚和雕带都刷上颜色。

这一时期，白色的天棚被一些描写家庭主题的作家批评为“冷漠”，他们认为：即便要去除装饰，那么至少要使用色彩，比如奶油色或者灰蓝色。

地面

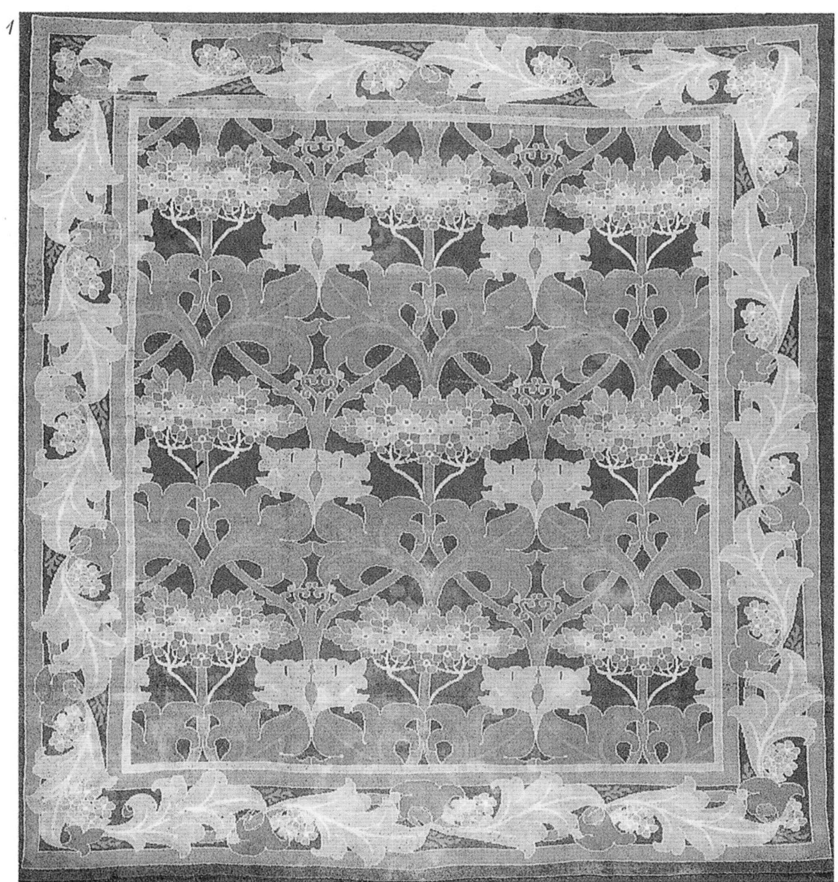

1. 1890—1900年，由C.F.A.沃塞设计的重复型花卉图案的地毯，由莫顿公司在爱尔兰多尼戈尔郡制造。颜色带有当时的典型特色。C.F.A.沃塞作品的一个特点就是在保持风格化的同时保持了对自然形态的信仰。*FR*

2. 查尔斯·伦尼·麦金托什设计的来自苏格兰海伦斯堡的希尔住宅大厅中地毯的细部。椅子精确地放置在与椅背相匹配的格状地面图案上，表现出麦金托什对细节的关注。*HL*

精心整修的木地板，无论是拼花地板还是精致拼接的普通木地板，均为新艺术运动风格室内装饰重要的设计元素，因为能够为地毯构建出完美的背景，并成为房间地面装饰的显著特征。当然，这种做法本身也产生了丰富温暖的效果。

法式新艺术运动风格设计中，绣花纺织品比起地毯承载了更多蜿蜒曲折的图案。苏格兰的盖文·莫顿（Gavin Morton）创造了一些用于机织或手工编织的地毯图案，是一些抽象的植物花卉（尤其是玫瑰花苞）的重复性图案，这些图案是对格拉斯哥学院派图案的阐释。然而，更加普遍的是从工艺美术运动传承而来的自然主义植物花卉图案。东方风格地毯也成为新艺术运动地面装饰的标准附属物。

查尔斯·伦尼·麦金托什设计的地毯数量不多（尽管在他职业生涯后期也从事一些纺织品设计）。他的地毯大多样式简洁含蓄，有着清雅的色彩，常常使用与房间中其他装饰素材相呼应的正方形主题。他设计的一些新艺术风格地毯都是全素色的。

瓷砖经常使用在大厅或温室中，即便在那些具有相对保守风格的住宅中，大厅或温室等部位也会出现丰富的色彩。

壁炉

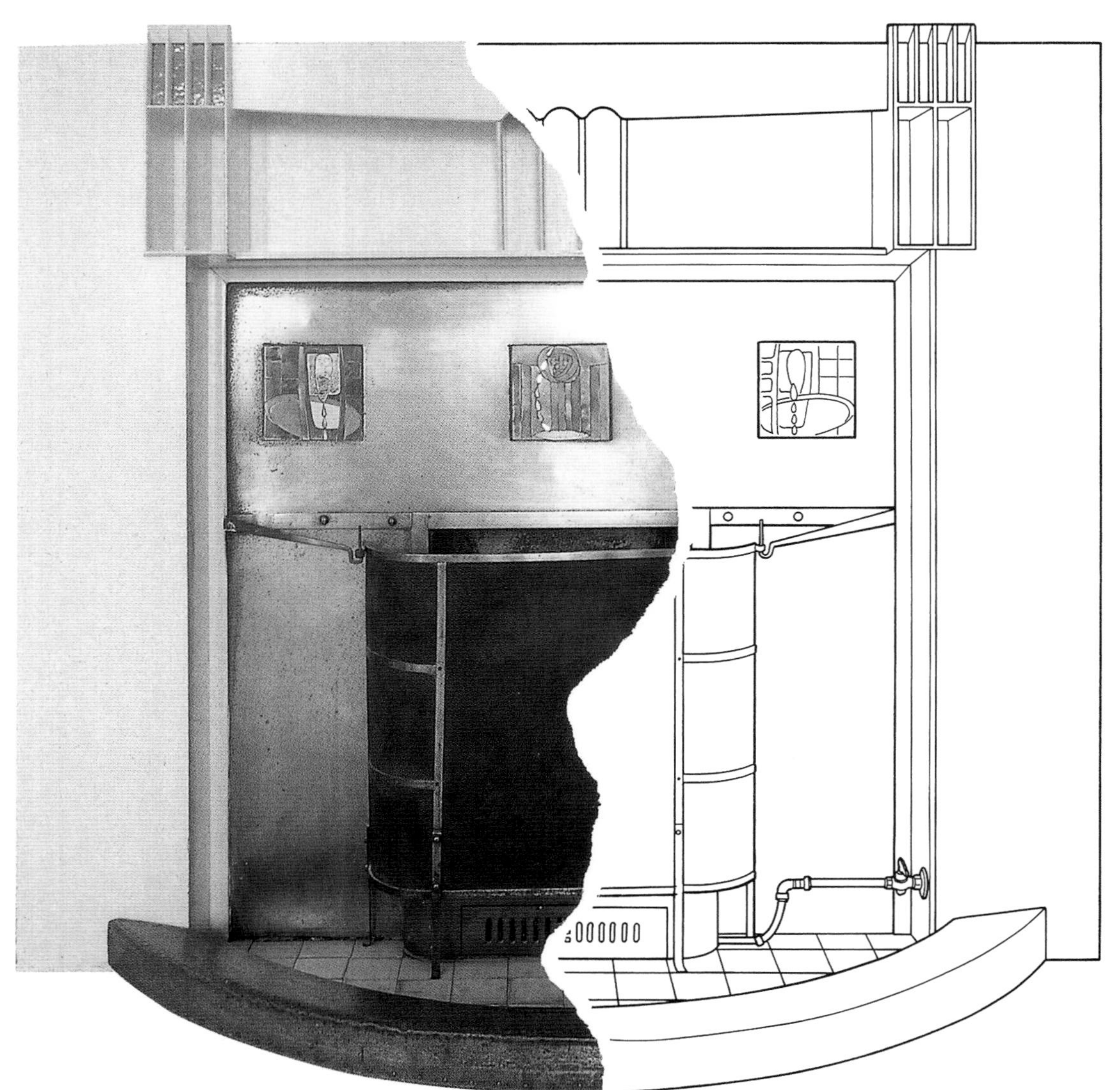

查尔斯·伦尼·麦金托什设计的苏格兰海伦斯堡的希尔住宅的主卧室壁炉，1902—1903年。粉色系列的有机图案与铸铁构件的色彩之间的相互关系达成微妙的平衡，并形成了对比。注意壁炉防火挡板的形式。

即使在大批量建设的住宅中，壁炉也是能够体现新艺术运动风格并着重强调的特点。在一些前卫设计师的作品里，壁炉的边界范围常常被扩大，并配合搁板和橱柜与周围的环境保持协调。

查尔斯·伦尼·麦金托什设计的壁炉倾向于重复住宅中固定式家具的造型形式，炉箅周围经常装饰以彩色玻璃马赛克，使用的颜色与屋内的色彩相协调。弗兰克·劳埃德·赖特的设计总会带有一些抽象的成分，常将壁炉中的一系列水平的条纹穿插布置到整面墙壁上。在典型的草原式风格室内中，壁炉被视为一个大尺度的室内元素，象征着住宅的中心。

木材制作的壁炉架是最为常见的装饰形式，为了配合细长的形式和风格化的植物图形，木材常被漆出纹理或者简单平涂。大理石或者仿大理石材料制作的壁炉架，通常用更丰富的手法处理出强烈的曲线形纹理，比如，有些作品以有着飘逸长发的雕刻女像柱为特色，非常精美。毋庸置疑的是铸铁炉架上的有机图案形式最为典型，并倾向于处理成铅黑色。同样常见的是瓷砖铺贴的壁炉，英国的皮尔金顿公司、道尔顿陶器厂，以及美国的安考斯特瓷砖公司和其他制造商都大量地生产各式瓷砖壁炉产品。

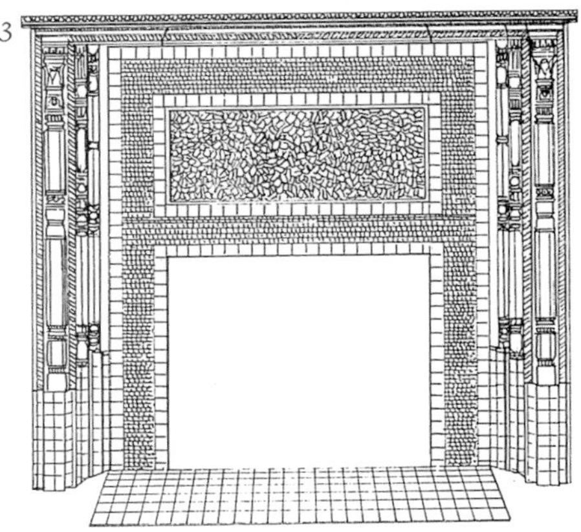

1. 客厅壁炉，由格拉斯哥学派的E.A.坦普拉设计，明显受到查尔斯·伦尼·麦金托什的影响。

2. 1902年的一个不太规范的壁炉。遮篷描绘出田园景观，有日出和树木。注意固定在壁炉架上部的时钟，外圈也采用了景观主题。

3. 立面平直的蒂芙尼壁炉，镶嵌的马赛克显示出对华丽材料和颜色的偏爱。

4. 查尔斯·伦尼·麦金托什设计的炉箅，极其简洁。

5. 1903年的设计，带有鸟和常见的花卉图案。

6. 简单的壁炉造型，通过雕带和侧板形式可追溯至约1895年。

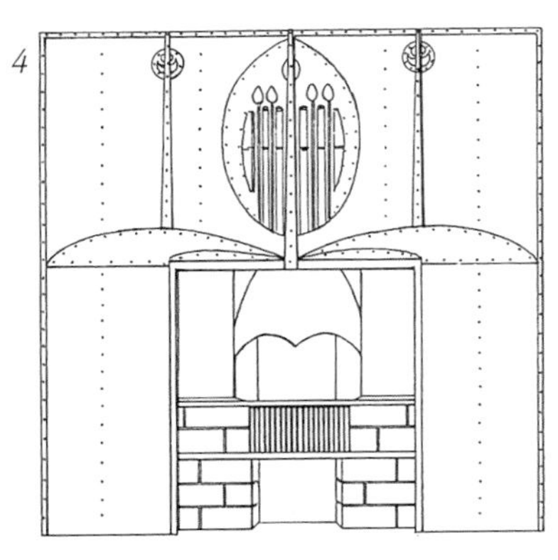

7. 伊利诺伊州橡树公园的一个砖砌炉边壁炉，弗兰克·劳埃德·赖特设计，1899年。壁炉上部装饰架上可以放置铭文雕刻。

8. 弗兰克·劳埃德·赖特设计的另一个壁炉，芝加哥，1909年。不带任何装饰的砖砌炉体结合了石礅和石制过梁。

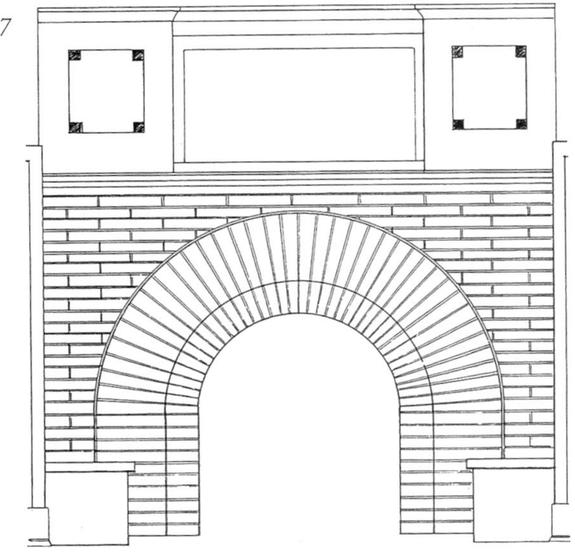
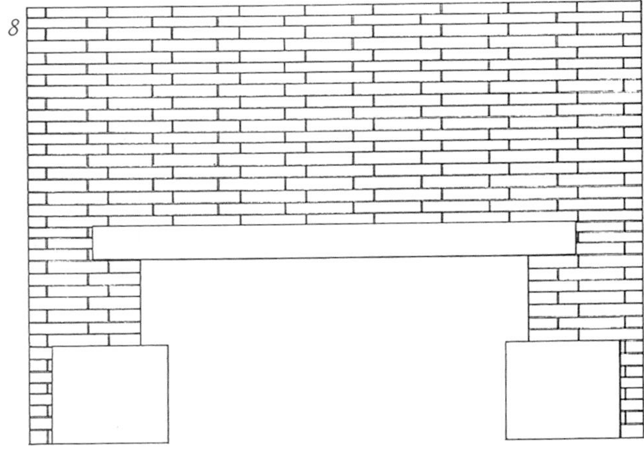

1. 新艺术运动风格的铸铁壁炉，被漆成白色。属于大批量生产的壁炉类型，即便安装在最普通的房间里也会十分协调。BR

2. 同一栋住宅中的壁炉，有着更多的雕饰。上部转角外侧的植物的形式与猫头鹰栖息的姿势相协调。BR

3. 典型的用铜板打制的壁炉，由苏格兰的乔治·沃尔顿设计，1904年制作。炉箅由C.F.A.沃塞设计。

4. 查尔斯·伦尼·麦金托什设计的位于苏格兰海伦斯堡的希尔住宅主卧室的壁炉，1902—1903年。马赛克铺贴，炉套上镶嵌了五块彩色玻璃和镜面组成的椭圆形，火钩挂在炉边明亮的金属挂钩上。HL

5. 炉算有很多可装饰的部位。这个安装了门的壁炉可追溯至1901年。

6. 手工制作的熟铜炉件，1901年。

7. 使用人工煤气的煤气壁炉在英国和美国都有生产。这个为英国产的“德比”牌壁炉，1901—1902年。DG

8. 弗兰克·劳埃德·赖特设计的牢固的水平炉算，伊利诺伊州里弗赛德住宅。整齐放置的原木成为构图的组成部分。

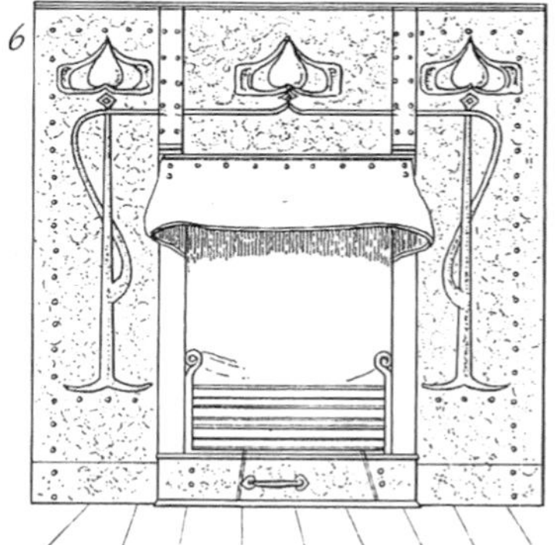

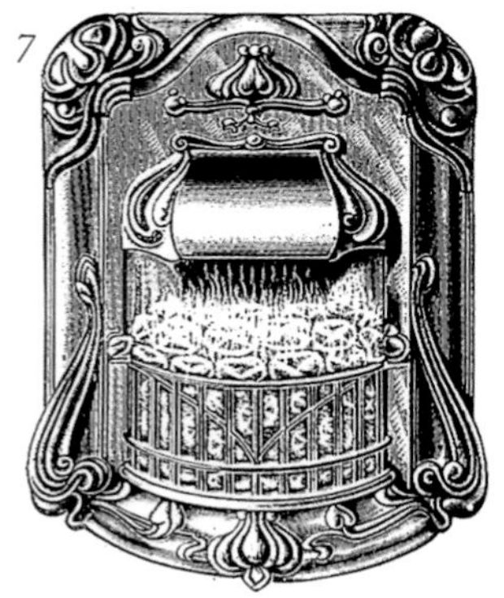

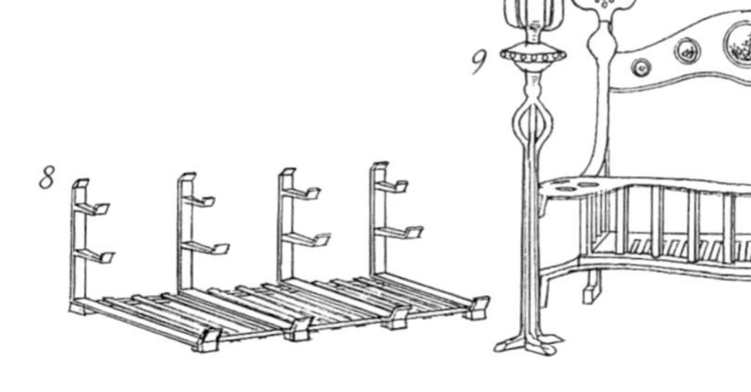

9. 熟铁制作的英国新艺术运动风格的篮式炉算，1903年。

10. 青铜色抛光的柴架是典型的新艺术运动风格的装饰形式，并配有半透明珐琅的垂球雕饰，1904年。

11. 弗兰克·劳埃德·赖特设计的一对柴架中的一个，棱角分明，罗比住宅，芝加哥。

楼梯

1. 查尔斯·伦尼·麦金托什设计的位于苏格兰海伦斯堡的希尔住宅中的楼梯，显示了设计师对空间处理的敏感性。紧挨在一起的栏杆柱产生了生动的节奏，并与前厅在视觉上相互联系。*HL*
2. 由工厂批量生产的铁制栏杆和栏杆柱，可用作现有楼梯的装修改造。这两个案例提供了不同的样式：一个展现出有机的样式，另一个则更多地包含了几何形构图。
3. 一段美国的楼梯，带有明显的新艺术运动风格的细部，主要表现在楼梯端柱上，约1903年。

欧洲大陆新艺术运动风格的楼梯倾向于精美的曲线造型，铁栏杆模仿水草或植物根系形式，而英国和美国的楼梯通常偏好直线形的风格特征，没有太浮夸的处理手法。木楼梯仍然是当时最受欢迎的楼梯形式。

在大多数住宅楼梯中，新奇的小装饰只出现在细节上，多数制造商都在生产形式简单的尖形栏杆柱。楼梯地毯很少能够反映出新艺术运动风格，只是将地毯的金属压条制作成两边细、中间粗并且端头成心形的尖顶饰。

楼梯间的窗户取决于房间的整体效果。由于窗户通常形式特殊，细长瘦高，所以也突出了楼梯所蕴含的纵向动线。

有时，按照工艺美术运动风格手法，会将正方形截面的栏杆柱紧密地排列在一起，仿佛形成一个屏风，下部安装实心矩形木制嵌板。样式简单的楼梯端柱可以延伸至顶棚。如果有足够的空间，中柱附近可以用来展示引人注目的家具，比如高背椅，或许还可与其间悬挂的吊灯交相辉映。

固定式家具

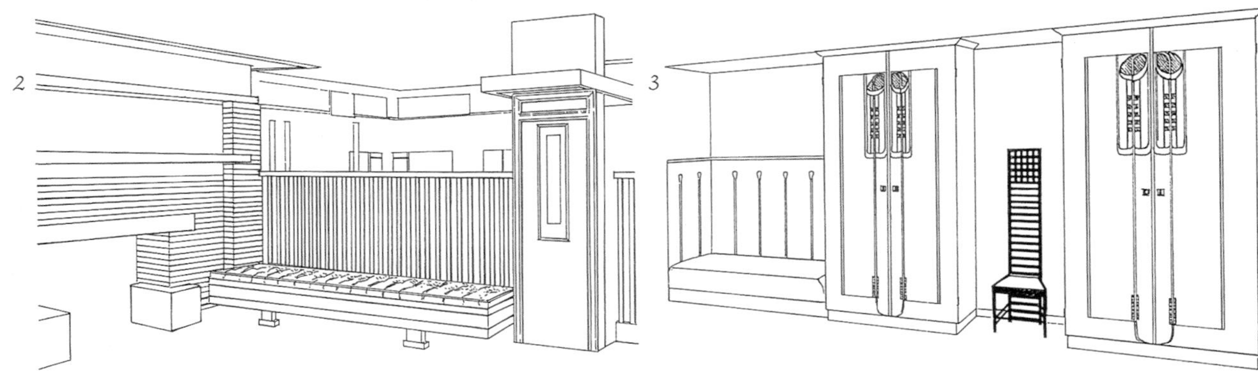

1. 查尔斯·伦尼·麦金托什设计的希尔住宅中的图书室，书架和相邻的壁橱上带有程式化的有机形式造型，为简单的矩形形式带来了生气。HL
2. 带有长靠背椅的壁炉，威廉·E.德拉蒙德（William E. Drummond）设计，位于伊利诺伊州河畔森林的一处住宅中，1910年。低矮的座椅属于典型的草原式和新艺术运动风格。
3. 希尔住宅卧室墙面。椅子在空间效果上扮演了重要的角色。衣柜的嵌入装饰物带有粉红色的玻璃。HL

尽管固定家具在19世纪90年代之前就已经出现，但新艺术运动风格为固定家具带来了更加富于想象力的诠释。对设计元素的重新评估，弥补了内在的不足，为设计带来了多变的风格。比如，橱柜可以是整个房间结构的一部分，也可以是书架的延伸，而不仅仅是一件独立家具。壁炉也可以充当一个带有搁板的展示台。

查尔斯·伦尼·麦金托什设计的橱柜在适当的位置上还设置了固定座椅，并用线脚和油漆加以装饰，与强调纵向主题的墙体和独立式家具相呼应。壁炉的设计形式得以扩展，增添了陈设展示的功能。简单的盒子形状，以及嵌入的玻璃或金属装饰浮雕，都是查尔斯·伦尼·麦金托什的典型标识。众所周知，他喜欢将白漆木材与紫色玻璃以及用模板印制的玫瑰花图案组合在一起，其设计的仿乌木或深色打蜡的固定式家具也同样为人所熟知。把手通常为深色。炉边座椅在他的设计中也曾出现过，但并没有任何迎合本土风格的意图。

弗兰克·劳埃德·赖特探索了固定式家具的雕塑可能性。即使以节省空间为目的的小型住宅中的固定式家具，他也会使用统一的装饰主题，并使用重复性装饰图案使固定家具与壁炉或窗户联系在一起。

设施

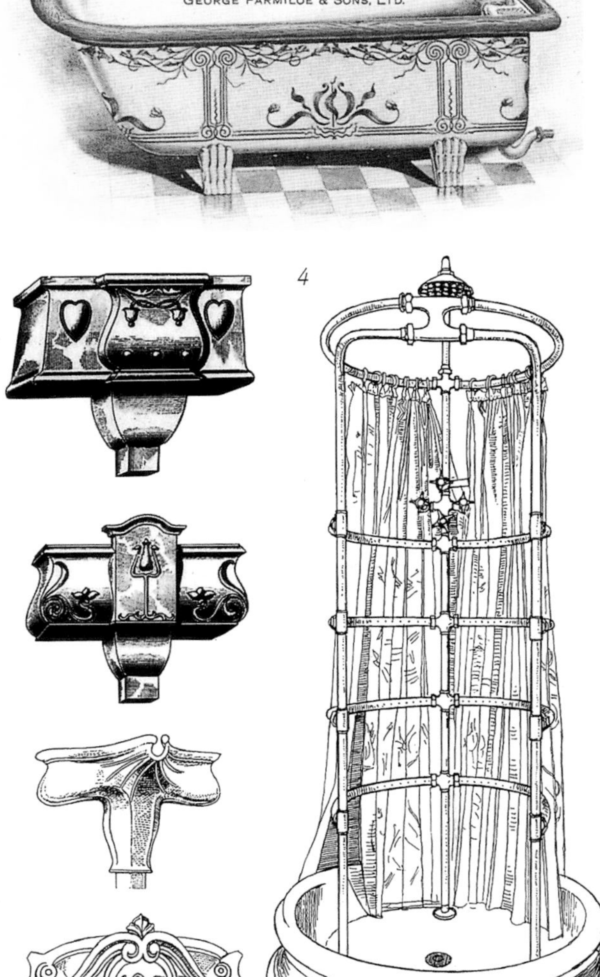

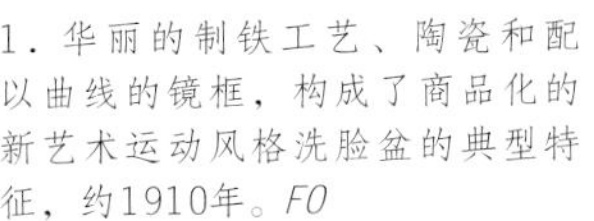

1. 华丽的制铁工艺、陶瓷和配以曲线的镜框，构成了商品化的新艺术运动风格洗脸盆的典型特征，约1910年。FO

2. 浴缸上的图案形式在向新艺术运动风格致敬，但是水龙头风格却很保守。GFB

3. 20世纪早期，雨水斗经常做成流行样式。MCA

4. 约1900年的淋浴间，边上的喷头水管处理成优美的弯曲形式。

19世纪90年代，家庭设施的类型及制造的能力得以迅猛发展和提高，新艺术运动风格出现在一些具有新概念的设施与装置之中。浴室引入了淋浴，有时作为浴缸的一部分，有时设置成为一个独立装置。整个淋浴的喷头和管道的形状，以及上面的水草图案都表达了水的主题。浴缸在保持传统造型的同时，还添加了弯曲的腿，呼应了新的曲线风格。尽管华丽的浴室仍然使用拼花木地板，但浴缸和淋浴设备的后墙面会镶嵌瓷砖，并逐渐成为卫生间的典型做法。瓷砖的主题图案会重复出现在抽水马桶和洗手盆上。

生产铸铁蓄水箱的制造商数量绝不比生产陶瓷洁具的制造商少，他们也将其设备装饰成新艺术运动的风格样式，甚至提供与装饰风格相匹配的支架。然而，对新出现的煤气热水器，装饰则仅限于辅助性的铁艺构件之中。

19世纪后期，厨房区域的设计也越发精细，其中一些设施也会使用新艺术运动风格造型。尽管查尔斯·伦尼·麦金托什为厨房设计所倾注的心血与其他房间一样多，但因为厨房仍然仅作为仆人的领地，所以，总的来说，人们对于厨房装饰细节的关注甚少。

灯具

1. 由查尔斯·伦尼·麦金托什为苏格兰希尔住宅大厅设计的电灯吊灯，表现出明显的日式风格特征。*HL*
2. 由阿瑟·海盖特·麦克默多设计的铁质煤气灯架，1884年。展现的是坚固的轮廓而非表面的饰纹，英国。
3. 由玛格丽特·麦克唐纳和弗朗西斯·麦克唐纳（Frances Macdonald）设计的子母铜制壁上烛台，格拉斯哥。
4. 锻铜电灯托架，1904年。
5. 配有丝绸流苏的简洁黄铜提灯，1904年。

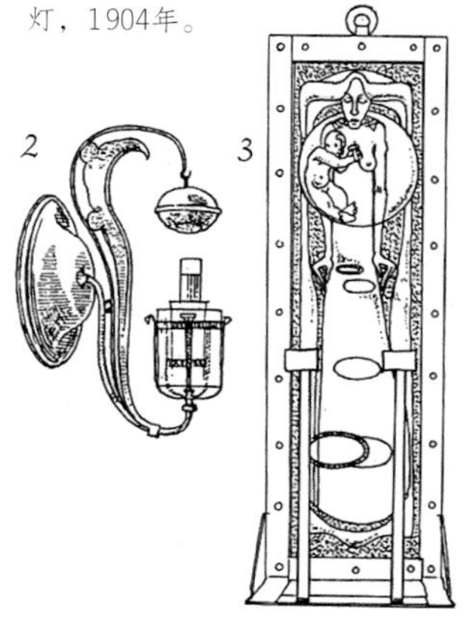

6. 路易斯·康福特·蒂芙尼设计的铅条固定彩色玻璃灯具，因其玻璃的色彩饱和度及彩虹色而出名。*CNY*
7. 由在烛光照射下光彩夺目的银、铜及贝壳等材料制成的壁上烛台。
8. 由弗兰克·劳埃德·赖特设计的灯具，方形橡木托架内安置了一个散光球。方与圆的组合是其最喜爱的装饰主题。
9. 一款电吊灯，1899年.
10. 一款壁上烛台，1903年。

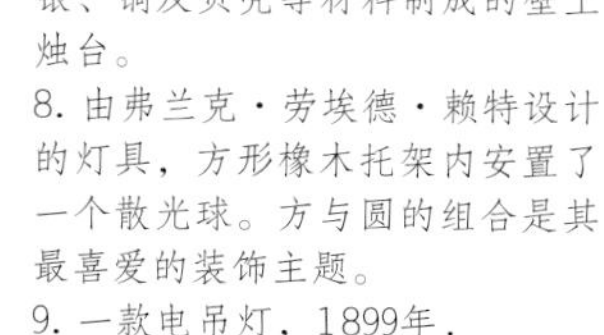

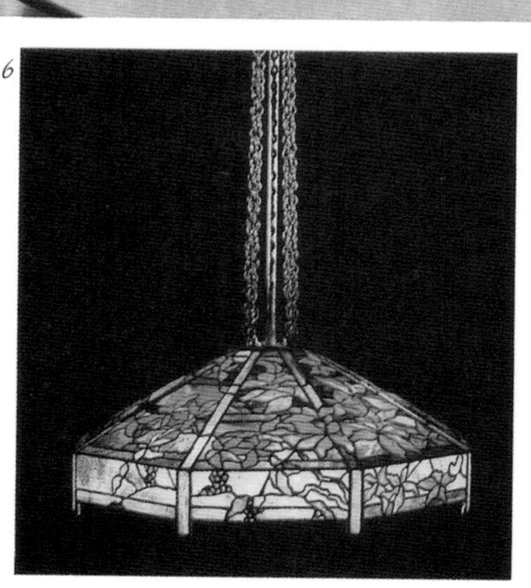

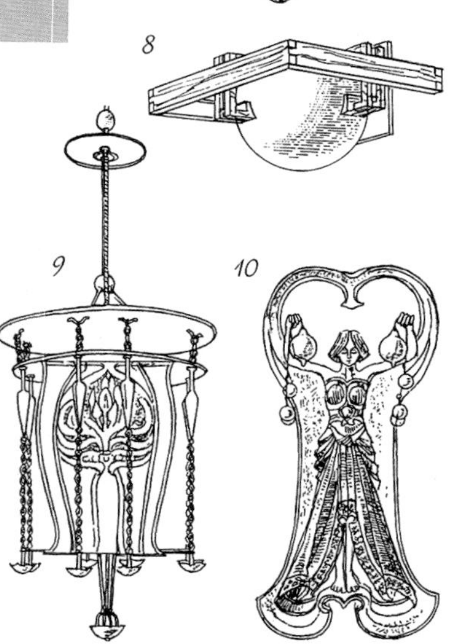

到了19世纪90年代，至少在英国和美国的一些住宅中已经开始使用电力了。电力最早即被用到灯具上，但当时很多家庭仍然安装着煤气灯，而且持续使用了二十五年之久。此时，煤气灯和电灯的同时使用为设计师提供了前所未有的宽广的设计空间，对于建筑设计师来说，这种灵活使用灯具的方式是极其吸引人的设计因素。

对于那些喜欢为室内增添“装饰品”的人来说，这一时期会有更大范围的选择性。1895年，路易斯·康福特·蒂芙尼首次公开展览了他设计的铅条固定彩色玻璃灯罩，美国的亨德尔及其公司将该产品纳入工业化大规模生产，从而形成了易于被人们接受的价格。到了1904年，许多公司受到路易斯·康福特·蒂芙尼作品的影响，开始生产色彩丰富的植物纹样灯罩，这些灯罩都是为电灯准备的，同时也会销售与顶棚连接的吊灯链。

其他可以选择的灯具用品包括金属垂饰部件，其中铜和锡蜡是人们尤为钟爱的材料。当时出现了一种金属“笼子”形装饰品，用来承托和保护封闭在其中球形玻璃灯具。使用多头灯成为一种时尚，这种灯具流行用装饰成植物枝干的金属灯杆支撑，并用一条装饰成根茎样式的链条悬挂于顶棚之下。一些壁上烛台对于煤气灯和电灯也很适用。锡蜡或者铜可以通过上釉使其效果更加丰富，饰板或反光板在整个装饰效果中也占有举足轻重的地位。

金属制品

1. 由查尔斯·伦尼·麦金托什设计的简洁的锻铁大门，苏格兰海伦斯堡希尔住宅。以位于顶部垂直螺旋花纹上的小圆盘尖顶饰取代了传统的钉形顶饰。HL

2. 风向标在这一时期非常受欢迎。案例是一个在1903年由《工作室》杂志社举办的竞赛中的获奖作品。

3. 此次竞赛的另一个获奖作品。

4和5. 带有新艺术派风格的铁艺廊台。NC

6. 尽管海豚和贝壳图案都是最早的经典装饰图形，但1898年的这款锻铁格栅中的平滑装饰曲线，仍属于新艺术派风格。

7. 一款纯铜及黄铜质地的扇形窗格栅，1898年。

8. 锻钢铰链，1904年

9. 铁艺对开大门，1906年。NC

铁艺凭借其可操作性和特有的质感成为新艺术运动装饰形式最适宜的材料之一，无论是铸铁还是锻铁都被使用在住宅的装饰中。这一时期的建筑师认为：在住宅设计中，栅栏、大门及其他元素都应该视为一个整体。所以，弗兰克·劳埃德·赖特在其橡树公园住宅的设计中，大门及窗框上使用了同一主题的图案。

制造商的产品目录以及一些设计杂志在展示这些铁艺饰品时，更趋向于将其视为增添风格化的一个附加饰品，而没有将其看成统一造型设计的组成部分。一个典型的例子就是新艺术风格大门上部的扇形窗/气窗格栅，这种格栅往往设计成为蜿蜒的植物形态，且融入了类似于欧洲大陆风格的丰富形式，并且希望通过对形状的改变，去迎合标准的维多利亚风格住宅的几何形扇形窗/气窗。同样的情形也出现在温室和廊台的设计中，在这类建筑中植物形态造型的运用也被认为非常适宜。

城镇住宅中的栅栏，为利伯第公司设计制造的那些带有凯尔特风格曲线造型的铁制品提供了充分的施展空间，并在当时深受欢迎。到了19世纪90年代，产生了一种对“古香古色”装饰品的复兴，比如风向标一类的物件，其形式也反映出新艺术运动风格的影响。对于更为实用的部品而言，这种影响并不显著，比如，当时的落水管件则仅限于对雨水斗进行装饰。

爱德华时期（1901—1914年）

罗宾·怀亚特

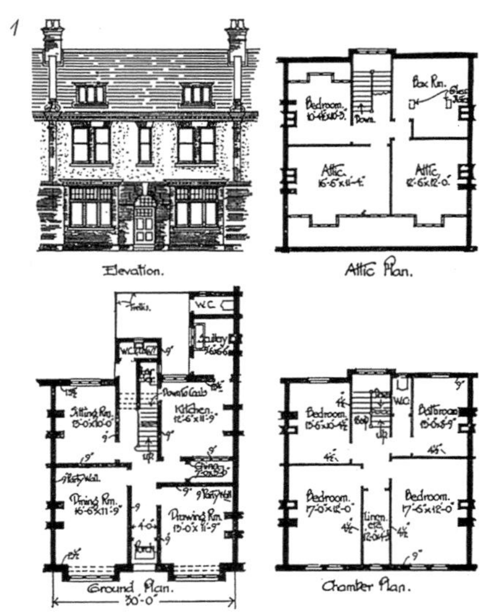

1.“沿街双房间”联排住宅，大门和楼梯位于中央位置，这种户型在爱德华时期日益盛行。在本例的二层平面图中，除三间卧室外还有独立卫生间和宽敞浴室。砖砌墙体采用廉价的粗灰泥或灰泥卵石抹灰饰面，阁楼的做法相同。*MID*

2.双拼式别墅通常比独立式别墅造价便宜，因为两户共用一道墙体。这个案例是农舍式小别墅，在新兴花园城市和郊区很流行。平面图显示出地面层和上部楼层的布置。只有一间户外厕所，并且没有浴室，可能在厨房里设置了一个可以收起的浴盆。*SUT*

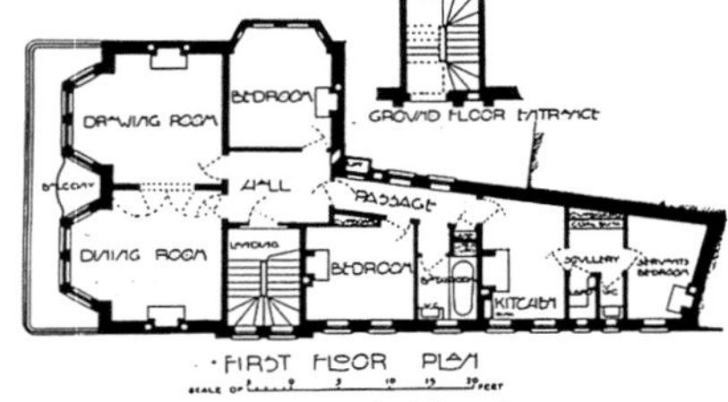

3.从19世纪90年代开始流行公寓楼。位于伦敦的这座安妮女王式公寓楼中的客厅和餐室有着良好的采光和通风，前面有阳台和飘窗，服务用房和仆人用房布置在后面。*PE*

随着新世纪的到来，英国也进入了新的历史时期，对于建筑史学家来说，这段时间的住宅研究成果已经相当丰富。然而，维多利亚时期的价值观和传统并没有随着1901年女王的过世而消失，而是一直延续到了爱德华时期，只是发生了一些微妙的变化，并且一直持续到第一次世界大战之前。

如果说维多利亚女王时期见证了铁路的变革，那么，爱德华七世时期则开创了汽车的时代。起初，汽车只是富人阶层的新鲜事物，但是，马车房逐渐被汽车车库所替代，马厩棚变得越来越多余了。

直到19世纪晚期，伦敦市民和英国其他城市的居民仍然喜欢居住在联排式住宅里，即使其户型又高又窄，而在巴黎和其他欧洲大陆的一些城市里，公寓大楼已经非常普遍了。爱德华时期是公寓大楼大量建设的时期，公寓楼能够大行其道的主要原因也许是电梯的发明，也称为“垂直交通”。铅制给排水系统的改进同样也是重要的因素。公寓可以提供中央供暖系统以及24小时热水，同时具备卫生的排污系统。

居住在公寓中很快被认为是种便捷、安全和经济的生活方式。很多经济状况较好的家庭在乡村都有另一所别墅，并且会将更多的时间花在出国旅行上，而在外出的时候，拥有一所公寓要比联排式住宅便捷得多，因为门卫会帮忙接收包裹和信件。很多条件优越的公寓功能全面，并且像豪华酒店一样有公共的休闲空间和餐厅，单身公寓自然也具备此类功能。

伦敦市中心正兴起一股建设热潮，此时恰逢乔治亚时期的住宅租约到期。如同马里波恩地区的波特曼和波特兰的房产一样，梅菲尔区域的大部分威斯敏斯特公爵的房产也被重新开发。

1900年左右，各种风格之间的博弈已接近尾声，此时人们普遍开始接受一种折中主义，而奢华感和舒适性比风格之间的较量更加重要。城镇中最受欢迎的住宅建筑模式倾向于一种低劣的巴洛克风格，一种介于荷兰风格和安妮女王风格之间的样式，用红砖和白色石材装饰立面。同时，还流行法国路易风格（路易十四、路易十五和路易十六），尤其体现在公寓楼的室内设计方面，于是巴黎的设计成为人们追逐的潮流。奥格登·科德曼（Ogden Codman）和艾迪斯·沃顿（Edith Wharton）这两位很有影响力的建筑师，推动了这种风潮，他们在1898年于英美两国出版的《住宅装饰》（*The Decoration of Houses*）一书中表现出对法式风格的推崇。

在乡村中模仿都铎王朝住宅样式的做法十分流行，这

1. 一个中等规模的客厅，对于客厅而言，“男人比女人用得更多”，约1910年。棕色和绿色是当时的流行色。墙壁通常装饰着带有分格的墙板，此处的墙裙“镶板”采用的是彩色拷花墙纸或安那利普特（凸纹）墙纸。客厅壁炉颇具代表性。*BF*

2. 一个大尺寸的客厅，显示出受到工艺美术运动的影响。*BB*

些住宅多使用铅格玻璃的窗户和半木构。当地的传统风格提供了非常丰富的创意源泉。其他一些盛行的流行趋势则融入主流设计之中。新艺术运动风格、日本风格和工艺美术运动风格所带来的影响，逐渐被商业住宅的建筑形式所淡化。

1911年，厄内斯特·威尔莫特（Ernest Willmott）在《英国住宅设计》（*English House Design*）一书中提到：最优秀的住宅建筑设计都已经在过去的10年中出现了。他总结出的设计原理基于以下系列设计要素：布局、比例、尺度、韵律、色彩、和谐以及肌理，最优质的爱德华风格住宅在这些方面的表现都十分出众。另一位具有影响力的作家沃尔特·肖·斯帕诺（Walter Shaw Sparrow），在他1909年出版的《如何让我们的家园更加美好》（*How to Make the Best of Them*）一书中，建议建筑师应该遵循三条原则：

1. 遵循常识，自由地运用最优秀的传统样式，无论是哥特式风格还是古典式风格。

2. 从16—18世纪的复杂形式中脱离出来，因为它们导致家居生活变得分散、昂贵，又缺乏舒适性。

3. 在不损失重要的舒适性和私密性两个重要的住宅属性的同时，兼顾节制和经济。

在一定程度上，大小适中的爱德华风格住宅设计基本能够反映出当时的居住观念，如住宅面积应足够大，以便能够为仆人提供房间，而这些房间通常被置于厨房后面或是阁楼之上。住宅中应包括一间接待客人的客厅、一个餐厅（常用橡木墙板装饰），可能还会增加一间台球室和温室。图书室、学习室和吸烟室常常合并为一个单独的多功能男性专用房间。楼上会有一间或两间浴室，这些功能房间配置成为一种标准的住宅组成方式。

大型家具供应商，如汉普顿斯公司、华林公司&吉洛公司、梅普尔斯，或者特罗洛普父子公司，会受委托负责整体的室内设计。其中一些公司后期发展成为百货公司，另一些则发展成建筑承包商或房地产代理商。

对那些不太富裕的家庭，政府或是私人为其建造了简单的廉租房和乡村型住宅。1898年，埃比尼泽·霍华德（Ebenezer Howard, 1850—1928年）出版了一本具有前瞻性的图书《明天的花园城市》（*Garden Cities of Tomorrow*），这本书充满乌托邦式的幻想，在为贫民争取廉价住宅方面有着巨大且积极的影响。另一位关键人物是J.圣·洛·斯特雷奇，是《乡绅杂志》（*The Country Gentleman Magazine*）的出版人。他认为解决农村人口减少问题可以通过建造价值150英镑的乡村住宅来实现，因为150英镑被认为是一名来自农村的工人赖以生存的基本工资，是能够为自己的住宅所承担的最大数额。

根据埃比尼泽·霍华德和J.圣·洛·斯特雷奇的理论，英国成立了一家花园城市公司，并获得了一块建筑用地，位于赫特福德郡的莱奇沃斯。由Parker & Unwin建筑师事务所承担其规划任务，并且开展了最佳150英镑乡村住宅竞赛。当时按照入围方案建造的将近一百所住宅至今仍保存完好，包括丘比特钢筋混凝土公司设计建造的环形钢筋混凝土住宅，以及奥斯瓦尔德·P.米尔恩（Oswald P. Milne）设计建筑的带露台的乡村小屋。莱奇沃斯成为后期建设的汉普斯特德花园郊区的原型。“城市花园”的创意被精明的投机商人所效仿，并为英国城郊住宅建设做出了特有的贡献。

门

爱德华时期城镇住宅门廊的典范。设计基于早期的乔治亚式风格，再加上极具晚期维多利亚时期和爱德华时期特征的格子花纹铺地。这种现代式的装饰形式非常得当，而且双色铺地的方式在当时十分流行（尽管对比可能过于强烈）。

爱德华时期的大门没有之前维多利亚时期那么正式，并且反映出受到安妮女王复兴风格和新艺术风格的显著影响。大型住宅中的大门通常由建筑师自行确定形式和规制，基本采用柚木或是未经处理过的橡木制成，大门周边用石材或是陶瓦装饰。在比较朴素的住宅中，大门由量产的上漆软质木材制成。颜色的选择更为广泛，而不局限于维多利亚时期最常用的绿色，门板和框架通常会表现出色调对比强烈的装饰效果。

城郊住宅的前门上部常常安装玻璃上亮，可以使光线投射到走廊中。在安妮女王风格的大门上，会使用普通玻璃或者倒斜边的矩形玻璃，而新艺术风格的大门则会使用彩色铅条玻璃窗和抽象图案。虽然电门铃已成为基本的配备，但门环仍作为装饰安装在门上。

联排住宅的木制门廊很有特点：带有车削纺锤形立柱、托架和回纹饰，这些都可以从木制品供应商那里购买；而石砌门廊成为一些更大的住宅的主要特点。

室内门仍然保持很传统的风格。多使用抛光的硬木制作，比如柚木或者桃花心木，并配以华丽的五金件，也会使用略微便宜的上漆软质木材制作。

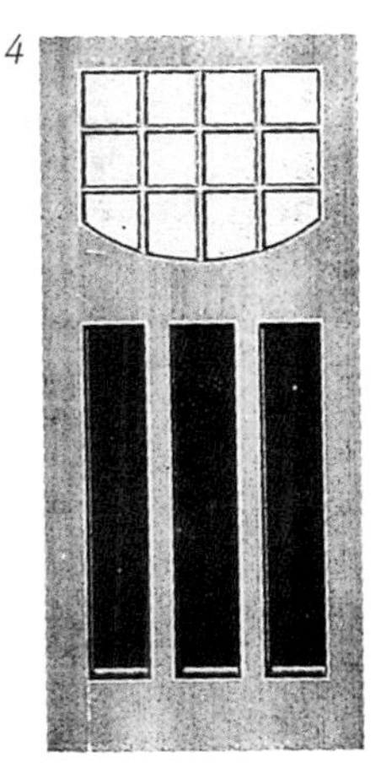

1～5. 典型的爱德华时期郊区住宅的大门，由伦敦建材商扬格&马尔腾公司生产。均带有玻璃，可以使光线进入大厅。两扇带有玻璃格条的大门显示出受到了安妮女王风格的深刻影响。YM

6. 通过增加侧窗和扇形窗/气窗可以获得更多的光线。YM

7. 和维多利亚时期一样，门廊周围仍然采用陶瓦装饰。HP

8. 爱德华时期的大门会涂饰各种各样的颜色，时尚的做法是将门板漆出阴影效果。TP

9. 都铎风格的料石门廊，带有托臂支撑的遮篷。

10和11. 不同风格的预制木门廊，可以直接从木制品供应商那里购买。

1

2

3

4

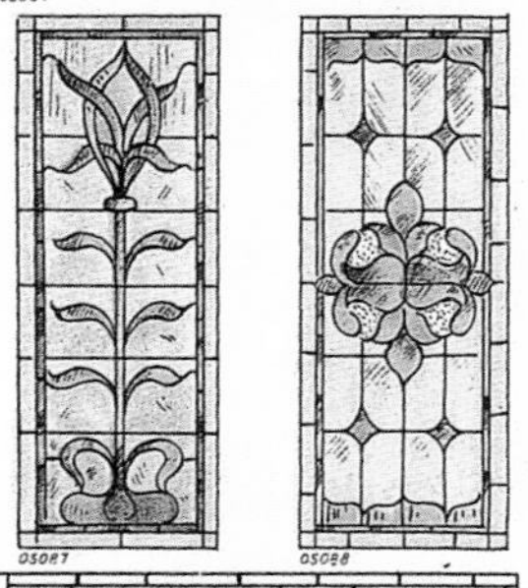

1. 公寓大楼入口为安妮女王风格，玻璃门和绿色漆面则是典型的爱德华时代风格。

2. 镶有玻璃的外门，一侧有边窗，顶部有气窗，可以增加大厅的亮度。电铃（这一时期的特色）可能是原有的。

3. 这处玻璃门廊带有安妮女王风格的遮篷。新艺术风格的侧灯、白色木作和方格花纹铺路是这一时期的特点。

4. 门上的玻璃面板，比维多利亚时代的样式更简单、形式更流畅。GFB

5
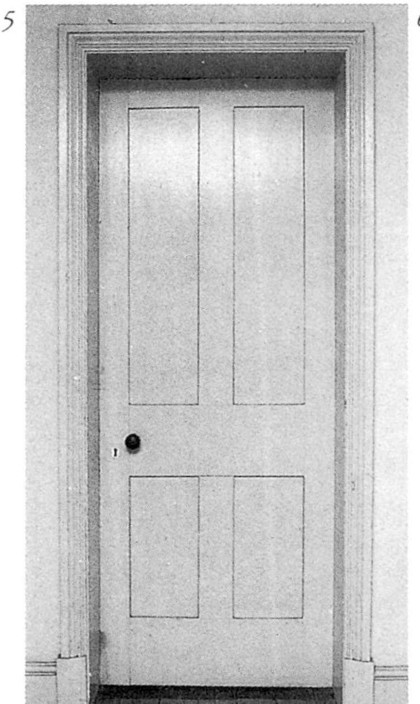

6

7

5. 简单的四格门。通常用作普通住宅的大门，或用作豪宅次要房间的室内门。在这里，框缘复杂并带有底座。EL

6. 抛光的硬木门丰富了装饰效果，这个六格门具有乔治亚式风格。EL

7. 豪宅中形式典型的漂亮门型。这种法式风格开始流行于19世纪末。BR

8. 装有弹簧的闭门器，将仆人的住处与其他房间隔开。EL

9. 时髦的把手与配套的锁眼盖。EL

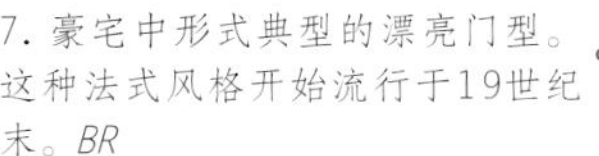

8
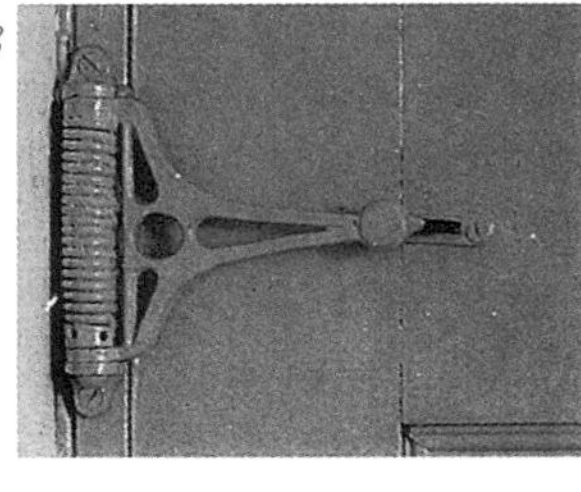

9

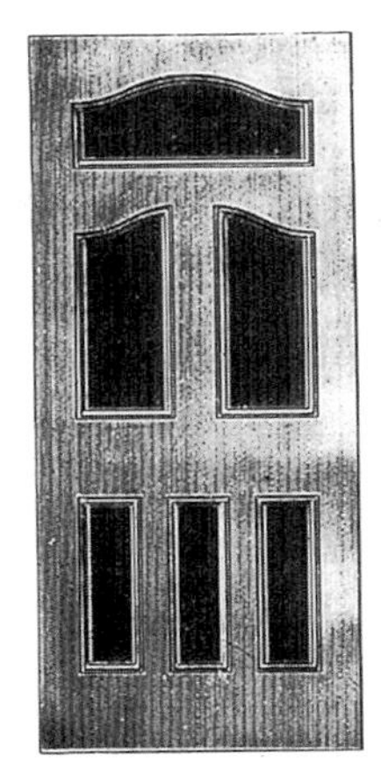

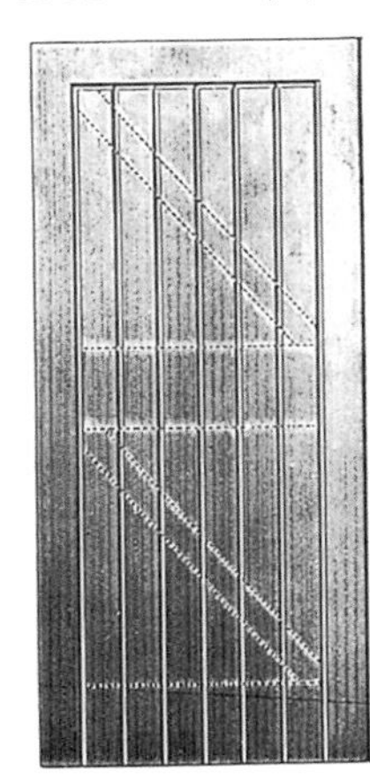

1～4. 选自建材商扬格&马尔腾公司生产的大量室内门型中的几种样式，均采用黄色冷杉木板制成并可以增加油漆涂饰。镶板的装饰线条截面为简单的圆形。门宽通常为三个镶板。*YM*

5. 直拼斜撑框构门。用榫槽拼接，且木板之间的接缝呈V形。这种门造价低廉，常被用于厨房和服务用房。*YM*

6和7. 来自1909年涂料制造商托马斯·帕森斯父子公司的产品图册《装饰装修》（*Ornamental Decoration*）。第一个为亚当风格的客厅油漆木门，选自当时新研制的“银灰”漆产品目录；第二个为日式漆艺风格选自“安德莱”平釉漆产品目录，并用银灰色油漆点缀。*TP*

8. 1900年前后，电门铃是标准配件。这四个黄铜电铃是尼科尔斯&克拉克公司的产品。*NC*

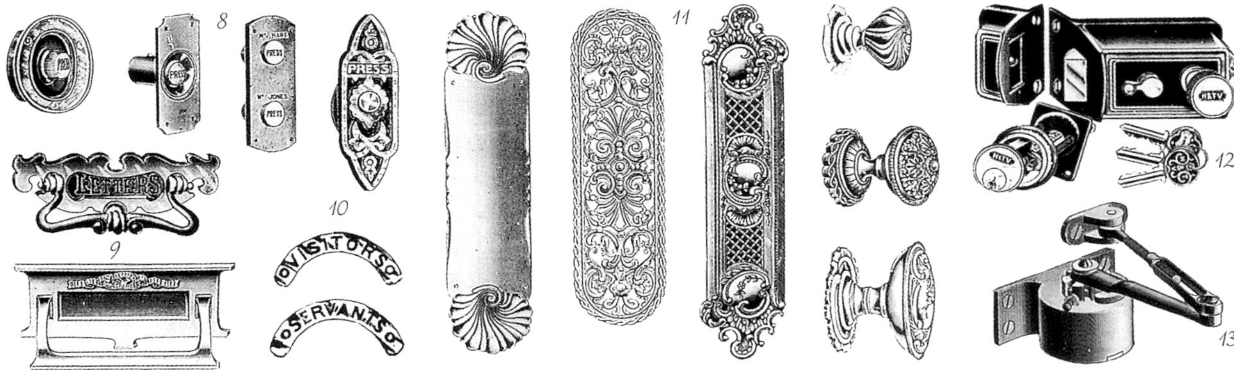

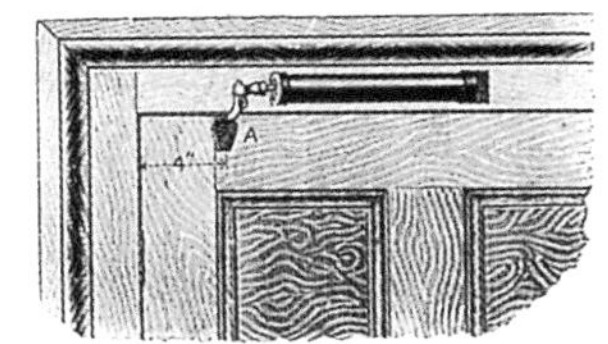

9. 两个黄铜信箱插槽。上面带有门环的信箱明显受到了新艺术风格的影响，下面的信箱带有一个把手。*YM*

10. 城镇住宅的大门通常会有两个门铃，一个门铃为客人准备，另一个门铃供仆人和送货员使用。*NC*

11. 室内门的黄铜推门板和球形把手，约1900年。*NC*

12. 19世纪末期的大门上出现了圆筒形锁具。图中的圆筒锁是青铜的，钥匙用铜或者黄铜制成。*YMA*

13. 弹簧闭门器是当时流行的部件。*NC*

窗

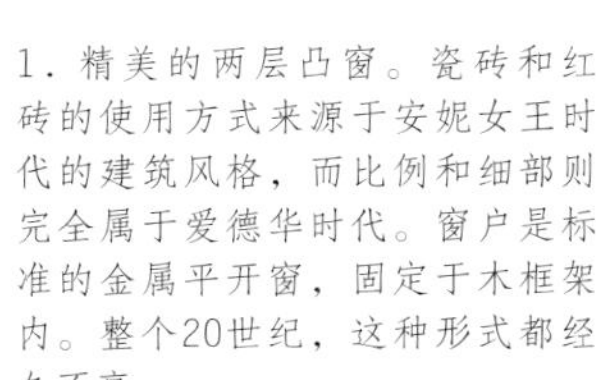

1. 精美的两层凸窗。瓷砖和红砖的使用方式来源于安妮女王时代的建筑风格，而比例和细部则完全属于爱德华时代。窗户是标准的金属平开窗，固定于木框架内。整个20世纪，这种形式都经久不衰。

2. 英国在20世纪早期几乎没有规划法。在乡村和沿海地区大量的住宅建设中，均采用预制构件的形式修建。这个典型案例是用预制件建造的住宅，由伦敦的大卫·罗威尔（David Rowell）和威斯敏斯特公司制造，其材质轻、造价低，主要由木材和石棉瓦构成。*DR*

3. 一般来说，爱德华时代的住宅要比维多利亚时代的住宅外观更加亮丽，窗户也占据了更大空间。飘窗仍很流行，窗扇通常比19世纪有更多的窗格。以这栋郊区的半独立住宅为例，窗户的上面被分成小窗格，很具代表性。白色木漆取代了绿漆，成为一种更受欢迎的方式。

新的生产方式使得钢构窗户成为可能，并开始与木框窗户产生竞争。窗扇的标准钢制型材开始量产，这些窗框能够直接插入预留的砖缝或石缝中，或者插入木框内。对于最为奢华的住宅来说，炮铜色或青铜色的窗户最受欢迎，因为没有必要涂刷油漆，因此这种窗户几乎不需要维护。

尽管金属窗框的平开窗在某种程度上优于木制上下推拉窗，但是投机的商人仍然会安装木制上下推拉窗。安妮女王风格的推拉窗，上面的窗框常常会用木条分隔出很多小窗格，而下面的窗框则是整块玻璃板。飘窗仍然是联排住宅最显著的特征。

彩色玻璃常使用在需要看到窗外的楼梯间或者落地窗上，新艺术运动风格影响的窗户也经常出现在不同的住宅设计中。

窗格或窗扇边框的漆面，常使用与窗台或框架形成强烈对比的色彩。绿色以及奶油色是最受欢迎的组合色，但随着油漆的颜色逐渐增多，奶油色也会与其他色彩搭配使用。

1. 上下推拉窗。窗户上部被分为小窗格，是时髦的安妮女王复兴风格。*EL*

2. 带有四圆心拱窗户和锯齿状拱肩的做法属于一种简化的都铎式风格。*EL*

3. 曼莎式屋顶上的老虎窗。浅薄弯曲的檐口用以排出雨水，造型经典。*BB*

4. 三个并置的上下推拉窗，檐口上面是雕刻的断山花。当打开窗户上扇时，外部的把手方便使力。小窗格上亮表现出明显的安妮女王风格。*BB*

5. 精致的彩色玻璃和图案装饰，形成了这组飘窗的优美形式。*BB*

6. 同一扇窗户，从外部立面看起来非常有趣。四扇铅条窗明显具有爱德华时代的风格影响，同时又吸纳了工艺美术运动风格特征。*BB*

1. 一对黄色冷杉木板的平开窗，具有结实的槽口框架，可以涂刷油漆。*YMA*

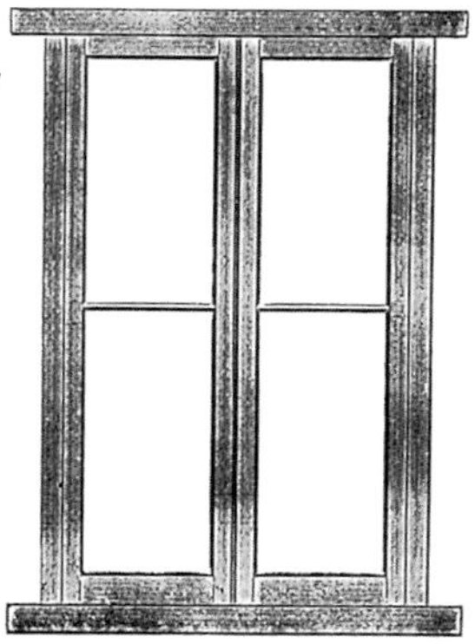

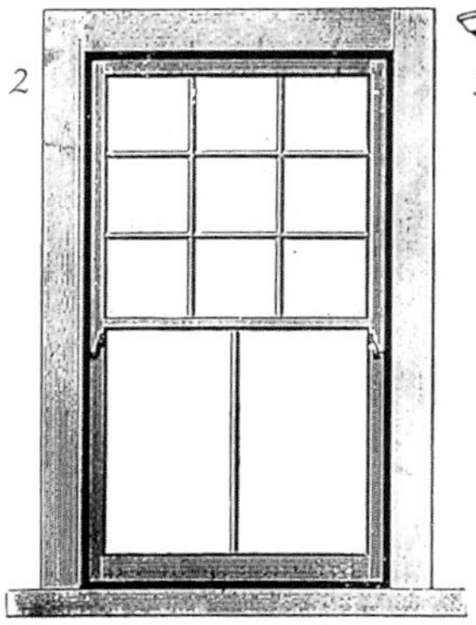

2. 带铁制滑轮的双悬上下推拉窗，上面是极具特色的小窗格；下面是简单分割的窗格。*YMA*

3. 带铸件托架的双层飘窗，顶部也有小窗格。*CJ*

4. 传统样式的陶瓦边饰仍然很流行。*HP*

5. 欧洲大陆的度假习俗促成了木制遮阳百叶窗（固定百叶窗） 的使用。*YMA*

6. 法式落地门方便通达花园。这个案例两边均带有侧窗。*YMA*

7. 这扇金属框架平开窗安装的铰链十分特殊，窗扇从两面都可以打开，以便于清洗。*GS*

8和9. 两个铁制窗销。左边的锻铁涡卷饰把手特别受欢迎。*NC*

10. 镀铬的窗销，由金属制成的传统扣件沿用至今。*RB*

11. 三个推拉窗扣件，可由多种金属制成，包括黄铜、炮铜、青铜或镀铜铁。*NC*

12. 黄铜推拉窗扣手。*NC*

13. 黄铜推拉窗把手。*NC*

14. 结实的黄铜长插销，用来锁住法式落地门。*EB*

15. 两个黄铜窗撑。*RB*

16. 两个黄铜窗撑，上面一个是楔形撑条，用螺丝固定。*NC*

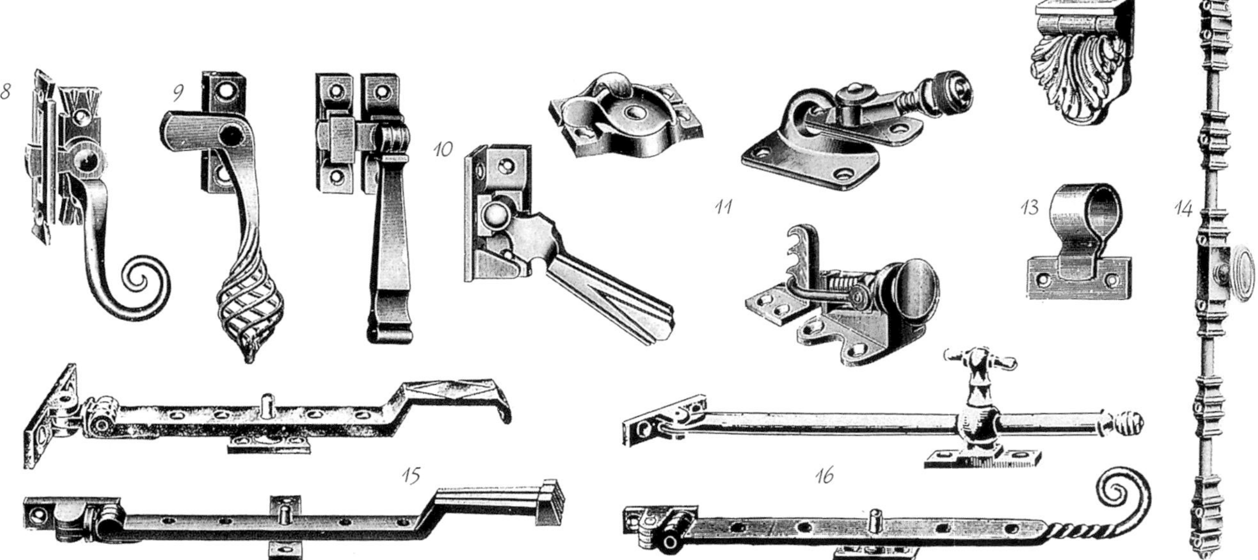

墙面

1. 这个入口大厅的墙面设计来自涂料制造商托马斯·帕森斯父子公司于1909推出的产品图册《装饰装修》，用以宣传他们的商品"安德莱"彩色调和磁漆。墙壁按照传统形式进行划分：墙裙、墙面和雕带。檐部带有亚当式风格的垂花饰模板印花。注意地板的形式与整体非常统一。*TP*

2. 泰恩卡斯尔公司研制的浮雕图案的"上等皮纸"，可以模仿出墙板的效果。制造商能够生产出与房间通高的材料尺寸，可以做出"木纹"或"橡木纹理"效果。下面布褶纹式的镶板效果表现出效仿都铎-伊丽莎白式风格的时尚做法。*TC*

爱德华时期的墙体常常展现出独特的历史混合风格，其中以乔治亚风格形式最为普遍，雅致的亚当式风格垂花饰有时会搭配早期乔治亚式厚重的成型线脚一起使用，而墙面又铺贴着摄政风格的条纹壁纸。对于富人和那些想在有限的公寓空间内展现豪华效果的房主来说，法国古典风格最能满足要求。

随着凯恩斯&帕利恩水泥公司之类的材料制造商生产出了速凝性石膏，以及许多价格实惠的调和漆的出现，普通人自己完成室内装修开始变得非常容易。墙纸的质量也在提高，同时每季度还推出新的系列，墙纸雕带也成为一种时尚。浮雕型墙纸，比如泰恩卡斯尔墙纸、安那利普特（凸纹）墙纸和沃顿彩色拷花墙纸等产品类型都极受欢迎。这些墙纸价格便宜，而且也可以上漆。不同的材料常常组合使用，比如将安那利普特（凸纹）墙纸雕带压制在帆布之上，再用白漆涂饰的冷杉木板（松木或者杉木）作为框缘。

泰恩卡斯尔公司研制的浮雕"上等皮纸"可以模仿出木墙板的效果，其做法是用帆布做基层，再用纸张压制而成。这种壁纸可以裁切成任意尺寸，还可以上漆或染色。在较好的住宅中可以看到橡木或是核桃木墙板，都铎-伊丽莎白式（Tudorbethan，来源于"都铎式"和"伊丽莎白式"）或乔治亚式的造型形式最为流行。

1

1. 来自约克郡一处住宅里的漂亮墙面饰板，其中的人物形象将住宅的模型端在手中。这种浪漫的创意是这一时期的典型样式，特别是当“家”的概念被英国人认为是生命中重要的组成部分的时候。*BB*

2. 一个用于支撑大厅拱门样式奢华的托架，来自一处简朴的小镇住宅。这种特征常常能在19世纪晚期至第一次世界大战时期的住宅中见到，都是因为建筑商不分场合使用的结果。类似的纤维石膏托座很容易从建材供应商那里买到。*BR*

3. 来自同一所住宅，精心制作的托座檐口，叠加在挂镜线上面带有卷花的雕带之上。尽管细部风格混杂，但整体表现出非常丰富的效果。*BR*

4. 更加优雅、复杂的雕带和檐口处理。在安那利普特（凸纹）墙纸上面有雕带，而檐口以上是石膏线脚。图中的垂花饰来源于“亚当风格”，整体效果则是典型的爱德华风格。

2

3

4

5. 石膏墙裙板。这种特殊的精致石膏制品在爱德华时代非常少见。*EL*

6. 橡木或硬木抛光方式变得十分流行，例如墙裙和踢脚板。*EL*

7. 楼梯下的空间常常用木结构制成框架，并以木镶板饰面。有时还会带有一个橱柜用于储藏物品。*EL*

5

6

7

1

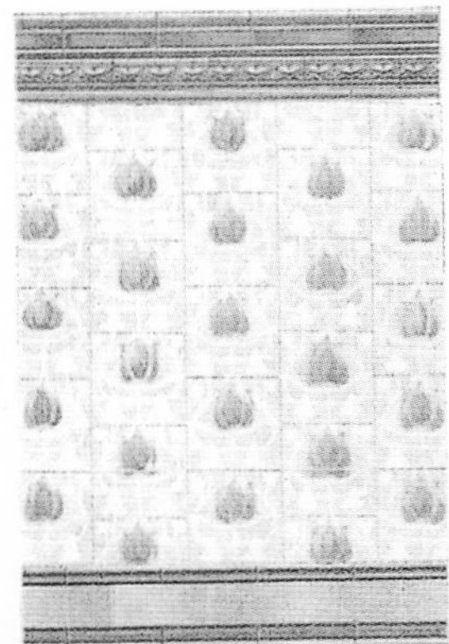

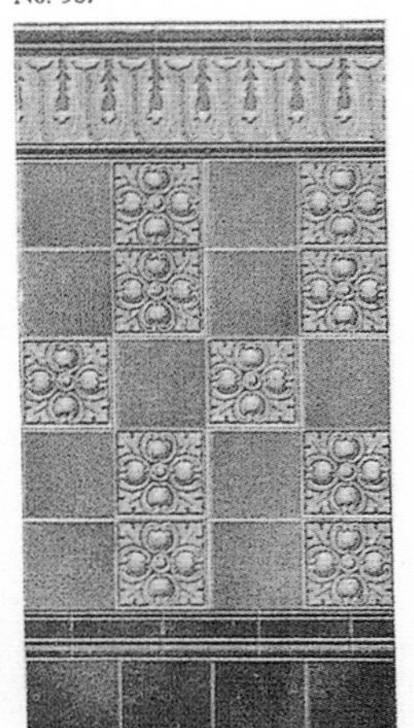

Scale 1" to a foot.

2

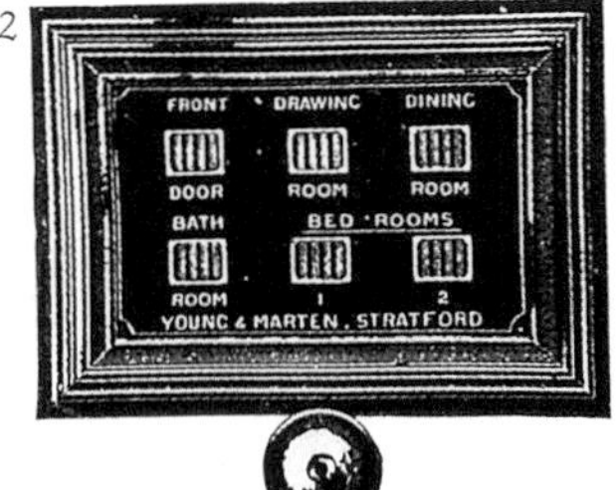

1. 明顿公司生产种类繁多的墙面砖。瓷砖一般用于门廊、走廊和浴室。新艺术运动和工艺美术运动的设计特别青睐色彩柔和的瓷砖，正如此处的三个示例。边饰和踢脚板的设计，与水平雕带一起表现出整体的美观效果。

2. 电铃和呼叫指示器会安装在厨房里或附近的墙面上，光标信号会指引仆人要去的房间。即使在小公寓中，也会装一个这样的呼叫指示器。*YM*

3

3. 泰恩卡斯尔公司因其畅销的仿石膏浮雕纤维雕饰带而广为人知。乔治亚式的造型格外受欢迎。*TC*

4. 这些纤维石膏托架用于装饰室内拱门，并成为大厅的一种特征。

5. 一些安那利普特（凸纹）墙纸示例。这种墙纸的材料质地独特，非常耐用，常用于大厅的墙裙和楼梯的墙壁。造型类似于墙板，很受欢迎，如第二个案例。*RL*

4

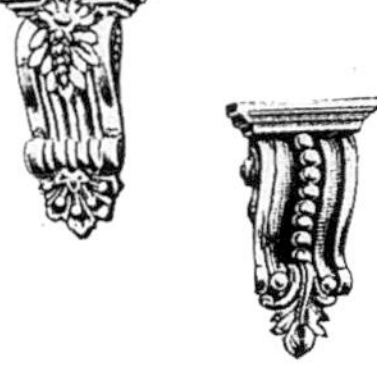

5

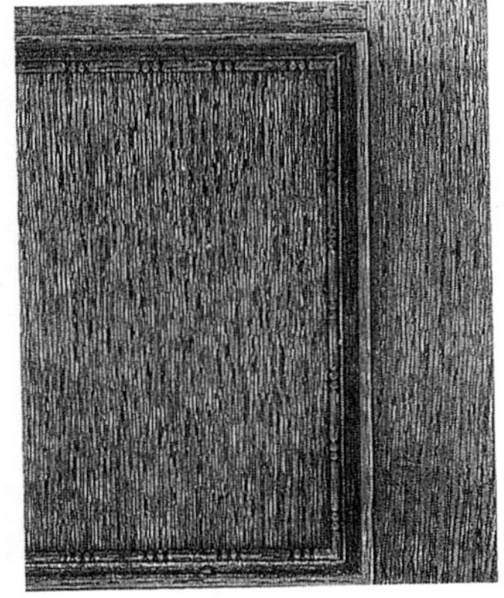

6

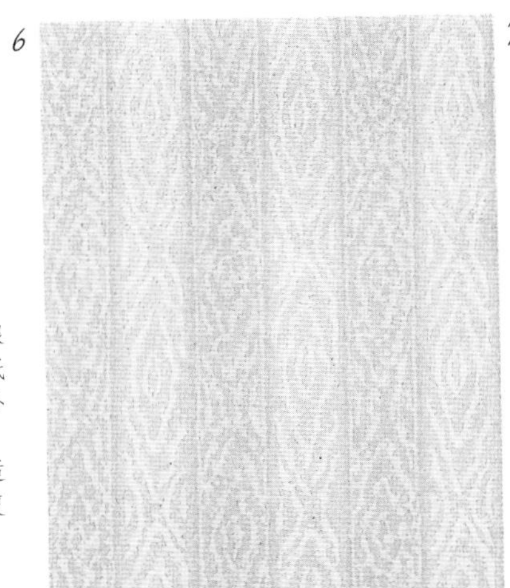

7

6. 模仿织物饰面的壁纸需求量很大。这款粉红色的莫尔条纹壁纸生产于1914年，适用于客厅或卧室。*CBA*

7. “印花棉布”壁纸和雕带，适合用在卧室里。一些精细的重复性风景图案会有4m长。*CBA*

天棚

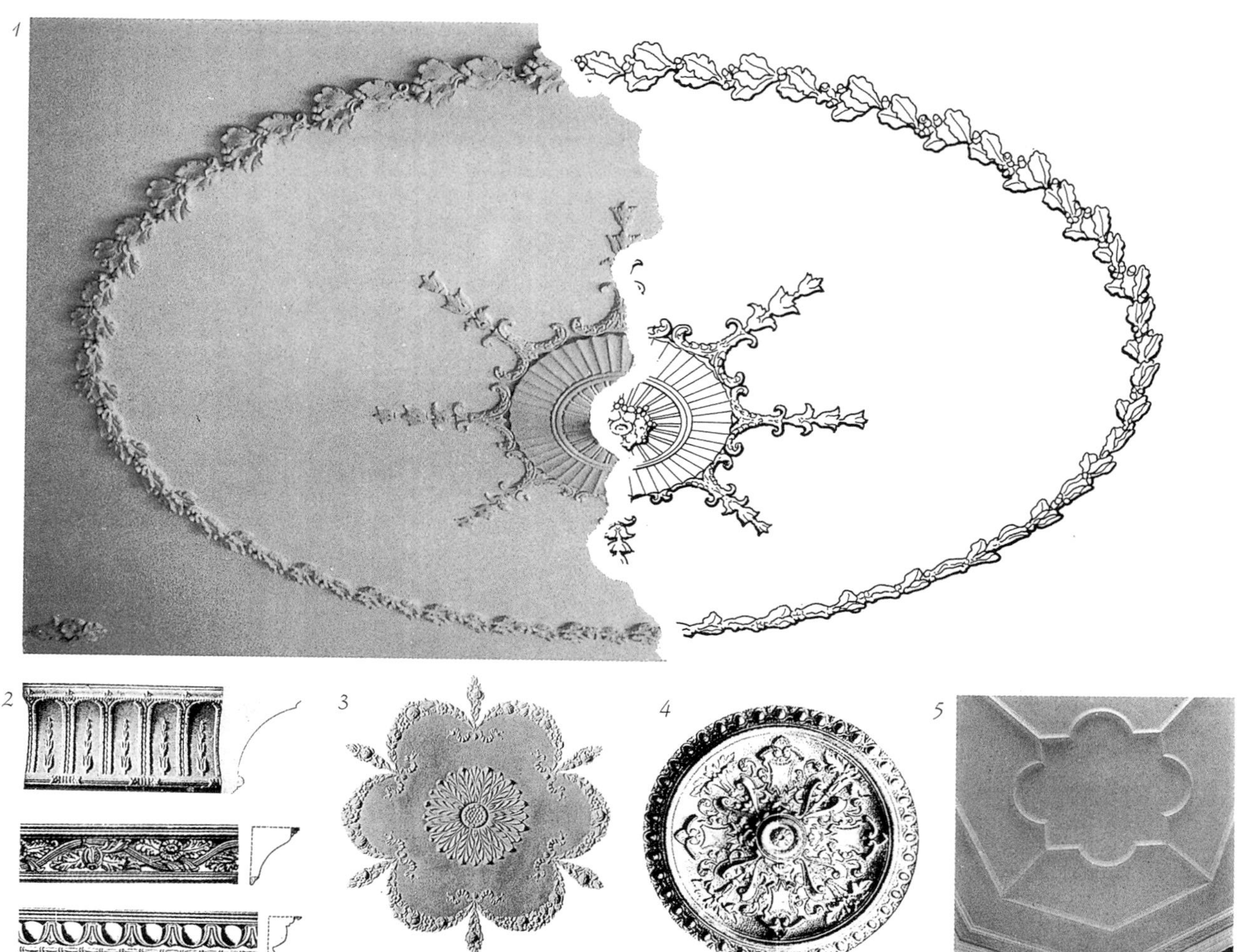

1. 伦敦一所住宅中的典型折中主义装饰风格的天棚。中心凹凸有致的玫瑰圆盘饰/圆形浮雕带有放射状的棕叶饰图案，属于18世纪晚期的亚当式风格；外圈的圆环是18世纪早期的特征。BR

2. 三个内凹的檐口线脚。最上面的是压花钢条，2.4m长，可以锯切，并且可以钉在木板条上。另外两个是“纸基灰泥”铸件。装饰细节由轧花纸和混凝纸浆组合而成，这种制品被大量生产，并替代灰泥工艺。YM

3. 安那利普特（凸纹）墙纸做成的乔治亚风格的天花板灯线盒，直接平贴在石膏棚上。AC

4. 这个“纸基灰泥”制作的玫瑰圆盘饰/圆形浮雕的直径仅为60cm。YM

5. 抹灰天棚上的装饰线是一种受欢迎的形式。装饰线由木材、安那利普特（凸纹）墙纸或其他材料制成。EL

与维多利亚时期相比，此时住宅的天棚高度变得更低，形式也更加朴素，这是因为要与当地的传统复兴风格保持一致，同时，檐口部分的装饰也认为没有必要了。

暴露在外的橡木横梁、石膏抹灰的梁格，以及浅浮雕的拉毛粉刷天棚，都表现出都铎式风格的再度流行。预制纤维石膏板块材非常受欢迎，产品质量很高，G.P. 班卡特公司能够提供各种造型形式的定型石膏板材，包括亚当式风格的样式。

大量的廉价材料制成的装饰构件迎合了大众市场的需求，构件所使用的装饰图案由一种合成材料制作（一种基于木浆或纸浆的混合物）。用层压纸和帆布材料制成的装饰构件，比如考得拉若公司、安那利普特公司和泰恩卡斯尔公司生产的产品，在这一时期到达了鼎盛阶段。都铎式的带状饰和各式乔治亚风格，包括亚当式都成为当时的时髦风格。抛光橡木凸嵌线脚常用在大面积的石膏抹灰的平天棚上，白色基调带有暗淡银灰色图案的天棚壁纸样式也非常流行，这些图案多是沿着不同方向有规律的重复流线型图案。清洁的电气照明，结束了需要进行频繁装修的油汽灯时代。

从美国引进的冲压钢板天棚，有时也模仿老式的石膏天棚样式。在原有的天棚上也会使用大尺寸的钢制片材进行装饰。

1

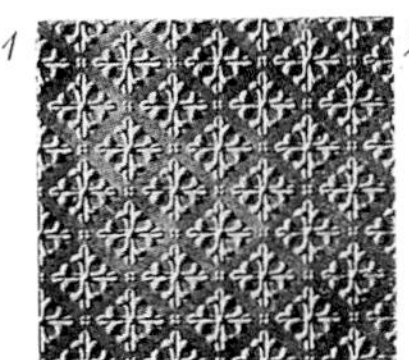

2

3

1. 冲压钢板天棚具有安全性和便利性，并且具有防火的特点，这种预制成品还可以替代天棚的石膏抹灰，而且具备“防潮和抗菌”的优势。这些“Yemart”牌面板（约1910年）模仿了都铎式造型形式。YM

2. 安那利普特（凸纹）墙纸可以使用在大幅镶板上，并粘贴到抹灰天花板。第一个案例是模仿亚当式风格的天花板，而第二个则是模仿都铎式风格。AC

3. 典型的轻质纸天棚装饰，约1914年。淡灰色的薄纸散发着迷人的光泽，反射光让天花板显得流光溢彩。CBA

4. 用“纤维石膏”制成的亚当式风格的天花板，来自一间卧室或者客厅，由伦敦的H.E.盖斯有限公司出品。HEC

5~7. 这些客厅天棚样式来自托马斯·帕森斯父子公司于1909年推出的产品图册《装饰装修》。因为帕森斯是涂料制造商，所以他们热衷于推出各式涂料配色方案。第一个案例是在银灰底色上描画出珐琅的效果，银灰漆在爱德华时期的英国属于非常新奇的涂料；第二个案例是富有异国情调的摩尔式风格；最后一个案例采用了暖色调。TP

8. 天棚四角常见的图案形式，这两个图案带有新艺术风格的特征。TP

4

5

6

7

8

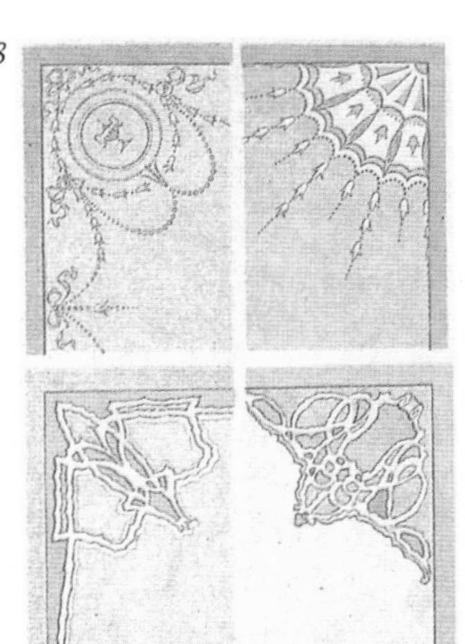

地面

1. 六种镶饰油地毡的样式，来自骑士桥的哈洛德百货公司，伦敦，1910年。当时的流行趋势仍然还是用亚麻油地毡模仿更为昂贵的地板材质，例如镶木地板或地毯。*H*

2. 广受欢迎的拼花地板。拼花常常铺设在地毯覆盖着的软质木地板的边缘。这是预制拼花地板的一部分，由班尼特的“Tungit”木地板公司制造，位于东伦敦斯特拉特福德市。

榫槽搭接的木地板是最受欢迎的家居装饰材料。在豪宅中能够看到打蜡或抛光的橡木或柚木地板，但是普通住宅中更为常见的是松木地板。为搭配地毯的边缘，木板边缘还会涂饰清漆（满铺的地毯通常用于豪宅中最好的房间）。拼花地板常用在最重要的房间当中，高品质的拼花地板会使用2.5cm的厚木板。郊区别墅内使用的木板则会薄一些，有时背面带有织物制成的基层板，可以直接铺装在原有的木地板上面。木地板可以铺设在表面覆盖柏油的水泥地面上，不需要再有木制基层。人字形地板是最普遍的拼装图案，可以着色或抛光。这种地板会铺设在厨房、过道，以及郊区住宅的起居室中。

门厅常铺设红色缸砖，像是六边形等特殊的铺砖形式很受欢迎。厨房中会使用15cm见方的缸砖；浴室地面则倾向于使用黑白棋格形图案，而油地毡则是一种既温暖又廉价的替代品。油地毡在服务性的走廊中非常常见。很多新建住宅的水泥地面会做成模仿马赛克、大理石或石材的样式，只有豪宅才使用真正的大理石。

1

2

1. 这些图案是“Ebnerite”复合地板的式样。其材质为木质纤维、矿物质粉和黏结剂组成的混合物，用泥刀抹平后再晾干30小时以上，经上漆、抛光就会变得防水、防滑，并且经久耐用。*BT*

2. 大厅和浴室的地板流行使用的“Tesella Uniforma”马赛克铺贴，预先拼贴成板。*GH*

3

4

3. 烧制的瓷砖是地面铺装中最常见的材料。由小片的黑白瓷砖组成的几何图案常用在浴室和暖房里，无釉面的陶瓦则常用于走廊。*GH*

4. 在大型住宅中的重要房间里都铺有地毯。尽管满铺地毯已经出现，但大多数家庭仍然铺设不加以固定的地毯。这些羊毛织花地毯和绒毛厚地毯的案例（样式分别来源于古代法国和波斯）来自伦敦的华林&吉洛公司，黑色背景的地毯尤为流行，地毯的边饰部分需要单独购买。*WG*

壁炉

爱德华风格的壁炉放置在“都铎式风格”的墙面镶板饰面之中。上漆和抛光的松木带有微妙的色泽，取代了维多利亚风格的深色橡木。大理石铺贴的框缘蓄热性高，有助于保存室内温度。图中的这种炉垫箅常常出现在豪宅中的客厅或者餐厅里。BB

对于这一时期的壁炉而言，如何提高燃烧效率变得十分重要，木材的缓慢燃烧技术也在不断地改进。壁炉框边开始使用耐火砖砌筑，呈八字形开口，背板向前倾斜，这种方式能够向室内散发更多的热量。八字形展开的造型还能起到减小炉箅尺寸的作用，可以减少燃料消耗。炉箅通常直接从室外进行通风，以避免将寒气抽入房间。

在乡村住宅中的那些燃烧木材的区域，当希望采取男爵或都铎样式的壁炉时（比如使用在门厅），炉垫箅仍然十分盛行，其尺寸可以燃烧较大的木材。炉边区域成为一个很受欢迎的舒适空间，多数家庭都会在此处闲散地安置一些座椅。

壁炉架有很多种形式。这一时期人们大量使用釉面瓷砖，而且样式比维多利亚时期更加丰富多样，带有金属光泽的单色瓷砖很受欢迎。壁炉架上通常会设置小搁板，用来放置装饰品或书籍。来源于新艺术运动风格的壁炉架造型形式自由，而基于安妮女王风格和乔治亚风格的造型却依旧拘谨地模仿着旧有的形式。经典的木壁炉常使用松木制成，漆面采用有光泽的白色或乔治亚式的亚光绿色。

1. 建材商扬格&马尔腾公司产品目录的“色调”系列壁炉。边饰和半圆镶边采用了釉面彩陶（光面陶瓦）铺贴而成，炉膛用亚光釉面砖铺贴。YM

2. “德文郡”系列壁炉（1907年），边饰略有几分新乔治亚式的风格。由埃德温·勒琴斯爵士设计，这款壁炉不是采用蛋壳漆上色，就是采用锡釉彩陶铺贴而成。PW

3. 建材商扬格&马尔腾公司产品目录中的“艺术”系列瓷砖壁炉。这种类型的壁炉适合用在卧室，带有一个可调节式的遮篷，可以控制气流。YM

1

2

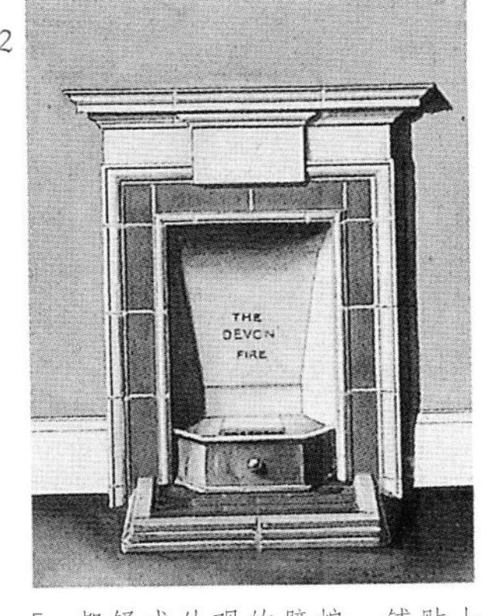

3

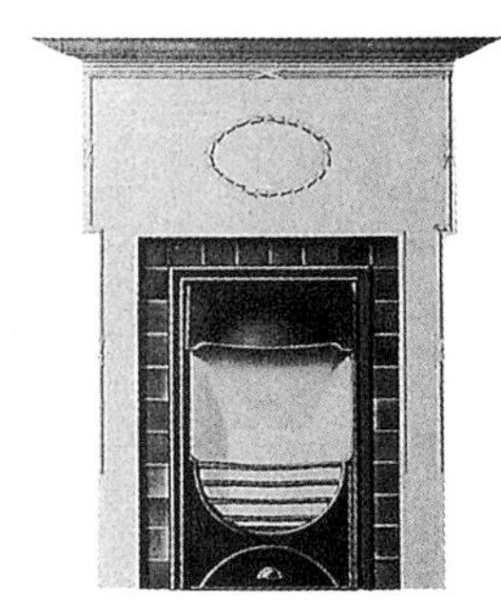

4. 简单的铸铁壁炉，带有一个高大的壁炉上部装饰架，体现出受到了工艺美术运动的影响。CA

5. 都铎式外观的壁炉，铺贴上釉的“砖坯”，适用于餐厅、台球室或书房。边饰可以用釉面彩釉、铜、黄铜或铁制装饰。壁炉上部装饰架则用松木（上漆）、橡木（烟熏或者打蜡处理过的）、胡桃木或桃花心木（抛光）制成。PW

4

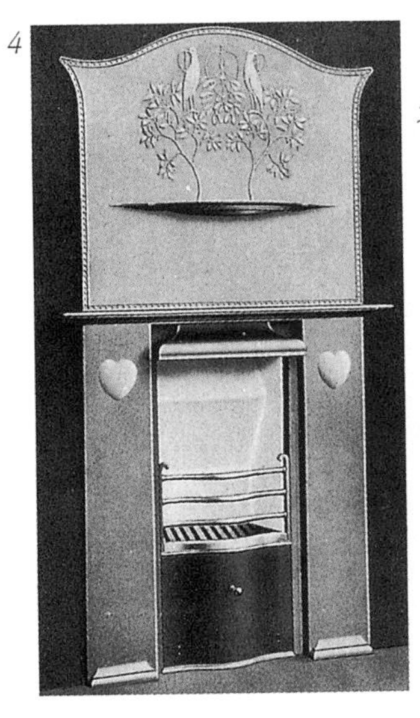

5

6

6. 爱德华时期的壁炉通常具有亚当式风格的外观，这种形式常用于客厅。这处壁炉台和壁炉上部装饰架采用松木制作，并涂饰了白漆，内嵌一面镜子。黄铜遮篷上有亚当式风格的凸纹饰图案。PW

7. 在爱德华时期，仍然可以见到搪瓷板壁炉架，并且做成类似于马赛克镶嵌的效果，色彩的组合也变得多样化。这个示例来自布里斯托尔的加德纳父子有限责任公司。GS

8. 这款“新里士满”壁炉出自建材商扬格&马尔腾公司的产品目录，造型看起来稍显陈旧。贴砖的边饰内嵌在松木的壁炉架，内置镜子的壁炉架采用上漆松木或者抛光胡桃木制成。YM

9. 这款松木壁炉（1906年，上漆之前）造型奇特，有一个小型的玻璃门橱柜和两面镜子。和这个壁炉上部装饰架的形式一样，装饰品通常会放置在最高一层的搁板上。NC

8

9

7

1. 价格低廉的壁炉通常使用铸铁而非木材，制造工艺更加简单，并且材料可以反复使用。此图中，白色油漆、“都铎式”内衬和贴砖的炉膛，都像是后期增加的。BR

2. 这种乔治亚风格的壁炉边饰严格遵循了“亚当式”的细节做法。平整的釉面砖铺贴，配以图案丰富的边带是典型的爱德华风格。整个炉箅都采用耐火砖砌筑。CA

3. 这个18世纪的壁炉出自卡伦公司推出的“艺术”系列壁纸集。当时流行的装饰细节处理方式相对自由，敦实的枝叶形卷曲的托架下面是带有成串垂花饰的壁柱镶板，过梁上装饰着特殊的花形楣饰。在可调式炉箅和木制壁炉架之间是大理石线板。镂空铁制炉围和铁火栅是当时的典型形式。CA

4. 铸铁卧室壁炉，涂饰了白漆。壁炉框边的贴砖式样受到了工艺美术运动的影响。EL

5. 另一个卧室壁炉，这种凸出的雕带和下面中心位置的垂花饰商标标牌非常具有代表性。出挑的雕带弥补了平浅的壁炉开口带来的体感不足。EL

1

1. 别致的哥特式壁炉，表面材质是烟熏橡木、大理石线板、荷兰绿瓷砖，烟盖和边饰都是铜制的。MI

2

3

5
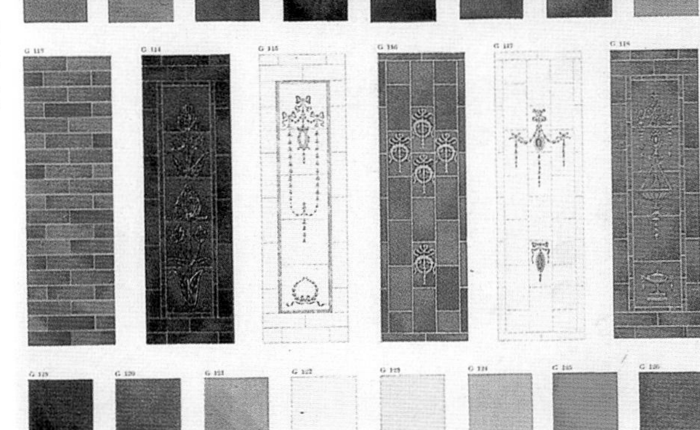

2. 这个1906年的壁炉架明显受到了安妮女王风格的影响。从小尺度的搁架、玻璃橱柜以及瓷器装饰来看，仍属于爱德华风格。这种壁炉形式非常适合郊区住宅的客厅。NC

3. 一般来说，此时的瓷砖镶板要比之前维多利亚时代的优雅得多。第二个和第三个属于亚当式风格。GS

4. 两种炉膛砖的铺贴图案。

4

6 7

8

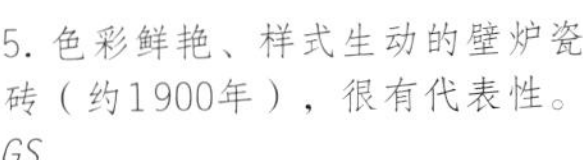

9

10 11

5. 色彩鲜艳、样式生动的壁炉瓷砖（约1900年），很有代表性。GS

6. 带有铜制凸纹饰遮篷的壁炉，炉罩上有简单的雏菊压花图案。MI

7. 煤气炉的造型变得更加简单，燃烧更加高效，其中一个很大的进步是运用了黏土。炉子的顶部带有一个炉头用以放置水壶。WG

8. 非常华丽的煤气炉，带有立脚。用青铜、黄铜和镍进行装饰。DF

9. 无烟煤炉灶可以整晚持续燃烧。煤炭通过顶部的加料口投入，由一个调节器控制燃烧速度。DF

10. 带有壁炉柴架的煤气取暖炉，装饰着铜花饰。MI

11. 两款爱德华风格的壁炉柴架，一个是由黄铜铸造，另一个由合金制成。MI

厨房炉灶

1

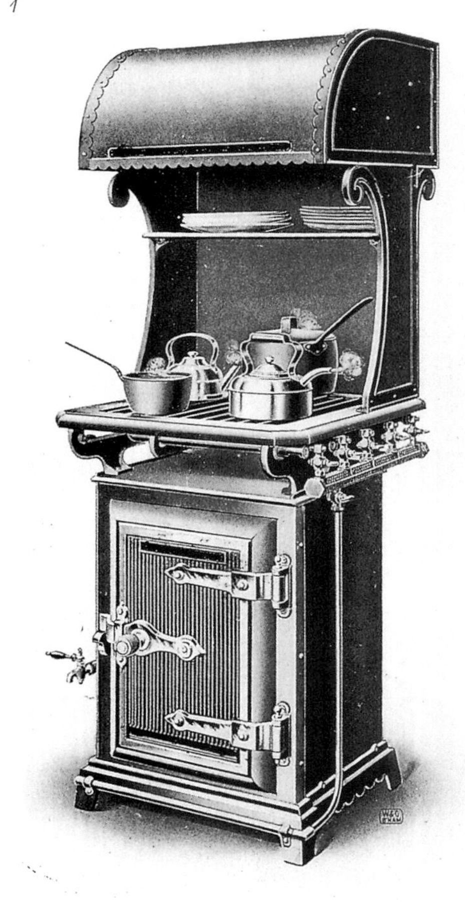

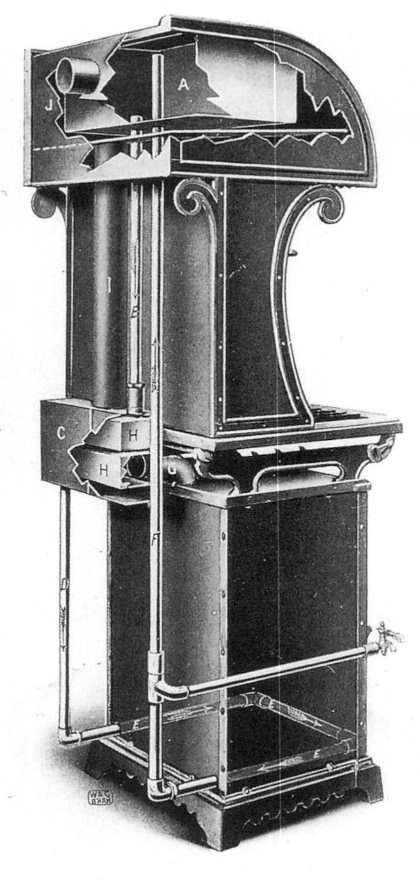

2

3

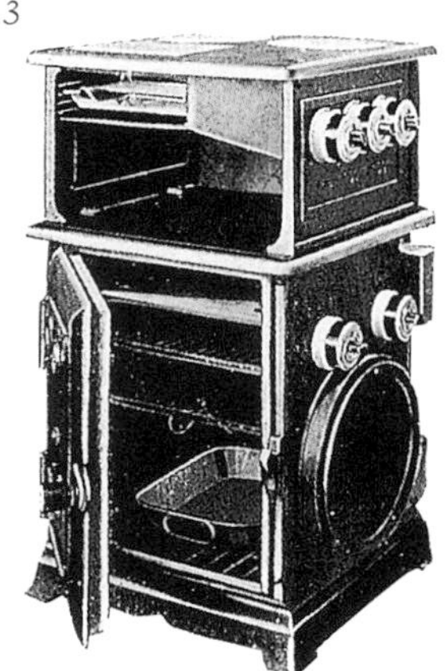

4

1. 在爱德华时期，用煤气进行烹饪变得越来越流行。这款帝国牌燃气烹饪炉，作为最新技术成果出现在1906年尼科尔斯&克拉克公司的产品目录里。它可以使热水不断循环，从而比燃煤炉灶有更大的竞争力。兜帽水槽里的水能够直接通过炉灶加热。*NC*

2. 欧布里安·托马斯公司出品的“喜爱”牌燃气灶，样式较为简单，带有两个炉头和一个烤盘，还有一个烤箱，约1910年。*OB*

3. “比顿”炉作为1910年通用电气公司的最新产品亮相，漆面借鉴了“石墨”传统工艺，面层采用黑磁漆，更易于清洁。这种炉子自带粗锡铁锅或者铜锅。*GEC*

4. “比顿”炉可选配的配电盘。购买者可以选择价格更贵的炉子，炉边带有旋转开关（如图所示）。*GEC*

在维多利亚时代，传统的煤炭炉燃烧效率已经达到了很高的标准，炉灶本身可改进的空间已经很小，而如何易于维护成为提高品质的一个新问题。因此，爱德华时期瓷砖贴面炉灶越来越盛行，甚至背面也贴上了瓷砖，使得清洁工作更加便捷。虽然如此，大多数炉灶仍需要时常清洁，这对女佣来说是项非常繁重的工作。

煤气炉灶得到了不断改进，并且可以按季度向煤气公司租用炉灶。煤气炉灶结构简单、设计紧凑，电炉上面安装着烤盘，下面是烤箱，和现在标准的炉灶式样非常相似。制造商格外重视如何使清洁工作变得简单，同时使煤气控制阀尽可能安全。早期的煤气炉多为铁制，而且炉灶用耐火砖砌成，非常笨重。卡伦公司是早期著名的制造商。

早期的电炉有两个关键问题未能解决：一是价格昂贵；二是电炉的预热时间太长。尽管在某种程度上电炉也受到人们的欢迎，但其早期产品始终无法与煤气炉相抗衡。

楼梯

爱德华时期的开放式梯梁型楼梯，采用了庄重的正方形车削型楼梯端柱。四方形栏杆柱此时仍然流行，加工这种栏杆柱需要更加精密的机器，因为它们不能用传统的车床旋转加工而成。EL

这一时期的住宅楼梯与之前维多利亚时期的区别，或许是人们开始在室内设置尺度适宜的楼梯厅，即使相对简朴的住宅也不例外。皮尔女士在她1903年出版的《新家庭》（*The New Home*）一书中建议：在联排住宅的客厅通道和前起居室之间，应当设置拱门。这个入口空间也因此变成一个接待空间，甚至将两个空间叠加起来变成一个餐厅。餐厅的转角处可以放置一个屏风，用来遮挡前门的公共空间。大型住宅中，为了与豪华入口大厅的楼梯相配合，往往会设置大型壁炉架或炉边“舒适的角落”。

在一般的住宅中，楼梯上的木制细部构件与维多利亚时期的式样几乎没什么区别。在豪宅中，能够看到“乔治亚式”和“亚当式”的宏伟的栏杆装饰，但是很多住宅受到工艺美术运动风格的影响，更偏好简洁的楼梯形式，通常紧密排列着未经装饰的纤细的栏杆柱。

在中产阶级的住宅中，由于打扫房间的工作普遍由家庭主妇承担，使得住宅在设计上出现了一些微妙的变化。之前的地毯压条一直使用需要每周抛光一次的黄铜材料，而此时几乎被免于维护的橡木代替，雕琢丰富的维多利亚式楼梯线脚，也被更易清洁的浅浮雕所替代。

1. 粗圆端柱，车削、雕刻而成，约1910年。从维多利亚时期开始，这种栏杆柱的变化微乎其微。YM

2. 三种方形端柱以及所连带的栏杆柱。这种垂直切割的栏杆柱形要比旋转车削的柱子更难加工，也是爱德华时期的栏杆特征。随着制造技术的进步，其加工成本也在降低。YM

3. 圆形木栏杆柱。用软质木材制成，十二个为一组，可以上漆。YM

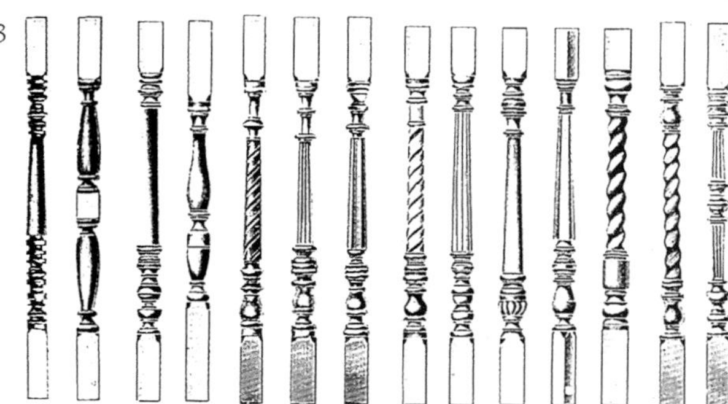

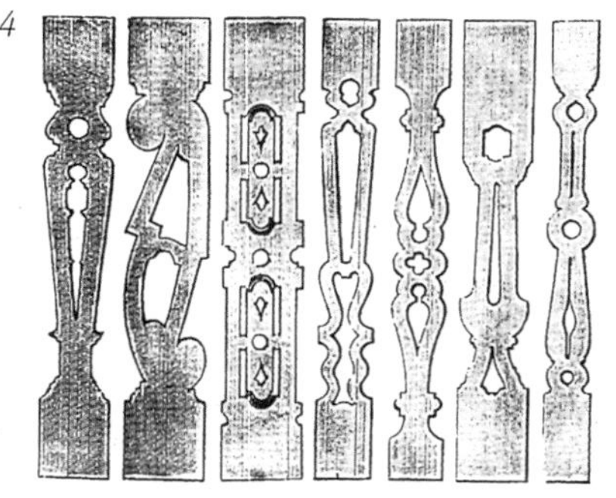

4. 从19世纪末期开始风靡一时的雕花格子栏板样式，一直延续到爱德华时期。这里展示的雕花格子栏杆柱在出售时会说明其“安装后表面平滑、易清洁”。YM

5. 一些铸铁栏杆柱和中柱（1902年）。SS

6. 锻铁栏杆在19世纪末开始重新流行。这里是来自布里斯托尔的加德纳公司出品的两个样式，约1905年。这种铁艺栏杆柱的扶手通常会采用抛光的橡木或者桃花心木。GS

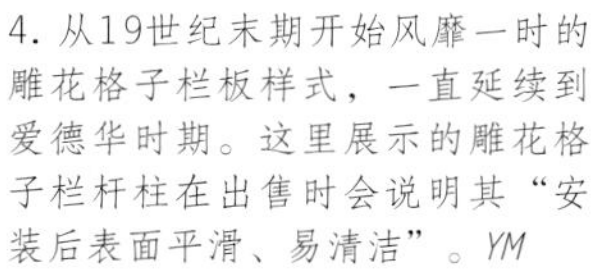

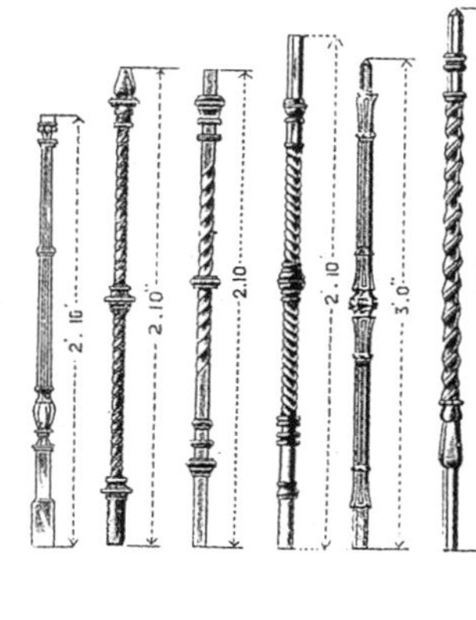

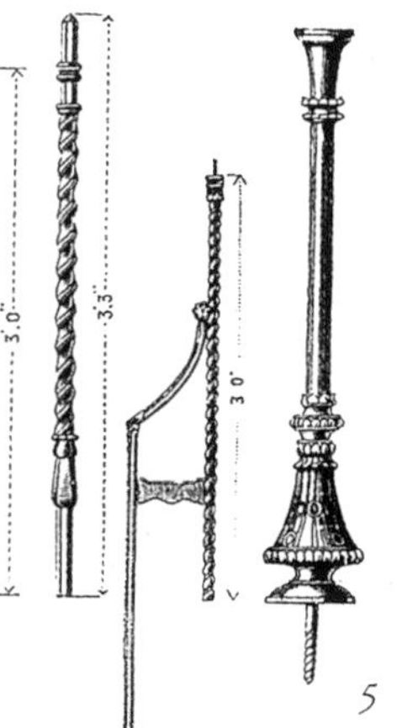

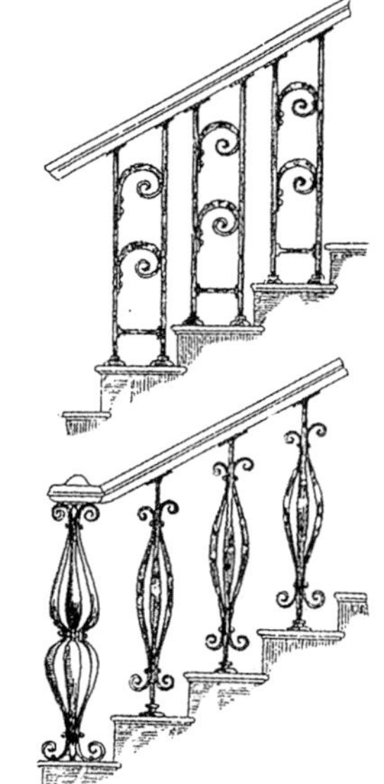

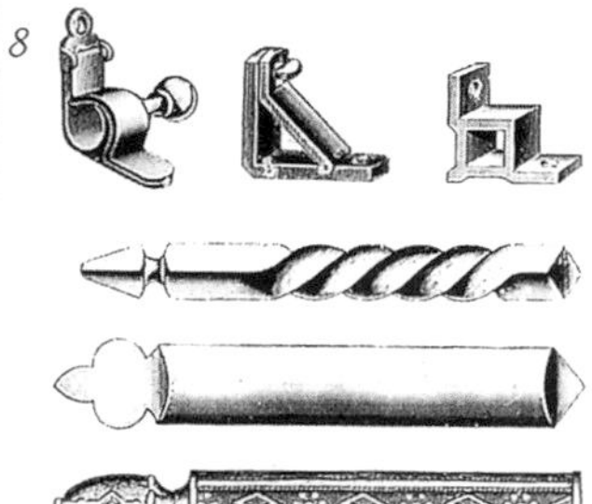

7. 典型的旋转车削端柱，采用抛光硬木作为扶手。正方形车削栏杆柱由软木材切削而成，并涂饰油漆。BR

8. 爱德华时期的楼梯地毯压条及地毯夹，那时流行将其抛光，并涂饰成黄铜的颜色。NC

固定式家具

1. 炉边两侧有“舒适的角落”。光滑的木制橱柜是这一时期的特征。这处整体橱柜是一个很好的示例，代表了工艺美术运动的商品化理念。OH

2. 一个整洁的嵌入式书架，下面是橱柜，上面的搁板可以调节。BB

3. 嵌入窗边的座位很受欢迎，特别适合于海边住宅，以观赏窗外的美景。座椅经常被用作散热器箱或作为一个收纳箱。BB

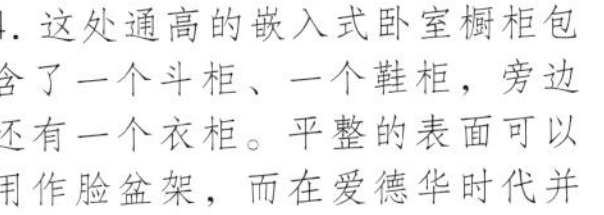

4. 这处通高的嵌入式卧室橱柜包含了一个斗柜、一个鞋柜，旁边还有一个衣柜。平整的表面可以用作脸盆架，而在爱德华时代并不是所有人都愿意在卧室里设置排水系统。这个整体橱柜的漆面与房间的装饰相互协调。MH

住公寓的人非常喜欢固定式家具，因其能够有效地利用空间表现出较好的经济性。无论是公寓还是独栋住宅，卧室和衣帽间中固定式衣橱的尺寸变得比之前更加宽大。在天棚较低的住宅中，衣柜往往会高至天棚，以避免灰尘在柜顶沉积。然而，在天棚较高的住宅中衣柜则不会做到通高，因为最上面的柜子很少被使用，会成为虫子的聚居地，所以，齐肩高的柜子是比较常见的选择。五斗柜也可以做成固定式的，上面还常常会设置一个食橱，整体效果会与周围的木镶板相搭配。固定式更衣室也是受欢迎的选择，因为当时的人们认为：在卧室中储存衣物和鞋是很不利于健康的。橱柜可能会采用开放式的装饰搁板，从而变得很有视觉效果。小公寓的卧室中有时会放置一个整体式梳妆台、衣橱和脸盆架。

书房常会设置装有玻璃门的可调搁板式书架。在餐厅或客厅的壁炉两侧，其凹墙上常会做成嵌入式橱柜，或者安装开放式的搁板用以展示装饰品，甚至在公寓中也会设置家用衣物大橱柜。

这一时期的厨房橱柜，倾向于在灶台高度以下设置带门的柜子，而在高处则安装较浅的玻璃柜。

设施

1. 可立起的浴缸（1909年），是一种专利产品，适用于空间有限的房间。浴缸能够以排水管为轴旋转。*TW*

2. 另一个节省空间的做法是把浴缸和盥洗盆结合起来。同一套水龙头起到两个作用，通过控制杆调整，很像现在的淋浴装置。制造商（乔治·法米利奥父子公司）强调盥洗盆的水不会流进浴缸。*GFB*

3. 道尔顿陶器厂制造的铸铁“希茨”浴缸，白色搪瓷表面，1904年。这种类型的浴缸既节省空间也节省水。*DA*

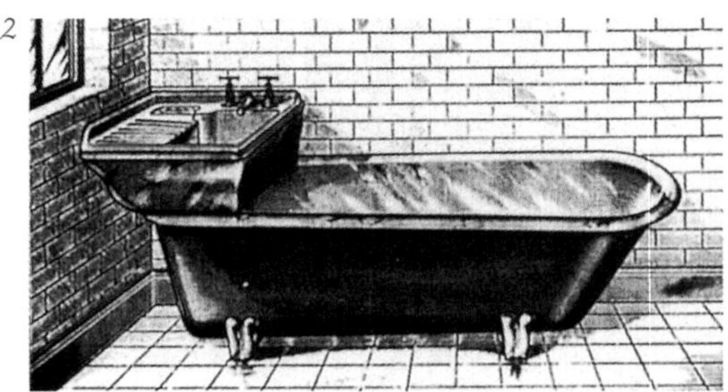

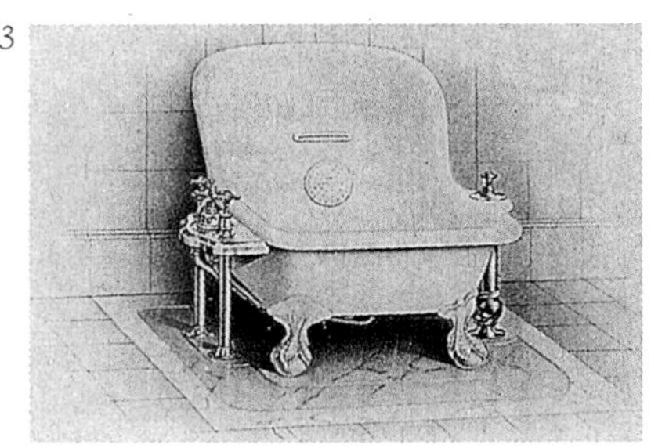

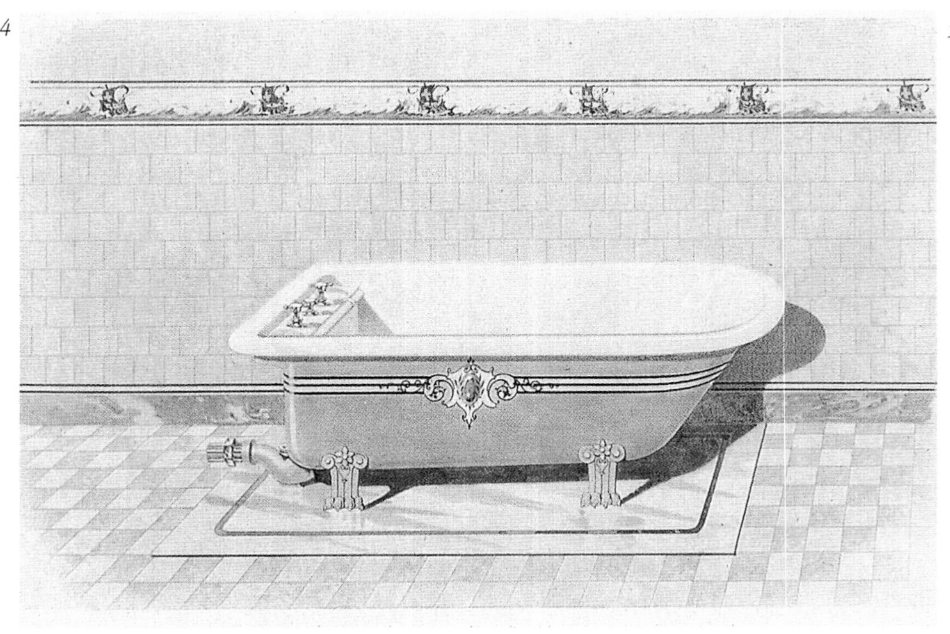

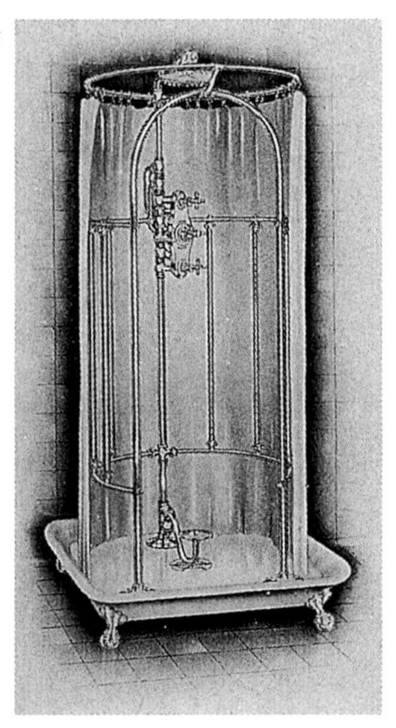

4. 这个铸铁浴缸来自麦克法兰铸件厂的产品目录，1907年。搪瓷的或白瓷的，外部描画着图案。和维多利亚时期相比，此时的装饰更加细致和优雅；墙上雕带加强了这种效果。*MCA*

5. 一套淋浴装置，带有铜制喷头和浴帘，1904年。*DA*

20世纪初，几乎所有的新建住宅中都布置了浴室，至少设置了浴盆。工人阶级住宅中的浴盆往往安置在厨房中，或者是靠近热水锅炉的盥洗室里，有时隐藏在地板下方，并设置一个升降活门以便使用；还有的浴盆储藏在橱柜中，使用的时候从橱柜里拉出来。大多数中产阶级的住宅会有舒适的浴室，还有远离楼梯间的独立卫生间。

这一时期的热水系统也在不断改进。当时使用独立设置的家用热水器，通过一个圆柱形的储水罐提供足够的生活热水，可以满足家庭日用需求。热水有时还提供给热毛巾架、房间中的暖气片，以及整个热水循环系统。虽然那些老式的不稳定的热水锅炉已经落后，但依然能够在建材商的产品目录中见到。

这时候的人们越来越关注卫生问题，普遍认为在木镶板做成的板箱中嵌入浴盆的做法不够卫生，陶瓷浴盆更受青睐，即使又重又贵。带支腿的铸铁浴盆（通常带有兽脚）使浴盆下部的清洁工作变得更加容易。

浴室中的窗帘和软装是容易藏污纳垢的地方，所以窗户一般安装磨砂玻璃。并且，浴室各种设施的形状也更多地使用曲线，与之前的造型相比，能够减少灰尘的沉积。

1

2

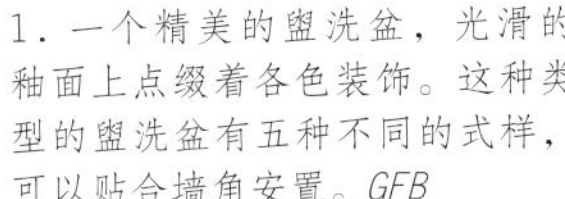

1. 一个精美的盥洗盆，光滑的釉面上点缀着各色装饰。这种类型的盥洗盆有五种不同的式样，可以贴合墙角安置。GFB

2. 乔治·法米利奥父子公司出品的抽水马桶，约1909年。此时已经不再流行在瓷质座便上面做装饰花饰，同时为了便于保洁，马桶的外形变得更加平整。该座便使用了铸铁托架支撑的桦木坐板。GFB

3. 浴缸上使用的淋浴装置，带有陶瓷手柄和铜制拉索。NC

3
4
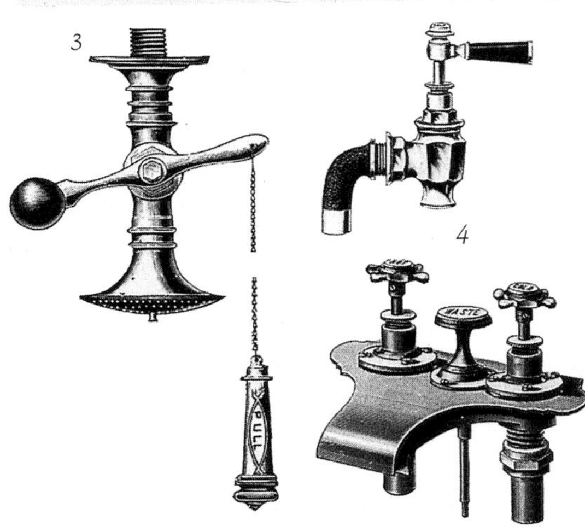

5
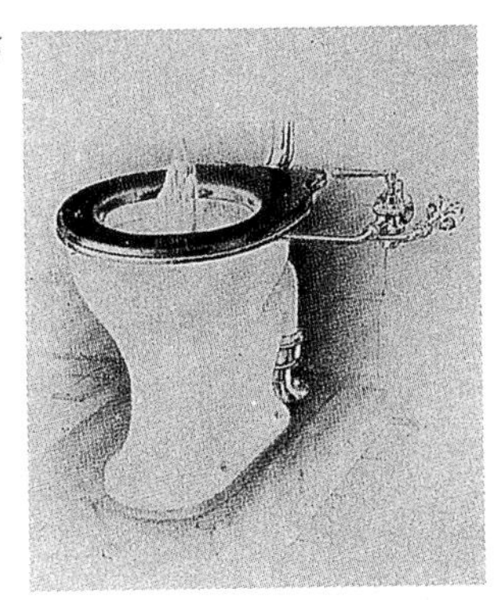

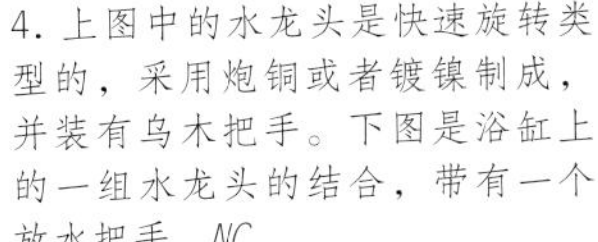

4. 上图中的水龙头是快速旋转类型的，采用炮铜或者镀镍制成，并装有乌木把手。下图是浴缸上的一组水龙头的结合，带有一个放水把手。NC

5. 标准的坐浴盆，带有混合冷热水的阀门，1904年。用操作杆控制花洒的高度。DA

6. 浴缸和淋浴的结合，来自一处1902年的住宅。注意旁边管道箱小门上的装饰五金。MM

7. “阿珂姆”专利型热水器，可以为浴缸和盥洗盆同时提供热水。运行时非常节省煤气，大约20分钟就能将热水注满整个浴缸。热水器通常为铜制，并经过抛光处理，或者更为昂贵的镀镍处理。到了这个时期，烧水的锅炉已经不再流行。GFB

8. 加热毛巾架。DA

9. 在大型住宅中，水和蒸汽加热很受欢迎。这个餐厅的暖气片（1904年）是一个带有双门的烤炉，里面包含搁架，可以用于食物保温。AR

10. 很有“美感的”铸铁雨水斗。YM

11. 这些雨水管道的样式令人想起晚期维多利亚时期风格。MCA

6

7

8

9

10
11
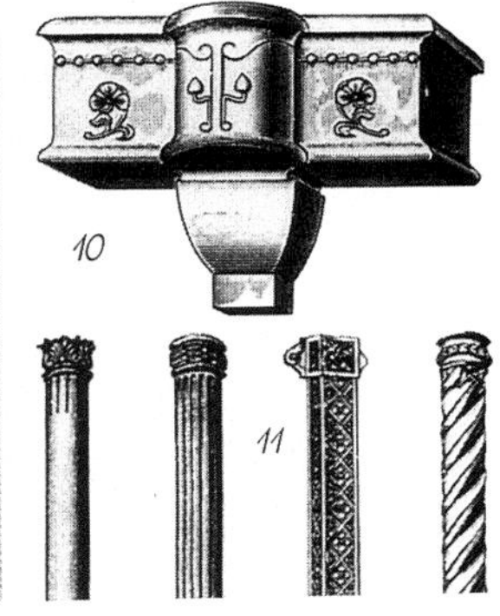

灯具

1. 1911年通用电气公司出了三大本产品目录，其中一本几乎全是灯具。这种通用电气的“枝形吊灯”，或称考布里奇吊灯，采用镀金抛光黄铜。适用于大客厅或宴会厅。灯罩是雕花玻璃的，或经过抛光处理。GEC

2. 倒置型煤气灯的发明使得向下发光的煤气吊灯成为可能。这是一个典型样例（来自建材商人扬格&马尔腾公司的产品目录，1910年）。YM

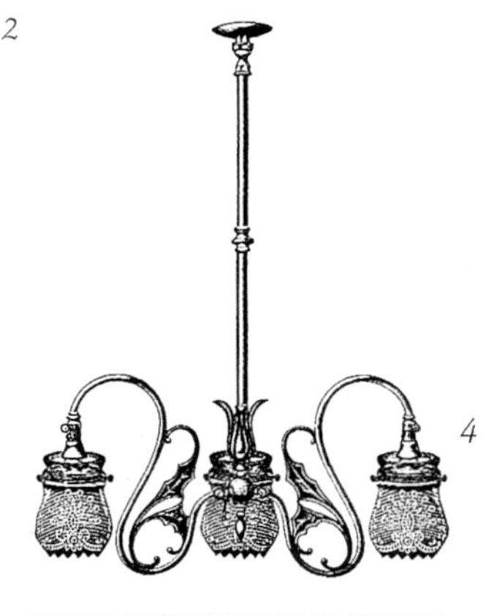

3. 抛光铜质壁灯，带有乳白色玻璃灯罩。托架式壁灯非常流行。小房间中所有的固定灯光都可能安装在墙上，再外加一些用于阅读或缝纫的落地灯。GEC

4. 一款法式仿金箔（青铜镀金）质地的壁灯，并有蜿蜒的缎带饰。N.布尔斯特公司生产（伦敦沃德街）。这样的托架同样表现出新古典风格，并有瓮形尖顶饰。NB

5. 丝绸褶皱形式的灯具，由于带有平衡配重，所以可以调整高度，多使用在餐桌的上方。图例来自通用电气公司的佩尼斯通款式。GEC

6. 这种造型简洁的吊灯主要用于露台及走廊上。GEC

7. 两个很有特色的墙壁开关。罩子是带有凹槽饰纹的黄铜，或无花纹的瓷制。此时，这种开关又再次流行起来。GEC

整个爱德华时期，电气照明变得越来越普及。虽然如此，到1910年只有不到5%的家庭使用电。所有大城市和城镇都提供公共供电设施，但电价因区域而有所不同。对于最贫困的家庭以及乡村地区来说，蜡烛和油灯仍然是主要光源。城镇住宅使用煤气灯，但燃烧起来污染很大，而且煤气对健康有害。

大城市住宅中会有自用的汽油或石油发电机，帝国灯具公司也推出了乙炔气灯。电力的使用为灯具的设计提供了更加自由的空间。伦敦邦德大街的W.A.S.班森设计公司设计了很多原创性的灯具产品，这些作品也被大量地仿制，然而，这些工艺美术运动风格的作品只受到特定市场的欢迎，大部分客户还是喜欢模仿枝形吊灯和烛托造型的灯具。烛光在晚宴中仍然是营造气氛不可或缺的选择，“北极光”灯具的发明使得蜡烛的燃烧变得简单：蜡烛装在一个圆柱体中，当蜡烛燃烧时，下面的弹簧会将蜡烛推上去，这样就无须调整灯罩。

在卧室和走廊中安装小吊灯是非常流行的做法，这些吊灯都带有雕花玻璃灯罩。枝形吊灯、精美的壁上烛台和标准的台灯一般用于客厅、吸烟室和书房。

金属制品

爱德华时期锻铁得到复兴，并像铸铁一样流行。这是一个非常优秀的案例，精心制作的卷饰属于古典复兴风格，枝叶造型非常典型，并且不会积存雨水，来自伦敦伯克利广场。

爱德华时期，国内外的铸铁产品市场非常繁荣。铁路运输系统和强大的公路运输能力，使得大型铸件能够输送到全国各地。铸造厂还保留着大量的老式模具，这样能够保证他们在短时间内铸造出各式产品，从当时的产品目录中能够看出产品的多样性。

此时，那种非常严谨而正式的晚期维多利亚时期风格铸铁式样已经被更加自由的形式所取代，这些产品受到了法国路易十五、路易十六风格以及新艺术运动风格的影响。与此同时，很多铁制品的造型也反映出乔治亚风格的复兴。刘易斯·诺克尔斯·科廷厄姆1824年出版的《铁匠和翻砂工指南》一书中，记录了18世纪和19世纪早期的样式又开始被重新复制。从书中衍生而来的一些设计，包括简洁的尖顶栏杆，以及为新建公寓大楼设计的阳台护板，都带有忍冬花饰或希腊主题图案。

当时的铸铁广泛用于雨水落水管、雨水斗和窨井盖。

到了20世纪40年代，爱德华时期很多精美的铸铁产品的细节都被拆掉了，理由是为了“战争需要”，尽管大部分在战争结束后才被回炉。

1

2

3

4

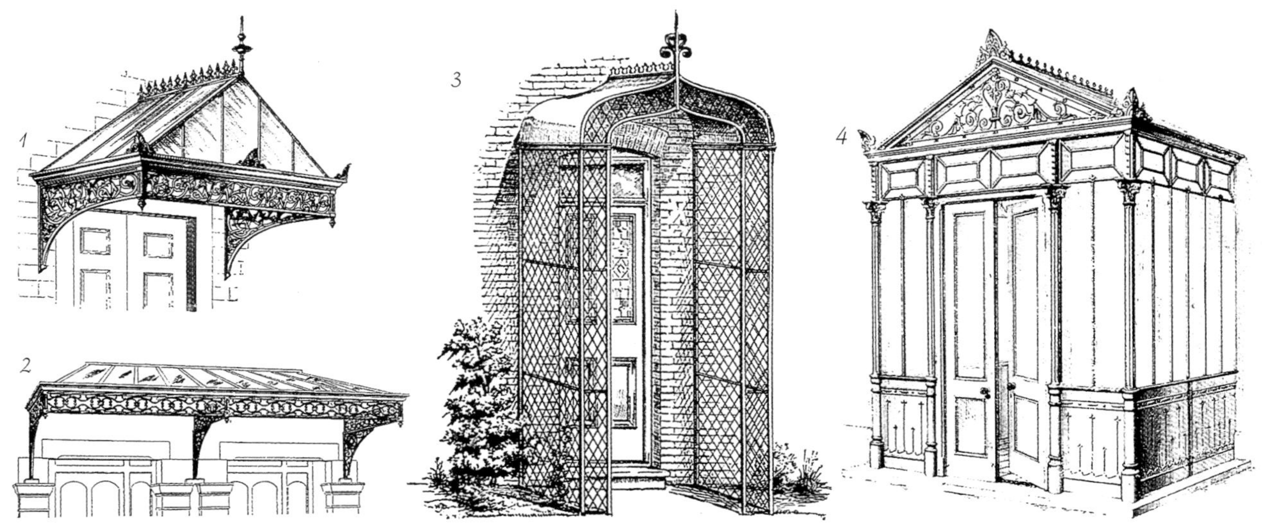

1和2. 造型复杂的铸铁雨棚，在当时要比现在的应用广泛得多。下面的样例为一个双门阳台雨棚。这两个样例都是由来自建材商扬格&马尔腾公司的产品目录。*YM*

3. 出现在摄政时期的网状铁艺门廊此时还在使用，多出现在乡村别墅中。这个样例（1905年）使用了镀锌铁皮制作的顶棚。*GS*

4. 玻璃门廊不仅可以挡风，而且可以种植盆栽植物。这个样例约为1910年。*MC*

5和6. 两款锻铁阳台设计。托架支撑的阳台可以充当门廊的顶棚。*GS*

5

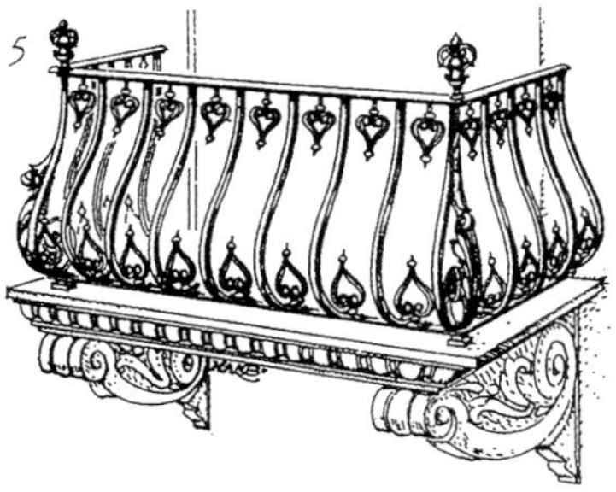

6

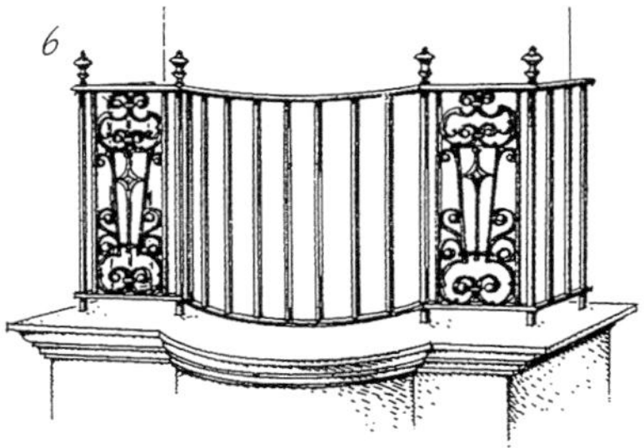

7

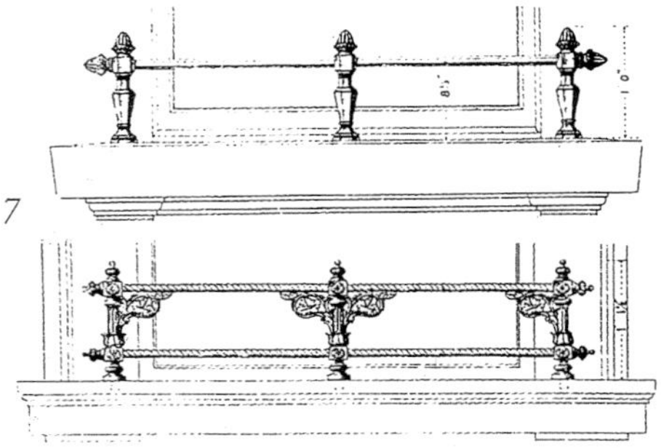

8

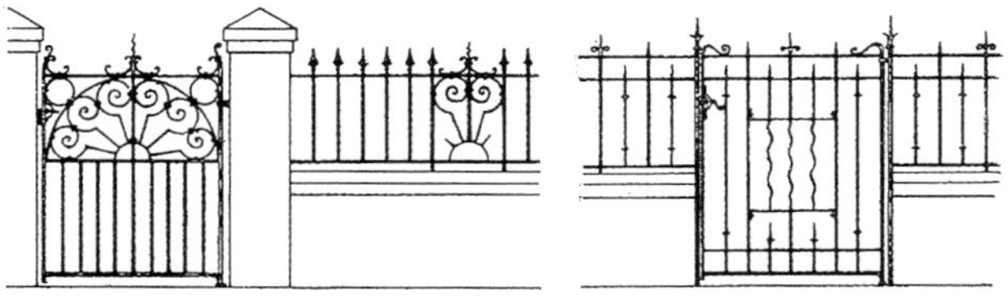

7. 保护窗槛花箱的铁艺护栏，非常类似于维多利亚时代的造型形式。*MCA*

8和9. 一组由加德纳公司制造的锻铁前门和栅栏，非常具有代表性，约1900—1905年。最后一个大门可以看出新艺术运动的影响。*GS*

9

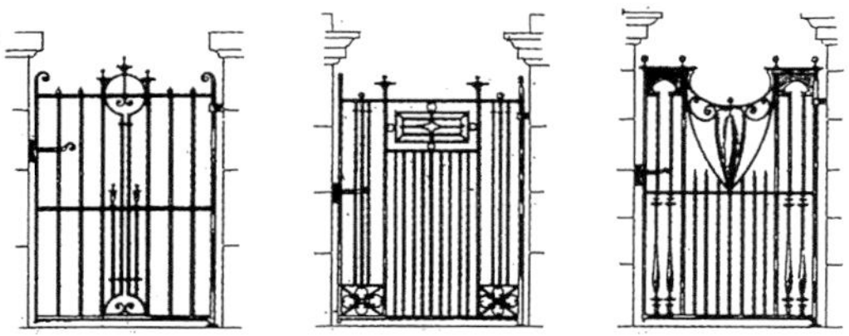

10

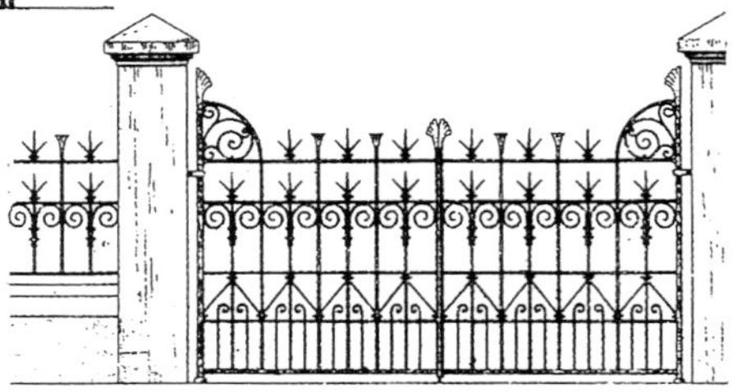

11

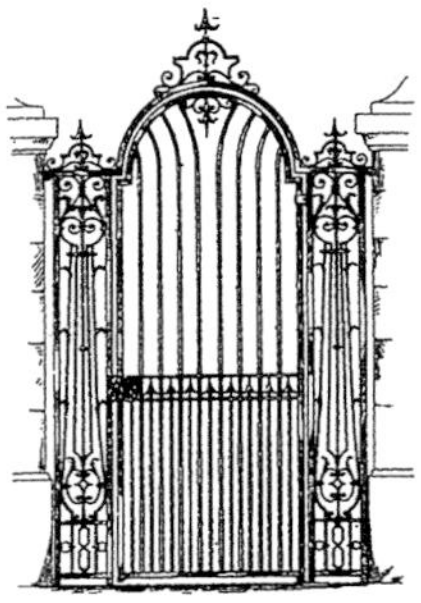

10. 一对锻铁马厩大门。带有整体锻造的尖顶饰。*GS*

11. 来自同一生产商的一款精美的锻铁花园大门。*GS*

12. 皮靴刮板的系列设计。除了这里展示的之外，还有一种设计是一排六个刮板的样式。一些刮板带有固定在地面的长钉。*MCA*

12

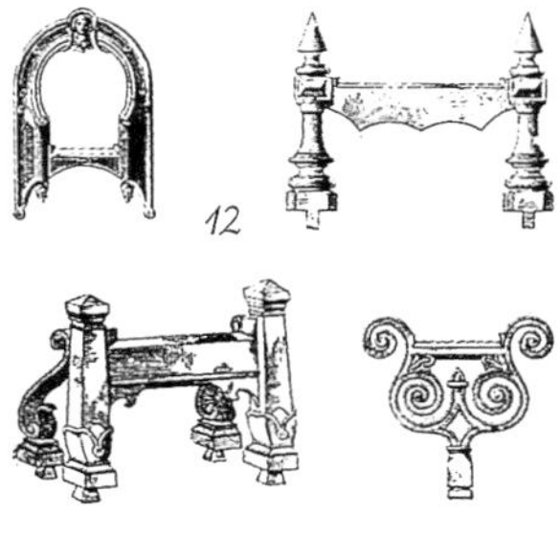

13

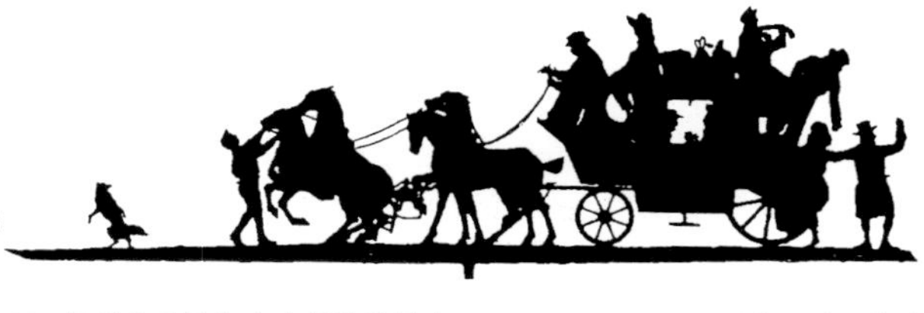

13. 屋顶或通风管上流行设置风向标，这款是来自马克斯韦尔·埃尔顿公司的怀旧形式设计。打高尔夫球的场景造型十分常见。

木制品

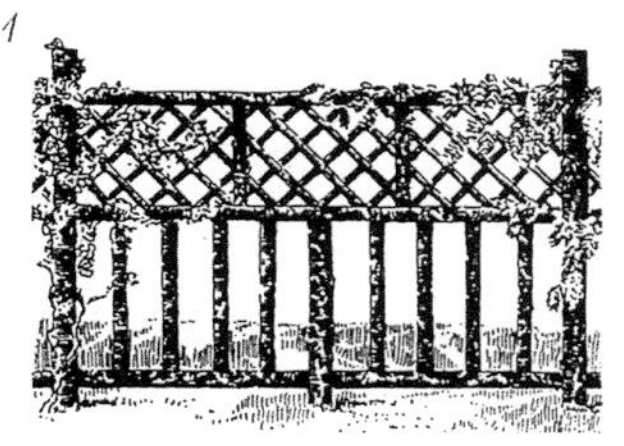

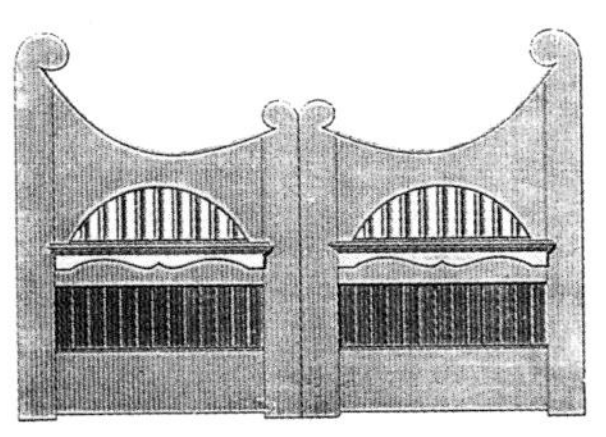

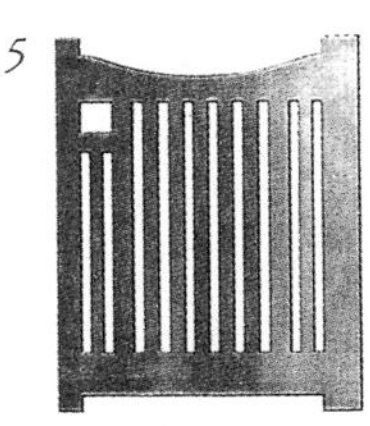

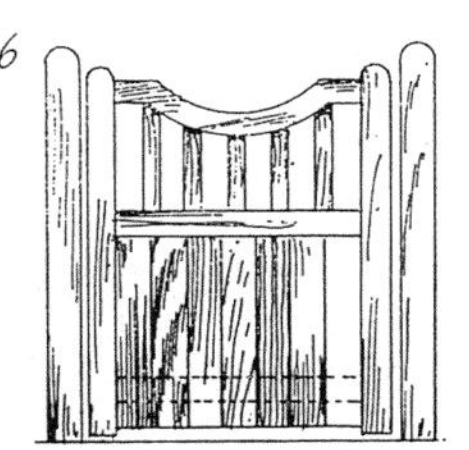

1. 一款样式别致的覆盖着树皮装饰的格架栅栏。WW
2. 梅森格公司出品的木制框架温室，约1905年。简单的齿状装饰檐口及三角楣饰都是经典的重现。屋檐下的小玻璃窗格是世纪之交的典型设计特征。ME
3. 充满木格架装饰的房间，复杂的格架工艺采用了法式装饰风格，可以用于室内或室外。主要的制造厂家是J.P.怀特公司。GR
4. 用于汽车入口的大门，采用橡木或松木制作。
5. 装饰性的花园大门，开有正方形孔洞，以便安装门闩。这家公司同样提供带有心形孔洞图案的门板、栏杆柱门板，或矩形浮雕工艺门板的同类产品。YM

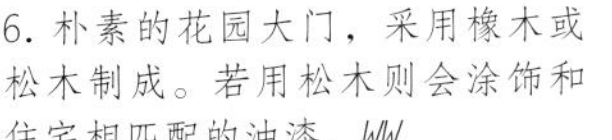

6. 朴素的花园大门，采用橡木或松木制成。若用松木则会涂饰和住宅相匹配的油漆。WW

7. 用来加强大厅或走廊风格的装饰性浮雕工艺的拱门。AOH

8. 一款典型的门廊遮篷托架，带有安妮女王晚期复兴风格的车削栏杆柱。YM

9. 通向车库或马厩的结实的大门。CM

爱德华时期的郊区住宅比以往更加注重花园的私密性，所以，篱笆墙便成为住宅重要的组件。松木通常是比较经济的材料，经过加压处理和使用不断改进性能的防腐剂，松木可以变得更加坚固，也减少了日后的修缮工作。

木工制品的一个重要用途是建造温室或花房。在爱德华时期，威廉·库伯有限公司是伦敦最大的木制品加工厂之一，每年售出将近1万套温室或花房。

棚架，或是具有装饰性的格架工艺，在温室或者花园中非常流行。贝德福德的J.P.怀特公司是当时非常有名的花园产品专业制造商，产品不仅包括屏风隔断和壁龛，也包括寺庙和方塔的格架。

在郊区，都铎式风格的复兴表现在仿制的木山墙上，采用深色木梁和镶板结合。木制阳台、门廊、屋檐托架以及封檐板都显示出独特的个性。

另一种山墙处理手法是使用带有波纹的橡木板或榆木板，这种方式使凉亭、车库和花园之类的建筑展现出更加淳朴的样式。

美国学院派时期（1870—1920年）

大卫·里斯

1. 纽约艾萨克·弗莱彻住宅，C.P.H.吉尔伯特（C.P.H.Gilbert）设计，1899年，法兰西斯一世风格的代表，以陡坡屋面、老虎窗和石灰岩雕刻为外观主要特征。UI
2. 纽约安德鲁·卡内基大厦，1903年。由巴布、库克&威拉德设计公司（Babb, Cook and Willard）设计，混合了乔治亚和法国文艺复兴风格。CW
3. 规模适度的学院派风格住宅，带有殖民风格的细部，纽约皇后区福雷斯特山，1920年。FH
4. 1886年设计的乡村度假住宅一层平面，显示了学院派对于对称性的强调。

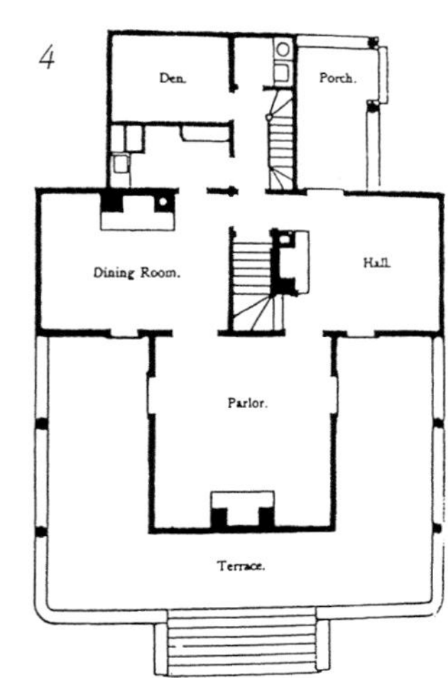

美国学院派艺术运动兴盛于1876—1930年，基于对历史的继承，形成了多样化的建筑风格。

在内战之后的一段时间，美国国内经济迅速崛起，到19世纪的最后25年。其经济水平已经能够与欧洲相抗衡。美国清楚地意识到一旦成为世界的政治与经济领袖，城市的公共建筑需要体现出与国家的国际地位和经济实力相对应的形态。与此同时，私人财富在不断地增长，富人们开始采用欧洲传统建筑风格建造形式铺张的城镇和乡村住宅。壮观的新型宅邸让人联想起法国城堡、意大利豪华宫殿以及伊丽莎白时代庄园，这些房屋的主人也自视为现代的文艺复兴时期王侯。

为了满足此时国内大量的住宅建设需求，社会上第一次拥有了数量众多受过专业训练的年轻建筑师，并逐渐取代了建筑工匠而成为建筑形式的主宰者。建筑学作为一门专业学科从19世纪才开始发展，最享有声望的建筑学校是巴黎美术学院。理查德·莫里斯·亨特（Richard Morris Hunt，1827—1895年）是第一位接受了巴黎美术学院五年严格训练的美国人，毕业之后他游历欧洲、埃及，最后落脚在巴黎进行设计工作，直到1855年才回到美国。很多其他从巴黎美术学院毕业的美国学生都有着类似经历。一些在美国新成立的建筑学校也采纳巴黎美术学院的教学经验，并由巴黎美术学院的毕业生执教。于是，巴黎的影响通过这样一些渠道决定了美国建筑风格的形成。

19世纪学院派的教学非常强调平面设计的清晰与简洁。窗户的排列方式和建筑两翼的处理常使用对称手法，并与平面相呼应。学院派十分推崇先进科技的应用，建筑师也将建筑的现代功能与从历史风格衍生出的建筑细节完美结合，并在其住宅设计中组合了复杂的电力供应系统、

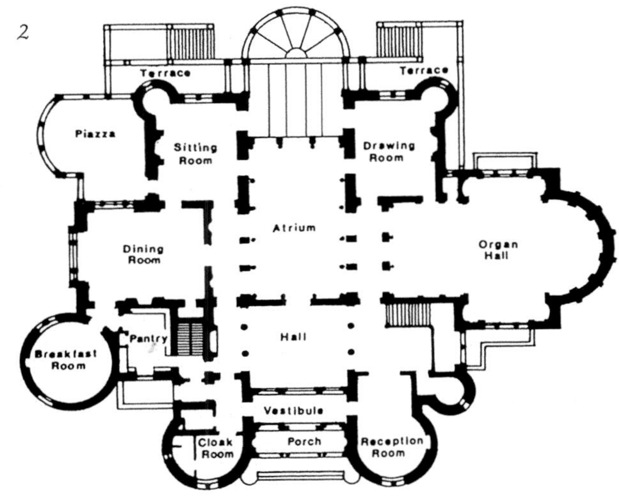

1. 这幢木瓦风格的住宅融合了安妮女王和殖民复兴风格主题，所有的外墙表面用对比形式的木瓦覆盖，新港，罗得岛州。
2. 在这栋乡村住宅中，在很少出现的法国城堡型平面中使用了复杂的网格构图，并一直贯穿到各个房间。McKim, Mead & White建筑师事务所设计，马萨诸塞州大巴灵顿，1884年。

电梯、机械设施、精美的浴室，以及厨房设施等。在以时代的各种新技术手段丰富住宅功能与性能的同时，也注重装点设备的形式与细节。比如，用莨苕叶形的卷曲图样来装饰黄铜开关板，用铸铁海豚形状来装饰炉灶和浴缸的腿。通常这些细节与建筑的主题相关，内部与外部使用统一的处理手法。

学院派的建筑师通常与一些艺术家合作，比如，使用约翰·拉·法奇和路易斯·康福特·蒂芙尼精美的彩色玻璃窗户和屏风；再如使用奥古斯塔斯·圣-高登斯（Augustus Saint-Gaudens, 1848—1907年）和卡尔·比特（Karl Bitter, 1867—1915年）设计的壁炉、三角楣饰或入口处的雕塑等。家具设计师古斯塔夫·赫脱（Gustav Herter, 1830—1898年）和克里斯汀·赫脱（Christian Herter, 1840—1883年）与建筑师共同合作，设计制作了与整个室内风格相协调的大规模组合家具。同样，花园设计也反映出了对称的、规律性的住宅平面。简而言之，学院派设计强调整体的统一性，与维多利亚时代所出现相互矛盾的图案、肌理和风格形成了鲜明的对比。

这时期的建筑师倾向于专攻一到两个特定的风格。理查德·莫里斯·亨特开创性地以法国文艺复兴时期的城堡为蓝本，为范德比尔特家族以及其他百万富翁建造石灰石材质的大厦，将“法兰西斯一世” 风格普及开来，其作品很有特点：包括高倾斜的板岩屋顶配以精美的鸟羽栏杆；整排的充满卷叶饰凸雕和尖顶饰装饰的老虎窗；正方形高塔；角楼；高耸的烟囱垛；有着大量雕刻装饰的栏杆、滴水嘴，以及大规模的入口拱券。室内通常设置圆顶宴会厅，四周沿墙壁悬挂挂毯，并配有庞大的石材遮罩壁炉。

约翰·M.卡雷尔（John M. Carrere, 1858—1911年）和托马斯·黑斯廷斯（Thomas Hastings, 1860—1929年）这对合作伙伴合作的公司开创了另一个版本的法国文艺复兴风格，他们的作品以17—18世纪的建筑为原型，参考了建筑师雅克-奥热·加布里埃尔（Jacques-Ange Gabriel）或克劳德·佩罗（Claude Perrault）的作品。这种风格住宅的缓坡斜屋顶前端有栏杆形成的围栏、巨大的壁柱、拱形的窗户和门、粗犷的基座等。运用大量花样繁多的石灰岩雕刻装饰——卷曲图案、托架、横梁饰带、花环、涡卷装饰，以及窗套和门套。这间公司同样也设计法国地方风格住宅，四坡屋顶上点缀着老虎窗，砖石之间用石灰石隅石装点，活泼生动。

威廉·A.德拉诺（William A. Delano, 1874—1960年）和切斯特·H.奥尔德里奇（Chester H. Aldrich, 1871—1940年）的公司专门研究乔治亚复兴风格或者英国摄政复兴风格。建筑立面（无论是城镇住宅还是乡村住宅）采用宽阔的红砖墙，上面设置有对称的卷曲图案的木窗框，配以黑色或是深绿色上下推拉窗，构成建筑的显著特征。一条条裁切成薄带状的白色大理石装饰着窗台和门的四周，室内也延续了这种圆形和椭圆形的形式，碟形穹顶、壁龛和盲券都重现了英国建筑师约翰·索恩和亨利·霍兰德的设计元素。

爱迪生·米兹纳（Addison Mizner, 1872—1933年）主要在棕榈滩和南佛罗里达州工作，设计了带有异国情调的西班牙式住宅或地中海复兴风格的冬季住宅，以拉毛粉饰墙面、瓦屋顶、敞廊、开放式庭院，以及工艺精美的铁艺为特色。

英国哥特式复兴风格住宅的变体在这一时期也非常普

法国文艺复兴风格的房间装饰。木制墙板、线脚和其他细部的设计创造了这一时期富丽堂皇的空间效果。即便是现代化的设施，如装有电灯的枝形吊灯也协调了当时的风格样式。ES

遍，尤其在1900年之后。这种风格被美国人称为都铎式风格，其中的设计元素确实与英国都铎时期、伊丽莎白时期，以及詹姆斯一世时期的建筑有着千丝万缕的联系。从以詹姆斯一世时期的庄园住宅为原型的石质大厦，到半方木材的农舍都有例可循。这些建筑大多数是不对称的平面布局，形成很多三角形山墙，有中梃的窗户和高耸的烟囱。内部装饰都有着晚期哥特式风格，包括雕刻丰富的嵌板、华丽的橡木楼梯栏杆柱、金属壁上烛台、枝形吊灯等。小尺度的都铎式风格住宅在城郊也很盛行。

在所有这些由历史风格衍生出来的新风格中，最为流行的是美国殖民地复兴式建筑，部分原因是为了纪念1876年美国独立战争一百周年。早在1874年，建筑师查尔斯·F.麦基姆（Charles F. McKim, 1847—1909年）和斯坦福·怀特（Stanford White, 1853—1906年）就开始向其木瓦风格住宅上移植殖民地风格的细节，比如门廊和帕拉迪奥式窗，但第一个殖民地复兴风格的完整案例出现在19世纪80年代，之后，建筑师逐渐变得更大胆，而从历史的角度来看，其对殖民地式和联邦式特征的使用也更加精确。后来，地区性的住宅开发包括了西班牙殖民地式和南方殖民地式。直到今天，殖民地式住宅仍然在大量建造。

尽管学院派建筑师着眼于复兴风格的实践，但他们并没有单纯地复制历史性建筑。相反，他们使用历史建筑的细节来装饰包含新的住宅科技与宽敞的服务空间，以及现代平面布置的新格局。这些住宅借鉴了历史风格，但却为当代的生活而设计。

门

文艺复兴风格的大门，装饰丰富但形式矜持。所有的线脚、门板和把手均带有复杂的文艺复兴风格花格，各部位的装饰品质均衡；外观装饰物样式协调一致。*ES*

美国学院派时期的住宅大门富丽多姿，显示出有选择的不同时期风格特色：都铎时期有铅条玻璃板的厚橡木板门和滴水罩（拉毛粉刷或石材）；殖民地风格的凸嵌板、扇形窗/气窗、侧窗，以及其他经典的雕刻细节；典型的法式石灰岩雕刻的垂花饰、花环、涡卷装饰和粗犷的砖石结构。普遍使用镶嵌着庞大的平板玻璃的青铜门框和各种各样的门套，精致的入口大门已经在形式上超越了维多利亚时期的深门廊。

服务用门或侧门数量众多，通向后露台、花园小径、厨房、放煤溜槽、酒窖，以及仆人房间等。后期的小型郊区住宅还设有通向车库的小门。这一时期精美的产品目录描绘出“法兰西斯一世”式的门把手和门闩，意大利文艺复兴式门的把手盘或门闩，或者简单的圆形黄铜把手，都非常适合殖民地风格或乔治亚风格处理手法。

在大型的学院派风格住宅中，宽大而开敞的拱道连接着大厅和主要居住空间。历史风格的木门（常使用桃花心木）将卧室以及更私密的空间分隔开来。出现了很多扇通向特殊房间的门，比如亚麻制品间储藏室、大厅的电话间。在奢华的受法国风格影响的室内装饰风格中，门的嵌板可以通过绘制植物花草图案、奖杯或浪漫的风景来进行装饰。

1. 1889年左右的古罗马式大门，粗琢砌砖门围。拱顶由楔形拱石筑成。门扇装饰有精致的铁铰链，格子形图案中包含涡卷装饰。

2. 1903年芝加哥E.L.罗伯茨有限公司目录里的三个大门。第二个门有“雕花玻璃”面板；第三个门将“艺术”玻璃与雕刻花环结合。RO

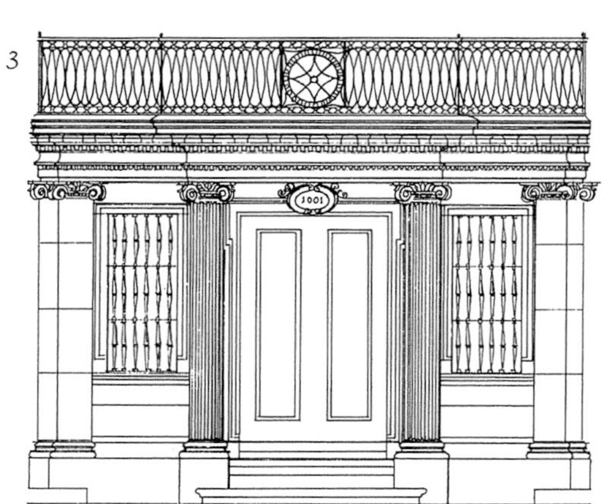

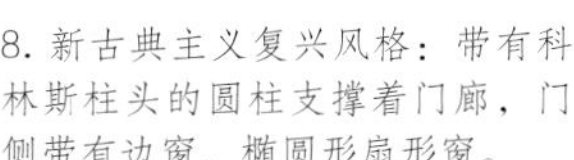

3. 一个精巧的铁制阳台跨过这栋1900年左右的独立式住宅的房上部。交叉环绕形的铸件来源于多类建筑，包括法国古典风格和乔治亚式。小侧窗安装格栅，为大厅提供照明。

4. 华丽的学院派风格的大门，仿照了法国文艺复兴时期的原型。弯曲的断山花上有花环和涡卷装饰，以及精致的高大粗琢柱架、双扇对开门和气窗。Mckim, Mead & White建筑师事务所设计，1902年。

5. 另一个McKim, Mead & White建筑师事务所的设计案例，意大利文艺复兴时期的风格。门套凸显了托架斗拱上的雕刻图案以及各式簇叶形造型。门上有金属格栅。

6. 殖民复兴风格六块镶板木门，门廊的设计来源于帕拉迪奥式建筑。

7. 这种殖民复兴风格的大门属于典型的郊区住宅。鹅颈形三角楣饰托起槽形瓮，六块凸面镶板的木门两侧是刻有凹槽的柱子。

8. 新古典主义复兴风格：带有科林斯柱头的圆柱支撑着门廊，门侧带有边窗、椭圆形扇形窗。

9. 平直简单的装饰更经济地达到了新古典主义效果。

10. 另一个版本的殖民复兴风格郊区住宅门。“扇形窗”由楔形木块组成。

1. 奢侈的都铎复兴风格的大门，窗户带有中梃和横档、四周嵌着隅石的石头和四圆心拱门套。门扇由厚木板制成，上有带式铰链。门扇的形式以及两个侧窗基于殖民时期风格而不是都铎式风格。FH

2. 纽约大厦镶嵌玻璃的气泡状铜制遮篷。这种类型的遮篷史无前例，但又类似典型的19世纪末期巴黎建筑的特征。CW

3. 带有玻璃面板的对开门，扇形窗装饰有花环和涡卷装饰的彩色玻璃。CW

4. 乔治亚复兴风格：八面板桃花心木门，带有薄壁柱和凸出檐口的檐部。UI

5. 布褶纹式雕饰镶板的使用，上面板上有皇家的人物肖像，明确表示属于都铎式风格。FH

6. 法国文艺复兴时期风格镀金的门盘和把手，用精致的涡卷装饰。ES

7. 罗得岛州新港埃尔姆斯住宅的一个优雅的拱形门。一捆束棒(成捆的枝条)包围拱形上的战利品雕饰，面板上饰以波浪图案，各式装饰性线条的细节来源于法国古典风格或法国帝国风格。ES

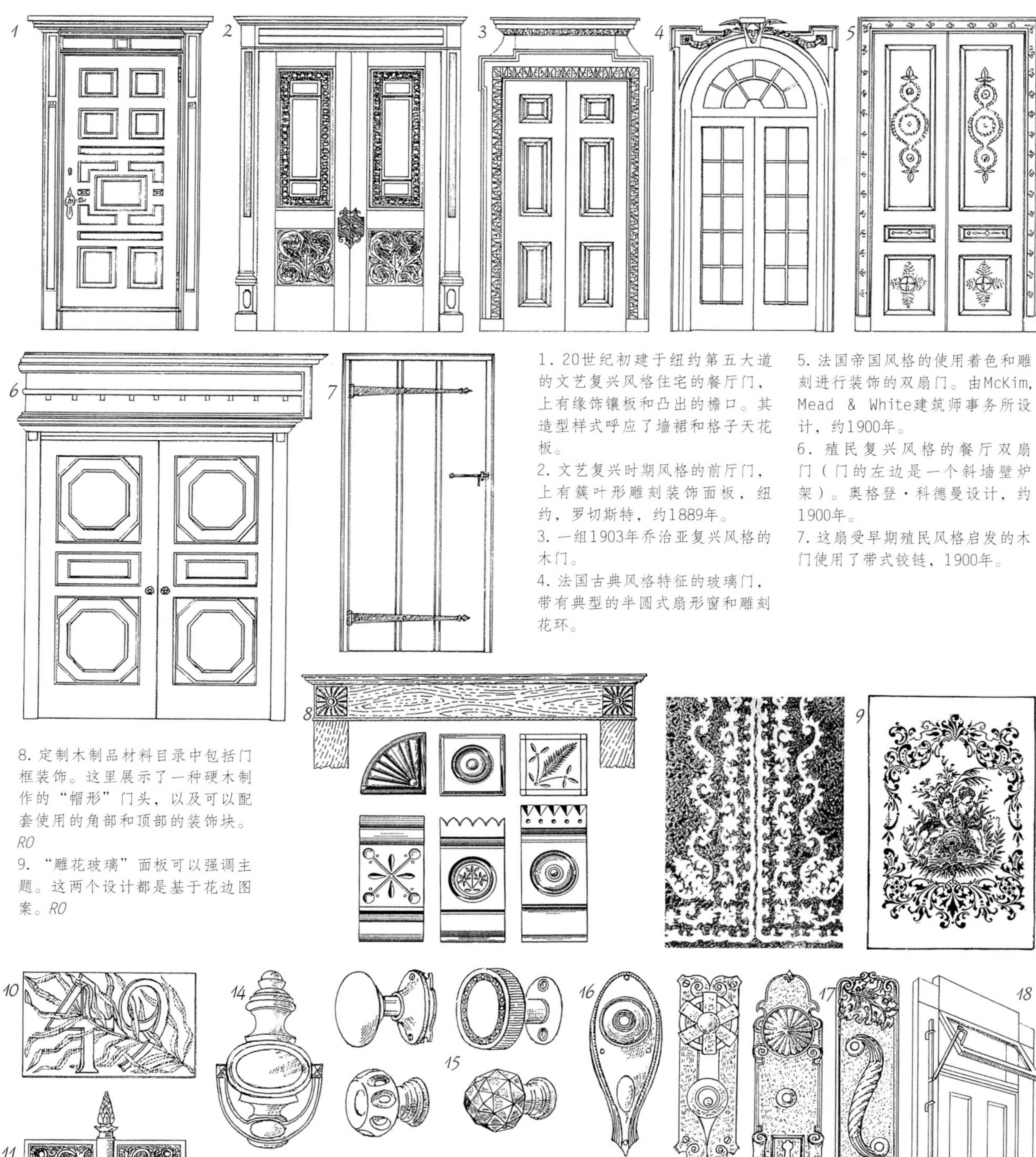

1. 20世纪初建于纽约第五大道的文艺复兴风格住宅的餐厅门，上有缘饰镶板和凸出的檐口。其造型样式呼应了墙裙和格子天花板。

2. 文艺复兴时期风格的前厅门，上有簇叶形雕刻装饰面板，纽约，罗切斯特，约1889年。

3. 一组1903年乔治亚复兴风格的木门。

4. 法国古典风格特征的玻璃门，带有典型的半圆式扇形窗和雕刻花环。

5. 法国帝国风格的使用着色和雕刻进行装饰的双扇门。由McKim, Mead & White建筑师事务所设计，约1900年。

6. 殖民复兴风格的餐厅双扇门（门的左边是一个斜墙壁炉架）。奥格登·科德曼设计，约1900年。

7. 这扇受早期殖民风格启发的木门使用了带式铰链，1900年。

8. 定制木制品材料目录中包括门框装饰。这里展示了一种硬木制作的“帽形”门头，以及可以配套使用的角部和顶部的装饰块。RO

9. “雕花玻璃”面板可以强调主题。这两个设计都是基于花边图案。RO

10. 门牌，制于约1890年，受到新艺术运动的影响。

11. 霍普金斯和迪金森于1889年用黄铜制造了这个文艺复兴式铰链，具有雕刻面板和渐细的铰链式尖顶饰。

12. 拜占庭中期风格的氧化银锁具，制于1889年。

13. 文艺复兴风格的氧化银锁眼盖，制于1889年，雕刻以面具和簇叶形装饰为主题。

14. 黄铜材质的殖民地复兴风格门环，制于约1920年。

15. 四个门把手，不属于任何特定的历史风格。下面的两个由压制玻璃制成。

16. 19世纪90年代的门把手和门板造型，混合了法国文艺复兴、意大利文艺复兴和拜占庭式主题。

17. 门把手，受到新艺术运动的影响。

18. 气窗的目的是改善通风，美国制造业公司，19世纪80年代。

窗

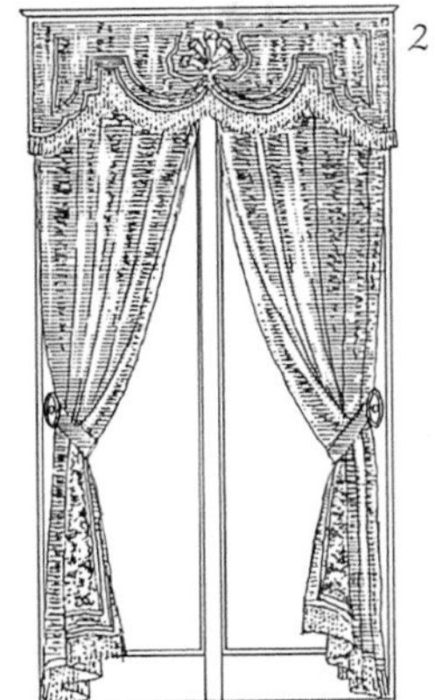

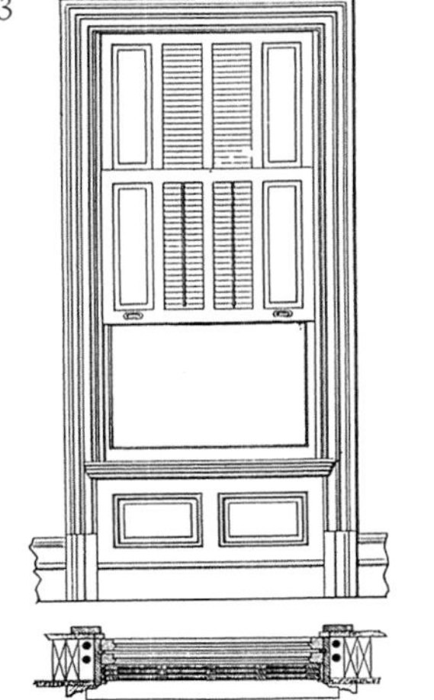

1. 纽约安德鲁·卡内基大厦内的三段式凸窗和阳台，由巴布、库克&威拉德设计公司设计于1903年。深度雕刻的石灰岩缘饰为卷轴型和涡卷装饰，下面的阳台置于托架上。所有这些细节都来自法国经典设计语汇。CW

2. 精美的学院派风格的窗户。左边是一扇饰有流苏窗帘和垂花饰的窗户，右边的平开窗顶部为拱形，侧边为镶镜窄条窗间墙和带托架的基座。这些窗户都饰以奥地利式花彩遮阳。

3. 这个滑轨百叶遮阳窗按向下推拉窗的原理设计。横截面图展示了三部分百叶窗是如何装进两个窗格中的。RO

4. McKim, Mead & White建筑师事务所设计的法兰西斯一世风格窗户，包括：石灰石滴水罩饰与卷叶饰凸雕尖顶饰；上部楼层有石刻阳台和精致的老虎窗。图中的缘饰经常用于大尺寸平板玻璃窗扇，而不是法国文艺复兴时期使用的小窗格窗扇。

5. 6：6窗格分格和上下推拉窗是殖民复兴风格的一种变形。

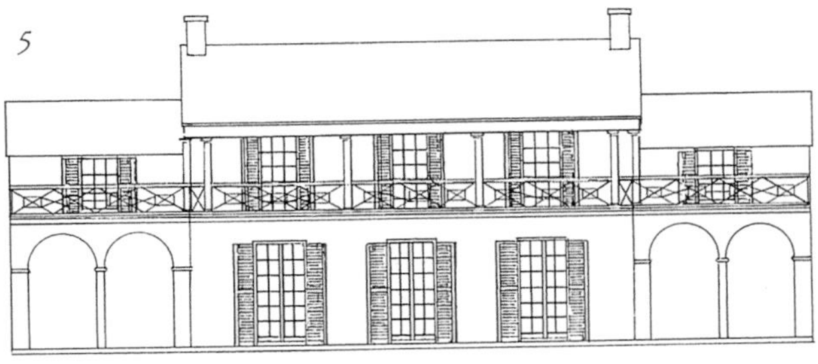

窗户和窗套的装饰形式都紧密地围绕这一时期的主题来设计。殖民地复兴风格常采用6：6的窗格比例，主楼层会使用很高的三层落地式上下推拉窗。有时，木制窗套的雕饰会采用花环图案或希腊回纹饰。经典的法式古典风格窗户会出现拱形或半圆顶，框架时常采取石质雕刻花环和扭索状装饰，或使用粗犷的石材。理查德·莫里斯·亨特使法兰西斯一世风格普及开来，以在主要窗户上使用带有厚重雕饰的滴水罩和雕刻有很多卷叶饰凸雕的老虎窗为其显著特征。意大利文艺复兴风格窗户非常克制，或者采用带小型建筑造型装饰物使用的窗套，或者采用带三角楣饰的窗头。西班牙复兴风格窗户常采用具有装饰性的金属格栅，有时在前门的上部使用具有华丽巴洛克装饰的窗户。都铎复兴风格窗户以其小窗格和石材中梃为特征。

并不是所有学院派风格窗户的处理手法都效仿先前的建筑原型。例如，很多大型住宅会建有温室，建筑师通常会采用铁架支撑结构配以自创的装饰图形，或者使用当时流行的设计主题。

由考德威尔公司或是P.E.盖琳公司锻造的，经过特殊加工而成的样式优美的铜制品或镀金门闩、插销，会装饰在法式或意大利式的窗户上。都铎式和西班牙式窗框则是用粗犷的铁制五金件进行装饰。

1. 在上部窗扇上使用小窗格，下部窗扇上使用单一窗格，如这里的中部老虎窗所示（1895年），在木瓦风格中比较常见。山墙装饰形式很特别。

2. 住宅正面的细节，包括带有卷叶饰凸雕尖顶饰的窗和刻有海豚、枝叶和数字的石灰石阳台，直接取自法兰西斯一世风格，纽约，1899年。UI

3. 上部楼层的窗户（1903年）很有力度感。阳台上的螺形托架和特定图案源自法国古典风格住宅。CW

4. 带有雕刻拱形窗套的窗户，源自于安德鲁·卡内基大厦的图书馆，纽约，1903年。CW

5. 高大、纤细的比例和弯曲的玻璃格条，造就了这座法式落地门的优雅，1895年。ES

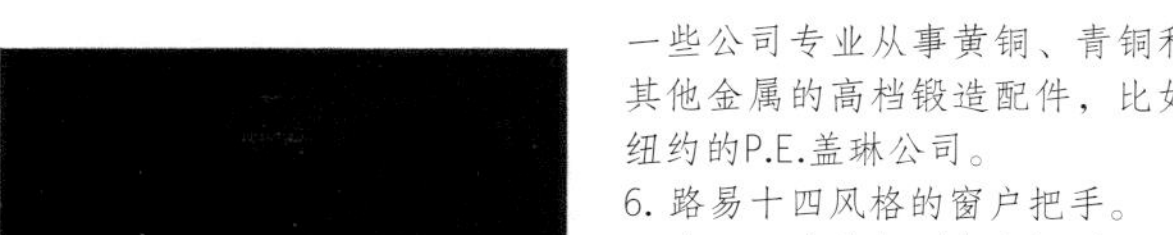

一些公司专业从事黄铜、青铜和其他金属的高档锻造配件，比如纽约的P.E.盖琳公司。

6. 路易十四风格的窗户把手。

7. 洛可可式的条形窗户把手。

8. 平窗把手，1914年。

9. 刻花杯百叶窗把手。

10. 平开窗把手。

11. 推拉窗插销。

12. 路易十四式百叶窗门。

13. 滑动型窗闩。

14. 长插销窗闩，用于法式落地门，1905年。

15. 天窗，1889年。

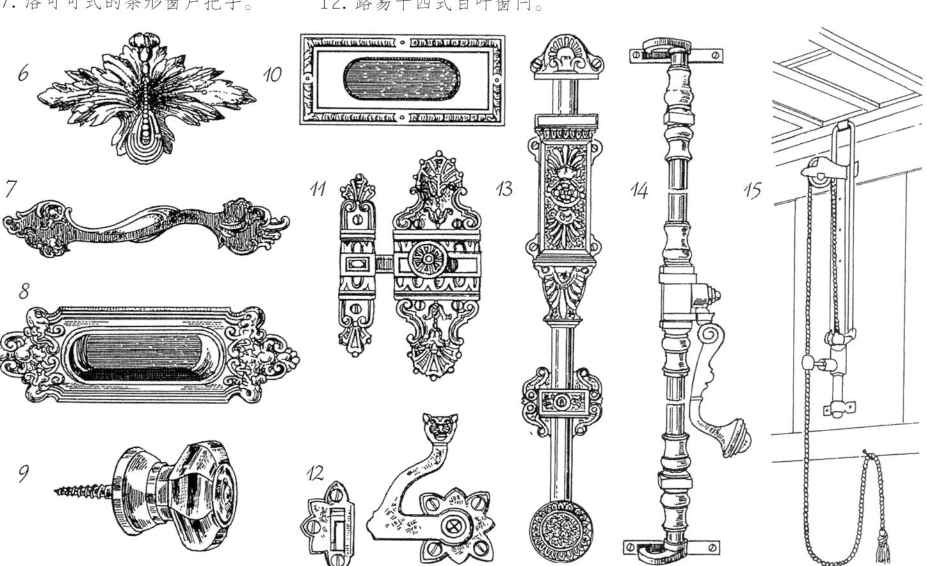

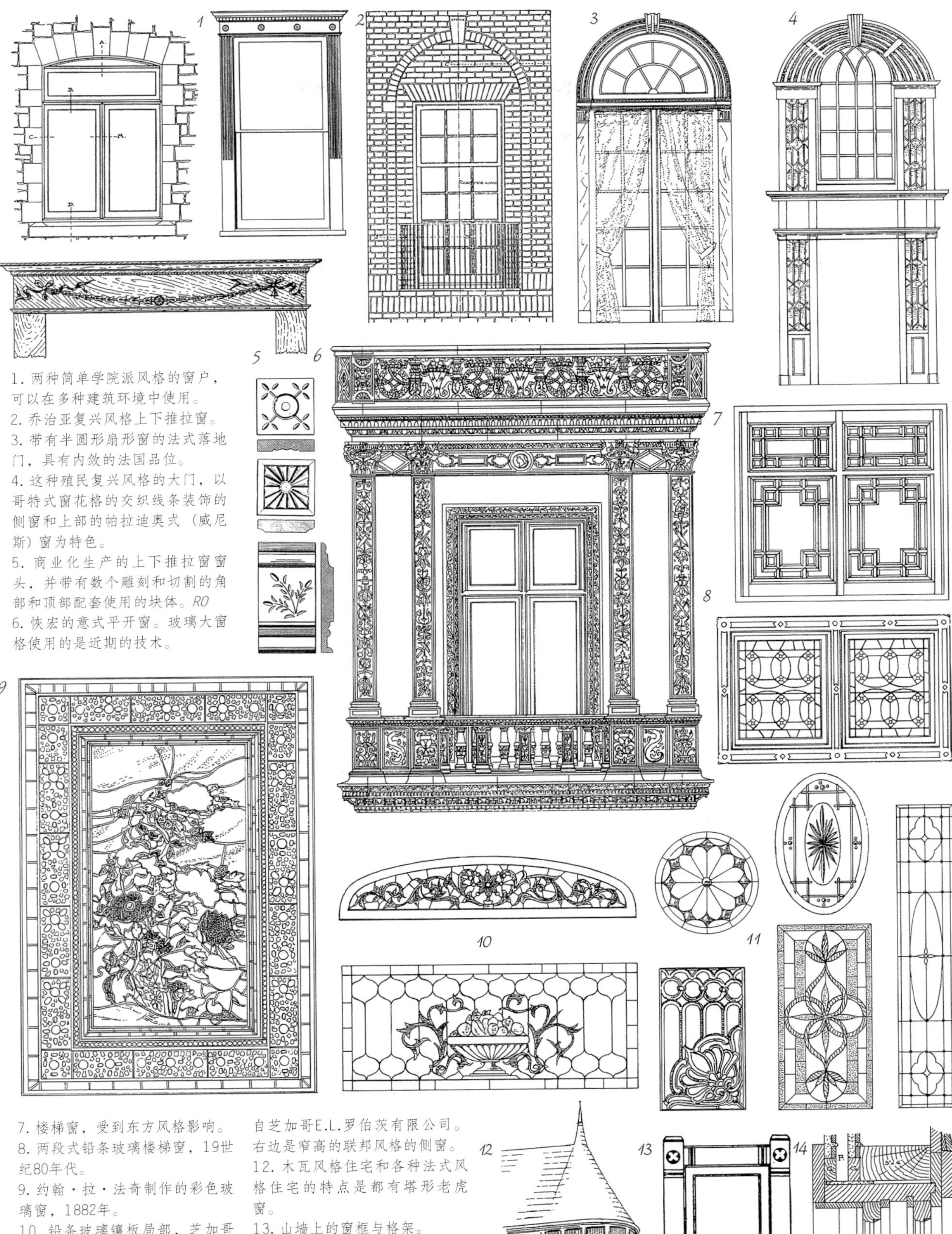

1. 两种简单学院派风格的窗户，可以在多种建筑环境中使用。
2. 乔治亚复兴风格上下推拉窗。
3. 带有半圆形扇形窗的法式落地门，具有内敛的法国品位。
4. 这种殖民复兴风格的大门，以哥特式窗花格的交织线条装饰的侧窗和上部的帕拉迪奥式（威尼斯）窗为特色。
5. 商业化生产的上下推拉窗窗头，并带有数个雕刻和切割的角部和顶部配套使用的块体。RO
6. 恢宏的意式平开窗。玻璃大窗格使用的是近期的技术。

7. 楼梯窗，受到东方风格影响。
8. 两段式铅条玻璃楼梯窗，19世纪80年代。
9. 约翰·拉·法奇制作的彩色玻璃窗，1882年。
10. 铅条玻璃镶板局部，芝加哥E.L.罗伯茨有限公司。
11. 铅条镶嵌雕花玻璃小窗，出自芝加哥E.L.罗伯茨有限公司。右边是窄高的联邦风格的侧窗。
12. 木瓦风格住宅和各种法式风格住宅的特点是都有塔形老虎窗。
13. 山墙上的窗框与格架。
14. 双层玻璃的窗框，用于天气寒冷地区。

墙面

1. 两个房间之间挂有帷幔的洞口处理方式，复杂的木作工艺受到了伊斯兰风格的影响。

2. 这个护墙板线脚下部的裙板造型非常优美，上部墙面覆以锦缎，是当时常见的装饰方式。ES

3和4. 造型朴素的护墙板可以从数量众多的商业公司购买。第一个案例由橡木材料制作；第二个案例为白松横梃和立梃及黄松镶板。RO

5. 工厂制作的木制线脚，由松木、杨木或柏木压制而成，按尺销售。RO

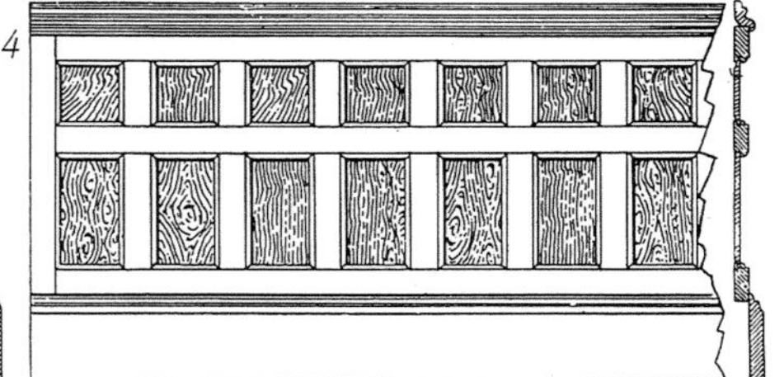

样式时尚的法国古典主义的客厅、餐厅和图书室的墙面，通常会使用木制雕刻嵌板（雕花镶板），有时也会使用浅浮雕装饰（奖杯，垂花雕饰）。底板会漆成白色、绿色或是蓝色，装饰线条和雕刻装饰的部分会漆成金色而凸显出来。

染色橡木墙板是都铎式和詹姆斯一世复兴风格的典型代表。墙板会处理成布褶纹形雕饰，或是引入交错的正方形、矩形、菱形这样的复杂图案。带状饰雕刻使边角处和壁炉腔显得丰富多彩。

乔治亚复兴风格的墙板则朴素得多，护墙板线脚、檐口和壁炉腔，或横梃和立梃的边缘都带有雕刻或机制的线脚装饰。殖民地复兴风格的室内装饰将镶框式的墙板和平整的抹灰墙面搭配在一起，很多抹灰墙面上仅仅穿插布置了一条护墙板线脚，采用对称形或是“柱脚”形（上部带有一组窄条线的平板）。殖民地复兴风格墙板类似于乔治亚式原型，或是采用简单平整、附以珠状边缘装饰的木板。

框格式的墙裙（上部墙面会有抹灰粉刷或墙纸）在门厅和餐厅尤其常见。最为豪华的法式或意式大厦中，会采用薄大理石板满铺墙壁。大理石或石灰岩墙面有时与华美的挂毯相映成趣。

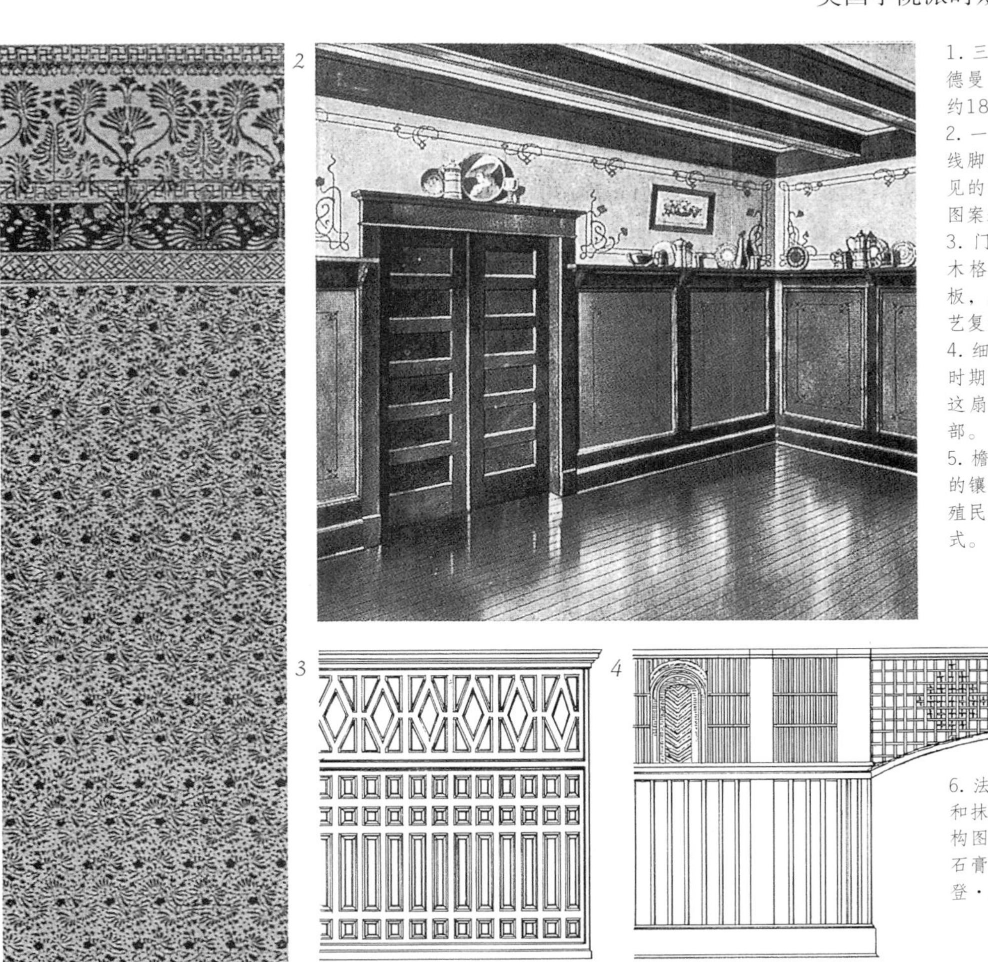

1. 三段式墙纸图案，塞缪尔·科德曼（Samuel Codman）设计，约1880年。

2. 一间餐厅的设计。位于护墙板线脚上部的窄长展示架，属于常见的学院派设施，墙板上的模印图案表现出艺术运动的影响。*SK*

3. 门厅墙面的墙板，1888年。木格凹槽和上部成型的菱形面板，属于19世纪80年代典型的文艺复兴风格。

4. 细长造型的屏风隔断在学院派时期深受欢迎，并达到了极致。这扇屏风（半扇）用于飘窗上部。

5. 檐口的细节，此处壁炉烟囱上的镶板和踢脚板，是20世纪早期殖民复兴风格室内装饰的典型样式。

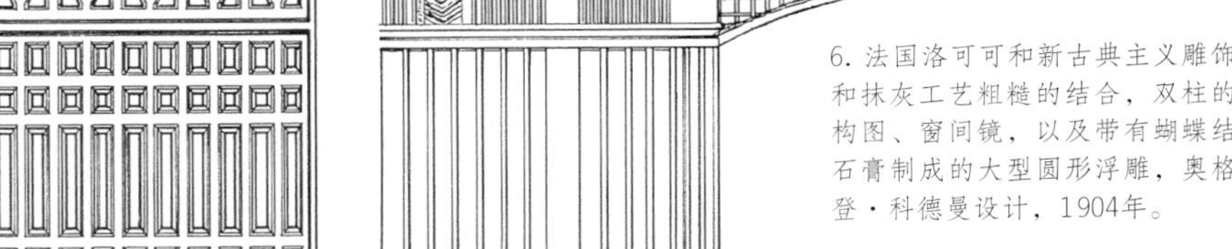

6. 法国洛可可和新古典主义雕饰和抹灰工艺粗糙的结合，双柱的构图、窗间镜，以及带有蝴蝶结石膏制成的大型圆形浮雕，奥格登·科德曼设计，1904年。

7. 窗间墙雕花镶板造型（展现出木雕工艺），奥格登·科德曼设计，1896年。他喜欢将窗间墙作为装饰的重点。

8. 路易十五风格的卧室造型，1898年。

9. 奥格登·科德曼设计的餐厅细部，法国古典主义风格。

1

2

1. 学院派对东方异域形式的兴趣表现在受到日本风格影响的墙面处理上，如这座位于纽约皇后区福雷斯特山的住宅。窗下镶板的特点是金底描绘蜻蜓和植物图案。注意芦苇图案是如何延续到上部的镜子之中的。FH

2. 都铎复兴风格的石膏造型雕带，位于天棚下端木制墙板之上。葡萄藤蔓图案的上下由绳索线脚围合。猫头鹰是系列图案中的一个，还包括百合图案，均围绕房间布设。FH

3

4

3. 美国学院派时期的浴室或厨房墙面会铺贴釉面砖。这个例子出自罗得岛州新港埃尔姆斯住宅的一间浴室，其特色为墙面上的一列浮雕图案的瓷砖，带有由花卉、缎带和弓形组成的精美垂花雕饰。这个图案具有明显的时代性特征。ES

4. 使用木制或石膏线脚将墙面分隔为几部分，是典型的学院派室内装饰特点。有时这些线脚会通过雕刻和成型的装饰物得到进一步丰富。这种法国或意大利风格的处理手法是在里层线脚的凹角处加设圆形饰物，而在外圈线脚顶部饰以椭圆形饰物侧面，并以涡卷装饰和莨苕叶饰形式相接，这些细节均进行镀金以配合上部的雕带。FH

5. 简单的墙面处理形式。凸起的踢脚板用作转角处半露方柱的柱脚和门套。半露方柱侧面的板面装饰有凸起的线脚。UI

5

天棚

1. 顶端带有枝叶雕刻图案的天棚木梁。注意雕刻细小的细节，起到了增强木梁装饰效果的作用。UI

2. 华丽的木制天棚，哥特式造型的线脚和精致的垂球雕饰，表现出古老的英国风格。UI

3. 墙面和天棚的结合部位可以用丰富的石膏线脚加以装饰，此处包括了凹槽和卵锚饰线脚。UI

4. 极为精致、充满变化的方格天花板，框缘上带有文艺复兴风格的雕刻，藻井间有鎏金飞龙。ES

大多数殖民地式或乔治亚式住宅天棚表面会覆以平整的白色石膏抹灰。在一些模仿17世纪装饰风格的房间中，当涂抹在木板上的白色灰浆剥落后，能够看到上部未上漆的梁架。其他殖民地风格的天棚会使用石膏装饰，枝形吊灯的基座环以嵌珠形线脚，或设计成枝叶主题装饰环绕周围。造型松散的古典式石膏檐口装饰线可以作为顶棚和墙面之间的分界线。大多数这种线条被安装在墙壁上，但有时半圆形石膏护角也会安装在更贴近顶棚的位置。

传统的天棚装饰也采用灰浆饰面，常常绘制有云朵、天使和神话人物。木材或抹灰线脚上有丰富的雕刻或镀金装饰，将整面天棚分成多块。意大利文艺复兴风格天棚多为木制，其特点是有很深的藻井镶板，中间有圆花饰，并用亮红色、蓝色和金色描绘，使之更加生动。西班牙复兴风格天棚也与之相似，但通常不似前者有那么多装饰，仅染成深色而已。

英国都铎和法兰西斯一世风格的住宅中通常有大型厅堂，其中有尺寸巨大的木制天棚。石制梁托和裸露的梁端都会有雕刻。梁并不一定支撑屋顶，因为钢材或其他现代材料会承担屋顶的重量。

1. 文艺复兴风格的方格天花板，出自纽约1887年一栋住宅的餐厅，阿尔弗雷德·朱克及其公司设计制作。

2. 马萨诸塞州波士顿一栋住宅客厅的天棚，1880年，由斯特吉斯&布里格姆设计公司（Sturgis and Brigham）设计。方圆交错的造型让人想起唯美主义运动复杂天棚形式。

3. 波斯风格门厅中的拱形天棚，19世纪80年代。雕刻、绘画和定型的石膏线脚形成了丰富的表面细节，构成其造型特征。

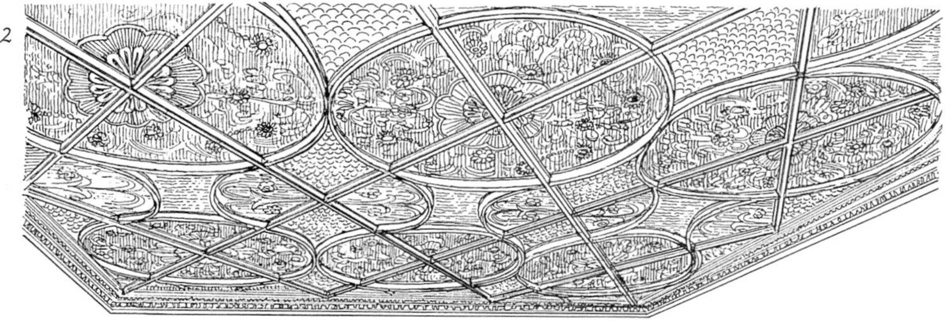

4. 一片冲压钢制天棚装饰模块，由纽约H.S.诺思罗普公司生产，约1885年。卷曲的簇叶形装饰从背面压制而成，非常典型。这种由一定数量的模块拼合而成的天棚大量使用于商业建筑，偶尔也会出现在居住建筑中。

5. 带有成型石膏装饰的天棚造型，文艺复兴样式，约1885年。

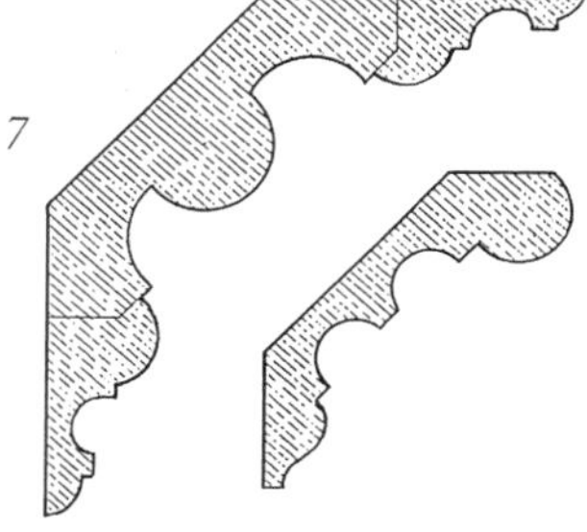

6. 帝国风格拉毛粉刷样式的组合天棚，约1890年，出自纽约立体浮雕装饰公司。该公司声称这种密集的浮雕造型天棚采用了特殊的专利方法生产，同时具有防火的作用。

7. 檐口的断面形式，芝加哥E.L.罗伯茨有限公司生产，1903年。*RO*

地面

1

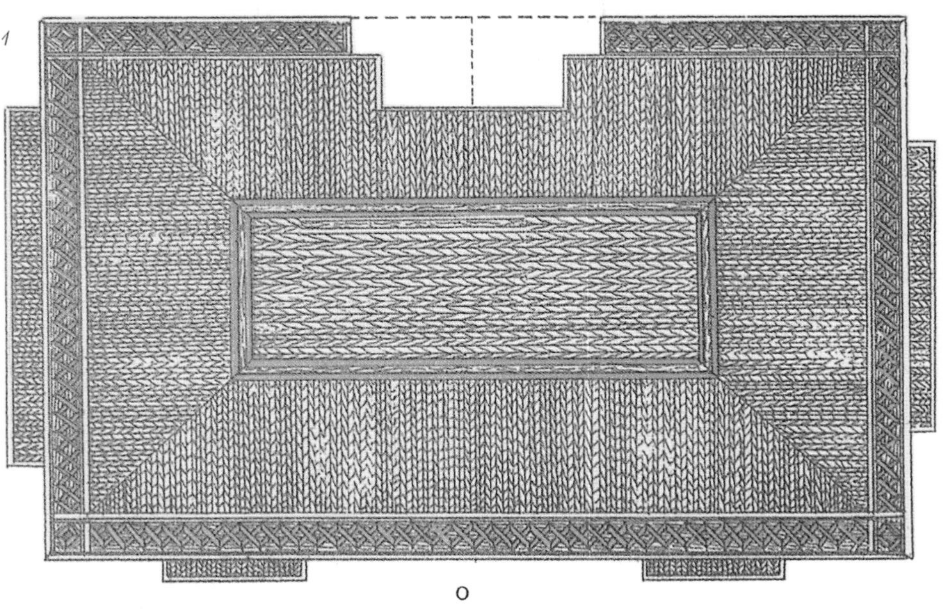

2

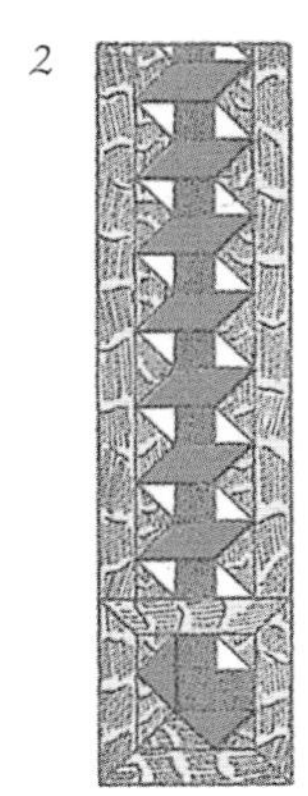

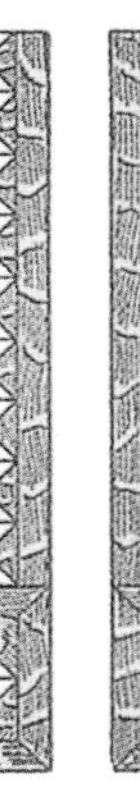
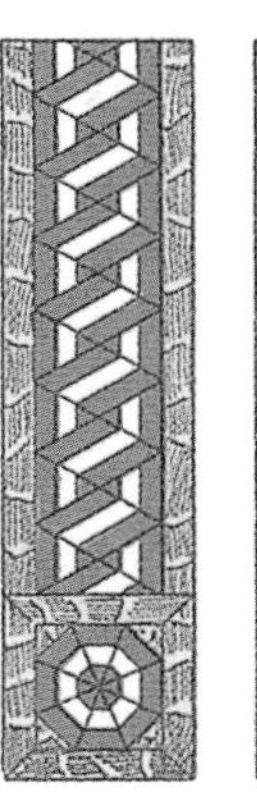

1. 拼花地板设计，约1900年。一些公司生产的简单的拼花地板是由木板直接粘到布料上制成。*UD*

2. 拼花地板边带，由多种树木（橡木、枫木、樱桃木、胡桃木、桃花心木）组成，1895年。*UD*

木材是最常用的地板材料，尤其是橡木拼花地板，在高雅的法式或是意大利文艺复兴式住宅的会客厅、餐厅和图书室中，其中心部位常铺设人字形或是网纹状橡木地板，边带是各种各样复杂的硬木组合，比如樱桃木或桃花心木。边带拼花的主题常来源于某一时代的花饰形式。较小的房间也会铺装镶木地板，但通常没有精致的边带。

殖民地复兴风格住宅倾向于使用直铺木地板，而不是镶木地板。尽管大多数真正的殖民地风格住宅中会采用宽的或任意尺寸的松木板或当地的硬木板，但是大多数殖民地复兴风格地板仍是统一规格的橡木板，5~7.5cm宽。这种两边可相互插接的薄橡木地板也常出现在都铎复兴风格住宅中。后来，这种地板成为学院派风格小住宅中的标准地板形式。

在一系列复兴风格中（文艺复兴，乔治亚复兴或是殖民地复兴），大理石门厅或走廊地面常采用交错的黑白色正方形或菱形图案。规模宏大住宅中的门厅地面会使用色彩丰富的进口大理石。水磨石偶尔也会用作大厅、门厅和温室地面。对于温暖地区的避暑住宅来说，未上釉的陶瓦是非常实用的铺地材料，通常会使用西班牙复兴风格或西班牙殖民复兴风格的图案来铺装。

1. 细长的橡木板形成的V形拼花地板，配有三条木板做出的精细边带。*ES*

2. 以格子花纹为特色的拼花地板，用弯曲的边框将门槛和房间的主要地板空间进行自然的过渡。*UI*

3. 来自芝加哥西尔斯·罗巴克公司为其“皇家极致高档实木地板”所做的广告，1910年。如图所示，边缘榫接的枫木板将两块地板紧密结合在一起。枫木是耐用板材，因此适合厨房或走廊，同时也是一种易于打理的材料，可以通过浸油处理成迷人的表面效果。当以美观为目标时，可使用纯橡木地板。径切的红橡木则是实用和审美之间的妥协。

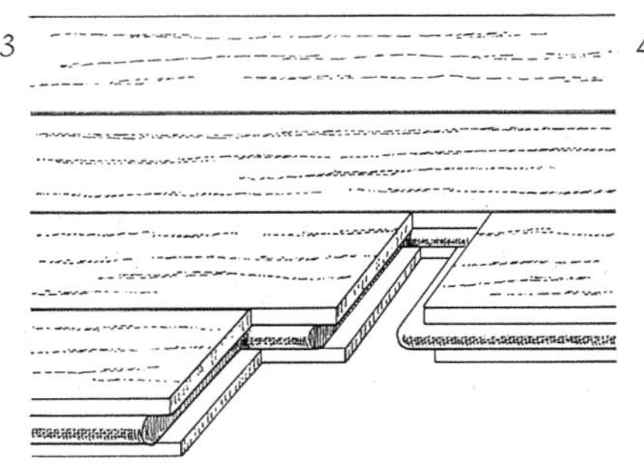

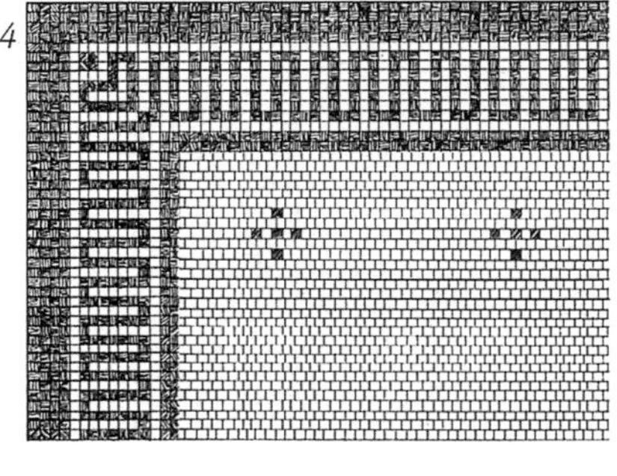

4. 陶瓷马赛克瓷砖地面，预先拼贴制作成60cm见方的片材。适用于浴室、厨房和服务区。来自西尔斯·罗巴克公司，芝加哥。

5. 黑色和白色的地砖在走廊最常用，但有时也用在餐厅，同时也适合花房和暖房。

6. 来自于1870年美式布鲁塞尔（毛圈编织）的豪华地毯，产自洛厄尔制造公司。

7. 同时期的美国原纱染色地毯细部（无绒毛、双面编织）。

8. 美国地毯制造商在学院派时期都在生产东方式的地毯，真正的东方地毯也很受欢迎。图例是在比特摩尔庄园伊斯兰祈祷室中使用的地毯，北卡罗来纳州。*BIL*

壁炉

纽约艾萨克·弗莱彻住宅（现为乌克兰研究所）宽敞低矮的木制壁炉，比例特殊，为充满法兰西斯一世风格的会客厅增光添彩。宽大的尖拱形大理石壁炉的炉膛围边具有后期哥特式的造型，而壁炉两侧样式端正的科林斯柱式却体现出意大利文艺复兴时期的风格，此外，弓形上部的拱肩雕刻也具有文艺复兴风格特征。建筑师C.P.H吉尔伯特非常清楚，法兰西斯一世风格是一种融合了法国哥特式传统与文艺复兴新潮的时尚风格。炉膛镶嵌带有哥特式花格的四圆心镀金边框，炉面铺贴琥珀色大理石板，直接落在拼花实木地板地面上。*UI*

19世纪末，大多数住宅无论大小都使用中央采暖系统。因此，到美国学院派时期，虽然壁炉失去了使用功能，但依然会在冬季的夜晚点燃用作装饰和象征之物。入口大厅的华丽壁炉则向客人展示着房间的整体风格。

在法兰西斯一世风格的府邸中那些尺度庞大的大厅或通廊中，壁炉会设计得十分高大，甚至人可以进入，当高度到达天棚时，石灰岩制作的巨大壁炉兜帽会做成退后墙面的锥形。意大利文艺复兴风格的壁炉也很高大，但没有这么大的兜帽，常用雕刻有经典图案的石材或是大理石作为边框。西班牙复兴风格壁炉也采取同样的形式，壁炉腔使用整排的石材和木材雕刻进行装饰。法国古典复兴风格的壁炉尺寸较小，时常使用雕刻有精美的洛可可式枝叶的木框板，或者采用路易十六风格的圆柱支撑较浅的大理石壁炉架。

乔治亚复兴风格的特征是采用木材或大理石制成的古典柱式，带有凹槽或平整的圆柱。壁炉上部装饰架的镶板常常带有炉肩（突肩）或顶部带有断山花。联邦时期风格也使用相似的造型，但会结合亚当式的装饰细节。

1. 融合了抽象的摩尔式风格和东方元素的壁炉。
2. 异国风情的柱子和中部的七弦琴装饰物让人不禁想起帝国风格。
3. 文艺复兴复兴风格的石刻壁炉，雕带上带有经典的半身像装饰。
4. 木制镶框式炉围壁炉，上部有壁炉装饰镜架，约1890年。文艺复兴风格的托架和花环装饰都采用19世纪独有的造型方法。
5. 壁炉架上的镶板融入了都铎式风格的理念，但是圆柱和炉面上的瓷砖和都铎式风格却毫无关联。通高圆柱的装饰手法在1880—1920年间十分流行。
6. 虽然椭圆或圆形镜面在18世纪法国和英国的壁炉上部装饰架中都是重点装饰对象，但是这种造型方式在1880年却无迹可寻。下面带有厚实小凸嵌线装饰的壁炉架，也是当时受到肯定的创造性装饰方法。
7. 这种壁炉和壁炉上部装饰架的所有细节都经得起学术上的推敲，和法国文艺复兴样式有直接的联系。可追溯至1910年。
8. 低矮的壁炉支撑在带有莨苕叶饰的托架上，上有一面高高的镜子，精准地描绘出18世纪法国的造型形式。
9. 这个壁炉中使用的一些图案，比如镜子两侧的带状饰雕刻，都有着历史的渊源，但是雕刻的数量和细节的组成特点却反映出19世纪末期的风格。

1. 固定于中心的四圆心拱和带有雕刻拱肩的石制炉围，以及上部的布褶纹饰镶板，都是构成都铎式风格造型的典型元素。FH

2. 外饰为桃花心木雕刻，神龛使用彩色大理石壁炉。符合建筑规程的造型和图案形式，来自法国和意大利文艺复兴时期的造型源头。ES

2

1

3

4

3. 细长的柱子，四叶饰图案和花草图案，以及簇叶形装饰，使都铎复兴风格的壁炉增色不少。FH

4. 在法国传统风格中，壁炉架支撑了大理石壁炉架。UI

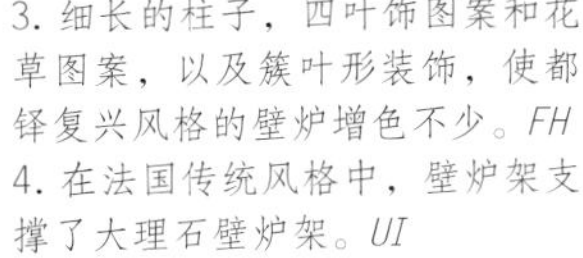

5. 朴实无华的砖砌炉体和精美绝伦的木刻柱子相互映衬，柱头为复合式柱头。CW

6. 学院派风格的建筑师们经常将古希腊、古罗马的工艺品融合到室内设计之中，这是摄政风格的大理石壁炉。UI

7. 壁炉的细节，呈现了大理石线板、莨苕叶饰和齿状装饰线脚。CW

5

6

7

1. 意大利文艺复兴风格壁炉，约1890年，刻有雕刻雕带的科林斯式石柱立于两侧。

2. 形式不严谨的意大利复兴风格的另一作品，壁炉上部装饰架镶嵌镜子，1883年。

3. 由大理石和马赛克装饰的大型壁炉，由奥古斯塔斯·圣·高登斯和约翰·拉·法奇为科尼利尔斯·范德比尔特二世的纽约住宅设计。

4. 壁炉架上的兜帽为古铜色，壁炉上部装饰架上的镶板图案象征着黑夜与黎明，设计于19世纪80年代，纽约。

5. 带有浓郁的法国风格的会客厅壁炉架，镶嵌了壁炉装饰镜架。

6. 镶嵌在彩绘木镶板中的缟玛瑙装饰：具有东方色彩豪华的文艺复兴风格壁炉，出自19世纪90年代纽约的亨利·维拉德住宅。

7. 炉箅通常带有装饰性的“夏季封板”，在不使用炉火时会用来遮蔽炉膛。为了形成整洁的视觉效果，封板用钢而不是铸铁作为材料。*RO*

8. 没有使用夏季封板的炉箅。把手连着一个可摇动倾斜的附件，可将烟灰和炉渣与煤炭分开。*RO*

9. 带有木制炉围的煤气炉箅，显示为封闭状态。使用时，挡板的上部可以移动，而装饰性的格栅固定不动。

10. 三种壁炉柴架：锻铁、黄铜和铁、熟铁。

厨房炉灶

1. 纽约的阿本德罗斯兄弟（Abendroth Brothers）研究出了铸铁炉灶，线脚厚重但装饰简单。OM

2. 1902年，“极致帝王钢制炉灶”列入西尔斯·罗巴克公司产品目录的广告。铸铁炉灶以上部的烘烤架和镀镍装饰为特色，并加入了熟悉的涡卷装饰、C形卷轴和簇叶形装饰图案。

3. 1889年，芝加哥的乔治·M.克拉克公司手工制造的煤气炉，逐渐为大众所接受。这个规格在底部带有一个烤架。火炉技术一直在发展，并且以实用为主减少了装饰。

4. 1913年，基于煤气炉的设计原理，通用电气公司研制出最早的电炉（1890—1910年），两种炉子与之前的传统燃料类型相比，在燃烧源上占有更少的空间。在1900年后，煤气炉和电炉还安装了铁腿。

在美国学院派时期，烧木材的炉灶被烧煤的炉灶取代了，随后是煤气炉灶。铸铁自始至终是这一时期厨灶的主要材质。高级维多利亚式的圆形或是有肚的炉灶也被下方设有四至八个火眼的正方形、低矮的浇铸式炉灶所替代，其中还有两扇带铰链的门开向炉膛。铸铁也被加工成复杂的格子状图案，带有葡萄藤和一些新古典细部。通常在镍制底板、铰链和门芯板上会进一步进行装饰。排烟道由锡管组成，后部弯折插进墙内的烟道里。烟道前端以及炉子上方有支撑水壶或加热食物的架子。火炉的上部使用典型的枝叶图案做装饰，或是使用文艺复兴风格的装饰。

到1900年，电炉和煤气炉得到了极大的普及。新型的炉灶更小，用四个支腿立在地面上，架高地面大约25cm。煤气炉和卫浴设施均使用了搪瓷饰面。电镀金属底板或铰链常出现在早期的煤气炉上，但远不及早期燃烧木材或煤炭的炉子上的装饰丰富。这一时期末最新出现的案例仅饰以圆形塑料把手，有时则是镀铬把手和钢条拉手。

楼梯

1. 纽约法兰西斯一世风格住宅中雕刻华丽的楼梯，1899年。海豚形雕刻和方形立柱出自早期文艺复兴风格原型。UI

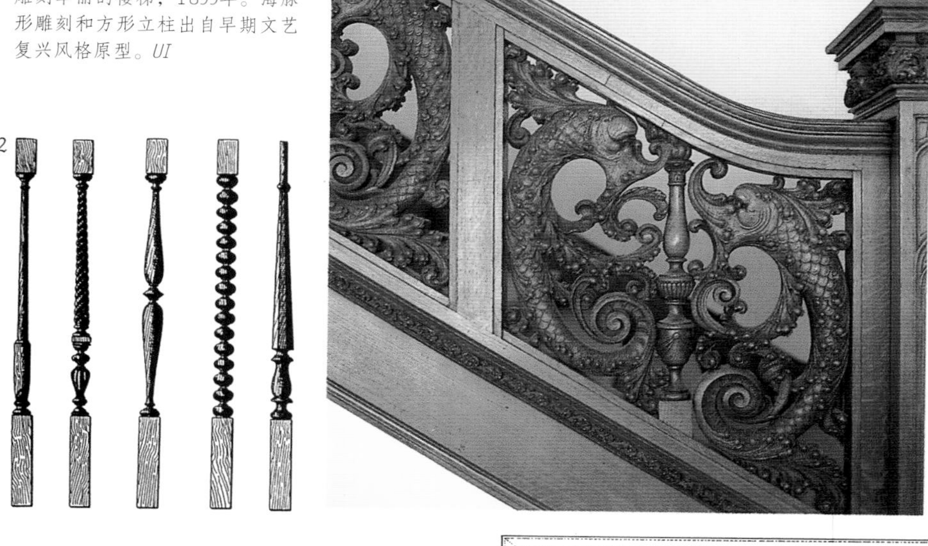

2. 车削栏杆柱的典型式样。RO
3. 木制扶手断面，橡木或松木，1903年。
4. 固定在踢板上的金属板，约1880年。黄铜条用以固定铺在梯段上的地毯。
5. 两个精美的车削型楼梯端柱，19世纪后期。
6. 安装在墙面上的楼梯扶手，带有螺旋形端头，摄政时期或殖民复兴时期风格。
7. 典型的殖民复兴风格楼梯的螺旋形端头造型。
8. 带有S形涡形托架的铁制楼梯端柱，属于19世纪70—80年代的典型样式。铸铁或熟铁的中柱和栏杆则是典型的法国和意大利风格。
9. 几个楼梯端柱。第一个有扭索状装饰造型和提灯形尖顶饰。RO

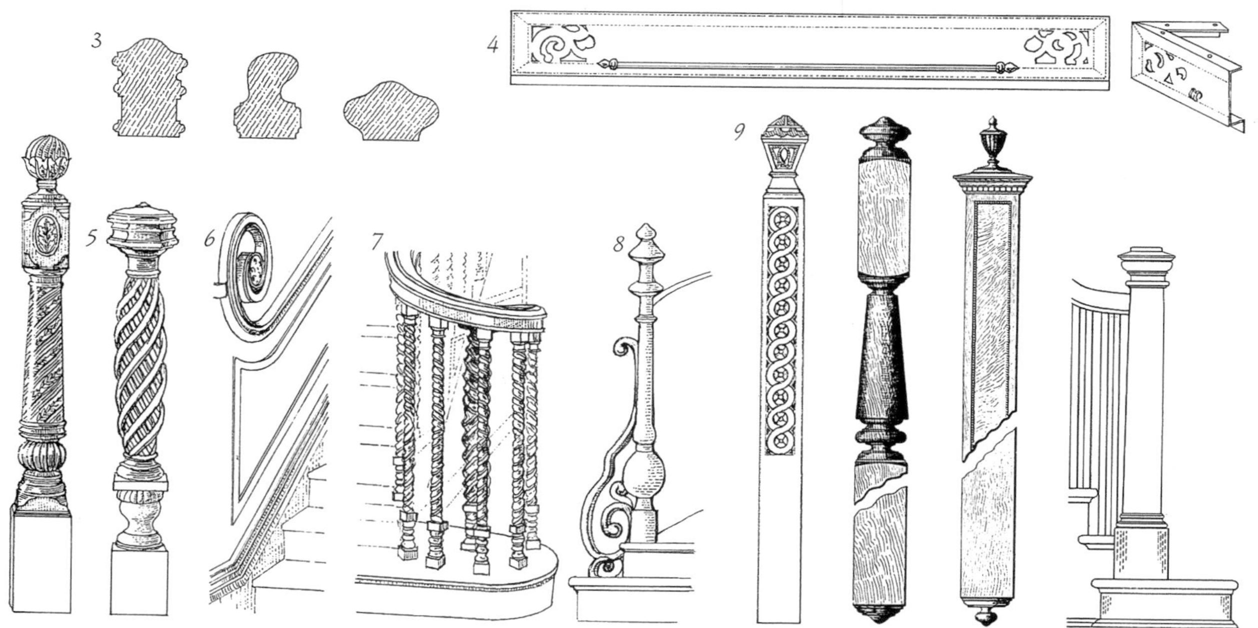

这一时期的住宅中，楼梯起到主导性作用，即便被安置在住宅的一侧而不是正中央，仍然能够起到奠定学院派室内空间风格基调的作用。

起初，最为流行的风格是意大利文艺复兴式的木制楼梯。踏板两边各有三个车削栏杆柱。螺旋楼梯端柱非常大，多为方形，并带有车削的断面和雕花的板面；端部为尖顶饰或是安装电灯的高脚烛台（常用青铜头像形式）。

都铎式或詹姆斯一世复兴风格楼梯也均为木制，有着厚实的栏杆柱。在一些都铎式或早期法国文艺复兴风格的复兴式的实例中，扶手常由立在楼梯梯梁侧板上的木拱支撑。但最为精美的木制栏杆（意大利风格、都铎式风格或早期法国文艺复兴风格）当属那些由方木构架、带有镂刻装饰的作品，如上图中的案例。

乔治亚式和殖民地复兴风格楼梯则更加精美，有螺旋形、圆柱形或花瓶形栏杆柱，以及螺旋纺锤形或是有沟槽的楼梯端柱，扶手端头常做成螺旋形环绕在中柱周围。楼梯和栏杆柱常漆成白色，扶手则漆成棕色。

木瓦风格住宅中的楼梯倾向于用成排的纺锤形立柱，其造型为许多不同风格的折中处理形式，其中包含了波斯式、日式，以及安妮女王式主题。

1. 雕刻华丽的文艺复兴复兴风格楼梯。刻槽的栏杆柱和大型端柱上的垂花雕饰特色显著。

2. 另一部文艺复兴风格楼梯，1880年。楼梯栏杆更接近当时的原型而非早期的样式，尽管车削栏杆柱和端柱间颇为宽大的形式并不十分常见。

3. 简单的殖民地风格的楼梯，约1910年。踏板和扶手估计为桃花心木，其他部分为木制白色油漆。

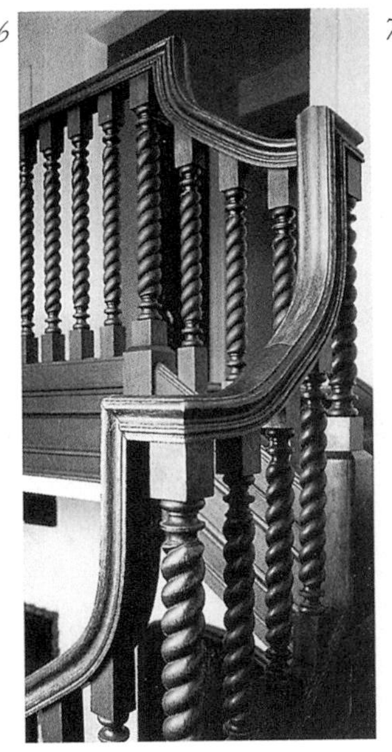

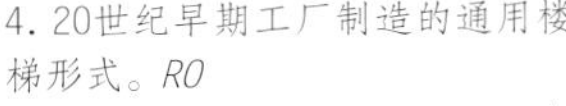

4. 20世纪早期工厂制造的通用楼梯形式。*RO*

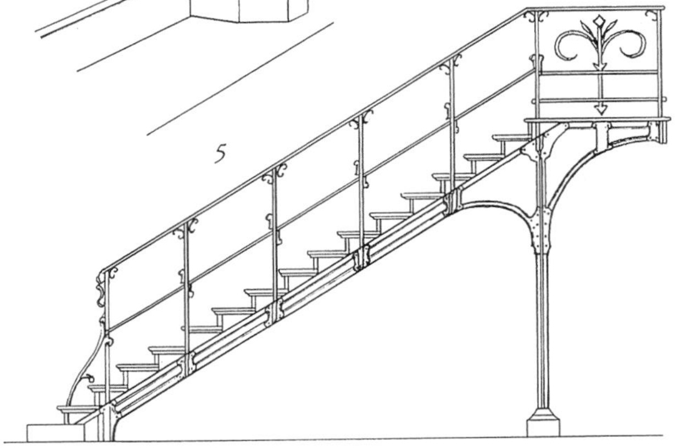

5. 铸铁和熟铁楼梯，19世纪80年代。这种装饰简单的形式，支撑作用的铸铁用螺栓固定，非常适用于服务性楼梯。

6. 殖民复兴风格的楼梯栏杆，出自纽约皇后区福雷斯特山的住宅。非常简单大胆的处理手法，适合于规模适度的住宅。粗壮的螺旋形扭曲栏杆柱支撑着楼梯扶手。*FH*

7. 文艺复兴风格复兴式的楼梯端柱（1903年）尺度偏小，但楼梯自身的荣华在于其富丽的雕刻。*CW*

8. 花边形锻铁栏杆，用于法国古典风格大型府邸中的典型形式。这个案例出自罗得岛州新港的埃尔姆斯住宅。*ES*

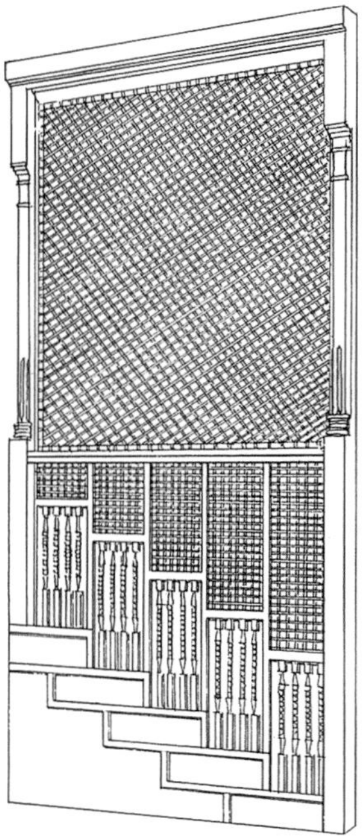

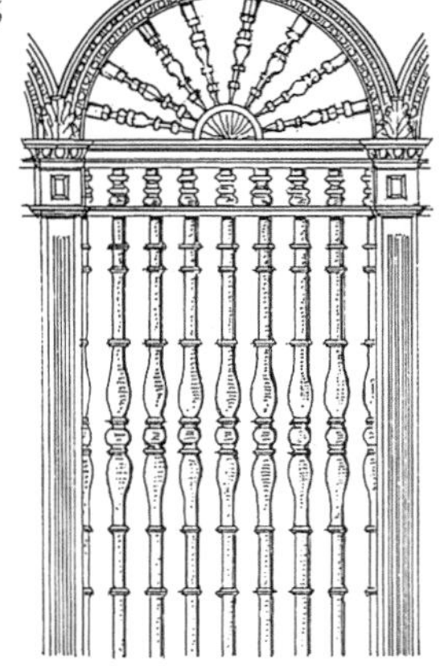

1. 殖民复兴风格楼梯踏步端部的典型雕刻装饰形式。FH

2. 楼梯和屏风，罗得岛州新港（McKim, Mead & White建筑师事务所设计，1880—1882年），带有东方和殖民地风格图案。

3. 细长格子形的屏风，亨利·霍伯桑·理查德森设计，1881年。

4. 纽约J.皮尔蒙特·摩根住宅中精巧的纺锤式楼梯。在楼梯的拱肩上，橡木框架中镶嵌着金线固定的小块彩色玻璃装饰。

5. 文艺复兴风格复兴式的华丽效果。马萨诸塞州波士顿皮博迪&斯特恩斯公司（Peabody and Stearns）设计，1877—1879年。

6. 纺锤形中柱隔断形式，倾向于古典风格而非东方风格先例。

7. 摩尔风格造型，20世纪早期。RO

固定式家具

1. 纽约皇后区福雷斯特山学院派风格住宅中的吧台。独创性和自由形式的都铎式风格，带有深色着色木制镶板，和类似装饰在船头的破浪神头像雕刻。右侧设有进入吧台的平开门。FH

2. 同一个住宅，沿壁炉墙面设置的搁板和柜橱是都铎式风格的另一个特点，但带有明显的学院派风格，如中间的纺锤形式和上部的陈列架。布褶纹式镶板是这种风格的典型形式。FH

这一时期，服务型用房和储物间受到更多的重视。厨房和配餐厅区域有整面墙的双层陈列柜，上层是玻璃柜门，下层是实木柜门。食品储藏室中安装了加热架和工作台面，卧室也配备有整面墙的木门衣柜。楼梯下方的电话间配有一把椅子和一套嵌入式搁板，或许还会有为保护隐私而设置的带玻璃的木门。所有这些橱柜和衣柜都大量使用时代风格的装饰线条、嵌板、玻璃格条和五金件。

对于都铎或哥特复兴风格的室内装饰来说，宽大的橡木墙板和葱形拱装饰的橡木雕刻是最为恰当的选择，通常以四叶饰和三叶草饰为造型主题。法式陈列柜和门，以上漆的门板配镀金的五金件为其主要特征。很多东方风格的设计会使用仿乌木家具，有时所有的或大多数的餐厅矮柜会沿用整个建筑的装饰主题，仿乌木陈列柜常用来陈列东方瓷器。

在殖民地和乔治亚复兴式住宅中，深窗座椅是标准配备。它们大多安置在飘窗、过厅或楼梯间窗户的底部；配有铰链的座椅翻板下面的柜子，还可以用作储藏。都铎和哥特复兴风格的室内有炉边区，这也是同期出现的布道风格住宅中的固定式家具特征。

1. 图书室书架，由奥格登·科德曼设计，1893年，使人回忆起法国帝国风格。图中显示了对开门的一扇，造型与房间装饰相协调。

2. 拱形壁龛书架，下部有带门的柜子。贝壳雕刻造型是殖民地和乔治亚两种复兴风格的典型形式。*UI*

3. 奥格登·科德曼设计的飘窗。窗户下的座椅由打褶的帐幔围合，属于帝国风格墙面装饰形式。

4. 乔治亚复兴风格的窗户座椅，两侧墙面带有墙板，1887年。两个这种式样的拱洞之间通常设有壁炉。

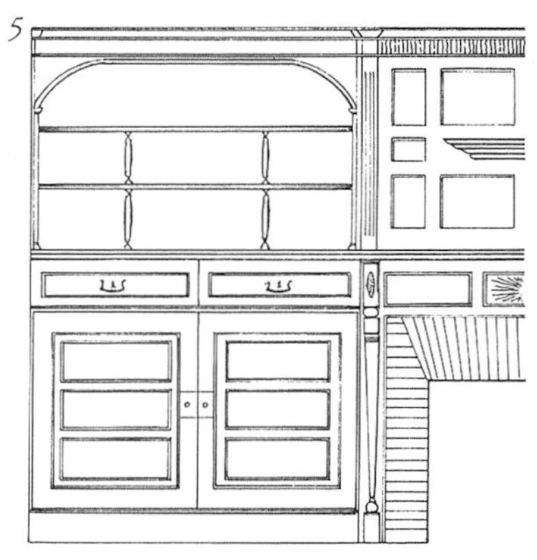

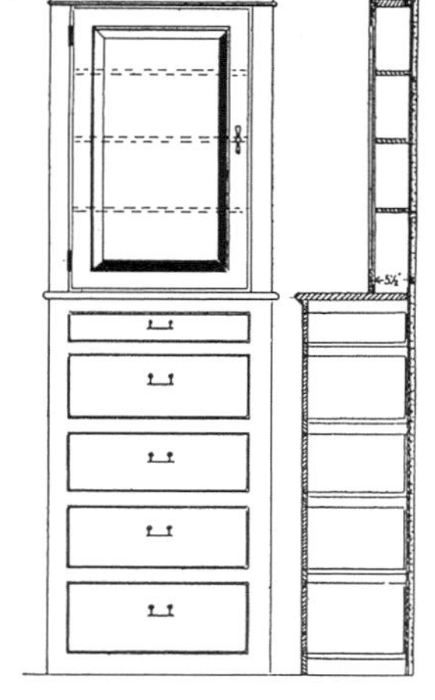

5. 带有抽屉、柜子和开敞式搁板的餐厅壁炉固定式边柜。车削而成的纺锤形立柱与壁炉边的圆柱相辅相成。属于朴素的乡村型学院派风格室内装饰形式的典型。

6. 在波斯风格的拱形壁龛之中放置了沙发软垫，纽约，1879年。波斯或土耳其复兴风格常用于图书室或男士的吸烟室。

7. 来自早期殖民风格的建筑形式和构造方法，被一同组合在这个起居室的壁炉墙上，以适应现代生活的储存需要。左侧带有蝶形铰链的柜门具有安妮女王风格特征，右侧的窗户座椅仅以平板装饰，没有使用类似机器刨边工艺或附加任何装饰线脚，目的在于创造出极为简单的外观效果。

8. 这个嵌入式柜橱中有搁板和固定衣挂，边框和上部植物花卉形雕带不属于任何历史时期。学院派风格的建筑师会提供满足不同用途的充足的收纳空间，如卧室柜、亚麻制品收藏柜，以及其他类似的柜子。

9. 固定式药品柜（配有镜子）和毛巾抽屉，1903年。右侧图为柜子的剖面。*RO*

设施

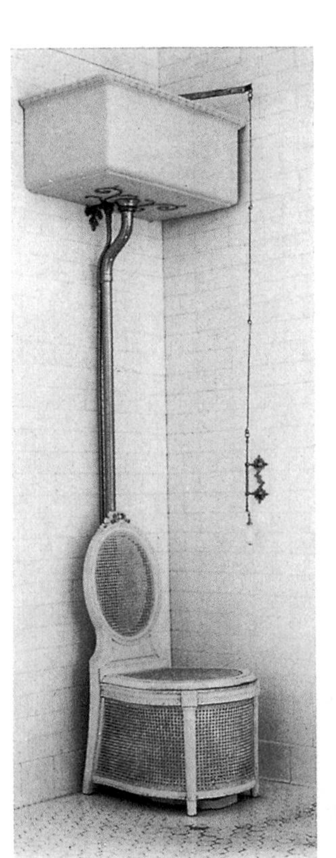

1. 这个马桶结合了最新的技术和精细的手工工艺，点缀了历史样式，装扮成路易十六式带有靠背的无扶手座椅形式，甚至水箱冲水拉索的制作也十分精致。ES

2. 纽约福雷斯特山伊萨考夫住宅的浴室，其装修设计似乎被当成了样板间。穹形的天棚覆盖着金箔，并有油漆装饰。陶瓷面盆底柱制作精美。FH

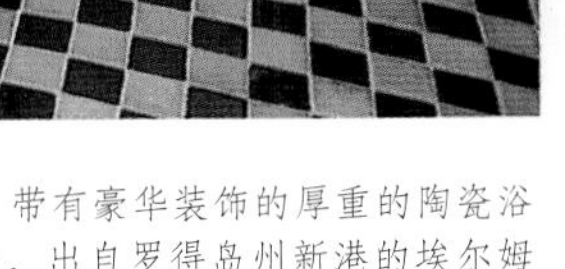

3. 带有豪华装饰的厚重的陶瓷浴缸，出自罗得岛州新港的埃尔姆斯住宅。ES

4. 来自纽约安德鲁·卡内基大厦的散热格栅，1901年，由巴布、库克&维拉德设计公司设计。主人热衷于使用最现代和复杂的加热装置。CW

19世纪70年代中期，配套齐全的浴室还非常少见，而到了1917年，这样的浴室就随处可见了。

标准款式的浴缸为铁制并带有支腿，内侧搪瓷面层，外部常以油漆涂饰。浴缸顶部环绕着水平彩色装饰带，采取希腊万字图样或其他古典主题。到了1920年，这种类型的浴缸逐渐被固定在地面的搪瓷浴缸所取代。

陶瓷抽水马桶也以同样的方式发展起来。最初，所有独立的马桶部件都要进行装饰，上部水槽上的把手会浇铸成优美的造型，木制座椅会漆上花和树的图案，甚至瓷制的便器有时也会施以光滑的釉面。但是到了后期，住宅装饰变得没有以前那么复杂，马桶也变成独立式的，并在后面直接放置水箱，瓷制表面样式朴素，多为白色。

洗脸盆镶嵌在木制立柜中或使用金属框架支撑，或配备四条陶瓷支腿或一个独立的陶瓷基座。金属框架的拐角处或腿部会采用镀镍或电镀黄铜作为装饰，搪瓷基座采用勒脚开槽的形式处理。龙头、排水嘴塞子的顶端和冷热水控制杆则模仿法式、意式或其他复兴风格中具有时代感的五金件设计而成。

1．“文艺复兴”牌虹吸抽水马桶，1897年（纽约J.L.莫特铁器制造厂）。
2.19世纪晚期带有莨苕叶饰的马桶（萨尼塔，波士顿）。
3．“曼哈顿”牌陶瓷卷边浴缸，带有鹰形的支腿（纽约亨利·巴蒂尔制造公司）。
4.萨尼塔盥洗盆（19世纪80年代）上用来控制排水的拉杆，是当时的创新设施。
5.萨尼塔盥洗盆的存水弯，在1887年被描述为“唯一的自洁型，带有简易水封的存水弯”。
6.萨尼塔盥洗盆，有着植物装饰图案，1887年。
7.双盆洗手台，1880年。
8.洗衣盆可以由搪瓷镀锌铁皮制成或是棕色的釉面陶器。当时在这种功能性器具上使用学院派风格的装饰细部是十分普遍的做法。

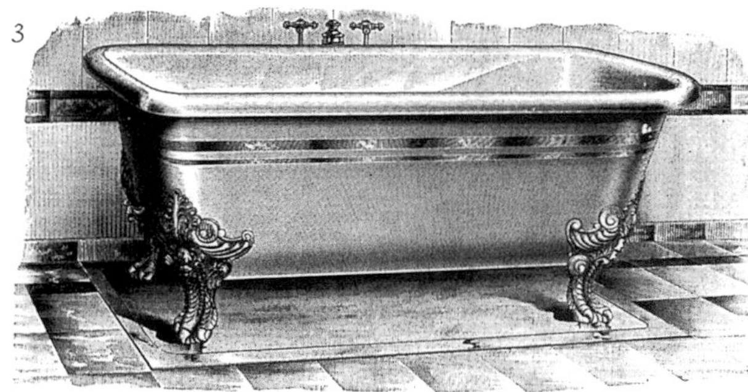

9.铜制锅炉，约1900年，由康涅狄格州沃特伯里市的兰道夫&克劳斯公司制作。中央供暖和热水是当时亟待解决的问题。

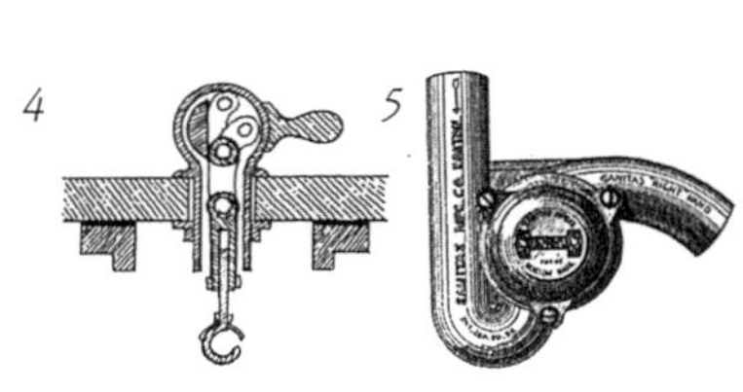

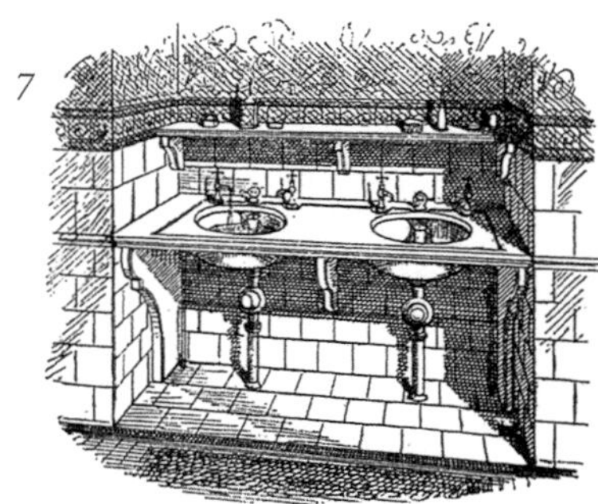

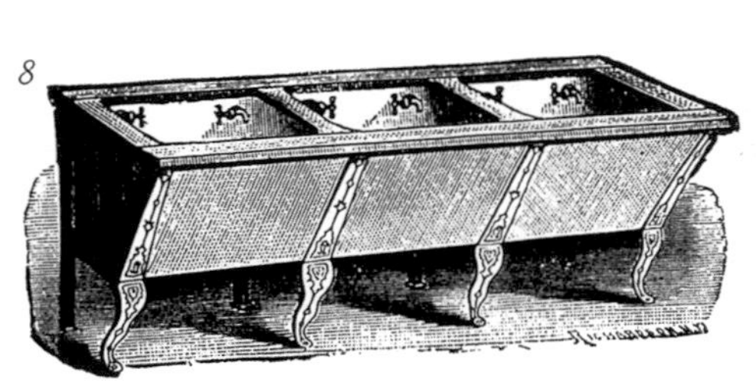

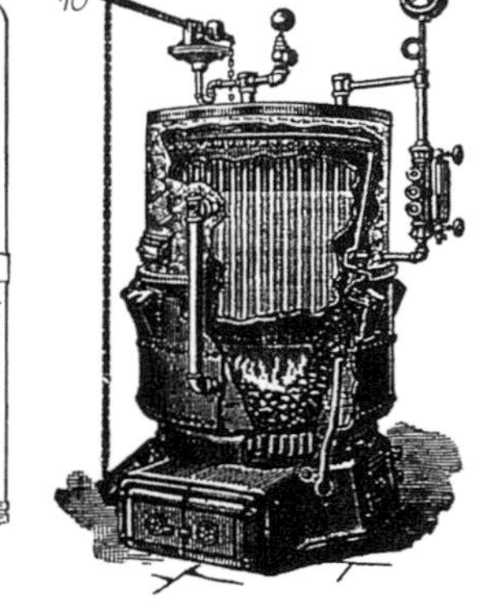

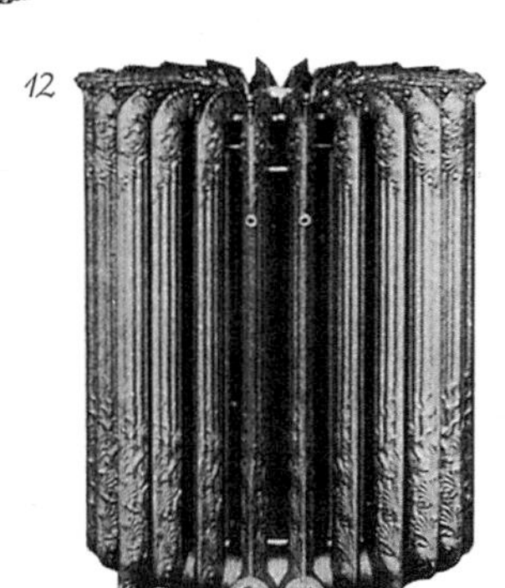

10．“侧进水”式锅炉，1898年由纽约的戈顿&利杰伍德有限公司生产。锅炉放置在杂物间中，由仆人进行操作。
11．由纽约吉利斯&盖根公司制作的散热器，约1890年。
12.1904年由美国散热器公司制造的散热器。可以拆分成两半，以便围绕方柱或圆柱支柱布置。*AR*
13.乡村和郊区地区的污水处理的复杂性仍低于城镇系统。这个剖面图表现了带过滤的化粪池。注意住宅中的地下室洗衣盆、厨房的水槽和地下室的洗手池、入口层的灶台，以及上部的卫生设备。

灯具

1. 以“现代法国”风格制作的吊灯，使用电灯泡。ES
2. 洛可可风格的三叉式壁上烛台，1891年。
3. 文艺复兴风格的枝形吊灯，1888年。
4. 波斯风格的灯笼式灯具，1882年。
5. 置于殖民复兴风格住宅大门扇形窗上的室外灯具。
6. 楼梯端柱上的煤气灯灯架，1875年。
7. 煤气吊灯，保守估计约为1880年。
8. 由青铜构件和玻璃制作的样式朴实的煤气壁上烛台，1880年。
9. 带有涡卷装饰托架的锻铁壁灯，约1900年。
10. 精致的开放式锻铁灯饰，上部带有提灯式尖顶饰。
11. 乔治亚风格的铁艺大门顶饰，悬挂了一个形式新颖的灯笼。

美国学院派初期，煤气灯是最为普遍的照明光源，但到了1900年，电灯也同样十分流行。枝形吊灯和壁上烛台尤其畅销。人们对这一时期可靠的电气照明器具产生了极大的兴趣，以至于在住宅中为其重新铺设电线。

当时，“法式”风格的枝形吊灯由金属镀金制作，缀以层叠的水晶棱镜挂饰。一些灯架制成洛可可式扭曲的树枝形状配以烛台，另一些则制成帝国风格配以镀金底座的青铜油碗。西班牙复兴风格的枝形吊灯、高脚烛台、壁上烛台和灯具则采取典型的锻铁形式。还有类似枝形吊灯的车轮形吊灯，从轮的中央有连接到轮子边缘的放射形纤细的金属棒，并沿圆形边缘安装简单的铁制套口。爱迪生·米兹纳设计的佛罗里达州棕榈滩的地中海式别墅中，使用了西班牙式的锻铁木制家具和灯具。

殖民地复兴风格住宅中，常采用大量枝状玻璃吊灯，有原创的也有复制品。安妮女王风格枝形吊灯的复制品也很流行，这类灯具带有黄铜质地的球体，配以带状饰华丽的枝干。这一时期的上半段，意大利文艺复兴风格庞大的青铜或金属镀金枝形吊灯十分盛行。

金属制品

1. 矛和卷轴造型细部，出自某花园的铁栏杆围墙。*CW*
2. 拱形熟铁锻造和玻璃制成的大门，这个样式（由奥格登·科德曼设计，纽约，1912年）用于典型的法国和意大利风格的大型住宅。
3. 青铜铸造的大门，带有典型的意大利风格细部，约1900年。

4. 大门气窗使用的铁制金属格栅，涡卷装饰中带有门牌号（McKim, Mead & White建筑师事务所设计，1898年 ）。
5. 典型的阳台或门廊上部的栏杆，带有卷轴和枝叶图案，1890年。
6. 两款熟铁锻造栏杆，带有中心椭圆形浮雕和新古典风格的细部。适用于摄政和联邦复兴风格的阳台，或设在门廊的上部。
7. 意大利风格的铸铁扇形窗和大门格栅，出自纽约的一所住宅，1917年。大门格栅多用于服务性入口，上部设有扇形窗（呼应了注重正面尺寸较大的正门）。

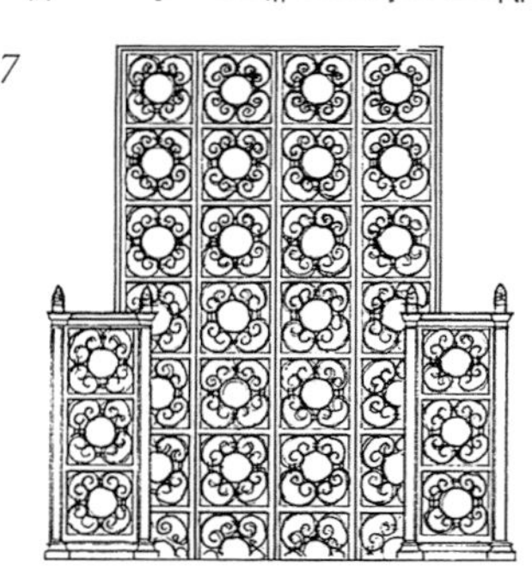

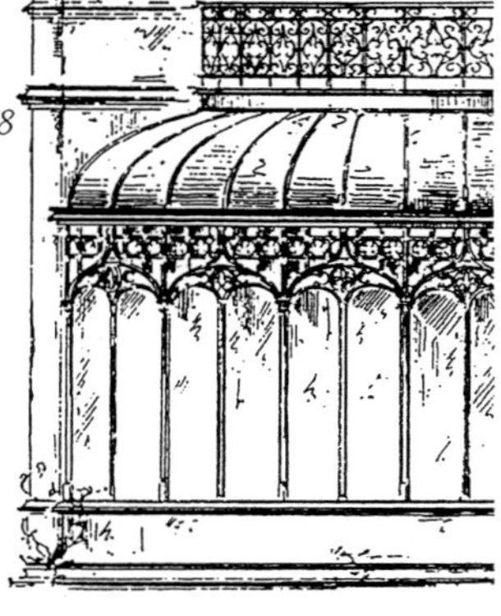

8. 作为温室结构支撑的装饰性的铁艺制品。屋顶有装饰性的铁艺顶饰，带有哥特式拱形和四叶饰的形式特征。
9. 两款简单的西班牙或布道复兴风格的窗户格栅，配合拉毛粉刷墙面使用，约1890年。

很多法式古典风格或意大利风格的美国学院派风格住宅配有花园围墙，甚至小型的城镇住宅也有院落围墙。围墙以锻铁栏杆制成，常与铁门连接在一起，或分割成格子形图案。法国古典风格住宅常在大门上设置精美的铁制扇形窗/气窗，带有涡卷装饰、卷轴形和扭索形装饰主题；在小城镇和城市住宅中，门牌号常会镶铸在涡卷装饰上。法式古典风格住宅主楼层的平开窗，通常有熟铁锻造的栏杆或阳台。理查德·莫里斯·亨特将法兰西斯一世风格住宅普及开来，屋顶上精美的波浪形铁制栏板装饰是其建筑形式的显著特征。温室在这一时期很流行，铁制边框以簇叶形或花形为主题或有着新古典主义装饰细节，建筑外观镶嵌着玻璃，再配以装饰性的屋顶。

西班牙风格的住宅仅有限地使用一些铁制品，比如尺寸细小的金属玻璃格栅，但是其内部则有大量的铁饰：灯具、房间隔板、墙面饰板及其他此类物件。

其他室内铁制品与新科技紧密相关，比如，每层电梯都会采用装饰性的铁门，有的电梯门则将青铜和铁艺装饰相结合。散热器面罩也同样会进行装饰。

木制品

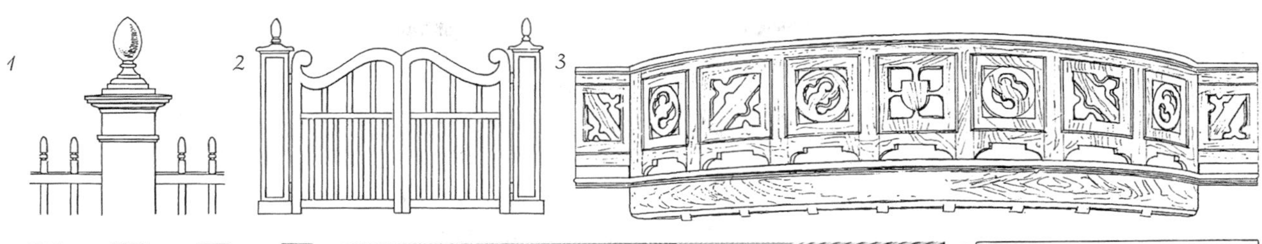

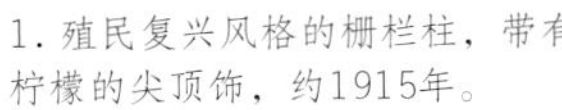

1. 殖民复兴风格的栅栏柱，带有柠檬的尖顶饰，约1915年。
2. 殖民复兴风格的大门，带有曲线形顶部的栏板，约1915年。
3. G.B.鲍勒住宅中楼梯平台上的木制栏杆，缅因州巴尔港，罗奇&蒂尔登（Rotch and Tilden）设计公司设计，1882年。属于起居厅中典型的、做工精美的楼梯形式。
4. 几个车削加工而成的木制门廊栏杆柱的样式，约1910年。RO
5. 罗得岛州新港木瓦风格住宅的角楼，带有平整的木制檐口和不同于其他木瓦风格形式的局部形式。
6. 这个木制纺锤形立柱隔断，受到了伊斯兰和安妮女王两种风格的影响，由车削的纺锤形立柱及回纹饰两种造型组成。以连续的雕带形式使用在柱子或室外门廊上，或分段置放在室内楼梯周围。这个案例属于楼梯间，可追溯至1879年。
7. 殖民复兴风格的住宅，带有内凹的柱廊、老虎窗和陡峭的山墙屋顶。
8. 折中形式的学院派风格住宅，带有门廊和边侧的敞廊，组合了殖民风格和意大利风格元素。

虽然用于美化维多利亚时期的屋檐、门廊、老虎窗、山墙和门饰豪华的木工制品，在美国学院派时期已不再盛行，带有大量雕刻的挡风板（封檐板）也已经过时，然而，木制装饰确实使得门廊、廊台、檐口和窗户显得生气蓬勃。

木瓦风格住宅在室内木饰上尤其富有创造性，由平整的木“雕带”和双曲形或半圆形线脚边带结合而成的厚重檐口，成为当时颇具特色的装饰方式。门廊通常设置有简单柱子，柱身平整，很多配有格架，隐约显现出远东和伊斯兰风格的原型。木瓦自身可以在建筑外部组合成不同的形式，并产生对比的纹理效果。

都铎复兴风格的典型特征是半木结构。转角处有厚实的方柱支撑着门廊或遮篷屋顶，暴露的梁端会雕刻尖顶饰，梁下的托架雕成簇叶形装饰或动物形象。

在殖民地复兴风格住宅中，小型的门廊会设有源于古典样式的柱子、柱头或檐口。意大利式学院派风格住宅常有很深的挑檐，以木制长支架做支撑。在殖民地复兴风格和意大利式住宅中，还会附带有藤架式的边廊。

20世纪20—30年代

玛格丽特·奈特

1

2

3

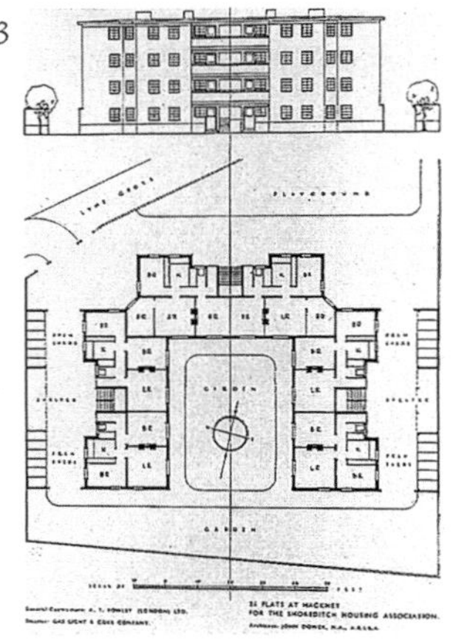

1. 这一时期的住宅建筑形式主题之一，是圆形的转角以及对传统特征的重新诠释，无论是美国的艺术装饰风格住宅还是英国的郊区住宅都是如此。这是一个英国的案例，白色立面外观十分典型，带有曲线的转角和雨棚，约1930年，多塞特郡 。SP

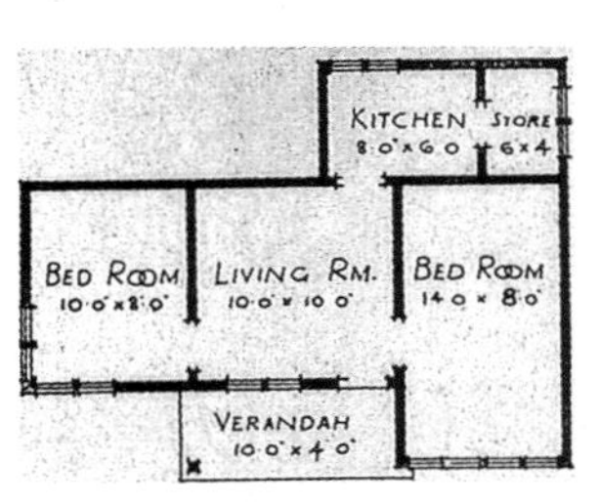

4

2. 洛杉矶附近的拉·卡萨·努埃瓦住宅，1924—1925年：西班牙殖民复兴风格住宅，这种风格出现在20世纪20—30年代早期，实际上成为南加利福尼亚州的标准住宅风格。最主要的特征在于陶瓦屋顶、粗糙的抹灰墙面、拱形门廊和锻铁窗格栅。CN

3. 20世纪30年代的公寓楼，表现出现代主义的影响，线形简洁，没有装饰。AG

4. 预制构件建造的周末住宅。这种平房小宅（连同周围环境）的出现可以追溯至1937年。TI

艺术装饰风格名称出现于1925年的法国巴黎的一次名为“国际艺术装饰与工业产品博览会”的展会，期间汇集了20世纪20—30年代各类最典型的装饰风格，展示的作品普遍被认为在当时具有创新性和影响力。然而，艺术装饰风格远非这一时代最重要的装饰风格。1925年，伴随着各种各样异域风格和“原始”风格的出现，很多设计师试图将传统样式和现代意识融为一体。不久之后，接踵而至的现代主义建筑思潮及其影响，确定了20世纪30年代艺术装饰风格的典型特征：流线的造型，偏好使用铬合金以及各种合成材料。

尽管此次巴黎举办的博览会具有国际性，但美国却未设展馆，原因如设计师保罗·弗兰克尔（Paul Frankl）所言，美国除了建筑风格就没有任何值得展示的东西了。他指的是摩天大楼，而不是20年代那些在设计上存在着自相矛盾的住宅。从建筑技术上来说，美国是世界上最先进的国家，主要体现在公共建筑的大胆设计上，而住宅建筑及其室内设计则非常保守。但也有些例外，弗兰克·劳埃德·赖特在20世纪20年代就设计了一些十分令人惊奇的住宅，比如在加利福尼亚州的“编织结构”住宅建筑，使用了花格形式的混凝土预制砌块。然而，美国在这一时期颇具典型特征的风格时尚，还是对历史风格的回归，最流行的是英格兰和西班牙殖民风格以及欧洲的历史风格。像是Mellor, Meigs and Howe这类装饰公司几乎可以营造出任何一种室内的传统主题，尤以中世纪浪漫派风格最为成功。

20世纪20年代后半期，可以明确地看到一种设计风格正在形成，即对于建筑科技的充分利用，尤其是在美国。建筑师如伊莱尔·沙里宁（Eliel Saarinen）和雷蒙德·胡德（Raymond Hood），以及家具和室内设计师保罗·尼尔森（Paul Nelson）、凯姆·韦伯（Kem Webber）、埃斯科曼（Ascherman）、约瑟夫·厄本（Joseph Urban）和保罗·弗兰克尔，都在致力于简洁风格的探索与创作，设计多使用简单的几何形体，部分灵感来源于欧洲现代主义风格，整体装饰摒弃奢华，强调丰富的材料纹理和新材料的使用。有趣的是，当时的那些思想前卫的建筑师和设计师

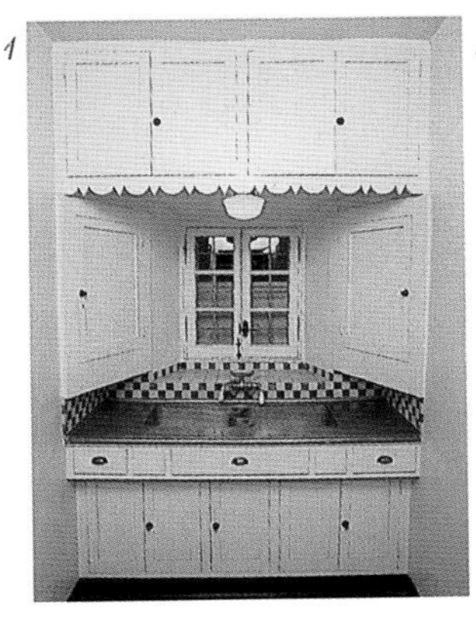

1. 洛杉矶附近的拉·卡萨·努埃瓦住宅厨房的细节，西班牙殖民复兴风格的住宅，1924—1925年。图中的彩色瓷砖属于这种风格的典型特征。*CN*

2. 20世纪30年代的浴室，图案化的装饰和独特的色彩系统表现出艺术装饰风格的影响。*BS*

恰巧经历了早期电影工业的发展，或许美国人所特有的对室内材料质感和色调对比，以及对室外戏剧性体量形式的敏感性，使其设计原则与基本构思都与黑白电影的场景效果相关。

20世纪30年代期间，尽管复古运动者的传统意识仍然很强烈，但在美国出现了各种经由传统演绎和变化而来的风格，并成为整个社会普遍接受和广泛应用的设计语言。即使是在20世纪30年代初期的全球性经济萧条时期，现代主义艺术装饰风格的室内设计仍然生气勃勃。最为极端的例子出现在西海岸和佛罗里达州（尤其是在迈阿密海滩地区）。用铬合金、塑料、新型玻璃等现代材料发明制作的间接型照明灯具，是住宅中最特别的创新内容。这些创意产品最终为商业公司接受并大量复制，当时的一些新产品至今还在使用。

接近20世纪30年代末期，很多时尚的室内设计呈现出一种新的巴洛克风格，出现了弯曲的图案与造型形式，并大量使用打褶的帐幔作为装饰物。这种风格的鼎盛时期，室内装饰充满了诙谐与情趣，而不是一味地复古。与美国不同，英国全面参与了1925年的巴黎国际艺术装饰与工业产品博览会，但外界对英国展馆的评价却普遍不高：展出的展品也被认为是单调乏味、老气横秋的传统工艺美术风格的重现。在许多方面，英国的情况与美国十分相似，即制造商不愿生产他们无法理解和接受的新风格产品。

来自欧洲大陆新思想的影响首先表现在公共建筑上，居住建筑稍后。各种类型和不同档次的住宅都在以复古式手法建造，其风格形式统称为都铎-伊丽莎白式。建筑投机商在大城市周边开放的城郊住宅均设计成这种风格，除了那些体型庞大的独栋住宅。这些建筑的特点是对于“年代性”细节的谨慎处理，包括木构架、山墙、门廊、彩色玻璃等。小型的郊区住宅内部则几乎没有年代定位，除了那些由主人自行装饰的部分。然而，更多的这种风格的住宅通常称作“斯托克布鲁克都铎式”（Stockbroker's Tudor），无疑都会出现墙板、梁，以及有着丰富雕刻端柱的大型楼梯。这一词汇也很适合用来描绘20世纪20年代的大部分美国住宅。

在20世纪20年代结束时，现代主义对居住建筑的影响已经十分明显。英国出现了很多优秀的现代主义建筑师和设计师，邓肯·米勒（Duncan Miller）在1938年出版了具有影响的《现代家庭的多种布色方案》（*More Colour Schemes for the Mordern Home*）一书，内容包括对现代室内设计的风格描述，展现了20世纪30年代各种各样的流行趋势，从自律的现代主义，到各种豪华的装饰版本（与同时期美国的室内设计有着密切的关系），再到西莉·莫格汉姆（Syrie Maugham）和奥利弗·希尔（Oliver Hill）对当时各种风格的巧妙运用。其中许多想法都紧扣公众对住宅的想象，比如，采用白色或接近白色装饰墙面或地面，是30年代末广为流行的做法。奥利弗·希尔成功地运用镜子来装饰墙面，并成为一种时尚，在之后的几十年间仍然保持着流行的态势。由E.麦克奈特·寇费尔（E. McKnight Kauffer）和马里恩·多恩（Marion Dorn）设计的抽象图案地毯被大量仿制。雷克斯·惠斯勒（Rex Whistler）和艾伦·华尔顿（Allan Walton）绘制的壁画促使了风景画壁纸的出现。

到了20世纪30年代晚期，即使郊区住宅也开始呈现出一些现代特征，比如金属框的窗户（有些窗户会带有“阳光捕捉”的圆形窗型）。制造商的产品目录反映出了一些有趣的现象，即在复古主义持续盛行的同时，人们对现代风格的五金配件也产生了需求。

门

在20世纪30年代的英国郊区住宅中，常常可以看到砖砌入口外框与抹灰墙面形成的对比。在许多案例中，主墙面都采用了灰泥卵石涂层，一种由小卵石完全覆盖的墙面。*SP*

艺术装饰风格并没有门的标准式样，但有一些装饰元素会反复出现，尤其是20年代末和30年代。金属与玻璃的组合成为重要的形式，往往使用在阶梯式的门套中，有时连带一个窗户或附带有雕刻的镶板。门自身会采用厚玻璃，用铁或者青铜作为加固材料，并做成一种程式化的自然图形或抽象图案。英国郊区的住宅，有时会用木材替代金属，也做出光芒四射的图案。在现代主义的影响下，安装少量配件的平板门代替了线脚丰富的模制门。金属抛光门有时会用在室内，金属外挂板则会使用在住宅的户门上。在英国，使用彩色玻璃的格板门属于一种复古的风格造型。一些木门还装饰着具有“文艺范”的小窗户，例如钻石形或是心形图案。那些装饰着金属雕刻的深色厚重的木制镶板门，则属于美国西海岸典型的西班牙复兴风格。

20世纪30年代，门廊成为许多住宅的特色之一。在那些受到现代主义风格影响的住宅中，门廊可能由上层楼板悬挑而成。其他地区的门廊形式则各有不同：从简单的山墙结构形式，到有立柱的复杂形式都会出现，有时还会在门廊中安置座椅。一些更加传统的木门仍然装饰着推门板、锁眼盖以及把手，到了30年代，这些配件除了使用金属制作外，还可能会用胶木替代。

1. 光芒图形广泛用于各种门。本例用木材和玻璃制成，来自迈阿密海滩地区的住宅，1939年。

2～4. 这些门的材质都很坚硬，使用瑞典红杉和橡树制成，仍旧展现出工艺美术运动风格的影响。最后一个门适合带有门廊的住宅。

5. 1927年，英国北安普顿的现代风格住宅，悬臂式门廊和上方的楼梯窗组合而成住宅的入口。

6. 来自1929年的设计，门由镂刻的金属板制成。

7. 30年代迈阿密海滩地区住宅的门廊，带有典型的细长杆件和锯齿状的铁栏杆。

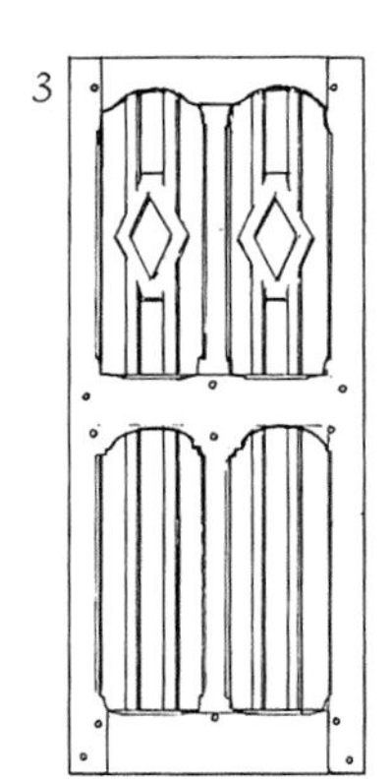

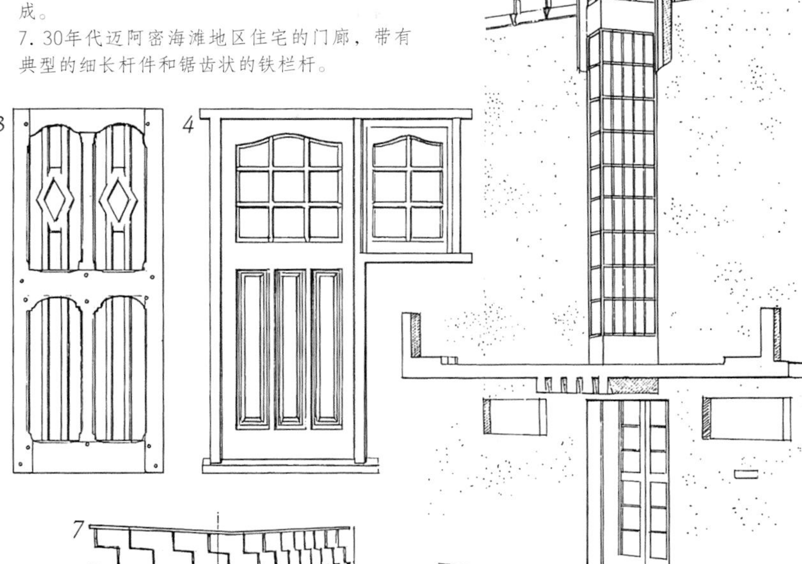

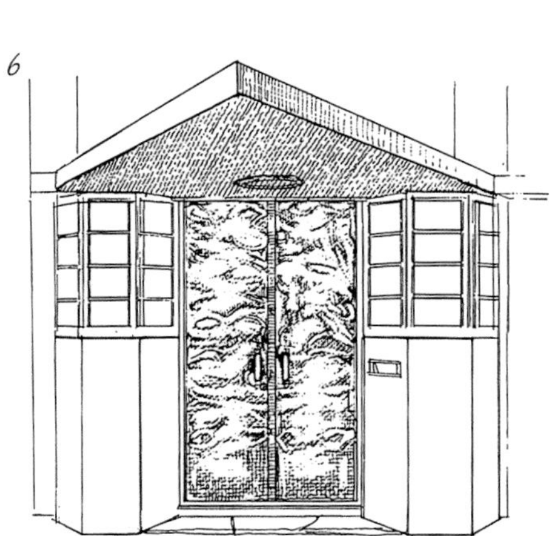

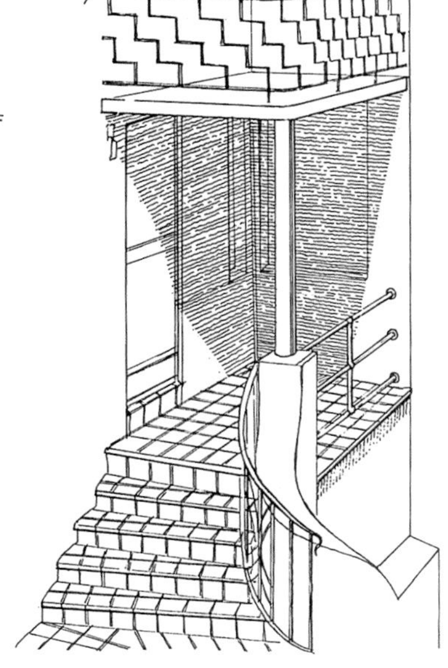

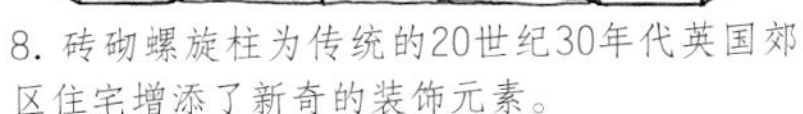

8. 砖砌螺旋柱为传统的20世纪30年代英国郊区住宅增添了新奇的装饰元素。

9. 来自迈阿密海滩地区住宅的入户门，表现出受到法国艺术装饰风格的强烈影响，诺尔登&诺戴尔（Norden and Nadel）设计公司于1937年设计，门上有程式化的浮雕，两侧安装着金属灯具。

10. 另一个来自迈阿密海滩地区住宅的设计（1939年），使用了玻化砖。这类瓷砖在销售时有各自的商品名称，如维多利特（Vitrolyte）和卡拉拉（Carrara）。

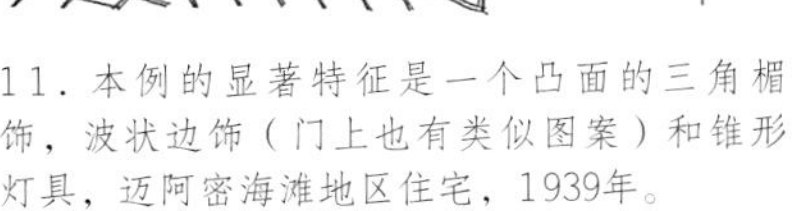

11. 本例的显著特征是一个凸面的三角楣饰，波状边饰（门上也有类似图案）和锥形灯具，迈阿密海滩地区住宅，1939年。

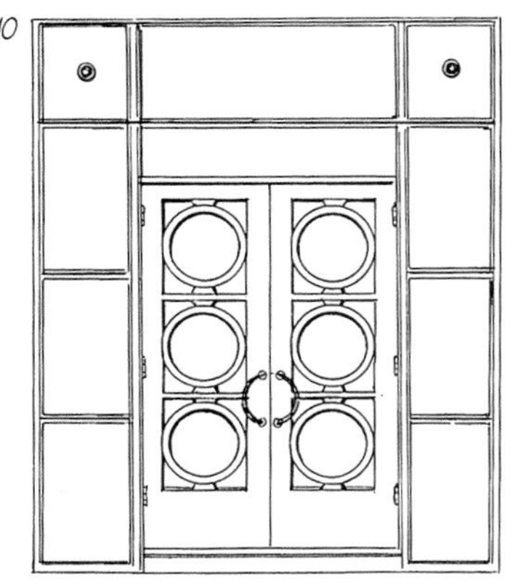

1

2

1. 20世纪30年代，内凹门廊里简单的装有玻璃的外门。雨棚边缘上简单的砖砌图案为整个设计增添了现代感，与之相反，石琢窗表现出怀旧的情怀。SA

2. 此处的框线图案非常突出，但明显不属于现代主义风格。在砖砌的墙面上，深色和浅色涂料的并置在周围的砖墙上构成了一组对比图形。SM

3. 精心制作的巴洛克式灰泥工艺门套与西班牙殖民复兴风格住宅的白墙形成对比。橡木门带有典型的交错装饰图案。CN

3

4

5
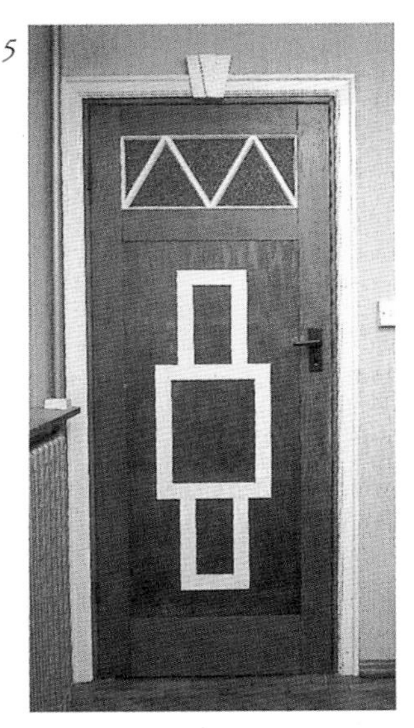

4. 艺术装饰风格的大门，来自佛罗里达州迈阿密。浮雕板上带有设计感强烈的满密复杂的不对称图案，营造出华美的视觉效果。PO

5. 木门上的图形由镶件构成，是20世纪30年代的特征资源。漆成白色的松木板与周边木材颜色形成了对比。把手为胶木。SM

6. 20世纪30年代模仿都铎-伊丽莎白式住宅中的门型，具有风格化的简单布褶纹式镶板。SA

7. 来自同一所住宅的豪华双扇门，布褶纹式镶板更为精致，设计表现出对历史的效仿。拱形镶板和精致缘饰增强了富丽堂皇的效果。SA

6

7

8

8. 西班牙殖民复兴风格的室内木门，洛杉矶。上下两块皮革镶板上的图案由铜锌镍合金垂球雕饰组成，这种装饰旨在模仿马鞍和马刺。注意装饰性的门把手。CN

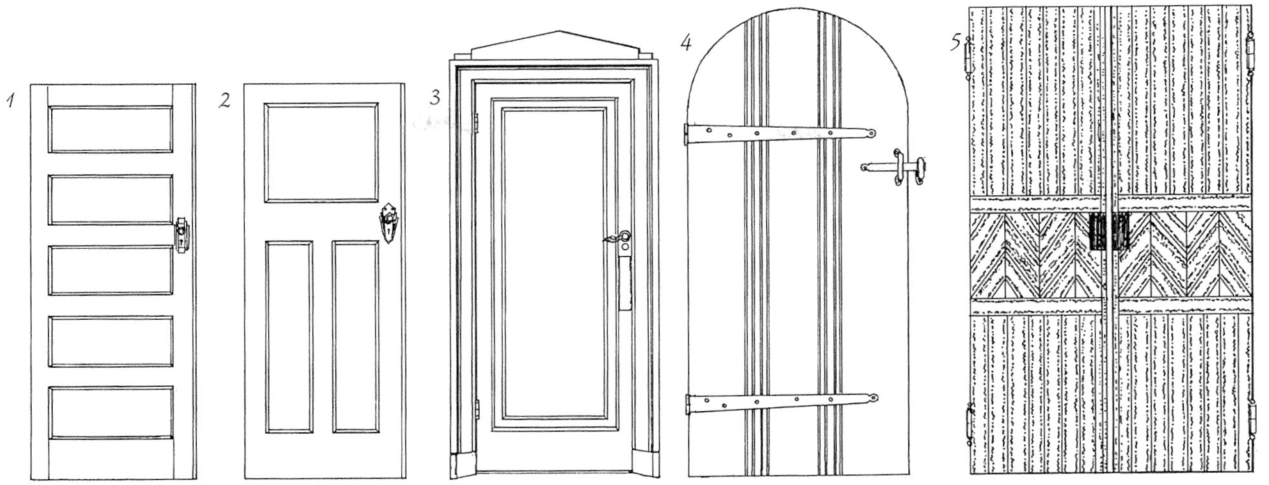

1和2. 在20世纪20—30年代批量生产的室内门，多用于小住宅中。由美洲松木制成。

3. 具有风格化的三角楣饰和简化线脚的室内门，是20世纪30年代戏谑化处理历史风格的代表性手法。

4. 订制的中世纪室内木门，门上装有厚重的铁制铰链。

5. 一对包有蜥蜴皮的门，可追溯至约1930年。

6. 一对20世纪20年代的平开门，表现出受到法国艺术装饰风格金属制品的影响（图案可以描画或镶嵌而成）。

7. 1929年设计的镶嵌玻璃门。玻璃格条可以采用木制或铬合金制作。

8. 西班牙复兴风格木门，典型的交错木制线脚装饰。

9. 20世纪20年代早期的木门，棕榈滩，加利福尼亚州。

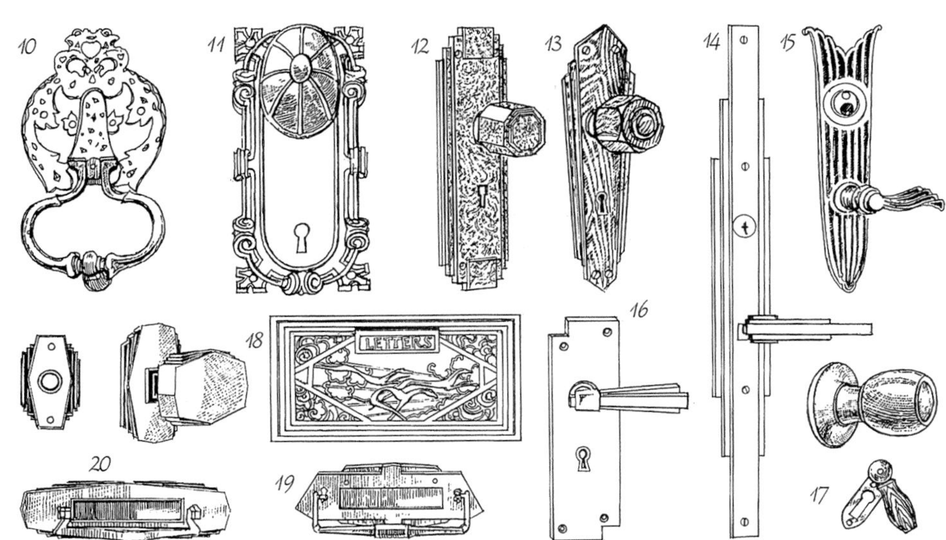

10. 由P.科尔宾（P.Corbin）和F.科尔宾（F.Corbin）制作的古风门环，来自康涅狄格州的新不列颠（1929年）。

11. 20世纪20年代的锁板和门把手（美国耶鲁）。

12~16. 一系列成套门锁。第一个示例由胶木制成并有仿大理石饰面。

17. 这套“郁金香”门把手和锁眼盖也可以看出“梨”状的设计。

18. 艺术装饰风格的信箱投信口，印第安纳波利斯。

19. 带拉环的信箱投信口，由英国罗氏兄弟公司生产。

20. 这组20世纪30年代艺术装饰风格的球形把手、信箱投信口和门铃按钮，所使用的材料为黄铜、不锈钢或金属镀铬。

窗

1. 在铅框窗户的上方，是半木架构的都铎-伊丽莎白式风格精美的山墙。SA
2. “阳光捕捉”风格的金属窗框窗户，在凸窗上有弧形玻璃，是英国郊区平顶房的特色。AA
3. 美国殖民复兴风格房屋中，带有装饰性遮阳板的上下推拉窗，1927年。

用不同尺寸的玻璃窗格组合而成的直线形构图窗户的法国开窗方法，以及用玻璃砖砌筑墙体的构想，都被英国和美国所接受。20世纪30年代金属窗框受到青睐，住宅转角处的玻璃窗可以使室内的光照更加充足，视觉感受更加强烈。此时还出现了圆形的小“舷窗”，尤其在那些受到现代主义风格启发的住宅中：舷窗由金属框架制成，沿中心轴开启。常常还会见到使用金属框架、方格形飘窗、玻璃百叶窗等类似形式进行翻新的传统窗户。大西洋两岸都在流行磨砂图案的装饰玻璃，图案为简单的几何图形以及风格化的植物和动物图案。

传统的窗户样式包括老虎窗、铅条玻璃窗，以及安妮女王风格住宅中的木框上下推拉窗，带有简单的石材窗套。在英国郊区，彩色玻璃窗的图案以阳光、帆船或是鸟的造型为主。另一种做法则将透明玻璃分隔成若干矩形窗格，中间带有一个小窗扇。

20世纪30年代，在同一本产品目录中可以找到不同类型的窗户，有简单的几何形式，还有受到法国艺术装饰风格金属制品的启发而产生的复杂形式，以及那些适用于铅条小窗格窗户的传统形式。可见，工艺美术运动在30年代仍然具有明显的影响力。

1. 1934年霍普公司产品目录中的金属平开窗（从内部看）。中间的窗玻璃是固定的，窗撑上有锁扣螺钉。这是20世纪30年代英国现代房屋最普遍的类型。

2. 同样来自霍普公司产品目录，这种窗户是双层的。表面可以处理成古铜色。

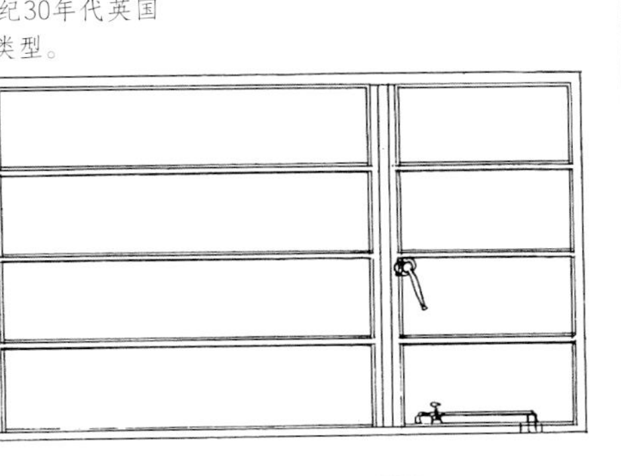

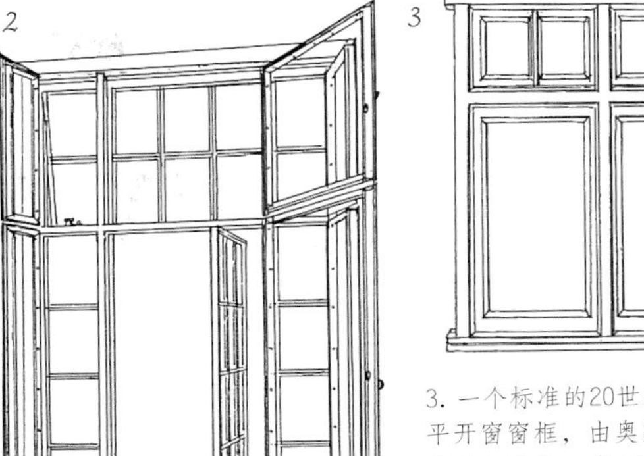

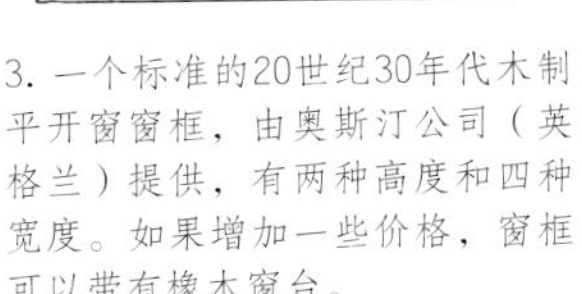

3. 一个标准的20世纪30年代木制平开窗窗框，由奥斯汀公司（英格兰）提供，有两种高度和四种宽度。如果增加一些价格，窗框可以带有橡木窗台。

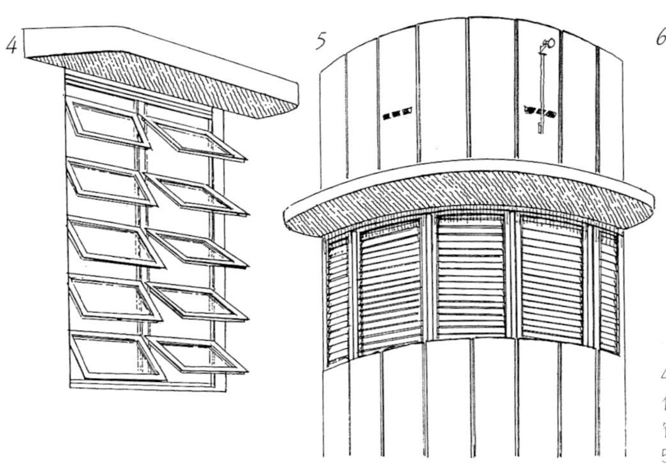

4. 20世纪30年代迈阿密海滩地区住宅艺术装饰风格公寓中的百叶窗，佛罗里达州。

5. 另一种艺术装饰风格类型，将一组平窗排列在曲面凸窗上。

6. 英国郊区使用的木制飘窗，由奥斯汀公司制作。彩色玻璃通常装在顶部小窗格中。“铅条玻璃窗”在这种类型的窗中也很常见。

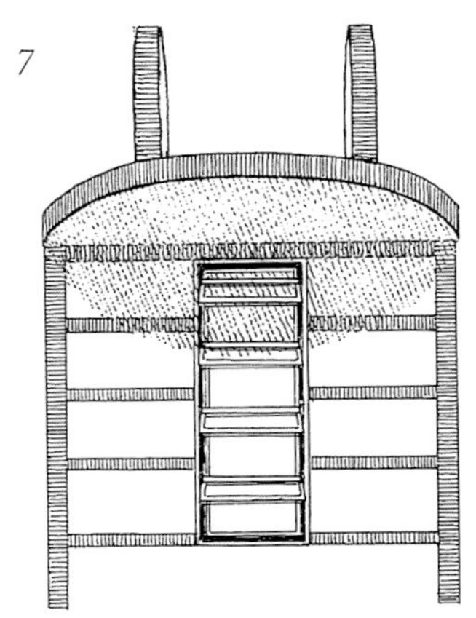

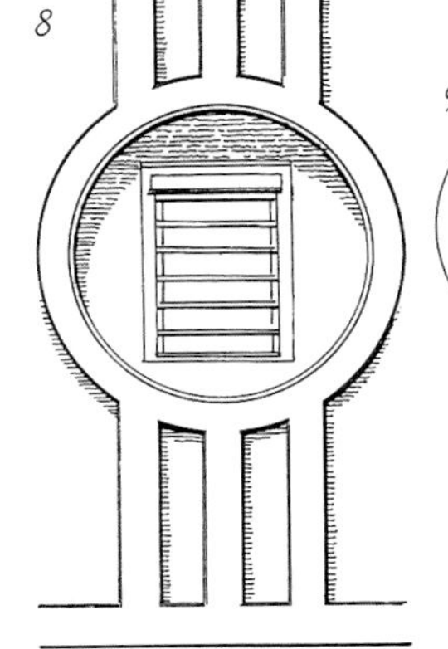

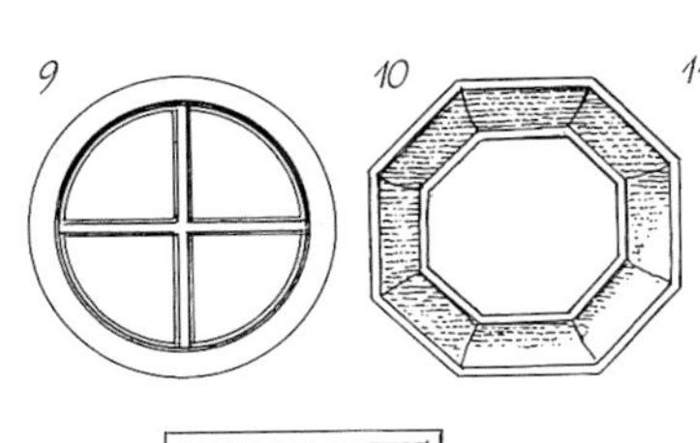

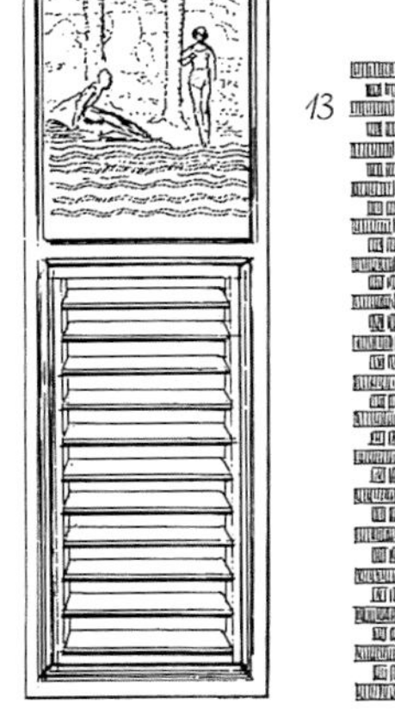

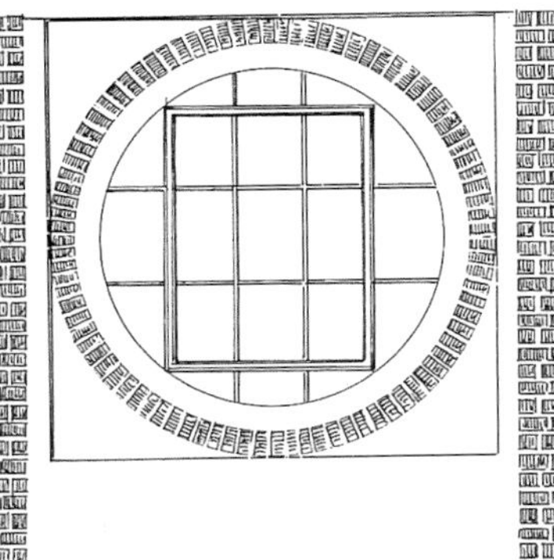

7. 有时雨棚会作为几何构图的一部分，也是艺术装饰风格的特色之一。雨棚的边缘和墙上的装饰细节一样都有着强烈的彩色，与建筑外表大面积的白色形成对比。这处设计来自迈阿密海滩地区住宅。

8. 这种窗户（带有彩色装饰线条的矩形窗框）再次展现了具有简单几何形式的艺术装饰风格的魅力。

9. 圆形木框窗户有时被称为“圆天窗”。它们在英国郊区很常见，通常装有彩色玻璃。

10. 各式各样的舷窗在艺术装饰风格的海滨住宅中很普遍，如美国西海岸的住宅。

11. 在郊区很常见的带有角度的窗户。

12. 配有浮雕装饰板的窗户并不常见。

13. 一个包含方形窗扇的圆形窗，周围有装饰性的砖砌造型。这种风格多出现在英国安妮女王复兴风格的住宅中。

1. 一个简单的走廊平开窗，嵌在圆顶的壁龛形窗洞中。铅条玻璃窗具有传统意味，但整体效果是现代的。这座住宅可以追溯至20世纪30年代。*SM*

2. 来自同一住宅，将17世纪的窗户进行了翻新，这种窗也可以在英国19世纪晚期安妮女王复兴风格的住宅中看到。*SM*

3. 来自洛杉矶的西班牙殖民复兴风格住宅中样式简单的窗户。注意铅框中出现的刻意不规则的图形。窗下座椅周围拼贴的墨西哥瓷砖展示出活泼图案形式和色彩效果格。窗户的铰链安装在中部，易于开闭。*CN*

4. 环绕入口门廊上方凸出体量开设的窗户，属于20世纪30年代的典型式样。*AA*

5. 高品质的彩色玻璃窗，装着带有精致纹章式样的窗钩。盾形徽章式的玻璃是都铎-伊丽莎白式风格豪宅的普遍特征。*SA*

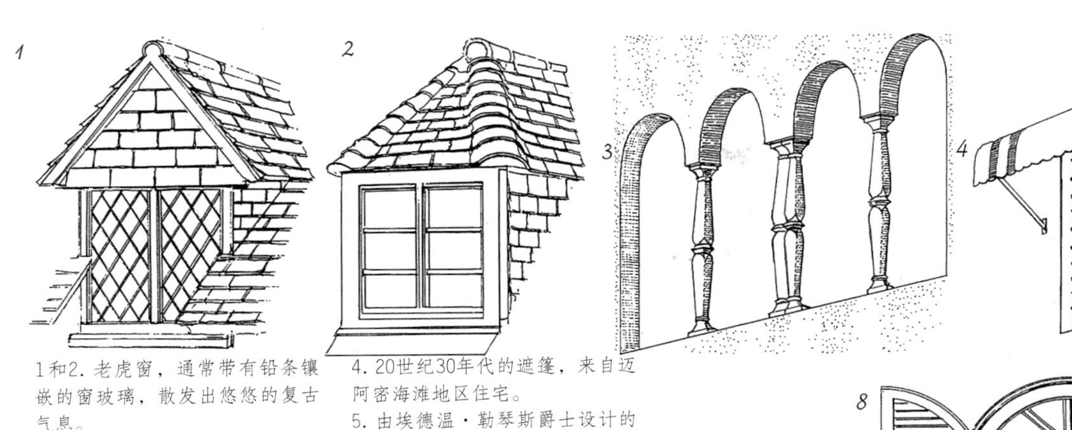

1和2. 老虎窗，通常带有铅条镶嵌的窗玻璃，散发出悠悠的复古气息。
3. 地中海风格的窗户在佛罗里达州并不少见。

4. 20世纪30年代的遮篷，来自迈阿密海滩地区住宅。
5. 由埃德温·勒琴斯爵士设计的安妮王后复兴风格上下推拉窗，来自伦敦切尔西的切恩大街，1932年。

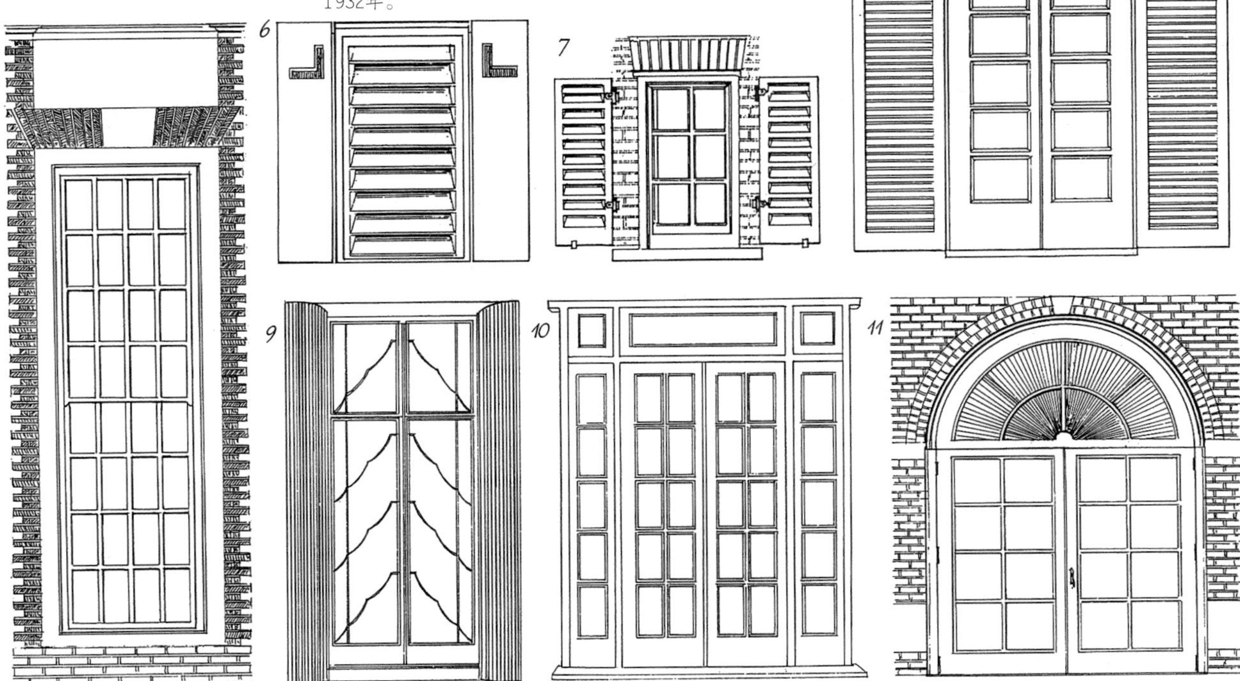

6~8. 百叶窗或者成为现代住宅的细节型装饰，或者通过板条形成阴影。这些是20世纪30年代的例子。
9. 装饰性蚀刻玻璃，是艺术装饰风格的典型特征。

10和11. 法式落地门是十分重要的窗户形式。第一个例子是一组标准化的窗户单元；第二个例子是纽约一处住宅的订制产品，带有摄政时期的韵味。

12. 窗闩细节，来自都铎风格的铅条平开窗。
13. “布赖顿”形式的窗锁，由英国伊斯特本的路易斯·G.福特公司制造。可以用铬或铜制成。
14~17. 不同生产商制造的现代风格的窗把手。
18~20. 窗撑的端头造型通常形式简单，但也有艺术装饰风格的，以及其他当代装饰细节形式，比如一种风格化的贝壳形。

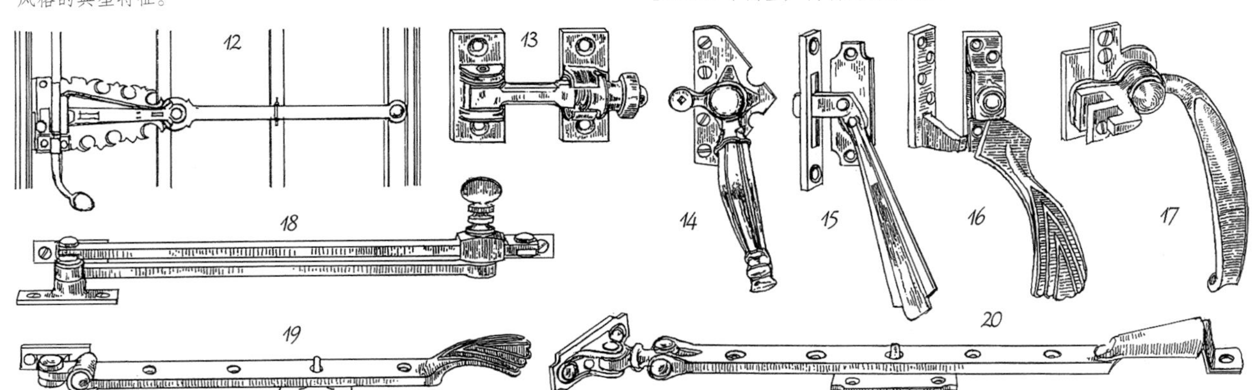

墙面

1. 这幅20世纪30年代晚期的错视画放置在入口大厅，给人一种开阔的感觉。CS

2和3. 由历史样式变化而来的诙谐的覆盖样式。“竹子”壁柱（1939年）通常用于普通墙面上。带凹槽的壁柱则用于色彩强烈的墙面上。

4. 木板有时会涂饰成一种引人注目的效果。1932年出版的这本目录中展示了一些可用的效果。优秀的油漆匠或者装饰家几乎可以模仿出任意一种木材纹理，用以替代更为昂贵的木材。还能够制作出带有各种纹理的纸张。JS

5. 严整的几何形装饰效果使这面波状墙看起来像是一扇屏风，1924年。

6. 托架的细部。阶梯形曲线构成了一个壁龛的形式（纽约，1936年）。

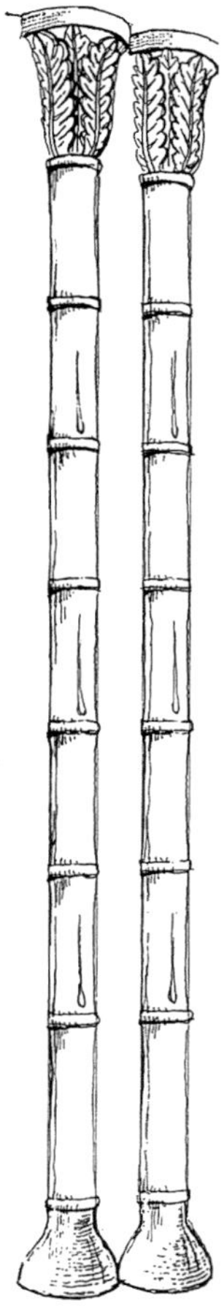

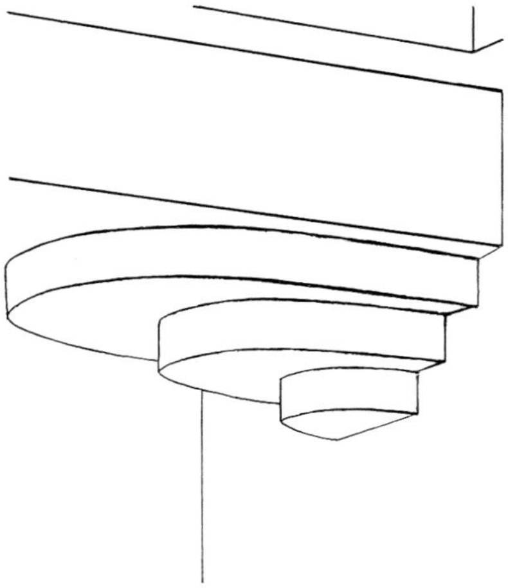

20世纪20年代，在时尚的住宅装饰中墙纸不再受到推崇，取而代之的是平整的或是带有质感的彩色表面涂料，有时还会有几何图案，以及使用具有对比效果的墙板、光亮的油漆饰面或简单刷漆的线脚。20世纪20年代末，金属效果的涂饰墙面流行了起来（尤以银漆最为盛行）。20世纪30年代，“全白色”的室内装饰效果大受欢迎：墙面实际色彩类似灰白色，并且有细微的纹理。

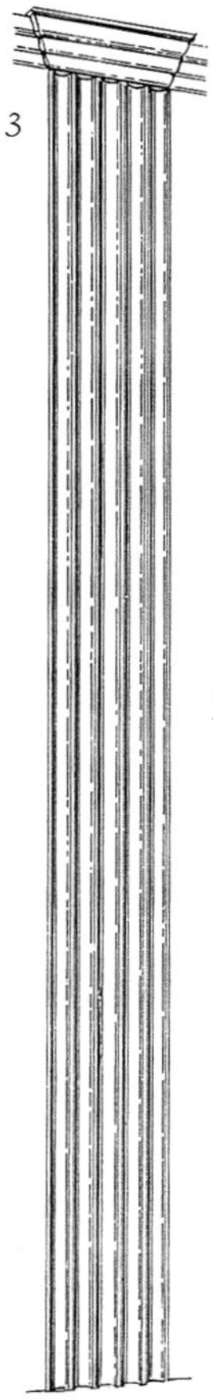

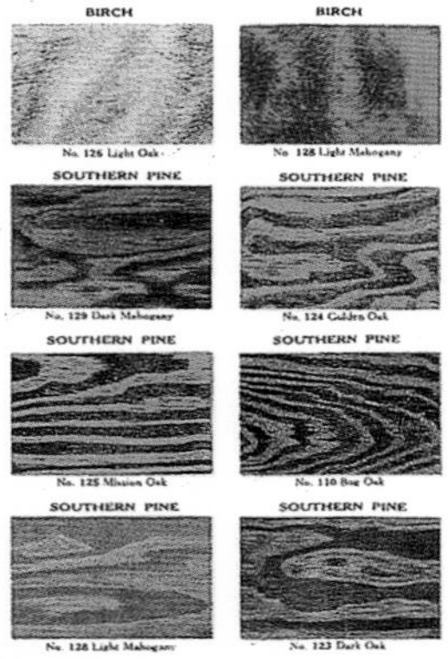

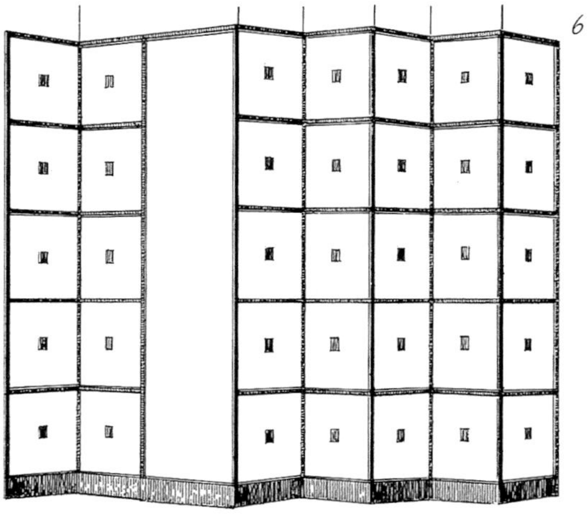

成型的石膏装饰墙板用在壁炉或是门的上部，或是作为墙面的中央标志性构图，或者将墙面本身用雕刻手法进行处理。

壁画具有复古风格：一整面墙变成了风景错视画或是一种抽象构图。随着镜子生产商不断开发出各式不同颜色、不同压花的玻璃以及高效的黏合剂，镶镜子的墙面逐渐流行起来。

郊区住宅的室内保留了很多其他地方已经舍弃了的装饰特征，尤其是踢脚板和挂镜线。墙纸通常用作装饰性的花边，有时模仿成独立墙板的样子（有时甚至模仿壁画形式）。木嵌板多为抛光或打蜡处理，而不刷油漆或者清漆。作为一种替代品，铸模纸则可以使用工艺漆制作木纹来模仿进口木材的效果。

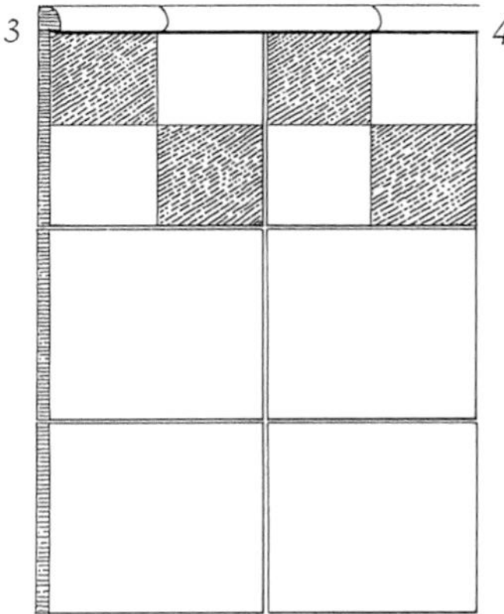

1. 各式各样的玻璃，从简单的染色面板到具有破碎反射效果的镜面玻璃，均为20世纪30年代的样例。CS

2. 石膏或者拉毛粉刷墙板可能是完全抽象的图案，也可能是描绘着程式化的自然图形。20世纪20年代的装饰饰板色彩鲜明；20世纪30年代的室内设计师则青睐乳白色。

3. 半高瓷砖贴面浴室墙面的图案细节，带有方格图案边饰和定型收边条。

4. 带有图案的瓷砖往往成为简单的瓷砖墙面的主要特征，或者嵌在一个边框中作为墙面的装饰板。CF

5. 装饰性的瓷砖边带使用在墙砖中或壁炉周围。这里展示的都是手绘瓷砖。CF

6. 墙纸的样式有时会非常传统，例如这处1932年花卉墙纸，有古怪离奇的，还有抽象的。在挂镜线下面使用墙纸条带进行装饰是这一时期室内装饰特征。KW

7. 带有锯齿边缘类似用剪刀剪出来的一幅花式墙纸，是20世纪30年代墙纸的代表性特征之一。这幅墙纸出自一本样式图集，左上角是固定在样册上的整体效果图片。KW

天棚

1. 西班牙殖民复兴风格的木梁天棚，来自20世纪20年代加利福尼亚州南部的一处住宅，由乔治·华盛顿·史密斯（George Washington Smith，1876—1930年）设计，总部设在圣塔巴巴拉。各种形式的木梁天棚，在这一时期十分常见。这里看到的是优秀的木梁案例，主梁的倒角，用绿漆涂饰。

2. 客厅的墙面涂饰了金色和黑色，来自英国肯特地区林姆尼港的一处住宅，时间可以追溯到20世纪20年代早期。

3. 在现代风格的住宅中没有反映出木梁的传统，20世纪20—30年代的天棚通常平整，有时涂刷一层有光泽的油漆。吊灯常常成为唯一的装饰物。天花板灯线盒是旨在复兴古典的做法。

20世纪20年代以后的时尚住宅室内设计，一种流行的做法是将墙壁顶处理成凹进式顶棚。凹进去的部分被看作是顶棚的一部分，并涂刷与天棚色彩相同的涂料，其下沿用装饰性板条用以区分。彩色天棚是20世纪20年代住宅的特征之一，这种顶棚通常涂饰与墙面相协调的颜色，有时也会涂饰强烈的对比色。如果使用装饰线脚，一般线形简洁，时常用不同的颜色涂刷。

20世纪30年代，上凹形天棚仍然很流行，但当时的天棚只使用简单的几何线脚，以便营造一种与墙体处理手法相一致的雕刻效果。到了20世纪30年代，天棚上不再流行使用强烈的色彩。装饰线脚和凹进部分漆成白色或是非常浅的色彩，用以搭配墙体的色彩。复杂的预制构件装饰线脚则适合于那些传统而又怪异的房间。

在郊区的都铎-伊丽莎白式住宅中，还残存了一些传统的木结构式样，装饰线脚将顶棚区域划分成很多矩形。铸模纸可以营造出石膏装饰件的效果。在一些造价更高的都铎-伊丽莎白式住宅中，木梁通常作为纯装饰构件而使用，没有任何结构作用。木梁同时也构成了西班牙殖民复兴风格的典型特征。另一种处理手法是用绘画或是雕刻的木墙板覆盖顶棚。

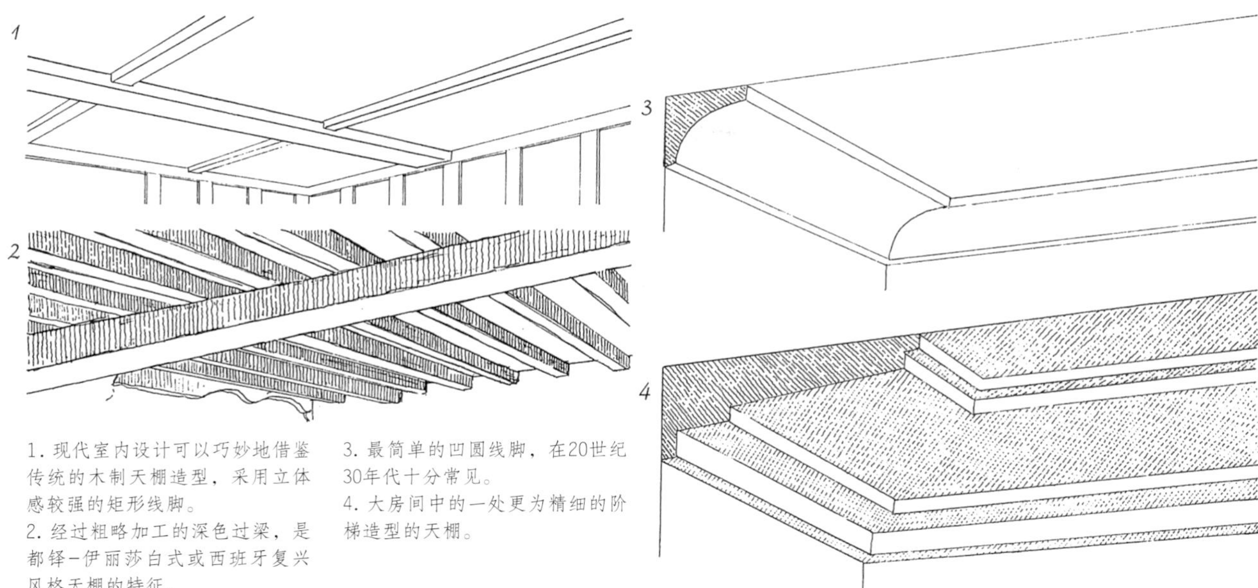

1. 现代室内设计可以巧妙地借鉴传统的木制天棚造型，采用立体感较强的矩形线脚。
2. 经过粗略加工的深色过梁，是都铎-伊丽莎白式或西班牙复兴风格天棚的特征。
3. 最简单的凹圆线脚，在20世纪30年代十分常见。
4. 大房间中的一处更为精细的阶梯造型的天棚。

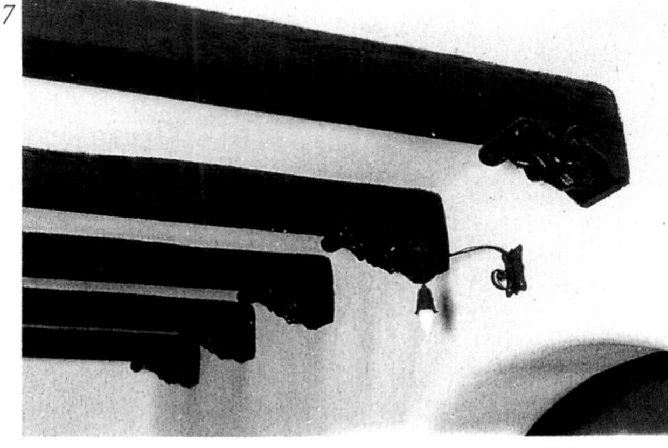

5. 在20世纪30年代仍然使用装饰性线脚和彩色边饰，形式与20世纪20年代的样式更相近。案例来自美国，风格化的植物图案是一种伪埃及风格，为一处公寓大厅的设计，可以追溯至1938年。
6. 佛罗里达州棕榈滩一处住宅中的精美横梁和彩绘天棚，有爱迪生·未兹纳的签名，一位对西班牙风格执着的追随者，1922年。每个方形嵌板中的垂球雕饰都精心雕刻。
7. 来自洛杉矶的西班牙复兴风格的露梁平顶天棚，梁托上有生动的雕刻，是这一风格的特征。*CN*

地面

由直线与圆形相交而形成的简单几何形是艺术装饰风格的地面形式特征。案例中的水磨石地面来自佛罗里达州迈阿密海滩一所20世纪30年代的住宅。这种棕色和黑色是典型的色彩搭配形式。*PO*

在具有时尚意识的住宅设计中，会用带有程式化的植物图案或是几何图案的地垫，或者方形地毯来搭配墙面和家具，而满铺地毯只出现在最为高档的室内空间中。标准的处理手法是使用镶木地板，可以拼贴组合成多种图案，包括简单的人字形图案和复杂的几何图案。总体来讲，20世纪30年代比较流行使用浅色木材。在较为普通的住宅中，可采用染色或上漆的木板作为镶木地板的替代品。到了20世纪20年代末和30年代，拼成图案的地板逐渐成为主流。在当时，油地毡成为大西洋两岸最时髦的装饰物。镶嵌型油地毡可以订制。作为镶嵌型油地毡的替代品，油地毡块材则用在各种收边的位置，包括模仿大理石效果的地毡，当然，油地毡也会拼成不同的图案。简单的格子形最为普遍，也有单色的地毡，但是边界会用对比色“包框”。印制的亚麻油地毡是郊区住宅最喜爱的装饰物，这种油地毡有各式各样的图案和纹理。地垫通常与方形地毯搭配使用。

在英国，瓷砖使用得较少，但瓷砖却是美国西海岸的一个重要特征，尤其是在西班牙殖民复兴风格的住宅中，随处可见由小块陶瓦铺设的地面。

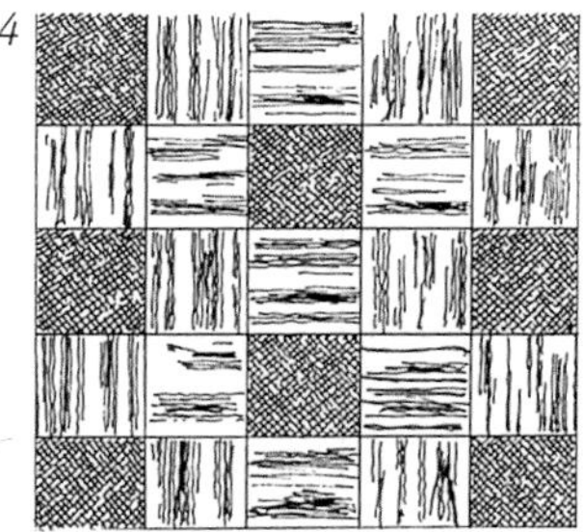
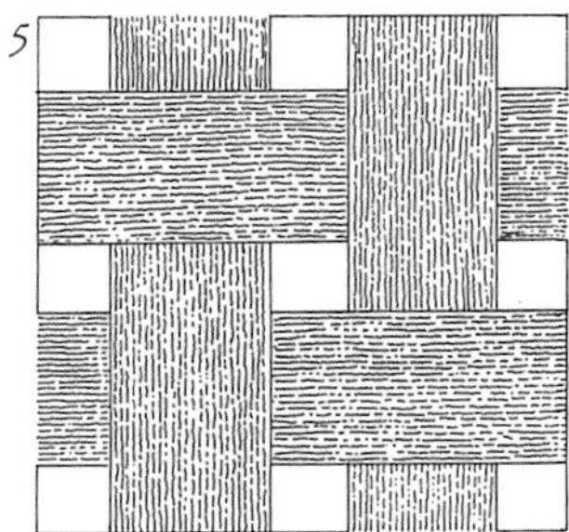
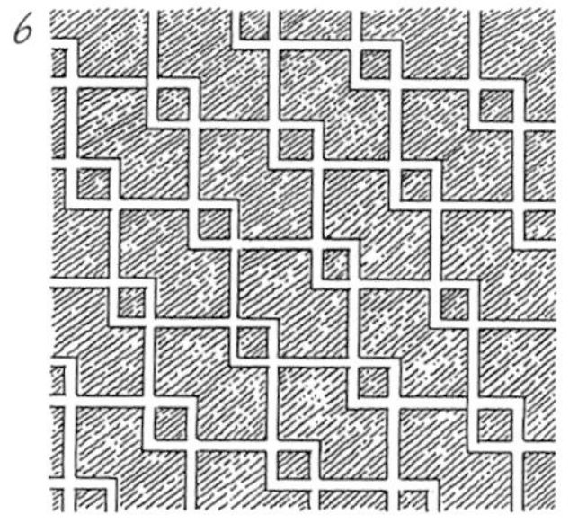

1~6. 这一时期耐用的地板材料包括模仿釉面砖几何纹样的软木油地毡、镶木地板以及编织地垫。油地毡按块或条售卖，多铺设在郊区的住宅中，配合房间中心区域的地毯和小块地毯一起使用。油地毡往往处理成仿大理石的样式。*CC*

7~10. 镶木地板的使用经久不衰。这类精美的拼花地板会在墙边使用简单的边框作为围合。前两个案例属于法国传统形式。第三个是普通的人字形。这四种样式都被收集在1926年出版的《美丽家居杂志年鉴》（*The House Beautiful Furnishing Annual*）里。大多数现代设计师都青睐浅色的木材。

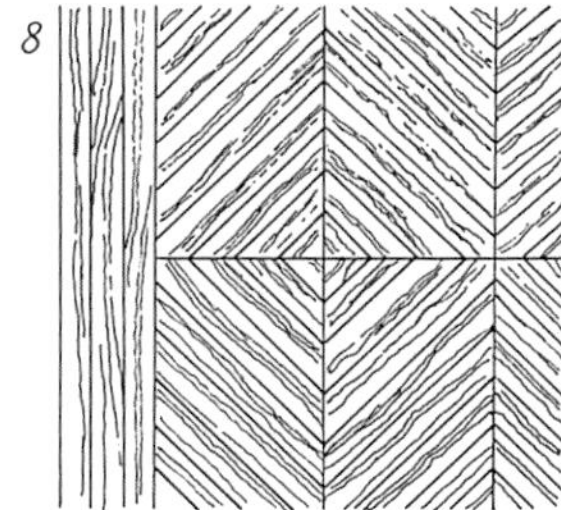
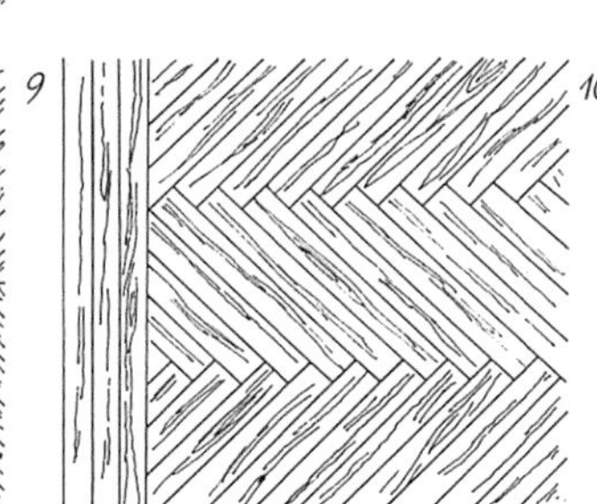
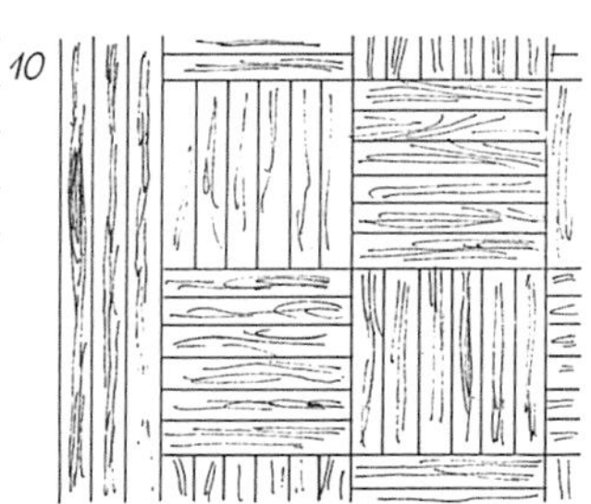

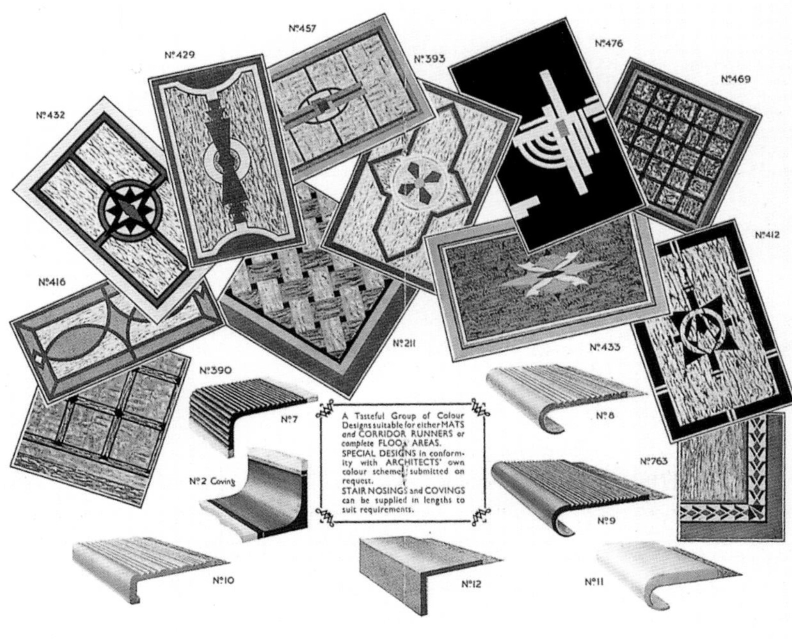

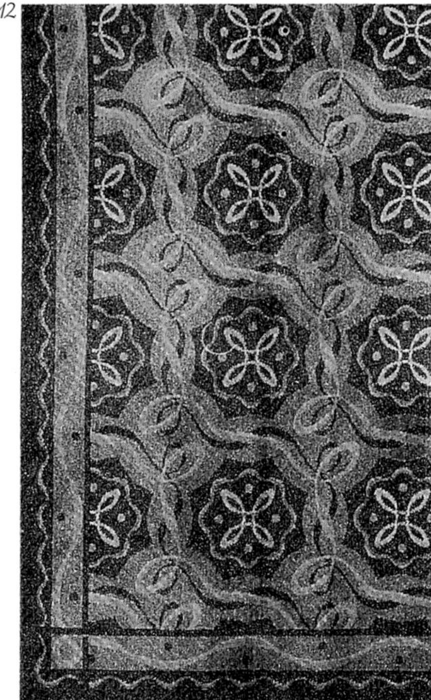

11. 一些橡胶地板制造商生产的脚垫，条形脚垫和特殊的条状地材铺设于楼梯上，或用于保护踏板边沿。这些案例（来自英国埃塞克斯郡的沃恩住宅，约1937年）包含了诸多引人注意的艺术装饰风格的设计特征。*WA*

12. 艺术装饰风格羊毛地毯的边角细节（灰绿、深棕色搭配浅橙、白色背景）。*CI*

壁炉

柔和的暖色砖和瓷砖表达出20世纪20—30年代的怀旧情绪。图中是来自英国1929年的壁炉，配有玻璃橱柜，将现代与传统理念相结合。英式风格在美国也深受喜爱。OE

曾经有段时间，虽然从严格意义而论，壁炉已不再是住宅中的必需品，但在室内陈设中仍然占据着极其重要的地位。即便在那些集中供暖的住宅中，壁炉也十分常见，电火炉的周边仍旧有装饰华丽的壁炉架。然而，因为过于突兀的外观形式，煤气炉不再受到欢迎。

到了20世纪30年代，壁炉通常简化为一个简单的长方形洞口，仅用镀铬金属边框予以装饰，同时，壁炉架几乎变成了一件雕刻品。炉膛或许仅仅是一块简单的抛光石板。所有壁炉配套设施的材料几乎都由铬或钢制成，形态简洁优雅。

炉膛和烟囱的主要材料是石材和砖，通常不做任何装饰。这种形式壁炉的配套设施包括装饰性的烘篮或柴架，通常由铸铁制成。

一些不同时代流传下来的风格仍然在使用，但通常会被简化处理。在室内空间中被现代化的亚当式风格不在少数，或许不应简单地将这种情况称作风格的复兴。在都铎-伊丽莎白式风格的住宅中有时也会设置炉边区域。从手锤的黄铜制品和锡制边饰、拨火铁棍、刷子、煤箱能够看出，工艺美术运动的影响仍然存在。

在英国郊区风格的住宅中，壁炉架铺贴砖的装饰方式十分常见。瓷砖通常是米黄色或浅黄色的，并且，为了向“现代”风格致敬，壁炉架会砌筑成阶梯状，个别情况下也会出现不对称的样式。

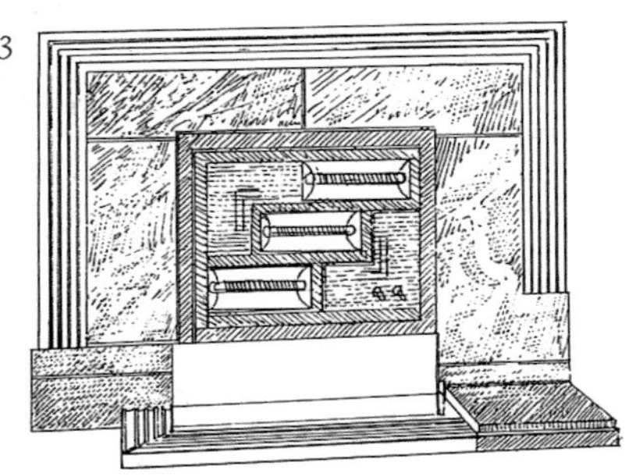

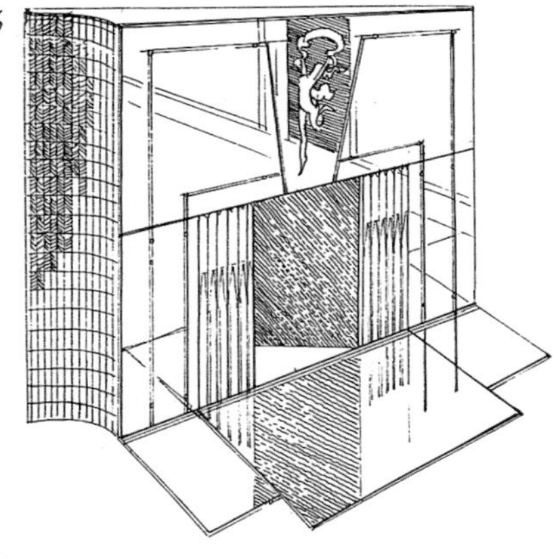

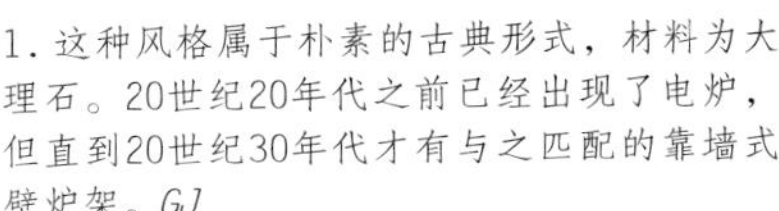

1. 这种风格属于朴素的古典形式，材料为大理石。20世纪20年代之前已经出现了电炉，但直到20世纪30年代才有与之匹配的靠墙式壁炉架。*GJ*

2. 非常具有现代感的电炉，样式简单的壁炉架，米黄色大理石配以黑色压顶，贝瑞(Berry)设计，伦敦。*BE*

3. 不对称的阶梯造型给人一种现代感。热辐射板使用了明亮的金属材料，镶边为亚光黑色理石，主体铺贴绿色大理石。

4. 贝瑞设计的马吉寇尔(*Magicoal*)电炉，由脚踏开关控制。仿燃煤效果的电炉出现在1921年，贝岭公司出品。*BE*

5. 带有传统炉膛和炉箅的米黄色瓷砖壁炉，约1935年。*LF*

6. 采用玫瑰色的镜面与浮雕装饰的华丽壁炉造型，两侧有槽形装饰。

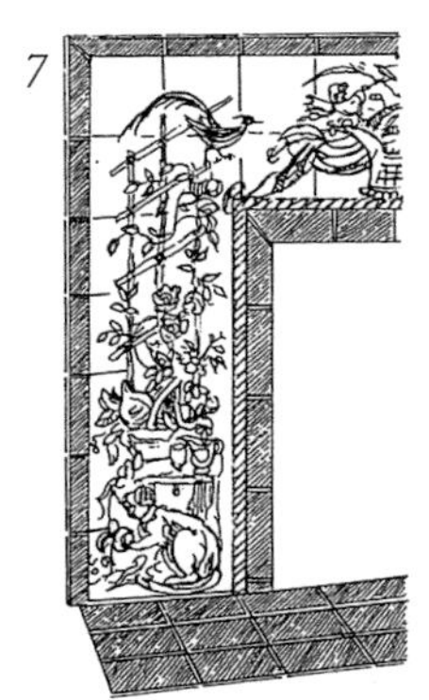

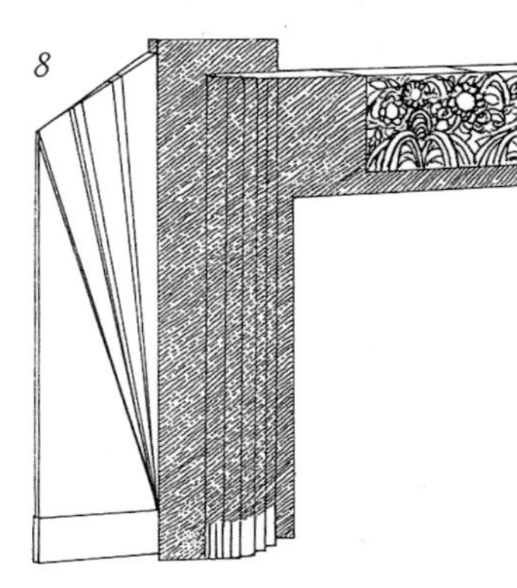

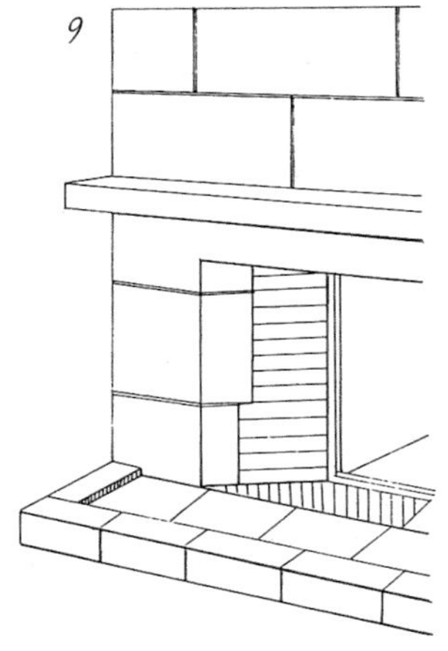

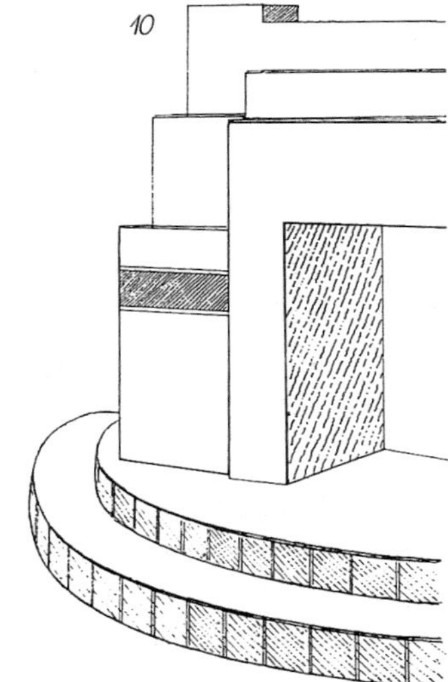

7. 瓷砖镶边的复杂形式，打破了简单的几何壁炉外形。代替壁炉架的是上部墙面的一个独立的搁架。

8. 木和银结合制作的壁炉，有华丽的横梁饰带和艺术装饰风格的侧翼。

9. 彼得·贝伦斯(Peter Behrens, 1869—1940年)设计的淡黄褐色釉面彩釉壁炉，带有德文郡式泥制烧烤炉。低矮的檐口与边饰形式相协调。这个英国式的壁炉造型介于传统和现代样式之间，1934年。

10. 阶梯式炉底造型形成了不同层次的台面。曲面瓷砖铺设的炉膛立板样式独特。

1. 带有不对称阶台造型的壁炉，杂色瓷砖饰面，木框架收边，属于20世纪30年代变化多样的壁炉形式。壁炉腔上放置了照明灯具的墙龛别具特色。SM

2. 佛罗里达州迈阿密的高大壁炉，约1936年。这种类型的壁炉在英国非常罕见，表明了英国的艺术装饰风格更多地受到传统观念的限制。PO

3. 厚重而又宏大的风格，带有罗马柱和雕刻的过梁。SA

4. 用砖和瓷砖砌筑的壁炉，属于都铎-伊丽莎白式风格的简化样式。SA

5. 主要的设计灵感来自18世纪，但其简单化的阶梯状镜子以及波纹边饰，属于20世纪30年代的造型。CS

6. 20世纪20年代，美国西班牙殖民复兴时期的壁炉，带有典型的瓷砖边框和手工制作的雕带。锻铁的壁炉配件颇具特色。CN

1. 现代的工艺，用砖砌筑而成的具有中世纪感觉的壁炉，顶部配合倾斜的天棚，设计成斜角。

2. 有些壁炉会包含一个挂钟。这个示例展示了带有装饰护板的可移动式电炉。

3. 20世纪30年代早期的不对称式壁炉，边缘镀铬，还带有嵌入式的带形灯。

4. 这个设计出自美国《住宅和花园》（*House and Garden*），1929年。壁炉材质为黄铜和青铜。

5. 西班牙风格的壁炉用土坯砖砌筑，来自美国新墨西哥州的一栋住宅起居室，设计于1935年。壁炉位于房间的一角。

6. 这个壁炉（1929年）营造出一种奇特的历史主题，具有很大的炉边空间，壁炉上部装饰架绘满图案。

7. 壁炉上有无框的圆形装饰镜架，这个简单的壁炉带有装饰性的金属护杆。

8. 20世纪30年代的壁炉柴架，造型特殊，带有金属光泽。

9. 钢制壁炉柴架，带有黄铜装饰。

10. 20世纪30年代公鸡造型的壁炉柴架。

11. 壁炉柴架的材料是镀铬的金属板和锻铁，并有配套的烘篮、拨火铁棍、火钳和铲子。

12. 与前面的案例相比，这是一种彻底复古的样式，带有瓮形尖顶饰和涡卷支腿。

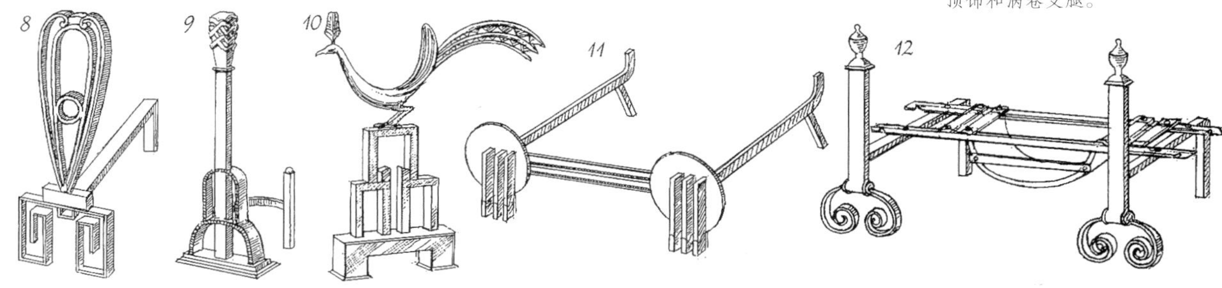

厨房炉灶

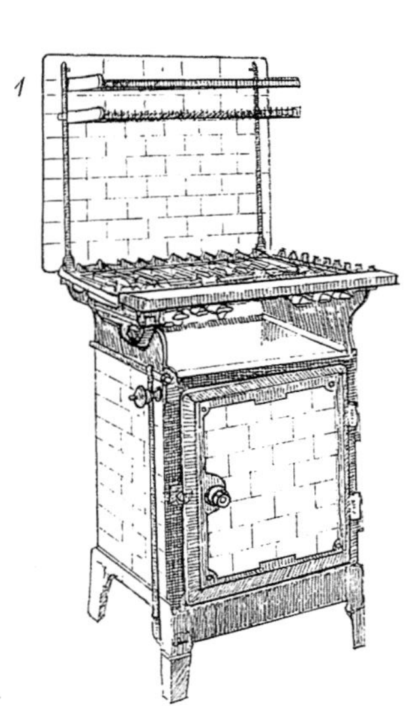

1．“新世界16号”辐射能系列煤气炉。这款1923年出品的产品率先运用了恒温加热炉控制技术。炉头被提升到烤箱的上方以便于清洁。到了20世纪20年代，防水防油背板和餐具架成为炉灶的标准配置。

2．伊格尔组合式炉箅，属于老式荷兰烤炉的现代升级版，约1935年。组合式炉箅包括一个带有背板的壁炉和若干烹饪烤箱。周围通常铺贴瓷砖。*EC*

3．带有两个烤箱和温度控制器的燃气炉灶，有大尺寸的炉头和烧烤盘，上方有餐具架。*JW*

4．诺曼·贝尔·格迪斯（Norman Bel Geddes，1893—1958年）为美国标准燃气设备公司设计的烘箱，1933年。白色漆面和落地裙板的外观形式影响着大西洋两岸的炉灶设计。

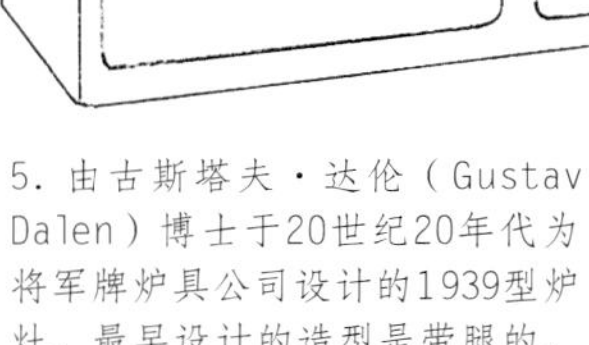

5．由古斯塔夫·达伦（Gustav Dalen）博士于20世纪20年代为将军牌炉具公司设计的1939型炉灶。最早设计的造型是带腿的。

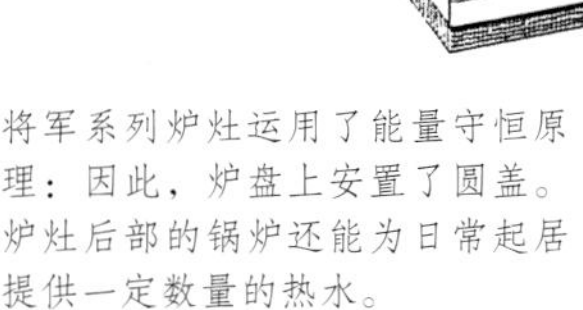

将军系列炉灶运用了能量守恒原理：因此，炉盘上安置了圆盖。炉灶后部的锅炉还能为日常起居提供一定数量的热水。

19世纪以来，虽然出现了各式各样可供选择使用的煤气炉和电炉，但直到1918年价格下降之后才得以普及。

20世纪20—30年代早期，炉灶的外观多采用各种颜色的搪瓷或是瓷片，炉体通常带有一个白色的门，并且像碗橱一样用门闩扣住（这种门闩最终由胶木把手取代）。这种炉灶均以功能性为主，下面有支腿，煤气炉上方会设置通气管。由于电费的价格相对较高，电烤炉比煤气炉预热时间更长，而且电炉的火力不容易控制，因此煤气炉的使用在英国仍然很普遍，同时，英国在1923年研制出第一台恒温加热的煤气炉。炉子的基本结构在这一段时期几乎没有变化，除了增加一些像是防溅板之类的设施。

美国厨房设施的设计则更加先进。早在20世纪30年代，美国的制造商就已生产出紧凑的流线型炉灶。这些炉灶以落地的“裙边”为统一特征，并且通过将燃烧器合并在炉体之内，使炉灶的线形更加流畅。新的炉灶造型以精美简洁的白色外观取代了早期的各色搪瓷外观。

楼梯

1

2

3

4

1. 佛罗里达州迈阿密一处住宅的楼梯，是艺术装饰风格的代表作品。对比的色调、半圆的线脚，以及分隔踏步的隔墙都非常具有典型性。PO
2. 西班牙殖民复兴风格的楼梯，运用墨西哥式的瓷砖和锻铁栏杆展现出不同的特点。CN
3. 都铎-伊丽莎白式的楼梯，带有哥特式雕刻。在楼梯平台处，典型的封闭栏杆与开放栏杆柱相交替。SA
4. 楼梯端柱，有阶梯状的线脚，令人联想起摩天大楼的造型。注意在这里第一次出现的内置的中柱灯，是艺术装饰风格的室内特征。SM

20世纪20年代晚期和整个20世纪30年代，时尚的住宅常被设计成一种流动的空间，而不是一连串的封闭空间。因此，此时的住宅中通常能从主要房间中看到楼梯。悬臂结构使得楼梯可以沿着一条曲线或直墙攀升，而不再需要两边的支撑结构，这种视觉效果优美的楼梯，往往通过取消楼梯踏板来强化其通透的效果。

20世纪30年代，镀铬扶手十分流行，其造型包括简单的或复杂的管状扶手和带形扶手。胶合板可以作为镀铬扶手的替代品，这种材料可以制作成符合曲线楼梯形状的造型。

从主要房间中攀升而起的木制楼梯是西班牙殖民复兴风格住宅的主要特征，楼梯踏板通常是封闭式的，在楼梯的对面房间一侧通常设置通透的木制隔断。

在体量较大的都铎-伊丽莎白式住宅中，可以看到通向柱廊的楼梯。而在一些小型的郊区住宅中，也会看到缩小版的豪华楼梯，通常还会设置一个小尺寸的楼梯平台，并且整个楼梯的所有结构构件均为工厂大批量生产的木构件，染成暗橡木色并刷亮漆。

楼梯地毯在使用时必须用金属压条固定，以避免滑动。有多种形式的金属压条可以使用，简单的压条会配有普通的固定插槽，还有其他带有各式装饰性尖顶饰的压条。

1

2

3

4

5

6

7

8

9

10

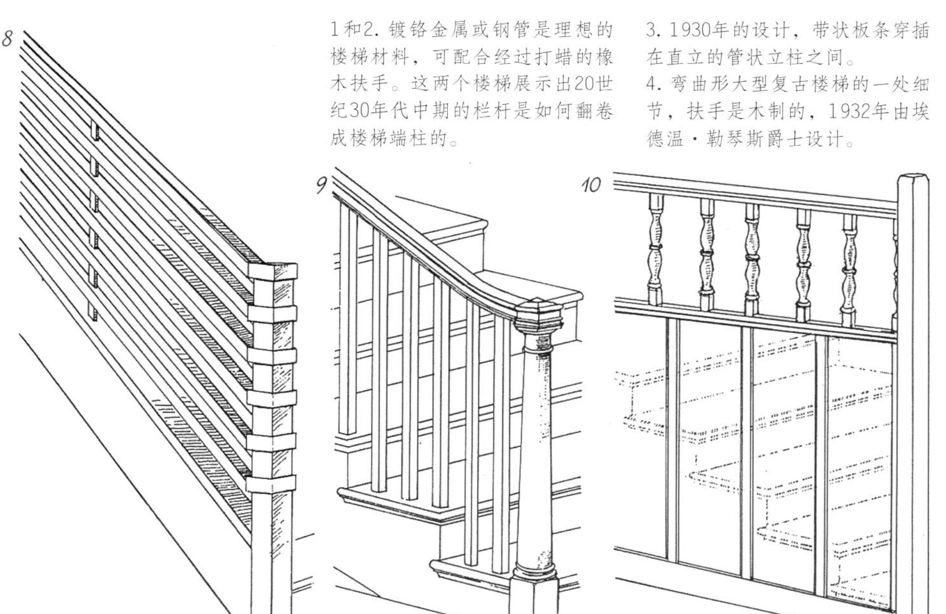

1和2. 镀铬金属或钢管是理想的楼梯材料，可配合经过打蜡的橡木扶手。这两个楼梯展示出20世纪30年代中期的栏杆是如何翻卷成楼梯端柱的。

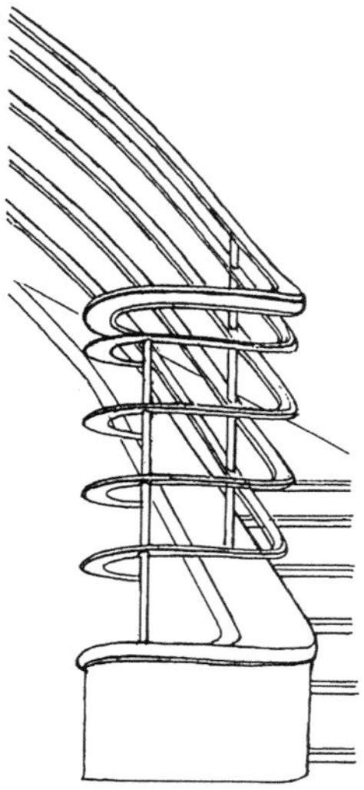

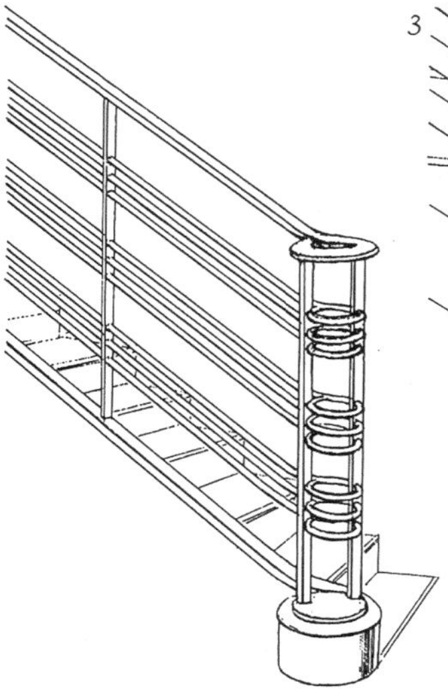

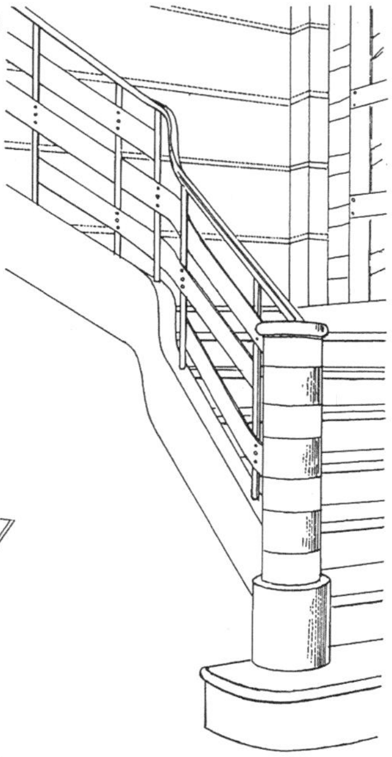

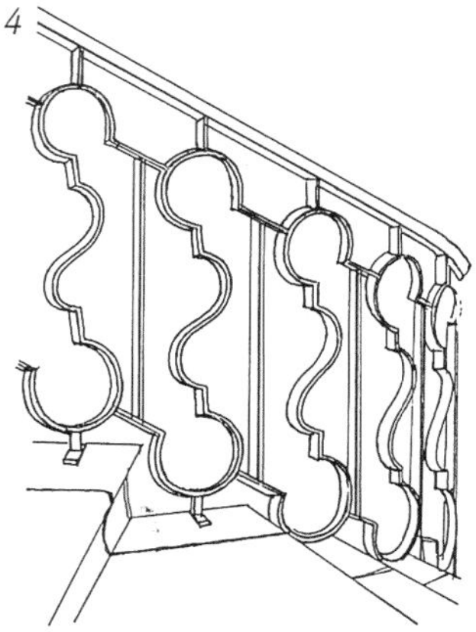

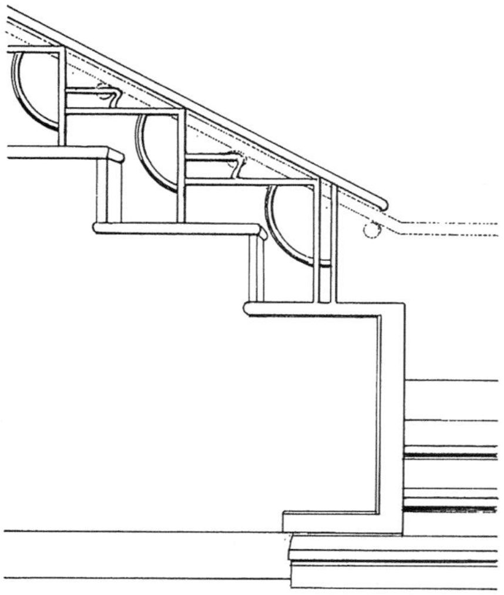

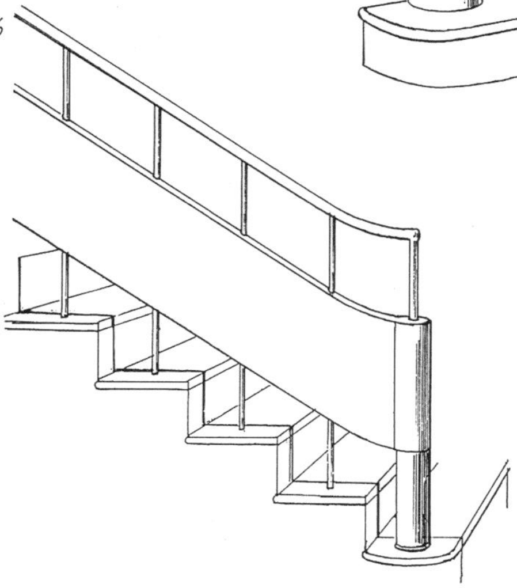

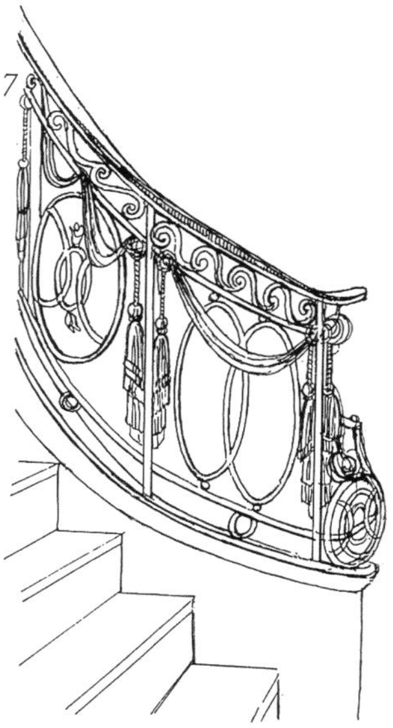

3. 1930年的设计，带状板条穿插在直立的管状立柱之间。

4. 弯曲形大型复古楼梯的一处细节，扶手是木制的，1932年由埃德温·勒琴斯爵士设计。

5. 这种楼梯形式（1929年）更加坚固，精致的铁艺栏杆与大理石形成对比。

6. 典型的20世纪30年代的处理手法，浅色的胶合板与金属管立杆相结合。

7. 极度复古的样式。金属制品由锻铁和青铜制成，绳索和流苏装饰有镀金的叶片。

8. 六条经过漂白的桃花心木用直立的镀铬金属管加以固定，加利福尼亚州，1939年。

9. 美国郊区住宅中的楼梯，1925年。

10. 梯段侧面的一小段，顶部有水平栏杆，下部可以用镶板封闭。这个案例虽然借用了古老的英格兰风格，但实际上来自纽约的一所公寓。

固定式家具

在相邻的两个墙面前面安置结构复杂的固定家具，是这一时期共同的特点，属于艺术装饰风格的内饰。在这个案例中，书桌与书架巧妙融合，橱柜和壁挂式电火炉相结合。CS

起到节省空间作用的固定式家具是战争年代住宅中的一个特征。这种做法或多或少是由于小型住宅和公寓的兴起，但是到了20世纪20年代，固定式家具成为一种时尚，甚至不受限制地出现在各类住宅之内。并且，为了增设固定式家具，室内设计师会对既有的一些住宅空间进行相应的装修改造。书柜或许是最受欢迎的固定式家具（有时下面设有橱柜），这种书柜通常设置在壁炉腔两侧的内凹处。胶合板很适合制作嵌入壁龛内的通高书架、展示柜或隐蔽的橱柜。卧室中会通过设置假墙来隐蔽衣柜，一种典型的衣柜组合是在两个衣柜中间搭配嵌入式梳妆盥洗台。

胶合板也常用来制作凸出墙面之外的固定家具。在20世纪30年代，一些时髦住宅的室内，出现了一种一侧是可以收缩的座椅，另一侧是放置留声机和收音机的组合形式。吧台也可以嵌入墙体，延伸出来的部分体量也会处理成墙体的一部分。

在20世纪30年代建造的一些现代风格住宅或公寓中，固定式家具是标准的配置。用餐空间与烹调空间或生活空间的融合，预示了带有餐椅和固定餐桌的壁龛式早餐空间形式的出现。

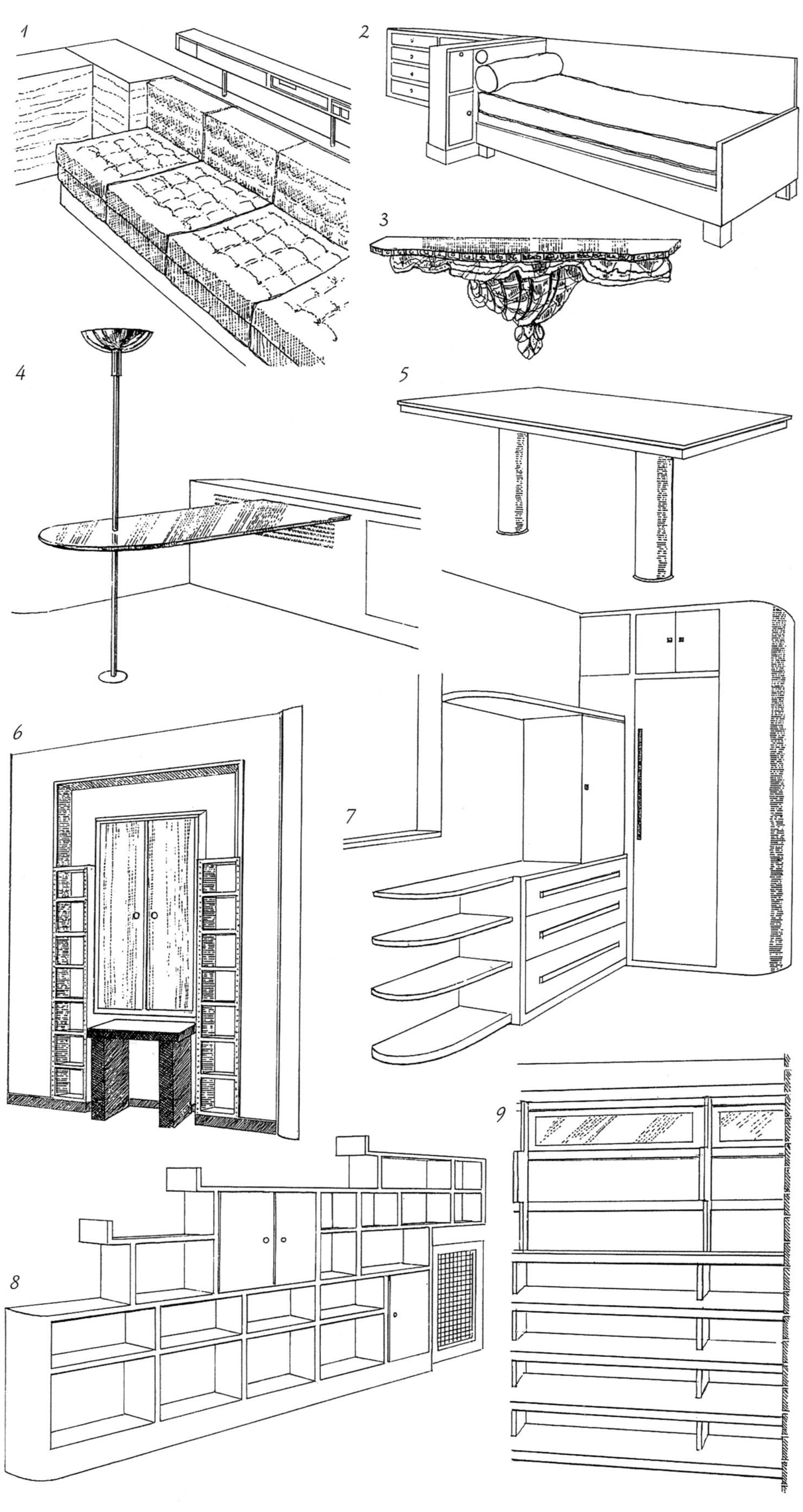

1. 可以展开变成床的沙发，框架为贴面薄板的木制靠墙组合单元。坐垫呈对比色调。沙发上部有一个带凹槽的横柜，相互隔开的空格用以放置书籍或者其他物品，两端设有固定照明灯具。这个设计可以追溯至1937年。

2. 专为儿童房设计的沙发床。在白色嵌入式玩具柜和床头的相接处有一个圆形的夜灯。

3. 壁挂式托架桌案带有新古典主义风格特征，此处是一款大理石花纹的现代版本的台桌，由英国室内装饰设计师西莉·莫格汉姆设计。安置在餐厅里，上面可以悬挂镜子。

4. 固定式桌子，由灯杆支撑，1936年。

5. 这个固定式餐桌（1934年），设计在起居室的一角。桌面是打蜡的桃花心木。

6. 由约瑟夫·厄本设计，1929年展示在纽约大都会博物馆，这个“人的巢穴”的桌子和书架组合，形成了有趣的墙面隐蔽空间。独立安放的书桌与上部的凹龛非常匹配。

7. 伦敦一座托儿所内的固定家具，由帕金顿&恩托文（Pakington and Enthoven）设计公司设计，1936年。橱柜和搁板采用松木，涂刷成乳白色以搭配墙面，把手和抽屉拉手为红色。

8. 1936年的书架和橱柜组合，边角处的有趣立板形式可能出于纯粹装饰的目的，或者可以作为书籍的书立。

9. 嵌入式书架，顶部开有高窗。来自弗兰克·劳埃德·赖特设计的客厅，奥克莫斯，密歇根州，1939年。

1. 固定式阶梯状家具是这一时期的典型样式。这件三个一组的橱柜（1933年）是为了配合墙端的层高。
2. 卧室内并不常见的凹龛式梳妆台和镜面衣柜，所有这些嵌入式家具都由芝加哥的杰姆斯·F.爱森斯坦（James F.Eppenstein）设计。*CS*
3. 保罗·尼尔森设计的梳妆台，芝加哥，约1929年，呈现出一种凹进的效果。镜子的两侧是漫反射玻璃板，后面装有灯具。
4. 当门关上时，看起来像是一个衣柜，但其实际上是一个隐藏的洗面台，配有镜子（1933年）。这种伪装式家具在当时十分多见，尤其在复古风格室内空间中。
5. 餐厅内传统样式的玻璃展柜。

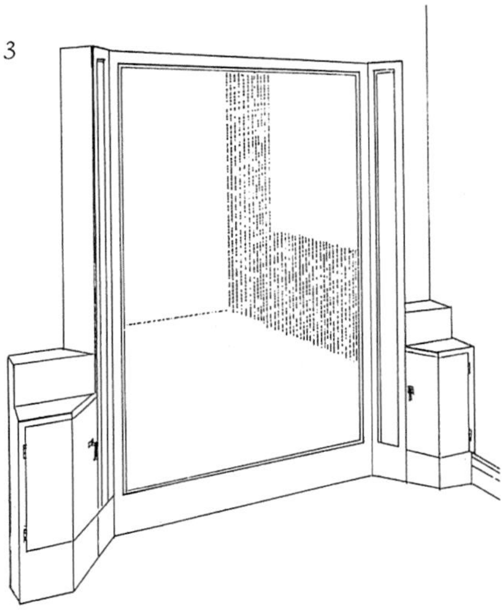

6. 一个结合了电唱机、收音机、饮品柜和其他存储空间的客厅固定式组合柜。采用优质日本水曲柳花纹贴面薄板。
7. L形的固定式桌子，带有隐藏式的酒柜、电话架，两者的共同特征是隐蔽在可旋转的面板内，当不使用时呈现出与柜体一致的外观形式。亨利·德莱弗斯（Henry Dreyfuss），纽约，1933年。
8. 在厨房里，冰箱可以用各种方式组合在固定式家具内。这是来自伊莱克斯（伦敦）的一个案例，冰箱成为一组通高橱柜的一个基本单元（1936年）。
9. 厨房里嵌入式橱柜的细节（1936年）。木制柜体漆成白色，边缘漆成蓝色，立于蓝色的油地毡之上。

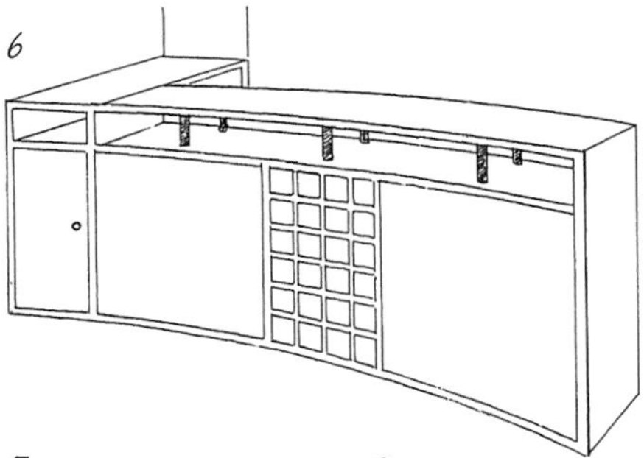

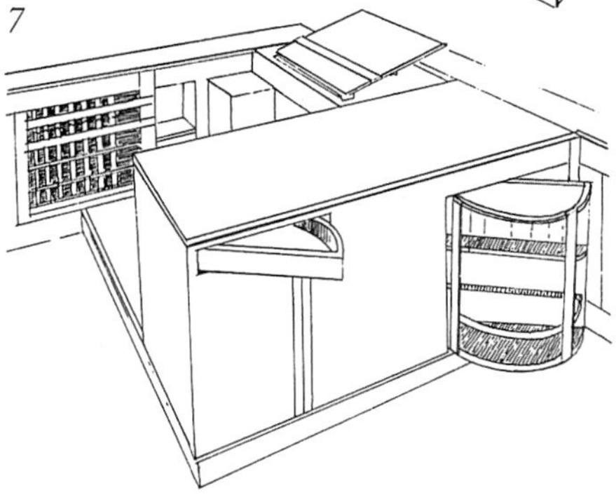

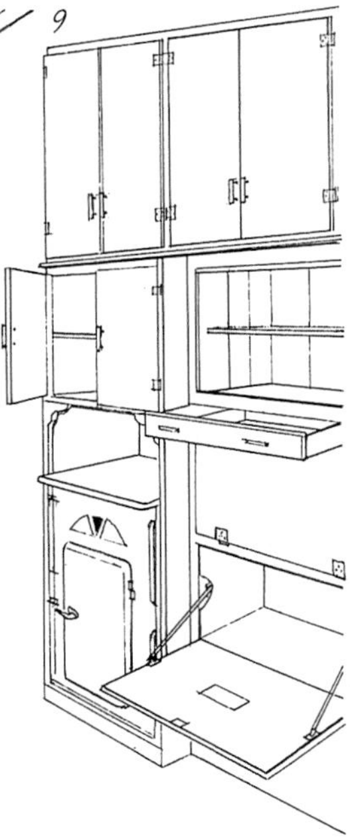

设施

直角造型的新天使牌浴缸，由纽约的美国散热器和标准公司（The American Radiator and Standard Corporation）制造。凹槽对角尺寸与传统浴缸均为165cm。后部宽大的淋浴座台方便放置洗浴用品。*CS*

20世纪20年代的浴缸多为铸铁制造，底部仍带有支腿。洗脸盆常用金属框架或支架支撑，并配有毛巾杆。抽水马桶仍然为独立式水箱，并带有一个冲水用的拉索。奢华的浴室有时会用壁画来装饰墙面，并配备有浴室柜，或许还会有一个风格奇特的历史样式的浴缸。

20世纪30年代的浴室变得更加紧凑。最为常见的特征是设置在凹龛中的嵌入式浴缸，一般紧挨着橱柜。这样的浴缸通常会配有淋浴装置，独立的玻璃淋浴隔间仅出现在装修昂贵的住宅中。带腿的独立式浴缸被箱形组合浴缸所替代，包裹浴缸的外部镶板可以进行压型处理或仅为简单平整的外观形式。淋浴配件也呈现出简洁、现代的样式，普遍使用能够混合冷热水的镀铬龙头，立式洗面盆的造型多种多样，抽水马桶也开始采用低位水箱。

尽管新型家用电器产品的外观不断更新，但直到20世纪30年代厨房才拥有了更加现代的面貌。美国在这方面比英国先进得多，早在20世纪30年代美国就有了清洁又现代的加热炉灶、热水器和不锈钢水槽。20世纪30年代英国的代表性水槽是“贝尔法斯特”型，深度较大，表面上白釉，两侧是木制滴水板，还留出了连接热水器的空间。

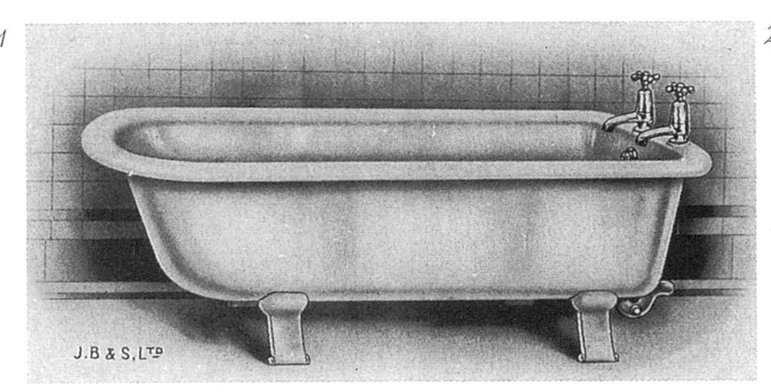

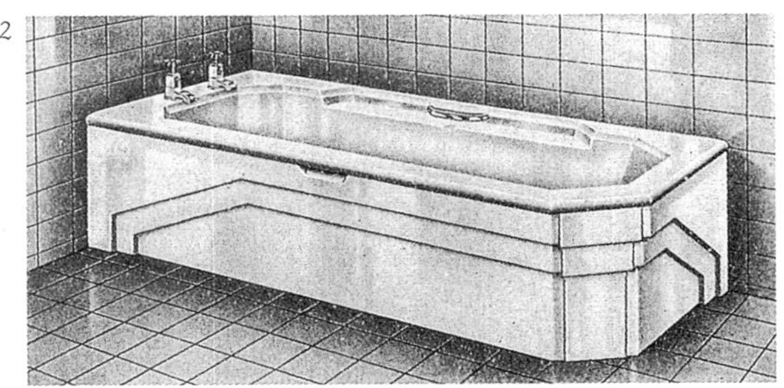

1. 铸铁卷边浴缸，内部和卷边施以白色瓷釉。镀铬五金配件。*BS*
2. 典型的20世纪30年代中期的现代型浴缸，里侧缸边曲线的细部造型中有内凹式握柄。*BS*
3. 由英国建筑师奥利弗·希尔设计制作的椭圆形深型浴缸，内部贴有马赛克。
4. 由科勒公司出品的“总督”系列浴缸和喷头，威斯康星州，1927年。浴缸配有橡胶软管和淋浴喷头。
5. 这个1939年的美国淋浴间显示出对新材料的追捧：隔断采用了蓝岭弗拉提克压花玻璃（*Blue Ridge Flutex*），弯曲成圆角。
6. 金属框架玻璃门淋浴间，上部设置了通风板，玻璃门替代了浴帘，形成整洁优美的效果。该案例的浴室地面由西西里大理石铺成。*BS*
7. 这款1935年英国生产的抽水马桶有白色、黑色、乳白色、蓝色、粉红色和绿色等颜色。*LF*

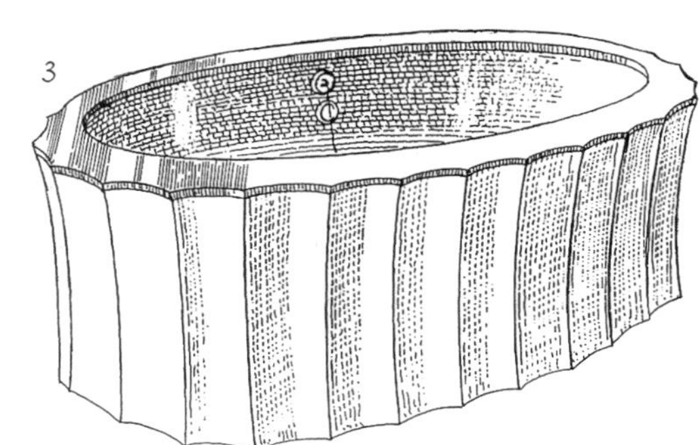

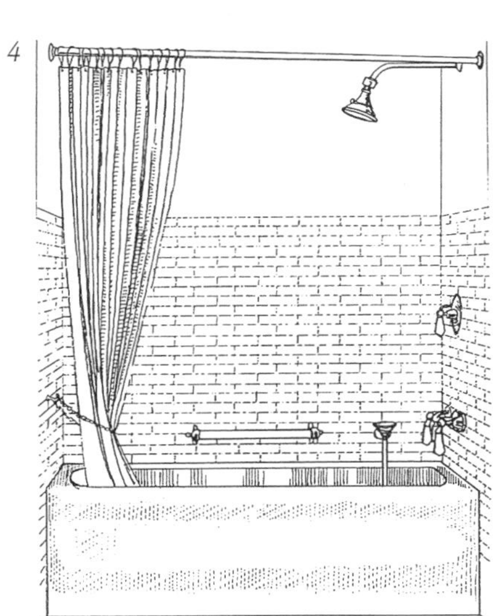

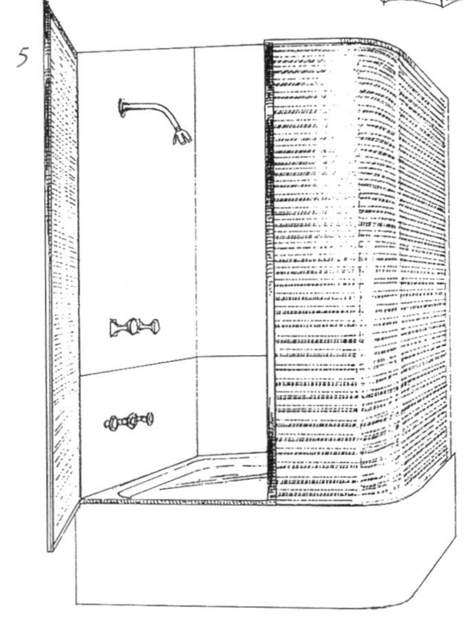

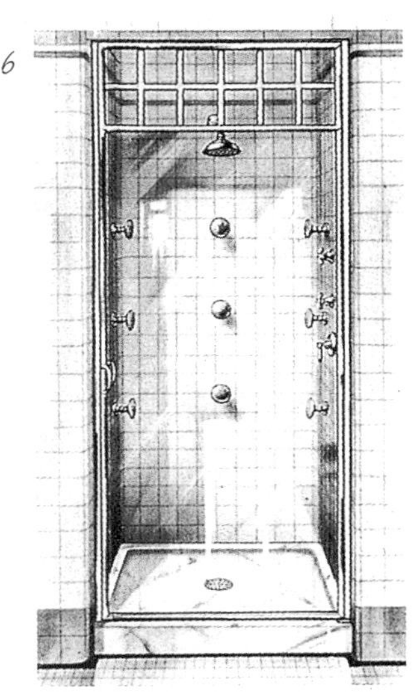

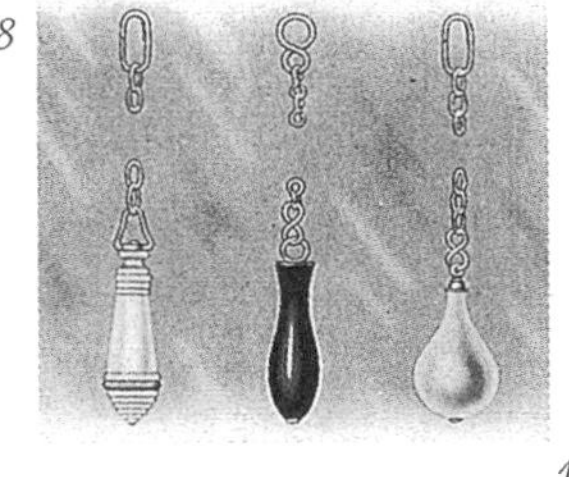

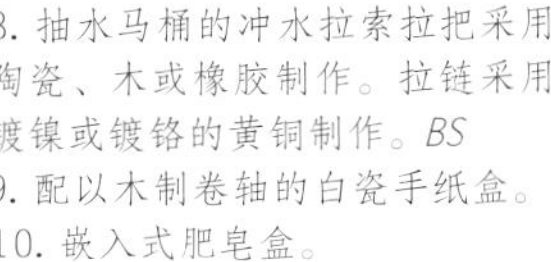

8. 抽水马桶的冲水拉索拉把采用陶瓷、木或橡胶制作。拉链采用镀镍或镀铬的黄铜制作。*BS*
9. 配以木制卷轴的白瓷手纸盒。
10. 嵌入式肥皂盒。
11. 尚克思公司设计的坐浴盆，布里斯托尔，英格兰，1938年。
12. 镀铬热毛巾架。有时中间的水平管会结合内置的加热器。

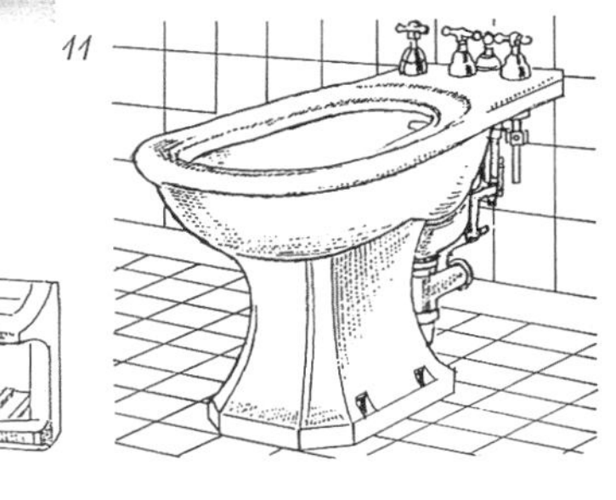

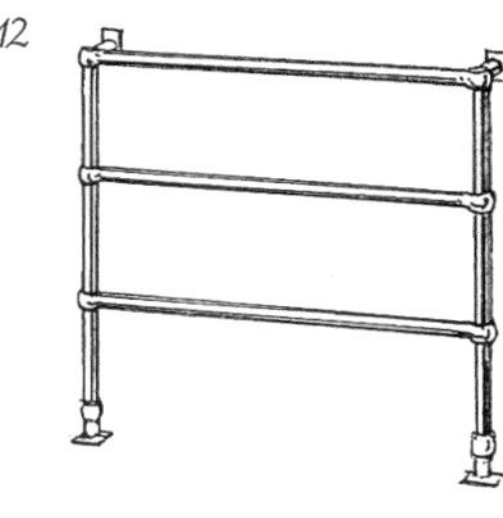

设施

1
3
4
2
5
6
7
8
9

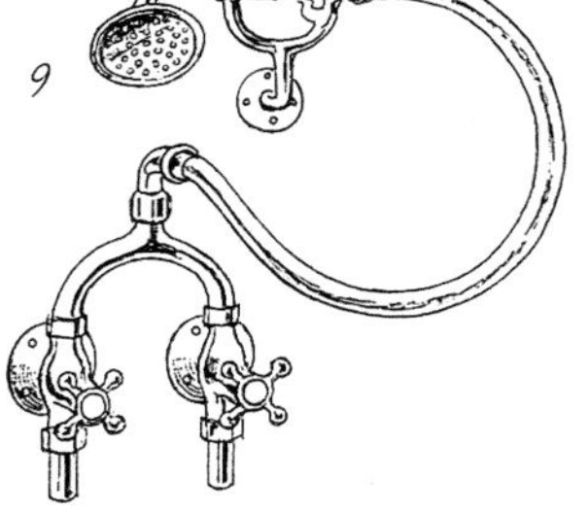

1. 黑色边缘的洗面盆，采用了黑白两色的瓷面。
2. 1936年的洗面盆（标准卫浴设备制造公司，纽约）。
3. 一些洗面盆将毛巾架、水龙头和斜边镜组合在一起，1933年。*BS*
4. 卧室洗面盆，经常隐蔽在橱柜里面。*RB*
5. 厨房洗涤盆，1935年。
6. 水龙头可以是瓷制、镀铬、镍铜合金的或者是黄铜制的。第一种龙头为标准类型，第二种龙头为转杆型。
7. 六边形的水龙头是在标准形式基础上做出的变化。
8. 由乔治·萨基设计的现代浴缸五金件，纽约，1932年。
9. 洗头用的花洒，镀镍或铬，配合墙钩使用。橡胶水管。
10. 这个角落式锅炉有滑动开启的炉门和炉灰门。在英国用作洗衣房的设备。
11. 一个轻便的软水器，配有连接水龙头的橡胶水管。软水被认为更适宜烹饪，有利于健康。
12和13. 这两个产品展示了制造商如何将传统和现代相融合——煤气加热的散热器和固定在墙上的挂壁式取暖炉。
14. 雨水斗可以作为装饰物。现代风格使用铸铁作为材料（20世纪30年代），传统风格则为铅制（1927年）。艺术装饰风格体现在阶梯式的条纹和风格化的麦穗上。

10
11
12
13
14

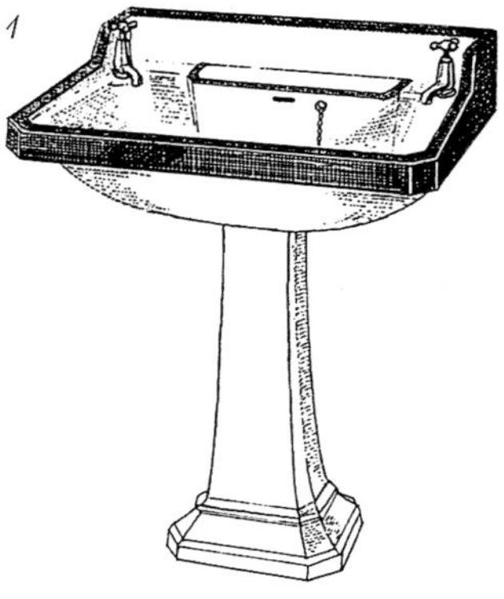

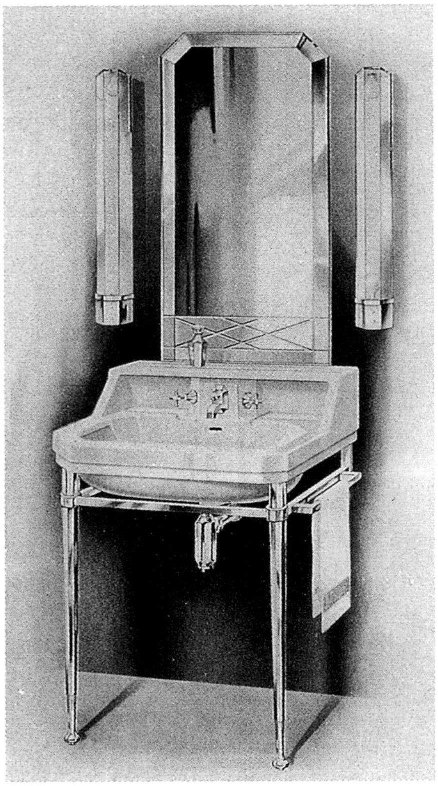

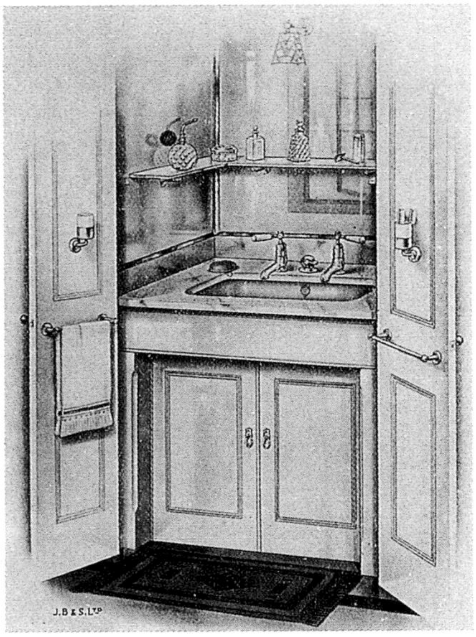

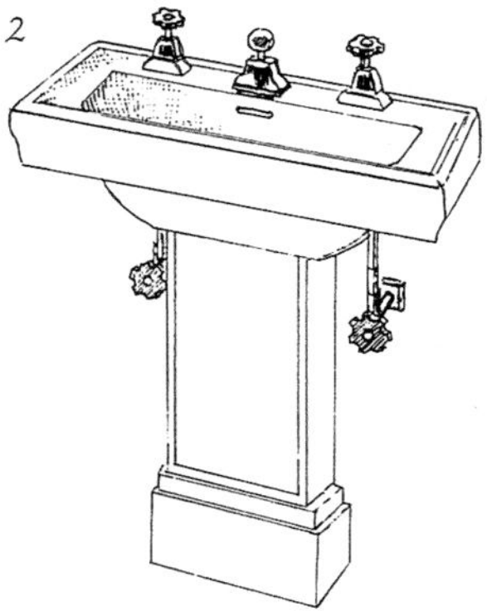

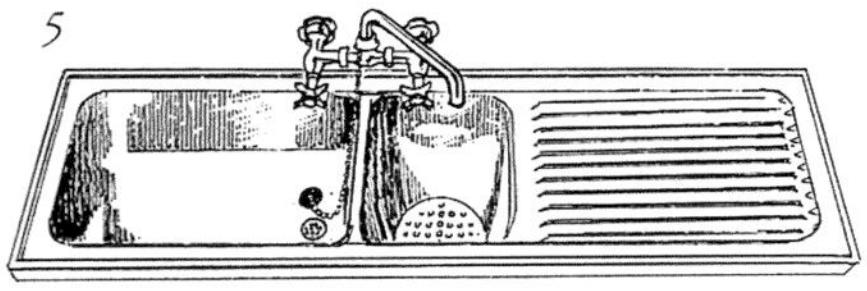

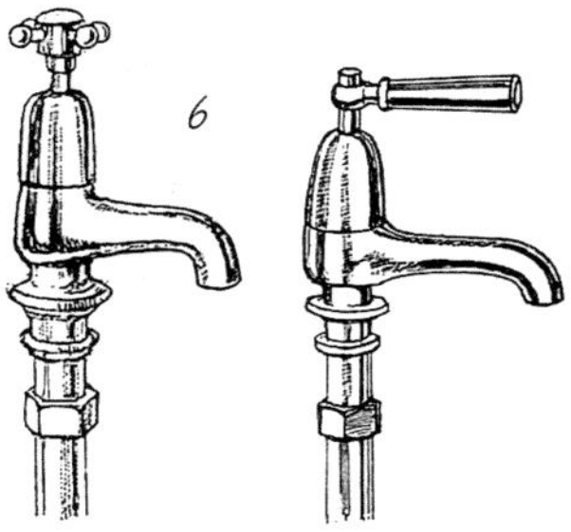

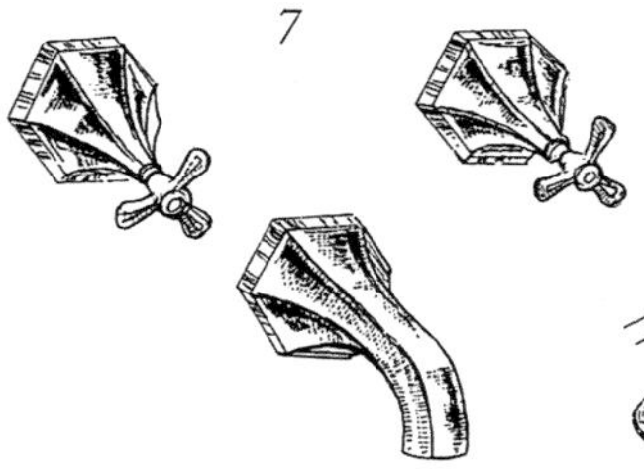

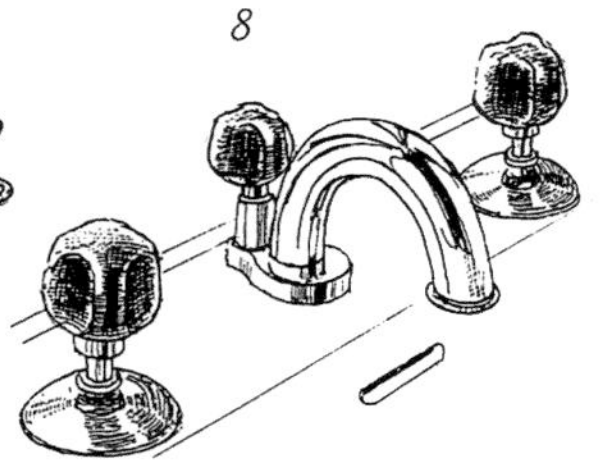

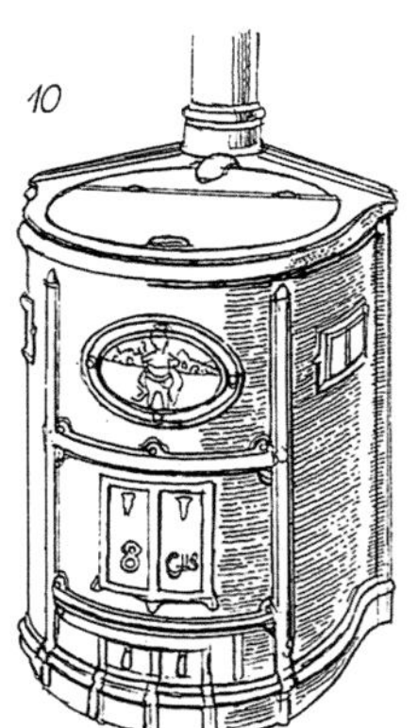

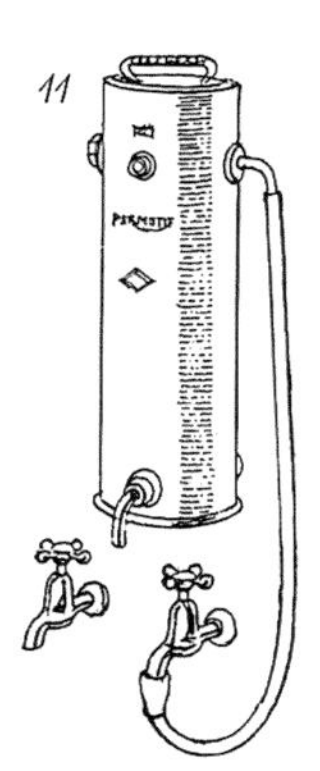

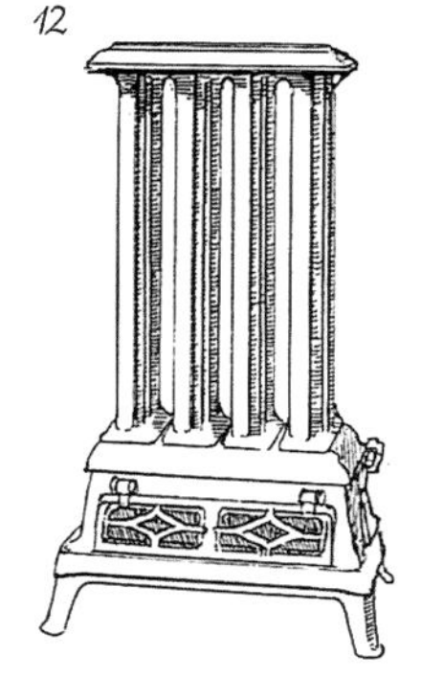

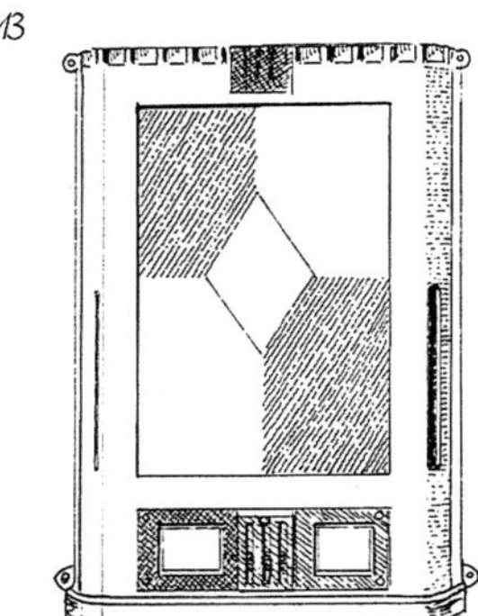

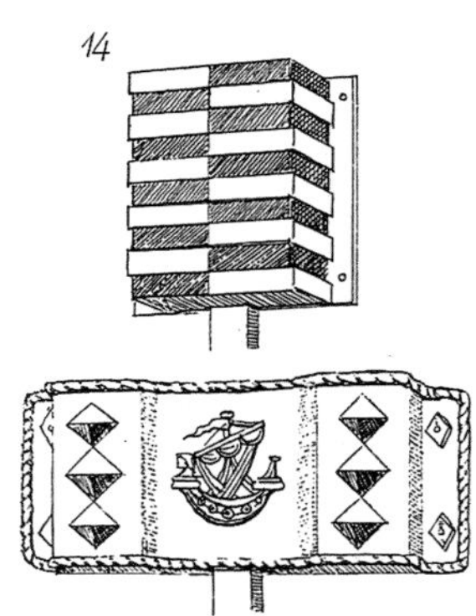

灯具

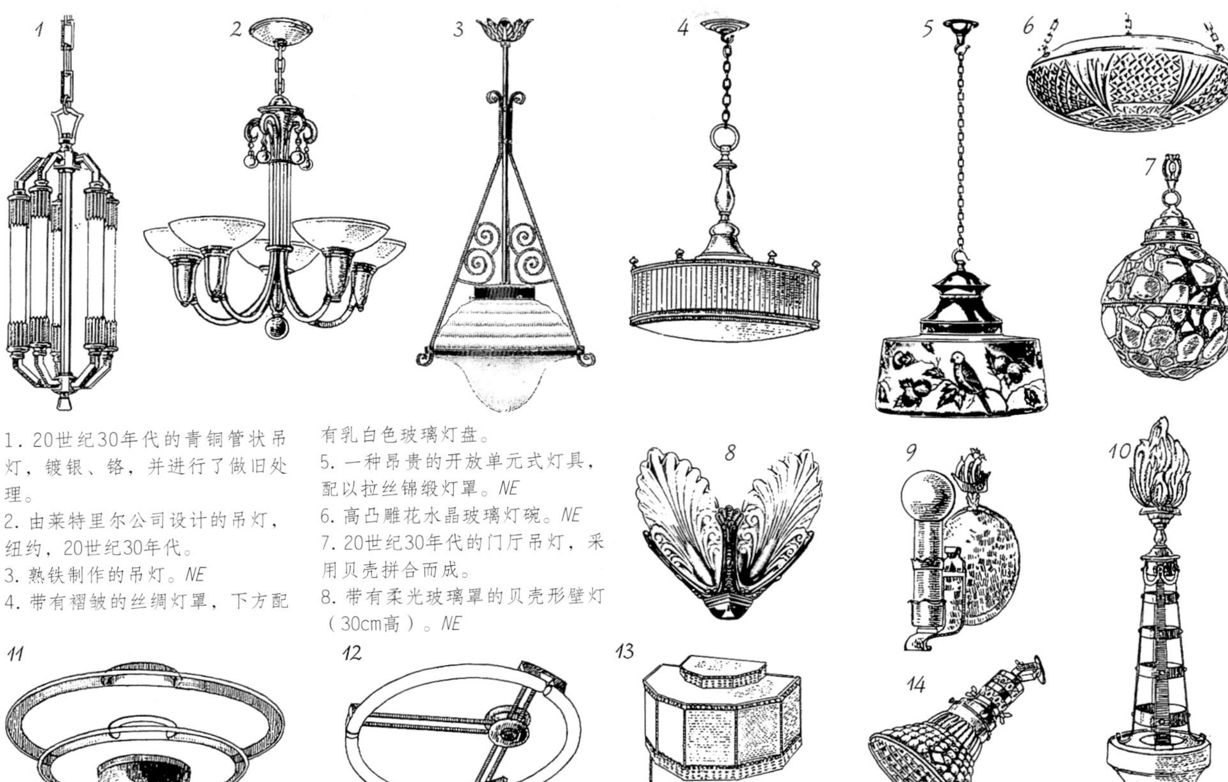

1. 20世纪30年代的青铜管状吊灯，镀银、铬，并进行了做旧处理。
2. 由莱特里尔公司设计的吊灯，纽约，20世纪30年代。
3. 熟铁制作的吊灯。NE
4. 带有褶皱的丝绸灯罩，下方配有乳白色玻璃灯盘。
5. 一种昂贵的开放单元式灯具，配以拉丝锦缎灯罩。NE
6. 高凸雕花水晶玻璃灯碗。NE
7. 20世纪30年代的门厅吊灯，采用贝壳拼合而成。
8. 带有柔光玻璃罩的贝壳形壁灯（30cm高）。NE

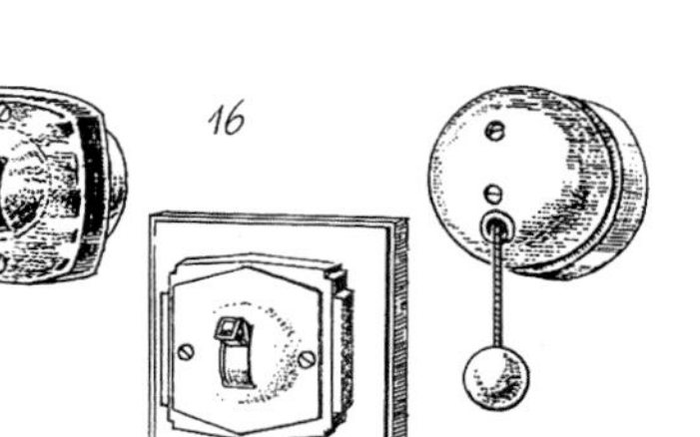

9. 带有船形尖顶饰的铁艺壁灯，美国，1926年。
10. 室外铁艺灯具（58cm高）。
11. 1937年的一款艺术装饰风格的吊灯。柔光磨砂玻璃环带有明确的边带。
12. 这款艺术装饰风格的吊灯使用了三段弧形灯管，Tucker & Edgar公司设计，美国。
13. 可以固定在墙上的床头灯，或者通过配重悬挂于床头。
14. 一款具有非常时髦外观的射灯。
15. 吊灯的碗形天棚吊盘，可由黄铜、红铜及镀银进行表面处理。吊链单独出售。MAA
16. 开关使用胶木制成。常见的颜色是褐色、白色以及白褐相间。注意第三个案例，其艺术装饰风格的细节十分细腻。MA

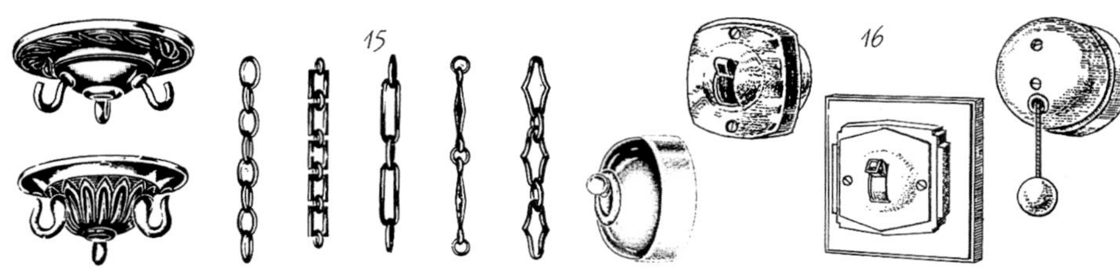

房间中央悬挂吊灯，墙面有时辅以壁上烛台，成为这一时期固定式照明灯具设计最常见的形式。20世纪20年代的灯具样式明显变得奢华，因为当时的电价很高，并且还没有得到广泛的普及，尤其是在英国。

20世纪20年代末期的美国出现了暗藏式照明方式。管灯隐藏在天棚边缘的装饰线脚后面，营造出漫射光的效果，并且能够突出建筑的装饰细节。这样的照明方式同样出现在20世纪30年代中期英国的豪宅中。

很多20世纪30年代早期的灯具产品目录展示了各种式样的吊灯，和其他配以彩色玻璃或云石玻璃的灯具，基本形式多为倒扣的碗形，并用链子固定在天花板灯线盒上。经过重新设计的现代风格的枝形吊灯一直十分流行。采用玻璃制成的壁上烛台，通常做成扇形或是贝壳形。稍便宜一些的灯具则用合成的上等皮纸制成，还有专门用在床头或梳妆台的灯具。

现代室内会使用镀铬的天棚灯具吊盘，或是外观新颖的玻璃吊盘，包括与镀铬天棚吊盘相连接的球形配件。

在那些采用复古装饰风格的住宅室内，可以看到多种多样历史风格的吊灯，并且出现了样式独特的蜡烛形状的灯泡，以及各式小羊皮纸灯罩。

金属制品

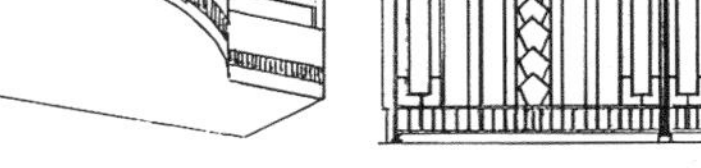

1. 与真人等大的锻铁雕塑，放置在花园里的房间中（1938年）。晚上通过灯光会投出人影。
2. 20世纪30年代的一幢府邸的围栏。
3. 铁制阳台，来自迈阿密海滩地区。
4. 带有艺术装饰风格意味的大门。
5. 散热器的格栅，约1930年。
6. 铜制地面回风口，由Tuttle & Bailey设计公司设计，纽约，1929年。
7. 熟铁锻造制成的散热器格栅，由埃德加·勃兰特（Edgar Brandt）设计，20世纪20年代。
8. 金属门板：火烈鸟是迈阿密海滩地区的典型风格图案。
9. 纽约一处公寓的金属大门，约1928年。
10. 铸铁尖顶饰。
11. 1937年的龙形风向标：高1.5m。
12. 屋顶的通风装置，镀锌铁板制成，表面油漆。
13. 装饰性的铸铁顶饰。

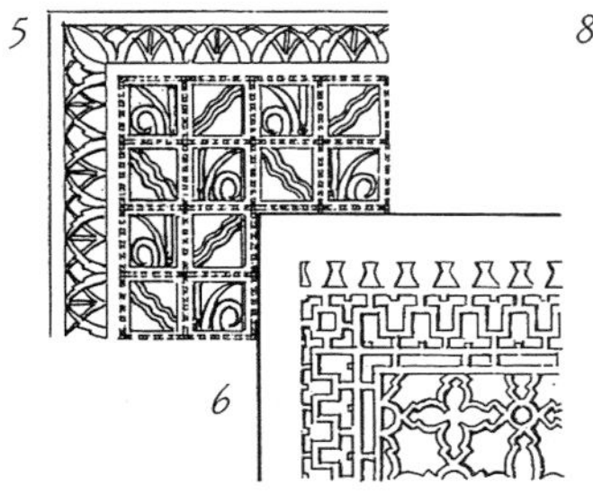

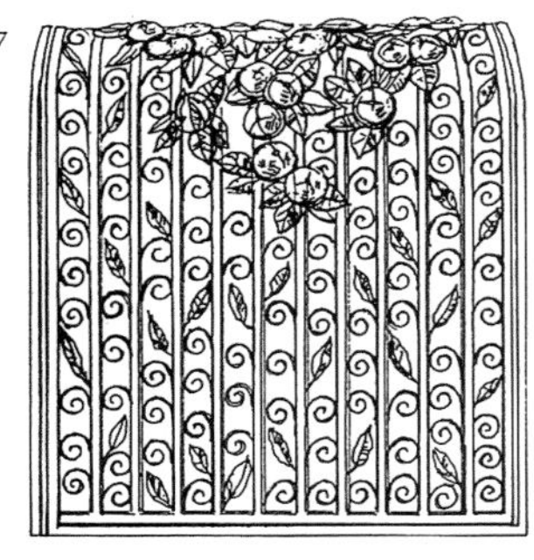

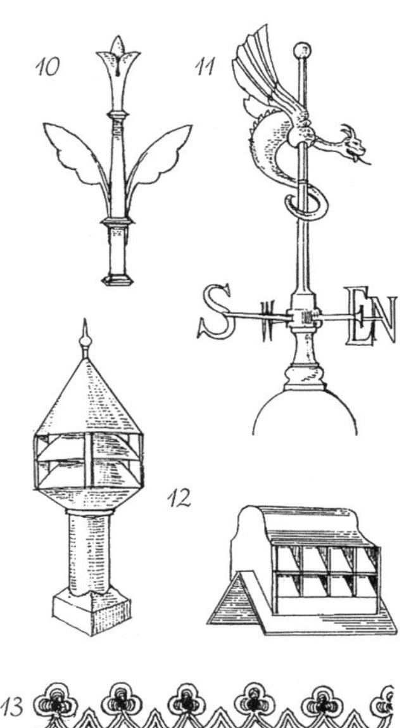

很多建筑师会在其建筑中搭配使用装饰性的金属制品，同时，在现有住宅中使用委托工匠制作的铁艺制品，也是住宅翻新的常见方式。受到埃德加·勃兰特艺术装饰风格影响的门、窗和散热器格栅的造型形式，使英国人和美国人都找到了新感觉，勃兰特式的装饰图案也同样出现在20世纪20年代的雨水斗上。最为流行的是阶梯式的扇形雨水斗，在整个20世纪30年代都一直流行。

窗户格栅具有装饰和安全防护的双重功能。20世纪20年代的案例通常以风格化植物和动物形式为主要特征，而20世纪30年代风格则趋向于更加抽象化与流线型的造型。带有玻璃的大门集装饰性和防护性于一体。

在英国，更多是在美国，流行于20世纪30年代的建筑中的阳台和楼梯扶手是奢华的象征。有些用金属制成的波浪形简洁的流线形式，与具有更多装饰的曲线造型一样优美迷人。

华丽的格栅、阳台栏杆以及大门是美式西班牙的传统风格元素，但是这一时期出现的拥有复杂锻造工艺的铁制品，结合了巴洛克式的图案，形成了独特的风格。

此时出现了用于住宅的都铎-伊丽莎白式风格（Tudorbethan）的金属构件，雨水斗装饰着包括纹章饰在内的各种图案。模仿历史阶段中曾经出现的建筑细部大受欢迎，比如风向标。

木制品

1. 旭日形象的大门，20世纪20—30年代英国郊区住宅的典型特征。这是一个早期的案例。
2. 车库大门，带有滑轮装置。车库是20世纪30年代末期大型住宅的一部分。MA
3. 雪松木板覆面使这栋20世纪30年代的住宅呈现出质朴的外观形式。这个设计可以追溯至1934年。
4. 全木结构的周末度假住宅，包括窗户的细部形式。FP
5. 带有旋切支腿和铁格栅的木制散热器罩。

5
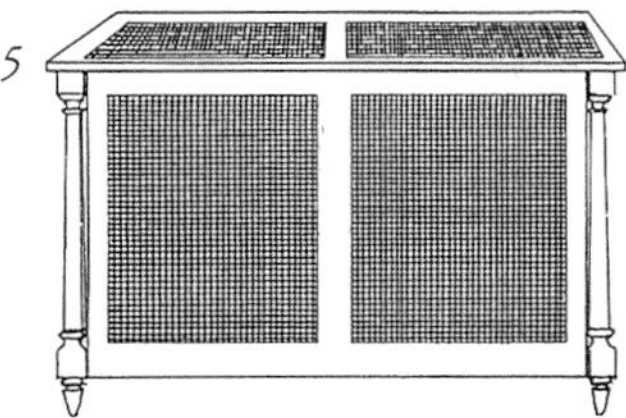

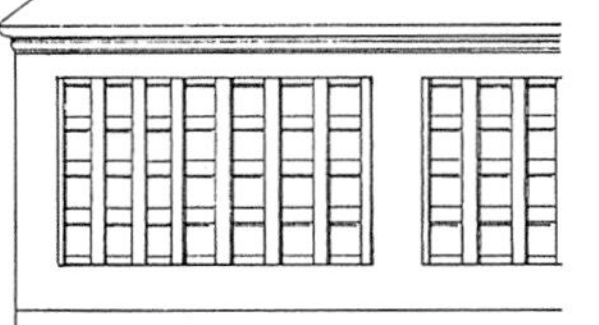

6
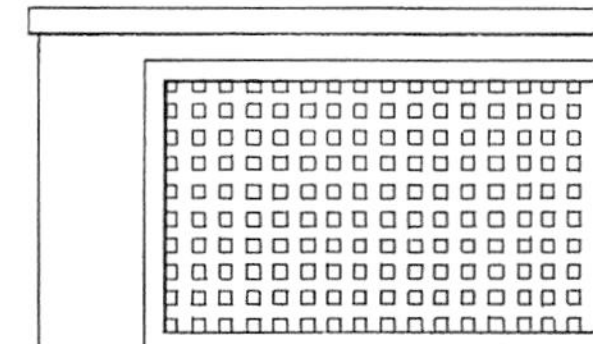

1

6. 两个20世纪20年代的格子形散热器罩。
7. 住宅前面的组合式院门。在英国郊区车辆的使用已经非常普遍。MAA
8. 花园大门，支柱和开孔形式展示出设计的巧思妙想，尽管样式简单。MAA

2

3

4

7

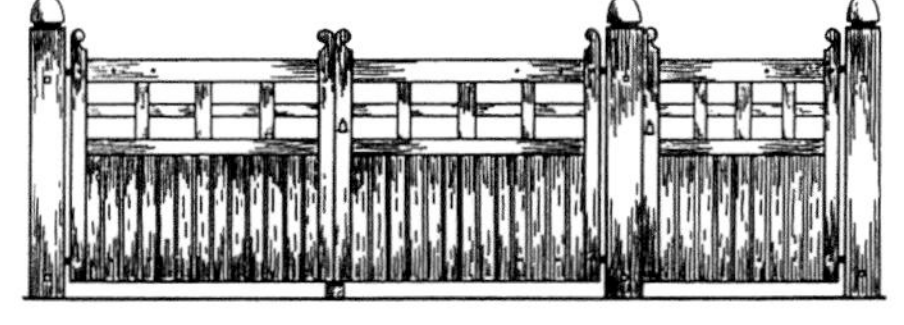

8
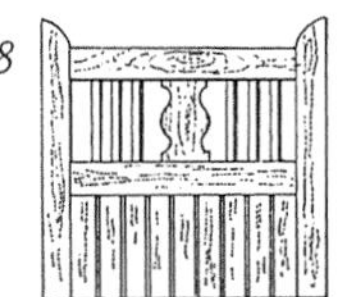

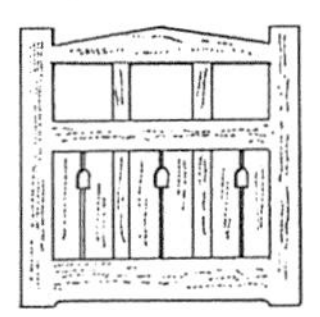

在都铎-伊丽莎白式住宅的外部装饰中，木材的使用效果突出。而那些小型的郊区住宅，木材装饰常用在三角形山墙或门廊的细节上。更为豪华的住宅则全部用木材建成，这种手法仅仅作为纯粹的装饰，对于房屋的结构不会起到任何作用。外部采取木材进行点缀也构成了英国和美国的乡土复兴式建筑风格的特征。

花园是城郊住宅发展中出现的一个特色，大多数住宅花园的围栏全部使用简单的木栅栏和木门。商品目录为各种独特的家庭需求提供了可供选择的各式风格式样，其中包括编织型栅栏、篱笆桩之间的扇形栅栏，以及顶部镂空的坚固栅栏。各种装饰性的篱笆桩也很常见。车库直到20世纪20年代晚期才出现，并成为标准化住宅的一个组成部分。住宅制造商同样也制造单层小木屋，以供人们在周末海边度假使用。这种房屋的内部通常十分简单，外部则常常会采用有趣的设计细节，比如山墙上的卷叶饰凸雕、装饰性的门廊通道等。

这一时期散热器的形式美感不足，一种典型的装饰方式是在前面罩上隔栅，使用抛光的原木制成，如果使用上漆的木材则是为了搭配房间的色彩。

现代运动时期（1920—1950年）

艾伦·鲍尔斯

1. 英国建筑师奥利弗·希尔在多塞特郡普尔市设计的兰德福尔住宅，1938年。从住宅的屋顶平台可以看到普尔港，一处著名的游艇码头。建筑采用了当时最新的住宅形式，使用舷窗形的窗户和室外楼梯，反映出与现代科技相联系的航海意象。*OL*

2. 兰德福尔住宅的首层平面图，普尔市，多塞特郡，1938年。从铺装平台的范围可以看出建筑的大致轮廓。

3. 马萨诸塞州林肯市的沃尔特·格罗庇乌斯自宅（1938年），由钢板网和金属框架建造的雨棚构成了住宅的突出特征。雨棚是20世纪20年代建造的白色立方体主体建筑的附建部分，巧妙地融入建筑的景观环境。沃尔特·格罗庇乌斯是包豪斯学院的前任校长，1934年从德国到了英格兰，并成为E.麦斯威尔·弗里（E.Maxwell Fry，1899—1987年）的合伙人；1937年，应邀成为哈佛大学建筑学教授。*PO*

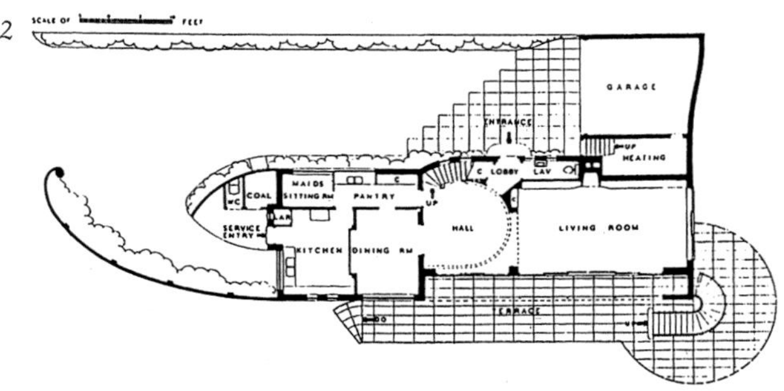

部分出自主观臆想，部分来自对实用性的追求，部分由于杰出人物的贡献，部分关乎社会主义者的理想，现代建筑运动从开始便成为一种拒绝历史风格的自觉风格。现代运动虽然由那些宣称与历史风格决裂并表达机器时代精神的建筑师和理论家开创，但他们也不得不借用过去的风格来支持新的风格革命。他们的目标在于试图告诉大众什么是正确的方法，以及那些在过去曾经被普遍认同但并非正确的做法，并希望借此来改变社会的建筑观念。1950年以前，英国和美国的大多数现代运动住宅建筑都是由建筑师自行设计和建造，因为很少有开发商敢于冒险去建造一座非商业化风格的住宅。1950年以后，尽管现代主义风格已经为社会普遍接受，建筑师仍然还在继续建造实验性住宅，并希望现代主义理念在不断变化中向前推进。

20世纪早期，德国和奥地利的设计师反对新艺术运动中的过度装饰，奠定了以空间、比例和简洁外观为基础的建筑设计思想。奥地利建筑师阿道夫·路斯（Adolf Loos, 1870—1933年）于1893—1896年在美国研习了路易斯·亨利·沙利文在芝加哥设计的建筑，这些建筑融合了简洁的结构和原创的、新颖的装饰。1908年，阿道夫·路斯在《装饰与罪恶》（*Ornament and Crime*）一文中旗帜鲜明地抵制建筑装饰，视其为风格的退化。路易斯·亨利·沙利文的门徒弗兰克·劳埃德·赖特于1900年之后设计的建筑也逐步摆脱装饰，而转向空间形态和纯粹建筑形式的塑造，他的这种做法最初在欧洲比在美国更具影响力，他对空间与形式的新表达方式给沃尔特·格罗庇乌斯（Walter Gropius，1883—1969年）和路德维希·密斯·凡·德·罗（Ludwig Mies van der Rohe, 1886—1969年）这样的建筑师留下了深刻的印象，而这两位建筑师都在20世纪20年代阐释和成就了现代主义建筑学说。

20世纪20年代的现代主义建筑成为许多艺术形式与社会思想的载体，从神秘主义到唯物主义均涵盖其中。以勒·柯布西耶（Le Corbusier, 1887—1965年）为旗手的现代建筑运动，包括荷兰风格派和巴黎纯粹主义，陆续发表了各种宣言并建造了少量的建筑用以昭示其设计思想中的革命性本质，而这些建筑几乎全是住宅。勒·柯布西耶在《走向新建筑》（*Vers une Architecture*, 1924年出版，1927年翻译成英文）一书中概述了“新建筑的五个特点”：底层架空（住宅架构在支柱上），横向长窗，自由平面，自由立面，屋顶花园。1927年路德维希·密斯·凡·德·罗组织了德意志制造联盟的住宅建筑博览会，选址在斯图加特市魏森霍夫区，集中展示了现代建筑的美学思想。所有的建筑都是白墙［除了荷兰建筑师马特·斯塔姆（Mart Stam）设计的一些艳丽的蓝色建筑］和平屋顶。无论作为激进的现代建筑发展历程的组成部分，还是新的装饰样式的宣示，都成为现代建筑的风格范本。

在英格兰，尽管1927年之前现代主义建筑就已经从欧

1. 20世纪30年代加利福尼亚州住宅的轴侧图，由理查德·纽佐尔（Richard Neutra, 1892—1970年）设计，采用了轻型钢结构。大面积的窗户提供了建筑周围景观的广阔的视野。作为来自奥地利的几位移民建筑师中的一员，他发现客户非常希望体验新型开敞式的生活空间。

2. 奥地利出生的建筑师鲁道夫·辛德勒（Rudolph Schindler, 1887—1953年）设计的加利福尼亚州西好莱坞住宅中的起居空间，1921—1922年。以弗兰克·劳埃德·赖特的部分设计思想作为基础，欧洲创建了的现代主义建筑，并成就了国际式风格，在20世纪20—30年代现代建筑又被介绍给美国。这栋住宅的室内反映出一定的弗兰克·劳埃德·赖特风格，但是鲁道夫·辛德勒简化了界面形式和空间布局。SR

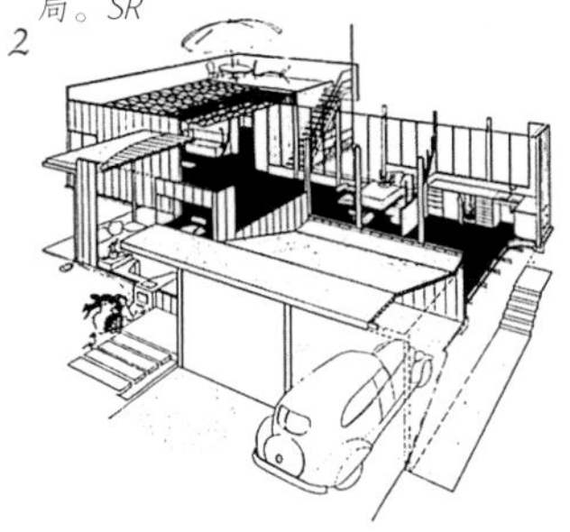

洲大陆逐渐流入，但人们对这些建筑理念仍然持怀疑态度。20世纪30年代早期，第一批受到现代建筑运动洗礼的英格兰建筑师认为，混凝土的使用能够减少住宅墙体的厚度，使建筑内外之间的界面尽可能变薄，导致了对适应当地气候起到重要作用的、内部带有空隙的传统墙体形式几乎完全消失，因为现代主义建筑师认为这些部位会成为“藏污纳垢”之所。然而，由于新型的墙体材料与构造形式不具备保温功能，纯粹的混凝土墙体不久又被认为是冰冷和粗糙的，而巨大的金属玻璃窗在冬天也会出现冷桥并且产生结露的现象。

到20世纪30年代末期，木材、砖和石材又重回到住宅建筑的整体或者局部之中，即使之前那些专注于混凝土的建筑师也开始使用这些材料。在现代建筑的进程中，现代建筑有时需要与国内不同地区的地域风格相协调，而白色建筑由于其外观特殊很难融入环境而受到排斥。当然，并非所有的“白色”住宅都是全白的，当使用色彩来区分现代建筑的立方体时，粉色受到欢迎。由美籍瑞士建筑师威廉·利斯卡泽（William Lescaze）于1932年设计的德文郡达廷顿十字住宅，房主为一位思想前卫的寄宿学校校长，在近期的修复中还原了建筑外观最初的宝蓝色部分。到20世纪30年代后期，木制窗框通常会替换之前的金属窗框，尽管金属窗框具有断面尺寸较小的优点。借鉴斯堪的纳维亚的传统，又出现了带有凸出屋檐的单坡屋顶。这些设计预示着战后的现代主义建筑风格更趋于多样化。

20世纪30年代，英国实际建成的现代主义风格的住宅为数不多，其中规模宏大的少之又少。新形式的推进基于对健康、卫生、高效的应答，并且对什么是现代性的问题提供了理性解决方案。同时，现代建筑也声称：新建筑比其他任何对过往风格的复制或艺术装饰风格装饰物的增加都要诚实。虽然这些主张可能言过其实，并且当使用新型技术和材料时，所提供的解决方案自身也带来了新的问题，但他们的设计却在空间、色彩和光等方面为时代提供了新的审美趣味，这是传统建筑形式无法比拟的。尽管在当时不再需要精致的技术工艺，但从传统建筑中流传下来高品质的细木作制品却依旧得到发展，使用的木材依旧优良。简洁的线条增强了家具、织物和餐具外观的“现代”效果，芬兰建筑师阿尔瓦·阿尔托（Alvar Aalto, 1898—1976年）所采用的造价低廉的弯曲胶合板家具设计便流行一时。

虽然自由平面是现代主义所追求的一个目标，但平屋顶住宅并不比传统住宅在空间上更加开敞。由于大多数住宅的设计都要考虑到住在家里的佣人，所以对空间设计的根本性创新就非常有限。集中供暖技术的发展依然低下，而出于对简洁空间效果的追求，现代主义者坚持将供热管道和电线隐蔽起来，这样做虽然会更易于房间的清扫，但是也带来了维修和材料更换的困难。关注简洁效果的另一

1. 美国建筑师威廉·利斯卡泽在德文郡设计建造的达廷顿十字住宅，1932年，房主是英国一所有影响的先锋派学校的校长。*MOU*

2. 玻璃砖墙面会在晚间赋予建筑生动的效果，这里看到的是赫伯特·布鲁宁住宅，位于伊利诺伊州威尔梅特市，1936年，由乔治·佛瑞德·凯克（George Fred Keck）设计。*CHS/B*

3. 1938年，瑟奇·希玛耶夫（Serge Chermayeff）设计的位于东萨塞克斯郡的自宅——本特利树林，是当时普遍认可的具有经典品质的住宅形式。木构住宅安静地处在一处开放的景观中，亨利·摩尔（Henry Moore）早期著名的石雕作品控制着挑台端部的视线。木材在20世纪30年代末期重又受到欢迎，瑟奇·希玛耶夫在1940年移民美国后设计建造了一批类似的住宅。*APR*

个更加实际的做法是增加固定家具的数量，对于特定行为的家具设计与布置，考虑了细节的合理性和空间的高效利用。一些住宅装备了类似游艇上使用的设施，如固定的鸡尾酒柜、音响设备、时钟、衣柜和下面带抽屉的床等。

尽管壁炉在现代生活中已经不再那么必要，但仍倾向于作为空间的焦点而存在于起居室中。少数住宅和公寓设计了双层高的起居室，可以创建出充满情趣的空间形式，从而替代由装饰物和装修带来的空间趣味。屋顶平台和阳台的目的是用于日光浴，而实际上并未起到应有的作用，因为其使用似乎并没有想象中那么频繁。一些房主利用大型推拉窗增加与花园之间的联系，并且可以享受阳光，在当时被视为健康有益的生活方式。

在农村或郊区环境中，大多数现代住宅都是独立式。还建造了一些著名的联排式住宅，其中的一些对乔治亚式联排住宅的组织形式进行了重新考量，并且在新型建筑结构和屋顶平台方面有所改进。在伦敦柳树路由厄尔诺·戈尔德芬格（Ernö Goldfinger）设计的联排住宅中，旋转梯的混凝土墙体变成了一个结构部件，并且在居住空间中占据的位置很小。由于混凝土结构能够形成错层式的空间形式，因此平屋顶上带有天窗的浴室为卧室提供了良好的视野。

与英国相同，美国对现代主义建筑有意识地推进则是在20世纪30年代，这与弗兰克·劳埃德·赖特的早期作品却几乎没有什么连续性。位于宾夕法尼亚州熊溪河畔的流水别墅是弗兰克·劳埃德·赖特在1935年为埃德加·考夫曼（Edgar Kaufmann）设计，这座别墅重新掀起了一种使用粗糙的自然材料的时尚。弗兰克·劳埃德·赖特从1937年开始建造的“美国风”住宅，目的是为了采用廉价的建筑结构，并且采用了交错搭接的体量和出挑的平屋顶的简约风格。在20世纪20—30年代，两位来自维也纳的设计师鲁道夫·辛德勒和理查德·纽佐尔，在洛杉矶地区建造了适合温暖气候的优秀住宅建筑，采取了减少建筑自身重量以及增强室内外空间连续性的方式，这种对轻盈建筑体量的追求在第二次世界大战后一系列著名的实验性住宅中得到了延续。

20世纪30年代，现代主义建筑的技术创新成为特色，比如为1931年展览会设计建造了轻量级铝制住宅，博览会结束之后该建筑重建于长岛，目前正在进行修复并改作博物馆。但在后来这个建筑原型并未得到发展。理查德·巴克敏斯特·富勒（Richard Buckminster Fuller, 1895—1983年）在1929年设计的著名的六角形节能住宅，由桅杆拉出的缆绳作为结构支撑，但这栋建筑在当时并没有被建成。20世纪30年代的美国大部分现代主义住宅均采用了欧洲式的平屋顶、流线型的建筑形式，只是建筑面积更大设施更加齐全。在艾奥瓦州得梅因市，厄尔·巴特勒住宅（1935—1937年）中，先进性特征包括中央扶梯、空调、洗碗机和垃圾处理器、操控车库门的电子感应器、大容量冰箱和内部电话系统等，所有这些设施（可能不包括最后一个）都成为当时住宅的标准配置。

由《建筑论坛杂志》在1945年出版的《明日住宅》

1. 莫斯伯格住宅，印第安纳州南本德市，1946年，弗兰克·劳埃德·赖特设计。这位美国20世纪最伟大的建筑师在其设计生涯的后期以类似的模式建造了许多小住宅。*HEI*

2. 厄尔·巴特勒住宅的室内，艾奥瓦州得梅因市，Kraetsch&Kraetsch于1935—1937年设计，在开放型平面空间中装备了最新型的现代生活设备。美国的设计师非常着迷于机器特色的塑造，1939年纽约世博会为其典型表演。*CHS/H*

（Tomorrow's House）一书，提供了很多诸如适于存储和居住的空间形式之类的实用性常识，同时也承认，想要使建筑商和贷款机构不再热衷于他们所熟悉的殖民地和西班牙复兴风格住宅，需要付出很大的努力。1941年，美国加入了第二次世界大战，住宅建筑也同时出现了一种简朴的新模式，并且，联邦政府也开始使用政府资源为战事工作者建造住宅。在这些住宅项目中，合理的平面形式和经济性结合了高标准的工业化建造方式，建筑师最终更加关心建筑的完成情况而非看上去是否现代。相同的原则也影响到英国战争后的预制应急住房设计，其结果是这种居住建筑很受欢迎，使用年限也比当初预计的寿命周期更加长久。20世纪50年代，现代主义已经非常流行，在一定程度上得益于找到了更多充满乐趣的方式来替代传统的装饰细节。在现代主义的开始时期，英国和美国住宅建筑中的大部分灵感来自勒·柯布西耶，他在1930年左右放弃了纯白的建筑风格，直到1965年去世之前，勒·柯布西耶始终进行着出色的建筑实践。

还不能断言现代建筑运动已经出现了明确的历史性终结，因为至今依然与其他建筑形式并存。现代建筑宣称并非希望形成一种风格，而是建立在永恒的真理之上，但事实上却成为一种时代风格，这本身就构成了现代建筑的固有矛盾。因此，在有意或无意间，现代建筑成为一种风格，因为随后几十年的社会物质和情感形态，已经在建筑师和设计者的作品中留下了印记，对于装饰仍然保有强烈的禁忌。

现代建筑后期的历史会在下一章中讨论。经过一段不太受欢迎的时期后，现代主义住宅又开始勾起人们的兴趣，但建筑的数量远未达到先驱们曾经预测的应该达到的数量，仅能作为一个特殊历史时期的一些特定的纪念物。如今，位于英国伦敦柳树路2号的住宅和威廉·利斯卡泽的达廷顿十字住宅都已对公众开放，这个时期的其他一些住宅，和那些古老的建筑一样正在得到修葺。在美国，位于马萨诸塞州林肯市的沃尔特·格罗庇乌斯住宅、弗兰克·劳埃德·赖特的一些作品，以及位于加利福尼亚州好莱坞的辛德勒住宅，对它们的兴趣已经从狭窄的建筑师群体扩展出来，而面向更广泛的大众，同时，类似的现代主义风格住宅的数量还在不断增长。

门

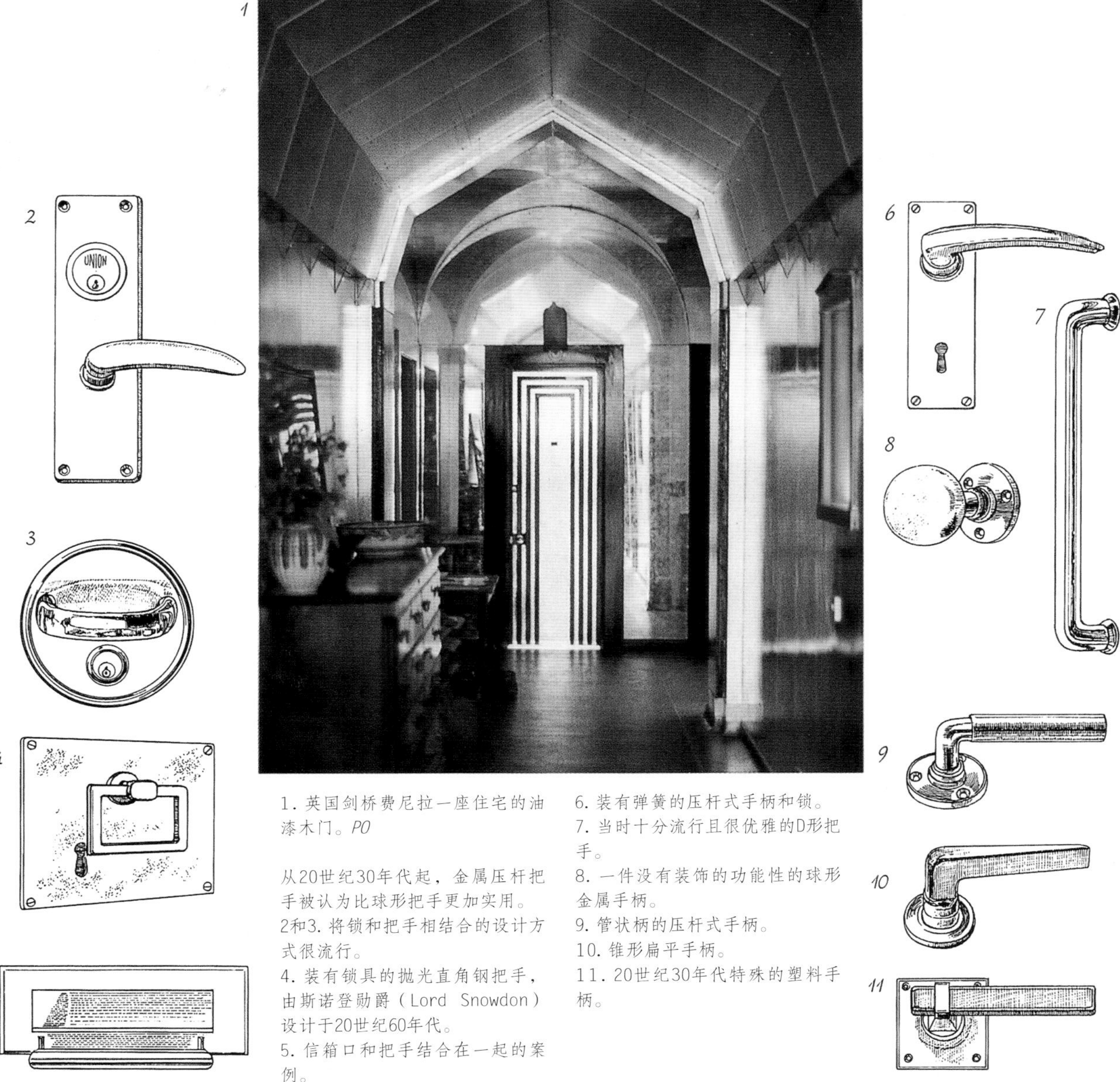

1. 英国剑桥费尼拉一座住宅的油漆木门。PO

从20世纪30年代起，金属压杆把手被认为比球形把手更加实用。

2和3. 将锁和把手相结合的设计方式很流行。

4. 装有锁具的抛光直角钢把手，由斯诺登勋爵（Lord Snowdon）设计于20世纪60年代。

5. 信箱口和把手结合在一起的案例。

6. 装有弹簧的压杆式手柄和锁。

7. 当时十分流行且很优雅的D形把手。

8. 一件没有装饰的功能性的球形金属手柄。

9. 管状柄的压杆式手柄。

10. 锥形扁平手柄。

11. 20世纪30年代特殊的塑料手柄。

现代建筑运动认为应当去除不必要的细节，并最大限度地达到一致性的外观效果。这项意愿的达成与胶合板的普及相关联，门也由此发生了变革。将薄木板经由压力的作用结合在一起形成的胶合板，制成了没有嵌板或装饰线条的平板门；将多层胶合板结合在一起制作而成的房门，重量就会等同于传统实木门的重量。胶合板可以用于建筑外门和内门。房间内部的推拉门在美国非常流行。英国的韦内斯塔公司于20世纪20年代开发了一种金属面层的胶合板。

玻璃门也很受欢迎，常作为前门和花园门：在公寓中往往用玻璃门将居住空间和阳台结合起来。通向户外的门通常是金属框架，并且使用金属夹丝玻璃，在英国称之为“乔治亚”夹丝玻璃（这当然是历史上最不合适的产品名称之一）。

到20世纪30年代晚期，带有大型玻璃的硬木框住宅前门变得非常流行。带有“半圆弧”弯角的门成为时尚；这种门在第一次世界大战后的一段时期还在继续生产。门的五金配件保持最小化，信箱通常嵌入到门内，以保持表面的平整。

1. 现代主义的魅力：抛光金属前门有一个台阶形框架。20世纪30年代中期，加利福尼亚州好莱坞。

2. 玻璃前门，有弧形角和D形长把手，1939年由丹尼斯·拉斯顿（Denys Lasdun）为伦敦帕丁顿的房屋设计。信箱槽置于一侧落地窗上。

3. 拱顶门上有一个独特的钢筋混凝土门廊，由Lubetkin& Tecton设计，1936年建于萨塞克斯郡海沃兹希思。

4. 玻璃大门和一个悬挑较深的木制遮篷。由搁栅支撑的雨棚与下面的铺砖区域相对应，形成一个整体。

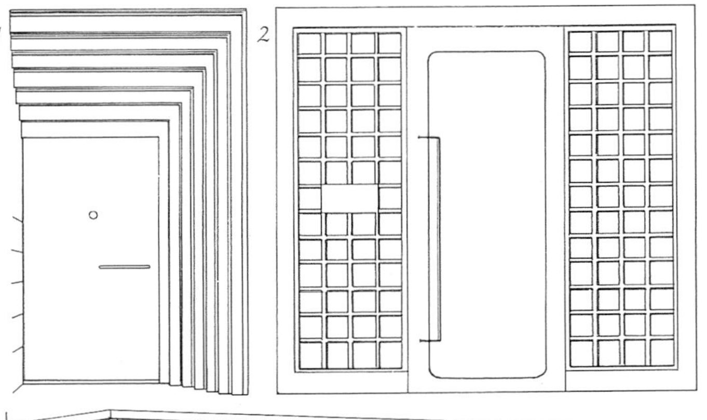

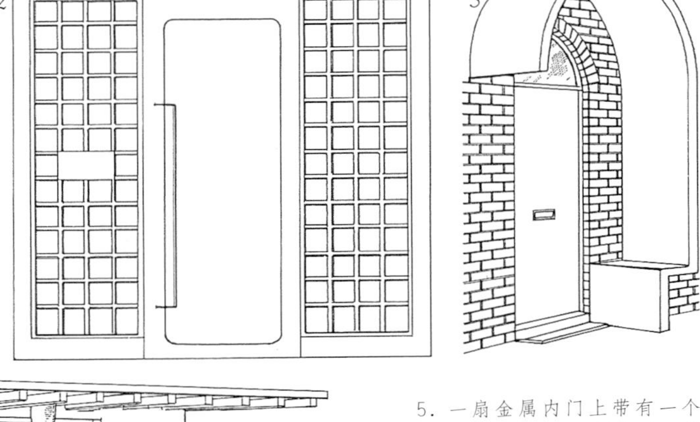

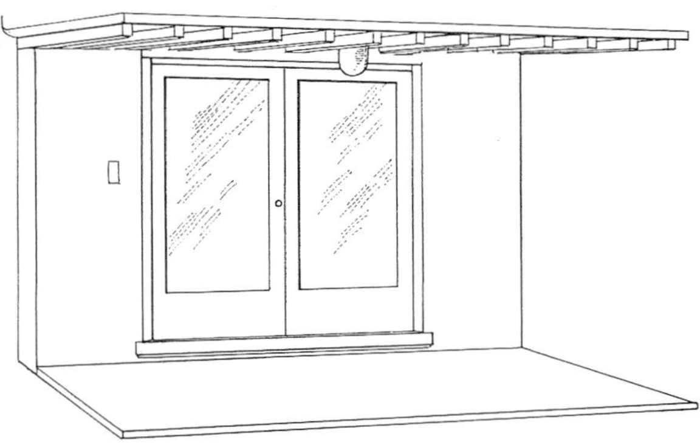

5. 一扇金属内门上带有一个样式特殊的把手。英格兰阿伦德尔展览公司，20世纪20年代末。

6. 20世纪50年代的宽木门，使用一个隐蔽的枢轴，可以平衡门的重量并使门面完整。

7和8. 是20世纪30年代典型的框架结构平板门。

9. 英格兰萨默塞特郡水平加固的玻璃门，1934年。PO

10. 20世纪30年代末多塞特郡普尔市的兰德福尔住宅，用了舷窗主题。曲线形式的遮篷形式在台阶上重复出现。OL

11. 多塞特郡（1932年）的亚菲尔住宅，爱德华·墨菲（Edward Maufe）将这个门设计为与天花板相适应的倾斜度。门框的跌级式造型增强了门的形式感。YH

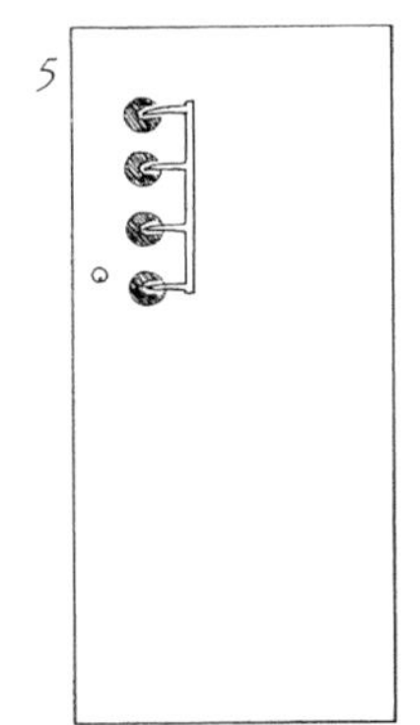

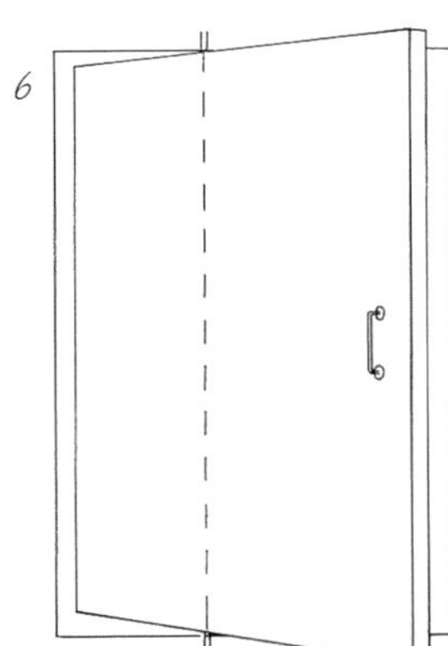

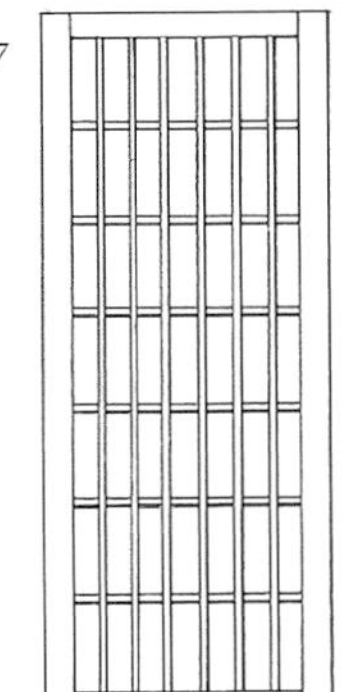

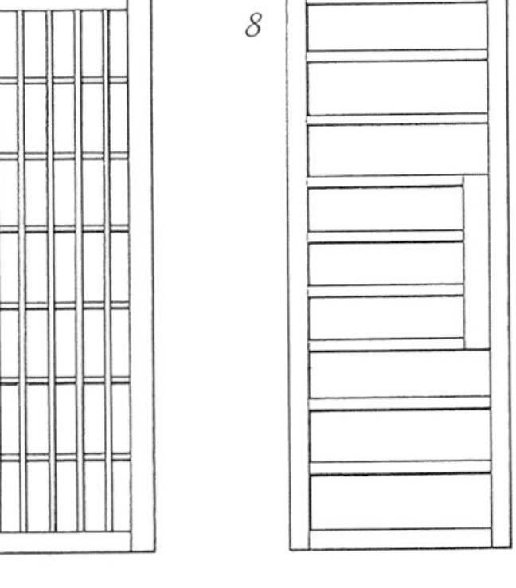

窗

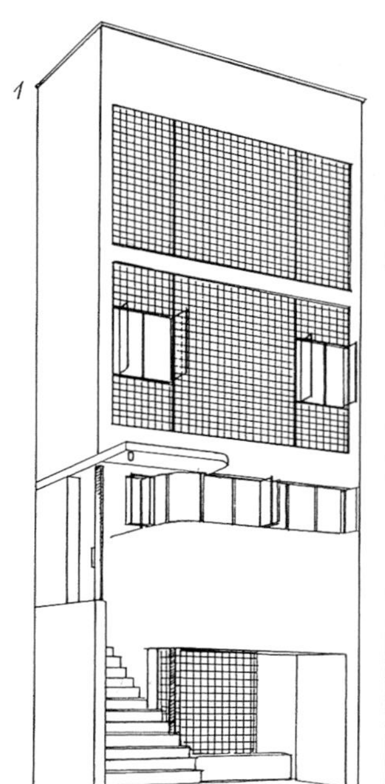

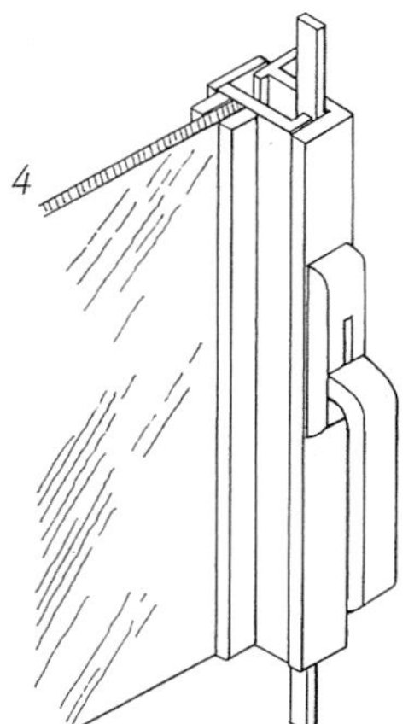

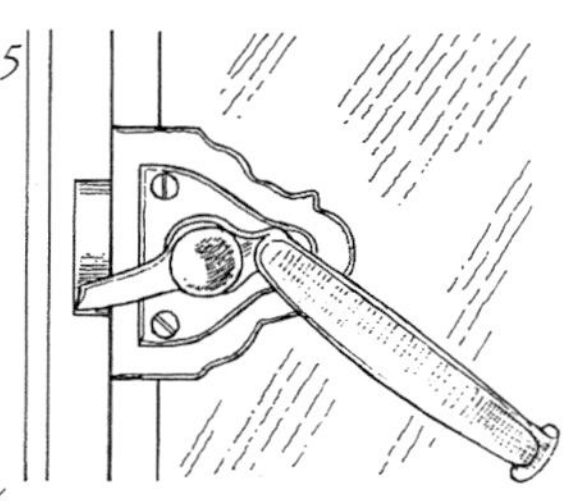

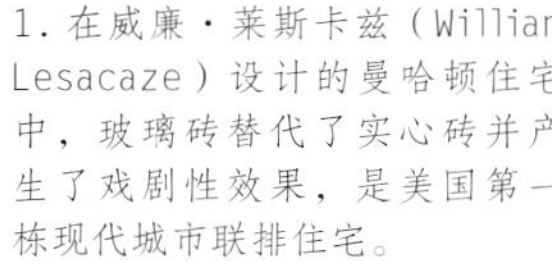

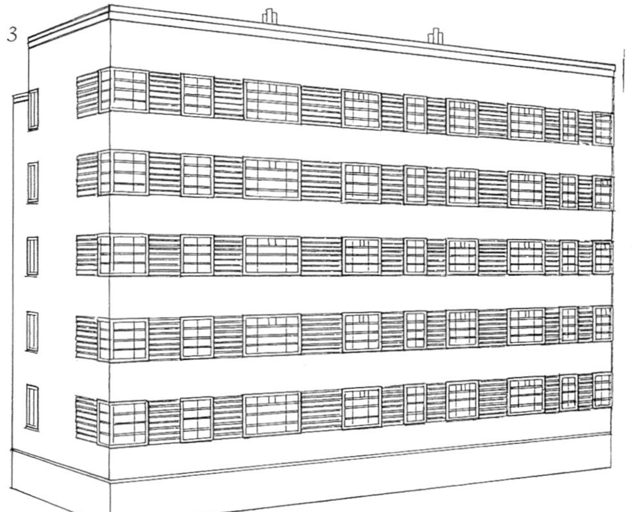

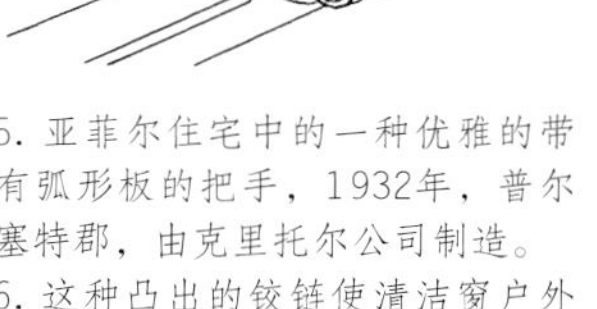

1. 在威廉·莱斯卡兹（William Lesacaze）设计的曼哈顿住宅中，玻璃砖替代了实心砖并产生了戏剧性效果，是美国第一栋现代城市联排住宅。
2. 简单的钢框窗，带有均匀对称的窗格和网状阳台栏板，由厄尔诺·戈尔德芬格设计，伦敦，1939年。
3. 英国伦敦利物浦地方议会公寓楼，由兰斯洛特·凯伊（Lancelot Keay）设计于1934年。立面设计根据窗户的水平划分：角窗是一种现代建筑元素，后来带来了形式的泛滥。
4. 高端公寓使用的一种特别的把手形式，由Lubetkin&Tecton设计于1935年。把手位于框架正中，易于保洁。

5. 亚菲尔住宅中的一种优雅的带有弧形板的把手，1932年，普尔塞特郡，由克里托尔公司制造。
6. 这种凸出的铰链使清洁窗户外侧玻璃更加容易。

新鲜的空气和最大限度获取阳光是现代主义住宅的先决条件。建筑师设计大尺度的窗户，并与建筑外墙形成了理想的连续形式和整体效果。起居空间都有窗户，其中一些采用与房间同高的轨道推拉窗，还使用大型单片玻璃落地窗来形成“景框”。一些窗户能够像风琴一样完全折叠起来，有的则能够收到窗台里。

窗框通常采用钢材，但在20世纪30年代末期木材也十分常见。在英国，木材的使用是来自斯堪的纳维亚的影响。在美国，沃尔特·格罗庇乌斯也使用木材制作窗框，并尝试将窗户凹进墙面里，凭借凸出的过梁来控制阳光的照射。在英国，厄尔诺·戈尔德芬格首创的“反光板”开窗方式，是通过上下叠放的两个窗户为室内引入更多阳光，上面较小的窗户为嵌入型，这样就会在较低窗户上面制造出一个横档，横档涂刷成白色，从而将更多光照反射到室内。克里托尔公司是英国主要的窗户制造商，产量很大。所生产窗户的窗格为水平矩形，窗扇为平开式或上悬式，还带有V形玻璃格条的少量装饰。圆角窗户是建筑商自行发明的一个现代主义建筑特征。

1. 克里托尔公司生产的窗户的常见式样，包括了多种标准的规格。

2. 伦敦海波因特公寓楼上几乎可以完全折叠起来的风琴式窗，可使整个起居室的墙面变得开敞。

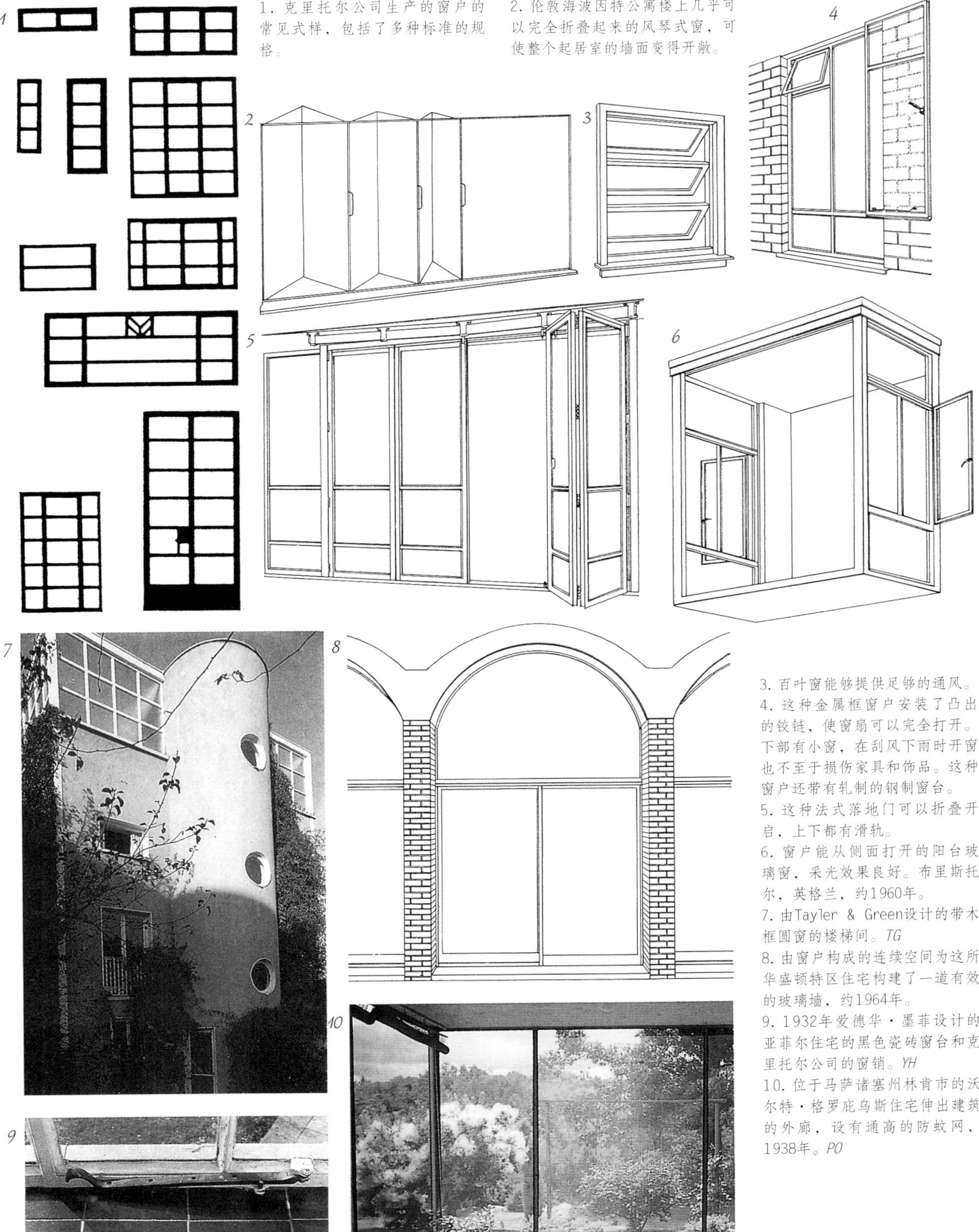

3. 百叶窗能够提供足够的通风。

4. 这种金属框窗户安装了凸出的铰链，使窗扇可以完全打开。下部有小窗，在刮风下雨时开窗也不至于损伤家具和饰品。这种窗户还带有轧制的钢制窗台。

5. 这种法式落地门可以折叠开启，上下都有滑轨。

6. 窗户能从侧面打开的阳台玻璃窗，采光效果良好。布里斯托尔，英格兰，约1960年。

7. 由Tayler & Green设计的带木框圆窗的楼梯间。*TG*

8. 由窗户构成的连续空间为这所华盛顿特区住宅构建了一道有效的玻璃墙，约1964年。

9. 1932年爱德华·墨菲设计的亚菲尔住宅的黑色瓷砖窗台和克里托尔公司的窗销。*YH*

10. 位于马萨诸塞州林肯市的沃尔特·格罗庇乌斯住宅伸出建筑的外廊，设有通高的防蚊网，1938年。*PO*

墙面

1. 厄尔诺·戈尔德芬格实现了墙面和门之间光滑整齐的处理，使用了优质的胶合板材料。伦敦，1939年。*EG*
2. 加利福尼亚州西好莱坞辛德勒住宅中粗糙的抹灰墙面，中间插入了窄条形窗户，1921—1922年。*SR*

3. 20世纪30年代后期的一间起居室墙面，上面插入了一件超现实主义的错视画作品。*PO*
4. 英格兰北部黑潭赌场私人包间中墙面上的“阳光先生”石膏浮雕，白色油漆，1939年。*PO*

现代主义初期住宅建筑的一个可识别性特征是消除了墙面上的造型和纹理：光滑的抹灰墙面处理方式才符合时尚的需求。主要的改变是餐厅和书房墙面使用了胶合板作为基层。墙面偶尔会出现壁画，多采用涂料喷涂的装饰图案形式。一些建筑师还使用玻璃砖来引入更多的阳光。在开敞式平面布局的公寓中房间隔板非常流行。

在美国，弗兰克·劳埃德·赖特继续使用粗糙的石材和砖作为住宅建筑材料，即使在他设计的最“现代的”住宅，位于宾夕法尼亚州1935年设计的流水别墅中也不例外。现代建筑运动对于材质的审美趣味的改变，是基于将平整的墙面抹灰与粗糙的砖石形成对比的创新性应用，这个主题最初是由勒·柯布西耶开创的。

而在英国，这种改变形式几乎没有给住宅带来任何影响，即使在20世纪50年代现代建筑兴盛时期。因为英国人坚持认为毛石砌筑过于简陋，而更倾向于砖和混凝土等常规材料，尽管砖砌墙面通常会有很深的灰缝。松木舌榫接板替代了胶合板镶板。壁纸图案出现了明显的复兴形式。不相关的图案形式会在一个房间中混合出现，通常会在居住空间中柔和的背景上使用黑色线形图案，在厨房中则采用与烹饪相关的图案。在20世纪60年代，黄麻壁布变得非常流行。

天棚

1

2
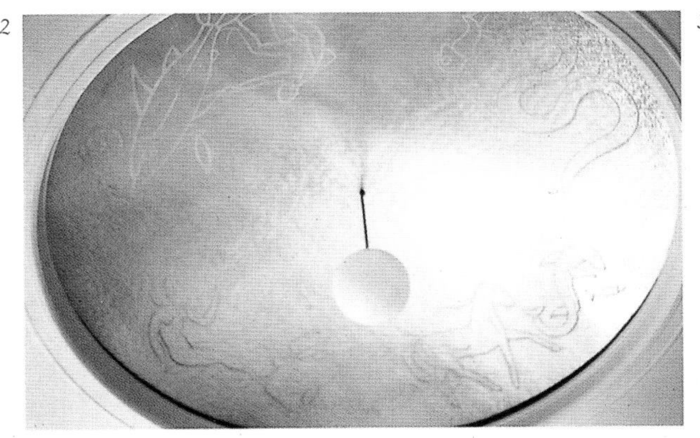

3

1. 日本简约风格的木制天棚，加利福尼亚州西好莱坞的辛德勒住宅，1921—1922年。*SR*
2. 英国剑桥的费尼拉住宅中蚀刻玻璃天棚穹顶，由雷蒙·麦格拉斯（Raymond McGrath）设计，有“鸟形”的苏格兰符号，1929年。*PO*

3. 伯特霍尔德·莱伯金（1901—1990年）设计的伦敦海格特区的一所顶层公寓，1938年，通过色彩、质感和弯曲造型的使用拓展了现代建筑的装饰特质。*APR*

天棚或许是现代主义住宅建筑中最不值得探讨的部位。一些住宅天棚一旦使用了檐口或天花板灯线盒之类的形式，整个住宅便被排除在现代建筑之列。有时候顶棚会刷上白色涂料以增加反光率，有时天棚还会带有电热取暖设施，其使用的目的在于移除所有暴露在外的可见设备，但这种采暖方式使得效率降低且不舒适。

现代主义的教条不提倡在住宅中进行任何形式的装饰。然而，在1929年英国现代建筑运动刚刚开始时，雷蒙·麦格拉斯在费尼拉的一栋住宅中便打破了这种规则，他转译了剑桥的一幢维多利亚式住宅风格，住宅的大厅中有三个拱面形成的玻璃“拱顶”，连接着由银箔覆盖的胶合板制成的十字拱和餐厅内的蚀刻玻璃穹顶。

此时，现代主义引入了一种更加有机的建筑形式，天棚出现了不那么呆板的线条。在美国，木制天棚变得非常流行，通常作为墙面的一种延续。涂漆松木的使用最为常见。通常还会使用具有雕塑感的造型，菲利普·约翰逊（Philip Johnson, 1906—2005年）设计的康涅狄格州新迦南的宾客住宅，便出现了由细长柱子支撑的成对的浅拱顶，这预示着后现代主义风格的到来。

地面

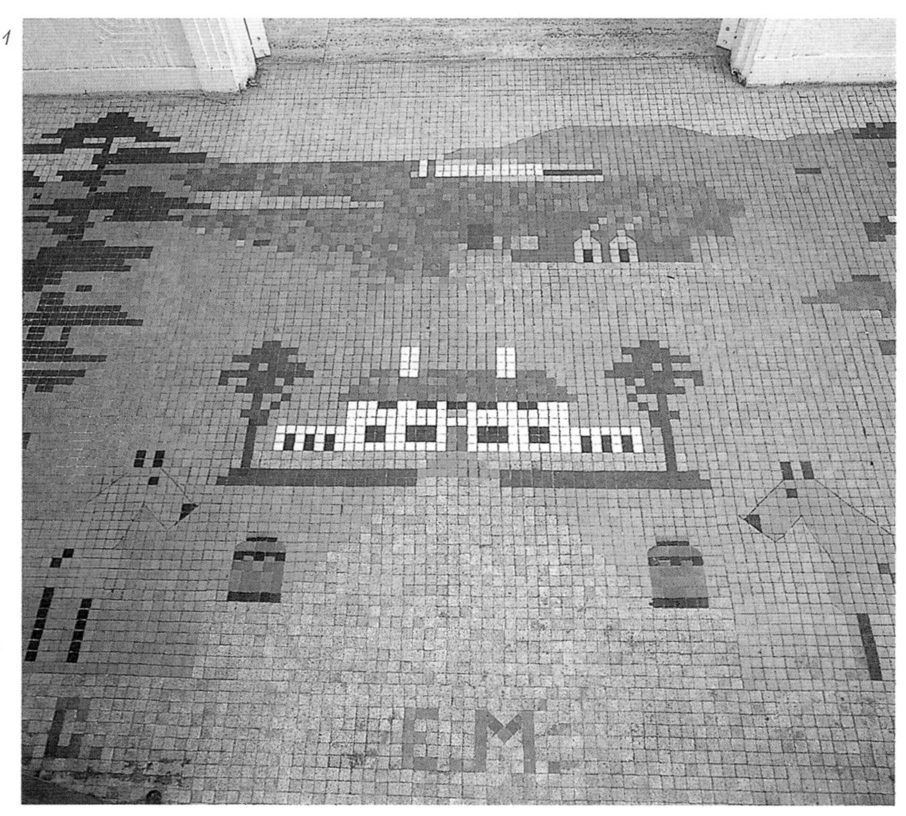

1．镶嵌在亚菲尔住宅大厅地面的陶瓷马赛克，普尔市，多塞特郡，英格兰，1932年，住宅由爱德华·墨菲为瓷砖制造商西里尔·卡特（Cyril Carter）设计。YH

2．洞石铺地的拼接处样式，强调了房间的八边形造型。YH

3．铺设现代地毯的优质硬木地板很受欢迎，1938年。OH

4．20世纪30年代的洞石铺地细节，不锈钢的嵌入开创了一种大胆的装饰方式。YH

现代主义对于图案的态度反映在地面设计和处理方式时，认为朴实而优雅的空间效果仅应通过统一处理分布在不同位置的装饰得以实现。木材是最常使用的材料。地板通常是深色抛光的硬木，平铺或拼花。地面通常会有一块带有图案且形式抽象大胆的小地毯，此时暴露在外的木地板部分被视为边界的波打线。满铺地毯是一种非常昂贵和奢侈的做法，通常仅局限于豪华住宅的主要房间里；在住宅进入高度发展时期之前，满铺地毯的方式没有产生任何普遍性的影响。一些住宅出于经济因素的考虑，地面装修通常仅在水泥找平层或胶合板上铺一层素色油地毡。在英国，1929年由建筑设计师雷蒙·麦格拉斯更新改造的位于剑桥费尼拉的维多利亚式住宅，是当时倡导的无图案装饰方式的一个例外。在这座住宅中，大厅和餐厅采用了嵌入式“无接缝式地面铺设法”，使用了整幅的橡胶地面材料，人们认为这种橡胶铺地材料优于油地毡。

在厨房和厅的地面中，缸砖比较常见；软木地板或油地毡则用于浴室，偶尔也会采用马赛克。在一些现代主义住宅建筑中，软木地板适应于所有房间地面。石材地面按块铺设或者随机采用“杂乱形状拼铺”的铺贴方式，属于美国最常见的一种施工工艺。在英国的现代主义后期，也可以见到铺砖地面。

壁炉

1922年，鲁道夫·辛德勒在加利福尼亚设计了一款镶嵌着铜冠的壁炉，外表华丽而简单。在1914年之前的维也纳，阿道夫·路斯的作品已经用丰富的材料体现了这种设计方式 ，维也纳也是鲁道夫·辛德勒建筑设计事业开始的地方。*SR*

尽管当时的取暖形式已经有了很多可选择的方式，但壁炉仍然非常流行。W.H.奥登（W.H. Auden） 在给拜伦勋爵（Lord Byron）的信中（1937年）写道："最重要的是不要让我采用集中供暖，这可能是D.H.劳伦斯（D.H. Lawrence）的把戏。我希望要一间有视觉中心的房间。"虽然现代主义建筑师也同意这个观点，然而壁炉的形式却大大地简化了。20世纪30年代比较常见的是采用简单的、与墙面平齐的石材壁炉腔，有时候内部会镶嵌瓷砖。使用燧石或石材等粗糙表面的材料作为炉体的做法，在20世纪30年代后期变得非常流行。有时候石板或金属板不对称地设置到壁炉炉膛里，嵌入式书柜也会处理成与壁炉平齐的形式。通常还会设置一个内凹空间用于储存木头。

美国是现代主义壁炉真正的发源地，经由弗兰克·劳埃德·赖特、马塞尔·布鲁尔（Marcel Breuer, 1902—1981年）等建筑师创建了一个壁炉神话。由粗糙石材建成的壁炉会占据房间的整个墙面，并成为房间的视觉中心。

由于壁炉不再使用固体燃料，人们开始将电热器安装在壁炉里，现代风格的壁炉便出现了由彩色不透明玻璃或不锈钢制成的炉围。

20世纪50年代，在小型住宅中比较流行的加热装置，是带有烟囱的独立式火炉，烟囱直接连至住宅的排烟道。

1. 一个两单元的古铜色光亮外观的煤气炉，镶嵌在缟玛瑙制成的炉围中。布拉特·科布朗公司，1934年。

2. 20世纪30年代末的壁炉，炉膛高于地面，小块方形瓷砖镶贴炉围。

3. 20世纪30年代末的英国壁炉架，形式简单，使用标准火炉。细节处展示了一个带有前框的典型炉箅，下部抬高部分具有通风作用。

4. 偏心式壁炉，成为内置书架和搁板的一部分，胶合板面层，1938年。

5. 弗兰克·劳埃德·赖特的流水别墅中的石砌烟囱和炉膛，采取了与建筑外墙相同的形式，熊溪河畔，宾夕法尼亚州（1935年）。

6. 在加利福尼亚州，理查德·纽佐尔设计的住宅中，开敞式起居空间使用壁炉进行分割，并形成了“杂色石板拼铺”的特征，属于典型的20世纪50年代的“当代”风格。

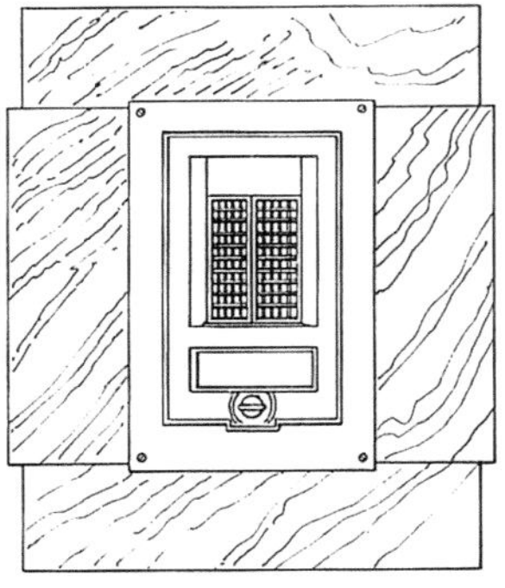

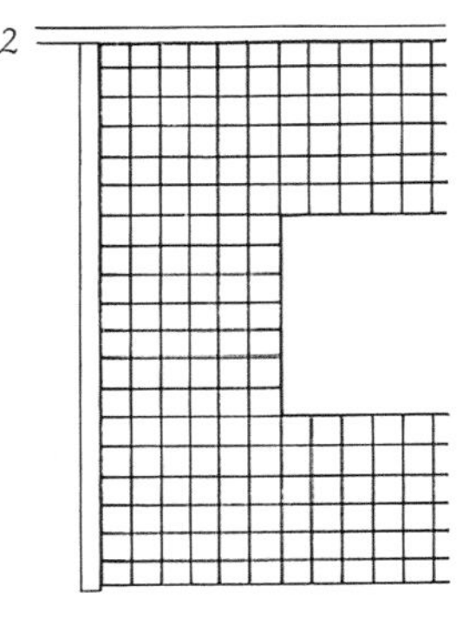

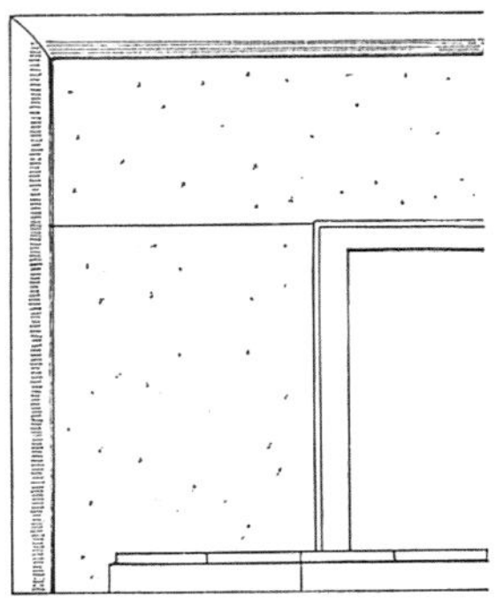

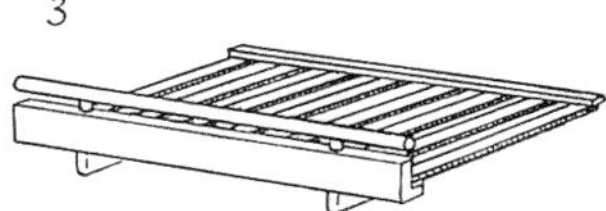

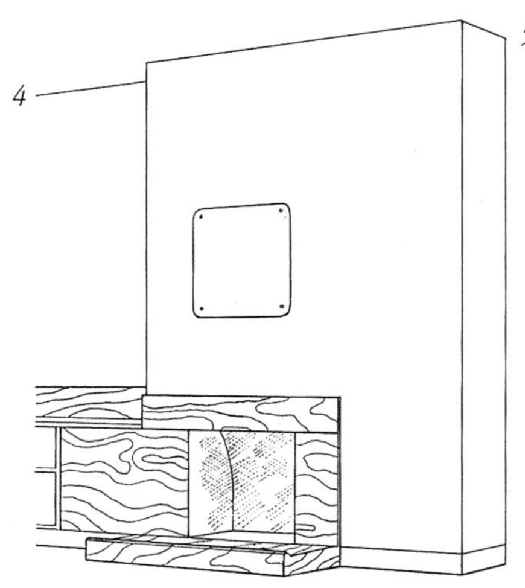

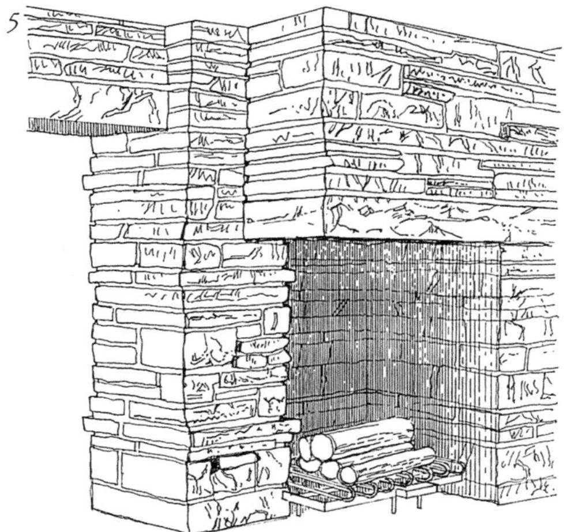

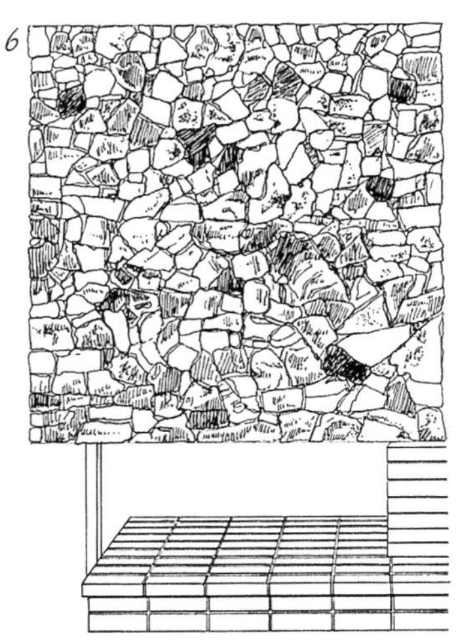

7. 铜制百叶式散热口作为建筑的电气符号，并成功地将设施隐藏其后，由拉塞尔·赖特设计，美国。这是一个现代主义艺术家使用金属作为装饰的案例。CS

8. 亚菲尔住宅里的不锈钢炉膛和炉围，普尔市，多塞特郡，1932年。YH

9. 厄尔诺·戈尔德芬格将抬高地面的壁炉设计成一个内凹的壁炉腔，1939年。EG

厨房炉灶

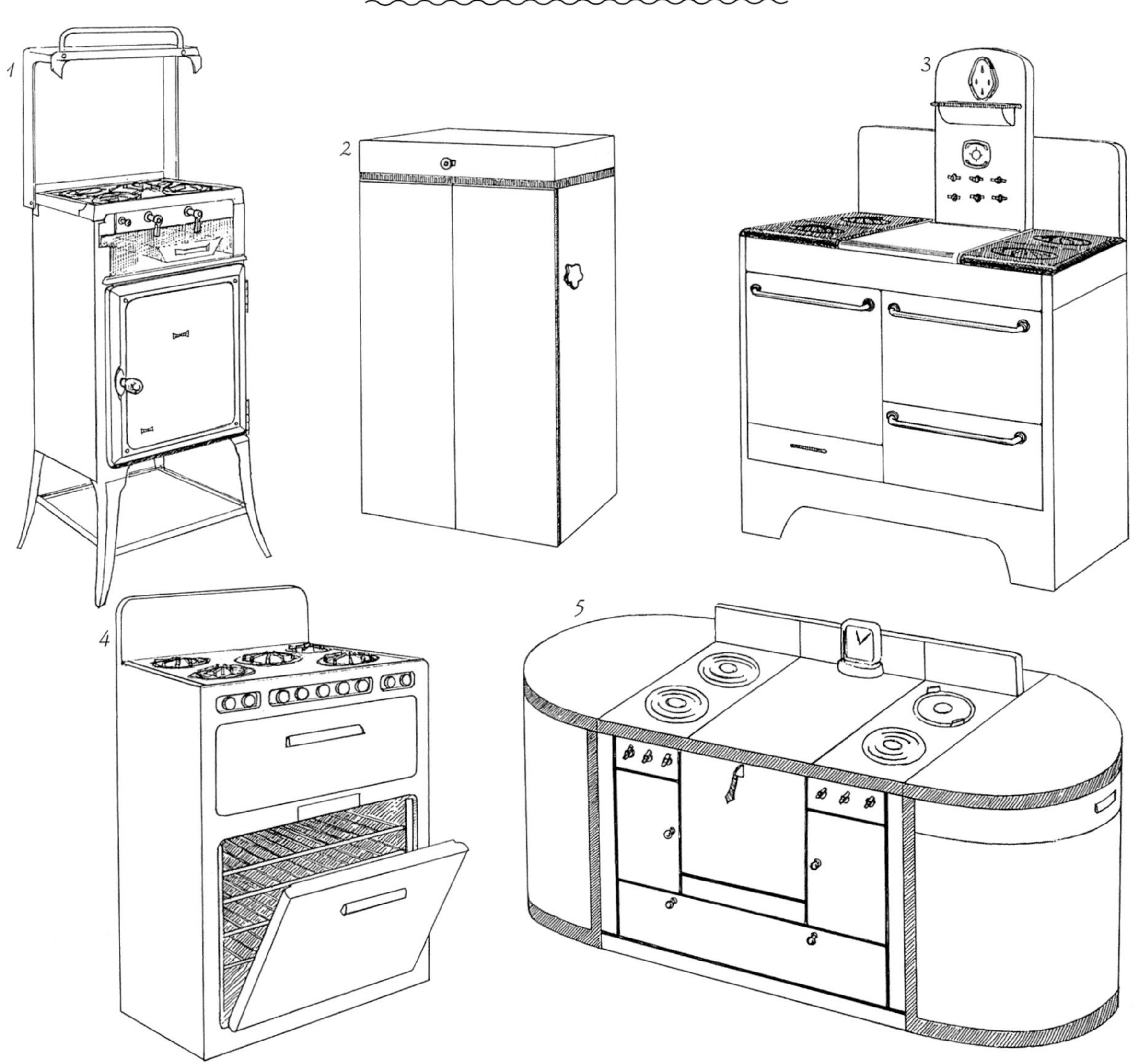

1. 1935年，英国的“米内特（*Minette*）”炉，仍然保留了支腿的造型。打开时，上方的灶面板会形成一个防溅板。
2. 1935年，英国的“凯宾特（*Kabineat*）”带盖的柜式煤气炉，带有自锁型餐具柜。
3. 双灶面板美式电炉灶的炉腿几乎完全消失，整洁的把手赋予流线型外观。
4. 适合于狭窄的空间英式煤气炉，1935年。
5. 美国首创的岛式电炉灶台，在两端弯曲部分设计了碗柜，1937年。

现代建筑将开放式厨房作为住宅中不可或缺的部分，这种观念也使炉灶的外观上发生了迅速的改变。

美国在煤气炉的制作技术上领先于英国，到20世纪30年代末期已经生产出非常先进的煤气炉。已经没有了实用主义外观：带斑点的灰色搪瓷被镀铬装点的白面漆外观所替代，制造商也省去了增高炉子的炉腿。煤气炉和电炉都已经成为新型组装式厨房中的模块化单元，并可以安装在难以使用的墙角空间中，从而形成连续的台面操作区。灶面板（hob / cook-top）与操作台面对齐，形成完整的工作空间。烤箱的隔离效果通过增加内部玻璃门得以改进；使用这种煤气炉时，能够通过长燃的火苗来增加使用的安全性。防溅板上通常安装带有刻度的自动定时器，是这两种类型的炉子共有的另一个特征。

最具革命性的灶台设计是“岛式”操作单元，成为许多现代化厨房中定制橱柜的先驱，灶面板和烤箱相互独立并且所使用的燃料来源也不同。这种岛式灶台往往位于大型厨房的中部，有砖砌的基座和排风罩。

楼梯

1．悬臂木踏板式旋转楼梯，厄尔诺·戈尔德芬格的伦敦住宅，1939年。光滑的扶手和绑扎的梯梁栏杆强化了优雅的曲线。*EG*

2．令人印象深刻的建筑技术和优美形式展现在这个钢筋混凝土室外楼梯，管形扶手。这所兰德福尔住宅位于英格兰多塞特郡普尔市，由奥利弗·希尔设计于1938年。*OL*

3．加利福尼亚州西好莱坞辛德勒住宅中的木制楼梯，1921—1922年。*SR*

4．这部公寓中的旋转混凝土楼梯围绕宽大的中柱盘旋而上，由Tayler & Green设计，伦敦，1939年。金属扶手和中柱形式贴切。*TG*

楼梯的造型在开放空间的现代住宅建筑中起着非常重要的作用，即使在采用传统风格的住宅里，门厅也会设置一个大窗户用来采光。作为设计的过渡时期，设计师会用胶合板制成实心栏杆，以及其他类似的处理手法用于对旧楼梯的“现代化”改造。更为常见的是采用金属制成的现代风格的栏杆，随着楼梯的升高，夸张的斜向和水平元素呈现出一种流线型。勒·柯布西耶的追随者在双层高的住宅起居室中使用钢筋混凝土浇筑的楼梯，并采用实心栏杆。艺术装饰运动风格的影响表现在弧形楼梯上，栏杆装饰表现在圆形端柱的使用。

旋转楼梯具有节省空间的特点，通常采用钢筋混凝土制作。沃尔特·格罗庇乌斯在其位于马萨诸塞州林肯市的住宅中采用了室外铁制螺旋楼梯，而在英格兰，由奥利弗·希尔1938年建造的位于普尔市的兰德福尔住宅的室外楼梯，则体现了轻微的建筑感。这栋住宅有着漂亮的弯曲木制楼梯，从入口层上部楼层一直通到屋顶。许多现代主义住宅有着类似轮船上的阶梯，用于通往上层进行日光浴的空间。

木制开放式踏板楼梯在20世纪40—50年代之间成为住宅的标配，并且通常用在主要房间之中。

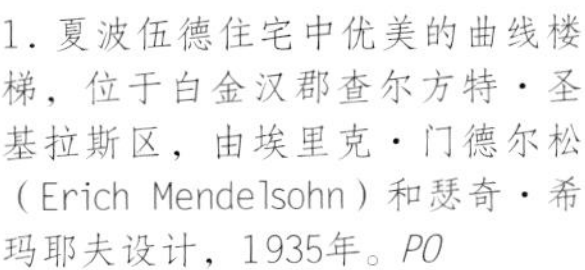

1. 夏波伍德住宅中优美的曲线楼梯，位于白金汉郡查尔方特·圣基拉斯区，由埃里克·门德尔松（Erich Mendelsohn）和瑟奇·希玛耶夫设计，1935年。*PO*

2. 萨里郡伊舍市的霍姆伍德住宅，由帕特里克·格温（Patrick Gwynne）设计于1938年，旋转楼梯结合了宽大的楼梯平台。*PO*

3. 通往屋顶的具有神秘感的楼梯，萨里郡切特西市的圣安山住宅，由雷蒙·麦格拉斯设计的圆形住宅，1936年。*PO*

4. 混凝土的精致造型展现在这部优雅的曲线形无支撑体楼梯中，带有斜切的踢板。这部楼梯带有管状楼梯扶手。

5. 室外铁制旋转楼梯，由沃尔特·格罗庇乌斯为其在马萨诸塞州林肯市的自宅设计，1938年。

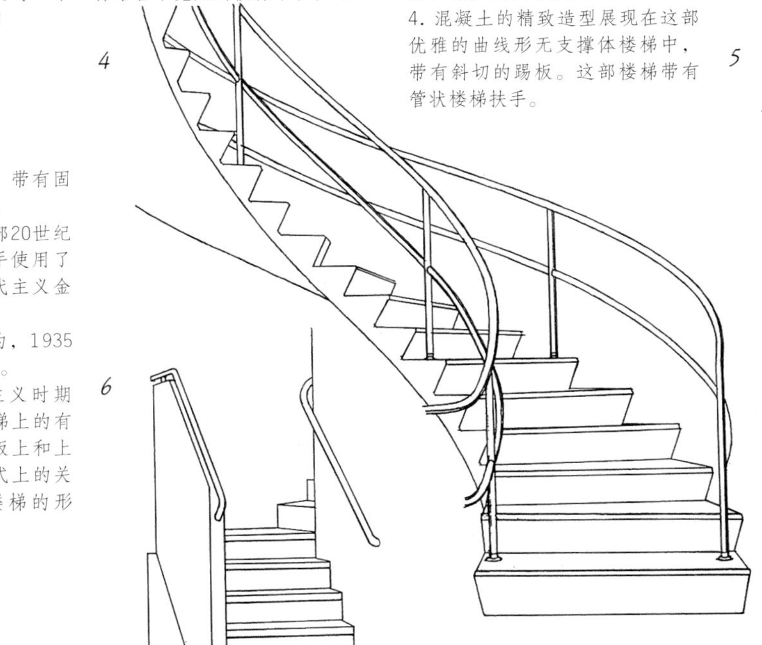

6. 室内钢筋混凝土楼梯，带有固定的钢管扶手，1934年。

7. 传统材料的再现：这部20世纪30年代后期的楼梯和扶手使用了橡木，但有着典型的现代主义金属网栏杆。

8. 封闭式梯梁梯段，纽约，1935年。扶手采用铝合金材质。

9. 流畅的曲线是现代主义时期的特征。此处安排在楼梯上的有规律的金属环，包括踏板上和上部的镀铬围栏形成了形式上的关联。黄铜扶手突出了楼梯的形式，1938年。

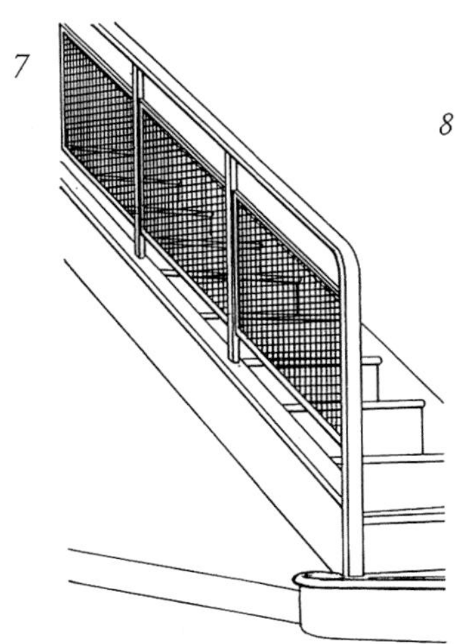

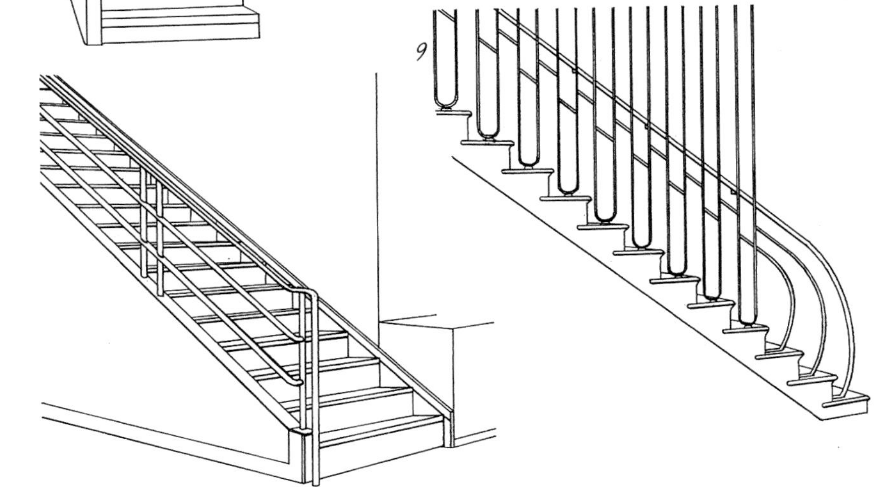

固定式家具

1. 20世纪30年代起到空间分割作用的固定式边柜（隔板）。小型餐用升降机与下两层的厨房相连，取餐口上部台面升起。油漆与天然木饰面形成了清爽的装饰效果。TG

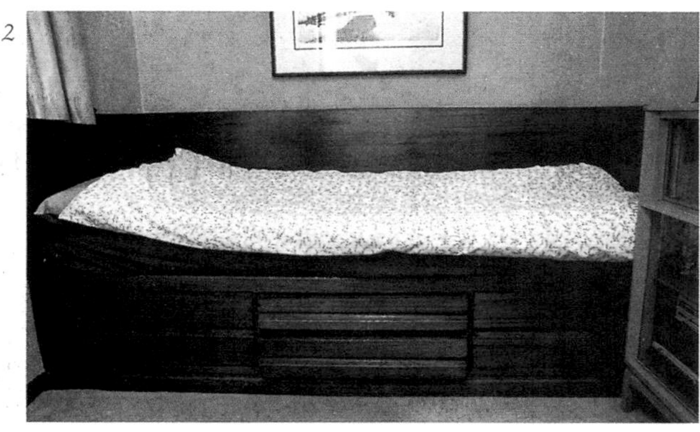

2. 木制船舱形儿童床，下部带有抽屉，1939年。OH

3. 固定式边柜和长餐桌，带有配套的凳子，鲁道夫·辛德勒设计于1922年，加利福尼亚州。SR

当现代主义建筑师对居住建筑室内的各部分形式进行控制时，固定式家具发挥了积极的作用。目的是使居住空间尽可能简洁，并且复兴了新古典主义对住宅房间的整体协调的理想。现代建筑运动与将家庭作为一个社会单元的态度相一致，同时有着简化生活方式和将家务事最简单化的愿望。

现代主义住宅中几乎每一件家具都可以归结到这个范畴。卧室、浴室和厨房里会有固定式书架、座位和桌台（均用作房间的隔板）、橱柜等，甚至在婴儿室里也有固定玩具柜；鸡尾酒柜和放置收音机与录音机空间也成为一些住宅的特征。门为平开式或推拉式。小型卧室流行类似船舱中的固定式床，床下有搁板。炉膛周围则布置固定座椅，形式简单，外观涂刷白漆或者用饰面薄板包起来，还可以使用实心硬木。固定式家具的一个改变是在一定程度上采取模数制，可以使各类家具的尺寸相互协调，并能够组合在一起。在战后时期，20世纪30年代的类似船舱形的室内定制家具开始冷却下来，但是留下的风格却成为家具的卖点，尤其使用在厨房和卧室里。

1
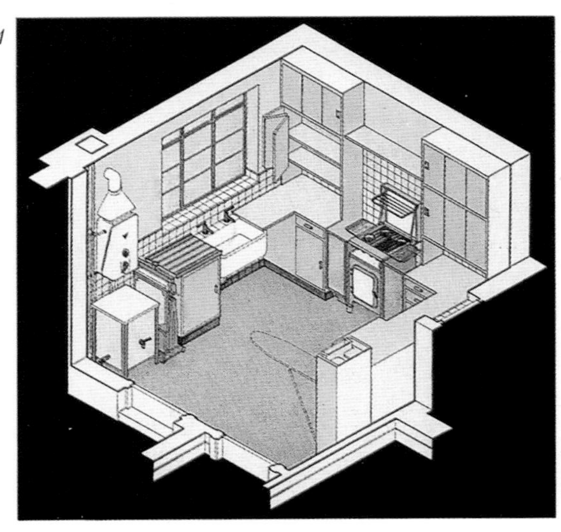

2

1. 20世纪30年代的固定式厨房。固定式橱柜的优势，包括类似此图中的折叠门之类的设施，使得那些甚至拒绝现代主义作为整体风格的人也不得不信服，英国。*AG*

2. 小型公寓尤其得益于固定家具带来的空间节省。这个案例是典型的20世纪30年代墙裙高度的家具单元，由白蜡木和胡桃木的柜橱和书架组成，带有电取暖炉。*CS*

3. 伦敦奇西克区南阅兵场2号住宅中的沙发，是一张可以折叠的双人床，还包括一张轻质的床边柜，达格代尔（Dugdale）和鲁赫曼（Rahemann）设计于1937年。*APR*

4. 20世纪30年代固定式玻璃架，有细长的镀铬金属支架支撑。

5. 转角沙发：扶手包含了书架和镶有镜子的顶部。保罗·弗兰克尔设计，纽约，约1935年。

3

4 5
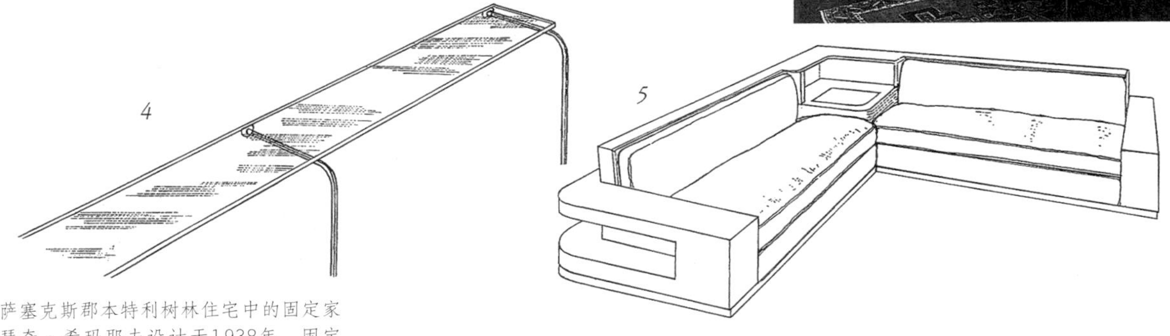

6. 东萨塞克斯郡本特利树林住宅中的固定家具，瑟奇·希玛耶夫设计于1938年，固定式柜橱形成了整齐的墙面，带有凹槽放置物件。*APR*

7. 夏波伍德住宅实用精致的穿衣间，1935年，提供了储物空间和便利的壁柜。*PO*

6

7

设施

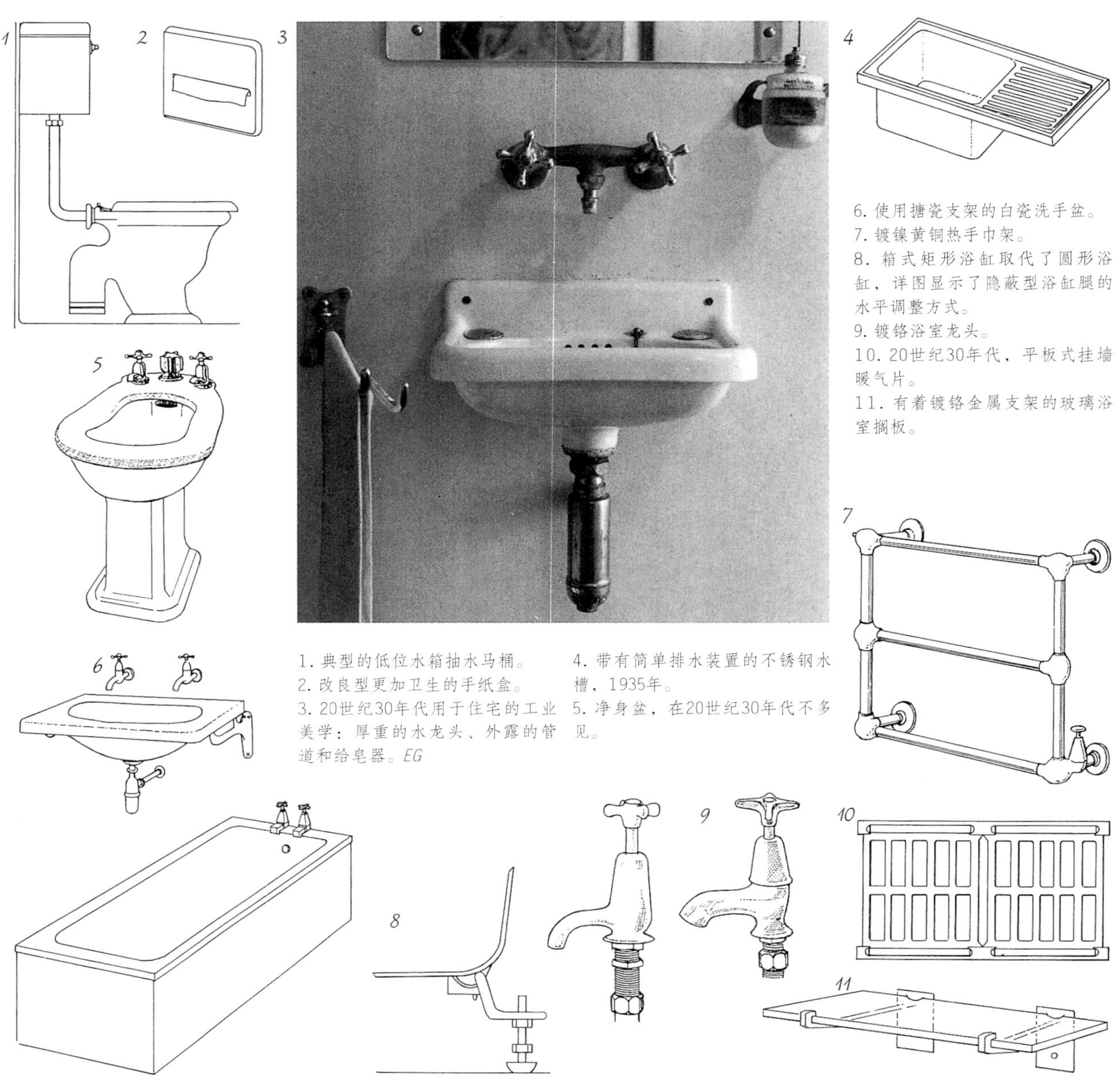

1. 典型的低位水箱抽水马桶。
2. 改良型更加卫生的手纸盒。
3. 20世纪30年代用于住宅的工业美学：厚重的水龙头、外露的管道和给皂器。EG
4. 带有简单排水装置的不锈钢水槽，1935年。
5. 净身盆，在20世纪30年代不多见。
6. 使用搪瓷支架的白瓷洗手盆。
7. 镀镍黄铜热手巾架。
8. 箱式矩形浴缸取代了圆形浴缸，详图显示了隐蔽型浴缸腿的水平调整方式。
9. 镀铬浴室龙头。
10. 20世纪30年代，平板式挂墙暖气片。
11. 有着镀铬金属支架的玻璃浴室搁板。

浴室和其他设施的设计在20世纪20—30年代之间得到了发展，也没有出现风格类型的争论，因为现代主义浴室与艺术装饰运动或新都铎式住宅中的设施几乎没有区别。但是，更加注重浴室的健康和卫生，并且，浴室在住宅中的作用更为重要，勒·柯布西耶在他的一座住宅中将浴室和主要居住空间结合在一起。

浴室的装置多为密封型：浴盆装在箱子里，低位抽水马桶的水箱通常隐藏在墙面里。尤其在美国，浴室成为最舒适和奢华之所，大量使用瓷砖、彩色瓷板和做工结实的设施。即使到20世纪30年代，英国人对于淋浴的偏爱还多过浴缸。在欧洲大陆浴盆仍然是一种大胆而奢华的设施。

浴室中的一种标准配置是加热毛巾架。通常由镀铬合金制成，还有镀铬支架与玻璃管结合型的。水龙头等卫浴设施受到了工业设计的影响，十字形的龙头把手由于其他样式的出现而逐步淘汰。

浴室的集中供热方法也多种多样。地板下铺装电加热的方式能达到最佳的隐蔽效果，所以在20世纪50年代这种方法一经出现便受到欢迎。

灯具

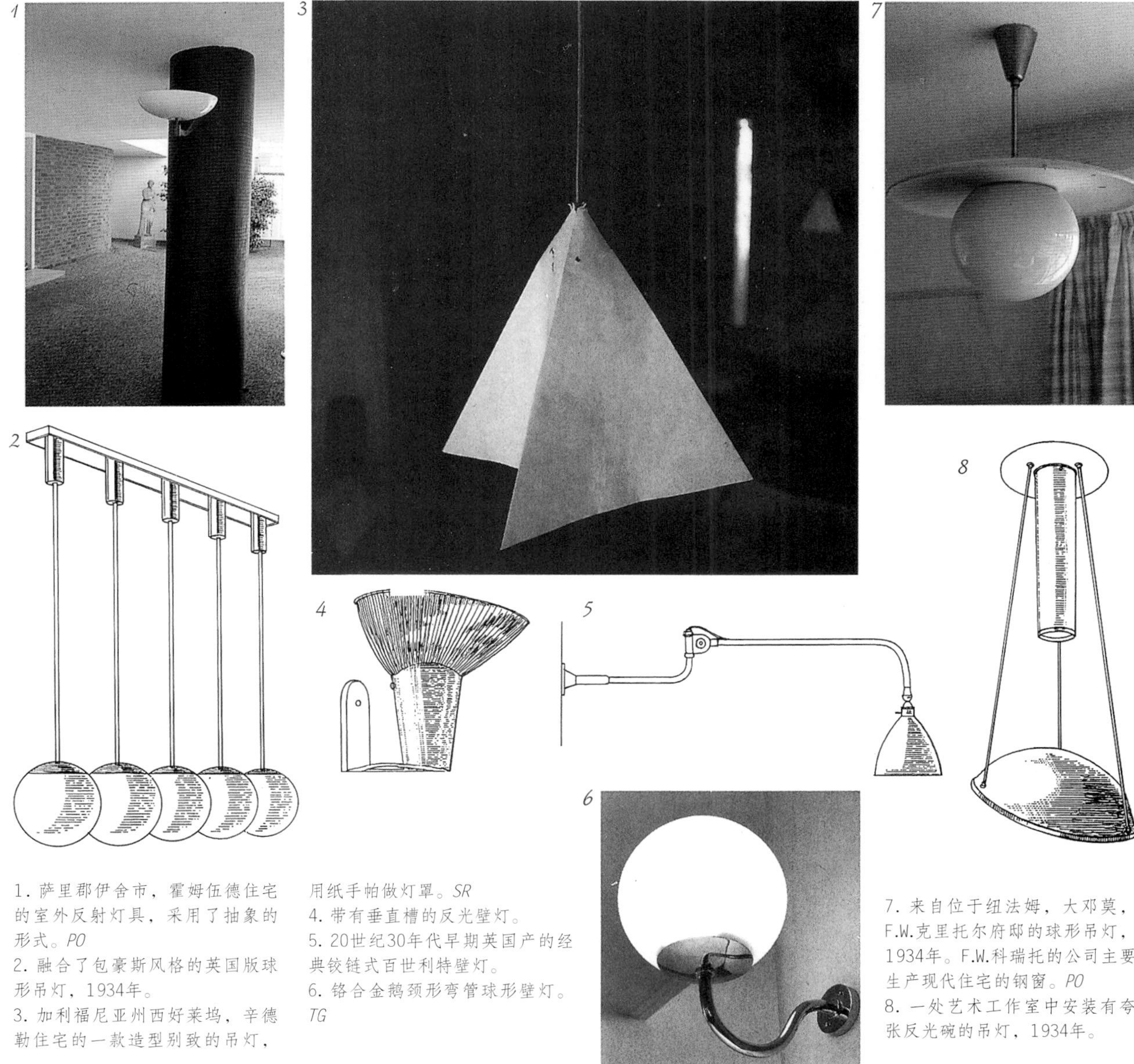

1. 萨里郡伊舍市，霍姆伍德住宅的室外反射灯具，采用了抽象的形式。*PO*
2. 融合了包豪斯风格的英国版球形吊灯，1934年。
3. 加利福尼亚州西好莱坞，辛德勒住宅的一款造型别致的吊灯，用纸手帕做灯罩。*SR*
4. 带有垂直槽的反光壁灯。
5. 20世纪30年代早期英国产的经典铰链式百世利特壁灯。
6. 铬合金鹅颈形弯管球形壁灯。*TG*
7. 来自位于纽法姆，大邓莫，F.W.克里托尔府邸的球形吊灯，1934年。F.W.科瑞托的公司主要生产现代住宅的钢窗。*PO*
8. 一处艺术工作室中安装有夸张反光碗的吊灯，1934年。

现代主义早期对固定式电气照明灯具不是十分关注。在艺术装饰运动的演变过程中，现代建筑室内出现了一些形式优美的中心对称几何形灯具。由于在建筑室内空间中不允许灯具打破天棚的“纯净”效果，所以最常见到的是半球形灯具，餐桌上部偶尔会使用可调高度的吊灯。壁灯是一种非常受欢迎的灯具形式，分为朝上照射的碗形和枝干球形。带有锥形灯罩和可弯曲镀铬灯杆的折叠式壁灯，常用于阅读或案头工作。建筑师通常会向灯具设计师说明他们的设计要求，例如工作区域特殊的天棚轨道灯或暗藏灯等，在第二次世界大战后逐渐成为灯具配置常见的方式和有效的方法。

在这个时期，灯具的造型变得更加丰富多样，塑料的使用大量出现，灯罩的样式也更多地受到斯堪的纳维亚的影响。到20世纪40年代，日光灯管大量使用在厨房和浴室中，由于日光灯产生的热量要少于普通白炽灯，在美国得到了人们的普遍接受。到20世纪60年代，轨道式聚光灯被广泛使用，出现了带有多种光源类型的灯具单元组合。

金属制品

1. 由厄尔诺·戈尔德芬格设计的带有钢板网的钢管铁门，伦敦，1939年。EG
2. 支架顶端弯曲的铁艺围栏。
3. 由沃尔特·格罗庇乌斯和E.麦斯威尔·弗里设计的屋顶平台钢管围栏，1936年。
4. 一组钢管楼梯扶手和闭合式栏杆。
5. 栏杆件细部。上面的样例布置于阳台的边缘，下面的样例固定在女儿墙上。

6. 英国沃里克郡瑟奇·希玛耶夫住宅的圆形阳台栏杆，1934年；有通向楼顶的钢梯。
7. 公寓大楼的铝制阳台，由巴兹尔·斯彭斯（Basil Spence）设计，英国，1954年。
8. 英国多塞特郡普尔市兰德福尔住宅入口水泥墙上的金属字牌，1938年。OL
9. 钢管铁艺大门，下部嵌有钢板网。
10. 曲面抛光金属栏杆成为当时流行元素的形式特征。

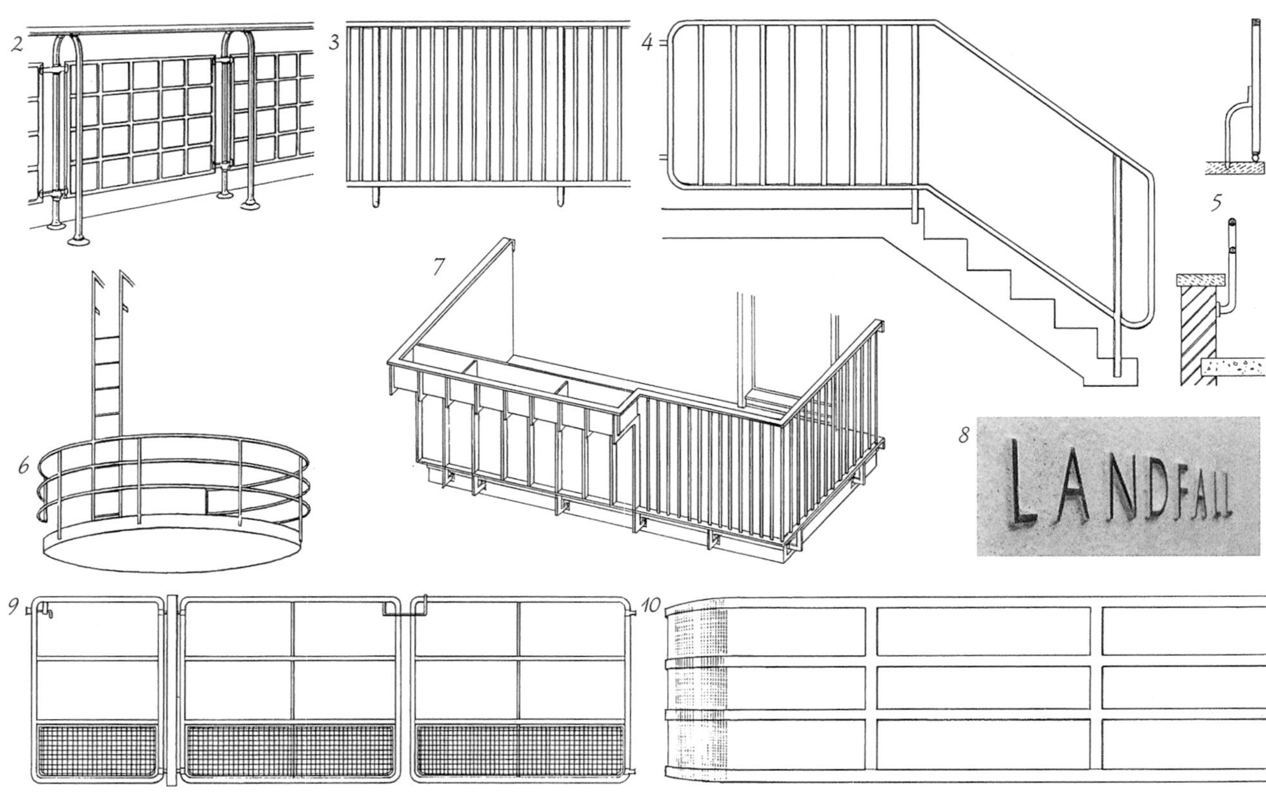

在公共建筑和工业建筑中，现代主义的风格元素通常为金属和玻璃。而在住宅建筑中，依然流行非常厚实的传统材料，但会使用金属材料产生有趣味的细节形式。阳台和楼梯扶手倾向使用钢管，阳台栏板或大门上会结合使用钢板网。钢板网是用做隔断的通行做法，从欧洲大陆借鉴而来，采用粗钢丝编织而成，固定钢板网的框架通常处理成圆角。这种非常实用的做法成为现代主义住宅常见的外观形式。钢管支撑的阳台栏板可以折弯成曲面，从而使得住宅外观不至于太过乏味。栏杆柱的视觉重量和空间效果非常重要，钢管有时候是圆形断面，有时候则是薄壁方管。

用于结构支撑的钢柱通常会做得尽可能薄，以创造出轻盈的视觉效果。柱子通常为圆形断面，偶尔也会采用“工”字形。

尽管现代主义建筑中的金属制品看上去非常简单，但细节却十分精美。在第一次世界大战后金属的短缺时期，英国建造了预制钢板房住宅，这些住宅提供了许多固定式金属细节做法，包括门框上的照明开关等。

木制品

1

2

3

4

5
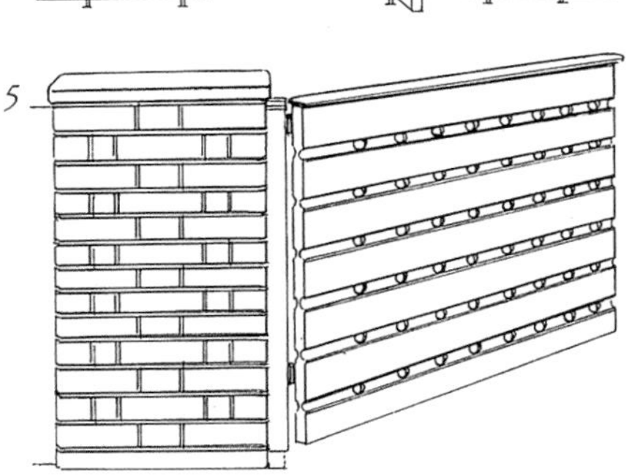

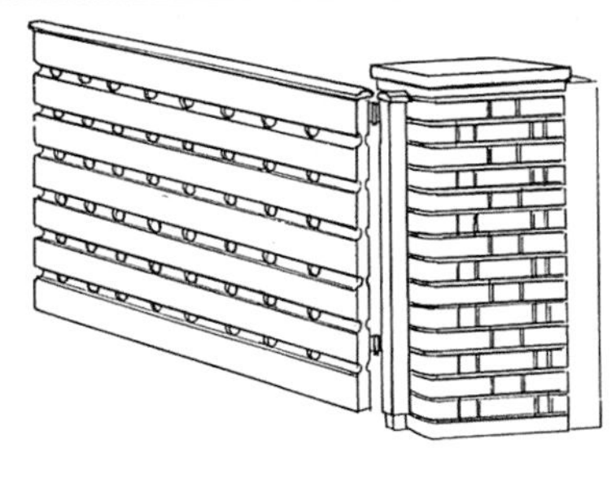

1. 位于美国亚利桑那州的西塔里埃森，由弗兰克·劳埃德·赖特设计，木结构造型令人印象深刻，20世纪30年代。绘图工作室的帐篷型屋顶由木制桁架支撑。*WI*
2. 加利福尼亚鲁道夫·辛德勒的西好莱坞住宅的木构架屋顶平台，1921—1922年。*SR*
3. 伦敦一处住宅的厚重白漆大门，具有20世纪50年代的典型特点。
4. 位于英国剑桥肖姆的一处住宅的木框架外墙，由贾斯丁·布兰克·赖特（Justin Blanco White）设计，1938年。这处建筑最初设计为混凝土结构，后期由于战争导致水泥短缺，而改为木结构。*PO*
5. 入口处简洁的装饰性木门。

现代主义建筑师为适应机器时代而倾向于选择无机材料。但是在现代建筑的历史中，木材起到的作用始终令人关注，扮演的角色也非常重要。尤其是弗兰克·劳埃德·赖特直接使用来自于锯木厂的木材，展现其天然风貌。

直到20世纪30年代晚期，英国在室内的细部才开始使用经过加工的光滑木材，之后受到弗兰克·劳埃德·赖特、阿尔瓦·阿尔托以及其他斯堪的纳维亚建筑师的启发，出现了一种有机风格，开始使用木材建造整个住宅。此时的木材使用主要采取简单的锯切面和标准的宽度，不做任何装饰性处理。第二次世界大战后期，年轻一代建筑师喜欢使用大体块质感厚重的木材，与木材进口受到严格限制时期出现的细长的英国节庆风格形成了对比。他们以极富想象力的形式设计木围栏和屏风，用白色油漆进行外观处理（冷杉或松木）。

木材构成了美国住宅建筑的基础，但是许多现代主义建筑师为了证明自身的现代性而忽略了这一点。来自欧洲的沃尔特·格罗庇乌斯和马塞尔·布鲁尔出于现代主义朴素的构想，在垂直框架墙、廊架和室外楼梯等方面拓展了木材的传统意义。此外，可拆卸式或工厂预制的木构架住宅得到了广泛使用，满足了美国的战时住房需求。

后期现代主义时期（1950—1975年）

艾伦·鲍尔斯

1. 轻型工业化产品赋予住宅建筑以自由和开放的空间性格，该建筑为皮埃尔·凯尼格（Pierre Koenig）设计的个案研究住宅21号，洛杉矶，加利福尼亚州，1958年。*SHU*

2. 更适合作为收藏品而非居住的住宅建筑，伊利诺伊州普莱诺市的范斯沃斯住宅，1945—1951年，属于路德维希·密斯·凡·德·罗超凡居住空间的终极作品。*HB*

几年前，人们可能不会想到“复古”一词将变成“现代”的同义词，并且两者都会成为设计评价中的褒义词，而现在这种情况已经变成了事实。审美品位的车轮随着时间的进程转动着，第二次世界大战后几年间建造的住宅现在逐渐变成人们研究、欣赏和仿效的对象。

第二次世界大战后的住宅建设赢得了一片欢呼声，主要有以下几个原因：首先，比战前的现代主义设计师设计的住宅更为紧凑，部分是因为一些家庭不再雇佣佣人，而将所有的房间贯通成一个开放的空间，并且没有单独的走廊和通道；其次，以前房间之间分隔的目的主要是因为私密性的需要，至少在英国如此；再者是因为第二次世界大战之前大多数住宅的采暖方式依然十分原始，甚至当时美国的一些家庭在寒冷的冬天可能还没有最基本的采暖设施。早期英国的家庭世世代代不得不通过关紧那些样式优雅而效能低下的上下推拉窗，来阻止寒风吹进房间。新的住宅建筑提供了各种家庭式的采暖方案，包括创新式的地热形式，因为这种设备布置方式有着近乎隐蔽的特点，因此广受建筑师青睐。

开放式平面为住宅设计提供了自由的空间布局形式，应答了现代舒适的家庭生活方式，拓展了传统住宅中什么是“最好的”空间格局的认知。正如设计师玛丽和拉塞尔·赖特夫妇（Mary and Russel Wright）在1950年的描写：“女儿将鞋子留在了沙发的下面，儿子喝着牛奶吃着饼干读他的数学书，一家之主把他的双脚放在咖啡桌上。孩子们将房间弄得凌乱不堪。即使在属于成年人的安静的夜晚，也会在桌子上见到燃烧的香烟和弄湿的戒指。”当时的大多数客厅已经不再兼作卧室，对于不同空间的功能需求，会通过独立成组的家具布置方式加以区分，有时也会通过降低房间隔板高度或使用通透的搁板进行区域的界定。虽然沙发座椅区域仍然布置成起居室的核心，但几乎总要在起居室中加入一个用餐区，并透过厨房半透的搁板或组合式碗柜看到起居室的整个空间。一组“三件套”的沙发和由炉边椅子转变而来的两个配套的无扶手的沙发椅，或简单的轻型座椅，成为起居室家具布置的惯例。

到20世纪50年代中期，电视替代了壁炉成为房间的视觉中心，但却成为房间设计上最大的难题。英国评论家戴安娜·朗特里（Diana Rowntree）在1964年写道：“灰色的电视屏幕以及与房间大小不成比例的屏幕尺寸，是电视机作为房间视觉中心时最不能令人满意的地方，而大多数在市场上买来的电视柜也非常丑陋。因此，最好的解决方法

美国人简单生活理想的体现，米尔曼住宅，巴夫、斯特劳布和亨斯曼设计于1958—1959年。建筑与加利福尼亚州的气候融为一体，固定式家具将空间的凌乱感降至最低。植物的色彩和室内物品反映了20世纪50年代明亮的空间效果。*SHU*

是避免刻意地强调电视机的存在，不应像壁炉那样采取装饰性的对称布置方式……摆放一盆茂盛的常春藤之类的植物，便足以与电视机盒子状的外观形成对比。” 在20世纪30年代，很多人都在尝试这类协调和弱化电视机做法，但他们的实践成果所形成的影响大多仅局限于住宅所在的社区之内，对整个社会的影响十分有限。而今天，杂志和图书对这类形式布局与装饰做法起到了积极的推广作用。

家庭设施质量的提高也导致了空间形式的创新。当从住宅的花园看过来时，不再需要像从前那样刻意遮挡厨房和其他服务空间，因为家庭设施的外观形式已经十分美观。同时，在新型的紧凑型住宅中历史性地将厨房并入主要的起居区域，家庭的生活方式也变得不那么正式了。女主人不会再因为自己做饭而感到羞愧，厨房在某种程度上成为一个展示空间。在1950年，玛丽和拉塞尔·赖特夫妇向社会推崇“简单生活”系列家具和陶器，他们在《简单生活指南》（*Guide to Easier Living*）一书中写道：“时常，舒适、轻松和自然的生活方式都被一些不切实际的梦想扼杀，从而使家庭生活变得拘谨和令人不适。远离起居室中的家庭聚会，让青少年和儿童去那些有自动唱机的小酒吧寻找乐趣，让丈夫去看喜欢的电影，或下班后去酒吧放松，而不是去做招待朋友的苦差事。” 玛丽和拉塞尔·赖特夫妇展示了美国人是如何将非正规的室内烧烤作为新式家庭的娱乐形式，并且所使用的器具和设备也不再那么正式。书中第一次将家庭责任方面的性别平等作为重要问题加以讨论（认为男人进行“烹饪”至少应是一种姿态），因为在一段时间里，有些女性回归了传统家庭主妇和母亲的角色，家庭中出现了较大的生活压力。他们认为儿童应该更多地融入家庭生活而不是孤零零地被送到托儿所里，当老年人希望在卧室里读书或放松身体时，他们的卧室应当能够兼具睡眠和起居的功能。

由戈登和厄休拉·鲍耶（Gordon and Ursula Bowyer）在1965年设计的位于布莱克希思的住宅，开敞的盒子式空间中的落地窗开向花园，砖墙上的玻璃窗连接着厨房，厨房的位置与餐厅相邻，与起居空间相对而设。*GUB*

住宅和庭院之间的关系变化非常值得注意。因为摆脱了采暖方式的约束，出现了大尺度的窗户，提供了更好的视野，而在气候温和的加利福尼亚州，住宅内外的界限可能会完全消失，使人们融入一个浪漫的梦想的天堂，其情境偶尔会使人联想到摄政时期的别墅。按照美国庭园设计师托马斯·丘奇（Thomas Church）1944年所著的《花园为人而存在》（*Gardens are for People*）一书中的观点，认为住宅的室外空间应成为第一次世界大战后生育高峰期出生的那些儿童的活动区域，他们可以围绕水池进行户外娱乐，或在夜晚借着花园的灯光进行烧烤。室内空间中攀爬的藤蔓植物也成为所有住宅中的流行特征，而这些在20世纪30 年代之前几乎未曾出现过。

在美国，大多数郊区住宅不能给居住者提供以上所有的好处，原因出自住宅建筑商和购房者的保守主义思想。建筑师约瑟夫·赫德纳特（Joseph Hudnut）在1949年写道，在“科德角地区如暴雨般突然涌现的别墅群，即便在今天看来依然彰显着英格兰的风格特征”。尽管如此，新一代的第一次世界大战后的业主还是希望在他们的住宅中配置所有现代化的便利设施。约瑟夫·赫德纳特发表了题为《后现代主义之家》的文章，第一次出现了“后现代”这个术语，用以识别那些通过对传统建筑简单的模仿，并解决住宅机器本身所造成的人们精神需求上的缺失，或许也构成了对建筑师和发明家理查德·巴克敏斯特·富勒推进的纯粹住宅机器的含蓄批评。《艺术和建筑》（*Arts and Architecture*）杂志发表了一系列1945年之后建造的加利福尼亚州“住宅案例研究”，对当时的住宅设计形成了影响，包括查尔斯和伊姆斯夫妇（Charles & Ray Eames）在圣莫尼卡设计的住宅，以及克雷格·埃尔伍德（Craig Ellwood）、拉斐尔·索里亚诺（Raphael Sorriano）和安埃尔·凯尼格等建筑师设计的住宅，这些建筑师设计的住宅展示了建筑的自身价值，科技只是一种建造手段，尽管这些手段十分必要。

1950年之后，钢铁成为占主导地位的结构材料，正如皮埃尔·凯尼格所言，“钢并非仅是你可以拿得起放得下

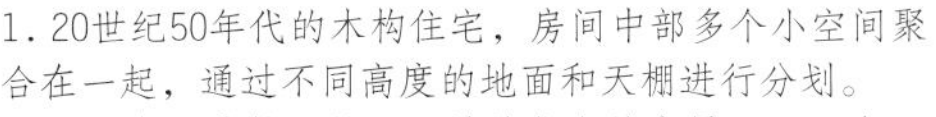

1. 20世纪50年代的木构住宅，房间中部多个小空间聚合在一起，通过不同高度的地面和天棚进行分划。

2. 戈登和厄休拉·鲍耶设计的住宅的夜景，1957年。壁炉体量与建筑空间呈十字形，并一直伸展至花园中。室内的壁炉烟囱通至天棚。*GUB*

3. 位于利物浦锡达伍德的一栋住宅，由杰拉尔德·比奇（Gerald Beech）和戴维·普里斯-托马斯（Dewi Prys-Thomas）设计，起居室在空间上与餐厅区域贯通，厨房在餐厅的尽端，门厅和楼梯位于木板隔墙的另一侧。折叠式屏风在需要时可以将餐厅封闭。*EHW*

的一种建筑材料，而是一种具有生命的存在。”但是，那些拥有精美结构节点的钢构住宅造价昂贵，甚至认为是对吝啬的建筑商的一种惩罚，所以，尽管这些住宅的照片美轮美奂令人印象深刻，并且朱丽叶·舒尔曼（Julius Shulman）也曾是这些漂亮住宅的房主之一，其最终也没有得到广泛地效仿。

《美丽家居》（*House Beautiful*）杂志反对欧洲的现代主义，曾以路德维希·密斯·凡·德·罗设计的范斯沃斯住宅的理性规则为例，对现代主义进行了批评，而大力提倡和明确推行美国式更轻松的生活方式。在1946年的一期里刊登了一篇短文，题目是《我对战后的住宅深感恐惧》（*I'm Scared of Postwar Houses*），文章的目的是为了鼓励那些胆小的人去战胜他们对现代住宅的恐惧心理。在英国和美国，现代主义的住宅都带有大窗户和自由平面，并且有时建成平屋顶，无论何种方式，都成为房主社会地位的象征。当时普遍认为这些住宅的拥有者其社会地位高于城郊住宅住户，即社会评论家威廉·怀特（William Whyte）在1956年的《组织者》（*The Organisation Man*）书中所描述的城郊住宅，“巨大的电视天线森林，有金属顶的活动折篷汽车”……粉红色的窗户遮阳罩等。美国标准的郊区住宅，仅由住宅草坪前的水道将其从整体环境中分离开来，不具有任何私密性可言。1960年，《美丽家居》（*House Beautiful*）的主编伊丽莎白-戈登（Elizabeth Gordon）曾经就此发问，“你们家前面的这个草坪是属于你还是属于所有邻里？” 20世纪60年代早期的建筑运动试图将美国住宅转换成更紧凑的单层庭院式住宅形式，作为避免郊区住宅蔓延的一种方法，并寻求在开放性空间中保护个人隐私的设计方式，但效果甚微。

美国建筑师中对住宅设计最具影响的是匈牙利人马塞尔·布鲁尔，他曾在英国作短期停留后于1937年移民到美国。1949年，马塞尔·布鲁尔在纽约现代艺术博物馆举办了一个关于住宅建设的展览，展出了木材墙体、具有石材特征的壁炉以及单坡屋顶。这些元素很大程度上归功于美国最杰出的现代本土建筑师弗兰克·劳埃德·赖特的创作实践。在一系列私有住宅的设计过程中，马塞尔·布鲁尔展示了许多不同以往的设计技巧，这些技巧比纯粹的现代主义建筑师路德维希·密斯·凡·德·罗的方法更受欢迎。马塞尔·布鲁尔在1956年写道：“透明度也需要稠度的调节……因为完全透明会缺乏对诸如房主的隐私性、玻璃表面的反射性、无序向有序的转变、家具、人物背景等问题的考虑，而这些构成了人们的日常生活主要内容”。

在英国，对生活隐私性的极端重视主导了现代住宅设计，并取得了成功。现代住宅经常被挤进城市的剩余地块中，如大型维多利亚时期住宅的花园，或者战时轰炸后留

1. 建筑师爱德华·卡利南（Edward Cullinan）1964年设计的自宅，位于伦敦卡姆登梅斯，将粗野主义的材料与乡村的感觉带到了城市。*PO*

2. 位于白金汉郡的Turn End（彼得·奥尔丁顿三所乡村住宅之一，另两所为The Turn, Middle Turn——译者注），建筑师彼得·奥尔丁顿（Peter Aldington）于1964年建造了一个紧邻餐厅和厨房的花园庭院，将这个空间与花园的主要区域局部分离开来。*PO*

3. 威廉·摩根（William Morgan）1972—1975年设计的山顶住宅，位于佛罗里达州布鲁克斯威尔，整幢建筑几乎完全隐蔽在草地之下，是回归自然的极端范例，只有在技术前提下才能实现。*WMO*

下的废弃地。从20世纪50年代开始，建筑开发公司SPAN陆续建造了一批现代小型联排住宅和公寓，由建筑师埃里克·里昂（Eric Lyons）设计。这些住宅区布局规划的最大特点是出现了共享的景观绿地和其他类型的公共空间，成人和儿童都可以自由进入，而汽车则需要停在距离住宅较远的地方。其他开发商和住宅建造商，如韦茨公司，尽管思路不同但都在效仿这种做法。于是，英国各地在20世纪60年代出现了大量的现代住宅，代替了典型的郊区双拼式住宅，这种住宅在过去的半个世纪中占据主导地位。

正如在美国所见到的一样，英国的战后住宅通过材料的不同形成了鲜明的特色，尤其是木材使用方式的不同。20世纪50年代典型的英国住宅，由于建筑材料的短缺使建筑外观形式略显贫乏，但在1960年以后通过使用夸张而厚重的建筑造型得以改观。20世纪30年代受到广泛欢迎的混凝土，现在除了混凝土砌块之外已基本不再使用。砖卷土重来，并且在深色和浅色之间增加了更多的可选择色彩，而不是像中世纪只有标准的红色。很少出现作为案例研究的实验性住宅，钢材在1968年以后才得以广泛使用，经常用在那些仿效美国的住宅设计中。勒·柯布西耶的后期作品，1952—1954年位于靠近法国讷伊的尧奥住宅（Maisons Jaoul），对"新粗野主义"风格的发展产生了影响，并形成了一个松散的建筑运动，这个运动以材料"作为建构"的基本价值，在建筑的色彩和质感上表现出强烈的个性，同时鼓励青年建筑师尽快脱离当时的"当代"装饰风格，这种风格受到斯堪的纳维亚现代主义的影响，并在1951年的英国建筑展中风靡一时。尧奥住宅为两个有亲属关系的家庭建造，用粗糙的红砖砌筑，砖墙中"粗糙混凝土"的楼层穿带和拱形屋顶效果突出。这是一场为城市带来乡村美学的复杂运动，不仅仅表现在材料的使用上，坚固的混凝土固定式家具和以中轴开启的大门，也成为由建筑师设计的大量的英国住宅中经常出现的特征。

英国第二次世界大战后的现代住宅体量总是小于美国

H.T.凯德伯里-布朗（H.T.Cadburg-Brown）设计的位于萨福克郡的城市住宅，形成了愉悦的室外围合空间。庭院也用作住宅的前院，当人们进入住宅时几乎不会注意到庭院的存在。高处的天窗为建筑室内深处带去光线。PO

或欧洲的同类型住宅，为数不多的几次大体量现代风格的城郊住宅建造，都以彻底失败告终。然而，并不是所有的建筑师都在设计现代风格的住宅，因为当时还有一批古典风格的设计师，如雷蒙德·艾利斯（Raymond Erith）和弗朗西斯·约翰逊（Francis Johnson），虽然他们没能跟上时代的脚步，但却成功地为深具传统思想的客户实现了他们所希望的住宅样式，大多数基于晚期乔治亚风格。在美国的这类建筑师，如亚特兰大的菲利普·特拉梅尔·舒尔茨（Philip Trammell Shultze），也设计出深具巴洛克式的味道的住宅，同样也表现出一定的创造性。虽然英国和美国的古典风格建筑师都采取倾向城市风格的乔治亚式，但大多建造的却是些独立式的城郊住宅。一旦有机会，他们就能够设计出对城市肌理的历史连续性做出有益的贡献建筑，并通过巧妙地改变传统住宅形式来适应现代的需要。

第二次世界大战后的日常生活用品变得越来越国际化。在20世纪50年代，斯堪的纳维亚地区的家具和纺织品在美国和英国非常流行，并被广泛模仿。在一些博物馆中举办的各种展览，如纽约的现代艺术博物馆和伦敦的白教堂艺术画廊，也在帮助和引导新生代的消费者如何做出“正确”的选择，英国设计委员会还嘉奖那些能够将功能性和美观性结合在一起的产品。美国在第二次世界大战期间推动的“有机”外观形式，如埃罗·沙里宁（Eero Saarinen）设计的桌椅，伊姆斯夫妇设计的双曲面胶合板椅子，在铝合金系列家具到来之前仍大量生产；阿纳·雅各布森（Arne Jacobsen）设计了丹麦式家具，如“蚂蚁”座椅；罗宾·戴（Robin Day）在英国设计了样式紧凑的类似家具，包括几乎成为世界性的独特的“聚丙烯”铸型塑料座椅。

特色鲜明色彩亮丽的意大利图案，通过使用新型塑料材料的重新诠释产生了强大的影响力。在20世纪60年代末期，20世纪20年代的一些现代主义设计经典再次被唤起，并且混合了最新的现代元素，使一些住宅看上去如同文物一般。多年以后，在一个房间中混搭古代的和现代的家具成为一种时尚。《住宅与花园》杂志在英国定期举办混搭风格的家居陈设展，通常会包括维多利亚时期的物品，价格便宜而且又被认为富有“情趣”，受到波希米亚风格艺术家的普遍赞赏，当时出现的对维多利亚风格的普遍谴责并没有影响到这些艺术家，他们扮演了烘托现代主义简约效果的角色。

不仅住宅的平面发生了革命性的变化，人们就座的方

1. 彼得·艾森曼（Peter Eisenmann）设计的住宅VI，康涅狄格州西康沃尔，1972—1976年，扭曲的建筑逻辑表演将功能主义放在了一边。*ROC*

2. 纽约阿默甘西特的一处住宅，1965—1967年，查尔斯·格瓦德梅（Charles Gwathmey）设计，"纽约五建筑师"的成员之一，显示了现代主义建筑语言表现的生动性。*ROC*

3. 理查德·迈耶（Richard Meier），"纽约五建筑师"最高产的成员，白色建筑成为其建筑的标志。道格拉斯住宅，位于密歇根州斯普林斯港，1971—1973年建造，优雅地飘浮在松树林中。*ROC*

式也同样出现了变化。20世纪60年代，被认为有先进思想的人会使用距地很近的低矮家具，大概是受到日本生活方式的影响。到了20世纪60年代后期，年轻人都坐在地面的垫子上，一些由松散的碎橡胶泡沫或者发泡聚苯乙烯微珠填充制成的"凹陷袋"。房间里的其他家具也相应变低，上部可以放置陈设的低矮的固定式书架，墙面挂画的高度也适合于坐姿观看。在下沉式会客区或"谈话处"中设有通长的靠背沙发，并放置了配套的垫子，通常被认为是住宅社交空间最令人满意的形式，有时也会融入具有个性特征的单人座椅。

在英国，1964年由特伦斯·康兰（Terence Conran，生于1931年）建立了哈比塔特连锁店，为普通家庭主妇提供了与百货公司标准化产品不一样的物品，多是些形式简单功能实用的家居用品，价格比那些专业设计商店的商品便宜。最大的变化开始于20世纪60年代对厨房的重新发现，厨房不仅仅只是作为用餐区的附属，也作为住宅的功能性中心。乡土建筑风格厨房的出现是对现代风格的补充，设计中使用了当时最新流行的松木皮材料以及色彩鲜亮的铸铁厨具。这种风格允许空间形式的凌乱，因为看上去会更加具有真实感。

20世纪60年代一场意想不到的文化运动是对现代建筑的理性和技术假设的一个挑战。裁切整齐、样式端庄的矩形几何形体与当时反对越战出现的"权力归于花儿"运动相违背，建筑又一次找回了浪漫的源头，表现出对有机形式和天然材料的倾心。理查德·巴克敏斯特·富勒的"网格穹顶"被看作通过技术去拥抱世界的一种新发明，经由嬉皮士之手，改变成为西部各州沙漠地区自建住宅的首选形式。伯纳德·鲁道夫斯基（Bernard Rudofsky），一位侨居纽约的维也纳人，于1964年举办了著名的题目为"没有建筑师的建筑"的无名传统建筑展，目的在于鼓励

第二次世界大战后的建筑大师之一路易斯·康（Louis Kahn）的晚期作品，位于宾夕法尼亚州华盛顿堡的科曼住宅，1971—1973年，表现了其通过“被服务”和“服务”空间的分离将纪念性的品质带回到现代建筑之中。*ROC*

专业建筑师对设计观念的思考，寻找那些已经失去的使建筑具有持久吸引力的设计技巧。克里斯托弗·亚历山大（Christopher Alexander），一位在20世纪60年代从英格兰移居伯克利的年轻建筑师，开始出版一系列有影响力的系列图书，以期盼的心情回顾了他所称作“没有定义的技能”，而这些技能曾使那些让人倍感温暖充满生气的乡土建筑遍布世界各地。他认为：建筑专业技能训练实际上会阻碍这些传统技能的恢复，而普通人也应该学习如何设计和建造自己的家，并暗示城市的发展历程也可以作为专业设计师的指导，通过借用城市自然生长的类似概念，引导设计师向更好的方向发展。

挪威历史学家和建筑师克里斯蒂安·诺伯格-舒尔茨（Christian Norberg-Schulz），给他专业的合伙人介绍了马丁·海德格尔（Martin Heidegger）的哲学思想，以及住宅建筑和“大地上诗意地栖居”之间的神秘关系，并体现在1963年出版的《建筑的意向》（*Intentions in Architecture*）之类的书籍中。这些建筑师和其他思想家都对既有的现代建筑准则表现出强烈的批评性观点，都在努力找寻建筑设计思想的新路径，他们的设计作品也在某种程度上直观地体现了各种设计思想。

以壁炉作为家庭中心的神秘想法，与当代先进的采暖技术产生了矛盾，而现代主义对固定式家具的偏爱，则看作是传统的箱形床或炉边家具延续而来的新思路。随着时间的推移，现代建筑早期排斥古典建筑的想法也出现了变化，因为在现代住宅中又可以看到传统的住居特色，只是使用了现代的材料或空间布局方式。此外，保护旧有建筑的做法似乎可有可无，尤其是维多利亚时期的联排住宅，因为这些传统建筑阻碍了高层建筑的发展，在1968年成为城市建设的困扰。在20世纪60年代，建筑评论家曾建议应通过去除壁炉、装饰线条以及其他表面装饰，使那些旧有建筑内部更加现代化。新生代建筑师也继续通过“开洞砸墙”的方式将旧有住宅中的前后房间合为一体，并创建出一个形式混乱的深色调的新维多利亚风格。

门

1

2

3

4

1. 1964年建于白金汉郡彼得·奥尔丁顿某花园中的住宅主门，位于繁茂的松树林里。PO
2. 20世纪50年代伦敦的一栋住宅后门，由鲍耶斯公司和伊恩·朗兰兹（Iain Langlands）设计。窗上的玻璃与前门相对而设，形成了视线的贯通。GUB

5

6

3. 由H.T.凯德伯里-布朗于1964年设计的奥尔德堡的住宅，视线通过窗口穿过院子可以看到门口。门为对开，传统风格的两截门形式。PO
4. 伊普斯维奇一所住宅的亮红色户门，信箱设在门的一侧，餐厅的组合窗为大厅提供光线，由彼得·贝尔富特设计于1956年。PO
5. 1971—1973年建于宾夕法尼亚州，由路易斯·康设计的科曼住宅，带有复兴风格的经典双开门。ROC
6. 萨福克郡的Aldington & Craig公司设计的内凹式入口门，进入住宅时需经过一段低矮的桥面。PO

将门隐藏起来或彻底去除，是成熟期的现代主义住宅建筑表现自身特质的方式之一。结合门框和台阶的传统的仪式性入口，也已经不再适合开放和自由流动的现代空间格局。当然，住宅不能没有门，这一时期也出现了一些形式典型的门。以外门为例，常使用玻璃门扇，或在实体门的两侧使用玻璃。门不再孤零零地独立存在，总是将其设计成立面整体中的一部分。信箱最常见的做法是安置在门边的面板上。强烈的门板色彩也十分流行。

内门的形式有所改变。推拉门 (美国的“折叠门”) 非常受欢迎，因为可以节省平开门的开启区域空间，也能形成更加开敞的空间效果。中轴旋转门的开启和关闭形式更为特殊，当门开启时，门洞能够“读”出一个纯粹的矩形。门框被看作是侵入其他纯粹墙体表面的不受欢迎的装饰物，因此，在条件允许的情况下会被去除。

门的五金件形式通常十分优雅，包括简化版的经典圆形把手，以及各种简单的平手柄。刻有门牌号或名字的信箱延续着传统的手工艺技能。

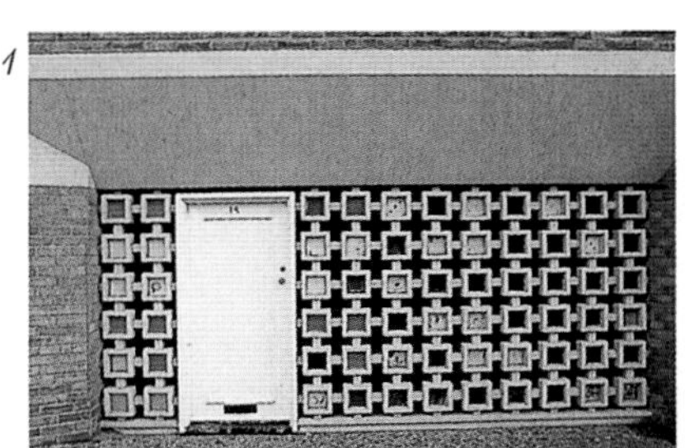

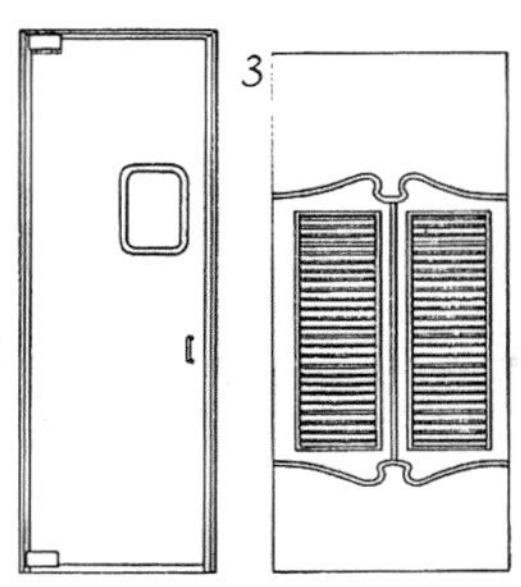
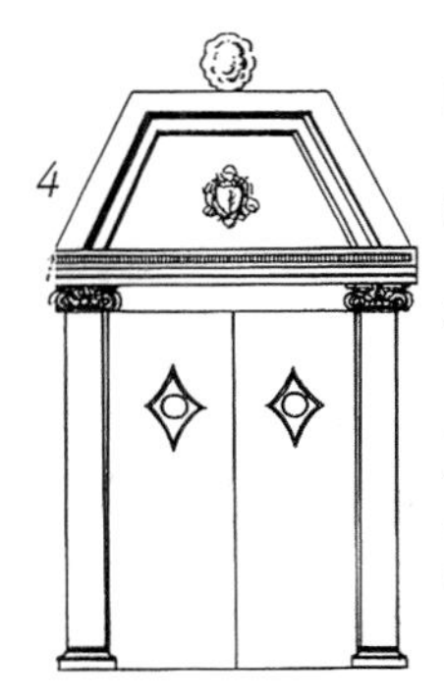

1. 彩色玻璃墙上的一扇实木门，由Ryder & Yates公司设计，位于泰恩茅斯，1957年。PO
2. 一种具有餐厅特点的门，镜子替代了玻璃。
3. 模仿20世纪60年代美国西部酒吧门，在英国经常用于单独的厨房和餐厅门。
4. 20世纪70年代为洛杉矶平房住宅改造设计的门。
5. 1974—1975年建于佛罗里达州大西洋滩的沙丘住宅，由威廉·摩根设计，通过山坡上的边缘切成圆角形的入口进入。WMO

6. 伦敦卡姆登镇温斯科姆街上一栋住宅中的中轴转门，由尼夫·布朗（Neave Brown）设计。这扇门位于螺旋楼梯的顶部，门洞两侧分隔成两个单独的空间。PO
7. 位于英国哈普敦的费若姆住宅一层通透的空间效果，由约翰·S.邦宁顿（John S.Bonnington）设计。有两扇门可直达花园。PO
8. 美国设计师拉塞尔·赖特（Russel Wright）用鹅卵石制作纽约曼尼托巴自宅的门把手，成为休闲风格的一个优秀范例，约1960年。RW
9. 第二次世界大战后现代的门用五金形式往往表现出对手形的关注。
10. 利物浦锡达伍德的一栋住宅内部，木门与木制屏帷墙非常相称。由杰拉尔德·比奇和戴维·普里斯-托马斯设计。EHW
11. 1964年弗朗西斯·波轮（Francis Pollen）设计的对称形门，两侧是玻璃和实心板组成的条形。PO
12. 1957年由詹姆斯·丘比特（James Cubitt）及其合伙人设计，位于莱斯特的住宅，在门旁边放置了信箱和门铃。PO

窗

康沃尔郡小溪湾一栋住宅的主窗，1964年，由Team4［包括年轻时的理查德·罗杰斯（Richard Rogers）和诺曼·福斯特（Norman Foster）］设计。*PO*

窗户属于第二次世界大战后成熟的现代住宅中最重要建筑元素，这是因为窗户本身综合了各种空间和技术因素。第二次世界大战前时期，现代住宅的理想目标是追求建筑的透明性，例如路德维希·密斯·凡·德·罗在布尔诺设计的图根哈特住宅大面积使用了玻璃，然而，直到20世纪60年代玻璃的价格仍然非常昂贵。

开放平面倾向于在住宅内部塑造具有纵深感的空间，所以现代住宅总是希望能获得最大的开窗面积，便于房间的深处也能够得到光照。现代主义建筑审美偏好连续完整的外观形式，意味着尽可能地使用天地通高的玻璃窗。这样会形成令人愉悦的空间效果，阳光可以不被遮断穿越窗户照射到每层的房间里，有效地表现出抛光硬木地板或者石材地板的效果。钢材仍是窗框制作最普遍的材料，具有结构强度的优势。铝合金材料，由于可以形成彩色阳极化处理层，在20世纪50年代后期成为窗框的新选择。

氯丁橡胶，以前一直用于固定汽车挡风玻璃的材料，在20世纪60年代开始应用于建筑，而且在20世纪70年代成为了实现高科技外观的关键材料之一。木材也很受欢迎，与20世纪30年代末期的情况没有什么变化，但是，此时使用软质木材制作的窗框断面比较厚重，面层也改为浸漆而不是刷漆。

1

2

3

4

1. 位于格兰森的福斯特住宅中的窗户尺寸和形状的变化，1957年由戈登和厄休拉·鲍耶设计。横向长窗形成了全景效果。*GUB*

2. 位于布莱克希思的由鲍耶斯公司设计的双拼住宅，展现出20世纪50年代流行的将窗户和下部墙板作为一个单元的处理方式，以及上悬的“漏斗”式窗户顶端的连续线条。*GUB*

3. 位于别根海特由戴维·普里斯-托马斯在1959年设计的住宅，基于几何形变化而来的独特的倾斜型窗户，产生了别具一格的形式特征。*PO*

4. 约翰·劳特纳（John Lautner）于1960年在好莱坞设计的“臭氧层”住宅，倾斜的玻璃围合了住宅的四周墙面。*EHW*

5. 由鲍耶斯公司设计的福斯特住宅的厨房窗，带有一个大的固定窗格和一个小的侧窗、瓷砖窗台和木窗框。*GUB*

6. 建筑师巴兹尔·斯彭斯爵士于1961年在汉普郡设计的周末度假住宅，木框玻璃隔断。*PO*

5

6

1. 伊姆斯夫妇于1949年设计的住宅，位于加利福尼亚州的圣莫尼卡，使用工业化生产的金属框架玻璃外墙，局部使用了嵌板，展现了第二次世界大战后发展出的新建筑外观形式。*EHW*

2. 1968年理查德·罗杰斯在埃塞克斯郡设计的单层住宅，第一次使用氯丁橡胶垫片将玻璃固定于窗框上。*PO*

3. 康沃尔郡小溪湾的住宅，Team4用连续的倾斜天窗将一个走廊变成了画廊。*PO*

4. Ryder & Yates是英国东北部地区专门设计离奇形式现代建筑的建筑公司。位于卡莱尔附近的这栋住宅外观上简单的哥特式凸窗，响应了历史传统。*PO*

1. 由史蒂芬·加德纳（Stephen Gardiner）和克里斯托弗·奈特（Christopher Knight）在1964年设计，位于汉普郡斯特拉顿公园，住宅为一个轻盈的玻璃盒子，延续了伊姆斯住宅大窗格的设计理念，唤起人们对户外景观的体验。*EHW*

2. 戈登·莱德（Gordon Ryder, Ryder&Yates公司建筑师）在泰恩河畔的纽卡斯尔附近建造的自宅，带一个大尺度双层高的起居室窗户。窗户上部的形状延续了屋顶结构的内部形式。*EHW*

3. 1959年皮埃尔·凯尼格设计的洛杉矶博雷住宅，窗户和墙用细长的钢框架固定，变成了建筑物的一部分。左侧部分可以滑动打开，连接庭院露台道。水是这个住宅设计的主要内容，在夏天通过空气循环用以降温。*EHW*

4. 1974年5月位于佛罗里达州由威廉·摩根设计的大西洋滩沙丘住宅，平整的玻璃窗位于雕塑型窗洞的后侧。*WMO*

1

2

3

4

墙面

1. 在建筑师保罗·鲁道夫设计的纽约公寓的玻璃框架中，白色的墙面效果使用在每个立面，既不透明也不反光。墙面和家具彼此之间有意处理成相互融合的效果。保罗·鲁道夫是第二次世界大战后的美国明星建筑师之一，追求十分浪漫的现代主义设计手法。ROC

2. 戈登·莱德位于纽卡斯尔附近的自宅，餐厅墙面被处理成大尺度起居空间中的小房子。PO

3. 乔治·马什（George Marsh）使用彩色玻璃形成的装饰性的隔断，位于楼梯侧面。EHW

4. 斯通科普住宅地面至天棚使用了统一的雪松板，格洛斯特郡坎普登山，罗伯特·哈维（Robert Harvey）设计于1965年，其为在北科茨沃尔德开业的卓越的建筑师，设计灵感来自弗兰克·劳埃德·赖特的自然外观处理方式。EHW

与20世纪30年代的现代主义建筑简单的墙面处理方式相反，第二次世界大战后的住宅中通过各种设计手法重新找回了墙面的原有趣味。房间中的某个墙面通常作为独立的元素从审美角度进行设计，因此会出现与周围其他墙面不一样的曲线、图案或颜色，试图打破传统盒子式房间的封闭感，通过这种方式，创建出更加生动的空间效果。

现代主义对自然材料质感的兴趣构成了室内设计的一条设计线索，第一次在旧有住宅建筑中使用了去除抹灰层露出砖墙的做法，并一度成为时尚。其他的处理方法包括墙面使用石材和频繁地出现垂直铺设的木板。在前文中描述的一些非常规的设计中，通过采取类似方式的墙体装饰手法，变成了一种深得人心的艺术表现形式。

墙纸的使用情况则相反，在第二次世界大战后经历了复兴，特别是在英国。设计师比较喜欢大面积和大胆的图案形式，通常色彩强烈，此期间对传统图案的重新塑造，也经常表现出类似的充满活力的图案，有时会在图案中布置一些小点来呼应时尚。墙纸的广告常会推荐在房间的一面墙上使用壁纸，其他墙面则涂刷色彩相匹配的涂料。

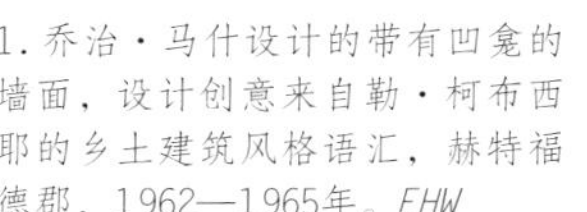

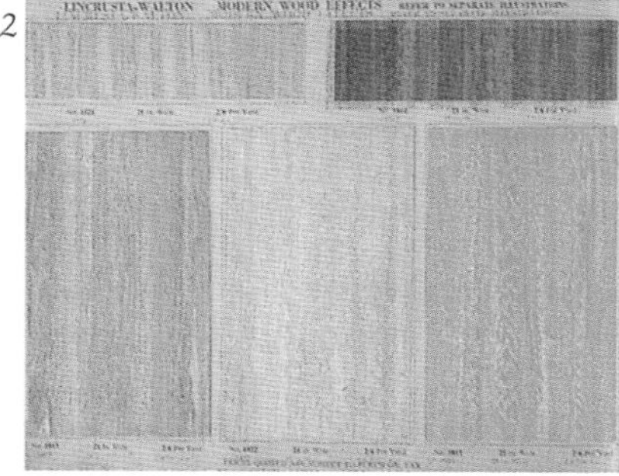

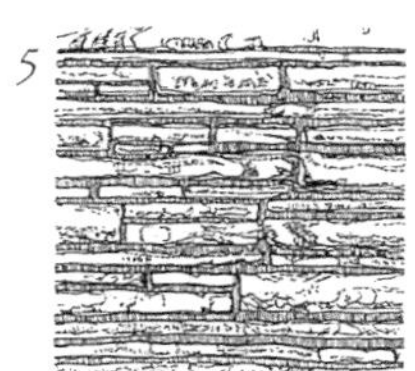

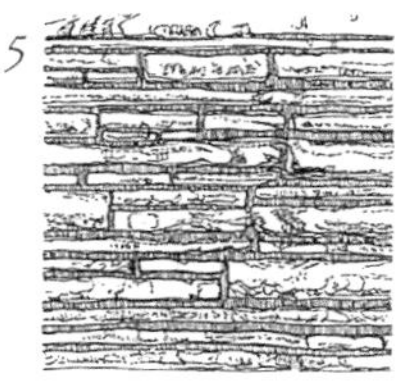

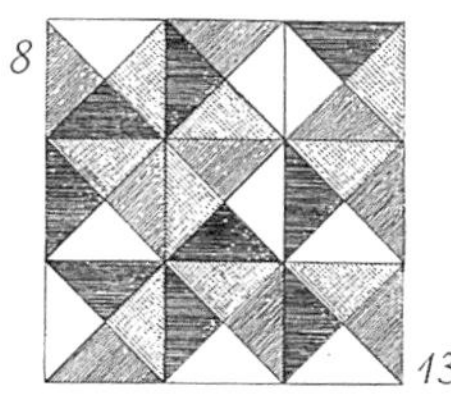

1. 乔治·马什设计的带有凹龛的墙面，设计创意来自勒·柯布西耶的乡土建筑风格语汇，赫特福德郡，1962—1965年。EHW
2. 木纹墙纸系列，1952—1953年。WN
3. 美国格瑞费公司生产的民间模印图案墙纸，20世纪60年代早期。WF
4. 美国格瑞费公司生产的瓷砖花饰风格的墙纸，1973年。WF
5. 弗兰克·劳埃德·赖特风格的石砌工艺，墙面表现出强烈的质感，厚度变化多样。
6. 当代风格的黑白系列的墙纸，20世纪50年代。
7. 花卉图案的墙布，波普风格，约1970年。
8. 哈乐昆公司生产的厨房瓷砖，约1965年。
9. 标准水泥装饰块，可以组合成非对称形式的隔墙，形成具有雕塑感的房间隔板形式，20世纪60年代。
10. 规则的机制砖形成的整洁外观，通常为暖红色。一种变化是深蓝灰色砖，带有深色水泥抹灰凹槽。

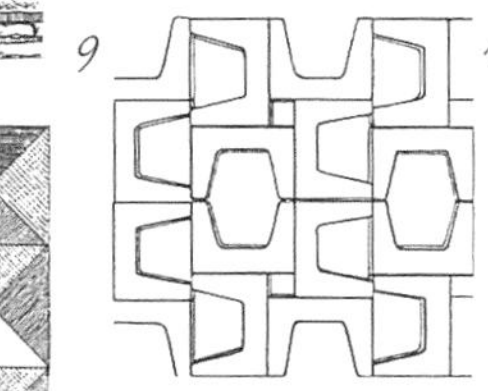

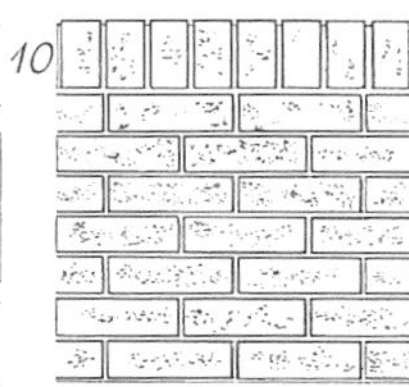

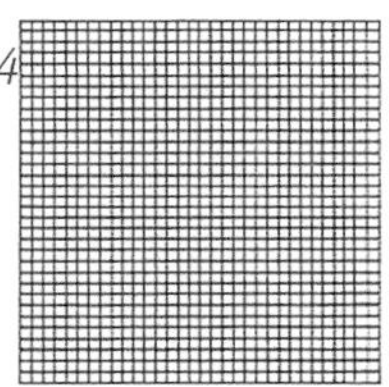

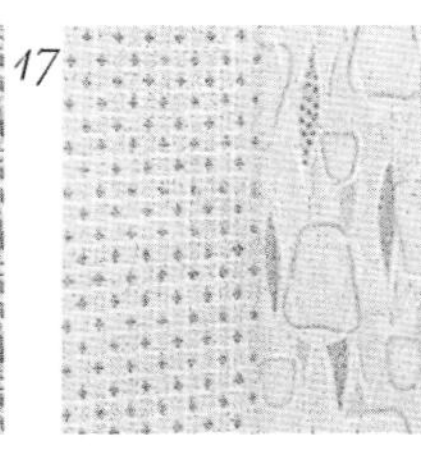

11. 位于莱斯特的住宅中灰色石灰岩砌块壁炉墙，詹姆斯·丘比特及合伙人设计。PO
12. 图形关系含糊的欧普艺术图案，莱斯利·德赛斯（Lesley Deshays）为梅森·约恩森（Maison Jonsen）设计，1972年。CI
13. 新维多利亚风格墙砖，制造商能够提供一百种花色，20世纪60年代中期。
14. 浴室中的马赛克，约1970年。
15. 新维多利亚时尚风格的大花纹，朱蒂斯·卡什（Judith Cash）设计，1971年。CI
16. 弱对比花纹的墙面涂料图案，20世纪50年代。
17. 房间转角处协调色彩图案的结合形式，20世纪50年代。
18. 墙面处理成开向楼梯间的洞口，Howell & Amis公司设计，汉普斯特德，1957年。PO
19. 凯尔特·比奇住宅入口的卵石马赛克墙面，怀特岛，1967—1970年，住宅现在属于国民托管组织机构，用作度假村使用。PSM

天棚

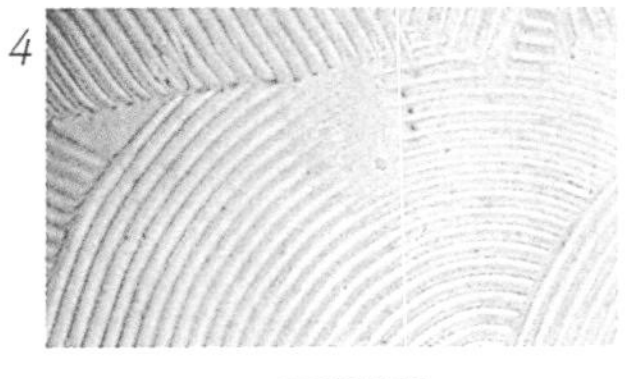

1. 威廉·摩根设计的山顶住宅，佛罗里达州中部，1975年，金字塔形的屋顶暗示着山峰。WMO

2. 木板天棚，戈登和厄休拉·鲍耶设计于1965年，布莱克希思。GUB

3. 在泰恩茅斯的一栋住宅中，由Ryder & Yates公司创建的一种石膏天棚形式，位于大厅中的编织形天棚造型。PO

4. 阿泰克墙面抹灰方式，是当时人们喜爱的抹灰改良产品，而后来又花费了十年的时间将其去除。GHT

5. 十字拱顶的走廊，面层抹灰，由英国建筑师弗朗西斯·约翰逊设计。

6. 约翰·劳特纳设计的"斜肋构架"天棚，希茨·戈德斯坦住宅，洛杉矶，1963年。ARC/ALY

这一时期大多数住宅天棚一般不会出现造型强烈的形式。木材面层的天棚成为最受欢迎的处理方式，能够为房间增添温暖的感觉，同时也能在天棚上部形成凹槽作为灯具的布线之用。虽然这种流行的木材处理方式在弗兰克·劳埃德·赖特设计的住宅中有先例可循，在他的住宅中木材也曾是主导性的材料，但将房间的每个面完全独立的处理方式则是战后的创新，也许受到了阿尔瓦·阿尔托1937—1939年在芬兰设计的玛利亚别墅的启发。

玛利亚别墅的屋顶结构裸露在建筑内部，由此产生的空间效果令人兴奋，并更加贴近弗兰克·劳埃德·赖特的设计原型，虽然实际的表面看上去十分类似公寓天棚的做法。

最新出现并广泛使用的石膏纤维板造型受到基层处理方式与墙面抹灰工艺的限制，因而无法形成复杂的线脚，但是，尽管诸如阿泰克公司生产的此类产品的表面高低不平，最终所形成的整体效果仍然非常受欢迎。

图3是Ryder & Yates公司设计的泰恩茅斯住宅，其中的走廊设计不同寻常，可能是同类住宅中的唯一，更令人惊讶的是这个走廊属于普通城市联排式小型住宅。只有如弗朗西斯·约翰逊这样的古典风格设计师还在有规律地探索抹灰工艺，并不断创新拱顶和其他天棚形式。

地面

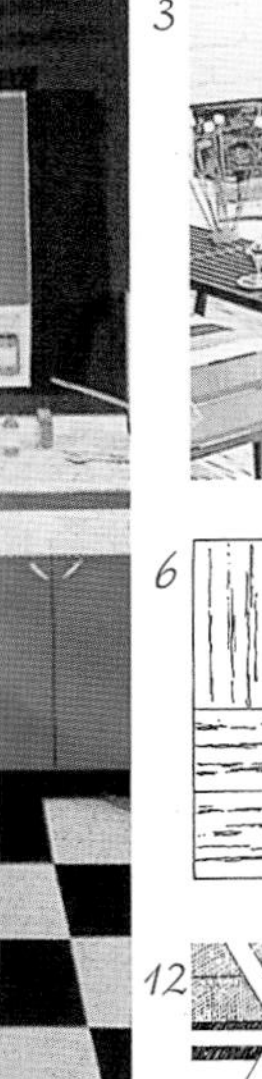

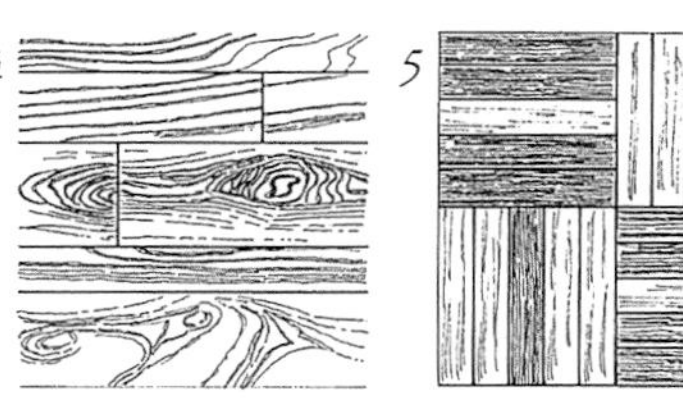

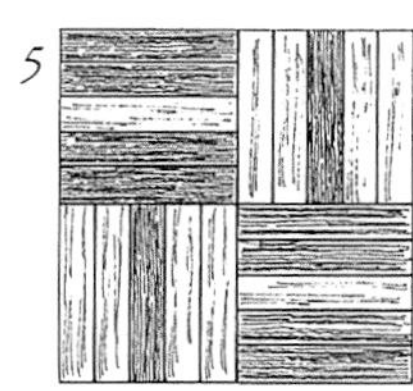

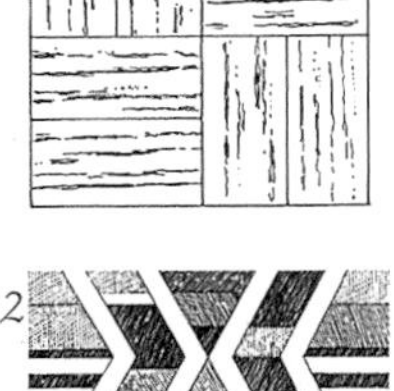

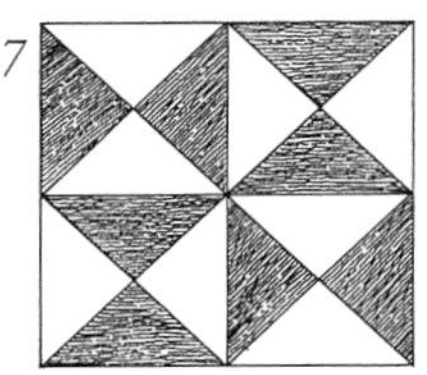

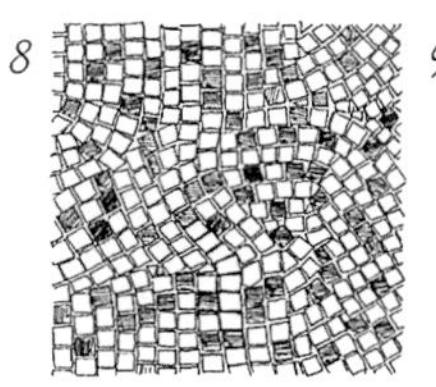

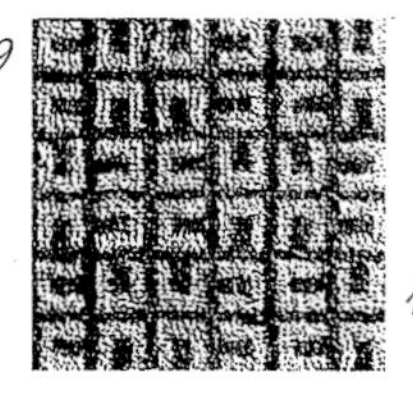

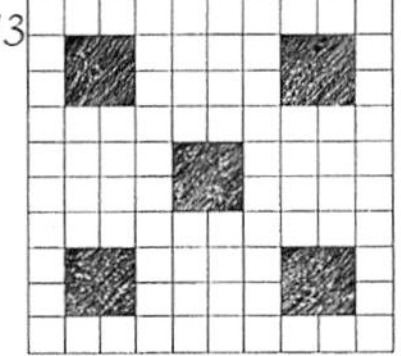

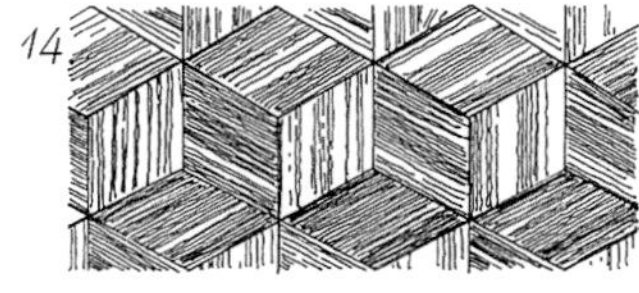

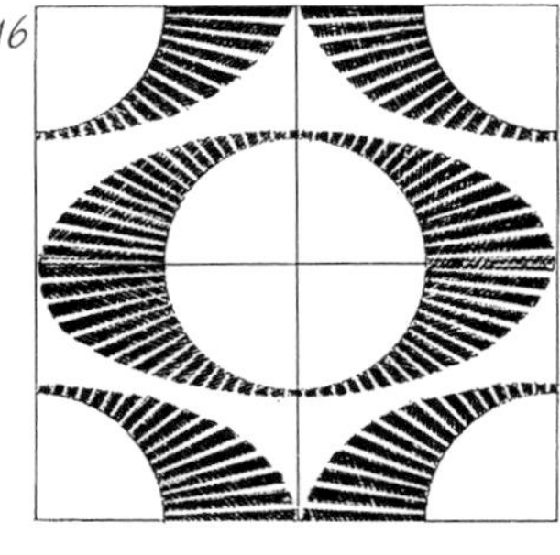

1. 乔治·马什公司在伦敦市中心点大厦举办的家居展中的大理石铺地形式，1962年，由理查德·谢菲特设计。*EHW*
2. 典型的厨房使用的黑白相间塑料地板，紧接橱柜的红色门板。
3. 耐磨的塑料地板，阿姆斯壮地板公司生产，1956年由《美国家居》（*American Home*）杂志加以推广。
4. 木地板依然受欢迎，用砂纸打磨和着色后用聚氨酯进行面层封闭。
5. 镶木地板的一种变形。
6. 木纹油地毡是20世纪50年代另一种非常受欢迎的地面材料。
7. 厨房地砖，这种拼贴图案在20世纪60年代初再次显示了受喜爱的程度。
8. 完全由氯乙烯制成的仿大理石的片材，20世纪60年代中期。
9. 大卫·希克斯（David Hicks）设计的地毯，英格兰。
10. 伊斯兰图案的陶瓷地砖。
11. 皮尔金顿公司出产的瓷砖，英格兰，20世纪60年代中期。图案风格属于新艺术复兴主义。
12. 带有锯齿形图案的油地毡，20世纪70年代中期。
13. 20世纪50—60年代初，黑色和白色瓷砖成为客厅的时髦形式，当时对比强烈的图案在大西洋两岸都很受欢迎。
14. 流行的六边形木地板拼贴图案。
15. 木材横切面的地板片材形成了更加粗犷具有质感的外观效果。
16. 欧普艺术瓷砖，约1970年。

20世纪50年代十分流行直接在混凝土和砂浆找平地面上铺设硬木拼花地板，有时也用作地毯周边装饰带。满铺地毯则认为与现代主义样式不相符，但有时会使用灯芯草、剑麻、黄麻或椰子编织的地席。

替代木地板的材料包括热塑性塑料和PVC（乙烯树脂）片材，这些材料开始取代从前的油地毡。热塑性塑料和PVC片材通常处理成地砖的形式，专业建筑师和喜欢DIY的家庭改造中都在使用。9英寸见方的标准片材能够形成棋盘式的图案，以模仿古典时期的大理石地面，还可以铺在现有的厨房地面上，能够掩饰被磨损的地板。瓷砖的样式通常仿传统材料的纹理。软木地砖无论看上去还是踩上去都使人感到温暖，是受欢迎的地面材料。

传统瓷砖会做成陶土色的缸砖，偶尔也会出现艺术家设计的现代图案。英国的建筑评论家戴安娜·朗特里在1964年写道：“一些现代瓷砖公司生产的系列瓷砖，所拥有的图案和布列塔尼或拜占庭的传统图案形式一样富有趣味性”。她提到由佩吉·安格斯（Peggy Angus）为普尔市卡特游泳池进行的设计，地砖组合成各式不同的样式，她补充道：“自己动手使用这种瓷砖能够形成很多有趣的地面图案。”

壁炉

1

2

3

1. 1959年商品房的室内效果，伦敦北部芬奇利的住宅，由建筑师杰弗里·鲍威尔（Geoffry Powell）设计，在通透的开放式起居空间中，壁炉起到了房间隔板的作用。*EHW*

2. 剑桥一处住宅中厚重的混凝土壁炉，英国建筑师科林·圣·约翰·威尔逊（Colin St John Wilson）设计，1961年。*EHW*

3. 理查德·迈耶设计的道格拉斯住宅中的壁炉，构成了房间的视觉中心，密歇根湖，1971—1973年。壁炉所处的中心位置和凸出在外的烟囱使人联想到传统的炉腔，并与湖景融为一体。*ROC*

在第二次世界大战后的英国和美国，集中供热方式在新建住宅里的使用非常普遍。有时一个高效燃煤炉可以加热整个家庭所需的生活热水。因此，更多的时候，壁炉只是在其他供热系统停止工作时的备份。

在建筑的设计语汇中，壁炉的标准形式仍然是墙面上通过装饰边套形成的洞口。20世纪50年代的当代住宅风格，为各种各样的装饰材料搭建了展现个性的舞台，石材马赛克、粗糙的石板等，也都被视为壁炉架或整个炉膛墙面的装饰材料。在英国，由建造商提供的壁炉看起来像是第二次世界大战前的岁月遗留物，往往带有斑驳的金字塔形的瓷砖炉围。壁炉架非常窄，似乎可以视作不存在。由建筑师设计的住宅，炉围可能会贴满富有吸引力的抽象图案的瓷砖。

受到弗兰克·劳埃德·赖特住宅设计的启发，建筑师们仍然重视以壁炉为家庭中心的正式的精神特质表达，但逐渐形成了将壁炉远离墙体的做法。在最开始时，壁炉变得更像一个物件而不像一个相框，所以，由粗糙的石头形成的从地板到天棚通高的“特色壁炉”，在20世纪50年代的美国牧场风格住宅中无处不在，但是英国建筑师则在探讨如何将炉体布置在房间外部的方式，虽然这种形式曾经在中世纪出现过。

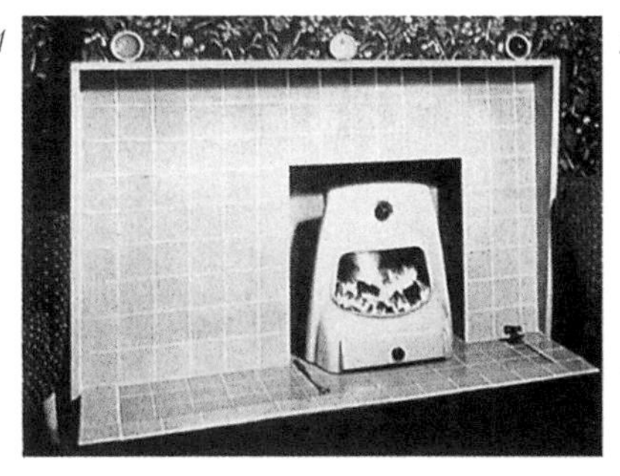

1. 不对称的壁炉开口形式，在20世纪50年代属于新奇的设计。作为明火炉膛的换代产品，此时出现了高效的燃烧焦炭的火炉，在当时焦炭是煤气生产的副产品。
2. 20世纪50年代一个“优秀设计”标准壁炉，显然有助于防止杂乱物件的堆累。
3. 20世纪30年代遗留下来的样式普通的瓷砖砌筑的壁炉，仍然在当时的许多住宅中沿用。
4. 英国摄政风格的条纹瓷砖和胡桃木围边壁炉，带有“理性的”不锈钢炉箅，属于20世纪50年代的英式壁炉。
5. 20世纪50年代早期，前期后现代样式造型粗劣的壁炉。
6. 1960年，在利物浦开放式空间的住宅中创作的具有非凡智慧和魅力的带有雕塑特征的壁炉。*EHW*

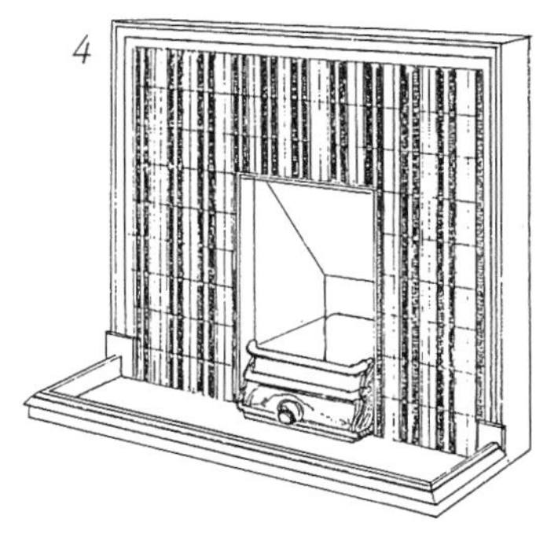

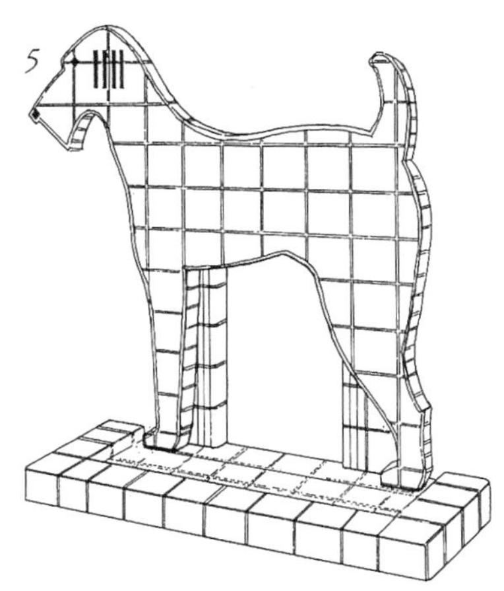

厨房

1

2
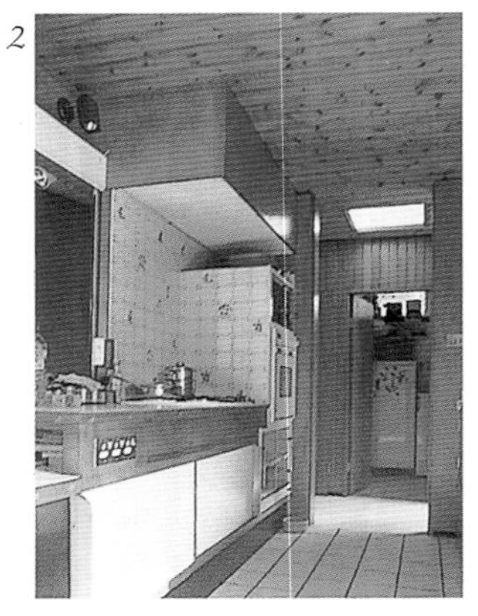

3

4

1. 1964—1965年，英国萨塞克斯郡的白狐山林小屋中的厨房，由约翰·斯库尔特（John Schwerdt）设计，厨房还包含了部分走道空间。*EHW*

2. 1967—1969年，英国萨里郡的蒂斯河谷的别墅厨房，由厄尔诺·戈尔德芬格设计，厨房开向住宅的储存空间。*EHW*

3. 1960年利物浦锡达伍德的一处住宅，依据“效率尺度”设计的厨房。*EHW*

4. 1965年，英国伦敦的卡利南住宅，拥有先进建筑居住条件和经济适用的空间，楼上的开敞式厨房中形成了岛式橱柜。*PO*

在20世纪30年代的现代主义风格住宅中，厨房第一次成为需要进行完全设计的空间，而不仅仅作为设备和家具的聚集场所。根本性的改变是86cm标准高度的固定式灶台橱柜，以及与之相匹配的炉灶和其他厨房电器。

通常，灶台橱柜会与高处的吊挂橱柜结合在一起，创建了现在为人们所熟悉的“组装式厨房”的格局，炉灶上方的排油烟管道往往会隐藏起来，当没有厨房门去阻挡烹饪时产生的蔓延至相邻房间的气味时，排烟设备成为一种必备的设施。这些变化，源自德国早期的实践，然而在第二次世界大战之后才被广泛使用。这些设备起初安装在战后实验型的概念厨房中，在1957年电影《我的舅舅》（*Mon Oncle*）中，法国电影演员兼导演雅克·塔蒂（Jacques Tati）还对其进行了讽刺。

另一方面，玛丽和拉塞尔·赖特夫妇提出了厨房应兼具用餐的功能。他们在1950年写道：“厨房不再需要有一个功能性的外貌，如果你喜欢，它可以成为舒适的空间，也可以设计成美国早期风格的样式。”他们说道，“建筑师齐声反对‘以效率为尺度标准’的厨房设计，这样的厨房里甚至无法放置一张餐桌”，他们认为厨房的尺寸至少应当是两张早餐桌的大小。在美国，餐厅式的L形卡座成为一种受欢迎的家具。

1

2

3

4

5 6 7
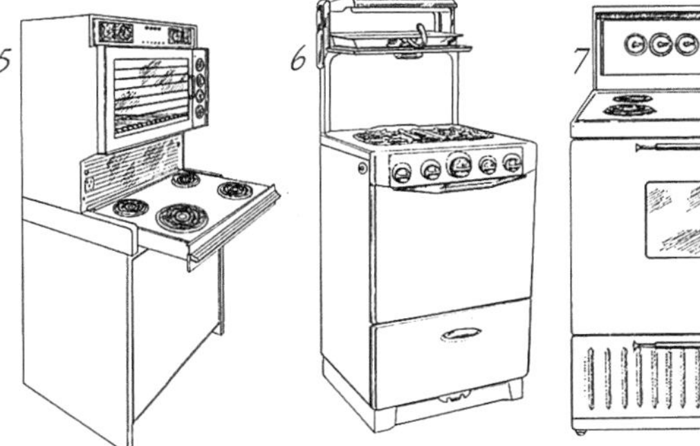

1. 1957年，英国格洛斯特郡，由罗伯特·哈维设计的让人感到十分亲切和专业的厨房。*EHW*

2. 1964年，英国赫特福德郡的费若姆住宅，由约翰·S.邦宁顿设计的早餐台，处理成隔断的形式。*PO*

3. 1958年，通用电气公司为皮埃尔·凯尼格的个案研究住宅21号设计的组合式橱柜，包括了洗碗机、炊具和水槽。这种质朴的厨房形式，即便过了五百年也适用于这个住宅。*SHU*

4. 1962年，由科林·圣·约翰·威尔逊设计的剑桥的一处住宅，橱柜由大面积的白色面板组成。*EHW*

5. 1961年，由汤普生·塔潘（Thompson-Tappan）设计的厨灶，带有电转烤肉架、可伸缩烤盘和有效防止儿童受伤的控制装置。

6. 20世纪50年代早期的煤气炉，在人眼高度带有折叠式烤架，烤箱下方带有可加热碗柜。

7. 1965年，由美国的麦克拉里（McClary）设计的形式简洁的炉灶。在这个时期，美国的炉灶制作水平已经超越了英国。

8. 1958年，在美国卡莱尔附近，由Ryder & Yates公司设计的简单高效的厨房。*CN/B*

9. 20世纪70年代晚期，由Jenn-Air公司出品的双火头炉灶。这家美国公司率先使用了下排风方式，使在室内烧烤成为可能。

10. 1955年，Kelvinator拓展了“Foodorama”厨房设备的配色范围，尽管在20世纪40年代，冰箱主要以流线型为经典形式。

8

9
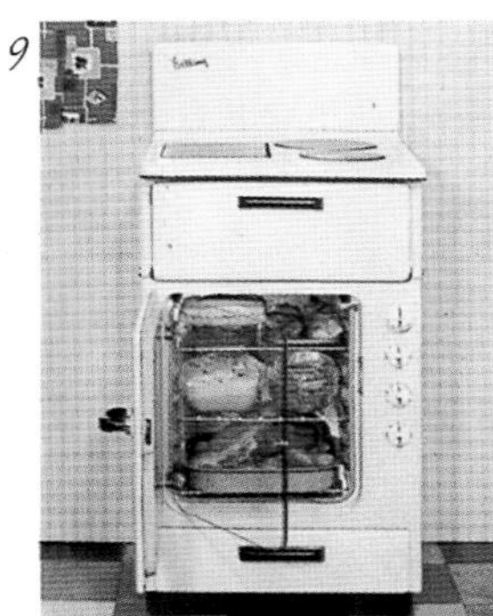

10

楼梯

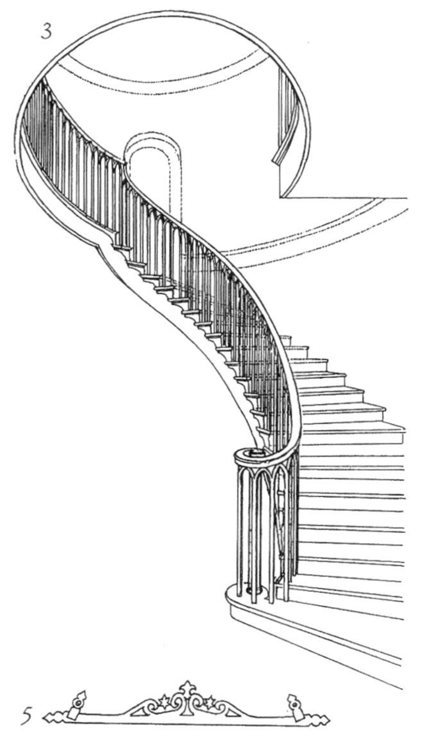

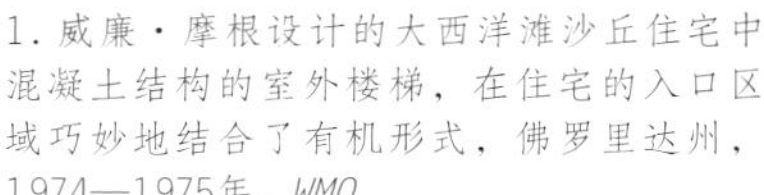

1. 威廉·摩根设计的大西洋滩沙丘住宅中混凝土结构的室外楼梯，在住宅的入口区域巧妙地结合了有机形式，佛罗里达州，1974—1975年。*WMO*
2. 通往屋顶观景平台的斜楼梯，板岩踏板，位于康沃尔郡的小溪湾，由Team4设计于1964年。这段不易于上下的楼梯，属于动作灵活的帆船运动爱好者家庭。*PO*
3. 优美的新乔治亚风格楼梯，设计师为弗朗西斯·约翰逊，是第二次世界大战后能够娴熟运用英国乔治亚风格进行住宅设计的建筑师。
4. 带有顶部采光的楼梯间中的非常厚实的楼梯，位于科林·圣·约翰·威尔逊设计的剑桥住宅，1962年。如果按照后来的安全法规，这种简单的扶手形式或许不会允许使用。*EHW*
5. 楼梯地毯装饰压条，20世纪60年代。
6. 钢制踏板旋转楼梯，带有穿孔的踢板，显示出工业设计的影响，建筑师迈克尔·霍普金斯（Michael Hopkins）在汉普斯特德的住宅，1975年。

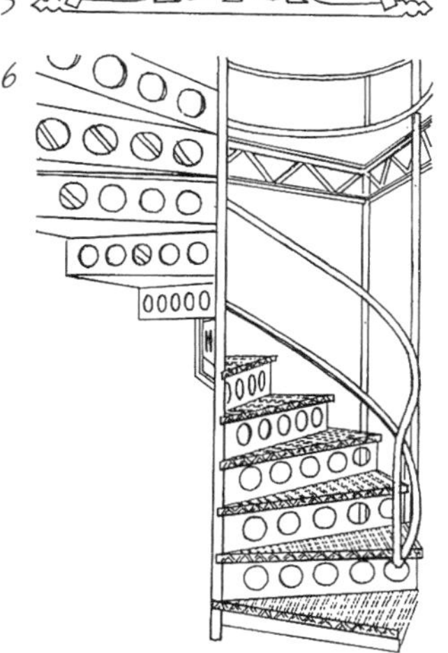

随着现代主义住宅的发展，那些如檐口之类的建筑细部形式完全消失了，而楼梯作为重要的建筑元素，其形式变化则值得关注，即便在一些小住宅中。楼梯在第二次世界大战后住宅中的地位显著，尤其当需要缩小住宅面积时，楼梯更需要与整个建筑融为一体，致使楼梯成为起居空间中的主导，并且在设计时会考虑到对住宅各个空间视觉效果的影响。

为了避免成为室内的视觉障碍，楼梯经常设计成只有踏板没有踢板的形式，即便这样会对儿童带来安全隐患并产生不坚固的感觉。降低楼梯重量感的最常见做法是将单根梯梁布置在梯段中间部位，踏板的两端悬空。这类楼梯也可以在一些第二次世界大战后的公共建筑里看到，并逐渐为人们所接受，其不牢固的形式感也随之消除。

此时会继续使用传统栏杆的垂直栏杆柱形式，但变成了金属管件，或者使用简单的方形木料。有时也会从上部吊挂楼梯。扶手经常直接连接两个楼梯转角栏杆柱，中间的留有空隙，不再使用楼梯端柱。旋转楼梯因其简洁紧凑的造型广受欢迎，可以由木材、混凝土或金属制成。

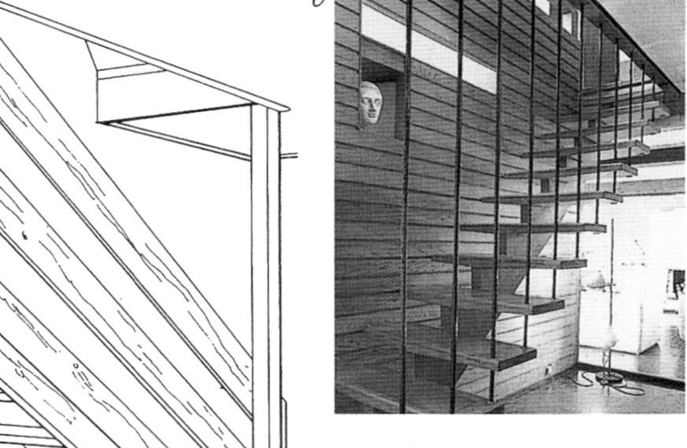

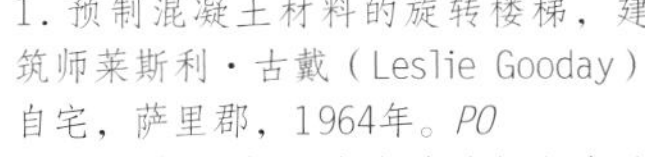

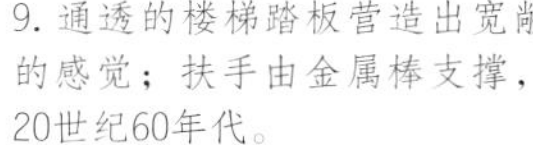

1. 预制混凝土材料的旋转楼梯，建筑师莱斯利·古戴（Leslie Gooday）自宅，萨里郡，1964年。PO
2. 路易斯·康设计的科曼住宅中的楼梯，宾夕法尼亚州，1971—1973年。ROC
3. 标准规格胶合板制成的旋转楼梯，尼夫·布朗在伦敦设计的住宅，1964年。PO
4. 巴兹尔·斯彭斯爵士住宅精心设计的住宅入口空间，汉普郡，1962年。APR
5. 软质木材制作的形式简单的楼梯，20世纪60年代早期。
6. 木材的优雅效果，锡达伍德，利物浦，1960年。EHW
7. 当地石材制成的楼梯，近处的一棵大树成为空间的中心，拉塞尔·赖特住宅，曼尼托巴，纽约。RW
8. 看上去几乎无法制作的楼梯扶手，建筑师山姆·斯科勒（Sam Scorer）自宅，林肯市，1956年。EHW
9. 通透的楼梯踏板营造出宽敞的感觉；扶手由金属棒支撑，20世纪60年代。
10. 通向屋顶的钢制旋转楼梯，史丹利·泰克曼（Stanley Tigerman）设计的Black Barn住宅，Frog Hollow，密歇根州，1973—1974年。TIG
11. 连接不同地面高度的踏步，戴维·普里斯-托马斯设计，别根海特，1958年。PO
12. 形式紧凑的住宅楼梯，形成开敞空间的效果，戈登和厄休拉·鲍耶设计，布莱克希思，1958年。GUB

固定式家具

1

2

1. 紧凑型储物组合柜，出自伊姆斯夫妇的嵌入式家具产品目录。1960年伊姆斯夫妇开创了储藏的新方法，生产出各类多功能家具，最初用于学生公寓。EOF
2. 通过钢柱固定离开地面的橱柜，帕特里克·格温住宅，泰晤士河畔亨利镇，牛津郡，1959年。PO
3. 彼得·奥尔丁顿1963年设计的白金汉郡住宅，使用壁炉作为空间的分隔，形成了乡土建筑风格的亲切空间。PO

3

第二次世界大战后固定式家具数量的增加源自住宅规模的缩小和现代主义对于卫生环境的持续追求，因为嵌入墙体中的家具不会积累灰尘。固定家具还满足了20世纪20年代由勒·柯布西耶对住宅做出的解读，即现代家居应被视为设备而非家族声望或者传统象征。家具的比例问题既是一种视觉问题，也是一种实际问题，正如菲比·戴·西拉（Phoebe de Syllas）在1964 年写道：“一个大衣柜可能会在一个小房间里形成一种扩张性的感觉，但当它嵌入墙体的时候，几乎不会引起人们的注意。”此外，自有住宅中的固定家具也被看成一种投资形式，因为固定设施往往被视作房东的一种固定财产，所以，当租户离开时无法将其带走。厨房是使用固定式组合家具最好的场所，包括各种搁板和灶台橱柜。厨房家具有时还会整合传菜窗口，成为独立式整体厨房和餐厅之间的实用性处理方式。厨房固定家具有时还包括能够在两侧开启的餐具抽屉，在厨房的一侧打开抽屉放进清洗干净的餐具，在餐厅一侧打开抽屉取出餐具，并方便摆放在餐桌上。

通过使用彩色门板、饰面薄板和带有暗藏灯的凹槽等方式，固定家具也能够起到装饰的作用。

1. 当时流行的卧室中的通高衣柜，位于加拉希尔斯桑德兰高地的纺织品设计师伯纳特·克莱因（Bernat Klein）住宅，1957年，由彼得·沃默斯利（Peter Womersley）设计，其为来自Farnley Hey法恩的一位设计师。*EHW*

2. 康兰松木厨房橱柜，抽屉上带有手指扣手，英国，20世纪70年代早期。特伦斯·康兰专门从事低造价、普通型流行家具和配件的生产，并希望对第二次世界大战后的平庸设计进行改良。他的作品对1964年开业的伦敦哈比塔特存储家具公司产生了很大的影响。

3. 装有百叶窗扇的衣柜门，白色油漆，20世纪60年代晚期的典型风格。

4. 约1952年的“音响墙”，包含一台收音机、电视、点唱机和磁带录音机。中间格子门后设置了扬声器和储存架。

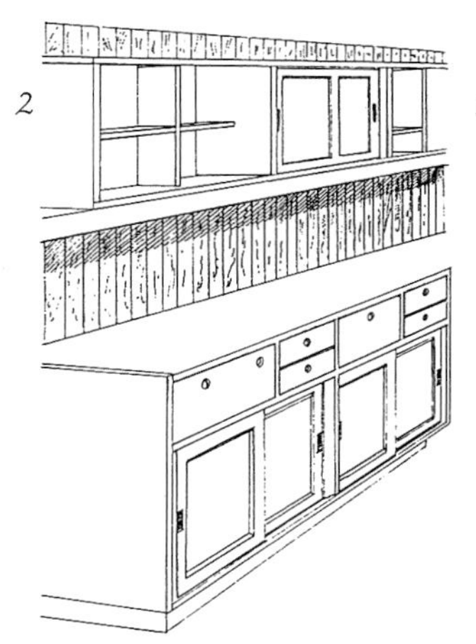

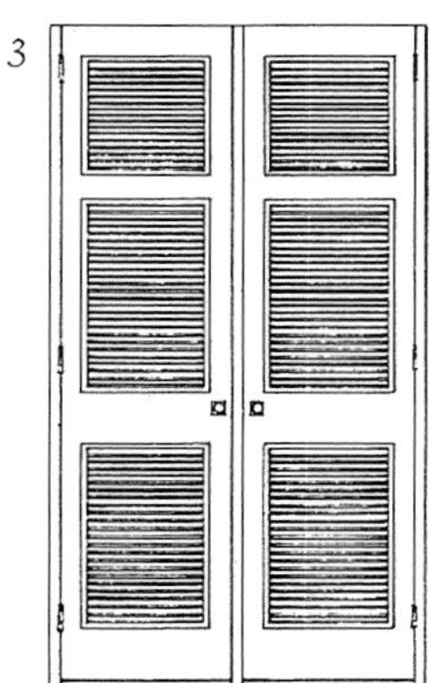

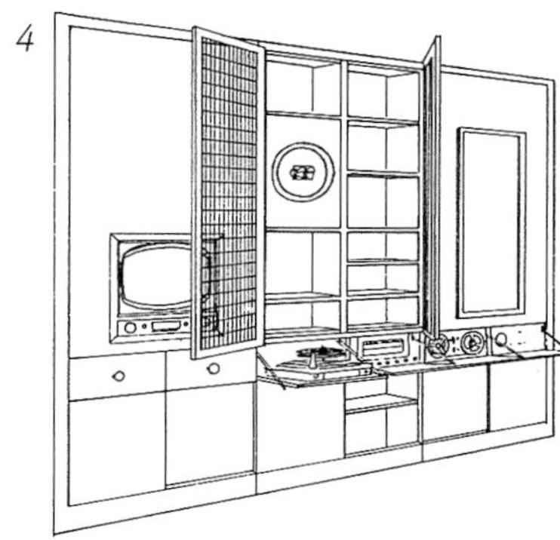

5. 厨房和餐厅之间的彩色分隔，使用了20世纪50年代的现代设计语汇。形象化的墙纸和装饰薄片制品也属于这时期的典型。

6. 阁楼空间上围绕山墙窗布置的陈列架。

7. 下沉式会客空间，配有黑色皮革软垫沙发，约1970年。

8. 一组抽屉单元组合与局部曲面的床体形成了一体，梳妆台部分有放腿的孔洞，床头有放置床头灯的空间和固定式床头柜，约1975年。

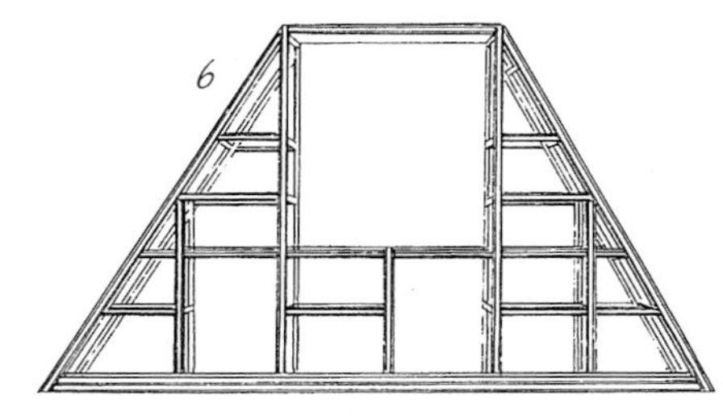

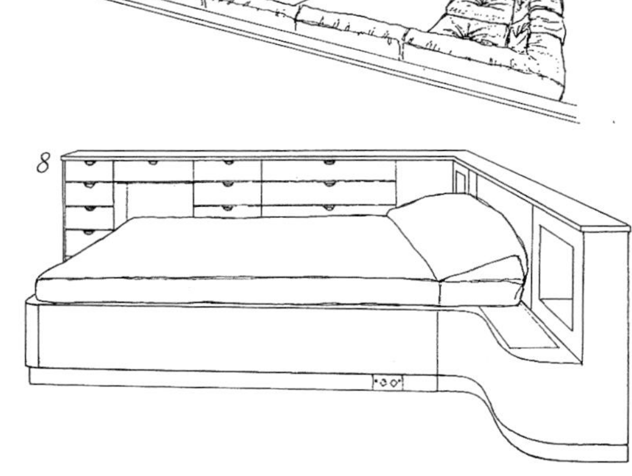

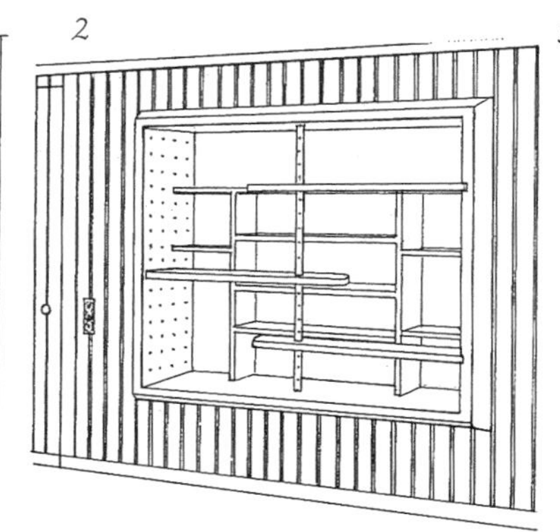

1. 20世纪50年代起居空间的案例，通过房间隔板进行分区，抽屉可以从厨房和餐厅两侧开启。
2. 英国固定在木板墙中的框架式书柜单元，搁板高度可调。
3. 加利福尼亚州独立产权的公寓中的固定式床，由Moore, Lydon, Turnbull & Whitaker设计，1964—1965年。*FRE*
4. 1949年分隔房间的框架结构，实木制成。
5. 带有固定装置的优美的屏风式隔断，Farnley Hey，彼得·沃默斯利设计，1955年。*PO*
6. 这栋1960年的利物浦住宅具有早期的空间特征，如餐厅中用于制作鸡尾酒的陈列架。*PO*
7. 电视机的安放位置问题在这个与房间通高的书架组合中得以解决，英国，20世纪50年代。

设施

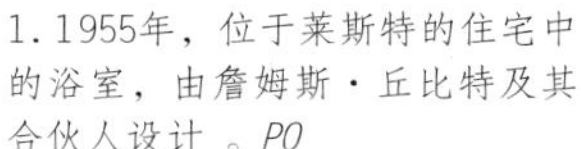

1. 1955年，位于莱斯特的住宅中的浴室，由詹姆斯·丘比特及其合伙人设计 。*PO*
2. 优雅的方格形墙面的浴室，在密歇根州的布隆菲尔德山，由埃罗·沙里宁设计，通高瓷砖贴面。*ROC*
3. 20世纪50年代玻璃装饰的“当代”风格的卫生间。
4. 1964年，在萨塞克斯郡的白狐山林小屋中，水龙头固定在墙上，既提高了效率又易于维护。*EHW*
5. 英国彩色玻璃球形卫生纸架。
6. 尚克思公司生产的下身盆，英格兰，20世纪60年代。
7. 20世纪50年代早期，古铜色的对流式空气加热器。
8. 1975年，被地毯包围起来的浴缸，部分原因是试图改变浴室的功利主义特性。
9. 毛巾架与散热器相结合。
10. 加宽的热毛巾架。
11. 20世纪60年代，安放在墙内的大理石台面和镀金龙头的洗面台。花纹壁纸使之与卧室浑然一体。

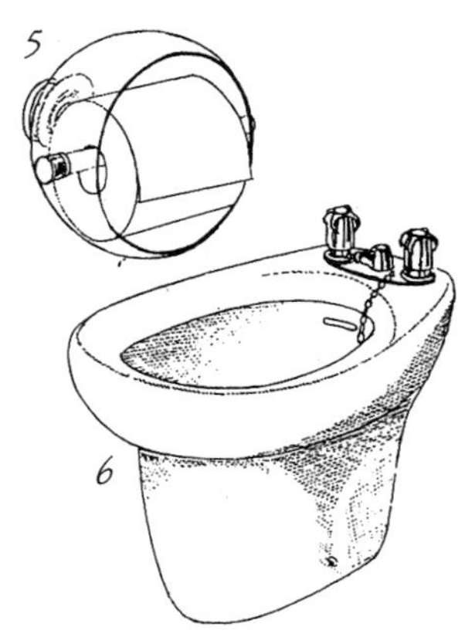

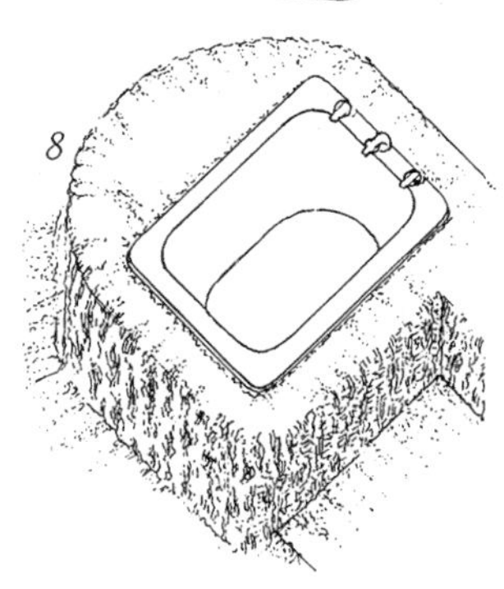

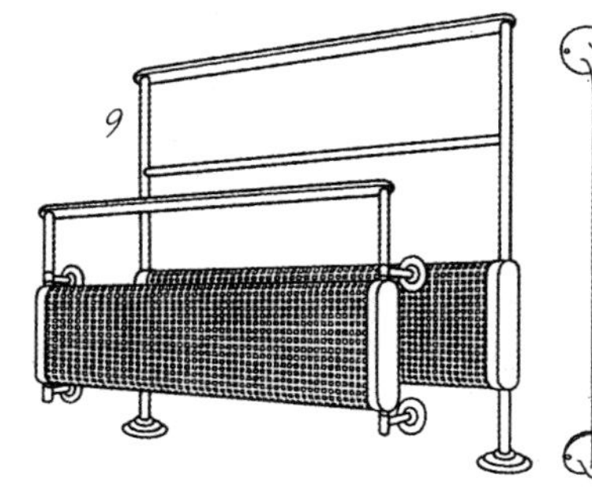

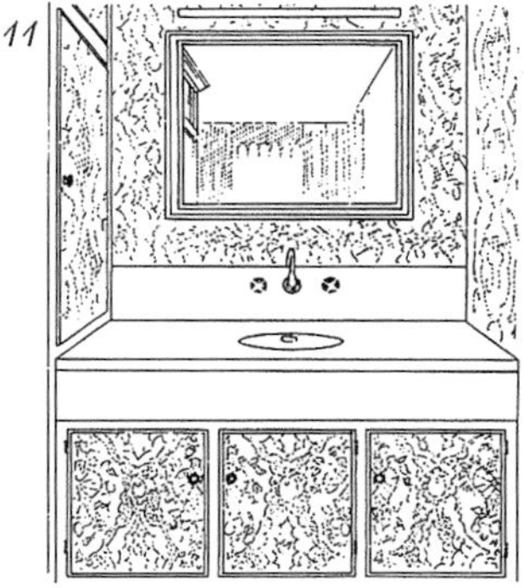

在20世纪50—60年代，将卫生间作为休闲和炫耀性场所的想法尚未形成，卫生间的尺寸普遍狭小。20世纪50年代后期建筑法规的改变意味着卫生间不再需要有对外的窗户，所以，卫生间便可以布置在住宅内部的任何位置。

浴盆通常安装在砌筑的盒子里，洗手盆也类似。那些有设计意识的人对艺术装饰运动的装饰特征仍然存有兴趣，他们总是希望在工业产品中找到最新的和恰当的理想形式，因此对更换卫浴设备和追求时尚的兴趣并不高。菲比·戴·西拉写道：“最好的卫浴用品看上去既能令人愉悦，同时也便于使用和清洁。”你也会遇到那种不理想的产品，处理不当的转角、华而不实的镀铬装饰和造型复杂的小肥皂盒等。她建议应在卫生间装饰中增设防水壁纸或瓷砖，尽管当时的流行品位普遍偏好白色。

在1954年出版的《今日住宅》（*Houses of Today*）一书中讨论了彩色卫浴设施，建筑师柯林·佩恩（Colin Penn）对此提出了反对意见，部分原因是难以获得与之相匹配的其他部品和墙砖。

这段时期英国卫生间中的浴盆依然被保留下来，淋浴的出现则是个例外，而美国正相反。

灯具

1. 20世纪60年代新开发的塑料材料使灯具更加透明和安全，这个吊灯由Troughton & Young灯具公司1963年出品。*ARP*

2. 莱特里尔公司设计的吊灯，约1972年，融合了当时流行的斯堪的纳维亚风格的复杂折面叶片形灯罩和20世纪30年代早期的艺术装饰复兴风格的反光表面。*SKI*

3. 20世纪50年代的很多设计灵感源自航天科技。这款1953年J.M.巴尼考特（J.M.Barnicot）的设计便是为纪念火箭成功发射所准备的。*ARP*

4. 基尔肯尼设计工坊的Holger Strom于1973年设计了这款塑料灯罩。30种灯罩可以装配出21种不同组合。这种系列被称为"IQ装配"式。*ARP*

5. 1959年由戈登和厄休拉·鲍耶安装在他们住宅中茶几上的吊灯，是这一时期低位悬挂吊灯的典型。当时在伦敦也有日式纸鲤鱼灯出售。*GUB*

6. 20世纪40—50年代非常流行褶皱的蜡纸灯罩。这个高雅的样例出自丹麦建筑师及家具设计师凯尔·科特林（Kaare Klint）之手，是第二次世界大战时期的系列设计之一。*ARP*

20世纪50年代是现代灯具的一个创新时代，而在第二次世界大战前的灯具制作往往只使用坚硬的具有反光效果的工业材料。灯具也跻身最具国际化市场的设计产品之列，著名的设计案例如丹麦Poul Heningsen公司生产的PH灯具系列，使用广泛。

在现代家居设备中，虽然灯饰通常是最昂贵的物件，但也尽可能做到经济实惠。有些时候灯具会具有双重功效，比如一些台灯兼具了向上转动照亮天花板的功能。低位吊灯成为当时的偏爱，并且连线在天花板上留有很长的余量，有时还会打成环，根据下面空间的使用情况可以提高和降低灯具的高度。

第二次世界大战前还不为人所知的新型半透明塑料制品，此时开始取代丝绸或蜡纸成为灯罩的主要材料，但通过打褶所产生的优美的竖纹依然属于20世纪50年代的造型语汇。塑料也被用来制作可拆卸的光线散射器，安装在灯具开口上以避免灯泡的直射光形成的炫光。到了20世纪60年代，强烈的色彩成为一种时尚，同时开始大量使用射灯和条形灯。

1
2
3
4
5
6
7
8

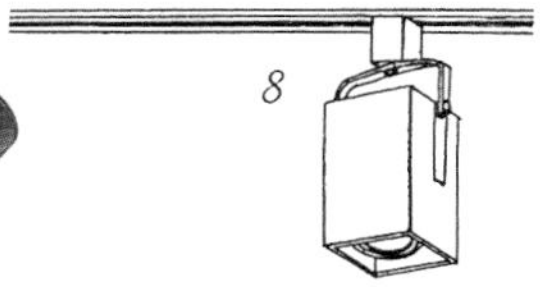

1. 1971年哈比塔特公司的灯具目录中具有明亮色彩的塑料吊灯，为下一个十年的设计风格定下了基调。*HABI*
2. 配以木制吊环的多色纸板灯罩，英国，1954年。
3. 压制的纤维玻璃成为制作谢尔利特圆筒灯罩的廉价材料，英国，1965年。
4. 适用于餐桌上方用柳条编织的灯罩，由一个滑轮控制，1953年。
5. 受到雕塑家亚历山大·考尔德（Alexander Calder）雕塑作品启发而设计的一款吊杆式灯具，20世纪50年代。*OPG/IB/BON*
6. 一款1/4球形的上射灯，源自意大利费洛斯公司托比亚·斯卡帕（Tobia Scarpa）的经典设计，1973年。
7. 彩色搪瓷表面的金属吊灯。
8. 轨道式方形射灯，约1970年，特别适用于厨房。
9. 约克郡Farnley Hey的吊灯，装饰有褶皱织物灯罩，1955年。属于20世纪50年代英国的经典设计。*PO*
10. 欧司朗（GEC）公司的一款梨形吊灯玻璃罩，1964年。*ARP*
11. 造型流畅的吹制玻璃灯罩，位于赫特福德郡的乔治·马什住宅中，1962—1965年。*EHW*
12. 埃塔.索特萨斯为斯蒂诺公司设计的“墨菲斯托尔”系列天棚灯，70年代。金属长杆彻底改变了普通顶灯造型。*CI*

9
10
11
12

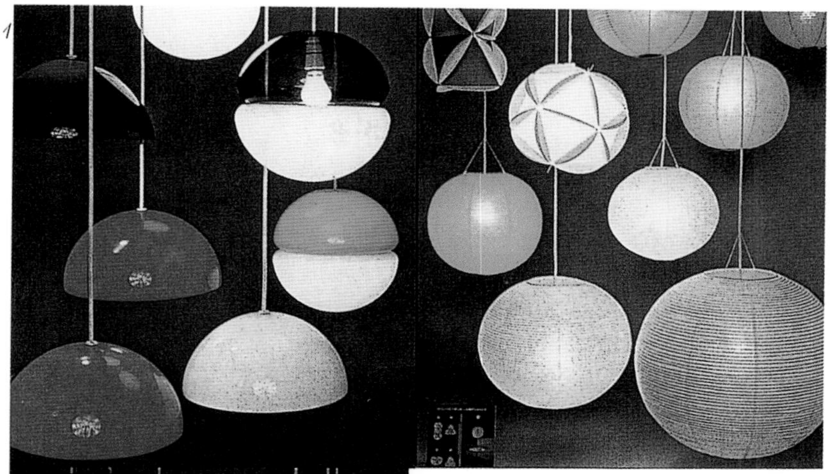

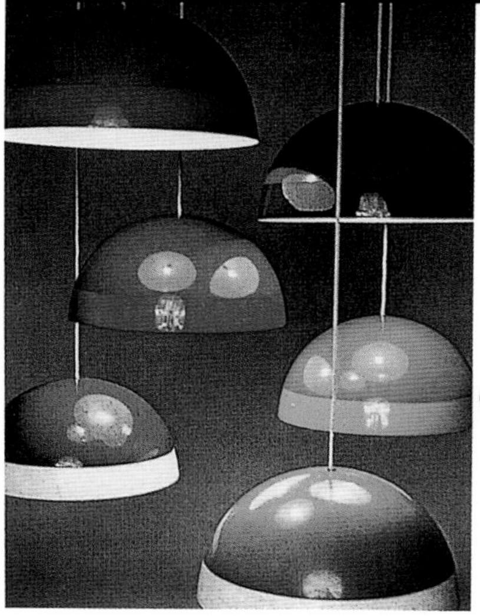

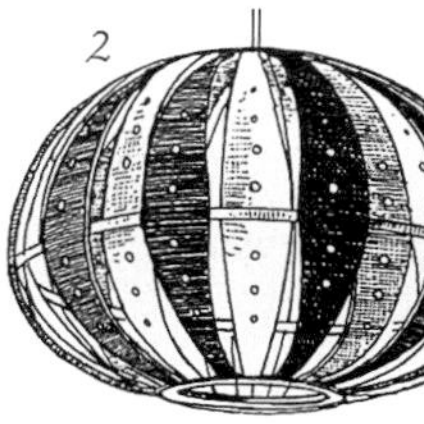

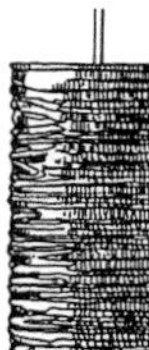

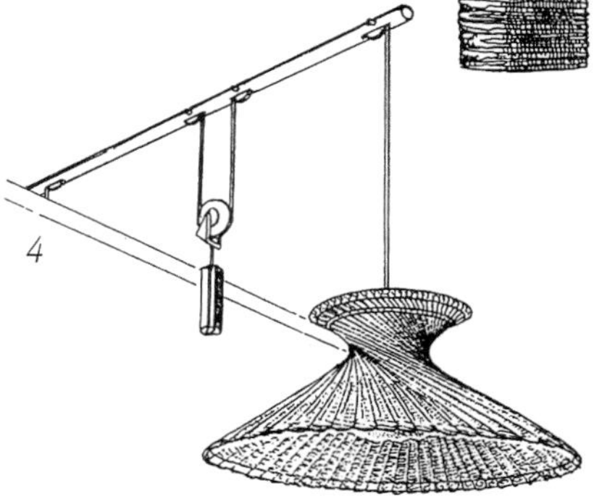

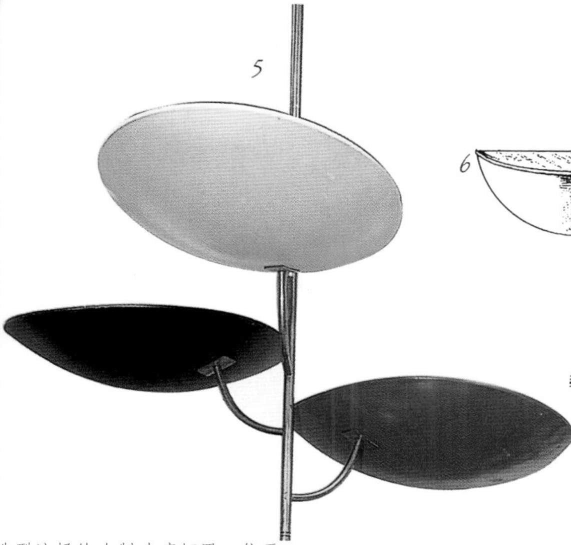

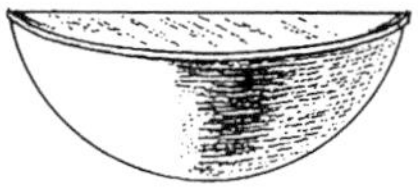

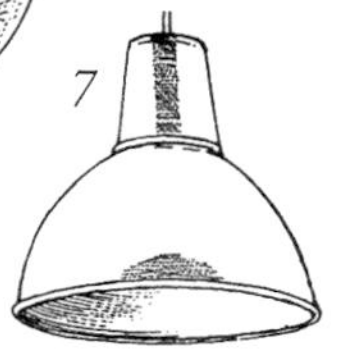

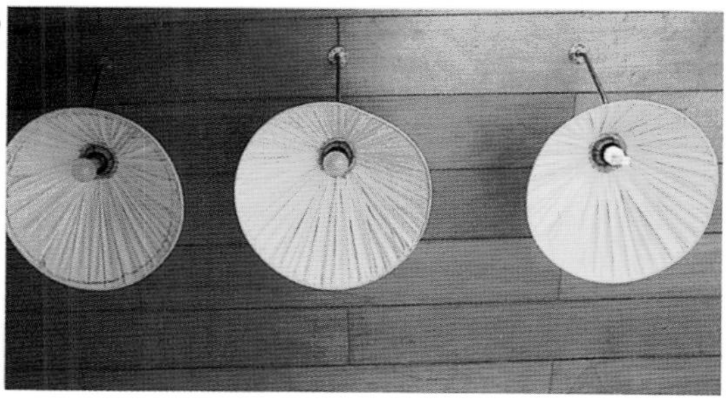

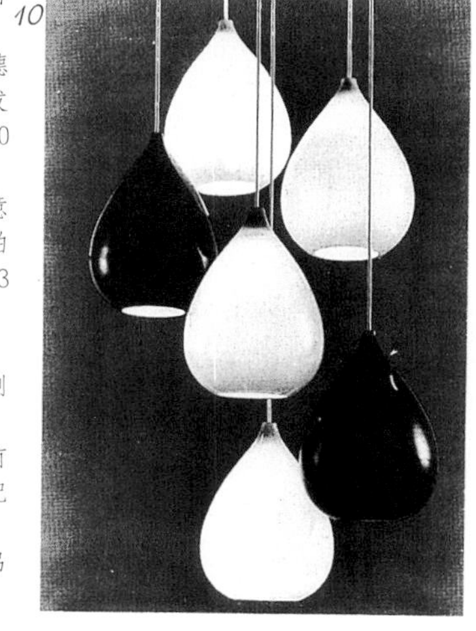

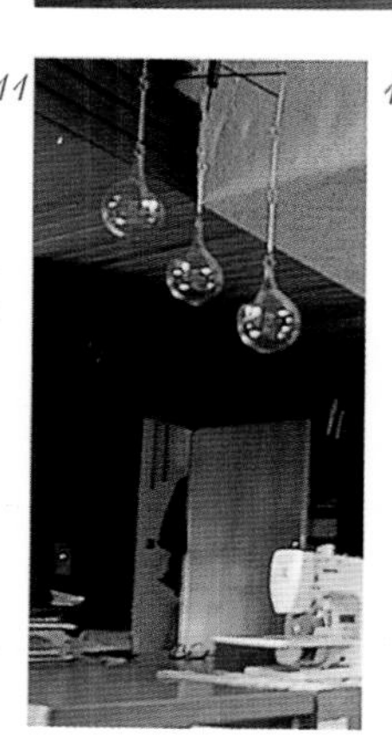

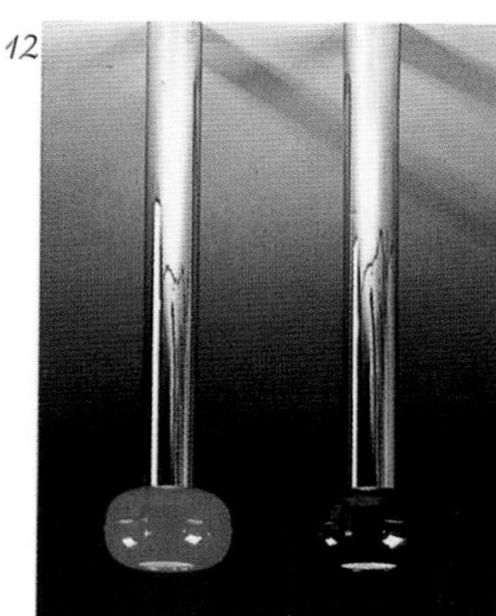

木制品与金属制品

1. 位于美国密歇根州Black Barn一处住宅精美的室内效果，出自史丹利·泰克曼之手，1973—1974年。*TIG*
2. 由彼得·福戈（Peter Foggo）和大卫·托马斯（David Thomas）设计的木制吊脚楼，萨塞克斯郡，1964年。*PO*
3. 位于佛罗里达州沙丘住宅的木墙面柱廊，1974—1975年。由威廉·摩根设计，提供了一种房中房的建造方式。*PO*
4. 英国20世纪50年代后期的内饰，木制的天棚、墙壁、台阶以及栏杆。
5. 位于伊利诺伊州哈佛的史丹利·泰克曼的热狗住宅，是众多实现后现代主义创新性设计形式的作品之一，1974—1975年。*TIG*

尽管木材作为住宅建筑材料始终受到欢迎，但第二次世界大战后的几十年中，木材并没有得到独立于主体结构或固定家具之外的表现机会，这很可能是出于整体和简洁的现代主义美学观与住宅经济性和标准化设计相结合的原因。在本节中选取了一些过渡的木制造型形式，以及一些公司产品目录中的金属制品，因为这一时期中金属第一次真正成为住宅的主要建筑材料。

第二次世界大战结束时，世界各地的木材供给普遍严重不足，而软质速生木材需要很多年才能成材。出于对速生木材品质的偏好，使人们从开始就放弃了对木材耐久性的追求，并且，速生木材用于建筑外部时一般不会腐朽。另一方面，当时对硬木采伐的可持续性生态关注还处在未知阶段，重新开放的世界贸易市场也使木材成为极具吸引力的商业领域。

当金属替代木材时，倾向于表达更加现代或更加城市化的造型形式。然而，在20世纪30年代之前金属始终未得到广泛应用，直到《住宅佳作分析》（*Case Study Houses*）一书的出版才促成了高技派的创立。

1

2

6
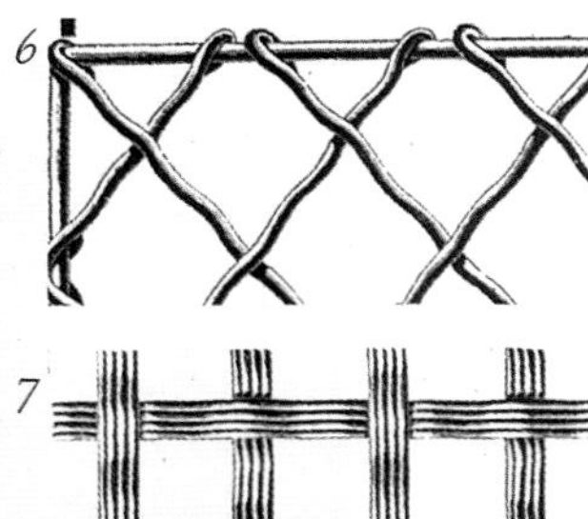

7
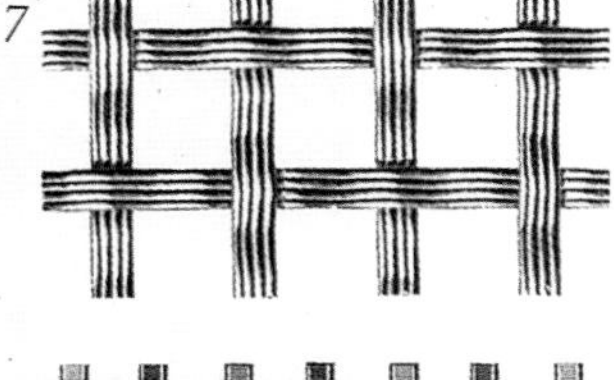

8

3

4
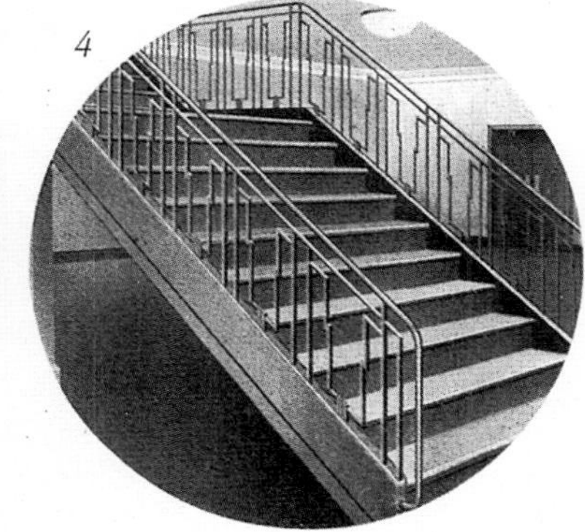

9 10
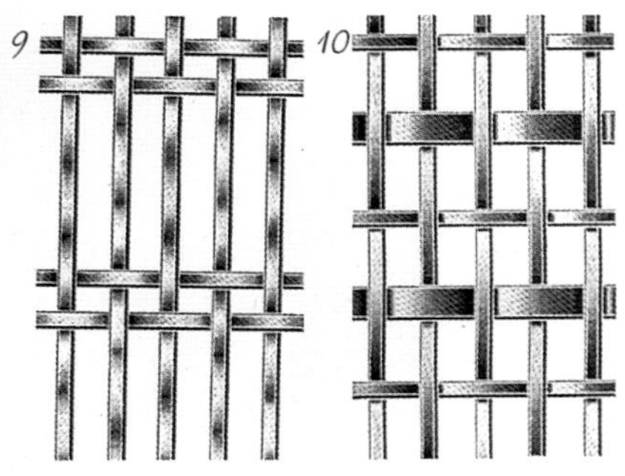

5

11

13

12

1. 英国汉普斯特德的一处住宅，由帕特里克·格温设计，展现了金属管件按照楼梯曲线弯曲而成的柔美形式，1957年。PO

2. 伦敦一处住宅前门的金属防护门，这种实用的安全设施会设计成装饰性构件。GHT

3. 1968年，由理查德·罗杰斯设计的斯彭德住宅的钢框架，使用了装扮成结构部件的张力钢丝装饰。PO

4. 20世纪40年代后期的英国钢制楼梯，带有艺术装饰运动晚期风格的栏杆。

5. 剑桥郡的一处美术家工作室中的木制隔墙，彼得·波士顿（Peter Boston）设计，1958年。斜铺木板对应了建筑的整体外形。PO

6~11. 普通的金属编织格栅，可用于散热器、碗橱等，这些样例为一家伦敦公司在20世纪40年代后期生产。这种样式使用了很多年。

12. 未受现代主义风格影响的郊区住宅，通常喜欢使用涡卷形装饰的大门。

13. 纽约曼尼托巴的拉塞尔·赖特住宅，在出现的多种材料中，木材的使用充满了创造力。RW

当代建筑（1975年至今）

艾伦·鲍尔斯

1. 位于诺福克Marsh View，Lynch建筑师事务所2003年设计。造型奇特的假日住宅替代了传统的平房，黑色木材外饰面属于当地乡土建筑形式。样式突出的转角烟囱似乎是基地上之前的建筑遗存。*LA*

2. 沃尔特·西格尔（Walter Segal）设计的自建型住宅，位于伦敦刘易舍姆区的Segal Close，1977—1981年。木结构节点简单，外墙板是按照标准规格锯切的成品建筑板材。*WS*

3. 蜜月度假型单幢乡村别墅，位于佛罗里达州海滨，斯科特·梅里尔（Scott Merrill）设计，1988—1990年。建筑形式受到了建筑规范条文的限制。*MOR*

4. 约翰·乌特勒姆（John Outram）设计的住宅，位于英格兰萨塞克斯郡，1985年。值得注意的是建筑形式复杂的象征意义、精美的施工工艺和建筑材料。雅致的外观装饰使人联想到建筑师约翰·索恩爵士（1753—1837年）的设计手法，以及20世纪30年代的风格。*OU*

20世纪70年代的十年间，建筑的发展丰富多彩而又动荡不安，人们见证了现代主义信念的普遍丧失以及对新价值观的寻求过程。相对于那些私人投资建造的住宅，政府投资的住房曾经在当时为建筑师提供了更为宽广的实践空间，但也表明使用僵化的建筑体系来加速住宅建筑的产出，是一种非常短期的经济行为，因为这类建筑需要高昂的维修费用，同时相伴而生的外部环境设计，成为破坏性行为和犯罪行为的诱导。20世纪70年代伊始，面对生态灾难、人口过剩以及资源减少的威胁，人们开始对战后主流思想进行批判，并迅速扩大到对未来发展方向的思考，如同E.F.舒马赫（E. F. Schumacher）在《小的就是美好的》（*Small is Beautiful*, 1973年）一书，以及《增长的极限》（*Limits to Growth*, 1972年）报告中所描述的那样，其研究成果在21世纪仍然具有重大意义。

“后现代主义”一词在1975年以后开始应用于建筑领域，它表明了现代主义建筑中所明确的和严令禁止的做法出现了逆转，因此像带有三角楣饰的门廊或者檐口等历史元素开始回归，即使采用的是反讽的手法。同时，后现代也对地域特色进行了制裁，不仅体现在建筑上，也体现在城市设计上，因为当时的城市人口一直在向城郊流动。1975年被宣布为“欧洲建筑遗产年”，并以遗产年的宣言为标志，整个西方世界呈现出向传统建筑传统进行戏剧化的逆转趋势。1976年，为纪念美国独立战争二百周年，美国通过了税收改革法案，大大激励了对老建筑的整修工作。资源匮乏和不断上升的劳动力成本，意味着老建筑的复原与特色居民区的营建相结合，将会提高建筑的社会价值。在接下来的数十年中，这些努力使城市的衰退状况得以好转。

后现代主义与多元化思想相关联，意味着多种矛盾的事物可以共生并存。在这个概念下的室内设计风格，无疑授予了设计师随意组合各类风格元素的许可证。20世纪70年代的室内陈设和内饰依旧受到现代主义遗产的滋养，表现在喜好皮革和铬合金家具以及棕色色调上。这主要出自20世纪60年代末以来，勒·柯布西耶和路德维希·密

1. 迈克尔·格雷夫斯（Michael Graves）设计的自宅，空间效果唤起了19世纪初期的欧洲新古典主义的联想，美国新泽西州普林斯顿，1993年。阳光散落进神庙式的栏杆内。*ROC*

2. 袋形住宅，德文郡，Hudson建筑师事务所设计，1995年。20世纪90年代中期的优秀住宅之一，使得现代主义悠闲自在的住宅形式重又回到人们的视野，开放的空间，优美的海景，配以英国设计师设计制造的现代家具，建筑材料与众不同，空间效果令人愉悦。*AVE*

斯·凡·德·罗的作品所成就的“现代经典”的修辞手法。现代室内设计甚至变得更有趣味，比如，彼得·艾森曼、迈克尔·格雷夫斯、查尔斯·摩尔（Charles Moore）等建筑师引入了“模棱两可的游戏”，利用房中房的设计手法重新创建出符合房主审美品位的传统建筑形式。在托马斯·克罗夫特（Thomas Croft）的谷仓改造中可以看到这种装饰风格的延续，设计中将新的结构系统嵌入到原建筑框架内创建了新的空间特性，并且使用长毛绒地毯形成鸟巢形空间，地毯有时候会涌上墙面，消除了以直角连接地面和墙体的刻板做法，从桌子到门窗以及所有其他器物都使用了弯角。

虽然这种形式的室内装饰充斥着各类杂志，但实际上是风格发展中的一次例外。对于大多数人而言，更倾向于后现代主义所极力推崇的回归到那些令人熟悉和舒适的风格，包括“英国乡村住宅风格”，并且通过像约翰·福勒（John Fowler）这样的室内陈设设计师使之变得更加巧妙，使用了大量的帷幔、彩色涂料、具有历史感的花式墙纸及乔治亚风格的家具等。当时社会中出现的一些亚文化现象，比如斯隆族（Sloane Rangers）、雅皮士（Yuppies）、前皮士（Preppies），以及贴着新乔治亚标签的那些知识渊博的品位先锋，所有这些都被认为是反对现代主义的浪漫主义保守派。1981年创办于伦敦的《世界室内设计》（*The World of Interiors*）杂志，集中体现和提升了这些新的设计面貌。

与这种装饰趋势相伴而生的是更为准确地回到古典。在建筑领域，20世纪80年代由昆兰·特里（Quinlan Terry）在英国的新贵中发起的风格实践使之影响得以扩大，因为新贵们对接受这种建筑风格更有信心。在接下来的数十年中，更多的建筑师专注于这一风格领域的发展，约翰·乌特勒姆在瓦德赫斯特为汉斯·劳辛（Hans Rausing）建造的住宅，成为回归历史主题的一种更具原创性的作品。莱昂·克瑞尔（Leon Krier）最初以反对现代城市的辩论家的身份为人熟知，而1978年受邀为佛罗里达州海滨的一个私人小镇设立建筑法规。这些法规是关于小镇的住宅尺寸及位置关系的一系列基本条例，用以解决广受重视的“公共领域”的一致性问题。人们希望这些条例有助于恢复从前那种简单的生活乐趣，如同英格兰乔治亚风格的联排住宅，或者像是查尔斯顿由那些带门廊的独立木构住宅所形成的规整街道的感觉。1987年，威尔士王子开始和莱昂·克瑞尔共同规划多塞特郡的庞德伯里镇，从20世纪90年代开始小镇中的建筑陆续拔地而起，整洁的“乡土建筑”风格住宅彼此相邻紧挨在一起，房前是别致的蜿蜒小路，这些住宅形式在整体效果上比英国其他地区更具大陆风格。但对大多数建筑师来说这种住宅建设无疑是一个厄运，并且，由于商业上的成功，这类住宅还在持续发展，影响了商业住宅建造商的建筑产品，使其向多样化的本地风格发展。

1

2

3

4

1. Mat建筑师事务所为蒂姆·派恩（Tim Pyne）设计的独栋休闲住宅，原型基于可移动式住宅，2004年。*PY*
2. 佛罗里达州大西洋滩的兰伯森住宅，威廉·摩根在设计中体现了现代主义的经典图形，2001年。*WMO*
3. 集装箱城市2号，位于东伦敦三圣码头，2002年，由海运集装箱改建而成的住宅。*USM*
4. 伦敦伊斯灵顿的一处住宅，由未来系统设计公司设计，1994年。倾斜的玻璃回应了早期现代主义的理想。*DAV*

在英国，20世纪70年代见证了战后现代主义住宅建筑高峰期的衰落，部分原因是品位的改变，而在越来越保守的政治环境中也出现了难于选址及获得规划许可的问题，是造成这种现象的另一种原因。受加利福尼亚州实验住宅的启发，钢结构住宅出现了迟来的繁荣景象，比如迈克尔·霍普金斯于1976年在汉普斯特德就建造了此类建筑。在美国，1979年弗兰克·盖里（Frank Gehry）在圣莫尼卡建造的住宅，明显是用廉价的建筑材料随意拼接起来的，然而，却引导了后现代主义的新形势——既不参考已经出现的样式也不遵循中世纪的刻板风格。而在许多地区，现代主义早期的住宅多是实验性的，当时那些因为建筑的自身原因而形成的罕见的奇特效果，现在却成为建筑师们潜意识中的理想——用来帮助他们的客户利用其财富和独特的建筑语言，创造独一无二的建筑。安东尼·哈德森（Anthony Hudson）在德文郡的袋型住宅标志着新现代派自信心的回归。

在很多参与现象学哲学运动的建筑师中，这种新方向充满着魅力。自20世纪50年代起，一些现象学的著作成为全世界建筑学的标准读本，如马丁·海德格尔的《筑居思》（*Building Dwelling Thinking*）和加斯顿·巴舍拉（Gaston Bachelard）的《空间诗学》（*The Poetics of Space*）等。现象学的哲学思想得到了建筑师在设计作品上的支持，这类作品表达了对揭示住宅建筑深层动机的渴望，并使感觉维度回归到建筑学的层面，比如尤哈尼·帕拉斯玛（Juhani Pallasmaa）的设计作品。与此同时，阿道夫·路斯在1900—1930年间的设计所体现的空间思想，巧妙地更新了当时的室内空间概念，并取代了勒·柯布西耶成为延续现代主义的主要先驱人物。所有设计元素的组织，都为与这种思想方式所达成的一致性做出了贡献：材料、平面、环境关系、光线效果以及视觉景观等。阿道夫·路斯的影响可以在大卫·怀尔德（David Wild）设计的伦敦北部的零住宅中看出，住宅之所以如此命名，是因为该建筑的设计意图是希望在街道上可以被忽略，视而不见。

现象学成就了极简主义风格的精神特质，由现代主义建筑的主体内容发展而成的极简主义，在20世纪90年代的英国得到了广泛的普及。这种风格体现了日本简约的审美观与建筑材料恰如其分的使用，以及对光线的精准控制。极简主义有助于维护现代主义抽象的外观标准，这种价值观也抚慰了既往的现代建筑风貌。

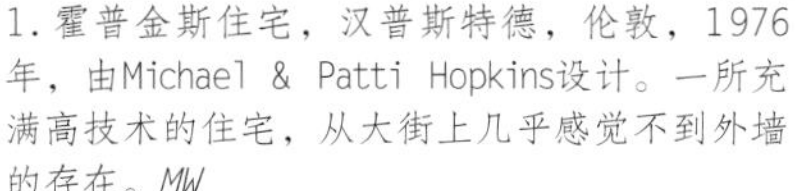

1. 霍普金斯住宅，汉普斯特德，伦敦，1976年，由Michael & Patti Hopkins设计。一所充满高技术的住宅，从大街上几乎感觉不到外墙的存在。*MW*

2. 由生态建筑师设计的屋面延伸体，显示了低能耗设计是如何以简单方式提高生活的品质，西伦敦。*ECO*

3. 萨里郡贝丁顿的贝丁顿住区，由零碳工厂建筑师事务所的比尔·邓斯特（Bill Dunster）设计，1999年，在提高居住质量和节省空间的前提下降低化石燃料能源的消耗。*ZD*

在对既往风格的重新演绎中，极简主义所关注的室内核心问题，有益于那些受到保守主义建筑平面束缚的建筑师。即使那些建在空旷郊区的现代住宅，也希望将传统的住宅元素在形式意义上或者常规意义上隐藏起来，这种观念意味着假如住宅中出现了斜屋顶和面积不大的窗户，可以调动各种室内设计手法将其隐蔽起来或加以改观。在莫尔建筑师事务所设计的布莱克住宅等类似项目中，建筑的整体外观风格传统守旧，而在建筑细节和室内设计层面上则出现了微妙的原创性的创新。该事务所的梅瑞狄斯·鲍尔斯（Meredith Bowles）写道："建筑材料的质量影响着人们对建筑的感受，决定了建筑在一天的不同时间的温度、吸音性能、透光性、舒适性，以及富丽堂皇的感觉、持久耐用性等。将这些因素有机地融合在一起，构成了建筑表达和愿望实现的本质内容。"

在城市住宅中也需要类似的隐匿性，当时几栋重要的住宅，如2005年卡鲁索·圣·约翰（Caruso St John）设计的布里克住宅对于街道而言建筑的存在感非常弱，建筑的形式关系主要考虑了不规则的基地后部。巴黎的德维尔玻璃住宅（Maison de Verre，在20世纪70年代之前被很多人遗忘的一栋建筑），以砖为主导搭配了当时再度得到发展的现代主义经典材料玻璃和钢。这种极其不像住宅的住宅所形成的影响，经由许多同时期的建筑师扩散开来，并且这种趋势朝着建筑构件和材料的奇特使用方向发展，尤其是一种由建筑表面形式和材料质感的对比引起的装饰形式。这可以从长岛北端的奥连特地区的一组住宅中看到，由赖亚尔&波特建筑师事务所的比尔·赖亚尔（Bill Ryall）设计。

随着1999年凯尔·麦克劳德（Kevin McCloud）主持的电视节目《宏大构想》（*Grand Designs*）的开播，人们对现代住宅的兴趣不断增加，节目表明了新建筑的建设和既有建筑改造的过程，并将那些容易出错的事情当作娱乐对象。与其他家居改造类的电视节目不同，这档节目更喜欢表现现代风格的住宅，然而，当时的其他杂志则推动了新现代主义折中形式的发展，并将其作为年轻一代时尚面貌的代表。

出现在20世纪70年代的"生态关怀思想"在20世纪90年代开始强势回归，最初由一小部分建筑师推动，后来终于写入了英国新住宅建筑的法则。在美国，罗纳德·里根（Ronald Reagan）于1981年当政后移除了白宫屋顶的太阳能板，标志着共和党对环境控制技术长期持有的反对态度，也标志着代表美国价值观的对廉价化石燃料的信念。然而，环境问题依然是社会进步的重要内容，典型的例子就是2006年前民主党第一副总统Al戈尔（Al Gore）拍摄的纪录片《难以忽视的真相》（*An Inconvenient Truth*），其环境思想已经被政治光谱的另一端——广大的民众所接受，房主们为了"脱离城市电网"，以及将自己的住宅完全建成自给自足型，在住宅中普遍装备了可再生能源系统。

建于2003—2009年的零住宅，属于西伦敦的两位艺术家。建筑师大卫·怀尔德是一位受人尊敬的现代主义建筑师，他的作品甚少，但设计细致全面。整个建筑空间优美，住宅的名称暗示了其神秘内敛的性格。CYH

在英国，比尔·邓斯特超越了单体住宅与家庭的局限，成为整体住区绿色建筑的主要倡导者。1999年，他在萨里郡的贝丁顿（“贝丁顿住区”，受皮博迪地产公司委托）的住宅建筑设计，将住区的各类住宅建成无论在建造过程还是居民的生活过程都能够减少化石燃料消耗的示范区。在所有情况下尽可能使用循环能源和地方材料，同时住宅具有优良的保暖性能，并能够通过屋顶的通风罩回收使用后的热能。像“贝丁顿”这样开发的居住区，如果开发商能够有自觉意识，就可以减少其“生态足迹”（支持并满足人类生存需求所需要的土地数量），使人类的生存活动从相当于三个地球资源的消耗量（以英国人口的平均消耗水平）减少到一个地球的消耗量，这也是所有能够用于人类生存的全部地球资源的总量。

生态关怀促使了采用木材做结构和外墙覆层，用羊毛和麻等作为建筑保温材料的传统建造方式复兴。1900年以后人们开始不再使用石灰，代之以水泥材料，现在石灰重被提倡，由于生产石灰使用更少的能源，并且其性能更加温和，同时可在砖石建造的砌筑中循环使用。

一种更为极端的离奇形式，是由回收的海运集装箱建造而成的集装箱城（Container City）。类似于汽车制造一样的标准化住宅建造理想曾经使现代主义奠基人激动不已，如今通过不断增长的自动化生产的建筑部品，以及减少现场施工作业所带来的利益得以实现。在更加高端的建筑市场，德国形成了一种以木材为主要材料的建筑工程体系，并且已经获得了非常高的市场占有率。在美国，由工厂制造的形式多样的住宅早已成为一项大产业，并且已经出现多年，但是，这类建筑与正常的建筑设计及其价值观并没有多少关联。在英国，梅建筑师事务所（Mae Architects）为蒂姆·派恩设计的住宅（m-house）是改变这种境况的一次尝试，设计采用了两个工厂生产的木框架对接在一起建造出带有两个卧室的住宅。设计符合可移动式住宅对平面设计的要求，与永久性房屋相比，这种设计十分简单，同时也满足了客户对住宅功能的基本需求。然而，无论这种设计还是其他有着相似目的的用心良苦的设计构思与立意，都未能对当时的住宅供给带来重大的影响。

伴随着21世纪第一个十年的结束，建筑风格发展上的迂回曲折与世界各国更为根本性的住房和人口问题相比显得无足轻重。直到2008年，房屋贷款引发了次贷危机和消费主义，也是因为许多作为贷款依据的住宅价格与实际价值相差甚远。其结果显示了自由市场模式的不足，导致英

1

2

3

1. 位于匹兹堡由D工作室设计的阿尔克办公住宅，从街道可以看到内部生活空间，带有木制网格和板条墙面。以谦逊的态度和突出的形式融入砖砌联排住宅的传统街道之中。*EM*

2. 伦敦布里克住宅，卡鲁索·圣·约翰设计于2005年，通过单一的材料营造表现出21世纪以特色鲜明强化空间效果的设计趋势。*HBI*

3. 地方风格的转换是形成开敞式居住空间的一种受欢迎的方式，但很少能够形成建筑的个性特征，如这栋由托马斯·克罗夫特设计的位于肯特郡的住宅，1986—1988年。*TCA*

国提供给青年人的“过渡房”空前短缺，而且在英国经济最为活跃的地区，住房的供给也出现了困难。当城区的开发建设因缺乏资金而停滞不前时，毫无疑问，整个社会开始关心由于规划体系的改变对农村带来的威胁。不过，政府会继续投资提升现有住宅的使用效率，因此，几乎今天所有的这些住宅建筑在可预见的未来中仍然会继续存在。

在美国，高估的房产住房贷款是2008年世界经济危机的主要原因。联邦政府采取行动阻止普遍出现的已售房产的收回行动，但是在很多领域中还是出现了令人沮丧的负面影响，并且在其他与住宅建设相关产业形成了连锁反应。时事评论家关注的是那些新住宅中的大户型（通常称作“豪宅”），关注城郊地区未开发地段的建设中所延续的风格走向，通常这些地段会远离社区服务中心。居住在这样的“住宅区”中需要汽车来满足日常的活动需求，而且分散的平面规划形式使得公共交通系统的引入十分不经济。詹姆斯·霍华德·康斯勒（James Howard Kunstler）等一批作家曾经明确指出，在世界能源价格上涨和资源减少的情况下，这样的住宅区无论现在还是未来都会面临着很大的风险。他们所提倡的能够替代美国和英国住宅区的新模式，是自身规划有满足日常生活供给的高密度城市住宅区，在这样的居住区中步行将再度成为人们的主要出行方式。与前汽车时代相类似，这种类型的住区考虑了最佳的社会供给方式、娱乐及交通服务方式，以及既存的住区模式，并且，由于是基于本地的商品流通，也使得本地出产的物品和服务设施获得了最大的价值空间。在这几页中的案例中，包括了那些由建筑师设计的外观体量小而内部空间大的城市住宅，但不包括那些看上去似乎仅为少数精英人士提供的有趣的风格实践类住宅，即倾向于具有普适性的居住模式而非那些巨无霸式的豪宅（McMansion），也不是离工作地点一个或一个多小时公交车程的那些缺乏个性的公寓。

门

1

2

3

4

6

7

8

5

1. 2005年庞德伯里镇的乔治亚风格成品门，由本・彭特里斯（Ben Pentreath）设计。*WGD*

2. 由尤妮克环境设计公司设计的橡木框大玻璃门。*UE*

3. 都柏林狄龙街上的两个门，由De Paor建筑师事务所设计，材料样式丰富，通向一栋形式特殊的独立住宅，2005年。*ALY*

4. Mole建筑师事务所设计的布莱克住宅，丰富的色彩让生活的每一天都充满新奇感，2001年，剑桥郡。*MOL*

5. 巴西英伦住宅的中轴门，可以自由开启，由伊塞・魏因费尔德（Isay Weinfeld）设计，2000年。*ALY*

6. 萨塞克斯郡住宅大厅里的内门，由约翰・乌特勒姆设计。*OU*

7和8. 为一艘游艇内的船员室门，2002年由Blustin Heath建筑师事务所设计。*BLH*

现代主义设计师与门之间存在着难以言说的关系。早期的做法往往强化门套形式，并通过门环和把手来强调门扇的形式感，而在现代建筑运动中更喜欢将这些部件完全隐藏起来。

当建筑师将自己放在与现代主义相对立的位置上时，他们所设计的门自然而然地会使用传统的古典样式。回到20世纪70年代，用热带生长的硬杂木制成的价格低廉的木门，预示了后现代主义的到来，这种门通常会包含一个样式粗糙的乔治亚风格拱形扇形窗，其风格有时称为“肯德基乔治亚式”（Kentucky Fried Georgian）。目前，虽然这种趋势仍在继续，但出现了少数的设计师，大家相信他们能够按照传统比例和工艺的所有技术要求，复刻出纯正的乔治亚风格的木门。

现代风格的住宅门在运动初期的建筑空间中处于极度低调的位置，而今天则以更为自信的姿态面对世界。现代主义者在建筑学上对怪异性的强烈希求，经由改变自身的文脉传承和重塑建筑的普遍特征得以实现。因此，类型不同的门可以成组地放置在同一个建筑立面上，或许会与窗户一起产生更为有趣的几何构图。

简单的玻璃内门有时会成为有益的空间元素，如果门框与房间的装修材料和设计主题相一致，不仅会在空间的模糊性上增添令人愉悦的感觉，也能够使空间更加开放。

1. 产品目录上的法式落地窗，说明其经得起时间的考验。RY
2. 典型维多利亚式房门，约2004年。BTD
3. 形式雅致的传统样式成品木门，出自精神之门公司出品的“赞德”自然法则系列产品，2011年。SD
4. 更为优雅的传统风格住宅门。BTD
5. 现代风格的落地窗，整体玻璃的一部分可滑动打开。RY
6. 2004年康沃尔郡的巴特维尔农场一扇优雅的透明门，由查尔斯·巴克利（Charles Barclay）为一个现代农民家庭设计。CBC
7. 2010年东方之家几乎被暗藏起来的外门，由Ryall Porter sheridan建筑师事务所设计。RPS
8. “亚光金”门：金箔在室内一侧，出自彼得·巴伯（Peter Barber）设计的小公寓。PBA
9. 伦敦的格林伍德路住宅的院门，2006年由Lynch建筑师事务所设计。LA
10. 安全：内部仿生技术的指纹安全门。FA
11. 传统的门配件仍然在生产，以供历史感住宅更换五金部件或重建传统的外观。CLB
12~15. 为2004年目录中的各式门把手。钢是最受欢迎的材料，和旋钮相比压杆把手更受青睐。CLB
16. 2004年由橘滋玻璃制品公司（Juicy Glass）生产的令人愉悦的玻璃门把手。JGL

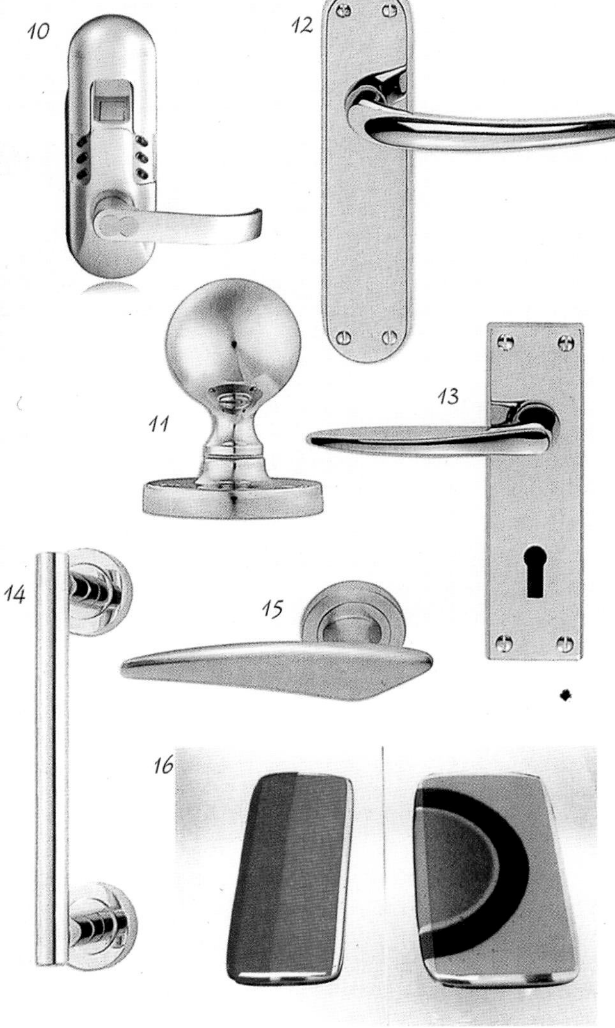

窗

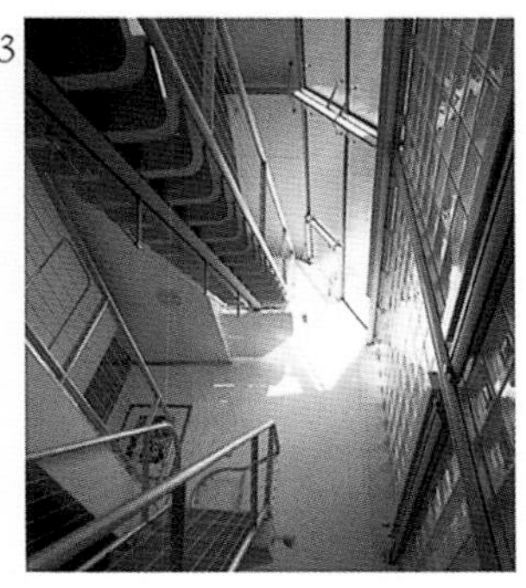

1. 1988年位于伦敦北部卡鲁索·圣·约翰由马厩改造而成的住宅，内部空间形式和窗户的形状相互协调一致。HB

2. 伦敦一栋住宅后部的华丽餐厅，使用玻璃作为主要支撑结构，建筑师保罗·阿切尔（Paul Archer）设计于2003年。PAR

3. 未来系统设计公司在住宅中使用的大玻璃窗，窗户和墙壁的功能区分越来越模糊。DAV

4. Todd Williams & Billie Tsien建筑师事务所设计的沙漠住宅角窗的内部效果，形成了景框的作用，亚利桑那州，1998年。MOR

5. 伦敦摄政别墅，由Belsize建筑师事务所改建，嵌入了一扇圆形天窗，1998年。BZ

6. 2000年建筑师理查德·墨菲（Richard Murphy）在爱丁堡的马厩改造住宅中设计的连续天窗。RM

光是现代建筑中最为重要的空间造型元素，建筑师的工作就是最大限度地运用光。玻璃的制造技术也在不断地进步，生产出透明与不透明可以相互变换的玻璃。尽管完全由玻璃建成的住宅外观已经与节能技术结合在一起，经由窗户的光照所获取的热量能够弥补冬季额外的供暖的需求，但是，现代建筑环境标准更倾向于小尺度的开窗形式，因此，这类大面积玻璃外观的住宅或许终将成为过去。

当建筑不再需要这种极端透明的效果时，现代主义建筑师开始尝试把窗户当作建筑的一种抽象的平面形式元素来对待，或者在室内将其设计成落地窗，或者使用像玻璃砖这样的材料，而这样也会使人产生歧义，即这类做法应当称作窗户还是墙体。有时传统形式的窗户也会按照现代的开窗原则，设计成优美的室内景框。

即使是在相对传统的普通住宅设计中，窗户也会从建筑的立面凸出去，或者嵌到百叶窗后面，没有固定的做法。转角窗提供了令人愉快的室内就座区域，而且能够营造出明确的现代建筑外观形式。

在大多数传统风格的住宅中，木材最终抵挡住了塑钢窗强力的市场扩张，而且一些木窗也开始使用双层镶嵌玻璃。

1. 由艾薇·罗斯科朱斯特（Ivy Rosequist）设计的一扇圆形的“月球窗”，位于设计师的故乡加利福尼亚州克里夫托普。*OPG/JMR*

2和3. 窗户位于巴特维尔农场。图3中的窗户遮板成为墙体的一部分。*CBC*

4. 将窗户做成隐形效果，Wilkinson King建筑师事务所设计。*WK*

5. 20世纪80年代位于纽约卡茨基尔山的太阳能住宅，由保罗·F.皮兹（Paul F.Pietz）设计。

6. 由D.麦克唐纳（D.MacDonald）设计的住宅内的角窗，美国。

7. 东方之家2号紧贴外墙表面安装的玻璃窗，Ryall Porter Sheridan建筑师事务所设计，2010年。*RPS*

8. 带有粉末表面涂层的克里托尔·侯姆莱双层玻璃窗，由D&R设计。*D&R*

9. 灰色小夜曲住宅窗户外侧的金属遮阳，西班牙，2008年。*PHO*

10. 锡达住宅的角窗，由Hudson建筑师事务所设计，北艾姆翰。*HU*

11. 朱利安·马什（Julian Marsh）设计的肉制品工厂住宅内的由塑料瓶砌筑而成的内墙。*ALY*

12. 伦敦，格雷戈里·菲利普斯（Gregory Phillips）设计的大幅面玻璃落地窗，2003年。*GP*

13. 赛德工厂节能住宅中的玻璃楼梯，布赖顿。*ZD*

地面、天棚和墙面

1

2

3

4

5

6

1. 德里斯达克住宅，1995—1996年，佛罗里达州大西洋滩，木制天棚和木地板。*WMO*
2. 位于布里斯托尔附近一座教堂的侧廊中生动的玻璃屋顶，保罗·阿切尔设计，2001年。*PAR*
3. 伦敦一处住宅的采光形式，Belsize建筑师事务所设计。*BZ*
4. 墙面刮涂效果，20世纪80年代的代表性墙面施工工艺。*OPG/PM*
5. 天棚木嵌板和木地板，使沃伦·恩德住宅获得了统一的空间效果，由朱安菲尔德·欧文·德·席尔瓦（Dransfield Owens De Silva）设计。*DOS*
6. 肉类加工厂中用清洗干净的酒瓶子装饰的墙面，诺丁汉，由朱利安·马什（马什·格罗切斯基）设计。*MG*

现代建筑的最新转变，始终朝着建筑师称为的“物质性”方向发展。作为一种可确定性的建筑元素，这个词语不仅有助于人们把注意力集中到材料上来，而且对住宅的氛围营造和空间表情的形成做出了贡献。忠实于材料的现代主义原则出现了颇有趣味的变化，比如木材和混凝土并置，或者偏爱沉浸式的整体室内空间效果，即地面、墙面和天棚使用同一种材料，像卡鲁索·圣·约翰布里克住宅的设计，这种风格可以理解为向现代建筑之父、瑞典建筑师西格德·劳伦兹（Sigurd Lewerentz）的致敬，因为在他晚期设计的教堂中以相似的手法和令人着迷的方式使用了砖。透过布里克住宅外侧的透明塑料板，观看外墙中砌筑的草捆时也充满了趣味，而室内墙面的塑料瓶则表现出回收材料带来的别致感觉。

对于地面的设计，除了满铺地毯以外，几乎所有的材料都可以用于地面，但是人们还是偏好坚硬或粗糙表面的地板。黏土地砖也曾得到复兴，为传统和现代的审美搭建了桥梁。与此同时，图案形式传统的壁纸也曾得以复兴，但图案中经常包含了其他一些讽刺和幽默的形式元素。现代主义建筑的天棚一般不做装饰吊顶，而趋向于形成没有表情的空间元素，除非屋顶结构构件可以扮演装饰的角色。

1. 纽约的一所公寓中使用的白蜡木方格隔断，镶嵌了玻璃片，20世纪80年代，GLUCK⁺建筑师事务所设计（前身为Peter L.Gluck and Partners）。

2. 位于罗斯莱尔的斯特兰德住宅中的楼梯间，O'Donnell Tuomey建筑师事务所设计，2008年。*VP*

3. 曲形镶板墙面，带有一扇能看到起居室的窗户，扩大了室内空间并形成了生动性的效果，在这栋纽约公寓的门厅中，"圆形大厅"墙面形成了拥抱感，20世纪80年代。

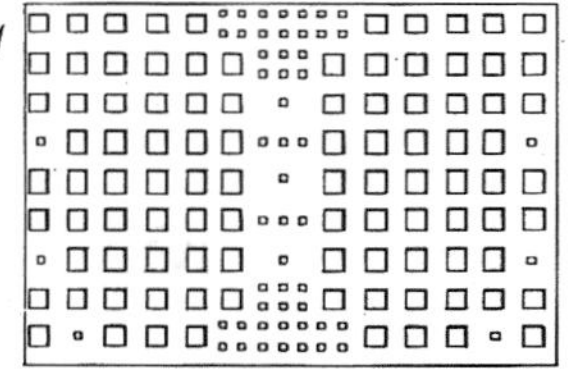

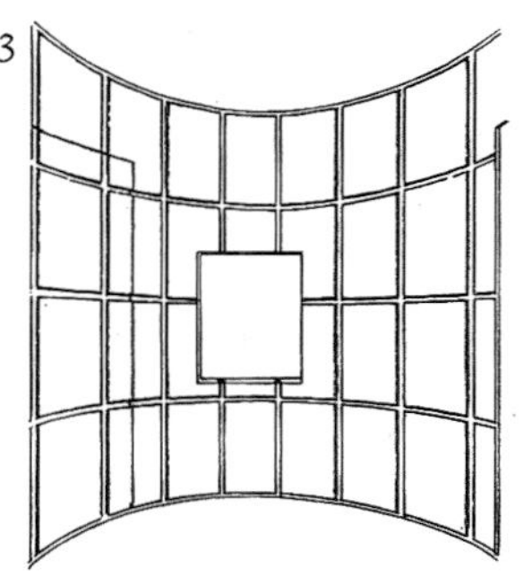

4. 大尺度地下室游泳池区域粗壮的墙面细部，罗伯特·斯坦恩（Robert Stern）设计，新泽西州，20世纪80年代。圆柱支撑体受到英国布赖顿穹顶宫中棕榈树式柱子的启发，穹顶宫是摄政时期英格兰建筑中的珍宝。罗伯特·斯坦恩使用了光面瓷砖、玻璃和金属覆面，创造出洞穴般的效果。注意墙上的假砖石壁柱。

5. 透过一面聚碳酸酯板隔断看到的稻草墙效果，Hudson建筑师事务所设计的位于诺福克的贵格·巴恩斯住宅。*HU*

6. "玛维欧"，一种传统的叶饰图案被重新赋予时代意义的墙纸，为诞生于1968年的Osborne & Little壁纸品牌的一款。*O&L*

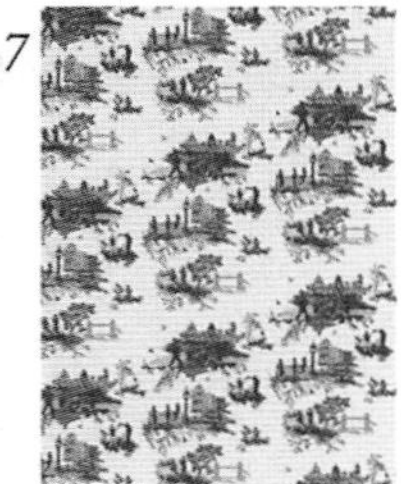

7. 法国18世纪"茹伊印花棉布"风格的印染壁布，主题创新为后现代主义的讽刺画片段——胆小的动物，Timorous Beasties公司出品的伦敦印花壁纸，2006年。*TBE*

8. Tintawn公司生产的粗糙无色的卡姆西尔克地毯。*TT*

9. Dalsouple公司的钉头饰橡胶地板，20世纪80年代高技派设计师的最爱，复兴了20世纪20年代工业产品的感觉。*DP*

10. Fried Earth公司生产的陶砖。*FE*

11. Amtico vinyl"金属"地板，有强烈的工业感。*AMT*

12. 硬木地板，人字形铺设，20世纪90年代。*OPG*

13. Jocasta Innes公司生产的模印地板，马赛克效果。*JI*

14. 一款在萨福克郡改版的红色地砖（在原产地称作缸砖），James Gorst公司出品。*JGA*

15. 赖亚尔·波特·谢里丹写在墙上的一首非常有特点的诗歌，为威廉·卡洛斯·威廉姆斯（William Carlos Williams）1934年创作的"就该这么说"。*TCO*

16. 松散地铺在木地板上的地毯，替代了固定地毯，成就优良的品位，圣达非。*OPC/MBK*

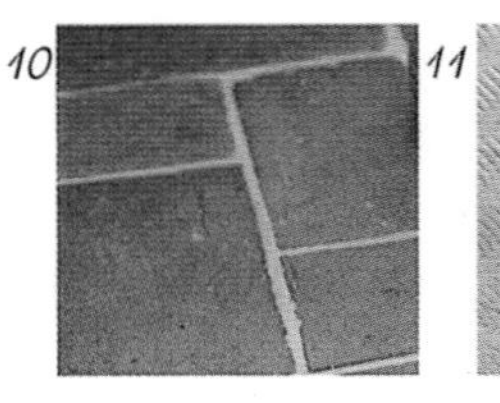

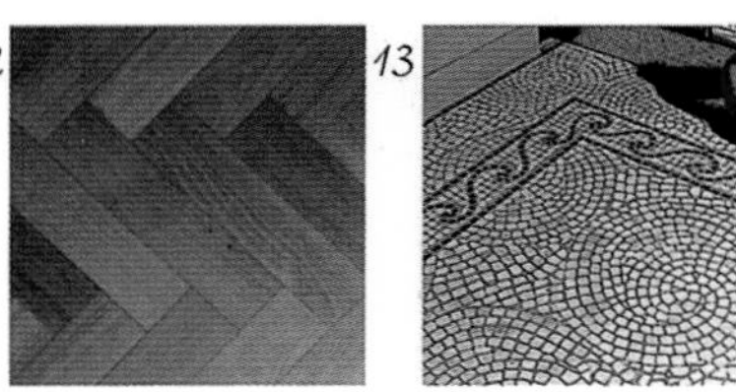

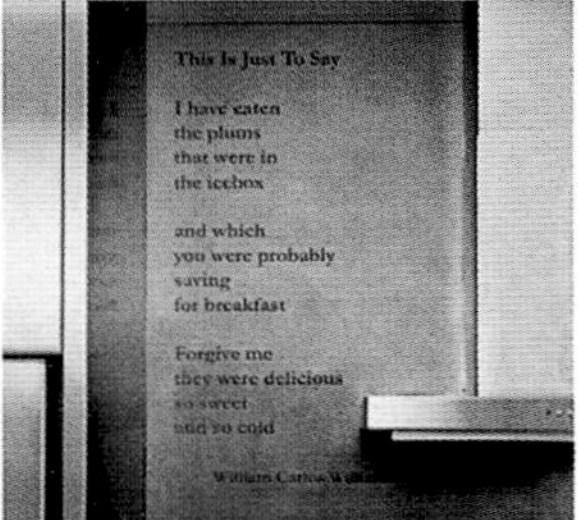

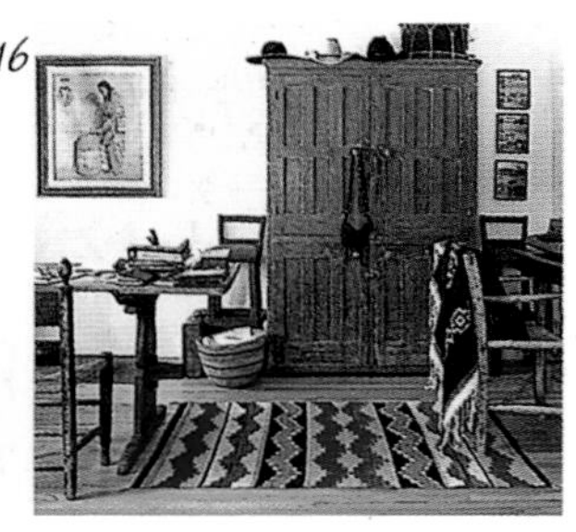

壁炉

1. 每个家庭都应该设置一个克里斯托弗·霍布斯（Christopher Hobbs）设计的巴洛克风格的壁炉。这个伦敦东部的例子可以追溯至20世纪90年代。COR

2. 一个无烟道煤气炉，催化剂清洁了排放物，降低了原木燃烧所产生的影响，2011年。ESS

3. 壁炉十分和谐地融入客厅的全景窗之中，Tod Williams & Billie Tsien建筑师事务所设计，长岛，1999年。MOR

4. 由法国设计师多米尼克·英博特（Dominique Imbert）设计的巴斯卡福克斯炉，1978年。火炉可以向任何方向旋转。DI/FJ

当原始的功能不在之后，壁炉变成了20世纪后期的一种文化现象，成为身份的象征，无论是原版保存下来的，还是历史片段的抢救性复原，还是完全的现代设备。没有壁炉的房间被认为缺乏空间核心和活力，因为壁炉的拉丁词义是“火”。

在现代主义的住宅中，壁炉一直是建筑师感到棘手的设计区域，而在这一区域安置形式奢侈的“特色壁炉”显然不太合适。样式创新也是一种设计策略，所以，两个空间之间视线通透的壁炉，或者不脱离地面的壁炉，两种形式都能轻易地在现代住宅中找到了自己的位置。另一策略是使壁炉十分夸张和奇异，超越传统的常规，就像克里斯托弗·霍布斯在其作品中呈现的那样。

地处大陆性气候地区的英格兰，冬季长期使用的燃烧木材的火炉，因为当时大范围发生的榆树病害致使木柴过剩，所以到20世纪70年代英格兰还在使用火炉。封闭式火炉的热效率非常高，还可以提供生活热水，然而，这种火炉依然属于碳中和方式。因此，封闭式火炉改变的只是开放式火炉的外观形式，而不是涌入烟囱里的成千上万的卡路里，并耗散在天空中，为此，其他各国长期以来都对英国火炉的使用倍感忧虑。

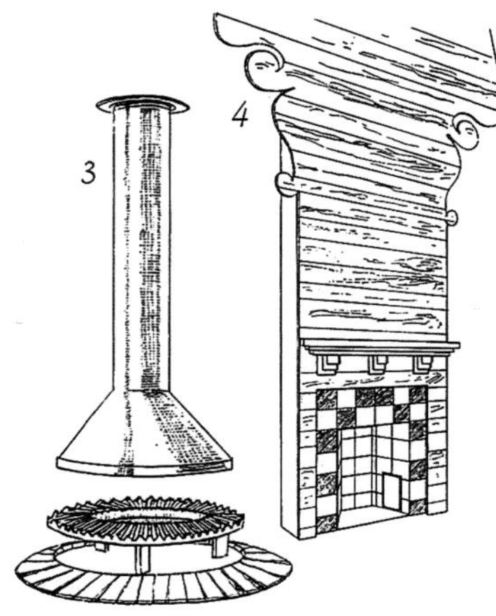

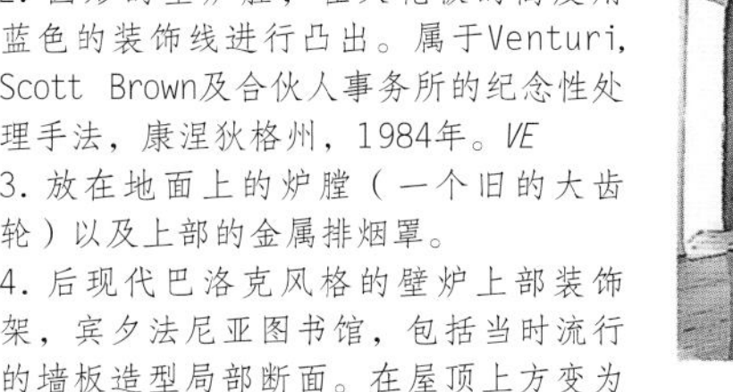

1. 以虚实转换的开洞方式形成的通透型壁炉，Belsize建筑师事务所设计，2004年，弗罗格纳尔，伦敦北部。*BZ*
2. 圆形的壁炉腔，在天花板的高度用蓝色的装饰线进行凸出。属于Venturi, Scott Brown及合伙人事务所的纪念性处理手法，康涅狄格州，1984年。*VE*
3. 放在地面上的炉膛（一个旧的大齿轮）以及上部的金属排烟罩。
4. 后现代巴洛克风格的壁炉上部装饰架，宾夕法尼亚图书馆，包括当时流行的墙板造型局部断面。在屋顶上方变为三角形。皂石铺贴出平滑的形式，Jeff Riley, Centrebrook建筑师事务所设计。
5. 雕塑家凯西·伯克曼（Cathy Burkeman）设计的"篝火"造型，金属棒将导热和增加效率。*BD/FJ*
6. 柏拉图公司的"智慧组合"系列的线状火焰的火炉。*PT/FJ*
7. 艾薇·罗斯科斯特的加利福尼亚州住宅中巨大的壁炉。*OPG/JMR*
8. 作为陶器陈列的壁炉，Rick Mather建筑师事务所设计，伦敦，1986年。*RMA*
9. 从铺在壁炉上的卵石中神秘升起的火苗，并达到了一个不寻常的高度，柏拉图公司［由建筑师亨利·哈里森（Henry Harrison）始创于20世纪80年代的一家公司］。*PT/FJ*

厨房

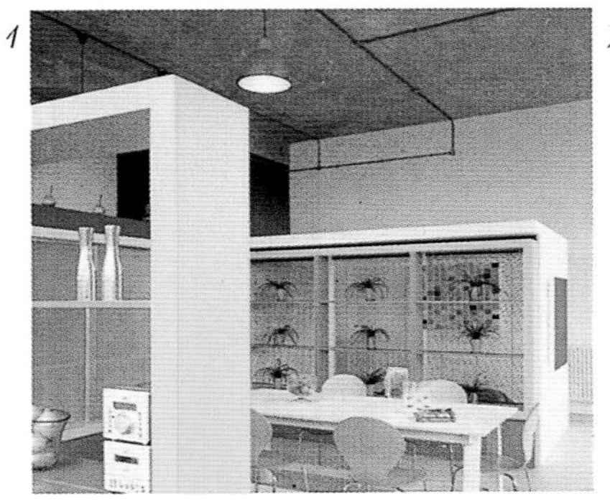

1. 房中房：德·哈维兰住宅，位于英国的哈克尼，以一间改装工厂的生活—工作单元为原型，Proctor & Matthews公司，1998年。*CWP*
2. 烹饪剧场：融合了时尚就餐空间的高科技厨房，诺丁山的一处住宅，由托马斯·克罗夫特设计，2005年。*TCA*
3. 在伊斯灵顿的未来系统住宅里，厨房就像是一个表演空间，戏剧化地设计在整个住宅的中间。岛式设计使厨房看上去像是不锈钢雕塑。*DAV*
4. 英国萨福克郡格伦观景区，由James Gorst公司设计的舒适的极简风格厨房，2006年。*JGA*
5. 悬浮的“芭蕾舞式烹调”厨房，重现了农场风格厨房的核心特点，史蒂夫·韦伯（Steve Weber），圣达菲。*OPG/JMR*
6. 样式非常现代舒适的厨房，Belsize建筑师事务所设计，弗罗格纳尔，伦敦，2004年。采用流行的钢材模仿酒店厨房的设计，打造出专业感的效果。*BZ*
7. 松木碗柜，配置了乡村风的厨房装备，打造出20世纪末新农村的生活状态。*OPG/JMR*

20世纪70年代，厨房已经成为住宅起居空间中不可或缺的组成部分，如同家具齐全的起居室一样，厨房不仅是吃饭的地方，还是家庭成员交往的场所。对于那些希望家居空间更具有城市感的家庭，厨房会设计成展示时尚烹饪设备的地方，很少真正用来做饭；而在另外的一些情况下，却会通过隐蔽的手法将厨房设备隐藏起来。尽管两者都试图通过使用各式厨房设备来减轻烹饪的负担，但这两种类型的厨房却旨在使平凡的食物烹饪和就餐充满魅力。英国人喜好购买半成品的饭食回家加工，而美国人如果不愿在家做饭时，叫外卖的做法也十分平常。自2000年开始，由于人们对有机食品产生了新的热情，美食节目及相关烹饪书籍也开始流行起来。

然而，炉灶变成了价格昂贵的物品，在英国，最贵的炉灶之一仍是20世纪20年代引进的特别厚重的将军牌炉灶（Aga），是慢火烹调的最佳选择。对很多英国人来说，这种炉灶还带有怀旧的寓意，并且可以在冬天为房间取暖。尽管已经出现了电磁炉，但煤气炉却仍占有重要地位，当电磁炉和玻璃炉盘与带鼓风的电烤箱相结合，便成就了可能是当时技术最先进的炉灶了。

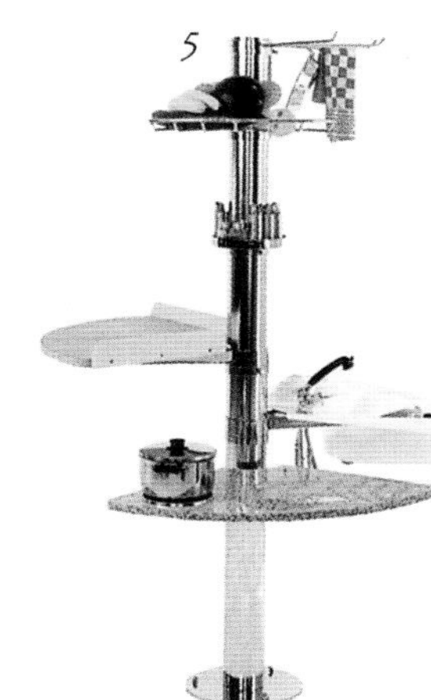

1.由索菲·阮（Sophie Nguyen）设计的“黄色潜水艇”，具有雕塑感的岛形灶台。*SNG*

2.艺术展现效果的生活必需品，火鸡造型，Jonathan Tuckey Design公司设计。*DL*

3.极简风格：操作区设有瓷制灶面板，20世纪80年代早期。

4.“这是一个简单的礼物”：当代沙克尔式厨房。*OPG/JMR*

5.由史蒂芬·维尔卡特（Stephan Wewerka）设计的树形厨房设施，节省空间。*TEC*

6.20世纪70年代晚期，由Jenn-Air公司设计的双火头炉灶。这家美国公司率先设计出下排风气炉灶，使在室内烧烤成为可能。

7.美国殖民风格的厨房，带有现代的煤气炉。*OPG/JMR*

8.橡木制作的模块化组合橱柜，汉森公司克努兹·卡波（Knud kapper）设计，2004年。*HAN*

9.狭长有序的厨房形式，希达·布劳斯住宅，英国佩思郡教堂山，Walker建筑公司，2000年。*WKA*

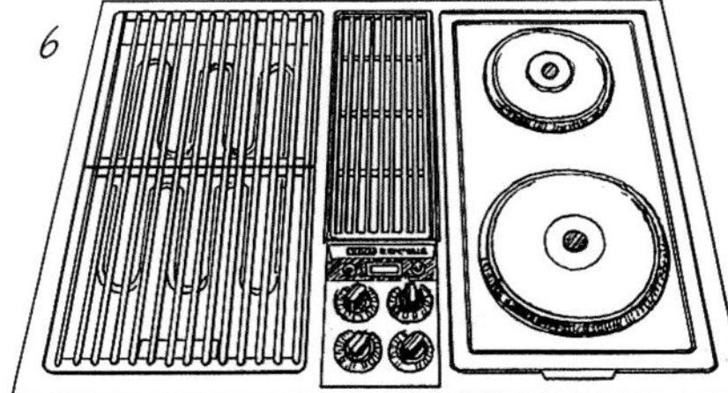

楼梯

1. 汉普斯特德住宅中的玻璃楼梯间，爱尔德里奇·斯莫林（Eldridge Smerin）设计于2004年的。一缕阳光穿越而过。*ESM*
2. 楼梯间的下部开敞，有助于辨清楼梯的结构关系，Belsize建筑师事务所设计，2003年。*BZ*
3. 变换的楼梯踏步形成的阴影，楼梯板为环环相扣的枫木，通向住宅的屋顶平台，伊恩·海伊设计，汉普斯特德。*IH*
4. 木楼梯，Lynch建筑师事务所设计，位于格林伍德路，扮演着室内雕塑的角色。*LA*
5. 通往卧室的小楼梯，伦敦沃纳住宅，Circus建筑师事务所设计。金属结构有脚手架钢管制成。*OPG/DBL*
6. 木制踏板和金属扶手组合而成的精美的楼梯，Hudson建筑师事务所设计的位于诺福克的贵格·巴恩斯住宅。*HU*

1

2

3

4

5
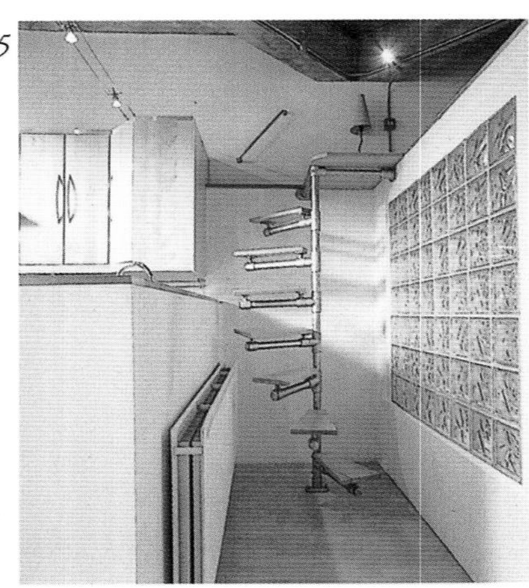

6

楼梯始终是新建筑和建筑风格演变中最为原始性和最具创新性的空间元素，是建筑师可以选择设计风格并实现幻想的场所。自1975年以来，楼梯并没有什么根本性的改变，在这一时期的图片中，可以看出人们对梯子式楼梯和旋转楼梯的兴趣。另一方面，诸如钢化玻璃等材料的发展，使建筑师更容易去尝试看似危险的楼梯做法。

木材是楼梯踏板最为普遍的材料。尽管在一些实例中整个楼梯都用木材建造，但在更多的设计中，木材却只用来做楼梯的外饰面。金属、混凝土及很少用到的玻璃都成为木材的替代品。

扶手和栏杆柱的种类繁多，从古典木制车削栏杆柱，到金属丝、张拉钢筋和玻璃板等。住宅健康和安全规定要求确保楼梯部件之间的空间尺寸能够防止儿童发生意外，当然，儿童或许还会在楼梯外的部位寻找其他上楼的方法。

正如文中图片显示的那样，楼梯的效果在很大程度上依赖于照明的质量。当楼梯属于开放形式时，通过照明会投射出阴影；当楼梯采用实体形式时，可以在上楼过程中达成从阴影进入光明的体验。

1. 飘浮在空中的木楼梯，位于长岛的东方之家，Ryall Porter Sheridan建筑师事务所设计，上下楼梯是可以感受到令人惊叹的海景，并不受那些具有好奇心邻居的侵扰，2009年。*RPS*
2. 郡埃斯浮德住宅中的楼梯，萨塞克斯郡，20世纪80年代，设计师约翰·辛普森（John Simpson）创造出摄政风格别墅的形式。*SI*
3. 高技派风格楼梯，威廉·麦克唐纳（William McDonough）设计于80年代，纽约，直至20世纪末始终是现代复兴式楼梯的典型风格。*WM*
4. 传统风格住宅门厅中的石板踏步，圣塔菲。*OPG/JMR*
5. 悬臂式楼梯，Hudson建筑师事务所设计，斯潘塞公园，2001年，有着迷人的和令人印象深刻的细节。*HU*
6. 马歇尔住宅中被木材包裹起来的楼梯从天而降，萨福克郡，Dow Jones建筑师事务所设计，2001年。*DJ*

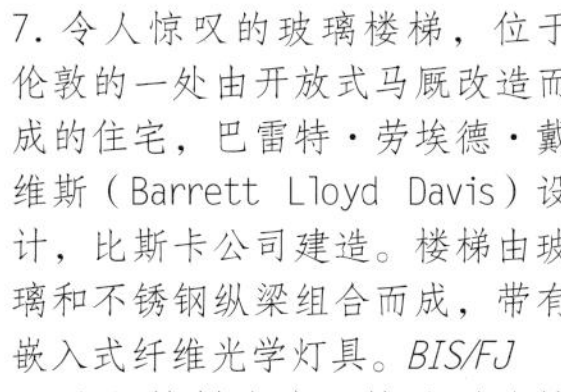

7. 令人惊叹的玻璃楼梯，位于伦敦的一处由开放式马厩改造而成的住宅，巴雷特·劳埃德·戴维斯（Barrett Lloyd Davis）设计，比斯卡公司建造。楼梯由玻璃和不锈钢纵梁组合而成，带有嵌入式纤维光学灯具。*BIS/FJ*
8. 这组楼梯有摩天楼造型的楼梯端柱，中间嵌入了照明灯光，2.74m高，美国康涅狄格州，20世纪80年代。

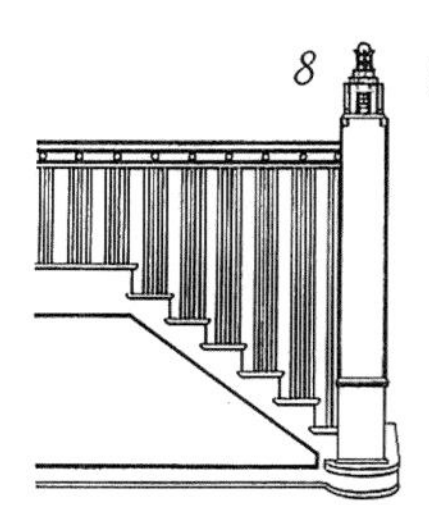

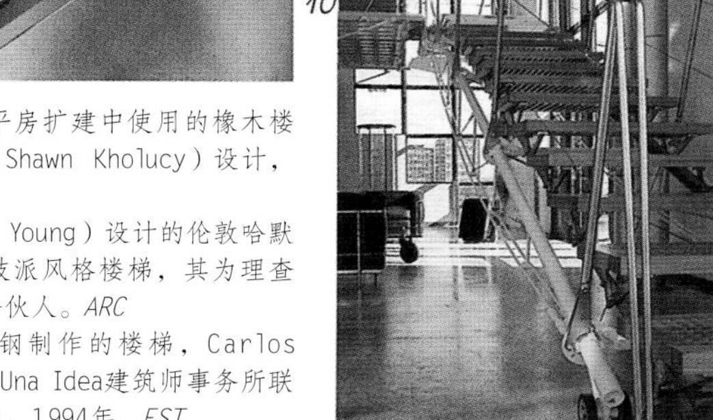

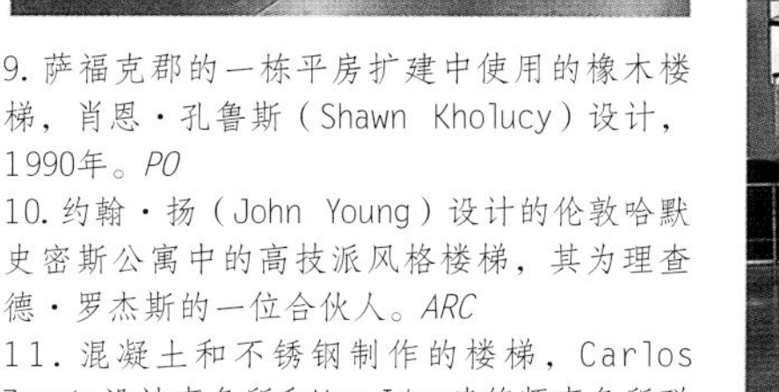

9. 萨福克郡的一栋平房扩建中使用的橡木楼梯，肖恩·孔鲁斯（Shawn Kholucy）设计，1990年。*PO*
10. 约翰·扬（John Young）设计的伦敦哈默史密斯公寓中的高技派风格楼梯，其为理查德·罗杰斯的一位合伙人。*ARC*
11. 混凝土和不锈钢制作的楼梯，Carlos Zapata设计事务所和Una Idea建筑师事务所联合设计，佛罗里达州，1994年。*EST*

储藏系统

1
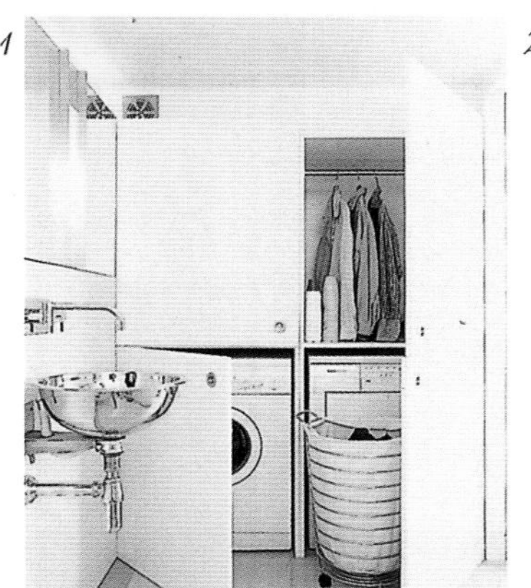

2

3

4

5

6
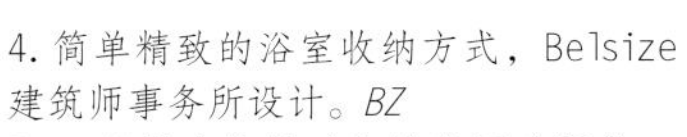

1. 在有限的空间中，将杂物间和洗衣机组合进白色柜门的橱柜里。*OPG/ DBL*
2. 有着不同开启方式的隐蔽空间，形成了多变的雕塑形墙面，肯尼·斯坎特住宅，Ab Rogers Design公司和Shona Kitchen公司共同设计制造，2004年。*ABR*
3. 隐藏了各种电器设备的橱柜，古纳·奥里菲尔特（Gunnar Orefelt）设计。*OPG/UP*
4. 简单精致的浴室收纳方式，Belsize建筑师事务所设计。*BZ*
5. 一道具有收纳功能的房间分隔墙，塔波那克街，格雷戈里·菲利普斯设计，2003年。*GP*
6. 下部带有抽屉升高的平台，位于沙德泰晤士，保罗·阿切尔设计。地板的一部分可以通过机械的方式升高，暴露出沉在地板中的床铺。*PAR*

现代生活中的生活用品激增，但不同于维多利亚时代人们愉悦地展现他们丰富的生活用品，如今更偏向于将一些物品隐藏到视线之外。极简主义鼓励在房间隐蔽各类设备的做法，甚至将门把手也去除掉，改成墙板上设置的弹簧，通过按压方式开启。心身理论（Mind-body）鼓励环境中的视觉清晰性，坚信简洁能够代表明晰的思想。

在城市里，住宅的起居空间变得更加昂贵，设计师面临的挑战是使其更为迷人而不是简单地满密处理，对于成功的住宅设计而言，起居室比其他任何房间的设计付出更大。如果存储空间看上去像是室内整体空间的一部分而非毫无计划即兴创作，其结果看起来会更美好。但是定制的家具设施价格昂贵，标准产品的价格易于接受。像是图书之类的许多物件，通常希望展示出来给人看，而其他诸如衣物等，则需要隐蔽起来，但是这些规则也可以改变以营建新奇的效果，通过将一些工厂中的材料和技术带进家庭。

装饰公司提供的服务日渐宽泛，以模块组装和混合搭配的方式形成组合形式的变化。20世纪60—70年代天然木材曾占据主导地位，20世纪50年代对色彩和饰面特性的怀旧感，使搁架单元组合所形成的视觉语汇变得生动起来，“复古”型产品重又回到了市场。

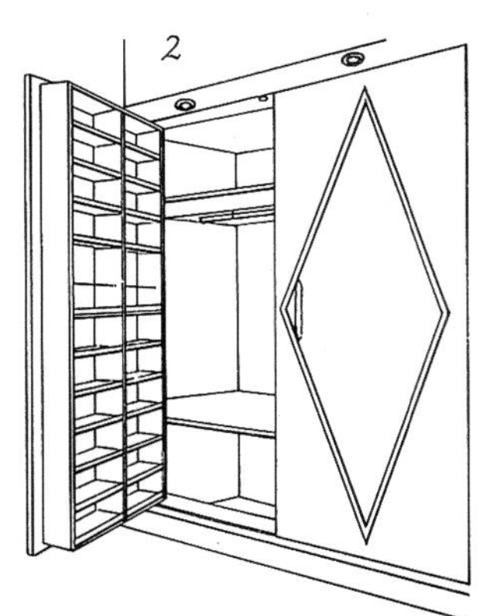

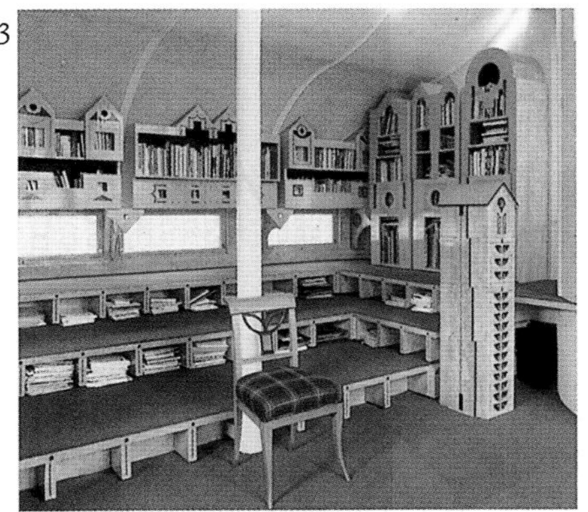

1. 20世纪80年代一所住宅中通透的储藏区域，属于新型的室内设计方式，Project Orange建筑师事务所设计，伦敦。*PRO*

2. 嵌入式衣柜转门后的鞋柜，提供了有效的储藏空间。

3. 查尔斯·詹克斯（Charles Jencks）设计的样式诙谐的工作空间，应用了分层式信件分拣台的家具形式。注意前面自由摆放的载物玻片橱柜的造型。*JE*

4. 罗德里克·格雷德（Roderick Gradidge）设计的厚重的古典书架，伊斯顿·内斯顿府邸，英格兰北安普敦郡，20世纪70年代。

5. 岛式橱柜，外侧带有展示架，威廉·M.科恩（William M.Cohen）设计，1986年，纽约。

6. 入口大厅夹层下部的悬挂型空间，派珀大厦，Wells Mackereth建筑师事务所设计。*OPG/DBL*

7. 夹层下面的餐具柜，莫宁顿联排住宅，AEM建筑师事务所设计。*OPG/DBL*

8. 皮卡迪利公寓中的折叠床，利特曼·戈达德·贺加斯（Littman Goddard Hogarth）设计。*OPG/DBL*

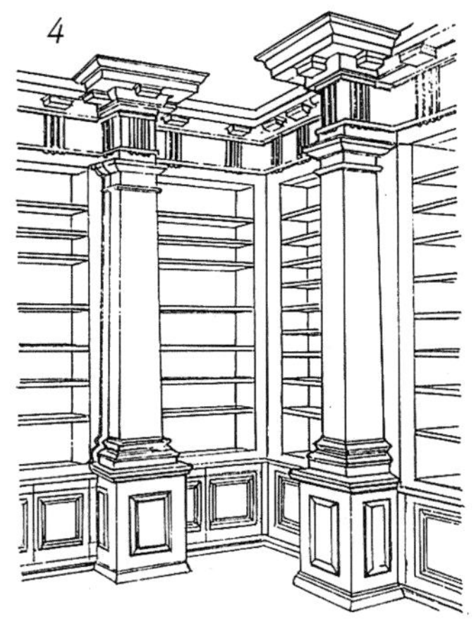

9. 美国设计师之家中的日式推拉门和透明隔板，杰克·兰诺·拉森（Jack Lenor Larsen）设计。*OPG/JMR*

10. 房间中的隔断单元体，具有20世纪50年代的流行格调，理查德·杜赫斯特（Richard Dewhurst）设计。*OPG/JMR*

11. 梦幻型儿童床，脚部空间兼具储藏功能，肯尼·斯坎特住宅，Ab Rogers Design公司设计。*ABR*

12. 圣达菲处住宅中造型简单的搁板。*OPG/JMR*

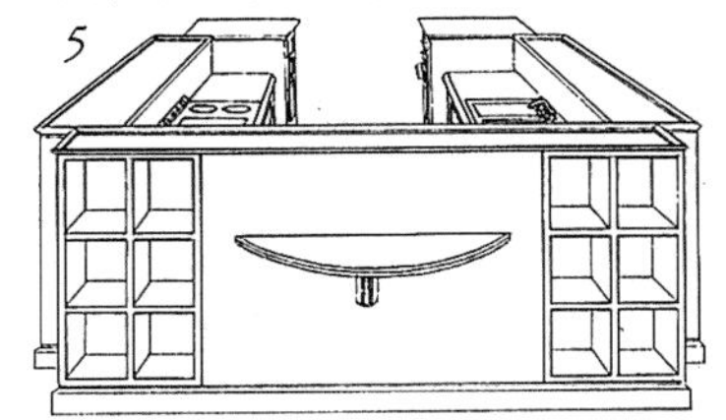

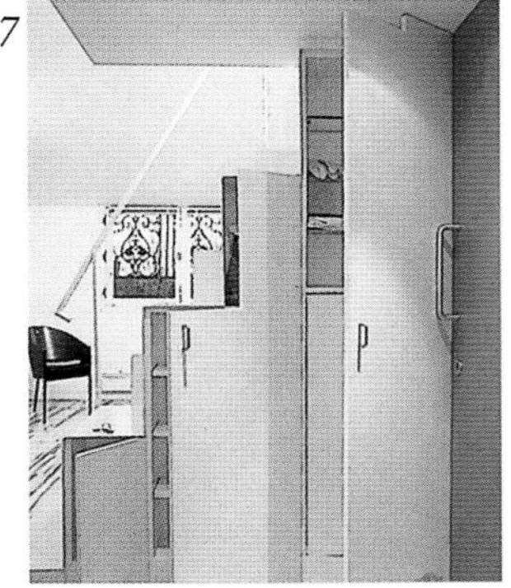

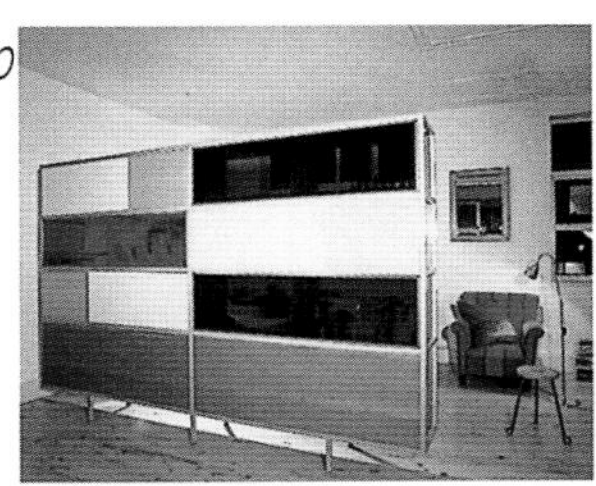

设施

1. 阁楼浴室，带有即兴摆放的、像是从海底沉船打捞出来的各式物品，或是复古型的各类部件。连着软管的老式冷热水混水龙头和花洒出处不详，这种类型的产品在20世纪70年代中期之后开始重新生产。OPG/PM

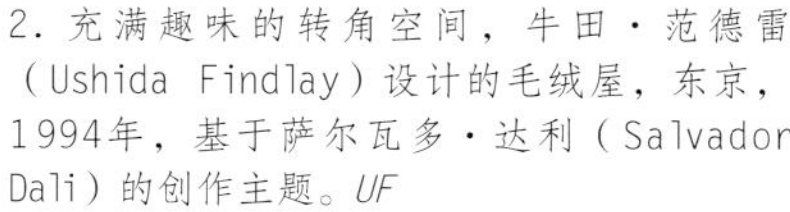

2. 充满趣味的转角空间，牛田·范德雷（Ushida Findlay）设计的毛绒屋，东京，1994年，基于萨尔瓦多·达利（Salvador Dali）的创作主题。UF

3. 现代风格精美的瓷水壶和洗面盆：这种方便灵活的洗面盆可以在户外活动中使用。UE

4. 配有豪华的“勺子浴缸”和别出心裁的植物造景的浴室，活的植物精致贯穿建筑的每个楼层。UE

5. 谷仓改建而成的具有原始乡村风貌的住宅卫生间，带有一个陶瓷浴缸和简易的洗面盆，肯特郡。OPG/JMR

在住宅发展史中，卫生间设计从未像今天这样获得如此大的关注，以及如此大的经费投入。英国人对高品质浴室设施的追求曾经落后于美国，但如今两国之间的差距开始拉近，并且有许多制造商能够提供种类繁多的卫浴产品，可以组合成奢华的或朴素的卫生间形式，并符合现代卫生需求的审美观。此时出现了“湿空间”的概念，即带有自动排水的防水地面，将淋浴和浴缸一起安排在湿空间中，以避免淋浴隔间导致的杂乱感。

虽然战后风格的卫生间鼓励使用暗藏灯及艺术照明，但如今的卫生间面积已经变得比较大，并带有窗户和充足的洗漱区域。当时出现了一种观念认为浴室可以作为社交性场所，在卫生间中人们不必对暴露的身体感到害羞。因此，有些浴室呈现出宗教空间的品质，在细节和材料方面有着严格的控制。

具有怀旧感的城郊住宅卫生间是由更衣室演化而来的，可以独立安放的带兽爪的浴缸，在一些现代风格的浴缸中仍在沿用，很少见到镶嵌在隔板空间里的浴缸。

洗面盆也开始处理成独立的部件，但暴露在外的管道影响了美观。生产商已经开始面向奢侈品市场进行新的设计，优雅的外形强调了浴室配件的雕塑感。

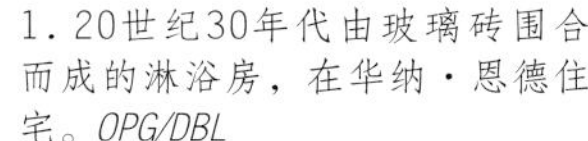

1. 20世纪30年代由玻璃砖围合而成的淋浴房，在华纳·恩德住宅。*OPG/DBL*
2. 时尚的玻璃碗形洗手盆的双盆洗面台，伦敦的格洛斯特·盖特住宅，由Belsize建筑师事务所设计，1997年。*BZ*
3. 将浴室区域的地面抬高，Belsize建筑师事务所设计，哈利街，1998年。*BZ*
4. 带有现代曲线形洁具的乡村简约风格浴室，Project Orange建筑师事务所设计，奥林奇乡间别墅，萨福克郡，2007年。*PRO*
5. 精美的钢铁洗面盆和大理石台面，由Morphosis建筑师事务所设计，加利福尼亚州。

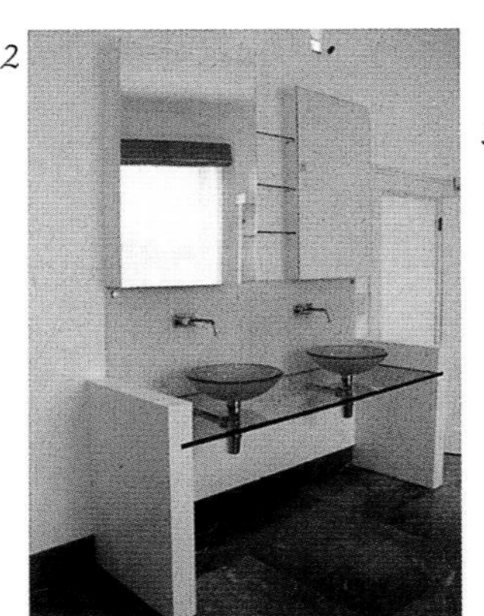

6. Tendorica公司生产的索诺罗系列树脂洗面盆，2011年。*TUT*
7. 在曼哈顿一处货栈改造中的具有复古风格的卫生间，皮尔斯·艾伦（Pierce Allan）设计。*OPG/MBK*
8. 固定在天棚上的花洒，没有配套的辅助花洒，布鲁克斯·斯泰西·兰德尔（Brooks Stacey Randall）设计，1998年。*BSR*
9. S形弯曲加热毛巾架。
10. 圆润的马桶造型，美国Olean洁具。
11. 形式简洁的日本风格木制洗浴设备，西蒙·肯德（Simon Conder）设计，位于伦敦荷兰公园的消防站内。*ALY*
12. 圣地般的浴室，Belsize建筑师事务所设计，格洛斯特·盖特住宅，1997年。*BZ*

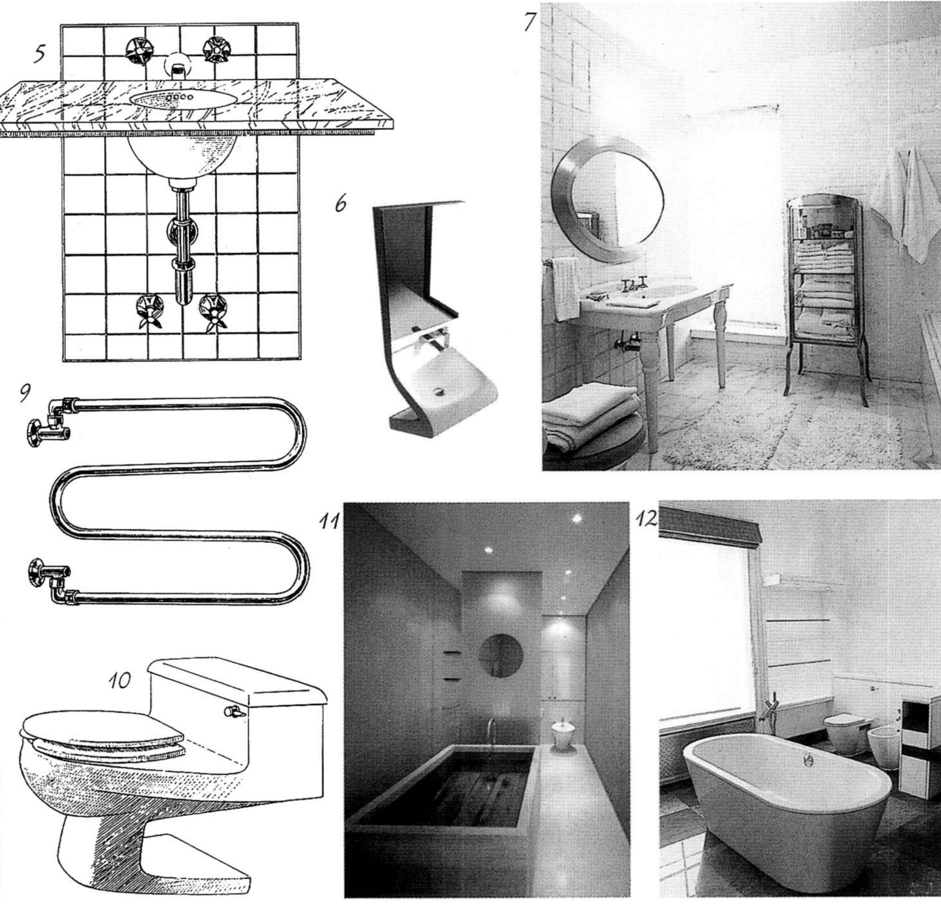

设施

灯具

1. 由法裔荷兰籍设计师托德·布谢尔（Tord Boontje）设计的充满趣味及奇思妙想的哈比塔特“花环”吊灯，1998年。*HABI*
2. ERCO照明公司生产的类似舞台灯的家用射灯。*ER*
3. ERCO照明生产的白色射灯。*ER*
4. 萨福克郡老科诺住宅中的BTC泰坦吊灯，由Project Orange建筑师事务所设计改形，2011年。*PRO*

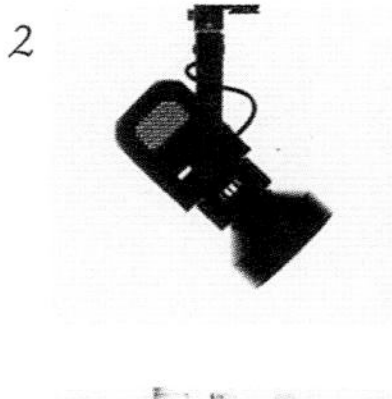

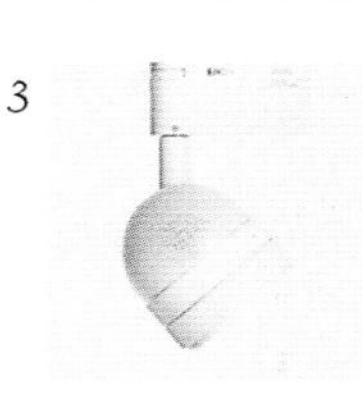

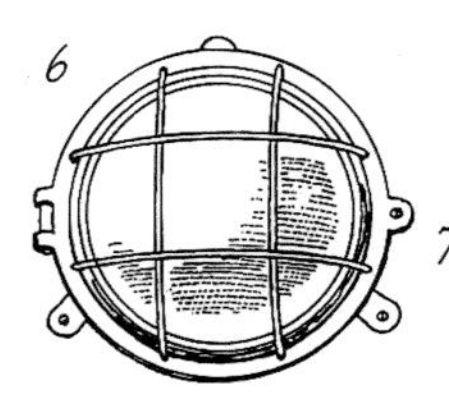

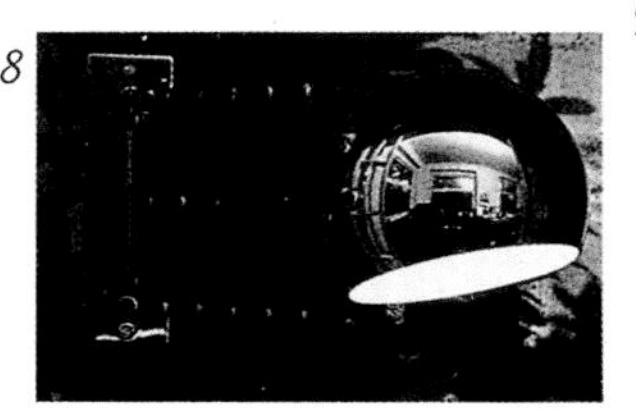

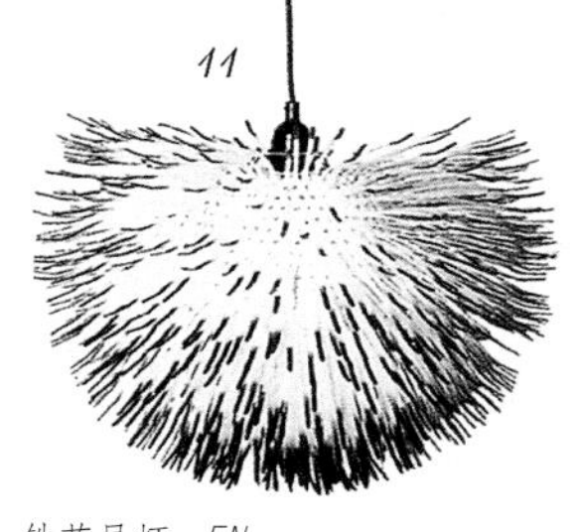

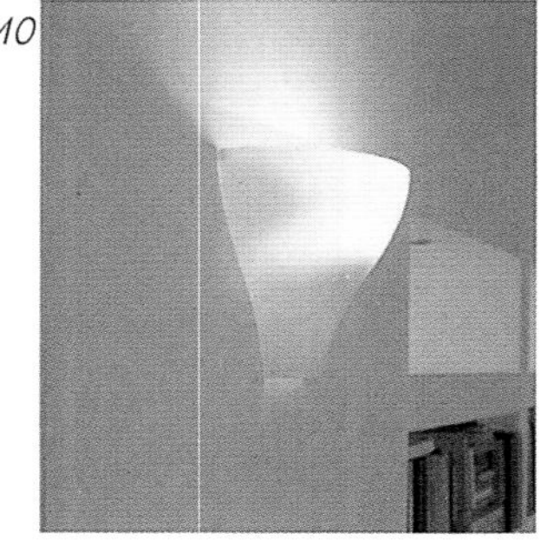

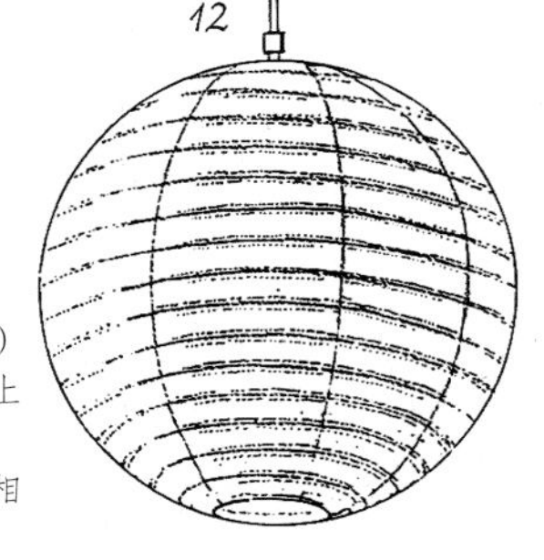

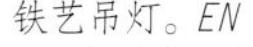

5. 维奈·潘顿（Verner Panton）设计，Unique Interieur公司生产的“花瓶”灯。*UN*
6. 舱壁灯不仅可以用于室外，同样可以用于室内。
7. 贾斯泊·莫里森（Jasper Morrison）为FLOS灯具公司设计的充满自然形态的“球形”台灯。*FS*
8. 球形灯饰在20世纪70年代非常流行，这款灯具采用了抛光铝，可以拉伸，由多蒙特·毛雷尔-贝克尔（Dorothee Maurer-Becker）设计。*ARP*
9. 由查尔斯·莫里斯（Charles Morris）为英式房屋设计的一款传统铁艺吊灯。*EN*
10. 鲁道夫·多多尼（Rodolfo Dordoni）为FLOS灯具公司设计的“法埃斯”上射灯。*FS*
11. 来自哈比塔特的与包豪斯风格相反的设计。*HABI*
12. 设计灵感来自于日式纸灯笼，纸球包裹的支撑环，造价低廉而经典的造型。

自1975年之后，照明技术的发展有目共睹，从以白炽灯和荧光灯为主要光源发展为以节能灯管（CFL，紧凑型荧光灯具）和LED（发光二极管）为主。节能灯管早在19世纪80年代就已经发明，到了1976年，为了应对石油危机发展出螺旋形节能灯管，其功效仅相当于传统的白炽灯灯泡。在20世纪90年代，节能灯的光线质量（以混合磷光层为基础）和预热时间得到很大改善。它们与白炽灯相比使用寿命更长，能耗更少，这主要归功于节能灯热量输出的减少。20世纪60年代发明的发光二极管起初用于电子设备，随着时间的推移生产出了适合于家庭使用的白色光管。和节能灯管一样， LED光源降低的使用成本不过是在一定程度上抵消了较高的制造成本。

在20世纪80年代，很多时尚的照明装置均使用卤钨灯泡，其明亮的光线和紧凑的尺寸为人所推崇。如今，这些高耗能的灯具已经逐渐被LED所取代。

从装饰的角度来看，照明设备受益于后现代主义者对于装饰和幻想的追求，因此，各种造型简单的几何形玻璃灯具和金属格调的“现代古典”灯具充斥着市场，既有最原始的形状，也有崭新的现代形式。

木制品与金属制品

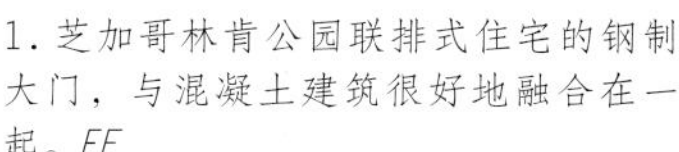

1. 芝加哥林肯公园联排式住宅的钢制大门，与混凝土建筑很好地融合在一起。EF
2. 由威廉·摩根设计的德莱斯戴尔住宅采用木制框架，叠层梁支撑的悬臂结构及雪松木瓦外墙贴面，可以远眺位于大西洋滩的橡树林。WMO
3. 由伦敦Frankl+Luty设计机构设计的“内-外”连接的样例，从地板到天花板采用橡木装饰，并在进门处设有植物种植槽。FLY
4. 木制遮光栅格，曾在斯蒂芬森·萨默维尔·贝尔（Stephenson Somerville Bell）在柴郡阿尔德利角的一处住宅的扩建中，起到了重要的作用，1995年，表现出自然材料与高技术的相互融合。STE
5. 通向霍普金斯住宅入口处的金属人行桥；建筑师结合了金属与玻璃的特性，融合了居家与办公空间的特点，汉普斯特德，1976年。EHW
6. 覆盖于建筑上的在工厂生产的锌皮，Ryall Porter Sheridan建筑师事务所设计的东方之家，长岛，2003年。RPS

近期的住宅设计中对于材料的关注又回到了木材上，并越来越多采用在各种新建住宅的室内和室外，为建筑提供了自然的色彩、不同的纹理以及良好的隔热性能。对于森林采伐问题，尤其是热带硬木的采伐，有关部门陆续出台了相关认证系统，并且鼓励树木的种植。作为建筑材料的木材，至少在其腐烂或者焚毁之前，不会像其他材料那样在制造过程中就会释放出二氧化碳，因而不会给环境带来污染。木材的有机替代品，包括麻类植物，是一种用于建筑板材的多用途材料，或者在与石灰混合使用时，能够成为木结构的一种填充黏合剂（类似砖砌墙体）。

金属仍然以传统的方式用作建筑配件。金属薄板越来越多地用作外墙覆面层，创造出当代建筑师所珍视的一种古怪的建筑品质。具有工业感的锌与普通家庭的住宅观念不一致，受到了住宅建筑的排斥。作为铁路货车车厢材料的耐候钢（COR-TEN steel），于20世纪60年代由建筑师首次引入建筑，拥有天然铁锈的表面曾吸引了雕刻家理查德·塞拉（Richard Serra）的注意，尽管价格昂贵，但在建筑师中仍然很受欢迎。由于铝的生产过程原因，铝材被归入能源密集型材料，因而名声不佳。但是，铝制品已经在生产终端解决了这个问题，从而促成了铝材具有“可持续发展”的资源回收属性与重复使用的特性，因此，人们“至今还在使用19世纪80年代生产的75%铝制品”。

英国乡土建筑

安东尼·昆尼（Anthony Quiney）

17世纪中叶，许多英国住宅均建造成每层两间的平面格局，中部设门厅和楼梯间，这是起源于16世纪英格兰南部木构住宅的一种布局方式，后来改为石材建造。这栋17世纪的住宅位于英国中部北安普顿郡苏尔格雷夫的一处村庄里，后部曾进行过扩建，虽然破坏了对称的布局形式但并没有影响外观效果。住宅由当地出产的优质鲕状石灰岩建造，外观个别部位有铁质沉积所形成的金色调，并带有棕色条纹。窗户的滴水罩造型源自中世纪，18世纪流传到英国中部地区。尽管石工优良，但屋面依然使用了茅草而不是砖瓦，这一地区的茅草屋顶在17世纪晚期的建筑中完全消失。*AQ*

英国乡土建筑包含了很多令人困惑、形式各异的风格类型，呈现在数以千计建于中世纪晚期和工业革命时期的住宅中，时间分布在14世纪50年代至19世纪之间。这些大相异趣的风格反映了不同地区文化和物质上的差异。

1066年诺曼底人军事征服了英格兰之后逐渐形成了稳定和平的社会与政治基础，使大量的农民和商人有足够的资金建造与维护奢侈性和永久性的住宅，而之前的普通住宅往往只能经历一代人的使用，之后就不再有继续使用的价值了。当时出现了大量的工匠，包括泥瓦匠、木匠、砖瓦匠、粉刷匠、铺砖匠、玻璃匠等，他们都是从建筑实践中学到的技艺。建筑材料完全依靠当地资源，工匠们根据所获得的材料得到相应的建造方法，正是这些方法造就了乡土建筑风格多样化，所形成的独特建筑外观效果不仅在于选择当地的材料，也在于利用这些材料进行装饰的方法。

某种风格一旦形成便至少会延续几代人，这使得一些乡土建筑的落成时间常常不易判断。同时，随着使用年限的增加，人们在建筑上添加装饰物的习惯也使得建筑的落成日期难以确定。

尽管住宅的乡土建筑语汇能够折射出当时的流行风尚，并成为全国各地富裕家庭住宅建设的统一样式，但出于经济原因，建筑的基本风格依然会有所变化。对于普通家庭来说，那些远道而来的富于吸引力的建筑材料往往价格过高，所以会使用当地材料加以替代，而这往往会带来设计风格上的改变。此外，当地工匠对于正规的设计方法的认知，或许仅仅来自于对有限的早已被上流社会淘汰的住宅知识的天真理解。虽然住宅建设有着十分保守的设计规则，但并不能遏制住工匠们的想象力。

地区差异的出现不仅取决于对地方材料的使用上，更取决于各地区不同阶层财富分配的不均。比如，在英格兰南部及东部，虽然长期聚集起来的大量财富推进了当地乡土建筑的发展，然而，财富多集中在贪婪的地主手里，农民（或自耕农）和商人并没有分到太多的财富；相反，在一些看起来很贫穷的地区，自耕农却可以建造朴素而优良的住宅。在一些地区，贫瘠的土地和吝啬的地主会抑制当地乡土建筑的发展，而在其他社会和政治环境较为优越的地区，比如肯特郡，当地农民的生活也比其他地区的情况要好很多，中世纪结束之前，他们就以拥有大量的财富而闻名乡里。并且，该地区数以千计的中世纪木屋得以保存至今，其中很多木屋体量巨大。相比之下，德文郡的大地主占有财富的欲望十分强烈，所以大多数农民的生活贫困住宅简陋。在英格兰北部的奔宁山脉地区，那里的农民得益于新兴的地方产业，尤其是编织业，许多证据表明，在中世纪即将结束之际，当地居民已经开始建造永久性的石头住宅了。

乡土建筑复杂的用材方式造就了乡土住宅无穷的魅力。在英格兰南部和东部，西米德兰兹郡和威尔士东部，约克郡和兰开夏郡低地地区，早期的住宅都是木结构的，

这些没有任何关联性的六栋自耕农的住宅，其建造的时间段在二百年以上。选择这些住宅基于一个原则，即它们处在相近的地理位置。

1. 农宅，海蒂，兰开夏郡，建造于1696年，采用坚硬的叶绿泥石燧石粗砂石建造，屋顶的石板使用了相同的材料。住宅的形式，每层一间主要房间和两间次要房间的形式，是奔宁山脉西侧的典型形制。AQ

2. 农宅，索厄比，西约克郡，建造于1662年，采用了当地非常铺张的规模形制，具有特色的双层带中梃的窗户，直通顶层。建筑材料同样是磨石粗砂岩。AQ

3. 小型木构住宅，斯通利，沃里克郡，由农民自行建造于约1500年，其家庭财富会全部用来建造这种住宅。住宅墙体在后期填充了砖。厚实的弯曲原木称为曲木，曲木屋架的构成方法属于当时的标准做法，在中、北部英格兰和大多数威尔士地区，除了那些建造在东部和南部英格兰地区的住宅，一般都会使用这种方式。AQ

4. 造价相对低廉的石砌农宅，土墙茅草屋顶或波形瓦屋顶。萨姆莱比，林肯郡。AQ

5. 东钦诺克，萨默塞特郡，1637年，住宅显示出当地鲕粒石材的优美效果，以及相配套的石瓦，属于当地农民家庭能够承担的住宅形式。AQ

6. 建造于至少一个世纪之前的农宅，使用优良的橡木建成，纳斯埃姆，东萨塞克斯郡，带有装饰性的闭合型壁柱和屋顶陶瓦。AQ

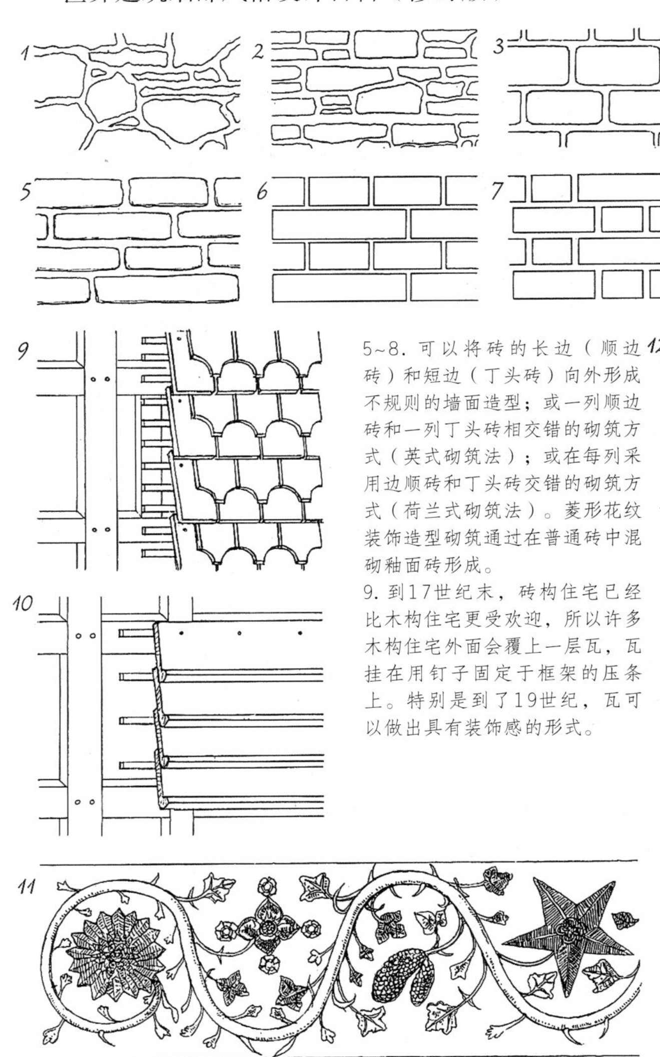

1~4. 展示了三种石材的主要砌筑方式，前三种表现为：不规则砌筑、碎石堆砌、毛石砌筑或规则砌筑。后一种图示为角部镶嵌大块精琢料石的规则型砌筑方式，形成了隅石（转角石）的形式。建筑转角通常有技术熟练的匠人完成。

5~8. 可以将砖的长边（顺边砖）和短边（丁头砖）向外形成不规则的墙面造型；或一列顺边砖和一列丁头砖相交错的砌筑方式（英式砌筑法）；或在每列采用边顺砖和丁头砖交错的砌筑方式（荷兰式砌筑法）。菱形花纹装饰造型砌筑通过在普通砖中混砌釉面砖形成。

9. 到17世纪末，砖构住宅已经比木构住宅更受欢迎，所以许多木构住宅外面会覆上一层瓦，瓦挂在用钉子固定于框架的压条上。特别是到了19世纪，瓦可以做出具有装饰感的形式。

10. 使用外墙护墙板是木构墙体装修比较经济的做法，墙板可以互相搭接，或通过板间预留的沟槽榫接。通常情况下，外墙板采用软质木材涂刷白漆。

11. 在英格兰东部乡村地区，外墙装饰抹灰和涂刷灰浆装饰形式很受欢迎，再将石膏做成的凸起的雕刻造型覆盖在构架建筑的表面。这个卷曲的藤蔓和花饰图案出自克莱尔，萨福克郡。

12. 砖石砌筑的住宅，萨塞克斯郡。花岗石通常使用于英格兰东南地区。*AQ*

人们在木框架装饰上下了很多功夫，使得不同地区的住宅展现出显著的差异。到18世纪，木构住宅被砖石住宅取代，具有地域特色的木构装饰图案则延续到砖石的铺砌和壮观的烟囱装饰上。

英格兰高地（尤其西部和北部）以及威尔士和苏格兰的大部分地区盛产石材。这些石材石质坚硬难以雕琢。所以，住宅中石材的使用仅限于一些突出的位置，比如入口部位。只有在那些盛产高质量石材的地区，如横跨英格兰从多赛特郡到约克郡沿对角线展开的地理环带区域，出产易于雕琢的侏罗纪时期形成的石灰岩，因此，这些地区石匠的技艺能够在乡土建筑上得到充分的展现。即便如此，住宅建造成本的限制也影响了工匠们创作才华的发挥。

在英格兰东部，外墙装饰抹灰形成了一种颇具特色的装饰形式，用有凹刻或浮雕花纹的灰泥覆盖在木构之上。通常情况下，图案是有规律的重复几何形，偶尔也会看到一些华丽的图案。一些墙面甚至画满了人物、勋章或异域风格图案，并涂上鲜亮的色彩加以突出。

另一种外墙装饰图案形式来源于不同建筑材料的组合。比如，在英格兰南部和东部有一种惯例是将岗石（不规则的块状硅石）和砖结合使用，砖砌的建筑外墙上也有鹅卵石和沙砾组成的图案。

工业革命使建筑材料的运输费用变得十分低廉，其结果造成了乡土建筑风格的终结，尽管在英格兰北部乡土风格一直坚持到19世纪。19世纪中期曾经出现过一次乡土建筑风格的复兴，但仅是给当时的建筑穿上了一件时髦的外衣而已。历史证明，乡土建筑风格盛行的几个世纪中所产生的创造力是无法复制的，或许这也是为什么真正的乡村小屋和农舍会如此长久地影响着大众想象力的根本原因。

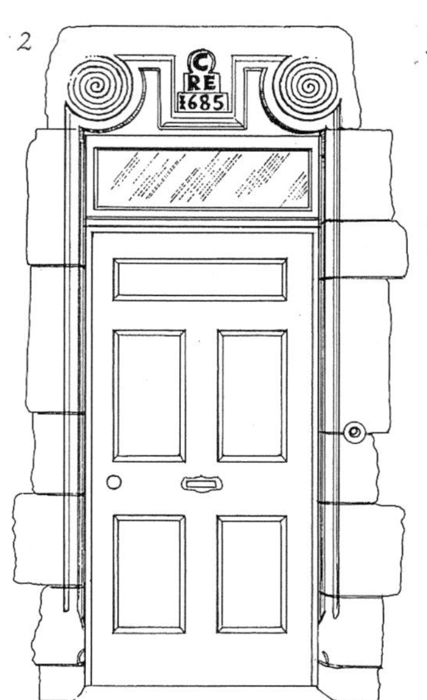

门

1. 17世纪后期和18世纪早期约克郡山谷地区的石砌住宅往往带有精致的门廊，配有曲线和涡卷装饰，以及建造日期和房主姓名的首字母。

2. 约克郡奔宁山脉的农舍：门顶有门标和圆形饰物。

3. 英格兰南部地区住宅偏好清雅的建筑形式，即便在当时盛行的朴实的民间风格建筑中，如这扇具有传统经典形式的大门，东萨塞克斯郡伯沃什，约1708年。*DM*

4. 另一个经典的形式是贝壳形状的门头。*LL*

5. 在降水量较大而又十分贫穷地区，比如坎布里亚郡，造型简单的封闭门廊十分必要。

6. 内门上的压条和木板、后横板、墙骨柱和墙面贴板有时是为了效果展示。这里的门板组合与众不同。装饰线条的处理很简单。*LL*

7. 17世纪晚期的厚木板门，中间部分安装有镶板。*LL*

8. 简单的房门，但带有古典韵味的半圆形门头。带式铰链将门板固定在一起。*LL*

9. 英格兰西南部，带有浅拱和凸出的锁石门头的室内效果。

10. 处于不重要位置的门头仍然会出现哥特式双层曲线。

11. 门框上的装饰性线条。

12. 铁匠制作的具有装饰效果的大门配件。

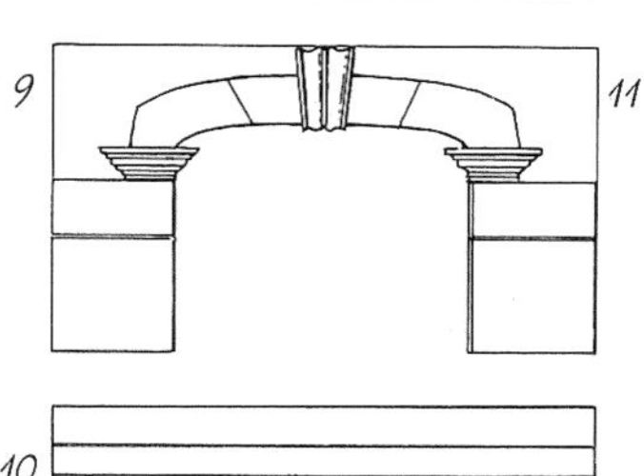

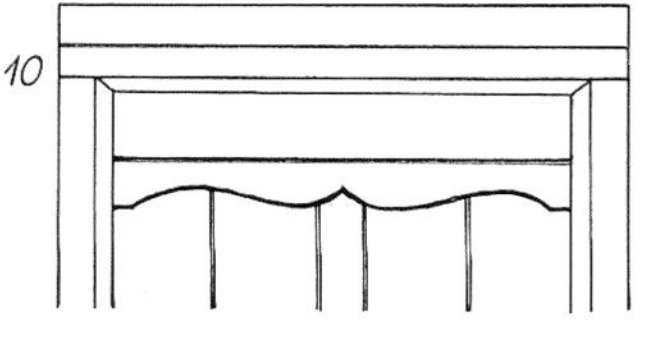

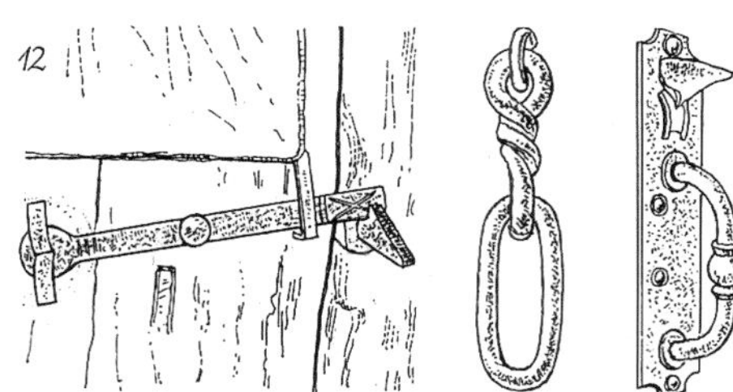

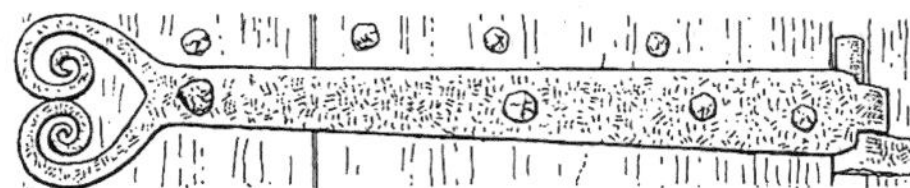

1

2

3

4
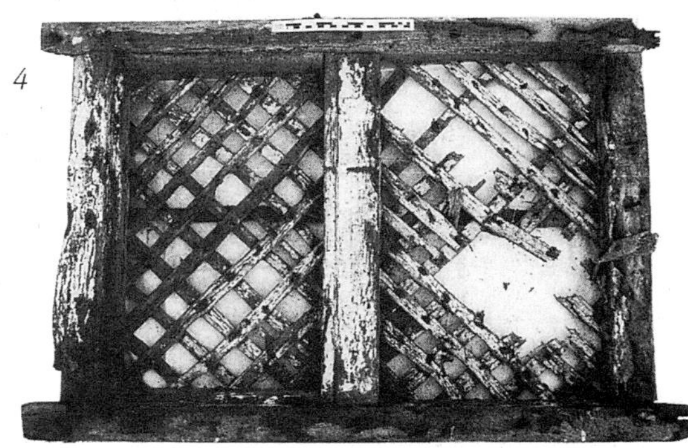
5

窗

1. 16世纪末，玻璃首次成为普遍使用的材料，出现了各种玻璃窗扇布置的创新形式，主要的做法是将玻璃固定在由中梃和横档支撑的大窗扇中。这组有石制中梃的窗户是17世纪后期的产物，新泰姆，沙德伍兹，曼彻斯特。AQ

2. 1692年的两扇小窗户，右侧窗的中梃被拆除，嵌入了一扇上下推拉窗，斯威尼斯维特，北约克郡。AQ

3. 最早的平开窗采用铁窗框。这个18世纪的窗户来自于格洛斯特郡。

4. 使用带槽铅条将窗格玻璃固定于需要的位置，可能源自早期编织型板条窗格的做法。这个案例来自东萨塞克斯郡。DM

5. 海边小镇住宅的垂直上下推拉窗经常安装在凸出的飘窗上，能够获得更好的视野。

6. 水平推拉窗的替代形式(约克郡式滑动条)，不需要配重，但垂直密封通的方式常会渗漏雨水。

6
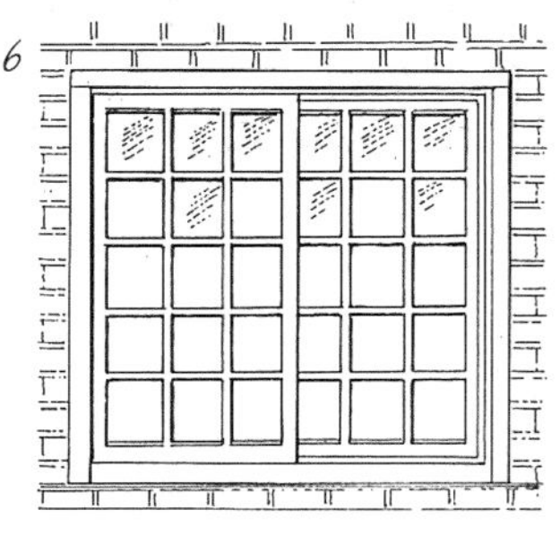
7

8
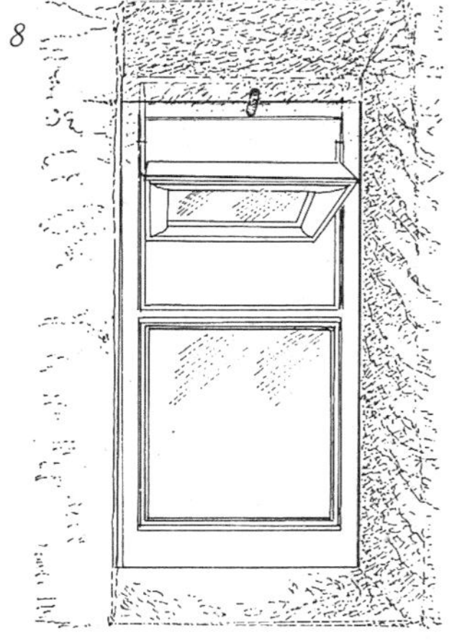
9
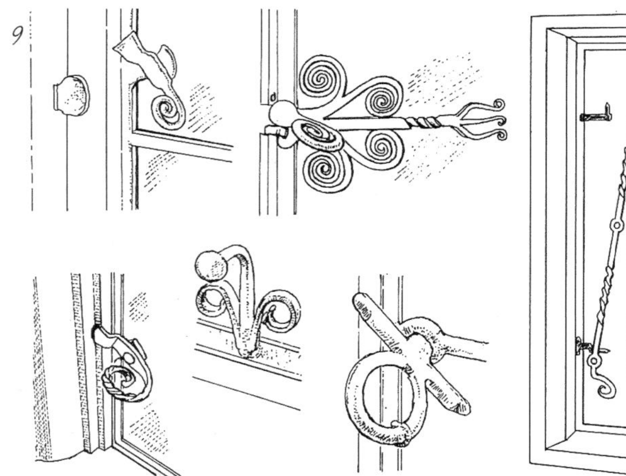

7. 古时常使用的窗户遮阳扇，可用垂直铰链将其简单地折叠起来。到了18世纪，遮阳扇通常刷上浅白颜色能够将光线反射进房间。在大型住宅中，遮阳扇常结合进室内的镶板系统之中。LL

8. 旋转窗：这种开窗方法在19世纪得到普及。

9. 17世纪的锻铁窗五金的范例，包括窗户扣件和开启固定杆件。

1

2

墙

室内墙面装饰提升了房间在住宅中的地位，彰显房间的重要性。

1. 木构墙体的木框架之间嵌入枝条编成的篱笆作为墙体，偶尔会有不加覆盖的地方，如同这个案例所表现的样子，出自沃布尔顿，东萨塞克斯郡。然而，通常情况下都会采取抹灰和用稀石灰粉刷，但采用木构架时，会让木构架外露，与平整的抹灰部分形成富有视觉效果的造型外观。*DM*

3

4

2. 在木墙骨柱之间的空档用木板填充，以强调重要性的房间，图中显示了这间17世纪的住宅中在主要房间之间采用的分隔形式，切特诺莱，多塞特郡。*AQ*
3. 在一些建于17世纪末规模较大的乡土住宅中，木构架会覆以墙板，如同这栋住宅所表现的样式，查尔顿金斯，格洛斯特郡，可追溯至大约1740年。*LL*
4. 较为便宜的建造方式是采用木墙骨柱分隔房间，木格架的固定形式考虑了墙板安装后的效果。这个案例来自17世纪中期的一栋住宅，埃文河畔，英格兰西南。
5. 精心砌筑的块石对于农宅来说已经足够精美了，如这栋约建造于1500年的住宅，雷塔福特，北博维镇，德文郡，上部木梁凸出的节点形式为房间天棚增添了几分装饰感。*AQ*

5

6

7

6. 抹灰墙体的室内和室外一样都会使用灰泥，室内抹灰有时在整个墙面形成人字形图案装饰，如同这个细部效果。*AQ*
7. 墙裙上造型有力的涡卷装饰，出自英格兰西北地区的一户农宅，1651年。类似的图案也会用于墙面高处，形成装饰雕带。*LL*

1
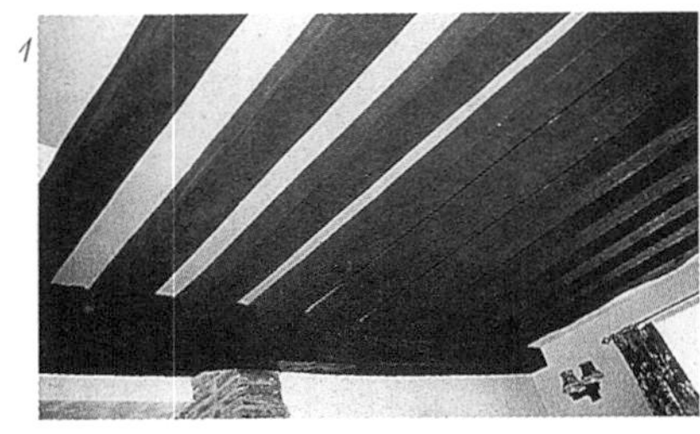
2

3

天棚

1. 最常见的天棚形式（具有开放式天棚的明显特征），除了外露的搁栅没有任何装饰，昂贵木材制成的木枋紧密排列，形式铺张。这个案例属于16世纪，出自英格兰西北地区。LL

2. 以直角向两个方向交叉铺设的搁栅，下部有厚重的线脚。韦斯特菲尔德，东萨塞克斯郡。DM

3. 沿外缘倒角的外露搁栅，倒角结束部位可以有精美的装饰，也可以只是倒角的端头。这个案例使用了涡卷图形。LL

4
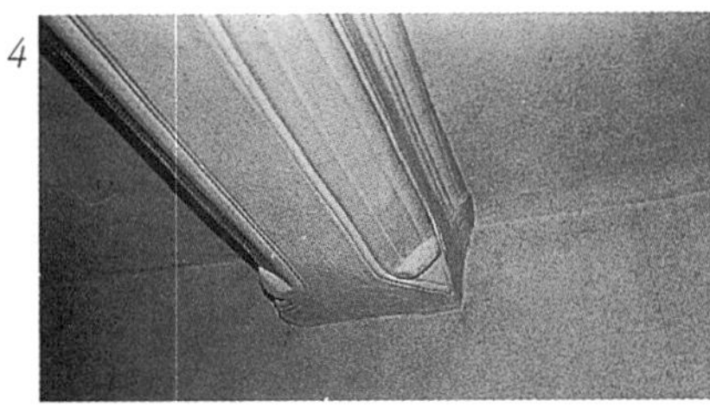
5

6

4. 端头倒角的处理手法，有时采用石膏制作而不是木作。这个天棚出自索恩伯里，埃文河畔，英格兰西北地区，时间或许可以追溯至17世纪80年代。LL

5. 整个天棚可以用抹灰覆盖，并形成凸起或凹刻形式的装饰图案，如同这个案例中的平整局部角部图案，沃布尔顿，东萨塞克斯郡。DM

6. 抹灰天棚上制作精心但花饰粗糙的细部，出自索恩伯里的一处住宅，埃文河畔。葡萄图案采用浮雕形式，与凹刻的枝叶花饰形成对比。LL

1

2

3

地面

1和2. 乡土建筑的地面几乎很少进行装饰。简单的石板或坚固的木板是最常见的做法。LL

3. 在地面层，整齐铺设的石板可以由不同颜色的石材、混合铺设的小石板或砖块组成的图案进行美化。LL

4. 将小块石材甚至是鹅卵石紧密铺在一起，混合形成的圆形、弧线形和方形组成有趣的图案，但不易于保洁。这个案例来自于蒙哥马利郡，波厄斯郡，威尔士。

4
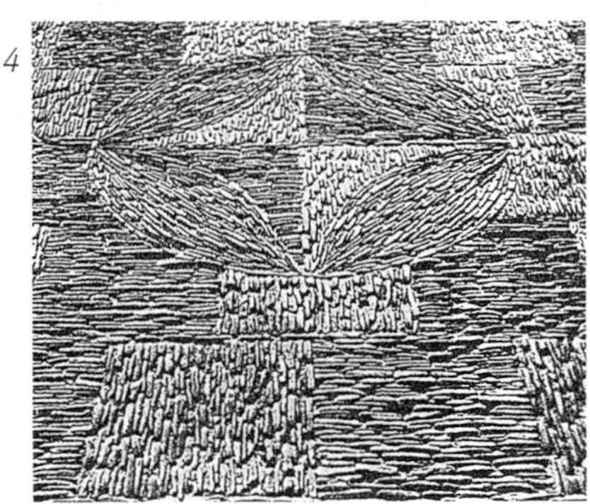

壁炉

1. 壁炉架、炉膛和铁制壁炉柴架，烹饪用锅的壁炉钩，以及转动烤肉扦子的设备和支撑烤肉扦子的轨道，这些既是实用的物件也是一种装饰物。炉膛的边上可能会包含一个烤箱。壁炉的主要特征在这个案例中均可以看到，利特尔顿，埃文河畔。LL

2. 一些炉膛会在炉边设置座位，尤其是在英格兰北部，座椅通常为木制，有时也会用石材。LL

3. 有时在炉膛中会放置一个小炉子。出自赛文的奥尔德伯里，埃文河畔。LL

4. 农舍中的壁炉，布罗姆利，伦敦附近，1599年，不仅有定型的壁炉架，还有带壁柱的粗糙的壁炉上部装饰架，中间有凤凰侧面的圆盘饰，属于在规模适中的住宅里经常能够看到的壁炉的主要特征。AQ

5. 此处的壁炉架上端是一个木制的炉膛过梁。过梁单独设置，体型厚重，有时在木梁下缘会有通长的装饰线脚，沿石墩一侧的边沿向内形成凹槽。LL

6. 这个德文郡的石砌壁炉的周边均带有线脚。在左上方的壁龛里会放一根蜡烛或点火用的木条。AQ

7. 蕨类植物叶图案的使用可追溯至中世纪，这个例子是始于1664年。

8. 有凹槽的爱奥尼亚式壁柱，带有涡卷装饰。

9. 带有缩写字母的壁炉，以及百合花饰和日期标志，出自艾恩阿克顿，埃文河畔。

10. 风格明晰的古典檐口，比例夸张，同样适合炉架装饰。

11. 至19世纪，许多农舍偏好样式朴素的壁炉架。这个壁炉有古典式托架的痕迹，与炉膛中精致的工厂制造的炉灶形成了对比。

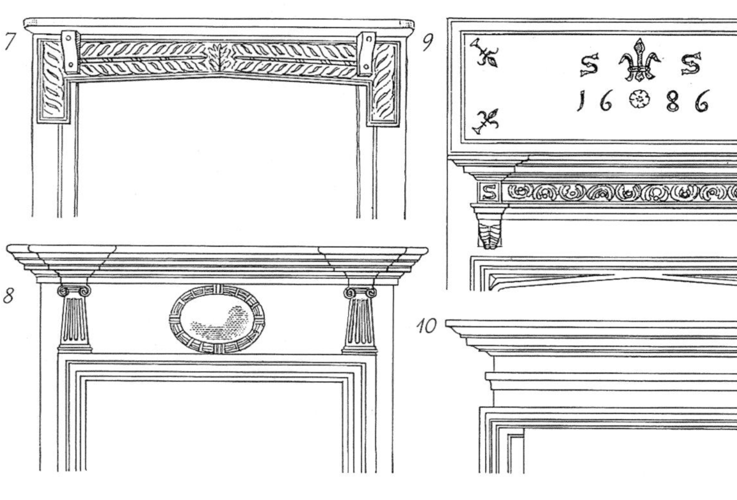

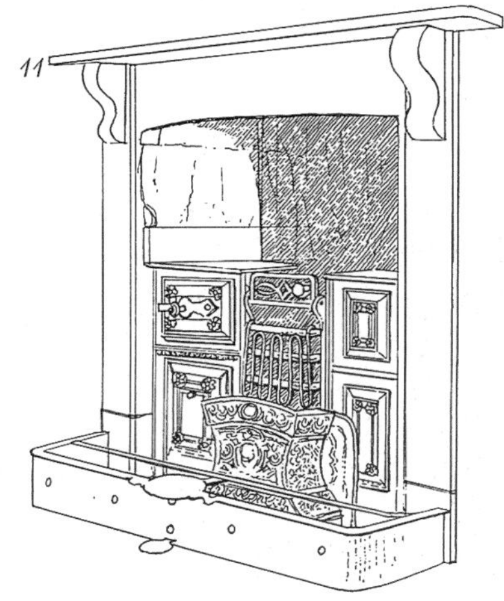

1

2

3

楼梯

当上部楼层的房间功能不是十分重要时，和中世纪的住宅一样，楼梯的形式即便不是非常粗糙，也会非常简单。经常只是一段通往阁楼的梯子。这类垂直通道的类型往往使用于许多老的农宅中，通常与烟囱外侧相临，并且安装木门加以隐蔽。住宅楼层安排卧室的做法直至18世纪之前都不多见。随着住宅面积的增大，楼梯也变得比较平缓，替代了狭窄的转角楼梯，形成了宽裕开敞的处理方式，并且楼梯装饰成为房主身份与地位的标志。

1. 这部造型简单的旋转楼梯可以追溯至约1600年。*LL*

2. 带有螺旋形栏杆柱的楼梯，皮克尔彻奇，埃文河畔，约1680年。*LL*

3. 镶板式楼梯，方形楼梯端柱，车削栏杆柱和定型扶手，东萨塞克斯郡，18世纪中期。*DM*

4. 用作栏杆柱柱墩的古典风格柱础，1686年：詹姆斯一世时期被曲解的古典细部的晚期案例。*LL*

5. 采用相同形式的十分华丽的栏杆造型，约1675年。*LL*

6. 波浪形栏板打破了形式相同的栏板所形成的呆板造型。阿斯克尔谢姆，东萨塞克斯郡。*DM*

7. 每阶安置三个的车削栏杆柱，出自埃文河畔维斯特雷的一处农宅，18世纪早期。*LL*

4

5

6

7

8

9

10

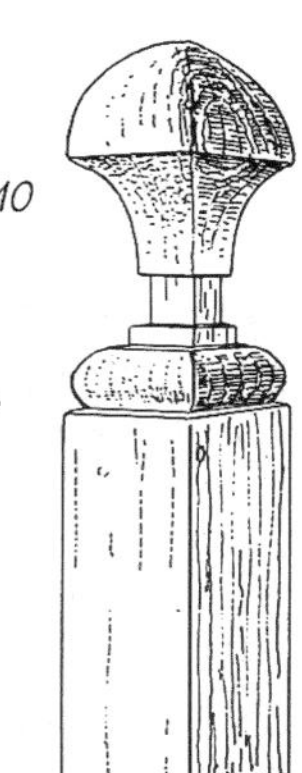

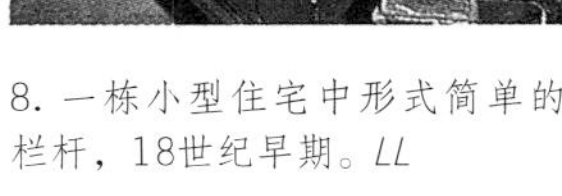

8. 一栋小型住宅中形式简单的栏杆，18世纪早期。*LL*

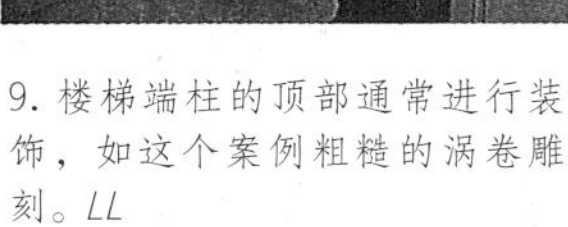

9. 楼梯端柱的顶部通常进行装饰，如这个案例粗糙的涡卷雕刻。*LL*

10. 球形或其他圆状尖顶饰，十分适合用手抓握，也形成了良好的造型效果。

固定家具

1和2. 门扇上或橱柜上部的通风口，可以刻成自己喜欢的样式，如涡卷形或模仿栏杆形式。

3. 北约克郡的一处石制靠背椅，做成了“饲料架”的样式，以隔开壁炉区域。

4. 这个形式一般的梳妆台，两侧立板没有落地，大约为17世纪。

5. 在18世纪，一些大型橱柜有时会安置在壁炉的墙上，下部有时设置抽屉。

6. 香料柜会安置在壁炉墙面上，以保证内部干燥。17世纪的香料柜通常有精美的装饰。这个属于18世纪早期的案例出自英格兰西南地区。

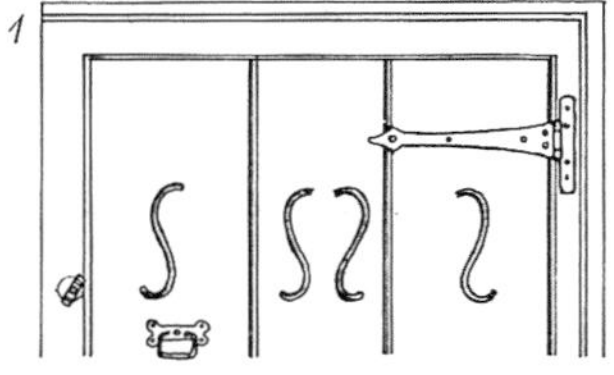

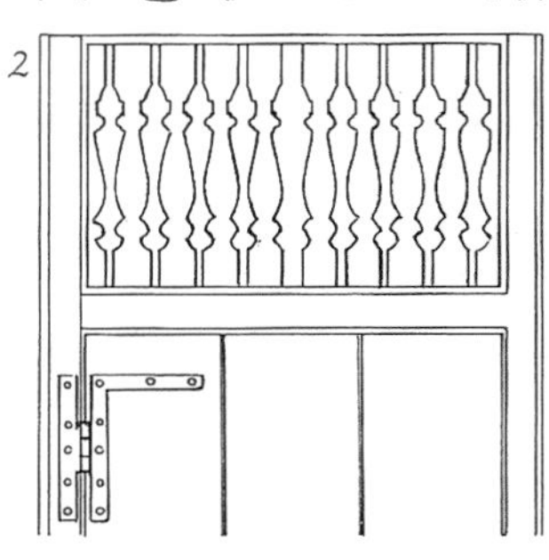

木制品

1. 木构住宅的框架或许是最易于装饰的房屋构件，既可以用螺栓连接在一起形成朴素的效果，也可以在方框中采用弧线形或钻石形的图案，效果明显，如这个来自格洛斯特郡的案例所展示的样式，约1600年。*LL*

2. 木构架建筑的入口处会进行装饰处理，如来自多赛特郡瑟尼阿巴斯的这个案例。门框横木上刻有四叶饰及玫瑰花饰。支撑上层楼层的出挑结构（飞檐）的托梁尾部同样起到了装饰作用。

3. 这里看到的是墙上的一道装饰过梁，将出挑式建筑的托梁端部隐藏了起来，且雕刻有简化的橡树叶图案。厄尔思科恩，埃塞克斯郡。

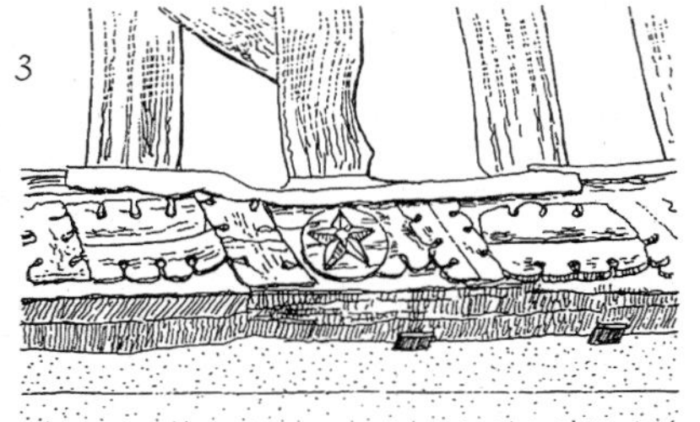

4. 在16世纪及17世纪早期的出挑式建筑中的垂饰令人赞叹。这个哥特式装饰出挑山墙的垂饰，可以追溯至1621年。*DM*

5. 朴素的经典涡旋饰以及其他装饰图案，均可以用来装饰支撑出挑式建筑挑梁的托架。*DM*

6. 支撑悬挑建筑的角柱常雕刻有风格奇异的造型。*AQ*

美国乡土建筑

伊丽莎白·克罗姆利

杜瑞住宅，博根县，新泽西州。这栋18世纪早期的住宅再现了荷兰建筑传统在长岛哈德孙河谷和新泽西州北部的建造实践。住宅的复折屋顶通过屋脊下部木构架的角度变化形成；并在下部用另一个角度变化形成了由简单木柱支撑的外廊。扩大的屋檐形式或“飞檐”效果暗示了佛兰德风格的影响，这种风格经常与荷兰风格融合在一起。小尺寸的老虎窗为顶部卧室提供采光。砖砌烟囱表明室内设置了大尺度端墙式壁炉。外墙面采用窄条木板作为防护，屋面为木瓦覆盖。陡峭的坡屋顶是适合北方气候乡土建筑的典型特征。*HABS*

“乡土建筑”一词的含义多有争议，在美国，对其最贴切的解释或许是包含了多种多样的建筑风格形式：住宅的建造成本远低于那些时尚的流行风格，同时，也表现出显著的民族和地域特色。另外，也会将传统的施工手法融入建造过程中，并融会当时的流行风格、民族特色及地域特征；住宅的建造多采用地域性传统的建筑手法，房主也为乡村或偏远地区的人士；住宅所采取的民族性或地区性传统结合了流行样式，形成了最终的混合形式。因此，在乡土建筑中表现出一种杂糅的建筑风格，即体现了一些新理念和一些传统思想。

这些住宅的民族特征最初来自移民或者第一批建造者，他们采用了各自国家的建筑技术和设计理念。这些方法和理念或者由其后代作为有价值的传统予以保留，或者予以舍弃。主要的民族影响还来自第一批欧洲的北美殖民者，包括16世纪的西班牙人，17世纪的法国人、荷兰人以及英国人，以及后来的18—19世纪的德国人和斯堪的纳维亚人。每个国家的住宅传统都对美国乡土建筑的特点做出了贡献。

尽管最早期的例子很难保留至今，但仍然可以见到一些17世纪的乡土建筑。在时间尺度的另一端，当今时代的住宅更倾向于形成一种国家文化（因此不是乡土的），通过大批量生产的材料和信息网络的优势，引领建造者走出狭隘的地区性束缚（尽管如此，当住宅拔地而起并为人所居住时，即使建造手段非常现代化，也会受到地域性因素的影响）。

乡土建筑的建造可以由房主自行建造或委托熟练的工匠建造。乡土住宅有的呈现出相对质朴的外观，但有的也表现出精细的饰面和对细节的重视。如今相当数量的美国乡土住宅已经消失了，其原因是这些房屋在建造之初就没有考虑使用的长久性，或者是当家庭经济条件提高之后，房主会将原有建筑拆除，重新建造了更体面或更新式的住宅。

乡土建筑的地域特点来自建造者对气候和地理条件的考虑，以及对当地材料的利用。在17—18世纪的新英格兰地区，木材是最受欢迎的材料，用于住宅建筑结构框架和外部围护，有时会使用砖石材料建造烟囱、建筑基础或地下室。陡峭的木架屋顶有利于排出积雪，也为阁楼提供了空间。17世纪的荷兰殖民者建造的住宅使用厚重的H形木构架，和砖或石材一起暴露在外。18世纪哈德孙河谷和宾夕法尼亚州的德国建造者，用石材建造住宅的主体，用木框架形成住宅的屋顶。其他德国定居者，无论在北部（如威斯康星州）还是南部（如北卡罗来纳州），在18—19世纪都会选择半木结构建筑技术：厚重的木框架与作为填充物的黏土、砖和掺有稻草的泥浆相结合。在彻萨皮克地区，砖与木瓦作为常见材料用于大型住宅的墙体和屋顶的建造，而那些通常只有一个房间的小型乡土建筑，则完全采用木材建造。

在密西西比河谷和墨西哥湾沿岸，18世纪的法国移民者在建造住宅的时候，木柱之间使用石料或者泥土填充，通过抹灰形成最后的光滑墙面。原木在水平方向流行燕尾

1

2

3

4

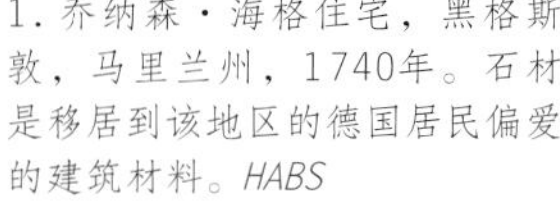

1. 乔纳森·海格住宅，黑格斯敦，马里兰州，1740年。石材是移居到该地区的德国居民偏爱的建筑材料。*HABS*

2. 砖结构住宅会在端墙形成有趣的外观形式，荷兰哈德孙河谷的住宅。*HABS*

3. 摩拉维亚人创建的宗教社区，旧塞勒姆，北卡罗来纳州，始于18世纪中期。旧大陆的半木结构住宅外墙通常覆以楔形护墙板。*HABS*

4. 新英格兰地区的移民越来越喜好对称式的住宅立面，而不再采取其17世纪的先民创立的外凸式顶层形式。*HABS*

5. 平屋顶土坯砖墙住宅，图森市，亚利桑那州。*HABS*

5

外墙的形式通常依赖于自然材料的自身效果而非抹灰处理。

1. 在北美洲中东部的五大湖地区以人字形和其他形式砌筑的鹅卵石墙体。奥尔良县，纽约州，约1830年。*HABS*

2. 披挂而成的木制楔形护墙板，每条墙板的下边缘用刨子刨平。纳博讷住宅，塞勒姆，马萨诸塞州，17世纪。*RS*

3. 方形断面的原木，转角带有缺口可以彼此固定，形成复杂的半燕尾槽造型。蒙特维多，明尼苏达州，19世纪中叶。*HABS*

4. 住宅中的老人房，汉考克，马萨诸塞州，属于典型的沙克尔室内风格。在19世纪中期，沙克尔宗教社区建造了这种简洁朴素的住宅风格。抹灰墙面大面积留白，家具注重功能性，嵌入式橱柜节省了房间面积，也简化了保洁工作。墙上通长的木线没有装饰细节，仅以木钉固定在墙上，上面可以挂各种衣物和其他小件物品。家具通常为木材本色，也会涂刷成橙色、绿色、蓝色以及其他深色。*HABS*

槽榫结的做法。17—18世纪居住在西南干旱炎热地区的西班牙殖民者，住宅也有光滑的外墙表面。当地住宅主体多采用分层铺砌的土坯砖或泥砖，屋面平缓，用木梁作为支撑。19世纪美国中西部的斯堪的纳维亚移民者，住宅外墙使用角部带有V形槽口的原木建造技术，木材之间出现的缝隙则使用泥浆填充。在西部大草原，切割铺设的草皮形成层列的外墙效果，十分类似其他地区使用的片石所产生的外观。

19世纪早期的工业技术对住宅建设形成了较大的影响，包括使用大量工厂制造的钉子、各种锯木机械、可以邮购的木制品，以及通过国家铁路网运送的各种建造材料等，但这些并没有立即终结传统的乡土建筑风格和施工方法。19世纪中期到来的新殖民者，仍然采用传统的施工方式和当地盛产的丰富的建筑材料建造住宅，但不是每个来到美国开疆拓土的殖民家庭都有足够的金钱或能力获取通过铁路运输而来的材料，并采用这些主流的建筑材料进行住宅建造。虽然如此，乡土建筑风格还是得益于这些大量生产的建材，并不断拓展其内涵，“改良”其性能，所以通过人力斧砍刀切的木构住宅，或许会使用从商店买来的窗户。工业革命能够形成的最为深远的影响应是信息的传播，比如，在建筑工匠中广泛流传的印刷出版物，包括建造技术方面的建议，将时尚的建造细部做法带给了所有建造者，而不再只是少数精英手中的专利。纵观整个19世纪，在小规模、乡村型、低造价的住宅建造中，壁炉、门窗的细节反映出人们熟悉的希腊复兴、意大利风格或其他风格，也构成了时尚的专业建筑师的全部技能，同时，这些风格细部也不断得以改变以顺应地方特色的营造。

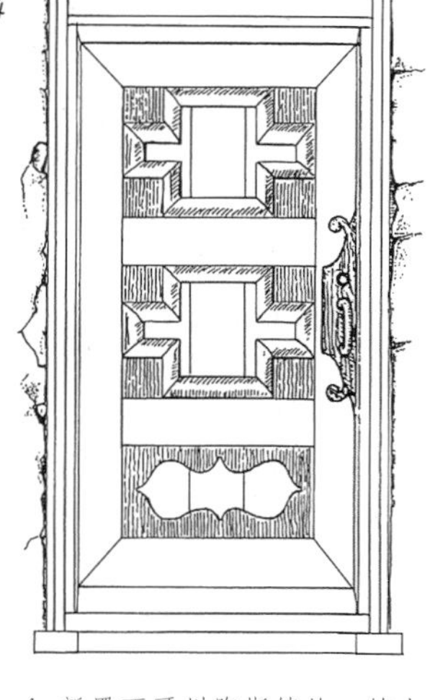

门

1. 木材制作的具有古典细部的大门，多用于简单的盒子式的新英格兰地区殖民者的住宅。*RS*

2. 法国传统的大门：玻璃门扇，带有遮阳扇，门前有门廊(拱廊)，新奥尔良。*HABS*

3. 新泽西州沃伦县内摩拉维亚式农舍前门的室内效果。分割形式和铁制带形铰链属于其典型的形式。*HABS*

4. 新墨西哥州陶斯镇的一栋土坯砖住宅大门的切割形图案。

5. 双扇内门的一扇，具有18世纪康涅狄格河谷地区特有的圆拱造型。

6. 18世纪宾夕法尼亚州兰开斯特县的“护套”门。

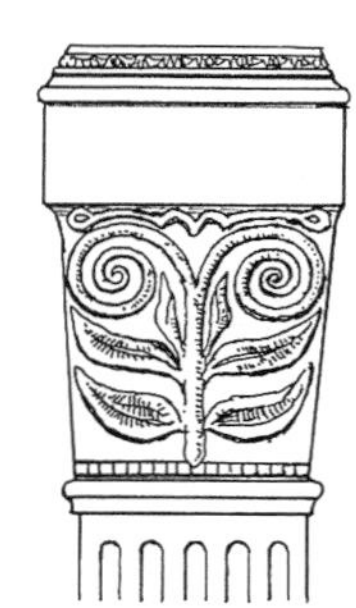
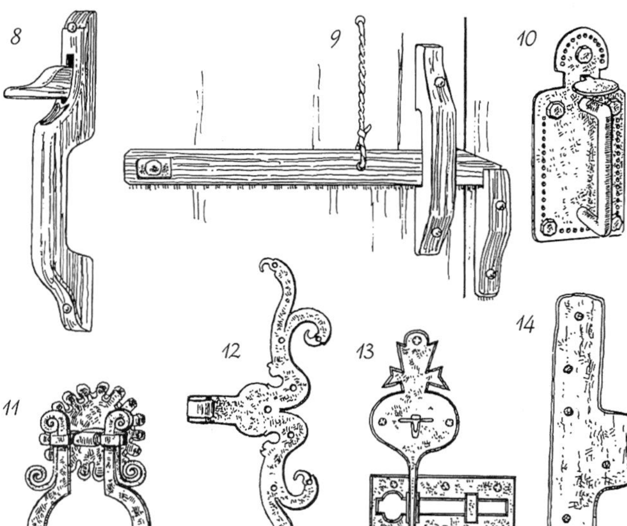

7. 18世纪晚期新英格兰地区，民间出现的木制古典壁柱柱头。

8. 1742年宾夕法尼亚州摩拉维亚式木门门闩。

9. 这种类型的门使用拉绳从室外拉动门闩：如果为保证安全不需从外部开启，只需将拉绳拉回室内，18世纪早期。

10. 18世纪晚期加利福尼亚州的“诺福克”门闩。门闩的形状和装饰边框表明是由墨西哥印第安人制作的。

11. 来自新奥尔良的铁制门环，法国范例中常见的式样。

12. 19世纪早期来自宾夕法尼亚州的门铰链，铰链为双鹅颈形曲线。

13. 18世纪中叶弗吉尼亚州山谷的德国定居点的铁闩门。

14. 18世纪早期弗吉尼亚地区的铁制带形铰链，有典型的铲子形末端。

15. 康涅狄格州的箱锁使用了金属、木材和皮革材料。

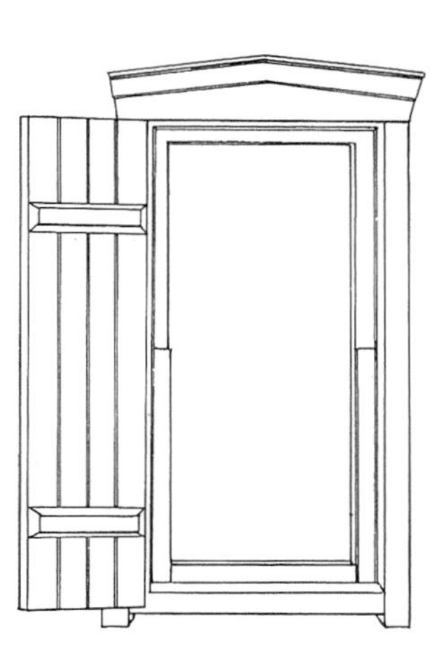

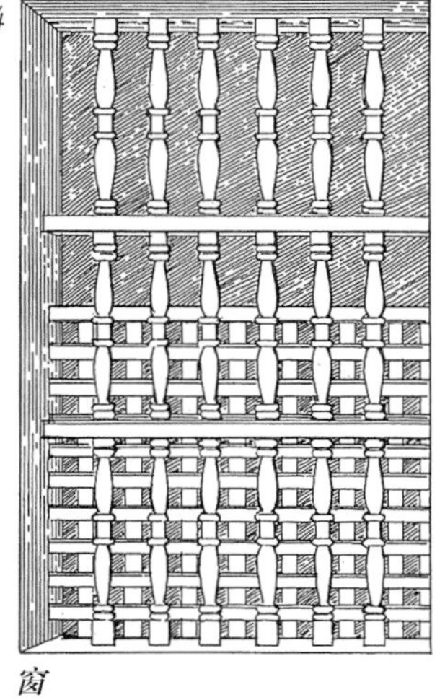

窗

1. 早期的窗户，约1700年，马萨诸塞州。
2. 土坯砖住宅典型的窗户，新墨西哥州。
3. 马萨诸塞州迪尔菲尔德市殖民地住宅：简单、优雅的上下推拉窗。RS
4. 西班牙风格屏风，圣奥古斯丁，佛罗里达州。
5. 威斯康星州木屋的小窗。在这栋非常一般的小屋里，窗扇是用可以滑动的木板或兽皮封闭的。HABS
6. 一个简单的遮阳扇窗钩，马萨诸塞州。
7. 遮阳窗扇的五金件：典型的窗闩、窗钩和铰链。

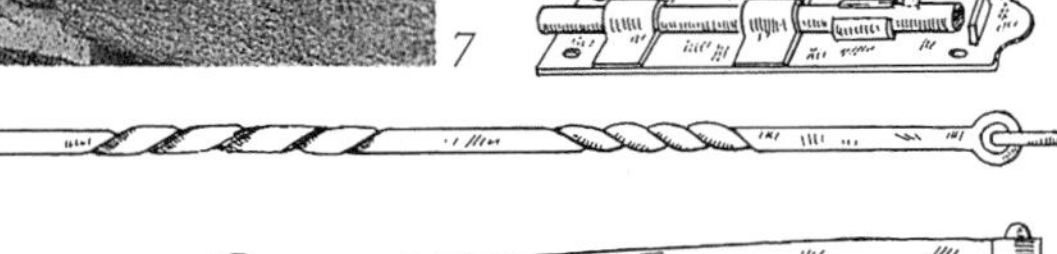

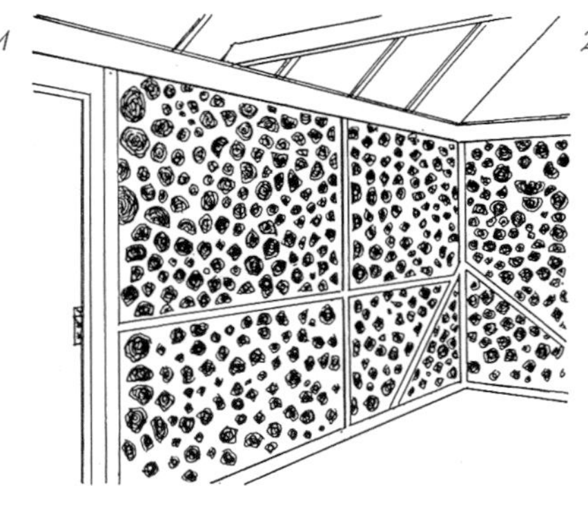

墙

1. “烟熏木”墙体，采用短切原木，灰泥砌筑，威斯康星州。
2. 沙克尔风格的室内，简洁的墙面形式，带有踢脚和挂镜线。

1

2
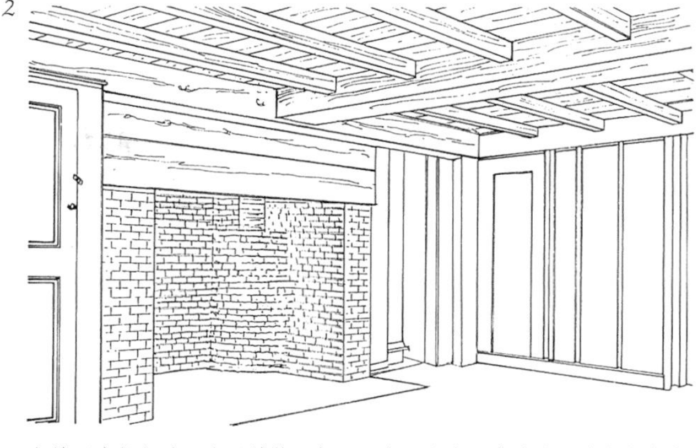

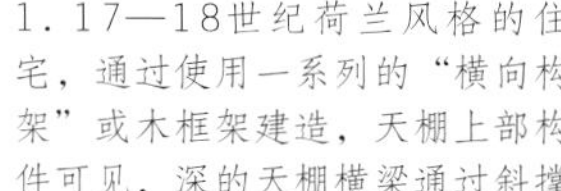

天棚

美国乡土建筑通常有直接裸露的天棚结构构件。

1．17—18世纪荷兰风格的住宅，通过使用一系列的“横向构架”或木框架建造，天棚上部构件可见，深的天棚横梁通过斜撑与墙面木柱相连。房屋结构图解（下左）表现出天棚构件与整个建造结构的关系。

2．早期英格兰地区的厨房（多佛，马萨诸塞州，1701年），一道样式突出的“过梁”跨过房间的中部，止于砖砌壁炉烟道之上，与房间中其他梁体成直角布置。

3．天棚梁偶尔会进行装饰处理。这个雕刻而成的圆花饰来自弗吉尼亚州的萨里县。梁体形式也值得注意。*HABS*

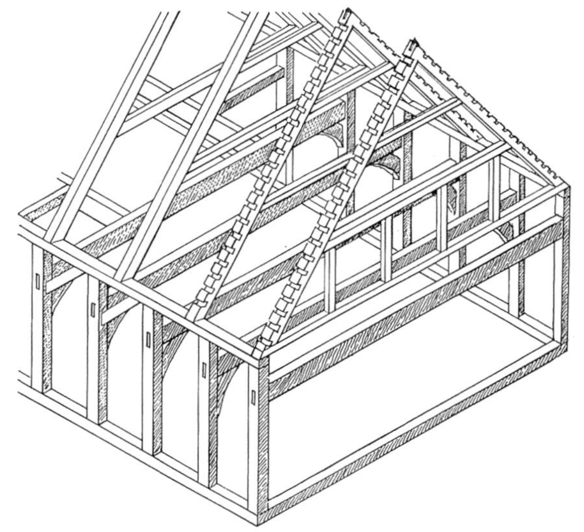

3

1
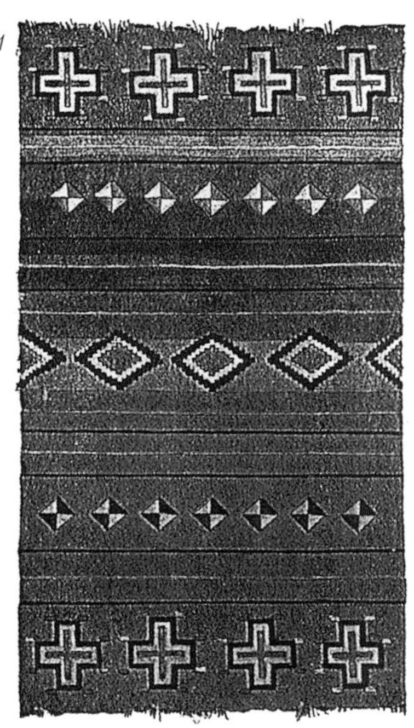

2

3
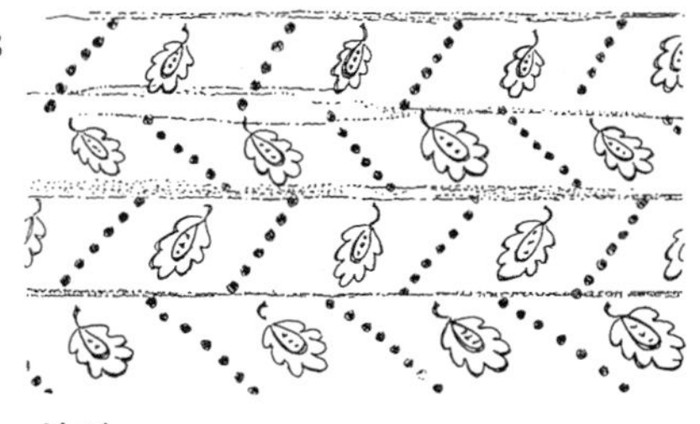

4

地面

1．早期的纳瓦霍小块地毯。大胆的几何设计是其典型特点。

2．蜡印框边的细节，新英格兰地区，约1790年。

3．油漆绘制的橡树叶图案地板的一部分，新英格兰地区，18世纪早期。南瓜黄色是受欢迎的背景色。

4．来自缅因州的一小块地毯的细节，19世纪初。

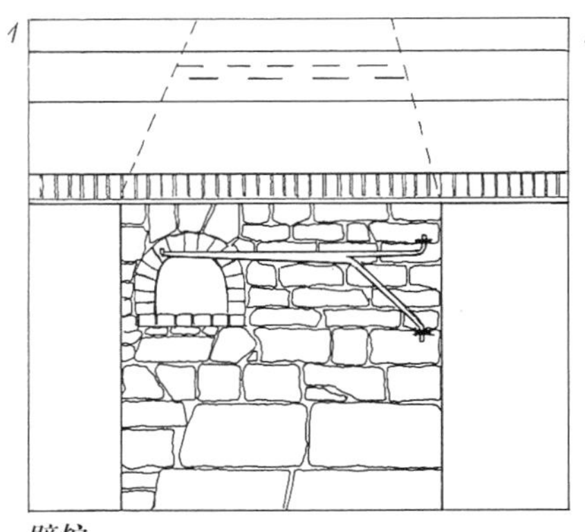
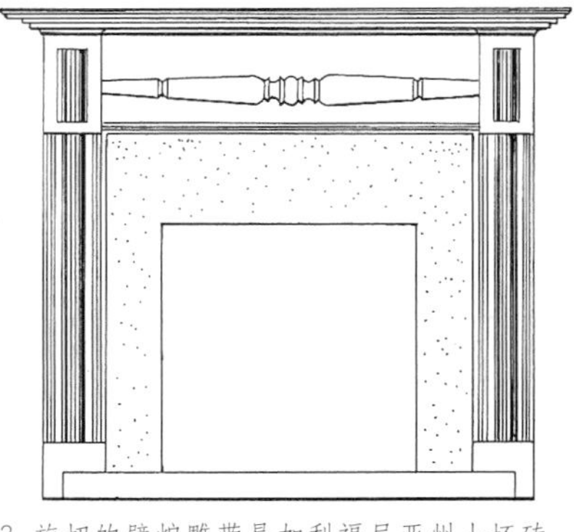

壁炉

1. 荷兰式住宅的厨房壁炉，带有拱形面包烤炉和壁炉吊物钩。克洪克森，纽约州。

2. 旋切的壁炉雕带是加利福尼亚州土坯砖房的特点。

3. 不规则石材砌筑的小型壁炉开放式炉架，并配有简单的木制壁炉架。蒙特雷，加利福尼亚州。*HABS*

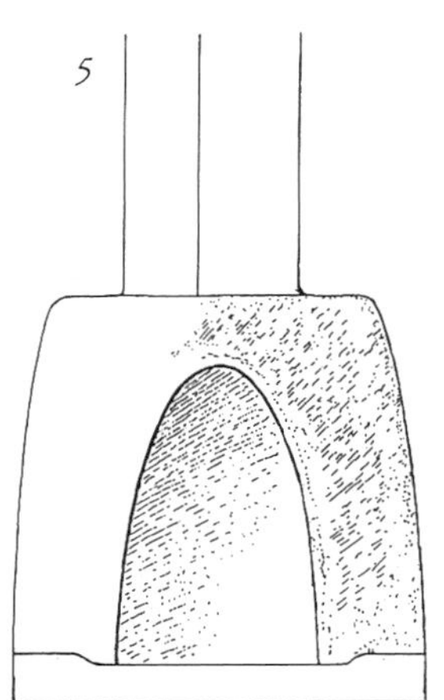
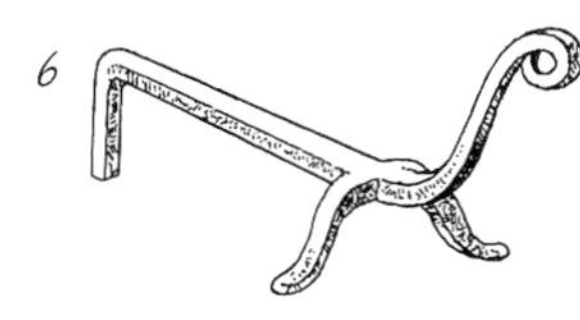
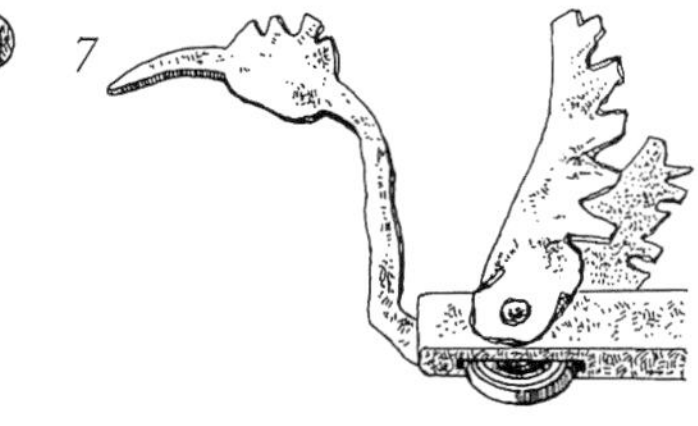

4. 19世纪早期的壁炉，北卡罗来纳州，属于熟悉的古典造型的乡村版本特征，仿木纹、大理石纹的装饰性油漆工艺。

5. 新墨西哥州土坯砖房中壁炉的基本类型（炉灶）。由于炉膛狭小，仅能燃烧垂直放置的短木材。

6. 壁炉柴架通常做成动物形式，也说明了柴架的替代词“火狗”的来源。

7. 壁炉吊钩，可以吊挂开水壶，18世纪。它包含了一个滑轮，用于提高和降低水壶。

楼梯

选择一种恰当的楼梯形式是十分必要的事情，即使对于那些仅有未经装修的阁楼的单层住宅也是如此。

1. 在新奥尔良和其他气候炎热的地区，室外楼梯十分常见，有时（如佛罗里达州圣奥古斯丁的一些住宅）也会有通往上部楼层的楼梯间。这是新奥尔良一栋住宅中通往庭院的楼梯，简单的木质结构。塞纽雷住宅，约1820年。*CRO*

2. 沙克尔风格住宅中的一部宽敞的木楼梯，属于一个教会家庭，汉考克，马萨诸塞州。细长的栏杆颇具代表性。沙克尔风格住宅，通常设计成适应于“家庭”成员单独生活的行为空间方式，有着相互隔离的宿舍型房间，男女家庭成员有各自的门厅和楼梯间。楼梯的扶手和栏杆柱的油漆方式，必须遵从沙克尔宗教信仰中的《千禧年戒律》（*Millennial Law of the Shaker faith*）——一部1821年编撰的法典。*HABS*

3. 土坯砖砌住宅中的楼梯，蒙特雷，加利福尼亚州。楼梯形式十分原始，仅有的装饰为楼梯端柱上简单的倒角。*HABS*

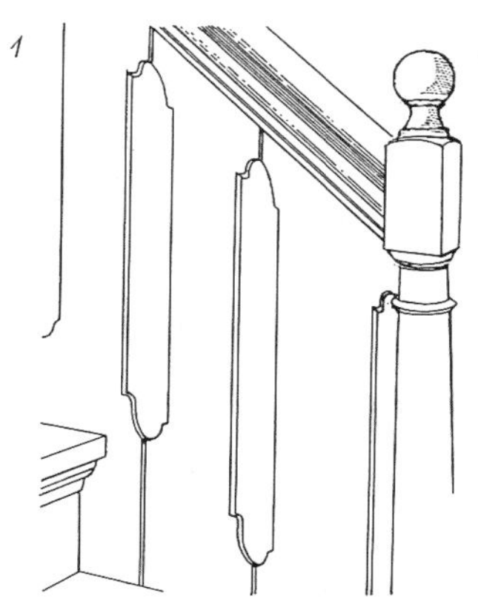

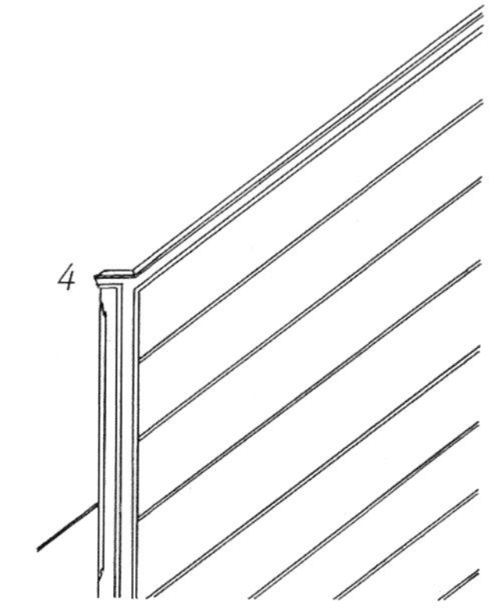

1. 简单的切割造型形成了富有节奏的楼梯栏杆。这个案例来自北卡罗来纳州，约1790年。

2. 楼梯踢板上的海绵状和线性装饰。踏板则为典型的平板形式。

3. 18世纪早期康涅狄格州的住宅楼梯，楼梯的一部分由镶板封闭成盒子形，盒子上部为连续栏杆。

4. 非常简单的处理手法，栏板为斜铺的木板。

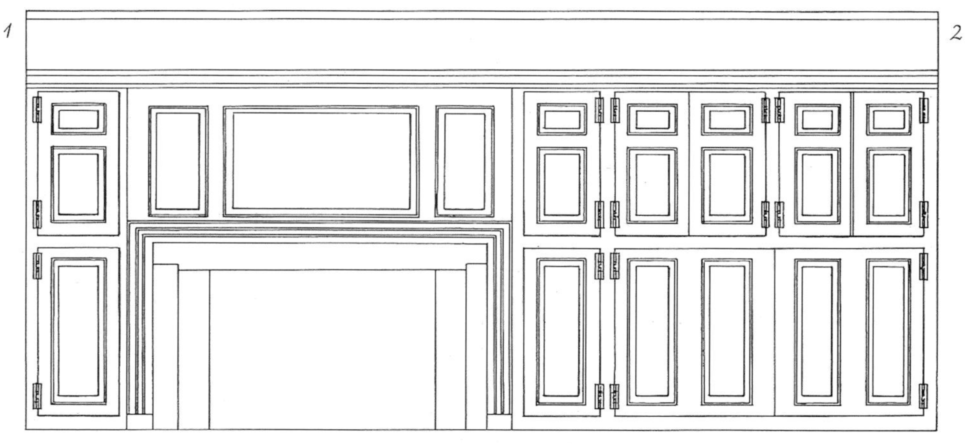

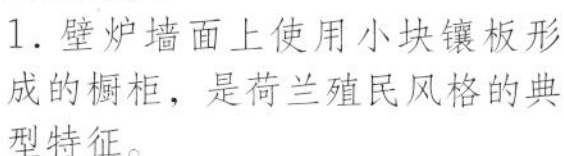
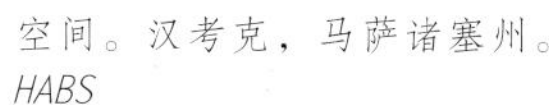

固定家具

1. 壁炉墙面上使用小块镶板形成的橱柜，是荷兰殖民风格的典型特征。

2. 18世纪晚期沙克尔风格的壁柜：沙克尔风格固定式家具最早的案例之一。

3. 固定式壁柜和抽屉柜，形式严谨造型朴实的沙克尔木作风格，提供了楼梯下部的储存空间。汉考克，马萨诸塞州。HABS

4. 两个典型的门廊座椅，出自宾夕法尼亚州德国移民住宅，18世纪晚期。

5. 荷兰传统风格的箱形床，通过关闭折板起到保温的作用，同时还可以保持房间的整洁。琼·哈斯布鲁克住宅，阿尔斯特县，纽约州，1712年。

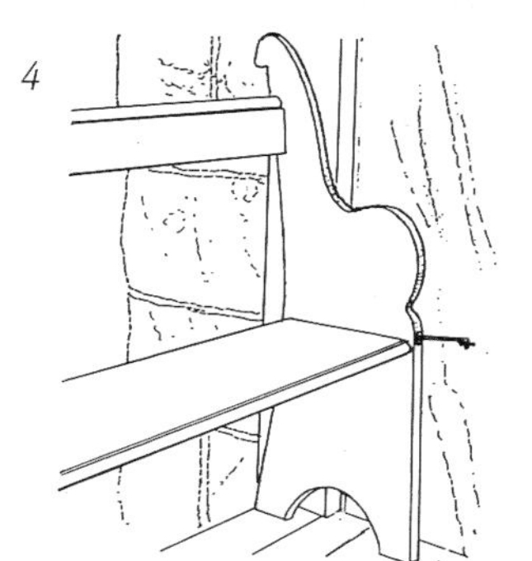

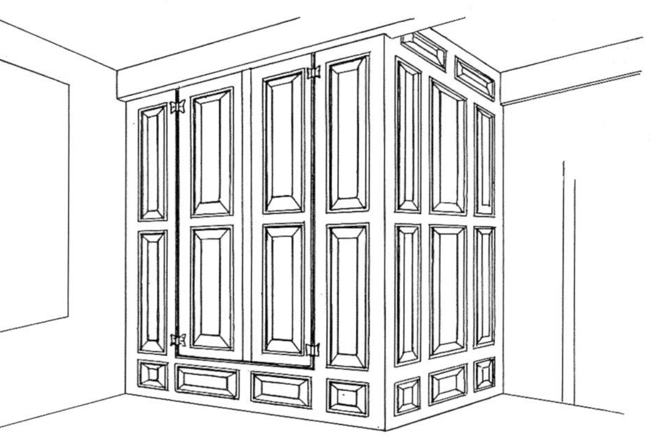

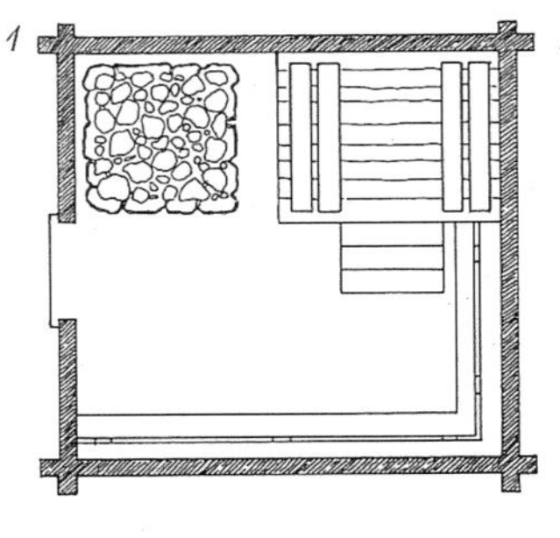

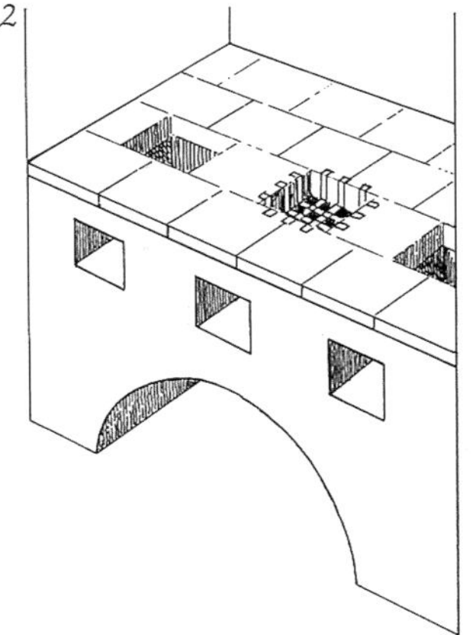

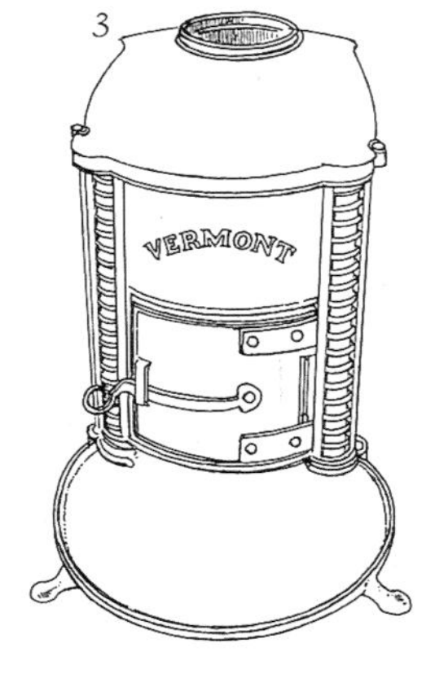

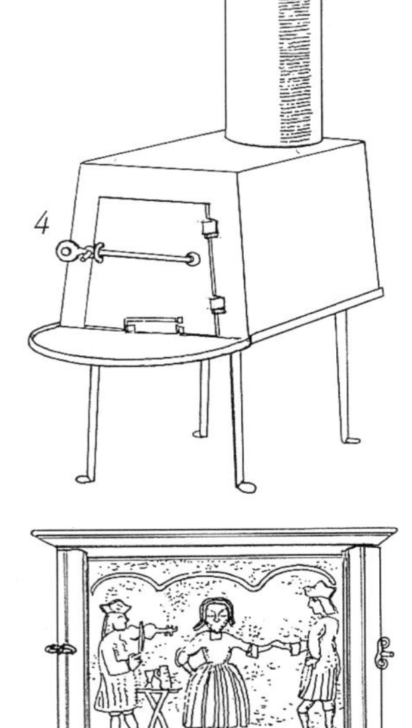

设施

1. 桑拿房是威斯康星州原木住宅的一个重要元素。通常为一个单独的房间，包含一个石炉和木制长凳。

2. 西班牙火炉，顶部带有“三个火眼”，圣奥古斯丁，佛罗里达州，约1800年。

3. 佛蒙特州版本的独立式六块板加热火炉，19世纪早期。这种类型的火炉，名称来自炉体结构中固定在一起的铸铁板的数量，由宾夕法尼亚州的德国人制造，时间早于约1760年。后来又生产出十块板的火炉，可用于烹饪。

4. 沙克尔火炉的典型特征是支腿形式，主要材料为锻铁（尽管也会是带有便士脚的锻铁支架，或弯脚形的支架形式）。炉门从左向右开启。这个炉子可追溯至约1780年。

5. 五块板或“侧壁”式火炉是另一种宾夕法尼亚州的德国型火炉。它与隔壁房间的壁炉共享一个烟道，如剖面（左）所示。炉子正面常常有圣经场景装饰和文本。图中，标有一个日期，显示了婚宴场景。

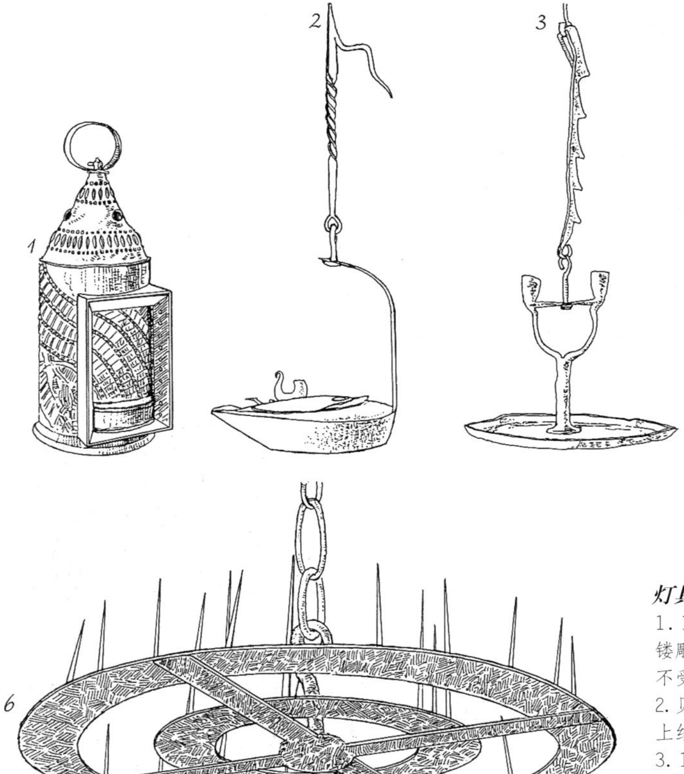

灯具

1. 18世纪的圆柱形灯具常采用镂雕进行装饰。而方形灯具逐渐不受欢迎。

2. 贝蒂灯由油灯改进而来，造型上结合了长钉和挂钩。

3. 18世纪的锻铁悬挂烛台。设有棘轮机调节高度。

4. 18世纪锻铁双座灯芯草蜡烛台。灯芯草在放置到烛台使用前需要剥皮、晾干并浸油。

5. 一款带钩子的锻铁双烛位枝形吊灯，18世纪。

6. 锻铁枝形吊灯。蜡烛固定于烛台钉上，18世纪晚期。

金属制品

1. 一组长筒靴刮板，可以追溯至约1790—1810年。长筒靴刮板通常使用锻铁或铸铁制造，置于大门前。所有这些样例都来自新英格兰地区。

2. 铸有装饰图案的铁艺格栅，安装于新奥尔良查理街一处住宅的街边大门上。

3. 在新奥尔良，锻铁的主要用途之一是制造阳台护栏。带有精美弯曲图案的铁艺制品排列组成系列的尖拱。栏杆常常设有精致的中央嵌板。一些阳台建在房屋的转角周围。随着铸铁柱的出现，产生了可以伸展至街边且带有遮篷的阳台。HABS

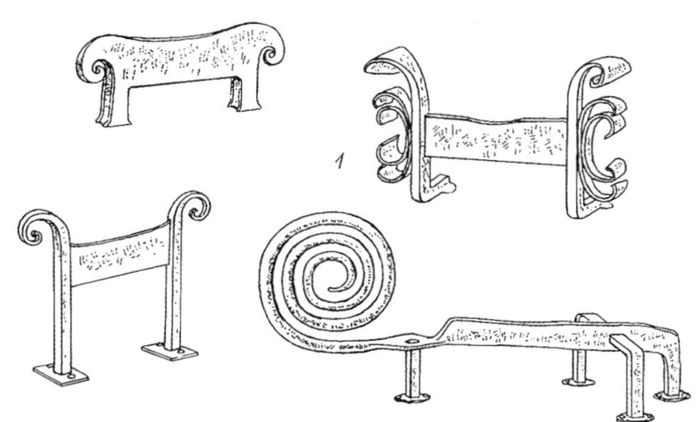

4. 精美的双涡卷饰阳台托架：属于旧时新奥尔良住宅的典型风格。HABS

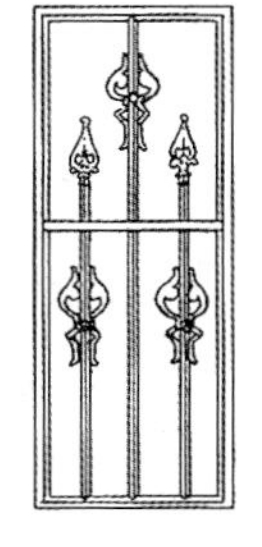

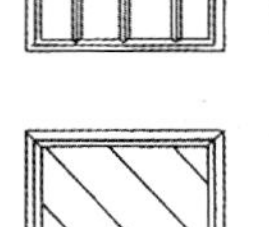

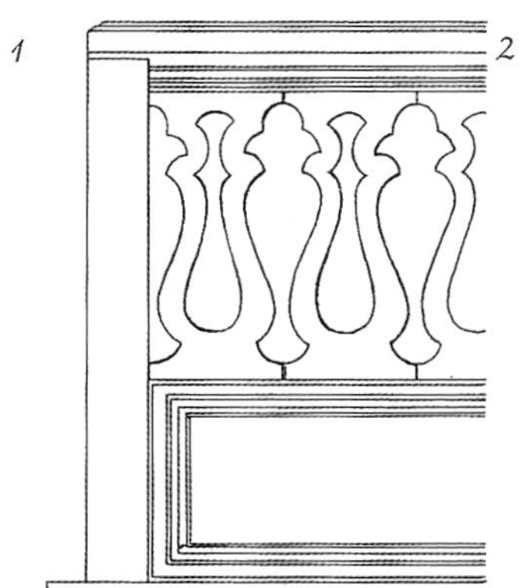

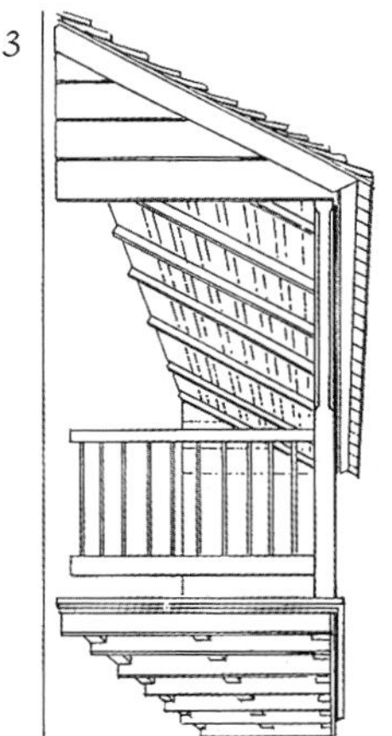

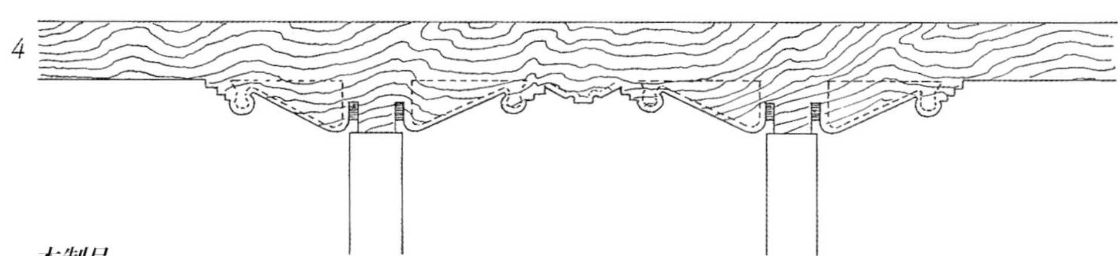

木制品

1. 走廊栏杆的细部，平直的木板加工成弯曲的栏杆柱轮廓。卡萨德皮奥皮克，惠蒂尔市，加利福尼亚州。

2. 费尔南德斯-利安比雅思住宅，圣奥古斯丁，佛罗里达州。传统西班牙式的带篷木制阳台，雨棚与屋顶相接，约1.5m宽。HABS

3. 典型的圣奥古斯丁街道阳台。现存早期的阳台柱为方形，在扶手以上的位置带有倒角。

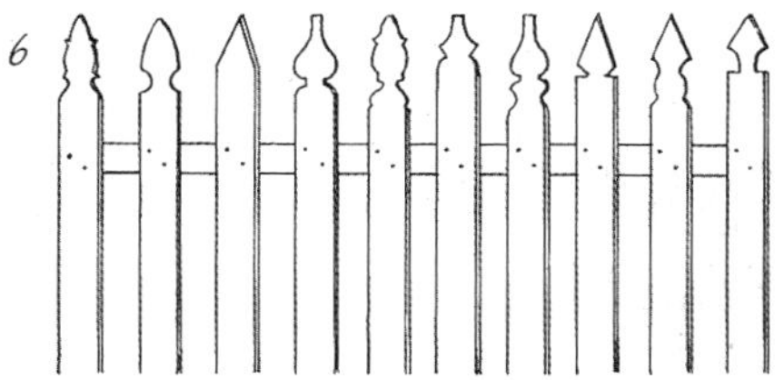

4. 新墨西哥州陶斯镇的一处土坯砖住宅廊台（入口处）的木制过梁。

5. 在众多新奥尔良盒式住宅建筑中，圆形金属通风孔设置于底面，安置于屋檐托架之间的拱腹中。CRO

6. 尖桩篱栅头的常见形式。

修缮与维护

彼得·萨顿（Peter Sutton）

古建筑的修缮和维护是一项有历史价值也是需要有责任心的工作。通常来说，这份工作耗时长久而且过程复杂，哪怕是最简单的工作对象也需要专业的团队来完成。参与的建筑师不是随便挑选出来的，通常需要经过专家或组织的推荐，并需要有类似的实践经历。同样，工程施工人员和其他工匠的选择亦是如此。在选择相关人员时，当地和国家的文物保护组织对此类人员的选择可以提供有效的帮助。古建筑的修理和恢复工作一般需要遵循特殊的建筑法规或指导方针，应根据建筑的年代、重要性和所处的位置制订不同的施工方案。在修缮工作开始之前，通常需要与当地政府有关部门或文保组织确认哪些工作内容是允许进行的。

·门

前门　前门是保持建筑立面原真性最具影响性的因素。遗憾的是前门的作用与价值往往不被那些以营利为目的的生产厂商所重视。前门的用途是作为保护住宅安全的一道屏障，而带有玻璃前门的出现是相对现代的事情。因此，乔治亚、联邦和维多利亚时代的镶板门表现“牢靠的木材”外观效果，也同样是基于对安全性的考虑。在住宅建造之初，这些门曾被施以油漆，油漆表面的损坏是最常出现的问题，且无法翻新。前门的六个面都需要上漆，包括上沿、下沿、左右边缘、前门板和后门板，这样可以有效地防止水汽的进入而导致门体膨胀、收缩以及门板开缝和龟裂。如果前门是跟随建筑物一同建造的原始门，修缮时首先应考虑对其进行维修而不是更换，只有在完全不能保留时才考虑更换。更换时，应在建筑旧货市场中寻找周围相同时期的古建筑的木门作为替代，或者由高水平木匠重新制作一扇样式与建筑风格相符合的门。

内门　多数情况下会使用现代的平板门替换建筑物中原有的内门，或者更换逐渐丧失功效的锁具和其他五金配件。房间现存的镶板门可进行适当的修缮使其具备防火性能，而不必对其外观进行太大的改变。一些使用复合材料压制而成的内门，经过适当的油漆处理也能够得到理想的外观效果，而且往往比新做的木门具有更好的结构稳定性和强度。以下几个原因会导致内门不能继续使用：1. 门的结合处膨胀变大并产生松动；2. 因潮湿引起木材的腐烂；3. 门的各边因通风条件不同而发生变形；4. 铰链和其他五金件磨损或松动；5. 主体建筑发生结构性移动使前门出现了构造性变化。因此，在修理或更换门之前应全面排除导致门不能继续使用的原因。在重新刷油漆之前，可使用热风枪或溶剂剥离法去除旧有漆面。不能用水浸泡剥离漆面，这种做法会使木门松散并对原有节点带来无法恢复的破坏。如果需要清除原门的浸蜡面层或法式抛光面层，混合使用4份醋、4份松节油、4份生亚麻籽油和1份变性酒精。如果修缮养护硬木板门并使其具有天然的表层色彩，可使用以下混合液浸泡直至木材饱和吸收：50%的生亚麻籽油、25%的醋酸戊酯、15%的纯松节油和10%的熟亚麻籽油。

五金件　不同时期的木门应使用与其时代相对应的五金件，可在商店里或市场上寻找二手的五金件，或使用优质的复制品。如果有现成的相匹配的五金件样式，如简单的门闩、铰链等，也可以找当地的铁匠照样打造。好的锁匠不但能够修理原有的门闩和门锁，还能复制大而笨重的旧钥匙。木锁也可以通过将一个“标准的”金属弹簧锁装入一个木盒子里制成复制品。

·柱廊、门廊和廊台

如果足够幸运，会遇到一个带圆柱柱廊的宽阔前门入口，或者一个门廊，或是作为室外功能空间使用的门前廊台，这类住宅构件值得花上一笔费用进行维修或更换。

维修　最常见的损坏是主体建筑外墙和附属结构之间的湿气侵入。为防止这一问题出现，可以采用切割成型的金属防水隔板，并以恰当的方法在建筑外墙上进行密封处理，金属隔板的高度应与屋顶齐平，使外墙表面平整光滑。

检查门廊与廊台的支撑件是否有腐烂或损坏的迹象，支撑件损坏是导致地板下陷和结构承压不足的主要原因，会引起建筑结构体断裂、开缝，最终造成整个建筑的坍塌。可以使用特殊的环氧砂浆修复石材线脚和圆柱，但要注意区分材料的风化程度，否则修复后的效果处会非常刺眼，而且可能导致相邻石材的风化速度加快。

更换　当柱廊或门廊的结构损坏严重时，就需要更换其中的某些部件。一些建筑构件生产厂家使用纤维石膏或石材复制古建筑的柱子和三角楣饰造型，如果这些产品的样式与古建筑的风格相称，可以使用这样的构件。但玻璃钢制品无论从外观还是感觉上都不好选择。如果门廊已经无法修复，那就只能请泥瓦匠或木匠进行整体重建了。重建时应尽量沿用原来的构造形式，如果能够沿用的内容太少，可以从传统建筑样式图集（很多经过了再版）中寻找类似的式样。

·窗户

布窗方式是众多立面元素中最能体现建筑年代和风格特点的因素，因此，修复或更换窗户自然成为最重要的工作，需要倍加细心。

维修　如果窗户是古建筑原有的组成部分，无论采用木材或金属制成，都应尽量加以修复。因为当时的窗户在制作的品质或使用的材料（尤其是木制的）都具有很高的标准，往往是今天那些大量生产的窗户无法企及的。通常情况下，腐朽的木材通过去除相应部分都可以得到修复，使用环氧填料修补填充就能恢复本来的式样。这种方法适合于那些木材的形状还比较完整或是具有结构作用的部位，也可以用于其他部位。在去除腐烂层后，还需要在木材表面涂上环氧涂层将木构件密封起来。在一般情况下，技艺精湛的木匠能够用一块新木头与旧有木件嵌接，甚至更换整个窗户的所有构件，这比整体翻新更加经济。需要注意的是，任何连接的间隙都可能会进水受潮，并且所使用的大部分填充材料都会吸收潮气，因此，所有间隙需要进行密闭以避免出现此类情况。

采取恰当的维护方法，特别是定期

重新涂刷油漆（至少每三年一次），是保护木材延长使用年限的有效途径。具有透气性能的水性漆（既能防水又利于木材透气）能够减少施工准备时间，并起到延长木材寿命的作用。天然木材着色剂是一种现代材料，在古代的布窗方式中不曾使用。腐烂或开裂的窗台应加以修理或替换，已经损毁的上下推拉窗的配重、滑轮和绳索很容易拆卸和更换。可以用蜡来润滑轨道并软化绳索。如果需要更换那些非常细小的玻璃格条，可使用硬木条以保证其强度。要精确地复制窗户上的各种线脚，以体现准确的历史风貌。

更换 当原来的窗户无法修复而必须进行更换时，新制作的窗户要严格遵照原来的样式。如果现存的窗户不是古建筑原先保留下来的，则需要查阅相关建筑书籍并参考相似年代的古建筑确定窗户样式。不要使用塑钢窗或其他现代的"免维护"材料作为替代品，因为这样的材料与古建筑格格不入。

透风、噪声和异响 或许是古建筑窗户存在的最严重的问题。使用有阻挡风雨作用的挡风条，便能够很好地解决这些问题（同样适用于上下推拉窗）。高品质的挡风条使用青铜材料制成。建议使用的位置包括窗上框和上沿之间，上、下窗扇窗框的交接处，下扇下沿与窗框之间，以及窗户侧壁等部位，并确保安装紧密牢靠。一些专业的材料供应商也会负责安装。如此一来，即使不使用双层玻璃也能解决挡风挡雨的问题。如果问题依然存在，可以考虑将窗扇永久性地固定在窗框上，然后将连接处密封好，这种做法需要保证其余可开启的窗户能够为房间提供足够的通风。

双层玻璃 一些木制和金属平开窗，可以轻松安装双层玻璃而不致影响其美感，但某些上下推拉窗则不然。由于双层玻璃边缘需要厚度达12mm的银箔封口，安装双层玻璃的凹凸榫（轨道或凹槽）比普通凹槽至少宽两倍才能支撑住玻璃，如果宽度不够，会出现影响美观的重叠现象，不要试图通过增加现有玻璃格条的宽度解决此类问题。值得注意的是，由于双层玻璃重量的增加，新的窗扇会与之前的窗扇重量不同，会出现失衡现象。作为双层玻璃的替代方式，正确地采用防风处理、嵌缝和玻璃安装方式，也能够取得良好的效果。也可以考虑冬天时，在窗框内侧安装临时性的二道窗扇，或仅是简单的玻璃窗框，在天气转暖后要及时摘除，以避免冷凝损坏窗户。

·遮阳扇

窗户外部的遮阳扇 定期刷油漆和维护是保养的基本需求。一些塑料覆膜材料或铝制的替代品，在不影响美观的情况下也可以使用，并具有免维护的特点。

窗户内侧的遮阳扇 设在窗户内侧的遮阳扇能使房间看起来更加典雅，但却常常忽略其实际用途。因此恢复内部遮阳窗的功用十分必要，因为能提高房间的安全性，而且关闭时能够提供良好的隔热和隔音效果。保养良好的遮阳扇和窗扇在热损失和降噪方面的功效可以与双层玻璃相媲美，但比后者更经济，与古建筑风格更协调。至少每隔五年应对遮阳扇重新油漆一次，遮阳扇的五金件也需特别养护，因为这些五金件的形式和功能往往是独一无二的。

·玻璃

在18世纪，窗户上安装的玻璃都是通过吹制和拉丝制作而成的，而不是浇铸玻璃。拉丝玻璃（即人们熟知的英国"冕牌玻璃"）上的细小裂缝能够产生有趣的光反射效果，使玻璃看起来更有深度感。任何可能的情况下都应保留原有的玻璃，但旧玻璃易碎，需要特殊保护，尤其是使用热风枪拆除窗户时更要小心。当修理一扇窗户时，一定要告诉修理工保存好原有的玻璃以备使用。现在很难再找到拉丝（冕牌）玻璃了，即使有也非常昂贵。"温室"或"园艺"玻璃是理想的廉价替代品，属于一种质量较差的平板玻璃。绝不能使用乔治亚风格的"玻璃瓶窗格玻璃"的复制品，因为，早先使用这种窗格玻璃是为了省钱，这种玻璃实际是拉丝玻璃在制作完成时，握杆移除后需要丢弃的玻璃余料的中间部位。

·户外木制品

防潮 对木制品进行保养和重新装饰的主要目的是防止水分和湿气侵入木材，一些复杂的修缮工作应交由专家完成。与砌体结构连接的木材最容易受潮，因此特别需要进行养护。应当确保金属盖片能有效地疏导木材连接处的雨水，适当情况下，可使用现代密封剂和填缝剂填充缝隙和孔洞。切记，进入未加以保护的木材连接处的水分或进入保护涂层下面的水分，自然通风几乎对其清除毫无作用，而且会对木制品带来永久性的损坏。

涂漆 给木制品涂刷油漆是为了防止水分的进入，同时减少由于温度和水分作用所引起的木材材质的不良变化。外部木制品应定期检查，根据外露情况的不同，至少每隔三至五年重新涂刷一次油漆。如果油漆面层破损、龟裂、起泡或脱落，重涂之前要清除已经损坏的原有漆层；如果需要恢复木制线脚和细部的棱角，而这些细节已经被之前一遍遍的油漆覆盖得含混不清，同样需要清除原有漆层。可使用商用除漆剂或热空气吹管进行清除，操作时要特别小心，决不能使用明火。记住，在重新刷漆之前要使用溶剂中和掉残留的除漆剂。表面情况较好的原有漆面可以使用肥皂或清洁剂（非碱性）清洗，然后用清水彻底冲洗干净。洗涤专用碱也是除去尘垢的良好材料。清洗后应使用湿砂纸和干砂纸擦拭表面，然后使用清水冲洗，待晾干后再涂刷油漆。

·内墙

墙体损坏 内墙分为结构墙（承重墙）和隔墙，一般使用石材或木材（偶尔会用玉米秆材或土坯砖等更为原始的材料）砌筑而成。当墙体出现断裂或倾斜时，说明结构墙遭到了破坏。此时应仔细查找墙体损坏的原因，因为整个建筑的稳定性都要依靠结构墙。若有疑问，可以向有关专家咨询。如果不能保证结构牢固，任何装饰性的修复都毫无意义。

查找以下可能导致墙体破损的原因：1. 原房屋所有人进行了改动，使某些结构墙承担了额外的荷载；2. 顶梁、其他墙体或相邻的木地板出现腐烂，导致墙体出现缺陷或损坏；3. 由于增设竖管或管道钻孔等设备带来的损坏。

结构墙和隔墙所形成的实质性损坏，有时实际上没有外观看上去那么严重，但在修缮之前也应该进行诊断，查找以下可能导致破坏的原因：1. 砖石砌筑黏合材料失效。原来的石灰砂浆或泥层可能已经变成粉末，失去了黏附力。2. 木墙骨柱或石膏板被甲虫侵入咬损，或潮湿导致木材腐烂，更换或修复墙体之前必须解决潮湿问题。

墙面装修 大部分古建筑的内墙面都

用石膏涂抹，但一些石墙、玉米秆材墙或土坯砖墙可能为“清水”表面，即墙体表面未经任何处理。在重新装修墙面时不要使用现代涂料，传统的白浆或水性涂料涂刷的墙面，即使在受潮或结露后也不容易褪色，而且有利于砖墙结构透气。施工之前可以通过敲击墙面抹灰的空鼓区域查看石膏抹灰是否依然具备黏附力，或石膏板是否依然能够发挥作用；一些修补工作可能包括填充细小的裂缝，也可能是完全剥离原来的石膏面重新涂抹。非常细小的裂纹可在重新装修的时候直接修复，较大的裂缝在修补前应该至少扩宽到12mm，或扩大的宽度能使新补的石膏牢固地附着在后面的墙上。在使用熟石膏之类的快速凝固石膏填充之前，应事先将连接面进行湿化处理。石膏和木板条已经毁坏的区域需要换上新的木板条，在新板条处插入一个带孔的镀锌铁板，使用镀锌铁钉或射钉将其固定在相邻的坚固的木板条上，这样就形成了一个新的“键”。要注意木地板或板面的状况，由于木材的膨胀可能在地板的靠墙部位挤进砖墙中。还有些用于固定踢脚板和护壁板顶木条的木塞或木楔，也很容易腐烂，应尽量将其更换为不生锈的有色金属紧固件。

在进行局部填充处理和重新涂石膏时，虽然可使用现代的单涂层表面涂料，但还是建议使用传统的三道抹灰工作。墙面处理方式的选择应考虑不同的改造项目，针对性地采取适当的墙面材料和施工工艺，以最终达成预期的装饰效果。对于墙体阳角部位（如窗帮），应在可能的情况下使用木制阳角线进行加强：即沿着阳角边缘设置一条通长的刻槽木线，当使用石膏抹灰时，刻槽木线会使阳角的外观更加柔和。或者使用一块刻有凹槽的与相邻的阳角线匹配的木板，用螺丝钉或钉子固定在墙面上。不要使用金属护角，这会导致阳角处的外观形式过于生硬。

壁纸　确定壁纸的年代需要对颜色、成分和印刷技术进行仔细判别。在踢脚板、框缘、后期的墙面抹灰、镶板、固定式橱柜或衣柜的后面能找到残存的原有壁纸。即使不想匹配原有壁纸的花色，也要保存所发现的原有壁纸片段，因为这些残存的片段可作为理解历史的原始记录。粘贴在石膏抹灰墙面上的旧壁纸可以用平刃刀去除，如果壁纸是粘在木材上的，清除起来比较困难，可以考虑移除木材，并尽量减少对原有墙面的损坏。使用蒸汽也可以清除壁纸并能够分层剥离，但这个过程较为复杂，需要向文保专家咨询。

如果需要使用历史样式壁纸的复制品，在铺贴之前，首先要选择确定紧邻檐口或墙裙的条带壁纸，并将其作为所有需要铺贴条带壁纸的样式，然后再找一个足够大的墙面，选择确定有重复花纹图案的满幅壁纸。过去几年间，很多专业公司开始还原古老的壁纸制作方式，生产与古时壁纸相匹配的壁纸，目前已经形成了较高的复制品标准。

瓷砖　瓷砖具有防水且免于维护的功效，现存的旧有瓷砖一般都能够保持良好的状况，并满足功能与使用需求。如果需要从墙上取下旧瓷砖，最稳妥的方法是小心地将瓷砖从背后的粘接灰浆上撬起，如果瓷砖具有非常高的价值而且难以拆下来，可以考虑将瓷砖连同后部的粘接石膏整体拆下来，然后仔细敲凿或使用角磨机去除后面石膏。与现代瓷砖相比，旧瓷砖的素坯更厚，釉质模糊不透明，这可能会掩盖瓷砖连接处或背面潮湿渗透而形成的污迹。旧瓷砖的表面也可能会附着石灰砂浆，可以使用商用酸性清洗剂清理釉质上的石灰砂浆。碎裂的瓷砖或釉面砖的修缮难度大、费用高，而且需要专家在场。小面积的修复可以用干净的环氧清漆，也可以试着用炼乳修缮破坏的瓷砖，这听起来有些不靠谱，但确实管用。

旧货市场和古建筑构件市场是旧瓷砖可靠的来源地，也有些瓷砖供应商生产旧瓷砖的复制品，其中某些供应商还能够根据客户要求供应个性化图案的定制瓷砖。一些制陶工匠也提供个性化的服务，但需要较高的技巧来保证釉面和素坯的兼容性。

·装饰性石膏制品

檐口和其他天花板装饰用的石膏线具有非常重要的装饰效果，能够体现某一历史时期房屋的风格特征，虽然修理和复原成本较高，但还是应该尽量保护原有的装饰性石膏制品。石膏复原要求高超的技艺，绝不是简单的修理或除漆，在进行此类复原时应咨询专业的公司。

涂料去除　一层层的涂料往往隐藏着令人惊讶的东西，当将这些表面涂料去除后，看似普通的檐口能够显露出非常复杂且吸引人的细节。然而，涂料去除工作是一个极度艰苦而缓慢的工作（如果由他人代劳，花费将会非常昂贵）。首先，可以使用温水和洗涤碱小心洗掉水性涂料或白浆，蒸汽或甲基化酒精能够用来清除乳胶漆，油基漆需要使用商用剥离溶剂才能清除，但开始之前需要进行小区域的样本试验，重涂之前不要忘了中和掉残留的剥离溶剂。然后，当感觉到已经深入至漆层的原始表面时，更要加倍小心，此时有可能发现原有的彩色涂层。如果真的发现了彩色涂层，一定要将其记录在重新装修的计划单里，并作为配色图表的一部分。

修复　裂缝和小裂纹修复起来比较容易，使用专用石膏填料或浇铸石膏填充即可。早期檐口的基本断面形式，是使用金属模板在半干的石膏上采取滑模的方式制成的，需要修复的石膏装饰件可以通过类似的加工成型，而更简单的方法是在操作台上使用模具浇铸。莨苕叶饰和飞檐托等细节丰富的装饰构件，可以使用乳胶模具或其他模具浇铸而成，这个过程对技术要求较高。

更新　有时候所有房间都需要更新装饰性石膏制品。可以仔细选择同一住宅内具有同等重要性且面积相仿房间中的石膏线脚作为样板，也可以从一些参考书（例如本书）中寻找同一时代的房间图例。不要使用商业化生产的用塑料或玻璃纤维制作的线脚，因为它们的风格或比例往往与古建筑本身存在着差异。提供装饰性石膏制品的专业供应商或许有适合的样本，这些样本多是由19世纪发明的纤维石膏制成，混合了棉麻植物和木屑等材料，其强度有所提高，能够制造重量较轻的装饰构件。需要注意的是，住宅中的其他易碎或边缘锐利的石膏线，日积月累其边缘也会被损坏。

·油漆

使用不恰当的油漆颜色或与古建筑时代不相符的表面材料，容易影响修缮或复原的效果，一般说来，任何20世纪之前修建的房屋都不应使用光亮度太高的油漆。前乔治亚时代的硬木门、裸露的木制品以及类似的木作，大部分都只剩下了木材的天然外观（关于表面材料的建议，请参考本书有关“门”的部分），这种情况的存在会产生一种误解，以为天然木材的使用是从前乔治亚时代开始的，但实际上体现去除木皮的原木效果属于现代的做法，是受到斯堪的纳维亚设计风格影响而形成的审美形式。如今，英国的一些专业公司仍然在生产铅基油漆，那些追求纯粹风格的复古主义设计师，使用这种油漆制作的木制品能够呈现出纯正柔和的白垩色效果。传统的白浆和水性涂料也能产生类似的柔软感觉，而且适合作为那些容易受潮墙体的表面材料。现代的乙烯基乳液与古建筑格格不入，但一些公司生产的非乙烯基乳液，具备了与古建筑相称的无光泽效果，而且利于古建筑墙体表面透气。

在外部，使用具有透气性能的现代水性漆能够简化重新装修前的准备工作，丙烯酸抛光剂能够让漆面的寿命延长一两年，在施工之前，除了向当地零售商咨询建议外，还应寻求油漆供应商的帮助。

·地板

木地板 古时的木地板分为普通木地板和拼花木地板两种，制作地板的木料包括橡木、榆木等硬木以及松木、杉木等软木。保养良好的木地板，其优美的天然色泽能够很好地衬托出地毯的效果。应尽可能使用与旧有木地板相匹配的木材进行修复，如果木板拼缝已经开裂并且缝隙较宽，可以使用锥形木条填补。前文中“门”的部分提到的混合溶剂可以用来清除硬木地板表面原有的抛光剂，再使用相应的抛光剂进行重新处理，如果需要修复的地板面积较大，建议使用电动地板打磨机。松木地板经过打磨和上底漆后表面会更加光滑，在打磨之前记得用钉子先将地板固定住。如果地板严重破损或有明显凹痕，可以使用粗砂纸沿对角线进行打磨，之后再顺着地板的纹理进行抛光处理。打磨地板用的砂纸随处可以买到，砂纸的用量远比想象得要多。打磨时要戴上防护面罩，彻底打磨整张地板会是一件艰苦的工作。在上底漆之前，地板有时会先染色或涂刷底漆，这时需要检查染色剂或底漆与面漆的兼容性。市场上有各种木地板底漆，最常见的是聚氨酯或油性树脂底漆。注意不要使用光泽度太高和表面有塑料质感的油漆。追求纯粹传统效果的使用者应该知道，18世纪中期以前，人们通常使用沙子定期清理木地板，除此之外不做其他任何处理。

石板 石板具有良好的耐磨性，几乎不需要任何维护。当需要撬起石板重新处理防潮基层时，操作之前应清点石板的块数，画出铺设现状图，明确拼接的方式，以备重新铺设。要确保石板之间保持适当的宽度，并用细砂水泥砂浆填充这些缝隙。对于古代的石板或其他透水性石材，需要彻底清除表面的灰尘和油渍，然后使用1等份的熟亚麻籽油和四等份的松节油的混合液进行表面密封处理，之后盖上牛皮纸，放置两三天，期间不要在上面行走。最后打扫和清洗，保证石板清洁。

油地毡 一种原始的合成地板材料，由粉碎的橡树皮、木材、粉状物质、亚麻籽油和树脂构成，用黄麻纤维或沥青浸渍的麻线作为基层材料。当油地毡表面浸水后性能会变得不稳定，而且容易与碱发生反应。油地毡表面不能进行封闭处理，但能用乳液抛光剂进行打磨。

地毯 修复地毯需要咨询专家的建议，值得注意的是，通过定制可以获得任意花色的地毯，而且价格也不会太高。

·壁炉

大理石壁炉在乔治亚和联邦时代十分常见，有时还会见到涂刷了油漆的大理石壁炉。可以使用溶解性剥离剂去除这些油漆，但操作时要非常小心，应先在小范围内进行实验。被污染的大理石可以使用相同等份的软皂、生石灰和苛性钾混合液清洗，混合液需要在大理石上保留几天后方可清除。在打磨大理石时，使用二等份经过仔细过滤的洗涤碱、一等份浮石和一等份白垩，加上足够的水混合成膏剂，打磨后需在大理石上保留几小时，然后用肥皂水和清水将混合膏洗掉冲净。用牛奶擦拭能够增加打磨后的大理石的光泽度。

木制壁炉上通常有非常复杂的雕刻纹饰，这些装饰或许不是用实木雕刻而成，而是用一种人工合成仿木材料压制而成，表面覆以油漆。因此，为了保留原有的精美纹饰的细节，在去除面漆时需要特别小心，以防止破坏这些优美的艺术品。这些纹饰极其脆弱，实际上是靠油漆面层将基础材料结合在一起的。

铸铁壁炉在19世纪后半叶十分常见。修复被损坏的炉件是件非常困难的事情，应该向有关专家咨询。炉箅，包括炉垫箅和可调式炉箅，经过长期使用都会出现相应的具体问题，通常因为受热产生变形。如果损坏严重，重新更换可能是更好的选择。

破裂的耐火砖可以重新更换，也可以使用耐火水泥进行修补。如果炉膛存在着缺陷，首先需要检查炉床是否可靠。炉膛要铺设品质优良的不可燃材料，而不是木地板。或许有必要对楼板的托梁加以整修，并在相应位置加入混凝土进行结构加强。大部分被烧毁的古代房屋多是因为炉膛或烟囱存在着缺陷，而非其他原因。所以，使用前应彻底检查壁炉和烟囱的安全性问题。

·楼梯

楼梯一般用木材或石材制成，带有金属或木制的栏杆。木构件的修缮是楼梯修复的基本工作内容，因为木制品容易倒塌、磨损或被害虫入侵，任何优秀的木匠都能胜任这份工作。首先，应彻底检查和修理木制梯梁和支撑构件，然后再修理其他显露在外的损毁部位。石材楼梯的修理更加困难，有时需要向专家求助。修复磨损的踏板和损坏的梯级前缘时，可把新的石材切割成锯齿状固定在破损处的袋形开口里，石材背面涂覆环氧砂浆，或者使用环氧砂浆或树脂与压碎的大理石做成膏状混合物，涂抹到损坏处进行修补，必要时可使用铜线固定，修理时应避免出现毛边。金属栏杆柱周围的台阶如果出现损坏，可对其进行适当的裁切形成缺口，然后将新的花色相似的石材切割成相同的形状插入新裁切的缺口内，使用不含铁的定缝销钉和环氧树脂进行固定。

如果木制楼梯需要大面积维修，而且楼梯本身又没有非常复杂的木饰品，重新更换新楼梯往往比暂时性的修理更为明智。更换楼梯时，可以使用体现楼梯特点的原有扶手或栏杆柱等构件，或者到建筑旧货市场中购买类似的构件。如果不是特别重要的楼梯，也可以使用工厂生产的扶手和栏杆柱，但最好还是使用原有的部件，在不得已的情况下再使用复制品。

·细木作和装饰性木线

原有的细木作要尽可能地进行修复，如果一栋建筑原有的细木作和装饰性木线已经损毁，则需要进行谨慎的复原工作，要恢复建筑原有的细部特色是件非常艰难的事情，而且耗资不菲。建筑旧货市场可以提供适用的历史构件，或者生产新的复制品，还可以从相似的古代住宅中查找类似的样式。然而遗憾的是，今天商业化生产的细木作制品和装饰性木线通常不适用于古建筑的修复，因为它们通常制作粗糙，而且不能准确地还原历史。

细木作和木线脚的复杂程度，包括框缘、踢脚板、墙裙，以及其他类似的物件，应该直接与房屋的大小和房主的社会地位相对应。需要注意的是，购买的产品在宽大的样品间里看上去很合适，但实际上会与需要装饰的具体房间完全不相称。

装饰性木线和细木作的使用应有节制，以不改变房子的特点为原则，同时起到彰显住宅固有的风格特点和历史个性的作用。

·设施

炉灶　恢复和使用古老的炉灶最近变得常见起来，当从建筑旧货市场购买炉灶时，要仔细评估设备的外观情况。因为与外观相比，炉灶的内部部件更换相对简单，即便不愿意更换，也可以请专业人士进行维修保养或适当改装。早期的炉灶包含很多表层镀镍或搪瓷的铸铁件，虽然这些镀层能够清除掉并重新涂，但很难找到一位能够胜任这项工作的专家，同时处理的费用也较高。使用合适的油漆修饰搪瓷表面的损伤部位（先使用汽车车身整形填充剂进行填充），便能够掩盖较大的瑕疵。细小的划痕和压痕可以不必处理。重新上搪瓷是很昂贵的方法，而且传统的配色效果也不易达到。

金属生锈是个大问题，不仅影响美观，还影响到工作部件的性能。要彻底检查设备的锈蚀情况，尤其是烤炉和燃料箱的壁板。

散热器　如果古建筑中的散热器不是原有的物件，则可以考虑重新安装散热器。通常可以在建筑旧货商店里找到适用的产品，也可以寻求当地的拆迁公司的帮助。仔细检查设备的生锈情况，尤其是管道连接处周围。可能的情况下，对管道进行水压试验，如果不能做到，则进行气压实验，但结果的可靠性不如水压试验高。在把旧散热器连入现代供暖系统时，要注意金属之间的兼容性问题，此时应听从管道工的建议。

如今的生产商越来越注重散热器的外观设计，所以在安装新的暖气系统时要仔细选择散热器的固定装置，不要简单地委托管道工全权代劳。如果你需要在一间布置高雅的房间里安装散热器，可能会考虑将散热器包起来或隐藏在窗台下面，但这样做会降低散热器的供热效率。散热器的高度不应高于护墙板线脚，除非房间的风格特色设计使然。

管道　在古建筑改造过程中，需要重新铺设管道或替换原有旧管道是最有可能出现的情况。旧管道移除时要十分小心，最好将管道切断开后留在原处，而不要冒险破坏管道周围的地面。可能的情况下，在铺设新管道时要充分利用旧管道，尽量避免切断托梁或开墙打洞。

卫浴设施　旧浴缸、洗面盆和其他卫生器具可从建筑旧货商店买到，有时还能从拆迁现场找到。现在越来越难买到新的铸铁浴缸，但有些旧浴缸通常会保存完好，能够重新利用。

专业公司可以在现场给浴缸重新上釉，如果能在工厂完成则效果更好。可以使用超强力胶水修复瓷质浴缸上的裂缝和细纹，但用油漆润色后的痕迹往往比较显眼。

旧水龙头能够更好地彰显时代特点，在水龙头上重新镀铬或镀铜都是比较简单的事情。普通的管道工就能将这些部件安装到房间的卫浴系统中。移除卫生设备上的旧水龙头时要倍加小心，因为它们往往使用油灰固定，而结构牢固的旧油灰可能比陶瓷还要坚固，操作不当会导致陶瓷器件破损。

·照明设备

为了安全起见，在保留使用旧照明设备之前应由电工检查所有固定的电气装置。可以对旧有灯具进行改造使其达到现代的安全标准，或者更换为目前许多专业公司售卖的高质量仿品。旧的黄铜开关的安装比较复杂，需要设置接地线，可以购买到符合现代安全标准的仿制品进行替换。

·金属制品

重刷油漆　类似阳台和扶手上使用的装饰性锻造和铸造铁质构件很容易生锈，但实际带来的损坏并没有看上去那样严重，因为锈的体积是未生锈的铁的体积的七倍。所有的铁制品都应涂刷油漆，既是为了美观也是为了防腐。必须除掉原有的漆面，所有不牢固的底漆和铁锈都必须彻底清除干净。可以先烧掉旧有漆面或使用溶解性剥离剂清除，再用松节油或油漆稀释剂彻底清除，最后使用大量的清水冲洗干净。按照生产商的材料施工工艺要求重建涂刷油漆，涂刷两道防锈底漆比多涂一道面漆的防锈效果要好得多。

修复　尽可能保留原有的铁制品，如果某些部品需要替换应使用类似的材料。处理铸铁件时要当心，因为铸铁件非常容易破碎，受到张力容易断裂。可以使用电焊修复断裂的结构构件，但在重新涂漆之前要确保焊点连续且表面平滑，而且焊接部位不会限制构件的热传导和结构性位移。如果存在这种风险，可选择使用平板和夹板。

雨水管件　排水沟、落水管的传统制作方法是采用铁、铅或铜铸造而成，精心保养可以使其具备较长的使用寿命。塑料、铝以及玻璃纤维的使用能够降低雨水管件的生产成本，深受人们的欢迎，但那些保护传统建筑意识较强的人不会使用这类管件。折中的办法是在显著位置使用传统材料制造的落水管，而在高处的不显著位置则使用现代材料制造的管件。注意，一些异形排水槽是屋檐檐口的必要组成部分，在更换时应该保持这些沟槽的原始形状。

·安全

当下，建筑构件丢失被盗的情况愈发受到关注，需要采取相应的预防措施加以保护，并确保未被使用的闲置住宅的安全。在复原工作开始之前，先将壁炉等特殊建筑构件围起来，防止构件被损坏或被窃贼盯上。安装摄像监控设备是有效的防盗方法，同时盗窃事件发生后，可以有效地鉴别失窃现场的情况。

本文作者彼得·萨顿，英国德文郡托特尼斯镇福尔街哈里森·萨顿合伙公司的合伙人，该公司专业从事古建筑复原，曾参与国民托管组织和英国古迹署所属的多处古建筑复原工作。

建筑师、设计师简介

瓦莱丽·克拉克（Valerie Clack）

以下内容是在本书中出现的部分建筑师、设计师以及其他人物的索引和简介，这些人对建筑的发展或风格的传播起到了历史作用。

阿尔瓦·阿尔托 芬兰建筑师，现代主义运动的建筑大师。其个性鲜明的建筑作品表现了对地域性的关注。早期作品包括斯堪的那维亚地区的第一批理性主义建筑，特别是深具影响的帕米欧疗养院（1929—1932年），明快的白色建筑采用了带形窗和悬臂式阳台。阿尔瓦·阿尔托的设计在后期转向了机器美学，表达出对木材的强烈感情（如巴黎世博会芬兰展览馆，1937年），发展出一种自由形体的设计手法（如纽约世博会芬兰展览馆，1939年）。1945年以后，阿尔瓦·阿尔托发展出自己独特的现代主义风格形式，包括曲线的墙体、成角的坡屋顶、砖与木材的大量使用，以及关注环境文脉等，如马萨诸塞州坎布里奇麻省理工学院的贝克尔学生公寓（1946—1949年），珊纳特赛罗市政厅（1952年），赫尔辛基文化中心（1958年），以及伊玛德拉的沃克森尼斯卡教堂（1958年）。阿尔瓦·阿尔托还是一位以设计胶合板定型家具而闻名的家具设计师（如使用弯曲木材制成的帕米欧椅，1933年；使用胶合板制成的悬臂椅，1946年）。在他一生中，始终借由他的阿泰克公司生产自己设计的家具。

鲁道夫·阿克曼 德裔英国出版商。在欧洲及伦敦时他曾经是位马车制造商，于1783年移居伦敦。1795年他在伦敦成立了一个名为“艺术仓库”打印社。后来他还创办了杂志《艺术仓库》（*Repository of Arts*，1809—1828年），成为一本深具影响的期刊，其中包括艺术、建筑、室内设计、服装、科学及其他领域。投稿者包括J. B.帕普沃思与A. C.普金（A. C. Pugin）。1822年在《艺术仓库》中陆续出版的家具设计后来集合成《时尚家具》（*Fashionable Furniture*，1823年）一书。1825年A. C.普金开始转向于哥特式风格设计，而在此之前《艺术仓库》主要致力于古典风格。

罗伯特·亚当 苏格兰建筑师与设计师。他是18世纪后期英国最为杰出的两位建筑师之一（另一名为竞争对手，威廉·钱伯斯）。罗伯特·亚当的父亲是苏格兰的一位杰出建筑师。在意大利游学期间（1754—1758年），罗伯特·亚当在那里研习了古典建筑，还研究了位于斯普利特市的戴克里先宫。1758年在伦敦成立了一家公司，后来他的弟弟詹姆斯·亚当也加入其中。早期作品包括经典、圆柱形的伦敦的海军部大楼入口大厅屏风（1759—1760年）及室内设计，罗伯特·亚当非常喜欢轻灵而不失隽秀的新古典主义。这与之前的帕拉迪奥风格及之后的希腊复兴式风格形成鲜明的对比。罗伯特·亚当最著名的乡间宅邸的室内设计包括海尔伍德庄园（1759—1771年）、肯德莱斯顿大厦（1759年开始）、赛昂宫（1760—1769年）、奥斯特利公园（1765—1780年）、卢顿浮宫（1766—1774年）、纽比大厦（1767—1785年）及肯伍德府邸（1767—1769年）。这些建筑多数为1760年后期伦敦非常漂亮的市区宅邸。他将装饰艺术融入建筑空间之中，与旧有的建筑空间（例如长方形廊柱大厅、圆形大厅、方格半圆壁龛）的形态形成对比。他的装饰手法包括平坦的、奇异风格的墙板及壁柱，优雅的色调搭配及精美的装饰，带有瓮形饰、垂花饰及缎带饰。罗伯特·亚当还在爱丁堡设计了几个大型建筑（如爱丁堡大学，始建于1789年）及一些如画风格的城堡（如卡尔津城堡，1777—1792年），设计中粗犷的外部设计与细腻的室内设计形成了对比。罗伯特·亚当的风格通过《亚当兄弟建筑设计作品集》（*The Works in Architecture of Robert and James Adam*，1773—1778年，1779年，1822年）得以广泛传播。罗伯特·亚当的装饰风格越来越中规中矩，直至设计生涯结束。他的设计在19世纪上半叶遭到了深刻的批判，而在1862年伦敦博览会后又得以复兴。

罗伯特·亚当（Robert Adam，生于1948年） 英国建筑师。毕业于伦敦中心理工学院（1967—1973年），之后在罗马学习了一年。1977年搬迁至温彻斯特，并以Robert Adam建筑师事务所为依托，进行了广泛的住宅实践设计。他还参与了组建INTBAU，一个由传统设计师及工匠组成的国际联盟，组织了全国住房设计论坛，成立了隶属于RIBA的传统建筑设计小组。

C.R.阿什比 英国建筑师、设计师。深受约翰·拉斯金及威廉·莫里斯设计理念的影响，尤其是关于社会改革的思想。1888年，在伦敦东区成立了手工艺协会与学校（1895年关闭）。学校是工艺美术运动的重要中心，制作了家具、金属制品、珠宝及印刷。C.R.阿什比创作了一些深具影响的设计（例如简易的工艺品、珠宝与银器）。其现存的部分建筑位于伦敦夏纳步道，这些建筑具有独特的地方特征。他于1902年将协会搬迁至奇平坎普登，并在此完成了许多建筑项目的改造。1900年与弗兰克·劳埃德·赖特相交之后，便致力于将其设计理念引入欧洲。他还撰写了几部著作，包括《村舍及小房子丛书》（*A Book of Cottages and Little Houses*，1906年）、《竞争性产业的工艺》（*Craftsmanship in Competitive Industry*，1908年）及《英国现代银制工艺品》（*Modern English Silverwork*，1909年）。

乔治·阿什当·奥兹利 苏格兰建筑师、设计师。于1863年与其弟威廉·詹姆斯·奥兹利（William James Audsley）在利物浦成立了公司。在这里他们设计了几座教堂，但乔治·阿什当·奥兹利还是因其出版物成名的，其中许多出版物是与其弟弟共同完成的。出版了《村舍、旅馆及别墅建筑》和一系列重要的关于日本艺术的书籍，以及后来的《主要风格的装饰的综述》（*Outlines of Ornament in the Leading Styles*，1881年）和《多色装饰在中世纪风格建筑的应用》（*Polychromatic Decoration as Applied to Buildings in the Mediaeval Styles*，1882年）。1892年其与莫里斯·阿什当·奥兹利（可能为其儿子）合作编写了《实用装饰和装饰物》，这本书在美国很有影响力。随后搬至美国，继续与他的儿子伯特霍尔德·奥兹利（Berthold Audsley）出版设计方面的书籍。

M. H. 贝里·斯科特 英国建筑师与设计师。工艺美术运动后期的活跃人物，并被认为是早期现代主义的先驱。他在其建筑中采纳了简单的地方特色，还开发了一种新型的开放空间计划，客厅活动区域集中在大规模的壁炉炉边，而且面向花园而不是街道。其设计的最优秀的建筑包括布莱克威尔住宅（1898年）、海伦斯堡白宫及科波姆的盖斯住宅（1899年）。其简约大方的家具、金属制品及壁纸纹理经常采用亮色，并于1896年在伦敦美劳展展出。1895年，因发表在《工作室》中的作品及达姆施塔特大公爵恩森州宫殿的室内设计而名扬欧洲。他还为汉普斯特德及莱奇沃斯花园城设计了深具影响的建筑（1904—1909年）。在《房屋与建筑》（*Houses and Gardens*，1906年）中介绍了其早期的作品。在1933年《房屋与建筑》中刊登的后期作品则缺少独特性。

彼得·贝伦斯 德国建筑师与设计师。现代建筑运动的奠基人，他参加了许多在19世纪成立的进步的艺术团体。1890年左右学习木版画，然后开始从事图形及装饰艺术的设计。1899年，他加入了达姆施塔特艺术家殖民地，在这里他设计了自己的建筑。彼得·贝伦斯作为建筑师、设计师在柏林为德国通用电气公司（AEG）设计的作品闻名于世（1907—1914年），在这里他提出了整体设计的概念，即设计应包括广告、图形设计、工业产品及建筑等全部内容。他所设计的著名的AEG涡轮机制造与机械工厂（1909年）将象征图案与现代钢铁和玻璃技术相融合，成为早期现代建筑运动的标志性建筑。他还设计了字体、书籍装帧、标志、玻璃器皿、餐具、纤维织物及家具等。其后期的建筑转向了古典风格（例如圣彼得堡德国大使馆，1911年）、表现主义（例如赫斯特I. G. Farben 办公大楼，1924年）以及国际式。1908—1911年间，现代建筑运动的伟大建筑师沃尔特·格罗庇乌斯、路德维希·密斯·凡·德·罗及勒·柯布西耶都曾在其工作室有过实践。

亚瑟·本杰明 美国建筑师。通过他所编撰的样式图集使其对美国新古典主义及希腊复兴式风格的传播而变得具有影响力。当他结束作为一名木匠的早期生涯后，当时在哈特福特，亚瑟·本杰明参与了由查尔斯·布尔芬奇设计的康涅狄格州政府的建设工作（1795年），他编写了《国家建设者助手》（*The Country Builder's Assistant*，1797年），成为美国第一部建设者指南。书中借鉴了威廉·佩恩（使亚当风格大众化的一位建筑师）书籍的内容，但使其更加适合于美国的做法。1806年与丹尼尔·雷纳德（Daniel Raynerd）共同创作了《美国建造师手册》，内容深受查尔斯·布尔芬奇的联邦风格影响。这本书在后来的20年中几经修订而变得著名，书中添加了许多新的资料，包括威廉·钱伯斯的作品。亚瑟·本杰明还于1806—1810年在波士顿开了一家建筑公司，修建了三座教堂、咖啡馆及几个位于贝肯山的建筑。后来的图书《实用的住宅木作》（*The Practical House Carpenter*，1830年，成为19世纪美国最流行的建筑书籍）、《建筑实践》（1833年）及《建筑者指南》（*The Builder's Guide*，1838年）都推动了新的希腊复兴式风格。

塞缪尔·宾 德国装饰艺术经销商。从德国的一家陶瓷厂辞职后，于1871年转至巴黎并开设了第一个店铺。他在1875年游览了中国与日本，然后在巴黎开设了第二家店铺，销售远东地区的产品。路易斯·康福特·蒂芙尼是其客户之一，后来他成为该产品的欧洲经销商。在1895年年末，他在巴黎开了一个名为新艺术的商店，展示销售玻璃制品、图案设计作品、金属制品、珠宝、墙纸、织物及家具等。代表的艺术家包括路易斯·康福特·蒂芙尼、埃米尔·加莱（Emile Gallé）、奥伯利·比亚兹莱（Aubrey Beardsley）、任·莱丽卡（René Lalique）、沃尔特·克兰、威廉·莫里斯、C. F. A. 沃塞以及亨利·范·德·费尔德（Henry Van de Velde）。塞缪尔·宾在1900年巴黎博览会上设有自己的展馆，而且在现代派风格的传播中发挥了重要的作用。

马塞尔·布鲁尔 匈牙利建筑师与设计师，先后生活在德国、英国及美国，是欧洲现代运动的先驱。他在魏玛（1920—1924年）及德绍的包豪斯学校学习和教授家具设计。他通过清晰的结构开发了新型的功能形式，如著名的瓦西里椅（1925年），成为在一般性工厂生产中首次使用钢管的椅子；B32悬臂式钢管椅（1928年）及简易模块化存储系统。1928年开始他在柏林担任建筑师及室内设计师的设计工作。1935年，搬迁至英国并与建筑师F. R. S.约克（F. R. S. Yorke）共同工作，同时继续设计家具（例如，为Isokon公司设计的倾斜式胶合板椅子、层积胶合板叠放台桌及折叠椅等）。后来又移居美国，在哈佛大学教授建筑学（1937—1947年）并与沃尔特·格罗庇乌斯合作（1937—1941年）。他在美国设计的建筑将现代风格与木材及粗糙的石雕工艺相结合（例如康涅狄格州新迦南布鲁尔住宅，1947年）。后期作品包括巴黎的Y形联合国教科文组织大楼（1953—1958年，与他人合作）及纽约惠特尼美国艺术博物馆（1966年）。

约翰·布里顿 英国建筑作家。因在英国建筑史上发表的重要的书籍而著名，这些书籍包括严谨的平面图、细部节点及权威性的文字。包括《英大不列颠建筑史》（*The Architectural Antiquities of Great Britain*，1807—1826年）、《英国教堂史》（*The Cathedral Antiquities of England*，1814—1835年）及《伦敦公共建筑图说》（*Illustration of the Public Buildings of London*，1825—1828年）。在1821—1823年与A. C.普金一同编写出版了《哥特式建筑图本》（*Specimens of Gothic Architecture*）。书中对中世纪建筑的准确记录，成为哥特式建筑复兴的创造原型。

查尔斯·布尔芬奇 美国建筑师。深受联邦风格及亚当式风格影响的典型代表，并将这种风格在美国进行普及而享誉全美。在游学欧洲两年后（1785—1787年），他设计了几座教堂及位于哈特福特的康涅狄格州政府。1795年被任命设计马萨诸塞州议会大厦，当时美国最重要的建筑之一，设计借鉴了由威廉·钱伯斯于十年前完成的伦敦萨默塞特议会大厦。马萨诸塞州议会大厦带有柱廊外形的中央凸出体量和穹顶，建筑成为后来许多议会大厦的样本。1799年查尔斯·布尔芬奇获得了市政建设的管理职位，承担了更多的社会责任，对波士顿的改造起到了一定的作用。他设计了许多民用及商业建筑（如波士顿的印度码头，1807年；哈佛大学学堂，1814年；马萨诸塞州麻省综合医院，1823年）及其他建筑，开创了非常平实的风格，淡化了新古典主义风格。其早期设计的教堂，在门廊顶部及主屋顶上放置了高大的钟楼的造型形式，成为该区域教堂设计的楷模。1817年，查尔斯·布尔芬奇成为华盛顿美国国会大厦的建筑师，接续了本杰明·亨利·拉特罗布的设计作品，这使得他远近闻名。

柏灵顿勋爵 英国的一位非专业建筑师及赞助人。他是18世纪英国帕拉迪奥式复兴风格最具影响力的发起人。1715年，在英国出版了科伦·坎贝尔的《维特鲁威的大不列颠风格》（*Vitruvius Brittanicus*）和由詹姆斯·莱昂尼（James Leoni）翻译的安德烈·帕拉迪奥的《建筑四书》（*Four Books of Architecture*）之后，柏灵顿勋爵开始转向这种风格。他还聘请科伦·坎贝尔从詹姆斯·吉布斯手中接管伯林顿府的改造工作，并成为伦敦首个严格符合帕拉迪奥式风格的建筑。柏灵顿勋爵去意大利学习帕拉迪奥式建筑并获得几幅安德烈·帕拉迪奥的原始图纸及一些版画和图书。1719年柏灵顿勋爵与门生威廉·肯特一同返回英国，两人合作了许多项目，柏灵顿勋爵还为其作品《伊尼戈·琼斯设计》（*Designs of Inigo Jones*，1727年）提供了资助。柏灵顿勋爵继续设计了数个帕拉迪奥式建筑，著名的有伦敦的奇西克府邸（1725—1929年）、自己的别墅，部分以安德烈·帕拉迪奥设计的圆厅别墅为原型，以及约克郡大礼堂（1732年），形式来源于安德烈·帕拉迪奥设计的埃及大厅，而埃及大厅又以维特鲁威的作品为原型。柏灵顿勋爵还赞助了许多学术性书籍的出版，其中包括艾萨克·韦尔

（Isaac Ware）翻译的安德烈·帕拉迪奥的优秀作品。这些都成为提供给无数建筑者的样本原型，有助于帕拉迪奥式风格在美国及英国的传播。

科伦·坎贝尔 苏格兰建筑师。与柏灵顿勋爵一样，是18世纪帕拉迪奥风格复兴的深具影响的支持者。其通过出版《维特鲁威·布列塔尼库斯》（1715—1717年）一书而远近闻名，这本书收集了由其自行绘制的前一世纪的一些住宅平面图及说明图。他为这些设计作品添加了说明，以及他自己的一些作品，皆为有助于推广帕拉迪奥风格及琼斯风格而舍弃巴洛克风格的设计。此书的伟大成就在于推动了帕拉迪奥复兴并鼓励社会对建筑产生更加广泛的兴趣。科伦·坎贝尔设计的建筑作品包括皮卡迪利大街的柏林顿宫正立面，基于安德烈·帕拉迪奥设计的豪华的宫殿，以及一些著名的乡村住宅。在这些作品里他采用了清晰可辨的建造元素，例如方形大厅及寺庙建筑的前门廊，提供了简单的可重复使用的形式模型。作品还包括埃塞克斯郡的万斯德住宅（建于1720年，已毁）及诺福克郡的霍顿庄园（1722—1729年）。他设计的体量较小的帕拉迪奥风格的别墅建筑包括：位于威尔特郡的斯托海德风景园（1722年）和位于肯特郡的梅瑞沃斯别墅（约1725年），都采取了科伦·坎贝尔版本的帕拉迪奥园厅别墅风格。

威廉·钱伯斯爵士 英国建筑师及设计师。其作品虽然不及罗伯特·亚当的那么流行，但是在18世纪下半叶新古典主义建筑的传播方面也起到了同等重要的作用。他在中国艺术风格的传播方面发挥着重要的作用。威廉·钱伯斯爵士是位出生于苏格兰的瑞典人，他在瑞典的东印度公司工作了十年（1739—1749年），在那里他接触到中国艺术及其风格图案。1749年，他在巴黎学习建筑学，对法国时尚元素比较熟悉，在1750—1755年期间两次到罗马。1757年，他成为威尔士亲王（the Prince of Wales，后来的乔治三世）的建筑学教师，并出版了他的课件与设计作品，书名为《民用建筑论丛》（*Treatise on Civil Architecture*，1759年），成为当时最具影响力的图书之一。他还为王子的母亲效力，设计了英国皇家植物园，包括许多异国情调（例如，著名的仿中国宝塔，1763年）。他编写的《中国建筑、家具、服饰、机器和餐具的造型形式》（*Designs of Chinese Buildings, Furniture, Dresses, Machines and Utensils*，1757年），对英国的花园设计及中国艺术风格的形成都具有深远意义。他于1761年（与罗伯特·亚当一同）成为御用建筑师，并于1782年成为建筑总监。在他的作品中采取了不同的风格，包括法国的意大利新古典主义风格（例如，都柏林马里诺宫中的娱乐室，1758—1770年）、英国帕拉迪奥风格（例如，中洛锡安郡的都灵顿宫，1763年）及哥特式风格（例如，多塞特郡的米尔顿修道院，1776年）。他最著名的作品应该为伦敦的萨默塞特议会大厦（1776—1786年），建筑表现出伊尼戈·琼斯对法国新古典主义的影响，并能够从楼梯及室内设计中看出威廉·钱伯斯爵士娴熟的设计技能，其中的一些房间始终是英国早期的路易十六风格的典范。

托马斯·齐本德尔 英国家具设计师。他是英国1760—1770年最为重要的橱柜制作者之一。1753年他在圣马丁巷开设了自己的店铺，成为其艺术生涯的舞台。他不仅为其商店设计家具，1754年还出版了著名的《绅士与橱柜制造者指南》一书。该指南以图文并茂的形式描述了"日常起居型家具"，具有洛可可风格及中国风格的款式。第三版（1762年）扩展了内容范围，包括新古典主义，在顾客与工匠中都很受欢迎。这本书在美国及欧洲也非常具有影响力，俄罗斯叶卡捷琳娜二世（Catherine Ⅱ）及法国路易十六得到了此书的复本。托马斯·齐本德尔最好的家具反映了罗伯特·亚当与威廉·钱伯斯爵士优雅的新古典主义风格。他与罗伯特·亚当在许多内饰设计方面进行合作，例如西约克郡的海尔伍德庄园。他还为约克郡的其他建筑进行家具设计（例如诺斯迪尔小修道院、阿斯克大厅及纽比大厦）；在威尔特郡的维尔顿宅邸以及西萨塞克斯郡的佩特沃恩住宅等。他的小儿子在托马斯·齐本德尔死后继承了父亲的事业，他更具有创新意识，并为斯托海德风景园创作了一些优美的新古典主义家具（1797—1820年）。

特伦斯·康兰爵士 英国设计师。他在第二次世界大战后将现代优质的家具、纺织品及家居类设计引入英国大众市场，因此非常具有影响力。1956年，他成立了Conran Design Group，为商业市场生产家具及纺织品。1964年，他在伦敦开设了其第一个哈比塔特商店，使用创新的柜台销售吸引人、实用且价格合理的家具、纺织品、玻璃器皿及厨房用具。尽管在1990年特伦斯·康兰爵士出售了该商店，但他还拥有Conran Design Group，在伦敦及其他地方设有分公司，他还与建筑企业及出版商合作密切。伦敦的大众产品设计博物馆由康兰基金会赞助（1989年）。

刘易斯·诺克尔斯·科廷厄姆 英国建筑师、设计师。因对中世纪教堂进行改造而获得了关于哥特式的建筑知识。这些知识大部分是经由其出版物进行传播，这些出版物包括《哥特装饰的施工图纸》（*Working Drawings of Gothic Ornaments*，1824年），包含精美的插图。他还设计了哥特式家具（例如德比郡斯尼尔斯顿礼堂，19世纪40年代）、古典风格的室内，以及具有古典风格和哥特风格的金属制品。后者的一些作品发表在具有影响力的《装饰性金属工指南》（*Ornamental Metal Worker's Director*，1823年，修订于1824年）书中，及后期出版的《铁匠、建造者及装饰性金属工指南》（*The Smith's, Founder's and Ornamental Metal Worker's Director*，1845年）。他收藏的铸件、图纸及原始的哥特式构件成为威斯敏斯特建筑博览馆的核心藏品（现收藏于Victoria & Albert博物馆）。

沃尔特·克兰 英国画家、插画师及设计师。他作为一名畅销书插画师而闻名于世，后来成为一位成功的装饰设计师，开始为英国伟吉伍德陶器公司及其他企业生产陶瓷样品。在邂逅工艺美术运动的领袖后，于1870年开始进行墙纸设计，之后是刺绣、纺织品、地毯、马赛克及彩色玻璃等的创作。他是美术工作者行会的发起人（1884年），并主持了艺术与手工艺展览协会（1888年），在传播工艺美术运动的理念方面深具影响。沃尔特·克兰还是一名教师并编写了几部图书，包括《装饰艺术》（*The Claims of Decorative Art*，1892年）、《设计基础》（*The Bases of Design*，1898年）、《线与形》（*Line and Form*，1900年），后两个来自他在曼彻斯特艺术学院的讲义和《艺术理念》（*Ideals in Art*，1905年）课程。他的许多著作都被翻译出版，使其在19世纪90年代享誉欧洲。

亚历山大·杰克逊·戴维斯 美国建筑师。19世纪中期美国最具影响力的建筑师，他促进了希腊复兴式风格的传播并引入独特的意大利风格及哥特复兴风格。1829—1835年及1842—1843年在纽约工作，并与康涅狄格州议会大厦（1827—1831年，已毁）的设计师伊锡尔·汤合作。他们一同建造了其他两个议会大厦，分别位于印第安纳波利斯（1831—1835年，已毁）和北卡罗来纳州罗利（1833—1842年），以及纽约市海关大厦。这些建筑采用了希腊神庙的风格，但是添加了罗马风格的圆屋顶。他还独立完成了许多不同风格的建筑，建立了古典研究机构、意大利风格的别墅及哥特式大学建筑。他可能因其如画风格的乡村别墅而被熟知，一些设计为乡村别墅，另外一些设计为哥特式城堡，跻身美国出现的第一批此类型的建筑之中（例如纽约州达里镇的林德赫斯特大厦，1838年。他还为该大厦制作了哥特式家具）。亚历山大·杰克逊·戴维斯是位优秀的绘图员，乐于在图纸中使用浪漫的背景。他在《乡村住宅》（*Rural Residences*）等杂志中发表了其早期的设计作品。其他的许多设计作品还出现在安德鲁·杰克森·唐宁出版的广受欢迎的图书中，包括《别墅住宅》（*Cottage Residences*，1842年）和《乡村住宅建筑》（1850年），扩大了亚历山大·杰克逊·戴维斯在美国的影响。

安德鲁·杰克森·唐宁 美国景观设计师、乡村建筑师。他因在期刊《园艺家》（*The Horticulturist*，1846—1852年）上发表的作品及著作《适合北美的造园术的理论与实践论述》（*The Theory and Practice of Landscape Gardening Adapted to North America*，1841年）、《别墅住宅》（*Cottage Residences*，1842年）及《乡村住宅建筑》（1850年）而出名。这些图书是美国第一批具有这种风格的图书之一，和亚历山大·杰克逊·戴维斯一同完成，他为图书配制了插图，包括许多自己设计的别墅及村舍。他们还借鉴了英国例如约翰·克劳迪斯·劳登（John Claudius Loudon）的风格。安德鲁·杰克森·唐宁的图书非常成功，有助于在美国传播独特的理念。1850年，他与英国建筑师卡尔弗特·沃克斯（Calvert Vaux）成立了设计公司，成为美国第一批专注于景观设计的公司之一。安德鲁·杰克森·唐宁的工作推动了美国城市公园的发展，因为这个原因，使卡尔弗特·沃克斯以及后来的弗雷德里克·劳·奥姆斯特德（Frederick Law Olmsted）都变得很著名。

克里斯托弗·德莱塞 苏格兰设计师、作家。他成为19世纪60年代后对功能设计深具影响的人物之一。起初他是一名令人敬仰的关于装饰艺术中植物学应用方面的讲师及作家。他的第一部关于设计方面的图书是《装饰设计艺术》（*The Art of Decorative Design*，1862年）。再后来的三十年内，他成为银器、制陶业、玻璃、家具、金属制品、墙纸、地毯及纺织品行业著名的设计师。他的风格非常抽象且具有几何图形，关注材料的使用，并且促进了机器生产。他还探索了异国情调的风格。1876—1877年，他访问了日本，满载为商人收集的艺术作品而归，并出版了主要的作品《日本的建筑、艺术及艺术创造》（*Japan, Its Architecture, Art and Art Manufactures*，1882年）。其他具有影响的图书包括《装饰设计的原则》及《现代装饰》（*Modern Ornamentation*，1886年）。

查尔斯·洛克·伊斯特莱克 英国设计师、作家。曾经接受过建筑学方面的培训，他将大部分职业生涯献给了英国建筑师协会及伦敦国家美术馆。他因设计及装饰方面而著称，最著名的著作是《家具、帷幔与家庭风格琐谈》（*Hints on Household Taste in Furniture, Upholstery and Other Details*，1868年）。他的设计风格深受艺术、工艺品及安妮女王风格、材料与结构的真实表达，及直线和几何图形使用的影响。该书在美国非常具有影响力，共出版了六个版本（从1872年开始），并针对家具开发了独特的“伊斯特莱克风格”。后来延展到建筑学领域，尤其是在加利福尼亚州，安妮女王或美洲木结构建筑式样住宅成为曲线形，并借鉴了家具中的装饰。查尔斯·洛克·伊斯特莱克将自己与这两种风格相分离。其他的作品包括《哥特复兴建筑的历史》（*A History of the Gothic Revival*，1872年）及《装饰艺术及艺术工艺的演讲》（*Lectures on Decorative Art and Art-Workmanship*，1876年）。

E.麦斯威尔·弗里 英国建筑师。他是英国20世纪30年代现代建筑运动的重要先驱。1932年遇到韦尔斯·科特斯（Wells Coates）后开始转向现代主义，并成为支持现代主义的MARS集团（1933年）的创始人。这个阶段最著名的作品包括私人住宅（如伦敦汉普斯特德的桑住宅，1936年）及几个低成本公寓大厦（如伦敦肯辛顿区的肯萨尔公寓住宅），并为标准化建设进行了精心的计划与设计。1934—1937年他与沃尔特·格罗庇乌斯合作。第二次世界大战之后，他与妻子简·德鲁（Jane Drew）以及合作伙伴在西非建造了数个大型的教学楼，在那里他们将现代主义建筑技术与热带气候条件相结合，并以此为主题撰写了具有影响力且研究深入的图书，如《潮湿地区的热带建筑》（*Tropical Architecture in the Humid Zone*，1956年）。他与简·德鲁在勒·柯布西耶在昌迪加尔旁遮普首府规划设计的任命过程中，也产生了积极的影响（1950年）。而且，他们夫妇也在这个地区工作过。

诺曼·贝尔·格迪斯 美国设计师。早期为具有影响力的舞台设计师，研发了将话剧与舞台布景、灯光及服装相集成的现代化制作方式。1927年，他开始从事工业设计，并在美国成立了首个专业公司。他还根据空气动力学的概念开发未来主义产品，包括汽车、公交车、机车、远洋班轮及班机（具有大型飞机机翼的一种）及煤气炉、冰箱、收音机、内饰及橱窗陈设等。他的设计通过著作《视野》（*Horizons*，1932年）得到了推广。他的“大都市”“未来城市”模式（1937年）合并了先进的交通控制理念，同时在纽约世博会（1939年）展出的通用汽车“踢出个未来”是未来高楼及高速公路的版本。并激发其创作了《神奇的高速公路》（*Magic Motorways*，1940年），在第二次世界大战后美国高速公路的设计中具有深刻的影响。

格林林·吉本斯 英国木雕师，被认为是英国最重要的装饰木雕师，在自然雕刻中具有精湛的技艺。格林林·吉本斯是出生于鹿特丹的英国木雕师，可能还在荷兰和佛兰德学习了静物写生，这激发了他后期丰富的水果与花的雕刻品。1667年搬迁至英国，并由作家约翰·伊夫林（John Evelyn）推荐给查理二世。格林林·吉本斯为国王制作了最重要且最豪华的巴洛克风格的木雕品，尤其是1677—1682年在伯克郡温莎城堡皇家公寓期间。他还在伦敦肯辛顿宫及汉普敦宫工作过。1693年，他成为皇冠的雕刻大师，在建筑总监克里斯托弗·雷恩手下工作。在伦敦克里斯托弗·雷恩的圣保罗大教堂中他还创作了橡木雕刻。个人客户的作品包括著名的西萨塞克斯郡佩特沃恩住宅的雕刻的房间（1692年）及石材、大理石和青铜的建筑装饰（例如布伦海姆宫中的作品（1708—1716年）。格林林·吉本斯及其雕刻工坊制作的其他作品，还包括雕像及葬礼纪念碑等。

詹姆斯·吉布斯 苏格兰建筑师。他是18世纪早期伦敦最重要的教堂建筑师。他在罗马师从于卡洛·冯塔纳（Carlo Fontana）并于1708年回到英国，成为巴洛克风格深具影响的典型代表。在担任新教堂55个委员会的建筑督察员期间（1713—1715年），设计了河岸街圣母教堂（1714—1723年），由于取得了很好的成就，因此又受命设计了特拉法加广场圣马田教堂（1726年），成为詹姆斯·吉布斯设计的最著名建筑。教堂前面是柱廊，顶部是塔尖。侧窗具有“吉布斯边饰”（窗户被大块石头围绕，在其去世后按照他的名字命名）。他为私人设计的居住建筑包括特威克纳姆的奥尔良府邸中的八角亭、彼得沙姆的萨德布鲁克花园（两者均设计于1720年左右），以及斯陀园的几个观赏性建筑（始于1726年）。其他重要的公共建筑包括牛津的拉德克里夫图书馆（1737—1749年），带有意大利风格主义的有穹顶的圆形大厅。詹姆斯·吉布斯是英国第一个创作雕塑纪念碑（例如威斯敏斯特教堂的纪念碑）的建筑师。其著作《建筑之书》（1728年）是英国第一本内容仅为一位建筑师作品的图书，内容包括室内设计、装饰元素及建筑的设计。另一本为《一些建筑部位的图纸绘图规则》（*Rules for Drawing the Several Parts of Architecture*，1732年）也非常具有影响力，尤其是在美国发行，使其风格得以长期流行。

欧文·吉尔（Irving Gill，1870—1936年） 美国建筑师。他在芝加哥师从路易斯·亨利·沙利文，后于1896年在圣地亚哥开设了自己的公司。早期的建筑设计受木瓦风格的影响，但是在1910年他开创了著名的简单朴素的建筑几何形式，具有平坦的屋顶，外墙面白色涂料，结合室外绿化柔化建筑的几何感。案例包括拉荷亚女子俱乐部（1912—1914年）及洛杉矶道奇住宅（1914—1916年）。这种基本的方法只在附和阿道夫·路斯在维也纳的设计作品，在20世纪20年代前尚未被欧洲人完全接受。欧文·吉尔的设计灵感主要是加利福尼亚州的西班牙建筑。他还喜欢使用钢筋混凝土（后期的新型材料），并研制出了预制混凝土结构的施工方法。

格林兄弟 由查尔斯·格林及弟弟亨利·格林于1893年成立的美国建筑合伙公司。他们学习了木工及建筑，并受约翰·拉斯金及威廉·莫里斯工艺设计思想及日本木制建筑的影响。他们于1893年搬至加利福尼亚州并因对1900年流行的加利福尼亚式平房建造的发展而著名，这种建筑是一种较低的木架构住宅，具有较宽的屋檐、平坦的山墙、墙面板或木材包覆及廊台（例如帕萨迪纳根堡住宅，1909年）。这种形式被大量效仿，尤其是在澳大利亚。他们的设计风格后来回归到灰泥瓷砖的地中海风格。

瓦尔特·伯利·格里芬 美国建筑师。在1901—1905年与弗兰克·劳埃德·赖特共事，后来与其妻子玛丽昂·马奥尼·格里芬（Marion Mahony Griffin，曾绘制过一些非常漂亮的建筑图）共同成立了自己的公司。瓦尔特·伯利·格里芬因一些受草原学派影响的住宅而著名，建筑中具有中央壁炉及错层式设计。这些空间高低不平且呈立方体状（例如艾奥瓦州的梅尔森住宅），与弗兰克·劳埃德·赖特的作品有所差别。另外，他也因澳大利亚新首都堪培拉的市区规划而为人所熟知，他将学院派的艺术理念与当地特殊的地形条件进行了结合。他还在澳大利亚设计了几个著名的抽象风格的建筑。

沃尔特·格罗庇乌斯 德国建筑师、设计师。欧洲现代主义设计运动中影响最深刻的人物之一，他在美国讲授现代建筑理论达三十年之久。他对建筑的社会性及技术性深感兴趣，并倡导大众参与。早期的作品包括阿尔费尔德的法古斯工厂（1913年，使用了玻璃幕墙），及科隆德意志制造联盟的展览会展出的示范工厂（1914年），这两个建筑都是现代主义的标志。1919—1928年他创办了包豪斯学校，后来成为欧洲艺术前卫理念的据点。其为包豪斯学校设计的钢与玻璃校舍，是国际风格的完美体现。沃尔特·格罗庇乌斯是国际现代建筑论坛（CIAM，自1929年开始）的杰出人物，并为公共住房项目设计了预制型住宅。1934年离开德国前往英国，成为E.麦斯威尔·弗里的合作伙伴。他为Isokon公司进行家具设计，并设计了剑桥郡因平顿乡村学院（1936—1939年），这是一座现代化的砖砌复杂结构的建筑，后来成为英国建筑的典范。1937年，沃尔特·格罗庇乌斯前往美国并在哈佛大学开始了教师生涯。位于马萨诸塞州林肯市的自宅（1938年）是一个柱形的平屋顶建筑，是该州第一个现代化的房屋。第二次世界大战后，他与一群年轻的建筑师成立了建筑师协作设计事务所（TAC），在公司中具有很强的影响力。

威廉·哈夫彭尼 英国建筑师。他以建筑模式书籍的多产作家而著名，这些图书在英国与北美取得了巨大的成就。其中一本是《实用建筑》（*Practical Architecture*，1724年），这是第一本与帕拉迪奥式风格复兴有关的图书。其他的反映了许多不同的风格，既有巴洛克风格，又有洛可可风格和哥特式风格。这些图书包括《恰当的建筑艺术》（*The Art of Sound Building*，1725年）、《中国寺庙的新形态》（*New Designs for Chinese Temples*，1750年，第一本关于中国建筑的图书）、《乡村住宅的12个优美形式》（*Twelve Beautiful Designs for Farmhouses*，1750年）；《乡绅袖珍手册》（*The Country Gentleman's Pocket Companion*，1753年），他说期望的景观环境应具有如画风格效果。

约翰·哈维兰 英国建筑师，主要的设计活动在美国。1816年前往费城，开始在费城学习建筑学。他的《建筑师助手》一书描述了英国当时流行的建筑风格，并成为美国第一本讲述希腊柱式的图书。约翰·哈维兰在费城设计了一些希腊复兴式建筑（例如，宾夕法尼亚州研究所，1823年，现在成为费城艺术大学及富兰克林科技馆，阿特沃特·肯特博物馆）。他还设计了几座教堂和放射形平面的圆形监狱，其中一座采用了哥特式城堡风格（著名的费城东方州立监狱），其他采用的是埃及风格的塔式建筑（例如新泽西州特伦顿监狱）。

托马斯·霍普 英国业余设计师及赞助人。出生于鹿特丹的苏格兰家庭，到欧洲（1787—1795年）及近东地区进行了长时间的修业旅行，后来到欧洲长时间游学，1795年全家搬至英国。托马斯·霍普开始收集古典雕塑及陶器，1800—1804年他改建了自己的位于伦敦女公爵街的住宅（已毁），成为家庭式博物馆对外开放。这个建筑具有一个希腊式空间形式，充满着希腊复兴式风格及受古陶造型启发所设计的家具，在后来的摄政时期的风格造型中深具影响。还有一个印度风格的房间及一个埃及风格的房间，摆放着埃及复兴式家具。这个作品被记录在《托马斯·霍普的家庭家具及室内装饰设计》（*Household Furniture and Interior Decoration Executed from-Designs by Thomas Hope*，1807年）一书中。他还编写了其他几部关于建筑与设计的作品，推动了城区建筑的希腊复兴风格，但是在重新改造其18世纪建造的迪普戴纳住宅时，住宅紧挨杜金大教堂（已毁），却采用了如画风格（1818—1823年），并使用了折中主义的混合形式元素组合设计方式。

埃比尼泽·霍华德 英国理论家兼业余规划师，提出了深具影响的田园城市运动理论。他最初的职业生涯是速记员，后来由国会任命为国会成员。同时，受到美国乌托邦作家的影响，他对城市人口集中化及农村人口分散化的问题深感兴趣。这促成了他提出花园城市的理念，并在《明天，实现真正改革的和平之路》（*Tomorrow: A Peaceful Path to Real Reform*，1898年，后改为*Garden Cities of Tomorrow*，1902年）提出：花园城市是指将一个缩小版的城镇构建为一个较大的卫星城，周围由农田绿化带环绕，并在舒适的"农村"居民区进行规划，有购物中心、文化中心及娱乐设施。1899年他成立了花园城市联盟。按照他的理念进行设计的最重要的城市是莱奇沃斯花园城（1903年开始，由Parker & Unwin建筑师事务所负责具体设计），以及赫特福德郡韦林花园城（1920年开始）。他的图书在欧洲的规划理论中深具影响，尤其是1902年开始于德国的花园城市运动。1945年之后，英国的一些新城镇也反映了他的理念。

理查德·莫里斯·亨特 美国建筑师，杰出多产的社会型建筑师。年轻时曾在欧洲驻留十二年（1843—1855年），并在巴黎美术学院学习，是美国第一位具有这种经历的建筑师。他直接获得了法国文艺复兴的知识，有助于其在美国进行传播。他因一系列华丽的府邸设计而著名，这些府邸采用了多种建筑风格，例如位于罗得岛州新港（1863年）的美洲木构风格的格里斯沃尔德住宅（1836年）、新古典风格的大理石住宅（新港，1892年）、新港意大利文艺复兴风格的布雷克斯住宅（1895年）、北卡罗来纳州阿什维尔附近的法国城堡风格的比特摩尔庄园（新港，1895年），这些建筑都是为范德比尔特家族修建的。他在纽约最重要的商业建筑是纽约论坛报大楼（1876年，已毁），该建筑具有一个钟楼及尖塔，因此该建筑多年来一直为该市最高建筑。他还设计了纽约大都会博物馆学院派风格的入口门廊（1894—1902年）。理查德·莫里斯·亨特帮助制定了专业建筑设计标准及建筑师收费标准，还在1857年协助成立了美国建筑师学会。

托马斯·杰斐逊 美国律师、政治家（1801—1809年担任美国总统）及建筑师。他是《独立宣言》（*Declaration of Independence*）的起草人，还是一位颇具影响的建筑师（自学成才），将根据古罗马及当代法国理性主义形成的粗犷的新古典主义建筑介绍到美国，与联邦式风格形成鲜明的对比。他将自己位于弗吉尼亚州蒙蒂塞洛的住宅（从1770年开始）设计为帕拉迪奥式的建筑，但是后来的装饰又将其转变为大型单层古典别墅，具有带三角楣饰的花园门廊及浅部穹隆。对于弗吉尼亚州议会大厦（1785—1799年），他的设计来源于古罗马尼姆的Maison Carrée。这个州议会大厦是美国首个古典庙宇风格的建筑，并成为当时美国公共建筑的典范。托马斯·杰斐逊还利用其在欧洲城市及古典建筑方面的知识，对华盛顿的规划方面产生了深刻的影响。他设计的夏洛茨维尔美国弗吉尼亚大学（1817—1826年）是围绕绿地布置的格子独立的不同院系教学楼，彼此通过柱廊相连接，该建筑最大限度地按照凡尔赛马尔利城堡的形式建造。绿地尽端的圆形大厅以罗马万神庙为原型，规模减半。托马斯·杰斐逊是一名具有创造力的设计师，其设计还包括几何形的空间形式及实用性的设计理念（例如天窗、楼梯及厕所）。

菲利普·约翰逊 美国建筑师。20世纪美国建筑业最为著名的人物之一。与亨利-拉塞尔·希区考克（Henry-Russell Hitchcock）合作，在美国首届现代建筑展览会（1932年）起到重要作用，并为展会带来了六个美国现代建筑的设计作品。他们还合著了一本书《1922年以来的国际式建筑》（*The International Style:Architecture since 1922*），为早期现代运动的建筑创造了“国际式”一词。在没有欧洲相类似的社会背景下，他们按照自己创立的美学思想促进了现代建筑的发展。菲利普·约翰逊在后来举办了一些重要的展览，并于1947年出版了关于路德维希·密斯·凡·德·罗作品的图书。密斯风格在菲利普·约翰逊设计的位于美国康涅狄格州新迦南著名的玻璃建筑中的影响明显，他还与路德维希·密斯·凡·德·罗在纽约玻璃幕墙建筑西格拉姆大厦的设计中进行了合作。从那以后，他的作品涵盖了从简化的古典（如纽约州立剧院，1964年）到一些大型的现代晚期及后现代主义的写字楼设计，皆与他人合作完成（如1976年的休斯敦几何形体玻璃幕墙的潘索尔大厦，及纽约的带有“齐本德尔式”三角楣饰的AT&T大厦）。

伊尼戈·琼斯 英国建筑师，在将古典建筑的含义（包括规则的正确使用）引入英国方面具有卓越的成就。1606年他多次到欧洲旅行，并以宫廷化装舞会的设计师而著名。1613—1614年他与托马斯·霍华德（Thomas Howard）、阿伦德尔伯爵二世（2nd Earl of Arundel）到意大利进行教育旅行，成为在那里学习帕拉迪奥风格及古罗马风格建筑的第一位英国人。1615年，伊尼戈·琼斯成为皇家作品的建筑督察员，将古典及文艺复兴建筑的知识融入这些重要且新型的作品中，如格林威治女王宫（1616—1618年，1629—1638年），以及具有意大利别墅风格及帕拉迪奥风格的国宴厅（1622年）。他还在科芬园（1630—1631年）中引入欧洲城市规划原理，在那里他规划了广场，周围是统一的建筑及拱廊，一端是圣保罗教堂。圣保罗教堂是英国第一个完全古典式教堂，具有塔司干式门廊。后来他重建了圣保罗教堂，该建筑具有新古典主义的外观，来源于帕拉迪奥及科林斯式门廊。伊尼戈·琼斯的建筑是由柏灵顿爵士在18世纪发起的帕拉迪奥式复兴的设计典范，并在数本书籍中得到了阐述，如威廉·肯特的《伊尼戈·琼斯设计》及艾萨克·韦尔的《伊尼戈·琼斯与他人的设计》（*Designs of Inigo Jones and Others*, 1731年）。

威廉·肯特 英国画家、建筑师、设计师。18世纪早期著名的人物，他创作了意大利风格主义及巴洛克风格的装饰及家具设计、帕拉迪奥式的建筑，及早期的哥特式装饰造型。他在英国园林的发展中也发挥了重要作用。他作为一名画家，在意大利生活了十年（1709—1719年）。1719年返回英国，与柏灵顿勋爵共同完成了深具影响的《伊尼戈·琼斯设计》一书。他效力于柏林顿，并因其影响获得了许多嘉奖，著名的是肯辛顿宫（1721—1727年），他创作了统一的具有意大利风格主义的装饰方案及古老的元素。他还在英国创作了许多大型乡间别墅，起初是室内设计，然后转为建筑与花园设计。其中的一些如霍尔汉姆宫、奇西克府邸、伊舍宫、霍顿庄园、罗夏姆园及克莱尔蒙特府邸。与柏灵顿勋爵及托马斯·考克（Thomas Coke）一同设计的胡克汉姆的大理石半圆形入口大厅拥有英国最宏伟的古典内饰，具有爱奥尼亚柱、方格天花板及大阶梯。1735年威廉·肯特成为皇家艺术机构的石艺负责人及建筑副督察，他设计了最为重要的建筑：财政部大楼（1737年）及英国皇家骑兵卫队阅兵场（1748—1759年）、英国政府大楼。这些作品均受到伊尼戈·琼斯的作品、意大利文艺复兴建筑及巴洛克风格的影响。他的设计作品通过约翰·瓦迪的著作《伊尼戈·琼斯与威廉·肯特的部分作品鉴赏》（*Some Designs of Mr Inigo Jones and Mr William Kent*, 1744年）得到了传播。

约翰·拉·法奇 美国画家、设计师。他是令人尊敬的风景及静物画画家，并是日本版画的收藏家。1870年，他转至装饰艺术。他装饰的亨利·霍伯桑·理查德森设计的三一教堂（1877年），采用了文艺复兴及中世纪风格，并融入了其他的艺术形式，尤其是雕塑。这是第一个由画家主持的项目，并有助于美国文艺复兴风格的开启。其他的作品包括公共建筑中的壁画（例如纽约圣托马斯教堂，1878年；明尼苏达州议会大厦，1905年；巴尔的摩法院，1907年）。他还为私人客户设计了彩色玻璃、雕塑及镶嵌，大部分位于纽约、罗得岛州新港（例如范德比尔特家族）。他因发明的乳白色的彩色玻璃而著名，这种玻璃被广泛地采用，尤其被路易斯·康福特·蒂芙尼选中，而且还为美国新艺术运动做出了重要贡献。他还在彩色玻璃中融入了日本风格及花卉图案。

米纳德·拉费佛 美国建筑师。他最初受过木匠训练，后来在纽约成功地完成了一系列建筑设计，采取了不同的复兴风格。他所设计的几座教堂，包括位于布鲁克林的哥特式复兴风格的救世主教堂（1844年，第一、唯一神教堂）和圣三一教堂（1847年），以及位于萨格港的埃及复兴风格的捕鲸者教堂（1844年）。他因编写建筑者的手册而变得更加著名，尤其是《现代建造者指南》（1833年）及《现代建筑之美》。这些书的基本内容来自于英国的一些文献，尤其是詹姆斯·斯图尔特（James Stuart）与尼古拉斯·瑞威特（Nicholas Revett）编写的《雅典古代文明》（*The Antiquities of Athens*, 1762—1816年），在推进希腊复兴风格中均起到了重要的作用。最后编写的一本书为《建筑指导者》（*The Architectural Instructor*，1856年），集中了后期创作的折中主义风格的作品，包括哥特式及意大利风格的别墅。

巴蒂·兰利　英国建筑师兼作家。他是建筑模式类书籍的著名作家。起初是花匠，成为自然式园林设计的早期倡导者，他在其所编写的图书中，如《园林的新规则》（*New Principles of Gardening*，1728年）中阐述了这些理论。在其他的出版物中，他借鉴了其他设计师的作品。巴蒂·兰利不算是很成功的建筑师，但是他的关于古典建筑的图书通常具有清晰的结构，主要针对建筑者及工匠，有助于推动柏灵顿勋爵的帕拉迪奥式建筑风格的传播。他因《古代建筑修复》（*Ancient Architecture Restored*，1741—1742年；1747年修订为*Gothic Architecture, Improved by Rules and Proportions*）一书中的哥特式设计而著名，书中介绍了建筑及独立形式元素的设计，例如壁炉架、门及窗户。其中还包括了五个"哥特式规则"，希望为哥特式建筑制定比例规则。巴蒂·兰利的哥特设计是最早出版的设计作品之一，并具有广泛的受众，而且为推动哥特式复兴风格在英国及美国传播起到了非常重要的作用。

本杰明·亨利·拉特罗布　英国建筑师，主要建筑活动在美国，是美国最著名的新古典主义代表。他在德国学习建筑学，并在英国工作，1795年移居美国之前开始接触欧洲最新的古典主义时尚（尤其是法国的理性主义者与约翰·索恩爵士的思想理念）。他是第一个在美国工作的受过全面建筑设计培训的建筑师，并因宾夕法尼亚州立银行（1798年，已毁）的设计而著名，该建筑拥有中央穹顶方形大厅及爱奥尼亚式走廊。他还设计了供水厂（前者在费城，后者在新奥尔良）及美国第一个哥特式住宅（赛德格莱住宅，费城，1799年，已毁），该建筑具有宏伟的外观效果。他所设计的最著名的现存建筑包括华盛顿美国国会大厦（1803—1817年，他修改了威廉·桑顿的设计并发明了"玉米秆材型柱头"）、巴尔的摩罗马天主教大教堂（1804—1818年），带有浅穹隆顶和厚重的罗马古典风格细部。他与托马斯·杰斐逊交往甚密，并就后者设计的美国弗吉尼亚大学提出了自己的建议。建于拉特罗布的其他许多建筑都被损毁，但是他的影响通过学生罗伯特·米尔斯（Robert Mills）和威廉·斯特里克兰得以延续。

勒·柯布西耶（原名Charles-Edouard Jeanneret）　法国建筑师、画家、设计师，出生于瑞士。自1920年直至去世始终是现代建筑运动的主要人物。在学习金属雕刻后，曾去巴黎与奥古斯特·贝瑞（Auguste Perret）一起工作（1908—1909年），而后到柏林与彼得·贝伦斯合作（1910年），然后游历欧洲。1917年，他移居巴黎成为先锋艺术家并从事绘画创作，同时开始编辑艺术杂志《新精神》（*L'Esprit Nouveau*）。在一些文章中，如后来出版的《走向新建筑》（1923年），他阐述了这个时期建筑的理论基础：抛开历史先例、遵守合理的设计原则、工业化原则，以及"新建筑的五点"——底层架空、屋顶花园、阳台、自由平面、自由立面及横向带形窗。这些原则可表示为一系列曲线的白色别墅，并成为现代运动的图式语言（如加尔舍的斯坦因住宅，1928年；普瓦西的萨伏伊住宅，1930年）。到20世纪20年代末，勒·柯布西耶已经站在国际现代主义建筑的最前沿，并参与了斯图加特市魏森霍夫区住宅博览会（1927年），设计过大量的住宅，参加过重要的国际竞赛，并提出了高度机械化的城市规划方案，于1933年组织发起了国际现代建筑会议（CIAM），并成为之后历届会议的主导性人物。1945年，勒·柯布西耶通过建筑模板纹理的混凝土外观效果，开创了新的建筑美学领域，并成就了英国粗犷主义风格。在马赛的建筑设计中（1945—1952年），勒·柯布西耶使用了这种材料做法。马赛公寓是一幢跃层式居住单元的公寓楼，并设有商业街、公共服务设施及屋顶花园，建筑的外观比例遵循他所制订的模度系统（1950年）。他开始采用独特的手法进行设计，与其早期的乌托邦式的探索形成了对比，并形成了一种通用的建筑原型。他建造了一些充满诗意的建筑，尤其是雕塑般的法国北部日孚山区的朗香教堂（1950—1955年），带有砖混结构拱的位于塞纳河畔讷伊的尧奥住宅（1951—1955年），位于艾布舒尔阿布雷伦的拥有单元式空间的与世隔绝的拉图雷特圣玛丽亚修道院（1955—1959年），以及马萨诸塞州坎布里奇的卡彭特视觉艺术中心（1963年），这幢集合了他一生的建筑思考。在旁遮普的新首府昌迪加尔，在主要的政府大楼（1951—1962年）和艾哈迈达巴德的住宅（1954—1956年）中，他以钢筋混凝土为主要材料创作了生动的雕塑式建筑，并使用遮阳板作为建筑的造型特征。勒·柯布西耶不知疲倦地弘扬他的设计理念，从1930年开始便不断展出和出版自己的作品。他到处进行演讲，并在公司中大量地雇佣学生，这些学生为在全球传播他的设计思想起到了积极作用。

阿道夫·路斯　奥地利建筑师，被称为欧洲现代运动最为重要的先驱之一。他创作了理性的反装饰的建筑思想，并在十年之后在欧洲被广泛采用。在对美国进行了为期三年的访问后，他成为维也纳世纪之交奢华风格严厉的批评家。他倡导简单实用的方法，拒绝采用多余的装饰。他早期在维也纳设计的建筑，包括一些优雅的室内设计（如察夫博物馆，1899年；美国酒吧，1908年），使用了大理石及木料等替代了装饰物。他的作品有朴素的高曼&撒赖奇大厦（Goldman & Salatsch Building，1910年，也称为Looshaus），及维也纳的一些私人建筑，如斯坦因住宅（1910年）、霍纳住宅（1912年）和肖伊住宅（1913年）。在这些建筑中，他采用了钢筋混凝土、平屋顶、立方体、白色风格及自由开放的布局形式。阿道夫·路斯也因其著作而变得非常具有影响力，例如著名的文章《装饰与罪恶》（*Ornament and Crime*）曾被广泛传播。他还因入围"芝加哥论坛报"大厦建筑设计竞赛（1922年）而著名，其作品为一幢巨大的多立克柱式的摩天楼。在20世纪20年代早期，阿道夫·路斯成为维也纳房屋署的总建筑师。他还修建了其他深具影响的建筑，如布拉格的米勒住宅（1930年），是最早采用错层式空间设计的建筑之一。

伯特霍尔德·莱伯金　英国建筑师，出生于俄罗斯。他在英国设计了最为著名的早期现代风格的建筑。曾在莫斯科、柏林及巴黎学习和工作，开始接触欧洲先锋派现代运动及其社会理想。1931年搬至伦敦并成立了Tecton合作公司（1932—1938年），设计了著名的海波因特公寓楼（1936年，1938年）、芬斯伯里医疗中心（1938年）及伦敦动物园的建筑，包括雕塑外观的企鹅池（1934年）。这些采用了复杂的混凝土结构的建筑使其获得了国际声望。

埃德温·勒琴斯爵士　英国建筑师。因设计了许多精致的传统风格的住宅而著称。早期的作品受到工艺美术运动的影响，设计了非常优秀的作品（如松宁教区花园中的建筑，1899—1902年），都是些带有山墙及烟囱的浪漫主义的构图特征，许多花园由特鲁德·杰基尔（Gertrude Jekyll）设计，埃德温·勒琴斯还为特鲁德·杰基尔设计了戈德尔明的曼斯特德伍德花园中的建筑（1896年）。后期的住宅建筑呈现折中主义的风格（如位于伊尔克利的仿古典风格的希思科特住宅，1906年；德文郡城堡式的德罗戈城堡，1910—1930年）。最著名的公共建筑是印度新首都新德里学院派艺术风格的建筑，他在那里设计了总督府（1912—1930年）。他还因一些造型具有感染力的战争纪念碑而出名，尤其是位于英国政府前的纪念碑（1920年）、蒂耶普瓦勒的纪念碑（1927—1932年），以及新乔治亚风格的华盛顿英国大使馆（1928年）。

McKim, Mead & White 由查尔斯·F.麦基姆、威廉·米德（William Mead，1846—1928年）及斯坦福·怀特于1879年成立的建筑师事务所。该事务所是当时最多产和最具影响力的公司，修建了许多宏伟的古典建筑，在美国成为世界强国的同时奠定了“美国文艺复兴”的理念。该事务所因在罗得岛州新港修建的一些住宅建筑而著名，尤其是采用的安妮女王及木瓦风格的建筑（如小艾萨克·贝尔住宅，1881—1882年），带有孤立的乔治殖民风格细部。在19世纪80年代中期，McKim, Mead & White的作品带有明显的历史主义倾向，采用了法国及意大利文艺复兴的风格（例如意大利文艺复兴风格的维拉德别墅，纽约，1886年），以及哥特式复兴风格。其成熟的风格（始于19世纪80年代末）以纪念性的古典特征为主，并成为最符合美国精神的风格，这些建筑被视为16世纪文艺复兴时代的产物。他们借鉴了各种古典的与文艺复兴的原型，例如意大利宫殿风格的波士顿公共图书馆（1887—1895年），以及罗得岛州的首府普罗维登斯市新古典主义风格的罗得岛州议会大厦（1891—1903年）。他们设计的纽约哥伦比亚大学的建筑，则受到了托马斯·杰斐逊设计的弗吉尼亚大学的影响。这些建筑的内饰设计也聘请了大批的艺术家。McKim, Mead & White设计的古典主义风格的建筑，在1893年芝加哥的美国世界博览会上取得了巨大的成功，但遭到理性的芝加哥学派的强烈反对。McKim, Mead & White还是重要的建筑师培训基地，同时，《*McKim, Mead & White*论文集》（*A Monograph of the Work of McKim, Mead & White*，1915年）对美国的建筑教育所产生的影响长达二十五年之久。

查尔斯·伦尼·麦金托什 苏格兰建筑师、设计师。英国新艺术运动最重要的人物，提出了几何学风格化的方法，这一方法在欧洲分离派的艺术家中深具影响。最著名的设计项目包括格拉斯哥艺术学院（1896—1909年），在图书馆的正面上使用了通长玻璃窗，室内采取了显著的建筑化处理手法；格拉斯哥的四个茶室精美的室内设计（如威洛茶室，1903年）；以及海伦斯堡的希尔住宅（1904年）。在希尔住宅的内饰中风格化的新艺术运动风格，反映在墙面雕带、地毯、彩色玻璃、金属制品及统一风格的家具中。造型设计中的直线形式与精致的花纹图案形成对比，白色的墙面与木板条形成对比。建筑朴素的外表反映出受到苏格兰建筑及C. F. A.沃塞作品的影响。查尔斯·伦尼·麦金托什与玛格丽特·麦克唐纳（1900年两人结婚）和她的妹妹及未来的妹夫一道，在伦敦的工艺美术学会中展出了图案设计及油画作品（1896年）。由此在《工作室》中发表了专业文章，并受邀参加维也纳分离派艺术展览（1900年）及赴都灵参加设计作品展（1902年），在欧洲有了一定知名度。1916年之后，他在伦敦设计了一些精美的纺织品。

丹尼尔·马洛特 法国建筑师、设计师，活跃于荷兰。在向英国及荷兰传播路易十四的巴洛克风格中深具影响力。最初他在巴黎是一名雕刻师。1685年在撤销南特敕令后，他逃往芬兰。由于他深谙法国时尚而成功地成为一名设计师，并开创了以一种特殊的方式确保建筑室内外的一致。最重要的设计是皇家夏宫洛宫花园（始于1690年）、海牙国会大厦（1698年）。他还参加了汉普顿宫的设计工作，在威廉和玛丽手下工作，并将他的设计理念带到了英国。1703年左右开始出版他新创作的路易十四风格的雕刻造型，用于建筑、内饰、家具、金属制品、雕塑及花园设计等方面，这些创作成就了丹尼尔·马洛特在海牙设计的数个建筑作品，从城市住宅到豪斯登堡宫。

休·麦 英国建筑师。在流放荷兰与法国后，于英国复辟时又回到伦敦，并获得了不同官职的任命。他因引入简约的古典风格及帕拉迪奥式图案而著名，例如中央三角楣饰插画及壁柱。这种风格现存的作品为埃尔特姆小屋（1664年）。他所设计的温莎城堡（1675—1684年，大部分已毁），与格林宁·吉林斯、画家安东尼奥·贝利奥（Antonio Verrio）合作，其巴洛克式大厅非常具有影响力，在设计中中世纪风格的外观能够与原始设计相协调。这些建筑激发了18世纪20年代约翰·凡布鲁（John Vanbrugh）的城堡设计风格，包括后来如画风格运动的那些建筑师。

路德维希·密斯·凡·德·罗 德裔美国建筑师，欧洲现代运动大师之一（其他两名为勒·柯布西耶与沃尔特·格罗庇乌斯）。其复杂的玻璃幕墙结构在20世纪的建筑界具有深远的影响。他学习了建筑工艺，因为在彼得·贝伦斯事务所的工作经历，使其对古典主义深感兴趣。他于20世纪20年代开始探索新型建筑材料的潜能，绘制了一批具有想象力的著名的玻璃摩天楼及混凝土办公室建筑草图。他发起并组织了斯图加特市魏森霍夫区住宅博览会（1927年），展示了一批理性的、现代主义风格的住宅与公寓，此建筑活动被视为创建了国际式风格。路德维希·密斯·凡·德·罗还展出了他所创作的悬臂式钢椅。巴塞罗那博览会的德国馆（1929年），被认为是20世纪最具影响力的建筑之一，这成了其设计手法的宣言，采用了开放式平面，悬浮在地板与屋顶之间的玻璃、大理石板墙以及细部精美的钢柱。他还设计了展厅中家具（例如S形悬臂椅及其著名的X-架构的巴塞罗那椅），另外还短期出任了包豪斯学校的校长（1930—1932年）。1938年移居芝加哥并开始在伊利诺理工大学授课，对几代学生产生了深远影响。在伊利诺理工大学任职期间，他还设计了新的校园及校园建筑。这些校园建筑以及其著名的钢与玻璃作品，位于伊利诺伊州普莱诺市的范斯沃斯住宅，持续发展了他的极简风格。后来，在1950年之后的一些高层建筑（如芝加哥湖滨公寓、纽约西格拉姆大厦）中，凝练成为国际式的经典语汇。他的作品采用了严谨而自由的开敞式平面及常用的建造方法，被无数建筑师仿效，最著名的或许是SOM建筑设计事务所（Skidmore, Owings & Merrill）。在一些技能不太熟练的设计师手中，这种方法时常会被曲解和错误地使用，进而受到后现代主义的强烈批判。

罗伯特·米尔斯 美国建筑师。新古典主义的重要代表，他自认为是美国第一个土生土长且受到本土教育的建筑师。受到托马斯·杰斐逊及本杰明·亨利·拉特罗布的影响，与他们在1803—1808年间曾经共同工作过。他按照罗马万神庙的造型，设计了一些粗犷的圆形或八角形的新古典主义风格的教堂，这些教堂具有浅穹隆及三角楣饰的列柱门廊（如弗吉尼亚州里士满的纪念教堂，1817年）。他因设计了巴尔的摩的华盛顿纪念碑（1813—1842年）而著名，是美国第一个纪念柱式纪念碑。1820—1829年在南卡罗来纳州他发展了砖石结构的防火屋面结构做法，如帕拉迪奥风格的哥伦比亚精神疗养院（1827年）、查尔斯顿的地区档案馆（1827年，现在为南卡罗来纳州历史协会大楼）。1830年，罗伯特·米尔斯搬迁至华盛顿，在那里最著名的作品是具有防火功能的联邦金库，是美国最豪华的希腊复兴式办公建筑，带有一个长的爱奥尼亚式柱廊和模块化的拱形结构，展现了法国的理性主义风格。他还设计了位于华盛顿的华盛顿纪念碑（1833—1884年），尽管他的方案未得以完全实施，但是这个方尖碑仍为世界上最高的砌体结构，而且是美国最著名的纪念碑。

威廉·莫里斯 英国设计师、作家。他在制订工艺美术运动的理念方面发挥着重要的作用。受约翰·拉斯金的影响，认为艺术的作用在于创建更好的世界。他用了不长的时间跟随哥特复兴建筑师G. E. 斯特里特学习建筑，之后他又遇到了菲利普·韦伯。后来又转向绘画与造型设计。1859年，他接受委托为菲利普·韦伯设计位于肯特郡黑斯市的红屋，一个简单独特且具有乡土建筑风格的砖砌建筑，被视为工艺美术运动的第一栋建筑。威廉·莫里斯与其朋友为这栋住宅进行了装饰，并于1861年成立了设计合作公司，生产彩色玻璃、家具、瓷砖及墙纸。威廉·莫里斯是技能娴熟的墙纸、纺织品及地毯设计师，能够根据自然形状创作绝妙的作品。公司的产品在激发艺术家及建筑师在装饰艺术及室内设计方面深具影响。1877年，与当代修复技术相反，威廉·莫里斯成立了古建筑保护协会，这是英国环境保护运动的起点。19世纪80年代，他开始举办演讲并出版著作，如《艺术的希望与恐惧》（*Hopes and Fears for Art*，1882年）。他的影响非常深远，这在19世纪80年代成立的一些艺术团体（如由C.R.阿什比成立的组织）中可看出。威廉·莫里斯最后的贡献是成立了凯姆斯各特出版社（Kelmscott Press，1891年），他为出版社设计字形与书籍装帧。

约翰·纳什 英国建筑师。英国如画风格及摄政风格最重要的建筑师，影响了英国国内设计并帮助改变了伦敦的面貌。早期作品包括伦敦住宅粉刷，使用了类似古罗马时期的一种涂料，后来在伦敦非常流行（1777—1782年）。1790—1800年他是一名成功的乡间别墅建筑师，起初与亨弗利·雷普顿合作（1796—1800年），创作了不对称的住宅来弥补如画风格景观的不足。他修建了意大利风格的别墅（如什罗浦郡的克朗克希尔住宅，1802年）豪宅（如德文郡的卢斯卡博府邸，1800年）。在小型的住宅建筑中他使用乡村的农舍型住宅及茅屋风格，如位于亨伯里的布莱斯·哈姆雷特村庄中的住宅（1811年），成为未来商品住宅的范式。1806年，约翰·纳什获得了政府小吏的职位，却成就了他在伦敦的经典之作。他进一步完善了摄政公园，设计了一系列新古典主义风格的弧形住宅及联排住宅，具有宫殿般的粉刷外墙，以及在公园村修建的别墅与村舍（始于1825年），构成了花园型郊区的原型。他还规划了摄政大街（始于1812年），这是从摄政公园到摄政王（后来的乔治四世）住宅区的宏伟的庆典路线，改变了伦敦西区尽端的城市风貌。他设计了兰厄姆普莱斯的万灵教堂（All Souls，1825年），并设计了卡尔顿住宅住区（1826年）、圣詹姆斯公园及特拉法尔加广场。约翰·纳什为摄政王在布赖顿设计了葱形圆屋顶的皇家行宫（1815—1822年），并具有中国风格的装饰。在将白金汉宫转变为皇家宫殿时未能取得成功，他设计了一座凯旋门作为大门（大理石拱门，1851年搬迁至海德公园）。在乔治四世死后（1830年），约翰·纳什被解雇了，白金汉宫也转由其他设计师完成。

理查德·纽佐尔 奥地利裔美国建筑师。美国欧洲现代主义运动的代表，他因具有将机器美学与加利福尼亚州风景相融合的能力而著称。正如他的同胞鲁道夫·辛德勒一样，他深受弗兰克·劳埃德·赖特以及阿道夫·路斯的影响。他于1923年搬至美国，在芝加哥工作。1924年在加入洛杉矶辛德勒公司之前，曾经与弗兰克·劳埃德·赖特共处了数月。他因设计洛杉矶罗维尔别墅（健康之家）而成名，设计中将直线形钢构架、玻璃及混凝土结构戏剧化地结合在一起，并带有层叠的阶梯式眺望台。他还设计了学校、公寓及住宅，最为成功的是坐落在银湖的错层空间形式的自宅（1933年，1964年）、洛杉矶约瑟夫·范·斯腾伯格住宅（1936年）以及棕榈泉的考夫曼住宅（1946年），构图优美的窗、墙及平屋顶，令人回想起路德维希·密斯·凡·德·罗的作品。在后来创作的建筑中，他开始使用斜坡屋顶、木材、砖及毛石。在20世纪50年代，理查德·纽佐尔与其他人一起从事了几个大型项目的设计。

彼得·尼科尔森 苏格兰建筑师。起初是一名木匠，后来成为格拉斯哥一名成功的建筑师，设计了几栋住宅，并完成了阿德罗森小镇的规划。1810年，他在伦敦开了一家公司。他因许多关于数学、透视及建筑方面的出版物而著名。最先出版的是《新版木工指南》（*The New Carpenter's Guide*，1792年）、《建筑原理》（*Principles of Architecture*，1795—1798年）。这些作品及后来的书籍都很有影响力，成为建筑及家具设计的详细设计资料，如《新实践建造者和工人指南》（1823年）、《木匠、工匠及建筑者指南》（*Carpenter, Joiner & Builder's Companion*，1846年）、《实用木匠、家具商及装饰》（*Practical Cabinet-Maker, Upholsterer and Complete Decorator*，1826—1827年）。

安德烈·帕拉迪奥 意大利建筑师。文艺复兴盛期伟大的建筑师，他的建筑产生了深远且广泛的影响。他在维琴察之初是一名泥瓦匠，并接触到有影响力并深具古代知识的赞助人，这些人鼓励他学习古典建筑的知识。因此，他首次尝试建造了文艺复兴时期建筑形式的别墅，并将古罗马建筑的元素与当地的建筑特征相结合。在一系列乡土建筑风格设计中，安德烈·帕拉迪奥逐渐完善了他的建筑理念，其中久负盛名的经典形式便是将功能性建筑布置在基地中部的平面格局。安德烈·帕拉迪奥大部分成熟的别墅造型具有神庙式三角楣饰的前立面（有的是附建式、有的是凸出形、有的具有凹进的特点、有的是双层体量，还有的采用巨柱式风格），并且将立面处理成三部分的构图形式。多数通过具有包围感的侧翼、开放式拱廊、柱廊或室外梯段与周围环境相融合。著名的作品包括马塞尔的巴巴罗别墅（1558年）、特雷维索附近的埃莫别墅（约始建于1559年），以及具有巨大影响力的圆厅别墅（开始于1565年），具有四个与环境景观相结合的大型圆柱门廊。在维琴察城市中的府邸，安德烈·帕拉迪奥采用了更为正式的文艺复兴式解决方案来进行门头设计，门面经常采用巨柱式（例如曼吉利瓦马拉那宫，1565—1571年），他还尝试了开放式敞廊（基耶里凯蒂宫，约1580年）。同时，他因重建了维琴察中世纪的市政厅周边的敞廊而取得了社会声誉（巴西利卡，始于1548年）。他还设计了威尼斯的一些重要教堂，完善了连续形三角楣饰的造型语汇（如圣乔治·马焦雷教堂，始于1566年；威尼斯救主堂，始于1576年）。安德烈·帕拉迪奥在意大利设计的作品中所表现出的典雅且清晰的构图形式，被认为是贵族府邸及别墅造型的典范，找到了豪华与高贵之间的结合点。这种特点刺激了18世纪帕拉迪奥复兴风格的成功，尤其是在英国、爱尔兰及美国。他的理论及作品因他的著作《建筑四书》（1570年出版，由詹姆斯·莱昂尼在1715年首次翻译为英文），以及其追随者文森佐·斯卡莫齐（Vincenzo Scamozzi）编写的《通用建筑理念》（*Idea dell' architettura universale*，1615年）而变得极具影响力。

J. B. 帕普沃思 英国建筑师兼设计师。一位多产的、成功的设计师，并通过出版物传播如画风格设计理念使其具有深刻的影响。作为一名建筑师，他的设计具有多种风格，并主要从事乡村住宅、郊区别墅及花园建筑（例如在克莱尔蒙特的建筑）设计。他还参与了郊区宫殿的设计（例如切尔滕纳姆兰斯登宫），因铸铁件设计的先锋人物而出名。他还为鲁道夫·阿克曼编著的《艺术仓库》贡献了乡村住宅和装饰图案相关内容，再版时改为两本脍炙人口的图书《乡村住宅》（*Rural Residences*，1818年）和《观赏园艺示意》（*Hints on Ornamental Gardening*，1832年）。他还设计家具、银器及彩色玻璃。

Parker & Unwin 由巴里·帕克（Barry Parker，1867—1947年）及雷蒙德·尤恩（Raymond Unwin，1863—1940年）成立的建筑师事务所，活跃于1896—1914年。他们是现代城市规划原理的先驱，并因设计的莱奇沃斯花园城（1904年）及伦敦汉普斯特德花园郊区（1905年）而著名。他们的早期作品受到了工艺美术运动的影响。1901年，雷蒙德·尤恩加入了花园城市协会，并受委托修建位于约克郡附近的新爱尔斯维可的朗特里公司的模范邨。他在住宅设计方面的理论出版在《别墅设计与常识》（*Cottage Plans and Common Sense*，1902年）中。1903年受花园城市运动发起人埃比尼泽·霍华德邀请，并希望他能够在第一个花园城市的选址问题中给予帮助，后来雷蒙德·尤恩被委托设计莱奇沃思花园城。城市周遭围绕着农田，带有林荫道路及别墅。城市被划分为不同用途的区域，其中包括一个工业区，其设计对《都市计划法》（*Town Planning in Practice*，1909年）的制定具有深刻意义。汉普斯特德城郊花园住区有很多住宅类型，许多是由Parker & Unwin建筑师事务所设计的，如雷诺兹·克洛斯住宅（1910—1911年）。尤恩的著作《城镇规划实践》（*Town Planning in Practice*，1909年）成为城市规划制定标准读本，他的观点非常具有影响力，尤其是在德国。他还在住宅建设及城乡规划方面为政府效力。巴里·帕克持续在城市规划方面进行实践，完善了曼彻斯特怀森萧区的城市建设，设计了适用于汽车通行的景观道路。

A. W. N.普金 英国建筑师、设计师。英国哥特复兴运动中最具影响力的支持者，由于他的推动使19世纪的基督教教堂普遍采取了哥特复兴风格。他的父亲A. C.普金也是一位建筑师，因编写了对哥特式风格传播具有贡献的著作而出名，如《哥特式建筑样本》（*Specimens of Gothic Architecture*，1821—1823年）、《普金设计的哥特式家具》（*Pugin's Gothic Furniture*，1827年）。A.W.N.普金继续致力于这些书籍的编撰，并于1827年被任命为哥特式风格的温莎城堡建筑设计师。1832年，开始在欧洲及英国学习中世纪建筑。他致力于创建真实而优美的哥特式风格建筑，并将哥特式风格转化为符合天主教教义的处理方式，得到了当时社会的肯定。同时，在其著作《对比》（*Contrasts*，1836年）中，对精美的中世纪建筑与19世纪低劣的类似建筑进行了比较，表现出较强的思辨性观点并因此获得了一定的社会声誉。1837年，A.W.N.普金开始独立进行设计工作，建造了几座早期英国式、装饰和垂直式风格的天主教堂（如伦敦的圣乔治主座教堂，1848年；拉姆斯盖特的圣奥古斯丁教堂，1845—1851年；奇德尔的圣吉尔斯教堂，1846年）。虽然因在教堂修建时出现了资金短缺的困境，但是最终建成的教堂与早期哥特式教堂相比仍实现了应有的价值意义。同时，他还提出了教堂正中祭台上方的祭台屏的设计要点。他还设计了哥特式家具及装饰艺术，包括金属制品、彩色玻璃、墙纸、地毯及瓷砖。使A.W.N.普金声名鹊起的作品是新英国国会大厦的室内和配饰设计（1844—1851年），表现出强烈的哥特式风格特质，建筑设计由查尔斯·巴里（Charles Barry）完成。A.W.N.普金的思想也因他撰写的书籍而得到了广泛传播，包括《15世纪风格的哥特式家具》（*Gothic Furniture in the Style of the 15th Century*，1835年）、《教会装饰及服饰总汇》（*The Glossary of Ecclesiastical Ornament and Costume*，1844年，在重新引入教堂仪式方面起到了帮助作用）、《哥特式建筑及基督教建筑的原理》（*True Principles of Pointed or Christian Architecture*，1841年，表现出对哥特式建筑结构的理解，以及原型功能主义的设计方法）

亨弗利·雷普顿 英国园林设计师。“自然”风格景观设计的重要代表，认为设计的目的旨在强化现有场地的自然风貌。他推进和发展了“万能布朗”（Capability Brown）影响下的前一代人的设计方法，在住宅旁边添加了花园（逐渐形成正规化的方式），形成了如画风格的景观以及“实用与方便”的效果。1796—1800年，他与约翰·纳什合作，创作完成了早期的一批非对称式建筑设计方案，目的在于弥补基地与景观条件对如画风格塑造的不足（如德文郡的卢斯卡博城堡，1800年）。亨弗利·雷普顿后来与其建筑师儿子约翰·阿迪·雷普顿（John Adey Repton）合作，创作了一些重要的哥特复兴式的建筑设计（如伊丽莎白女王的哥特式宫殿），还设计了郊区自用别墅。已经建造完成的后期设计作品，多数分布在沃本（1804年）、阿帕克（1810年）、谢林汉姆（1812年）和恩德斯莱（1814年）等城市中。亨弗利·雷普顿因“红皮书”而著名，他在书中介绍了设计用地并对设计方案进行了图解，并采用一层层叠加的表现手法来显示设计前后的场地情况。他深具影响的思想理念及设计作品收录在一些图书中，例如《造园琐谈》（*Sketches and Hints on Landscape Gardening*，1795年）、《造园理论与实践》（*Observations on the Theory and Practice of Landscape Gardening*，1803年）及《造园风格演变》（*An Enquiry into the Changes of Taste in Landscape Gardening*，1806年）。

亨利·霍伯桑·理查德森 美国建筑师。当时最具独创性的建筑师之一，因创作了极具影响的“理查德森罗马式风格”而著名，这是美国独有的不同于欧洲风格的建筑风格。这种风格第一次出现他所设计的位于波士顿布拉特尔广场的教堂中（1873年），而后在位于波士顿的三一教堂设计中得以完善（1873—1877年），设计时使用了厚重的粗糙质感的石材、带有敦实的金字塔式比例构图及圆拱造型。这座建筑使亨利·霍伯桑·理查德森声名鹊起，并成为争相模仿的对象。他继续深化这种风格并使之与许多其他建筑类型相适应，除了入口处典型的叙利亚风格的拱门外，逐渐地消除了历史主义的细部形式。著名的作品包括图书馆（如昆西的克兰图书馆，1883年）、几座火车站及阿利根尼的法院大楼和匹兹堡监狱（1888年）。更为著名的是，这种风格能够适应纪念碑式的商业建筑，如芝加哥菲尔德百货批发商店（1887年，已毁），建筑内部使用了铁构架，以及带有大型拱券的朴素的毛石墙体立面。该建筑对芝加哥学派具有深刻的影响，并认为是理性的现代主义建筑发展过程中最为重要的一步。亨利·霍伯桑·理查德森还因他的木瓦风格的住宅设计而出名，他在这种建筑中使用木板来覆盖整个外表，围绕大型起居空间布置各类房间（例如马萨诸塞州坎布里奇的斯托顿住宅，1883年）。

约翰·拉斯金 英国画家兼作家。19世纪最重要的艺术评论家之一，对哥特式复兴及后来的工艺美术运动均产生了影响。他是位多产的作家，著作涵盖内容广泛，尤其是绘画方面，他尝试从他的建筑文章中导出设计原则，并促进优秀的哥特风格建筑的建造。早期的重要著作为《建筑的七盏明灯》（*The Seven Lamps of Architecture*，1849年），确定了牺牲原则（为实现最恢宏且最美好的建筑）、真理原则（材料与构建）、权力原则（构图）、美的原则（师法自然）、生命原则（启发手工制作）、记忆原则（长寿命建筑）及顺从原则（遵从一系列公认的罗马式或哥特式风格）等七个建筑原则。另一部著作《威尼斯石材》，详细地研究了威尼斯的建筑，在普及威尼斯哥特式建筑细部做法和花饰砖砌方式上具有深远的影响。该书还包括大量关于手工艺的价值方面的章节，有助于更好地构建后期由威廉·莫里斯提出的艺术理论及工艺美术运动。

鲁道夫·辛德勒 奥地利裔美国建筑师。美国现代主义的先驱之一，深受阿道夫·路斯的影响。1914年搬迁至芝加哥，并在1916年加入弗兰克·劳埃德·赖特的设计公司。1921年，他在洛杉矶开设了自己的设计公司，并开始设计革命性的住宅，这些住宅是具有国际风格的最早一批美国住宅。其中最著名的是好莱坞的辛德勒住宅（1922年），该建筑创新使用了滑模混凝土墙体施工工艺，及一系列连接住宅起居空间的室外阳台；新港比奇的罗维尔海滩住宅（1925—1926年），该建筑有着引人注目的由混凝土框架及墙板结构形式，室内空间复杂。他与同乡理查德·纽佐尔有过短暂的合作，之后便一直探索自己的住宅设计风格，并设计了许多优秀的山顶住宅（如好莱坞的菲茨帕特里克住宅，1936年）。他的作品因复杂的结构表现形式而著称，常常使用木板作为外观饰面材料。

理查德·诺曼·肖 英国建筑师。19世纪后期最著名的建筑师之一，创作了各种风格的建筑，其中最著名的当属安妮女王复兴风格，这种风格有助于打破维多利亚时代历史主义的主导地位。他与G. E.斯特里特合作（1859—1862年），并逐渐成为中世纪建筑研究者，设计了一批恪守哥特复古式风格的小教堂。在国内的作品中，他与他的好友W. E.纳斯菲尔德（W. E. Nesfield）开创了如画风格下的旧英国风格（如诺森布里亚的克拉格塞德宫殿，1869—1885年，他为其设计了家具与内饰）。在伦敦的建筑中，他采用了安妮女王复兴风格，使用红砖、白色石材细部及荷兰式山墙（如肯辛顿的劳瑟旅社，1875年，现在为皇家地理学会会馆）。在伦敦第一个花园式城郊住区贝德福德公园，理查德·诺曼·肖设计了安妮女王风格及旧式英国风格的住宅（1877—1880年），而在伦敦的新苏格兰场（1890年）和利物浦白星航运公司办公室（1898年）则采用了苏格兰城堡风格。后期的作品更具古典风格（如巴洛克复兴风格的皮卡迪利酒店，1905—1908年）。理查德·诺曼·肖使用了铁构架来实现独立的平面或悬臂式正面效果，而在他最后的伦敦波特兰府邸建筑中，则使用了钢筋混凝土。他的每个风格都有许多的跟随者，并深刻地影响了工艺美术运动。

约翰·索恩爵士 英国建筑师，被称为英国最具创意的建筑师。他发展了个性化且抽象的新古典主义，减少了几何形状。他是泥瓦匠的后代，与乔治·丹斯（George Dance）有过交往，并在1772—1777年与亨利·霍兰德合作，后来到意大利旅行学习皇家艺术。在他的早期生涯中，设计了许多小型的经典住宅建筑，但是很快引入了具有带伞形圆顶的创新形内饰（例如剑桥郡温波大厦，1791年）。他的最著名的作品包括英格兰银行（1788—1823年，已毁），该建筑包括巨大的十字形证券大厅，使用了普通的筒形拱与十字拱顶，以及浅穹顶中部采光窗和弧形窗。类似的设计理念也反映在约翰·索恩设计的最优秀的乡间建筑上，如白金汉郡蒂林厄姆府邸（1793—1797年，已改建），及位于伊灵匹兹汉格的自宅（1800—1804年）。他位于林肯因河广场13号的住宅（1821—1824年）与托马斯·霍普住宅设计相似，设计成一个住宅博物馆，展示了他所收藏的铸铁构件、装饰片段、瓮形雕饰品、雕塑、油画及书籍等。住宅在各房间彼此相通，具有对比的灯光效果。在其著名的伦敦达利奇学院美术馆的设计中（1811—1814年），约翰·索恩采取了原始主义风格的朴实的砖砌形式，包括退后的墙面、简单的拱券及细小的抽象装饰。他的风格遭到19世纪晚期学院派建筑师的批判，但是在20世纪又被重新认可。

G. E.斯特里特 英国建筑师。折中主义时期杰出的哥特复兴主义者，也是A. W. N.普金的追随者。1844—1849年间，他为乔治·斯科特一世（George Gilbert Scott Ⅰ）效力，后来创建了自己的设计室并开始进行教堂设计工作 。1850年，他成为牛津主教管区的建筑师（后来在约克、温彻斯特及里彭均担任此职），并在《教会学家》（*The Ecclesiologist*，1850—1853年）一书中丰富了关于教堂设计发展的理论。G. E.斯特里特经常旅行并出版了关于北意大利建筑的《中世纪的砖与大理石》（*Brick and Marble in the Middle Ages*，1855年）及《西班牙哥特式建筑故事》（*Some Account of Gothic Architecture in Spain*，1865年）。前者有助于多色砌筑工艺的普及，G. E.斯特里特曾在他所设计的一个重要建筑，伦敦威斯敏斯特的小圣詹姆斯教堂中（1859—1861年）使用了这种砌筑工艺。他还设计了教堂装饰、彩色玻璃、金属制品、木制品及瓷砖地面等。他作为修道院外的教士，设计了一些风格各异的住宅（如位于霍姆伯里的旧式英国霍姆代尔风格的圣玛利亚住宅，1876年）。他因采用13世纪哥特式风格设计的伦敦皇家司法院而著名，建筑构图凸显了新的如画风格。他对年轻的建筑师具有很深的影响，许多建筑师曾在其公司工作过，如菲利普·韦伯、 理查德·诺曼·肖及威廉·莫里斯。

威廉·斯特里克兰 美国建筑师。本杰明·亨利·拉特罗布的学生，美国公共建筑中深具影响的希腊复兴风格的代表。他因费城的美国第二银行的设计（1818—1824年）首次获得了声誉，该建筑带有两个希腊帕提农神庙形制的多立克式门廊，属于美国当时最纯粹的希腊复兴式建筑，非常具有影响力。1825年，威廉·斯特里克兰到英国学习英国交通运输系统，期间出版了《有关运河、铁路、公路及其他运输方式的报告》（*Reports on Canals, Railways, Roads, and Other Subjects*, 1826年），对将英国最新的技术引入美国起到积极作用。英国新古典主义的影响可从他后来在费城设计的建筑中体现出来，其中包括带有铸铁阳台柱的海军收容所（1826—1833年）；费城商品交易所（1832—1834年，该建筑有半圆形列柱门廊，顶部装饰有高杆灯）；那什维尔的田纳西州议会大厦（1844—1859年，建造在抬高的基地上，各个立面侧均具有爱奥尼亚式门廊，屋顶装饰高杆灯）。他还设计了埃及复兴风格的那什维尔第一长老会教堂（1851年）。

路易斯·亨利·沙利文 美国建筑师、设计师。19世纪90年代芝加哥学派的领袖，始终站在新理性主义建筑研究的最前线。1879—1895年，他还在芝加哥与结构工程师丹科玛·阿德勒（Dankmar Adler）合作。他们第一个重要的作品是芝加哥会堂（1889年），深受理查德森罗马式风格的影响。在他们第一个钢框架结构圣路易斯温莱特大厦中（1890—1891年），路易斯·亨利·沙利文根据古典柱式引入了著名的建筑立面设计理论：在公共区域的“柱础”及设备层的“檐部”之间，是由相同形式的办公层组成的垂直“柱身”，并带有拱肩、雕带及檐口等装饰。这种方法在布法罗州保险大楼中得到了提升（1894—1895年）。在路易斯·亨利·沙利文最后的商业建筑芝加哥皮里&斯科特（Pirie & Scott）百货大楼设计中（1899—1901年），使用结构网格控制立面造型，同时将装饰降至最少。路易斯·亨利·沙利文还出版了几部颇具文采的建筑设计理论方面的著作，如《幼儿园闲谈》（*Kindergarten Chats*，1902—1903年），及后来的《建筑装饰系统》（*System of Architectural Ornament*，1924年）。他在年轻建筑师中深具影响力

（包括弗兰克·劳埃德·赖特），这些建筑师共同组成了芝加哥学派，并领导他们反对学院派风格。后期的作品包括几座位于中西部小城镇的大体量带有装饰的银行建筑，以及麦迪逊的布拉德利住宅（1909年）。

亚伯拉罕·斯旺 英国建筑师。他是一名木匠及工匠，但是因编撰了深具影响的帕拉迪奥建筑风格及洛洛可式内饰图解而著称。包括：《英国建筑师：或者建造者的楼梯宝库》（*The British Architect:Or the Builder's Treasury of Staircases*，1745年），1775年版本是在北美印刷的第一部建筑方面的图书；《建筑学设计方案集》（*A Collection of Designs in Architecture*，1757年）；《壁炉架的150种新形式》（*One Hundred and Fifty New Designs for Chimney Pieces*，1758年）；《数百个木器造型的木匠完全手册》（*The Carpenter's Complete Instructor in Several Hundred Designs*，1768年）。这些图书在北美非常畅销，1776年前多次再版发行。

路易斯·康福特·蒂芙尼 美国设计师、画家。其父为查尔斯·路易斯·蒂芙尼（Charles Louis Tiffany），最早一批纽约的著名珠宝商。路易斯·康福特·蒂芙尼在美国及巴黎曾接受过画家的专业训练，19世纪70年代末转入装饰艺术。他不断进行彩色玻璃技术的探索，以华丽的色彩组合以及褶皱的纹理效果，设计出几何图形和风景画场景图案。他成功地创建了设计公司（1879—1883年），创作了一些折中主义的室内设计作品（如华盛顿的白宫，1883年），这些方案深受英国工艺美术运动的影响。1885年，他成立了蒂芙尼玻璃公司，生产造型流畅的新艺术运动风格形式的工艺品（如台灯），发明了新型彩虹玻璃和粗糙的“熔岩”玻璃。路易斯·康福特·蒂芙尼的作品在巴黎塞缪尔·宾的商店进行展示，并且参加了芝加哥（1893年）与巴黎（1900年）的展览会。他还设计了一些住宅建筑，包括位于奥伊斯特贝的折中主义风格的劳雷尔顿府邸（1902—1904年，已毁），并在那里成立了艺术基金会。

伊锡尔·汤 美国建筑师，美国希腊复兴式建筑先驱之一。他的早期作品包括纽黑文市哥特风格的三一教堂（1814年）。1816年他开始进行桥梁建筑设计，成功地发明了点阵桁架桥（1820年）。后期设计的建筑采用了希腊复兴式风格，可从住宅类建筑（如北安普敦的鲍尔斯住宅，1826年）、纽黑文市康涅狄格州议会大厦（1827—1831年，已毁）中看出，均采取仿单廊式多立克式风格。经过一次欧洲旅行，他收集了大量的图书与印刷品，并与亚历山大·杰克逊·戴维斯合作（1829—1835年），创作了几幢美国最雄伟的希腊复兴式建筑：印第安纳波利斯议会大厦（希腊多立克式庙宇形式加上了纪念风格的罗马式穹顶，1831—1835年，已毁）；罗利市的北卡罗来纳州议会大厦与纽约海关大楼（两者均建造于1833—1842年）；纽约爱奥尼亚式风格的法式圣灵教堂（1831—1834年）以及其他一些小型建筑。伊锡尔·汤后来进一步深化了桥梁设计工作，并且还在1837年与亚历山大·杰克逊·戴维斯合作完成了伊利诺伊州议会大厦的设计竞赛，并对哥伦布市的俄亥俄州议会大厦进行了方案深化（1839年）。

罗伯特·文丘里（Robert Venturi，生于1925年） 美国建筑师、设计师。后现代主义的先驱，他尝试着寻找一种方法来替代均一化的国际风格。设计的首个探索建筑是与约翰·劳赫（John Rauch）合作的位于宾夕法尼亚州栗树山的母亲住宅（1962年），合并了折中主义的元素，包括意大利巴洛克形式的三角楣饰、带形窗及勒·柯布西耶风格的平面布局。在他的深具影响的图书《建筑的复杂性与矛盾性》（*Complexity and Contradiction in Architecture*，1966年）及《向拉斯维加斯学习》（*Learning from Las Vegas*，1972年，与他人合著）中，提出了颇受争议的象征性风格语汇“记忆”，并以此替代了乌托邦现代主义。在他设计的印第安纳州哥伦布消防站（1966年）及纽黑文市消防站（1974年）中体现出这种设计手法。其他的作品包括用夸张的方式重新诠释木瓦风格（如南塔克特岛褚蓓科与维斯洛茨基住宅，1970年）。在一些公共建筑中使用了古典风格，如伦敦国家美术馆扩建工程（1987—1991年），并表现为因现代文化影响所造成的“畸形”。罗伯特·文丘里与约翰·劳赫，以及妻子丹尼斯·斯科特·布朗（Denise Scott Brown）一同合作完成了其他类型的设计，如展示设计、产品设计及家具设计、纺织品设计及家居用品设计等。

C. F. A.沃塞 英国建筑师、设计师、英国国内晚期工艺美术运动复兴中最具影响力的人物，创作的住宅建筑被视为现代主义的先驱性作品。C.F.A.沃塞早期的设计包括墙纸与纺织品图案（1883年），而且毕生都致力于这些工艺品的创作。1888年以后，他设计了一系列朴实乡村住宅，将实用性、经济性、自由性、便利性相结合进行平面设计，并与周围环境相适应。与早期安妮女王复兴的如画风格不同，他的建筑采用了简单抽象无柱式的手法，具有矩形体量、斜屋顶、水平划分的窗户。这些住宅还设有山墙、扶壁柱及烟囱，平整的外观饰以灰泥卵石面层，如莫尔文附近的派瑞克福特住宅（1893年）、吉尔福德附近猪背镇的斯特吉斯住宅（1896年），后者是一个矮长体量的建筑，一端设有大型的不对称三角形山墙及长长的带形窗。其最著名的建筑作品是位于利伍德的奥查德住宅（1899—1900年），设计了双山墙造型。C.F.A.沃塞为这栋住宅设计了所有的内饰、家具、壁炉、金属工艺品、墙纸及纺织品。他的家具设计比多数工艺美术运动的产品简单轻巧，并设计了一些可用机器生产的家具。C.F.A.沃塞的住宅设计与弗兰克·劳埃德·赖特同时代的作品相比，更能鼓舞20世纪20—30年代的众多住宅建筑者，同时，他的设计手法也可在Parker & Unwin建筑师事务所的作品中反映出来。

贺拉斯·沃波尔 英国业余建筑师、作家。最早为大家所知是因他购于1749年的伦敦特威克纳姆的草莓山住宅（1753—1776年），他对住宅改造中采用哥特复兴风格起到了主导作用。1750年，他邀请两位业余建筑师朋友约翰·丘特（John Chute）和理查德·本特利（Richard Bentley）组成了“风格委员会”，并帮助他对草莓山住宅建筑进行改造。一些专业的建筑师如罗伯特·亚当和詹姆斯·埃塞克斯（James Essex）之后也加入其中，但是贺拉斯·沃波尔所选择的建筑形式，大量地借鉴了中世纪教堂及建筑样式书籍。住宅的第一部分（东侧）设计为模仿古典的哥特式立面，后期的设计包括西南角城堡式的圆塔及西侧扩建部分自由的平面形式。同时，将历史先例用于室内配饰设计，如壁炉架、屏风、门、家具及墙纸。草莓山住宅成为第一个哥特复兴风格的里程碑式建筑，并通过《贺拉斯·沃波尔先生的草莓山住宅的说明》（*A Description of the Villa of Mr Horace Walpole at Strawberry Hill*，1774年、1784年）及贺拉斯·沃波尔的哥特式小说《奥特兰托城堡》（*The Castle of Otranto*，1765年）得到了传播。书中的古代文物研究方法成为之后哥特式复兴的范本，而不对称的构图形式成为如画风格运动的典范。

托马斯·尤斯蒂克·沃尔特 美国建筑师，19世纪中期最著名的建筑师之一。早期跟随父亲接受泥瓦匠的训练，其父亲修建了费城的威廉·斯特里克兰的希腊复兴式第二银行。托马斯·尤斯蒂克·沃尔特于1831年成立了自己的公司并迅速取得了成功，为孤儿救助机构设计了优美的希腊复兴风格的费城吉拉德学院（1833—

1848年）。这幢建筑使他在国家获得了一定的声誉，并为体型简单且具有纪念性的建筑总结出一套造型形式，大多基于希腊神庙建筑的原型。1851年，他被任命设计华盛顿国会大厦扩建工程，他设计的大体量的扩建部分，采用了希腊复兴式的柱廊、门廊及装饰物。作为综合体的焦点，托马斯·尤斯蒂克·沃尔特在原来的国会大厦上添加了一个巨大的穹顶，穹顶采用的是巴洛克外形，铸铁建造，由高大的墙体、筒形柱廊进行支撑。该工程在内战结束时完成，因此成为国家统一的标志，并被大量模仿。它还扮演了刺激了钢铁工业的发展的角色。

菲利普·韦伯 英国建筑师、设计师。19世纪英国本土风格复兴最具影响力的建筑师之一，同理查德·诺曼·肖一起，试图通过对“风格的缺席”设计方法的探寻，找到脱离高级维多利亚历史风格的建筑之路。1854—1859年，在哥特复兴主义建筑师G.E.斯特里特的公司中上班时遇到了威廉·莫里斯，成为他毕生的朋友，并委托他设计了黑斯市的红屋（1859—1861年）。该建筑通常被视为是工艺美术运动的第一座建筑，菲利普·韦伯的设计使用了当地红砖砌筑的传统乡土建筑风格，认为这种材料对英国的气候、当地环境及当时的建筑风格最为适合。如画风格的构图通过深门廊及陡屋顶得以强化，也出自房间布置的限定。此后，菲利普·韦伯与威廉·莫里斯合作并创作装饰艺术品，设计了壁炉、玻璃、金属制品及深具影响力的哥特式家具。菲利普·韦伯后期的一些住宅设计更具对称性，带有山墙、高烟囱，还有一些设计为防御工事形式的住宅（如东格林斯特德斯坦登住宅，1891—1894年）。他的少数非住宅类作品包括米德尔斯堡的贝尔兄弟办公楼（1891年），设计中采用了安妮女王复兴风格，具有弯曲的女儿墙造型。菲利普·韦伯还是早期的自然资源保护论者，参与了威廉·莫里斯的古建筑保护协会。

克里斯托弗·雷恩爵士 英国最伟大的建筑师之一，设计了一些非常重要和深具影响力的英国巴洛克风格建筑。在30岁之前他始终在从事科学研究，擅长几何学并受聘为伦敦大学（1657年）及牛津大学（1661年）的天文学教授。他在数学及科学发明方面的能力使得他进入有天赋的业余建筑师的行列，并设计了牛津谢尔登剧院和剑桥彭布罗克学院教堂（均为1663年）。1665—1666年，他访问了巴黎并学习了古典及巴洛克建筑，这次经历使他受益匪浅。在伦敦大火后（1666年）被任命为建筑重建的总指挥，后来还成为国王建筑设计总监。他参与了五十一个新教区教堂的设计，引入了一种古典的在英国尚属首创的设计方法（如沃尔布鲁克的圣斯蒂芬大教堂，1672—1687年）。他还创新了古典形式的尖塔（如齐普赛街圣玛利勒布教堂，1670—1677年）。他的代表作圣保罗大教堂（1675—1709年），成为意大利巴洛克古典主义的教科书式建筑，采用一个大型的创新的半球形穹顶掌控着整个建筑造型。在重要的皇家建筑切尔西的皇家医院（1682—1689年）设计中，克里斯托弗·雷恩引入了荷兰古典主义风格简约的砖石建筑。在汉普敦宫（1689—1701年）中引入了纪念性的法国古典主义风格的砖石建筑；在格林威治皇家海军医院（1695—1735年，与他人一起完成）中，引入了生动的透视效果强烈的巴洛克风格构图形式。克里斯托弗·雷恩还在剑桥和牛津设计了其他一些重要作品（如基督教堂汤姆钟塔的上部，1681—1682年，采用了模仿古典的哥特式风格）。

弗兰克·劳埃德·赖特 美国建筑师、设计师。20世纪最伟大的建筑师，广受赞誉。他始终以极具个性化的方式进行设计，不断地发展其独创性的设计方法，因此对主流建筑的影响甚微。在离开路易斯·亨利·沙利文芝加哥的建筑师事务所之后（1888—1893年），他开始发展出一种越发抽象的设计方式，并在其第一批设计的建筑中运用到极致，如布法罗州的拉金大厦（1903—1906年，已毁）、伊利诺伊州橡树公园的统一教堂（1905—1908年），及1901—1913年间著名的草原式住宅（如伊利诺伊州高地公园的威利茨住宅，1902年；芝加哥的鲁比住宅，1908—1910年）。这些住宅引入了不对称的平面形式，结合了大尺度的壁炉伸展至庭院的平台；水平线通过宽阔的悬挑屋顶、带形窗和凸出的底部体量予以强调。更具装饰性的设计方式出现在芝加哥米德威花园（1913年，已毁）及东京帝国饭店（1916—1922年，已毁），在这些建筑中弗兰克·劳埃德·赖特使用了棱柱形的表面装饰。这种设计方法一直延续到20世纪20年代的一些立方体混凝土砌块住宅建筑，砌块上浇铸了类似纺织物的图案（如加利福尼亚州帕萨迪纳市的米勒德住宅，1923年）。1935年，宾夕法尼亚州流水别墅的设计，标志着他进入了设计生涯的第二个阶段。该建筑中，一组石材墙体和悬挑的混凝土平台跨越山间小溪，形成了生动的现代主义建筑构图。他还发展出平整的呈直线形的“美国风”住宅形式，并将其作为草原式住宅的低成本简化版，最后建造了超过一百栋这种类型的住宅。在非居住建筑中，他发明了一种几何造型的设计方法，并将此运用于威斯康星州拉辛的约翰逊制蜡公司大厦（1938年、1944—1950年），及纽约古根海姆博物馆（1943年、1959年）。他还在建筑中使用了三角形结构网格和从中心体量出挑楼板的方式（如美国俄克拉荷马州巴特尔斯维尔的哈罗德王子大楼，1956年）。弗兰克·劳埃德·赖特为他所设计的许多建筑进行了家具和配饰设计，包括几何形的彩色玻璃窗、复杂的书架、带软垫的金属办公家具及文件柜。他的设计作品于1910年在柏林第一次大规模出版，并受到现代建筑运动建筑师的称赞。他在塔里埃森所设立了自己的教学社区，起初是在威斯康星州的春绿村（1932年），后来搬迁至美国亚利桑那州凤凰城附近（西塔里埃森，1938年）。他的设计思想和方法对学生们产生了深刻的影响。在20世纪30年代弗兰克·劳埃德·赖特举办了大量的讲座，并将他的一部分讲义集合成《现代建筑》（*Modern Architecture*，1931年）一书，其他的著作还包括《消失中的城市》（*The Disappearing City*，1932年）、《建筑的未来》（*The Future of Architecture*，1953年）及《自然的住宅》（*The Natural House*，1954年）。

专业术语

柱顶板 / abacus：古典建筑中，位于柱头的平板。

茛苕叶饰 / acanthus：定型化的雕刻装饰，有着锯齿状的叶子，用于科林斯柱式和混合柱式及装饰线脚。

纹章饰 / achievement：纹章的表现形式，包括盾牌、头盔、羽冠和座右铭等内容。

山墙顶饰 / acroterion：装饰性的弯角或顶饰。

亚当式 / Adamesque：18世纪后半叶由亚当兄弟在英国所倡导的一种新古典主义风格。

土坯砖 / adobe：未经烧制的干晒砖，在美国西南作为住宅建材。

建筑造型装饰物 / aedicule：依字面理解为“小型建筑物”，过去用于壁龛、门或窗洞，通常由两根圆柱或壁柱组成，包括上部的一根过梁或三角楣饰。

安那利普特（凸纹）墙纸 / Anaglypta：一种价格便宜的彩色烤花墙纸，属于平展的轻压墙纸。

壁炉柴架 / andiron：见柴架 / firedog。

花状平纹 / anthemion：一种古典的装饰图案，由忍冬属植物的花卉和叶子组成的重复型构图。

拱廊 / arcade：由柱墩或圆柱支撑的连续拱券。

框缘 / architrave：门窗洞口周围的定型框架；在古典建筑中，是檐部下部的构件。

地下室前部的下沉庭院 / area：低于地面的围合型室外空间，能够为地下室等室内空间进行采光和通风。

琢石 / ashlar：建筑中的方形表面凸出的块石。

串珠饰 / astragal：半圆线脚，通常的形式像是一连串珠子或珠子和芦苇交替的纹样。也用作玻璃格条的同义词。

小阳台 / balconette：窗户的小阳台，经常用于放置花盆。

轻捷型构架 / balloon framing：木构建筑的一种简单结构方法，在美国很常见。

栏杆柱 / baluster：短小的，通常带有环形装饰支柱；楼梯栏杆柱。

栏杆 / balustrade：一系列栏杆柱支撑着扶手或顶盖。

封檐板 / bargeboard：宽平板，屋顶下部的封板，位于山墙端部的瓦和墙之间。封檐板上经常有雕饰或镂刻，也称作挡风板 / vergeboard。

筒形交叉拱 / barrel-and-groin vaulting：由两个完全相同的筒形拱中心点交叉所形成的拱；同tunnel-and-groin vaulting。

筒形拱 / barrel vault：直线形、连续的拱形穹顶或隧道形式的天棚，剖面或者半圆形或者半椭圆形。

踢脚板 / baseboard：见踢脚板 / skirting board。

板条门 / batten door：由竖板拼贴在一起组成的门，板条用钉子钉在背后的两个或多个水平板上。

飘窗 / bay window：建筑外观凸出在外的窗户。可以是弯曲形状（弓形窗）或成角（倾斜）的平面形式。见凸窗 / oriel。

嵌珠型线脚 / beaded-moulding：小的弧角线条以连续珠子装饰。

盲券 / blind arch：固定在墙上或其他面上的券，纯装饰构件。

雕花镶板 / boiserie：带有浅浮雕装饰的木制墙板。

凸嵌线脚 / bolection moulding：以两种不同规格的变化相结合的线形，在17—18世纪普遍使用在鼓面镶板中。

垂球雕饰 / boss：凸出的球体、把手或类似的装饰物，常施以雕饰，位于拱顶或天棚类型交点。

旋转型楼梯间 / box winder：在紧邻烟囱的空间建造的楼梯，隐藏于壁炉墙面的暗门里；在18—19世纪的美式小型、精致的住宅里十分常见。

凸肚柜 / breakfront：中间部分凸出的柜子。

过梁 / bressummer：跨越壁炉或其他洞口的大尺寸平梁；同时，也是木构住宅的主梁。

贝蒂灯 / Betty lamp：一种美国生产的船形灯，油灯。

断山花 / broken pediment：在顶部有缺口的三角楣饰，有时带有瓮形或其他造型。基底断山花指山花在底部有缺口。

布鲁塞尔风格地毯 / Brussels carpet：一种平织地毯，结环纽眼、毛边。

带槽铅条 / cames：浇铸而成的条形构件，H形断面，可将锡焊灌至缝里。用以固定窗户的小片玻璃。

悬臂 / cantilever：一种水平伸出的梁或结构支撑体，通过杠杆作用将结构荷载作用于其末端。

柱头 / capital：柱子或壁柱的头或顶部。

瓷砖方格图案 / carreaux d’octagones：一种铺地图案，小块黑色钻石置放在浅色石板的交点上。

涡卷装饰 / cartouche：一种圆形或椭圆形的镶板或匾额，经常用作铭文或盾形饰。

女像柱 / caryatid：人形柱，通常是女性形象，支撑建筑檐部；男性形象称作男像柱（atlantes）。

平开窗 / casement：在一侧用铰链固定窗框，能够向内或向外开启。

雉堞墙 / castellation：一种矮墙上部有缺口和凸起交替的形式；也称作城垛。

凹弧形线脚 / cavetto：一种凹形线脚，大约1/4圆，天棚檐口的典型形式。

护墙板线脚 / chair rail：位于墙裙上沿避免椅子撞击墙面形成损伤的护墙线；也称作护壁板顶木条 / dado rail。

倒角 / chamfer：将木材、石材等材料的边角切去一个方块所形成的表面做法，通常为45°角。

壁炉框边 / cheeks：壁炉开口的斜边。

壁炉腔 / chimney breast：石、砖或水泥结构，凸出于房间并容纳壁炉烟道。

壁炉架 / chimney piece：壁炉周围饰边和壁炉上部装饰架。

中国艺术风格 / Chinoiserie：欧洲的中国艺术风格的演化形式，流行于17世纪晚期至19世纪。

印花棉布 / chintz：表面光滑的印花布。

西班牙巴洛克建筑风格 / churrigueresque：一种18世纪早期至中期流行于西班牙和墨西哥的装饰风格，具有丰富的表面装饰特点。

楔形护墙板 / clapboarding：由重叠的楔形板组成的木质结构外墙面板。

封闭式梯梁 / closed-string：用于楼梯的术语，踏板和踢板的侧面在边上被斜梁或支撑栏杆的倾斜构件遮住。

科德石 / Coade stone：18世纪后期至19世纪初期，由英国艾利诺·科德公司生产的一种装饰用人造石，广泛用于墓葬、雕像和建筑装饰。

玉米秆材 / cob：出现在英国的一种建材，成分为黏土混合铡碎的稿秆。

方格天花板 / coffered ceiling：一种天棚的形式，由檩条和交叉檩条形成规则的方形或多边形下凹的平板或花格板造型，每个格都有线条、雕刻或油漆装饰。

柱列 / colonnade：支撑拱顶或檐部的一列

柱子。

柱子 / column：垂直构件，圆形断面，通常有卷杀（柱上垂直方向的微凸）。在古典建筑中，柱子由柱础、柱身和柱头组成。

菜籽油灯 / colza lamp：一种双柱灯具，燃烧菜籽油、油或其他植物或动物油脂；流行于19世纪早期。

混合柱式 / Composite：一种古典建筑柱式。柱头组合了科林斯莨苕叶饰和爱奥尼旋涡形装饰（涡卷）。

托架 / console：带有卷曲形装饰的支架。

合成材料 / composition：一种纸或木浆的混合物，配以白粉和胶质。应用于装饰。

托架桌案 / console table：一种边桌，一侧固定在墙上，仅靠下部的托架支撑；多数有着精美的雕饰、镀金和大理石台面。

顶盖 / coping：墙顶部的盖板或封口板。

梁托 / corbel：外凸的石材或木材构件，通常有雕刻装饰，支撑横梁等水平构件。

科林斯柱式 / Corinthian：晚期出现的富于装饰的古典建筑柱式。柱身细长，通常有凹槽，柱头有雕刻精美的莨苕叶饰。

檐口 / cornice：凸出的线脚，位于天棚或屋顶与墙体交界处；在古典建筑中，是檐部顶端的凸出部分。

农舍型住宅 / cottage orné：未经过设计的乡村住宅装饰形式，通常为茅草屋顶。

凹圆线脚 / cove：墙和天棚之间的大尺寸凹圆形线脚。

穹隆天棚 / coved ceiling：一种天棚形式，与墙体相交部位使用大尺寸凹面线脚或凹圆线脚。

标灯 / cresset：一种金属碗或篮子，放在或挂在立杆上，杯篮中装有可燃物，点燃时用作光源。

顶饰 / cresting：隔板、墙或屋顶顶端的装饰线。

卷叶饰凸雕 / crocket：在哥特式建筑中规律凸起的树叶雕饰，位于山墙、尖顶或棚顶的斜边上。

冕牌玻璃 / crown glass：早期的窗玻璃形式，由吹制的玻璃片切割而成。

冠顶饰 / crown moulding：檐口的代名词。

（曲木屋架的）曲木 / cruck：一对大尺寸弯曲的木结构构件中的一个，用于木构住宅的端墙。

亚麻厚花地垫 / crumb cloth：一种临时放在地板或地毯上接碎屑杂物的织物。

塔楼 / cupola：一种尺寸较小类似穹顶的构筑物，位于建筑屋顶或角楼上。

边饰 / curb：一种固定框架，在壁炉炉膛围合出凸起的边带。

楼梯起步 / curtail step：一段台阶或楼梯的最下面一步，带有曲形边的踏板。

尖顶 / cusps：哥特式花格窗中由在两条叶形饰相交所形成的凸出节点。

波状花边 / cyma：双曲形外观，上部凸起下部凹陷，反之亦然。

墙裙 / dado：位于墙面下部，护墙板线脚至踢脚板之间。

护壁板顶木条 / dado rail：见护墙板线脚 / chain rail。

冷杉木板 / deal：木制板材；通常使用冷杉或松木。

齿状装饰 / dentil：一种由系列凸起的小块体组成的装饰线，主要用于科林斯、爱奥尼亚和混合柱式的线脚，锯齿状装饰或锯齿状檐口的总称。

菱形组饰 / diaperwork：小尺寸重复型图案形成的整体图案，通常为对角线斜形和棱形。

水性涂料 / distemper：水基漆。

炉垫箅 / dog grate：独立的篮式炉箅。

折跑式楼梯 / dog-leg stair：彼此平行的两跑楼梯，中部有共用楼梯平台。

门框 / doorcase：铰链门周围的木制、石材或砖构架。

多立克柱式 / Doric：最早、最简单的古典柱式。多立克柱式通常没有柱础，柱身有厚实凸出的凹槽，柱头简单没有装饰。

老虎窗 / dormer：凸出屋面插入斜屋顶，通常带有窗户。

浅褐色 / drab：浅灰褐色或青褐色，乔治亚风格油漆普遍采用的颜色。

粗线地毯 / drugget：一种结实坚固覆盖地面的织物，用以保护和避免木地板或优质地毯受到磨损。

屋檐 / eaves：斜屋顶悬出墙面的部分。

屋檐檐口 / eaves cornice：一种木制檐口装饰板，普遍出现在17世纪晚期和18世纪早期。

仿乌木制品 / ebonized：仿乌木黑色着色抛光的木制品。

钟形圆饰 / echinus：一种类似圆凸形的装饰线脚，位于多立克柱头柱顶板下部。

卵锚饰线脚 / egg-and-dart moulding：一种装饰线，带有一系列椭圆形和箭头雕刻交替的线脚。

枝形吊灯 / electrolier：一种电照明的枝形或吊挂灯具。

立面图 / elevation：建筑外观表现方式；也是建筑师画的立面，带有比例。

垛口 / embrasure：门、窗或类似的洞口在边缘抹成内八字形的构造方式，内侧比外侧宽。

釉面砖 / encaustic tiles：瓷砖的一种形式，带有彩色黏土并烧成光滑表面。

附墙柱 / engaged column：依附于墙体的独立柱或半柱。

英式砌筑法 / English bond：一种砌砖工艺，丁头砖和顺边砖相间（一丁一顺）。

檐部 / entablature：古典建筑中柱式的顶端，由框缘、雕带和檐口组成。

锁眼盖 / escutcheon：锁眼周围的金属盘。

彩陶 / faïence：施釉陶器。

扇形窗 / fanlight：门上的窗户，通常称作上亮，多为半圆形，有像扇子一样放射状的玻璃格条。在美国指门上的气窗。

横梁饰带 / fascia：檐部平直的水平带。

炉围 / fender：一种放在壁炉前的挡板或防护装置，避免燃烧的煤炭损坏周围的地板或地毯。

布窗方式 / fenestration：建筑窗户的布设方法。

垂花雕饰 / festoon：见垂花饰 / swag。

墙板 / field：墙体的上部，在天花板与墙之间的雕带或檐口与墙裙之间部分。

鼓面镶板 / fielded panel：带中部平整凸起的镶板。

条板 / fillet：扁平的方形线脚，位于其他类型的带形线脚之间；有时也用于束柱肋形凹槽之间狭窄的表面上。

尖顶饰 / finial：尖顶、尖塔、三角形山墙等的顶端装饰。

壁炉背墙 / fireback：放在壁炉炉膛后部的铁制厚板，用以保护墙体，并向房间内反射热量。

柴架 / firedog：壁炉中一对用于支撑木柴的架子中的一个；也称作壁炉柴架。

火钩 / fire irons：壁炉工具，通常包括火铲、拨火铁棍、火钳。

荷兰式砌筑法 / Flemish bond：砖砌工艺的一种，在每一线砖中，丁头砖和顺边砖交替砌筑。

梯段 / flight：由一连串连续踏步至楼板的梯跑。

地板布 / floorcloth：带有彩绘的帆布，看上去像是地毯、镶木地板或地砖等非常贵重的铺地装饰物，有着厚实的涂漆表面。

开凹槽 / fluting：柱身的竖向浅槽。

叶形饰 / foil：位于拱券内部尖顶之间弯曲形状的齿形或叶形装饰。

簇叶形装饰 / foliate：雕刻有叶子的装饰。

前院 / forecourt：建筑前面的院子或天井。

法式落地门 / French doors：一对窗扇落地的平开窗，铰链位于两侧门框的外缘，以便从中间开启。

法式落地窗 / French windows：见法式落地门 / French doors。

回纹饰 / fret：带有水平线和垂直线组成的几何形构图的带形装饰，如万字纹或回纹图案。

雕带 / frieze：檐部的中间部位；墙体上部脚线或檐口下的镶板。

山墙 / gable：紧邻斜屋顶端部的墙体部分，由屋顶的斜面部分切成三角形。

柱廊 / gallery：在建筑主要室内空间中形成的夹层；也包括最初作为户外运动后来作为绘画作品展示的空间。

复折屋顶 / gambrel roof：带有双坡的屋顶，类似曼莎式屋顶。

煤气吊灯 / gasolier：燃气吊灯。

吉布斯边饰，Gibbs surround：粗犷的窗或门套，带有大小交替的石块；名称来自英国建筑师詹姆斯·吉布斯。

枝形烛台 / girandole：带支架的烛台，带有后板以固定在墙上或壁炉上部装饰架上。

玻璃格条 / glazing bars：一种小条，通常木作，用以准确地固定窗格玻璃。也称作串珠饰。

圆凿工艺 / gougework：用圆凿子制作的木作装饰造型的工艺。

炉箅 / grate：金属开敞的篮子，用来装烧壁炉的煤或木头。

希腊主题图案 / Greek key pattern：由连续的直角线组成的几何形装饰纹案；也称作希腊回纹饰。

希腊回纹饰 / Greek meander：见希腊主题图案 / Greek key pattern。

拱肋 / groin：拱面交会处所形成的脊。

扭索状装饰 / guilloche：由相互交错的线形成的装饰，圆形或环形图案。

雨珠饰 / guttae：小水滴状的凸起物，通常雕刻在多立克柱式的顶盘上，位于框缘上三陇板浅槽饰的下部。

楼梯平台 / half-landing：直跑楼梯半段上的平台。

暗榫 / half-lap joint：两个木制构件的结合处，彼此各有一半连在一起，形成平滑的连接。

半木构 / half timbering：一种结构方式，由水平和垂直木材组成墙体构架，然后再用板条或灰泥（木架墙壁）、木条和黏土（抹灰篱笆墙）、石材或砖填充。

丁头砖 / header：一种砖的铺设方式，短边冲外。

炉膛 / hearth：壁炉的基底，通常向外延展至房间里。

头像方碑 / herm：方柱顶部的头像或半身像

四坡屋顶 / hipped roof：四面有坡的屋顶。

炉盘 / hob：在壁炉或炉箅的后部或边上的凸出架子，用以放置加热水壶或罐子。

铁架炉箅 / hob grate：一种铸铁格栅炉箅，可以将烘篮架高以脱离地面，在两个平铁架之间。前面的一个通常铸有浅的装饰或小凸嵌线装饰。在美国称为巴斯炉。

滴水罩 / hoodmould：门、窗或其他洞口上部外凸的线脚，保护不受雨水侵袭。也称作滴水板或披水石。

拱墩 / impost：置入墙体或柱体的石块，起拱位置。

雕刻图案 / incised：图案雕刻较深，立体感强。

炉边 / inglenook：壁炉边的壁龛式空间，其间通常放置长凳。

双面提花地毯 / ingrain carpet：一种廉价地毯。也称作苏格兰或基德明斯特地毯。

爱奥尼亚柱式 / Ionic：古典柱式的一种，其特征为凹槽柱身和柱头涡卷。

意大利风格装饰线脚 / Italian moulding：宽厚的线脚，通常用于壁炉周围凸嵌线脚的一种。

侧壁 / jamb：门廊、拱门或窗户的竖向边框。

日式漆艺 / japanned：模仿东方油漆工艺的油漆或清漆做法。

出挑 / jettied：描述木构建筑的术语，建筑的上层楼体部分悬出于下层。

暗门 / jib door：一种与墙表面平齐隐蔽的门，通常用装饰手法做成。

细木作 / joinery：属装修的木工工艺，如在门、窗和楼梯上的木工工艺。

搁栅 / joists：平行铺设的水平的木材，作为楼板的基层。

锁石 / keystone：拱或券中间的石头，也称作楔石。

披水石 / label：见滴水罩 / hoodmould。

铅条玻璃窗 / leaded lights：用小块玻璃镶嵌在带槽铅条（铅条）中形成玻璃窗。

窗户透光口 / lights：在窗户中，位于中梃之间的开口；多为带窗格的玻璃。

彩色拷花墙纸 / Lincrusta：一种用来替代油漆或清漆饰以浮雕图案的墙纸，流行于19世纪晚期。

布褶纹式镶板 / linenfold panelling：从都铎时期开始，木镶板出现的一种特点，类似褶叠亚麻布的图案效果。

油地毡 / linoleum：一种地板覆盖物，由软木、木屑和亚麻籽油压制而成，背部衬以粗麻布或结实的帆布。

过梁 / lintel：起支撑作用木梁或石梁，位于门窗之类的洞口上部。

敞廊 / loggia：至少有一边开放的柱廊。

百叶窗 / louver：带有重叠板条的一种窗扇（例如，窗户的百叶窗扇）。

弧形窗 / lunette：半圆形的洞口中如同弦月形的窗户。

虹彩玻璃 / lustre glass：一种拥有彩虹光泽的玻璃，美国的蒂芙尼公司制造。

曼莎式屋顶 / mansard roof：有双折斜坡的屋顶，下部的斜面几乎垂直，能够为阁楼提供更多的屋顶空间。

壁炉架 / mantel：壁炉周围的框架，通常仅指上部搁板（壁炉架搁板）。

仿大理石花纹 / marbleized：仿大理石的油漆或着色。

圆形浮雕 / medallion：见玫瑰圆盘饰 / rose。

三陇板间饰 / metopes：多立克柱式雕带上的三陇板浅槽饰之间部分，带有平直或雕饰的方形部位。

木制品 / millwork：指大量生产的木材制品。

飞檐托 / modillion：小型装饰托架，成系列使用于支撑科林斯或混合柱式的上部檐口。

云纹饰品 / moir：一种织物或壁纸，通常丝质，经过处理后带有水纹或波纹效果。

线脚 / moulding：一种装饰线，木制或石制。

中梃 / mullion：将窗或其他洞口垂直分隔的竖直杆件。

门中梃 / muntin：门、窗、嵌板等框架的附属垂直构件。

楼梯端柱 / newel post：楼梯端头的支柱，通常与楼梯扶手和楼梯梯梁相接；在螺旋楼梯中，则是梯步环绕的中心支柱。

木架砖壁 / nogging：在木架结构的建筑中，在木架之间砌筑的墙壁。

梯级前缘 / nosing：伸出踢板的楼梯踏板圆形边缘。

屋顶圆孔 / oculus：位于墙面或穹隆顶端的圆形洞口。

葱形拱 / ogee arch：由两条相反的曲线形成的尖拱，轮廓略有S形曲线。

开放式梯梁 / open-string：适用于楼梯的名词，这种楼梯在边上可以看到踏板和踢板的侧面（即侧面没有梯梁遮挡）。由踏板支撑栏杆。

柑橘温室 / orangery：温室或其他类似的

玻璃建筑，用于橙子或其他植物幼苗的种植。

柱式 / Order：在古典建筑中，柱子和檐部的特定形式，每种柱式都有严格的比例和细部。五种柱式是多立克、爱奥尼亚、科林斯、塔司干和混合柱式。前三种起源于古希腊时期；塔司干和混合柱式则属于罗马时期，其形式来自对早期希腊柱式的修改。

凸窗 / oriel：位于上部楼层的飘窗。

门头饰板 / overdoor：门上方装饰部分，通常为镶板或带有绘画。

壁炉上部装饰架 / overmantel：壁炉上部的一种装饰方式，通常包含油画和镜子。

铁艺大门的顶饰 / overthrow：支撑灯具的一种铁艺框架，在住宅沿街大门前面形成拱形。

凸圆形装饰线脚 / ovolo moulding：一种宽的凸圆形线脚，由于其断面为1/4圆，通常称为1/4圆形线脚。

栅栏 / palisade：结实的木篱笆。

帕拉迪奥风格 / Palladian style：由意大利建筑师安德烈·帕拉迪奥发展古典风格演变而成。英国18世纪早期，柏灵顿勋爵和科兰·坎贝尔倡导了帕拉迪奥复兴，这种风格也影响了18世纪晚期的美国建筑。

帕拉迪奥式窗 / Palladian window：见威尼斯窗 / Venetian window。

棕叶饰 / palmette：基于棕榈树扇形叶子的装饰图形。

波形瓦 / pantile：一种屋顶瓦，S形断面。

混凝纸浆 / papier mâché：一种由纸浆制成的价格低廉的轻型材料，用于室内不同部分装饰构件的制作。

女儿墙 / parapet：建筑外墙顶部的矮墙。

外墙装饰抹灰 / pargeting：墙面或天棚的装饰性抹灰工艺，多用于木构建筑室外墙面，通常带有描绘人物形象和藤蔓植物图案。

拼花地板 / parquetry：小块彩色硬木组合成的几何图案地板。

圆盘饰 / patera：古典建筑中小的椭圆形或圆形的装饰，通常有花卉或叶子。

灰泥卵石 / pebbledash：由卵石嵌入水泥抹灰中形成的粗糙质感外墙面。

三角楣饰 / pediment：跨过门廊、门或窗上的低缓的山墙形装饰；任何其他位于入口处类似的三角形装饰。上端有开口的称作断山花。

垂饰 / pendant：从顶棚、楼梯等悬垂下来的装饰物。

帆拱 / pendentive：一种转角处的凹面三角形拱，用以支撑方形房间上的圆形穹顶。

主楼层 / piano nobile：住宅中的主要楼层，包含接待空间。

走廊 / piazza：在美国特指宽廊台。

挂镜线 / picture rail：墙上部的线脚，用于悬挂绘画作品。

如画风格 / Picturesque：指18世纪和19世纪早期以非对称、乡村特色为主的浪漫主义风格，如粗犷的村舍住宅型装饰。

窗间墙 / pier：窗洞洞口之间的垂直墙体；过梁或拱的支撑部分的墙体。也包括厚重的石材支撑体，如大门两侧的石柱。

窗间镜 / pier glass：悬挂于两个窗户之间高而窄的镜子。

壁柱 / pilaster：固定在墙上的矩形平直的古典柱子，或用作入口、壁炉等的框架。

枢轴 / pintle：安装在铰链中的钉子或螺栓。

底座 / plinth：墙体或柱子的凸出基座。

斑岩 / porphyry：坚硬、有细密纹理的暗红色或紫色的石材，其中有嵌入的白色晶体；也指类似质感的灰色和绿色的火成岩。

马车门廊 / porte-cochére：一种门廊，其宽度能够容纳一辆马车通过。

圆柱门廊 / portico：带屋顶的入口门廊，通常带有圆柱。

凸起楣饰 / pulvinated：带有一个凸面的外观；通常用来描述墙与天花板之间装饰用的雕带。

檩条 / purlin：木构屋顶中的长向水平构件，用来支撑椽子。

丘比特图像 / putti：意大利文艺复兴时期以天使或男童为主题的装饰形式。

菱形玻璃 / quarry：铅框玻璃窗中的小块方形或钻石形的玻璃格片。

缸砖 / quarry tile：一种无光泽的地砖。

四叶饰 / quatrefoil：由四瓣圆形或拱形所形成的尖角形装饰。

狭凹槽 / quirk：沿着线脚或在线脚连接处的一种V形槽。

隅石 / quoins：建筑转角处经过修饰的装饰性石材。

企口连接 / rabetted：通过企口互相连接的两个部件。

横梃 / rail：门、嵌板等框架中的水平构件。

槽口 / rebate，rabbet：板材边缘上的凹槽（通常是木板），可以和其他构件咬合。

小凸嵌线 / reeding：由相互平行中间带槽的一组窄凸线脚形成的装饰样式。

可调式炉箅 / register grate：在烟道里带有可移动的铁板的炉箅，用以调节上升气流。

凸纹饰 / repoussé：从后部锤击金属薄片形成浮雕纹的装饰物。

侧壁 / reveal：门框或窗洞的内侧，位于窗框边缘和外墙体转角之间的部分。上部称为顶部底面。

枝叶饰 / rinceau：涡卷形的叶饰，通常是藤本植物的叶子。

踢板 / riser：楼梯踏步的垂直面。

洛可可石子贝壳饰 / rocaille：洛可可风格中常见的用贝壳和不规则石材的装饰方式。

罗马式抹灰 / Roman cement：一种获得专利的灰泥工艺，类似拉毛粉刷。

玫瑰圆盘饰 / rose：天棚上呈圆形和放射状的装饰线脚，中心悬挂吊灯；在美国称之为圆形浮雕 / medallion。

圆花饰 / rosette：玫瑰花形装饰的统称。

圆形饰物 / roundel：一种扁平的圆形装饰或小型圆窗。

联排住宅 / row house：见联排住宅 / terraced house。

雕砖工艺 / rubbed brick：用于砖雕刻工艺的术语。

粗面石 / rustication：独立的大块石材，深缝分隔，通常用于建筑外墙下部给人以粗犷夸张的视觉效果，或者用于门窗的外框。

上下推拉窗 / sash window：由几个窗框组成的窗户，光滑的木框带有垂直凹槽，窗扇通过配重的方法可以上下滑动。标准的形式由两个可以移动的窗框组成，称之为“双悬推拉窗”。

碟形穹顶 / saucer dome：一种浅穹顶。

人造大理石 / scagliola：一种模仿大理石效果的装饰材料，由硬质灰泥和大理石碎片混合后抛光而成。

壁上烛台 / sconce：固定在墙上用于放置光源的托架，尤指蜡烛。

苏格兰风格地毯 / Scotch carpet：见双面提花地毯 / ingrain carpet。

凹形边饰 / scotia：一种内凹线脚，如用于柱脚圆盘线脚之间的柱础。

塞里亚纳窗 / serliana：见威尼斯窗 / Venetian window。

柱身 / shaft：柱式中柱础和柱头之间的主体垂直部分；也指在中世纪建筑中束柱中的一个，这些柱子共同组成门窗外框。

木瓦 / shingle：用于覆盖建筑外墙的木瓦，特指美国木瓦风格住宅做法。

窗台 / sill：窗框底部的水平台面。

踢脚板 / skirting board：位于墙体基部的平线脚。在美国称为baseboard。

线板 / slip：条形、长而薄的木条；也指嵌在壁炉外框中的装饰横带（通常为大理石或瓷砖）。

底面 / soffit：梁、拱或其他建筑元素的底面；也指门窗洞口上部的底面。

拱肩 / spandrel：拱券曲线和上部矩形构件之间的近似三角形部分；也指两个拱和上方的水平檐口之间部分。

纺锤形立柱 / spindle：有螺旋的细木柱，用于楼梯栏杆和类似部件。

八字形开口 / splayed：倾斜形状的开口，常见于门、窗或壁炉洞口的八字形斜侧面。

键槽连接 / spline joint：两个端部带槽的木板相拼接时，在槽内插入一个木条的连接节点。

梯阶端头 / stair-end：在开放式梯梁型楼梯中，踏板和踢板之间结合处形成的面。通常在此部位带有花或雕刻等装饰元素。有时也称作踏板端头 / tread-end。

支撑立柱 / standard：垂直支柱或基础部位。

立梃 / stile：门、嵌板等框架的主要垂直构件。

露台 / stoop：美国建筑入口处带有踏步的小平台。

倒角饰 / stop-chamfer：一种三角形倒角端头装饰，形式为直角相交的三面体形状。在早期英国和维多利亚风格的建筑中常见的形式。

带状饰 / strapwork：交错线条形成的装饰，以木材、石材或石膏等材料镶贴或雕刻而成。常用在屏风、天棚或檐口。

顺边砖 / stretcher：只有长边可见的砌砖方式。

梯梁 / string：楼梯中两个斜向承重构件之一，用以支撑踏板和踢板的端部。

拉毛粉刷 / stucco：一种优质水泥或石膏用于墙体表面、线脚和其他建筑装饰。19世纪，拉毛粉刷通常指建筑外墙饰面的一种做法。

墙骨柱 / studs：在木构建筑中的垂直向原木。

过梁 / summer beam：主椽子或承重梁，通常横跨整个房间。

垂花饰 / swag：垂在两个支撑体之间的一段织物；类似这种用雕饰或彩绘装饰的布料效果；或者有缎带、鲜花、水果和/或叶子组成的花环；也称作垂花雕饰。

鹅颈形三角楣饰 / swan's-neck pediment：带有S形曲线的断山花，有两个相对的类似鹅颈形状的曲线。

联排住宅 / terraced house：一种住宅形式，由三个或三个以上形式相同的住宅彼此相连，整体形成直线或曲线形式。在美国称为row house。

陶瓦 / terracotta：无釉、黏土烧制，用于瓦片、建筑装饰、花盆等。

水磨石 / terrazzo：在灰浆中掺杂大理石或其他石材碎石，面层再进行磨光处理，用于地面和墙面。

茅草屋顶 / thatch：覆盖密实稻草或芦苇的屋顶。

舌榫 / tongue-and-groove：一种木构件连接方法，一块木板边上带有榫舌或凸缘，另一块木板上有槽口，两块相互连接拼在一起。

柱脚圆盘线脚 / torus：大且凸出的线脚，轮廓呈半圆形；最初为柱础的主要装饰元素。

花格窗 / tracery：一种交叉肋架的装饰方式，通常用于哥特式窗户的上部，形成镂空的图案。用于墙面时称作装饰窗格。

横档 / transom：门顶部或窗的顶部、中部的水平构件。

气窗 / transom light：在美国，指位于门上部的窗或嵌板，矩形或拱形（英国称为扇形窗）；也指在上框安装铰链的窗户。

踏板 / tread：踏步的水平板。

踏板端头 / tread-end：在开放式梯梁型楼梯中，踏板和踢板末端形成的三角面。也称为梯阶端头 / stair-end。

三叶草饰 / trefoil：三瓣圆形或拱形相交成尖角的装饰形式。

格架工艺 / trelliswork：一种相互交织条带板条形成的开放式构图，多为木质，有时也用金属。也称作格子细工。

三陇板浅槽饰 / triglyphs：多立克柱式雕带三陇板间饰之间刻有沟槽的凸出块体。

错视画 / trompe l'oeil：一种装饰效果，类似建筑的细部彩绘或远景画，给人以逼真的视觉效果。

战利品雕饰 / trophy：一种武器和/或盔甲、乐器组成的装饰性雕刻，或用其他器物表现的装饰性图案。

桁架 / truss：桥架形或大型托架形的木框架，用来支撑原木，类似用于屋顶上的木构件。

筒形交叉拱 / tunnel-and-groin vaulting：见筒形交叉拱 / barreland-groin vaulting。

土耳其地毯 / turkey-carpet：英国制造的土耳其风格地毯，其特点是色彩大胆，特别是使用了红色和蓝色，以及几何形生动逼真的程式化图案，如鲜花和水果等，通常有边带。

三角形墙饰 / tympanum：门窗过梁和上部的拱券之间的半圆形部位；通常也指三角楣饰线脚内的三角形部位。

上等皮纸 / vellum：由小牛、小山羊和羔羊皮制成的优质皮纸；也指类似皮纸的厚实米色纸张。

饰面薄板 / veneer：硬木切出的薄木板，用作普通木材的饰面。

威尼斯窗 / Venetian window：由中间拱形窗和两侧高而窄的矩形窗组成的窗户。也称作帕拉迪奥式窗或塞里亚纳窗。

廊台 / veranda：有屋顶但开敞的柱廊、门廊或有支撑的阳台。

挡风板 / vergeboard：见封檐板 / bargeboard。

乡土建筑 / vernacular：意为简陋低俗，通常指乡村的建筑，带有少量或没有风格化的倾向，或者纯粹的地方风格，或者在某种程度上基于一种对权威风格的简单解释。

维特鲁威式涡纹 / Vitruvian scroll：一种古典的雕带，由一系列波形涡卷组成；也称作波形涡卷饰。

涡卷 / volutes：在古典建筑中，螺旋形涡卷，希腊爱奥尼亚柱式的柱头的最主要特征。也指涡卷形支撑体，用以加固墙体或作为托架使用。

楔形拱石 / voussoir：用于组成券或拱的楔形石材或砖。

护壁板 / wainscot：早期简洁的墙面木嵌板形式，有时整面墙使用，有时仅下半部使用；也称作护墙板（wainscoting）。该名词也指用作镶板的橡木或其他木材。

外墙护墙板 / weatherboarding：见楔形护墙板 / clapboarding。

边门 / wicket：大门上的小门。

临海住宅的屋顶平台 / widow's walk：18世纪和19世纪新英格兰临海住宅中，用于眺望船只到来的屋顶平台或窄道。

威尔顿地毯 / Wilton carpet：表面柔软的剪毛地毯。

供应商名录：英国

建筑旧货市场，Architectural Salvage p.569
浴室，Bathrooms p.569
建材，Building Materials p.569
固定家具，Built-in Furniture p.570
天棚，Ceilings p.570
温室，Conservatories p.570
门，Doors p.579
壁炉，Fireplaces p.571
地板，Floors p.571
铁艺，Ironwork p.571
厨房，Kitchens p.571
厨房炉灶，Kitchen Stoves p.572
灯具，Lighting p.572
楼梯，Staircases p.572
墙面，Walls p.572
窗户，Windows p.573
木制品，Woodwork and Joinery p.573
其他用品，Other Useful
地址/来源，Addresses/Sources P.574

传统建筑构件以及高品质的复制品如今均可从数量众多的供应商购得。以下所列出的供应商名录涵盖了大多数古建筑修复所需要的构件生产厂家，更详细的信息还需要查找相关专业杂志。

ARCHITECTURAL SALVAGE

Architectural Antiques
351 King Street,
London W6 9NH
(020) 8741 7883
Wide range of antique and reproduction marble fireplace surrounds, also installation and restoration of antique and new marble.

Architectural Heritage
Taddington Manor,
Taddington,
nr Cutsdean,
Cheltenham,
Gloucestershire GL54 5RY
(01386) 584414
www.architectural-heritage.co.uk
Suppliers of a large range of antique and reproduction garden ornaments, fireplaces, panelled rooms, stained and leaded glass panels and windows, wrought-and cast-iron gates, period doors and other interior and exterior items.

Baileys Home and Garden
Whitecross Farm,
Bridstow,
Ross on Wye,
Herefordshire HR9 6JU
(01989) 563015
www.baileyshomeandgarden.com
A large and changing inventory of decorative architectural items for the house, both authentic and reproduction, such as doors, fireplaces and mantelpieces, gates, panelling, bathroom fittings, hardware, tiles and lighting.

Brighton Architectural Salvage
33-34 Gloucester Road,
Brighton,
Sussex BN14 4AQ
(01273) 681656
Fireplace specialists and architectural antiques. Period and reproduction fireplaces and surrounds in all materials, tiled and cast inserts and register grates. Doors, stained glass, panelling, pine furniture, reclaimed flooring, decorative cast iron, garden seats and furniture, stoves. Complete installation service.

Conservation Building Products
see Building Materials

Dorset Reclamation
see Building Materials

Easy Architectural Salvage Yard
Bowling Green St,
Edinburgh EH6 5NX
(0131) 554 7077
www.easy-arch-salv.co.uk
Wide selection of architectural fittings from escutcheons to carriage gates. Georgian, Victorian, Art Nouveau through to Art Deco.

Holloways of Ludlow
140 Corve Street,
Ludlow,
Shropshire, SY8 2PG
(01584) 876207
and
121 Shepherd's Bush Road,
London, W6 7LP
(020) 7602 5757
www.hollowaysofludlow.com
New and old bathroomware, knobs and knockers, oak flooring, tiles, handmade reclaimed timber doors, fully restored period radiators, door and window furniture, handmade kitchens, lighting, accessories, and a wide selection of paints and finishes.

LASSCO (London Architectural Salvage and Supply Co.)
St Michael's,
Mark Street,
off Paul Street,
London EC2A 4ER
(020) 7749 9944
www.lassco.co.uk
A great selection of panelling, fireplaces, flooring and other decorative details in wood, stone and marble.

Pattisons Architectural Antiques
108 London Road,
Aston Clinton,
Buckinghamshire HP22 5HS
(01296) 632300
www.ddd-uk.com
Suppliers of an eclectic mix of authentic architectural items for the home and garden. Marble and stone restoration and installation service offered.

Walcot Reclamation
108 Walcot Street,
Bath BA1 5BG
(01225) 444404
www.walcot.com
A large selection of architectural antiques and building materials of all types from all periods: salvaged bricks and tiles, chimney pots, timber and flooring, doors and windows, ironwork, period bathrooms, fireplaces, gates and panelling. Restoration work also undertaken.

BATHROOMS

Architectural Components
see Doors

Antique Bathrooms of Ivybridge
Erme Bridge Works,
Ermington Rd,
Ivybridge,
Devon, PL21 9DE
(01752) 698250/691456
www.antiquebaths.com
Restoration of customers' own baths finished in a huge range of personalised designs or colours. Nationwide service.

Art & Sold Ltd
Crossways,
Churt,
Farnham,
Surrey GU10 2JA
(01428) 714014
www.miscellanea.co.uk
Maker of custom-design and reproduction period bathroom- and kitchenware. Also supplies bathroom accessories. Has an extensive art and sculpture park.

Barwill Traditional Taps
Barber Wilsons and Co. Ltd,
Crawley Road,
Wood Green,
London N22 6AH
(020) 8888 3461
www.barwil.co.uk
Long-time manufacturers of traditional bathroom and kitchen fittings in non-tarnish brass, unplated polished brass, nickel plate and conventional chrome.

Czech and Speake
244-254 Cambridge Heath Road,
London E2 9DA
(020) 8980 4567
www.czechspeake.com
Period bathroomware including porcelain freestanding and inset rolltop tubs, WCs, bidets and basins. Edwardian fittings in uncoated brass, non-tarnish brass, chromium plate and nickel plate. Many accessories such as hooks, towel rails, soap dish holders and cistern levers.

Fired Earth Interiors
See Walls

Samuel Heath & Sons
Leopold Street,
Birmingham B12 0UJ
(0121) 772 2303
www.samuel-heath.com
Antique and Georgian-style bathroom taps and matching accessories for basins, bidets, baths and showers.

Heritage Bathrooms
Unit 1A, Princess Street,
Bedminster,
Bristol BS3 4AG
(0117) 963 3333
Victorian and Edwardian reproduction bathrooms. Baths, washbasins, water closets, bidets and cabinets in pine and mahogany.

Scottwood of Nottingham
see Built-in Furniture

Smallbone
see Kitchens

Stiffkey Bathrooms
89 Upper St Giles Street,
Norwich
Norfolk NR2 1AB
(01603) 627850
www.stiffkeybathrooms.com
Restorer of antique sanitaryware, including showers, baths, basins, taps and toilets. Also supplies original and period accessories.

Winther Browne
see Woodwork and Joinery

BUILDING MATERIALS

Arundel Stone
62 Aldwick Road,
Bognor Regis,
West Sussex PO21 2PE
(01243) 829151
Reconstructed stone balustrading and architectural stonework for restoration projects.

Conservation Building Products
Forge Works,
Forge Lane,
Cradley Heath,
Warley,
West Midlands B64 5AL
(01384) 569551
www.conservationbuildingproducts.com
Suppliers of reclaimed and new building materials for restored and period buildings, including doors, bricks, roofing materials, timbers, flooring, mouldings, fireplaces and accessories.

Dorset Reclamation
Cow Drove, Bere Regis,
Wareham,
Dorset BH20 7JZ
(01929) 472200
www.dorsetreclamation.co.uk
Reclaimed traditional building materials and architectural antiques of all sorts including bricks, interior and exterior flagstones, tiles, boards and planks, finials, stones and cobbles, doors, hand rails, bathroom fittings, fireplaces and kitchen sinks.

UK Marble
21 Burcott Road,
Hereford HR4 9LW
(01432) 352178
www.ukmarble.co.uk
Marble and granite for bathrooms, floors, worktops, decorative borders and panels, fireplaces, mouldings and the like.

Vitruvius
44 Linford Street,
London, SW8 4UN
(020) 7627 8034
www.vitruviusltd.co.uk
Specialist suppliers, fitters and restorers of all forms of marble, granite limestone and slate. Fabrication and restoration of pietra dura, mosaic, marble mosaic and scagliola.

York Handmade Brick Co.
Forest Lane,
Alne,
North Yorks.YO61 1TU
(01347) 838886
www.yorkhandmadebrick.co.uk
Manufacturers of handmade bricks and terracotta floor tiles.

BUILT-IN FURNITURE

Anthony Warwick
73 London Road,
Copford,
Colchester, CO6 1LG
(01206) 211227
web: www.anthonywarwick.co.uk
Bespoke cabinetmakers and antique restorers specializing in custom-made classical furniture in styles dating from the 16th to the 19th centuries. Also contemporary commissions and furniture restoration, including French polishing, carving, hand-veneering.

Archer and Smith Ltd
Manor House,
Hidson Road,
Chiseldon,
Swindon SN4 0LN
(01793) 740375
www.archersmith.com
Maker and designer of reproduction period and custom-design furniture.

Artisan Joinery
see Woodwork and Joinery

Bylaw Ltd
The Old Mill,
Brookend Street,
Ross-on-Wye,
Herefordshire HR9 7EG
(01989) 562356
www.bylaw.co.uk
Maker of traditional solid oak and fruitwood country furniture. Interior work includes solid-oak staircases, doors and panelling

Distinctive Country Furniture
30 Arlington Close,
Yeovil,
Somerset, BA21 3TB
(01935) 424858
www.distinctivecountryfurniture.co.uk
Handcrafted furniture and interior joinery, including panelling, staircases, bookcases, dressers, kitchens, tables, chairs, four-poster and half-head beds. Specialists in period-style, carved and polished oak.

Hygrove Kitchens
see Kitchens

Japac Designs
St Saviour's Church,
Whitstable Road,
Faversham,
Kent ME13 8BD
(01795) 537062
www.parkmall.co.uk
Makers of fitted furniture, sliding sash windows and staircases built to specification.

S. and H. Jewell Ltd
26 Parker Street.
London WC2B 5PH
(020) 7405 8520
Supplier of Queen Anne, Georgian, Regency, Victorian and Edwardian furniture.

John Ladbury and Co.
Unit 11,
Alpha Business Park,
Travellers Close,
Welham Green,
Hatfield,
Hertfordshire AL9 7NT
(01707) 262966
Maker of fitted furniture for traditional-style kitchens, bedrooms and studies.

Scottwood of Nottingham
Dabell Avenue,
Blenheim Industrial Estate,
Bulwell,
Nottingham NG6 8WA
(0115) 977 0877
Makers of fitted bathrooms, kitchens and bedrooms in pine and hardwoods in a variety of finishes.

Smallbone
see Kitchens

Yeo Valley Joinery
see Staircases

CEILINGS

Aristocast Originals Ltd
see Walls

Wheatley Plasterwork
Unit 14, Tormarton Road,
Martoc Industrial Estate,
Chippenham,
Wiltshire SN14 8LJ
(01225) 891002
Ornamental plasterwork for ceilings and walls, including cornices, ceiling centres, niches, plaques, panel moulding, columns and fireplace surrounds. Will also fit items and do restoration work on existing plasterwork.

Winther Browne
see Woodwork and Joinery

CONSERVATORIES

Amdega Conservatories
Faverdale,
Darlington,
Co. Durham DL3 0PW
(0800) 591523
www.amdega.co.uk
Conservatories and porches in period styles. Also conservatory blinds, fans and flooring, and summer houses, gazebos and greenhouses. Has available a design service that will design and build to order.

Apropos
Greenside House,
Richmond Street,
Ashton-under-Lyne,
Manchester, OL6 7ES
(0870) 777 0320
web: www.clearspan.co.uk
Manufacturers of contemporary bespoke glass and aluminium structures including modern conservatories, glass roofs, garden rooms, glass links, two storey stuctures and atria.

David Fennings Conservatories
Sunrise Business Park,
Blandford Forum,
Dorset DT11 8ST
(01258) 459259
www.davidfenningsconservatories.co.uk
Supplier of Victorian and Edwardian conservatories and accessories.

The Original Box Sash Window Company
see Windows

Room Outside
Lakeside House
Quarry Lane,
Chichester,
West Sussex PO19 8NY
(01243) 538999
www.buildingdesign.co.uk
A range of modular elements for modern and traditional conservatories that allow you to choose sizes, finishes, types of glazing and other detailing.

Rutland County Ltd
Stoneycroft House,
Edmondthorpe,
Rutland,
Leicestershire LE14 2JW
(01572) 787979
www.rutland-county.co.uk
Maker of tailor-made conservatories and orangeries.

Vale Garden Houses Ltd
Melton Road,
Harlaxton, nr Grantham,
Lincolnshire NG32 1HQ
(01476) 564433
www.valegardenhousesltd.com
Designer and manufacturer of traditional conservatories and garden rooms.

DOORS

Architectural Components
4-8 Exhibition Road,
London SW7 2HF
(020) 7584 6800 (door handles)
(020) 7581 3869 (bathroom accessories)
www.doorhandles.co.uk
Manufacturers of door fittings in Victorian, Georgian and Regency styles. Also cupboard, bathroom and furniture fittings, electrical plates and locks.

Aristocast Originals
see Walls

Barron Glass
see Windows

Brassart
78 Attwood Street,
Lye, Stourbridge,
West Midlands DY9 8EG
(01922) 740512
www.brassart.co.uk
Door fittings and electrical wall plates made from hand-made castings in a number of traditional styles. Finishes in polished brass, chrome plate and satin chrome; French lacquered gilt and gold plate available in some styles.

Clayton-Munroe Ltd
15-18 Burke Road,
Totnes,
Devon TQ9 5XL
(01803) 865 7000
www.claytonmunroe.com
Architectural ironmongery, door furniture, cabinet fittings and accessories.

Mackinnon and Bailey
119 Floodgate Street,
Birmingham B5 5SR
(0121) 6432233
www.mackinnons.co.uk
Manufacturers of fittings for doors, windows, and cupboards in polished brass, chromium plate and satin chromium plate. Also make hooks, plates, brackets and ventilators.

The Original Box Sash Window Company
see Windows

Renaissance London
193-195 City Rd,
London, EC1V 1JN
(020) 7251 8844
www.renaissancelondon.com
Large stock of original doors, from the traditional four-panel Victorian type to huge studded Spanish doors.

Priors Reclamation
Unit 65, Ditton Priors Trading Estate,
Ditton Priors,
Bridgnorth, s
Shropshire, WV16 6SS
(01746) 712450
www.priorsrec.co.uk
Specialists in reclaimed doors and doors handmade to order in reclaimed pine and new oak. Planked doors, Victorian four-panel, six-panel and parlour doors for interior and exterior use. Wide range of traditional door knobs in brass, glass and wood as well as wrought iron latches.

Syntonic
see Woodwork and Joinery

FIREPLACES

Acquisitions Fireplaces Ltd
24-26 Holmes Road,
London NW5 3AB
(020) 7482 2949
www.acquisitions.co.uk
Original and reproduction Victorian and Edwardian fireplaces, gas- and coal-effect fires and accessories.

Amazing Grates
61-63 High Road,
East Finchley,
London N2 8AB
(020) 8883 9590
Manufacturers of reproduction fireplace settings and suppliers of original period chimneypieces and insert grates. Stock includes wood, stone and marble mantels, fireplace tiles, and a wide range of accessories. Also restores original fireplaces.

Architectural Antiques (London)
see Architectural Salvage

Aristocast Originals Ltd
see Walls

Baileys Home and Garden
see Architectural Salvage

Chesney's Antique Fireplace Warehouse
194-200 Battersea Park Road,
London SW11 4ND
(020) 7627 1410
www.chesneys.co.uk
Antique and reproduction fireplaces in stone and marble, from Jacobean to contemporary modern designs; also architectural stonework.

Chiswick Fireplace Company
68 Southfield Road,
Chiswick,
London W4 1BD
(020) 8995 4011
Supplier of Victorian and Edwardian fireplaces. Also restores antique fireplaces.

Dowding Metalcraft Ltd
Unit 41
Mulberry Road,
Canvey Island,
Essex SS8 0PR
(01268) 684205
Manufacturers of reproduction fire grates and fenders for wood, coal, gas and electric fires.

Grahamston Iron Co.
see Ironwork

Hallidays
The Old College,
Dorchester-on-Thames,
Oxfordshire OX10 7HL
(01865) 340028/340068
www.hallidays.com
Specializing in hand-carved Baltic pine reproduction mantelpiece designs of the Regency, Georgian, Victorian and Edwardian periods. Complementary marble slips, hearths, firegrates, fenders and other accessories, both reproduction and authentic antique; also wood panelled rooms and cabinet furniture.

H. & R. Johnson Tiles Ltd,
Harewood Street,
Tunstall, Stoke-on-Trent,
Staffordshire ST6 5JZ
(01782) 575575
www.johnson-tiles.com
Victorian reproduction fire tile panels, decorative borders and insets and coordinating hearth tiles.

Overmantels
66 Battersea Bridge Road,
London SW11 3AG
(020) 7223 8151
www.overmantels.co.uk
Overmantel gilt mirrors reproduced from Victorian, Regency, Georgian and French period originals. Also makers of custom designs.

Petit Roque
5A New Road,
Croxley Green, Rickmansworth,
Hertfordshire WD3 3EJ
(01923) 779291
Suppliers of Georgian and Regency style mantelpieces in hand-carved pine and polished sheet marble. Coloured marbles and granites may be specially ordered. Also cast-iron, wrought-iron and brass grates and other accessories for wood- and coal-burning fireplaces.

Winther Browne
see Woodwork and Joinery

FLOORS

Crucial Trading Ltd
79 Westbourne Park Road,
London W2 5QH
(020) 7221 9000
www.crucial-trading.com
Natural floor coverings in a range that includes sea-grass, coir, sisal, rush and medieval matting.

Dalsouple Direct Ltd
PO Box 140
Bridgewater
Somerset TA5 1HT
(01984) 667233
www.dalsouple.com
Rubber flooring specialists.

Fired Earth Interiors
See Walls

S. Frances
82 Jermyn Street,
St James's,
London SW1Y 6JD
(020) 7976 1234
Antique carpets, textiles and tapestries.

H. & R. Johnson Tiles Ltd
see Walls

Original Style
Falcon Road,
Sowton Industrial Estate,
Exeter,
Devon EX2 7LF
(01392) 473000
www.originalstyle.com
Ready-moulded Victorian geometric floor tiles and wall tiles in Victorian and Art Nouveau styles.

The Original Tile Company
see Walls

Paris Ceramics
583 Kings Road,
London SW6 2EH
(020) 7371 7778
www.parisceramics.com
Specialists in limestone, antique stone and terracotta hand-cut tiles and mosaics.

Woodward Grosvenor and Co. Ltd
Stourvale Mills,
Green Street,
Kidderminster DY10 1AT
(01562) 820020
www.woodwardgrosvenor.co.uk
Carpet makers and archivists: will reproduce any pattern to commission.

York Handmade Brick Co.
see Building Materials

IRONWORK

Architectural Metal Design Ltd
Unit 224-7,
Fielding Street,
London SE17 3HE
(020) 7703 6633
Fabrication and fitting of cast-iron work from reproduced Georgian and Victorian patterns and moulds for railings, window guards, bootscrapers, gates and spiral staircases;
also refurbishing of original ironwork.

Ballantine Boness Iron Co.
Links Road, Bo'ness,
West Lothian,
Scotland EH51 9PW
(01506) 822721/281281
www.creativeironworks.co.uk
Iron founders and engineers providing original metalwork as well as restoration and refurbishment of ornamental cast-iron panels for railings, balconies, gates and stairways.

The Beardmore Collection and Farmer Bros
319-321 Fulham Road,
London SW10 9Ql
(020) 7351 5444
www.beardmore.co.uk
A large selection of period reproduction designs: decorative grilles, electrical fittings, door and cabinet furniture, locks.

Britannia
Old Coach House,
Draymans Way,
Alton,
Hampshire GU34 1AY
(01420) 84427
www.britannia.uk.com
Large range of Victorian cast-iron work for balconies, spiral and straight staircases and the like. Also restoration and repair work and custom-made designs from original castings.

Capricorn Architectural Ironwork
Tasso Forge,
56 Tasso Road,
London W6 8LZ
(020) 7381 4235
Designers and makers of hand-forged architectural and artistic fittings. All the work, done by a collective of local blacksmiths, is commissioned and includes railings, balconies, straight and spiral staircases and gates. Also restore original ironwork.

The Cast Iron Shop
R. Bleasdale (Spirals) Ltd
394 Caledonian Road,
London N1 1DW
(020) 7609 0934
Traditional British, French and American ironwork reproductions in a wide range of patterns and styles: spiral and straight staircases, railings, balconies, room dividers and window boxes.

Clayton-Munroe Ltd
see Doors

Grahamston Iron Co. Ltd
Bankside Works,
Benfield Way,
Braintree,
Essex CM7 3YS
(01376) 331527
Ironfounders and enamellers of fireplace inserts, grates, stoves and kitchen cookers.

KITCHENS

Art and Sold
see Bathrooms

Commodore Kitchens Ltd,
Acorn House,
120 Gumley Road,
Grays,
Essex RM20 4XP
(01375) 382323
www.commodorekitchens.co.uk
Builders of fitted kitchens developed from traditional period designs in limed oak. Also available by special order in natural, honey and white painted, as well as in a pigmented glaze in five broken paint finishes typical of many 18th-century interiors

Crabtree Kitchens
17 Station Road,
Barnes,
London SW13 0LF
(020) 8392 6955
www.crabtreekitchens.co.uk
Handmade, solid-wood kitchens in pine, oak and ash, finished with lacquer and wax polish, or painted in styles inspired by Biedermeier faux bois, trompe l'oeil and faux marbling.

Hygrove Kitchens
152-4 Merton Road,
Wimbledon,
London SW19 1EH
(020) 8543 1200/6520
www.hygrovefurniture.co.uk
Custom-built wood kitchens in both antique and traditional finishes and a variety of painted designs. Also a selection of fitted bathroom and bedroom furniture available.

Japac Designs
see Built-in Furniture

Harvey Jones Kitchens
57 New Kings Road,
London SW6 4SE
(0800) 917 2340
www.harveyjones.com
Traditional painted kitchen specialists.

Kitchen Art
5-6 The Centre,
Beaconsfield Road,
Farnham Common,
Buckinghamshire SL2 3PP
(01753) 646631
Fitted and freestanding kitchens, both standard and custom-built. The original range is a traditional, all-timber design.

John Landbury and Co.
see Built-in Furniture

Plain English
Stowupland Hall,
Stowupland,
Stowmarket,
Suffolk IP14 4BE
(01449) 774028
www.plainenglishdesign.co.uk
Specialist in fitted kitchens for period houses.

Plain & Simple Kitchens
1 Filmer Studios,
75 Filmer Rd,
London, SW6 7JF
(020) 7731 2530
www.plainandsimplekitchens.com
Bespoke kitchens in styles ranging from traditional Shaker to ultra-modern stainless steel and glass. Also kitchens for small spaces.

Robinson and Cornish
St George's House,
St George's Road,
Barnstaple,
Devon EX32 7AS
(01271) 329300
www.robinsonandcornish.co.uk
Specialist in custom-design kitchens for period houses.

Scottwood of Nottingham
see Built-in Furniture

Smallbone
Hopton Industrial Estate,
London Road,
Devizes,
Wiltshire SN10 2EU
(01380) 729090
www.smallbone.co.uk
Handcrafted kitchen, bedroom and bathroom furniture in a wide range of traditional and period styles and finishes.

Wood Workshop
28 Chestnut Road,
London SE27 9LF
(020) 8670 8984
Builders of fitted kitchens in many hardwoods and several styles, Arts and Crafts and 1930s Art Deco.

KITCHEN STOVES

Aga
Glynwed Consumer
and Building Products Ltd,
PO Box 30, Ketley,
Telford,
Shropshire TF1 4DD
(01952) 642000
www.aga-rayburn.co.uk
Distributors of the well-known Aga cooker based on the design of Nobel prize-winning Swedish physicist Dr Gustav Dalen, in the early 1920s. The 2- and 4-oven cookers can be fuelled by off-peak electricity, natural or propane gas, oil or solid fuel.

The Aga Exchange
Cow Drove, Bere Regis,
Wareham,
Dorset BH20 7JZ
(01929) 4722000
www.dorsetreclamation.co.uk
Installation and reconditioning of Aga cookers.

Coalbrookdale
Glynwed Consumer
and Building Products Ltd,
PO Box 30, Ketley,
Telford,
Shropshire TF1 4DD
(01952) 642000
www.aga-rayburn.co.uk
Cast-iron stoves that burn wood, coal and peat for heat and hot water.

Godin
Morley Stove Company,
Marsh Lane,
Ware,
Hertfordshire SG12 9QB
(01920) 468002
www.morley-stoves.co.uk
Specialists in Godin coal- and wood-burning and gas-fired stoves, made in France since the end of the last century and finished in antique colours. Suitable for Victorian and Edwardian settings and conservatories.

Grahamston Iron Co.
see Ironworks

The Hotspot
53/55 High Street,
Uttoxeter,
Staffordshire ST14 7JQ
(01889) 565411
Distributors of cast-iron wood- and coal-burning stoves, some in period styles.

Stanley Cookers (GB) Ltd,
Abbey Road,
Wrexham Industrial Estate,
Wrexham,
Clwyd LL13 9RF
(01978) 772922
www.stanley-cookers.com
Gas, oil and multi-fuel combination cookers and central heating units.

LIGHTING

Albert Bartram
177 Hivings Hill,
Chesham,
Buckinghamshire HP5 2PN
(01494) 783271
www.ravencom.demon.co.uk
Reproduction pewter 17th-century chandeliers and wall sconces; they are supplied to take candles but may be wired for electricity.

Chelsom Ltd
Heritage House,
Clifton Road,
Blackpool,
Lancashire FY4 4QA
(01253) 831400
www.chelsom.co.uk
Suppliers of a wide range of contemporary and reproduction lighting for both indoor and exterior use, including table lamps and wall lights, chandeliers and lanterns. Many styles are represented: Georgian, Regency, period American, Art Deco, Art Nouveau, Victorian and traditional English designs.

John Cullen Lighting
585 King's Rd,
London, SW6 2EH
(020) 77371 5400
www.johncullenlighting.co.uk
Specialist in discreet lighting for both the modern and traditional house and garden. Their range includes recessed downlights, spotlights, uplighting, wall and floor lighting, shelf and picture lighting and garden and exterior lighting.

Danico Brass Ltd
31-33 Winchester Road,
London NW3 3NR
(020) 7483 4477
Supplier of traditional modern electrical accessories, including Georgian, Regency and Victorian styles.

Forbes and Lomax Ltd
205A St John's Hill,
London SW11 1TH
(020) 7738 0202
www.forbesandlomax.co.uk
Suppliers of electric light switches and sockets for period houses, including the Invisible Light Switch, which is similar to 1930s glass switches, and antique bronze satin chrome switches.

Jones Antique Lighting
194 Westbourne Grove,
London W11 2RH
(020) 7229 6866
Large collection of restored antique lighting, fittings and shades from 1860 to 1960. The collection includes converted Victorian gas fittings, Art Nouveau and Art Deco lighting.

Sugg Lighting
Sussex Manor Business Park,
Gatwick Road,
Crawley,
West Sussex RH10 9GD
(01293) 540111
www.sugglighting.co.uk
Reproduction lanterns and wall and hanging lamps suitable for gas or electricity in Victorian and Edwardian styles.

Christopher Wray's Lighting Emporium
591-593 Kings Road
London SW6 2YW
(020) 7751 8701
www.christopher-wray.com
Contemporary and reproduction lighting of all kinds, also parts and accessories in their showrooms and through the catalogue.

Oliver Burns Interiors
Dalton House House,
Catherine Street,
St Albans,
Hertfordshire, AL3 BP
(01727) 814170
www.oliverburnsinteriors.com
A luxury concept store set in a Grade II listed Georgian mansion with 21 rooms of classic and contemporary interiors. Allows you to see different lighting effects in a genuine home setting. Over 200 pieces are showcased within the house, from crystal chandeliers to stainless steel mesh ball lights. Also offers a lighting design service.

STAIRCASES

Architectural Metal Design Ltd
see Ironwork

Ballantine Boness Iron Co.
see Ironwork

Bisca
Sawmill Lane
Helmsley
North Yorkshire YO62 5DQ
(01439) 771702
www.bisca.co.uk
Designers of innovative architectural metalwork for stairs and windows.

Britannia
see Ironwork

Bylaw Ltd
see Built-in Furniture

The Cast Iron Shop
see Ironwork

Miller Shopfitting
Unit 2, St Clements Centre,
St Clements Road,
Nechells,
Birmingham B7 5AF
(0121) 322 2272
Manufacturers of custom-built curved staircases, handrails and ballusters, and oak panelling. Also traditional weight sliding sash windows.

Winther Browne
see Woodwork and Joinery

Yeo Valley Joinery Co. Ltd
Unit 11, Lynx Crescent,
Weston-super-Mare,
Somerset BS24 9DJ
(01934) 623344
Fine, custom-designed and custom-built period staircases with hand-carved traditional handrail work and turned hardwood or cast-iron balustrades. Also fitted furniture and other architectural features.

WALLS

Aristocast Originals Ltd
2 Wardsend Road,
Sheffield S6 1RQ
(0114) 269 0900
www.plasterware.net
Georgian- and Victorian-style feature plasterwork: mouldings, niches, ceiling centres, fire surrounds, door surrounds and canopies, columns and beams.

Alexander Beauchamp
Appleby Business Centre,
Appleby Street,
Blackburn,
Lancashire BB1 3BL
(01254) 691133
www.alexanderbeauchamp.com
Hand-printed wallpapers and fabrics, based on archival designs dating from 1680.

Kenneth Clark Ceramics
The North Wing,
Southover Grange,
Southover Road,
Lewes,
East Sussex BN7 1TP
(01273) 476761
www.kennethclarkceramics.co.uk
Many wall tiles and ceramic murals of unique design, both those in stock and those individually designed and decorated. Notable are reproductions of William de Morgan Victorian tiles.

Colefax and Fowler
39 Brook Street,
London W1Y 2JE
(020) 7493 2231
www.colefaxantiques.com
Reproduction 18th- and 19th-century wallpapers.

Belinda Coote Tapestries
Unit 3/14,
Chelsea Harbour Design Centre,
London SW10 0XE
(020) 7376 4486
www.wattsofwestminster.com
Reproduction antique tapestries copied from European originals, all hand-finished in a variety of sizes. Also contemporary tapestries, cushion covers, tapestry fabrics, paisley and handpainted firescreens.

WG Crotch Ltd
10 Tuddenham Avenue,
Ipswich,
Suffolk IP4 2HE
(01473) 250349
Manufacturers of fibrous plaster mouldings, overmantels, console brackets, ceiling roses, etc.

Fine Art Mouldings Ltd
Unit 6,
Roebuck Road Trading Estate,
Roebuck Road,
Hainault, Ilford
Essex IG6 3TU
(020) 8502 7602
Producers of decorative plasterwork for classical, Tudor and Regency interiors.

Fired Earth Interiors
3 Twyford Mill
Oxford Road
Adderbury
Oxfordshire OX17 3SX
(01295) 812088
www.firedearth.com
Handcrafted wall and floor tiles in traditional and contemporary styles. Also other types of flooring, paints, bathroom fittings.

Hamilton Weston Wallpapers Ltd
18 St Mary's Grove,
Richmond,
Surrey TW9 1UY
(020) 8940 4850
www.hamiltonweston.com
Specialists in reproduction original 18th- and 19th-century wallpaper designs.

Houghtons of York
see Woodwork and Joinery

Jackfield Tile Museum
Ironbridge,
Telford,
Shropshire TF8 7AW
(01952) 884124
www.ironbridge.org.uk
Specialists in the reproduction of 19th-century English wall and floor tiles.

H. & R. Johnson Tiles Ltd
Harewood Street,
Tunstall,
Stoke-on-Trent ST6 5JZ
(01782) 575575
www.johnson-tiles.com
Makers of ceramic wall and floor tiles for period and restoration projects.

Original Style
see Floors

The Original Tile Company
23A Howe Street,
Edinburgh EH3 6TF
(0131) 556 2013
A wide range of wall and floor tiles: terracotta, natural stone and marble tiles. Also handpainted tiles, both imported and those done by their own artists, including the Art Nouveau selection inspired by Charles Rennie Mackintosh. Restoration and reproduction of broken or missing old tiles including a tile fitting service.

Osborne and Little
304-308 Kings Road,
London SW3 5UH
(020) 7352 1456
www.osborneandlittle.com
Reproduction traditional wallpapers.

Paris Ceramics
see Floors

Sanderson
112-120 Brompton Road,
London SW3 1JJ
(020) 7584 3344
www.sanderson-online.co.uk
Reproduction period wallpapers; 19th-century archive designs include those of William Morris.

Watts of Westminster
Unit 3/14,
Chelsea Harbour Design Centre,
London SW10 0XE
(020) 7376 4486
www.wattsofwestminster.com
Wallpapers and paper borders handprinted from authentic traditional designs. Special commissions taken.

Winther Browne
see Woodwork and Joinery

Zoffany
Chalfont House,
Oxford Road,
Denham,
Hertfordshire UB9 4DX
(08708) 300350
www.zoffany.co.uk
Makers of wallpaper in Georgian, Regency and Victorian designs, based on their archive.

WINDOWS

The Art of Glass
Holy Trinity Church,
Greenhill,
Blackwell,
Worcestershire B60 1BL
(0121) 445 6537
www.theartofglass.com
Designing, painting, making and restoring traditional stained and architectural glass work.

Barron Glass
Unit 4, Old Coalyard Farm Estate,
Northleach,
Gloucestershire GL54 3HE
(01451) 860282
Makers of period etched and enamelled glass, and suppliers of period doors.

Classic Designs
see Doors

Copycats
The Workshop,
29 Maypole Road,
Ashurst Wood East,
East Grinstead,
West Sussex RH19 3QN
(01342) 826 066
www.copycatsweb.co.uk
Restoration and replacement of traditional box sash windows.

Goddard and Gibbs Studios
Marlborough House,
Cook Road,
Stratford,
London E15 2PW
(020) 8536 0300
www.goddard.co.uk
Specialists for over 100 years in the fabrication and installation of stained and decorative glass.

Japac Designs
see Built-in Furniture

Mackinnon and Bailey
see Doors

Miller Shopfitting
see Staircases

The Original Box Sash Window Company
29-30 The Arches,
Alma Road,
Windsor,
Berkshire SL4 1QZ
(0800) 783 4053
www.boxsash.com
Box sash windows in traditional designs made with pulleys and sash cords and also casement windows, with single or double glazing and finished with wax, stain or white paint. Also available are custom-made exterior doors and door/window screens in all period styles.

Sashy and Sashy
The Saw Mill,
Drayton Road,
Tunbridge,
Kent TN9 2BE
(01732) 773626
Sash window restorations and replacements.

Syntonic
see Woodwork and Joinery

Winther Browne
see Woodwork and Joinery

WOODWORK AND JOINERY

Artisan Joinery
The Granary,
Grange Farm,
Lindfield,
Sussex
(01444) 484491
Traditional handmade joinery, windows, doors, panelling, fitted and freestanding cupboards, bookcases and kitchens.

AW Champion Ltd
Champion House,
Burlington Road,
New Malden,
Surrey KT3 4NB
(020) 8 949 1621
www.championtimber.com
Suppliers of a large range of period mouldings including skirtings, architraves, dados, picture rails, beads and sash materials. Will also custom-make mouldings to match.

Bylaw Ltd
see Built-in Furniture

Houghtons of York
Common Road,
Dunnington,
York Y01 5PD
(01904) 489193
Restorers of antique furniture, panelling and joinery. Makers of bespoke kitchens and joinery.

Jak Products
Glebe Cottage,
Hunsingore, nr Wetherby,
North Yorkshire LS22 5HY
(01423) 358216
Wood turnings for balusters, newels, columns and furniture parts.

Japac Designs
see Built-in Furniture

JSR Joinery Eastern Ltd
Unit 1, Woodpecker Court,
Poole Street,
Great Yeldham,
Halstead,
Essex CO9 4HN
(01787) 237722
Custom-made joinery for listed buildings, period houses and barn conversions.

Miller Shopfitting
see Staircases

Syntonic
4 Woodville Road
Thornton Heath
Surrey CR7 8LG
(020) 8778 7838
www.syntonic.co.uk
Custom-made architectural details and cabinet work, also curved doors and windows. Construction company offering full service.

Winther Browne
Nobel Road,
Eley Estate,
London N18 3DX
(020) 8803 3434
www.wintherbrowne.co.uk
Specialize in timber beams. Also make decorative wood carvings and mouldings for doors, windows, walls, ceilings, staircases, panelled rooms, and mantels. Most of the items are made in pine and mahogany but other timbers may be specially ordered. Special items not in the catalogue can be commissioned.

Yeo Valley Joinery
see Staircases

OTHER USEFUL ADDRESSES/ SOURCES

British Ceramic Tile Council
Federation House,
Station Road,
Stoke-on-Trent ST4 2RU
(01782) 747147
www.thepotteries.org
Information on the installation of ceramic tiles.

British Decorators' Association
32 Coton Road,
Nuneaton,
Warwickshire CV11 5TW
(0247) 635 3776
www.british-decorators.co.uk
Over 3,000 member firms, many of which specialize in the decoration of period homes.

British Wood Preserving and Damp Proofing Association
1 Gleneagles House,
Vernon Gate,
Derby DE1 1UP
(01332) 225100
www.bwpda.co.uk
Free advice and literature on problems concerning timber preservation and flame retardation.

Building Conservation Directory
High Street,
Tisbury,
Wiltshire SP3 6HA
(01747) 871717
www.buildingconservation.com
Provides details of conservation organizations, companies and individual craftsmen.

Cadw (Welsh Historic Monuments)
Plas Carew,
Unit 5/7 Cefn Coed,
Parc Nantgarw,
Cardiff CF15 7QQ
(01443) 336000
www.cadw.wales.gov.uk
Awards grants for repairing historic buildings in Wales.

Chartered Institution of Building Services Engineers (CIBSE)
Delta House,
222 Balham High Road,
London SW12 9BS
(020) 7675 5211
www.cibse.org
Free advice on plumbing, heating and ventilation.

Chartered Society of Designers
5 Bermondsey Exchange,
179-181 Bermondsey Street,
London SE1 3UW
(020) 7357 8088
www.csd.org.uk
Many interior designers among its 8,000 members; information service and library.

Civic Trust
259-269 Winchester House
Old Marylebone Road
London NW1 5RA
(020) 7170 4299
www.civictrust.org.uk
Promotes the protection and improvement of the environment in relationship to conservation and restoration projects.

Construction Confederation
55 Tufton Street,
London SW1P 3QL
(0870) 898 9090
www.constructionconfederation.co.uk
Lists of stonemasons, painters and decorators available for work.

English Heritage
PO Box 569,
Swindon SN2 2YP
(0870) 333 1181
www.english-heritage.org.uk
Advice on restoration and preservation; grants available for repairing historic buildings in England.

The Georgian Group
6 Fitzroy Square,
London W1T 5DX
(020) 7529 8920
www.georgiangroup.org.uk
Advice on restoration and repair of Georgian buildings.

The Guild of Master Craftsmen
166 High Street,
Lewes,
Sussex BN7 1XU
(01273) 488005
www.thegmcgroup.com
Trade association with member craftsmen available for restoration work; information service and library.

Historic Houses Association
2 Chester Street,
London SW1X 7BB
(020) 7259 5688
www.hha.org.uk
Association of owners and guardians of historic houses, parks and gardens; information service and seminars.

Historic Scotland
Longmore House,
Salisbury Place,
Edinburgh EH9 1SH
(0131) 668 8600
www.historic-scotland.gov.uk
Awards grants for repairing historic buildings in Scotland.

National Monuments Record Centre,
Kemble Drive,
Swindon SN2 2GZ
(01793) 414600
www.english-heritage.org.uk
Maintains inventories of ancient and historic monuments connected with the culture and condition of the life of people in England; publications available from HMSO.

The National Trust
36 Queen Anne's Gate,
London SW1H 9AS
(020) 7222 5097
www.nationaltrust.org.uk
Membership organization promoting the restoration and maintenance of period properties of historic significance.

Paint Research Association
Waldegrave Road,
Teddington,
Middlesex TW11 8LD
(020) 8614 4800
www.pra.org.uk
Literature available on paints, pre-treatment products and masonry coatings.

Royal Commission on the Ancient and Historical Monuments of Scotland
John Sinclair House,
16 Bernard Terrace,
Edinburgh EH8 9NX
(0131) 662 1456
www.rcahms.gov.uk
Extensive collection of pictorial and documentary material relating to Scottish ancient monuments and historical buildings.

Royal Commission on the Ancient and Historical Monuments of Wales.
Crown Building
Plas Crug
Aberystwyth SY23 1NJ
(01970) 621200
www.rcahmw.org.uk
Answers queries from the general public concerning the age, type and function of buildings.

Royal Incorporation of Architects in Scotland
15 Rutland Square,
Edinburgh EH1 2BE
(0131) 229 7545
www.rias.org.uk
2,700 member architects in Scotland.

Royal Institute of British Architects (RIBA)
66 Portland Place,
London W1B 4AD
(020) 7580 5533
www.riba.org
22,000 member architects, directory of practices available, library.

Royal Institute of Chartered Surveyors (RICS)
Surveyor Court,
Westwood Way,
Coventry CV4 8JE
(0870) 333 1600
www.rics.org
69,000 members; information service and library.

The Society for the Protection of Ancient Buildings
37 Spital Square
London E1 6DY
(020) 7377 1644
www.spab.org.uk
Publishes technical bulletins on repairs of historic buildings; provides names of architects and others specializing in restoration work.

The Victorian Society

1 Priory Gardens, Bedford Park,
London W4 1TT
(0870) 774 3698
www.victorian-society.org.uk
Promotes the preservation of Victorian and Edwardian buildings.

PERIODICALS OF INTEREST:

Architectural Design, Building Design, Country Homes and Interiors, Country Life, Country Living, Elle Decoration, English Heritage Magazine, Essential Kitchen, Bathroom and Bedroom Magazine, Historic House, Historic Houses, Castles and Gardens Annual, Home, Home Flair, Homes and Antiques, Homes and Gardens, Homes and Ideas, House and Garden, House Beautiful, Individual Homes, Kitchens, Bedrooms, Bathrooms, National Trust Magazine, Period House, Period House and its Garden, Period Living and Traditional Homes, Victorian Society Annual, World of Interiors

供应商名录：北美

古建筑构件市场，Architectural Salvage Yards p. 575
门窗，Doors and Windows p. 575
纺织品，Fabrics p. 576
壁炉和火炉，Fireplaces and Stoves p. 576
地面，Floors p. 577
五金器具，Hardware p. 577
厨房和卫生间橱柜，Kitchen and Bath Cabinetry p. 578
灯具，Lighting p. 578
金属制品，Metalwork p. 579
给排水设施，Plumbing p. 579
墙面、天棚和石膏机具，Walls, Ceilings and Millwork p. 579
其他用品，Other Useful Sources p. 580
学院和大学，Schools and Universities p. 580
杂志和书籍，Magazines and Books p. 580

以下所列的内容涵盖了范围分部广泛的一些最优秀的家装产品供应商，但并非全部。目前不仅有成百上千的此类商家提供优良的室内装饰产品，其数量还在不断增加。专注于室内空间的修缮、保护和风格的各类杂志，是工匠和施工人员的丰富资源，所列出的大多数公司都免费或以适当的价格提供这类杂志。各厂家自己的产品目录通常也包括了建筑修复中使用的内容充实的产品，但这些产品通常仅在工厂直营店内销售。如果你写信、打电话或访问他们公司的网页，会提供离你最近的门店。通过各个门店售卖的产品往往仅设置供参观的展厅，展厅在提供产品目录和宣传册。如果打算从这些地方购买物品，有必要听从装饰师或建筑师的建议。

ARCHITECTURAL SALVAGE YARDS

Antiquarian Traders
9031 West Olympic Boulevard,
Beverly Hills, CA 90211
(310) 247-3900
and
399 Lafayette Street,
New York, NY 10003
(212) 260-1200
www.antiquariantraders.com
Antique architectural elements, lighting and furniture.

Architectural Accents
2711 Piedmont Road,
Atlanta, GA 30305
(404) 266-8700
Old and reproduction architectural elements.

Architectural Antiques
121 East Sheridan Avenue,
Oklahoma City, OK 73104
(405) 232-0759
www.architecturalaccents.com
Architectural salvage.

Architectural Antiques Exchange
715 North Second Street,
Philadelphia, PA 19123
(215) 922-3669
www.architecturalantiques.com
Old house and building parts.

Architectural Antiques, Inc.
1330 Quincy Street NE,
Minneapolis, MN 55413
(612) 332-8344
www.archantiques.com
Architectural salvage and reproductions.

Architectural Antiquities
Indian Point Lane,
Harborside, ME 04642
(207) 326-4938
www.archantiquities.com
Old house parts, hardware, lighting.

The Architectural Bank
1824 Felicity Street,
New Orleans, LA 70113
(504) 523-2702
Old and reproduction shutters, fireplaces, hardware.

Berkeley Architectural Salvage
2741 Tenth Street,
Berkeley, CA 94710
(415) 849-2025
Salvage and new hardware.

By-Gone Days Antiques
114 Freeland Lane, Suite P,
Charlotte, NC 28217
(704) 527-8717
Architectural salvage.

Coronado Wrecking & Salvage
4200 Broadway Boulevard SE,
Albuquerque, NM 87105
(505) 877-2821
www.coronadowrecking.com
Old house parts.

Dennis C. Walker
P.O. Box 309,
Tallmadge, OH 44278
(216) 633-1081
Historic building materials: beams, flooring, stone, mantels, doors, dismantled buildings.

Elizabeth Street
210 Elizabeth Street,
New York, NY 10012
(212) 941-4800
www.elizabethstreetgallery.com
Outdoor and garden objects, fountains.

The Emporium
1800 Westheimer,
Houston, TX 77098
(800) 528-3808
www.the-emporium.com
Salvage and reproduction elements for old houses.

Gargoyles, Ltd.
512 South Third Street,
Philadelphia, PA 19147
(215) 629-1700
www.gargoylesltd.com
Decorative and architectural house elements.

Great Gatsby's
5070 Peachtree Industrial Boulevard,
Atlanta, GA 30341
(770) 457-1905
www.gatsbys.com
Large selection of architectural antiques and reproductions.

Irreplaceable Artifacts of North America, Inc.
14 Second Avenue,
New York, NY 10003
(212) 777-2900
www.irreplaceableartifacts.com
Interior and exterior elements.

Lost City Arts
18 Cooper Square,
New York, NY 10003
(212) 375-0500
www.lostcityarts.com
Architectural lighting, advertising signs, elements of demolished buildings.

Materials Unlimited
2 West Michigan Avenue,
Ypsilanti, MI 48197
(800) 299-9462
www.materialsunlimited.com
Salvage and new architectural materials, antique furniture and accessories.

Ohmega Salvage
2400 San Pablo Avenue,
Berkeley, CA 94702
(510) 204-0767
www.ohmegasalvage.com
Authentic hardware and architectural elements. Will search for particular needs.

Sylvan Brandt
651 East Main Street,
Lititz, PA 17543
(717) 626-4520
www.sylvanbrandt.com
Flooring, windows, doors, hardware, log houses.

The Renovation Source
3512 North Southport,
Chicago, IL 60657
(773) 327-1250
All elements needed for restoration and renovation.

United House Wrecking
535 Hope Street,
Stamford, CT 06906-1300
(203) 348-5371
www.unitedhousewrecking.com
Old and reproduction house parts, windows, doors, garden ornaments.

Urban Archaeology
143 Franklin Street,
New York, NY 10013
(212) 431-4646
www.urbanarchaeology.com
Doors, windows, fireplaces, exterior ornaments.

Urban Artifacts
4700 Wissahickon Avenue,
Suite 111,
Philadelphia, PA 19144
(215) 844-8330
www.urbanartifactsonline.com
Fireplaces, doors, stained and bevelled glass.

DOORS AND WINDOWS

Allied Window, Inc.
11111 Canal Road,
Cincinnati, OH 45241
(800) 445-5411
www.alliedwindow.com
Interior and exterior invisible storm windows.

American Heritage Shutters, Inc.
5690 Summer Avenue,
Memphis, TN 38134
(901) 751-1000
Interior and exterior shutters.

Andersen Windows
100 Fourth Avenue North,
Bayport, MN 55003
(888) 888-7020
www.andersonwindows.com
Windows, glazed doors, skylights. On-line dealer locater.

Architectural Components
26 North Leverett Road,
Montague, MA 01351
(413) 367-9441
www.architecturalcomponentsinc.com
Pediment doorways, palladian windows, sashes, all woodworking services.

Artistic Glass
2106-2112 Dundas Street West,
Toronto, ON M6R 1W9
(416) 531-4881
and
12 Crane Road
Glenwood, NY 14069
(716) 592-2953
www.artisticglass.ca
Tempered glass doors, windows, skylights, room dividers. To the trade only.

The Atrium Door & Window Company
P.O. Box 226957,
Dallas, TX 75222-6957
(214) 630-5757
www.atriumcomp.com
Doors, windows, exterior hardware. On-line dealer locater.

Blenko Glass Company
P.O. Box 67,
Milton, WV 25541
(877) 425-3656
www.blenkoglass.com
Handblown reproduction glass.

Grand Era Reproductions
P.O. Box 1026J,
Lapeer, MI 48446
(313) 664-1756
Victorian, colonial, Cape Cod style screen and storm doors.

Hope's Windows, Inc.
P.O. Box 580,
84 Hopkins Avenue,
Jamestown, NY 14702-0580
(716) 665-5124
www.hopeswindows.com
Window hardware such as casement operators and scroll handles.

Jennifer's Glass Works
4875 South Atlanta Road,
Vinnings, GA 30080
(404) 355-3080
(800) 241-3388
www.jennifersglassworks.com
Leaded, bevelled and stained glass; window and door millwork.

Kenmore Industries
144 Granite Street,
Rockport, MA 01966
(978) 546-6700
Federal and Georgian style exterior doors and windows.

Lamson-Taylor Custom Doors
3 Tucker Road,
South Ackworth, NH 03607
(603) 835-2992
www.celticwood.com
Custom wood doors.

Marvin Windows & Doors
P.O. Box 100,
Warroad, MN 56763
in U.S. (888) 537-7828
in Canada (800) 263-6161
www.marvinwindows.com
Woodframed doors, windows, skylights.

Morgan Products, Ltd.
469 McLaws Circle,
Williamsburg, VA 23185
(757) 564-1700
Wooden doors and windows in all styles; a new line includes leaded, bevelled panes.

National Windows
2201 North 29th Avenue,
Birmingham, AL 35207
(339) 252-7157
(800) 888-3609
www.natwin.com
Windows in all styles.

Pella Corporation
100 Main Street,
Pella, IA 50219
(800) 547-3552
www.pella.com
All windows and doors, including the Architects series. On-line store locater.

S.A. Bendheim Co., Inc.
122 Hudson Street,
New York, NY 10013
(212) 226-6370
in U.S. (800) 835-5304
in Canada (888) 900-3064
www.bendheim.com
Restoration glass made using the original cylinder method.

Shuttercraft
15 Orchard Park,
Madison, CT 06443
(203) 245-2608
www.shuttercraft.com
Wooden interior shutters.

Touchstone Woodworks
P.O. Box 112,
Ravenna, OH 44266
(330) 297-1313
Victorian style screen and storm doors.

Velux-America, Inc.
P.O. Box 5001,
Greenwood, SC 29648-5001
In U.S. (800) 283-2831
In Canada (800) 888-3589
Windows, skylights.

Weather Shield
1 Weather Shield Plaza,
P.O. Box 309,
Medford, WI 54451
(800) 477-6808
www.weathershield.com
Custom-made doors and windows.

Woodstone
P.O. Box 223,
Westminster, VT 05158
(802) 722-9217
www.woodstone.com
Custom-made historic replication exterior doors, windows.

FABRICS

Arthur Sanderson & Sons
979 Third Avenue, Suite 409,
New York, NY 10022
(212) 319-7220
Traditional English fabrics and wallcoverings including William Morris designs. To the trade only.

Boussac of France, Inc.
979 Third Avenue, Suite 1611,
New York, NY 10022
(212) 421-0534
www.boussac.com
French fabrics. To the trade only.

Brunschwig & Fils, Inc.
75 Virginia Road,
North White Plains, NY 10603
(914) 684-5800
www.brunschwig.com
Fabrics and wallcoverings. To the trade only.

Calico Corners
(800) 213-6366
www.calicocorners.com
Nationwide chain of discount shops carrying fine fabrics. Also mail order catalogue. On-line store locater.

Christopher Hyland, Inc.
979 Third Avenue, Suite 1710,
New York, NY 10022
(212) 688-6121
www.christopherhyland.net
Imported English fabrics and wallcoverings including Watts & Co., Gainsborough Silk Weavers, Timney-Fowler. To the trade only.

Christopher Norman, Inc.
41 West 25th Street, 10th Floor,
New York, NY 10010
(212) 647-0303
www.christophernorman.com
Fabric, wallcoverings, furniture, lighting. To the trade only.

Clarence House Imports
211 East 58th Street,
New York, NY 10022
(212) 752-2890
(800) 221-4704
www.clarencehouse.com
Traditional imported furnishing fabrics and wallcoverings. To the trade only.

Cowtan & Tout
979 Third Avenue, Suite 1022,
New York, NY 10022
(212) 647-6900
Traditional furnishing fabrics and wallcoverings, including Colefax & Fowler, Jane Churchill. To the trade only.

F. Schumacher & Co.
79 Madison Avenue,
New York, NY 10016
(212) 213-7900
(800) 523-1200
www.fschumacher.com
Traditional fabrics, wallcoverings, carpets. To the trade only.

The Fabric Outlet
30 Airport Road,
Airport Executive Plaza,
West Lebanon, NH 03784
(603) 298-7939
Discount designer fabric.

Fonthill, Ltd.
979 Third Avenue, Suite 532,
New York, NY 10022
(212) 755-6700
Fabrics and coordinating wallcoverings. To the trade only.

Greeff Fabrics
79 Madison Avenue,
New York, NY 10016
(212) 223-0357
www.fschumacher.com
Fabrics and wallcoverings, including Winterthur collection. To the trade only.

Hinson & Company
2735 Jackson Avenue, Third Floor,
Long Island, NY 11101
(718) 482-1100
Fabrics, wallpaper, decorative accessories, lighting. To the trade only.

Houles
8584 Melrose Avenue,
Los Angeles, CA 90069
(310) 652-6171
and
P.O. Box 11281, Station Centre Ville,
Montreal, QC H3C 5G9
(800) 654-9116
www.houles.com/gb/html/home.htm
Imported French drapery and upholstery trimmings. To the trade only.

John Boone, Inc.
1059 Third Avenue, Fourth Floor,
New York, NY 10021
(212) 758-0012
www.johnbooneinc.com
Fabrics, wallcoverings and trimmings. To the trade only.

Kravet
225 Central Avenue South,
Bethpage, NY 11714
(516) 293-2000
www.kravet.com
Fabrics including the Mark Hampton collection. To the trade only.

Lee Jofa
201 Central Avenue South,
Bethpage, NY 11714
(800) 453-3563
and
6660 Kennedy Road
Mississauga, ON L5T 2M9
(888) 533-5632
www.leejofa.com
Fabrics and wallcoverings. To the trade only. On-line showroom locater.

Manuel Canovas, Inc.
530 Seventh Avenue, 28th Floor,
New York, NY 10018
(212) 997-7411
www.manuelcanovas.com
French fabrics. To the trade only.

Marvic Textiles
979 Third Avenue, Suite 502,
New York, NY 10022
(212) 546-9001
Fine traditional fabrics.To the trade only.

Osborne & Little
979 Third Avenue, Suite 520,
New York, NY 10022
(212) 751-3333
www.osborneandlittle.com
Fabrics and wallcoverings imported from England and France; Nina Campbell, Designers Guild, Fardis lines. To the trade only.

Pierre Deux
625 Madison Avenue,
New York, NY 10022
(212) 521-8012
www.pierredeux.com
French furnishing fabrics distributed through their shops nationwide. On-line store locater.

Scalamandre
300 Trade Zone Drive,
Ronkonkoma, NY 11779
(631) 467-8800
(800) 932-4361
www.scalamandre.com
Specialists in fabrics for historic restorations. To the trade only.

FIREPLACES AND STOVES

Bryant Stove Works, Inc.
27 Stovepipe Alley,
Thorndyke, ME 04986
(207) 568-3665
Victorian style woodstoves and cookstoves, coal stoves, player pianos.

Buckley Rumford Fireplace Co.

1035 Monroe Street,
Port Townsend, WA 98368
(360) 385-9974
www.rumford.com
Efficient fireplace inserts; plans, kits, components and fully-installed units.

Classic Cast Stone of Dallas, Inc.
3162 Miller Drive North,
Garland, TX 75042
(972) 276-2000
www.classiccaststone.com
Cast-stone fireplaces and architectural elements. To the trade only.

The Country Iron Foundry
65 12th Street South,
Naples, FL 34102
(800) 233-9945
www.firebacks.com
Cast-iron firebacks.

Danny Alessandro, Ltd.
223 East 59th Street,
New York, NY 10022
(212) 759-8210
www.alessandroltd.com
Antique and reproduction fireplaces and accessories.

Elmira Stove Works
232 Arthur Street South,
Elmira, ON N3B 2P2
(519) 669-5103
(800) 295-8498
www.elmirastoveworks.com
Fireplace inserts, woodstoves, cookstoves.

Hallidays America, Inc.
232 Arthur Street South,
Sparta, NJ 07871-0731
(973) 729-8876
Antique and reproduction mantels from England, distributed through Beacon Hill showrooms to the trade.

Mantels of Yesteryear, Inc.
70 West Tennessee Avenue,
P.O. Box 908,
McCaysville, GA 30555
(706) 492-5534
Antique mantelpieces. To the trade only.

Rais & Wittus, Inc.
40 Westchester Avenue,
P.O. Box 120,
Pound Ridge, NY 10576
(914) 764-5679
www.raiswittus.com
Distributors of the Swedish Rais woodstove.

Readybuilt Products
1215 Leadenhall Street,
Baltimore, MD 21223,
(410) 332-4746
(800) 626-2901
www.readybuilt.com
Manufacturers of mantelpieces, heater fireplaces, gas and electric logs.

FLOORS

ABC Carpet & Home
888 Broadway,
New York, NY 10003
(212) 473-3000
(800) 888-7847
www.abchome.com
A store with every style of old and new rugs, carpeting, furniture, home accessories.

Aged Woods
2331 East Market Street,
York, PA 17402
(717) 840-0330
(800) 233-9307
www.agedwoods.com
Antique wood floorboards, ceilings, wall panelling.

Albany Woodworks
P.O. Box 729,
Albany, LA 70711
(225) 567-1155
(800) 551-1282
www.albanywoodworks.com
Antique pine flooring, mouldings, panelling, doors, stairtreads.

American Olean Tile Co.
7834 C.F. Hawn Freeway
Dallas, TX 75216
(214) 398-1411
www.aotile.com
Tiles for floors, walls, kitchens, baths. On-line store locater.

Authentic Pine Floors Inc.
4042 Highway 42,
Locust Grove, GA 30248
(770) 957-6038
(800) 283-6038
www.authenticpinefloors.com
4-in (10cm) to 12-in (30cm)pine flooring.

Carlisle Wide Plank Flooring
1676 Route Nine,
Stoddard, NH 03464
(800) 595-9663
www.wideplankflooring.com
Wood for wide-board floors, wall panelling.

Conklin's
R.D. #1, P.O. Box 70,
Susquehanna, PA 18847
(570) 465-5500
www.uniquecountry.com
Wood weathered over decades, random-width planks and flooring, hand-hewn beams. To the trade only.

Country Floors, Inc.
15 East 16th Street,
New York, NY 10003
(212) 627-8300
www.countryfloors.com
Vast selection of floors in all materials. On-line showroom locater.

Designs in Tile
P.O. Box 358,
Mount Shasta, CA 96067
(530) 926-2629
www.designsintile.com
Historic reproductions in many styles such as Art Deco, Gothic Revival, William De Morgan, Arts & Crafts.

Doris Leslie Blau
306 East 61st Street, Seventh Floor,
New York, NY 10021
(212) 586-5511
www.dorislesliebiau.com
Fine antique carpets and textiles.

Edward Fields, Inc.
232 East 59th Street,
New York, NY 10022
(212) 310-0400
www.edwardfieldsinc.com
Custom-made carpets. To the trade only.

Elon Tile
13 Main Street,
Mount Kisco, NY 10549
(914) 242-8434
www.elontile.com
Tiles for floors, kitchens, baths.

Elte
80 Ronald Ave,
Toronto, ON M6E 5A2
(416) 785-7885
(888) 276-3583
www.elte.com
Broadloom, rugs, furniture, lighting, linen and accessories.

Goodwin Heart Pine Company
106 Southwest 109 Place,
Micanopy, FL 32667
(352) 466-0339
(800) 336-3118
www.heartpine.com
Heart pine flooring, lumber for cabinetry.

The Italian Tile Center
Italian Trade Commission,
33 East 67th Street,
New York, NY 10021
(212) 980-1500
www.italytile.com
Information on Italian tile manufacturers and distributors in the United States.

J.R. Burrows & Co.
P.O. Box 522,
Rockland, MA 02370
(781) 982-1812
(800) 347-1795
www.burrows.com
American representative of Woodward Grosvenor & Co. of England. William Morris and other archival patterns. Scottish lace, late-19th century wallpaper patterns.

Kentucky Wood Floors
P.O. Box 33276,
Louisville, KY 40232
(812) 256-2164
(866) 273-8478
www.kentuckywood.com
Wood floors.

Mountain Lumber
Ruckersville, VA
(800) 445-2671
(434) 985-3646
www.mountainlumber.com
Antique heart pine.

Natural Wood Flooring, Inc.
(800) 726-7463
www.naturalwood.net
Heart pine for flooring, panelling stair parts, cabinetry.

Patterson, Flynn & Martin, Inc.
79 Madison Avenue,
New York, NY 10016
(212) 223-0357
www.fschumacher.com
Carpets and rugs including Colefax & Fowler and Stockwell from England. To the trade only.

Sandy Pond Hardwoods
921-A Lancaster Pike,
Quarryville, PA 17566
(717) 284-5030
(800) 546-9663
www.figuredhardwoods.com
Tiger and bird's-eye maple, curly ash, oak, cherry, birch lumber and flooring.

Stark Carpet Corporation
979 Third Avenue, Suite 1102,
New York, NY 10022
(212) 752-9000
www.starkcarpet.com
Antique and custom-made carpets. To the trade only.

Tarkett Wood Floors
2225 Eddie Williams Road,
Johnson City, TN 37601
(423) 979-3700
www.harris-tarkett.com
Hardwood flooring in plank and parquet; pine flooring.

Thos. K. Woodard
506 East 74th Street, Fifth Floor,
New York, NY 10021
(212) 988-2906
Early American style carpets and runners, quilts.

HARDWARE

American Home Supply
191 Lost Lake Lane,
Campbell, CA 95008
(408) 246-1962
Solid-brass reproduction hardware.

Anglo-American Brass Co.
P.O. Box 9487,
San Jose, CA 95157-9487
(408) 246-0203
Manufacturers of exterior and interior hardware in many styles. Lamps, shades and furniture hardware.

Ball and Ball
463 West Lincoln Highway,
Exton, PA 19341-2705
(610) 363-7330
(800)257-3711
www.ballandball.com
Exterior and interior hardware, lighting.

Brian F. Leo
7532 Columbus Avenue,
Richfield, MN 55423
(612) 861-1473
Custom-made hardware, architectural ornaments and cast-metal specialties.

Crown City Hardware
1047 North Allen Avenue,
Pasadena, CA 91004
Restoration hardware.

Ginger's & Summerhill
95 Ronald Avenue,
Toronto, ON M6B 4L9
(416) 787-1787
(888) 444-3292
www.gingersbath.com
Bathroom and decorative hardware.

Historic Housefitters Co.
P.O. Box 26,
Brewster, NY 10509
(845) 278-2427
(800) 247-1111
www.historichousefitters.com
Handmade brass and iron hardware.

Hundley Hardware
617 Bryant Street,
San Francisco, CA 94107
(415) 777-5050
www.hundleyhardware.com
Door, furniture and bathroom hardware.

Kayne & Son Custom Forged Hardware
100 Daniel Ridge Road,
Candler, NC 28715
(704) 667-8868
www.customforgedhardware.com
Hooks, brackets, custom forging.

Kraft Hardware
315 East 62nd Street,
New York, NY 10021
(212) 838-2214
www.kraft-hardware.com
Wide range of architectural, bath and furniture hardware. To the trade only.

Liz's Antique Hardware
435 South La Brea Avenue,
Los Angeles, CA 90036
(323) 939-4403
www.lahardware.com
Old hardware in all styles from Victorian to Art Deco.

Monroe Coldren & Sons
723 East Virginia Avenue,
West Chester, PA 19380
(610) 692-5651
www.monroecoldren.com
Original iron and brass hardware.

P.E. Guerin
23 Jane Street,
New York, NY 10014
(212) 243-5270
www.peguerin.com
Manufacturers and importers of door and plumbing hardware. To the trade only.

Paxton Hardware Ltd.
P.O. Box 256,
Upper Falls, MD 21156
(800) 241-9741
www.paxtonhardware.com
Distributors of door and furniture hardware, lamp parts.

The Renovator's Supply
Turners Falls, MA
(800) 659-2211
www.rensup.com
Mail order exterior and interior hardware, stairs, fireplaces, bath and kitchen hardware, bath sinks.

Restoration Hardware
15 Koch Road, Suite J,
Corte Madera, CA 94925
(415) 924-1005
(800) 762-1005
www.restorationhardware.com
Hardware for cabinets and walls. On-line store locater.

Tremont Nail Company
8 Elm Street,
Wareham, MA 02571
(800) 842-0560
www.tremontnail.com
Steel cut nails for historic restoration, hardware.

Virginia Metalcrafters
1010 East Main Street,
Waynesboro, VA 22980
(540) 949-9437
www.virginiametalcrafters.com
Hardware, lighting, fireplace accessories from a number of historic restorations: Colonial Williamsburg, Historic Newport, Old Sturbridge Village, Mystic Seaport.

Williamsburg Blacksmiths
26 Willams Street,
Williamsburg, MA 01096
(800) 248-1776
www.williamsburgblacksmiths.com
Quality wrought-iron hardware.

Woodbury Blacksmith & Forge Co.
P.O. Box 268,
Woodbury, CT 06798
(203) 263-5737
Early American wrought-iron hardware.

KITCHEN AND BATHROOM CABINETRY

Allmilmo Corporation
(201) 227-2502
(800)276-1239
www.allmilmo.com
Kitchen and bath cabinets.

Alno Network USA
1 Design Center Place, Suite 643,
Boston, MA 02210
(617) 482-2566
www.alno.com
Kitchen cabinetry. On-line dealer locater.

Beverly Ellsley Collection
175 Post Road West,
Westport, CT 06880
(203) 454-0503
www.beverlyellsley.com
Handcrafted kitchen cabinets.

Christopher Peacock Bespoke English Cabinetry
151 Greenwich Avenue,
Greenwich, CT 06830
(203) 862-9333
www.peacockcabinetry.com
Kitchen cabinets in the English tradition.

Downsview Kitchens
2635 Rena Road,
Mississauga, ON L4T 1G6
(905) 677-9354
www.downsviewkitchens.com
Kitchen cabinetry. On-line showroom locater.

The Kennebec Company
1 Front Street,
Bath, ME 04530
(207) 443-2131
www.kennebeccompany.com
Handcrafted wooden cabinetry.

Merillat Industries, Inc.
2384 Cedar Key Drive,
Lake Orion, MI 49221
(248) 393-8340
www.merillat.com
Kitchen and bathroom cabinets. On-line dealer locater.

Poggenpohl USA Corp.
145 U.S. Highway 46 West,
Suite 200,
Wayne, NJ 07470
www.poggenpohl-usa.com
Kitchen and bathroom cabinets. On-line showroom locater.

Rutt Custom Kitchens
1564 Main Street,
Goodville, PA 17528
(717) 445-6751
Kitchen cabinets.

SieMatic Corporation
2 Greenwood Square,
3331 Street Road, Suite 450,
Bensalem, PA 19020
(215) 244-6800
www.siematic.com
Kitchen cabinetry, including Smallbone. On-line showroom locater.

Wellborn Cabinet, Inc.
P.O. Box 1210,
Ashland, AL 36251
(800) 336-8040
www.wellborn.com
Wooden cabinets for kitchen and bathroom.

Wood-Mode
1 Second Street,
Kreamer, PA 17833
(800) 635-7500
www.wood-mode.com
Kitchen cabinets. On-line showroom locater.

LIGHTING

A.J.P. Coppersmith & Co.
20 Industrial Parkway,
Woburn, MA 01801
(781) 932-3700
Indoor and outdoor lighting.

American Period Lighting
3004 Columbia Avenue,
Lancaster, PA 17603
(717) 392-5649
www.americanperiod.com
Reproductions of indoor and outdoor lighting, mainly 18th century.

Authentic Designs
The Mill Road,
West Rupert, VT 05776-0011
(800) 844-9416
www.authentic-designs.com
Early American and colonial reproduction lighting fixtures.

B&P Lamp Supply, Inc.
843 Old Morrison Highway,
McMinnville, TN 37110
(931) 473-3016
www.bplampsupply.com
Early American and Victorian reproduction lamps, lamp parts, shades, bulbs.

Brandon Industries
1601 West Wilmeth Road,
McKinney, TX 75069
(800) 247-1274
www.brandonindustries.com
Sconces, lamp posts, mailboxes.

City Lights
2226 Massachusetts Avenue,
Cambridge, MA 02140
(617) 547-1490
www.citylights.nu
Large stock of antique fixtures and lamps.

Conant Custom Brass
270 Pine Street,
Burlington, VT 05402
(802) 658-4482
(800) 832-4482
www.conantcustombrass.com
Solid-brass and polished chrome reproduction lighting and hardware.

Gates Moore
5 River Road,
Norwalk, CT 06850
(203) 847-3231
Reproductions of antique lighting.

Hammerworks
6 Fremont Street,
Worcester, MA 01603
(508) 755-3434
www.hammerworks.com
Handmade colonial reproduction chandeliers, sconces, lanterns in copper, brass, iron and tin.

Hurley Patentee Lighting
464 Old Route 209,
Hurley, NY 12443
(845) 331-5414
www.hurleypatenteelighting.com
Reproduction early lighting, either candle-lit or electrified. Hurricane shades, brackets, candles, bulbs.

Iron Apple Forge
On Route 413 between Routes 263 and 413,
PO Box 724,
Buckingham, PA 18912
(215) 794-7351
www.ironappleforge.com
Wrought-iron chandeliers and ironwork.

Just Bulbs
936 Broadway,
New York, NY 10010
(212) 228-7820
Every sort of light bulb: quartz halogen, globes, candle bulbs.

King's Chandelier Company
729 South Van Buren Road,
Eden, NC 27288
(363) 623-6188
www.chandelier.com
Crystal chandeliers and sconces.

Lighting Specialist, Inc.
736 Salon Street,
Glendale, CA 91203
(818) 240-3913
Antique chandeliers, wall sconces and lamps. To the trade only.

Marvin Alexander, Inc.
315 East 62nd Street,
New York, NY 10021
(212) 838-2320
Fine antique chandeliers and wall sconces. To the trade only.

Nesle
151 East 57th Street,
New York, NY 10022
(212) 755-0515
Antique and reproduction chandeliers, sconces and lamps. To the trade only.

Progress Lighting
P.O. Box 5704,
Spartanburg, SC 29303-5007
(864) 599-6000
www.progresslighting.com
Exterior and interior lighting. On-line dealer locater.

Rejuvenation Lamp & Fixture Co.
2550 Northwest Nicolai Street,
Portland, OR 97214
(888) 401-1900
www.rejuvenation.com
Reproduction lighting; especially strong

in Arts & Crafts styles.

Roy Electric Co., Inc.
22 Elm Street,
Westfield, NJ 07090
(800) 366-3347
www.royelectriclighting.com
Antique and reproduction Victorian and turn of the century lighting, antique and reproduction plumbing fixtures.

Turn of the Century Lighting
112 Sherbourne Street,
Toronto, ON M5A 2R2
(416) 362-6203
www.turnofthecentrylighting.com
Traditional, antique and custom-made lighting.

Versailles Lighting, Inc.
242 West 30th Street, Ninth Floor,
New York, NY 10001
(212) 564-0240
(888)564-0240
www.versailleslighting.com
Antique chandeliers and sconces. To the trade only.

Victorian Lighting Works
251 South Pennsylvania Avenue,
Centre Hall, PA 16828
(814) 364-9577
www.vlworks.com
Victorian style lighting fixtures.

METALWORK

AA Abingdon Affiliates, Inc.
2149-51 Utica Avenue,
Brooklyn, NY 11234
(718) 258-8333
www.abbingdon.com
Tin ceilings, mouldings.

Architectural Iron Company
104 Ironwood Court,
P.O. Box 126,
Milford, PA 18337
(570) 296-7722
(800) 442-4766
www.architecturaliron.com
Wrought- and cast-iron fences and restoration.

Cassidy Bros. Forge, Inc.
U.S. Route One,
Rowley, MA 01969
(978) 948-7303
www.cassidybros.com
Custom architectural ironwork.

Chelsea Decorative Metal Co.
8212 Braewick Drive,
Houston, TX 77074
(713) 721-9200
www.thetinman.com
Embossed metal ceilings.

Erie Landmark Company
637 Hempfield Hill Road,
Columbia, PA 17512
(800) 874-7848
www.erielandmark.com
National Register plaques, metal signs and logo medallions.

The Iron Shop
400 Reed Road,
P.O. Box 547,
Broomall, PA 19008
(610) 544-7100
(800) 523-7427
www.theironshop.com
Aluminum spiral staircases in cast-iron style.

Moultrie Manufacturing Company
1403 GA Highway 133 South,
Moultrie, GA 31768
(229) 985-1312
(800) 841-8674
www.moultriemanufacturing.com
Fences, furniture, fountains, statuary.

Robinson Iron
P.O. Box 1119,
Alexander City, AL 35011-1119
(256) 329-8486
(800) 824-2157
www.robinsoniron.com
Cast-iron lighting fountains and statuary.

Steptoe & Wife Antiques, Ltd.
90 Tycos Drive,
Toronto, ON M6B 1V9
(416) 780-1707
(800) 461-0060
www.steptoewife.com
Cast-iron spiral stairs. On-line dealer locater.

Stewart Iron Works Co.
20 West 18th Street,
P.O. Box 2612,
Covington, KY 41012
(859) 431-1985
www.stewartironworks.com
Fences and gates in Victorian and Edwardian styles.

W.F. Norman Corp.
214 North Cedar,
P.O. Box 323,
Nevada, MO 64772
(417) 667-5552
(800) 641-4038
www.wfnorman.com
Steel ceilings, mouldings, all kinds of ornaments, weather vanes, finials.

Wind & Weather
147 East Laurel Street,
Fort Bragg, CA 95460
(707) 964-1284
(800) 922-9463
www.windandweather.com
Weather vanes, sundials, weather instruments, cupolas.

PLUMBING

American Standard
1 Centennial Plaza,
P.O. Box 6820,
Piscataway, NJ 08855
(800) 821-7700
www.americanstandard-us.com
Kitchen and bathroom fixtures. On-line store locater.

Bates & Bates
7310 Alondra Boulevard,
Paramount, CA 90723
(562) 808-2290
(800) 726-7680
www.batesandbates.com
Bathroom fixtures and hardware. To the trade only.

Eljer Plumbingware
14081 Quorum Drive,
Dallas, TX 75254
(972) 560-2000
(800) 423-5537
www.eljer.com
Bathroom fixtures. On-line dealer locater.

Kohler Co.
(800) 456-4537
www.kohler.com
Kitchen and bathroom fixtures. On-line dealer locater.

Sherle Wagner International
60 East 57th Street,
New York, NY 10022
(212) 758-3300
www.sherlewagner.com
Exclusive bathroom fixtures and hardware.

Waterworks
(800) 899-6757
www.waterworks.com
Elegant bathroom fixtures in traditional styles. To the trade only. On-line store locater.

WALLS, CEILINGS AND MILLWORK

A.F. Schwerd Manufacturing Co.
3215 McClure Avenue,
Pittsburgh, PA 15212
(412) 766-6322
www.schwerdcolumns.com
Exterior and interior wooden columns and capitals.

Anaglypta & Lincrusta
To find local dealers:
In US (866) 563-9872
In Canada (800) 741-2083
www.anaglypta.co.uk
Embossed wallcoverings and borders in classical and Victorian patterns.

Architectural Paneling, Inc.
979 Third Avenue, Suite 919,
New York, NY 10022
(212) 371-9632
www.apaneling.com
Made to order panelling, mouldings, fireplaces. To the trade only.

Bendix Mouldings, Inc.
37 Ramland Road South,
Orangeburg, NY 10962
(845) 365-1111
(800) 526-0240
www.bendixmouldings.com
Wood, metal and plastic mouldings.

Benjamin Moore Paints
51 Chestnut Ridge Road,
Montvale, NJ 07645
(201) 573-9600
www.benjaminmoore.com
Historical collection colours. Widely distributed in paint stores. On-line dealer locater.

Blue Ox Millworks
1 "X" Street,
Eureka, CA 95501-0847
(707) 444-3437
(800) 248-4259
www.blueoxmill.com
Historically accurate millwork: mouldings, balusters, finials, handrails.

Bradbury & Bradbury
P.O. Box 155,
Benicia, CA 94510
(707) 746-1900
www.bradbury.com
Victorian wallpapers, handprinted borders, friezes, ceiling papers.

Cabot

(800) 877-8246
www.cabotstain.com
Stains and sealers in wood hues and colours including white. On-line dealer locater.

Chadsworth's 1.800.COLUMNS
P.O. Box 53268,
Atlanta, GA 30355
(404) 876-5410
(800) 265-8667
www.columns.com
Architectural wooden columns for interior and exterior.

Craftsman Lumber Company
436 Main Street,
P.O. Box 222,
Groton, MA 01450
(978) 448-6336
www.craftsmanlumber.com
Kiln-dried lumber for panelling, mouldings, floors, dual wainscotting.

Cumberland Woodcraft Co., Inc.
P.O. Drawer 609,
Carlisle, PA 17013-0609
(717) 243-0063
(800) 367-1884
www.cumberlandwoodcraft.com
Wood corbels, brackets, mouldings, staircase parts, panelling, lattice, porch parts.

Decorators Supply Corp.
3610 South Morgan Street,
Chicago, IL 60609
(773) 847-6300
www.decoratorssupply.com
Mouldings, brackets, capitals, fireplaces.

Dimitrios Klitsas, Fine Wood Sculptor
378 North Road,
Hampden, MA 01036
(413) 566-5301
www.klitsas.com
Hand woodcarving for private, corporate and ecclesiastical applications.

Driwood
P.O. Box 1729,
Florence, SC 29503
(843) 669-2478
www.driwood.com
Wall panelling, mouldings, stairs, fireplaces.

Eisenhart Wallcovering Co.
1641 Broadway,
Hanover, PA 17331
(717) 632-5918
Traditional wallcoverings widely distributed at retail outlets.

Empire Woodworks Co.
1717 Highway 281,
P.O. Box 407,
Blanco, TX 78606
(800) 360-2119
(830) 833-2119
www.empirewoodworks.com
Interior and exterior gingerbread.

Evergreene Painting Studios, Inc.
450 West 31st Street, Seventh Floor,

New York, NY 10011
(212) 244-2800
www.evergreene.com
Architectural painting and murals for public and private buildings.

Fisher & Jirouch Co.

4821 Superior Avenue,
Cleveland, OH 44103
(216) 361-3840
www.fischerandjirouch.com
Handcrafted plaster ornaments, mouldings, friezes.

Gold Leaf Studios
1523 22nd Street Northwest,
Washington, DC 20037
(202) 833-2440
www.goldleafstudios.com
Expert restoration of architectural gilding and picture frames.

Gracie, Inc.
419 Lafayette Street,
New York, NY 10003
(212) 924-6816
www.graciestudio.com
Antique wallpapers and reproductions in antique style. To the trade only.

Hyde Park Fine Art of Mouldings, Inc.
29-16 40th Avenue,
Long Island City, NY 11101
(718) 706-0504
www.hyde-park.com
Plaster mouldings, fireplaces and architectural ornament.

J.P. Weaver Co.
941 Airway,
Glendale, CA 91201
(818) 841-5700
Pine wood mouldings, panelling, ornaments; also books and videos on architectural ornaments.

Joseph Biunno
129 West 29th Street,
New York, NY 10001
(212) 629-5630
www.antiquefurnitureusa.com
Carved finials, which may be used as newel posts.

Mad River Woodworks
P.O. Box 1067,
Blue Lake, CA 95525-1067
(707) 668-5671
www.madriverwoodworks.com
Wood mouldings, panelling, porch parts, stairs, gazebos.

Martha's Victorian Millwork
2927 Rucker Avenue,
Everett, WA 98201
(425) 258-1744
(866) 258-1744
www.marthasmillwork.com
Wood mouldings, corbels, fireplaces.

MB Historic Decor
P.O. Box 1255,
Quechee, VT 05059
(802) 295-8001
(888) 649-1790
www.mbhistoricdecor.com
Historically accurate wall and floor stencils in New England style.

Mendocino Millwork
P.O. Box 669,
Mendocino, CA 95460
(707) 937-4410
Mouldings, porch parts, doors, shingles.

Old-Fashioned Milk Paint Company

436 Main Street,
Groton, MA 01450
(978) 448-6336
(866) 350-6455
www.milkpaint.com
Milk-based paint in authentic colours for walls, furniture and stenciling.

Orac Decor
Outwater Plastic Industries
(201) 340-1040
(800) 835-4400
www.outwater.com
High-density polyurethane mouldings, wall lights, columns, niches.

Pagliacco
P.O. Box 229,
Woodacre, CA 94973
(415) 488-4333
www.pagliacco.com
Victorian style turnings, exterior and interior millwork and columns.

Pratt & Lambert
(800) 289-7720
www.prattandlambert.com
Early Americana colours from Henry Ford Museum and Greenfield Village. On-line dealer locater.

Raymond Enkeboll Designs
16506 Avalon Boulevard,
Carson, CA 90706
(310) 532-1400
(800) 745-5507
www.enkeboll.com
Carved wood architectural mouldings and fireplaces. To the trade only.

San Francisco Victoriana
2070 Newcomb Avenue,
San Francisco, CA 94124
(415) 648-0313
www.sfvictoriana.com
Wood molding, plaster ornament, ceiling roses, cornices, swags, capitals, Crown Anaglypta embossed wallcovering, antique embossed wallpaper borders.

The Sherwin-Williams Company
101 Prospect Avenue,
Cleveland, OH 44115
(216) 566-2000
www.sherwin-williams.com
Interior and exterior paints and stains including Preservation Palette authentic exterior colours from Colonial to the 1970s. On-line dealer locater.

Silverton Victorian Millworks
P.O. Box 2987,
Durango, CO 81302
(970) 259-5915
Molding, porches, exterior doors and windows, stairs, fireplaces.

Stone Legends
301 Pleasant Drive,
Dallas, TX 75217
(800) 398-1199
www.stonelegends.com
Cast-stone architectural elements and columns. To the trade only.

Stromberg's Architectural Stone
4400 Oneal Street,
Greenville, TX 75401
(903) 454-0904
www.strombergarchitectural.com
Cast-stone mouldings, fireplaces, columns, balustrades, fountains.

Vintage Wood Works
Highway 34,
P.O. Box 39,
Quinaln, TX 75474
(903) 356-2158
www.vintagewoodworks.com
Mouldings, porches, shingles, doors, stairs, gazebos.

Worthington Group, Ltd.
6950 Phillips Highway, Suite 20,
Jacksonville, FL 32216
(904) 281-1485
(800) 872-1608
www.worthingtonmillwork.com
Mouldings, trim, doors.

OTHER USEFUL SOURCES

The National Trust for Historic Preservation
1785 Massachusetts Avenue Northwest,
Washington, DC 20036-2114
(800) 944-6847
www.nationaltrust.org
A membership organization that preserves historically important buildings, publishes Preservation *magazine, publishes books via the Preservation Press, sells books by mail, and operates the Historic Houses Association, an information centre for those interested in old houses.*

New York Landmarks Conservancy
141 Fifth Avenue,
New York, NY 10010
(212) 995-5260
www.nylandmarks.org
A private organisation dedicated to preservation, publishers of The Restoration Directory, *a guide to services in the New York Area.*

Urban Center Books
457 Madison Avenue,
New York, NY 10022
(212) 935-3592
(800) 352-1880
www.urbancenterbooks.org
Comprehensive architecture and design bookstore, located in the historic building that also houses the Municipal Art Society, one of New York's main preservation organizations.

Heritage Canada Foundation
5 Blackburn Avenue
Ottawa, ON K1N 8A2
(613) 237-1066
www.heritagecanada.org
A national, membership-based, non-profit organization dedicated to promoting the conservation of historically and culturally important buildings.

Local historical and preservation societies are the most valuable resources for authentic information about the many variations in architecture around the country. The invaluable Directory of Historical Organizations in the United States and Canada *is in its 15th edition, published 2002.*

SCHOOLS & UNIVERSITIES

Most universities have courses in historic style and preservation, usually in the departments of architecture or fine arts. Many courses are also available through extension or adult education programmes. State, provincial and local historical societies very often have associated courses.
The National Trust also offers opportunities to take part in research programmes.

Schools teaching the crafts associated with preservation, such as special paint finishes and gilding, exist in many locations. The most famous of all such schools, drawing students from all over the country, is the Isabel O'Neil Foundation, 177 East 87th Street, New York, NY 10128, (212) 348-2120. Ex-O'Neil students have set up schools in many other towns.

Craftsmen often take on apprentices. Art schools sometimes teach wood carving as well as painting. The best way to find out about opportunities near you is through local papers and art and craft shows.

MAGAZINES AND BOOKS

Architectural Digest, Canadian House and Home, Country Living, Country Home, Elle Decor, Fine Homebuilding, Preservation, Homes and Cottages, House Beautiful, House & Garden, Metropolitan Home, Old-House Journal, Southern Accents, Southern Living, Traditional Homes

Carley, Rachel, *The Visual Dictionary of American Domestic Architecture*, Owl Books, New York, 1997; Garrett, Wendell, *Classic America* and *Victorian America*, Universe, New York, 1996; Gottfried & Jennings, *American Vernacular Design 1870-1940*, Van Nostrand Reinhold, New York, 1987; Greene, Fayal and Bonita Bavetta, *The Anatomy of a House*, Main Street Books, 1991; Harris, Cyril M., *Dictionary of Architecture and Construction*, McGraw-Hill, New York, 2000; Highsmith, Carol M. and Ted Landphair, *America Restored*, Wiley & Sons, Ltd., Hobocken, NJ, 1995; Kennedy, Roger G., *Greek Revival America*, Stewart, Tabori & Chang, New York, 1989; Kitchen, Judith L., *Caring for Your Old House*, Wiley & Sons, Ltd., Hoboken, NJ, 1995; McAlester, Virginia and Lee McAlester, *A Field Guide to American Houses*, Knopf, New York, 1984; Miller, Martin and Judith Miller, *Period Details*, Three Rivers Press, 1993; Poppeliers, John, S., Allen Chambers, Jr., and Nancy B. Schwartz, *What Style Is it?*, Wiley & Sons, Ltd., Hoboken, NJ, 2003; Savage, Beth L., ed.: *African American Historic Places*, Wiley & Sons, Ltd., Hobocken, NJ, 1995; Thornton, Peter, *Authentic Decor*, Seven Dials Press, 2001.

文献目录

Abercrombie, Patrick, *The Book of the Modern House*, Hodder and Stoughton, London, 1939

Adams, Steven, *The Arts and Crafts Movement*, Apple Press, London, 1987

Adams, William Howard, *Jefferson's Monticello*, Abbeville, New York, 1983

Adburgham, Alison, *Liberty's: The Biography of a Shop*, Alan and Unwin, London, 1975

Airs, Malcolm, *Tudor and Jacobean: A Guide and Gazetteer*, The Buildings of Britain series, Barrie and Jenkins Ltd, London, 1982

Albrecht, Donald, *Designing Dreams: Modern Architecture in the Movies*, Thames and Hudson, London, 1987

Allwood, John, *The Great Exhibitions*, Studio Vista, London, 1977

Amery, Colin (ed.), *Period Houses and their Details*, Butterworth Architecture, London, 1974 *Three-Centuries of Architectural Craftsmanship*, Butterworth Architecture, London, 1977

Anderson, T. J., E. M. Moore, and R. W. Winter *California Design 1910*, California Design Publications

Andrews, Wayne, *Architecture in Early New England*, Stephen Greene Press, Brattleboro, Vermont, 1973

Artley, A. (ed), *Putting Back the Style*, Evans Brothers, London, 1982

Aslet, Clive and Alan Powers, *The National Trust Book of the English House*, Viking, New York 1985, Penguin Books Ltd, England, 1986

Aslin, Elizabeth, *The Aesthetic Movement*, Ferndale, London, 1969 *E. W. Godwin Furniture and Interior Decoration*, John Murray, London, 1986

Barrett, Helena, and John Phillips, *Suburban Style, The British Home 1840-1960*, Macdonald Orbis, London, 1987

Battersby, Martin, *The World of Art Nouveau*, Arlington Books, London, 1968 *The Decorative Twenties*, Studio Vista, London, 1969 *The Decorative Thirties*, Studio Vista, London, Walker and Co., New York, 1971

Bayer, Patricia, *Art Deco Source Book*, Phaidon, Oxford, 1988

Beard, Geoffrey, *Decorative Plasterwork in Great Britain*, Phaidon, London, 1975 *Craftsmen and Interior Decoration in England 1660-1820*, J.-Bartholemew, Edinburgh, 1986

Belcher, John, and Mervyn E.-Macartney, *Later Renaissance Architecture in England*, 2 vols, Batsford, London, 1901

Blom, Benjamin, *A Monograph of the Works of McKim Mead and White 1879-1915*, New York, 1973

Blomfield, Sir Reginald, *History of Renaissance Architecture in England*, 2 vols, George Bell and Son, London, 1897

Boris, Eileen, and Wendy Caklan, *The Art that is Life - The Arts and Crafts Movement in America 1875-1920*, Boston Museum of Fine Arts, Boston, 1987

Brandon-Jones, John, et al, *C.–F.–A.–Voysey: Architect and Designer 1857-1941*, Lund Humphries, London, 1978

Brooks, H. Allen, *The Prairie School: Studies from the Western Architect*, Van Nostrand Reinhold, Toronto, 1972

Brown, Patrick, *South West England*, Morland Publishing, Ashbourne, 1981

Brown, Roderick (ed.), *The Architectural Outsiders*, Waterstone, London, 1985

Brunhammer, Yvonne, *The Nineteen-Twenties Style*, Hamlyn, London, 1969

Brunskill, R. W., *Illustrated Handbook of Vernacular Architecture*, Faber and Faber Ltd, London, 3rd edn, 1987

Burke, Doreen Bolger, et al, *In Pursuit of Beauty*, The Metropolitan Museum of Modern Art/Rizzoli International Publications, Inc., New York, 1986

Bush, Donald J., *The Streamlined Decade*, New York, 1975

Byrne, A., *London's Georgian Houses*, Georgian Press, London, 1986

Calloway, Stephen, *Twentieth Century Decoration*, Weidenfeld and Nicholson, London/Rizzoli International Publications, Inc., New York

Calloway, Stephen, and Stephen Jones, *Traditional Style: How to Recreate the Traditional Period Home*, Pyramid Books, London, 1990

Carrington, Noel, *Design in the Home*, Country Life, London, 1933

Cerwinske, Laura, *Tropical Deco: The Architecture and Design of Old Miami Beach*, Rizzoli, New York, 1981

Chambers, James, *The English House*, Methuen/Thames Television International, London, 1985

Clark, Robert Judson, *The Arts and Crafts Movement in America 1876-1916*, Princeton University Press, New Jersey, 1973

Condit, Carl Wilbur, *American Building: materials and techniques from the first colonial settlements to the present*, University of Chicago Press, Chicago and London, 1982

Conner, Patrick, *Oriental Architecture in the West*, Thames and Hudson, London, 1979

Cook, Olive, and Edwin Smith, *English Cottages and Farmhouses*, Thames and Hudson, London, 1954

Cooper, Nicholas, *The Opulent Eye*, Butterworth Architecture, London, 1976

Crane, Walter, *The English Revival of Decorative Art*, 1892 *Ideals in Art*, London, 1905

Creighton, Thomas H., and Katherine M. Ford, *Contemporary Houses - evaluated by their owners*, Reinhold Publishing Corp., New York, 1980

Croft-Murray, Edward, *Decorative Painting in England 1537-1837*, 2 vols, Country Life Books, Feltham, 1970

Cruickshank, Dan and Peter Wyld, *London: The Art of Georgian Building*, Butterworth Architecture, London, 1975

Cunnington, Pamela, *How Old is Your House?*, Alpha Books, Sherborne, 1988

Davie, W. Galsworthy, *Old English Doorways*, Batsford, London, 1903

Davies, Karen, *At Home in Manhattan; Modern Decorative Arts 1925 to the Depression*, Yale University Press, New Haven, 1983

Davis, Terence, *John Nash, The Prince Regent's Architect*, Country Life, London, 1966 *The Gothick Taste*, David and Charles, 1974

Downes, Kerry, *English Baroque Architecture*, A. Zwemmer Ltd., London, 1966

Dutton, R., *The English Interior 1500-1900*, Batsford, London, 1948 *The-Age of Wren*, Batsford, London, 1951

Eames, Penelope, *Furniture in England, France and the Netherlands from the Twelfth to the Fifteenth Century*, Furniture History Society, London, 1977

Edis, Robert W., *Decoration and Furniture of Town Houses*, Kegan Paul, London, 1881

Edwards, R. (ed.), The Connoisseur Period Guides: *Tudor 1500-1603; Stuart 1603-1714; Early Georgian 1714-1760; Late Georgian 1760-1810; Regency 1810-1830; Early Victorian 1830-1860*, London, 1976-1978

Field, Wooster Bard, *House Planning*, McGraw Hill, New York and London, 1940

Fisher, Richard B., *Syrie Maugham*, Duckworth, 1970

Fleming, John, Hugh Honour and Nikolaus Pevsner, *The Penguin Dictionary of Architecture*, Penguin Books Ltd, England, 2nd edn 1972

Ford, James, and Katherine Morrow Ford, *The Modern House in America*, Architectural Book Publishing Company, New York, 1940

Forman, Henry C., *Early Manor and Plantation Houses of Maryland*, Easton, Maryland, H. C. Forman, 1934 *Maryland Architecture: A Short History-from 1634 through the Civil War*, Tidewater Publishers, Cambridge, Maryland, 1968

Fowler, John, and J. Cornforth, *English Decoration in the Eighteenth Century*, Barrie and Jenkins, London, 1978

Frankl, Paul, *Space for Living* from *New Dimensions*, Payson and Clarke, New York, 1928

Garner, T., and A. Stratton, *Domestic Architecture of England during the Tudor Period*, 2 vols, Batsford, London, 2nd edn 1929

Gilbert, Christopher, et al, *Country House Floors 1660-1850*, Leeds City Art Galleries, 1987 *The Fashionable Fire Place 1660-1840*, Leeds City Art Galleries, 1985

Gilliat, Mary, *English Style*, Bodley Head, London, 1967

Gillies, Mary Davies, *McCall's Book of Modern Houses*, Simon and Schuster, New York, 1951

Gillon (Jnr), Edmond V., *Early Illustrations and Views of American Architecture*, Dover Publications Inc., New York, 1971

Gillon (Jnr), Edmond V., and Clay Lancaster, *Victorian Houses - A Treasury of Lesser-known Examples*, Dover Publications Inc., New York/ Constable, London, 1973

Girouard, Mark, *Robert Smythson and-the Architecture of the Elizabethan Era*, Country Life, London, 1966 *Sweetness and Light-The 'Queen Anne' Movement, 1860-1900*, Oxford University Press, 1977 *Life-in the English Country House: A Social and Architectural History*, Yale University Press, New Haven and London, 1978

Glancey, Jonathan, *New British Architecture*, Thames and Hudson, London, 1989

Glassie, Henry, *Folk Housing in Middle Virginia: A Structural Analysis of Historic Artifacts*, University of Tennessee Press, Knoxville, 1975

Gloag,J., *Early English Decorative Detail*, Tiranti, London, 1965

Godfrey, Walter H., *The English Staircase*, London, 1911

Goodnow, Ruby Ross, *The Honest House*, The Century Co., New York, 1914

Gotch, J. Alfred, *Architecture of the Renaissance in England*, 2 vols, Batsford, London, 1894

Grief, Martin, *Depression Modern; The Thirties Style in America*, Universe Books, New York, 1975

Guild, Robin, *The Complete Victorian House Book*, Sidgwick and Jackson, London, 1989

Hamlin, Talbot, *Greek Revival Architecture in America*, Oxford University Press, 1944

Handlin, David P., *American Architecture*, Thames and Hudson, London,1985

Harris, John, *English Decorative Ironwork 1610-1836*, Tiranti, London, 1960

Harris, John, and Jill Lever, *Illustrated Glossary of Architecture*, Faber and Faber, 1966

Haslam, Malcolm, *In the Nouveau Style*, Thames and Hudson, London,1989

Herman, Bernard, *Architecture and Rural Life in Central Delaware*, University of Tennessee Press, Knoxville, 1987

Hill, Oliver, and John Cornforth, *English Country Houses: Caroline 1625-1685*, Country Life Ltd, London, 1966

Hills, Nicholas, *The English Fireplace - Its Architecture and the Working Fire*, Quiller, London, 1983

Hoever, O., *A Handbook of Wrought Iron from the Middle Ages to the end of the Eighteenth Century*, Thames and Hudson, London, 1962

Hoffmann, Donald, *Frank Lloyd Wright's Robie House: The Illustrated Story of an Architectural Masterpiece*, Dover Publications, Inc., New York, 1984

Hope, Alice, *Town Houses*, Batsford, London, 1963

Howarth, Thomas, *Charles Rennie Mackintosh and the Modern Movement*, Routlege and Kegan Paul, London 1952

Howells, John M., *The Architectural Heritage of the Piscataqua: Houses and Gardens of the Portsmouth District of Maine and New Hampshire*, Architectural Book Publishing Co., New York, 1965

Hussey, Christopher, *Early Georgian English Country Houses*, Country Life, London, 1955

Hussey, Christopher, and John Cornforth, *English Country Houses Open to the Public*, Country Life, London, 4th edn. 1964

Ingle, Marjorie I., *The Mayan Revival Style: Art Deco Mayan Fantasy*, Peregrine Smith, Inc., Salt Lake City, 1984

Ison, Walter, *The Georgian Buildings of Bristol*, Faber and Faber, London, 1952/1978

Jackson, Alan, *Modern Over Miami*, 1937

Jencks, Charles A., *Language of Post Modern Architecture*, Academy Editions, London, 1987

Johnson, Diane Chalmers, *American An Nouveau*, Harry N. Abrams, Inc., New York, 1979

Jourdain, Margaret, *English Interiors in Smaller Houses - from the Restoration to the Regency 1660-1830*, Batsford, London,1923
English Decorative Plasterwork of the Renaissance, Batsford, London, 1926
English Interior Decoration 1500-1830, Batsford, London, 1950

Kaplan, Sam Hall, *LA Lost and Found; An Architectural History of Los Angeles*, Viking, Harmondsworth, 1987

Kaplan, Wendy, *"The Art that is Life": The Arts and Crafts Movement in America 1875-1920*, Little, Brown and Co., New York, 1987

Karp, Ben, *Ornamental Carpentry on Nineteenth-Century American Houses*, Dover Publications, Inc., New York, 2nd edn, 1981

Kaufmann (Jnr), Edgar, *Fallingwater: A Frank Lloyd Wright Country House*, Architectural Press, London,1986

Kaufmann, Henry, *Early American Ironware: Cast and Wrought*, Charles E. Tuttle, Rutland, Vermont, 1966

Kelly, A., *The Book of English Fireplaces*, Country Life Books, Feltham, 1968

Kelly, Frederick, *Early Domestic Architecture in Connecticut*, Yale University Press, New Haven, 1924

Kenna, Rudolph, *Glasgow Art Deco*, Drew, Glasgow, 1985

Kennedy, Roger G., *Greek Revival America*, National Trust for Historic Preservation/Stewart Tabori and Chang, New York, 1989

Kimball, Sidney Fiske, *Domestic Architecture of the American Colonies and the Early Republic* Dover Publications Inc., New York, 1966

Klein, Dan, et al, *Ln the Deco Style*, Rizzoli Publications International, Inc., New York, 1986

Lambton, Lucinda, *Vanishing Victoriana*, Elsevier Phaidon, Oxford, 1976

Langdon, Philip, *American Houses*, Stewart, Tabori and Chang, Inc., New York, 1987

Lesieutre, Alain, *The Spirit and Splendour of Art Deco*, Paddington Books, New York and London, 1974

Lewis, Arnold, et al, *The Opulent Interiors of the Gilded Age*, Dover Publications, Inc., New York, 1987

Lipman, Jean, and Alice Winchester, *The Flowering of American Folk Art (1776-1876)*, Viking, New York, 1974

Lister, Raymond, *Decorative Wrought Ironwork in Great Britain*, G. Bell and Sons, London, 1957 *Decorative-Cast Ironwork in Great Britain*, G. Bell and Sons, London, 1960

Lloyd, Nathaniel, *A History of the English House: from Primitive Times to the Victorian Period*, Architectural Press, London, 1931
A History of English Brickwork, H.–G.-Montgomery, London, 1936

Loth, Calder, and Julius Trousdale Sadler (Jnr), *The Only Proper Style: Gothic Architecture in America*, New York Graphic Society, Boston, 1975

Lynn, Catherine, *Wallpaper in America, from the 17th century to World War I*, Norton, 1980

Maass, John, *The Gingerbread Age*, Rinehart and Co. Ltd., 1957
The-Victorian Home in America, Hawthorn Books, Inc., 1972

McAlester, Virginia and Lee, *A Field Guide to American Houses*, Alfred A.-Knopf, New York, 1990

Macarthy, Fiona, *All Things Bright and Beautiful - Design in Britain 1830 to Today*, Alan and Unwin, London, 1972

MacQuoid, Percy, and Ralph Edwards, *The Dictionary of English Furniture*, Country Life Ltd, London, 1924-27 3 vols, 1954 3 vols *A History of English Furniture*, Victoria and Albert Museum, London, 1955

Marshall, H. G. Hayes, *Interior Decoration Today*, F. Lewis Ltd, 1938

Mercer, Henry, *The Bible in Iron; or the Pictured Stoves and Stove Plates of the Pennsylvanian Germans*, Poylestown, Pa Bucks County Historical Society, 1914

Metcalf, Pauline C., *Ogden Codman and the Decoration of Houses*, David R. Godine Publisher, 1988

Miller, Duncan, *Interior Decorating*, "How to do it" series, No. 13, The Studio Publications, London, 1937

Morningstar, Connie, *Flapper Furniture and Interiors of the 1920s*, Wallace-Homespar Book Co., 1971

Morrice, Richard, *Stuart and Baroque: A Guide and Gazetteer*, Buildings of Britain series, Barrie and Jenkins Ltd, London 1982

Morrison, Hugh, *Early American Architecture; from the first colonial settlements to the national period*, Dover Publications Inc., New York/ Constable, London, 1987

Moss, Roger W., *Lighting for Historic Buildings: A Guide to Selecting Reproductions*, The Preservation Press, National Trust for Historic Preservation, 1988

Muthesius, Stefan, *The English Terraced House*, Yale University Press, New Haven and London, 1982

Naylor, Gillian, *The Arts and Crafts Movement*, Studio Vista, London, 1971

Newsom, Samuel, and Joseph C., *Picturesque Californian Homes*, Hennessey and Ingalis, Inc., Los Angeles, 1978

Oman, C., and Jean Hamilton, *Wallpapers: A History and Illustrated Catalogue of the Collection of the Victoria and Albert Museum*, P.-Wilson/ Sotheby Publications, London, 1982

Orr, Christina, *Addison Mizner: Architect of Dreams and Realities*, Norton Gallery of Art

Osborne, A. L., *Dictionary of English Domestic Architecture*, Country Life, London, 1954

Owsley, David, and William Rieder, *The Glass Drawing Room from Northumberland House*, Victoria and Albert Museum, London, 1974

Patmore, Derek, *Modem Furnishing and Decoration*, The Studio Publications, London, 1936 *Colour-Schemes and Modern Furnishing*, The Studio Publications, London, 1947

Pearce, David, *London's Mansions*, Batsford, London, 1986

Powers, Alan, *Oliver Hill Architect and Lover of Life 1887-1968*, Mountain Publications, London, 1989

Quiney, Anthony, *Period Houses: A Guide to Authentic Architectural Features*, George Philip Ltd, London, 1989

Ramsay, Stanley C. and J.D.M. Harvey, *Small Georgian Houses and Their Details 1750-1820*, Butterworth Architecture, London, 1977

Robertson, Alan, *Architectural Antiques*, Unwin Hyman, 1987

Robertson, E. G. and J., *Cast Iron Decoration*, Thames and Hudson, London, 1977

Robinson, John Martin, *Latest Country Houses*, Bodley Head, London, 1984

Rowan, Alistair, *Garden Buildings*, Country Life, Feltham, 1968

Saint, Andrew, *Richard Norman Shaw*, Yale University Press, New Haven, 1976

Schmidt, Carl F., *The Victorian Era in the United States*, New York, 1971

Scully, Vincent J., *The Shingle Style and The Stick Style*, Yale University Press, New Haven/Oxford University Press, London, 2nd edn 1971 *The Architecture of the American Summer: The Flowering of the Shingle Style*, Rizzoli International Publications, Inc., New York, 1989

Scully, Vincent, and Antoinette Downing, *The Architectural Heritage of Newport, Rhode Island 1640-1916*, Bramhall House, New York, 1967

Sergeant, John, *Frank Lloyd Wright's Usonian Houses: the case for organic architecture*, Whitney Library of Design (Watson-Guptill Publications), New York, 1975

Service, Alastair, *Anglo Saxon and Norman: a guide and gazetteer*, The Buildings of Britain series, Barrie and Jenkins Ltd, London, 1982

Shopsin, William C. and Mosette Glaser Broderick, *The Villard Houses*, Viking/ Municipal Art Society, New York, 1980

Shuffrey, L. A., *The English Fireplace*, Batsford, London, 1912

Sitwell, Sacherville, *British Architects and Craftsmen*, Batsford, London, 1945

Smithells, Roger, and S. John Woods, *The Modern Home*, F. Lewis, Benfleet, 1936

Sonn, Albert, *Early American Wrought Iron*, 3 vols, Charles Scribners and Sons, 1928

Spencer, I, and A. Brown, *The Prairie School Tradition*, 1979

Staebler, Wendy W., *Architectural Detailing in Residential Interiors*, Whitney Library of Design (Watson-Guptill Publications) New York, 1990

Stevens, John Calvin, and Albert Winslow Cobb, *American Domestic Architecture*, The American Life Foundation and Study Institute, The Library of Victorian Culture, Watkins Glen, New York, 1978

Stickley, Gustav, *The Best of Craftsman Homes*, Peregrine Smith, Inc., Santa Barbara, 1979

Stillman, Damie, et al, *Decorative Work of Robert Adam*, Tiranti, London, 1966 *Architecture and Ornament in Late 19th-Century America*, University of Delaware, 1981

Strattan, Arthur, *The English Interior*, Batsford, London, 1920

Summerson, John, *The Classical language of Architecture*, Thames and Hudson, 1980 *Georgian-London*, Barrie and Jenkins-Ltd,-London, 1988

Sykes, C. S., *Private Palaces*, Chatto and Windus, London, 1985

Thornton, Peter, *Seventeenth-Century Interior Decoration in England, France and Holland*, Yale University Press, New Haven, 1978 *Authentic Decor: The Domestic Interior 1620-1920*, George Weidenfeld and Nicolson Ltd, London, 1984

Todd, Dorothy and Raymond Mortimer *The New Interior Decoration*, Batsford, London, 1929

Tumor, R., *The Smaller English House*, 1952

Uecker, Wolf, *Art Nouveau and Art Deco Lamps and Chandeliers*, 1986

Wallace, Philip B., *Colonial ironwork in Old Philadelphia; the craftsmanship of the early days of the republic*, Dover Publications, Inc., New York/Constable, London, 1970

Waterman, Thomas, and John Barrows, *Domestic Colonial Architecture of Tidewater Virginia*, Charles Scribners and Sons, New York, 1932

Watkin, David, *Regency: A Guide and Gazetteer*, The Buildings of Britain series, Barrie and Jenkins Ltd, London, 1982

Welles-Cole, Anthony, *Historic Paper Hangings*, Leeds City Art Galleries, 1983

West, Trudy, *The Fireplace in the Home*, David and Charles, Newton Abbot, 1976

Whinney, Dr. Margaret, *Home House No. 20 Portman Square*, Country Life/ Hamlyn, Feltham, 1969

Willis, Royal Barry, *Houses for Homemakers*, 1945

Wilson, M., *William Kent: Architect, Designer, Painter, Gardener 1685 - 1748*, Routledge and Kegan Paul, London, 1984

Wilson, Richard Guy, *McKim, Mead and White Architects*, Rizzoli, New York, 1983

Wise, Herbert H., *Attention to Detail*, Perigee Books, New York, 1979

Yerbury, F. R., *Georgian Details of Domestic Architecture*, London, 1926

Yorke, F. R. S., *The Modern House*, Architectural Press, London, 1934 *The Modern House in England*, Architectural Press, London, 1937

Dover reprints

Historic architectural pattern books and catalogues are reprinted by a number of publishers, most notably Dover Publications, Inc., whose list includes the following:

The American Builder's Companion, R. P. and C. Williams, 6th edn 1827, reprinted New York, 1969

The Architect, or Practical House Carpenter (1830), L. Coffin, Boston, 1844, reprinted New York, 1988

The Architecture of Country Houses, A.-J. Downing, New York, reprinted 1969

Authentic Victorian Stoves, Heaters, Ranges, Etc., Floyd, Wells and Co., Royersford, 1898, reprinted New York, 1988

Bicknell's Victorian Buildings: Floor Plans and Elevations for 45 Houses and Other Structures, A. J. Bicknell and Co., New York, 1878, reprinted New York, 1979

Country Houses and Seaside Cottages of the Victorian Era, William T. Comstock, New York, 1883, reprinted New York, 1989

Early Connecticut Houses: An Historical and Architectural Study, Norman Isham et al., New York, 1900, reprinted New York 1965

Gerald K. Geerlings Wrought Iron in Architecture: An Illustrated Survey, Charles Scribner's Sons, New York and London, 1929, reprinted New York, 1983

Greek Revival Architecture in America, Talbot Hamlin, Oxford University Press, London, 1944, reprinted New York, 1964

Montgomery Ward and Company, Catalogue no. 57, Spring and Summer 1895, reprinted New York, 1969

Mott's Illustrated Catalog of Victorian Plumbing Fixtures for Bathrooms and Kitchens, The J. L. Mott Iron Works, New York, 1888, reprinted New York 1987

Picture Book of Authentic Mid-Victorian Gas Lighting Fixtures, Mitchell, Vance and Co., 1876, reprinted New York, 1984

Roberts' Illustrated Millwork Catalog: A Sourcebook of Turn of the Century Architectural Woodwork, E. L. Roberts and Co., Chicago, 1903, reprinted New York, 1988

Sears, Roebuck Home Builder's Catalog, Sears, Roebuck and Co., Chicago, 1910, reprinted New York, 1990

Sloan's Victorian Buildings, E. S. Jones and Co., Philadelphia, 1852, reprinted New York, 1980

Turn-of-the-Century Houses, Cottages and Villas, R. W. Shoppell et al., Shoppell's catalogues, 1880-1900, reprinted New York, 1983

Victorian Cottage Residences, Andrew Jackson Downing, reprinted New York, 1981

Victorian Domestic Architectural Plans and Details, William T. Comstock, New York, 1881, reprinted 1987

A Victorian House Builder's Guide, George. E. Woodward, New York, 1869, reprinted New York, 1988

Victorian Patterns and Designs in Full Colour, George Ashdown Audsley and Maurice Ashdown Audsley, New York, reprinted New York, 1988

Readers are advised to visit one of the Dover bookshops:
18 Earlham Street, London WC2; tel. (071)836 2111
180 Varick Street, New York, NY 10014; tel. (212)255 3755

Reprints from other publishers

A Suburban House and Garage, The White Pine Series of Architectural Monographs, vol. 2, No. 4, August 1916

A White Pine House, The White Pine Series of Architectural Monographs, vol. 3, No. 4, August 1917

A White Pine House for the Vacation Season, The White Pine Series of Architectural Monographs, vol. 4, No. 4, August 1918

Illustrated Catalogue of American Hardware of the Russell and Erwin Manufacturing Company, 1865, The Association for Preservation Technology, 1980

Palliser's American Architecture or Everyman: A Complete Builder, Palliser, Palliser and Co. Architects, J. S. Ogilvie, New York, 1888 *New Cottage Homes and Details*, Palliser, Palliser and Co. Architects, Da Capo Press, New York, 1975

Victorian Architectural Details - Two Pattern Books, Marcus Fayette Cummings and Charles Crosby Miller, originally published as *Architecture Designs for Street Fronts, Suburban Houses and Cottages*, S. Bailey and Eager, Ohio, 1868, and *Cummings' Architectural Details*, Orange Judd and Company, New York, 1873, reprinted American Life Foundation and Study Institute, Watkins Glen, New York, 1978

Victoriana - Floor plans and Renderings from the Gilded Age, Eugene Mitchell, Van Nostrand Reinhold Co., 1983

Victorian Home Building: A Transcontinental View, E. C. Hussey, originally published as *Home Building: A Reliable Book of Facts*, Leader and Van Hoesen, New York, 1876, reprinted American Life Foundation, Watkins Glen, New York, 1976

Villas and Cottages, Calvert Vaux, Harper and Brothers, New York, 1857, reprinted Da Capo Press, New York, 1968

Woodward's National Architect, George E. Woodward, New York, 1869, reprinted Da Capo Press, New York, 1975

致 谢

本书的出版是团队合作的成果；如同建造房屋，从最初的规划设计阶段到整个项目的完工，融合了参与项目的每一个人的所学知识和技能的展现。多位作者独立承担着不同章节的编纂工作，汇总成各项基础工作中深入详细不可或缺的知识内容。所有人付出的努力都超越了职责范围，如果缺少了他们的热忱、专业知识以及耐心，这本书是无法完成的。出版商创意团队，包括插画师、摄影师同样需要感谢。特别需要提及的应当是那些自始至终跟随这一项目的普通工作人员，他们带着愉悦的心情高效地工作，帮助团队完成调研、封送处理大量材料、文本处理、图像处理等工作。同时非常感谢本书热情的策划人、公共机构和各类组织，更要感谢那些允许我们进房拍照的私人住宅业主，因为我们的活动给他们的生活带来了诸多不便。最后，为一位不愿提及姓名的朋友献上我最由衷的感激，他慷慨地向我提供了他的研究内容、照片，以及他所收藏的那些优秀的建筑论文、著作及大量的商家目录。

对以下建筑顾问公司表示衷心的感谢，感谢他们的建议以及优秀的工作人员：Dr N. Alcock，Leamington Spa，England；John Biggs，Bournemouth，Dorset；Merill Carrington，London；Dr Christopher Currie，Institute of Historical Research；A. Stuart Gray，Hampstead Garden Suburb，England；Linda Hall，Middlesex；Ruth H. Kamen，Royal Institute of British Architects，London；Paul F. Miller，Newport，Rhode Island；Tom Savage，Charleston，South Carolina；Wendy Potts，Bournemouth，England；John Stubbs，New York City；Peter Sutton，Totnes，，England；Penny Thompson，Russell-Cotes Art Galley and Museum，Bournemouth，England；Mark Wenger，Williamsburg，Virginia。

感谢Kuo Kang Chen帮助结合照片与艺术图像做艺术品的评测。

下列人员提供了宝贵的研究帮助：Laura Arnette，Peter Bejger，Fayal Greene，Carol Hupping，Caroline Russell，James Elliott Benjamin，Francis Graham，Melanie Mills，Deirdre Nolan，Emma Rance，Lee Roberts，Jeff Wilkinson。

以下为书中照片提供使用权的友好人士：Andrew Adams，James Elliott Benjamin，Mike Brown，Stephen Calloway，Elizabeth Cromley，Philip Dole，Kim Furrokh，Mike Gray，Linda Hall，David Martin，Alan Powers，Anthony Quiney，Peter Sutton，Simon Thurley，Sarah Polden，，Robert Saxton，Katie True。

以下人士也提供各种实质性的帮助：Sarah Boothby；Camilla Costello；Diana Lanham （National Trust，London）；Francesca Scoones（National Trust，London）。

感谢Elain Harwood，Gordon，Ursula Bowyer 和 William Morgan为本书新版所提供的照片。

英国供应商的目录由Carol Hupping和Emma Shackleton编辑，并由Barbara Mellor更新。北美供应商目录由Fayal Greene编辑，并由Françoise Vulpe 和 Johanna Goering更新。

本书的出版商和编辑特别感激那些允许摄影师Kim Sayer进屋拍摄的组织和个人，图片索引中的部分房主要求匿名。图片代码与书中的注释相对应。名单中还列出了允许自拍照片多次出版的房屋和房主。部分代码为私人收藏的历史书籍，图片由Ian B. Jones拍摄。符号©后面标注的姓名为照片的版权所有者，版权不属于出版商。

A Batty Langley, *A Sure Guide to Builders*, 1729
AA Andrew Adams ©
AB Asher Benjamin, *The Architect, or Practical House Carpenter*, 1830
ABA Asher Benjamin, *The American Builder's Companion*, 6th edn, 1827
AC Anaglypta, illustrated catalogue, 1926
ACG T. Mawson, *The Art and Craft of Garden Making*, Batsford, London, 4th edn, 1912
AD Crooked Pightle, Crawley, nr. Winchester (Robert Adam); thanks to Robert Adam, Winchester Design (Architects)
AE A. Emanuel and Son Ltd, general catalogue, 1901, London
AG *Gas, The National Fuel*, Ascot Gas Water Heaters Ltd, London, 1935
AH Avenue House, Ampthill Bedfordshire; thanks to Simon Houfe
AHH Abraham Hasbrouck House, New Paltz, New York; courtesy of the Huguenot Historical Society ©
AHMM Allford Hall Monaghan Morris/ Matthew Chisnall ©
AJD A.J. Downing, *Cottage Residences*, 1873 edn
AK Rudolf Ackermann, *Repository of Arts, Literature, Fashions Etc*, London, early 19th century
AL Ashley Hall School, Charleston, South Carolina (Patrick Duncan House)
ALY Alamy
AM Courtesy of the Ashmolean Museum, Oxford ©
AMT The Amtico Company ©
AOH *About Our Homes*, 8th edn
AP Andrea Palladio, *First Book of Architecture*, translated by Godfrey Richards, London, 11th edn, 1729
APR Architectural Press, London ©
AQ Anthony Quiney ©
AR *The Ideal Fitter*, American Radiator Company, 1904
ARC Arcaid/Photography by Alan Weintraub 486 (6) and Richard Bryant 519 (10) ©
ARI Angelo Rinaldi ©
ART Artcoustic Loudspeakers ©
AS Abraham Swan, *The British Architect*, 1758 edn
ASA Abraham Swan, *A Collection of Designs in Architecture*, 1757
AT R. Lugar, *Architectural Sketches for Cottages, Rural Dwellings and Villas*, London, 1823
AV Aktiva Systems Ltd ©
B Batty Langley, *The Builder's Compleat Assistant*, 1738
BA James Gibbs, *A Book of Architecture*, London, 2nd edn, 1739
BB Bishopsbarn, York; thanks to Major and Mrs Lane
BC Prof. H. Adams, *Building Construction*, Cassell, London
BD With thanks to B&D Design
BE Berry's Electric Ltd, *Berry's Heating of Today*, London
BF *Beautiful Rooms*, The Wallpaper Manufacturers Ltd, Manchester, c.1910
BG Belling Electric Heating and Cooking, illustrated catalogue, Enfield, Middlesex, 1958
BH Courtesy of Glynn Boyd Harte, Dolphin Studio ©
BHL Belton House, Lincolnshire; courtesy of The National Trust ©
BI A.J. Bicknell and Company, *Bicknell's Village Builder and Supplement*, 1878
BIL Biltmore Estate, Ashville, North Carolina ©
BIS Bisca ©
BJ Batty Langley, *The Builder's Jewel*, London, 1746
BJB Bayliss, Jones and Bayliss, illustrated catalogue of iron handles, fencing, field and entrance gates, Wolverhampton, 1891
BL Batty Langley, *Builder's and Workman's Treasury of Designs*, 1770 edn
BLH Blustin Heath Design ©
BM *The Builder's Magazine*, 2nd edn, London, 1779
BO New York; thanks to Raf Borello
BOD Courtesy of the Bodleian Library, Oxford ©
BON Bonhams Auction House
BP Boulton and Paul, general catalogue, 1898
BR Burbage Road, London; thanks to Barbara Cantor
BS John Bolding and Sons Ltd, catalogue, London, c.1925
BSR Brookes Stacey Randall Architects/James McMillan ©
BT Bennett's "Tungit" Wood Flooring Company, catalogue, London
BTD Bennett Doors ©
BTW Bennett Windows ©
BU *Builder's Practical Director*, published by J. Hagger, London, c.1865
BUL Bulthaup
BV The "Boyle" System of Ventilation, catalogue, London, 1899
BW Bartow-Pell Mansion, Bronx,-New York
BZ Belsize Architects, www. belsizearchitects/ Nicholas Kane ©
C Chastleton House, Oxfordshire; thanks to Mrs A. Clutton-Brock
CA Carron Company, architect's catalogue, 1913
CAF Chicago Architecture Foundation
CB Isaac Ware, *The Complete Body of Architecture*, London, 1756
CBA Cotterell Bros, *Wallpapers, Latest Designs in stock*, catalogue, Bristol, 1914
CBB Cotterell Bros, catalogue, Bristol, 1937
CBC Charles Barclay Architects/ Charles Barclay ©
CC Catesby's *Cork Lino, Attractive Patterns*, catalogue, London, c.1925
CF Carter and Co. Ltd, Carters Fires, catalogue, Poole, Dorset, c.1929
CG M.F. Cummings, *Cummings' Architectural Details*, New York, 1873
CH C. Hindley and Son, catalogue, London, c.1880
CHS/B Chicago Historical Society/ Hedrich-Blessing ©
CHS/H Chicago Historical Society/ Ken Hedrich, Hedrich-Blessing ©
CI Courtesy of Christie's, London ©
CJ C.Jennings and Co. Ltd, price list, c.1910
CK William T. Comstock, *Modern Architectural Designs and Details*, New York, 1881
CL G.A. and W.J.Audsley, *Cottage, Lodge and Villa Architecture*,

c.1860

CLB Carlisle Brass ©

CM *The Contractor's, Merchant's and Estate Manager's Compendium*, London, 1900

CN Casa Nueva, Los Angeles; thanks to Max A. van Balgooy, Workman and Temple Family Homestead Museum

CN/B Michael Wickham © House and Garden, Cond Nast, UK

CNY Courtesy of Christie's, New York©

CO Carron Company, catalogue, Stirlingshire, Scotland, c.1895

COL Colchester Museum, Essex; thanks to Oliver Green

CP John Britton, *The History and Description of Cassiobury Park*, London, 1837

CR Cragside, Northumbria; courtesy of The National Trust ©

CRO Elizabeth Cromley ©

CS Derek Patmore, *Colour Schemes and Modern Furnishing*, The Studio, London, 1945

CT Courtesy of The Charleston Museum, Charleston, South Carolina ©

CU George Smith, *Cabinet-Maker's and Upholsterer's Guide*, 1826

CV Cliveden, Germantown Avenue, Philadelphia, Pennsylvania; a co-stewardship property of the National Trust for Historic Preservation

CW Cooper Hewitt Museum, New York City (Andrew Carnegie Mansion)

CWF Courtesy of Colonial Williamsburg Foundation ©

D Doulton and Company, illustrated catalogue, London, 1887

DA Doulton and Company Ltd, catalogue, 1904

DAV Richard Davies ©

DB Debenham House, London; courtesy of the Richmond Fellowship ©

DBL Special photography by Dominic Blackmore

DC Spitalfields, London; thanks to Dan Cruickshank

DD J. Aldam Heaton, Designer and Decorator, catalogue, London, c.1885

DE Abraham Swan, *Designs in Architecture*, 1757

DF D.F. Company Ltd, catalogue, 1910

DG The Davis Gas Stove Co. Ltd, *Up-to-date Gas Heating Stoves*, catalogue, London, 1901

DH Drayton Hall, Charleston, South Carolina, a property of the National Trust for Historic Preservation; thanks to Christine Castaneda

DHH Drayton Hall, Charleston, South Carolina/Gene Heizer-©

DI With thanks to Diligence International

DK Courtesy of Dickens' House, Doughty Street, London

DM David and Barbara Martin, Robertsbridge, Sussex ©

DO G.A. and M.A. Audsley, *The Practical Decorator and Ornamentist*, Blackie, Glasgow, 1892

DOS Dransfield Owens de Silva Architects/Rupert Truman ©

DP Dalsouple Rubber ©

DR David Rowell and Company, illustrated catalogue, Westminster, London, c.1900

DS Spitalfields, London; thanks to Denis Severs

EA Lewis F. Day, *Every-day Art*, B.T. Batsford, London, 1882

EB "Evered" Brassfoundry, illustrated catalogue, Birmingham, c.1910, updated 1925

EC Eagle Combination Grates, catalogue, Birmingham, c.1935

ECO Ecologic Chartered Architects/James Jordan ©

ECR Benjamin Count of Rumford, *Essays*, 5th edn, vol. I, London, 1800

EF Edifice ©

EG Willow Road, London (Ern Goldfinger); thanks to Ursula Goldfinger

EH Edward Hoppus, *The Gentleman's and Builder's Repository*, 1738

EHW Elain Harwood ©

EL Ebnall House, Shrewsbury; thanks to Dr Gordon Rose

EO Henry Shaw, *Examples of Ornamental Metal Work*, 1836

EOF © 2005 Eames Office LLC (www.eamesoffice.com)

EP E.L.Tarbuck, *The Encyclopaedia of Practical Carpentry and joinery*, London, c.1860

ER Erco Lighting Ltd.

ES The Elms, Newport, Rhode Island; courtesy of the Preservation Society of Newport Country; thanks to Monique Panaggio

ESM Eldridge Smerin/Lyndon Douglas Photography ©

EST Peter Aaron ©/Esto

FG Frances Goodwin, *Domestic Architecture*, vol. 3, 2nd edn, 1843

FH Forest Hills, Queens, New York; thanks to Rosalind Esakoff

FJ With thanks to Sheila Fitzjones PR/Diligence International, B&D Design and Platonic Fireplace Company photography by Jake Fitzjones ©

FL Floyd, Wells and Company, Royerford, Pennsylvania, catalogue, c.1898

FLY Frankl + Luty ©

FO Dobbie and Forbes and Company, catalogue, Larbert, Scotland, c.1910

FP F. Pratten and Company Ltd, catalogue no. 42, Bath, 1936

FR S. Franses Ltd ©, 82 Jermyn St, St James's, London SW1

FRE Michael Freeman ©

FS Flos ©

GB Gaillard-Bennett House, Charleston, South Carolina

GBV *Regolla delli Cinque Ordini D'Architettura di M. Giacomo Barozzio da Vignola*, 1620

GE The Grange, Drexel Hill, Philadelphia, Pennsylvania; thanks to Mrs Ackerman

GEC General Electric Company, complete catalogue, vol. III, London, 1911-12

GF George Farmiloe and Sons, general catalogue, London, 1891

GFB George Farmiloe and Sons Ltd, catalogue no. 9, London,1901

GG Gamble House, Pasadena (Charles and Henry Greene); thanks to Ted Bosley

GH Gibbons Hinton and Company Ltd, tile catalogue, Brierley Hill, South Staffordshire, c.1905

GHT Giulia Hetherington ©

GJ G. Jackson and Sons Ltd, *Fireplaces*, London, c.1935

GJA George Jackson and Sons, *Examples of Architectural Ornaments*, 2 vols, London, 1889

GL Gravel Lane, Houndsditch, London

GP Gregory Phillips Architects/Photography by Peter Johnston 511 (12) and Paul Smoothy 511 (13) & 520 (5) ©

GPB *Leadwork by George P. Bankart*, catalogue, Nottingham, c.1910

GR John P. White, *Garden Furniture and Ornament*, catalogue, Bedford, c.1908

GS Gardiner, Sons and Company Ltd, Bristol, illustrated catalogue, c.1900-05

GUB Gordon & Ursula Bowyer ©

GV Argyle Square, London; thanks to Gavin Stamp

GW George Williams House, Charleston, South Carolina (Calhoun Mansion)

H *Furniture by Harrods*, catalogue, c.1910

HA Hale House, by permission of Heritage Square Museum, Los Angeles, California

HABI Habitat UK

HABS Historic American Building Survey, Library of Congress, Washington D.C.

HB Hedrich Blessing Photographers/Jon Millar, Illinois ©

HD H. and C. Davis and Company, *Pattern Book of Best Cast Brass Foundry*, London, 1888

HE *Health and Healthy Homes*, The Sanitary Engineering and Ventilation Company, London, 1877

HEG H.E. Gaze Ltd, catalogue, c.1920

HEI Thomas A. Heinz, Illinois ©

HF Thomas Hope, *Household Furniture and Interior Decoration*, 1807

HG M.H. Baillie Scott, *Houses and Gardens*, London, 1906

HH Courtesy of Home House, Portman Estate, London

HHF W. Shaw Sparrow, *Hints on House Furnishing*, 1909

HHH Hammond-Harwood House,-Annapolis, Maryland-©

HI C.L. Eastlake, *Hints on Household Taste*, Longmans, London, 1872

HJJ *Description of The House and Museum of Sir John Soane*, London, 1836

HL The Hill House, Helensburgh, Scotland; courtesy of the National Trust for Scotland

HP Huncoat Plastic Brick Terracotta Works, catalogue, Accrington, c.1910

HS Hampton and Son, illustrated catalogue, London, 1892

HSA Hampton and Son, London, illustrated catalogue, London, c.1910

HSMC Courtesy of Historic St Mary's City, Chesapeake, Maryland ©

HU Hudson Architects ©

IB Special photography by Ian Booth

IH Ian Hay/Alessandra Santarelli ©

IN William Ince and Thomas Mayhew, *The Universal System of Household Furniture*, 1759-62

IJT I. and J. Taylor, *Ornamental Iron Work*, 1795

IW Isaac Ware, *The Complete Body of Architecture*, 1756

JB Messrs Johnson Bros and Company, *Studies of Wrought Iron Entrance Gates*, catalogue, London, May 1873

JBE James Elliott Benjamin ©

JC John Carwitham, *Various kinds of Floor Decoration represented both in Plano and Perspective Being useful Designs for Ornamenting the Floors of Halls, Rooms, Summer Houses, etc. Whether in Pavements of Stone, or Marble, or with Painted Floor Cloths. In Twenty four Copper Plates*, 1739

JE The Thematic House, London (Charles Jencks)

JG John Goldicutt, *Specimens of Ancient Decorations from Pompeii*, 1825

JGA James Gorst Architects/Stephen Tierney ©

JGL Juicy Glass/www.juicyglass.com ©

JI Jocasta Innes Designs ©

JM James Malton, *An Essay on British Cottage Architecture*, 1798

JMR Special photography by James Merrell

JNP John Plaw, *Rural Architecture*, 1794

JP John Plaw, *Ferme Orn* , 1795

JS S.C.Johnson and Son Ltd, *The Proper Treatment for Floors, Woodwork and Furniture*, 1924

JW John Wright and Company Ltd, leaflet, Birmingham

KE Robert Kerr, *The Gentleman's House*, John Murray, London, 1871

KF Courtesy of Kenmore Association, Fredericksburg, Virginia ©

KH Courtesy of Keats' House, Hampstead, London

KT Katie True, New York ©

KW Kentish Wallpaper Company, *Artistic Wallpapers*, sample book, 1932

L Liberty's Solid Oak Panelling, catalogue, Regent Street, London, c.1910

LF Louis G. Ford, catalogue no. 41, Eastbourne, c.1935

LG Leighton House, London (Royal Borough of Kensington and Chelsea); thanks to Joanna Banham

LH Longfellow House, Cambridge, Massachusetts; courtesy of Eastern National Park and Monument Association©

LHT Courtesy of the Lamport Hall Trust ©

LL Photo by Linda Hall, Middlesex ©

LIF Sir John Soane Museum, Lincoln's Inn Fields, London

LP *Laxton's Price Book*, London, 1878

LSH Courtesy of Linley Sambourne House, London

LV Lavenham, Suffolk

M Courtesy of The Minories Art Gallery, Colchester, Essex

MA Metal Agencies Co. Ltd, catalogue no. 56, Bristol, 1932

MAA Metal Agencies Co. Ltd, catalogue no. 66, Bristol, 1937

MB *Mason's Bricklayer's, Plasterer's and Decorator's Practical Guide*, James Hagger, London, c.1865

MBK Special photography by Michael Banks

MC Macfarlane's Castings, catalogue, 6th edn, 2 vols, Glasgow, 1882

MCA Macfarlane's Castings, catalogue, 7th edn, vol. I, Glasgow, 1907

MD C. Middleton, *Designs for Gates and Rails*, 1806

ME Messenger and Company Ltd, catalogue, Loughborough, c.1910

MH *Modern House Construction*, ed. G. Lister Sutcliffe, vol. I, Gresham Publishing Company, 1909

MHA James Ford and Katherine Morrow, *The Modern House in America*, Architectural Book Publishing Company, Inc., New York, 1940

MI Milton Castings, MacDowall, Steven and Company Ltd, catalogue, London, c.1900

MID G.A. Middleton, *Modern Buildings*, vol. II, Caxton Publishing Company, London

MJ Morris-Jumel Mansion, New-York; thanks to Susannah Elliott

MJB Mike Brown ©

ML/B Minard Lafever, *The Modern Builder's Guide*, 1833; courtesy of the Charleston Library Society, Charleston, South Carolina ©

ML/C Minard Lafever, *Beauties*

of *Modern Architecture*, 1835; courtesy of the Charleston Library Society, Charleston, South Carolina ©

MM Michael Main Ltd, Architectural Antiques ©, The Old Rectory, Cerrig-y-Drudion, Corwen, North Wales LL21 0RU

MO Moulton Manor, Richmond, Yorkshire; thanks to Captain Vaux

MOR Michael Moran, New York©

MOT J.L. Mott Iron Works, New York and Chicago catalogue G,1888

MOU Kate Mount©

MP Mount Pleasant, Philadelphia; thanks to Philadelphia Museum of Art

MR Marble Hill House, Twickenham, Middlesex

MT Minton Hollis and Company, Minton Tiles, catalogue, Stoke-on-Trent, 1910

MU Moulton Hall, Richmond, Yorkshire; thanks to the Hon. John and Lady Eccles

MV Mount Vernon Ladies Association of the Union, Virginia ©

MW Matthew Weinreb ©

MX Joseph Moxon, *Mechanick Exercises*, 1703

MY Courtesy of the Museum of the City of New York ©

NA Newport Art Museum, Newport, Rhode Island (Griswold House); thanks to Mark Simmons

NB N. Burst and Company, lighting catalogue, London, c.1900

NC Nicholls and Clarke Ltd, ironmongery catalogue No. 11, London, 1906

NCA Nicholls and Clarke Ltd, catalogue, Shoreditch, London, 1912

NE Nico Electric Lighting, catalogue, 1930-31

NH Newby Hall, North Yorkshire

NHH Nichols-Hunter House, Newport, Rhode Island; courtesy of the Preservation Society of Newport County

NM Special photography by Neil Marsh

NN Peter Nicholson, *The New Practical Builder*, 1825 edn

NP J. Molinson, *New Practical Window Gardener*, Groombridge and Son, London, 1877

NR Nathaniel Russell House, Charleston, South Carolina; thanks to J. Thomas Savage

NW Newmarket Palace, Cambridgeshire ©

O Olana, Hudson River Valley, New York; thanks to James Ryan

OB O'Brien Thomas and Company, catalogue, Rotheram, London, 1911

OC Octagon, Orleans House

OE Claygate Brickfields Ltd, *Old English Fireplaces*, catalogue, Surrey, 1929

OH H. J. Jennings, *Our Homes and How to Beautify Them*, 2nd edn, Harrison and Sons, London,1902

OL Landfall, Poole, Dorset (Oliver Hill); thanks to Dr and Mrs C.E. Upton

OM Old Merchants House, New York; thanks to Elizabeth Churchill Cattan

OPG Octopus Publishing Group

OU Sussex, England (John Outram)

OUP Based on a plan in R.T.-Guntler's *The Architecture of Sir Roger Pratt*, Oxford University Press

P Paycockes, Coggeshall, Essex; courtesy of the National Trust ©

PA Palliser and Company, *Palliser's American Architecture*, New York, 1888

PAR Paul Archer Design/Jonathan Moore ©

PB Peter Nicholson, *Practical Builder*, London, 1822

PBJ Peter Blundell-Jones ©

PC A. W. N. Pugin, *True Principles of Pointed and Christian Architecture*, London, 1841

PD Philip Dole, Oregon ©

PE Sydney Perks, *Residential Flats*, B.T. Batsford, London, 1905

PL William Salmon, *Palladio Londiniensis*, London, 8th edn, 1773

PM Special photography by Peter Marshall

PO Alan Powers ©

PP Pryke and Palmer, illustrated catalogue, London, 1896

PPA Pryke and Palmer, illustrated catalogue, London, 1906

PR Private collection

PS Peter Sutton ©

PSM Peter Smith ©

PT With thanks to Platonic Fireplace Company

PW Parker, Winder and Achurch Ltd, The "Devon" Fire, catalogue, Birmingham, c.1920

PY Tim Pyne ©

RA *The Works in Architecture of Robert and James Adam*, 3 vols, 1778

RB Rowe Bros and Company Ltd, Builders' Ironmongery, illustrated catalogue, Birmingham, 1935

RBA Rowe Bros and Company Ltd, catalogue, Bristol, 1937

RC Russell-Cotes Art Gallery and Museum, Bournemouth ©; thanks to Penny Thompson

RE Richard Elsam, *The Practical Builders's Perpetual Price Book*, 1825

RG Thanks to Roderick Gradidge, Elliot Road, Chiswick

RH Red House, Bexleyheath, near London; thanks to Mr and Mrs Edward Hollamby

RIBA Royal Institute of British Architects, London ©

RL Robert Lewis and Company, "Anaglypta" relief decorations, catalogue, Cardiff

RM Richard Murphy Architects ©

RMA Rick Mather Architects ©

RO E.L. Roberts and Company, general catalogue, Chicago, 1903

ROC Paul Rocheleau, Richmond, Massachusetts ©

RR J.B. Papworth, *Rural Residences, London*, 1818

RS Robert Saxton ©

RU Shirley Hibberd, *Rustic Adornments*, London, 1857

RW Manitoga, The Russel Wright Design Center/Masca ©

RY Reynaers Aluminium ©

S *The Studio*, Special Summer Number, 1901: Modern British Domestic Architecture and Decoration

SA Sarum Chase, London

SAL Courtesy of Salve Regina College, Newport, Rhode Island (Watt Sherman House)

SB Steven Bros and Company, section III, Rain Water "Plumbing" Sanitary Castings catalogue, c.1885

SC Sandeman and Company, illustrated catalogue of general brass foundry, London, 1895

SCA Courtesy of Scalamandr New York ©

SCY Stephen Calloway ©

SE Sebastiano Serlio, *The First Book of Architecture*, printed for Robert Peake, London, 1611

SF L.N. Cottingham, *The Smith and Founder's Director*, London, 1824

SG Sam Gratrix Jnr and Brothers Ltd, illustrated catalogue of brass fittings, Manchester, 1911

SH Strawberry Hill, Twickenham, Middlesex; thanks to St Mary's College

SHU Julius Shulman, Los Angeles, California ©

SI John Simpson & Partners, London

SK Sears, Roebuck and Company, *Our Special Catalog for Home Builders*, Chicago, 1910

SKI Skinner Inc ©

SM St Martin's, Oxford; thanks to Ben Lenthall

SN Samuel Sloan, *The Model Architect*, E.S. Jones and Company, Philadelphia, 1852

SNG Sophie Nguyen Architects/Grant Smith ©

SO Courtesy of Sir John Soane's Museum, London ©

SP Sarah Polden©

SR West Hollywood, California (Rudolph Schindler); thanks to Robert Sweeney

SS Selden and Son, illustrated trade catalogue, June 1902, London

ST Stencil House, Shelburne Museum, Shelburne, Vermont ©, photograph by Ken Burris

STE Stephenson/Bell, Architects and Planners

SU Sutton House, Hackney, London; thanks to Mike Gray ©

SUM Drawing by Alison Shepherd ©, reproduced in John Summerson's *Georgian London*, Barrie and Jenkins, 1988 edn

SUT G. Lister Sutcliffe, ed., *Modern House Construction*, London, 1909

SV John Ruskin, *The Stones of Venice*, vol. I, 4th edn, George Allen, 1886

SW G. Jennings, The South Western Pottery, catalogue, 1874

TA Sebastian le Clerc, *A Treatise of Architecture*, London, 1724

TAL B.J. Talbert, *Examples of Ancient and Modern Furniture etc.*, R.O. Rickatson, 1876

TB Christopher Dresser, *Truth, Beauty, Power; Principles of Decorative Design*, 2nd edn. Cassell, Petter and Galpin, London

TC Tynecastle, illustrated catalogue, Edinburgh, c.1900

TCH Thomas Chippendale, *The Gentleman and Cabinet Maker's Director*, 3rd edn, 1762

TCM W. Young, *Town and Country Mansions*, London, 1879

TE Tenement House, Glasgow; courtesy of the National Trust for Scotland

TEC TECTA ©

TG The Studio, Highgate, London (Tayler and Green); thanks to S. O'Rhiordan

TH Thorpe Hall, Northamptonshire; courtesy of the Sue Ryder Organization

TI *Timber Homes by Bolton and Paul Ltd*, Norwich, c.1937

TIG Stanley Tigerman/Tigerman McCurry Architects/Philip Turner ©

TL Taylor and Law Bros, Mouldings, Architraves, Skirtings etc, catalogue, Bristol, c.1890

TP Thomas Parsons and Sons, *Ornamental Decoration*, London, 1909

TT The Tintawn Weaving Company ©

TW T. and W. Farmilow Ltd, catalogue, London, 1909

TY Simon Thurley©

UD *Universal Design Book*, Chicago, 1903

UE Michael & Eli Nathenson, Unique Environments, 32 Fellows Road, London NW3 3LH ©

UI Courtesy of the Ukrainian Institute, New York

UN Unique Interieur ©

UP Special photography by Simon Upton

US Urban Salon Architects/Phil Sayer ©

USM Urban Space Management ©

VC *Villa and Cottage Architecture*, Blackie and Son, Glasgow, Edinburgh and London, 1869

VE Stony Creek, Connecticut (Venturi, Scott Brown and Associates); thanks to Mr and Mrs George Izenour

WA Warne's Rubber Flooring and Tiling, Barking, Essex, c.1937

WC William Cooper, general catalogue, London, 1893

WD *Woodward's National Architect*, New York, 1869

WE Westco (Western Cork Ltd) ©

WF Wallpaper catalogues, by courtesy of Warner Fabrics

WG Waring and Gillow, general catalogue, London, c.1910

WGE Waring and Gillow Ltd, *The Carpet Book*, London, c.1910

WH Winslow Hall, Buckinghamshire; thanks to Sir Edward and Lady Tomkins

WHP William Halfpenny, *The Modern Builder's Assistant*, 1742

WI Photo by Wildlife Matters, Battle, Sussex ©

WK Wilkinson King Architects and Designers ©

WKA Walker Architecture/Mark Walker ©

WL *Souvenir of Wickham Hall, Kent*, 1897

WM Courtesy of William McDonough Architects, New York ©

WMO William Morgan Architects ©

WN Manders Brothers Ltd, Winslow Wallpapers, catalogue, 1952-3

WO Courtesy of Woodward Grosvenor and Co. Ltd, Kidderminster; thanks to Geoffrey C. Smith

WP William Pain, *Practical House Carpenter*, 1766

WPB William Pain, *The Practical Builder*, 4th edn, 1779

WS Walter Segal Self Build Trust/Peter Cook ©

WT Woodland Terrace, Philadelphia, Pennsylvania; thanks to Lauren Leatherbaum and Bill Owen

WW William Wood and Son Ltd, catalogue, Taplow, Buckinghamshire

YM Young and Marten, catalogue of builders' requisites, 1910

YMA Young and Marten Ltd, catalogue, London, c.1910

YH Yaffle House, Dorset; thanks to Peter Holguette

YS John Reid, *The Young Surveyor's Preceptor*, 1848

ZD www.zedfactory.com ©

索 引

页码为斜体字的为插图页：

A

Aalto, Alvar 449, 469, 486, 552
Abbotsford, Roxburgh *197*
Abendrath Brothers (New York) *405*
Abraham Hasbrouck House, New York *106*
acanthus ornament *55, 56, 66, 159*
Ackermann, Rudolf *171, 189*, 552
Adam, Robert *508*, *519*, 552
Adam, Robert and James 136, *136*, 137, *137, 140, 141, 142, 143, 146, 147, 148*, 149, *150, 151*, 152, *152*, 154, *155, 157*, 159, *166, 167, 168*, 204, 219, 552
Adamesque style *139, 141, 144, 148, 156, 165, 210, 255, 359, 363, 366, 367, 371, 373*, 432
Adams and Adams (United States) *319*
Adamsez *497*
Adelphi, London *136*
Adjaye, David 507
adobe houses, 538, *539, 540, 542, 545*
AEM Architects *521*
Aesthetic movement *239, 250, 279, 281, 284, 286*, 307, 308, *310*, 312, 315, *317, 319, 320*, 321, *322, 323, 324, 331*, 333, *334*
AGA stoves *436*, 516
Aktiva *524*
Aldington, Peter *474, 478, 494*
Aldington & Craig *478*
Aldrich, Chester H. 385
Alexander, Christopher 477
Allford Hall Monaghan Morris *518*
Aluminaire House, Long Island 450
American Builder's Companion, The (1827) 205
American Encaustic Tiling Company 321, *331*, 346
American Manufacturing Company *390*
American Radiator Company *412*
American Radiator and Standard Corporation (New York) *442*
American Woman's Home (1869) 293
Amonite order *175*
Amtico Company *513*
Anaglypta *246, 248*, 249, *355*, 363, *364, 365*, 366, *366, 367*
andirons 31, *34, 64*, 93, 121, *125*, 219, *222, 292, 325, 373, 404, 435, 541*
Andrew Carnegie Mansion, New York *384, 391, 392, 412*
Angus, Peggy 487
"Ant" chair 475
anthemion motif *167, 168*, 183, *201*
apartment buildings 354, *354, 454, 455*
Archer, Paul *510, 512, 520*
Architect, The (1915/17) *319*, 335
Architect, or Practical House Carpenter, The (1830) *212, 215, 220, 223, 231*
Architectural Forum 451
Architectural Sketches for Cottages, Rural Dwellings and Villas (1823) *179*
Architecture of Country Houses, The (1850) *273, 277, 286*
"Architecture without Architects" 476-7
Arcquitectonica *502*
"Arctic" lights 380
Argand Lamps 166, *166*, 197, 228, *228*
Armstrong Floors *487*
Art Amateur (1880) *311*
Art Deco 416-17, *416*, 418, 420, *421*, 422, *423, 425, 430, 431, 433, 434, 437, 439, 445, 446*, 462, *502*
Art Nouveau 336-53, 355, 356, *358, 359*, 360, *365, 367*, 370, *378*, 381, *382*
Artcoustic *506*
Artex *486*
Arts and Architecture 472
Arts and Crafts *292*, 306-35, 336, 355, *377*, 380
Ashbee, C.R. *316, 322*, 552
Ashfold House, Sussex *519*
Aston Hall, Birmingham *28, 45, 191*
Auden, W.H. 459
Audsley, George Ashdown *and* Maurice Ashdown *247*, 249, *250, 286*
Audsley, W. *and* G. *243, 260*
aumbries 38, *38*
Austin's *423*
Axminster carpets *252, 369*
Ayrton, Maxwell *382*

B

Babb, Cook and Willard *384, 391, 411, 412*
Bacon's Castle, Virgina *106*
Bailey House, Los Angeles *483*
Baillie Scott, M.H. 307, *307, 309, 319, 324, 325*, 552-3
balconets 167, *168*
balconies *53*, 71, *71, 135*, 167, *168, 169, 178*, 198, *199, 200, 201, 229, 230*, 268, *303, 382*, 383, *388, 414*, 446, *466*, 468, *468, 537*, 545
balloon framing 272
balusters 35, *36, 37, 66, 67, 98, 99*, 104, 126, *127, 128*, 159, *161*, 231, 259, *261*, 326, *327, 328, 375, 376*, 492, 501, *519*, 534
Bankart, G.P. 366
Barbon, Nicholas *41*
Barbreck House, Argyll *150*
Barclay, Charles *509*
Barefoot, Peter *478*
bargeboards (vergeboards) *15, 271, 304, 305*, 334, *334*, 383, 415
Barn, The, Exmouth *306*
Barnicoat, J.M. *498*
Baronial styles *191*, 370, *434*
Baroque *37*, 40-71, *78, 83, 89, 105*, 446
neo-Baroque *327*
Barrett Lloyd Davis *519*
bars *409*
Bartow-Pell Mansion, New York *209, 219, 221, 223, 224, 227, 229*
Bath, Avon *89, 102, 105*, 136, *140, 141, 145, 167, 168*
baths and bathrooms 227, *265*, 299, *299*, 351, *351*, 378, 411, *411*, 412, *412*, 442, *442, 443*, 466, 497, *497*, 522-523 *see also* showers; wash basins
Bathyscafocus fire *514*
Bauhaus *467*
Bayliss, Jones and Bayliss *269*
Beaufait door *226*
Beauties of Modern Architecture (1835) *210, 217*
Beaux Arts (United States) 384-415
Bedford Park, London 306, *313*, 334, *334*
beds *56*, 129, *440*, 464, *464, 543*
BedZed 505, *505*
Beech, Gerald *473, 479*
Beecher and Stowe 293
"Beeton" stoves *374*
Behrens, Peter *433*, 553
Belling Company *433*
Belsize Architects *510, 512, 515, 516, 518, 520, 523*
Belton House, Lincolnshire *91*
Belvoir Castle, Nottinghamshire *184*
Benjamin, Asher *205*, 206, 207, *209, 212, 215, 220, 223, 230, 231*, 553
Bennett's Wood Flooring Company *368*
Benson and Company 332, *332*, 380
Bentley, Richard *95, 100*
Bentley Wood, East Sussex *450, 465*
Bestlite *467*
Betty lamps 132, 228, *544*
Biddle, Owen 206
bidets *300, 379, 443*, 466, *466*
Bigelow, Erastus B. *288*
Bing, Samuel 336, 553
Birge (M.H.) and Sons 342
Birmingham Guild of Handicraft *333*
Bisca *509, 519*
Bitter, Karl 385
Black Barn, Michigan *493, 500*
Blackie. W.W. *336*
Blaise Hamlet 171
Blanco-White, Justin *469*
blinds/shades *391*
Blundell-Jones, Peter *519*
Blustin Heath Architects *508*
boilers *300, 412, 497*
bolection moulding *10, 142*
Bonnington, John S. *479, 491*
Book of Architecture (James Gibbs, 1728) *75, 89*
bookcases 68, *68, 101, 225, 225, 410*, 439, *440 see also* libraries
Boontje, Tord *524*
Boorde, Andew 39
bootscrapers 133, *133*, 230, *269, 333, 382, 545*
Boston, Massachusetts 205, *205, 211, 213*
Boston, Peter *501*
Boughton, John W. *287*
Bowler House, Bar Harbor *415*
Bowyer, Gordon and Ursula *472, 473, 478, 481, 486, 493, 498*
box beds *284, 543*
box cornice *90*
box winders 126
Boyde Hart, Glynn *513*
Boyle, Robert 234, *266*
Bracketed style *286*
Brandt, Edgar 446, *446*
Breuer, Marcel 469, 473, 553
brickwork 13, 137, 474, 485, 528
Brick and Marble from Northern Italy 232
Briggs, Robert A. *354*
Brighton, Sussex 167, *177, 194*
Bristol, Avon *200*
British Architect, The (1745) *124*
Britton, John *195*, 553
broderie 59
Brookes Stacey Randall *507, 523*
Broughton Castle, Oxfordshire *38*
Brown, Neave *479, 493*
Brussels carpets 185, *186, 288, 400*
Buckland, William *107, 109, 111, 127*
Buff, Straub and Hensman *471*
buffets 69
Builder, The 233
Builder's Assistant, The (1819) 206
Builder's Compleat Assistant, The (sic) (1738) 83
Builder's Director or Bench-Mate (1751) 94
Builder's Jewel, The (1746) 75
Builder's Magazine, The (1778) 158, 168, 169
Builder's Practical Director, The 233
Building Acts 72, 81, *82*, 136-7, *144*, 170, 202
building codes *502*, 503
Building News, The 233
built-in furniture *471*, 474, 476, 477, 494-6
Bulfinch, Charles 205, *211, 213*, 553
"bullseyes" *423*
Bulthaup *516*
bungalows *360, 416*, 447
Burkeman, Cathy *515*
Burlington, Lord 72, 554
butterfly plan *306*
Butterwell Farm, Cornwall *509, 511*
Byker Estate, Newcastle-upon-Tyne 502

C

Cabinet Maker's and Upholsterer's Guide (1826) *181*
Cadbury-Brown, H.T. *475, 478*
Campbell, Colen 72, *72, 86, 98*, 554
candles 70, 103, 197, 132, 267
Carlos Zapata Design Studio *519*
carpets 59, 91, 120, 152, 185, *186*, 218, *218*, 251, *252*, 259, *259, 275*, 287, *288*, 294, 320, 345, *345*, 349, *369, 400*, 417, *430, 431*, 487, *513 see also* rugs
Carr, A.C.E. *325*
carreaux d'octagones 91, 153
Carrere, John M. 385
Carron Company 187, *191, 254, 256, 258, 372*
Carter, Cyril *458*
carving, wood *10, 55*
Carwitham, John *92*
Casa Nueva, Los Angeles *416, 417*
Case Study houses, Los Angeles 459, *470, 479, 490, 493*
Cassiobury Park, London *195*
Castiglioni, Achille *524*
Castle Drogo, Devon 331, *331*
Castle Howard, Yorkshire 43
Cedar House, Perthshire *511, 517*
Cedarwood, Liverpool *473, 479, 490, 493*
ceilings 486, 512
papered 285, 318, 366
coffered 27, 88, 149, *150*, 216, 397, *398*
lath-and-plaster 115
roses 149, *184*, 216, *217*, 249, *250, 285, 286, 366*
steel 366, *367, 398*
Celtic styles *335*, 353
central heating 488
Centrebrook Architects *515*
Chambers, Sir William 136, 159, 554
chamfer stops *532*
chandeliers 70, *70, 71*, 103, 132, *132*, 166, *166, 197*, 228, *228, 267, 301*, 332, 413, *413, 544*
Charles, Prince of Wales 503, 504
Charleston, South Carolina 205, *204, 216, 217*
Chastleton House, Oxfordshire *12, 13, 15, 35*
Chatsworth House, Derbyshire *67*
Cheltenham, Gloucestershire *199*
"Chemosphere" house, Hollywood *481*
Chermayeff, Serge *450, 463, 465, 468*
chimneyboards *64, 156*
chimneys *15, 488*
"Chinese Chippendale" *135*
Chinese styles/chinoiserie *82, 96, 99, 142, 156, 168*, 172, 174, 181, 321
Chippendale, Thomas *87, 96, 97, 124, 168*, 554
Church, Frederic E. *314*
Church, Thomas 472
Church Cottages, Bristol *512*
Circus Architects *512, 518*
City and Country Builder's and Workman's Treasury, The (1745) 89
City and Country Workman's Remembrancer (1745) *77*
clairvoyées 71
clapboarding *25, 538*
Clark (George M.) Company *405*
Classical Revival 223, 503, *503*
Cliveden, Philadelphia *108, 110, 112, 114, 117, 123*
close stools 227
closets 297, *410*
Coade stone 137, *139*, 143, *144*, 148
cobblestones 30, *538*
cock's head style 44, *49, 52, 66*
cocktail bars 439
Codman, Ogden 355, *390, 395, 410, 414*
Codman, Samuel *395*
Cohen, William M. *521*
Coleshill, Berkshire *41*
Collcutt, T.E. *322*
Collection of Designs in Architecture, A (1757) *72*
Colonial, American 106-35
Colonial Revival 272, 275, 276, *279, 281, 282*, 297, *304*, 386, 387, *388, 390*, 391, *391, 393*, 394, *395*, 397, 399, 406, *406, 407, 408*, 409, *410*, 413, *413*, 415, *415, 422*
colza lamp 166, *167*, 197
Complete Body of Architecture, A (1756) *76*
Comstock, William T. *290*

Conners House, Florida *509*
Conran, Terence 476, *495*, 554,
conservation of buildings 477, 502, 507
conservatories *271*, 353, *383*
Container City II, London *504*, 505
Contemporary style 474, *485*, 488
Cooper (William) and Company *271*, 383
coppers *102*, 196
Corbin, P. and F. *421*
Cordelora *366*
Cornelius Vanderbilt II House, New York *404*
Cornell (J.B.) Foundry (New York) 333
Cottage, Lodge and Villa Architecture 243, 260
"Cottage Style" (Victorian) *232*
cottages ornés 171, *171*
Cottingham, L.N. *184, 197*, 198, *201*, 381, 554
Country Gentleman Magazine, The 355
Cours complet d'architecture (1691) *59*
cozy corners 262, *262, 263*, 297, *305, 377*
Craftsman, The 307, *316, 320, 327, 330, 335*
Craftsman style 308, *313*, 320, *330, 331*
Cragside, Northumbria *235, 240, 250, 259, 263, 285, 321*
Crane, Walter *316*, 321, 554-5
Cray Clearing, Henley *479*
Creek Vean, Cornwall *480, 482, 492*
cressets *228*
Crittall, F.W. *467*
Crittall's 454, *454, 455*
Crooked Pightle, Hampshire *508*
cruck construction *527*
Cubitt (James) & Partners *479, 497*
Cubitts Reinforced Concrete 355
Cullinan House, London *474, 490*
Cummings' Architectural Details (1873) *290*

D

Dalen, Dr. Gustav *436*
Dalsouple Ltd *513*
Dana House, Springfield (Ill.) *339*
Davies (H. and C.) and Company *260*
Davrs, Alexander *209*, 555
Dawson, Nelson *325*
Day, Lewis F. *261, 311*
Day, Robin 475
de Clermont, Andien *90*
de Morgan, William *317*, 321, *324, 331*
De Stijl 448
Debenham House, London *310, 323*
Deconstructionism 504
Decoration of Houses, The (1898) 355
Decorator and Furnisher (1886) *320*
Decorator and Ornamentist (1892) *247, 250*
decorum, theory of 40-1, *41*
Delano, William A. 385
delft tiles *125, 156*
Design Council 475
Designs for Gates and Rails (1806) *203*
Designs of Inigo Jones (1727) 121
Deutsche Werkbund 448
Dewhurst, Richard *521*
Dickens' House, London *176, 184*
Dietary of Health, The (1540) 39
"Dirty House", London 507
dishwashers *491*
Dixon, Jeremy 503
dog gates 37
dog grates 60, 93, *97, 158*, 253, *256, 257, 322, 370*
doors and door furniture 478-9, 508-9
- door knockers *49, 142, 177, 210*, 236, *241, 311, 390, 539*
- French doors 143, *144*, 178, *179, 180, 212, 213, 362, 392, 393, 425, 455, 509*
- jib doors *162, 177*
- overdoors *141, 239*

Doric House, Bath *194*
Dordoni, Rodolfo *524*
Dorn, Marion 417
double-pile plan *41*
Douglas House, Lake Michigan *476, 488*
Doulton and Company *243, 264*, 346, *378*
Downing, A.J. *273, 277*, 283, *283, 284, 286, 298, 305*, 555
Dransfield Owens De Silva *511, 512*
Drayton Hall, South Carolina *110, 115, 117, 119, 120, 121, 124, 126, 133*
Dresser, Christopher *246*, 320, *320, 555*
dressers 100, *101, 164, 263, 535*
Dreyfuss, Henry *441*
drop-handles *80*
Drummond, William E. *350*
Drysdale House, Atlantic Beach *512, 525*
Dufour, Joseph *214*
Dugdale and Ruhemann, *465*
"dumb waiters" *263*, 464
Dunehouses, Atlantic Beach *479, 483, 492, 500*
Dunster, Bill 505, *505*
Duravit *523*
Durie House, New Jersey *536*
Dutch Colonial *106, 129*, 536, *536, 537, 541, 542, 543*
Dutch influence in England 13, *40*, 42
Dylan Morgan House, Atlantic Beach *510*
Dymaxion House 450

E

Eames, Charles and Ray 472, 475, *482, 494*
Eames House, Santa Monica 472, *482*
Earl Butler House, Des Moines 450-1, *451*
earth closets 102
"Easier Living" range 471
Eastlake, C.L. 274, 555
Eastlake decoration *274*, 275, *282, 300*
Ebnerite floors *369*
Ecole des Beaux Arts 384
Ecologic Architects *505*
Edinburgh *136, 161, 168, 176*
Edis, Robert W. *324, 325*
Edison electric lighting 301
Edward C. Waller House, Illinois *327*
Edwardian 354-415
egg-and-dart mouldings *148*
Egyptian styles 137, *141*, 172, 174, 181, *188, 189*, 272, *429*
Eisenmann, Peter *476*, 504
"Electra House", London 507
electricity, introduction of 267, 301, 332, *344*, 352, 366, 380, 405, 413
Electrolux (London) *441*
Ellwood, Craig 472
The Elms, Newport, Rhode Island *396, 407, 411*
Elsam, Richard *171*
Elsley, Thomas *311, 316*
Eltham Lodge, Kent 42, *42, 48, 61*
Emanuel, Charles *311*
Encyclopaedia of Carpentry and Joinery 243, 247
Encyclopaedia of Practical Carpentry, The 233
"English Country House Look" 502-3
English House Design (1911) 355
Environmental issues 505, 510, 525
Eppenstein, James F. *441*
Erco *524*
Erith, Raymond *475, 503*
Erskine, Ralph 502
"Est" light *524*
Etruscan decoration 138, *141, 155, 181*
Examples of Ornamental Metal Work (1836) *193*
Exposition Internationale des Arts Décoratifs 416
Eyre, Wilson 307

F

Fallingwater, Pennsylvania 450, 456, *460*
fanlights 77, 138, *139*, 174, *177, 209, 237, 269*, 276, 353, *353, 389*, 414, *414*
Farmiloe (George) and Company *270, 379*
Farnley Hey, Yorkshire *496, 499*
Farnsworth House, Piano *470*, 473
faucets *300, 351, 379*, 411, 412, *444*, 466, *466*
Federal *128*, 204-31, *278, 393*
fences 133, *133*, 134, *135, 199, 203*, 231, *270, 271*, 334, *335, 415*, 447
fender benches *291*
*Ferme Orn*仟 (1795) *202*
Femandez-Llambias House, St Augustine *545*
ferneries *271*
Ferrum House, Harpenden *479, 491*
Festival of Britain style, 469, 474
fielded panel *142*
Finella, Cambridge (England) *452*, 457, *457*, 458
firebacks *32*, 60, *62, 64, 125*, 219, *333*
firedogs *see* andirons
fireplace heaters *292*
fireplaces 488-9, 514-15
Fiske, J.W. (New York) *303*
Five Orders of Architecture 42
flagstones 30, *30*, 59, 152, *153*, 185, 251, 320, *532*
floor cushions 476
floors 487, 512, *513*
floorcloths 120, *120, 218, 251*, 259, 287
Flos Lighting *499, 524*
"Flower pot" light *524*
Floyd, Wells and Company (Penn.) *292*
Foggo, Peter *500*
Ford, Louis G. *425*
Forest Hills, Queens, New York *384, 396*, 407, *411*
Foster, Norman *480*, 504
Foster House, Grantham *481*
foundries 198, 229, 268, 381
Fowler, John 502-3
François Premier styles *384*, 385, 387, 391, *391, 392*, 397, 401, *401, 406*, 414
Frankl, Paul 416
Frankl + Luny *525*
Franklin stoves *125*, 219, *222*
French Deco *419*
French influence
- in Britain 42, *59, 155*, 170, *189*, 274, *275, 358*, 381, *422, 468*
- in United States 205, *281, 288*, 385, *385, 386*, 387, *388, 389, 390*, 391, *391, 393*, 394, *396*, 399, 401, *403, 404*, 406, *406, 410*, 412, *412*, 414, *414*, 422, 538, *539*

Fretton, Tony 507
Frink (I.P.) Company (New York) 332
From Kitchen to Garret (1893) 267
Fry, E. Maxwell *448, 468*, 555
Fry, H.L. and W.H. *322*
"Fuschia" light *524*
Fuller, Buckminster 450, 472, 476
Future Systems 504, *504, 508, 510, 516*

G

Gaillard-Bennett House, Charleston *204, 211, 216, 224, 224, 229*
Gamble House, Pasadena *306, 307, 340, 344, 323, 330, 334, 332, 334*
gambrel roofs *536*
Gap house, London 507
garages 447, *447*
Garden Cities of Tomorrow (1898) 355
garden cities/suburbs 234, 355
garden designers, influence of 202
garderobes 39, *39*
Gardiner, Stephen *483*
Gardiner and Sons Ltd (Bristol) *325, 371, 376, 382*
gargoyles *300*
"Garland" lamp *524*
gas, introduction of 197, 228, 253, 258, 264, 267, 293, 301, *301, 380*
gates 71, *71*, 133, *133, 135*, 167, *168, 169, 199, 203, 230, 231, 268, 269*, 271, *302*, 333, *333, 335, 353, 382, 383, 415, 447*
Gaze (H.E.) Ltd. *367*
Geddes, Norman Bel *436*, 555
Gehry, Frank 504
General Electric Company *374, 380, 405, 491*
Gentleman and Cabinet Maker's Director, The (1762) 87, 97
Gentleman's and Builder's Repository, The (1738) *82*
Gentleman's House, The 232
George, Prince of Wales (Prince Regent) 170
Georgian 72-105, 106, *106, 107, 112, 125, 127*, 134, *134*
- Late 136-69, *194*
- neo-Georgian
- American 385, *389, 390, 393*, 394, 397, 401, 406, *406, 410*
- British 174, *255, 262*, 363, 366, 370, *371*, 381

German Colonial 536, *537, 539, 543, 544*
Gibbes House, Charleston *217*
Gibbons, Grinling *43, 55, 63, 64*, 556
Gibbs, James *75, 76, 77, 83, 87, 89, 95, 97, 99*, 104,107, *110, 134*, 556
Gilbert, C.P.H. *384, 401*
Gill, Irving 556
Gillis and Geoghegan (New York) *412*
Gimson, Ernest *313, 332*
girandoles 103, *157*, 166, *166*, 228, *228*
Glasgow 233, *234, 263, 284*, 336, *347*
glass bricks 422, 456, 510, *511*
Glass House, New Canaan 504
glazing, development of 12-13, 20, *23*
"Globall" light *524*
Goff, Bruce 504
Goldfinger, Ern 450, 451, 454, *454*, 456, 460, 462, 468, *490*
Goldicutt, John *182,185, 186*
Gooday, Leslie *493*
Gorst, James 505
Gorton and Lidgerwood Company (New York) *412*
Gothic style
- in Britain *17, 84*, 137, *139, 141, 144, 151*, 172, 174, *175, 178, 179*, 181, *188, 190, 191*, 232-3, *232, 238, 239*, 242, *244, 254, 257, 260*, 326, *373*
- in United States *213*, 272, *273*, 274, 276, *279, 281, 285, 290*, 294, *295, 297*, 385-6, *397, 401*, 408

Gothick *77, 78, 80, 82, 90, 94, 95, 96, 97, 100, 103, 167*
gougework 214
Gough, Piers 503
Gradidge, Roderick *521*
Gratrix of Manchester *241*
Graves, Michael 503, *503, 514*
Greek influence in Britain *139, 140*, 149, *151*, 154, 171, *173*, 174, *175*, 181, 183, *184, 194, 195*
Greek key design *161, 168, 220*, 411
Greek Revival, American *204*, 206, 207, *208, 209, 210*, 211, *211, 212, 213*, 214, *215*, 216, *218, 221*, 223, *224*, 225, *226, 227, 229, 230*, 231, *231*
Greenaway, Kate 321, *322*
Greene, Charles *and* Henry *306*, 307, *307, 310, 311*, 312, *312, 317*, 318, 326, *327, 328, 330*, 331, 333, *333, 334, 335*, 556
greenhouses *245*, 383
Griffin, W.B. *322*, 556
Grimshaw, Nicholas 504
Grimsthorpe Castle, Lincolnshire *88*
Gropius, Walter 448, *448*, 451, 454, *455*, 462, *463, 468*, 469, 556
Guard, Mark 507
Guerin (P.E.) company (New York) *392*
Gunston Hall, Virginia *111*
Gwathmey, Charles *476*, 504
Gwynne, Patrick *463, 494, 501*

H

Habitat 476, *495, 499, 524*
Hadfield, George 206
Hagan, Jo 507
Hale House, Los Angeles *272, 276, 302*
Halfpenny, William *73*, 556
half-timbering *272*
Hammond-Harwood House, Annapolis *107, 110, 114, 127*
Hampstead Garden Suburb, London *310, 314*, 355
Hampton Court Palace, London *30, 53, 63*
Hampton and Sons *239, 247, 251, 252*, 355
Handel and Company (United States) 352
Hanley House, Oregon *278*
Harington, Sir John *39*
Harrods *368*
Harrison, Henry *515*
Harvey, Robert *484, 491*
Hastings, Thomas 385
Haviland, John 204, 557
Hay, Ian *518*
Heaton J. AIdam *250*
Heningsen, Poul 498
Henry Osborne Havemeyer House, New York *309*
Henry Villard House, New York *404*

Herbert, Henry, 9th Earl of Pembroke *72*
Herbert Bruning House, Wilmette *450*
Herter, Gustave and Christian 385
High Cross House, Dartington 449, *450*, 451
High Sunderland, Galashiels *495*
High-Tech Movement 480, 500, 504
Highpoint apartment block, London *455*
Hill, Oliver 417, *443, 448*, 462, *462*
Hill House, Helensburgh *336, 338, 339, 341, 342, 343, 345, 346, 348, 349, 350, 352, 353*
Hilltop House, Florida *474, 486*
Hindley (C.) and Sons *254, 263*
hinges 18, *49, 111, 241, 310, 390*
  shutter *84*
Hints on Household Taste (1872) *252*
hob grates, 93, *97*, 137, 154, *155, 156, 158*, 187, *190, 191*
Home House, London *136, 140, 143, 146, 153, 155, 159, 166*
home as office 506
Homer, Winslow *322*
Homewood, The, Esher *463, 467*
Hood, Raymond 416
Hope, Thomas 195, *195*, 557
Hope's catalogue (1934) *423*
Hopkins, Michael *492*, 504, *505*
Hopkins and Dickinson *390*
Hopkins House, London *505*
Hoppus, Edward *82, 96*
horns (on sash windows) 242
Hot Dog House, Harvard *500*
House and Garden magazine 475
House Beautiful Building Annual (1925) *438*
House Beautiful Furnishing Annual, The (1926) *431*
House Beautiful magazine 473
House VI, West Cornwall *476*
Howard, Ebenezer 355, 557
Hudnut, Joseph 472
Hudson Architects *511, 513, 518, 519*
Humphreys, Mary Gay *289*
Hunt, Richard Morris 384, 391, 414, 557
Hunter House, Rhode Island *110, 117, 123, 128, 135*

I
Imben, Dominique *514*
Ince, W. *96, 101*
Induroleum 458
inglenooks *262*, 321, *323, 330*, 370, *377*, 432, *533*
Innes, Jocasta 512, *513*
Isaac Fletcher House, New York *384*
Islamic influences *310*, 315, *317*, 321
Italian influence
  in Britain 13, 42, *73*
  in United States 272, *272*, 274, *274*, 276, *277, 282, 284, 285, 286, 290*, 294, *295, 319, 388, 396*, 399, *404*, 406, *406*, 412, 414, *414*, 415

J
J.J. Glessner House, Chicago *273*
J. Piermont Morgan House, New York *408*
Jack, George *324*
jacks 93
Jackson (George) and Sons *250*
Jacobean Revival 386, 394
Jacobsen, Arne 475
Japanese influences 306-7, 315, *319, 322, 327, 331*, 332, *334*, 355, *506*
Jay, William 205, *204, 217*, 225
Jeckyll, Thomas 315, 333
Jefferson, Thomas 205, *212, 218*, 225, *226*, 557
Jeffrey and Company *317*
Jencks, Charles 503, *503, 521*
Jenn-Air *491, 517*
Jennings, George *266*
John Storer House, Los Angeles *316*
Johnson, Francis 475, 486, *492*
Johnson, Philip 457, 504, 557
Jonathan Hager House, Hagerstown *537*
Jones, Inigo *40, 56, 58, 61, 86, 96*, 557-8
Jones, William *94*
Joseph Reynolds House, Rhode Island *124*
Juicy Glass *509*

K
Kahn, Louis *477, 478, 493*
Kaufmann, Angelica 149
Keats' House, London *171, 180*
Keay, Lancelot *454*
Keck, George Fred *450*
Kedlestone Hall, Derby *157*
Kelvinator *491*
Kenmore, Fredericksburg *118, 119, 122*
Kent, William 72, *94, 121*, 558
Keogh (C.B.) and Company *277*
Kerr, Robert *232*
Kholucy, Shawn *519*
Kimbolton Castle, Cambridgeshire *47*
King's Manor, York *46*
kitchens *107*, 129, *227, 284*, 293, 297, *298, 416*, 442, 461, *465*, 471, 476, 490-1, 494, 516-17
Klint, Kaare *498*
Knight, Christopher *483*
Koenig, Pierre *470*, 472, *483, 491*
Kohler Company (Wisconsin) 299, 443
Korman House, Pennsylvania *477, 478, 493*
Kraetsch & Kraetsch *451*
Krier, Leon 503

L
La Farge, John 340, 385, *393, 404*, 558
Lafever, Minard 207, *208, 210, 215, 217*, 558
Lambertson House, Atlantic Beach *504*
Landfall, Poole, Dorset *448, 453*, 462, *462, 468*
Lange, Emile *310*
Langlands, Iain *478*
Langley, Batty 75, 77, 79, 83, 89, 92, 94, 96, 558
lanterns 70, *70*, 103, *103*, 132, 166, *166*, 228, *228*, 544
latches *17, 18, 52, 80, 210, 529, 539*
Latrobe, Benjamin Henry 204, 558
Lautner, John *481, 486*
lavatory 264 *see also* water closets
Lavenham, Suffolk *18, 20, 29*
le Clerc, Sebastien *82*
Le Corbusier 448, 451, 456, 462, 466, 474, 558-9
Le Pautre, Jean *56, 64*
Leamington Spa, Warwickshire *199*
Leighton House, Kensington *320, 329*
Lescaze, William 449, *450*, 451
Letchworth Garden City 355
letterboxes/mailshots *238, 241, 359*
Liberty designs 336, 342, 353
libraries 68, *68, 100*, 162, *163, 164*, 195, *195, 263*, 297, *297, 298, 329, 330, 377 see also* bookcases
lighting 498-9, 524
  bed lights *234, 445*
  bulkhead lights *524*
  fibre optics *519*
  kerosene lighting 301, *301*
  LEDs 524
  rushlights 70, 132, *544*
  spotlights *445, 524*
  see also candles; named lights
lightshades 498, *498, 499*
Lightolier (New York) *445*
Lincrusta *246, 248, 355*
linenfold panelling 24, *25, 26, 38*, 316, *420*
linoleum 251, 259, 287, 368, *368*, 430, *431*, 458, *487, 513*
Littman Goddard Hogarth 506, *512*
Liverpool *454*
log houses (United States) 539
locks *17*, 44, *49, 111*, 210, *311*, 359
loft conversions 506, *512*
London *41, 47, 81, 85, 143, 150*, 165, *174, 176*, 233, 234
  Adelphi 136, *136*
  Bedford Park 334
  mansion blocks 354, *354*
  Nash terraces 137
Loos, Adolf 448, 559
Louis XIV styles *188*, 354, *392*
Louis XV style 354
Louis XVI style *247*, 354, *411, 412*
Lovell Beach House, California *449*
Low (J. and J.G.) Art Tile Works (Mass.) 321, 331
Lowther (R.) and Company *245*
Lubetkin, Berthold *451, 452, 453, 454, 457, 559*
Lugar, R. *179*
Luscombe Castle, Devon *144*
Lutyens, Edwin 307, *310*, 331, *331, 371, 425, 438*, 559
Lyons, Eric 473-4

M
M-House, Essex *504*
MacDonald, D. *511*
MacDonald, Margaret 336, *352*
Macfarlane's (of Glasgow) 260, 269, 378
McClary Manufacturing Company *491*
McComb, John 205
MCDonough, William *519, 523*
McGrath, Raymond 457, *457*, 458, *463*
McIntire, Samuel 205, *208*
McKim, Charles F. 386
McKim, Mead and White *273, 385, 388, 391, 408, 414*, 559
McKnight Kauffer, E. 417
Mackintosh, Charles Rennie, 336-7, *336, 337*, 338, *338, 339*, 340, *341*, 342, *342, 343*, 344, 345, *345*, 346, *346, 347, 348, 349*, 350, *350*, 351, *352, 353*, 559-60
Mackmurdo, A.H. *352*
mae architects *504*
"Magicoal" fire *433*
Maher, George H. *324*
Maison Jaoul, Neuilly 474
Manigault, Gabriel 205
mansard roofs 274, *280*
mansion block apartments 354, *354, 454, 455*
Marble Hill House, Twickenham *72*
"margin lights" 178
Marot, Daniel *68*, 560
Marsh, George *484, 485, 487, 499*
Mason's Bricklayer's, Plasterer's and Decorator's Practical Guide (1868) *249, 251*
Mason's Patent Ironstone *188*
Mather, Rick *515*
matting 30, *30*, 218, 287
Maufe, Edward *453, 455, 458*
Maugham, Syrie 417, *440*
Maurer-Becker, Dorothee *524*
Maw Company 251
May, Hugh *51, 61*, 560
"Mefistole" ceiling lights *499*
Meier, Richard *476, 488*, 504
Mellow, Meigs and Howe Company 416
Mendelsohn, Erich *463*
Mercer, Henry Chapman *322*
Merrill, Scott *502*
Messenger and Company *383*
metalwork 500, *501*, 525 *see also* named metals
Metamorphosis of Ajax; a Cloacinean Satire (1596) 39
Miami Beach, Florida 417, *419, 423, 430, 446*
Michelangelo *42*
Middleton, C. *203*
Mies van der Rohe, Ludwig 448, *470*, 473, 480, 560
Miller, Duncan 417
Mills, Robert 204, 560
millwork catalogues 304, *390*
Milne, Oswald P. 355
Minimalism 506-7, *517*, 525
Minton's 251, *290*, 321, *325, 326*
Mirman House, California *517*
mirror glass 60, *157*
Mission Revival *see* Spanish styles
Mitchell, Arnold *309, 324*
Mizner, Addison 385, 413, *429*
Modern Architectural Designs and Details (1881) *290*
Modern Builder's Assistant, The (1742) *73*
Modern Builder's Guide (1797) 206
Modern Builder's Guide, The (1833) *208, 215*
Modern Movement 416-17, 418, 448-69, 473, *479*, 508
Mollison, John *245*
Monticello, Virginia *218, 226*
Moore, Henry *450*
Moore, Lydon, Turnbull & Whitaker *496*
Moorish influence *375, 402, 408*
Moravian styles *111*, 131, *227, 537, 539*
More Colour Schemes for the Modern Home (1938) 417
Morgan, William *474, 479, 483, 486, 492, 500, 504, 509, 510, 525*
Morphosis *523*
Morris and Company 307, 326, *327*
Morris and Company, William 307, *314, 328, 330*
Morris-Jumel Mansion, New York *205, 207, 209, 218, 224, 231*
Morris, Roger *72*
Morris, William *283*, 306, 307, *314, 316, 317*, 318, *318*, 320, *320, 326*, 329, *395*, 560-1
Morrison, Jasper *524*
Morton and Company *345*
Morton, Gavin 345
mosaics 185, *185, 186, 369, 400, 458*
Mossberg House, South Bend *451*
Mott (J.L.) Iron Works (New York) 299, *325, 412*
moulding profiles *10*
Moulton Hall, Yorkshire *40, 43, 47, 52*
Moulton Manor, Yorkshire *40, 50*
Mount Pleasant, Philadelphia *106, 110, 114, 117, 123*
Mount Vernon, Virginia *119*, 205, *277, 225*, 231
murals 417, 426, 456, *456*
Murphy, Richard *510, 517*

N
Narbonne House, Salem, Massachusetts *538*
Nash, John 137, *139, 144, 148, 151*, 170, 171, *184, 194*, 561
Nathaniel Russell House, Charleston *216, 221*
Navajo rugs *541*
Nelson, Paul 416, *441*
Neo-classical styles
  American 205, *206, 208, 213, 222*, 223, 231, *231, 281*, 289
  British 88, 136, *142*, 146, 149, 152, *155*, 170
Neo-Georgian style 475, *492*, 503
neoprene rubber 480, *482*
Nether Lypiatt Manor, Gloucestershire *46*
Netherlands *40*, 42
Neutra, Richard *449*, 450, *460*, 561
New Brutalism 474
New Castle, Delaware *124*
New England 106, *109, 111*, 126, 536, *537, 539, 541, 545*
New Farm, Great Dunmow *467*
New Home, The (1903) 375
New Orleans 229, 277, *545*
New Practical Builder (1825) *175, 179, 193*
New Practical Builder and Workman's Guide, The (1823) 170, *170, 171*
New Practical Window Gardener, The (1877) *245*
New Urbanism 503
"New York Five" *476*, 504
Newby Hall, Yorkshire *140, 145, 153*
Newman, Alfred A. *333*
Nguyen, Sophie *517*
Nicholas L. Anderson House, Washington DC *408*
Nicholls and Clarke *359, 374*
Nicholson, Peter 170, *170, 171, 175, 179, 186, 188, 193*, 561
Norberg-Shulz, Christian 477
Northrop, H.S. *398*

O
Oak Park, Illinois 337, *340, 344, 347*, 353
O'Brien Thomas and Company *374*
octagonal houses *304*
Olana, Hudson River Valley *310, 314, 315, 328, 335*
Old Merchant's House, New York *209, 224, 229*
open-plan living 470, 473, 480, *488, 489, 490*
Orange House of the Future, Hertfordshire *520*

Orders, Classical 13, *41*, 42, *45*, *76*, *81*, 85, 175
Orefelt, Gunnar *520*
Oriental influences *82*, *96*, *99*, *142*, *168*, 174, 318, *319*, *335*, 409, *415*
Orleans House, Twickenham *83*, *87*, *95*
"Ornament and Crime" (1908) 448
Ornamental Decoration (1909) *359*, *367*
Ornamental Iron Work (c.1795) *161*
Ornamental Timber Gables of the 16th Century (1831) *271*
Osborne Lodge, Cheltenham *194*
Osram (GEC) Ltd *499*
Our Homes and How to Make the Best of Them (1909) 355
outdoor living 471-2, *474*, *483*
Outram, John *502*, *508*, *513*, *521*
overmantels 31, *33*, 60, *60*, *63*, *96*, *123*, *222*, 253, *255*, *290*, *291*, *292*, *323*, *324*, 401, *402*, *546*
overthrows *166*
ovolo mouldings *10*
Owen (William) Foundry *256*

P
Pain, William *147*, 204, *208*, *210*, *215*, *217*, *220*, 223, 225, *226*
palisading *269*, *271*
Palladianism *72*, 74, *79*, *81*, *82*, *86*, 88, *89*, *94*, 136, *145*, 149, 157
  American *110*, 112, *113*, *114*, *115*, *126*, *134*, 204, 211, *212*, *213*, *393*
Palladian windows *see* Venetian windows
Palladio, Andrea *45*, 72, 561
Palladio Londoniensis (1734) *75*, *109*
panelling 24, *25*, *26*, *48*, 54, *54*, *55*, *73*, 85, *85*, *86*, 108, *110*, *111*, 115, *117*, 146, 214, *214*, 246, *247*, *283*, *284*, *285*, 315, 342, 394, *394*, *426*, *427*, *484*
  as bequest *68*
Panton, Mrs. 267
Panton, Verner *524*
"paper stucco" 366, *366*
Papworth, J.B. *198*, *200*, 202, *203*, 561
pargeting *53*, 526, 528, *528*
Paris, 1925 Exhibition *416-17*
Parker and Unwin 355, 562
parquetry *59*, *92*, 152, *186*, *218*, 251, *252*, 287, *287*, *288*, 345, 368, *368*, 399, *399*, *400*, 430, *431*, *487*
Parsons (Thomas) and Sons *359*, *363*, *367*
paterae *76*
Patrick Duncan House, Charleston 204, 204, *205*, *206*, *223*
Patton Residence, Illinois *324*
Pawson, John 506
Paycockes, Coggershall, Essex *14*, *27*
Peabody and Sterns *408*
Peacock, Thomas Love 232
Persian styles *398*, *410*, *413*
Petworth House, Sussex *53*
Philadelphia *272*
Phillips, Gregory *511*, *520*
Phoenix Iron Works (Cal.) *303*
photobolic screen 454
Pierce, Edward *55*
Pierce Allan *523*
Pietz, Paul F. *511*
Pilkington Company 346
Piper Building, London *507*, *517*, *521*
Pitshanger Manor, Ealing *151*
plasterwork 24, *24*, *25*, *26*, *27*, *28*, *29*, 30, 57, *57*, *58*, 73, *85*, *86*, 88, *88*, *90*,*107*, 115, 118, *118*, *119*, *147*, 149, *149*, *150*, *184*, 216, *216*, *217*, 285, *285*, *286*, *364*, 394, 397, *397*, *456*, *531*, *532*
  fibrous 249, 366
  and carpets 152
plastics 498
Platonic *515*
Plaw, John *136*, *202*
plywood 452, 456
Pollen, Francis *479*
"Polyprop" chair 475
Pompeian decoration 138, *141*, *155*, *156*, *181*
Pop style *485*
porches 16, *38*, 108, *109*, 167, *169*, 174, *199*, *200*, *230*, 236, *237*, *269*, *271*, *277*, *278*, 304, 334, *339*, *382*, 383, 415, *415*, *416*, 418, *419*
porticoes 207, *231*
Post Modernism *500*, 503, *503*, 504
Poundbury, Dorset 503
Powell, Geoffrey *488*
Practical Builder (1822) *186*, *188*
Practical Builder, The (1772) 204, *208*, *217*, *220*
Practical Builder's Perpetual Price Book (1825) *171*
Practical Decorator and Ornamentalist, The (1892) *274*, *250*, *284*, *286*
Practical House Carpenter (1766) 204, *215*, *226*, *231*
Practical Masonry 233
Practice of Architecture (1833) *230*
Prairie School *336*, 337, *340*, *344*, 346, *350*
Price, Bruce 306
Prince, Bart 504
Principles of Decorative Design (1879) *246*
privies 39, 69, 102, 131, 165, *196*, 227
Pryke and Palmer *241*, *245*, *251*, *252*, *256*
Prys-Thomas, Dewi *473*, *479*, *481*, *493*
Pugin A.W.N. 232, *241*, *247*, *271*, 562
Purism 448

Q
Quaker Barns, Norfolk *513*, *518*
quarries 20
Quarto uplighter *499*
Queen Anne houses, *42*, *47*, *52*
Queen Anne Revival
  American 272, *272*, 274, *274*, *277*, *280*, *281*, *284*, 286, *290*, *292*, *295*, *296*, *297*, *298*, *302*, *303*, 304, *305*, 306, 311, *410*, *415*, 422
  British 233, *254*, 306, *309*, *310*, *311*, 331, 334, *334*, *354*, 356, *357*, *358*, 360, *361*, 370, *373*, *383*, 422, *423*, 424
Queen's House, Greenwich 40, *61*, *67*
Quennell, C.H.B. *316*

R
radiators *300*, *379*, *412*, 447, *447*
railings 71, 104, *105*, *133*, *161*, *167*, *168*, *194*, *200*, *230*, 268, *269*, *270*, *302*, *303*, 333, 353, *382*, 414, *414*, *468*
rainwater hopper/leader heads *39*, *69*, 102, *102*, *131*, 165, *165*, *196*, 227, *266*, *331*, *351*, *379*, *444*, 446
Ramsden, O. *325*
Randall, Nile *507*
Randolph and Clowes (Connecticut) *412*
ranges, kitchen *see* stoves, cooking
Rathbone Fireplace Manufacturing Company (Michigan) *325*
Rathbone, Sard and Company (Albany, New York) *331*
Rawlins, John *217*
Rebecca, Biagio 149
recycled materials 505
Red House, Bexleyheath 306, *308*, *318*, *323*, *326*, 329
refrigerators *441*, *491*
Regency 170-203, 204, *204*
Regency Revival 385, *403*, *406*
register grates 93, *156*, *158*, 187, 253, *255*, *256*, *257*
Reid, John *178*
Renaissance Revival *278*, *290*, *291*, 321, *384*, *387*, *390*, 391, *395*, 397, *398*, 401, *401*, *402*, *403*, *407*, *408*, *413*
Repository of Arts, Literature, Fashions Etc. 171, *189*
Repton, Humphry 202, 562
Revere, Paul *125*
Reynolds-Stephens, W. *325*
Ricardo, Halsey *323*
Richardson, Henry Hobson 275, 306, *408*, 562
Richardsonian Romanesque 272, 275, *277*, *296*, *388*, *408*
Riley, Jeff *515*
rinceaux *86*, 199
Robert R. Blacker House, Pasadena *327*
Roberts (E.L.) and Company 304, *341*, *388*, *393*, *398*
Robie House, Chicago *339*, *340*, *347*, *348*
Robson, Robert *249*, *252*
Rococo *86*, 88, *89*, *96*, *97*, *98*,*114*, *141*,*156*,*157*
  neo-Rococo *190*, *283*, *284*, *285*, 289, *291*, *293*, *301*, 413, *413*
  Southern (United States) *277*
Rogers, Richard *480*, *482*, *501*, 504
Roman cement 137, 170
Roman styles *47*, *49*, *56*, *86*,*147*, *150*, *151*, 174, *181*, 183, *186*, 205, *212*, *292*, *388*
Romanesque *see* Richardsonian Romanesque
Romantic Movement 171, *171*
roofs, timber-framed *28*
room dividers *470*, *473*, *485*, *495*, *496*
Rosequist, Ivy *511*, *515*
Rossi, Domenico de *47*
Rotch and Tilden *415*
Rowell (David) and Company *360*
Royal Pavilion, Brighton 172, *194*
Rudofsky, Bernard 476-7
Rudolph, Paul *484*
rugs 120, 345, *400*, 430, 458, *513*, 541 *see also* carpets
Rumford, Count 154, *155*, 187
Rural Residences (1818) *198*, *200*, *203*
rus in urbe 202
Ruskin, John 232, *237*, 242, *243*, 306, 562
Ryder, Gordon *483*, *484* *see also* Ryder & Yates
Ryder & Yates *479*, *482*, 486, *491*

S
Saarinen, Eero 475, *497*
Saarinen, Eliel 416
St Ann's Hill, Chertsey *463*
Saint-Gaudens, Augustus 385, *404*
Sakier, George *444*
Salmon, William 75, 107, *109*
saltbox houses 107
Sam Brown House, Oregon *204*
Sanitas washbasins *412*
sanitation 39, 69, 102, 131, 165, 196, 227, 234, 264, 354, 378, *412*
saunas *544*
scagliola 93, *186*
Scandinavian influences 467, 474, 475, 498
  in the United States 538
Scarpa, Tobia *499*
Schwerdt, John *490*
Schindler, Rudolph 450, 451, 456, *457*, *459*, *460*, *462*, *464*, *467*, *469*, 563
sconces 70, *70*, 132, *132*, *166*, 196
Scott, Sir Walter 197, 232
Scottish Baronial (Victorian) *232*
Scottish vernacular *336*
sculpture galleries *137*
Sears, Roebuck and Company (Chicago) *293*, *400*, *405*
Seaside, Florida *503*
Seaton Delaval Hall, Northumberland 43
Second Empire styles 274, *280*, *281*, 302, *303*
Segal, Walter 502, *502*
Selden, John *55*
Selden and Son *245*
self-build houses 502, *502*
septic tanks *412*
serliana 50, *53*, *83*, *145*, *393*
Serlio, Sebastiano *61*, *77*
settles 38, *38*, *297*, *307*, *329*
shades 352, *391*
Shaker style *538*, *540*, *542*, *543*, *544*
Shanks (Bristol) *443*, *497*
Shaw, Henry *193*
Shaw, Richard Norman 232, *250*, *254*, *259*, 274, 306, *312*, *321*, 332, 334, 563
Shawms, Cambridge (England) *469*
Sheats-Goldstein House, Los Angeles *486*
Shiells, R.Thornton *233*
Shimmer lights *524*
Shingle style 272, *273*, *275*, *277*, *279*, *280*, *282*, *284*, 289, *294*, *295*, *296*, 297, *298*, 304, *305*, *334*, *385*, *392*, *393*, 406, 415, *415*
Shirley Plantation, Virginia *125*
showers 264, *299*, 351, *351*, *378*, *379*, 442, *443*, 466, *497*
Shrub's Wood, Chalfont St Giles *463*, *465*
Shultze, Philip Trammell 475
shutters *52*, 81, *84*, 112, *113*, *114*, *145*, 178, *179*, 280, *281*, *362*, *425*, *530*, *540*
Silver Studio 342
Silvestrin, Claudio 506
Simpson, John *519*
sinks *196*, *227*, *265*, *444*
Skidmore, M. and G. *191*
Sleter, Francesco *88*
Sloan, Samuel *304*
"Smartscheme" fire *515*
Smerin, Eldridge 507, *507*, *518*
Smith, George Washington *428*
Smith, Harold *325*
Smith and Founder's Director, The (1824) *184*, *197*, 198, *201*, 381
Smith's Right Hand, The (1756) *99*
Snowdon, Lord *452*
Soane, Sir John 149, *151*, 154, *157*, 170, *171*, *173*, *176*, *180*, *182*, *183*, *187*, 188, *190*, *192*, *193*, 195, *502*, 563
sofa-beds *440*
sofas *410*
Somerset House, London *59*
Sorriano, Raphael 472
Sottsass, Ettore *499*
Space Crafts Architects *507*
SPAN 473-4
Spanish styles 318, 385, 397, 399, 401, 413, 414, 446, *540*, *545*
  Colonial Revival 326, 386, 399, *416*, 418, *420*, *424*, 428, *428*, *429*, 430, *434*, 437, *437*
Sparrow, Walter Shaw 355
Specimens of Ancient Decoration from Pompeii (1825) *182*, *186*
Speer House, Miami *502*
Spence, Basil *468*, *481*, *493*
Spencer and Powers *327*
Spender House, Essex *501*
spice cupboards *68*, *535*
spindle screens *335*, *395*, 406, *408*, *415*
Spitalfields, London *73*, *77*, *78*, *80*, *85*, *101*, *105*
"Spook Style" 336
stained glass *241*, 280, *282*, 308, *310*, 312, 360, *389*, *393*, 418, *423*, *424*, *484*
stair rods 259, *259*, *492*
staircases 492-3, *501*, 518-19
  closed-string staircases *11*, 35, 98
  imperial 159
  open-string staircases *66*, 98, 192
  spiral staircases *35*, *260*, 462, *462*, *492*, *492*, *493*, *518*, *534*
  vice stairs 35
Stam, Mart 448
Standard Gas Equipment Corporation *436*
Stanmore Hall, Middlesex *327*
Starr, Fellows and Company (New York) *301*
Steel 472-3, 474, 480
stencil patterns 54, *120*, *215*, *218*, *247*, *248*, *250*, *261*, 285, *285*, 315, *315*, 318, *343*, *344*, *363*, *485*, *513*, *541*
Stephenson Somerville Bell *525*
Stereo-Relief Decorative Company (New York) *398*
Stern, Robert *513*
Steven Brothers and Company *266*
Stewart (T.B.) and Company (New York) *290*
Stick style 272, 274, *279*, *290*, 304, *304*
Stickley, Gustav 307, 320, *324*, *325*
Stilnovo *499*
"Stockbroker Tudor" 417
stone construction methods *528*
Stonecrop, Campden Hill *484*
Stones of Venice, The (1851) 232, 242, *243*
stoops *303*
storage systems 520-1
stoves
  cooking 93, *191*, 196, 219, *258*, 258, 293, *293*, 374, *374*, 405, *405*, 436, *436*, 461, *461*, *491*
  heating 131, 165, *165*, 227, *300*, 331, *331*, 488, *514*, 544
Strachey, J. St Loe 355
strapwork *13*, 14, 24, *25*, *26*, *28*, *29*, *37*, 44, *46*, *55*, *66*, *270*, 394

Stratton Park, Hampshire *483*
Strawberry Hill, Twickenham *80, 87, 90, 95, 97, 99, 100, 257*
Street, G.E. 232, 326, 563
Strickland, William 205, 206, 563
Strom, Holger *498*
stucco 73, 85, 137, 146, 170
Studio, The 307, *309, 311, 316, 323, 325, 327, 335*, 337, *353*
Studio d'Architettura Civile (1702) *47*
Studio Yearbook of Decorative Art, The (1924) *322*
Sullivan, Louis H. 307, *309, 313, 316, 319, 325, 327, 328, 335*, 448, 563
summer piece *404*
"Suntrap" windows 422, *422*
Sure Guide to Builders, A (1729) *79, 89*
Sutton Place, Guildford *21*
Swan, Abraham *72, 98, 124*, 564
"swing" casements *243*
Swiss chalet styles *272*
Syon House, London *s*

T
Taland, Nigel *522*
Talbert, Bruce *285*
Taliesin West, Arizona *469*
tapestries 54, 315, 394
taps *265, 300, 351, 379*, 411, 412, *444*, 466, *466*
Tarbuck, E.L. *247*
Taylor and Green *453, 455, 460, 462*
Taylor, I. and J. *161*
Team 4 *480, 482, 492*
Tecton *453, 454*
Templar, E.A. *347*
tenement houses *284*
Tennyson, Alfred Lord 232
terraced/row houses 72-3, *73*, 136, *136*, 170, 232-3, *233, 238, 272*, 356
terracotta 233, *242*, 399
terrazzo 399, *430*
Terry, Quinlan 503
Tesella Uniforma mosaic *369*
Thematic House, London *503*
Theodore M. Irwin House, Pasadena *312*
Thomas, David *500*
Thompson-Tappan Company *491*
Thomson, Alexander 233
Thornton, William *47*
Thorpe Hall, Northamptonshire *42, 47, 54, 57, 60, 65, 67*
Tigerman, Stanley *493, 500*
Tiffany, Louis Comfort 385, *347*, 564
Tiffany Studios *309*, 310, *332*, 336, 340, *341*, 352, *352*
Tijou, J. *71*
tiles
  Delft 125, 156
  fireplace *125, 156*, 253, *254, 256, 291*, 321, *325*, 346, 370, *371, 373*, 432
  floors 30, 59, 251, *252*, 287, *288*, 331, 345, 351, 368, *369, 400, 419*, 430, *487, 513*
  Minton *290*
  walls *248*, 338, *343, 365, 396, 427, 485*
  William de Morgan *310, 317*, 321, *324, 331*
timber-framed houses 13, *14, 15, 22, 28*, 473, 526, *527*, 528, *531, 535*
Tintawn Carpet Company *513*
toilets *see* water closets
Tomorrow's House 451
towel rails *443*, 466, *466, 497*
Town, Ithiel 206, *209*, 564
Town and Country Mansions (1879) 232
Treatise of Architecture, A (1724) *82*
trelliswork *203*, 271, 383, *383*
trompe l'oeil effects *26, 88, 92, 194, 426, 456*
Troughton & Young *498*
Tudor 12-39, 397
  neo-Tudor styles *106, 250*, 355, 366, 370, *370, 371*, 383, 385-6, 387, *389*, 391, 394, *396*, 399, *402, 403*, 406, 409, *409*, 415, 447
Tudorbethan styles *363*, 417, *420, 422, 424*, 428, *429*, 432, 437, *437*, 446, 447
Tugendhat House, Brno 480
Turkey carpets 91, 185
Turkish corners *see* cozy corners
Turkish styles 172, 181, *410*
Turn End, Buckinghamshire *474*
Turnerelli, Peter *188*
Tutte l'Opere d'Architettura (1584) 77
Tuttle and Bailey *446*
Tuxedo Park, New York 306
twigwork 202
Tynecastle Company 363, *363*, 366

U
Una Idea Architects *519*
Unique Environments *508*
Urban, Joseph 416, *440*
Urban Salon *520*
Urban Space Management 505

V
Vardy, John 96
Various Kinds of Floor Decorations Represented Both in Plan and Perspective (1739) *92*
Vassall-Longfellow House, Massachusetts *134*
Vedder, Elihu *333*
Venesta Company 452
Venetian windows 50, *53, 83*, 112, *113, 145, 244, 393*
ventilation *23*, 234, *266, 270*, 312, *314*, 370, *390*, 454
Venturi, Robert 503, 564
Venturi, Scott Brown and Associates *508, 510, 515, 521*
verandas 167, *199, 200*, 268, *303*, 304, *304, 305*, 334
vernacular building
  American 536-45
  British 22, 526-35
Vers Une Architecture 448
Victorian
  American 272-305
  British 232-71
Victorian Cottage Residences (1842) *277*
Vignola, Giacomo Barozzio da *42*
Villa Montezuma, San Diego *275, 282*
Vitruvius Britannicus (1717) *86*
Voysey C.F.A. 307, 308, *309, 311, 312, 322*, 326, *343, 345, 348*, 564
Vyne, The, Hampshire 40

W
wainscot 24, *25, 54, 55*, 68
Walker Architecture *517*
wallpapers 54, 73, 85, 115, *117*, 146, *148*, 214, *214*, 246, *247*, 283, *283, 284*, 315, *316, 317*, 342, *343*, 363, *365, 395*, 417, 426, *427*, 428, 456, 484, *485, 497, 513 see also* ceiling papers
walls 484-5, 512, *513*
  mirrored 417, 426
  stovewood *540*
  see also tiles; wallpapers
Walpole, Horace *80, 97, 99, 100*, 564-5
Walter, Thomas U. 206, 565
Walton, Allan 417
Walton, George *341*, 348, *348*
Ward, Dr Nathaniel *245*
Wardian cases *245*
wardrobes 377, *439*
Ware, Isaac *76*
Waring and Gillow *369*
Warner Fabrics *513*
Warner House, London *518*
Warren, Fuller and Company 315
wash basins *265, 300, 379*, 411, 412, *412, 441*, 442, *444, 497*, 522, *522, 523*
Washington, George 205, *217, 225*, 231
washstands 264, *300*
washtubs *300*
water closets *39*, 264, *264, 266*, 299, *299, 300*, 379, 411, *411*, 412, *412*, 442, *443, 466*
water supplies 69, 165, 196
weatherboarding *528*
weather vanes *71*, 133, *133*, 270, 302, *303*, 353, *353, 382*, 446, *446*
Webb, John *56, 64*
Webb, Philip 306, *308, 319, 323*, 326, 565
Webber, Kern 416
Wells Mackereth *507, 517, 521*
Westco Ltd *513*
Western Architect, The (1914) *327*
Wewerka, Stephan *517*
Wharton, Edith 355
Whistler, James Abbott McNeill 315
Whistler, Rex 417
White, James *186*
White (J.P.) and Company 383, *383*
White, Stanford 307, 386
White Fox Lodge, Sussex *490, 497*
wickets *18*
Wickham Hall, Kent *262*
Wilkinson King *511*
Williamsburg, Virginia *122*
Willmott, Ernest 355
Wilson, Colin St. John *488, 491, 492*
Wilton-on-the-James, Virginia *107*
Wimpole Hall, Cambridgeshire *157*
windows 480-3, 510-11
  bay *21, 242, 244, 281, 282*, 312, *360, 362*, 377
  bow *180, 360*
  casements 20, *22, 23*, 50, 81, *82*, 112, *113, 114, 180*, 242, *245*, 312, *362, 393, 423, 424, 530*
  dormer *82, 144, 280, 281, 361, 392, 425*
  gable windows *281*
  jib windows *114*
  louvered *423*
  lunettes 211
  mullions 20, *20, 21, 22*, 50, *50, 51*, 312, *530*
  oriel windows *20, 21, 22*, 312, *482*
  picture windows 454, *511*
  sash *10*, 50, *51, 52*, 81, *82, 83, 84*, 112, *112, 113, 114*, 137, 143, *144*, 148, *167*, 178, *180*, 211, *211*, 242, *242*, 243, 244, *245, 280, 281, 282*, 312, 360, *361, 362, 393, 422, 425, 530*
  skylights *482, 511*
  see also French doors
wine cellars *195*
Winslow Hall, Buckinghamshire *42, 52*
Wolvesey Palace, Winchester *45*
Womersley, Peter *495, 496*
Wood, John *75*
Woodward Grosvenor and Company *186*
Woodward's National Architect (1869) *277, 279, 290, 295, 301*
Woodwork 480, 486, 500, *501, 512*, 525
Wren, Sir Christopher *42, 52, 64*, 104, 306, 565
Wright, Frank Lloyd 307, *316, 319, 322, 327, 335*, 336, *336*, 337, *339*, 340, *340*, 344, *344*, 346, *347, 348*, 350, *352*, 353, 416, *440*, 448, 449, *449*, 450, 451, *451*, 456, 459, *460*, 469, *469*, 473, 486, 504, 565
Wright, Mary and Russel *460*, 470, 471, *479*, 490, *493, 501*

Y
Yaffle House, Poole, Dorset *453, 454, 455, 458, 460*
York Wallpaper Company 342
Yorkshire sliders *530*
Young, John *519*
Young, William 232
Young Carpenter's Assistant, The (1805) 206
Young and Marten *357, 359, 371, 379, 380, 382*
Young Surveyor's Preceptor, The 178

Z
Zedfactory Architects *505*
Zucker (Alfred) and Company *398*

后 记

2014年一个寒冷的冬天，在为辽宁科学技术出版社翻译完成《世界经典装饰图案设计百科》（*The World Ornament Sourcebook*）不久，符宁总编又来到大连并带来了一本新书，*the Elements of Style: An Encyclopedia of Domestic Architectural Detail*（第四版），希望我再翻译。符宁是我非常尊重的一位前辈和智者，长期致力于建筑与室内设计优秀书籍的出版，可谓对中国建筑发展做出过特殊贡献的人。由于本书在西方住宅建筑史中属于深具影响的经典之作，出于对建筑历史的热爱、专业知识的学习和翻译技能的挑战，我欣然应允。

本书按编年顺序论述了英美五百年间主要历史时期的建筑与装饰风格，包括超过四千五百张的图片。每一章中首先介绍该时期的住宅建筑的整体情况，以及建筑风格的主要特征，进而再对各个建筑类型元素分类说明，图文并茂，内容翔实，清晰明了。既具备史论书籍的严谨细致，又可作为样式图集进行建筑形式研究。原书第四版增加了后现代及当代建筑风格章节，扩展了修缮与维护及建筑师、设计师简介和专业术语等部分内容。*Homes and Gardens*杂志评价此书“对居住建筑的修缮具有无可估量的价值”，*The World of Interiors*杂志也认为此书“数量令人震惊的细节图像信息……被清晰地和极具吸引力地进行了分类”，易于阅读。

本修订版的主编艾伦·鲍尔斯先生是伦敦格林威治大学建筑与景观学院的资深讲师，对英国建筑、室内和装饰艺术具有长期的研究，并出版了大量的专著，也是多本专业杂志的专栏作家。其深厚的专业知识背景和丰富的写作经验也为本次修订增添了新意。

由于英美语言的差异，书中的许多名词名称虽然在英语和美语中有所区别，但译成汉语却无法明确地区分。因此，原书中所标注的美英差异在第一次翻译中于中文后标注了相应的英语和美语的原文表达。个别建筑构件的英文名称也随着时间的变化出现不同的称谓，翻译成汉语也难以准确区分，有意深入研究的读者可以根据专业术语中的英文单词进行扩展阅读。最后的几个部分，包括供应商名录、文献目录、致谢和索引，作为资料的主体内容保留了原文，有利于读者直接查阅和寻找进一步的信息。

三十五万纯文字的翻译工作量虽不算多，但也持续了近一年半的时间，日常教学及其他工作不能保证完整的翻译时间。每次责任编辑闻通先生的含蓄催促都带给我压力，感谢闻通先生的宽容和忍耐。同时，虽然有近三十年外国建筑历史的教学经历，但在翻译时，深究一些知识细节，并准确无误地加以表述时，方知之前的所学是多么的粗浅。翻译中出现的错误和不足之处，尚需大家批评指正。

在这里要感谢我的导师齐康院士，老师的治学态度和关心鼓励成为我在困难时坚持的力量。感谢博士研究生孙心乙女士，英国的留学经历为此书的翻译提供了基础。还要感谢辛勤的孙毅超老师，计算机前不分节假日地进行翻译和修改，以及吴承霖、宋美儒、柳奕茹同学在翻译过程中所付出的辛劳。

唐建

2017年仲夏，大连